Original Japanese language edition
Zukaihan Kikaigaku Pocketbook
Edited by Kikaigaku Pocketbook Henshu Iinkai
Copyright © 2004 by Kikaigaku Pocketbook Henshu Iinkai
Published by Ohmsha, Ltd.
This Chinese version published by Science Press, Beijing
Under license from Ohmsha, Ltd.
Copyright © 2005
All rights reserved

図解版
機械学ポケットブック
機械学ポケットブック編集委員会　オーム社　2004

图解机械工学手册

〔日〕机械工学手册编撰委员会 编
薛培鼎 崔东印 译

科学出版社
北京

图字：01-2006-0334 号

内 容 简 介

本书全面系统地介绍了机械工学基础知识、基本理论、基础技术。主要包括机械设计步骤、机械学基础、机械结构及其动作、机械控制与电工技术、能量的交换和应用、材料的性质和加工、各种机械的原理与应用，以及工程分析基础等。本书叙述语言精炼，在讲解过程中尽可能多地使用图解的方式，增加了图书的趣味性和可读性。

本书既可供从事机械行业的工程技术人员参考，亦可供相关专业大专院校师生阅读。

图书在版编目(CIP)数据

图解机械工学手册/(日)机械工学手册编撰委员会编；薛培鼎，崔东印译.—北京：科学出版社，2006
ISBN 978-7-03-017758-2

Ⅰ.图… Ⅱ.①机… ②薛… ③崔… Ⅲ.机械工程-技术手册 Ⅳ.TH-62

中国版本图书馆 CIP 数据核字(2006)第 088066 号

责任编辑：杨 凯　崔炳哲 / 责任制作：魏　谨
责任印制：赵德静 / 封面制作：李　力
北京东方科龙图文有限公司　制作
http://www.okbook.com.cn

科 学 出 版 社 出版
北京东黄城根北街16号
邮政编码：100717
http://www.sciencep.com
新蕾印刷厂 印刷
科学出版社发行　各地新华书店经销

*

2007年1月第　一　版　　开本：A5(890×1240)
2009年3月第二次印刷　　印张：29 1/2
印数：4 001—5 000　　　字数：913 000
定　价：65.00元
(如有印装质量问题，我社负责调换)

前　言

　　作为支撑尖端技术的基石，机械工学现已融合了以电工、电子及控制为首的众多学科的技术，具有浓厚的多学科色彩。可以说，机械工学已经演变成为一门"综合工学"了。在这样的形势下，机械工学基础知识作为其根基，它的必要性和重要性没有减弱而是进一步增强了。设计对象越复杂，与其他学科的融合越紧密，预先切实理清和准确把握机械工学的基本事项就显得越发重要，这一点是众所周知的简单道理。

　　本书旨在向读者介绍当今机械工学的基础知识、基本理论和基本技术，讲解中尽可能多地使用图解的方式，以期达到简明易懂的效果。从这种意义上来说，本书是一本机械工学的"基础知识手册"。

　　机械工学所涉及的知识范畴极其广泛，一本书很难将所有的内容全都收罗其中。本书是基于以下的考虑规划编写的：从机械类专业毕业后担当机械设计工作时需要掌握哪些基础知识？在设计现场工作时需要具备哪些知识？以及哪些知识能够为设计带来新的思考和启发。

　　基于上述考虑来编写本书的意义在于它能有效地起到以下作用：对于机械专业毕业后已有多年实际工作经验的技术工作者来说，可以利用本书查阅自己曾在学校里学过的知识；对于非机械类专业毕业而工作性质与机械设计有关的人来说，可以利用本书高效而准确地掌握机械工学的基础知识；对于有志将来成为机械技术工作者的学生们来说，一方面可以把本书作为一本学习机械工学基础知识的指南，利用它来使自己明白哪些内容是应该一般了解的，哪些内容是必须牢固掌握的；另一方面在学习机械设计方面的重要课程时，也可以把本书作为一本参考书来使用。

　　本书是由众位具有丰富理论和实践经验的专家学者集体编写的，书中集中了他们的才华和智慧。编者中，有的人正在教育界承担着教学工作，有的人正在产业界承担着技术指导工作。他们在百忙之中接受了约稿，在组稿内容跨度大、截稿日期短的情况下，齐心协力、迅速完成了编写任务，我谨代表编撰委员会向他们表示深切的谢意。

　　本书如能作为一本使用价值很高的图书，而常伴于从事机械方面工作的众位人士左右，编者将感到非常荣幸。

前　言

在本书即将出版发行之际，编撰委员会谨向承蒙允许本书参考和使用了他们的宝贵文献、资料、照片、商品说明书等的各位人士表示衷心的感谢。

机械工学手册编撰委员会

委员长　大石久己

编撰委员会

机械工学手册编撰委员会

编撰委员长	大石久己	（工学院大学）
编撰委员	安达胜之	（横浜综合高等学校）
	饭田明由	（工学院大学）
	住野和男	（工学院大学专科学校）
	立野昌义	（工学院大学）
	松本宏行	(Institute of Technologists)
执笔委员	青木勇	（神奈川大学）
	秋山季猷	（工学院大学专科学校）
	安达胜之	（横浜综合高等学校）
	饭田明由	（工学院大学）
	石井千春	（工学院大学）
	入泽庆	（东京电力）
	大石久己	（工学院大学）
	绪方浩二郎	（日立建机）
	冈村共由	（横浜国立大学）
	海保真行	（日立制作所）
	洼松生久男	（富田电机制作所）
	此村靖	（日立建机）
	小林淳一	（日立制作所）
	小林卓哉	（机械设计）
	小林光男	（工学院大学）
	香村诚	(Institute of Technologists)
	金野祥久	（工学院大学）
	坂口幸治	(Sixd. advance)
	柴田哲二	（前 东电站务）

铃 木 刚 志　（小田急电铁）
住 野 和 男　（工学院大学专科学校）
园 田 哲 广　（Weise）
高 桥 正 明　（Institute of Technologists）
田 岛　守　　（神奈川大学）
立 野 昌 义　（工学院大学）
田 中 利 昌　（日立建机）
羽 贺 正 和　（日立建机）
莲 见 善 久　（前 工学院大学）
服 部 守 成　（日立制作所）
原　重 男　　（Digi-Ana）
Vichaisaichow（Institute of Technologists）
平 冈 尚 文　（Institute of Technologists）
平 田 宏 一　（海上技术安全研究所）
古 泽 琴 风　（平塚高等职业技校）
堀　聪　　　（Institute of Technologists）
松 井　繁　　（KOMATSU ZENOAH）
松 本 宏 行　（Institute of Technologists）
三 桥 真 成　（Institute of Technologists）
吉 行 和 彦　（藏人阳光）
龙 前 三 郎　（Institute of Technologists）

目　录

第1篇　机械设计步骤

第1章　设计过程 …………………………………………… 3
1.1　策划与规划 …………………………………………… 4
1.2　机构和构造的研究 …………………………………… 9
1.3　设计与制作的过程 …………………………………… 12
▶小常识　新干线的面貌 ………………………………… 15

第2章　设计基本事项 ……………………………………… 16
2.1　设计方面的基础知识 ………………………………… 17
2.2　机械材料与设计之间的关系 ………………………… 20
▶小常识　人力飞机与材料 ……………………………… 22
2.3　产品的标准化和规格 ………………………………… 24

第3章　知识产权 …………………………………………… 29
3.1　知识产权 ……………………………………………… 30
3.2　工业产品与专利 ……………………………………… 34
▶小常识　人类的共同财富与发明 ……………………… 37
3.3　专利的实际例子 ……………………………………… 39

第4章　设计步骤实例 ……………………………………… 44
4.1　机械设计的实际例子 ………………………………… 45
▶小常识　失败学 ………………………………………… 49
4.2　设计实例之一——铁道车辆 ………………………… 51
4.3　设计实例之二——汽车 ……………………………… 63
▶小常识　并行工程和系统工程 ………………………… 67

第2篇　机械学基础

第1章　力学基础 …………………………………… 77
　1.1　单位与量 ………………………………………… 78
　1.2　力的表示 ………………………………………… 88
　1.3　作用在刚体上的力 ……………………………… 92
　1.4　重　心 …………………………………………… 97

第2章　运动的描述 ………………………………… 102
　2.1　速度和加速度 …………………………………… 103
　2.2　运动定律 ………………………………………… 108

第3章　伴有旋转的运动 …………………………… 118
　3.1　刚体的平面运动 ………………………………… 119
　3.2　惯性矩 …………………………………………… 123

第3篇　机械机构及其动作

第1章　力的传送与放大 …………………………… 135
　1.1　操纵机构的变迁 ………………………………… 136
　1.2　运动传递装置 …………………………………… 138
　　▶小常识　辊式链条的名称代号 ………………… 143
　　▶小常识　刀具自动更换装置（ATC）…………… 153
　1.3　变速装置 ………………………………………… 155
　　▶小常识　由连杆和单方向离合器构成的变速机 … 157
　1.4　减速装置 ………………………………………… 158
　1.5　离合装置 ………………………………………… 161
　　▶小常识　单向离合器 …………………………… 163
　1.6　制动装置 ………………………………………… 164

第2章　机构的解析 ………………………………… 167
　2.1　机构和自由度 …………………………………… 168

▶小常识　天平运动的自由度 ························· 170
2.2　刚体的速度解析 ································· 171
2.3　连杆机构的运动 ································· 173

第3章　旋转机械的运动 ···················· 177
3.1　旋转机械的平衡 ································· 178
▶小常识　平衡的优良度与等级 ······················· 181
3.2　轴的振摆回转与危险速度 ························· 184
3.3　扭转危险速度 ··································· 188

第4章　往复式机械运动 ···················· 190
4.1　活塞曲柄机构的运动 ····························· 191
4.2　活塞曲柄机构惯性力的平衡 ······················· 197

第5章　机械振动 ·························· 201
5.1　简谐振动与旋转运动 ····························· 202
▶小常识　运动方程式的矢量描述与平衡 ··············· 204
5.2　1自由度系统的自由振动 ·························· 206
▶小常识　考虑梁重时的固有角频率的计算（雷伊雷法）··· 210
5.3　衰减自由振动 ··································· 211
▶小常识　对数衰减率和衰减比的测定 ················· 213
5.4　强迫振动和谐振曲线 ····························· 215
▶小常识　地震仪（位移计）和加速度仪的原理及精度 ··· 218
5.5　振动的隔离 ····································· 220

第4篇　机械控制与电工电子技术

第1章　电工电子技术基础 ···················· 225
1.1　电流和电压 ····································· 226
1.2　电路基础 ······································· 229
▶小常识　合成电阻的计算公式 ······················· 231
1.3　电路的计算 ····································· 233
▶小常识　电桥电路 ································· 234

1.4　电子电路的基础知识 ………………………………… 235

第2章　自动控制 …………………………………………… 240
2.1　控　制 ………………………………………………… 241
2.2　系统的描述 …………………………………………… 244
▶小常识　PID控制 …………………………………… 248

第3章　顺序控制 …………………………………………… 250
3.1　顺序控制概述 ………………………………………… 251
▶小常识　有触点顺序控制和无触点顺序控制 ……… 256
3.2　顺序控制系统的描述方法 …………………………… 257
3.3　由PLC构成的顺序控制 ……………………………… 262

第4章　反馈控制 …………………………………………… 265
4.1　传递函数 ……………………………………………… 266
▶小常识　对于纯滞后因素要加以注意 ……………… 269
4.2　反馈控制的特性 ……………………………………… 270
4.3　极点和零点 …………………………………………… 274
4.4　反馈控制系统的稳态特性 …………………………… 275
▶小常识　练习题 ……………………………………… 275

第5章　控制系统应用举例 ………………………………… 277
5.1　驱动器的控制 ………………………………………… 278
5.2　机器人——利用微型计算机进行的控制 …………… 282
5.3　利用软件进行控制系统设计 ………………………… 290

第5篇　能量的变换和应用

第1章　能量变换 …………………………………………… 297
1.1　热力学基础 …………………………………………… 298
▶小常识　宇宙的温度 ………………………………… 303
1.2　流体力学基础 ………………………………………… 305
▶小常识　伯努利公式及伯努利家族 ………………… 311
▶小常识　相似性与模型实验 ………………………… 318

1.3　能量变换与损失 …………………………………………… 320

第2章　热　机 ……………………………………………………… 323
　　2.1　汽油发动机 ………………………………………………… 324
　　2.2　柴油发动机 ………………………………………………… 332
　　▶小常识　内燃机与外燃机 ……………………………………… 336
　　2.3　蒸汽机 ……………………………………………………… 338
　　2.4　斯特林发动机 ……………………………………………… 342
　　2.5　燃气涡轮机与喷气式涡轮发动机 ………………………… 348
　　▶小常识　燃气涡轮机、喷气式涡轮发动机与火箭发动机 … 351

第3章　流体机械 …………………………………………………… 353
　　3.1　流体机械的分类 …………………………………………… 354
　　▶小常识　涡轮（Turbo）………………………………………… 355
　　3.2　涡旋泵 ……………………………………………………… 356
　　▶小常识　平板翼的气蚀 ………………………………………… 366
　　3.3　相似律与比速度 …………………………………………… 368
　　▶小常识　比速度 n_s 与泵效率 ………………………………… 369
　　3.4　鼓风机和压缩机 …………………………………………… 370
　　▶小常识　利用CFD来进行流体机械设计 …………………… 372

第4章　能量的利用 ………………………………………………… 374
　　4.1　风力发电 …………………………………………………… 375
　　4.2　太阳光发电 ………………………………………………… 380
　　4.3　生物质发电 ………………………………………………… 386
　　4.4　水力发电 …………………………………………………… 389
　　▶小常识　可变速扬水发电系统 ………………………………… 393
　　4.5　火力发电 …………………………………………………… 394
　　4.6　燃料电池 …………………………………………………… 398
　　▶小常识　电力系统连接上应注意的问题 ……………………… 402
　　4.7　地热发电 …………………………………………………… 404
　　4.8　波浪发电和潮汐发电 ……………………………………… 408
　　▶小常识　新能源 ………………………………………………… 412

目 录

第6篇 作用于机械上的力与机械零件设计

第1章 作用于材料上的力与材料的强度 …… 417
1.1 承受拉伸与压缩载荷的材料的强度 …… 418
▶小常识 材料所具有的性能与设计 …… 421
1.2 承受剪切载荷的材料的强度 …… 422
▶小常识 钢板的剪切 …… 423
1.3 材料的破坏与强度、弯曲、扭转、屈曲 …… 424
1.4 热应力 …… 435
▶小常识 发动机活塞的形状 …… 436

第2章 机械零件设计 …… 438
2.1 联 结 …… 439
▶小常识 衬垫的利用 …… 443
▶小常识 螺纹使用上的注意事项 …… 447
▶小常识 螺纹和车床的历史 …… 450
2.2 轴系零件 …… 451
▶小常识 管子(空心圆棒)的强度 …… 454
▶小常识 轴承的发明 …… 461
2.3 卷绕传动 …… 462
2.4 齿轮传动装置 …… 472
2.5 速度调节装置 …… 479
2.6 缓冲装置 …… 483
2.7 管道零件 …… 486

第7篇 材料的性质与加工

第1章 材料制造 …… 501
1.1 金属材料的制造 …… 502
▶小常识 纯 铁 …… 505
1.2 无机材料和有机材料的制造 …… 506

目 录

　▶小常识　光导纤维 …………………………………… 509
　1.3　单晶硅的制作 ………………………………………… 510
　1.4　钢材的制造 …………………………………………… 511

第 2 章　机械材料的性质及其应用 …………………… 513
　2.1　机械材料的工艺性能 ………………………………… 514
　2.2　金属材料 ……………………………………………… 516
　▶小常识　金属间化合物 ……………………………… 522
　2.3　非金属材料 …………………………………………… 523
　▶小常识　可切削的陶瓷 ……………………………… 525
　2.4　功能性材料 …………………………………………… 526
　▶小常识　燃烧合成法 ………………………………… 528
　2.5　复合材料 ……………………………………………… 529

第 3 章　材料的加工 …………………………………… 530
　3.1　材料的造型加工 ……………………………………… 531
　3.2　材料的成形加工 ……………………………………… 541
　▶小常识　关键是"模型" ……………………………… 553
　3.3　去除材料的加工 ……………………………………… 554
　▶小常识　机械加工陶瓷的可靠性的提高 …………… 561
　3.4　连接法与切割法 ……………………………………… 562
　▶小常识　工作中自行修复龟裂的陶瓷 ……………… 569
　3.5　连接法及黏结 ………………………………………… 570
　▶小常识　水是高张力螺栓类的大敌 ………………… 577
　3.6　材料性质的改善 ……………………………………… 578
　▶小常识　喷丸复合技术 ……………………………… 585
　3.7　塑料加工 ……………………………………………… 586
　▶小常识　惊人的"延伸薄膜" ………………………… 591

第8篇 加工与管理中的计量技术

第1章 机械中的计量 ……………………………………… 599
1.1 计量的目的 …………………………………………… 600
▶小常识 不能测量的东西无法制作 …………………… 601
1.2 溯源 …………………………………………………… 602
▶小常识 溯源 …………………………………………… 603
1.3 精度与不确定度 ……………………………………… 604
▶小常识 阿贝原则 ……………………………………… 605
1.4 测量的进行方法 ……………………………………… 606
1.5 产品几何特性技术规范 ……………………………… 608
1.6 依靠评定值的功能保证 ……………………………… 612

第2章 测量技术 …………………………………………… 615
2.1 长度 …………………………………………………… 616
▶小常识 表示长度的单位 ……………………………… 619
2.2 力 ……………………………………………………… 620
2.3 加速度 ………………………………………………… 623
▶小常识 加速度计的未来 ……………………………… 625
2.4 表面粗糙度 …………………………………………… 627
▶小常识 真实的接触面积 ……………………………… 630
2.5 硬度 …………………………………………………… 631
2.6 直线度 ………………………………………………… 635
2.7 平面度 ………………………………………………… 639
▶小常识 为什么会出现光的干涉条纹 ………………… 642
2.8 流体测量 ……………………………………………… 643

第3章 数据处理方法 ……………………………………… 649
3.1 最小二乘法的概要 …………………………………… 650
▶小常识 最小二乘的意义 ……………………………… 653
3.2 谱分析 ………………………………………………… 654
▶小常识 谱分析的新发展 ……………………………… 656

3.3　计算实例 ·· 657

第9篇　各种机械的原理与应用

第1章　工业机械 ·· 663
1.1　工业机械概述 ·· 664
▶小常识　支撑工业的纺织机械 ·· 667
1.2　工业机械的分类与概念 ·· 668
▶小常识　马氏间歇机构 ·· 675
▶小常识　三边封口、四边封口方法 ·· 684
▶小常识　烤肉包子的制造工艺及所用机械参考示例 ·· 690
1.3　工业机械及自动化 ·· 691
▶小常识　灵活运用于工业机械的伺服机构 ·· 691

第2章　铁道车辆（火车） ·· 694
2.1　铁路的历史变迁 ·· 695
▶小常识　轮　缘 ·· 696
2.2　车厢构造 ·· 697
▶小常识　信息显示装置 ·· 698
2.3　转向架 ·· 699
▶小常识　车轮的平衡 ·· 704
2.4　开关门机构 ·· 705
▶小常识　闭门力的控制 ·· 708
2.5　连接装置 ·· 709
2.6　制动装置 ·· 710
2.7　动力与控制技术 ·· 713
2.8　铁路的安全对策 ·· 716
▶小常识　与其他公司间的直通运行 ·· 717

第3章　汽　车 ·· 718
3.1　汽车的变迁 ·· 719
3.2　汽车的构造 ·· 721

▶小常识　主销偏置 …………………………………… 723
3.3　以连杆机构学掌握悬架装置的基础知识 ………… 725
3.4　悬架的典型构造 …………………………………… 728
3.5　车后看到的悬架功能 ……………………………… 730
▶小常识　连杆机构学知识的必要性 ………………… 733
3.6　从车侧面看到的悬架的功能 ……………………… 734

第4章　施工机械 ………………………………………… 738
4.1　施工机械的变迁 …………………………………… 739
4.2　施工机械的种类 …………………………………… 740
4.3　油压挖掘机的构造与功能 ………………………… 743

第10篇　生产与加工中的管理技术

第1章　生产中的管理 …………………………………… 765
1.1　生产管理 …………………………………………… 766
▶小常识　生产管理的广义与狭义解释 ……………… 766
▶小常识　流水作业的效果 …………………………… 769
1.2　生产过程管理 ……………………………………… 770
▶小常识　扰乱生产计划的事项 ……………………… 772
1.3　质量管理 …………………………………………… 773
▶小常识　何谓 QC,SQC,SPC,TQC ………………… 774
1.4　成本管理 …………………………………………… 775
▶小常识　利润确保在开发阶段进行 ………………… 776
1.5　安全管理 …………………………………………… 777
1.6　检验管理 …………………………………………… 779
▶小常识　测量器具的管理 …………………………… 780
1.7　生产与信息系统 …………………………………… 781
▶小常识　近年的 CS 经营 …………………………… 782
1.8　ISO 9000 与生产管理 …………………………… 783

第2章　CAD、CAM 及 CAE …………………………… 785

2.1 CAM ……………………………………………………… 786
2.2 CAD/CAM ………………………………………………… 788
▶小常识 CAD 所具有的信息与显示器显示的图像 ……… 792
▶小常识 中间文件的内容 ………………………………… 793
2.3 NC 数据的生成 …………………………………………… 794
▶小常识 刀具切削加工的局限 …………………………… 798
2.4 快速成形 …………………………………………………… 800
▶小常识 光成形技术是谁研究出来的? …………………… 803
2.5 CAE ………………………………………………………… 804
▶小常识 数值分析时的一句提醒 ………………………… 807
2.6 仿　真 ……………………………………………………… 809

第 11 篇　工程分析基础

第 1 章　代数基础 …………………………………………… 819
1.1 线性联立方程组 …………………………………………… 820
1.2 高次代数方程式 …………………………………………… 825

第 2 章　三角函数 …………………………………………… 828
2.1 三角函数 …………………………………………………… 829
2.2 三角公式 …………………………………………………… 832
2.3 反三角函数 ………………………………………………… 835

第 3 章　方程式与曲线 ……………………………………… 836
3.1 直线与二次曲线(椭圆、双曲线) ………………………… 837
3.2 抛物线与二次曲线的判别方法 …………………………… 839
3.3 平面图形的变形 …………………………………………… 841

第 4 章　分析学 ……………………………………………… 844
4.1 指数与对数 ………………………………………………… 845
4.2 微分公式 …………………………………………………… 847
4.3 不定积分与定积分 ………………………………………… 849
4.4 特殊函数的定积分 ………………………………………… 854

- ▶小常识　C语言的 Γ 函数 ……………………………………… 855
- 4.5　数值积分 …………………………………………………… 856
- 4.6　切线的斜率、曲率半径 ……………………………………… 858
- 4.7　微分方程 …………………………………………………… 859
- 4.8　积分变换——拉普拉斯变换与傅里叶变换 ………………… 861
- ▶小常识　拉普拉斯变换表 ……………………………………… 863

第 5 章　统计分析基础 …………………………………………… 864

- 5.1　均值、方差与相关系数 ……………………………………… 865
- 5.2　均值及方差的研究 …………………………………………… 867
- 5.3　函数插值公式 ………………………………………………… 870

第 6 章　有限元方法分析基础 …………………………………… 874

- 6.1　什么是有限元方法 …………………………………………… 875
- ▶小常识　应力分析的开始 ……………………………………… 877
- 6.2　像"黑匣子"一样的有限元方法 ……………………………… 878
- ▶小常识　分析设计(design by analysis)的开始 ……………… 883
- 6.3　有限元法的基础理论 ………………………………………… 884
- ▶小常识　有限元法的局限性 …………………………………… 888
- 6.4　有限元法的应用——从线性问题到非线性问题 …………… 889

附　录

- 附录 A　机械制图基础 …………………………………………… 892
- 附录 B　力学单位 ………………………………………………… 910
- 附录 C　主要工业材料强度有关的数据 ………………………… 919

第1篇

机械设计步骤

- ● 责任编委
    饭田明由
- ● 执笔编委
    饭田明由（第1～3章，第4章4.1节）
    服部守成（第4章4.2节）
    吉行和彦（第4章4.3节）

第1章

设计过程

　　汽车和飞机因其由各种不同部件构成而能够完成复杂的动作。每一个单个部件虽然结构很简单，但当它们组装在一起时，就有可能实现令人吃惊的复杂运动。技术人员每天都要研讨部件本身的结构、部件组装在一起时的运动情形、部件所受的作用力等各种各样的问题，还要不断地思考具体的设计开发方法，才能开发出既有使用价值又能高效工作的机械。

　　所有的机械都要按照它们的应用目的和实现最佳工作状态的要求来设计制作。因而，仅用一本手册来尽述机械设计方法，实际上是不可能的。本章所列举的设计过程只不过是设计的一个例子，但仍尽可能收集了一些具体事例，以期对大家的设计有所帮助。

1.1 策划与规划

日常生活中,人们经常与各种各样的机械产品或工业产品打交道。出门远行时要乘坐汽车、火车、飞机等交通工具,在家里时要使用电视机、计算机、电冰箱、洗衣机、吸尘器等家电产品,说不定你的房间里还有木工师傅制作的书架和小孩子制作的手工作品呢!

所谓设计,广义是指按照某种意图来制作产品时的计划和构想。狭义上指在工业产品制作中为使机械的功能和性能达到要求而进行的整体分析研究过程。

1.1.1 设计之初

人们周围的产品,无论是简单还是复杂,总是由某个人设计开发出来的。姑且不谈设计开发者有没有所谓"设计"这个意识,我们自己在制作东西时,首先要想像一下所要制作的东西最终是什么样子和具有什么功能,还要考虑为了达到制作目的应该怎样实施才好。如果所制作的东西是绘画和音乐之类的艺术作品,就一般制作过程而言,很少有人使用"设计"这词,其实,艺术家对他想要表现的那种想像进行具体化的过程以及为之而进行分析研究的阶段,也就是一种"设计"过程。如图1.1所示,思考本身就是设计。

图1.1 思考本身就是设计

这就是说,设计就是一个作业过程,只不过这个作业的内容研究的是如何把已有的构想和目的加以具体化以及为此而采用的方法和手段。本书的多数读者可能是技术人员和在校学生,他们是为了开发工业产品或实验装置而希望了解设计问题的。书中最好能这样告诉读者:"首先这么办","然后这么做","最后这么做一下就能设计出来了"。然而,实际上没有这样的"高手",因为对于不同的问题和所处的环境条件来说,究竟应该怎样设计,往往是千差万别的。

如果是批量生产产品的设计,那么,产品的功能固然很重要,但产品的生产成本问题则更应该在设计开发时予以重视。如果是研发初期的实验装置,那么就应该优先考虑如何满足装置基本功能的问题。也就是说,在进行设计的时候,要首先理清设计的目的是什么。

1.1.2 设计与市场调查

对于一般工业产品,首先要对用户需要什么样的产品进行市场调查。例如,根据不同年龄层和不同地区的用户购买动机来分析研究最需要什么样的产品,这相当于根据顾客需求来分析所要设计开发的产品。另一方面是根据企业的现有技术成果来分析所要设计开发的产品,也就是在原有技术、构想、发明的基础上,孵化出用户所需要的产品。在产品开发的策划阶段,不是对以上两个方面在产品开发上的利弊问题进行比较,而是对顾客方的需求和开发方的现有技术成果进行分析研究。重要的是,技术人员在策划与规划阶段要对产品开发的着眼点和目标要求有所认识。如前所述,设计是按照某个目标要求,在一定的条件下进行的,因而,设计者必须预先弄清所设计产品的应用目的和设计目标。

今后的技术人员,不但要具有市场运作方面的知识,而且要经常关心市场动态,或者说要有市场意识。就工业产品开发而言,市场意识就是要充分了解顾客对产品的要求和需求量,能根据本公司的经营资源和竞争环境来设定相应的顾客,懂得产品的销售渠道,以及达到未来销售量和利润率的销售机制。图 1.2 所示是设计新产品时通常要调查的两个方面。

对于学生来说,作为大学课程习题所进行的设计练习,尽管不一定要进行市场调查,但如果能在练习设计的时候,针对设计对象自己设定一个未来市场需求,将会对学好这一课程大有好处。

具体的商品对象和顾客对象一经确定,

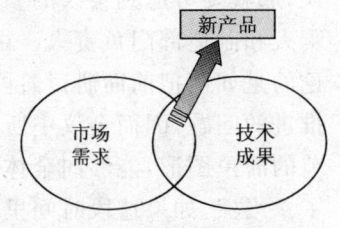

图 1.2 根据市场需求和技术成果来生产新产品

接下去就要考虑实现的方法,这也是对技术人员业务能力的最大考验。由于这一工作需要把握商品的各有关具体目标要求,所以要充分研究生产成本和现有技术成果,并对其进行规划排队。在这一时间里,暂时还不需要画图和进行精确的计算。

1.1.3　策划与规划

　　市场调查也属于策划和规划,而下面要详细考虑的是包括市场调查和技术动向明确之后的设计制造在内的策划和规划。在这一时间里,由于具体的开发目标和应用目的已经确定,所以,接下去是要研究如何把它们具体化的问题。这里,最重要的是要根据顾客对产品性能和功能的要求,把已经准备就绪和尚有不足的相关事项列成一个表格,以此作为设计者的共同认识。并且,还要在策划与规划的初期阶段,预先充分讨论一下应该为这个表格中的内容做什么事情。

　　图 1.3 是一个技术开发表格的例子,它是在策划与规划阶段用来确认市场规模、已有技术和欠缺技术的实例。主要目的是通过制作这样的表格来弄清技术(现有成果)和市场(需求情况)。

　　在这个表格的基础上,技术人员要尽可能地通过会议等方式发表自己的意见并提出建议,以加深对产品的具体印象。会议中也许会有经费预算部门的负责人参加,他们管理着产品开发和设计开发所需的经费,因而,技术人员在报告技术内容时一定要简洁,报告所需经费预算时必须明了,以便与会者都能心中有数。这时,就要求设计技术人员要有徒手快速画出素描图和示意图的能力。当然也要有绘制详细的剖析图、正确的零部件图、CAD 图等的能力,不过,那是稍后工作所要做的,这一步还只是讨论打算设计开发什么样的产品这一问题的研究阶段。如果是企业会议,那就要考虑到会议的参加者不但有设计技术人员,而且有营业部门负责人和制造部门负责人。由于这种会议是产品策划初级阶段的会议,讨论的是如何把前面研讨阶段所确定下来的产品向着开发目标进一步具体推进的问题,因而会议中所用的讲解图不必太过精准,只需采用省略了细节的简单图形,能够向全体与会人员传达共同关心的问题的信息就足够了。当然,如果这段时间里有正在销售的相关产品或其他公司的相关产品,也有必要与之比较并加以介绍。

开发课题:******的开发(开发代码:XX01-01)					
				2004年6月27日 ***开发部 ******	
商品名	市场规模	市场份额	增长率	标准购买层	核查
纵轴风车	$*****/年	4%	7.2%	法人·自治体	
现有技术 (领先技术)	实用新型专利	实绩		其他公司专利信息	对策
① 紊流发生装置	公布专利 *******	H16年度模型	有	规避分析	知识所有权本部
② 翼端板	申请专利 *******	从下期模型起	无		
应解决的课题	开发成本	期限	对应部署	对策技术	
轴振动对策	$***/年	H16.12.9	实验室	振动液化	

图1.3 技术开发表

徒手快速画图是技术人员必须掌握的能力,并且这一点非常重要。初次把真正的设计题目交给大学生做毕业论文时,一开始就要求他们用三维CAD画图。当然,如果不是相当有经验的技术人员,当接受商品规划阶段所提出的设计目标要求时,是不可能一下子就画出图来的。

设计开发工作是许多人协同努力才能完成的,有时候会存在商品规划部门与质量管理部门之间对设计要求发生分歧的情况。这时,就要把这些不同点与各部门的具体情况结合起来,在策划与规划阶段进行必要的调整,已制作好的CAD画面就有可能需要当场重画。在这样的会议上,如果发言者具有擅长绘制素描图和示意图的能力,就易于让到会的各部门设计开发人员对商品的具体形象有一个更深刻的认识,有助于他们获取相关信息而达成共识。

当然,即使是三维CAD,如果其内容是素描和在大致不变的现场就能够轻松操作的内容,会议当中最好也能用CAD来描绘。无论是粗略的草图还是精细的图纸,最重要的是要能够结合会议当时的情况进行自如地描绘。

在尚未习惯于从立体的角度把握产品机构和各部件之间配合关系之

前,画图不是一件很轻松的事,因而,平时就要有意训练自己画素描图和示意图的能力。图1.4所示即为一般素描图的例子。

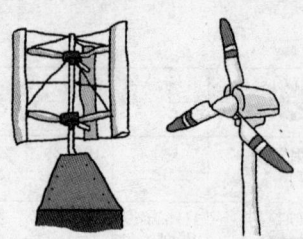

图1.4 把自己想要制作的东西用素描图和示意图表示出来,这种训练很重要

1.2 机构和构造的研究

拟开发机械的开发目标确定之后,接下来就要研究机械的机构和构造。在策划与规划阶段,最首要的是关于开发什么产品这一问题的创意和构想,讨论的中心问题是什么样的方法能提高产品的性能。在技术人员较为集中的会议上,话题往往会偏向技术问题,特别是喜欢谈论自己已有的技术或技术强项,而策划与规划阶段所需要的则是无拘无束的自由想像。

策划与规划确定之后,讨论的中心便转移到如何来实现既定开发项目的问题上面了。这就是,研究开发部门将研究如何把策划与规划阶段已经立项的开发对象进一步具体化这一问题,技术人员则要灵活运用自己的技术来制作出性能良好的机械。通常都要对机械的机构和构造进行具体研究。机械的机构和构造千差万别,本章中不可能全部一一列举。下面仅对研究机械的机构和构造时的步骤予以说明,如图 1.5 所示。

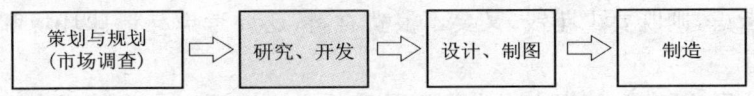

图 1.5 设计开发的过程

读者大概会从本节的标题"机构和构造的研究"联想起各种各样的情景。例如,某人正在画一张由很多齿轮构成并且还缠绕着一条皮带的复杂机械的设计图;某人正在记录安装在实验装置上的材料试样的强度;某人正在进行材料应力的计算等。然而,恐怕很少有人联想到这就是在进行机械设计。要研究机械的机构和构造,就需要学习机械元件的结构,这些问题将在第 2 篇以后具体讲述,这里暂不说明。

下面,我们通过一个实际例子来说明机械设计问题,这样会比较容易理解一些。多数人可能对汽车和铁道车辆这类机械感兴趣,这方面的例子将在第 1 篇第 4 章中介绍。这里先介绍一个非常简单的例子。

即使是设计汽车和飞机这类机械,也不可能一上来就设计汽车或飞机,而是先通过研究分析,确定一个从研究构造和机构到进行具体设计与画图的步骤。

- 情况分析:鸟巢箱的设计

这个例子是要给小鸟做一个像图 1.6 那样的鸟箱。从机械设计的角度来看,它虽然过于简单了些,但对于理解设计问题来说,则比较方便和有效。

一般鸟箱应该做成什么样的呢?
如果自己做的话,
　　花钱要少,
　　制造要简单,
　　要便于徒手画图。

要不要用油漆和合页?这些东西从哪里弄来?

需要考虑的问题还不少呢!

图 1.6　让我们从制作鸟箱说起

这个鸟箱应该做成什么样的呢?这就是设计目标的问题。从小鸟(相当于顾客)的立场上考虑,当然希望箱内宽敞舒适。而从制作者的立场上考虑,则既要少花钱,又要不浪费材料,还要考虑与地球环境和谐的问题。

为了少花钱,可以考虑在家用品购物中心购买三合板等现有规格的木板。假定我们已买到了长 140cm、宽 15cm、厚 1.2cm 的一张三合板,下面就来看怎样用它来制作容积尽可能大的鸟箱。

首先要画出设计部件图。为了能利用现有的三合板制作出容积最大的鸟箱,一般应该根据鸟箱的形状,利用容积计算公式,并通过数学方法求解极大、极小值来确定三合板的裁法。当然也可以不那么做,只要从尽可能不浪费的原则出发把三合板裁成几块,做一个最大的鸟箱就可以了。

当尽可能有效地利用上述买来的三合板裁制鸟箱部件的时候,可以采用图 1.7 所示的裁法。减少制作时的工程量是设计中首先要考虑的问题,因而这里把两块侧板的斜边设计成具有相同角度的形状。考虑到盖板要与侧面板的斜边相吻合,盖板和带孔的正面板顶端还要有一个合适的斜角。此外,因为底板是装在两个侧板之间的,所以,底板大小要减去等于两个侧板厚度的一小块(阴影线部分)。图 1.8 为学生所研究出来的部件图的例子。

图1.7 用一块木板而不浪费地制作鸟箱时的思路

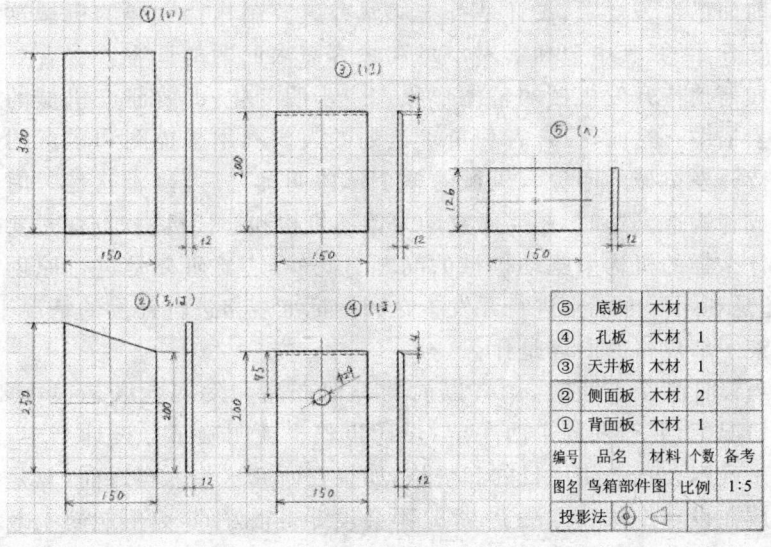

图1.8 研究实例

上述研究过程中,只需徒手边画图边标注上各部件的尺寸即可。如果能画出由各部件组装在一起而得到的鸟箱素描图,那就更好了。最重要的是在裁制木板时,既不能浪费木板材料,又要尽可能地减少裁板时的工程量。

脑子里一边想像着所要制作的物品的形状,一边做类似于上述实例的训练(包括思考练习),这是进行良好设计的第一步。

作为自己确定尺寸的练习,下面的计算对于读者也是很有益的。

① 鸟箱容积的计算。

② 鸟箱各部件质量的计算(假定木板的密度为 600kg/m^3)。

③ 鸟箱总质量的计算。

1.3 设计与制作的过程

前面已经说过了,设计是首先从研究应该制作什么样的机械这个规划问题开始的,其中包括了对市场和顾客需求问题的调查。接着要研究的是如何使待开发机械的整体形象进一步明朗化,即要研究机械的机构和画素描图。这时,设计者和负责策划的人要利用素描图和示意图来加深对待开发机械的印象。机械的整个形象明确之后,接着就是考虑具体的组成和构造。这时,还要研究动力传递机构和连接机构,也就是要研究通过什么样的机构来驱动机械的问题。此外,还要研究是进行原创设计呢,还是利用标准规格进行开发?在利用标准规格进行开发的情况下,就要仔细了解规格的内容是什么。

当设计某个东西时,调查以前的类似产品和发展脉络是很重要的。有的情况下,要开发的东西一定,设计步骤也就明确了。设计当中,最重要的是确定装置的使用目的和规格,如果在研究这些内容之前,只是将注意力放在设计步骤和方法上,那是不会设计得很好的,更不能简单地认为画出漂亮的图就是好设计而试图一下子就画出设计图来。

大学里的机械设计和制图课程是从临摹范图开始的,需要画很多的图,花费很多的时间。因而,学生中有人可能会产生画图就是设计这样的错觉。制图当然是重要的,图不但要画得易懂,而且图纸要规范,但重点还是应该放在弄清物品的构造、机构和应用目的上,以及按照需要来考虑新的机构等方面。要画出易懂的图,最重要的是首先要充分理解设计对象的机构和构造,为此,要特别重视利用素描等形式将产品的构造形象化。现在,使用CAD软件制图已经非常方便,在作图这点上,人与人之间的差别已经很小。而准确把握机械的机构和组成,提出关于部件结构和部件间相互作用等方面的构想,才能真正体现出设计者的水平,这些工作是计算机所不能完成的。必须记住,一定要把利用CAD作图所节省下来的时间都用在设计构想上。图1.9就是在强调这一点。

如前所述,设计有各种不同的过程,其中最重要的是要针对以下几点进行研究:

① 课题的任务是什么?

② 解决课题的方法是什么？
③ 具体操作的方法？

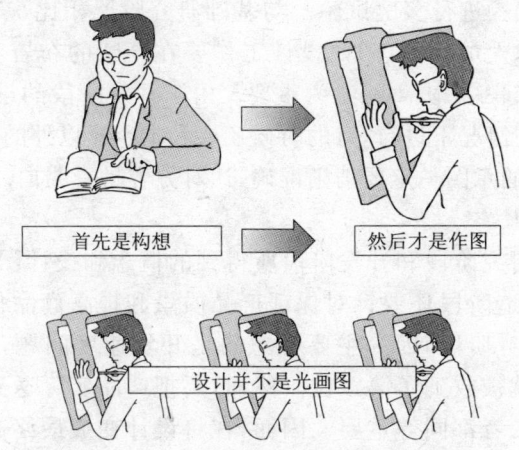

图1.9 设计并不等于制图，构想才是最重要的

即使是同一个产品的设计，也有着不同的设计阶段。初期阶段进行的是基础研究，接着是开发阶段，也就是对具体产品进行研究，最后阶段研究的是产品制作上的问题，其中包括低成本等问题。在这些不同的阶段，技术人员所要求的技术含量、设计方法及关注点也各不相同。

下面给出的是适用于各个阶段的设计方法。

1. 基础研究阶段

基础研究阶段是对产品机构和构造的有关原理和规划进行彻底调查。装置和试验品往往是单件的情况较多，没有基本图纸的情况也有。这一阶段的设计中，与成本相比，理解机构的问题显得更为重要，这就要求各个部分的参数要能够调整，要易于检查各种条件下是如何动作的。另外，由于试制品因条件稍有变化需要频繁检查的情况较多，交货日期短的情况也比较多，因而设计时要预先考虑使其具有基本构造和改变参数的部分。

2. 开发阶段

基础研究阶段所得到的结果，很少能够直接作为产品而做到实用化的程度。开发阶段是企业中开发产品非常重要的阶段。即使是很优秀的基础研究，要达到实际上的实用化，也还有许多重要的关口要过。包括产品的安全可靠性、市场适应性等，许多方面都要在开发阶段进行研究。实际制造的部件都是在这一阶段决定的,因而,很多情况是以本阶段研究的结果为基础来制造模具,这样,本阶段中就还要针对设计是否有误,基本性能是否能够满足等问题进行多次试验。与基础研究阶段相比,参与开发阶段工作的部门和技术人员较多,因而设计工作要在不断的布署和联络中进行。这样一来,报告、联络、协商就尤为重要。由于开发阶段的设计一般要在多次布署和折中的情况下进行,有的时候还要和本企业以外的厂家打交道,因而,图纸所表达的意图一定要清晰准确,让对方容易看明白。

3. 制造阶段

基于基础研究阶段和开发阶段所得到的概念和设计图纸而制造的产品(机械),在制造阶段还要针对保证产品质量和提高商品价值进行研究。例如,在基础研究阶段,因为主要考虑的是开发速度问题,产品的低成本制造问题有时就被放到了第二位。然而,要把产品实际送到市场上去,制造速度和成本二者都同等重要。因而,在将设计变成最终产品之前(或者在交出设计之后),通常都要再针对产品的成本和可靠性进行一番研究。这时,为降低成本而进行的改进,常常会导致产品本来性能的降低或者安全可靠性受到影响等问题。

曾经发生过这样一件事,有一个非常大型的产品,它的一个部件前端有大约 2mm 的弯曲。由于这个产品是 20 年以前设计的,谁也不知道为什么要把这个地方弯曲成这个样子,也不知道它的来龙去脉,因而这个弯曲加工过程一直就这样沿用着。后来,从削减成本的角度提出了一个取消弯曲加工的方案,为了慎重起见,先用没有弯曲过的部件做了一些实验,结果,这种从来没有问题的产品,性能指标却上不去了。后来,又专门就部件前端弯曲对机械整体有什么影响这一问题进行了分析研究,终于找到了部件不弯曲时机械整体性能上不去的原因所在,明白了这个部件要弯成那个样子的理由。

可见,制造阶段的设计其实是非常难的,就像某个部件为什么要做成某种形状这类问题一样,不具备关于产品的广泛知识,是无法弄清所开发出的产品的来龙去脉的。对于在这些部门从事设计工作的技术人员来说,每个人都必须掌握与产品有关的全部机械技术知识。如果把基础研究比作设计过程的上游,那么,上游所要求的是非常专业性的特殊技术的开发,而下游的制造阶段则要求准确地把握那些产品整合当中的学术问题。这两方面的技术没有高低、上下之分,二者都同样重要。每个想成为技术人员的人,都要充分认识自己的性格和上述研究开发工作要求之间的区别,选好适合于自己的工作领域。

===== 小常识 =====

新干线的面貌

新干线是日本值得向世界炫耀的典型技术。新干线的行车速度一次又一次地刷新了铁道车辆的速度极限,率先在世界上实现了安全舒适的运输方式。新干线列车的形状从第一代的O系列起经过了多次改进,开发出了各种各样的形状和方式。新干线列车的形状取决于空气流的巧妙运用,或者说是根据克服空气流阻力的需要来确定的。第一代O系列列车的形状是流线形的,在当时的铁道车辆中,它具有划时代的意义。现在的列车形状是针对空气力噪声和列车在隧道中行驶时所遇到的微气压波问题,在以往克服空气阻力之外,采用了新的对策后的改进型。

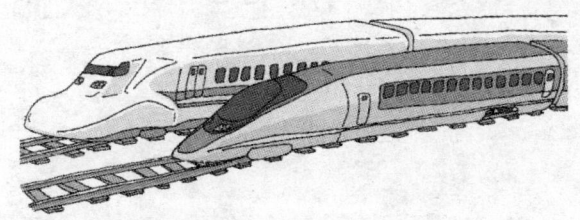

新干线的面貌[700系列(上)和500系列(下)]

500系列列车的头部形状像战斗机的机头一样呈尖形,500系列之后的700系列列车头部形状呈圆形。常常有人问这样的问题,700系列列车头部为什么采用了带有圆形的形状呢?500系列是行驶在日本西部多隧道地区的列车,它的车头形状是根据克服微气压波而定的,样子就像鸟的嘴巴一样,是尖的。700系列列车车头的长度并没有多大变化,而其形状之所以变成圆形,是按照要在确保室内空间宽敞的条件下巧妙利用空气流来进行列车控制的结果。具体地说,就是因为铁路的宽度已定,也就是列车的车底宽度难以改变,所以先把这一部分固定了下来,而为了减少压力波,就要减小车体截面积的变化,于是700系列列车头部的形状就变成了司机台两侧被削去一部分的那种形状。技术人员必须根据设计的目的来开发新的技术,而这也是技术人员的乐趣。

第 2 章

设计基本事项

　　设计当中,一方面要能自由地发挥想像力提出创意或新方案;另一方面则要按照保障消费者安全和产品质量这一要求,遵守一定的规则和约束。这种约束和规则,既有业界的自主规定,也有法律的强制规定。本章中将以日本工业产品标准规格JIS为中心,给出关于工业规格和安全方面的规则。

2.1 设计方面的基础知识

只要是技术人员,谁都愿意制作新装置、开发新技术;并且,谁都希望自己所做出来的东西完美无瑕,既不会坏,也不出故障,更不希望因此而引起麻烦。要想达到这种程度,至少得掌握设计方面的基础知识,在设计工业产品的时候,还必须遵守一定的规则。

■ 首要的问题是产品牢靠性

机械设计所得出的产品都是有形产品,这一点与一般的服务软件或程序等无形产品不同。为了使所设计出的机械产品在使用过程中不致损坏或因状态不良而不能正常工作,设计之初就要充分考虑到它的工作强度等问题。

工业产品设计中必须特别重视产品的可靠性和使用安全性问题。也就是说,从设计之初就要充分考虑到所设计出的机械既不能总是出现故障或损坏,也不能因为机械出现故障而对使用者或顾客带来人身损伤和财产损失。

为了使机械装置不致损坏,设计中最基本的工作是要仔细分析作用在装置上的力(通常称为负荷)有多大,并以此作为强度设计的依据。关于这一问题,将在第6篇中进行详细叙述,读者可以到那里去翻阅,本章中仅就负荷计算的重要性问题,举例予以说明。

1. 用牙签搭建桥梁

日本航空专业学校的谷村先生在讲授结构力学和材料力学的时候,采用了先让学生用牙签搭建桥梁的办法(见图2.1),使学生在趣味中轻松地学到了相关知识,有关资料可在Internet上查阅下面提供的主页:

http://homepage2.nifty.com/SUBAL/BCindex.htm

图2.1是制作"牙签桥"的例子,是让刚入学的一年级大学生作为制作练习来完成的。制作之前并不对结构力学和材力学的问题作任何说明,只是把1000根牙签和木材黏接剂交给学生,让他们搭建一座宽度为50cm的桥。

由于没有向学生解说关于结构力学方面的知识,所以学生们就一边在 Internet 上或别的地方查找资料,一边讨论分析哪种形状的桥既坚固又省材料。最后,还以作品比赛的形式,将重物放到各小组所搭建的牙签桥上,看哪个组的桥的承载负荷能力最强。

结构力学和材料力学是机械设计中非常重要的问题,利用这些知识所设计出的产品至少不会动不动就坏了。产品在使用中发生损坏,有时会酿成很大的事故。因而,已经设计完毕的产品,还要对实物进行破坏性试验,以验证是否真正达到设计指标。实际中,很少有人直接按照理论计算的结果来制作产品,一般还要根据基本数据和经验再考虑加入各种各样的安全系数,破坏性试验是获得经验的重要途径。牙签桥是一种很有趣的"机械产品",任何人都能自己制作,建议大家务必做一做。

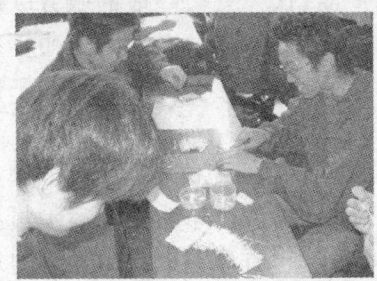 

(a) 制作当中

(b) 已制成的"牙签桥"

图 2.1 用牙签搭建桥梁的实例

2. 自行走木偶

图 2.2 是一个江户时代所制作的"奉茶童子"的复制品,是当作科技教具来卖的,它可以用来学习齿轮连杆机构的工作原理。这个木偶能端着茶碗从屋里走出来,当客人接了茶碗时,它还能转过身再走回去。

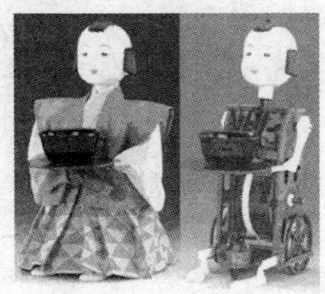 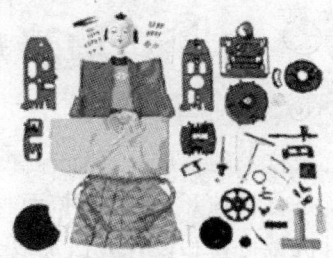

自行走木偶

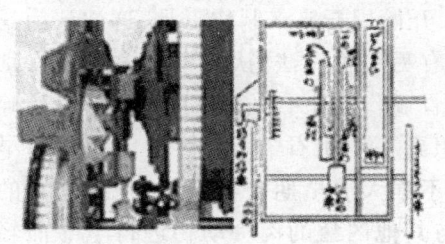 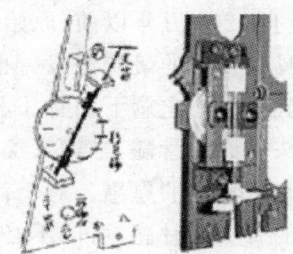

巧妙的前进机构　　　　　　　巧妙的速度调节机构

图 2.2　自行走木偶("奉茶童子"复制品)

(学研社 Internet 主页,2004[1])

尽管该木偶是江户时代的作品,但它已是具备了控制机构的一种机械,当给茶碗里倒上茶时,控制杆就会向上抬起,齿轮就会自动转动。

"奉茶童子"复制品的驱动动力采用的是发条机构的弹力,也就是发条这个弹性体变形时所产生的能量。江户时代的木偶中所用的不是发条,而是鲸鱼的胡须。

当木偶内部的转盘转到某个角度时,它就会牵动另一个部件,木偶就会发出下一个动作。这种控制机构也可以说就是一种存储机构,它能够定时控制反转的时间。看起来木偶是用脚轻轻擦着地板往前走的,而实际上是车轮子在行走。车轮子上安装着一个曲柄机构,当转动轴偏离车轮时,这个曲柄机构就带动着木偶的脚往前走了。

木偶的行走速度可以利用齿轮组合及重锤来调整。这个小小的木偶里面安装了许多齿轮,因而他能够完成复杂的动作。

齿轮机构是机械设计中常用的基本部件,建议大家把它当作设计复杂机械前的准备知识来加以认真学习。

2.2 机械材料与设计之间的关系

机械技术的发展是伴随着材料开发的发展而前进的。技术开发也可以说就是材料的开发和利用,而材料的进步又会产生出新的技术。本节中将对机械材料和设计方法加以介绍。

■ 材料的发展与技术

大约在 200 万年以前,原始人开始用石头来制作工具,这被认为是人类对工具和技术的最初开发。也有另一种说法,认为早期人类是以别的大型哺乳类动物吃剩下的骨头和骨髓作为主食的,为了把硬骨头打碎了来吃骨头里面的骨髓,早期人类想到了使用石器[2]。石器的使用给早期人类带来了莫大的恩惠。对于尚不强大的早期人类来说,吃的是别的动物不吃的骨头和骨髓,可以不必与其他凶猛的肉食动物进行争斗而轻易得到食物。在以这些东西作为食物的同时,又由于手的使用而促进了智力的发展,使人类自己进化成了能使用工具的种群。人类最初所用的工具属于打制石器,身边的石头就是早期人类制造工具的材料。

石器时代中间夹着一个冰河期,是一个持续了很长时间的时代,到了公元前 8000 年的时候,农耕和畜牧才刚刚开始。这个时代里所用的工具是以石头、骨头、河里漂浮下来的木头等作为材料制作的。

到了公元前 1700 年前后,从埃及到希腊的广大地区发现了青铜。青铜是一种铜里面混有锡的混合金属。这一时期里,许多建筑工具、基本农耕工具、武器等已经开发出来了。

此后,小亚细亚东部一带的赫梯人成功地炼出了铁,开始了铁器时代。铁比青铜硬,也容易冶炼。很快便传播到了全世界。

到了 15 世纪,钢也能炼了。炼钢需要用高温炉和向炉内鼓风的装置,真正意义上的实用化炼钢是从 18 世纪才开始的。

以上介绍表明,材料的开发是经过了很长时间才发展起来的。

现在,新的材料接连不断地开发出来了,如质量轻而强度高的铝、用树脂加固玻璃纤维而形成的 FRP、由碳纤维构成的 CFRP、拉伸强度等于钢铁 5 倍的芳香族聚酰胺纤维等,不但品种繁多,而且性能越来越好。

航空工业特别需要又轻又坚固的材料,这样的材料在材料开发中所占的比例很大。

飞机材料最初曾使用过木材,经过铝合金、塑料、玻璃纤维等非铁材料的发展,现在采用的是复合材料。下面给出的是飞机所使用的主要材料及其用途。

1. 金属材料

(1) 铝合金、硬铝:用于机身结构。

(2) 镁合金:用于轻部件,负荷大的部分不能用。

(3) 钛合金:用于发动机等高温部件。

(4) 高张力钢:

① 铬钼钢:用于螺栓和连接器。

② 镍铬钼钢:用于高强度部件。

(5) 不锈钢:用于耐腐蚀部件。

2. 非金属材料

(1) 塑料。

(2) 玻璃纤维。

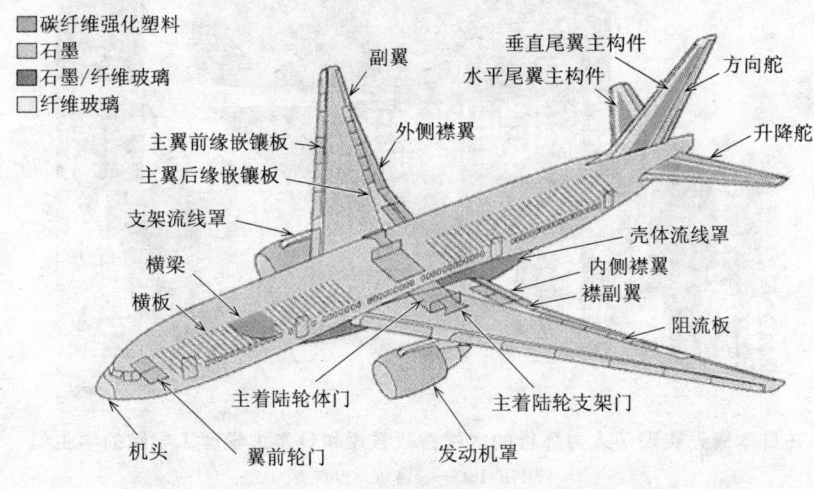

图 2.3　飞机上所用的复合材料

(JAL Internet 主页,2004[3])

3. 复合材料

这类材料有经过环氧树脂加固后而形成的强化塑料(FRP: Fiber Reinforced Plastics)、纤维材料上使用了玻璃纤维而形成的玻璃纤维强化塑料(GFRP:Glass Fiber Reinforced Plastics)等。将碳纤维化之后所形成的碳纤维强化塑料(CFRP:Carbon Fiber Reinforced Plastics)也已经实用化了。图2.3中示出了复合材料在飞机上的应用位置。

===== 小常识 =====

人力飞机与材料

由于能源环境等问题,风力发电受到了人们的关注,叶轮直径达到80m长的大型风车已经制造出来了。风力发电的发电量取决于叶片旋转时的端部速度,与风车的受风面积成正比。因而,直径大的风车对提高发电量有利。大型风车的制作成功,与近年来材料的进步有很大关系。当叶轮的直径达到80m的时候,它自身的质量和旋转时的离心力都很大,已经不能用以往的材料来制作了。现在,由于有了复合材料技术,大型风车的开发也就有了可能。

在日本最先实现了人力飞行的木村秀政教授和日本大学理工学院的学生们
(NHK Internet 主页,2004[4])

有一个由于新材料的开发而大幅度提高了机械产品性能的典型例子,这就是人力飞机。日本大学的木村秀政教授和他的弟子们所研制的"红雀"号人力飞机(见上图)于1966年2月在调布机场进行了日本最早的人力飞行,飞行距离大约为10m。"红雀"号人力飞机主要是用木材制作的,开发之初,重量和强度问题是最大的课题,重量问题尖锐到了连黏接剂的重量都得仔细考虑。27年之后的2003年,日本大学所制成的人力飞机在琵琶湖上空飞行了34 654.1m,实现了长距离飞行。之所以能达到这个飞行距离,除了机身结构和空气力学的进步之外,材料的进步是有重大贡献的。

2.3 产品的标准化和规格

20世纪是个发明的世纪和科学的世纪,也是个批量生产的时代。在批量生产中,产品质量的一致性非常重要,因而就要对部件和产品进行标准化。于是,工业产品便有了各种各样的标准和规格。

2.3.1 批量生产时代的产品

20世纪也被称为汽车的世纪。在这个世纪的初期,汽车生产上出现了一个划时代的方式,这就是亨利·福特公司的生产方式。福特公司把所生产的汽车种类收缩为T型福特车一个车种,在汽车厂里装备了传送带,并对各作业过程进行了一次彻底的合理化改造。T型福特车省去了一切无用的装饰,只追求车的功能,结果使制造时间缩短到了只有以前生产时间的1/12,销售价格降到了只有其他公司产品价格的1/3。这是福特公司的一大成功杰作,它所采取的批量生产方式也成了20世纪产业技术的核心。

在实现批量生产和批量销售方面,部件通用化扮演着重要的角色。部件生产厂家只有尽可能把供应给各个整机生产厂家的部件通用化,才有可能大幅度降低生产成本。虽然不完全相同但在标准协议下可以通用的部件,也可以进行批量生产。

标准化和规格的制定也促进了产品质量和可靠性的提高。工业产品开发中所制定的各种规格,正在被众多的企业所采用。

2.3.2 国际规格

日本的汽车已经为世界各国大量采用,每个月大约有40万辆日本汽车出口到世界各地。同时,日本也进口了许多外国汽车。除了汽车以外,各种工业产品的贸易也很活跃。为了能够顺利地使用这些工业产品,技术内容共享这一问题便成了必然的趋势。这样,就需要有国际性的标准或规格。

与国内的工业规格一样,国际标准(global standart)是国际间就产品的质量、性能、可靠性、尺寸、检验方法等内容所制定的规格。

国际标准化机构（ISO：International Organization for Standardization）是一个由世界各国的标准化制定机关组成的国际标准化机关。ISO可以根据世界各国的状况和地球环境作为一个整体的观点来制定和修改国际规格，特别是可以从国际市场竞争的正当性、发展中国家的支援、消费者需求的保护等方面来制定国际规格。

关于 ISO 的各种规格，请参看 http://www.iso.ch/iso/en/ISOonline.frontpage。

技术人员进入企业后首先要学习 ISO 的知识，就是关于工业产品质量问题的 ISO 9001 规格。ISO 9001 是个用于构建企业中产品"质量保证体制"的规格。出口产业往往必须取得 ISO 9001 的认证。ISO 9001 将以图纸和设计文件的管理为首，对于提高产品质量、改善业务方法等企业业务内容进行定期调查。

ISO 14001 是对于各组织为保护环境而持续地做了哪些努力的问题进行评价的规格。按照这个规格，各组织要自己设定环境保护的方针、目的和目标，提出为达到目标而继续采取的改善方法，通过逐个检查后，构建环境管理系统（EMS）（见图 2.4）。日本国内对环境问题很重视，多数企业都已取得了 ISO 14001 的认证。

有了环境管理系统，就要经常按照计划（plan）→执行（do）→检查（check）→评估（action）的周期，不断地为减轻环境负荷而努力。

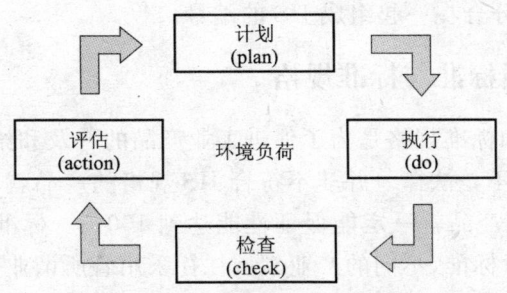

图 2.4　环境管理系统的例子

2.3.3　JIS 规格

前面说过，国际贸易中也正在比照世界各国的情况寻求工业产品的通用化和规格化。国际规格方面，正在以世界各国的工业规格为基础向着制定更好的标准规格而努力；日本国内的标准规格已经按照日本工业规格(JIS)制定出来了。JIS 规格不同于关于机械和工业产品的法规,它是关于工业产品任意规定的一个参考标准。JIS 规格并不具有法律那样的强制性。但是,消费者或者企业间在进行商品贸易时,是以 JIS 所规定的规格来确保产品具有一定水准的质量和性能的,因而在国内的多数企业中得到了应用。JIS 的主要用途如下:

(1) 设定质量。这一举措的目的是给出一定的产品质量水准。它一般是考虑到消费者保护和公众性来设定的。而安全和环保方面的质量要依据相关法规来进行标准化。

(2) 提供产品信息。即提供产品的尺寸、性能、成分、强度等信息。

(3) 使检验方法标准化。即提供产品的性能和检验方法等,通过提出性能评价的标准方法来谋求企业间数据可靠性的提高。

(4) 提高生产效率。通过标准化,可以使通用部件的生产批量化,以及确保部件在组装和更换时的可互换性。

(5) 促进贸易发展。即按照国际标准化机构和民间的一致意见来谋求工业标准化,从而使自由贸易得以维持和发展。

2.3.4 JIS 的分类

表 2.1 所示的分类表能给技术人员了解 JIS 规格带来方便。JIS 规格原则上由两部分组成,一部分是一个表示类别的英文字母,另一部分是 4 位数字,两部分合在一起组成 JIS 的编号。

2.3.5 实质标准与标准规格

工业规格和标准规格是为了促进工业产品的普及和给消费者带来方便而制定的,它不是法律。并非不符合 JIS 规格的产品就不能卖,也不是符合 JIS 规格的产品就一定能保证性能达到 100%。标准规格毕竟是个任意规定的参考标准,不同的产业领域往往采用着所谓业界标准,或实质标准,也就是事实上的标准。当然,这种事实上标准也是根据一定的需要任意规定的,没有法律的强制性。在计算机和 IT 产业领域中,产品开发周期短,不断地有新产品上市;因而,业界最畅销产品的规格实际上是作为标准规格来对待的。由于实质标准的产品在产品规格上握有主动权,因而生产这种产品的企业就有可能在相应的领域里得到快速发展。于是,各公司大都为把自己的产品做成实质标准产品而大量提前投资,积极推进技术开发。这种技术上的竞争也就成了技术革新的原动力。

下面是几个实质标准的例子：

① 家用电视录像机(VHS)。
② 个人计算机操作系统(Windows)。
③ 计算机通信协议(TCP/IP)。

表 2.1　JIS 分类表

符号	领域	详细内容
A	土木与建筑	一般设施、结构;试验、检查、测量;设计、计划;设备、门窗;材料、部件;施工;施工机械
B	一般机器	基本机械;机械部件类;FA 通用;工具夹具类;机床;光学机械、精密机械
C	电工、电子	测量、试验用的仪器用具;材料;电线、电缆、电路用品;电气机械器具;通信仪器、电子仪器、部件;灯泡、照明器具;配线器具;电池;家电产品
D	汽车	试验、检验方法;通用部件;发动机;底盘、车身;电气装置、仪表;建筑车辆;产业车辆;修理、调整;试验、检验器具;自行车
E	铁路	线路的一般设施;电气列车线路;信号、安保仪器;铁道车辆一般设施;机车;客货车;钢索铁道、索道
F	船舶	船身;发动机;电动设备;航海仪表、计量仪器;发动机用的各种测量仪器
G	钢铁	分析;原材料;钢材;铸铁、铣铁
H	非铁金属	分析方法;原材料;铜合金压制品;其他压伸材料;铸件;功能性材料;加工方法、器具
I	化工	化学分析、环境分析;工业药品;石油、焦炭、煤焦油产品;脂肪酸、油脂制品、生物工程;染料原料、中间产物、染料、火药;颜料、涂料;橡胶;皮革;塑料;照相材料、药品、测定方法;试剂
J	纤维	试验、检验;线;纺织品;纤维制品;纤维加工设备
K	矿山	采矿;选矿、选煤;搬运;安保;矿产品
L	纸浆、纸	纸浆;纸;纸制品;试验、测定
M	管理系统	标准物质;管理系统等
N	窑炉工业	陶瓷器;耐火器材、绝热器材;玻璃、玻璃纤维;搪瓷;水泥;研磨器材、特殊烧制品;炭精产品;窑炉工业用的特殊设备

续表 2.1

符号	领域	详细内容
O	日用品	家具、室内装饰品；燃气灶、餐具、厨房用品；日用器具；打扫用品；文具、办公用品；娱乐用品、音乐用品
P	医疗安全器具	医疗用的电气设备；一般医疗仪器；牙科设备、齿科材料；医疗用的设备、仪器；劳动安全；与福祉有关的仪器设备；卫生用品
Q	航空	专用材料；标准部件；机身；发动机；计量仪器；电气装备；地面设备
R	信息处理	程序语言；图形及文件处理、文件交换；OSI、LAN、数据通信；输出设备、记录媒体
Z	其他	物流机器；包装材料、容器、包装方法；通用试验方法；焊接；放射线；微图学；环境、资源循环；工厂管理、质量管理

参考文献

［1］ 学研ホームページ「http://www.gakken.co.jp/」，学習研究社（2004）
［2］ 島　泰三：親指はなぜ太いのか，中公新書（2003）
［3］ JAL ホームページ「http://jal.co.jp/jiten/dict/g-page/g108_2.html」，日本航空（2004）
［4］ NHK ホームページ「http://www.nhk.or.jp/projectx/124/」，日本放送協会（2004）

第3章

知识产权

　　设计开发工作是技术人员的创造性劳动，是知识的生产过程。就像艺术家和音乐家的作品受到著作权保护一样，技术工作者所设计出来的知识产品也将以知识产权的形式受到保护。与技术有关的知识产权有发明专利、设计专利和实用新型专利等。众多的技术工作者都在为了把自己所开发的技术注册成专利而日夜奋斗。知识产权不仅是对发明使用权利的保护，也显示了从事新技术开发的技术人员或发明者的技术能力、身份和地位。对于志在成为技术工作者的年轻人来说，了解知识产权的有关知识是很重要的。

3.1 知识产权

当今，Internet 已经把整个世界连接起来，不光是信息在全世界范围内穿梭如流，就连人材和器件也在全世界范围内流动着。新技术和技术革新在全世界范围内发布，日本所开发出的技术在英国形成了产品，韩国所想出来的具有划时代意义的点子将用来实现沙特阿拉伯的工业化。这是一个技术在世界上广泛传播的时代，技术革新和发明本身也成了贸易的材料。为了保护这些知识产权，世界各国都制定了专利法。对于技术工作者来说，专利和知识产权就是重要的财富。

3.1.1 知识产权的概念

知识产权是用于保护知识产品的法律，它包括著作权、商标权、符合反不正当竞争法的商品形态及名称、专利权、实用新型专利权及图案设计专利权。图 3.1 示出了知识产权的保护范围。

知识产权
- 著作权 —— 表达方法及内容的保护（小说、诗歌、音乐、绘画、雕刻等）
- 商标权 —— 商品及业务标志的保护（商品和店铺的招牌等）
- 反不正当竞争法 —— 广为人知的商品、名称及业务形态的保护
- 专利权 —— 利用自然法则所创造出的技术中的高级成果的保护
- 实用新型专利权 —— 利用自然法则所创造出的技术成果的保护
- 图案设计专利权 —— 物品图案设计和服装设计的保护

图 3.1 知识产权的保护范围

以上内容中的专利权、实用新型专利权和图案设计专利权就是保护设计开发人员的科研成果的。

3.1.2 专　利

日本专利法第 1 章总则的第 1 条写道："本法律旨在通过对发明的保护和使用来鼓励发明，并以之促进产业的发展"。

这就是说，制定专利法的目的既在于保护发明成果，也在于鼓励发明。现在，国际间技术开发十分活跃，光是生产现有产品是很不够的，更重要的是要通过新技术的开发和发明来促进技术革新，从而增强在国际

上的竞争力。新技术和新产品的开发往往需要花费大量的费用和时间，而如果花费巨额投资所开发出来的新产品被别的公司仿制了去，原开发公司反而就不能继续投资了，因此，对于开发出某项技术的公司和个人进行保护是很必要的。

专利法中把应该受到保护的发明定义为"利用自然法则所创造出的技术思想中的高级成果"。既然是"利用自然法则"，那就说明违反能量守恒定律那样的第二类永动机或者幻术妖法之类的东西是不能成为专利的。不过，近年来往往也把以前不能成为专利的商卖方法之类的内容作为专利而予以承认，专利申请范围已经变得更宽了。图3.2提示您，有了新点子最好随时记录下来，以便研究工作有了进展时，即时申请专利。

图 3.2　新点子也是可以申请专利的

专利法所保护的当然是原创性发明，模仿别人的发明而做出来的东西是不能作为专利而得到保护的。另外，能够从别人的发明或以前的技术简单推测出来的那种凑凑合合的东西，也是不能成为专利的。

因此，申请专利的时候，要事先调查一下，是否已经存在着与自己的研究相类似的产品。

在专利局申请过的专利，从申请之日起，一年零六个月后将公开发布在专利公报上，如果想了解最新专利信息，可以去查阅专利公报。

3.1.3　专利的申请

世界上能作为专利来申请和曾以专利为目标而被研究思考过的东西很多，但作为专利而注册的只是其中的一部分。专利法是为了保护发明者的权益而制定的法律,发明者必须把自己的发明写成申请书,到专利局去办理申请手续,专利局受理后要对申请书进行审查,然后才能作为专利而得到认可。除了美国以外,多数国家采用的是最先申请原则,也就是说,只要是经过了一定的申请手续而最先作为专利获得认可的,就承认该项技术是专利。美国采用的是最先发明原则,即使以前没有作为专利申请过,只要能证明该项发明比任何人都早,现在的申请仍然可以作为专利而得到承认。因此,正在考虑申请美国专利的企业,或者预计到可能会与美国发生专利纷争的企业,通常要准备一份称为"专利备忘录"的文件。这种备忘录是一个比 A4 版面稍微大一些的笔记本,里面贴着或者记录着实验和研究开发当中的创意和开发数据资料,并且要有第三者所签署的日期和签名。

  这些内容将作为第三者对发明时间的证明材料,在执行最先发明原则的美国,它对于解决专利纷争是很有效的。

  日本采用的是最先申请原则,也就是说,要先写出专利申请书到专利局去办理申请手续。专利申请书是一种称为明细表的文件,文件中对发明内容的记载必须达到能够让其他人理解和实施的程度,所申请的专利保护范围必须归纳得很简炼,使第三者能够看明白。由于明细表中所记载的要求和声明将受到专利法的保护,所以,一定要把所要求的保护内容和所主张的权利范围写得很明确。

  下面是明细表中应写的内容和能够被作为发明而得到承认的条件:

(1) 必须是专利法中所定义的发明,即应是利用自然法则所创造出的技术思想中的高级成果。

(2) 必须能在产业中得到应用和实施。这就是说,如果是学术论文,无论它的内容本身多么新,都不可能成为专利。学术论文中所记载的一般是广为人知的内容,它是一种公知例(既知事实)。由此便可知道,并非所有的新规律发现和发明都能成为专利。

(3) 必须证明所申请的专利并不是以前曾被认定过的发明,因为专利法是旨在保护新发明的法律。

(4) 由广为人知的知识稍加改变而得到的东西不能被认为是专利,因为对专利的定义是"所创造出的技术中的高级成果"。

(5) 即使内容中有新规律方面的知识,也达到了相当高的程度,但如果是反社会和反伦理的,也不能作为专利被认可。

如果是符合以上条件的发明,就可以拿着必要的文件到专利局去申请专利。已申请的专利内容将在申请之日起一年零六个月之后在专利公报上公布,此后还要再经过专利局的审查,才有可能作为专利被认可。如果有第三者对专利公报中所发布的内容不服,或者专利审查官判定为不符合专利要求,专利局会向申请者发出拒绝通知书。接到拒绝通知书后,申请者还有机会就被拒绝内容的专利正当地进行陈述和再次接受审查。最终审查合格的专利,将得到从申请之日起到专利有效期为止的 20 年专利保护。

3.2 工业产品与专利

众多的企业在通过生产活动(包括服务性业务)为社会作出贡献的同时,都把目标瞄准在获取最大利润上。日本的制造业借助于以往的优秀技术和高水平质量管理技术,生产出了受到全世界欢迎的产品。现在,技术革新和经济活动的全球化正在不断地向前发展,这就需要在原来的基础上进一步开发出附加价值更高的产品。专利是保护企业提高产品附加价值和鼓励企业率先进行技术开发的措施,众多的企业都在努力推进工业产品的专利化。

3.2.1 工业产品专利的申请

日本国内每年的专利申请数量在 40 万件左右,得到注册的专利在 10 万件以上(见表 3.1 和表 3.2)。无论是国内还是国外,既然是在进行技术竞争,当然都很看重专利的重要性。

表 3.1 申请件数

	1993年	1994年	1995年	1996年	1997年	1998年	1999年	2000年	2001年	2002年	2003年
专利	366 486	353 301 96.4%	369 215 104.5%	376 615 102.0%	391 572 104.0%	401 932 102.6%	405 655 100.9%	436 865 107.7%	439 175 100.5%	421 044 95.9%	413 092 98.1%
实用新型	77 101	17 531 22.7%	14 886 84.9%	14 082 94.6%	12 048 85.6%	10 917 90.6%	10 283 94.2%	9 587 93.2%	8 806 91.9%	8 603 97.7%	8 169 95.0%
图案设计	40 759	40 534 99.4%	40 067 98.8%	40 192 100.3%	39 865 99.2%	39 352 98.7%	37 368 95.0%	38 496 103.0%	39 423 102.4%	37 230 94.4%	39 267 105.5%

表 3.2 注册件数

	1993年	1994年	1995年	1996年	1997年	1998年	1999年	2000年	2001年	2002年	2003年
专利	88 400	82 400 93.2%	109 100 132.4%	215 100 197.2%	147 686 68.7%	141 448 95.8%	150 059 106.1%	125 880 83.9%	121 742 96.7%	120 018 98.6%	122 511 102.1%
实用新型	—	8 785	13 766 156.7%	12 981 94.3%	11 356 87.5%	10 406 91.6%	9 959 95.7%	9 038 90.8%	8 762 96.9%	7 651 87.3%	7 669 100.2%
图案设计	38 708	34 948 90.3%	34 887 99.8%	35 495 101.7%	37 418 105.4%	36 264 96.9%	41 355 114.0%	40 037 96.8%	32 934 82.3%	31 503 95.7%	31 342 99.5%

最近,将大学所具有的基础技术作为种子技术而兴办企业的情况和通过企业联合来共同进行产品开发的例子逐渐增加。如果能充分利用大学里的知识财富来取得专利收入,就可以使研究费用和优秀人才都得到保证,因而,以促进大学研究工作的专利化和企业化为目的的机构正在得到完善。

从整体来看,直接来自大学里的专利申请还不算多,只占专利总数的5%,但如果把大学与企业共同申请的专利(26%)也算进去,专利总数的31%就都与大学里的发明有关。如何把知识财富应用于工业化,这也是国家产业政策上的重要课题,从大学活性化的意义上来说,这一课题将会越来越重要。

3.2.2 专利纷争

专利能提高企业的产品附加价值,增强企业的竞争力,因而,各企业都在为得到好的发明而日夜奋斗。发明一旦取得专利权,产品开发所需的技术就可以独家使用,并且还可以对其他公司提出关于专利使用的诚信要求。

现在,不但产品是买卖对象,技术和信息也是世界范围内的贸易品。在这样的形势下,专利战略已成了企业和国家产业政策的重要方面。美国在20世纪末曾一度下降了的产业竞争力,就是依靠IT产业和专利战略而重新上升起来的。

作为发明和专利对企业战略造成影响的例子,下面的两件事很能说明问题。一件是日本的照相机公司被美国企业提出了关于侵害镜头自动对焦机构专利权的诉讼,结果不得不向对方支付了超过100亿日元的和解金。另一件是日本的8家半导体厂家从美国的半导体企业那里索取了200亿日元以上的和解金。

可见,不持有专利权就会使企业利益遭受很大的损失,而知识产权的确保和运用则会给企业命运带来转机。换句话说,工程师应该提高自己开发专利项目的能力,即使是每天在设计当中所进行的细小改进,也要养成把它们与发明联系起来仔细加以考虑的习惯。

虽然专利备忘录中已有记录,但也得注意美国专利执行的是最先发明原则。另外,即使是专利声明中没有明确写出的事项,在能够预想到最终效果的情况下,发明当中尚不知道的方法也可能作为专利而成立。因此,在起草专利稿的时候,要尽可能把声明的范围写得宽一些。

在某一装置的最佳形状和尺寸已知的情况下,还有一种把数值和形状本身加以专利化的手段,称之为"数值限定"。不过在一般情况下,所限定的数值范围被回避的可能性较大,因而通常多采用在声明中对实施例加以记述的办法。

当要把开发之中的技术加以专利化的时候,有几个问题需要予以注意,这就是一般担任技术开发工作的人往往容易一头扎进自己所直接面对的技术研发项目当中忽视了其他方面,因而应该随时提醒自己,从发明的新构想刚一浮现出来就要进行以下的研究:

(1) 要列举类似的构想和替代方案。

(2) 要着眼于利用本发明制作物品时的制造方法,而不光是立足于发明本身。

(3) 要着眼于利用本发明制作物品时的材料,而不光是立足于发明本身。

(4) 要列举不许利用本发明来获取非法利益的商品范围。

第(1)项是为防止专利纷争而备,即在申请专利时要预先想到其他公司也可能想到的那些发明,或者假设其他公司已经有了相似的方案,而将其作为回避对象而予以研究。第(2)项和第(3)项是考虑到多数发明都会导入新的技术,并且会涉及制造方法和材料,这种情况下,如果采用不直接针对发明本身而是把制造该发明产品的方法加以专利化的办法,将会有利于独家开发产品。第(4)项也一样,是为了把采用该发明所生产出的商品也纳入专利声明的范围之内。

考虑发明项目的时候,要准备一个如表3.3所示的检查表,预先对专利声明的整体性和扩展性进行检查,然后再动手写专利内容,这样做有利于做出好的专利。

专利纷争不但会发生在企业与企业之间,企业与个人之间也可能会发生,特别是在能给企业带来巨大利益的专利项目研究开发成功之后,如何评价研究人员个人业绩的问题将会成为纷争的焦点。以前认为,公司在存在着许多风险的情况下为研发专利项目投资了经费,专利研发成功了,公司多分一些报酬是对承担风险的回报。现在,有的公司为了确保奖励发明者和保护优秀技术人才队伍,从而激励技术人员的工作积极性,使个人分得高额报酬的例子也很多。蓝色发光二极管的开发者与企业之间

表 3.3 专利检查表

发明表					
	(1) 主声明	→	代替方案		回避方法
	(2) 声明 2	→	代替方案		回避方法
	(3) 声明 3	→	代替方案		回避方法
	(4) 声明 4	→	代替方案		回避方法
对象产品	竞争公司		制造方法		相关专利(本公司)
销售规模	市场占有率		材料、加工方法		相关专利(其他公司)

的专利诉讼案作出了对发明者有利的判决，由此可以预料，企业内部今后对专利发明者的个人权利将会给予大幅度的认可。在法律上，填写在专利证书上的发明者是独立于企业的，即使是企业内部的发明，发明者本人也是作为发明人来注册的。专利实施权和成功后的报酬问题，一般要由发明者和申请者（通常多是由企业来申请的）之间的协议来确定。

小常识

人类的共同财富与发明

昭和初期，一位名叫安藤博的少年发明了多极真空管，取得了多项专利。由于多数企业都支付不起专利费，使收音机的生产遇到了很大困难。松下幸之助在开始生产收音机时，把这些专利统统买了下来，并且无偿地提供给生产厂家使用。由于松下幸之助开放了真空管的专利，许多企业都能够加入到收音机制造行业中来了，从而开创了自由竞争的局面和雇用生产方式。风格稍有不同的是计算机方面的情形。作为多数人都要使用的计算机操作系统，Linux 无偿地配给了用户，供其自由使用，这一点与松下幸之助的做法相似。但另一方面，计算机业界分成了两派意见，一派认为程序是人类的共同财富而应该作为开放性资源，另一派则认为程序是商机而应该成为商用软件。诚然，向先行开发了有关技术的企业支付一定的报酬是无可非议的，但是，本应作为人类共同财富的东西，却被专利束缚住了，这种作法究竟对不对，倒是个值得深思熟虑的问题。

松下幸之助的思路是，假如整个社会都富有了，购买本公司产品的人也就多了，因而他认为首先让社会富有起来最为重要，于是，他做出了开放专利的英明决断。社会能不能通过执行彻底的专利诉讼来达到富有呢，这是个需要认真思考的问题。例如，能够把可以治疗某种疾病的基因作为注册专利而独家占有吗？能够把某种特定植物的成分作为注册专利吗？能够因为某个人的脾脏组织具有抗癌作用，他就擅自把自己作为专利加以注册吗？如果把能治疗艾滋病和艾博拉病等关乎人类生存的药品生产技术作为专利而交给特定企业，这能说明是为了人类健康吗？特别是，如果把基因信息专利化，那就会连判断究竟是谁的基因信息都困难了，给基因信息附加上价格和价值能行得通吗？果真有能治病的基因的话，它是人类的共同财富吗？

3.3 专利的实际例子

知识产权法受到了广泛重视,大学里已经开设专利方面的课程和让学生通过事例分析来撰写模拟专利了。下面就来根据实际专利加以介绍。

1. 双口灯头的启示

一说到发明,就让人想起松下幸之助的双口灯头。图 3.3 所示的双口灯头是松下幸之助于 1918 年发明的,当时,一般家庭很少有使用多个电源插座的情况,当这种既能插上灯泡又能从灯头上引出一条电源线给其他电器供电的双口灯头制作出来时,立即就成了热销产品。

双口灯头是针对如何解决"消费者需求"(没有足够的插座)问题,经过研究后提出并研制出来的产品。按定义,专利是指"利用自然法则所创造出的技术思想中的高级成果",而从根本上来说,消费者的需要才是促使研究开发人员考虑应该发明什么东西的催化剂。有些发明是从种子技术派生出来的,但一般情况下,大多数发明都是由于消费者有需求才被开发出来的。因此,要想搞出好的发明,就要在如何满足顾客愿望和社会需求方面多下一些功夫。

图 3.3 双口灯头

2. 专利申请书的内容

起草专利申请书时首先要填写图 3.4 所示的专利公报,这个专利公报将在申请之日起一年半以后公开发布。公报内容有以下几项:

(1) 公布序号和申请序号。它们是用于专利检索的,专利检索可以在专利局的网页上进行。

(2) 申请日期。所申请专利的日期填在这里,这个日期将成为这项专利的发明日期。

(3) 申请人。这里填写的是为了行使专利权而向专利局申请发明项目注册的人(即法人)的名字。

(4)发明者。这里填写的是提出发明方案的人的名字。发明者和申请人不一定是同一个人。

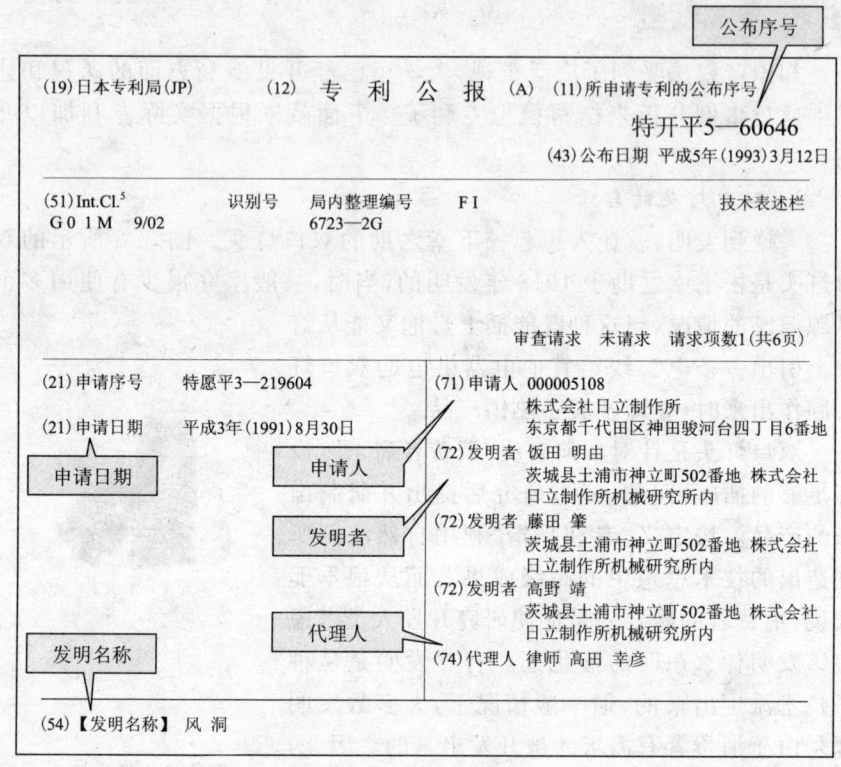

图 3.4 专利公报

另外,还要填写专利申请明细表。这个明细表是填写所申请专利的具体内容。首先要填写内容提要。下面以双口灯头专利为例给出示范。

【提要】

〔目的〕 提供一种能够由照明供电线向家用电器供电的电灯灯头。

〔构造〕 由照明电灯灯头和至少能引出一根电源线的接口构成新型照明电灯灯头。

〔效果〕 在电源插座不够用的情况下,可以同时给照明电灯和家用电器供电。

从以上示例可知,提要部分要填写三种信息,首先填写这项发明的开发目的,接着填写这项发明由什么构成,最后填写能由这项发明得到怎样的产业效果。提要是让人了解这项发明的概貌的,一定要写得简明扼要。

接着还要填写明细表的正文。首先要写明这项发明所要求的权利是什么。这是一种请求或声明,也就是希望通过专利权来加以保护的范围是什么。请求项可以填写多项。

例如,【专利的请求范围】这一栏可以如下填写:

【本专利的请求范围】

[请求项1] 具有以下特点的电灯灯头,该灯头上不但能安装灯泡,而且至少能再安装上另一个灯头作为给别的设备供电使用。

接着填写关于这项请求的详细说明。

【本发明的详细说明】

[产业上的应用领域] 本栏目填写这项发明能够在什么领域里使用。

[以前的技术] 本栏目填写以前已有的技术。对于以前技术所存在的问题要填写清楚,以前的文献和专利要尽可能都填上。

[本发明拟解决的问题] 本栏目填写前述技术所不能解决的问题,并写明这项发明要解决什么问题。最后填上"本发明将给出能提供＊＊＊的方法"等。

[解决问题的办法] 本栏目填写如何解决上述已写明的拟解决问题的具体办法,基本内容与请求项的内容要一致。

[作用] 本栏目填写由这项发明所带来的影响。

[实施例] 本栏目要用具体例子和图纸对这项发明是什么样的发明进行详细说明。各构成单元要标注上专用名词,还要对其效果和作用加以说明。

[本发明的效果] 本栏目填写由这项发明能获得什么效果。

[图纸的简单说明] 本栏目对于用于说明的图纸进行说明。

[符号的说明] 本栏目对于图纸中所用的符号进行说明。

书写专利申请书的时候,上述由黑体字印成的栏目一定要填写。

请求项中所写的内容,必须能让人看得懂请求专利法保护的装置是由什么样的部件所构成的,以及这个装置具有什么样的机构和构造。基本要求是,无论是谁,只要看了其中的描述,都能够很方便地制作出相同的东西来。因而,各构成单元及各单元之间有什么样的关系,都要填写清楚。专利申请书是一种不同于一般文章的特殊文章,需要通过阅读标准

41

规格的专利申请书来熟悉专利申请书的表达方法。拿一些生活中感到为难或者担心的事,把它们当作专利来写,将是一种写专利申请书的好练习。也可以经常想一想汽车和家电产品等日常用品的构造和形状为什么会是那个样子。工业产品都是通过在创意上下了功夫才研究开发出来的,虽然并不是所有的产品都能成为专利,但通过对它们的剖析研究,就有可能引发出新的发现或发明。

3. 开发出专利的方法

不言而喻,专利和发明是需要发挥个人想像力的,这一点很重要。不过,几乎所有的发明都是在"突破现状"的过程中产生出来的,那些在产品开发当中喜欢对问题刨根问底和经常互相交流信息的技术人员,最有可能萌发出新的思想,特别是不同专业领域的技术人员之间,信息的交流和共享就更为重要了。有些技术,在这个专业领域的人看来是自然而然的事,但对于另一个专业领域的人来说,很可能就是要么根本不了解,要么虽然也了解,但却不知道如何去利用它,因而,定期召开例会,大家在一起就所遇到的问题和解决问题的办法进行讨论,其意义和作用也就更为重大。此外,互相报告所开发的专利事例也很有好处,它不但能使技术人员相互得到启发,而且可以从对方那里学到解决问题的方法。还有一点更为重要,这就是遇到困难和挫折时不要气馁,要有对技术执着追求的精神。

诺贝尔奖获得者田中耕一先生曾经犯过一个错误,他错把油滴在了试料上。但就是这件浪费了试料的坏事,使他在后续的实验中取得了重要数据,意想不到地有了新发现,并且因此而获得了诺贝尔奖。这件事告诉人们,失败的时候千万别灰心,成功的秘诀就在于要有从失败中发现问题的本领、不被常识所束缚的灵活性思维,以及坚韧不拔的奋斗精神。

作为蓝色发光二极管的发明者,中村修二先生是加里福尼亚大学的著名教授。蓝色发光二极管是他在公司中止了项目开发的情况下独自继续开发成功的。由于得不到公司的支持,他买不起昂贵的器材,必要的器材全都是用手工制作的。然而,这样的研究开发条件,反而使他亲身领悟到了与产品有关的各种性质,最终成功地开发出了性能理想的蓝色发光二极管。在此之前,红色的和绿色的发光二极管都已经开发出来了,惟独缺少蓝色的发光二极管。中村教授想,如果能把蓝色发光二极管开发成功,那么,红、绿、蓝三种基色的发光二极管就齐全了,一流的高亮度显示器就有可能商品化。正是从这一社会需求的高度考虑,中村教授以其执着的奋斗精神,把开发工作坚持到最后,并获得了成功。

图 3.5　只要有理想、坚持不懈,就有成功的希望

第 **4** 章

设计步骤实例

　　前几章讲述了设计过程的一般概念、注意事项和知识产权问题。这些内容与其说是学问，不如说是实际经济状况里的动态变化实例，光是说一说很难获得实感。本章中将以实际开发汽车和铁道车辆为例，站在技术人员的角度，对设计时的实际步骤予以归纳。

　　这些实例在设计概念上与各种各样的设计是相通的，希望读者能通过这些具体的实例学到必要的概念。

4.1 机械设计的实际例子

本书是以学习机械工学的学生和刚刚开始在企业里或相关部门从事机械设计的年轻技术工作者为读者对象而编写的。设计的风格和方法与担当设计工作的技术人员有很大关系,至少每个企业有每个企业的特点。其中,既有多数企业一般通用的事例,也有只用于特殊情况的事例,很难作一般性论述。本章中首先介绍设计者应该遵循的事项,然后再给出具体的实例。就这些实例本身而言,未必对每位读者的具体设计项目直接有用,但它们都凝聚经验丰富的技术人员们的智慧,相信读者定能从中学到很多有用的知识。

4.1.1 与设计开发有关的事项

关于设计开发的实例,将在 4.2 节以后介绍,这里先来介绍一些为了搞好设计开发工作而应该注意的事项。

1. 报告、联络、商谈

制造业或者其他有组织的开发活动中有三件事情非常重要——报告、联络、商谈,即报、联、谈,也就是例行报告当前开发状况、就必要的事情进行联络和为解决问题而进行商谈。如图 4.1 所示。

除了大学里的毕业论文等之外,一般的设计任务都是由一个设计组来承担的。多数情况下,设计组各成员的工作都是齐头并进的,每个人分头进行自己所担负的工作,到了一定的程度再合并起来作进一步的开发。这样,项目负责人就要随时了解每个人所承担工作的进展情况,要考虑某一技术的变化对整个项目的影响,要随时协调整个项目的进度等。为此,设计组各成员就要随时向项目负责人作例行"报告"。

与例行报告不同,"联络"指的是当发生了任何问题的时候要主动与各有关部门联系。部件因某种原因出了问题而不能按时交货时,一定要与各有关部门联系,并且越早联系越好,这样有利于采取补救措施。如果因为怕难为情而不及时联络,就会失去补救的机会。例如,在发现某个部件因为尺寸或强度有错误而必须尽早更正的情况下,如果能在当日之内联系好,那可能只是个推迟交货的问题,而如果过了两三天才去联系,说

图 4.1 报告、联络、商谈

不定部件已经加工出来了,其结果就造成了浪费。企业活动中,及时联络是非常重要的。

"商谈"指的是当发生了某种故障或者自己解决不了的其他问题时,要及时和有关专家商量,请教解决问题的办法。不用说,请教得越及时,问题也就会解决得越快。隐瞒问题是最要不得的。设计本身就是一种人们集中自己的智慧去尝试解决问题的工作,必然会有设计得不好或者不顺利的时候,有了错误或麻烦不能隐瞒回避,而要找专家去请教,早日找出解决问题的办法才是最明智之举。

2. 5S

5S(整理、整顿、清洁、清扫、良好习惯)是以制造业为首的许多领域里很流行的一个词,它的含义包括了"整理、整顿、清洁、清扫、良好习惯"这五个词的全部词意。日语中,这五个词的第一个字母都发"S"音,因而人们便把这五个词合起来称为"5S"。如图 4.2 所示。

在日本,制造现场对 5S 的要求是非常严格的。这是因为,虽然 5S(或者它所包含的任一个词)并不是生产活动本身,但从保证制造出优质产品这点上来说,5S 却是绝对不可忽视的。

图 4.2　5S(整理、整顿、清洁、清扫、良好习惯)

在实验装置和设备部件堆放得乱七八糟的场所,人的思维条理性也难以清晰;工具和必要物品不加整理、整顿,工作效率就不会高;机械和装置不彻底打扫干净并保持清洁,便很难确认它们是否没有缺陷或其他问题。只有在能够自觉地做好5S的车间里,才有可能在出现技术问题或者其他情况时立即作出相应的反应和迅速到位的处理。机械设计工作也一样,如果不养成5S这样的良好习惯,图纸、设计资料、文件就会像山一样地胡乱堆放,既不利于提高工作效率,也会影响设计的质量。

3. 安　全

在进行机械设计的时候,要考虑到能让生产现场的工作人员在安全舒适的环境下工作。这虽然不是设计本身的工作任务而是生产现场中的问题,但是,设计人员总得想着自己所设计的图纸最终是要在生产现场制造成产品的,因而就需要预先了解生产现场的情况。如果不知道所设计的东西是在怎样的生产流程下制作的,那是不可能搞出好设计的。如果生产现场所进行的是不稳定性作业,辛辛苦苦设计出的图纸说不定会成为废纸。这些关于生产现场安全性的问题,设计部门的技术人员也是应该加以考虑的。

具体地说,就像配电盘周围放置东西或者地板上放置加热物件这类问题,设计人员也应该给予注意。如果配电盘周围放着东西,紧急时刻配电盘打不开,那就可能会造成事故。如果把加热了的东西直接放在地板上,或者带车轮的架子上没有刹车装置,一不小心就会造成现场事故。如图 4.3 所示。

图 4.3　设计制造现场一定要保证安全第一

4.1.2 机械设计的实例

多数正在学习机械工学的学生都希望将来能在企业里实际从事产品的设计和开发。机械工学这门学问很有趣,如果当把这些学问与实际制作东西结合在一起时,就更有趣了。

然而,学习实际设计和制作并不是件轻松的事,一般情况下,光是在大学里学习力学基础知识和设计制图基础知识是不够的,进入企业后还要通过上岗培训(OJT:On the Job Training)的形式学习实际物品的制作。OJT是一个很有效的培训方式,它已被许多的企业所采用,今后也将会继续作为有效的培训方式而被采用。

OJT是一种紧密结合实际的教学方式,也是个以即将担任的工作为核心进行个人培训的教学体系。它不但可以让新职工学到即将上岗所需的业务知识,而且,对于设计开发来说,更有一番特殊意义,这就是企业里长年积累下来的技术信息和决窍可得以传承,有利于构筑企业的基础技术和形成企业自己的开发理念。

本章后两节将由两位资深技术工作者介绍两个他们自己所设计产品的实例,这两个实例就是汽车和新干线铁道车辆。汽车和新干线铁道车辆是日本的具有代表性的技术,在这二者的开发上,既有共同之处,也有不同之处。例如,在汽车开发上,由于顾客的要求千差万别,因而最大的问题是究竟该开发什么样的汽车才好。而在新干线开发上,作为顾客的铁道公司,已经有了。明确的发展蓝图和经营战略,也就是说顾客的要求已经比较明确了。于是,企业有没有能符合顾客所要求的技术这一问题便成了重大课题。这就表明,汽车开发和新干线开发在市场运作方面有很大差异,但在"为最大限度满足顾客要求而努力"这点上,二者是相同的。

新干线和汽车这两个设计实例,对初学者来说,第一印象可能是"太难了"。这并不奇怪,因为这两个例子都是站在实际进行开发设计的资深技术人员的角度上介绍的,还没有参加过设计的学生自然会感到难懂。初学者们可能更关心具体的设计和制图之类的内容,不过,请大家先认真地阅读这两个设计实例,它们一定会在各位今后设计各种产品时起到参考作用。到了自己设计过第一个产品之后再来读一读这里所讲过的内容,就会有"原来如此"的感受。等到您自己也带领着部下进行设计的时候,也写一写非常重要的开发内容,就又会有更深的理解了。

这两个例子也不必去死记硬背,先把它当作专栏小常识中的内容去读就可以了。今后在进行设计开发的时候,再回头翻看,这两个例子会使您融会贯通。

小常识

失败学

在研究、开发、设计当中,失败是难免的。有时候,非常努力地想设计一个优秀产品却没有成功;有时候,不希望发生的麻烦事却发生了。这种情况并不少见,工程师们的工作就是解决这些问题的。

1940年11月7日,当时以世界第三长桥而著称的塔科马纳劳兹吊桥遭受到狂风的袭击,刚刚峻工4个月就被破坏了。损坏的原因是桥在风力作用下所引起的振动频率达到了桥的固有振动频率,从而产生了谐振现象。这座桥损坏之后,人们对研究结构件振动与风的关系这一问题的重要性有了更为深刻的理解

(川田忠树,1987[1])

日本的企业以质量管理严格和做事认真而名冠世界,但也发生过令人不可思议的大事故。东京大学名誉教授烟村洋太郎是失败学的倡导者,他认为应该允许失败,同时强调失败了不能原地踏步,而要从失败中学会迈出向下一步飞跃的步伐。工程师的工作是向新的事物挑战,失败是很自然的事。重要的是不能遮掩失败,也不要把失败搁置起来不管,而是应该根据实验的实际情况和数据,分析失败的原因,把握造成失败的关

键原因所在，积极寻找解决问题的办法。本田宗一郎先生说过，挑战性工作中的失败是允许的，这样的失败能产生出新事物。当然，第一次失败后的第二次继续挑战，即使再失败，也应该是有所前进的失败。志在作一名工程师的青年学生朋友们，希望你们不要担心失败，但也不要忘了应该保持谦虚的心态和努力从失败中学会成功的奋斗精神。上图示出的桥是个设计考虑不周到的桥，并且也是个使人们得到了"失败是成功之母"启示的桥。

4.2 设计实例之一——铁道车辆

铁道车辆是在铁道这种专用线路上运行的车辆,其运行由铁道经营者自己进行管理。经营者既拥有铁道线路和车辆,也对线路和车辆进行保养维护。铁道车辆的生产采用订货方式,即经营者以自己的经营效率为判断基准,先提出发展规划和车辆规格,然后以订货的方式委托制造者去生产。这是铁道车辆开发环境不同于其他交通工具开发环境的一个特点。本节将针对这种开发环境,就铁道车辆开发任务的分担和设计流程等问题予以叙述。

4.2.1 铁道车辆开发任务的分担

要理解铁道车辆设计的流程,首先得知道铁道车辆这种产品的应用环境。与其他交通工具相比,铁道车辆应用环境的最大特点在于它是利用专用线路来运行的,并且运行线路和线路上所运行的车辆都归经营者所有,线路和车辆的保养维护也由经营者自己承担。

由于铁道车辆是利用专用线路运行的,并且这种运行又是由经营者自己在管理,因而它有利于实现高速度、高密度、大运输量的运输和安全稳定地运行,从而效率较高。从提高经营效率的角度考虑,经营者希望采取这样的车辆生产方式,即经营者自己根据所希望的运行状态来决定最适合于在所经营线路上运行车辆的基本规格,而把车辆的设计制造工作按照委托生产方式交给制造者去完成。制造者则依照委托方所给出的基本规格为订货方设计和制造铁道车辆。这样,铁道车辆的设计与制造之间就有一个任务分担的问题。

图4.4所示为开发新的铁道车辆时的任务分担情况。我们首先说明经营者所分担的任务。首先,经营者要把握经营的需求,并制定符合经营需求的运输量、运输时间等运输规划。然后,再根据运输规划研究所需车辆的种类和数量等车辆规划,并审查其对于经营的效果。如果审查结果认为需要这种新车辆,就进一步针对行驶线路来研究这种新车辆的最佳性能和构造等基本规格。

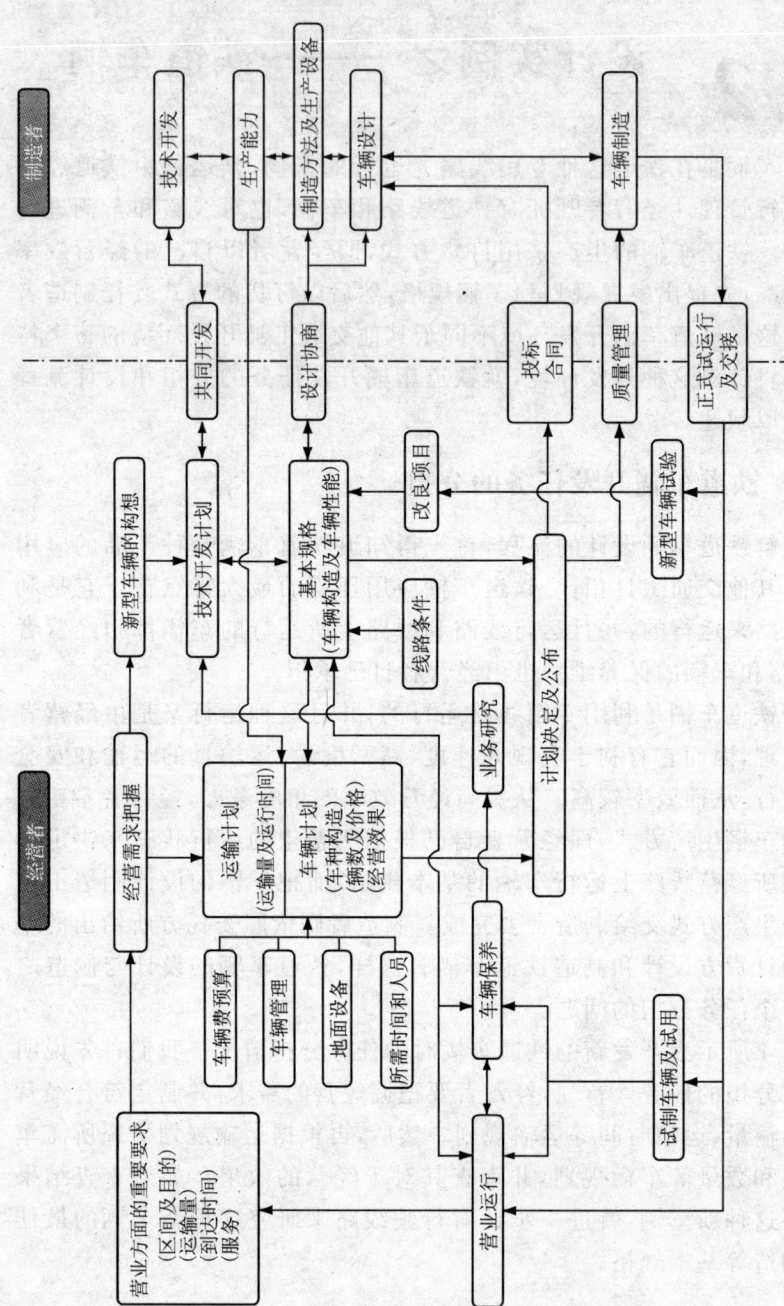

图 4.4 铁道车辆开发任务的分担

如果需要针对提高新车辆速度等问题进行技术革新,还要制定技术开发计划。一般情况下,技术开发是作为经营者和制造者的共同开发任务来实施的,其开发成果将在车辆的基本规格上得到反映。制造者在进行铁道领域特有技术开发的同时,还担负着通过吸收和应用铁道以外技术领域中所开发出的新技术来实现本技术革新计划的任务。

就经营效果问题对车辆规划和新车辆基本规格进行审查后,如果判断为良好,规划就确定了。已确定的规划将予以公布,然后,基于已公布的车辆规划和基本规格进行投标,确认它们与投资计划的匹配性。匹配性一经认可,经营者与制造者之间即可签定订货合同。合同签定以后,制造者便可着手进行车辆设计,但由于这种新车辆将来是由经营者来使用和保养的,所以制造者在把基本规格所规定的各个项目内容变成车辆的具体构造时,要事前就车辆细节的规格和构造征求经营者的意见,经营者要从经营效率方面对其进行审查。在这种征求意见和审查经营效率的过程中,制造者和经营者之间将会对设计方案反复地进行协商。

上面,主要是对铁道车辆的设计环境作了说明,概括起来说就是,经营者分担的是关于车辆设计的方向性和必然性方面的任务,而制造者则分担关于车辆技术的可行性及对可行性加以扩展方面的任务。

4.2.2　电气化列车的设计流程

电气化列车是乘客乘坐得最多的铁道车辆,下面就以它为例来介绍铁道车辆的设计流程。

图4.5示出了电气化列车的设计流程。如前所述,其基本规格是全部由经营者提出的。其中,车箱编组的节数、电动车比例、加减速度、最高运行速度、目标车辆质量、车辆尺寸、乘车人员等都是基本规格中的内容,轨道坡度、弯道半径、弯道外轨高差、许用轴重等也是作为线路条件由规格说明书给出的。

制造者接受了规格说明书后,首先对电气化列车的行驶性能进行计算机仿真,并计算出实现这些行驶性能所需要的电力变换装置、主电动机等驱动装置的控制容量和控制性能。接着按所算出的控制容量和控制性能进行机器设计。设计这些机器时,要综合利用电气工学、电子工学、机械工学、热力学等各种工学技术,并把相应的机器画成设计图纸。

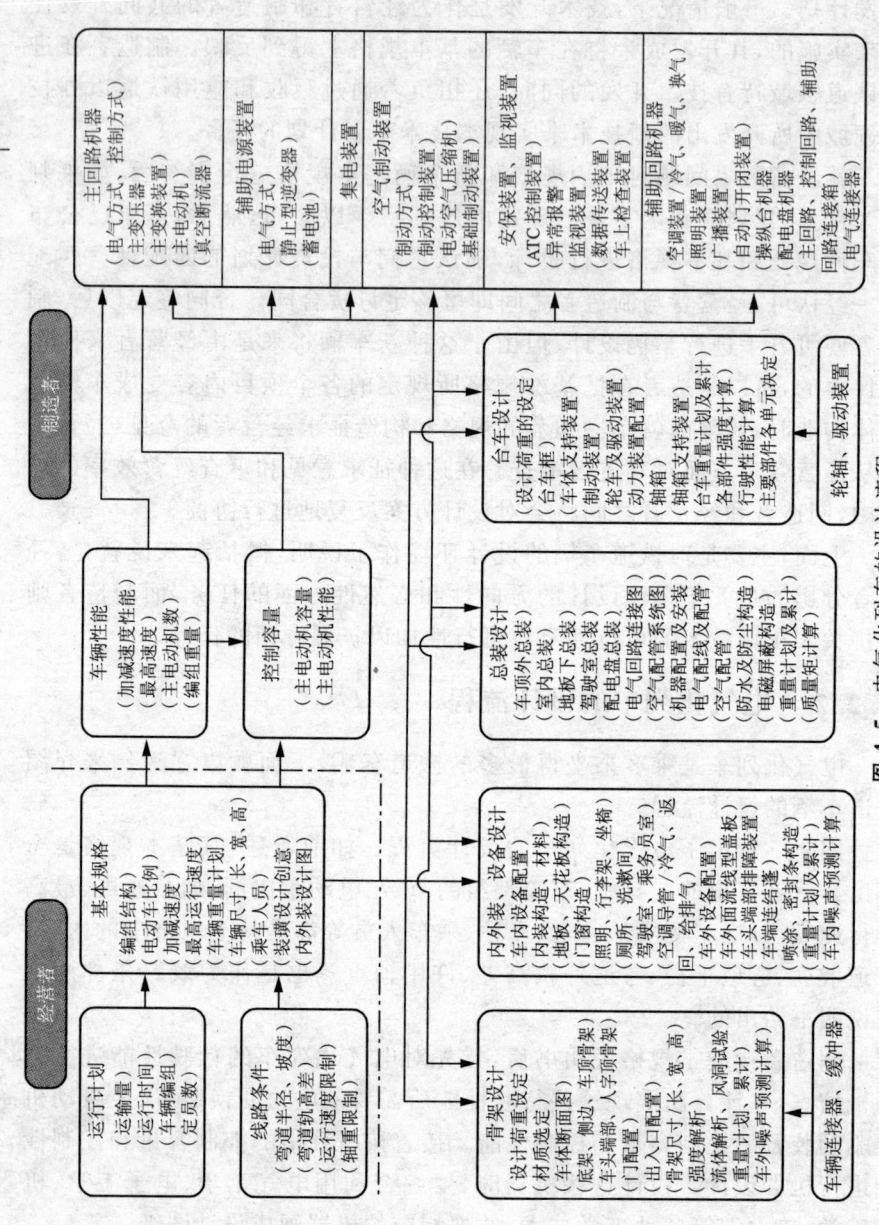

图 4.5 电气化列车的设计流程

电气化列车所用的机器不光是驱动装置,还有辅助电源装置、集电装置、制动装置、安保装置及监视装置等,除此之外,还有空调、换气、照明、广播等各种辅助机器。这些机器一般都需要综合性地利用各种工学学科的技术,各有自己的设计流程,它们的设计和制造将由各个专业领域的制造者来分担。

各个专业领域的制造者分别设计制造出的各种装置和机器总装起来,便得到了电气化列车。这个设计和制造的过程总称为车辆设计,通常由称为车辆工厂的制造厂家来承担。作为各种装置设计的具有代表性例子,下面将对车辆工厂中某个具体车辆的设计制造步骤予以说明。

4.2.3 铁道车辆的设计制造步骤

铁道车辆的设计制造步骤如图4.6所示。如前所述,基本规格是由经营者提出的。车辆工厂接受了经营者所提出的基本规格后,首先着手制定基本开发计划。

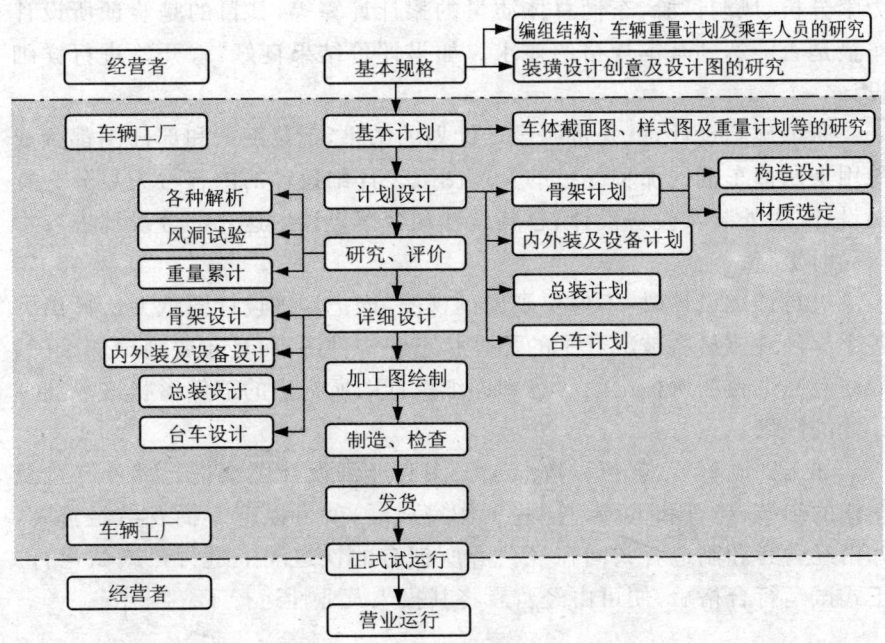

图4.6 车辆的设计、制作步骤

基本开发计划中所研究的是:画出车体的纵截面图和横截面图、由纵横截面图的信息汇总成编组状态、由编组状态组合成概略的车体外形形状,并画成样式图。然后,根据样式图和车体纵横截面图来确认车内空间是否能保证容纳基本规格所要求的乘车定员,以及是否能确保驾驶室、乘客室、出入口、厕所、洗漱间等车内设备所需的空间。

这些内容得到确认之后,接着开始制定设计计划。这种设计计划的内容大致可分为骨架设计计划、内外装及设备的设计计划、总装设计计划和台车设计计划,这些设计计划可以并行进行。铁道车辆的骨架也像飞机的机身、汽车的车身、船舶的船身一样,是个基本结构件,其形状为筒形。它既构成了车体的最外层壳体,又支撑着整个车体的重量,因此必须有足够的强度和刚性。由于它的质量在整个车体质量中所占的比例很大,所以其构造设计计划和材质选定是两项很重要的设计项目。

如果设计计划是个考虑得很周到的计划,接着就可以对其进行研究和评价。研究和评价的手段包括骨架强度的分析、车头端部形状的流体力学分析、风洞试验、车辆总体质量的累计计算等,其目的是验证所设计车辆是否能达到基本规格的要求。如果评价结果良好,就开始进行详细设计。

所谓详细设计,就是按照设计计划的结果,把装配图和部件图都画成能用来制造车辆的那种等级的具体图纸。详细设计的内容可大致分为骨架设计、内外装及设备设计、总装设计和台车设计。这几部分设计内容可以同时进行。

进行详细设计时,不但要画出剖视图,即把详细设计图纸上所标出的各个部件画成材料被剖开了的那种状态的构件图,而且还要画出加工图,即注有从剖视图所标出的状态到详细设计图所标出的部件形状这一加工作业的图纸。

加工图画好后,就可以按照加工图和详细设计图来进行部件制造及车辆的组装、检查和试验。这些工作完成后,就可以把车辆发给经营者,并由经营者和制造者共同在经营者所拥有的铁道线上进行正式试运行。正式试运行合格后,便可由经营者将其投入营业性运行了。

4.2.4 车辆构造的概要

设计的具体流程非常复杂,很难通过简捷的方式来表达。另外,依据详细设计来进行制造时,构造方式也是各种各样的,其具体设计流程各不相同,很难给出一个标准设计流程。下面对于采用模块化方式所制造的构造实例给予概要说明,这种构造方式将会成为今后构造方式的主流。

1. 骨架的构造

骨架是由一次构件、二次构件和三次构件构成的。一次构件是指保证整个车体的质量、强度、刚性等基本机能的筒形构造部分;二次构件是指支撑内、外装和设备的内部构架;三次构件是指支撑小件机器、配管配线等的安装构架。

图4.7示出了一个按模块化方式来制造骨架构造的实例。按照模块化方式,一次构件、二次构件、三次构件都是通过把铝合金中空挤压型材的截面加工成所需形状而制成的。由于所有的构件都是同一种材料,所以只要把这些构件材料沿着车辆的纵向排列起来,就能够利用机器人等自动加工机器,使材料加工、构件组装、焊接、开口部分的加工等,构成极为合理的装置生产工艺过程。此外,采用铝合金材料和模块化方式也有利于实现骨架的轻量化。

从设计的流程来看,以往的设计顺序是首先设计一次构件,从而优先保证车体强度等基本机能。然后,再依次进行内、外装与设备设计和总装设计,所需的二次构件和三次构件是在进行相应的设计时才追加上去的。而模块化方式的思路与此不同,它是以一次构件的设计为依据,首先把要连接到一次构件上面去的内、外装与设备构件及总装构件按其连接方式加以标准化,预先做出充分的设计计划,这样,便能够在一次构件设计的同时取来二次构件、三次构件,使设计安装过程更加紧凑、合理。

模块化方式的骨架构造设计思想是在保证车辆基本机能的同时,优先设计供乘客进出的内装与设备构造以及供车辆安全检查维护人员进出的外装构件和总装构件。这是一种先进的设计思想。

2. 内、外装及设备的构造

内、外装及设备的构造是乘客能直接看到和触摸到的部分,它们所营造的环境是供乘客临时居住的。虽然乘客只是临时住在这里,但也要有与住宅相同的设备和质量,应该舒适、肃静、隔热。不过,有一个先决条

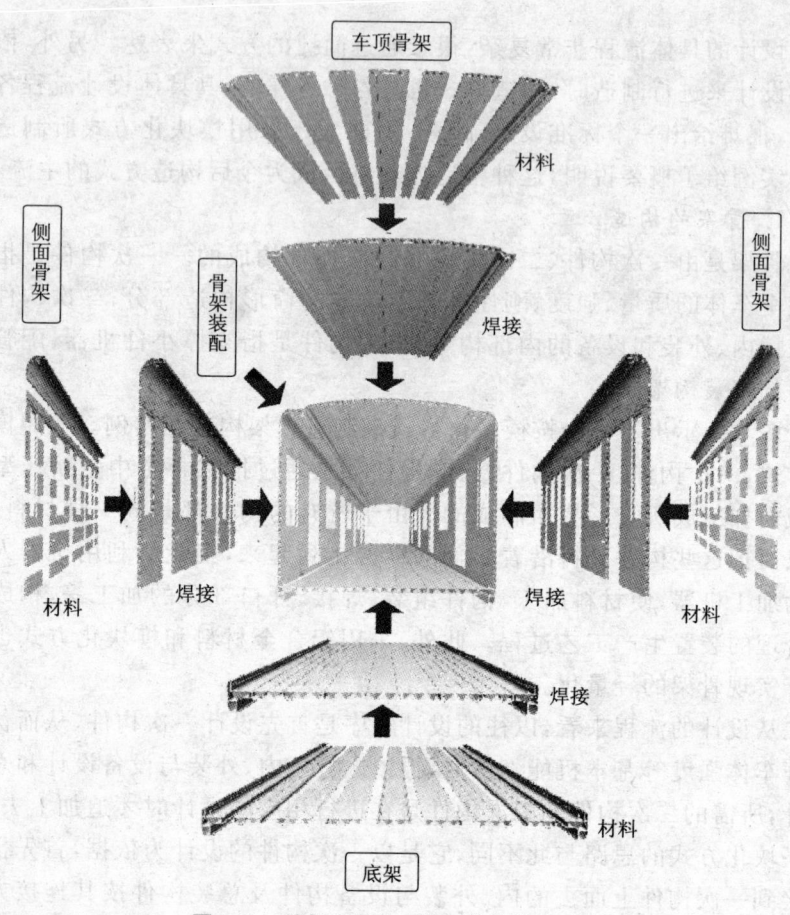

图 4.7　骨架实例(双表皮模块化方式)

件,这就是车辆有一个容许质量限度,因为不但铁路的承受能力是有限度的,而且列车高速行驶时的耗能也会对车辆质量提出限制。

　　早期的电气化列车中,骨架构造这个一次构件所占的质量比例和成本比例很大,再加上列车高速行驶所需的驱动装置的质量和成本,使得车辆的内装和设备构造不可能再过多地增加质量和成本,那些内装构件就只能拼拼凑凑地作为二次构件、三次构件用螺栓拧在表皮材料上或者粘贴在表皮材料上,形成了一种骨皮构造。并且,设备构造也被限制在最小限度之内,只能优先考虑厕所和洗漱间了。

随着骨架构造和驱动装置技术的进步,它们的质量和成本已经大大减小,内、外装和设备的构造质量及成本比例已经可以增加了。这样,模块化方式的内装和设备构造就可以摒弃以前那种刚性受制于一次构件、二次构件的骨皮构造,内装和设备构造本身也可以成为具有必要强度和刚性的独立构件了。

图 4.8 示出了按模块化方式设计的内装构造的实例。由于内装和设备构造是独立的部分,它们也就可以与一次构件分开设计,并由副生产线来进行制造。这些构件一旦独立生产,按编组单位生产车辆的情形就可以变为按车种建立主生产线而采取标准化节拍时间进行自动化生产了。并且,这些副生产线生产出来的东西与一次构件间的连接也可以采用标准化连接,连接螺钉的根数也可以减少,不但组装时的作业量减小了,而且还可以提高外观装潢设计的质量。

 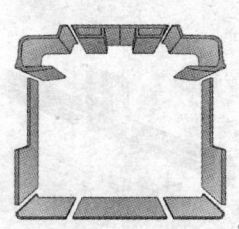 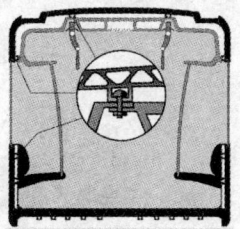

(a) 骨架构造(双表皮模块化方式)　　(b) 内装构造(独立型模块化方式)　　(c) 内装组合构造(调节轨方式)

图 4.8　内装构造的实例

从设计流程来看,在以前的骨皮构造情况下,必须要等到骨架构造这个一次构件的设计达到一定程度以后,才能着手进行内、外装和设备构造的设计。而在模块化方式下,只要按基本计划确认了车体截面图和设备空间,并把内、外装及设备与骨架的连接点定下来,就可以在允许的空间范围内独立地并行设计。

特别是内装独立型模块化构造,不但自身的强度和刚性可以得到保证,而且有利于车辆的轻型化,同时有利于兼顾提高绝热性、隔音性和吸音性等机能,这是因为它采用的是双表皮构造,即它是由里、外两层表皮材料和夹芯材料构成的复合性构造。

3. 总装的构造

电气化列车的总装构造,指的是为了让列车安全、平稳行驶和让乘客旅途安全舒适所赋予车辆的一些构造。总装设计大致可分为机器配置设计、空气配管设计和电气配线设计。机器配置设计是指配置和安装各种机器;空气配管设计是指为了给所配置的机器供应空气能量而需要配置空气管道;电气配线设计是指为了给所配置的机器供应电能和电信号还需要配置电线。

图4.9示出了按模块化方式设计的总装构造实例。从设计流程来看,首先是进行机器配置的设计。机器配置设计的基本原则是要便于车辆检修人员的进出、有利于空气和电能畅通地流动,以及管线的总长度达到最短,并且还要考虑到所配置机器对质量矩的影响及对轮重的影响。

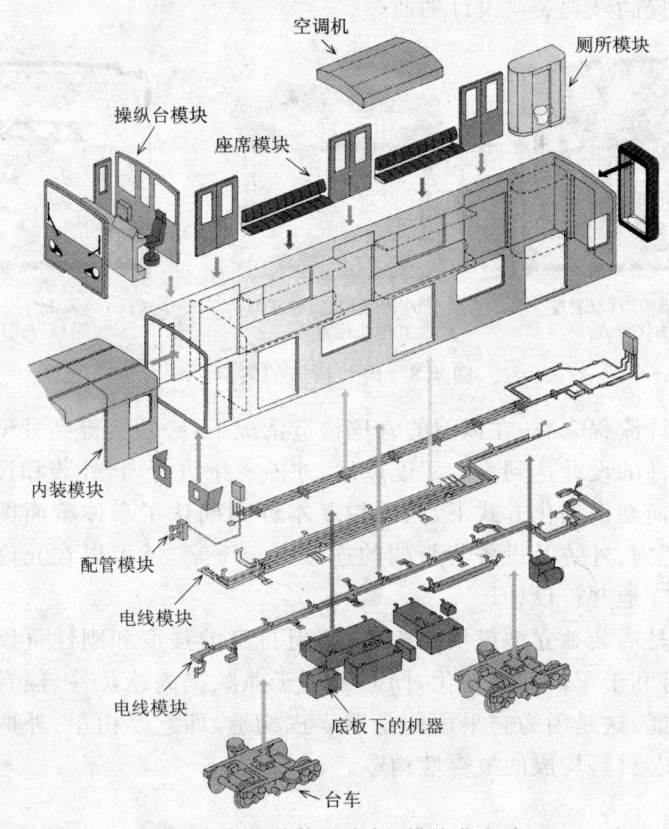

图 4.9　总装构造实例(模块化方式)

接着是进行空气配管的设计。设计中要考虑到管道的分叉和装配性,要用螺口连接,所配置的管材主要采用 JISG 3452"配管用炭钢钢管(SGP)",并且最好采用经过了磷酸锌镀膜防腐蚀处理的管子。按照模块化设计方式的要求,沿着车体纵向配置的管子要集中在一起,这些管子的制造要与车体制造同步地在副生产线上制造,以便于在车体上统一安装。

作为模块化的电气配线,要采用配线管把电线集中起来。电气配线通常是由一根根经由配线路径连接起点机器端子和终点机器端子的电线的集合。经过同一条配线路径的电线扎成一束,各条电线在靠近所连接机器的地方分出抽头把两台机器连接起来。这种线扎的形状是提前设计好的,也是与车体制造同步地在副生产线上进行制造,并穿进配线管中,以便于在车体上统一安装。

4. 台车的构造

作为电气化列车所用的台车,它的机能是支撑车体的质量,沿着铁轨引导车体,利用它与铁轨之间的黏着力产生驱动力,与车体一起向前行驶。台车构造设计的基本课题是如何使上述机能安全、平稳地工作,使乘客在车上心情良好。

图 4.10 为电气化列车所用台车构造的斜视图。电气化列车的台车主要采用无承梁板方式两轴台车。车轮被压进车轴而形成一体化的轮轴与台车框之间设有弹簧,台车框与车体之间设有由空气弹簧构成的枕簧,这两个弹簧构成两段式弹簧,支撑并引导车辆前进。

台车框上安装着主电动机,主电动机与安装在轮轴上的齿轮装置之间设有弹性联轴节,由它来传递旋转力,并与车体一起向前行驶。此外,台车框上还安装着制动装置,用来保证列车的安全停车。

从设计流程来看,首先要在经营者所提出的车辆基本规格和承接了这一基本规格的车辆工厂所制定的基本开发计划中,设定台车应该负担的设计负荷条件。然后以这个负荷条件为基本依据来制定设计计划和对其进行强度计算,验证其构造的可行性和安全性。

设计计划包括台车质量设计、台车框设计、车体支撑装置设计、制动装置设计、轮轴与驱动装置设计、轴箱设计、轴箱支撑装置设计等。主要的强度计算有台车框强度计算、各部件的强度计算、轮轴强度计算及轴承性能计算等。

根据设计计划和强度计算确定了台车各部分的构造之后,还要按照

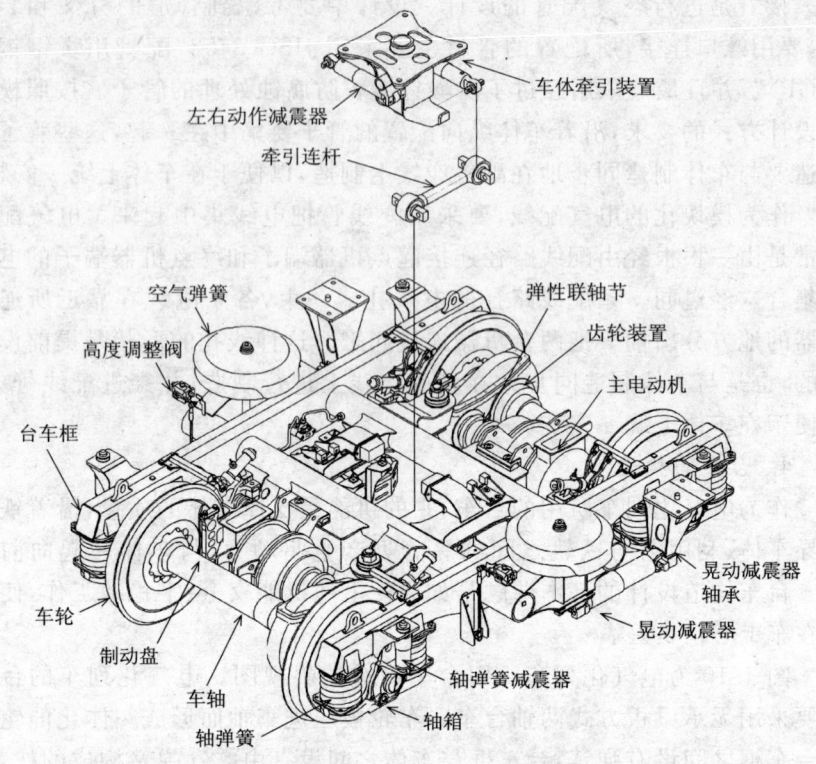

图 4.10 电气化列车用的台车构造实例

基本规格所提出的铁道线路条件,对所确定的台车构造在最高行车速度情况下的安全性和稳定性进行验证。为了验证安全性和稳定性,要进行行驶性能仿真,这种仿真的主要内容有行驶平稳性仿真、弯道行驶性能仿真、制动性能计算及乘客心情仿真等。然后,根据这些仿真结果来确定台车弹簧系统的各个单元和主要部件的各个单元。

经过以上的作业,台车构造及各种单元一经确定,便可进行详细设计。详细设计完成后还要画出加工图纸,再进行部件制造、总装、检查、试验,最后把所完成的台车装到车体上,整个车体也就全部制造完成了。

4.3 设计实例之二——汽车

汽车的设计实例至少是市场上卖出汽车的 10 倍以上,这里所介绍的是基于作者 30 年汽车设计经验的一个市售汽车的设计实例。文中记述了同类书籍中几乎没有提到过的车辆设计布局要点,其目的在于希望读者能对汽车设计留下一些有现实感的印象。

4.3.1 设计前的工作

开始设计的时候要有一个设计战略。设计战略既有取决于上位战略和关联战略的制约条件,也有可灵活运用的条件。上位战略是长期商品战略,关联战略的主要内容是关于所设计汽车的市场战略、销售战略、价格战略和制造战略。这些战略并不是独立的,多数情况下都有互为从属关系的部分(见图 4.11)。

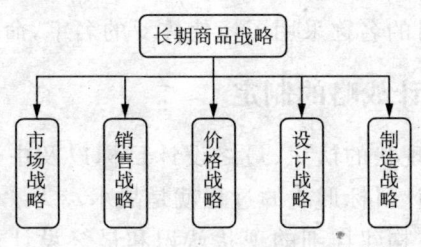

图 4.11 设计战略

下面举例加以说明。假定 N 公司的长期商品战略是预定于 19×× 年面向北美市场推出跑车的换型汽车,并以此为依据来制定市场战略、销售战略、价格战略、设计战略以及制造战略。

关于带大梁的敞蓬跑车全面改型问题,可从北美汽车市场获得如下认识,即多数中等收入的人都喜欢带有封闭后备货箱的双座型跑车。如果改型跑车的性能与当时的美洲虎牌汽车和波尔舍牌汽车相当,价格与中型美国车相同,即可制定采用通常销售方法达到 2 万台销售量的市场战略的关键部分。在以市场战略为首的各个战略中,有些内容虽然也是战略,但其理由却相反。这种情况下,其实现的可能性和解决办法通常由设计战略来回答。这个难以回答的问题是汽车设计的第一个妙趣所在。

各战略之间的矛盾给这家公司制定开发计划带来了许多制约条件。另一方面,虽然公司还是这家公司,但也有可以灵活运用的条件。对于 N 公司来说,既有制约条件,也有可灵活运用的条件。N 公司面向日本国内销售的中型轿车所用的串联六汽缸发动机及其功率传动系统,即使在低旋转的情况下,也仍然具有很好的韧性;它的小型轿车曾在世界汽车拉力赛上取得了很好的成绩,这种小型轿车的悬挂架性能非常好。如果把中型轿车的串联六汽缸发动机及其功率传动系统与小型轿车的悬挂架加以调整,便可充分实现降低销售价格。于是,N 公司提出了对其进行开发的计划方案。

开发计划得到了认可,而能够得到通过的关键点就在于这个计划存在两个可能性,一个是实现廉价高性能汽车的可能性,另一个是在情报泄漏出去的情况下会不会被其他竞争公司模仿了去的可能性。关于实现廉价、高性能汽车的可能性,前面已经讲过了。关于后一个可能性,得看一看跑车所用发动机的批量生产技术、悬挂架批量生产技术及调整技术是不是在其他竞争公司的手里?答案是"不在"。

最后,开发项目的名称采用了怪侠佐罗的名字,命名为 Z 项目。

4.3.2 详细设计战略的制定

战略是由对于现状的认识、最终设计目标以及中途决断形成的。从认识现状到最终设计目标形成的过程就是战术。为了便于制定全部设计行为的战术,就要在构建详细的现状认识和最终设计目标后制定详细设计战略。

4.3.3 设计战术的制定

其主要的设计战术流程和后续工程如图 4.12 所示。

4.3.4 主要单元的选定

汽车的价格能够在 100 万日元以下的一个主要原因就在于它是批量生产的。

虽说是轻型汽车,如果其主要部件全部都重新设计而只生产 50 台左右的话,一台的原价将不会低于 3000 万日元。能否选定具有批量生产效果的单元,这种灵活运用条件的水平取决于所属公司的状况。N 公司具

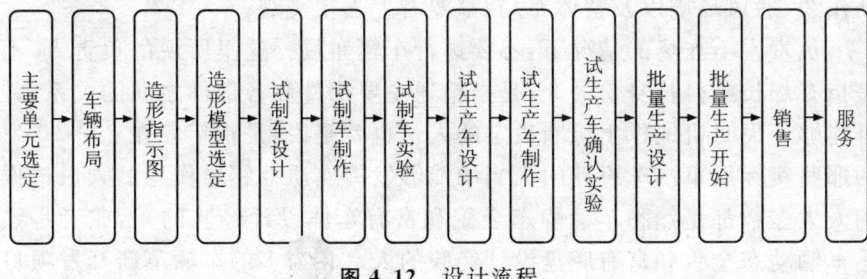

图 4.12 设计流程

有因设备关系而能够进一步降价的 C 型车发动机和 B 型车悬挂架,在此基础上,公司又对本公司其他汽车的批量生产部件可转用情况进行了彻底清查。

转用部件的优点不仅在于可以降低原价,而且还在于它可以在规定条件下保证部件的性能。

4.3.5 车辆布局

主要单元确定后,就可进行车辆布局。只要看了车辆布局图,所设计汽车的意图便会一目了然,因而它是最高的机密资料之一。

从什么地方开始进行布局呢?

设计者在多数情况下都是从转向盘的中心点开始布局的,但也有根据汽车的条件从离合器踏板踩进位置上开始布局的。

不管采用哪一种布局法,司机座位周围都要谨慎布局,如果检查出司机座位周围的布局有什么遗漏,整个布局就有可能需重新布局一次。司机座位周围乘坐空间的心理感是跑车很重要的特点,包括乘坐空间和视野在内,全部座椅的布局要与发动机室的布局和底架下的布局同时进行。车辆布局中,发动机室的布局是 CAD 最能发挥作用的地方。以下是车辆布局的其他主要项目内容:安全措施的基本构造和主要装置、转向形式及其配置、功率传动系统要素的选定和通过轴线的方法、发动机与悬挂架调整代价的确保、总长度、总宽度、总高度、离地面最低高度、轮轴距、前悬板、后悬板、前悬角、后悬角、行李间、主要电气安装件、主要电子控制装置及主要车体构造等。

部件之间的关系也很重要。例如,运动部件和不运动部件之间要确保 20mm 的间隔,不运动部件之间的间隔要确保为 10mm,各部件的机能

65

动作线、通风环境以及整体布局,都要看上去很美观。

负责人不在场的情况下,不要进行车辆布局。这里所说的负责人,不是指有部长或科长身份的人,是指精通主要部件和各部件之间的关系,并且能够不失时机地作出果断决定的人。也就是说,是指年龄在25~30岁的那些实际从事汽车设计的人当中能够发挥实质性领导作用的人。这样的人大多数都是熟悉车辆静态全貌和富有车体设计经验的人,或者是熟悉车辆动态全貌和富有底盘设计经验的人。相当多的车辆革新开发项目中,常常是由年轻的车辆布局负责人来担当实质上的项目负责人的。

4.3.6 造型指示图

汽车这样的商品,有两个问题非常重要,这就是样式和售价。造型指示图是对样式的规定,它要在车辆布局的初期阶段设计出来。绘制造型指示图时,要考虑到既能容纳主要单元,又要很好地满足乘坐空间,并且不能削弱操纵稳定性。在这样的要求之下来完成造型指示图,是汽车设计的第二个妙趣所在。

4.3.7 造型的三维模型

有了造型指示图,就可以开始制作三维模型。开始时要按不同的缩小比例多做几个方案,如可以按 1/5、1/4、3/8 等缩小比例设计三个方案。跑车型汽车的情况下,模型的比例缩小规格要能够满足风洞实验的要求,以便同时进行空气力学性能的开发。风洞实验通常以 6 分钟风力测定试验和烟气风洞试验为主。烟气风洞是一种利用烟气来定性地观察空气阻力、升力、侧向力、散热器窗口流入空气量等的风洞(见图 4.13)。

开发汽车的时候,经常能看到"小常识"(p.67)中所记述的那种细致的分工作业。N 公司采用这种分工作业方法至少有 50 年了,不过它的作业方法是自创的,其思路与美国 20 年前曾经很有名的并行工程和系统工程(如 IBM 信托公司)基本相同。不仅是 N 公司,日本的所有汽车公司几乎都是如此。为什么这样说呢"因为当时欧美的汽车全面改型花了 6~8 年,而日本多数汽车的改型只花了 4 年时间。分工作业系统的效率无论怎么提高,全面改型所需的时间极限值也只能是 6 年。只要将这个事例分析一下,上面所说的情况就很容易理解了。

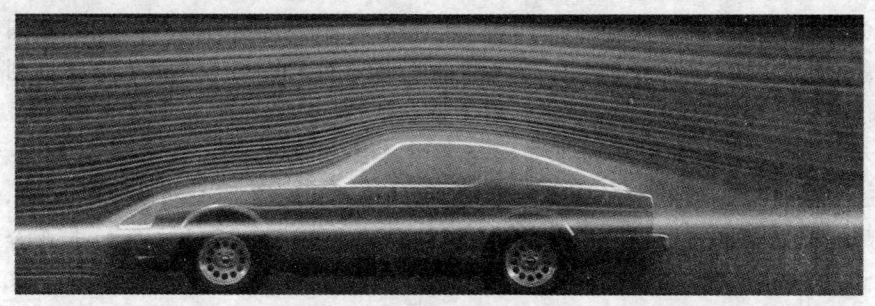

图 4.13 为博览会准备的 Z 型汽车(1/5 模型)在三维烟气风洞实验中所看到的空气流线

并非只有优秀的技术人员和有才能的设计者都聚集在一起才能设计出好的汽车。对于还没有部长或者科长之类职权的年轻项目负责人来说,有五个重要的工作要做好:明确地认识现状;树立远大志向,全力以赴地去揭示可以实现的最终设计目标;在认识现状和最终设计目标的整个过程中,有意识地调动和保持工作人员在设计战术方面的积极性;无论发生什么情况,都要彻底坚持技术道德;最重要的是,要让设计者相信跟着这样的负责人一定能设计出好车来。

4.3.8　让造型更好

按照分工作业的思路,造型指示图一交给造型部门,制作造型模型就是造型部门的事了。其实还有一些事情是要大家共同协作的。Z 项目的负责人调动了造型设计者的强烈欲望,要制作出具有世界上顶尖级空气力学性能的车形造型,为此,他们以烟气作为媒介进行了风洞实验。在一定程度上缩小比例汽车模型,将其放入烟气风洞,造型设计者、风洞实验担当者和项目负责人一起观察烟气紊流情况。在不断重复试验的过程中,造型设计者会向项目负责人说:"把这个地方再修改一下,空气的紊流就会减小,空气阻力就能降低"。经过多次处理过后,一个漂亮的模型就完成了。

━━━━━ 小常识 ━━━━━━━━━━━━━━━━━━━━━━━

并行工程和系统工程

分工作业的思路因 1776 年英国经济学家亚当·史密斯所著的《关于

众国民财富的性质和原因的研究》一书而闻名,这本书在日本简称为"国富论",批量生产便是执行了分工作业思路的结果。在生产线上取得了划时代成果的是1908年3月19日所公布的T型福特汽车,而在管理系统方面,取得了重大成果的是美国通用汽车公司的艾尔弗来德·施莱恩。这一成果就是按照分工作业的思路,把制造部门分散成一些较小的部门,制造部门的管理者只是管理生产台数和财务数字。通过这样的专业分工,通用汽车公司大幅度地提高了管理系统的合理化程度。但是到了20世纪80年代,人们发现,继续通过分工作业来追求合理性是行不通的,于是,在美国便出现了并行工程和系统工程。简单地说,并行工程就是把随着工程进度顺序进行着的工作,变为前面的工作尚未结束之前就提前开始下一个工作,而系统工程并不是通过分工作业来追求合理,它是以所有的业务都最优化为目的的。

4.3.9 车辆布局中难题的解决

下面是N公司在开发改型的跑车时所解决的一些难题。

1. 司机座位的配置

为了使所开发的改型汽车像个真正的跑车,司机座位配置在了普通轿车的后座位置上;为了使跑车的运动性能良好,车的总长度和轮轴距做得短了一些,发动机的一部分则深入到了助手座位的下面。

2. 前端高些的发动机的安置

所设计跑车的发动机采用了中型轿车的发动机,这种发动机的前端比较高,当把它安装在跑车型汽车的发动机室中时,前端就会鼓出来。在这样的制约条件下,设计人员和造型承担者共同发挥了智慧,他们把中央前端部分突出来,并按照将车身设计为实质性跑车造型而进行了严格设计。将设计结果通过观看模型的办法向北美30岁的女性进行了问卷调查,调查结果是,认为"有男子汉感而表示满意者占87%"。

3. 油箱容量及后部冲击的改进措施

三年前曾经有一辆美国汽车发生了极其悲惨的事故,一家人因为油箱里的汽油用完了而冻死在加拿大一个离城镇3英里的山中雪地里,这件事给项目负责人的脑海里留下了极为深刻的印象。一般在车辆布局当中,即使是有经验的车辆布局者,也可能会因为一时冲动而把油箱容量减小到最小限度。必要的最小限度是65升,但项目负责人考虑到即使在相当恶劣的条件下,也要让汽车能跑完700公里,因而他坚持要把油箱容量加大到75升。这样一来,减轻车辆质量和后部冲击的问题就变得格外困难了。底架下构造材料设计成员通过改进设计方法,采用了全新的设计措施,最终与工作人员一道闯过了这道难关。

4. 散热器窗口的大小

散热器窗口的作用是在汽车行驶当中让外部空气吹进来,把散热器中的冷却水变冷。如果在散热器窗口设计上有所疏忽,说不定就会成为内华达沙漠中那种因为过热而导致人死亡的直接原因。从造型设计上来说,窗口小一些为好,从减小空气阻力上来说,也是窗口小一些为好。造型设计者与风洞试验人员的通力合作,并没有采取以往由车体形状强行把空气抽进来的办法,而是借助于烟气风洞实验的结果,采用了让空气从相当低的下方流畅地导入散热器的办法。这样一来,即使是在耐热性能要求极为严格的中东地区,这种汽车也能卖得很好。

5. 轻型车体构造和振动设计

在车体构造轻量化方面,始终贯彻了底架下构造件新规设计和车体棱边传统设计相结合。底架下构造件材料的标准板厚下降到了1.0毫米,至少把两个相邻面的棱线尽可能连成了直线。冲击稳定性方面,用高张力钢与截面相对应。车体棱边的设计延袭了N公司的车体设计传统,内侧板条的连续性优先于截面系数。振动设计方面,通过提高振动频率而提高了主要连接部分的刚性。

6. 未来的派生车型

N公司当初预定的仅仅是闭封车体的跑车,但设计和经营的梦想是数年后推出派生的T型酒吧顶汽车。为了实现这一梦想,得先考虑门玻璃的保持和收纳方法。这个项目遭到了相关公司职员的坚决反对,项目负责人所属部的部长说:"这一次就听年轻人的吧,怎么样!",一句话让大家躲过了一劫。在那之后,世界上最早的单壳体T型酒吧顶汽车在北美大受欢迎,半年里的营业额利润就接近于N公司汽车营业利润的一半。

4.3.10 详细设计

车辆布局图和造型模型一经完成,接下来就是详细设计。详细设计是需要人数最多的阶段,图4.14示出了主要的设计布署部门和设计担当部门的例子。

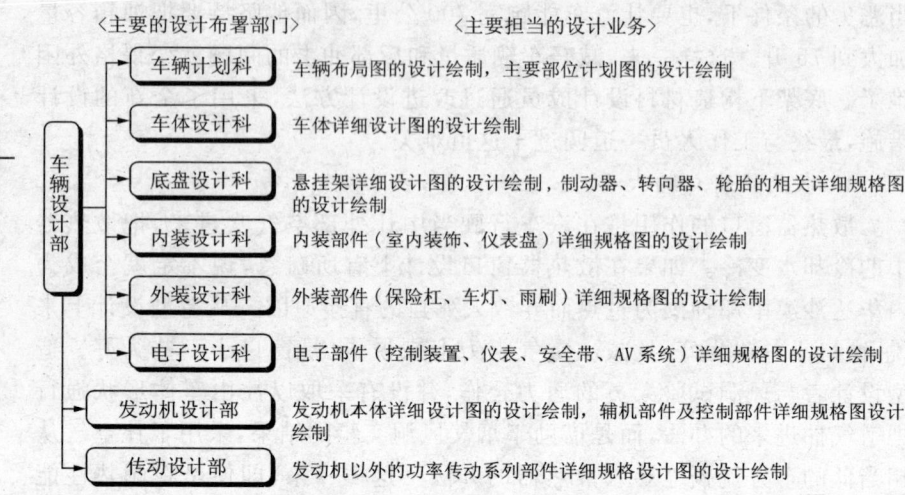

图 4.14　设计布署和设计担当的例子

4.3.11　设计的支撑体系

汽车的设计包括部件图设计和规格图设计。由汽车公司在本公司内制造的主要部件，不但要有部件设计图，而且要详细地标注各种尺寸。由公司外的部件生产厂家制造的部件，多数情况下只需明确给出部件规格，其详细部件设计图由部件生产厂家来完成，同时要得到订货方汽车公司中担任设计的人员的认可。此外，也有相当一部分设计业务可以委托给专门替别人搞设计的设计公司去完成。

汽车公司灵活地利用设计公司，可以得到类似于本公司派人进行设计的经济效果，但要注意构建恰当的设计作业系统，防止导致汽车公司自身技术的空洞化。

4.3.12　设计直觉

人们常说，优秀的设计人员必须具有各种各样的本领。根据以往的经验，作者确信，要成为一名优秀设计人员，最重要的是首先要积累常识，锻炼自己的直观感觉能力。

设计直觉是一种构建设计模型的能力。要构建设计模型，首先要很好地让自己的力学直觉和电子工学直觉发挥作用。设计模型正是在这种工学直觉与自己脑子里产生出来的构想相互对照的过程中酝酿出来的。

最初在设计当中起作用的那些思维,是学生时代所学过的力学和电子工学知识向直观感觉的升华。东京大学航空学专业已故教授山名先生在他的最后一次讲课中有一句至理名言:"如果你凭着力学的直觉还拿不定主意,那就请选择形状最美的。"这句话的含义就是,力学上的平衡是与自然美相通的。学生时代所学习的解决问题的方法都已有答案,而在实际设计当中不但没有答案,而且连问题是什么都必须由自己去设定。

只要头脑里有了一定程度的知识,无论是谁,都能够在现状分析上得到相同的高水平结论。从这一现状分析出发,就可以得到自己或自己的设计组对现状的特有认识,也就可以自己来设定问题了。作为问题答案的方向性目标,它就是最终设计目标,这与上述关于问题设定的道理是相同的。

营业直觉也与设计直觉相似,其最大的不同在于学生时代从课堂上所学到的东西能管用到什么程度。对于由设计直觉酝酿出来的思维而言,学生时代所学过的材料力学、运动力学、构造力学、流体力学、控制工学、电子工学等,这些都是同样起作用的。因而,不论是想成为汽车设计的人员,还是想成为其他设计者的人,学生时代都必须学习这些知识。

4.3.13 设计直觉的现实重要性

有限元法(FEM)是构造分析的重要方法。利用有限元法,可以不必经过把构造变换成力学模型的过程,而直接从数值模型大体上制造出机械来,并且,这种数值模型可以利用计算机得到。但这并不等于万事大吉了。如果不对计算机所给出的数值解进行力学的解释和评价,这个计算出的数值解是没有意义的。如果设计者没有设计直觉的话,要在具有庞大节点数的有限元法数值模型上,看出机械构造的某些地方应该如何变化才能得到最好的性能,恐怕是很难的。如果是那样的话,设计者也就只有被计算机的输入/输出所取代了。即便是有限元法这样的只需要设计直觉稍微看一眼的设计领域,设计直觉也还是重要的。

把汽车理解为箱体构造,把船理解为笔直梁、把飞机理解为鱼骨,这类宏观理解的直觉也是设计直觉之一。在开发中发生了大问题的时候,这种宏观理解具有把问题找回来的里程碑意义。

4.3.14 设计中的两个重要思想

1. 设计质量

日本的制造质量在世界上勘称顶级水平,据说这是因为作业现场的周期性质量管理活动起了很大作用。"改善"设计质量的思路是很重要的,但仅仅采用"改善"手段并不能充分提高设计质量的水平,还应该进一步对现行汽车技术进行"攻关"。例如,行驶车辆有时会以相当于车辆打弯或扭动谐振频率的速度发生振动的问题就需要进行攻关。为了避免汽车在常用速度上发生谐振而力图把谐振频率向上移动的作法属于"改善",但只要是实际试过这种办法的人,谁都知道,要想把谐振频率向上移动 3Hz,就得调整车辆所必需的刚性,而这是极其困难的。不力图提高谐振频率而以减小谐振幅度为目的的作法是一种"攻关",减小谐振幅度的办法之一是提高主要部件材料之间的结合刚性,也就是使构架的结合部接近于构架结合。只要这样试着做一下就会知道,这种办法能以意外小的变更得到相当大的效果。从能量的角度想一想,这应该是容易理解的。

质量的概念中,不光有性能质量好坏的问题,在批量生产的情况下,还有一个性能质量一致性的问题。100 万台汽车中,纵然只有一台质量不好,对于顾客来说就是全部都不好。因而,减小性能质量离散性非常重要。为了在离散范围大的情况下使下限值回到允许范围来,往往要随时看一看中心值,对质量提出额外要求。如果没有掌握制造现场的具体离散情形,往往就会变成只有质量中心值的设计了。鲁棒性设计是一种能减小性能质量离散性的有效设计方法,"田口设计法"是鲁棒性设计的一种,它是有名的质量工学方法。

2. 80∶20 法则

设计工作是一种无止境的事情,任何时候都难说已经尽善尽美而可以结束了,总会留下还可以继续设计下去的事情。一般情况下所采取的办法是,对于虽不完美但经过检查分析后基本可以被认可的设计值乘上一个安全系数。如图 4.15 所示,假定某个部件要花 100 个小时的设计工时才能得到满意度为 100 分的满分,如果达到 80 分就算基本满意了的话,达到这一效果与所花去的 20 个小时设计工时之间的关系就是 80∶20 法则。

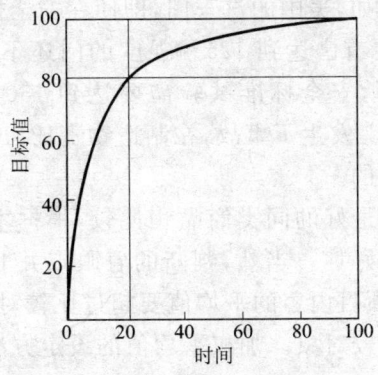

图 4.15 80∶20 法则

下面以减小空气阻力方面的开发工作为例来加以说明。汽车的空气阻力取决于车体的整个外形与地面之间的相对关系,通常可以利用设计直觉中的空气力直觉作用知道,空气阻力系数为 0.5 级的汽车,其空气阻抗的 80% 是由它的整体形状前面部分的 20% 决定的。第一代"靓丽夫人"Z 型汽车的空气阻力系数超过了 0.5,与卡车的空气阻力系数相同。在此基础上,采用上述 80∶20 法则的思路,在没有改动车盖和前挡泥板的情况下,通过变更保险杠、头灯罩及挡板,使空气阻力系数达到了 0.38,这个空气阻力系数值是当时市售跑车型汽车的最高水平。由于并未进行全面改型,所以在短时间内就开发成功了,并作为"靓丽夫人"Z 型平头汽车推向了市场。

应用 80∶20 法则的时候,设计直觉是很有效的,但不要忘了还有一个设计伦理观的问题。对于人命攸关的事,不能草率地应用这个法则。具体地说,就是在与人命有关的设计工作中应用 80∶20 法则设计时,要注意使设计值远离极限值。在这里需特别强调,作为一个有才干的设计人员,他必须要具有设计伦理观,这种伦理观能使人们感受到他的人格,这是无可置疑的。

4.3.15 设计的安全标准试验

没有万能的设计者,因而所设计的东西一定要进行安全标准试验。古人云"知己知彼、百战不殆",下面介绍两个可以达到知彼的方法。

第一个方法是要掌握商品的最低标准值。达到法规要求并不等于达到了最低标准值。例如,美国的汽车门,即使在安全标准试验中已经达到了120%的强度,却也有已达到125%强度的门还不能达到充分要求的。美国汽车的门比较厚,安全标准试验需要达到150%以上的强度才行。如果在125%的强度上发生了事故,在制造物责任法(亦称PL法)诉讼中败诉的可能性是很高的。

第二个方法是与最好的同类商品相比较,根据本公司所处的商品环境来判断设计现状的好坏。当然,判断的着眼点并非全部内容都要超过比较对象,也不是各项目内容的平均值要超过比较对象,而是项目内容的加权平均值要超过比较对象。加权平均值的设定方法体现着本公司的特点,是战略性的。

4.3.16 确定设计思想的流程

作为本节的总结,图4.16中示出了以战略为中心来确定设计思想的流程。

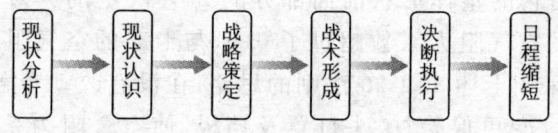

图4.16 确定设计思想的流程

参考文献

[1] 川田忠樹:ボーモンの卵,建設図書 (1987)

第 2 篇

机械学基础

- ● 责任编委
    大石久己
- ● 执笔编委
    立野昌义（第1章1.1节）
    石井千春（第1章1.2节~1.4节，第2章，第3章）

第 1 章

力学基础

　　本章首先介绍本书中所采用的物理量单位制，接着讲述作为力学基础中力的相关知识，包括力的矢量表示方法、力的平衡、力的合成与分解、作用在刚体上的力矩，最后分析物体运动中不可缺少的重心的定义、重心位置的计算方法以及复杂形状物体重心位置的测定方法等内容，列举实例予以解说。

1.1 单位与量

当用数值来表示某个量时,用作比较基准的那个同种类的量就称为单位。所谓量,指的是服从物理定律的物理量,它的种类及其大小通常用数值和单位来表示。这个所谓的单位,是具有一定大小并作为基准来使用的量,它是用数值或符号来表示量和对量进行测量时的标准参考量。本节中将对单位和单位制进行概略叙述,它们在物理量测量中占有非常重要的地位。

1.1.1 单位与量

物理量的种类极多,要对各种不同的物理量全都规定一个特有的单位并不是件容易的事。如果对所有被测量的物理量全都各规定一个单位,说不定还会导致测量和设计的混乱。事实上,未知物理量的单位可以根据已经由测量所明确了的其他物理量的单位推导出来。也就是说,如果基本物理量和它们所构成的物理定律已经明确了,那么,与这个物理量有关联的未知物理量的单位就能够通过推导的办法来获得。把与其他种类的物理量无关且能够独立给定单位的物理量定义成基本量,这个基本量的单位就称为基本单位。对这种基本量加以组合而定义成的量,其单位称为导出单位。

1.1.2 SI 单位制

SI 是国际单位制的简称,其法语语源是 Le Système International d'Unités,其英语为 the international System of Units。第二次世界大战以后,1948 年所召开的第九次国际度量衡大会(简称 CGPM)上做了一个决议,这就是决定建立所有国家都能采用的单一实用计量单位制。会后,国际度量衡委员会便着手进行这一工作。1960 年的第 11 次 CGPM 大会上选用了由 6 个基本单位(现在已变为 7 个)、2 个辅助单位、具有固有名称的 13 个导出单位以及 12 个接头词所组成的单位制,并把这个单位制确定为国际单位制(SI)。后来,SI 单位的内容又一点一点地进行了修正,最后就成了现在这个样子。SI 单位制原则上是一种物理量采用一种单位。

现在的 SI 实用计量单位制是由 7 个基本单位、2 个辅助单位及由它们构成的导出单位组成的,具有固有名称的导出单位有 20 个。这 20 个数字中包括了 1999 年第 21 次 CGPM 大会上所添加的"卡脱,kat"名称符号,这个符号是为表示酶活性而导出的单位(mol/s)所对应的固有名称符号。关于单位的详细情况,请参看附录 2。SI 中还规定,数值非常大或者非常小的量,可以采用在基本单位或导出单位前面加上意思为 10 的整数幂的 SI 接头词。

1.1.3 基本单位

SI 所规定的基本量和基本单位有长度单位米(符号为 m)、质量单位千克(符号为 kg)、时间单位秒(符号为 s)、热力学温度单位开[尔文](符号为 K)、电流单位安[培](符号为 A)、物质的量单位摩[尔](符号为 mol)、发光强度单位坎[德拉](符号为 cd)。单位的符号一般用小写字母表示,但具有从 K(开[尔文])和 A(安[培])等固有名词导出的固有名称的单位,其第一个字母要用大写字母。下面给出 CGPM 所规定的基本单位的定义。

1. 长　度

现在所使用的长度单位是"米",它的定义在第 17 次 CGPM 大会上(1983 年)进行过如下的修正:

"1 米等于 2 99 792 458 分之 1 秒的时间里光在真空中所走过的路程的长度。"

2. 质　量

质量的基本标准采用了一个国际千克原器。这个千克原器以铂铱合金(质量之比为铂(Pt)占 90%,铱(Ir)占 10%)作为材料,其形状为直径和高度都等于 39mm 的圆柱形。它的质量就作为 1kg。这个原器被放在原器库里非常严格地保管着。国际千克原器的复制品则作为一次标准而分发给各个加入了米条约的国家。

为了知道任意大小的质量,不光要有精密的 1kg 砝码,而且还要有可以测量 1kg 以下质量值的砝码,这些砝码称为二次标准。

利用采取了很多措施而达到最佳状态的天平,可以使质量的测量精度达到 10^{-9} 的精度,10^{-9} 精度的意思是 1kg 物体的测量结果在 $1\text{kg} \pm 1\mu\text{g}$ 之间,即相对误差为 $\pm 10^{-9}$。

3. 时　间

SI 中所采用的时间基本单位,是基于铯 133 原子的基态超精细结构间的跃迁能量振动频率来设定的。也就是说,"1 秒等于铯 133 原子的基态在两个超精细能级之间跃迁时所对应辐射波的 9 192 631 770 个周期的持续时间。"

如果用符号来描述原子基态的两个超精细能级,这里所说的两个超精细能级就是铯^{133}(^{133}Cs)原子的$^2S_{1/2}$状态 $F=4, M=0$ 和 $F=3, M=0$。按原子标准设定的秒,其精度非常高,可达到 $10^{-11} \sim 10^{-13}$。通过对^{133}Cs 原子辐射这个标准频率所决定的周期进行累计计算,所得到的时间称之为原子时间(AT:Atomic Time)。

授时电台所发射的标准时间电波信号,就是以^{133}Cs 原子所标定的原子时间为基准,一边用"润秒"对平均太阳时间的误差进行调整,一边发射标准时间电波信号。^{133}Cs 原子所标定的原子时间(AT)是经过国际上统一了的标准时间,称为国际原子时间(ATI)。

4. 温　度

自从开尔文于 1848 年建议把水的冰点到沸点之间的温度差数值定为 100,并以此来定义温度计的刻度(摄氏度,℃)以来,这个摄氏度就作为温度的单位而被广泛使用。

SI 单位中的热力学温度单位,是以水的三相点作为基本定点来选定的。也就是说,把这个基本定点上的温度值取为 273.16,并赋予它一个称为开[尔文](K)的单位,这样,水的三相点温度就被定义为 273.16K 了。

热力学温度的单位是这样定义的:"热力学温度的单位 K(开[尔文])等于水的三相点热力学温度的 1/273.16"。单位开[尔文]也用于表示温度间隔或温度差。

将开氏温度 T(K)换算成摄氏温度 t(℃)时,其公式为:

$$t = T - 273.16(K)$$

5. 电　流

电流的单位是安[培],安[培]是根据电流之间的电磁作用力,采用以下办法来定义的。"假定真空中平行地放置着相距 1m 的两根直线导体,并假定这两根导体具有无限小的圆形截面和无限长的长度,当这两根导体的每 1m 长度上相互受到的电磁力为 2×10^{-7}N 时,流过这两根导体的恒定电流就被定义为 1 安[培](1A)"。也就是说,在定义安[培]的时候,采用了力学量和电磁量。

以安[培]作为基本量,可以推导出各种电磁量。这些电磁量的测定称为电磁量的绝对测定,其精度在 $1\times10^{-6}\sim3\times10^{-6}$ 之间。

6. 物质的量

物质的量的单位是摩[尔],用符号 K 表示,它是 SI 的第 7 号基本单位,其定义为:"摩[尔]是含有数目等于 0.012kg 碳 12 所含原子数的构成要素的系统的物质的量。在使用摩[尔]作为单位的时候,必须指定构成要素。构成要素可以是原子、分子、离子、电子、其他粒子或者这种粒子的特定集合体。"

与上文中的原子数相等的数,称为阿伏伽德罗常数(6.0229×10^{23})。物质的量正比于已成为该物质构成要素明示单位的原子、分子、离子等特定集合体的数目。其比例常数对于所有物质都是相等的,它的倒数被定义为阿伏伽德罗常数。

7. 发光强度

它是个以坎[德拉](candela,拉丁语,意思为蜡烛)为基本单位的测光单位制,是如下定义的:当频率为 540×10^{12} Hz 的单色辐射体向某个方向发出 1/683 W/sr 的辐射强度时,该方向上的发光强度就等于 1 坎[德拉]。"这个坎[德拉]是第 16 次 CGPM 大会(1979 年)上所修订过的定义。

定义中所说的"频率为 540×10^{12} Hz 的单色辐射",指的是波长为 555nm 的单色光,也就是能使眼睛产生最强色效应的单色光。"辐射强度为 1/683 W/sr"指的是当这一波长的单色光所发出的 1/683W 的辐射进入眼睛时,它能产生 1lm 光通量所产生的视觉效果。符号 lm 读作流[明],它是光通量的单位,$1lm=1cm \cdot sr$。

1.1.4 辅助单位

SI 的辅助单位有两个,一个是平面角的单位,称为弧度,符号为 rad;另一个是立体角的单位,称为球面度,符号为 sr。这两个单位都是几何学中的单位,并且都是没有量纲的。

1. 弧 度

弧度(rad)是表征角度(平面角)的单位。如图 1.1 所示,在圆周上截出一段长度等于圆半径的圆弧,用两根半径把该圆弧的两个端点连接起

来时,这两根半径之间的夹角(平面角)就等于 1 弧度。也就是说,弧度是由下式定义的:

$$1\text{rad}=R(\text{圆弧的长度})\div R(\text{圆的半径})=R(\text{m})/R(\text{m})$$

半径 r(m)、圆弧长度 l(m)及中心角 θ(rad)之间有如下关系:

$$r \cdot \theta = l$$

计量法中还有另一个角度单位,它就是度(°)。如果把圆周分成 360 个等分的圆弧,每个圆弧所对应的中心角就是 1 度(1°)。1 度的 60 分之一称为 1 分(1′),1 分的 60 分之一称为 1 秒(1″),因而,1 度的 3600 分之一等于 1 秒。由于半径为 r 的圆的周长为 $2\pi r$,所以 360°就是 2π(rad)。

2. 球面度

球面度(sr)是立体角的单位。如图 1.2 所示,如果以球的中心为顶点,在球表面上切出一块面积等于球半径平方的弧面,则该弧面所对应的立体角就是 1 球面度。1 球面度的定义可如下示出:

$$1\text{sr}=1\text{m}^2(\text{球的一部分表面积})/1\text{m}^2(\text{球半径的平方})=1\text{m}^2/\text{m}^2$$

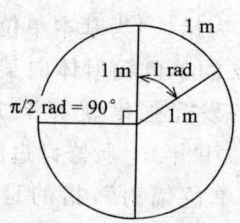

图 1.1 平面角的单位

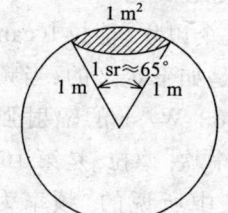

图 1.2 立体角的单位

1.1.5 导出单位

SI 的导出单位是由基本单位及(或)辅助单位构成的单位。导出单位的表示方法有仅用基本单位及(或)辅助单位来表达的,也有用具有固有名称的导出单位和固有名称来表达的,如黏度单位帕[斯卡]·秒(Pa·S)、力矩单位牛[顿]·米(N·m)等。导出单位在基本单位、辅助单位及具有固有名称的导出单位的范围内,通过乘法及除法运算来构成。导出单位的详细情形请参看附录 B。

1.1.6 SI中未包含单位的处理

以正确表达信息且通俗易懂为目的,SI中原则上对于一个量采用的是仅由一个单位及在该单位前面加了一个 10 的整数幂的接头词所构成的名称来表示的。假如忽视了以往各个领域中和各个国家业已用惯了的单位制,当要把全世界各领域的单位制统一到 SI 中时,就可能产生混乱。为此,表 1.1 至表 1.5 中分别给出了对于各个领域中仍在使用且担负着重要角色的单位的处理办法。现在,SI 以外的单位仍在特定领域中使用着。

表 1.1 与 SI 同时使用的单位

量	名称	符号	定义
时间[1]	分 时 日	min h d	1min=60s 1h=60min=3 600s 1d=24h=86 400s
平面角	度 分 秒	° ′ ″	1°=(π/180)rad 1′=1/60°=(π/10 800)rad 1″=1/60′=(π/648 000)rad
体积	升[2]	l, L	1l=1 dm^3=10^{-3}m^3
质量	吨	t	1t=10^{3}kg

1) 因为有润秒,所以不可能用特定的值来表示 1 年,因而表中没有年。
2) 按照 SI 单位制,1L=1 立方分米,但废止 L 而转到 SI 的作法可能会造成实际业务当中的混乱,因而 L 仍然与 SI 制同时使用着。为了区别体积的升符号 1 与数值符号 1,1979 年重新决定 1 和 L 二者都可使用。在高精度测定的场合,建议最好不要采用升。

表 1.2 SI 单位的值可由实验获得且可与 SI 同时使用的单位

量	名 称	符 号	定 义
能量[1]	电子伏	eV	1eV≈1.602 177 33×10^{-19}J
原子质量单位[2]	质量	u	1u≈1.660 540 2×10^{-27}kg

1) 电子在真空中穿过 1V 电位差时所得到的动能。
2) 原子核素 ^{12}C 的一个原子的质量的 1/12。

表 1.3　暂定与 SI 制并存的单位

主要量	名　称	符　号	定　义
长度	埃	Å	$1\text{Å}=0.1\text{nm}=10^{-10}\text{m}$
面积	公顷	ha	$1\text{ha}=10^4\text{m}^2$
压力	巴	bar	$1\text{bar}=10^5\text{Pa}$

表 1.4　一般不提倡的单位（非 SI 单位）

主要量	名　称	符　号	定　义
压力	托	torr	$1\text{torr}=1.33322\times10^2\text{Pa}$
	标准大气压	atm	$1\text{atm}=1.01325\times10^5\text{Pa}$
长度	微米	μm	$1\ \mu\text{m}=10^{-6}\text{m}$
热量	卡[路里]	cal	$1\text{ cal}=4.1868\text{J}$
力	千克力	kgf	$1\text{ kgf}=9.80665\text{N}$

表 1.5　具有固有名称的 CGS 单位（最好不与 SI 单位同时使用的单位）

主要量	名　称	符　号	定　义
功,能量	尔格	erg	$1\text{ erg}=10^{-7}\text{J}$
力	达因	dyn	$1\text{ dyn}=10^{-5}\text{N}$
黏度	泊	P	$1\text{ P}=0.1\text{ Pa}\cdot\text{s}$
运动黏度	斯[托克斯]	St	$1\text{ St}=10^{-4}\text{m}^2/\text{s}$
磁通密度	高斯	G,GS	$1\text{G}=10^{-4}\text{T}$

1.1.7　SI 符号的使用方法

SI 单位的使用方法有一定的约束,下面将指出 CGPM、ISO 1000 及 JIS Z 8203 所规定的符号使用方法。

1. 关于基本单位使用的注意事项

(1) 单位的符号要用小写字母表示,其中,由固有名词导出的 N(牛[顿])、Pa(帕[斯卡])、K(开[尔文])、A(安[培])及 Hz(赫[兹])等单位符号的第一个字母要用大写字母。另外,体积单位的升也要用大写字母 L。

(2) 不允许带句号或变成复数形式。

2. 整体的使用方法

表示量的数字与单位符号之间要留半个字的空白。例如,要写成 1m,1s 等,1 与 m 及 1 与 s 不能紧挨在一起。

3. 关于导出单位使用方法的注意事项

(1) 导出单位由两个以上单位的乘积构成时,乘法的符号用黑点"·"来表示(下标处的黑点"."也允许使用)。如果不至于造成混淆,黑点也可以不用。

例1 Nm(牛顿米)可以写成 N·m 或 Nm(也允许是 N.m)中的任一种。但不允许把字母的顺序倒过来写成 mN,这是因为 mN 的含意是 10^{-3}N,是个与 Nm 含义完全不同的表记符号。用黑点"·"或"."所表记的单位符号,将单位 N·m(或 N.m)的顺序倒过来写成 m·N(或 m.N)是可以的。

例2 质量单位符号 kg 中已经有含义为"千"这个 10^3 接头词,也可以在克(g)这个单位前加上其他 SI 接头词。例如,$1×10^{-3}$g 可表示成 1mg,但不允许写成 1μkg。

(2) 复杂公式的情况下,必然会用到负的连乘和括号。

(3) 导出单位是由一个单位除以另外的单位所构成的情况下,既可以用斜线,也可以用负的整数次幂来表记。

例 速度的单位既可表记成 m/s,也可表示成 ms^{-1}。

(4) 同一行里不能有两个以上的斜线。

例 热传递系数的单位可表示为 $W/(m^2·K)$,如果写成 $W/m^2/K$ 的话,就会与 WK/m^2 混淆。热传递系数的单位和比热容的单位都有这种需要注意的问题。

4. SI 接头词

(1) SI 接头词与后续单位符号是一个整体,接头词与单位符号之间不能留空白。

(2) 不许用两个以上的 SI 接头词重叠起来构成复合接头语。

(3) SI 单位的 10 的整数幂的大小可根据具体大小斟情选取。选取 SI 时,只要能使数字落入 0.1~1000 的范围内就可以了。不过,机械制图图纸上的尺寸要用毫米单位来标注等情况除外。对于特定领域里的特定量,也有只允许用同一个 10 的整数幂的,这一点要特别注意。

(4) 此外,要注意大写字母和小写字母的区别。

5. SI 接头词的具体用法

带有 SI 接头词的单位符号上所加的幂指数,与接头词和单位符号二者都有关系。

例 $1\text{mm}^2 = 1 \times (10^{-3}\text{m})^2 = 1 \times 10^{-6}\text{m}^2$

6. 单位符号

(1) 不许使用由两个以上的 SI 接头词连起来等形式构成的复合接头词。

例 用 SI 接头词来表达 1×10^{-9} m 的时候,不许写成 1μmm(1 微毫米 $= 1 \times 10^{-6} \times 10^{-3}$ m),这种情况下,应该写成 1nm(1 纳米)。

(2) SI 单位的 10 的整数幂可根据是否方便来选取其大小。

(3) 此外,要注意大写字母和小写字母的区别。

1.1.8 维 数

根据日本工业标准 JIS Z8103(1978)的规定,物理量要在一定的物理学理论体系之下来确定维数,并将其表示成所选定单位的倍数。这个物理量要以长度、质量、时间等所代表的几个基本量的组合来表示。在一定的理论体系之下定义物理量时,它可能成为无定义的量。

现将长度、质量、时间分别表示为 L、M、T,假设将它们组合起来所构成的物理量为 Q,则 Q 可如下表式:

$$Q = CL^{\alpha}M^{\beta}T^{\gamma}$$

这里,C 和幂指数 α、β、γ 均为常数,α、β、γ 分别称为 Q 关于 L、M、T 的维数。力学上所处置的主要量的维数如表 1.6 所示。世界上的物理量非常多,它们并不都是相互独立的,而是由物理学定律或者定义相互联系着的,这一点并不难理解。

【例题】 用基本单位来表示具有固有名称的单位。

试用基本单位表示出(1)力 N;(2)压力 Pa;(3)功 J。

解 只需基于物理学的定律和固有单位的定义对构成固有单位的量来进行计算(乘法、除法或二者兼而有之),即可用基本单位表示出上述各单位。

(1) 力。按定义有(力) = (质量)×(加速度)

即 $1\text{N} = 1\text{kg} \times 1\text{m/s}^2 = 1\text{kg} \cdot \text{m/s}^2 = 1\text{kg} \cdot \text{m} \cdot \text{s}^{-2}$

(2) 压力。按定义有(压力) = (力)÷(面积)

表 1.6　力学中的主要量的维数

量	维数 L M T	量	维数 L M T	量	维数 L M T
长度	1　0　0	速度	1　0　−1	力,重量	1　1　−2
质量	0　1　0	加速度	1　0　−2	应力	−1　1　−2
时间	0　0　1	压力	−1　1　−2	能量	2　1　−2
面积	2　0　0	密度	−3　1　0	功	2　1　−2
体积	3　0　0	相对密度	0　0　0	力矩	2　1　−2

即　$1\text{Pa}=1\text{N}\div 1\text{m}^2=1\text{N}/\text{m}^2=1\text{kg}\cdot\text{m}/\text{s}^2/\text{m}^2=1\text{kg}\cdot\text{m}^{-1}\cdot\text{s}^{-2}$

（3）功或能量。按定义有（功）＝（力）×（力的作用距离）

即　$1\text{J}=1\text{N}\times 1\text{m}=1\text{N}\cdot\text{m}=1\text{kg}\cdot\text{m}^2/\text{s}^2=1\text{kg}\cdot\text{m}^2\cdot\text{s}^{-2}$

1.2 力的表示

1.2.1 力与矢量

只有大小而没有方向的量称为标量,除了有大小以外还有方向的量称为矢量。当力加在物体上时,物体就会产生运动,其运动速度是随着力的大小和方向而变化的。因而,力是具有大小和方向的量,即矢量。

1. 力的表示方法

力作用在物体上的点称为作用点,通过作用点沿着力的作用方向所引出的直线称为作用线。要表示力的时候,可以从作用点沿着作用线在力的方向上画出一个长度与力的大小成正比的箭头(见图 1.3)。力作为一个矢量,书写的时候可以用大写字母 F 或 $\vec{F}$,而力的大小可以写成$|F|$或 F。

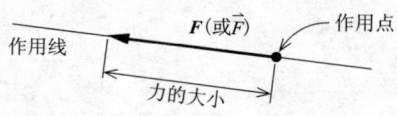

图 1.3 力的矢量表示

2. 力的大小的单位

用于表示力的大小的单位是牛[顿](符号为 N)。1N 是指能使质量为 1kg 的物体产生 $1m/s^2$ 的加速度的力,可表示成 $1kg \cdot m/s^2 = 1N$。

用于表示力的大小的另一个单位是千克重(kgW)。1kgW 是指作用于质量为 1kg 的物体上的地球引力(即重力)的大小。

质量为 1kg 的物体在下落当中,作用在这个物体上的力只有这个 1kgW 重力。由于这个 1kgW 的力能使质量为 1kg 的物体产生 $9.8m/s^2$ 的重力加速度,因而 1kgW 就等于 $1kg \times 9.8m/s^2 = 9.8N$。

1.2.2 力的平衡

当一个物体上作用着多个力而使该物体处于静止状态时,就说这些力是平衡的。当力处于平衡状态时,表面上看去就和物体上没有作用力一样。

1. 两个力的平衡

如图1.4所示,当作用在点 O 上的两个力处于平衡状态时,这两个作用力必然位于同一条作用线上,并且大小相等方向相反。

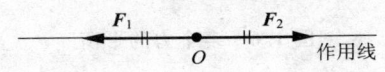

图1.4 两个力的平衡

2. 三个力的平衡

如图1.5(a)所示,当有三个力 F_1、F_2、F_3 作用在点 O 上的时候,要让这三个力平衡,必须像图1.5(b)那样,让三个力形成闭封的力三角形。

如图1.5所示,当三个力平衡的时候,设这三个力的作用线之间的夹角为 α、β、γ,则下式成立,称为拉密定理:

$$\frac{F_1}{\sin\alpha}=\frac{F_2}{\sin\beta}=\frac{F_3}{\sin\gamma}$$

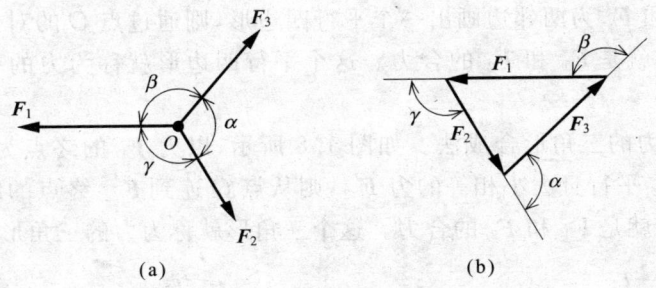

图1.5 三个力的平衡

3. 多个力的平衡

如图1.6(a)所示,当作用在点 O 上的多个力 F_1、F_2、$\cdots$、F_n 处于平衡状态时,若将这些力按照矢量加以合成,则下式成立:

$$F_1+F_2+\cdots+F_n=0$$

如图1.6(b)所示,将矢量 F_2 的始点与矢量 F_1 的终点相重合,再将矢量 F_3 的始点与矢量 F_2 的终点相重合,$\cdots\cdots$,如此类推,最后必然成为一个闭封多边形。

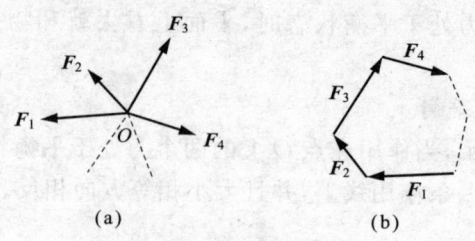

图 1.6 多个力的平衡

1.2.3 力的合成与分解

如果两个力 F_1 和 F_2 的共同作用与另一个力 F 的作用相同,这个力 F 就称为 F_1 和 F_2 的合力,求取合力的过程称之为力的合成。反之,将一个力 F 分成与这个力具有相同作用的两个力 F_1 和 F_2 的过程,称之为力的分解。

1. 力的合成

当两个力作用于同一点时,其合力可用以下的方法来求。

(1) 力的平行四边形合成法。如图 1.7 所示,以作用在点 O 上的两个力 F_1 和 F_2 为两邻边画出一个平行四边形,则通过点 O 的对角线所表示的力 F 就是 F_1 和 F_2 的合力。这个平行四边形就称为力的平行四边形。

(2) 力的三角形合成法。如图 1.8 所示,以力 F_1 的终点为起点,画出与力 F_2 平行且大小相等的力 F'_2,则从点 O 连到 F'_2 终点的线段所表示的力 F 就是 F_1 和 F_2 的合力。这个三角形就称为力的三角形。

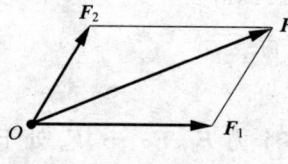

图 1.7 力的平行四边形

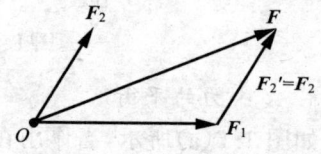

图 1.8 力的三角形

2. 力的分解

将一个力 F 分解成与这个力具有相同效果的两个力 F_1 和 F_2 的过程,称为力的分解。分解后所得到的力 F_1 和 F_2 称为原来的力 F 的分力。如图 1.9(a)所示,要把力 F 分解为通过点 O 的两条作用线上的力,

只要画出以力 F 为对角线的平形四边形,并把它的两个边作为 F_1 和 F_2 就行了(见图 1.9(b)),F_1 和 F_2 就称为 F 的分力。

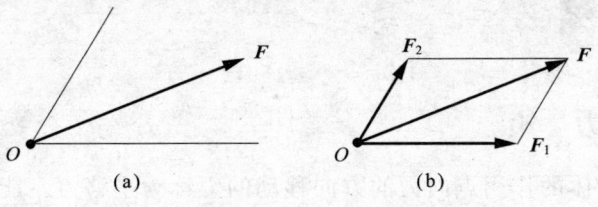

图 1.9 力的分解

1.3 作用在刚体上的力

1.3.1 力 矩

能使物体的作用点向力的方向移动的力称为平移力。能使物体绕着某个轴转动的力的作用称为力矩(或者只称其为矩)。

1. 力 矩

在图 1.10(a)中,力矩的大小 M 是表征力使物体产生转动的能力的一个量,它是用力的大小 F 和力的作用线与转动中心(点 O)之间的距离 r 的乘积来表示的,即

$$M=Fr$$

这时,r 称为力矩的臂,简称为力臂。

在力臂与力的夹角为 θ 的情况下(见图 1.10(b)),要先求出力 F 在力臂的垂直方向上的分力的大小 $F\sin\theta$,然后将这个分力与力臂相乘,才能得到力矩。也就是说,这种情况下,力矩要按下式来求:

$$M=Fr\sin\theta$$

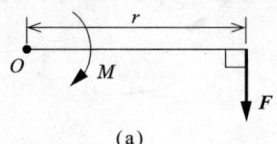 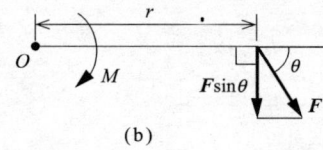

(a)　　　　　　　　　　(b)

图 1.10　力　矩

如果力的单位用(N),力臂的单位用(m),则力矩的单位就是(N·m)。

此外还规定,能使物体按逆时针方向转动的力矩的符号取正号(+),能使物体按顺时针方向转动的力矩的符号取负号(-)。

如果设从点 O 到力 F 的作用点的位置矢量为 r,则力矩可由矢积 $r \times F$ 求得。这种情况下,转动方向也就自然而然地表达在公式里面了。

2. 合力的力矩

在图 1.11 中,设由 O 轴周围的 F_1 所产生的力矩为 M_1,由 F_2 所产生的力矩为 M_2,则合力 $F(=F_1+F_2)$ 所产生的力矩 M 为这两个力矩之和,

即

$$M = M_1 + M_2$$

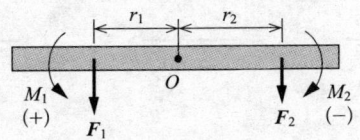

图 1.11　合力的力矩

1.3.2　力　偶

两个大小相等、方向相反、平行地作用在物体不同点上的力,称为力偶。虽然力偶的合力的大小等于零,但力矩并不等于零。

下面来看图 1.12 中 O 轴周围的力偶所产生的力矩。

由力偶所产生的力矩称为力偶矩,也可简称为偶矩,它可由下式来表示,即

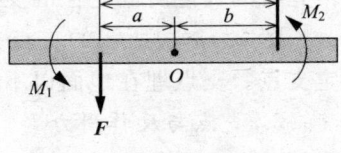

图 1.12　力　偶

$$M_1 + M_2 = Fa + Fb = F(a+b) = Fd$$

这个力偶的作用线之间的距离 d 称为力偶臂,转动轴移到别的地方时上式同样成立。也就是说,力偶矩与转动中心无关,它是个定值。

1.3.3　支点与反作用力

支撑物体的支点有移动支点、转动支点和固定支点三种。移动支点的情况下,反作用力作用在垂直于支撑面的方向上;转动支点的情况下,反作用力有可能作用在支点周围的任何方向上;固定支点的情况下,不光有反作用力,而且有力矩的反作用。

1. 反作用力

在两个物体相互接触的情况下,如果一个物体 A 是在推挤另一个物体 B,则在接触面上,物体 A 也同样受到来自物体 B 的推挤力。这个力与物体 A 所发出的力的方向相反而大小相等。这种由于反作用而产生的力称为反作用力。

2. 支　点

既支撑物体又约束该物体运动的支点有图 1.13 所示的三种情形。

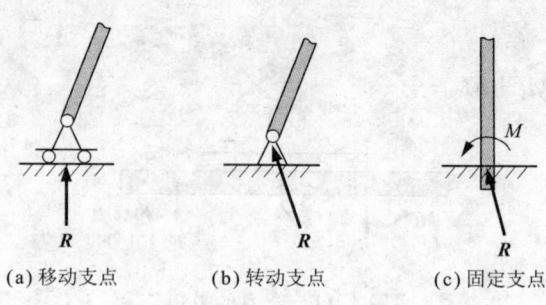

(a) 移动支点　　　(b) 转动支点　　　(c) 固定支点

图 1.13　支点与反作用力

图 1.13(a)所示的支点是可以向一定方向移动的支点,称之为移动支点。由滚轮来移动的支点等属于这一类。

图 1.13(b)所示的支点是可以自由转动的支点,称之为转动支点。由光滑的铰链所固定住的支点等属于这一类。

图 1.13(c)所示的支点是既不能移动也不能转动的支点,称之为固定支点。支点埋在地面以下的情况等属于这一类。

3. 支点与反作用力

移动支点的情况下,反作用力 R 作用在垂直于支点移动的方向上(见图 1.13(a));转动支点的情况下,反作用力 R 可能作用在通过转动中心的任何方向上(见图 1.13(b));固定支点的情况下,不光有反作用力 R,还有力矩的反作用 M 作用在支点上(见图 1.13(c))。

4. 支点对平行力反作用力

如图 1.14 所示,两头被支撑着的梁上作用着两个力 F_1 和 F_2,试求作用在两个支点 A 和 B 上的反作用力 R_A 和 R_B。

根据力的平衡和 A 点周围的力矩的平衡,可得

$$\begin{cases} R_A + R_B = F_1 + F_2 \\ R_B l = F_1 r_1 + F_2 r_2 \end{cases}$$

由此即可求得支点反作用力为

$$\begin{cases} R_A = \dfrac{1}{l}[F_1(l-r_1) + F_2(l-r_2)] \\ R_B = \dfrac{1}{l}(F_1 r_1 + F_2 r_2) \end{cases}$$

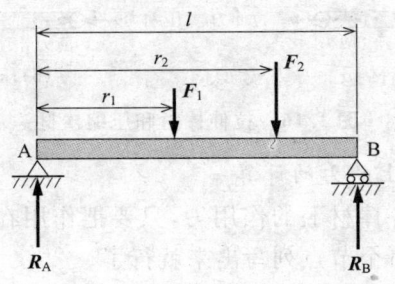

图 1.14 梁的支点对平行力的反作用力

1.3.4 桁 架

铁塔、起重机等由许多棒状材料装配在一起所构成的结构件,称为骨架结构,各个结合点称为节点。节点为铰链结合且棒状材料能够在节点处自由转动的结构,称为桁架。节点不是铰链结合,而是完全固定的结构,称为框架。

1. 作用在桁架上的力

图 1.15 所示为桁架的例子。

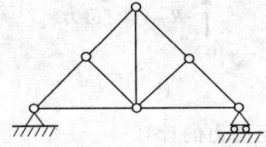

图 1.15 桁 架

设桁架节点为铰链结合,并设外力全部作用在节点上。因为铰链结合的转动是自由的,所以作用在节点上的力不产生弯矩。如果棒材上没有外力作用,则桁架棒材之一所受到的来自节点的力就只有作用在轴方向上的拉伸力或压缩力。

这时,由于棒材处于平衡状态,因而来自两端的力大小相等方向相反。此外,棒材内部作用着与这些力相对抗而力图返回到原来状态的应力。

受到拉伸力的棒材称为拉伸棒材,棒材内部作用着拉伸应力(符号为正)(见图 1.16(a))。受到压缩力的棒材称为压缩棒材,棒材内部作用着压缩应力(符号为负)(见图 1.16(b))。

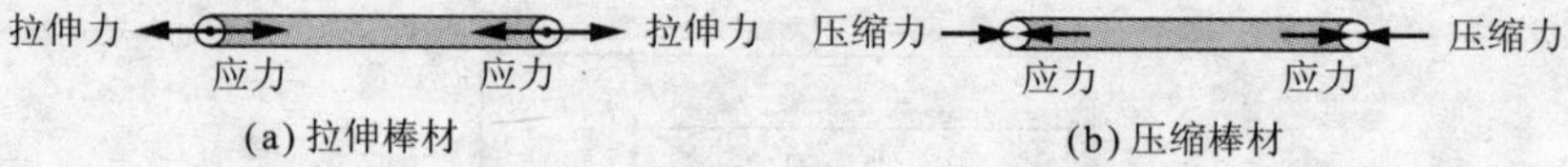

图 1.16 拉伸棒材和压缩棒材

2. 作用在桁架上的力的计算

若想求得桁架各棒材上的作用力,只要把作用在节点上的外力和棒材应力的平衡式按每个节点列写出来就行了。

下面就来求图 1.17 所示的两点 A 和 B 所支撑着的桁架的应力。

根据力和力矩的平衡,A 和 B 的反作用力 R_A 和 R_B 为

$$R_A = R_B = 10(N)$$

假定各棒材为拉伸棒材,即假定作用在 A 点上的力为图 1.17(b)所示的拉伸应力。

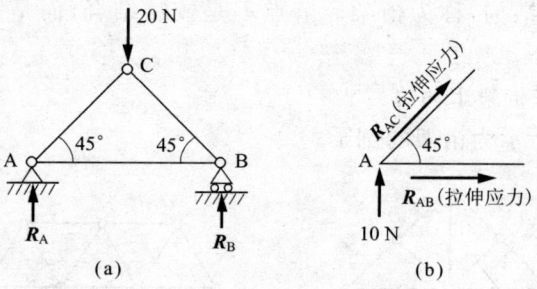

图 1.17 作用在桁架上的力的计算

在桁架上,作用在各节点上的力是平衡的,即作用在各节点上的水平方向分力之和和垂直方向分力之和都等于零。

因而可得

$$\begin{cases} R_{AC}\cos 45° + R_{AB} = 0 \\ R_A + R_{AC}\sin 45° = 0 \end{cases}$$

由此就可得到

$$\begin{cases} R_{AC} = -10\sqrt{2} \\ R_{AB} = 10 \end{cases}$$

从而可知,应力 R_{AC} 为 $10\sqrt{2}$N 的压缩应力,应力 R_{AB} 为 10N 的拉伸应力。

1.4 重　心

1.4.1 重心的计算

物体可看作是由许多微小部分组合而成的集合体,每个微小部分上都有一个方向为铅直方向、大小与其质量成正比的重力。这些重力的合力可以等效于一个集中于物体上某一点的总重力,总重力的作用点就称为该物体的重心。密度均匀的物体及平面图形的重心就是它们的图心。

重心的位置可如下求得。

在图 1.18 中,设各微小部分的重力(即重量)分别为 $w_1, w_2, w_3, \cdots$;它们的位置分别为 $(x_1, y_1), (x_2, y_2), (x_2, y_3), \cdots$;重心 G 的位置为 (x_G, y_G)。

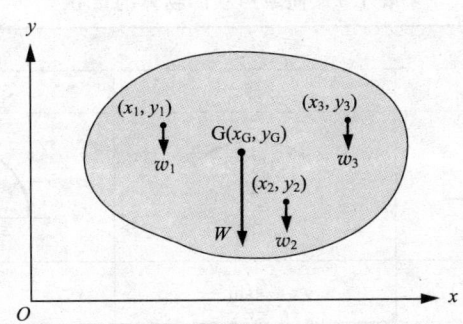

图 1.18　物体的重心

设总重力(重量)为 W,则有

$$W = w_1 + w_2 + w_3 + \cdots = \sum w_i$$

因为点 O 周围的力矩是平衡的,所以

$$W_{x_G} = w_1 x_1 + w_2 x_2 + w_3 x_3 + \cdots = \sum w_i x_i$$

$$W_{y_G} = w_1 y_1 + w_2 y_2 + w_3 y_3 + \cdots = \sum w_i y_i$$

由此可得重心 G 的坐标为

$$x_G = \frac{1}{W}(w_1 x_1 + w_2 x_2 + w_3 x_3 + \cdots) = \frac{1}{W}\sum w_i x_i$$

$$y_G = \frac{1}{W}(w_1 y_1 + w_2 y_2 + w_3 y_3 + \cdots) = \frac{1}{W}\sum w_i y_i$$

用极限值 $\mathrm{d}w$ 代替 w_i，把上面的求和式变成积分式，则得

$$x_G = \frac{1}{W}\int x \mathrm{d}w$$

$$y_G = \frac{1}{W}\int y \mathrm{d}w$$

这便是求物体重心的公式。

求均匀密度或均匀厚度的物体的重心时，可以不必求重力（重量）而改用求各微小部分的体积或面积的办法。

1.4.2 各种形状的重心

表 1.7 中给出了一些简单形状的物体的重心。

表 1.7 简单形状的物体的重心

线 形		
线段	圆弧	半圆弧
$\bar{x} = \dfrac{l}{2}$	$\bar{y} = \dfrac{2r}{\alpha}\sin\dfrac{\alpha}{2}$	$\bar{y} = \dfrac{2r}{\pi}$
平面形		
三角形	平行四边形	梯形
三中线的交点 $\bar{y} = \dfrac{h}{3}$	对角线的交点	$\bar{y} = \dfrac{h}{3}\left(\dfrac{2a+b}{a+b}\right)$

续表 1.7

平面形		
扇形	半圆	圆
$\bar{y}=\dfrac{4r}{3\alpha}\sin\dfrac{\alpha}{2}$	$\bar{y}=\dfrac{4r}{3\pi}$	中心
立体形		
圆锥	角锥	半球
$\bar{y}=\dfrac{h}{4}$	$\bar{y}=\dfrac{h}{4}$	$\bar{y}=\dfrac{3r}{8}$

1.4.3 重心位置的测定方法

形状复杂的物体及由多个部件组成的机械,其重心很难通过计算来求得。这种情况下,采用测量的办法就简单得多了。

1. 平板重心位置的测定

求图 1.19 这种形状复杂的平板的重心时,可采用如下的方法。

首先,在任意点 A 处拴一根绳子把平板吊起来,当平板静止下来时,重心必定位于过 A 点的铅直线上。其次,把绳子换一个地方,如拴在 B 点上,则平板静止时重心必定位于过 B 点的铅直线上。于是这两条铅直线的交点必然就是该平板的重心。

2. 自动两轮车的重心位置的测定

自动两轮车之类的机械,可以通过把车身前部仰起来的办法来测得它的重心。

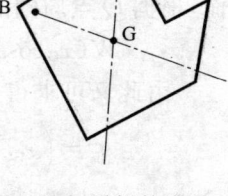

图 1.19 平板的重心位置的测定

如图 1.20(a)所示,设自动两轮车的重心 G 的位置为(x_G, y_G)。

为了求得自动两轮车的重心位置,可以先让车子静止在前、后车轴处于同一高度的状态,这时,便可测得作用于前、后轮上的重力 W_1 和 W_2。于是,作用在自动两轮车上的总重力为

$$W = W_1 + W_2$$

设前轮与后轮的距离为 l,则可根据自动两轮车水平立着时 O 点周围的力矩平衡关系而得到

$$W x_G = W_2 l$$

由此可求得重心的 x 坐标为

$$x_G = \frac{W_2}{W} l$$

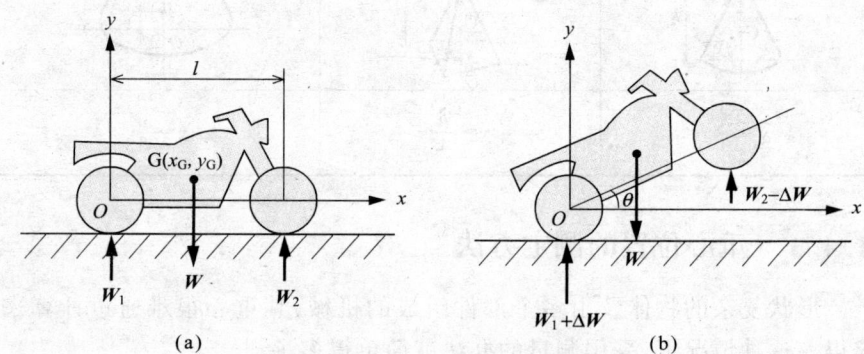

图 1.20　自动两轮车的重心位置的测定

接着,将自动两轮车像图 1.20(b)那样仰起来,这样,原先作用在前轮上的一部分重力便移到后轮上来了。当仰角为 θ 时,设这个重力的变化量为 ΔW。这时,总重力对于 O 点的力臂长度为 $x_G \cos\theta - y_G \sin\theta$,因而,根据 O 点周围的力矩平衡关系可得

$$W(x_G \cos\theta - y_G \sin\theta) = (W_2 - \Delta W) l \cos\theta$$

由此又可求得重心的 y 坐标为

$$y_G = \left(x_G - \frac{W_2 - \Delta W}{W} l\right) \cot\theta = \frac{\Delta W}{W} l \cot\theta$$

于是,自动两轮车的重心就确定了。

参考文献

[1] 小出昭一郎・大槻義彦編,高田誠二著：物理学 One Point 8 単位と単位系,共立出版 (1980)
[2] 土屋喜一監修：ハンディブック機械,オーム社 (1997)
[3] 入江敏博・山田元著：機械工学基礎講座 工業力学,理工学社 (1980)

第2章

运动的描述

本章将叙述质点运动的相关内容。首先就几种运动形式介绍速度和加速度的概念，然后给出力学分析中所不可缺少的"牛顿运动定律"、"能量守恒定律"、"动量守恒定律"等重要运动定律，最后叙述能量函数中备受关注的拉格朗日运动方程。

2.1 速度和加速度

2.1.1 物体的运动

物体随着时间改变其位置就称为运动。如果物体运动的轨迹是三维的,就称为空间运动;如果运动轨迹是二维的,就称为平面运动;如果物体位置不变化,就称为静止。

1. 位移

运动物体位置的变化称为位移。位移是个矢量。

2. 速度

单位时间里的位移量的大小(不考虑方向)称为速率。单位时间里的位移(包括方向在内)称为速度。速率是个标量,速度是个矢量。

速度不发生变化的运动称为匀速运动。

3. 加速度

单位时间里速度的变化称为加速度。加速度是矢量。加速度不变的运动称为匀加速运动。

4. 相对运动

当两个点 A 和 B 都在运动时,以 A 点为基准看去的 B 点的运动,称为 B 点相对于 A 点的相对运动。

如图 2.1 所示,当 A 点和 B 点分别以速度 v_A 和 v_B 相对于固定坐标系运动时,速度 $v_{BA} = v_B - v_A$ 称为 B 点相对于 A 点的相对运动速度。反之,A 点相对于 B 点的相对运动速度为 v_{AB},且 $v_{AB} = -v_{BA}$。

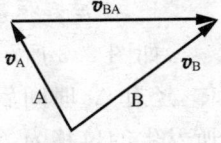

图 2.1 相对速度

2.1.2 直线运动

运动物体所走过的轨迹称为路径,路径为直线的运动称为直线运动。

1. 匀速直线运动

直线运动中,若速度不变,则称为匀速直线运动。

在匀速直线运动的情况下,若产生位移 $s(\mathrm{m})$ 所花费的时间为 $t(\mathrm{s})$,则速度 $v(\mathrm{m/s})$ 由下式给出,即

$$v = \frac{s}{t}$$

速度的单位可采用 m/s 等。

2. 匀加速直线运动

直线运动中,若加速度不变,则称为匀加速直线运动。

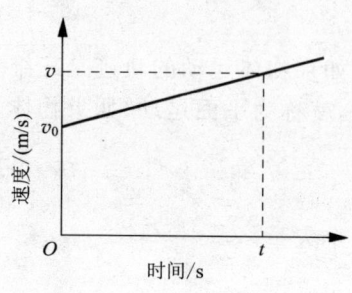

图 2.2 匀加速度直线运动

如图 2.2 所示,设有初速度为 v_0(m/s) 的运动物体,若它的速度按同一比例变化,经过时间 t(s) 后,速度达到了 v(m/s),则这段时间内的加速度 a(m/s²) 由下式给出,即

$$a = \frac{v - v_0}{t}$$

加速度的单位可采用 m/s² 等。

匀加速直线运动中,物体在 t 后的速度 v 及位移 s 由下式给出:

$$v = v_0 + at$$

$$s = v_0 t + \frac{1}{2} a t^2$$

2.1.3 曲线运动

运动物体的路径为曲线的运动,称为曲线运动。

1. 速度和速率

如图 2.3 所示,当物体在曲线 C 上运动时,某一时刻 t 位于 P 点的物体,经过 Δt 时间后(即 $t + \Delta t$ 时刻)到达 P′ 点,设物体所发生的位移为 Δr,则这段时间里的平均速度 v_{AV} 由下式给出:

$$\boldsymbol{v}_{AV} = \frac{\Delta \boldsymbol{r}}{\Delta t}$$

物体位于 P 点时的瞬时速度 v 则由下式给出:

$$\boldsymbol{v} = \lim_{\Delta t \to 0} \frac{\Delta \boldsymbol{r}}{\Delta t} = \frac{\mathrm{d}\boldsymbol{r}}{\mathrm{d}t}$$

这个瞬时速度 v 的方向就是曲线 C 上 P 点的切线

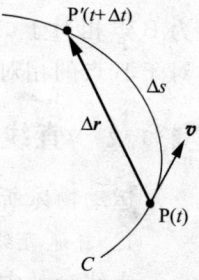

图 2.3 曲线运动

方向。

与此相对应,设 P 点在 Δt 时间内沿着路径所走过的长度为 Δs,则可得

$$v_{AV} = \frac{\Delta s}{\Delta t}$$

这个速度称为平均速度。取 $\Delta t \to 0$ 时的极限,可得

$$v = \lim_{\Delta t \to 0} \frac{\Delta s}{\Delta t} = \frac{ds}{dt}$$

这个速度值称为物体在 P 点的速率,它是速度(矢量)的大小,是个标量。

2. 加速度

如图 2.4 所示,物体在时刻 t 的速度为 v,经过 Δt 之后(即时刻 $t+\Delta t$)速度变成了 $v+\Delta v$。因而,这段时间里的平均加速度 a_{AV} 由下式给出:

$$a_{AV} = \frac{\Delta v}{\Delta t}$$

点 P 的瞬时加速度 a 由下式给出:

$$a = \lim_{\Delta t \to 0} \frac{\Delta v}{\Delta t} = \frac{dv}{dt} = \frac{d^2 r}{dt^2}$$

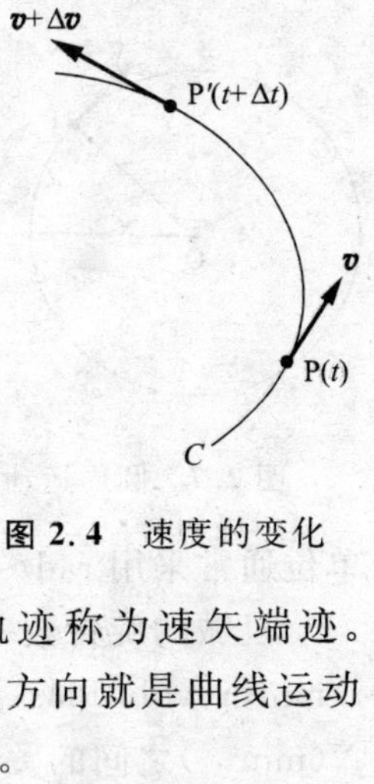

3. 速矢端迹

如图 2.5 所示,当以原点 O 为始点画出运动物体在各个点上的速度矢量时,速度矢量的终端所描绘出的轨迹称为速矢端迹。速矢端迹上任一点 Q 处的切线方向就是曲线运动物体在 Q 点的加速度 a 的方向。

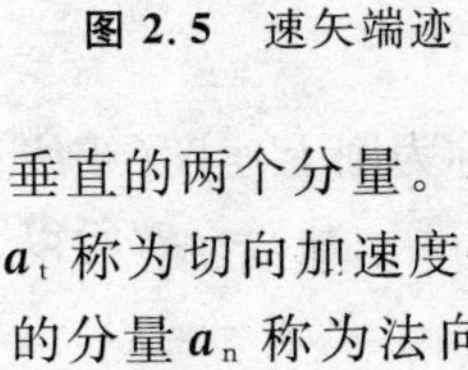

图 2.4 速度的变化

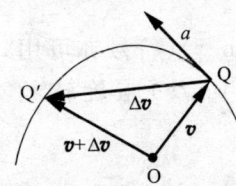

图 2.5 速矢端迹

4. 切向加速度与法向加速度

在图 2.4 所示的曲线 C 上,运动物体在 P 点处的加速度 a 可以分解为相互垂直的两个分量。与速度矢量 v 方向相同的分量 a_t 称为切向加速度分量,与速度矢量 v 的方向垂直的分量 a_n 称为法向加速度分量。当把加速度的这两个分量表示在速矢端迹图上时,a_t、a_n、a、v 的相互关系如图 2.6 所示。

由于 a_t 与速度 v 的方向相同,因而它的作用是

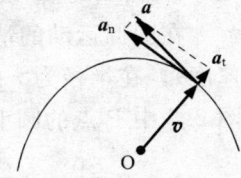

图 2.6 切向加速度和法向加速度

只改变速度 v 的大小而不会影响 v 的方向。反之，由于 a_n 与速度 v 垂直，因而它的作用是只改变速度 v 的方向而不会影响 v 的大小。它们的大小 a_t 和 a_n 分别由下式给出：

$$a_t = \frac{dv}{dt}, \quad a_n = \frac{v^2}{\rho}$$

式中的 ρ 为图 2.4 曲线 C 上的 P 点的曲率半径。

2.1.4 圆周运动

当物体在圆周上运动时，称之为圆周运动。

1. 角速度

单位时间里圆周运动物体的旋转角度的变化称之为角速度。如图 2.7 所示，当点 P 在以点 O 为圆心的圆周上旋转，且在 Δt 时间内转过的角度为 $\Delta \theta$ 时，平均角速度为

$$\omega_{AV} = \frac{\Delta \theta}{\Delta t}$$

其瞬时角速度 ω 由下式给出：

$$\omega = \lim_{\Delta t \to 0} \frac{\Delta \theta}{\Delta t} = \frac{d\theta}{dt}$$

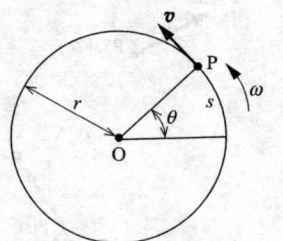

图 2.7　圆周运动

角度的单位通常采用 rad（弧度），角速度的单位通常采用 rad/s。

机械的旋转数一般采用每分钟的旋转圈数 $N(\min^{-1})$（符号亦可用 r/min，revolutions per minute）来表示。角速度 ω（rad/s）与旋转数 $N(\min^{-1})$ 之间的关系为

$$\omega = \frac{2\pi N}{60}$$

2. 圆上速度（或线速度）

在圆周运动的情况下，物体沿着圆周移动的速度称为圆上速度（或线速度）。在半径为 r 的圆周上，因为中心角 θ 的圆弧长度 s 为 $s = r\theta$，所以图 2.7 中 P 点的圆上速度由下式给出，即

$$v = \frac{ds}{dt} = r \frac{d\theta}{dt} = \omega r$$

3. 角加速度

单位时间中角速度的变化称为角加速度。瞬时角加速度 α 由下式给出：

$$\alpha = \lim_{\Delta t \to 0} \frac{\Delta \omega}{\Delta t} = \frac{d\omega}{dt} = \frac{d^2\theta}{dt^2}$$

角加速度的单位采用 rad/s^2。

按照固定的角加速度 α 进行圆周运动的物体，若最初的角速度为 ω_0，则经过 t 时间后的角速度 ω 及角位移 θ 由下式给出：

$$\omega = \omega_0 + \alpha t$$

$$\theta = \omega_0 t + \frac{1}{2}\alpha t^2$$

质点在半径为 r 的圆周上做旋转运动时，其切向加速度 $\boldsymbol{a}_t$ 和法向加速度 $\boldsymbol{a}_n$ 的大小由下式给出：

$$\boldsymbol{a}_t = \frac{dv}{dt} = \frac{d}{dt}(\omega r) = r\frac{d\omega}{dt} = \alpha r$$

$$\boldsymbol{a}_n = \frac{v^2}{r} = \frac{(\omega r)^2}{r} = \omega^2 r$$

2.2 运动定律

2.2.1 牛顿运动定律

物体的运动或运动状态的改变,是因为有力作用在物体上或者作用在物体上的力发生了变化的缘故。物体的运动情形与作用力之间的关系,可以用牛顿三定律来描述。

1. 牛顿第一运动定律(惯性定理)

如果没有外力作用在物体上,静止着的物体将永远保持静止状态,运动着的物体将永远保持匀速直线运动状态。

2. 牛顿第二运动定律(运动定理,亦称加速度定理)

物体所产生的加速度,其方向与物体所受到的作用力的方向相同,其大小与作用力的大小成正比而与物体的质量成反比。

3. 牛顿第三运动定律(作用与反作用定理)

如果物体 A 对另一个物体 B 施加了某个作用力,则物体 A 也必然受到来自于物体 B 的反作用力,反作用力的大小与作用力的大小相等,而其方向与作用力的方向相反。

牛顿第一运动定律指出,一切物体都具有想要保持原来所处状态(静止或匀速运动)的特性。物体的这种力图维持现状的特性称为惯性。

按照牛顿第二定律,如果物体的质量为 m,作用在物体上的力为 F,这个作用力使物体所产生的加速度为 a,则 m、F、a 之间的关系为

$$a = k\frac{F}{m} \quad (k\text{ 为比例常数})$$

适当选取 a、F、m 的单位,让比例常数 k 的值等于 1,可以得到如下表达式

$$F = ma$$

这个表达式称为运动方程。

牛顿第三运动定律所说的是,作用力不可能单独存在,只要有一个作用力,必然就有另一个与作用力大小相等方向相反的反作用力存在。

2.2.2 达朗贝尔定理

达朗贝尔定理是一个可以把动力学问题归结为静力学问题来求解的定理,其基本思想是定义了一个称为惯性力的视在力。

牛顿第二运动定律的运动方程式 $F=ma$ 可以改写成

$$F-ma=0$$

如果把 $-ma$ 看作是作用在质点上的力,则这个公式就可看作是表示质点上的作用力达到了平衡的表达式。这一表达式称为达朗贝尔定理,$-ma$ 称为惯性力。

惯性力就是当质量为 m 的物体因为外力作用而产生加速度 a 时物体所产生的反作用力。

也就是说,达朗贝尔定理可解释为"运动着的物体实际上是作用力 F 与惯性力 $-ma$ 所保持的一种平衡"。这样,利用达朗贝尔定理,就可以把动力学的问题当作静力学问题来处理了。

图 2.8 示出了一个质量为 m 的电梯正在以加速度 a 上升的情形,下面就来看电梯的牵引钢索上所作用的张力 T 是怎样求解的。

按照牛顿第二运动定律,电梯的运动方程式为

$$ma=T-mg$$

另一方面,按照达朗贝尔定理的思路,钢索上作用着电梯的重力 mg 和电梯上升当中加速度所产生的惯性力 $-ma$,这两个力再与钢索的张力 T 相平衡,这样就有

$$T-mg-ma=0$$

无论是依据牛顿第二运动定律的运动方程式,还是依据达朗贝尔定理的力平衡方程式,都可以得到

$$T=m(g+a)$$

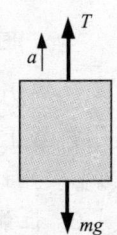

图 2.8 正在上升的电梯

2.2.3 功和能量的守恒定律

当物体在力的作用下发生了移动时,就说是力对物体做了功。位于高处的物体或者运动着的物体也能够对其他物体做功。物体处于能够做功的状态时,就说这个物体具有能量。

1. 功

在图 2.9 中,当物体在大小为 F 的外力的作用下,沿着外力方向移动

的距离为 s 时,就说外力对物体做了功,这个功的大小等于外力的大小与物体所移动距离的乘积。也就是说,功 W 可由下式来计算:

$$W = Fs$$

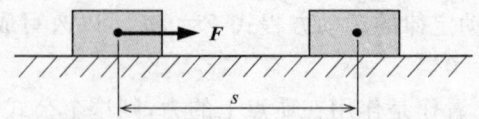

图 2.9 力做功的情形之一(力的方向与物体移动方向一致)

在图 2.10 中,物体的移动方向与力的作用方向之间有一个角度 θ,这样,力用于做功的有效部分就只有 $F\cos\theta$ 这一部分,因而这个力所做的功就是

$$W = Fs\cos\theta$$

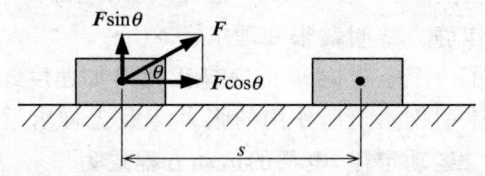

图 2.10 力做功情形之二(力的方向与物体移动方向不一致)

如果力的单位用 N,距离的单位用 m,则功的单位就是 N·m,并将其用符号 J 来表示。前一个符号读作牛[顿]米,后一个符号读作焦[尔]。1J 就等于 1N 的力使物体移动了 1m 时所做的功。

2. 位能(亦称势能)

位于高处的物体、处于被拉伸或被压缩状态的变形弹簧等,它们所具有的能量称为位能或势能。

图 2.11(a)中,质量为 m 的物体位于高度为 h 的地方,它所具有的位能 U 为:

$$U = mgh$$

图 2.11(b)中,弹性系数为 k 的弹簧从自然长度 l 被拉长了 x 长度,它所具有的位能 U 为:

$$U = \frac{1}{2}kx^2$$

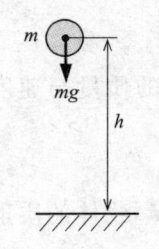 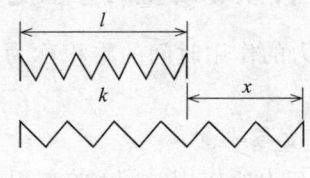

(a) 位于高处的物体的位能　　　　(b) 被拉伸的弹簧的位能

图 2.11　位　能

3. 动　能

移动着的物体或旋转着的物体,它们所具有的能量称为动能。质量为 m 的物体以速度 v 运动时,它所具有的动能 T 为:

$$T = \frac{1}{2}mv^2$$

4. 能量的种类

位能和动能统称为机械能。除了机械能以外,能量的形式还有热能、电能、化学能、原子能等。

5. 能量守恒定律

对于同一物理现象而言,无论物体处于什么状态,它的动能和位能的总和一定是个常数,这种关系称为能量守恒定律。

如图 2.12 所示,在无摩擦的斜面上有一个质量为 m 的运动物体。设该物体在高度为 h 的 A 点时的初速度为零,在高度为零的 B 点时的速度为 v,在高度为 h' 的 C 点时的速度为 v',则根据能量守恒定律有如下的关系式:

$$mgh = \frac{1}{2}mv^2 = mgh' + \frac{1}{2}mv'^2$$

能量的单位与功的单位相同,都采用焦[耳]。

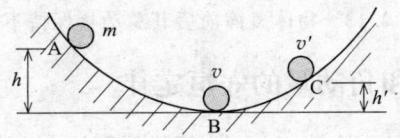

图 2.12　物体在斜面上运动时,各点的总能量不变

2.2.4 冲量和动量的守恒定律

力与力的作用时间的乘积称为冲量,物体的质量与速度的乘积称为动量。

1. 动量与冲量

力 F 与力所作用时间 t 的乘积 Ft 称为冲量,物体的质量 m 与物体的速度 v 的乘积 mv 称为动量。

如果质量为 m 的物体在力 F 的作用下,经过时间 t 后,物体的速度从 v_0 变为 v,则下式成立:

$$Ft = mv - mv_0$$

即物体的动量的变化等于变化期间物体所受到的冲量。

如果力的单位用 N,时间的单位用 s,则动量和冲量的单位为 N·s。

2. 冲击力

当物体受到打击或碰撞时,物体上就会受到一个作用时间很短而力量很大的力,这种力称为冲击力。冲击力的程度用撞击瞬间的冲量来表示,它是按撞击前后的冲量变化来测定的。

3. 动量守恒定律

图 2.13 是质量为 m_A 且速度为 v_A 的运动物体与质量为 m_B 且速度为 v_B 的两个物体相撞的情形,相撞后它们的速度分别变成了 v'_A 和 v'_B,其结果是相撞前两个物体所具有的动量总和与相撞后两个物体所具有的动量总和相等,即下式成立:

$$m_A v_A + m_B v_B = m_A v'_A + m_B v'_B$$

这种相撞前、后动量总和保持不变的关系,称之为动量守恒定律。

图 2.13 物体碰撞前后其总动量保持不变

2.2.5 角冲量和角动量的守恒定律

作用在旋转物体上的转矩与转矩所作用的时间的乘积,称为角冲量。旋转轴周围物体的惯性矩与角速度的乘积,称为角动量。动量与冲量之间的关系,在旋转物体的情况下,是以角动量和角冲量之间的关系而成立的。

1. 角动量与角冲量

转矩 T 与转矩所作用的时间 t 的乘积 Tt 称为角冲量。旋转轴周围物体的惯性矩 I 与角速度 ω 的乘积 $I\omega$ 称为角动量。

如果以角速度 ω_0 旋转着的物体上作用着大小为 T 的转矩,经过时间 t 之后角速度变成了 ω,则下式成立:

$$Tt = I\omega - I\omega_0$$

即物体的角动量的变化等于变化期间物体所受到的角冲量。

如图 2.14 所示,当质量为 m 的物体在离 z 轴的距离为 r 的地方以角速度 ω 旋转时,角动量的大小为 $I\omega = m\omega r^2$。因为这个物体的速度为 $v = \omega r$,所以角动量也可写成 mvr。而由于 mv 是这个物体的动量,所以角动量也可以认为是一个动量矩。

2. 角动量的守恒定律

如果旋转体上没有外力的作用,或者虽然有外力作用,但旋转轴周围的力矩却等于 0,这种情况下,旋转体关于旋转轴的角动量将保持恒定。这种关系称之为角动量守恒定律。

如图 2.15 所示,设两个圆盘 A 和 B 的惯性矩分别为 I_A 和 I_B,圆盘 A 处于静止状态,圆盘 B 处于以角速度 ω_B 旋转着的状态。如果把圆盘 B 连接到圆盘 A 上,试问连接后的角速度 ω 是多少?

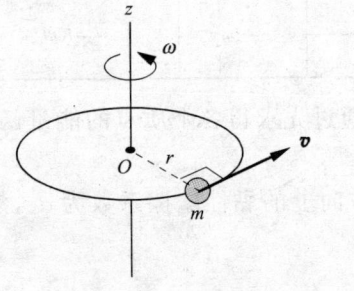

图 2.14　角动量

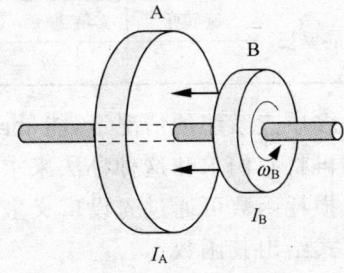

图 2.15　圆盘的连接

这个问题很容易由角动量守恒定律解得。依据角动量守恒定律,应有

$$I_B \omega_B = (I_A + I_B)\omega$$

于是可解得

$$\omega = \frac{I_B}{I_A + I_B}\omega_B$$

2.2.6 拉格朗日运动方程式

在难以根据牛顿运动定律导出运动方程式的场合,可以先求出运动物体的各种能量函数,然后把各个能量函数代入拉格朗日方程,再通过求其偏微分来求得该物体的运动方程式。

为了确定某个力学系统的位置,一般要有一组充分必要条件,这种条件通常是一组独立变量,这组独立变量的数目称为该系统的自由度。这些变量称为广义坐标,它们的时间微分称为广义速度。下面将这些变量表示成向量形式 $\bm{q}=(q_1,q_2,\cdots,q_f)^T$, $\dot{\bm{q}}=(\dot{q}_1,\dot{q}_2,\cdots,\dot{q}_f)^T$,并设

① 运动物体内的动能的总和为动能函数 $T(\bm{q},\dot{\bm{q}})$。
② 运动物体的势能的总和为势能函数 $U(\bm{q},t)$。
③ 运动物体内的能量损耗的总和为损耗函数 $D(\bm{q},\dot{\bm{q}})$。

机械系统中常用的质点系统的能量函数如表 2.1 所示。

表 2.1 动能和势能

	广义坐标	广义速度	广义力	$T(\dot{\bm{q}},\bm{q})$	$U(\bm{q},t)$
平移系统	位置 x	速度 $v=\dot{x}$	力 f	$\frac{1}{2}mv^2$	$\frac{1}{2}kx^2, mgh$
旋转系统	旋转角 θ	角速度 $\omega=\dot{\theta}$	转矩 τ	$\frac{1}{2}I\omega^2$	$\frac{1}{2}K\theta^2$

多质点系统的情况下,能量函数可通过先求得各个质点的能量函数,然后再将它们求和这种办法来求得。

损耗函数可通过先设广义坐标 q_i 方向上的黏性摩擦系数为 d_i,然后由下式给出其函数:

$$D(\dot{\bm{q}}) = \frac{1}{2}\sum_{k=1}^{f} d_i \dot{q}_i^2$$

设 Q_i 为与 q_i 相对应的广义力,则系统的运动方程式可由如下的拉格朗日方程式求得:

$$\frac{\mathrm{d}}{\mathrm{d}t}\left(\frac{\partial T}{\partial \dot{q}_i}\right) - \frac{\partial T}{\partial q_i} + \frac{\partial D}{\partial \dot{q}_i} + \frac{\partial U}{\partial q_i} = Q_i, \quad (i=1,2,\cdots,f)$$

若采用下式所定义的拉格朗日函数：
$$L(\dot{q},q,t)=T(\dot{q},q)-U(q,t)$$
则前面的系统运动方程式还可表示成如下形式的方程：
$$\frac{d}{dt}\left(\frac{\partial L}{\partial \dot{q}_i}\right)-\frac{\partial L}{\partial q_i}+\frac{\partial D}{\partial \dot{q}_i}=Q_i \quad (i=1,2,\cdots,f)$$

下面就用拉格朗日方程式来求图 2.16 所示的弹簧——阻尼器系统的运动方程式。设广义坐标为 x，则可求得各种能量函数如下：

① 动能函数为 $T(\dot{x})=\frac{1}{2}m\dot{x}^2$

② 势能函数为 $U(x)=\frac{1}{2}kx^2$

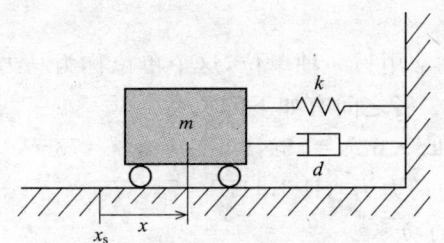

图 2.16 弹簧-阻尼器系统

③ 损耗函数为 $D(\dot{x})=\frac{1}{2}d\dot{x}^2$

于是，拉格朗日函数 $L(\dot{x},x)$ 可按下式求得：
$$L(\dot{x},x)=\frac{1}{2}m\dot{x}^2-\frac{1}{2}kx^2$$
将此式代入拉格朗日方程式，即得
$$m\ddot{x}+d\dot{x}+kx=0$$

由此可知，根据拉格朗日方程式和牛顿运动定律所得到的运动方程式的结果是一样的。

2.2.7 功率与机械效率

单位时间里平均所做的功，称为功率。机械实际所做的有效功与供给机械的能量之比，称为机械效率。

1. 功率

单位时间里平均所做的功称为功率。功率是个表示做功能力大小的量。

设作用力 F 在 Δt 时间里所做的功为 ΔW，则这段时间里的平均功率由下式给出：

$$P=\frac{\Delta W}{\Delta t}$$

进而再设作用力 F 所做的功 ΔW 使物体移动了 Δs 的距离，则瞬间功率为

$$P=\lim_{\Delta t\to 0}\frac{F\Delta s}{\Delta t}=\lim_{\Delta t\to 0}F\frac{\Delta s}{\Delta t}=Fv$$

式中的 v 为物体速度的大小。

表示功率时所用的单位为瓦[特]（符号为 W），1W 就是 1J/s 的功率。

表示功率时也常用另一种单位，这个单位称为马力（符号为 PS）。当把 PS 换成 W 时，二者之间有如下的关系：

$$1\text{PS}=75\text{kg}\cdot\text{m/s}=75\times 9.8\text{N}\cdot\text{m/s}=735\text{W}$$

英美等地所采用的马力为"HP"，1HP＝746W。

2. 旋转机械的功率

如果物体在转矩 T 的作用下，在 Δt 时间内绕着旋转轴转过了 $\Delta\theta$ 的角度，则功率为

$$P=\lim_{\Delta t\to 0}\frac{\Delta W}{\Delta t}=\lim_{\Delta t\to 0}\frac{T\Delta\theta}{\Delta t}=T\omega$$

式中，ω 为角速度；$T\Delta\theta$ 为力矩（转矩）所做的功。

3. 机械效率

机械实际所做的有效功与供给机械的能量之比，称为机械效率。机械效率一般用百分数来表示，其符号常采用 η，即

$$\eta=\frac{\text{机械所做的有效功}}{\text{供给机械的能量}}\times 100\%$$

由于实际的机械在工作当中是有摩擦的，外力供给机械的能量中，有一部分被摩擦消耗掉了，因而，机械所做的有效功要比外力供给机械的能量小一些。

由于功率是单位时间里平均所做的功的量，因而功率也可表示成机械所能给出的功率与外部所供给机械的功率之比，即

$$\eta = \frac{机械的有效功率}{外部供给机械的功率} \times 100\%$$

参考文献

[1] 井上安之助・庄司不二男・木村三郎著:技術者のための力学入門,産業図書(1962)
[2] 入江敏博著:詳解 工業力学,理工学社(1983)

第 3 章

伴有旋转的运动

本章叙述与刚体运动相关的基本内容。首先介绍由刚体平移和旋转所合成的平面运动及围绕固定旋转轴旋转的旋转运动，并介绍旋转动能。接着叙述表征旋转难易程度的惯性矩及其计算方法，并给出关于惯性矩的重要定理和几种简单形状物体的惯性矩。

3.1 刚体的平面运动

3.1.1 平移运动和旋转运动

工学中所分析的多数力学问题,都不能把物体看作是质点,而是要作为刚体来对待。刚体的运动包括平移运动和旋转运动,平面运动是通过这两种运动的合成得到的。

如图 3.1 所示,当刚体内的线段 AB 平行地移动到 $A'B'$ 时,这样的运动就称为平移运动。

图 3.2 中,线段 AB 是以某个点为中心而转动的,这样的运动称为旋转运动。

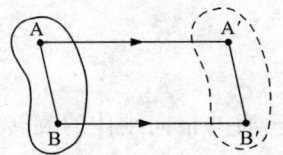

图 3.1 平移运动

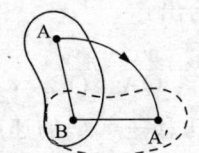

图 3.2 旋转运动

一般刚体的平面运动是由平移运动和旋转运动合成的,它既可以像图 3.3(a)那样看成是先从状态 1 平移到状态 2,然后再从状态 2 旋转到状态 3;也可以像图 3.3(b)那样看成是先从状态 1 旋转到状态 2,然后再以状态 2 平移到状态 3。

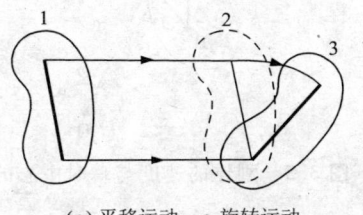

(a) 平移运动 ⟶ 旋转运动

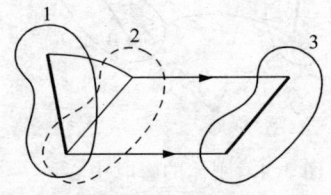

(b) 旋转运动 ⟶ 平移运动

图 3.3 刚体的平面运动

平移运动可以用刚体中的某一个点作为代表来加以描述,因而,平移运动的分析可以变换成质点力学来进行。

3.1.2 瞬时中心

刚体的平面运动,也可以看作是以某点为中心的瞬时旋转运动的连续衔接,这个作为中心的某点就称为瞬时中心。

1. 瞬时中心

通常可以不把刚体的平面运动看成是平移运动和旋转运动的合成,而是像图 3.4 所示那样,看成是刚体只按照以 AO=A′O 和 BO=B′O 所构成的 O 点为中心的旋转运动来移动的运动。刚体的任何平面运动,都可以看成是以这样的某点 O 为中心的瞬时旋转运动的连续衔接所形成的,这样的中心点就称为瞬时中心。

2. 速度和加速度

刚体的速度与瞬时中心的关系如图 3.5 所示。设平面运动刚体内的两个点 A 和 B 的速度为 v_A 和 v_B,围绕瞬时中心 O 旋转的角速度为 ω,则 ω 由下式给出:

$$\omega = \frac{v_A}{OA} = \frac{v_B}{OB}$$

而刚体内任意一点 C 的速度,其方向与 OC 垂直并指向刚体的旋转方向,其大小为

$$v_C = OC \cdot \omega$$

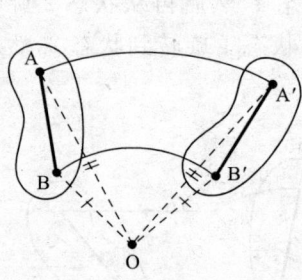

图 3.4 刚体的瞬时中心

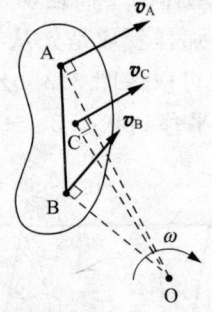

图 3.5 刚体的速度与瞬时中心的关系

刚体的速度如图 3.6 所示。当平面运动刚体内某点 B 的速度为 v_B,其他的点 A 围绕着 B 点以角速度 ω 旋转时,A 点相对于 B 点的相对速度便是 $v_{A/B} = \omega r$。于是,A 点的速度 v_A 即可由下式得出:

$$v_A = v_B + \omega r$$

刚体的加速度如图 3.7 所示。当 B 点具有加速度 a_B，A 点围绕着 B 点以角速度 ω 和角加速度 α 旋转时，A 点便具有相对于 B 点的相对切向加速度（切线方向上的加速度分量）αr 和法向加速度（法线方向上的加速度分量）$\omega^2 r$。因而，A 点的加速度 a_A 便是：

$$a_A = a_B + \alpha r + \omega^2 r$$

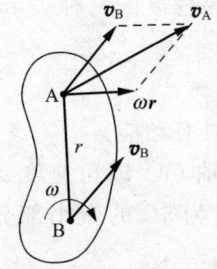
图 3.6 刚体的速度

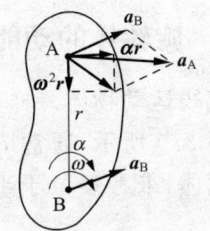
图 3.7 刚体的加速度

3.1.3 围绕着固定轴旋转的旋转中心

当具有惯性矩 I 的物体上加了转矩 T 时，物体就会以角加速度 α 旋转，也就是说 $I\alpha = T$ 的关系成立，这个关系式称为旋转体的运动方程式。

如图 3.8 所示，通常通过围绕着某个固定轴 OO' 以角加速度 α 做旋转运动的刚体，来考察位于半径为 r_i 之处且质量为 m_i 的某个微小部分的运动情形。

设微小部分具有大小为 αr_i 的圆周方向加速度，作用在微小部分的圆周力的大小为 f_i，则下式成立：

$$m_i \alpha r_i = f_i$$

因而，OO' 轴周围的力矩为

$$m_i \alpha r_i^2 = f_i r_i$$

于是，从整个刚体来看就有

$$\left(\sum m_i r_i^2\right)\alpha = \sum f_i r_i$$

将 $\sum m_i r_i^2$ 表示成积分形式 $I = \int r^2 \, dm$，则因为 $\sum f_i r_i$ 就是作用于整个刚体上的力矩（转矩）T，所以可得

$$I\alpha = T$$

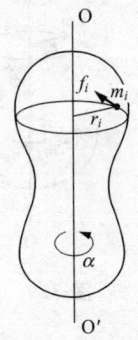
图 3.8 固定轴外围刚体的旋转运动

这就是刚体旋转运动的方程式,它是一个与表征物体直线运动的牛顿方程式 $ma=F$ 同等重要的方程式。

I 是一个表征以刚体固定轴为旋转轴的旋转惯性的量,称为惯性矩。当作用于刚体的转矩为固定值时,刚体所产生的角加速度与惯性矩成反比。也就是说,惯性矩大的刚体难以旋转,而惯性矩小的刚体容易旋转。因而,惯性矩可以看作是关于刚体旋转运动难易程度的一种表示。

3.1.4 旋转体的动能

与直线运动物体一样,旋转运动的物体也具有动能。

如图 3.9 所示,通常按照围绕着某个固定轴 OO' 以角速度 ω 做旋转运动的刚体,来考察位于半径为 r_i 之处且质量为 m_i 的微小部分的动能的大小。

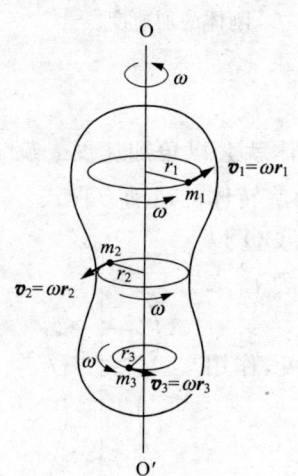

图 3.9 转动能

微小部分的动能 K_i 为:

$$K_i = \frac{1}{2} m_i v_i^2 = \frac{1}{2} m_i (\omega r_i)^2$$

因而,整个刚体的动能 K 为:

$$K = \sum \frac{1}{2} m_i (\omega r_i)^2 = \frac{\omega^2}{2} \sum m_i r_i^2$$

当用 $I = \sum m_i r_i^2$ 来表示惯性矩时,由于旋转而产生的动能就成为

$$K = \frac{1}{2} I \omega^2$$

前面曾讲过,直线运动物体的动能表达式是

$$T = \frac{1}{2} m v^2$$

这里的旋转运动的物体动能表达式正好与直线运动物体的动能表达式相对应。

3.2 惯性矩

3.2.1 惯性矩的计算

惯性矩是个表征刚体旋转运动所对应惯性(旋转难易程度)的物理量。此外,关于面积的惯性矩,称为截面二阶矩。

1. 惯性矩

如图 3.10 所示,设刚体由质量为 m_i 的许多微小部分所构成,并设从所给定的一个轴 OO' 到各个微小部分的距离为 r_i,则有

$$I = \sum m_i r_i^2$$

将其表示成积分形式,可得

$$I = \int r^2 \mathrm{d}m$$

这一表达式称为该刚体关于轴线 OO' 的惯性矩,轴线 OO' 称为惯性矩的轴。

惯性矩的单位为 $\mathrm{kg \cdot m^2}$。

2. 旋转半径

如图 3.11 所示,假定物体的惯性矩不发生变化,物体的全部质量都集中在一个点上,并设刚体的总质量为 M,则惯性矩可写成

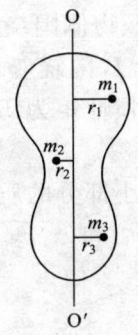

图 3.10 刚体的惯性矩

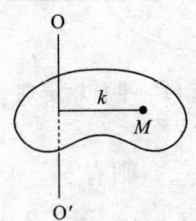

图 3.11 旋转半径

$$I = Mk^2, \quad k = \sqrt{\frac{I}{M}}$$

这个 k 称为关于其旋转轴的旋转半径。

3. 截面二阶矩与截面二阶矩半径

关于面积的惯性矩一般可表示成

$$I = \sum A_i r_i^2 \quad 或 \quad I = \int i^2 \mathrm{d}A$$

称之为截面二阶矩。这里，A_i 是位于距旋转轴 r_i 处的微小面积。

设总面积为 A，则有

$$I = Ak^2 \quad k = \sqrt{\frac{I}{A}}$$

这个 k 称为截面二阶矩半径。

截面二阶矩的单位为 m^4。

3.2.2 惯性矩的有关定理

计算惯性矩的时候，经常采用下面的两个定理。

1. 平行轴定理（Steiner 定理）

如图 3.12 所示，考虑与通过物体重心的轴线相垂直的平面，设有另一根任意轴线与这根通过物体重心的轴线相平行，平面与这两根轴线的交点分别为 G 点和 O 点，以交点 O 和 G 分别设定两个相互平行的坐标系 $O\text{-}xy$ 和 $G\text{-}xy$。并设物体的总质量为 M，物体围绕着任意轴线旋转时的惯性矩为 I，围绕着通过物体重心的轴线旋转时的惯性矩为 I_G，两轴线之间的距离为 d。

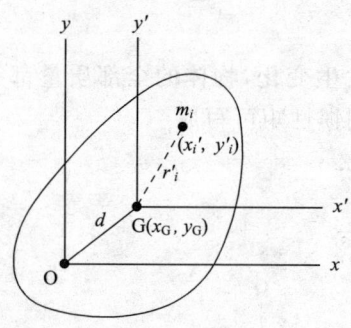

图 3.12　平行轴定理

假定刚体的微小部分的质量为 m_i，它的坐标分别为 (x_i, y_i) 和 (x_i', y_i')，重心的坐标为 (x_G, y_G)，则有

$$\begin{aligned} I &= \sum m_i (x_i^2 + y_i^2) \\ &= \sum m_i [(x_G + x_i')^2 + (y_G + y_i')^2] \end{aligned}$$

$$= \sum m_i [(x_G^2 + y_G^2)^2 + (x_i'^2 + y_i'^2) + 2x_G x_i' + 2y_G y_i']$$
$$= \sum m_i d^2 + \sum m_i r_i'^2 + 2x_G \sum m_i x_i' + 2y_G \sum m_i y_i'$$
$$= Md^2 + I_G + 2x_G \sum m_i x_i' + 2y_G \sum m_i y_i'$$

这里,重心 G 在 $G\text{-}x'y'$ 坐标系中的坐标是按 $(\sum m_i x_i'/M, \sum m_i y_i'/M)$ 来表示的,因为这个点就是原点 $(0,0)$,所以下式成立,即

$$\sum m_i x_i' = 0, \quad \sum m_i y_i' = 0$$

因而就有

$$I = I_G + Md^2$$

这一关系称为平行轴定理。

2. 正交轴定理

如图 3.13 所示,设围绕着通过薄平板平面上任意一点 O 且与该平面垂直的轴线旋转的惯性矩为 I_P,围绕着该平面内两条通过 O 点并相互垂直的直线旋转的惯性矩分别为 I_x 和 I_y,则平板的惯性矩 I_P 为:

$$I_P = \sum m_i r_i^2 = \sum m_i (x_i^2 + y_i^2) = \sum m_i x_i^2 + \sum m_i y_i^2 = I_x + I_y$$

也就是说,I_P 等于 I_x 和 I_y 之和。这一关系称为正交轴定理,并称 I_P 为极惯性矩。

下面,就来求图 3.14 所示的长方形薄板的惯性矩,其中设板的质量为 M,高度为 h,宽度为 b,厚度为 t。

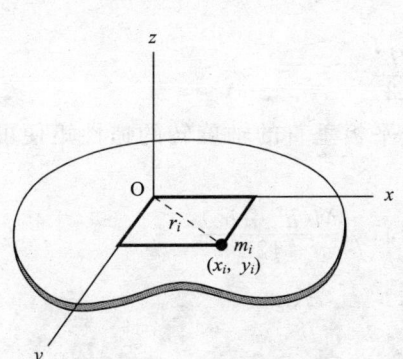

图 3.13 正交轴定理

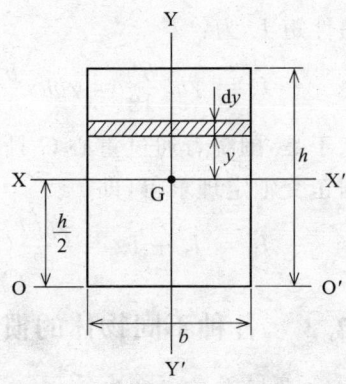

图 3.14 长方形板的惯性矩

(1) 围绕着通过重心 G 的 X-X′ 轴旋转的惯性矩

设离开 X-X′ 轴的距离为 y 的地方有一个微小高度为 $\mathrm{d}y$ 的带子,并设这个带子的密度为 γ,其质量为 $\gamma b \mathrm{d}yt$,则这个微小部分围绕 X-X′ 轴旋转的惯性矩 $\mathrm{d}I_x$ 为:

$$\mathrm{d}I_x = \gamma b \mathrm{d}yt \cdot y^2$$

因而有

$$I_x = \int_{-\frac{h}{2}}^{\frac{h}{2}} \gamma b t y^2 \mathrm{d}y = \gamma b t \left[\frac{y^3}{3}\right]_{-\frac{h}{2}}^{\frac{h}{2}} = \gamma b t \frac{h^3}{12}$$

$$= \gamma b h t \frac{h^2}{12} = \frac{Mh^2}{12} = I_G$$

(2) 围绕着 O-O′ 轴旋转的惯性矩。围绕着 O-O′ 轴旋转的惯性矩 I 为:

$$I = \int_0^h \gamma b t y^2 \mathrm{d}y = \gamma b t \left[\frac{y^3}{3}\right]_0^h = \gamma b t \frac{h^3}{3}$$

$$= \gamma b h t \frac{h^2}{3} = \frac{Mh^2}{3}$$

由于 X-X′ 轴与 O-O′ 轴之间的距离为 $d = h/2$,所以有

$$I_G + Md^2 = \frac{Mh^2}{12} + M\left(\frac{h}{2}\right)^2 = \frac{4Mh^2}{12} = \frac{Mh^2}{3} = I$$

可见,平行轴定理对于长方形平板也是成立的。

(3) 围绕着 Y-Y′ 轴旋转的惯性矩。与 I_x 一样,围绕着 Y-Y′ 轴旋转的惯性矩 I_y 为:

$$I_y = \gamma b t \frac{b^3}{12} = \gamma b h t \frac{b^2}{12} = \frac{Mb^2}{12}$$

于是,围绕着通过重心 G 且与这个平板垂直的轴旋转的惯性矩便可根据正交轴定理求得,即

$$I_P = I_x + I_y = \frac{\gamma b h t}{12}(h^2 + b^2) = \frac{M(h^2 + b^2)}{12}$$

3.2.3 各种不同物体的惯性矩

1. 薄圆盘的惯性矩

图 3.15 所示为质量等于 m,半径等于 R 的薄圆盘,试求围绕着圆盘中心旋转的惯性矩。

如图中所示,若将圆盘分割成半径为 r,宽度为 dr 的环形窄带子,则这个带子的质量为 $(m/\pi R^2)2\pi r dr$,因而围绕着垂直于圆盘的 Z-Z′ 轴旋转的极惯性矩为

$$I_P = \int_0^R r^2 \frac{m}{\pi R^2} 2\pi r dr = \frac{2m}{R^2}\int_0^R r^3 dr = \frac{1}{2}mR^2 \qquad (a)$$

由于围绕着相互正交的 X-X′ 轴和 Y-Y′ 轴旋转的惯性矩 I_x 和 I_y 有 $I_P = I_x + I_y$ 的关系,因而又可得到

$$I_x = I_y = \frac{1}{2}I_P = \frac{1}{4}mR^2 \qquad (b)$$

2. 圆柱的惯性矩

图 3.16 所示为质量等于 M,半径等于 R,高度等于 h 的圆柱,试求围绕着通过重心 G 的 X-X′ 轴和 Z-Z′ 轴旋转的惯性矩。

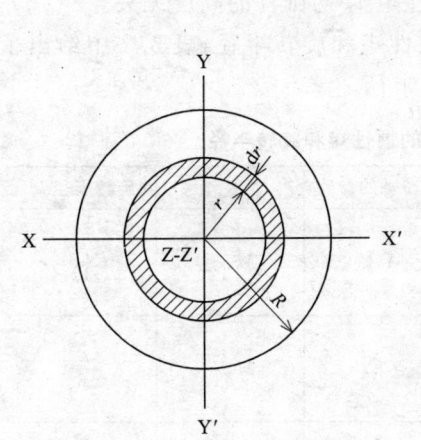

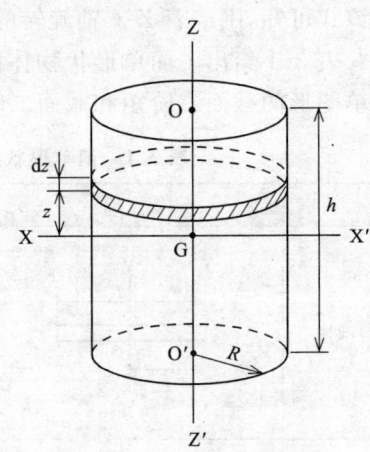

图 3.15 薄圆盘的惯性矩　　**图 3.16** 圆柱的惯性矩

(1) 围绕着通过重心 G 的 X-X′ 轴旋转的惯性矩。如图所示,在与 X-X′ 轴相矩 z 的地方分出厚度为 dz 的一个薄圆盘,则这个薄圆盘的质量为 $(M/h)dz$。根据式(b)可知,围绕着薄圆盘直径旋转的惯性矩为

$$dI = \frac{R^2}{4}dM = \frac{MR^2}{4h}dz$$

于是,根据平行轴定理可知,这个薄圆盘围绕着 X-X′ 轴旋转的惯性矩为

$$dI_x = dI + z^2 dM = \frac{MR^2}{4h}dz + \frac{M}{h}z^2 dz$$

将该式对整个圆柱进行积分,即得

$$I_x = \int_{-\frac{h}{2}}^{\frac{h}{2}} \left(\frac{MR^2}{4h} + \frac{M}{h}z^2\right)dz = \frac{2M}{h}\left[\frac{R^2}{4}z + \frac{1}{3}z^3\right]_0^{\frac{h}{2}}$$
$$= M\left(\frac{R^2}{4} + \frac{h^2}{12}\right)$$

(2)围绕着 Z-Z′轴旋转的惯性矩。围绕着 Z-Z′轴旋转的惯性矩可依据式(a)对整圆柱进行积分来求得。薄圆盘的极惯性矩为

$$dI_P = \frac{R^2}{2}dM = \frac{MR^2}{2h}dz$$

将该式在整个圆柱的范围内进行积分,即得

$$I_z = \int_{-\frac{h}{2}}^{\frac{h}{2}} \frac{MR^2}{2h}dz = M\frac{R^2}{2}$$

从该式可知,围绕着 Z-Z′轴旋转的惯性矩 I_z 与圆柱的高度无关。

表 3.1 给出了简单形状物体的惯性矩和旋转半径,表 3.2 中给出了简单图形的截面二阶矩和截面二阶矩半径。

表 3.1 简单形状物体的惯性矩和旋转半径

	图 形	旋转轴的位置	惯性矩	旋转半径 k^2
细棒		Y-Y	$M\dfrac{l^2}{12}$	$\dfrac{l^2}{12}$
		Y′-Y′	$M\dfrac{l^2}{3}$	$\dfrac{l^2}{3}$
薄长方形板		X-X	$M\dfrac{b^2}{12}$	$\dfrac{b^2}{12}$
		Y-Y	$M\dfrac{a^2}{12}$	$\dfrac{a^2}{12}$
		X′-X′	$M\dfrac{b^2}{3}$	$\dfrac{b^2}{3}$
		通过重心,与板垂直	$M\dfrac{a^2+b^2}{12}$	$\dfrac{a^2+b^2}{12}$

续表 3.1

	图　形	旋转轴的位置	惯性矩	旋转半径 k^2
薄圆板		X-X Y-Y	$M\dfrac{R^2}{4}$	$\dfrac{R^2}{4}$
		通过重心，与板垂直	$M\dfrac{R^2}{2}$	$\dfrac{R^2}{2}$
长方体		X-X	$M\dfrac{b^2+c^2}{12}$	$\dfrac{b^2+c^2}{12}$
		Z-Z	$M\dfrac{a^2+b^2}{12}$	$\dfrac{a^2+b^2}{12}$
		X'-X'	$M\left(\dfrac{b^2}{12}+\dfrac{c^2}{3}\right)$	$\dfrac{b^2}{12}+\dfrac{c^2}{3}$
圆柱		Z-Z	$M\dfrac{R^2}{2}$	$\dfrac{R^2}{2}$
		X-X	$M\left(\dfrac{R^2}{4}+\dfrac{h^2}{12}\right)$	$\dfrac{R^2}{4}+\dfrac{h^2}{12}$
中空圆柱		Z-Z	$M\dfrac{R^2+r^2}{2}$	$\dfrac{R^2+r^2}{2}$
		X-X	$M\left(\dfrac{R^2+r^2}{4}+\dfrac{h^2}{12}\right)$	$\dfrac{R^2+r^2}{4}+\dfrac{h^2}{12}$

第 3 章　伴有旋转的运动

续表 3.1

图形		旋转轴的位置	惯性矩	旋转半径 k^2
四角锥		Z-Z	$M\dfrac{a^2+b^2}{20}$	$\dfrac{a^2+b^2}{20}$
		X-X	$M\dfrac{4b^2+3h^2}{80}$	$\dfrac{4b^2+3h^2}{80}$
正圆锥		Z-Z	$M\dfrac{3R^2}{10}$	$\dfrac{3R^2}{10}$
		X-X	$M\dfrac{12R^2+3h^2}{80}$	$\dfrac{12R^2+3h^2}{80}$
球		X-X Z-Z	$M\dfrac{2R^2}{5}$	$\dfrac{2R^2}{5}$
半球		Z-Z	$M\dfrac{2R^2}{5}$	$\dfrac{2R^2}{5}$
		X-X	$M\dfrac{83R^2}{320}$	$\dfrac{83R^2}{320}$
截面为圆形的圆环		Z-Z	$M\left(R^2+\dfrac{3r^2}{4}\right)$	$R^2+\dfrac{3r^2}{4}$

表 3.2　简单图形的截面二阶矩和截面二阶矩半径

图形		旋转轴的位置	截面二阶矩	截面二阶矩半径 k^2
I 形		X-X	$\dfrac{b_2 h_2{}^3 - b_1 h_1{}^3}{12}$	$\dfrac{b_2 h_2{}^3 - b_1 h_1{}^3}{12(b_2 h_2 - b_1 h_1)}$
H 形		X-X	$\dfrac{b_2 h_2{}^3 + b_1 h_1{}^3}{12}$	$\dfrac{b_2 h_2{}^3 + b_1 h_1{}^3}{12(b_2 h_2 + b_1 h_1)}$
十字形		X-X	$\dfrac{b_2 h_2{}^3 + b_1 h_1{}^3}{12}$	$\dfrac{b_2 h_2{}^3 + b_1 h_1{}^3}{12(b_2 h_2 + b_1 h_1)}$
U 形		X-X	$\dfrac{1}{3}\{b_2 e_1{}^3 - b_1 (e_1 + h_1 - h_2)^3 + (b_2 - b_1) e_2{}^3\}$	$\dfrac{1}{3(b_2 h_2 - b_1 h_1)} \{b_2 e_1{}^3 - b_1 (e_1 + h_1 - h_2)^3 + (b_2 - b_1) e_2{}^3\}$
T 形		X-X	$\dfrac{1}{3}\{b_2 e_1{}^3 - b_1 (e_1 + h_1 - h_2)^3 + (b_2 - b_1) e_2{}^3\}$	$\dfrac{1}{3(b_2 h_2 - b_1 h_1)} \{b_2 e_1{}^3 - b_1 (e_1 + h_1 - h_2)^3 + (b_2 - b_1) e_2{}^3\}$

参考文献

[1] 井上安之助・庄司不二男・木村三郎著：技術者のための力学入門，産業図書 (1962)
[2] 入江敏博著：詳解 工業力学，理工学社 (1983)

第3篇

机械机构及其动作

- 责任编委
   大石久己
- 执笔编委
   住野和男（第1章）
   小林光男（第2章）
   大石久己（第3章~第5章）

第1章

力的传送与放大

　　绝大部分产业机械都是通过多个机构的组合以得到所规定的动作。为了得到所规定的动作，至少需要两个以上的部件，并且要把它们组合成一定的机构。

　　现在的机械产业中，尽管计算机技术、电气技术及电子技术已经占有很大比例，但其动作部分仍然需要由以齿轮机构、连杆机构、凸轮机构等为首的机械零件的组合来担当。

　　本章将对这种由机械零件组合而成的各种机构及其使用方法进行重点说明。

1.1 操纵机构的变迁

自从人类得到工具以来，逐渐地学会了使用工具，并利用各种工具使生活变得越来越舒适，把自己从重体力劳动中解放出来。随着工具的发展，以水车和风车为动力来传递运动的机械中用上了齿轮和凸轮；具有抽水等功能的机械发明了出来并在磨面机和水泵中得到了应用。后来，动力工具发展为热机，机械工业和相关产业便得到了进一步的发展。

自从蒸汽发动机发明出来后，它就作为工业领域里的动力而被广泛使用。

称为动力革命时代的 18 世纪到 19 世纪，利用蒸汽发动机和内燃发动机等新型动力所制造成的机械和交通工具一个接一个地不断出现，这种发动机成了工业发展的原动力。

动力的发展史相当长，以蒸汽为动力的时代延续了很久。但当初的蒸汽发动机工作效率很差，甚至还有过需要人来帮忙的蒸汽机，如图 1.1 所示。

托马斯·纽卡门的泵是利用把蒸汽变冷时所得到的真空的原理来进行工作的。由于阀的切换还要用人工来进行，所以其工作效率非常差

图 1.1　纽卡门泵（选自電気の博物館）

詹姆斯·瓦特对托马斯·纽卡门的蒸汽发动机进行了改进，造出了实用型蒸汽发动机。因为用于把直线运动变为旋转运动的曲柄机构与专利相抵触，瓦特提出了采用行星齿轮制造的行星齿轮曲柄机构。另外，瓦

特的蒸汽发动机中还安装了离心调速机,如图 1.2 所示。

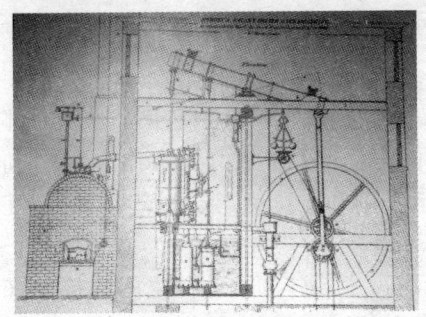

瓦特把蒸汽发动机改进成了实用型机器,这件事广为人知

图 1.2　瓦特蒸汽机及当时的使用情形(选自電気の博物館)

此后,这种蒸汽机被用于铁路、船舶、汽车等许多方面,成了工业发展的原动力。此外,能够把蒸汽机所产生的动力变换成别的形式加以传送的传动机构也发展了起来,自动化机械也产生了。图 1.3 所示为 Trevithick 所制造的世界上最早的蒸汽机车。

Trevithick制造的世界上最早的蒸汽机车——"芬尼莱因号"的模型

图 1.3　Trevithick 的蒸汽机车
（选自興和テクニカル）

特别是进入批量生产的时代之后,具有能进行重复动作和简单作业等功能的自动化机械有了飞速的发展,运动机构和传递机构的复杂性也越来越高了。

现在,机械虽然已经进入计算机控制的时代,但机械机构的重要性并不会因此而减弱,反而对其使要求越来越高。

1.2 运动传递装置

机械装置是由能够相互运动的部件构成的,这些可以相互运动的部件也称为零件(见图1.4)。并且,部件之间是成对出现的,称之为运动副。运动副有面接触运动副、线接触运动副和点接触运动副,它们的相互关联便是用于传递运动的。

机械动作的传递和动力的传送是通过主动件和从动件之间的接触来实现的。接受动力的一侧称为主动件,把动力传送给产生目的动作一侧的称为从动件。这种接触传动的方法有两种,一种是直接接触传动,另一种是间接接触传动。

刀具更换装置(ATC)　　　　　　　　分检装置
采用凸轮、曲柄、间歇机构制成的自动化机械的用途越来越广泛

图1.4　利用各种机构制成的运动传递装置
(选自オオツカハイテック)

1.2.1 柔性传动装置

在主动件与从动件之间距离较长的情况下,需要有一种能在主动件与从动件之间传递运动的物件,这种物件称为中介件。这种中介件有很

多形式,皮带、缆索、链条等。为了让这些中介件卷挂在主动件和从动件上来传递运动,主动件和从动件上就需有皮带轮、链轮等。

1. 扁平皮带传动

扁平皮带是用来在一定的距离之间传送动力或传递运动的典型中介件。利用由扁平皮带把主动轮和从动轮连接起来的办法,既能传送动力,又能改变两个轮子之间的相对旋转方向,还能改变转数比。

由于皮带有打滑和伸缩的问题,扁平皮带传动的转数比没有齿轮传动的转数比准确。但是,皮带传动具有能吸收冲击的作用,与齿轮等传动相比,它的传动噪声更小。

扁平皮带是利用它与皮带轮接触面的摩擦力来传递运动的,转数比过大时,皮带与皮带轮之间的接触面积将变得过小,因而就容易打滑。为了减小打滑,要选用摩擦系数大、厚度不会被拉薄及弯曲性好的皮带。

扁平皮带不但在搬运砂土和粒状物的场合及装配工厂里的流水生产线等方面得到广泛应用,最近以来,伴随着车站站务机器和金融业务机器等的自动化,机器内部在传送纸币、硬币、信用卡、火车票、存折等的时候也广泛采用了皮带传动。

2. 缆索传动

在传动轴之间距离长或需要传送的动力大的场合,常采用缆索传动。缆索多采用钢缆,它能够在不改变钢缆粗细的情况下采用增加根数的办法来传送更大的力。另外,也可以采用滑轮组合的办法来以较小的力传送更大的力,这种办法在卷扬机、牵引机、升降装置、起重机等方面得到了广泛应用,如图 1.5 所示。

3. V 形皮带传动

V 形皮带常用于传送动力。V 形皮带的横截面呈梯形,它是通过皮带两外侧与皮带轮 V 形沟槽两内侧相接触来产生摩擦力的,因而其摩擦力比扁平皮带的摩擦力大,打滑和噪声都比较小,适合于用来传送动力。

V 皮带也易于采用多根并用的办法来传送大转矩。多根并用时还可以把多根 V 皮带做成顶部连成一体的复合式 V 皮带等。

4. 牙轮皮带传动

在传动距离短或转数比大的情况下,为了使转数比更准确一些,可以采用牙轮皮带传动,也常称为同步传动。这种传动方法适合于高速旋转的场合,振动和噪声也较小。

葫芦吊钩

俯仰式起重机

起重机和葫芦吊钩是钢索
传动机械的典型例子

图 1.5　钢索传动

（选自石川岛播磨重工业）

　　牙轮皮带是通过皮带与皮带轮上的齿的相互啮合来传送动力的，因而传送效率较高，并且又不会打滑，因此动力的传送很可靠。

　　由于牙轮皮带能够传送的负荷范围较宽，从轻负荷到大转矩都可传送，传动速度高，传动噪声小，因而在起动、停止频繁的 OA 机器和控制设备中也应用得很广泛。在加长传送距离、保证动力传送可靠性方面，采用牙轮皮带是一种很有效的手段。牙轮皮带的构造如图 1.6 和图 1.7 所示。

　　除了环形的牙轮皮带之外，还可以把牙轮皮带做成扩充型或长带型，这种形式的牙轮皮带常用于长距离的往复运动，如图 1.8 所示。

　　5. 链条传动

　　辊式链条一般用于低速大负荷情况下的动力传送，如搬运装置、升降装置、悬吊装置等，能够可靠地传送大动力。

　　辊式链条是一种由销子把一节一节的链节连在一起所构成的链子，当这种链子把两个带尖角齿的链轮连接起来时，一个链轮的转动就传给

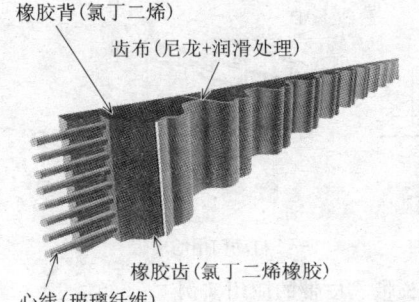

橡胶背(氯丁二烯)
齿布(尼龙+润滑处理)
橡胶齿(氯丁二烯橡胶)
心线(玻璃纤维)

图1.6　牙轮皮带的构造
（选自椿本チエイン）

纸币兑换机

自动开闭门

牙轮皮带也常用于OA机器和自动售货机等的传动机构

机　床

图1.7　牙轮皮带的应用实例
（选自ツバキエマソン）

了另一个链轮。这种传动方式不会打滑，但因为它是由一个链轮的尖角齿来拉动链子并再由链子拉动另一个链轮的，因而驱动的速度不均匀，在

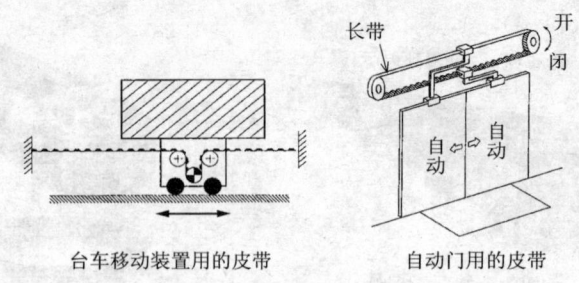

图 1.8　扩充型长带式皮带的应用实例
（选自椿本チエイン）

高速转动的情况下很容易产生噪声和振动。不过，如果增多链轮的齿数，速度的均匀性会变得好一些，图 1.9 是一些链条传动的例子。

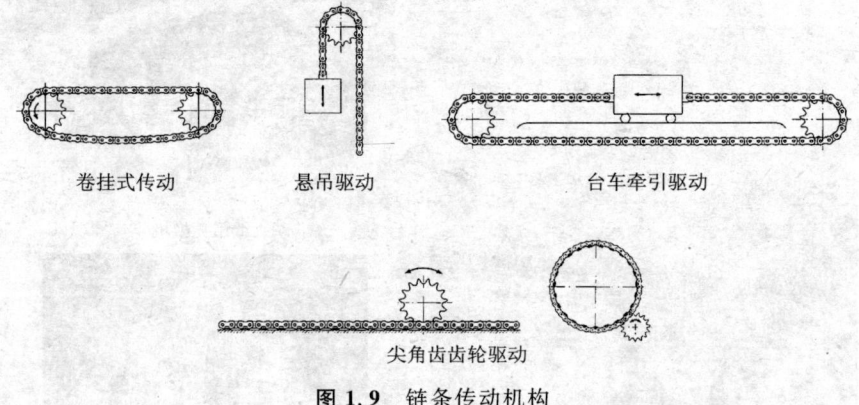

图 1.9　链条传动机构
（选自椿本チエイン）

另外，也可以把链节和链轮齿相啮合的部分做成直线形，从而使链与轮在啮合时的撞击柔合一些，这样便可以减小噪声。这样的链条也称为无声链条。无声链条的撞击噪声和振动很小，已经能用于发动机的凸轮轴驱动等高速领域。图 1.10 示出了各种实际的传动链条的形状。

链条传动当中需要有润滑油，因而就有了各种各样的自润滑链条，如在辊轴部分加入了衬套或轴承的不加油链条及用树脂制造的链条等。

链条不仅可作为动力传送的手段，还可用于流水生产线作为搬送物品的手段。食品生产线上就广泛地使用着各种链条，如树脂制成的链条、用于曲线搬运的链条、带有辅助件的链条等，如图 1.11 和图 1.12 所示。

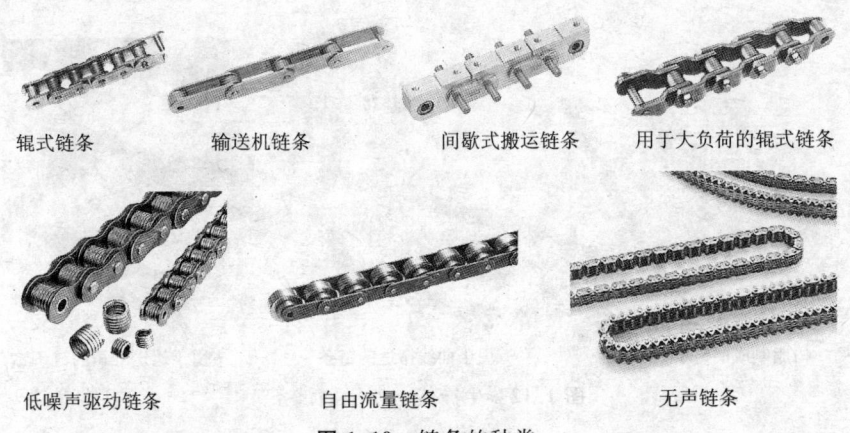

图 1.10　链条的种类
（选自椿本チエイン）

图 1.11　带辅助件的链条
（选自椿本チエイン）

小常识

辊式链条的名称代号

JIS 将辊式链条规定为 13 种，每种都有一个代号，这些代号是 25、35、41、40、50、60、80、100、120、140、160、200、240。如果在每个代号的 10 位以上数字（即 2、3、4、5、6、8、10、12、14、16、20、24）上乘以 3.175mm（1/8in，1in＝25.4mm），得到的便是各个链条的节距值。

例如，代号为 80 的链条，因为 8×3.175mm＝25.4mm，所以它的节距就是 25.4mm。

末尾带 5 字的链条（如 25、35）是无辊轴的衬套链条。41 号链条是 40 号链条的轻量化型号，市场上已不大看得到 30 了。40 号以上的链条的各部分尺寸大致成正比例关系。

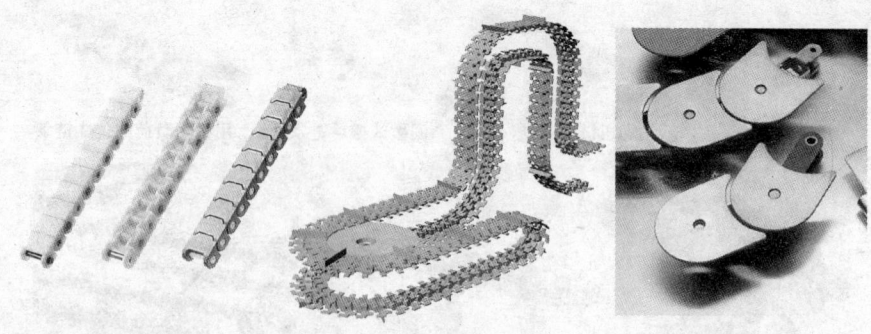

| 树脂制成的链条 | 用于曲线搬运的链条 | 用于运送寿司的链条 |

图 1.12　生产线上所用的链条

（选自椿本チエイン）

1.2.2　齿轮传动装置

齿轮是通过齿的相互啮合来传送动力的直接传动装置，很早的时候就有应用，至今仍是应用很广泛的传动装置。它既可用于力量小而又不允许打滑的测量仪器和钟表当中，又可用于力量很大的减速装置中；既可用于低速旋转，又可用于高速旋转，是一种能够达到可靠、匀速、高效传动的装置。

此外，齿轮还是一种能够实现大减速比而适合于旋转数变换和动力传送的传动装置。

1. 平齿轮传动

齿轮当中使用得最多的是平齿轮。平齿轮是一种齿线方向与轴线平行的圆柱形齿轮，用于按一定的比例在两个相互平行的轴之间传送旋转力。

2. 斜齿轮传动

如果把多个平齿轮在另一个齿轮的圆周上一个个地错开一点与这个齿轮啮合起来，这样的啮合看上去就像个齿线变斜了的圆柱形齿轮了，它的啮合线比平齿轮的啮合线更长，传动也更为平滑。

上面所比喻的那种齿线是斜着加工出来的圆柱形齿轮，通常称为斜齿轮或者螺旋状齿轮。

由于斜齿轮的齿线是斜的，所以就能有多个齿同时相啮合，因而齿轮的转动更连续平滑。但是，由于齿线是斜着的，齿与齿之间的推力也就是斜的,这就在轴方向上加了一个推力负荷,因而就需要对齿轮采取支撑这一负荷的措施。

斜齿轮的旋转较为平滑,噪声和振动小,因而被广泛应用于高速旋转的传动中。图1.13是发动机中所用的斜齿轮的啮合情形。

发动机凸轮轴驱动中所用的斜齿轮(螺旋状齿轮)

图1.13 斜齿轮

3. 人字形齿轮传动

人字形齿轮就像是由两个倾斜方向相反的斜齿轮拼合而成的齿轮,这样的形状能够使倾斜齿所产生的左右轴向负荷相互抵消掉。

4. 齿条传动

当齿轮的直径趋于无限大时,齿轮就变成直线形了,这种已变成直线形状的齿轮称为齿条。如果把齿条和一个小齿轮组合起来,就能够把旋转运动变换成直线运动,或者把直线运动变换成旋转运动。

5. 锥形齿轮传动

锥形齿轮就是齿位于圆锥面上的那种齿轮,常用于两个转动轴垂直情况下的传动。在使用锥形齿轮的情况下,由于轴承是单臂的,这就容易使轴变弯而使齿只有一端接触,因而要采取必要的措施,要么把轴承做得更结实些,要么让轴尽可能贴近齿轮。锥形齿轮在旋转的时候,也有推力负荷加在轴向上。图1.14是锥形齿轮的啮合和实际安装情形。

此外,也有齿形为圆弧形的齿轮,这种齿轮称为螺旋锥形齿轮。因为它的齿为圆弧形,所以它的抗冲击性强,啮合率高,转动平滑,振动和噪声也小。

交叉轴之间的传动要采用交叉轴齿轮。这种齿轮称为海波齿轮或双

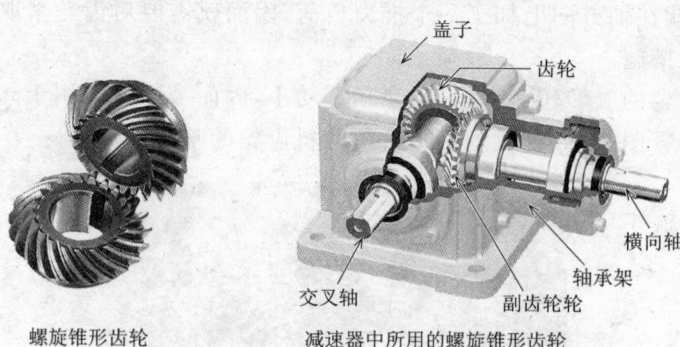

图 1.14　螺旋锥形齿轮（选自ツバキエマソン）

曲线齿轮，它主要用于汽车后轮驱动并因此而发展起来的。它的轴心是偏置的，以此来提高啮合率，抑制噪声和振动，可以得到比锥形齿轮更高的减速比。图 1.15 是海波齿轮的啮合及应用实例。

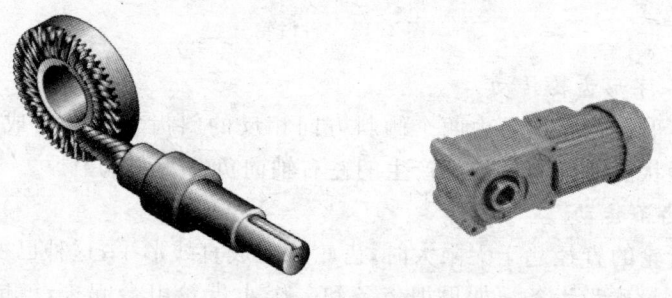

图 1.15　海波齿轮

（选自ツバキエマソン）

6. 涡轮传动

它是把蜗杆和涡轮组合在一起所构成的传动装置，涡轮和蜗杆的轴是垂直交叉的。它虽然能得到更高的减速比，但由于齿面之间是滑动接触，因而容易产生摩擦，齿面会发生磨损和发热，这样就需要使用润滑油。

此外，涡轮经常因旋转而受到轴向负荷的作用，这一点也需要采取措施。

为了不使涡轮的旋转传给蜗杆，所以还要采用防止逆转的机构，如图 1.16 所示。

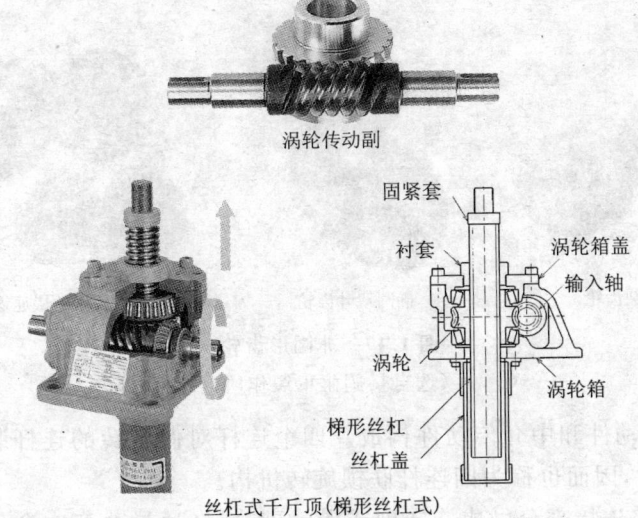

图 1.16 涡轮转动副
（选自ツバキエマソン）

7. 特殊齿轮传动
- 非圆形齿轮

一般齿轮都是圆形，并且是匀速运动的。与此相反，非圆形齿轮能够做非匀速运动。当然，它也能可靠地传送动力。

非圆形齿轮的历史已经很长了，但由于难以加工，因而很长时间以来都没有获得广泛应用。不过，随着数控机床（NC 机床）的出现，非圆形齿轮的制作已变得容易了。

非圆形齿轮的特点在于它能够产生非匀速运动。当一对组合而成的非圆形齿轮中的一方在做匀速运动时，另一方的运动是非匀速的。利用非圆形齿轮的这种关系，可以使旋转机构和连杆机构简单化。

非圆形齿轮有椭圆齿轮、椭圆双叶齿轮、椭圆多叶齿轮、曲线齿条齿轮快速返回齿轮等，如图 1.17 所示。现在，已经能够用非圆形齿轮来实现由凸轮机构或连杆机构所构成的机构了。

1.2.3 连杆传动装置

连杆装置能够使各种自动机械和机床等产生复杂的动作。它一般由

椭圆齿轮　　　　　椭圆双叶齿轮　　　　曲柄机构所用的快速返回齿轮

图 1.17　非圆形齿轮

（选自長岡歯車製作所）

主动件、从动件和中介传动件构成。四个连杆对偶旋转的连杆装置共有 4 个传动件，因而也称为四连杆联锁旋转机构。

通过将连接部分做成旋转副或滑动副，或者通过改变中介传动件的长度，便能够实现各种不同的运动。

一说到连杆机构，多数情况下都会首先想到图 1.18 所示的发动机曲柄机构那是一种用于实现往复式运动的滑块曲柄机构。实际上，这种曲柄机构并非只用于此，而是在各种不同的领域中都有所应用。

图 1.18　发动机的曲柄机构

这种将直线运动变换成旋转运动的曲柄机构,也能够将旋转运动变换成直线运动。

利用连杆机构还能进行平行运动。有一种机构称为平行运动机构,它是由四连杆联锁旋转机构制成的,也就是说,将四连杆机构的形状制成两对对边相等的平行四边形,只要把一个连杆固定下来,这个连杆对面的连杆上的两个点就肯定做平行运动。制图仪器和千斤顶等设备中就使用着这种平行运动机构。

1.2.4 凸轮传动装置

由具有各种不同形状和导槽的板子所构成的凸轮,可以把复杂的运动通过直接接触传递给从动侧。

凸轮可以按形状分为平面凸轮和立体凸轮,也可以按运动方向分为直进凸轮和旋转凸轮。

凸轮的种类有平板凸轮、端面凸轮、沟槽凸轮、凸缘凸轮等。此外,还有由两个凸轮构成的共轭凸轮、能进行间歇运动的平行分度凸轮、筒形分度凸轮、弗森格分度凸轮等。图 1.19 示出了凸轮的种类,图 1.20 为凸轮的两个应用实例。

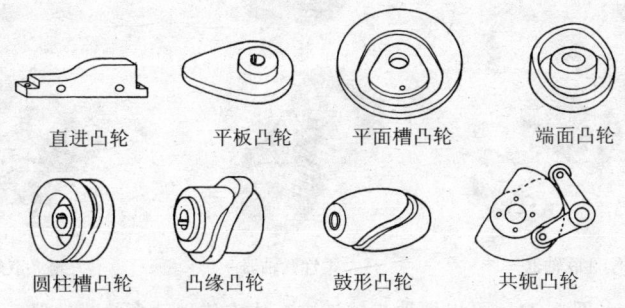

直进凸轮　平板凸轮　平面槽凸轮　端面凸轮

圆柱槽凸轮　凸缘凸轮　鼓形凸轮　共轭凸轮

图 1.19　凸轮的种类(选自オオツカハイテック)

1.2.5 联轴器传动装置

如果想要把做旋转运动的主动轴与从动轴连成一体以便传送动力,这种情况下可以采用联轴器。

联轴器有固定(刚性)联轴器和万向(柔性)联轴器之分。固定联轴器是在同一条直线上把主动轴和从动轴连接起来的联轴器。万向联轴器可

电气化列车控制电路中所用的平板凸轮　　　　发动机阀门机构中所用的平板凸轮
（选自小田急电铁）

图 1.20　凸轮机构

以把主动轴的动力传送给角度不同的从动轴，也可以用于角度经常发生变化的场合。图 1.21 示出了几种不同的联轴器的实例。

　　刚性联轴器　　　　　　柔性联轴器　　　　　　链条联轴器

图 1.21　可以把轴与轴连成一体来传送动力的联轴器
（选自ツバキエマソン）

1.2.6　丝杠传动装置

　　丝杠既可以通过螺栓和螺母的作用把部件固紧住，也可以利用这种固紧力拉紧钢索，它在松紧螺丝扣和螺旋千斤顶等方面有着广泛的应用。
　　丝杠的轴向移动与旋转角度成正比，利用这一关系可以把旋转运动变换成直线运动，从而作为进给丝杠机构来使用。它还可以用于车床的进给机构、千分表的进给机构、机床的工作台移动机构等。

当丝杠与螺母之间装有滚珠时,它就变成了滚动接触,旋转就变得很光滑,这样的丝杠称为滚珠丝杠。图 1.22 和图 1.23 是几种滚珠丝杠的实例。由于滚动接触的动作是光滑的,因而它也可以把直线运动变换成旋转运动。在 OA 机器和工作台进给装置等设备中,往往要求进给装置的动作要迅速,进给位置要精确,这种情况下也可以使用滚珠丝杠。

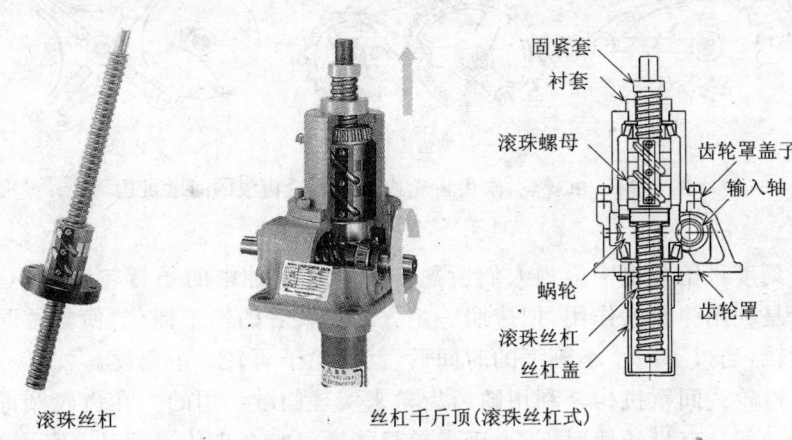

图 1.22　滚珠丝杠传动(选自ツバキエマソン)

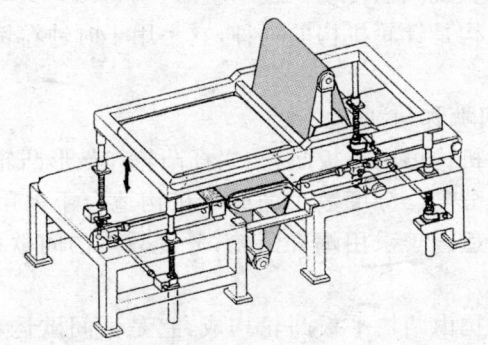

图 1.23　滚珠丝杠的应用(丝杠千斤顶的例子)
（选自ツバキエマソン）

1.2.7　间歇传动装置

能够把始终旋转着的主动轴的旋转运动按照一定的起停周期反复地传递给从动轴的机构,称为间歇传动机构。从动轴旋转一周时所停止的次数称为分度数。这种能够进行间歇动作的机构中,通常都使用着棘轮、齿轮或凸轮。

1. 棘轮式间歇机构及齿轮式间歇机构

棘轮装置是按刻度进给的,它是由棘轮和进给棘组合而成的装置。如图1.24所示。

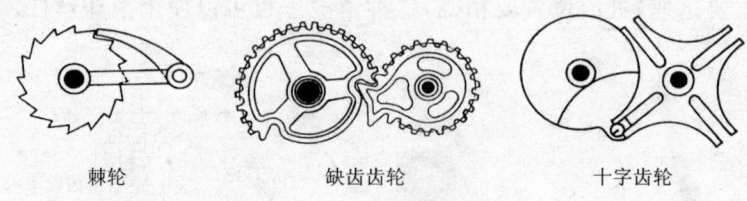

棘轮　　　　　缺齿齿轮　　　　　十字齿轮

图1.24 由棘轮、缺齿齿轮或十字齿轮构成的间歇机构

（选自オオツカハイテック）

刻度进给装置中最为人们所熟知的就是时钟中的司行轮装置,这种装置是利用弹簧的作用,把按照一定方向旋转着的轮子抓住,使之暂时停止旋转,当过了一个小刻度的时间后,就让轮子再转一个角度。

齿轮式间歇机构是利用缺齿齿轮来实现间歇作用的。在齿轮圆周上只有一部分有齿的情况下,由于齿轮只能通过啮合来传递运动,因而这种缺齿齿轮就能够实现间歇传动。

十字齿轮机构是针轮机构的一种,它是用于时钟卷簧的机构,常用于分度装置等。

2. 凸轮式间歇机构

凸轮式间歇机构可由平板凸轮、蜗杆凸轮和鼓形凸轮构成,这些间歇机构多用于实现分度。分度数少的间歇机构适合于采用平板凸轮;中等分度的间歇机构适合于采用蜗杆凸轮;分度数多的间歇机构适合于采用鼓形凸轮。

平板凸轮机构由两块平板凸轮构成,它是做间歇运动的共轭凸轮的一种。

蜗杆凸轮机构是由鼓形凸轮和辐射状配置的辊轮从动件构成的。图1.25示出了一些分度机构中常用的凸轮机构。

这些分度机构常用于机床的分度装置和自动刀具更换装置(ATC)等。

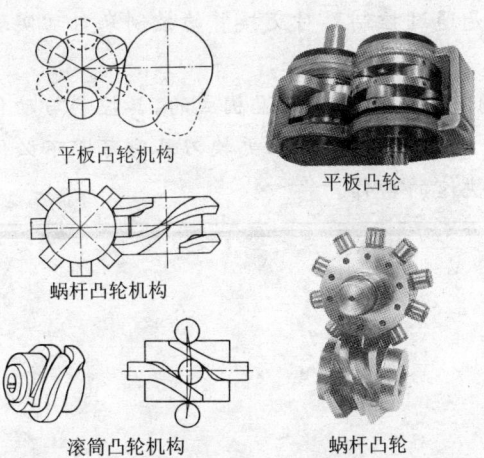

图 1.25　分度机构中所使用的凸轮机构
（选自オオツカハイテック）

===== 小常识 =====

刀具自动更换装置（ATC）

刀具自动更换装置常简称为自动换刀装置，它是机械加工中心里的

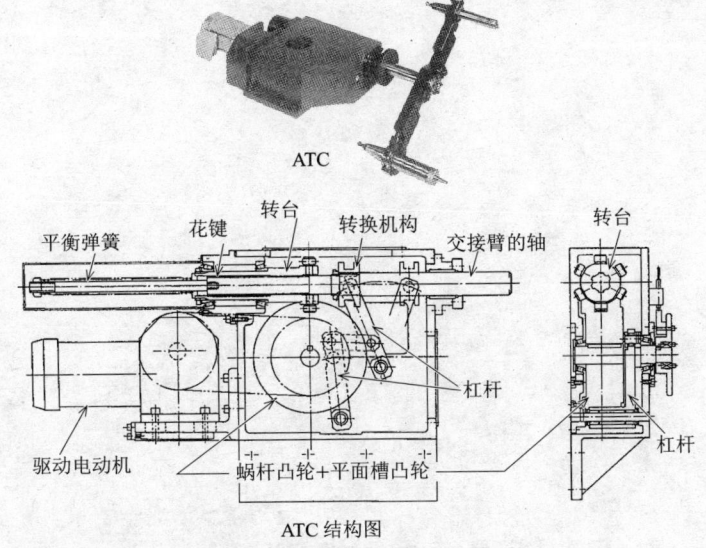

ATC 结构图

刀具自动更换装置（ATC）（选自オオツカハイテック）

153

一种常用装置,是通过控制器对交接臂的控制来自动实现刀具更换的,如上图所示。

以前所用的机构是由油压装置构成的,其控制与动作联系在一起,很难实现高速性。使用了凸轮之后,更换刀具时可以不必使用控制装置,并且能得到平滑、快速的动作。

1.3 变速装置

输入侧转数始终保持恒定而输出侧转数可以连续变化的装置称为变速装置。这种装置中使用着无级变速机,无级变速机是指不换挡而能改变转数的机器。

无级变速机多采用摩擦方式,有皮带式、钢球式、圆锥式、圆盘式及连杆式等。

1.3.1 皮带式变速装置

V形皮带式变速装置中有一个变速皮带轮,这个变速皮带轮的槽宽是可变的,这样便能使分度圆的半径发生变化,从而实现转数的无级变化。这种变速装置的结构很简单。图1.26是两种V形皮带变速装置的实物。

图 1.26 V形皮带式无级变速机
(选自三木プーリ)

1.3.2 摩擦圆盘式无级变速装置

这种变速装置是通过把行星齿轮减速机的齿轮制成行星圆盘齿轮来传送动力和实现无级变速的,并且,动力的传送是通过在精密研磨过的接触面之间加上油,以油膜为媒介来实现变速的。

如图1.27所示,输入轴⑫所传来的旋转运动被传给固定太阳齿轮㊸和移动太阳齿轮㊹。行星齿轮通过太阳齿轮用碟形弹簧㊻的力夹住圆盘部分的内侧,用固定环㉟和移动凸轮㉜夹住圆盘部分的外侧。太阳齿轮一旋转,行星齿轮便一边自转一边绕着一定的公转轨道旋转。这个公转轨道被安装在托架㉕的槽上的行星轴承㊶所取出,并传给输出轴㉓。

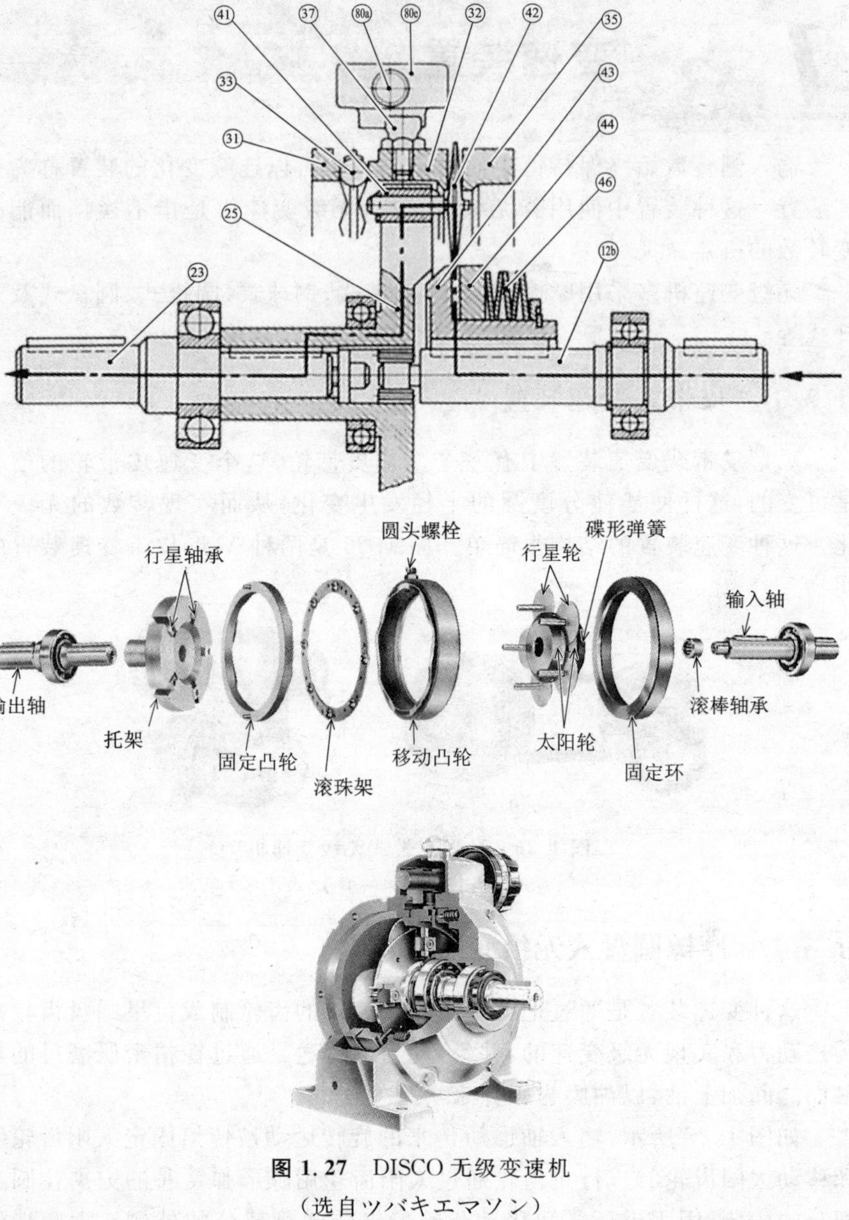

图 1.27 DISCO 无级变速机
（选自ツバキエマソン）

变速是通过调整固定环㉟和移动凸轮㉜之间的间隔和改变行星齿轮的公转轨道半径来实现的。

小常识

由连杆和单方向离合器构成的变速机

这种变速机的轴方向上配置着4列连杆和单方向离合器，输入轴上安装着偏心圆盘，各列的偏心圆盘以输入轴为中心配成互为90°的配置。

由此便能够把输入轴的旋转运动一次性变换成往复运动，并由输出轴部分的单方向离合器把这种往复运动连续不断地变换成旋转运动。下图所示为一种零至极大值无级变速机的外形和内部结构示意图。

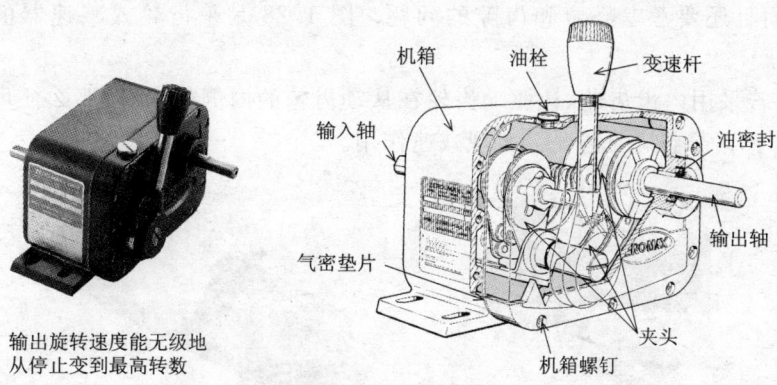

输出旋转速度能无级地从停止变到最高转数

零至极大值无级变速机（选自三木プーリ）

1.4 减速装置

减速装置能够把输入轴高速旋转的转数减小,从而使输出轴得到低速旋转。

扁平皮带、V形皮带、摩擦轮、齿轮都能用于实现减速,但要得到大减速比,往往都得采用齿轮减速装置。

1. 平齿轮式减速装置

当用平齿轮来进行减速时,要想由一级减速得到大减速比,减速器就需是大型的。要把减速器制成小型的,就得把几级齿轮组合起来进行减速,而且还要考虑噪声和齿隙的问题。图 1.28 是平齿轮式减速器的剖示图。

若采用内齿齿轮,让驱动齿轮在从动齿轮的内侧相啮合,那么便可在有利于节省空间的情况下实现减速作用。

用多级平齿轮来得到高减速比

齿轮传动电动机

图 1.28 平齿轮式减速器(齿轮头)

(选自マクソンヅャパン)

2. 行星齿轮式减速装置

行星齿轮机构是相互啮合着的两个齿轮中有一个齿轮一方面自转,另一方面围绕着另一个齿轮的轴进行公转的机构。作为中心的齿轮称为太阳齿轮,围绕着太阳齿轮旋转的齿轮称为行星齿轮,而与行星齿轮相啮合旋转的齿轮则称为冕状齿轮。

通过这三个不同齿轮分别实现输入、输出及固定这三种功能的情况不同,这种装置可以得到减速、增速、倒转等不同作用。此外,这种装置既可以取得大的转数比，又能够兼顾小型轻量的要求。图 1.29 为行星齿轮的机构，图 1.30 是由这种机构构成的减速装置所示。

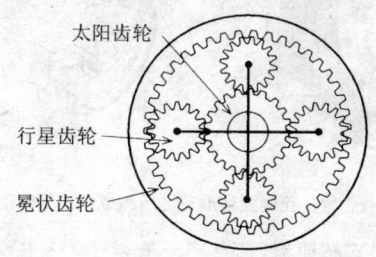

3要素	减	速	增	速	倒	转
太阳齿轮	固定	输入	固定	输出	输入	输出
行星齿轮	输出	输出	输入	输入	固定	固定
冕状齿轮	输入	固定	输出	固定	输出	输入

图 1.29　行星齿轮机构

行星齿轮减速器（齿轮头）　　　　带齿轮头的电动机

利用行星齿轮减速器可以使减速器的结构更加紧凑

图 1.30　行星齿轮减速装置

（选自マクソンジャパン）

3. 谐振驱动式减速器

谐振驱动器式减速器是一种利用金属弹性所构成的减速器，更具体地说，它是一种由波动发生器、薄片花键和环形花键三个基本元件所构成的波动齿轮装置。这种装置的一级就能够得到高减速比，具有小型轻量、无齿隙、定位准等优点，多用于机器人的旋转机构和关节部分的驱动。图 1.31 是这种减速器的实物图剖示图，图 1.32 对其工作原理进行说明。

 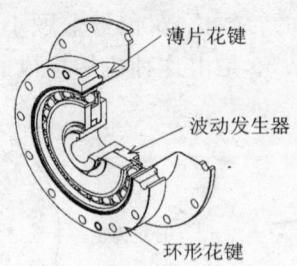

由波动发生器、薄片花键及环形花键所构成的谐振驱动式减速器

图 1.31 谐振驱动器式减速器（选自ハーモニック・ドライブ・システムズ）

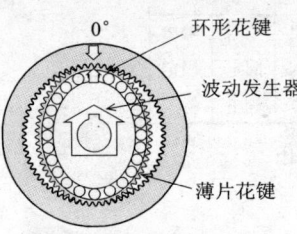

薄片花键被波动发生器弯曲成椭圆形，椭圆的长轴部分与环形花键（一般固定在壳体上）相啮合，短轴则是离开的

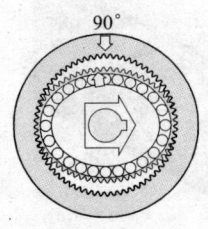

当环形花键固定，波动发生器（一般安装在输入轴上）按顺时针方向旋转时，薄片花键便产生弹性形变，与环形花键的啮合位置便不断地跟着移动

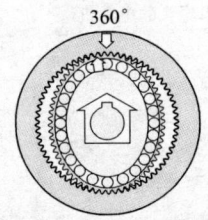

当波动发生器旋转一周时，由于薄片花键比环形花键少两个齿，因而它就会向着与波动发生器旋转方向相反的方向移动相当于两个齿的距离。这种情形是连续不断地进行着的。通常，这个薄片花键安装在输出轴上

图 1.32 谐振驱动式®减速器的工作原理

（谐振驱动式®减速器是ハーモニック・ドライブ・システムズ的注册商标）

1.5 离合装置

离合器是用于断续传送动力的装置。离合器接上以后不允许滑动，必须能确实、可靠地传送动力，并且还要求旋转惯性小，散热性能良好。

离合器可按其传送动力的方法分为啮合式离合器(见图 1.33)、摩擦式离合器、流体式离合器及电磁式离合器。

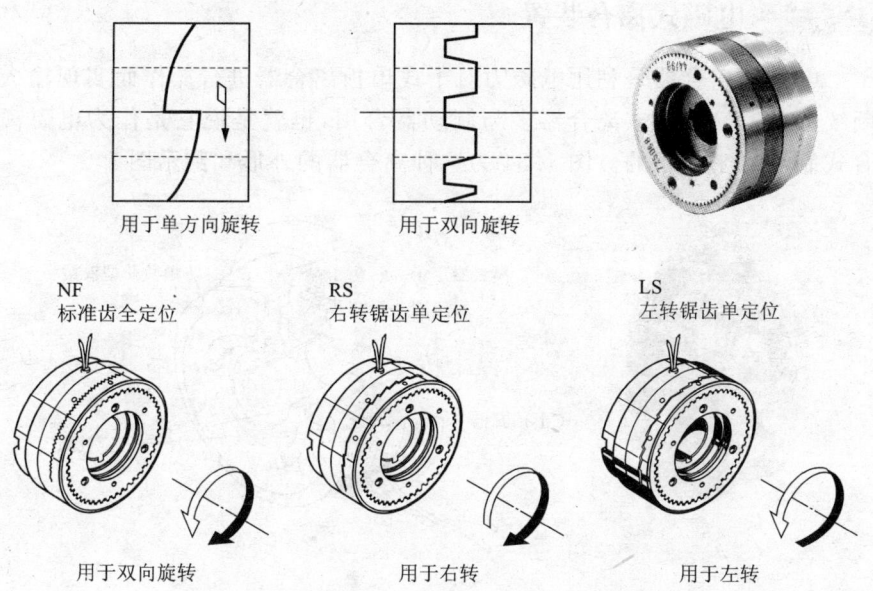

图 1.33　啮合式离合器(电磁啮合式离合器)

(选自三木プーリ)

1.5.1　摩擦式离合装置

摩擦式离合器可分为圆盘离合器和圆锥离合器两种，二者都是利用固体的摩擦来实现离合功能的。

圆盘离合器又有干式和湿式之分。一般多采用干式，它是在干燥的状态下通过接触来传送动力的。湿式则是在油里面产生动作的。

此外，当摩擦板的个数为一个时，称为单板式摩擦离合器，具有多个摩擦板时则称为多板式摩擦离合器。

离合器的操作有连杆式、油压式、空气压式、电磁式、离心式等。

1.5.2 啮合式离合装置

啮合式离合器也称为爪型离合器,它是通过齿的啮合来传送动力的。由于它是由齿与齿的啮合来传送动力的,因而很可靠。

按照齿形不同,它有可用于单方向旋转和可用于双向旋转两种类型。

1.5.3 电磁式离合装置

电磁式离合器是利用电磁力对干式单板离合器进行操作而实现输入断续的装置。电磁式离合器多与制动器合用,也就是说它是作为电磁离合式制动器来使用的。图 1.34 为这种离合器的外形和剖示图。

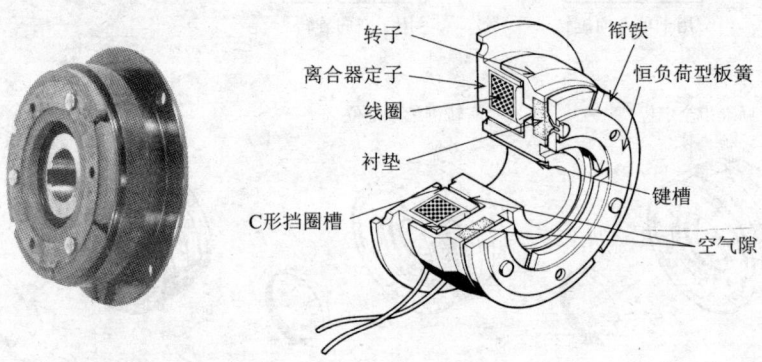

图 1.34 电磁式离合器
(选自三木プーリ)

1.5.4 流体式离合装置

流体式离合装置是先把动力变换成流体的动能,然后再把这种动能变换成动力加以传送的装置。由于它不是像摩擦式离合器那样的机械连接,因而会产生某种程度的滑动。一般情况下,它采用液力变矩器方式。

小常识

单向离合器

单向离合器也称为凸轮离合器,它的内、外轮之间配置了多个凸轮,只按单方向驱动来传送转矩,反转时是空转的。这种离合器可用于间歇传送、防止反转、速度切换等,在机械自动化及省力化方面得到了广泛应用。单向离合器由凸轮、内外轮、弹簧等构成,规则地排列在内、外轮之间的多个凸轮是按照内、外轮的相对旋转方向来决定是进行啮合还是进行空转。下面两图是单向离合器的及其应用实例。

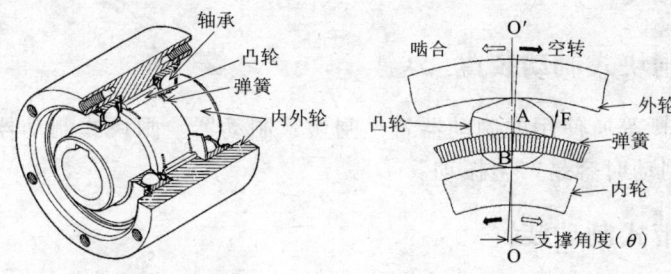

a. 空转(离合器开放)状态
  当外轮(或内轮)向黑箭头方向转动时,凸轮变为脱离内、外轮的状态,即成为空转状态。
b. 啮合(离合器连接)状态
  当外轮(或内轮)向白箭头方向转动时,内轮、凸轮、外轮啮合成一体,即成为传送动力状态。

单向离合器的动作原理(选自ツバキエマソン)

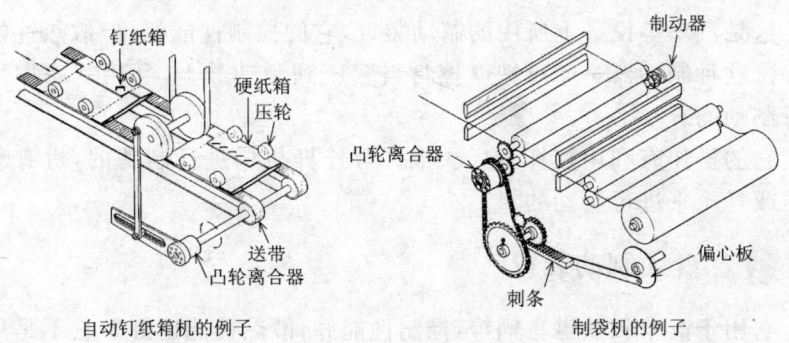

自动钉纸箱机的例子　　　　　　　制袋机的例子

单向离合器的应用实例(选自ツバキエマソン)

1.6 制动装置

制动装置是用于使旋转运动减速或停止及使平移运动减速或停止等工作的装置,有些装置还要求具有停电时能让机器停止动作并予以保持等功能。

制动器有利用摩擦来制动的摩擦式制动器,有利用发电原理来制动的电气式制动器,还有利用流体来制动的流体式制动器等,常用的是摩擦式制动器。

1.6.1 闸块式制动装置

铁道车辆等所使用的制动器就是闸块式制动器。闸块式制动器的构造简单,但制动时容易产生振动。

1.6.2 带式制动装置

自行车上所用的制动器就是这种。由于这种制动器的制动带与摩擦片的接触面积可以做得大一些,因而其制动性能好,但其控制性能差。它的操作是由拉线或推杆来进行的。

1.6.3 鼓式制动装置

这是汽车等设备上所用的制动装置,它的控制性能好,但散热性能不太好。这种制动器是通过把摩擦材料紧压到制动鼓上,利用其摩擦力来进行制动的。

它的操作有利用杠杆、拉线、推杆等连杆机构进行制功的,也有利用油压或气压来进行制动的。

1.6.4 盘式制动装置

它用于汽车和铁道车辆等,控制性能好,散热性能也好。它不是用制动鼓,而是由制动块从两侧把制动圆盘压上去进行制动的,圆盘同时可兼作散热板使用。

这种制动器即使在高速旋转时频繁使用,其制动力也变化不大,制动性能很稳定。图1.35所示为闸块式制动器和盘式制动器的工作情形。

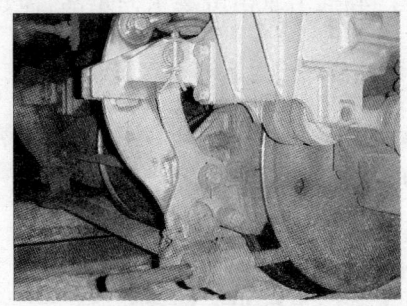 

图1.35 闸块式制动器和盘式制动器（选自小田急电铁）

1.6.5 电磁式制动装置

机械电子设备是在频繁的起停、减速、微动作等严酷条件下进行控制的。这种情况下，常把由电动机和制动器构成的一体化电磁式制动器安装在电动机上，或者把由电磁式制动器和电磁式离合器构成的一体化离合制动器安装在电动机上来使用。

这种电磁式制动器有非励磁动作式和励磁动作式两种类型，反复起停和正反转都可使用。

1. 非励磁动作式

这种方式的制动力是由弹簧压力产生的，由电磁力来释放，因而在关断电源或停电时制动力是一直加在上面的，无电时具有保持机能。所以它可作为一种安全措施。图1.36是它的外形和剖示图。

 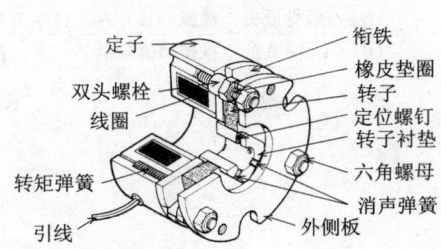

图1.36 非励磁动作式制动器
（选自三木プーリ）

2. 励磁动作式

这种方式正好与非励磁动作式相反,制动力是由电磁力产生的,而释放时是由弹簧力来产生的。

3. 电磁式离合制动器

它是一种在起停多而希望缩短停止前时间的情况下使用的制动装置。图1.37是装有这种制动器的电动机及制动器的轴向剖示图。

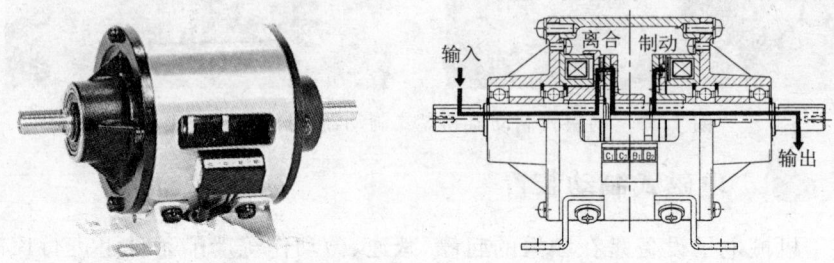

用于停止、减速、微动作等严酷条件下的控制

图1.37　带电磁离合制动器的电动机

（选自三木プーリ）

参考文献

[1] 草ケ谷圭司：初学者のための機構学，理工学社（2003）
[2] 石井重三：やさしい機構学，日刊工業新聞社（1992）
[3] 森田　鈞：基礎機械工学-2 機構学，サイエンス社（1984）
[4] 山川出雲：機構学，朝倉書店（1972）
[5] 稲見辰夫：機械のしくみ，日本実業出版社（1993）
[6] 大滝英征：機械機構設計ノート，日刊工業新聞社（1986）

第2章

机构的解析

所谓机构,就是机械的构造。机构的解析就是"针对输入信号在机械中的变形和传递到输出端的情形,给出一个能满足要求的机构模型"。一般情况下,输入和输出是按物质、能量、信息来定义的;而本章中所研究的是刚体性机械各部分之间的运动,即位移、速度、加速度等,这在机械工学领域中称之为机构学。

2.1 机构和自由度

机构的最小构成单位称为零件(或元件、要素、机素),以保持接触的方式进行相对运动的两个零件组合在一起所构成的部件称为运动副(或对偶)。图2.1是运动副的典型例子,运动副的性质取决于两个零件的相对运动方式,各种运动副的名字也按其相对运动方式来命名。

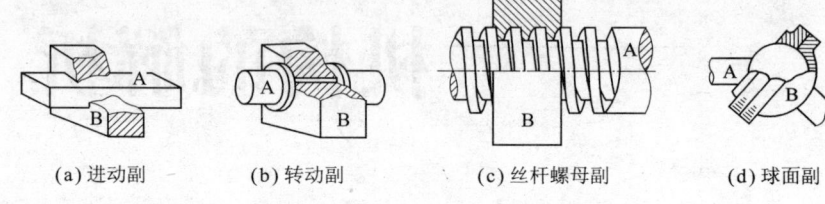

(a) 进动副　　　(b) 转动副　　　(c) 丝杆螺母副　　　(d) 球面副

图2.1　运动副的典型例子

2.1.1　自由度

在图2.1中,一个零件固定而另一个零件可动时的自由度称为运动副自由度。自由度是决定两个零件相对位置(或姿势)所必需参数的个数。因而,图2.1的(a)、(b)、(c)的自由度为1,而图2.1(d)的自由度为3。

2.1.2　平面运动机构的自由度

多个零件由运动副连接起来所构成的机构称为联锁机构。构成机构的所有零件都在同一平面或与之平行的平面上运动的机构称为平面运动机构。机构的自由度是决定该机构的位置和姿势所必需参数的个数。

设零件个数为 N、自由度为 1 的运动副个数为 P_1,自由度为 2 的运动副个数为 P_2,则平面机构的自由度 F 为:

$$F=3(N-1)-2P_1-P_2 \qquad (2.1)$$

【例题】　图2.2是4根刚体棒(连杆)仅由转动副结合而成的连杆机构。因为 $N=4, P_1=4, P_2=0$,所以由式(2.1)可得这个机构的自由度为 $F=1$。这表明,只用一个参数即可惟一地确定这个机构整体的位置和姿势。图中,若B点向B'点移动,则C点肯定会向C'点移动。这种1自由度机构称为限定机构,它能用于运动的传递。这种机构有一个专门的名称,称为四连杆旋转联锁机构,是机械结构中使用得很频繁的机构。

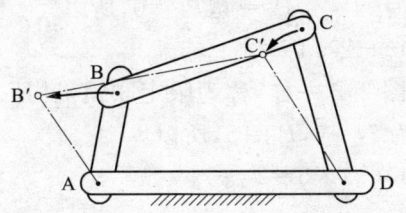

图 2.2 四连杆旋转联锁机构

2.1.3 空间运动机构的自由度

不满足平面运动机构条件的一般运动机构,称为空间运动机构。与平面运动机构一样,空间运动机构的自由度可由式(2.2)计算,即

$$F = 6(N-1) - \sum_{f=1}^{6}(6-f)P_f \tag{2.2}$$

式中,P_f 是自由度为 f 的运动副的个数。

例 图 2.3 是典型的通用多关节机器人机构。因为 $N=7$,自由度为 1 的运动副为 6 个,所以 $P_f=6$。因而,该机器人的自由度为

$$F=6(7-1)-(6-1)6=6$$

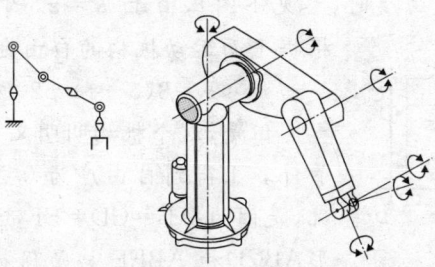

图 2.3 多关节机器人机构

【**例题**】 求图 2.4 所示的平面运动机构的自由度,其中标有圆圈的运动副全都是转动副。

解 (1) 在图 2.4(a)的情况下,B 和 D 的运动副为多件运动副,这种情况需要变换成两件运动副。这样,就可从所有转动副都是 1 自由度而得到 $N=5, P_1=6, P_2=0$,从而有

169

$$F=3(N-1)-2P_1-P_2=3(5-1)-2\times 6=0$$

因为这个机构的自由度为 0,所以称其为固定联锁机构。

(2) 图 2.4(b)为 $N=4, P_1=4, P_2=0$,所以

$$F=3(4-1)-2\times 4=1$$

它的自由度为 1,与图 2.2 一样,称为限定联锁机构。

(3) 图 2.4(c)为 $N=5, P_1=5$,所以

$$F=3(5-1)-2\times 5=2$$

称为非限定联锁机构。

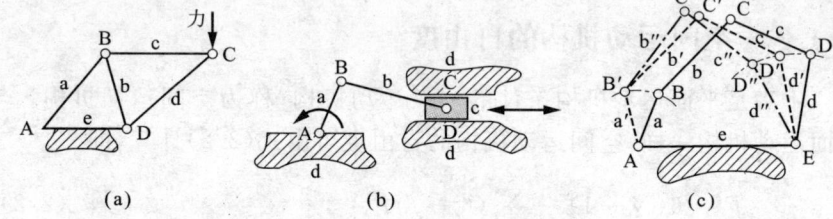

图 2.4 各种各样的联锁

小常识

天平运动的自由度

在求天平的自由度时(参见下图),由于 $N=5, P_1=6, P_2=0$,所以,根据平面运动机构的自由度公式(2.1)有

$$F=3(5-1)-2\times 6-0=0$$

但是,这个机构明明又是可动的。这种尽管计算上得到自由度为 0 但却又能够动的情况,是因为 AB=CD=EF,BC=AD,所以四边形 ABCD 和 ABEF 总是保持平行四边形的缘故。这种即使自由度为小于 0 的值而机构仍有可能相对运动的条件,称为适合条件。

天秤运动的自由度

2.2 刚体的速度解析

由于机械是由刚体组合而成的,所以就有必要先来了解关于刚体运动的一些问题。本节所讲解的是关于刚体在做平面运动时的速度特性问题。

1. 两点的速度分量

在图 2.5 中,点 A 和点 B 是平面运动刚体上的两个点,其速度矢量分别为 v_A 和 v_B。由于点 A 和点 B 是刚体上的两个点,所以运动当中 AB 之间的距离不会变化,也就是说,AB 方向上的相对速度总是等于 0。如果用矢量来考察这种情形,那就是两个点的速度在 AB 方向上的分量 Aa 和 Bb 总是相等的。Aa 和 Bb 称为速度分量,刚体内任意两点的速度分量相等。

2. 两点的相对速度矢量和相对位置矢量

图 2.6 是为了考察点 A 和点 B 之间的相对速度而画出的示意图。点 A 相对于点 B 的速度为 $v_{AB}=v_A-v_B$,若将 v_A 的始点移到 B 点处用矢量画出,其结果即为图 2.6。与图 2.5 相比较可以明显看出,v_{AB} 与直线 AB 的方向垂直。而 AB 的方向就是 AB 的相对位置矢量($\overrightarrow{AB}=\overrightarrow{OB}-\overrightarrow{OA}$)的方向,这就表明相对速度矢量垂直于相对位置矢量。

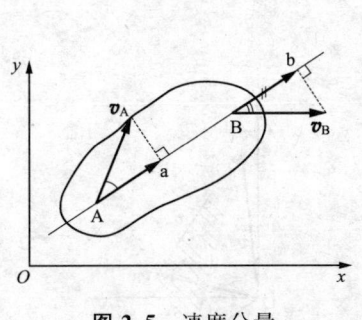

图 2.5 速度分量

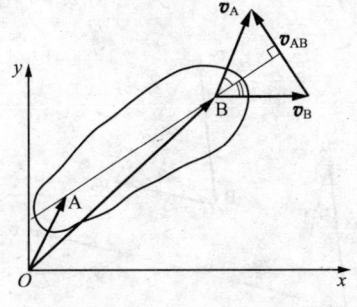

图 2.6 相对速度矢量

3. 速度三角形的相似规律

图 2.7 中,刚体 I 在做平面运动,刚体上的 A、B、C 三个点的速度分别为 v_A、v_B、v_C。下面就来看这三个速度之间是怎样的关系。

图 2.5 的 A、B 两个点的速度之间存在着前述(1)、(2)所述的关系,图 2.6 则是以矢量形式更通俗易懂地将这一关系表示了出来。当考察 A、B、C 三个点的速度时,由于上述关系对于 v_A 与 v_B,v_B 与 v_C,v_C 与 v_A 来说必然成立,所以也可以像把图 2.5 画成图 2.6 那样,将图 2.7 画成图 2.8。在图 2.8 中,连接速度矢量末端的三个线段是表示三个相对速度的大小和方向的,可以注意到这三个线段分别与三角形 ABC 的三个边相垂直。图 2.9 是只把速度矢量 v_A、v_B、v_C 拿出来画在了一个坐标中,这个图有时称之为速度图。现在把这个图中的速度矢量 v_A、v_B、v_C 的末端连接起来,它也构成一个三角形(它就是用阴影斜线所标出的部分)。从图2.8已经知道,这个三角形的三个边分别与三角形 ABC 的三个边是相垂直的,因而三角形 $v_A v_B v_C$(即阴影部分)与三角形 ABC 是互为相似三角形的关系。也就是说,刚体上三个点的速度矢量末端所连成的三角形(参见图2.9)与刚体上这三个点所连成的三角形是相似的。这种关系称为速度三角形的相似规律。

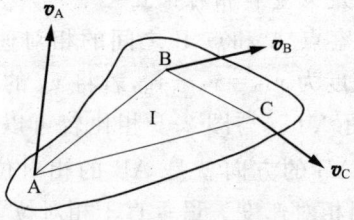

图 2.7　刚体上 3 个点的速度

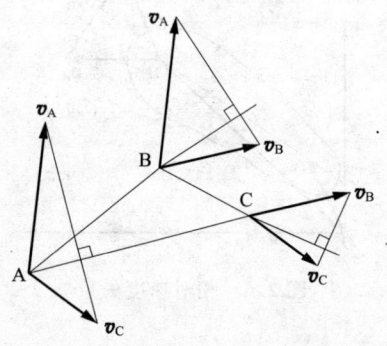

图 2.8　相对速度的关系

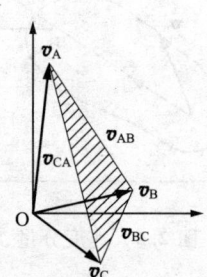

图 2.9　速度图

2.3 连杆机构的运动

本节是利用刚体速度解析的概念来讨论由多个刚体(连杆)组合而成的连杆机构的问题,其中特别对四连杆旋转机构这种平面连杆机构的速度和加速度进行了重点讨论。

2.3.1 机构的速度解析

1. 瞬时中心的利用(1)——转移法

图 2.10 所示的曲柄机构中,设 O_2 点的速度 v_2 已知,下面来求机构上另一个点 O_3 的速度。设连杆 b 相对于 d 的瞬时中心为 O_5,则可认为 b 是以这个瞬时中心 O_5 为中心在做旋转运动,如果设其角速度为 ω',则速度 v_2 的大小 v_2 为:

$$v_2 = \omega' \overline{O_2 O_5}$$

再设 O_3 的速度为 v_3,则有

$$v_3 = \omega' \overline{O_3 O_5}$$

因而

$$v_2/v_3 = \overline{O_2 O_5}/\overline{O_3 O_5}$$

即 v_2 和 v_3 的大小之比等于 O_2 点到 O_5 点间距离和 O_3 点到 O_5 点间距离之比,于是 v_3 便可求得。

2. 瞬时中心的利用(2)——连杆法

图 2.11 中,设 O_2 点的速度 v_2 已知,下面来求机构上另一个点 O_3 的速度。将图中的矢量 v_2 和 v_3 各转过 90°,分别与连杆 a 和 c 相重合,并设其末端分别为 O_2' 和 O_3',则有

$$v_2/v_3 = \overline{O_2 O_2'}/\overline{O_3 O_3'} = \overline{O_2 O_5}/\overline{O_3 O_5}$$

于是 v_3 便可求得。这里,$\overline{O_2 O_3'} /\!/ \overline{O_2 O_3}$ 的关系已知。

3. 机构的分速度——分解法

将图 2.11 的 $\overline{O_2 O_3}$ 换成 AB 示于图 2.12,在刚体上取两个点 A 和 B,设其速度分别为 v_A 和 v_B,再将其分解为沿着 AB 方向的分速度 v_A' 和 v_B' 及垂直于 AB 的分速度 v_A'' 和 v_B''。因为物体是刚体,两点之间不存在伸缩,所以

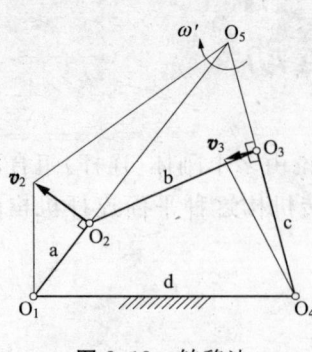
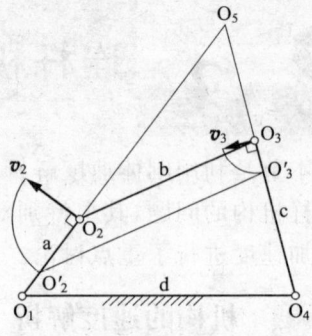

图 2.10 转移法　　　　　　图 2.11 连法杆

$$v'_A = v'_B$$

然后,设 v_A 和 v_B 与 AB 方向的夹角为 θ_A 和 θ_B,求 $\overline{AB}$ 的瞬时中心 O,从 O 点作 AB 的垂线,设其交点为 N,则有

$$\frac{v''_A}{v''_B} = \frac{\overline{AN}}{\overline{BN}}$$

并且,矢量 v''_A 和 v''_B 的末端与 N 点位于同一直线上。这种思路可用于连杆机构的速度解析。

4. 机构的相对速度——映射法

在图 2.13 中,设刚体上两个点 A 和 B 的速度分别为 v_A 和 v_B,为了求得 A 点对于 B 点的相对速度,又在两个速度上加了一个 $(-v_B)$。设速度矢量 v_A 和 $(-v_B)$ 的末端为 a′ 和 b′,并设 AB 的瞬时中心为 O,则有

$$\frac{v_A}{v_B} = \frac{\overline{OA}}{\overline{OB}}$$

根据这一关系可得

$$\frac{\overline{Aa'}}{\overline{a'b'}} = \frac{\overline{OA}}{\overline{OB}}$$

由于 $\overline{Aa'}$ 和 $\overline{a'b'}$ 分别垂直于 $\overline{OA}$ 和 $\overline{OB}$,因而有 $\angle AOB = \angle Aa'b'$,于是 △AOB 与 △Aa′b′ 相似,并且,△Aa′b′ 位于从 △AOB 转过了 90°的位置上,Ab′(即 v_{AB})位于垂直于 AB 的位置上。也就是说,刚体中两点间的相对速度的方向垂直于连接这两点的直线。

在图 2.13(b)中,速度矢量 v_A 和 v_B 是以点 o 为起点画出的,它们就是 $\overrightarrow{oa}$ 和 $\overrightarrow{ob}$,因而,$\overrightarrow{ba}$ 即为 A 点对于 B 点的相对速度 v_{AB},并且,△oab 为原

图 2.13(a)中的 △Aa'b'转过了 180°的情形, $\vec{ba}$(即 v_{AB})垂直于 AB。

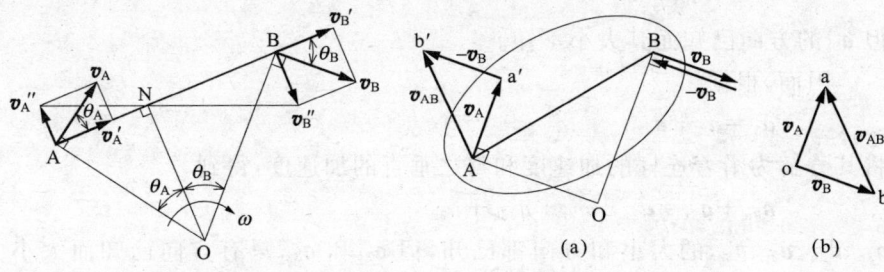

图 2.12　分解法　　　　图 2.13　映射法

2.3.2　机构的加速度解析

图 2.14 的曲柄机构中,连杆 a 以角速度 ω 和角加速度 α 旋转,下面来求 O_3 点的加速度。

首先,就 O_2 来说,O_2 的速度 v_2 的大小为:

$$v_2 = \overline{O_1O_2} \cdot \omega$$

其次,根据沿着 $\overline{O_1O_2}$ 的法线方向加速度 a_{2n} 和直线方向加速度 a_{2t},可求得 a_2 的大小为:

$$a_2 = \sqrt{a_{2t}^2 + a_{2n}^2} = \overline{O_1O_2}\sqrt{\alpha^2 + \omega^4}$$

进而,可利用前面的速度解析求得点 O_3 的速度 v_3 和点 O_3 对于点 O_2 的相对速度 v_{32}。

然后,再根据沿着连杆 b 的相对加速度 a_{32n} 和与之垂直的相对加速度 a_{32t} 之和来求 a_{32},即

$$a_{32} = a_{32n} + a_{32t}$$

这里,a_{32n} 的大小可按下式求得,即

$$a_{32n} = \frac{v_{32}^2}{O_2O_3}$$

但 a_{32t} 的方向已知而其大小不知。

另一方面,O_3 的加速度 a_3 是沿着连杆 c 的加速度 a_{3n} 和与之垂直的加速度 a_{3t} 之和,即

$$a_3 = a_{3n} + a_{3t}$$

这里,a_{3n} 的大小可按下式求得,即

$$a_{3n} = \frac{v_3^2}{O_3O_4}$$

但 a_{3t} 的方向已知而其大小不知。

因而,根据

$$a_3 = a_2 + a_{32}$$

将其分解为沿着连杆的加速度和与之垂直的加速度,得到

$$a_{3n} + a_{3t} = a_{2n} + a_{2t} + a_{32n} + a_{32t}$$

a_{3n}、a_{2n}、a_{2t}、a_{32n} 的大小和方向都已知,但 a_{3t} 和 a_{32t} 只有方向已知而大小不知。

为此,可像图 2.15 所示的那样,利用作图的办法,通过 O′ 给出矢量 a_2,通过 a_2 的末端画出平行于 b 的矢量 a_{32n},进而,从 a_{32n} 的末端引一条垂直于 a_{32n} 的垂线(a_{32t} 方向)。

另外,再通过 O′ 画出平行于 c 的矢量 a_{3n},从 a_{3n} 的末端引一条垂直于 a_{3n} 的垂线(a_{3t} 方向)。

再求出这两条垂线的交点,将其与 O′ 连接起来,所得到的矢量 a_3 就是所要求取的点 O_3 的加速度。

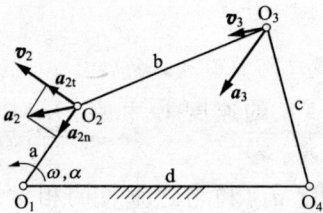

图 2.14　连杆机构的加速度

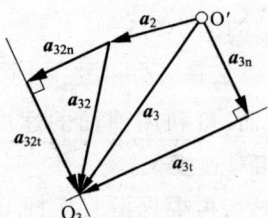

图 2.15　加速度的求法

第 3 章

旋转机械的运动

　　由于材料不均匀和键槽等的几何形状不对称，机械的旋转轴和齿轮等的重心便会因此而在某种程度上偏离旋转中心。这样，当这个轴旋转时，就会随着偏心程度的不同和角速度的不同而产生不同的离心力，成为不平衡力，从而引起轴承的磨损和机械振动噪声。并且，由于轴是弹性体，它还会因不平衡力而产生振荡。当到达某个转数时，轴的振摆回转会非常大，这是个很危险的速度。此外，还存在着由扭转振动所决定的危险速度。

　　本章将给出分析这种旋转机械问题的思路。

3.1 旋转机械的平衡

▶ 旋转机械的不平衡问题

如图 3.1 所示,在旋转体的重心位于距离旋转轴中心线 r 处的情况下,轴旋转时所产生的离心力(即惯性力)与偏心量 r 及角速度 ω 的关系为 $F=m\omega^2 r$,这个不平衡力将加在轴承 A 和轴承 B 上。设轴承上所受力的大小为 F_a 和 F_b,则力和力矩的平衡式为

$$F_a + F_b = m\omega^2 r \tag{3.1}$$

$$F_b l = m\omega^2 r a \tag{3.2}$$

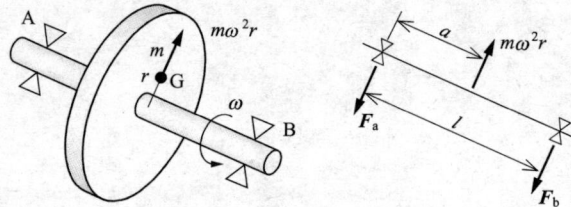

图 3.1 旋转的不平衡

轴承上所受的力与旋转体位置的关系为

$$F_b = m\omega^2 r \frac{a}{l}, \quad F_a = m\omega^2 r \frac{l-a}{l} \tag{3.3}$$

为了使力达到平衡,可以按照相反方向,在距离不平衡力作用点为 d 且半径为 r' 的地方附加一个质量 m',如图 3.2 所示,这时,平衡式将变为

$$F_a + F_b = m\omega^2 r - m'\omega^2 r' \tag{3.4}$$

$$F_b l = m\omega^2 r a - m'\omega^2 r'(a+d) \tag{3.5}$$

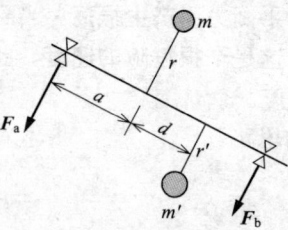

图 3.2 利用附加质量来达到平衡

这样,为了使轴承不会受到不平衡力的作用,即 $F_a = F_b = 0$,就要求要有 $mr = m'r'$ 和 $m\omega^2 ra = m'\omega^2 r'(a+d)$ 的关系,这就要求 $d=0$。也就是说,在不平衡力为一个的情况下,只需在它的相反方向上附加一个能满足 $mr = m'r'$ 这一关系的质量 m' 就行了(见图 3.2)。这里,表征不平衡的量是 m 与 r 之积 mr,只

要附加的质量能满足 $mr=m'r'$ 这一关系,无论 m' 有多大,r' 有多长,都能达到相同的效果。可以想像,如果不平衡力距离重心的位置用位置矢量 r 来表示,且不平衡量也用矢量来表示的话,那将会更方便些。此外,不平衡量与旋转数无关,它是由几何位置决定的。

一般情况下,旋转体都是由多个零件构成的,各个零件所形成的不平衡量可以分别由其矢量来表示,这样,只要这些不平衡量满足式(3.6),这个旋转体就是平衡的。

$$\sum m_i \boldsymbol{r}_i = 0 \tag{3.6}$$

这一关系式称为静平衡条件,它与惯性力总和为零的条件相当。这种矢量表示法还可以按式(3.7)分解成 x 分量和 y 分量,只要这两个分量的总和各自都等于零,旋转体也就达到了平衡:

$$\sum m_i r_i \cos\theta_i = 0, \quad \sum m_i r_i \sin\theta_i = 0 \tag{3.7}$$

除此之外,还可以通过指明离开旋转基准位置的距离,利用位置矢量 z_i 来考察其力矩的平衡情形,得到

$$\sum \boldsymbol{z}_i \times m_i \omega^2 \boldsymbol{r}_i = 0 \tag{3.8}$$

这个条件称为动平衡条件。式(3.8)是个含有外积的旋转矢量之和,在同一个旋转轴的情况下,它也可以分解成由 x 分量和 y 分量表示的力矩平衡条件,即

$$\sum m_i r_i z_i \cos\theta_i = 0, \quad \sum m_i r_i z_i \sin\theta_i = 0 \tag{3.9}$$

如果满足了上述静平衡条件和动平衡条件,就可得到 $F_a = F_b = 0$,也就是说,不会有力作用在轴承上。

例如,在图 3.3 中,不平衡量有两个,它们是质量 m_a 和 m_b 所造成的不平衡。现在,就来看通过在修正面 L 和 R 上附加质量来使之达到平衡的情形。按照静平衡条件和动平衡条件,对于这里的 4 个质量来说,可以得到下列两个关系式

$$\sum m_i \boldsymbol{r}_i = m_a \boldsymbol{r}_a + m_b \boldsymbol{r}_b + m_L \boldsymbol{r}_L + m_R \boldsymbol{r}_R = 0 \tag{3.10}$$

$$\sum \boldsymbol{z}_i \times m_i \boldsymbol{r}_i = \boldsymbol{z}_a \times m_a \boldsymbol{r}_a + \boldsymbol{z}_b \times m_b \boldsymbol{r}_b$$
$$+ \boldsymbol{z}_L \times m_L \boldsymbol{r}_L + \boldsymbol{z}_R \times m_B \boldsymbol{r}_R = 0 \tag{3.11}$$

再将其分解为 x 分量和 y 分量,由于 $\theta_a = 90°, \theta_b = 0°$,因而可得以下两式

$$m_a r_a \cos\theta_a + m_b r_b \cos\theta_b + m_L r_L \cos\theta_L + m_R r_R \cos\theta_R$$

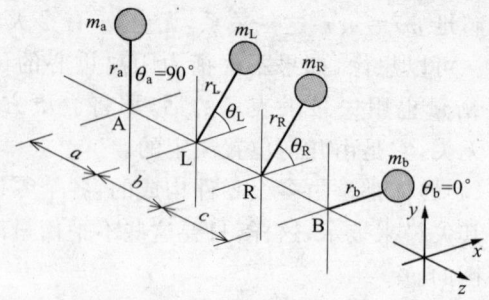

图 3.3 不平衡量与修正面

$$= m_a r_a \cdot 0 + m_b r_b \cdot 1 + m_L r_L \cos\theta_L + m_R r_R \cos\theta_R = 0 \quad (3.12)$$

$$m_a r_a \sin\theta_a + m_b r_b \sin\theta_b + m_L r_L \sin\theta_L + m_R r_R \sin\theta_R$$

$$= m_a r_a \cdot 1 + m_b r_b \cdot 0 + m_L r_L \sin\theta_L + m_R r_R \sin\theta_R = 0 \quad (3.13)$$

再来看动平衡条件。若以 L 点为基准,由于从图 3.3 可知 $z_a = -a$, $z_b = b + c, z_L = 0, z_R = b$,故有

$$z_a \cdot m_a r_a \cos\theta_a + z_b \cdot m_b r_b \cos\theta_b + z_L \cdot m_L r_L \cos\theta_L + z_R \cdot m_R r_R \cos\theta_R$$

$$= -a \cdot m_a r_a \cdot 0 + (b+c) \cdot m_b r_b \cdot 1 + 0 \cdot m_L r_L \cos\theta_L$$

$$+ b \cdot m_R r_R \cos\theta_R = 0 \quad (3.14)$$

$$z_a \cdot m_a r_a \sin\theta_a + z_b \cdot m_b r_b \sin\theta_b + z_L \cdot m_L r_L \sin\theta_L + z_R \cdot m_R r_R \sin\theta_R$$

$$= -a \cdot m_a r_a \cdot 1 + (b+c) \cdot m_b r_b \cdot 0$$

$$+ 0 \cdot m_L r_L \sin\theta_L + b \cdot m_R r_R \sin\theta_R = 0 \quad (3.15)$$

式(3.15)是以 $m_L r_L \cos\theta_L$、$m_L r_L \sin\theta_L$、$m_R r_R \cos\theta_R$、$m_R r_R \sin\theta_R$ 为未知数的四元联立方程,解此方程可得

$$m_R r_R \cos\theta_R = -\frac{b+c}{b} m_b r_b \quad (3.16)$$

$$m_R r_R \sin\theta_R = \frac{a}{b} m_a r_a \quad (3.17)$$

$$m_L r_L \cos\theta_L = \frac{c}{b} m_b r_b \quad (3.18)$$

$$m_L r_L \sin\theta_L = -\frac{a+b}{b} m_a r_a \quad (3.19)$$

若将这些结果表示在图 3.4 上,就可以看出达到平衡时 x 分量和 y 分量分别对于力和力矩的平衡配置情况。

若像虚线箭头所示那样将各分量加以合成,则可得矢量的大小和角

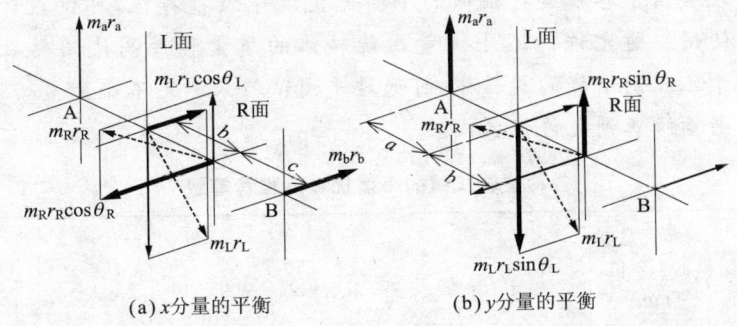

(a) x 分量的平衡　　(b) y 分量的平衡

图 3.4 x 分量和 y 分量的平衡配置

度为以下各式：

$$m_L r_L = \sqrt{(m_L r_L \cos\theta_L)^2 + (m_L r_L \sin\theta_L)^2} \tag{3.20}$$

$$m_R r_R = \sqrt{(m_R r_R \cos\theta_R)^2 + (m_R r_R \sin\theta_R)^2} \tag{3.21}$$

$$\tan\theta_L = \frac{(m_L r_L \sin\theta_L)}{(m_L r_L \cos\theta_L)} \tag{3.22}$$

$$\tan\theta_R = \frac{(m_R r_R \sin\theta_R)}{(m_R r_R \cos\theta_R)} \tag{3.23}$$

如果附加质量的位置（半径）r_L 和 r_R 已经确定，则应该附加的质量可按下式计算：

$$m_L = \frac{(m_L r_L)}{r_L}, \quad m_R = \frac{(m_R r_R)}{r_R} \tag{3.24}$$

式中的 $(m_L r_L)$ 和 $(m_R r_R)$ 是由式(3.20)和式(3.21)所得到的不平衡量。

== 小常识 ==

平衡的优良度与等级

平衡的优良度可用不平衡比的大小（偏心）e(mm)与旋转体的最高实用角速度 ω(rad/s)之积(mm/s)来表示。不平衡的等级是按下表分类的，此外，下图中还给出了允许残留不平衡比（允许的偏心量）与转数的关系。

平衡优良度的等级　　　　　　　　　　　单位：mm/s

平衡优良度的等级	G0.4	G1	G2.5	G6.3	G16	G40	G100	G250	G630	G1600	G4000
平衡优良度的上限值	0.4	1	2.5	6.3	16	40	100	250	630	1600	4000

注：各个优良度等级 G 的优良度范围为从所指定的优良度上限值到零为止的值。

下表给出了各种旋转机械的平衡优良度等级推荐值,可供设计旋转机械时使用。所允许的不平衡量由旋转体的质量和最高使用转数来指定。对于已经制造好的旋转体,可通过平衡试验来测定不平衡量,然后再把不平衡量修正到允许值之内。

各种旋转机械的平衡优良度推荐等级

平衡优良度的等级	平衡优良度的上限值 /(mm/s) $(c_{pet} \times \omega)^{1,2)}$	旋转体的种类和举例
G4000	4000	刚性支撑的船用低速柴油机[3]的曲柄轴系[4]
G1600	1600	刚性支撑的4循环发动机的曲柄轴系[4]
G630	630	刚性支撑的大型4循环发动机的曲柄轴系[4] 弹性支撑的船用柴油机的曲柄轴系[4]
G250	250	刚性支撑的高速4汽缸柴油机[3]的曲柄轴系
G100	100	6汽缸以上的高速柴油机[3]的曲柄轴系[4]汽车、卡车及铁道车辆用的发动机(汽油或柴油)成品[5]
G40	40	汽车的车轮、胎环、轮组及驱动轴弹性支撑的6汽缸以上高速4循环发动机[3](汽油或柴油)的曲柄轴系[4] 汽车、卡车及铁道车辆用的发动机曲柄轴系[4]
G16	16	有特殊要求的驱动轴(螺旋桨轴、万向轴) 压碎机的部件、农业机械部件 汽车、卡车及铁道车辆(汽油或柴油)用的发动机部件 有特殊要求的6汽缸以上曲柄轴系[4]
G6.3	6.3	过程工业现场用的机器,船用主机涡轮机齿轮(商船用),离心分离机滚筒,造纸辊,印刷辊,鼓风机,组装后的飞机所用的燃气轮机叶轮,惯性轮,泵叶轮,机床及一般机械的部件 没有特殊要求的中型及大型(至少具有80mm以上轴中心高度的电动机)电机子 对振动不敏感的使用方法及施加了振动绝缘(主要为批量生产型)的小型电机子 有特殊要求的发动机部件
G2.5	2.5	燃气轮机,汽轮机及船用主机涡轮机(商船用),刚性涡轮发电机叶轮,计算机用的存储鼓及存储盘,涡轮压缩机,机床主轴有特殊要求的中型及大型电机子,小型电机子(G6.3及G1条件者除外),涡轮驱动泵

续表

平衡优良度的等级	平衡优良度的上限值 /(mm/s) $(c_{pet} \times \omega)^{1,2}$	旋转体的种类和举例
G1	1	录音机和音响设备的旋转部分,磨床的砂轮轴,有特殊要求的小型电机子
G0.4	0.4	精密磨床的砂轮轴,砂轮及电机子,陀螺仪

1) $\omega = 2\pi n/60 = n/9.55$,其中 n 的单位为 $\min^{-1}$,ω 的单位为 rad/s。
2) 关于各修正面上的容许残留不平衡量的分配,最好参照 JIS B 0905 之 5。
3) 在这一规格中,活塞速度为 9m/s 以下者作为低速柴油发动机,超过这个速度者作为高速柴油发动机。
4) 所谓曲柄轴系,是指包括曲柄轴、惯性轮、离合器、带轮、减震器、连接棒的旋转部分等在内的整体。
5) 发动机成品中,其叶轮的质量是指属于 4) 中的曲柄轴系的所有质量的总和。

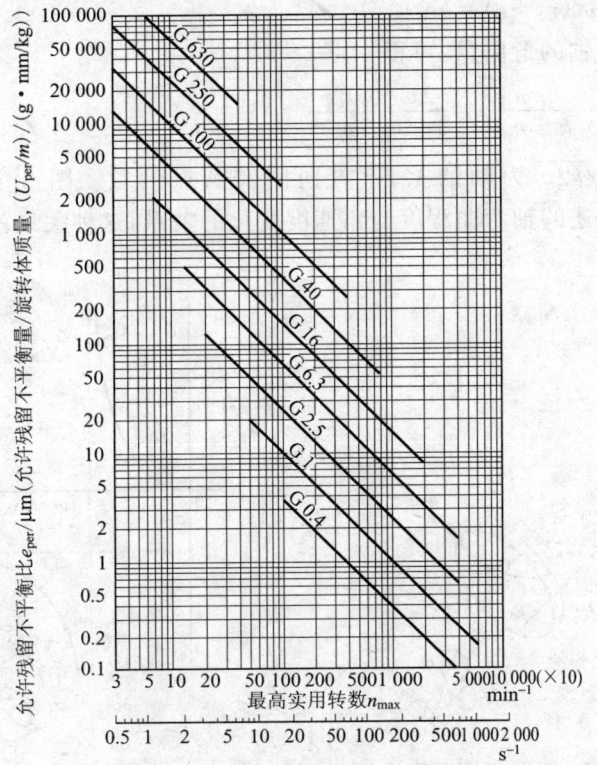

平衡优良度等级所对应的容许残留不平衡比

3.2 轴的振摆回转与危险速度

3.2.1 安装着单一质量的轴的危险速度

如 3.1 节中所指出,当轴旋转的时候,会由于不平衡而产生离心力(惯性力)。这种力与轴的旋转角相对应,总是作用在半径方向上,因而会导致轴按照弯曲的状态进行旋转,这种情形称为轴的振摆回转。如图 3.5 所示,这种振摆回转可以作这样的解释,即可以把轴看作是个弹簧,而振摆回转则是不平衡所造成的离心力与轴的刚性所产生的复原力达到了平衡的结果。设圆盘的质量为 m,偏心量为 ε,轴的弯曲为 r_0,则力的平衡式为

$$m\omega^2(r_0+\varepsilon)=kr_0 \tag{3.25}$$

由此式来求轴的弯曲量,可得

$$r_0=\frac{m\omega^2\varepsilon}{k-m\omega^2}=\frac{(\omega/\omega_n)^2\varepsilon}{1-(\omega/\omega_n)^2} \tag{3.26}$$

式中,$\omega_n=\sqrt{k/m}$ 为轴的上、下方向固有圆振动数。图 3.6 示出了式 (3.26) 所描述的轴弯曲程度与角速度变化的关系,这种关系就是,当轴的

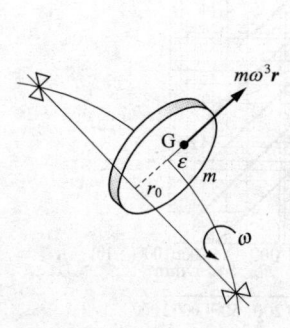

图 3.5 轴的振摆回转

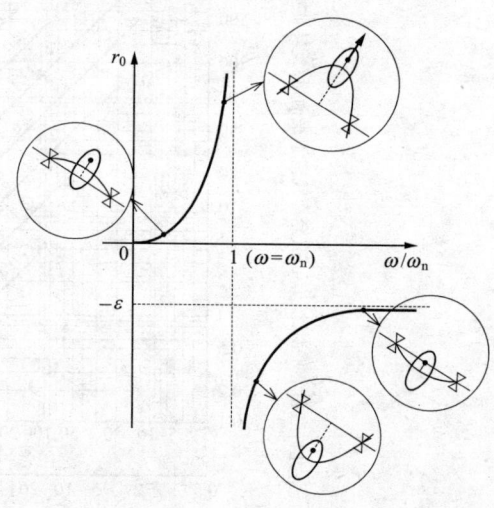

图 3.6 轴的弯曲与重心位置

角速度与 ω_n 一致时,振摆回转的振幅将达到无限大,这就是危险速度,它实质上是一种上、下或左、右方向上的谐振现象。

这里,由轴的支撑位置和轴承的固定条件所决定的轴弹簧系数是个重要参数,表 3.1 给出了典型条件下的轴弹簧系数和危险速度,表中的 E 为轴材料的纵向弹性系数,I 为轴截面的二阶矩。

表 3.1 笔直轴的弹簧系数和危险速度

		弹簧系数	危险速度($\min^{-1}$,r/min)
(1)		$\dfrac{3EI}{l^3}$	$\dfrac{30}{\pi}\sqrt{\dfrac{3EI}{ml^3}}$
(2)		$\dfrac{3EIl}{a^2(l-a)^2}$	$\dfrac{30}{\pi}\sqrt{\dfrac{3EIl}{ma^2(l-a)^2}}$
(3)		$\dfrac{3EIl^3}{a^3(l-a)^3}$	$\dfrac{30}{\pi}\sqrt{\dfrac{3EIl^3}{ma^3(l-a)^3}}$
(4)		$\dfrac{12EIl^3}{a^2(l-a)^3(3l+a)}$	$\dfrac{30}{\pi}\sqrt{\dfrac{12EIl^3}{ma^2(l-a)^3(3l+a)}}$
(5)		$\dfrac{12EI}{a^2(3l+4a)}$	$\dfrac{30}{\pi}\sqrt{\dfrac{12EI}{ma^2(3l+4a)}}$
(6)		$\dfrac{3EI}{a^2(l+a)}$	$\dfrac{30}{\pi}\sqrt{\dfrac{3EI}{ma^2(l+a)}}$

3.2.2 邓克尔利公式(具有多个质量的轴的危险速度)

上一节给出了轴上安装着单一质量情况下的危险速度。具有多个质量的轴,它的危险速度也是轴在上、下方向上的谐振现象,这种情况,可以用影响系数来描述,也可以用能量法求得固有圆振动数来计算危险速度。不过,它需要按多自由度系统来进行分析。

作为其解法,有一个称为邓克尔利公式的近似公式。如图 3.7 所示,具有 n 个质量的轴,作为它的最低阶危险速度 N_{cr},可以通过各个质量单独置于轴上时的危险速度 N_i 建立以下的计算公式,从而近似地求得最低阶危险速度。

$$\frac{1}{N_{cr}^2} = \frac{1}{N_1^2} + \frac{1}{N_2^2} + \cdots + \frac{1}{N_i^2} + \cdots + \frac{1}{N_n^2} \tag{3.27}$$

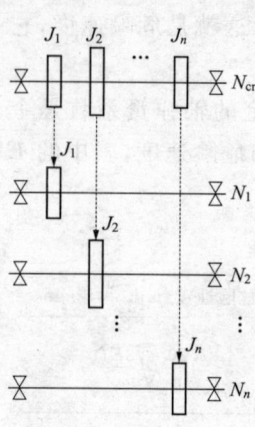

图 3.7 邓克尔利公式

【例题】 轴的危险速度与轴质量的影响。

设有两端由轴承支撑着的钢制轴,其直径为 30mm,长度为 1.0m,轴中央安装着质量为 40kg 的圆盘,求其危险速度。其中设钢的纵向弹性模量为 $E=206$GPa,密度为 $\rho=7800$kg/m^2。

解 轴的支撑可以看作是简单支撑的情形,这时要利用表 3.1 中的(2)来进行计算。由于钢的纵向弹性模量 $E=206$GPa,圆形截面的截面二阶矩为 $I=\pi d^4/64=3.98\times10^{-8}$m^4,因而轴的弹性系数为

$$K = \frac{3EIl}{a^2(l-a)^2} = 3.93 \times 10^5 \text{N/m} \tag{1}$$

固有圆振动数和危险速度为

$$\omega_{cr} = \sqrt{\frac{K}{m}} = 99 \text{rad/s}, \quad N_{cr} = \frac{30}{\pi}\sqrt{\frac{K}{m}} \approx 947 \text{min}^{-1} \tag{2}$$

以上计算中并没有考虑轴本身的质量,而实际上,轴的质量为 $m_s = \rho\pi r^2 l = 5.5$kg,约等于圆盘质量的 13%。附加上简单支撑情况下的等效质量后,可得

$$N_{cr} = \frac{30}{\pi}\sqrt{\frac{K}{m+0.5m_s}} \approx 916 \text{min}^{-1} \tag{3}$$

式中,$0.5m_s$ 为等效质量,振动数减小了约 3%($=0.13\times0.5\times1/2$)。

如果轴两端是固定的,则可利用表 3.1 中的(3)来计算,得到如下的结果

$$\left.\begin{array}{l} K = \dfrac{3EIl^3}{a^3(l-a)^3} = 1.57 \times 10^6 \text{N/m} \\ N_{cr} = \dfrac{30}{\pi}\sqrt{\dfrac{K}{m}} \approx 1893 \text{min}^{-1} \end{array}\right\} \tag{4}$$

这种情况下,N_{cr} 等于简单支撑的 2 倍($=1/\sqrt{0.5(1-0.5)}$)。如果再考虑到轴的质量,则得

$$N_{cr} = \frac{30}{\pi}\sqrt{\frac{K}{m+0.2m_s}} \approx 1870\,\text{min}^{-1} \tag{5}$$

式中，$0.2m_s$ 为等效质量，振动数减小了约 1.3%（$=0.13\times 0.2\times 1/2$）。可见，固定支撑的情况下，轴质量的影响较小。这里，等效质量比例值是根据两端支撑和两端固定的不同支撑条件，对轴中央有圆盘情况下的轴弯曲形状做了一些假定后求得的。在别的支撑条件及别的圆盘位置等所决定的弯曲形状不同的情况下，危险速度的值也各不相同。

3.3 扭转危险速度

如图 3.8 所示,对于横向弹性系数为 G、截面二阶极矩为 I_p、长度为 l 的均匀棒,当力矩 M 作用在它上面时,扭转角 θ 有 $M=GI_p\theta/l$ 的关系。由此式可以给出扭转的弹性系数为 $K=M/\theta=GI_p/l$。当这个轴上安装着惯性矩为 J 的圆盘时,对于轴间的相对扭转角 θ,运动方程式为

$$J\ddot{\theta}+K\theta=0 \tag{3.28}$$

扭转所具有的固定圆振动数为 $\omega_n=\sqrt{K/J}$。如果扭矩变动中包含着这个振动数的分量,就会像前节一样产生扭转振动振幅增大的谐振现象,这种谐振现象就称为达到了扭转危险速度。

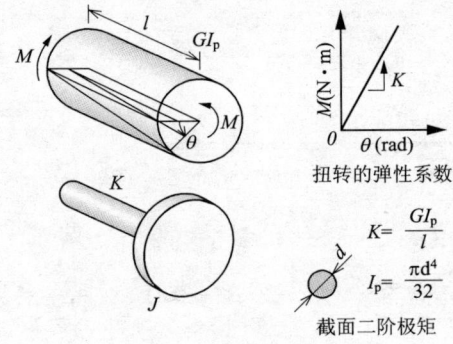

图 3.8 轴的扭转振动

在具有图 3.9 所示的两个圆盘的情况下,运动方程式为

$$J_1\ddot{\theta}+K(\theta_1-\theta_2)=0 \tag{3.29}$$
$$J_2\ddot{\theta}+K(\theta_2-\theta_1)=0 \tag{3.30}$$

求式(3.29)与式(3.30)之差,并采用圆盘之间的相对扭转角 $\theta=\theta_1-\theta_2$,可得

$$\ddot{\theta}+\left(\frac{1}{J_1}+\frac{1}{J_2}\right)K\theta=0 \tag{3.31}$$

由此,可得出如下的固有圆振动数:

$$\omega_n=\sqrt{K\left(\frac{1}{J_1}+\frac{1}{J_2}\right)} \tag{3.32}$$

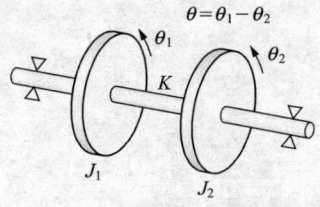

图 3.9 具有两个圆盘的轴

这表明 2 自由度系统的运动方程式蜕化成了由一个变量 θ 所描述的 1 自由度运动方程式。得到这一结果的原因在于两端由轴承支撑着的旋转系统具有旋转方向能够自由地连续旋转和明显地具有无限周期或振动数等于 0 的模型。这是旋转方向不固定的旋转机械中总是存在着的特性,这种特性同样存在于不具有固定点的平移运动等其他运动中。

表 3.2 汇集了几种扭转振动危险速度实例。

表 3.2 轴的扭转振动危险速度

轴 系	危险速度/$\min^{-1}$
(1)	$\dfrac{30}{\pi}\sqrt{\dfrac{K}{J}}$
(2)	$\dfrac{30}{\pi}\sqrt{K\left(\dfrac{1}{J_1}+\dfrac{1}{J_2}\right)}$
(3)	$\dfrac{30}{\pi}\sqrt{A\pm B}\quad A=\dfrac{1}{2}\left(\dfrac{K_1}{J_1}+\dfrac{K_1+K_2}{J_2}+\dfrac{K_2}{J_3}\right)$ $B=\sqrt{A^2-\dfrac{K_1K_2}{J_1J_2J_3}(J_1+J_2+J_3)}$

第4章

往复式机械运动

能够把旋转运动变换成往复运动和把往复运动变换成旋转运动的机构在许多机械中都有所应用,它是一种极为重要的机构。

本章将给出这种机构的运动描述方法,并对惯性力平衡的问题加以论述。

4.1 活塞曲柄机构的运动

如图 4.1 所示,活塞曲柄机构是由做旋转运动的曲柄、做往复运动的活塞,以及把这两者连接起来的连杆所构成的。下面就来分析这种机构。

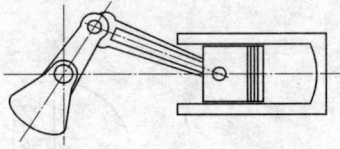

图 4.1 活塞曲柄机构

4.1.1 活塞的运动

如图 4.2 所示,首先按一定的角度标出曲柄的旋转位置,然后用作图的方法从连接曲柄旋转位置各点画一条长度等于连杆长度并与活塞移动线相交的连线(线段),其交点便确定了活塞随着曲柄旋转而平移的各个位置,从而得到曲柄旋转一周时连杆运动和活塞运动的情形。这种运动

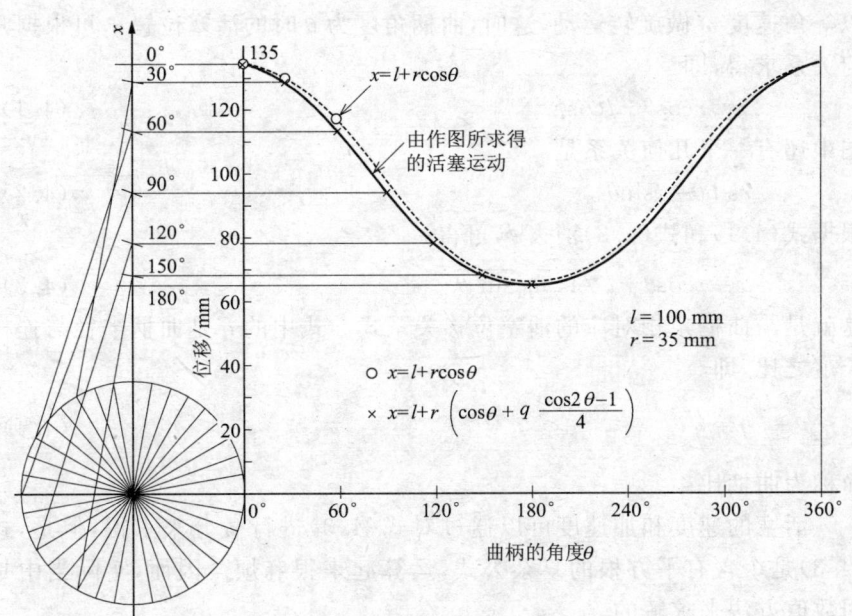

图 4.2 活塞曲柄机构的运动

情形基本上可以用正弦波形来描述,只是在上死点和下死点附近有一些偏差。这个结果可以从图 4.3 所示的曲柄半径、连杆长度、活塞位置三者所构成的三角形的几何关系求得。此外,还可以从图 4.2 所示的活塞位移的变化来描述速度,进而再由速度的变化来描述加速度。

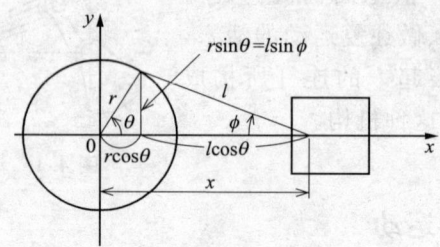

图 4.3　活塞曲柄机构的几何关系

下面就来准确地求出这种关系,并求出与曲柄旋转角相对应的活塞位移、活塞速度及活塞加速度。如图 4.3 所示,设曲柄的旋转中心为原点,活塞的运动方向为 x 轴方向,曲柄的半径为 r,连杆的长度为 l,曲柄以等角速度 ω 做旋转运动,这时,曲柄角度为 θ 时的活塞位置 x 可根据几何关系求得,即

$$x = r\cos\theta + l\cos\phi \tag{4.1}$$

图中还有一个几何关系是

$$r\sin\theta = l\sin\phi \tag{4.2}$$

根据式(4.1)和式(4.2)消去 ϕ,可得

$$x = r\cos\theta + l\sqrt{1 - q^2\sin^2\theta} \tag{4.3}$$

这就是与曲柄角相对应的活塞位移关系式。式中的 q 是曲柄半径与连杆长度之比,即

$$q = \frac{r}{l} \tag{4.4}$$

简称为曲柄比。

活塞的速度和加速度可以通过对式(4.3)进行微分来求得,但是,式(4.3)是个含有平方根的复杂公式,运算起来很麻烦。因而,实际当中是用数值方法来求解的。

此外,也可以把曲柄半径与连杆长度的比值 q 做得小一些,这时,就可以用泰勒级数展开式来对式(4.3)进行近似,从而得到活塞位移关于 q

的一阶近似式

$$x = l + r\left(\cos\theta + q\,\frac{\cos 2\theta - 1}{4}\right) \tag{4.5}$$

再对该式进行微分，即可得到活塞的速度和加速度。当曲柄的角速度一定时，活塞的速度为

$$\dot{x} = -r\omega\left(\sin\theta + q\,\frac{\sin 2\theta}{2}\right) \tag{4.6}$$

加速度为

$$\ddot{x} = -r\omega^2(\cos\theta + q\cos 2\theta) \tag{4.7}$$

设活塞的质量为 m，则活塞往复运动的惯性力为

$$F = -m\ddot{x} = mr\omega^2(\cos\theta + q\cos 2\theta) \tag{4.8}$$

图 4.4 的 (a)、(b)、(c) 中给出了 q 值为几个不同值时活塞的位移、速度和加速度的波形。就 q 值而言，由于受三角形的约束，当 q 值增大时，上死点和下死点处的波形便偏离正弦波，尤其是加速度的波形，其偏离更为显著。就 θ 值而言，在曲柄角 $\theta = 0$ 的地方（上死点），加速度的大小为最大值，活塞的惯性力也最大。在下死点，$\theta = \pi(\mathrm{rad})$ 两侧具有两个加速度极大值，速度增大的曲柄位置也从下死点向上死点一侧移动。

图 4.4(d) 给出了惯性力的严格值、一阶近似值和二阶近似值。当加速度为极大值时，惯性力为极小值，二者正好为上、下逆的关系。就近似的情况来说，实用上二阶近似就已经相当好了。表 4.1 中给出了二阶以上的近似式，利用这个表可以进行更高精度的计算。

表 4.1 系数 A_{2n} 的值

	2.5	3.0	3.5	4.0	4.5	5.0
$A_0 = q - \dfrac{q}{4} - \dfrac{3q^3}{64} - \dfrac{5q^5}{256} - \dfrac{175q^7}{16\,384} - \cdots$	2.3968	2.9149	3.4274	3.9368	4.4439	4.495
$A_2 = q + \dfrac{q^3}{4} + \dfrac{15q^5}{128} + \dfrac{35q^7}{2048} + \cdots$	0.4173	0.3431	0.2918	0.2540	0.22550	0.2020
$A_4 = \dfrac{q^3}{4} + \dfrac{3q^5}{16} + \dfrac{35q^7}{1024} + \cdots$	0.0182	0.0101	0.0062	0.0014	0.0028	0.0021
$A_6 = \dfrac{9q^5}{128} + \dfrac{45q^7}{2048} + \cdots$	0.0009	0.0003	0.0001	0.0001		

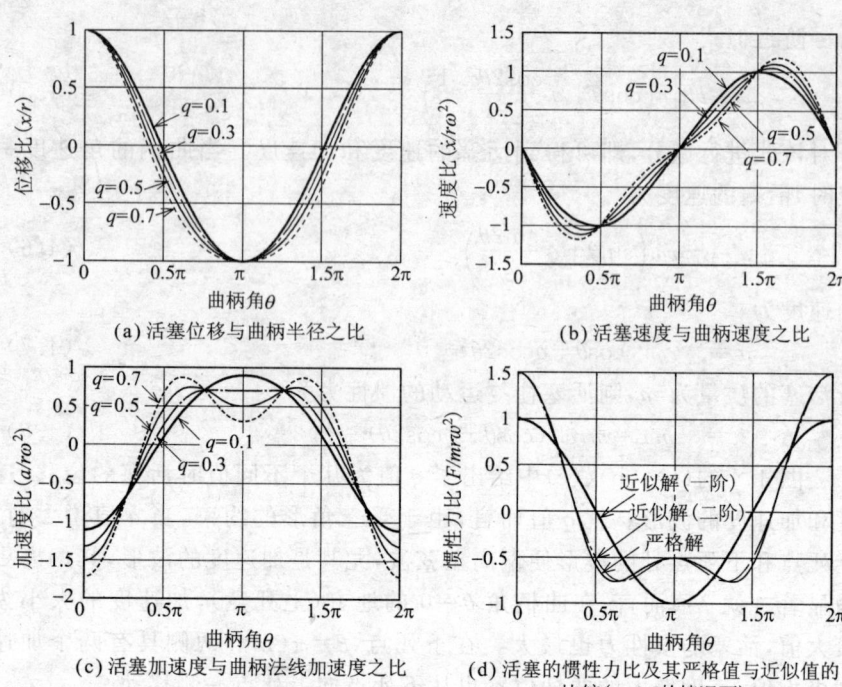

图 4.4 活塞的位移、速度和加速度

位移：$x = r\left[A_0 + \cos\theta - \sum_{n=1}^{\infty} \frac{(-1)^n}{(2n)^2} A_{2n} \cos 2n\theta \right]$ （4.9）

速度：$\dot{x} = -r\dot{\theta}\left[\sin\theta - \sum_{n=1}^{\infty} \frac{(-1)^2}{2n} A_{2n} \sin 2n\theta \right]$ （4.10）

加速度：$\ddot{x} = -r\omega^2\left[\cos\theta - \sum_{n=1}^{\infty} (-1)^n A_{2n} \cos 2n\theta \right]$ （4.11）

惯性力：$F = -m\ddot{x} = mr\omega^2\left[\cos\theta - \sum_{n=1}^{\infty} (-1)^n A_{2n} \cos 2n\theta \right]$ （4.12）

近似到什么程度的问题，要根据计算的目的而定。应该注意的是，即使活塞曲柄机构的角速度是一定的，其中也有一些成分是按照曲柄角速度整数倍来变化的。

4.1.2 等效模型

如图 4.5 所示，曲柄的质量为 m_c，重心位置为 r_c，与此相对应，曲柄

半径 r 的圆周处有不平衡量存在。如果认为等效质量 m_k 能使 $m_c r_c = m_k r$ 这一等式成立,则可得

$$m_k = \frac{m r_c}{r} \tag{4.13}$$

连杆在曲柄旋转一周的时间里像图 4.2 所示那样做着复杂运动,它既包含着可以看作是随着曲柄一起旋转的部分,又包含着可以看作是随着活塞做平移运动的部分,并且还有一个在一定的角度范围内来回摇摆的运动。因而,当考虑曲柄的旋转运动、活塞的往复运动以及它的惯性力的时候,连杆的影响是不能忽略的。图 4.5 给出了一个等效系统的方案。

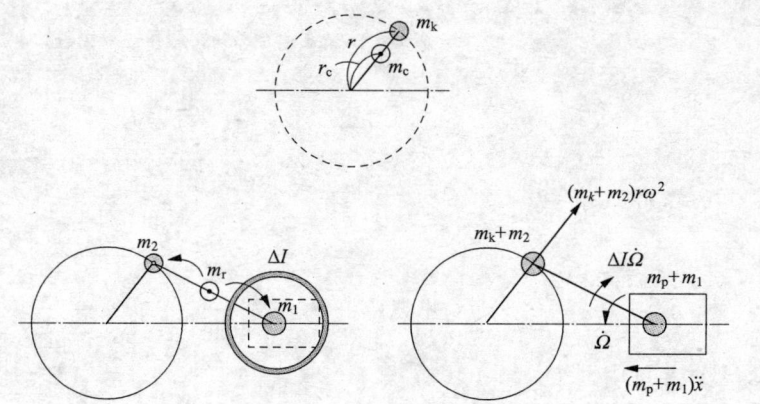

图 4.5 活塞曲柄机构的等效模型

图 4.5 把连杆的质量 m_r 分为 m_1 和 m_2 两部分,并利用 ΔI 来对活塞位置周围的惯性矩校正部分进行模型化。模型的各参数值可按照模型能够等效于实际连杆动作的原则来确定,其理论推导很简单。根据连杆质量总和相等、重心位置相同及惯性矩相同这三个条件,有

$$\left.\begin{array}{l} 质量:m_r = m_1 + m_2 \\ 重心位置:m_r z_o = m_2 l \\ 惯性矩:I_r = \Delta I + m_2 l^2 \end{array}\right\} \tag{4.14}$$

于是可得

$$\left.\begin{array}{l} m_1 = m_r \dfrac{l - z_o}{l} \\[6pt] m_2 = m_r \dfrac{z_o}{l} \\[6pt] \Delta I = I_r - m_r l z_o = m_r (R_0^2 - l z_o) \end{array}\right\} \tag{4.15}$$

这里，z_0 为以活塞端为起点的连杆重心位置，R_0 为旋转半径。这样，对于活塞的往复运动来说，就可以看作是把连杆质量中的 m_1 附加到了活塞质量上；对于曲柄的旋转运动来说，就可以看作是把连杆质量中的 m_2 附加到了圆周上；而连杆的摇摆运动也就可以看作是由 ΔI 引起并与角加速度 $\dot{\Omega}$ 相对应的惯性力偶 $-\Delta I\dot{\Omega}$。

4.2 活塞曲柄机构惯性力的平衡

如 4.1 节所述,活塞曲柄机构会产生一些惯性力。如何抑制惯性力是个重要课题,本节中将首先就曲柄部分的措施作以说明。往复部分的平衡问题不可能由单汽缸来解决,因此下面将给出在多汽缸机构中如何进行设计的一些例子。

4.2.1 单汽缸中的平衡

4.1 节在讲到等效模型时曾经指出,单汽缸活塞曲柄机构可以看作是曲柄半径 r 的位置上具有曲柄和连杆的质量(m_k+m_2)并以角速度 ω 进行旋转的机构,其旋转所产生的惯性力作用在曲柄的半径方向上,其大小为

$$F=(m_k+m_2)r\omega^2 \tag{4.16}$$

根据前面所述,这个惯性力所造成的不平衡量为$(m_k+m_2)r$,它的平衡可以通过在其对面附加上相同的不平衡量来解决。实际附加的质量随附加的位置而不同,可通过设计条件来决定。设附加质量的重心位置为半径 r_G,则附加质量 m 可由下式求得:

$$m=\frac{(m_k+m_2)r}{r_G} \tag{4.17}$$

4.2.2 直列型往复发动机

曲柄的惯性力可以通过附加平衡块来抑制,但活塞的往复运动不可能独自实现,而是要通过多个汽缸的组合来进行。图 4.6 至图 4.9 是 2 冲程循环发动机和 4 冲程循环发动机(常简称为 2 循环发动机和 4 循环发动机)的 2 汽缸和 4 汽缸直列型发动机的例子。

1. 2 汽缸发动机

4 循环发动机是按 4 个冲程(2 次往复)轮换一次,分别执行吸气、压缩、膨胀、排气这一连串循环。2 循环发动机在机构上采取了一些措施,是按两个冲程(1 次往复)轮换一次,分别将"吸气、膨胀"和"压缩、排气"放在一起执行的。此外,为了分散因燃料爆炸而产生的缸内压力的影响,

点火时间是按照 2 汽缸交互进行的方式来设计的。因此,2 汽缸 4 循环发动机的曲柄配置如图 4.6 所示,而 2 汽缸 2 循环发动机的配置如图 4.7 所示。

这时,由于图 4.6 的 4 循环发动机的两个汽缸的活塞质量 m_p 与连杆的等效质量 m_1 合在一起而得到的质量 m 所产生的惯性力 F_1 和 F_2 是相同的,所以它们的和为

$$F = 2S_1\cos\theta + 2S_2\cos 2\theta$$

这个力是无法减小的。这里,$S_1 = mr\omega^2$,$S_2 = qmr\omega^2$。

而在 2 循环发动机的情况下,由于一阶分量的方向相反,所以惯性力为

$$F = 2S_2\cos 2\theta$$

一阶分量消失了,剩下的是 2 倍的二阶分量。

2.4 汽缸发动机

4 汽缸的情况也可以像上面所述那样来分析。虽然配置的自由度扩

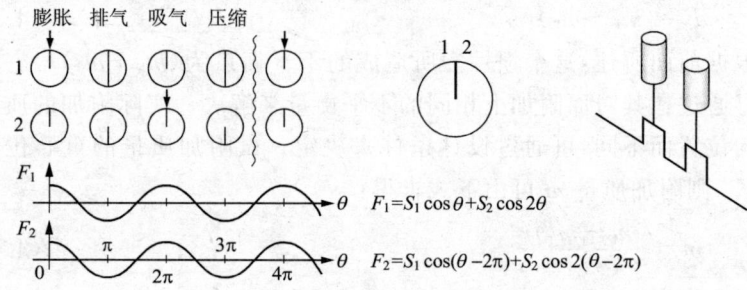

图 4.6 2 汽缸 4 循环发动机

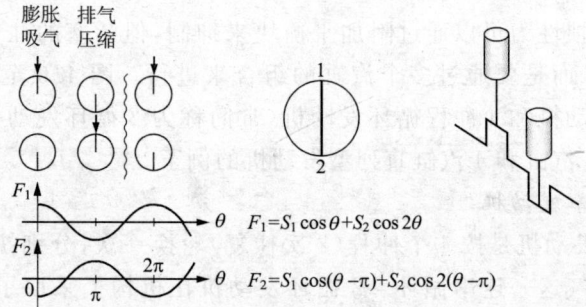

图 4.7 2 汽缸 2 循环发动机

大了,但就其最终的曲柄配置而言,4 循环发动机多采用如图 4.8 所示的 1-3-2-4 点火顺序,而 2 循环发动机采用的是如图 4.9 所示的 1-4-2-3 点火顺序。

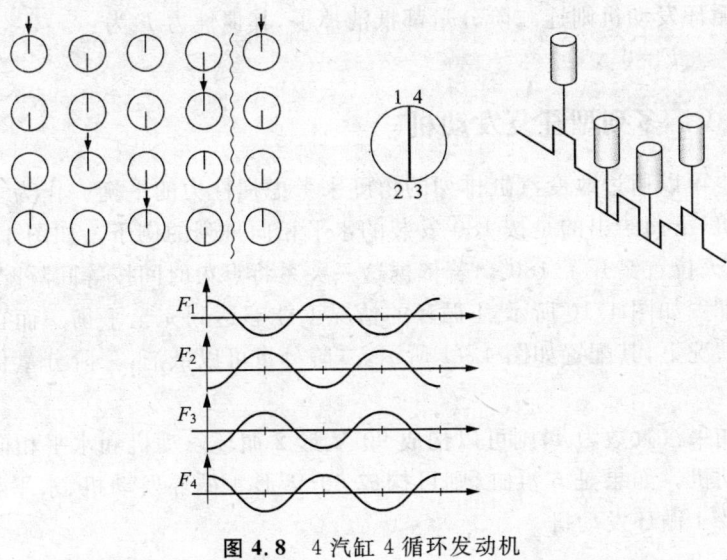

图 4.8　4 汽缸 4 循环发动机

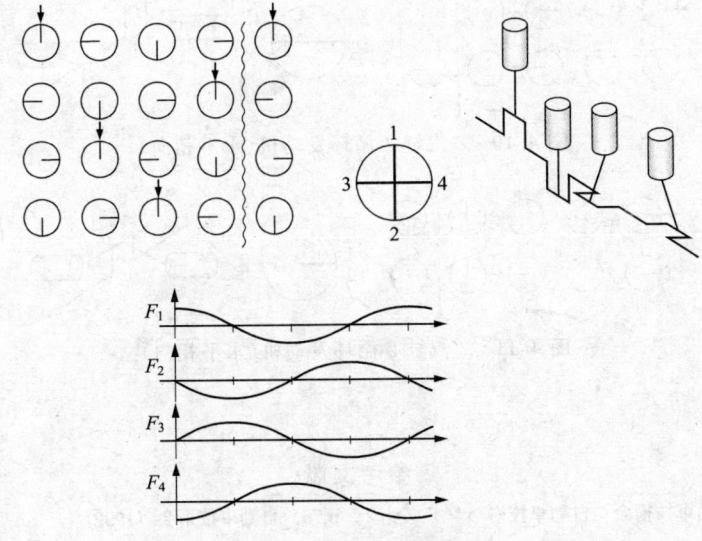

图 4.9　4 汽缸 2 循环发动机

在 4 循环发动机的情况下，惯性力的一阶分量能够被抵消，其惯性力 F 为：

$$F = 4S_2\cos2\theta$$

而 2 循环发动机则连二阶分量都抵消掉了，其惯性力 F 为：

$$F = 0$$

4.2.3　多列型往复发动机

也可以通过改变汽缸排列的角度来考虑惯性力的平衡。作为多列型发动机，下面给出的是按 180°安装的水平相向排列的例子。如图 4.10 所示，点火位置错开了 180°。若依据这一关系将点火时间按等间隔配置，则曲柄配置如图 4.10 所示，4 循环的情况下能够达到完全平衡。而在 2 循环的情况下，其配置如图 4.11 所示，二阶分量可以抵消，一阶分量仍然为 2 倍。

如果汽缸数为 4，则可以构成 90°V 形 2 循环发动机和水平相向 4 循环发动机。如果是 6 汽缸，则可构成 60°V 形 4 循环发动机、水平相向 2 循环及 4 循环发动机。

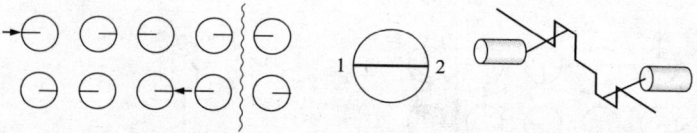

图 4.10　2 汽缸 4 循环发动机（水平相向）

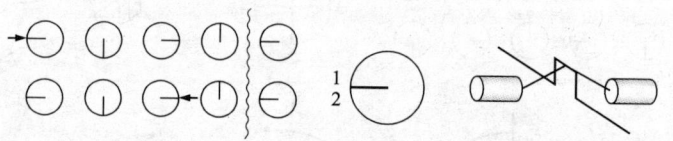

图 4.11　2 汽缸 2 循环发动机（水平相向）

参考文献

[1] 自動車技術会：自動車技術ハンドブック，p.76，自動車技術会（1992）

第 5 章

机械振动

在分析和设计机械的动态行为时,把握振动现象的问题是很重要的。

本章将对振动的描述、1自由度系统的振动、强迫振动及谐振曲线等予以讲述。

5.1 简谐振动与旋转运动

如图 5.1 所示,能够用正弦函数或余弦函数描述的运动,称为简谐振动或单振动。简谐振动可以比喻成以角速度 ω 进行匀速圆周运动的质点在 x 轴或 y 轴上的投影。如果设质点的初始角度为 ϕ,则到达时刻 t 为止它所旋转过的角度就是 $(\omega t + \phi)$,x 轴和 y 轴上的投影分量就是

$$x = A\cos(\omega t + \phi) \tag{5.1}$$
$$y = A\sin(\omega t + \phi) \tag{5.2}$$

式中,A 为圆周运动的旋转半径。这里,圆周运动的旋转半径、旋转角、角速度分别与简谐振动的振幅 A、相位角 $(\omega t + \phi)$、角频率 ω 相对应。

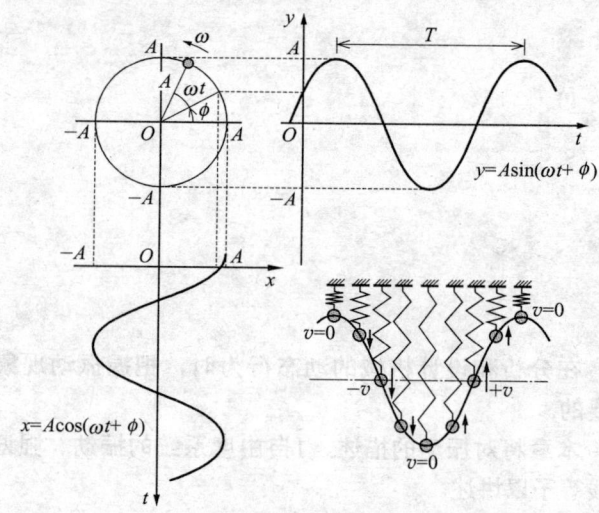

图 5.1 简谐振动与旋转运动

简谐振动每隔一定的时间就周而复始地回到原来的状态。这个时间间隔与质点旋转一周所需要的时间相同,它们都为

$$T = \frac{2\pi}{\omega} \tag{5.3}$$

在简谐振动中,这个时间间隔称为振动周期。单位时间里振动重复的次数称为频率,它由周期的倒数给出,即

$$f = \frac{1}{T} = \frac{\omega}{2\pi} \tag{5.4}$$

另外,根据式(5.4)可得角频率为

$$\omega = 2\pi f \tag{5.5}$$

角频率 ω 是频率 f 的 2π 倍,而 2π 正好是一个圆周的角度(rad),由此可推知称其为角频率的含义。

【例题】 试求如图 5.2 所示周期为 $T=0.5\mathrm{s}$ 的波形的频率和角频率。

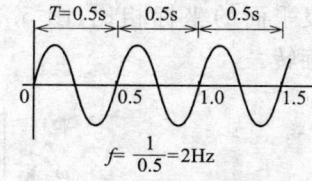

解 根据式(5.4)和式(5.5),可得

$$f = \frac{1}{T} = \frac{1}{0.5} = 2(\mathrm{Hz})$$

$$\omega = 2\pi f = 2\pi \times 2 = 4\pi(\mathrm{rad/s})$$

图 5.2 周期与频率的关系

计算结果正如图 5.2 所示,当周期为 $0.5\mathrm{s}$ 时,$1\mathrm{s}$ 内波形重复了两次,正弦的角度值在 $1\mathrm{s}$ 内变化了 $4\pi(\mathrm{rad})$(即 $720°$)。由此也验证了式(5.3)~式(5.5)之间关系的正确性。

对式(5.1)和式(5.2)进行微分,可得到以下关于速度和加速度的关系式

$$v_x = \dot{x} = -A\omega\sin(\omega t + \phi) \tag{5.6}$$

$$v_y = \dot{y} = A\omega\cos(\omega t + \phi) \tag{5.6}'$$

$$a_x = \dot{v}_x = \ddot{x} = -A\omega^2\cos(\omega t + \phi) = -\omega^2 x \tag{5.7}$$

$$a_y = \dot{v}_y = \ddot{y} = -A\omega^2\sin(\omega t + \phi) = -\omega^2 y \tag{5.7}'$$

这里的 $\dot{x}$、$\dot{y}$、$\ddot{x}$、$\ddot{y}$ 是通常用于表示时间微分的符号。

图 5.1 的质点圆周运动也可以用一个旋转着的位置矢量来表示,它的 x 分量为 $A\cos(\omega t + \phi)$,y 分量为 $A\sin(\omega t + \phi)$。将这个旋转矢量表示在以 x 轴为实轴和以 y 轴为虚轴的复平面上,其表达式为

$$\boldsymbol{r} = A\cos(\omega t + \phi) + \mathrm{j}A\sin(\omega t + \phi) = A\mathrm{e}^{\mathrm{j}(\omega t + \phi)} \tag{5.8}$$

式(5.8)中利用了欧拉公式里的 $\mathrm{e}^{\mathrm{j}\theta} = \cos\theta + \mathrm{j}\sin\theta$ 这一关系。

对式(5.8)进行微分,可得速度和加速度的表达式为

$$\boldsymbol{v} = \dot{\boldsymbol{r}} = \mathrm{j}\omega A\mathrm{e}^{\mathrm{j}(\omega t + \phi)} = \mathrm{j}\omega \boldsymbol{r} \tag{5.9}$$

$$\boldsymbol{a} = \dot{\boldsymbol{v}} = \ddot{\boldsymbol{r}} = (\mathrm{j}\omega)^2 A\mathrm{e}^{\mathrm{j}(\omega t + \phi)} = -\omega^2 \boldsymbol{r} \tag{5.10}$$

图 5.3 的左图是将 $\boldsymbol{r}$、$\boldsymbol{v}$、$\boldsymbol{a}$ 表示到复平面上的情形,位移矢量 $\boldsymbol{r}$、速度矢量 $\boldsymbol{v}$、加速度矢量 $\boldsymbol{a}$ 之间依次相差 $90°$ 的相位。这三个矢量在以原点为

中心而旋转的时候,相互位置关系是不变的。将图 5.3 左图的三个旋转矢量投影到 x 轴上,可得到图 5.3 右图的波形,它们都是正弦波形,即简谐振动波形,分别表示圆周运动质点的 x 轴方向上的位移、速度和加速度随时间变化的情形。它们之间的相位关系也是依次相差 90°,这是很容易理解的。图 5.1 中的弹簧伸缩振动的波形与此完全相似。如果选取 y 轴作为投影轴,所得到的结果也是一样的。另外,顺便说一句,与通常表示复平面的坐标相比,图 5.3 左图的复平面坐标轴的方向有一个 90° 的旋转。

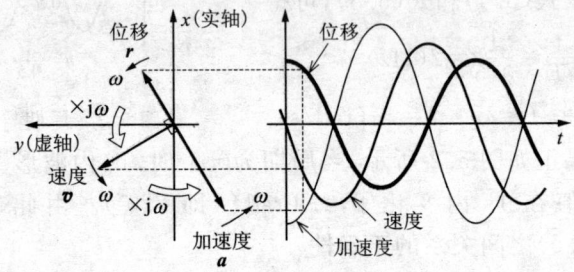

图 5.3 位移矢量、速度矢量、加速度矢量及其在实轴上的投影波形

════════ 小常识 ════════

运动方程式的矢量描述与平衡

图 5.8(a) 是一个由弹簧和油压阻尼器构成的减震器,当激振力作用于减震器所支撑着的物体上时,物体的运动方程可利用达朗贝尔原理,按照力的矢量和等于零的关系表示成

$$-m\ddot{x}-c\dot{x}-kx+f=0 \tag{1}$$

如果将该方程与图 5.3 的位移、速度、加速度三个旋转矢量对应起来,作为弹簧的弹力、油压阻尼器的黏滞力、物体质量的惯性力及外力而表示成矢量的话,它们的合力在频率低的情况下将如下图的(a)所示;在谐振的情况下将如下图的(b)所示;在频率高的情况下将如下图的(c)所示。这里,矢量长度的差别就是各个不同情况下的位移、速度、加速度上所乘的 jω 这个角频率的高低不同所造成的。这些矢量关系表明,频率低的时候弹簧起着支配性作用;频率高的时候物体质量将代替弹簧起作用;而谐振的时候,弹簧力与惯性力相平衡,外力则与缓冲力平衡,缓冲力将

起着很大的作用。如图所示,这个系统可以分别看作是外力作用在弹簧、油压阻尼器及物体质量上的系统。

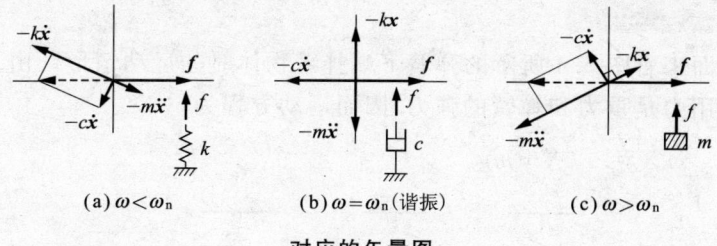

对应的矢量图

5.2 1自由度系统的自由振动

下面来看图5.4所示的弹簧下端挂着物体时的运动情形。由于物体上的作用力是重力和弹簧的弹力,因而运动方程为

$$m\ddot{X} = -kX + mg \tag{5.11}$$

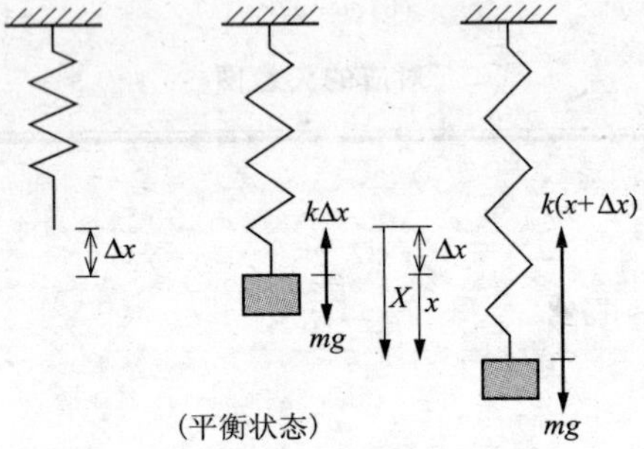

图 5.4 弹簧与重物构成的系统

设重力与弹力相平衡时弹簧被拉长了 Δx,这个状态称为静平衡,这时有如下的关系式:

$$k\Delta x = mg \tag{5.12}$$

采用以这个平衡位置为基准的 x 作为变量,将 X 置换成下式,即

$$X = x + \Delta x \tag{5.13}$$

再将该式代入式(5.11)并加以整理,可得

$$m\ddot{x} = -k(x+\Delta x) + mg = -kx - k\Delta x + mg = -kx$$
$$m\ddot{x} + kx = 0 \tag{5.14}$$

上式表明,如果以重力与弹力的平衡位置为基准来建立运动方程式,则重力可以不予以考虑。之所以能够这样作,是因为系统在静态时弹簧弹力与物体重力的这种平衡作用自始至终都是存在的。换句话说,只要振动系统的所有重力与弹簧的弹力都在起着作用,而建立运动方程时又是以其静平衡位置为基准,那么,重力就可以不予以考虑。

设微分方程式(5.14)的解为

$$x = A\cos\omega_n t + B\sin\omega_n t \tag{5.15}$$

将式(5.15)代入式(5.14)并加以整理,可得
$$(-m\omega_n^2+k)(A\cos\omega_n t+B\sin\omega_n t)=0$$
由该式可得两个解,一个是当然解 $A=B=0$,它就是 $x=0$ 时的静止状态。另一个解是
$$-m\omega_n^2+k=0 \tag{5.16}$$
该式称为特征方程式,它决定了该系统的固有角频率为
$$\omega_n=\sqrt{\frac{k}{m}} \tag{5.17}$$

对运动方程式(5.14)加以整理,使方程式左边第一项的系数变为1,则第二项的系数就变为固有角频率的平方。这样,运动方程式(5.14)就变成了下面的通用表达式
$$\ddot{x}+\frac{k}{m}x=\ddot{x}+\omega_n^2 x=0 \tag{5.14}'$$

将 $t=0$ 时的初始条件 $x=x_0$ 和 $\dot{x}=v_0$ 代入式(5.15)来确定其待定系数,最终可得
$$\left.\begin{array}{l} x=x_0\cos\omega_n t+\dfrac{v_0}{\omega_n}\sin\omega_n t=\sqrt{x_0^2+\left(\dfrac{v_0}{\omega_n}\right)^2}\sin(\omega_n t+\phi) \\ \phi=\arctan\dfrac{x_0}{v_0/\omega_n} \end{array}\right\} \tag{5.18}$$

这也就是图5.1所示的简谐振动的位移函数表达式,其振动波形是确定的正弦函数。在求得这个用三角函数表达的公式时,曾利用了图5.5所示的直角三角形。

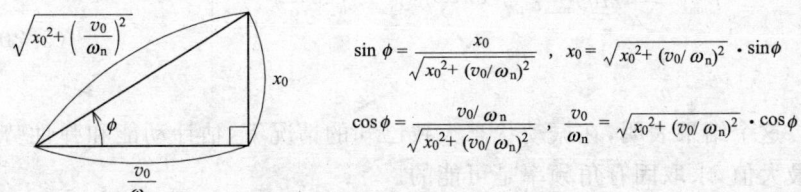

图 5.5 三角函数的合成

式(5.17)所给出的固有角频率是决定运动特性的最重要参数。这个参数的值可以很方便地如下求得,即先根据式(5.12)确定弹性系数,然后代入式(5.17),即得

$$\omega_n = \sqrt{\frac{mg}{m\Delta x}} = \sqrt{\frac{g}{\Delta x}} \tag{5.19}$$

这样,只要像图 5.6 所示那样测量出弹簧静平衡时的伸长量 Δx,就可以求得固有角频率了。

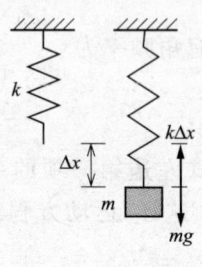

按静平衡计算,$\Delta x = mg/k = 0.248$ m
若测得弹簧伸长量为 $\Delta x = 0.25$ m,则可得
$\omega_n = \sqrt{\frac{g}{\Delta x}} = \sqrt{\frac{9.8}{0.25}} = 6.26$ (rad/s)
$f_n = \omega_n/2\pi = 0.996$ Hz ≈ 1.00 Hz
这是由 Δx 求得的值。
若是求真正的值,则当
$m = 2$ kg,$k = 79$ N/m 时,可得
$\omega_n = \sqrt{79/2} = 6.28$ (rad/s)
$f_n = 1.00$ Hz
二者基本上是一致的。

图 5.6 利用静平衡时弹簧的伸长量来求固有角频率

此外,式(5.18)给出了弹簧重物系统的位移表达式,当位移量达到最大值(即振幅值)x_{max} 时,弹簧的伸长量也达到了 x_{max},这时重物的速度为 0,即 $\dot{x} = 0$。重物的最大速度发生在 $x = 0$ 处,也就是说,当重物移动到静平衡位置时,它的速度便达到了最大值,这个最大值为 $x_{max}\omega_n$。从能量方面来说,速度最大时动能最大,其值为 $T_{max} = 1/2 m(x_{max}\omega_n)^2$,而此时重物位于 $x = 0$ 这个静平衡位置上,因而弹簧的势能为零。位移量最大时弹簧的势能最大,其值为 $U_{max} = 1/2 k x_{max}^2$,此时重物的速度为零,因而动能为零。根据能量守恒定律,$T_{max} = U_{max}$,因而可得

$$\left. \begin{array}{l} T_{max} = \dfrac{1}{2} m(x_{max}\omega_n)^2 = \dfrac{1}{2} m x_{max}^2 \omega_n^2 = \dfrac{1}{2} k x_{max}^2 \\ \omega_n^2 = \dfrac{k}{m} \end{array} \right\} \tag{5.20}$$

这个结果表明,在振动状态大致已知的情况下,估计动能和弹性势能的最大值,求取固有角频率是可能的。

图 5.7 给出了各种因存在着弹力等复原力而形成的 1 自由度振动的例子。其中的任何一个系统的运动方程式都具有与式(5.14)′相同的形式,方程式的第 2 项的系数都给出了固有角频率。

[单摆]

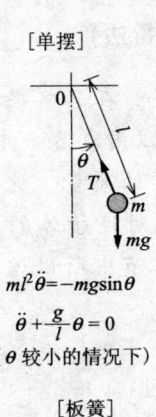

$ml^2\ddot{\theta}=-mg\sin\theta$

$\ddot{\theta}+\dfrac{g}{l}\theta=0$

（θ 较小的情况下）

[U形管中的水柱]

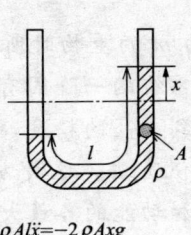

$\rho Al\ddot{x}=-2\rho Axg$

$\ddot{x}+\dfrac{2g}{l}x=0$

[浮子]

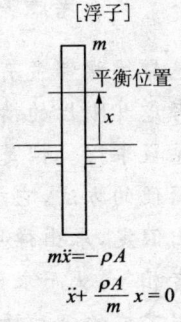

$m\ddot{x}=-\rho A$

$\ddot{x}+\dfrac{\rho A}{m}x=0$

[板簧]

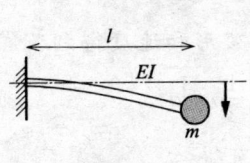

$k=\dfrac{3EI}{l^3}$

$m\ddot{x}=-\dfrac{3EI}{l^3}x$

$\ddot{x}+\dfrac{3EI}{ml^3}x=0$

[棒的扭转]

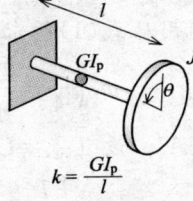

$k=\dfrac{GI_p}{l}$

$J\ddot{\theta}=-\dfrac{GI_p}{l}\theta$

$\ddot{\theta}+\dfrac{GI_p}{lJ}\theta=0$

[弦]

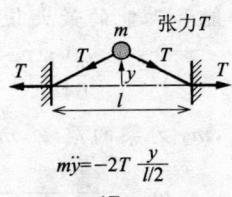

$m\ddot{y}=-2T\dfrac{y}{l/2}$

$\ddot{y}+\dfrac{4T}{l}y=0$

[按相反方向旋转的轮子上的棒]

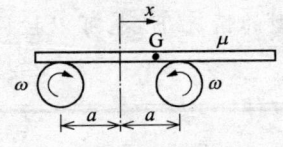

$m\ddot{x}=\dfrac{a-x}{2a}\mu mg-\dfrac{a+x}{2a}\mu mg$

$\ddot{x}+\dfrac{\mu g}{a}x=0$

[LC电路]

$L\ddot{q}+\dfrac{1}{C}q=0$

$\ddot{q}+\dfrac{1}{LC}q=0$

[刚体振子]

$J\ddot{\theta}=-mgl\sin\theta$

$\ddot{\theta}+\dfrac{mgl}{J}\theta=0$

（θ 较小的情况下）

图 5.7　1自由度系统的例子

小常识

考虑梁重时的固有角频率的计算（雷伊雷法）

悬臂梁端部带有质量为 m 的重物时所形成的系统，在忽略梁的质量而只考虑其刚性的情况下，系统的一阶固有角频率可以用表 3.3 中(1)的弹性系数求得。但是，要得到更高的精度，就得考虑梁的质量。这里介绍一种简便的方法，它就是雷伊雷法。这种方法是通过对连续体的振动情形提出假定，求出弹性势能和动能的各最大值，并像本节中所讲过的那样令二者相等，从而求出固有角频率。

假定梁的振动情形为如下的正弦函数：

$$y = a\left(1 - \cos\frac{\pi}{2l}x\right) \tag{1}$$

则势能和动能的最大值可利用从式(1)所求得的变形和速度得到下式：

$$U_{\max} = \frac{\pi^4}{64}\frac{EI}{l^3}a^2, \quad T_{\max} = \left[m_s\left(\frac{3}{4} - \frac{2}{\pi}\right) + \frac{1}{2}m\right]a^2\omega^2 \tag{2}$$

这里，m_s 为梁的质量，$m_s = \rho A l$。设 $T_{\max} = U_{\max}$，可得

$$\omega^2 = \frac{\pi^4}{32[(3/2 - 4/\pi)m_s + m]}\frac{EI}{l^3} \approx \frac{3}{0.23m_s + m}\frac{EI}{l^3}$$

$$\omega = \sqrt{\frac{3EI/l^3}{0.23m_s + m}} \tag{3}$$

这表明将约等于梁重 23% 的质量作为附加质量，便可用表 3.3 中(1)的弹性系数来近似求得固有角频率。在其他模型的情况下，也可以按同样的方法求得等效质量。

5.3 衰减自由振动

一般的振动系统都含有摩擦及如图 5.8 所示阻尼器等消耗能量的部件,振动是不会无限延续下去的。这些阻尼部件受到各种各样外部因素的影响,很难模型化。从易于解析的观点出发,一般可采用如图 5.9 所示的与速度成正比的黏滞阻抗 $R=c\dot{x}$ 作为模型。这时,运动方程式为

$$m\ddot{x}+c\dot{x}+kx=0 \tag{5.21}$$

设 $x=e^{\lambda t}$,将其代入式(5.21),可得如下的特征方程式,即

$$m\lambda^2+c\lambda+k=0 \tag{5.22}$$

设这个特征方程式的两个根为 λ_1 和 λ_2,则一般解为

$$x=Ae^{\lambda_1 t}+Be^{\lambda_2 t} \tag{5.23}$$

其中,

$$\lambda_1,\lambda_2=\frac{-c\pm\sqrt{c^2-4mk}}{2m} \tag{5.24}$$

两个根可根据判别式 $c^2=4mk$ 分为后述的三种情况。如后所述,这个条件将给出周期运动和非周期运动的界限。通常用符号 c_c 来标记能满足这个判别式等号的黏性衰减系数,并称其为临界黏性衰减系数,即

$$c_c=2\sqrt{mk} \tag{5.25}$$

此外,将实际黏性衰减系数对临界黏性衰减系数的比定义为

$$\zeta=\frac{c}{c_c} \tag{5.26}$$

称之为衰减比。

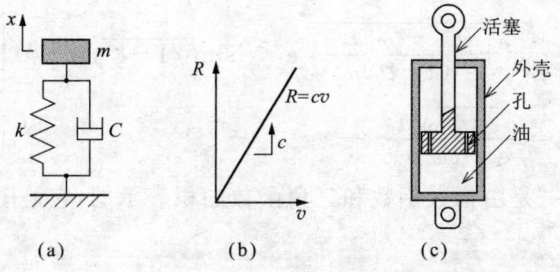

图 5.8 油压阻尼器

按照黏性衰减系数相对于临界黏性衰减系数的值的大小,衰减比可分为三种情形。$c>c_c$ 时为过衰减,$c=c_c$ 时为临界衰减,$c<c_c$ 时为欠衰减。

(1) $c>c_c(\zeta>1)$。它有两个不同的实根,是衰减大(过衰减)的情形。一般解为

$$x=e^{\frac{c}{2m}t}\left(A'\cosh\frac{\sqrt{c^2-4mk}}{2m}t+B'\sinh\frac{\sqrt{c^2-4mk}}{2m}t\right) \qquad (5.27)$$

初始条件为 $t=0,x=x_0,\dot{x}=v_0$ 的情况下,式(5.27)将成为

$$x=e^{-\zeta\omega_n t}\left(x_0\cosh\omega_n\sqrt{\zeta^2-1}\,t+\frac{v_0+\zeta\omega_n x_0}{\omega_n\sqrt{\zeta^2-1}}\sinh\omega_n\sqrt{\zeta^2-1}\,t\right)$$
$$(5.27)'$$

它是如图 5.10(a)所示的非周期运动。

(2) $c=c_c(\zeta=1)$。它有两个重根,是临界衰减的情形。根据一般解和初始条件可得

$$x=e^{-\frac{c}{2m}t}(A'+B't)x=e^{-\zeta\omega_n t}(A'+B't) \qquad (5.28)$$

$$x=e^{-\zeta\omega_n t}[x_0+(v_0+\zeta\omega_n x_0)t] \qquad (5.28)'$$

它是如图 5.10(b)所示的非周期运动。

(3) $c<c_c(\zeta<1)$。它有两个共轭复根,是衰减小(欠衰减)的情形。根据一般解和初始条件可得

$$x=e^{-\frac{c}{2m}t}\left(A'\cos\frac{\sqrt{4mk-c^2}}{2m}t+B'\sin\frac{\sqrt{4mk-c^2}}{2m}t\right) \qquad (5.29)$$

$$x=e^{-\zeta\omega_n t}\left(x_0\cos\omega_n\sqrt{1-\zeta^2}\,t+\frac{v_0+\zeta\omega_n x_0}{\omega_n\sqrt{1-\zeta^2}}\sin\omega_n\sqrt{1-\zeta^2}\,t\right) \qquad (5.29)'$$

进一步加以合并,得到

$$\left.\begin{aligned}x&=\sqrt{x_0^2+\frac{(v_0+\zeta\omega_n x_0)^2}{(1-\zeta^2)\omega_n^2}}\;e^{-\zeta\omega_n t}\sin(\sqrt{1-\zeta^2}\,\omega_n t+\phi)\\ \tan\phi&=\frac{\sqrt{1-\zeta^2}\,\omega_n x_0}{v_0+\zeta\omega_n x_0}\end{aligned}\right\} \qquad (5.29)''$$

式(5.29)″是由指数函数和三角函数的积表示的,它是图 5.9(c)所示的周期运动。

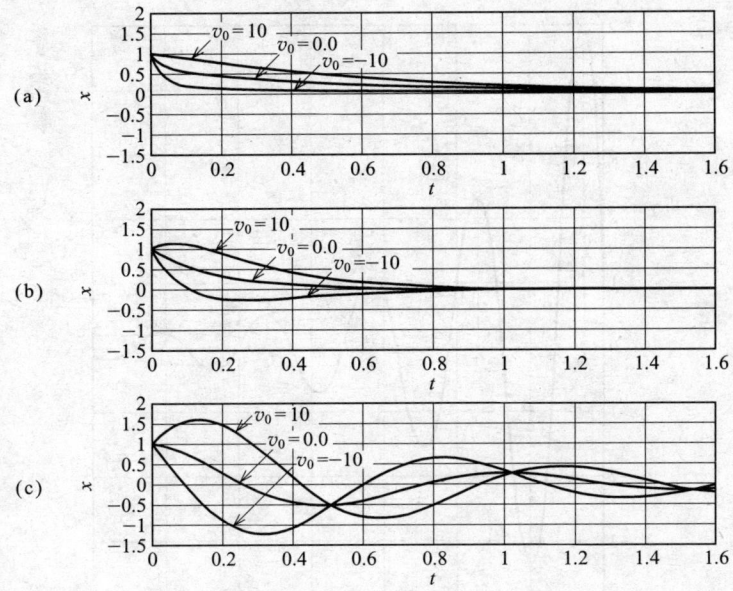

图 5.9 初速度改变情况下衰减波形的例子

小常识

对数衰减率和衰减比的测定

如下图所示,给衰减波形编上号,测量这些峰值的振幅,然后求这些振幅的自然对数,坐标轴的横轴标注峰值序号,纵轴标注峰值的对数值,其结果基本上是一条直线。这一结果与式(5.29)的规律相符,因为式(5.29)的 x 的值是指数函数与三角函数的乘积,因而峰值的位置是周期的,峰值的对数值是个等比数列,画出的数据曲线必然也就是直线。也就是说,峰值的周期是

$$T_d = T_t - T_0 = t_2 - t_1 = \cdots = \frac{2\pi}{\omega_n \sqrt{1-\zeta^2}} \tag{1}$$

峰值的衰减率是

$$\frac{x_0}{x_1} = \frac{x_1}{x_2} = \cdots = \frac{x_{n-1}}{x_n} = e^{2\pi/\sqrt{1-\zeta^2}} \tag{2}$$

对式(2)两边取自然对数,可得

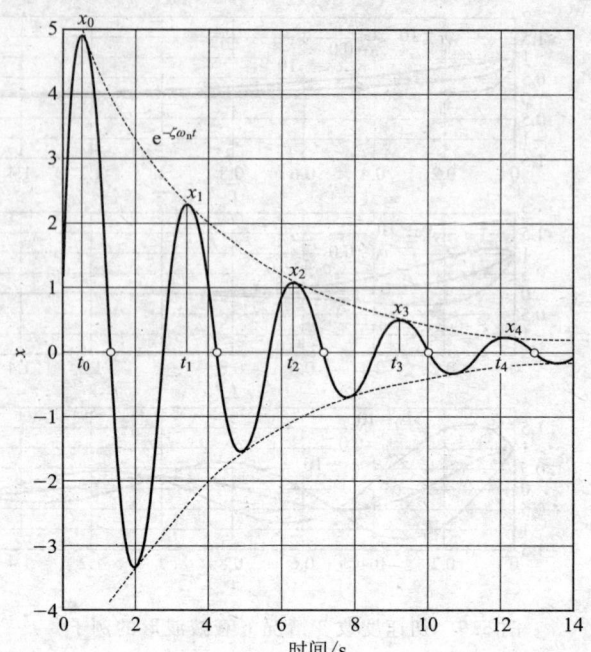

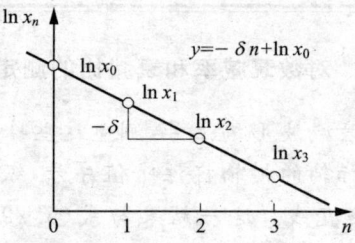

对数衰减率和衰减比的测定

$$\delta = \frac{2\pi\zeta}{\sqrt{1-\zeta^2}} \tag{3}$$

这个值称为对数衰减率(即振幅的衰减率的对数)。对数衰减率是按照振幅衰减时(即逐次减小)取正值来定义的。

根据式(2)的关系,可得 $x_0/x_n = (e^\delta)^n = e^{n\delta}$,两边取自然对数即得

$$\ln e(x_n) = -n\delta + \ln(x_0) \tag{4}$$

按该式画出的曲线,是一条斜率为 $-\delta$ 的直线。

5.4 强迫振动和谐振曲线

如前所述,图 5.8 是个具有黏滞性衰减的弹簧重物系统,当正弦波作用于重物上时,系统的运动方程式为

$$m\ddot{x}+c\dot{x}+kx=f_0\sin\omega t \tag{5.30}$$

对式(5.30)的两边除以 m,并将其改写成由固有角频率和衰减比表示的形式,得到

$$\ddot{x}+2\zeta\omega_n\dot{x}+\omega_n^2 x=\frac{f_0}{m}\sin\omega t \tag{5.31}$$

该式的一般解为

$$\left.\begin{array}{l} x=\mathrm{e}^{-\zeta\omega_n t}(A'\cos\omega_n\sqrt{1-\zeta^2}+B'\sin\omega_n\sqrt{1-\zeta^2}t) \\ \quad+\dfrac{f_0/k}{\sqrt{[1-(\omega/\omega_n)^2]^2+[2\zeta(\omega/\omega_n)]^2}}\sin(\omega t+\phi) \\ \phi=\arctan\dfrac{2\zeta(\omega/\omega_n)}{1-(\omega-\omega_n)^2} \end{array}\right\} \tag{5.32}$$

式中,第 1 项是由式(5.29)所给出的同阶解,代入式(5.30)等号左边时将取 0 值,它是自由振动分量。第 2 项是特解,它是与式(5.30)等号右边的强迫力相平衡的强迫振动分量。第 1 项中包含着衰减作用 $\mathrm{e}^{-\zeta\omega_n t}$,它随着时间的增加而减小,当时间达到充分长时,这一项将小到可以忽略的程度。与此相反,第 2 项则是由激振力所决定的稳定正弦波。因而,在有一定激振力持续作用的情况下,系统的运动开始时很复杂,但最终将成为稳定的正弦波运动。这种情况称为稳态振动,等于强迫振动分量。

通常把注意力放在这个强迫振动分量上,以激振频率为自变量,把各个不同频率下 x 的振幅和相位角表示成曲线,便可得到图 5.10(a)。由于 x 的振幅和相位角随着 ζ 的大小而异,所以曲线是以 ζ 为参变量给出的。图中,横轴为频率比 (ω/ω_n),纵轴是以静态伸长 $x_{st}=f_0/k$ 为基准的振幅比 x/x_{st},它是个无量纲值。

考虑到振幅问题,设式(5.30)等号右边的外力为 $f_0 f(t)$,取拉普拉斯变换,得

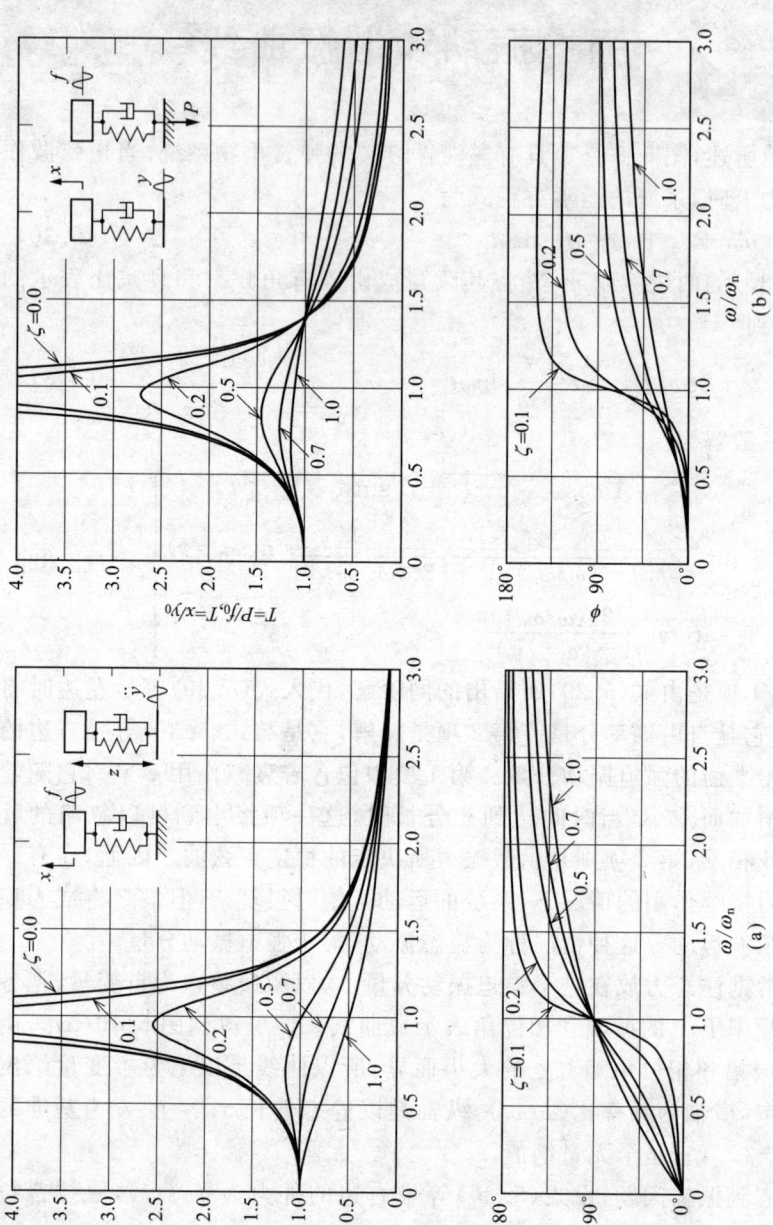

图 5.10 谐振曲线

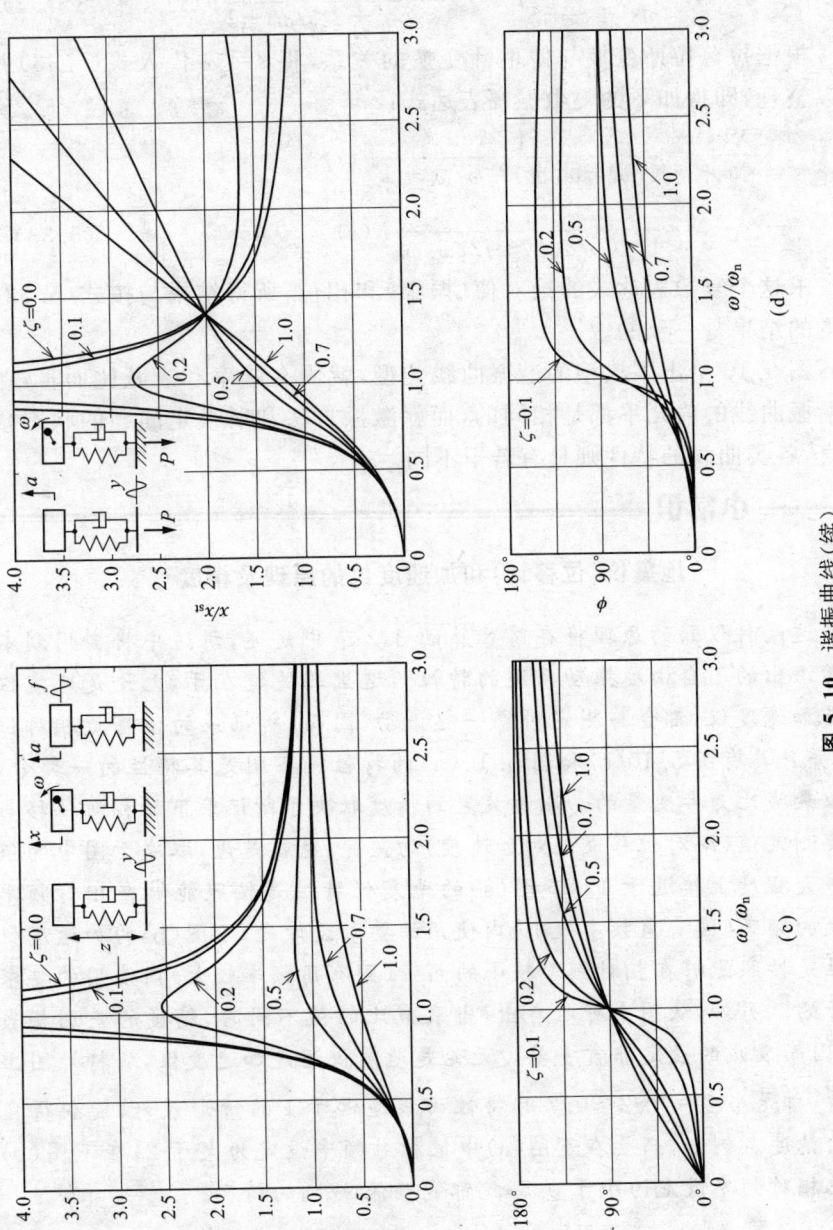

图 5.10 谐振曲线(续)

$$X(s) = \frac{f_0}{ms^2 + cs + k} F(s) = \frac{f_0/k}{s^2/\omega_n^2 + 2\zeta s/\omega_n + 1} F(s) \quad (5.33)$$

根据拉普拉斯变换与傅里叶变换的关系,将 $s = j\omega$ 代入式(5.33)并加以整理,即得如下的复数振幅表达式:

$$\frac{X(s)}{x_{st}} = \frac{1}{(j\omega)^2/\omega_n^2 + j2\zeta\omega/\omega_n + 1} F(s)$$

$$= \frac{1}{1 - (\omega/\omega_n)^2 + j2\zeta\omega/\omega_n} F(s) \quad (5.33)'$$

求这个复数表达式的绝对值(振幅)和相位,所得结果与按式(5.32)求得的结果是一致的。

图 5.10 给出了典型的谐振曲线类型,就固有频率和衰减比而言,各类谐振曲线的值几乎都是相同的,而就激振方法和所设定问题的状态量而言,各类曲线的特性则具有若干不同。

===== 小常识 =====

地震仪(位移计)和加速度仪的原理及精度

这两种仪器的原理将在第 8 篇的 3.2 节中讲述,讲述中将会用到本节所给出的 1 自由度振动系统的特性。这里的关键在于,无论是地震仪还是加速度仪,都会与测定对象一起振动,因而,所记录的值将是相对位移,并且具有图 5.10(c)和图 5.10(a)的特性。下图是其特性的一部分,是以衰减比为参变量的。测量装置的精度取决于所记录下的相对位移与所要测定值(绝对位移或绝对加速度)的差异,也就是说,取决于图中的值在多大程度上接近于 1。下图(a)的地震仪特性是按照能够在相对频率较大的频带(固有角频率较小)内使用的要求设计的,下图(b)的加速度仪特性是按照能够在相对频率较小的频带(固有角频率较大)内使用的要求设计的。另外,从图中可以看出,当衰减比的值不同时,精度的差别相当大,因而衰减的设定非常重要。无论是地震仪还是加速度仪,从特性图上来看,都是当 $\zeta = 1/\sqrt{2} \approx 0.7$ 时特性曲线逼近于 1 的情形最好,能获得良好的精度。例如,只要在下图(a)中把相对频率设定为大于 2,在下图(b)中把相对频率设定为小于 0.5,就都能确保 97% 的精度。

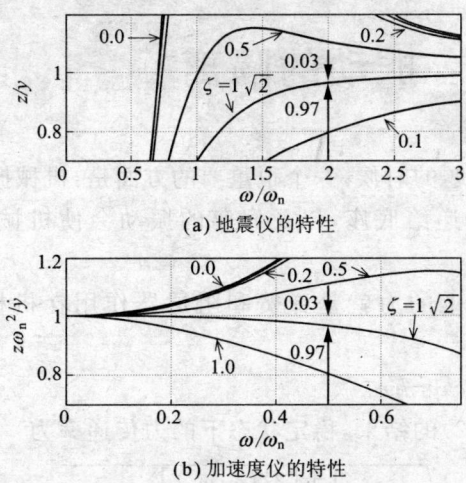

(a) 地震仪的特性

(b) 加速度仪的特性

地震仪和加速度仪的特性曲线

5.5 振动的隔离

考察振动问题的时候，一个很重要的方面是，机械振动所产生的力会在多大程度上传递给底座，以及底座的振动会使机械产生多大程度的振动。

作用在底座上的力就是弹簧和阻尼器作用在机械上的反作用力，因而

$$P(t) = c\dot{x} + kx$$

根据式(5.32)的结果，稳定状态下的力传递率为

$$\left. \begin{aligned} T &= \frac{P}{f_0} = \sqrt{\frac{1+[2\zeta(\omega/\omega_n)]^2}{[1-(\omega/\omega_n)^2]^2+[2\zeta(\omega/\omega_n)]^2}} \sin(\omega t + \phi + \psi) \\ \varphi &= \arctan 2\zeta(\omega/\omega_n) \end{aligned} \right\} $$

(5.34)

另一方面，底座以 $y = y_0 \sin\omega t$ 的方式振动的情况下，运动方程将由下式给出：

$$\begin{aligned} m\ddot{x} &= -c(\dot{x}-\dot{y}) - k(x-y) \\ m\ddot{x} + c\dot{x} + kx &= c\dot{y} + ky \end{aligned}$$

(5.35)

稳定状态下的振幅传递率为

$$T = \frac{x}{y_0} = \sqrt{\frac{1+[2\zeta(\omega/\omega_n)]^2}{[1-(\omega/\omega_n)^2]^2+[2\zeta(\omega/\omega_n)]^2}} \sin(\omega t + \phi + \psi) \quad (5.36)$$

它与式(5.34)是一致的。

这个谐振曲线就是图 5.10(b)。这个谐振曲线有一个很有意义的特点，它就是当 $(\omega/\omega_n) > \sqrt{2}$ 时，无论衰减比 ζ 是多少，T 的值都必定小于 1。

这就是说，对于某个励振频率来说，只要像图 5.11 的 A 那样，把固有角频率设计得小一些，就能使机械传给底座的激振力减小。另一方面，也可以针对底座的振动来减小机械的振动。这便是减小振动的最基本原理。

衰减比的影响如图 5.12(即图 5.10(b))所示，在 $(\omega/\omega_n) > \sqrt{2}$ 的前、后方，衰减比 ζ 的影响是相反的，因此设计的时候既要考虑到高频侧的减振效果，又要考虑到谐振点所容许的振幅。

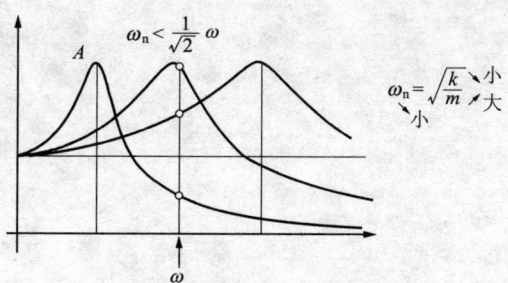

图 5.11 谐振点移动的效果

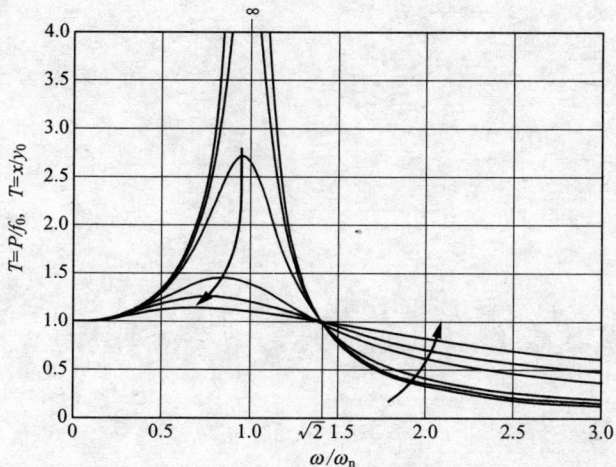

图 5.12 衰减比的影响

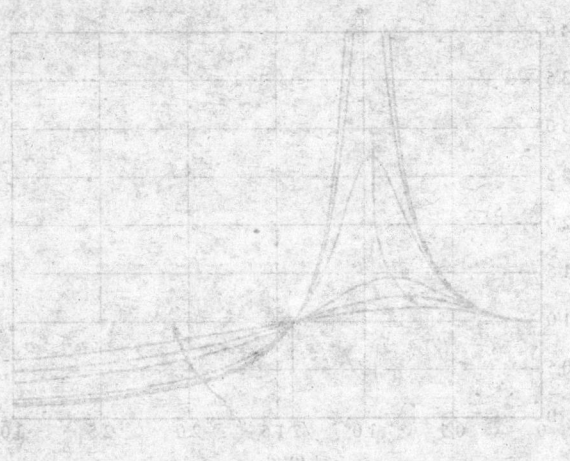

第4篇

机械控制与电工电子技术

- **责任编委**
  松本宏行
- **执笔编委**
  比查伊·塞查伍（第1章，第5章5.1节）
  松本宏行（第2章，第4章，第5章5.3节）
  龙前三郎（第3章）
  堀聪（第5章5.2节）

第1章

电工电子技术基础

　　机械技术与电工技术及电子技术之间有着密不可分的联系，正是这两大类技术的相互结合，才有了高级技术的发展和普及。机械控制要是脱离了电工技术和电子技术，那是难以想像的。

　　本章将叙述电工技术和电子技术的基本知识，并给出一些例题。这些知识是很基本的，希望读者深刻理解和牢固掌握。

1.1 电流和电压

所谓电,实质上是电荷(或电子)的作用。例如,当给灯泡接上电池时,电荷的作用是使灯泡发光(参见图 1.1)。也就是说,电荷是在从电池正极出发经过灯泡流到电池负极的过程当中把灯泡点亮了。为了定量地表示电的作用,需要采用一些物理量,其中最基本也是最重要的两个物理量是电流和电压。

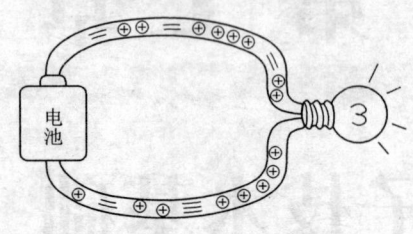

图 1.1 电荷的作用

1.1.1 电 流

所谓电流,就是电荷的流动。电荷的流动与水的流动很相似,水在水管里流动,电荷在电线里流动(见图 1.2)。水的多少是以升(L)为单位来度量的,电荷的多少是以库[仑](C)为单位来度量的。水每秒钟流过水管的量称为水流量,简称流量,其单位为升/秒(L/s);电荷每秒钟流过电线的量称为电流量,简称电流,其单位为安[培](A),1A 就是 1C/s。也就是说,电流是按式(1.1)来定义的(见图 1.3)。

$$I = \frac{\Delta Q}{\Delta t} \ (A) \tag{1.1}$$

式中,I 为沿着箭头方向流动的电流(A);ΔQ 为 Δt 时间里流过电线截面积的电荷量(C);Δt 是时刻 t_1 与时刻 t_2 之差,单位为秒(s)。

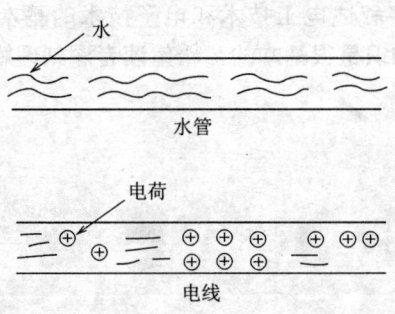

图 1.2 电荷在电线里流动

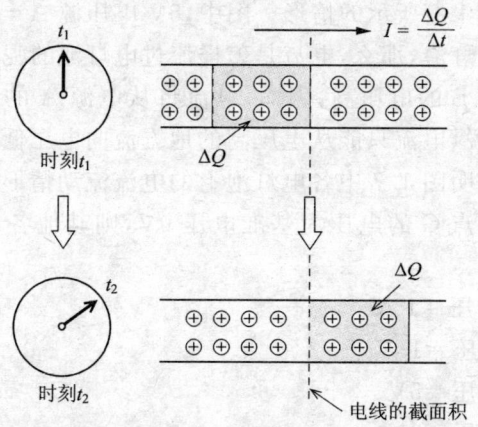

图 1.3 电流的定义

【例题】 设图 1.4 所示的电线中流动着 5A 的电流,求 0.1s 时间内流过电线截面的电荷量是多少?

解 因 $I = \dfrac{\Delta Q}{\Delta t}$

故 $\Delta Q = I \cdot \Delta t = 5 \times 0.1 = 0.5 (\text{C})$

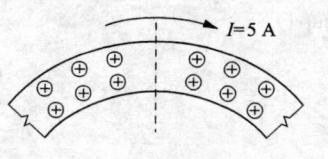

图 1.4 例题图

1.1.2 电压

电流是电荷的流动,而电荷的流动是由电的压力之差引起的。这种电的压力差称为电压,其度量单位为伏(V)。例如,在图 1.5 中,电流就是由于电池两端存在着电压差,这个电压差迫使电荷从电池正极经过灯泡流向电池负极。电流在电池电压作用下的这种流动,与水流在水泵压力作用下的流动很相似,电池两端的电压差也可以比喻为水泵入口与出口之间的压力差。

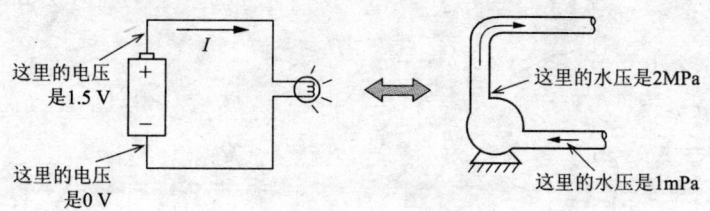

图 1.5 电压与水压

下面来看图 1.6 所示的情形。图中,5V 电压源 A 与 3V 电压源 B 之间连接着一个电灯泡,那么,电流是怎样流过电灯泡的呢?由于电压源 A 的电压比电压源 B 的电压高,因而,电流将从电源 A 的正端流向电源 B 的正端,也就是说,电流只能从电压高的地方流向电压低的地方。

【例题】 说明图 1.7 中各电灯泡上的电流流动情形。

解 设连接点 G 的电压为基准电压 0V,则其他各连接点上的电压分别为

A 点电压＝15V

B 点电压＝18V

C 点电压＝5V

B 点电压＝3V

因此,灯泡①中的电流是从 B 流向 A,灯泡②中的电流是从 C 流向 D。

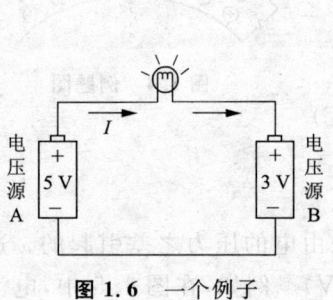

图 1.6 一个例子

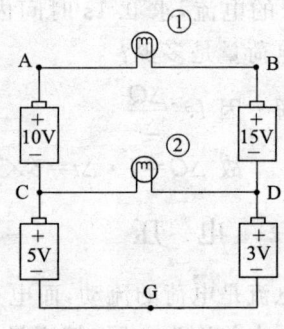

图 1.7 例题图

1.2 电路基础

电流流动的通路称为电路(见图 1.8)。分析电路的性质和各通路中的电流等情形时,要用到欧姆定律。欧姆定律是计算电路中各元件(电阻、电容、电感线圈等)上的电压降和电流的最基本定律。

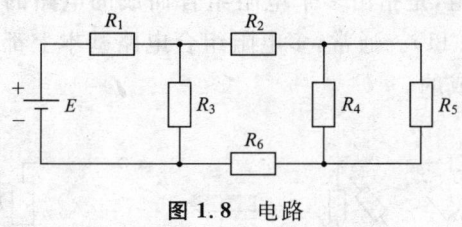

图 1.8 电路

1.2.1 欧姆定律

在图 1.9 所示的电路中,电压与电流之间的关系可以用式(1.2)求得,这个关系式就是欧姆定律。

$$E_R = IR \qquad (1.2)$$

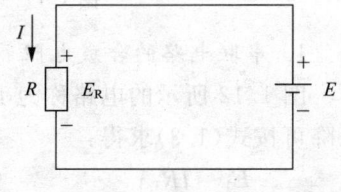

图 1.9 欧姆定律

式中,E_R 为电阻上的电压降(V)(注:从正(+)到负(−)为电压降的方向);I 为流过电阻的电流(A)(注:电流的方向为箭头所指方向);R 为元件的电阻值(Ω)。

【例题】 求图 1.10 电路中的电流 I。

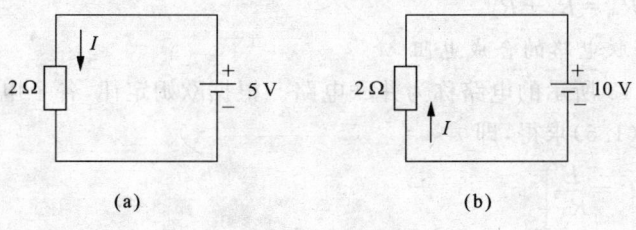

图 1.10 例题图

解 (a)图中：$I = \dfrac{5}{2} = 2.5(A)$

(b)图中：$-I = \dfrac{10}{2} = 5(A)$

$I = -5(A)$

1.2.2 合成电阻

所谓合成电阻,是指由多个电阻组合而成的电路的两个端子之间的电阻值(参看图 1.11)。通常,多电阻组合电路基本上都是由串联电路和并联电路混合组成的。

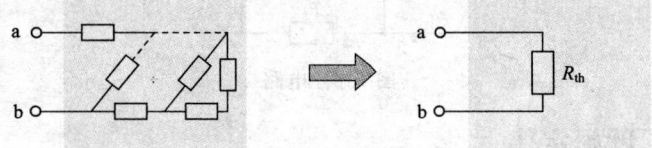

图 1.11 两个端子之间的电阻值

1. 串联电路的合成电阻

图 1.12 所示的电路称为串联电路。根据欧姆定律,各个电阻上的电压降可按式(1.3)求得：

$$\left. \begin{array}{l} E_1 = IR_1 \\ E_2 = IR_2 \end{array} \right\} \quad (1.3)$$

这里,由于这两个电压降之和与电源电压相等(下一节将详细叙述),因而下式成立,即

$$E = E_1 + E_2 = IR_1 + IR_2 = I(R_1 + R_2)$$

于是,串联电路的合成电阻 R_{th} 可按式(1.4)求得,即

$$R_{th} = R_1 + R_2 \quad (1.4)$$

2. 并联电路的合成电阻

图 1.13 所示的电路称为并联电路。根据欧姆定律,各个电阻中的电流可按式(1.5)求得,即

$$\left. \begin{array}{l} I_1 = \dfrac{E}{R_1} \\ I_2 = \dfrac{E}{R_2} \end{array} \right\} \quad (1.5)$$

这里,由于这两个电流之和应该与从电源流出的电流 I 相等(下一节将详细叙述),因而下式成立,即

$$I = I_1 + I_2 = \frac{E}{R_1} + \frac{E}{R_2} = E\left(\frac{1}{R_1} + \frac{1}{R_2}\right)$$

于是,并联电路的合成电阻 R_{th} 可按式(1.6)来求得,即

$$\frac{1}{R_{th}} = \frac{1}{R_1} + \frac{1}{R_2} \tag{1.6}$$

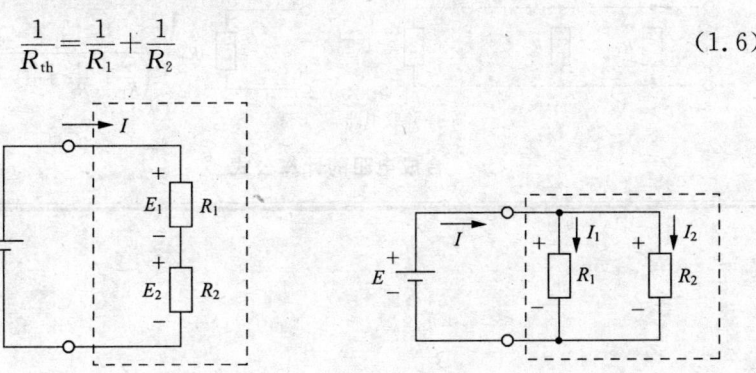

图 1.12　串联电路　　　　　　图 1.13　并联电路

【例题】　求图 1.14 所示电阻电路的合成电阻。

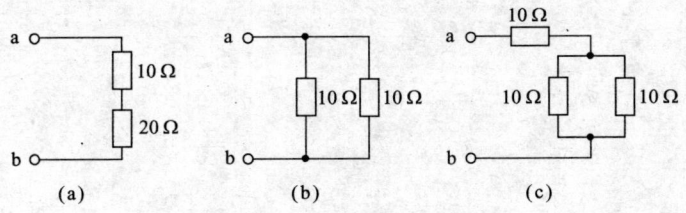

图 1.14　例题图

解　(a) 图中:$R_{th} = 10 + 20 = 30(\Omega)$

(b) 图中:$R_{th} = \dfrac{10 \times 10}{10 + 10} = 5(\Omega)$

(c) 图中:$R_{th} = 10 + \dfrac{10 \times 10}{10 + 10} = 15(\Omega)$

═══ 小常识 ═══

合成电阻的计算公式

请记住下图所示的多电阻串联电路和多电阻并联电路的计算公式。

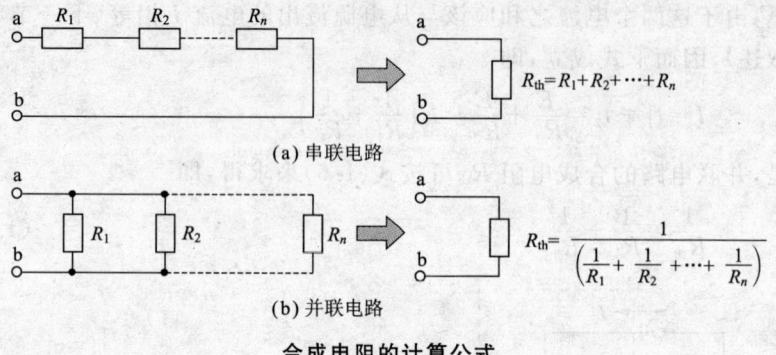

(a) 串联电路

(b) 并联电路

合成电阻的计算公式

1.3 电路的计算

由多个电源和多个电阻连接而成的复杂电路称为电路网,电路网的计算要用到基尔霍夫定律,基尔霍夫定律有以下两条:

基尔霍夫第一定律 就任意的连接点而言,注入该连接点的电流之和等于流出该连接点的电流之和(见图 1.15)。

基尔霍夫第二定律 就任意的闭合回路而言,绕该回路一周的电压源电压之和等于绕该回路一周的各元件上电压降之和(见图 1.16)。

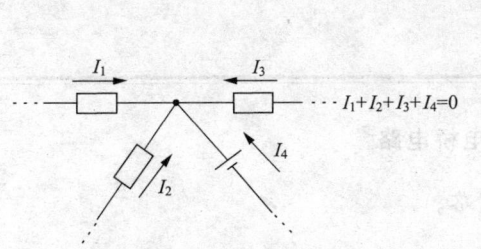

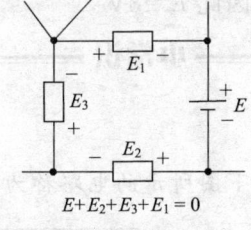

图 1.15 基尔霍夫第一定律   图 1.16 基尔霍夫第二定律

【例题】 求如图 1.17 所示电路中的 E_2。

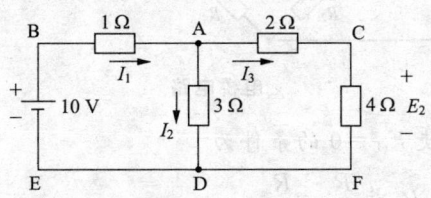

图 1.17 例题图

解 将基尔霍夫第一定律用于连接点 A,可得

$$I_1 = I_2 + I_3 \tag{1}$$

将基尔霍夫第二定律用于 B-A-D-E 闭合回路,可得

$$1I_1 + 3I_2 = 10 \tag{2}$$

将基尔霍夫第二定律用于 A-C-F-D 闭合回路,可得

$$2I_3 + 4I_3 = 3I_2 \tag{3}$$

由式(1)、式(2)、式(3)求 I_3,得

$$I_3 = \frac{10}{9}(\text{A})$$

于是 $E_2 = \frac{10}{9} \times 4 = \frac{40}{9}(\text{V})$。

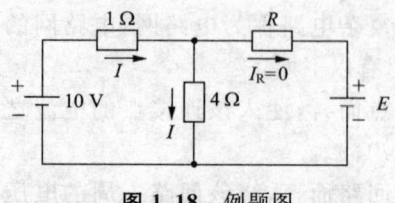

图 1.18 例题图

【例题】 在图 1.18 所示的电路中,为了使电阻 R 上的电流 I_R 等于 0,电源 E 的电压应该是多少伏?

解 R 上的电压降 $= R \times 0 = 0(\text{V})$

$$I = \frac{10}{5} = 2(\text{A})$$

4Ω 上的电压降 $= 4 \times 2 = 8(\text{V})$

因此 $E = 8\text{V}$

──── 小常识 ────

电桥电路

下图所示的电路称为电桥电路。

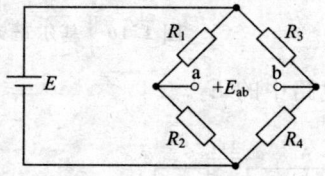

$$E_{ab} = \frac{R_2 R_3 - R_1 R_4}{(R_1 + R_2)(R_3 + R_4)} \cdot E$$

电桥电路

该电路中,能使 $E_{ab} = 0$ 的条件为

$$R_2 R_3 = R_1 R_4 \text{ 或 } \frac{R_1}{R_2} = \frac{R_3}{R_4}$$

即当电桥的两组对边的电阻之积相等时,电桥输出端 a、b 之间的电压等于 0。上述条件称为"电桥电路的平衡条件"。

1.4 电子电路的基础知识

以汽车和机器人为代表的许多产品,如果没有电子电路来传递信号和进行控制,是不可能正常工作的。作为电子电路的相关基础内容,本节中将对晶体二极管、晶体三极管和运算放大器作基本说明。

1.4.1 晶体二极管

晶体二极管(diode)是具有两个电极端子的半导体器件,通常也简称为二极管。一般情况下,晶体二极管只允许电流单方向流动,而不能向相反方向流动。

晶体二极管在结构上是一个 p-n 结,p-n 结是由 p 型半导体(空穴多的半导体)与 n 型半导体(自由电子多的半导体)紧贴在一起形成的。二极管只允许电流单方向流动的功能就是这个 p-n 结所决定的。

图 1.19(a)的 p 型半导体中,带"−"号的大圆圈表示负离子,称为受主,不带"−"号的小圆圈表示空穴。图 1.19(b)的 n 型半导体中,带"+"号的大圆圈表示正离子,称为施主,小黑点表示自由电子。

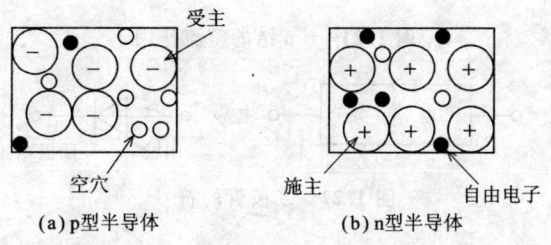

(a) p 型半导体　　　　(b) n 型半导体

图 1.19　p 型半导体和 n 型半导体

如图 1.20 所示,当 p 型半导体和 n 型半导体紧挨在一起形成 p-n 结的时候,由于 p 型半导体中的空穴浓度高,它会向 n 型半导体一侧扩散,n 型半导体中的自由电子也会因其浓度高而向 p 型半导体一侧扩散,并最终使 p 型半导体和 n 型半导体中的空穴和自由电子的浓度达到平衡状态。其结果,p 型半导体一侧便带上了负电,而 n 型半导体一侧则带上了正电,并在二者的交界处形成了一个耗尽层。耗尽层是个很薄的区域,这一区域中既没有空穴,也没有自由电子,因而称之为耗尽层(见图1.20)。

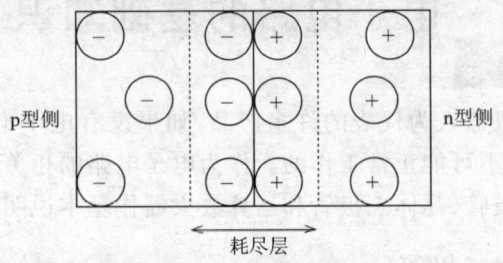

图 1.20　p-n 结

如图 1.21 所示,当在 p-n 结的 p 型侧加上正电压并在其 n 型侧加上负电压时,p 型侧的空穴和 n 型侧的自由电子相互向对方扩散的作用就又能够继续进行下去了。按这种方向加在二极管上的外电压称为正向电压。二极管一般用图 1.22 所示的符号来表示,符号的箭头方向表示允许电流流动的方向。

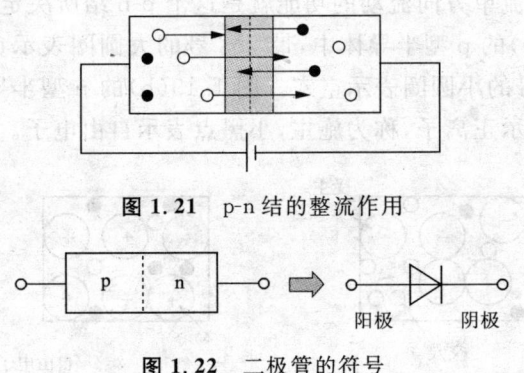

图 1.21　p-n 结的整流作用

图 1.22　二极管的符号

1.4.2　晶体三极管

晶体三极管(transistor)通常简称为晶体管或三极管。它也是由 p 型半导体和 n 型半导体相结合所构成的半导体器件,但其内部结构比二极管稍微复杂一些,是三层结构。另外,它有 pnp 型和 npn 型两种类型。

1. 工作原理

晶体三极管有三个电极,分别称为发射极(E)、集电极(C)和基极(B)。下面用图 1.23 来说明这种三极管的工作原理。

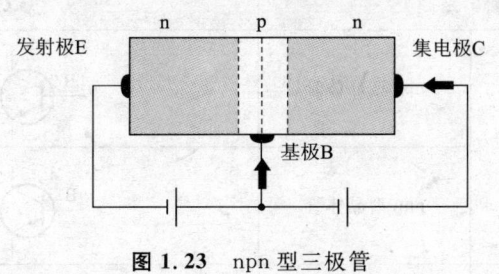

图 1.23 npn 型三极管

在图 1.23 中,发射极与基极之间的 pn 结称为发射结,基极与集电极之间的 pn 结称为集电结。一般应用当中,发射结上应该加上正向电压,而集电结上应该加反向电压。如图所示,当发射结上加有正向电压时,就会有电流从基极通过发射结向发射极流动。而集电结上所加的电压为反向电压,如果按二极管的作用来说,似乎集电极上不会有电流流出。但是,由于晶体三极管内部结构中基极非常薄,以至于发射极 n 型半导体中的自由电子到达基极区后,大部分都穿过基极 p 型半导体层进入集电结中去了。这样,由于集电结上的反向电压是基极为负而集电极为正,自由电子就会很顺利地跑向集电极,其结果是集电极中就有了电流。这里是用自由电子的运动来作解释的,如果用空穴作解释,其道理是一样的。

这也就是说,晶体三极管的发射极电流是由于基极电流的注入而产生的,然后,这个发射极电流又被分成了两路,一路是基极电流,另一路是集电极电流,并且,由于三极管内部结构所决定的工作机制,基极电流远比集电极小。于是,就可以用基极电流的很小变化来得到大的集电极电流的变化,这种作用称为晶体三极管的电流放大作用。

2. 场效应晶体管

场效应晶体管(field effect transistor,FET)也是由 p 型半导体和 n 型半导体相结合而构成的三电极半导体器件。与晶体三极管相比,场效应晶体管具有响应速度快、噪声小等优点。FET 在集成电路(IC)中应用很广泛。FET 的三个电极分别称为源极(S)、栅极(G)和漏极(D)。

表 1.1 给出了晶体三极管和场效应晶体管的种类及其所对应的符号。

表 1.1　晶体管三极管(双极性及 FET 型)的表示符号

种类		表示符号
双极型	npn 型晶体管	
	pnp 型晶体管	
FET 型	n 沟道 MOSFET	
	p 沟道 MOSFET	

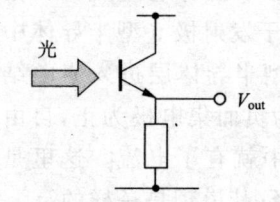

3. 光敏晶体三极管

光敏晶体三极管(phototransistor)是一种特殊的晶体三极管,它是利用投射到基极上的光强度来控制集电极电流的,常作为光传感器来使用,如图 1.24 所示。

图 1.24　光敏晶体三极管

1.4.3　运算放大器

1. 运算放大器的特点

运算放大器(operational amplifier)是一种性能优越的放大器件,如图 1.25 所示。

① 它具有两个差动输入端和一个输出端。

② 它具有很高的输入阻抗和很低的输出阻抗。

③ 它具有宽频带放大特性。

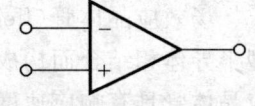

图 1.25　运算放大器

④ 它一般能获得相当高的环路增益。

运算放大器既可以用于常数乘法、加法、减法等线性运算,也可以用于对数特性、折线特性等非线性运算。

2. 用运算放大器构成的运算电路

（1）加法电路。如图 1.26 所示，这种电路能进行电压相加的运算，其运算关系由如下的表达式来表示，即

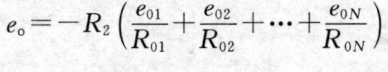

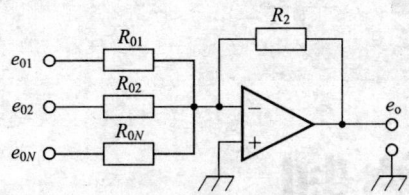

图 1.26 加法电路

（2）微分电路。如图 1.27 所示，这种电路能够把输入电压信号变成微分信号。例如，当输入信号为三角波时，其输出端上所得到的便是矩形波信号。这种电路的输入、输出关系为

$$e_\text{o} = -RC\frac{\mathrm{d}e_{01}}{\mathrm{d}t}$$

注意，输出电压表达式的前面有一个负号。

（3）积分电路。如图 1.28 所示，这种电路能对输入电压进行积分，如果图中的电容器上原来没有任何电荷，则该电路的输入、输出关系为

$$e_\text{o} = -\frac{1}{RC}\int e_{01}\,\mathrm{d}t$$

当输入电压为方波信号时，由于连接在运算放大器输入、输出端之间的电容器 C 和连接在电路输入端上的电阻 R 的积分作用，输出电压将是个像三角波那样从 0 缓慢增大和从最大值缓慢减小的波形。

除了能用于上述运算之外，运算放大器在低通滤波、反相放大等许多方面也有着广泛的应用。

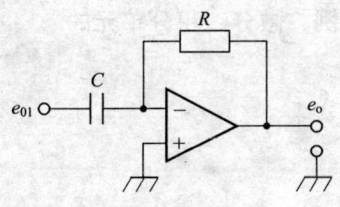

图 1.27 微分电路

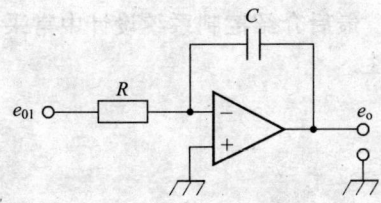

图 1.28 积分电路

第 2 章

自动控制

　　本章首先介绍关于自动控制的基本概念和一些定义,这些内容对于理解第3章所讲述的顺序控制和第4章所讲述的反馈控制是很有帮助的。

　　接着介绍方框图等描述系统时常用的图示方法,这种框图描述的方法,对于理解和把握输入、输出、系统这三个自动控制中的三要素具有很重要的意义。

　　最后介绍控制系统设计中常采用的比例、微分、积分单元的特性。

2.1 控　　制

2.1.1 控制的概念

所谓控制,可以定义为"为了某种目的而对某个对象所施加的必要操作"。总的来说,控制可分为手动控制和自动控制两大类。

可以说,手动控制就是需要人来操纵的控制,而自动控制不需要人来操纵,它是由装置和机械自己进行操纵的。

例如,驾驶汽车的时候,通常是一边留意着信号灯、标志牌、街上的行人等,一边进行踩油门、踩刹车、转动转向盘等操作的,这实际上就是一种控制。在人们的日常生活中,很多的控制往往都是在无意之中进行的。

又如,用杯子在水龙头下面接水的时候,人们是先转动水龙头的旋钮把水龙头打开,让水往杯子里流。在杯子里的水面没有达到所需的高度之前,就看着水一直往杯子里流,当水面达到所需要的高度时,就转动旋钮把水龙头关掉。

这种情形也可以看作是一种控制。在这种控制中,水龙头(即旋钮)担负着控制水量的任务,称之为控制对象;人们所关注的是杯子里的水面高度或水量,这些物理量称为控制量;此外,人们是在一边实际观察杯子里的水面高度一边操作水龙头旋钮的,与转动水龙头旋钮这一动作相对应的量是操作量;水龙头旋钮的转动是手接受大脑的命令来进行的,这个命令称为控制指令。如图2.1、图2.2、图2.3所示。

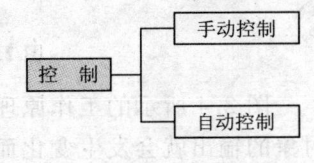

图 2.1　手动控制和自动控制

图 2.2　日常生活中的控制

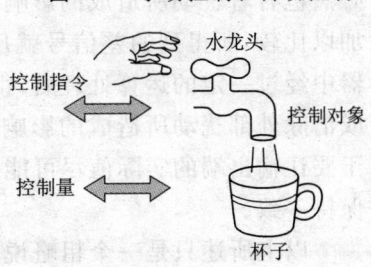

图 2.3　专用名词及其对应关系

2.1.2 自动控制的种类

自动控制可分为定性自动控制和定量自动控制两大类。

1. 定性自动控制

定性自动控制指的是具体操作不涉及量的大小,控制系统只进行"按钮按下了"、"旋钮转过了"等具体状态的转换。这种控制系统的代表是顺序控制系统,它至今仍是工厂和生产现场中常用的控制方式之一,并且是特别重要的控制方式。关于顺序控制的内容,第3章将进行具体说明。

2. 定量自动控制

与定性自动控制系统仅以"按钮按下了"、"旋钮转过了"这些具体状态转换为目的的操作相反,定量自动控制系统是以"旋钮转动到何种程度"、"速度置于多大"等具体的量为目的进行操作的。这种控制系统的代表是反馈控制系统和前馈控制系统。反馈控制系统将在第4章中详细介绍。

(1) 反馈控制。一般情况下,控制对象中必然包含着对控制有不良影响的因素,这种不良影响因素称为干扰或扰动。如果把反馈控制系统简化成方框图,它可以表示成如图 2.4 所示的情形。

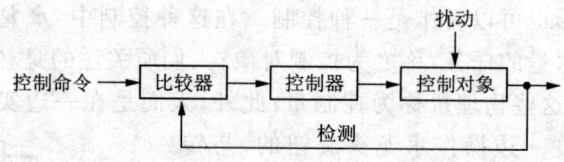

图 2.4　反馈控制的简单框图

图 2.4 所示的工作原理是这样的,当有扰动加在控制对象上时,控制对象的输出就会发生变化而偏离正常值,控制对象输出端的检测信号中必然包含着扰动所造成的影响。把检测信号送到比较器中与控制指令值加以比较,所得到的差信号就反映了扰动影响的情形。偏差信号在控制器中经过一定的运算处理后,得出应该加给控制对象的操作量,以便减小或消除外部扰动所造成的影响。这个过程是不断重复着的,它的关键在于要让输出端的实际值尽可能少受扰动的影响而与控制指令所要求的值保持一致。

以上所述只是一个粗略说明,尚未对反馈控制的重要思路、概念、专业术语进行详细论述。反馈控制是自动控制系统设计中应用极广的控制方法,这个概略说明对于今后设计自动控制系统很重要,请读者务必重视和加深理解。

(2) 前馈控制。反馈控制的关键是对实际输出量进行检测,并将其送到比较器中与控制指令进行比较,然后用差信号来消除扰动信号对控制对象的不良影响。前馈控制与此不同,它是一种直接检测扰动信号并由控制器把扰动的影响调节到零的控制方法。图 2.5 示出了前馈控制的概念图。

从能够快速对付扰动影响这点上来说,前馈控制是人们所希望的一种控制方法,但它有一个必须能准确地检测到扰动的问题,因而其应用受到较多的限制。

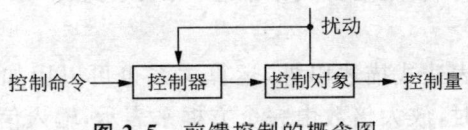

图 2.5　前馈控制的概念图

定量自动控制系统按其控制量的特点可分为三种类型(见图 2.6)。

① 过程控制系统:这类系统的控制量是温度、压力、流量等对于化学反应非常重要的物理量。

② 伺服系统:这类系统的控制量是位置、角度、速度等物理量,主要的例子有机器人手臂运动的控制、机床刀具的运动控制等。

③ 自动调节系统:这类系统的控制量多为电压、频率等多个物理量。

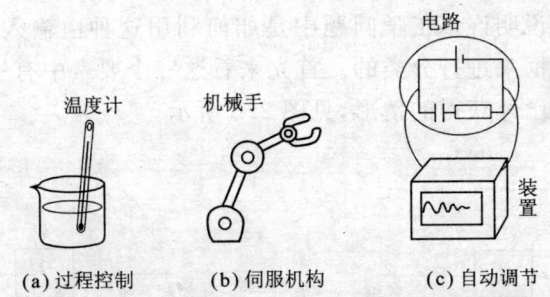

(a) 过程控制　　(b) 伺服机构　　(c) 自动调节

图 2.6　按控制量特点划分的三种控制系统的应用领域

2.2 系统的描述

本篇将在第 3 章以后对顺序控制和反馈控制专门进行讲解,这里作为预备知识,先对以下基础内容作一介绍。

当用方框图来描述控制系统时,主要是如何表示信号与系统之间的关系,以便使信息的传递更为清晰易懂。

1. 信号与框图单元

假定输入信号要被放大到某个一定大小(如放大到 K 倍)后作为 y 信号而输出。这时,若用运算式来描述,可表示为

$$y = Kx$$

除了用数学表达式描述以外,运算关系也可以用如图 2.7 所示的方框图来描述。这时,放大倍数由一个方框来表示,输入信号和输出信号分别由带箭头的直线来表示。这样的图就是方框图。

方框图的应用很广泛,今后在学习控制系统的时候,一定要习惯于采用这种用方框图来描述系统的思路。就像在编写程序时要画"流程图"和在把创意变成设计图时要画"图解插图"或"CAD 图"一样,这种用框图来描述所研究问题的方法,无论在哪个领域里都是非常有用的重要方法,甚至是规范性的作业。

2. 工学问题的处理方法

下面就来说明许多工学问题中是如何利用这种由输入信号、输出信号和系统单元框来进行分类的。首先来看这三个要素中有一个未知而另外两个的信息已经获得的情形,见图 2.8 所示。

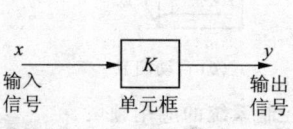

图 2.7 信号与框图单元

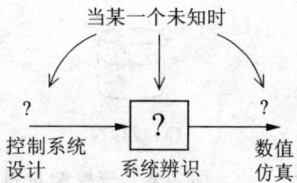

图 2.8 工学上对输入、输出及系统的处理办法

(1) 系统未知的情况下,它就是根据输入和输出的信息来估计系统内部特性的问题。简单地说,它就是"系统辨识"问题。例如,在敲打某个东西时,敲打的东西和被敲打东西所发出的声音是已知的,这时,人们便能够利用这两种信息来推测出这个东西是空的还是实的,有裂缝还是完好无损等内部情形。

(2) 输出未知的情况下,它是利用系统上所加的输入信号来估计输出信号的问题。例如,利用计算机进行解析时的"数值仿真"等就属于这一类。FEM(有限元法)是 CAE 领域常用的方法,这种方法是通过给对象模型加上力并在计算机显示器上观察模型变形,从而分析对象特性的。FEM 可以说是促进了机械制造业发展的一个重要因素。

(3) 输入未知的情况下,如果输出就是所希望的控制指令(目标值),控制对象是这种情况下的系统,那么,决定输入信号的问题本身就是真正构建控制系统的问题。

这里没有对线性与非线性等问题进行详细讨论,实际上,多数系统都在不同程度上属于非线性系统,对非线性系统的很多问题至今还没有弄清楚。因而,在解决人们周围的某个问题时,最重要的就是要把握将其归于上述三种情形的哪一类来考虑其解决方法和应对措施的问题。

3. 信号运算的表示方法

(1) 相加运算和相减运算。将多个信号合成为一个信号时,其表示方法如图 2.9 所示。需要注意的是,相加的信号要标注成"＋"号,而相减的信号要标注成"－"号。

(2) 分支运算。将一个信号分为多个信号时,其表示方法如图 2.10 所示。需要注意的是:信号分流的地方要用黑点标注明确,否则会与交叉信号线相混淆。

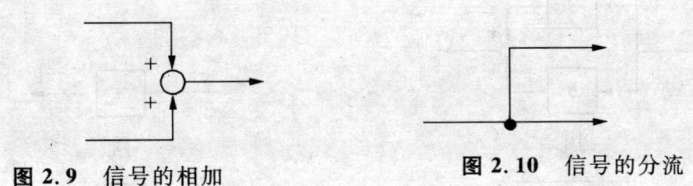

图 2.9　信号的相加　　　　　图 2.10　信号的分流

4. 框图的连接方法(框图的简化与合并)

当所讨论的系统是由多个系统(即多个运算框)构成时,如果能把它们简化成一个运算框,系统的结构就可以更加明显易懂,从而在控制系统设计中有利于理解其本质。

下面是对几种连接方法及其简化情形的说明。

(1) 串联连接。多个运算框的串联可以通过相乘运算简化成一个运算框。这一结论是根据这些相串联的运算框的输出信号与输入信号之间的关系推导出来的。例如,图 2.11 中有两个运算框,其运算关系分别为
$$u = Ax \text{ 及 } y = Bu$$
因而有 $y = Bu = B \cdot Ax = (A \cdot B)x$,这样,两个方框便可合并成一个方框,这个方框的内部是 $A \cdot B$ 的乘法运算(见图 2.12)。当然,只要是串联连接,三个、四个或更多的运算框都可通过乘法运算合并成一个运算框。

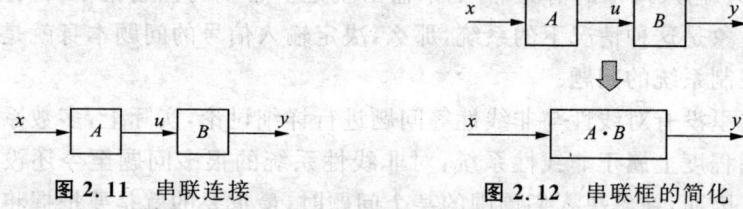

图 2.11 串联连接　　　　图 2.12 串联框的简化

(2) 并联连接。多个运算框的并联可以合并成一个求和运算框。其证明方法与串联框合并时的证明思路相同(见图 2.13)。

(3) 输入与输出的反置。这种变换方法在后面讲述反馈连接时将会用到,这里仅就输入、输出反置时的运算关系加以说明。输入、输出反置是指把输入信号置于原来的输出端,并把原来的输入端作为输出端。反置后的系统,其方框内的运算为原系统方框内运算的倒数,这一结论并不难理解(见图 2.14)。

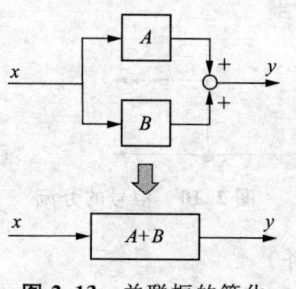

图 2.13 并联框的简化

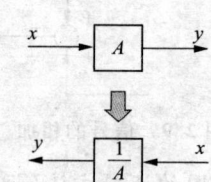

图 2.14 输入与输出的反置

(4) 反馈连接。反馈连接也可以简化成一个运算框,其结果如图 2.15 所示,其推导过程如图 2.16 所示。

步骤1:将主通道 G 进行输入、输出反置。

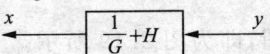

步骤2:将 $\frac{1}{G}$ 和 H 两个运算框按并联连接合并为一个运算框。

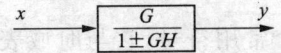

步骤3:再次将主通道的输入与输出反置,使之变回原来的方向。

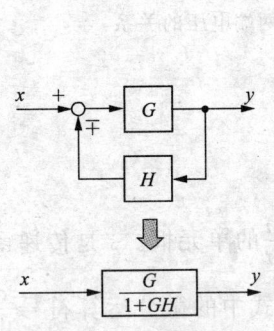

图 2.15　反馈连接的简化　　图 2.16　反馈连接的简化过程

简化反馈连接时,要注意不要弄错运算关系中的"+"、"-"号。

5. 三个重要的运算单元(比例、微分和积分)

作为本章的最后一部分内容,下面来介绍三个基本运算单元,这就是比例、微分和积分运算单元。这三个运算单元是应用非常普遍的三种基本控制规律,也是顺序控制和反馈控制最新发展的重要基础,希望读者能充分理解和掌握。

(1) 比例运算单元。比例运算就是对输入信号乘以一个常数,这个常数称为比例系数或 P 系数,P 取自英文 Propotional(比例)的第一个字母。

作为实例,下面来看机械系统中弹簧受力产生变形所造成的移位情形。根据虎克定律,力 f 与弹簧变形的位移长度 x 成正比,其比例系数就是弹簧的弹性系数 k。因而下式成立:

$$y = kx$$

按照这一关系式画出的方框图如图 2.17 所示。

(2) 微分运算单元。微分运算单元的输出信号是输入信号的微分,通常简称为 D 单元,D 取自英文 Derivative(微分)的第一个字母。

作为实例,下面来看电流流过电感线圈的情形(见图 2.18)。我们知道,流过线圈的电流 i 与线圈两端的电压 v 及线圈电感量之间有如下的

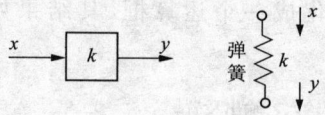
图 2.17 比例单元

图 2.18 流过线圈的电流与线圈两端电压的关系

关系：

$$v = L \frac{di}{dt}$$

将该式表示成方框图，即为图 2.19 所示。

图 2.19 中给出了用 sL 来表示微分运算 $L\frac{di}{dt}$ 的单元框。s 是传递函数表达方式中的一个常用符号，它与时域表达方式中的微分运算符号 $\frac{d}{dt}$ 相对应。

(3) 积分运算单元。积分运算单元的输出信号是输入信号的积分。前面曾经讲过运算框输入、输出反置的运算变换关系，按照这一关系，积分运算单元就是微分运算单元的逆运算，如图 2.20 所示。

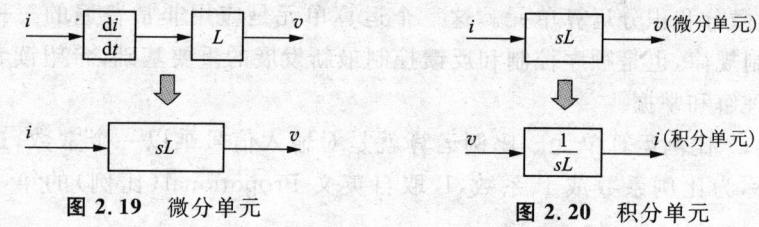

图 2.19 微分单元   图 2.20 积分单元

积分运算的表示符号直接采用了微分符号 s 的倒数 $1/s$。由 $1/s$ 构成的单元就称为积分单元或 I 单元，I 取自英文 Integrate(积分)的第一个字母。

上面介绍了比例、微分、积分三种运算单元的运算规律、框图及表示符号。许多实际的控制系统特性都是由这三种基本规律组合而成的。

═══════ 小常识 ═══════

PID 控制

作为方框图的单元，上面介绍了比例(P)、微分(D)和积分(I)单元。

由 P、I、D 组合而成的控制称为 PID 控制，它是当前工业生产现场中广泛采用的控制方法之一。通过合理调整这三种运算的系数，PID 控制方法能满足很多实际控制系统的要求，齐格尔·尼柯尔法就是 PID 控制中很有名的方法。

第 3 章

顺序控制

　　顺序控制在机器人、各种自动机械,以及生产和业务部门的自动化当中发挥着重要作用。本章首先解说顺序控制的基本思想,在此基础上讲述设计和构建实际顺序控制系统所需的基本技术,然后,进一步介绍实际顺序控制系统中常用的描述方法、顺序图与梯形图以及由顺序控制中现在广泛采用的PLC所构成的程序控制技术。

3.1 顺序控制概述

本节叙述顺序控制系统的基本思路,讲解实际进行顺序控制系统设计时所需要的控制系统构成要素和控制系统的基本工作原理等基础知识。

3.1.1 反馈控制与顺序控制

下面来看双脚步行机器人的控制情形。为了使机器人在跨出脚步时不至于跌倒,机器人需要对跨步时的力和姿势进行适当调节。就是通过确定力的大小和重心的位置等实现这种调节,使之与目标值一致,即要采用反馈控制。另一方面为了使机器人走到目的地,机器人需要按照预先确定的路径,或左或右地改变前进方向。在前进方向上有墙壁或台阶的情况下,由于行走环境发生了变化,机器人还需要能做与前面的步行动作不同的动作。这种"按照预先确定好的顺序和条件逐次对适当动作进行切换的控制",就是顺序控制。

反馈控制与顺序控制的不同在于,反馈控制是以保证各动作的稳定性和精度为目的,与之相反,顺序控制的目的则是结合作业内容对各个动作进行合理的管理。实际当中,多数自动机器和各种产业中的自动化设备,都是根据使用目的的需要,将反馈控制和顺序控制结合起来才得以实现的。

与这两种控制方式的使用目的不同,二者在控制系统构成的思路上也是不一样的。图 3.1 示出了反馈控制系统与顺序控制系统的基本概念。

从概念图来看,二者似乎是相似的,但就各个部分所起的作用而言,其思路并不相同。

在反馈控制中,控制对象的状态称为控制量,控制目标是针对所需控制量的大小来设定的。虽然控制量会因为受到未知干扰而发生变化,但反馈控制系统的检测器始终在对当时的控制量进行着测量,并将测量值作为反馈信号送给控制器而得出操作量,再通过操作器的操作,使控制量适当变化,从而达到与所设定的控制目标值保持一致。这里,控制器的主要任务是根据控制对象的特性来决定适当的操作量大小,也就是说,反馈控制的控制规律是个函数,这个函数能够根据控制目标值和当时的控制量测量值计算出合适的操作量。实现这一控制规律的设备称为调节器或控制器(参阅第 4 章)。

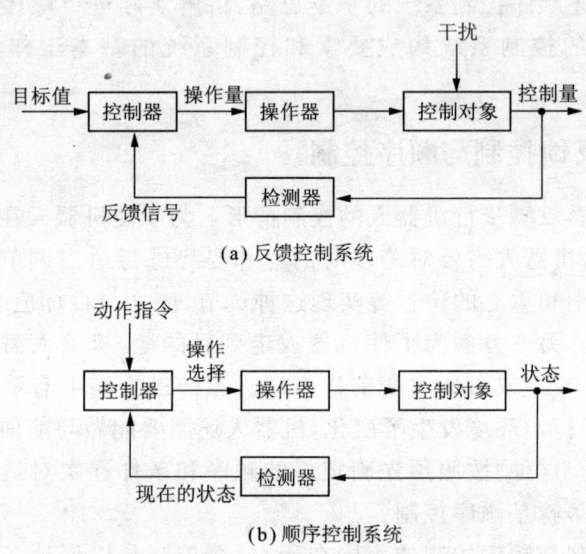

图 3.1　反馈控制系统与顺序控制系统

而在顺序控制中,控制对象被设想为有限个状态,在操作器的操作下,控制对象可以从某个状态转移到另一个状态。顺序控制的目的,就是按照既定的顺序,使控制对象的状态进行恰当地转移。为此,就需要知道控制对象当时的状态,检测器就是执行这一任务的。检测到的状态将成为用于决定下一个应该执行的操作的条件。此外,控制器上还加有操作员从外部给出的动作指令,这也是用于决定操作的条件。于是,顺序控制方式中控制器的任务就是按照既定的顺序和依据已经成立的条件,来选择性地让操作器执行适当操作。也就是说,顺序控制器的控制规律是个逻辑,这个逻辑是以控制对象的当时状态(即检测器的输出)和动作指令的组合为条件来选择适当操作的。实现这一控制规律的设备,称为广义顺序控制器。将以上内容加以归纳,即为表 3.1。

表 3.1　反馈控制与顺序控制的区别

	状　态	目　的	控制规则	检测信号的作用	与外部的关系
反馈控制	连续式变化	保持控制量与目标值一致	函数（用于计算操作量）	作为反馈信号	消除干扰
顺序控制	离散式推移	按指定的状态推移	逻辑（用于选择操作）	作为条件	执行动作指令

3.1.2　顺序控制系统的构成要素

图 3.2 所示是顺序控制系统的机器构成和信号流程。与图 3.1(b) 的原理相比，实际的顺序控制系统中还要用到给出动作指令的指令机器和用于监视控制系统动作状态的监视机器。

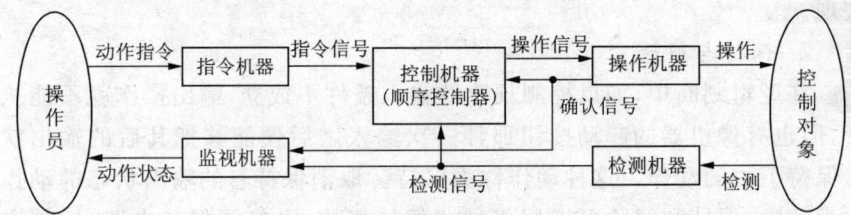

图 3.2　顺序控制系统的机器构成

表 3.2 中列出了工厂自动化等方面所用顺序控制系统的典型机器构成要素。

表 3.2　顺序控制系统的典型构成要素

控制机器	继电器电路，各种逻辑电路，PLC（可编程序逻辑控制器），微型计算机
操作机器	电磁继电器，电磁阀，电动机驱动器
检测机器	限位开关，各种无触点开关，电平开关，温控开关，各种传感器
指令机器	各种手动开关
监视机器	指示灯，各种显示机器

顺序控制系统的控制规律是以"控制对象是否已处于某种状态"和"是否有动作指令"为依据来决定"是否要执行某个操作"。由于这种"是或否"的判断正好可以用电气触点的"通与断"来表示，因而顺序控制系统

中多采用开关类机器和切换类机器。同时,由于控制规律可以看作是"条件触点的真与假⇒操作触点的通与断"这种逻辑形式,所以它的实现可以采用由硬件或软件所构成的各种逻辑电路。

3.1.3 顺序控制的基本动作

顺序控制中的控制规律基本上是由输入条件和输出状态的逻辑组合来描述的。但是,在实际的顺序控制系统中,多数情况下都是在时间前进当中同时对多台机器进行控制,仅由这样的描述来设计控制规律是很繁杂的,因而,一般在考虑控制规律时,可根据控制系统的实际动作,按照下面所示的几种基本动作的单位来进行设计。

1. 逻辑判断

逻辑判断就是根据输入条件是否成立来决定输出操作。由多个输入条件来决定多个输出操作的情况下,称为组合逻辑,可以用逻辑电路来实现。

2. 保持与解除

在逻辑判断中,如果控制规律的输入条件不成立,输出操作就不能执行,但也有像机器的起动按钮那种一次输入之后便能够把其后的输出状态保持下去的动作。这种动作称为保持。取消保持着的输出状态的动作称为解除,保持和解除可以用机械式保持机构、电气式保持电路、软件存储器等来实现。

3. 定　时

定时是一种对一定的时间行程作出判断的动作。当某个输入条件下的输出开始执行时,它开始计时,并把计时时间到达指定时间作为输入条件来使用。

4. 计　数

它是一种对特定状态已发生的次数是否达到了所指定数值作出判断的动作。当某个输入条件成立时,就作为输出开始计数,并把达到指定次数的计数值作为输入条件来使用。

5. 暂　存

它是一种对所产生的特定状态加以记忆的动作。当特定状态发生时,就作为输出而起动,并把"该状态已经产生"这一信息作为输入条件来使用。在不保持动作的情况下,输出一推移到别的状态,记忆即被解除。

6. 互　锁

互锁能保证某个动作正在进行的时候不再执行别的动作，主要用于确保动作结束前的安全性和确保作业顺序。互锁状态可以用存储器和保持动作来实现，也可用机械式或电气式机构来实现。

此外，也有像"异常停电"那样采用把其他动作一概置于许可或禁止的主控方式，以及只检测状态已发生变化这种信息的微分动作等方式。

作为实例，图 3.3 示出了全自动洗衣机的顺序控制动作。

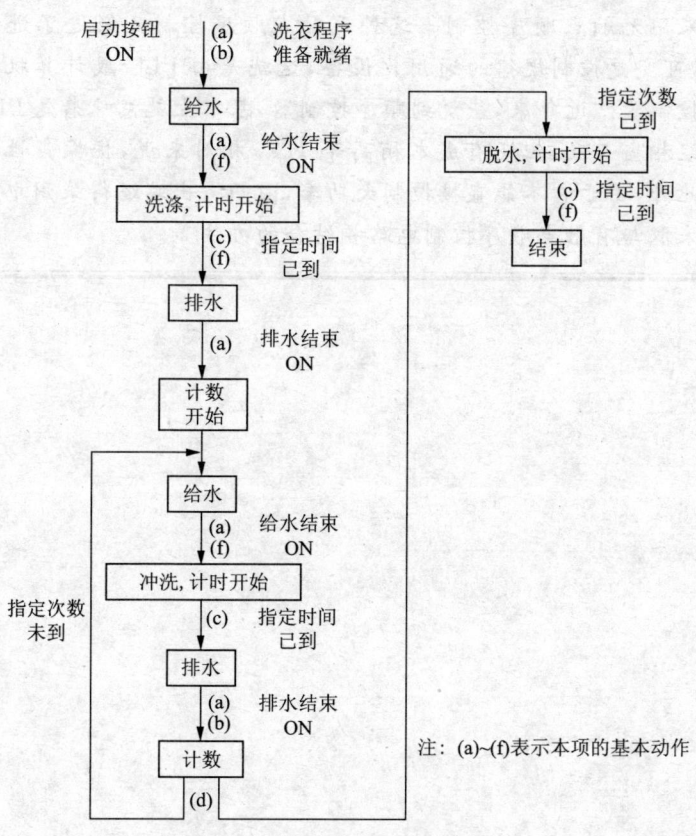

图 3.3　全自动洗衣机的顺序动作

小常识

有触点顺序控制和无触点顺序控制

用于实现控制规律的顺序控制器,有采用继电器组合逻辑电路之类的有触点顺序控制的,也有采用晶体管或集成电路等电子线路的无触点顺序控制的。以前,顺序控制采用的是有触点顺序控制,由于它存在着动作速度慢、触点损耗和磨损会缩短使用寿命、难以小型化等缺点,因而,现在已多采用无触点顺序控制。这种无触点顺序控制又经过了进一步发展,成了可变更控制规律的通用化设备,这就是由PLC或计算机所构成的顺序控制器。近年来,一说到顺序控制器,基本上就意味着是PLC。虽然它已经相当普及,但还有成本稍高等缺点,相对来说,抗噪声性能也差一些。此外,由于它不能直接控制大功率,因而输出端还得采用电磁继电器或者采取与有触点顺序控制电路相结合的办法等。

3.2 顺序控制系统的描述方法

顺序控制的机器构成与控制动作密切相关。本节将介绍顺序控制系统设计中将会用到的一些具有代表性的机器构成描述方法和控制系统动作描述方法。

3.2.1 顺序控制系统描述方法的种类

各种各样的描述方法都可用于描述顺序控制系统的构成和动作。顺序控制系统的机器构成和控制动作密切相关,其描述方法不可能按照严格的意义来区分。一般说来,顺序控制系统的描述方法有如表3.3所示的一些内容。

表3.3 顺序控制系统的描述方法

	(机器)构成	动作特性	控制规则
背面连接图	◎		
实体配线图	◎	○	
展开连接图(顺序图)	◎	◎	◎
流程图	○	◎	◎
时序图		◎	○
Petri网		◎	◎
逻辑电路图		◎	◎
方框图		○	◎
梯形图		○	◎
SFC(状态迁移图)[1]		◎	
外部连接图[2]	◎		

◎表示描述的要点,○表示可以描述。
1) 其概念包括从规格设计到功能设计的描述方法。
2) PLC中可以使用。

背面连接图常画在控制盘的门上,并在机器模型图上用文字和编号标注着机器种类、端子、配线等,这是一种表示机器端子间连接关系的图;

实体配线图中采用模型图来表示机器,并采用尽可能接近实物的形式来描述实际配线的情形;展开连接图又称为顺序图,它是一种用标准符号来表示机器并按照动作顺序来配置电路的描述方法。

流程图和时序图从根本上来说是表示控制系统的动作流程,流程图按照因果关系来表示状态迁移,与此相反,时序图是以时间流程来表示状态迁移的;此外,Petri网是用由输入、输出、状态这些抽象化了的单元要素所构成的网络来表示控制系统动作的,它可以用来分析状态迁移的状况。

逻辑电路图描述的是控制系统动作和控制规律中的组合逻辑,图上有基本动作的功能单元,它是一种方框图,具有通俗易懂的特点。

梯形图本来是用于表示继电器电路的图,把展开连接图进一步加以简化,并把各机器的动作作为触点来表示,便得到了梯形图。梯形图是旨在把控制处理流程表示成信号流程规律的图,可以说是一种按照控制功能的级别对实际电路进行了简化的简化图。

外部连接图主要用于由 PLC 构成的控制系统,它是采用与顺序图相同的符号来表示 PLC 与各机器之间的连接的。

图 3.4 给出了这些描述方法中的几个例子。

3.2.2 机器构成的描述方法(顺序图)

在各种自动化方面的顺序控制系统设计实务中,顺序图多用于描述设备机器的构成,同时也用于描述机器的动作。因而,设备的维护、保养也多取决于这种画面。顺序图有纵画的,也有横画的,所使用的符号和标记方法也有好几种,但基本规律大致相同。

图 3.5 所示为纵画的顺序图的例子。顺序图中的符号一般采用如图 3.6 所示的 JIS 标准符号。纵画的顺序图与实际配线无关,它是将电源母线画在上下方,上方为"+"母线,下方为"-"母线,各机器连接在两条母线之间。图中的连线与实际的配线无关,它是按照动作的顺序从左向右画过去的。因而,它不但能表示出机器的构成,并且可以按照从左到右的次序读出动作的流程。

限位开关一接通,电磁继电器便产生动作,把DC电动机的电流切断。同时,异常显示灯中流过电流,显示灯发光。

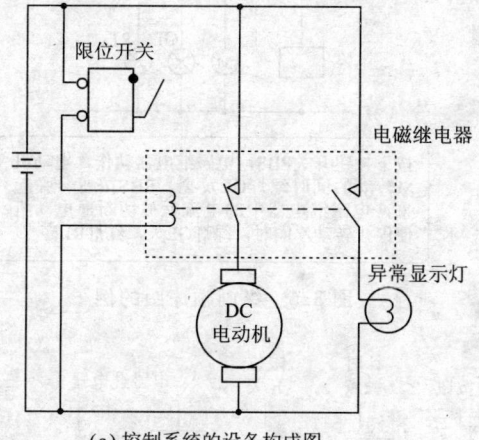

(a) 控制系统的设备构成图

按下按钮,传送带的电动机开始转动,物品跟着传送带移动。当光电开关检测到物品时,电动机停止转动,汽缸把物品从传送带上推出。推出的物品使限位开关产生动作,汽缸回到原位。

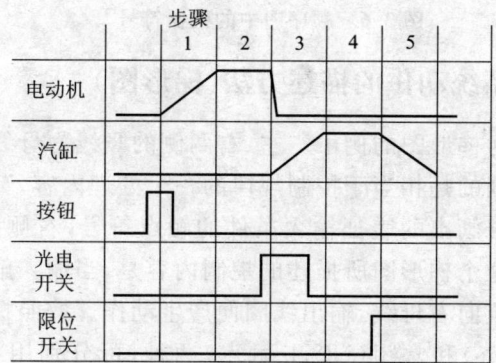

(b) 控制系统动作的时域描述(时序图)

图 3.4　顺序控制系统的设备构成图和时序图

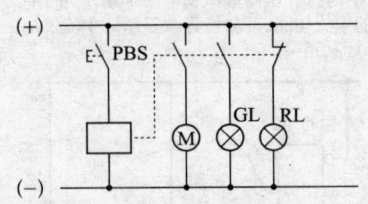

按下按钮开关PBS,电磁继电器动作,电动机M转动的同时绿灯GL发亮。PBS按钮一弹起来,电磁继电器中的电流就被切断,电动机便停止转动,同时,绿灯GL灭,红灯RL亮

图3.5 纵画顺序图的例子

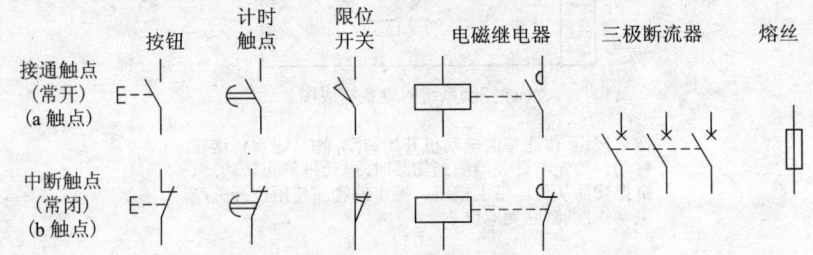

图3.6 顺序图中的机器符号

3.2.3 控制系统动作的描述方法(梯形图)

图3.7所示为梯形图的例子。左、右两侧的竖线为母线,两条母线之间的水平线上所画的是相当于控制规律的一个处理内容。水平线上的左侧是按照逻辑组合画出的表征输入条件的触点符号,右侧是驱动输出触点的线圈符号。这个梯形图所描述的控制内容是,当输入触点闭合时,便有电流从左母线流向右母线,输出线圈便产生动作。按照标准规定,触点有常开(NO,a触点)和常闭(NC,b触点)两种,可分别用各自的符号表示。从上到下的各条水平线是所确定的处理流程的顺序。

图3.8所示是用梯形图描述基本动作的示例。

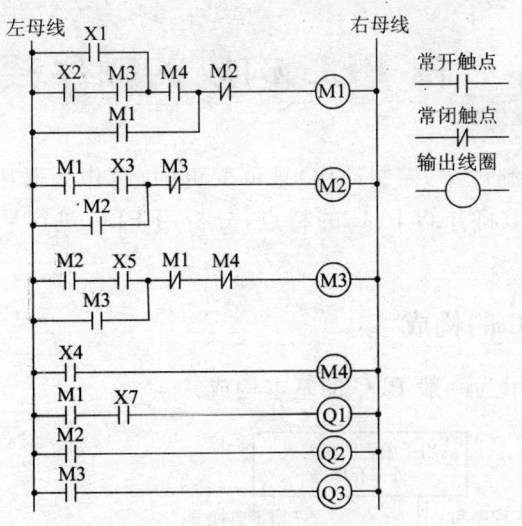

图 3.7 某工程的梯形图示例

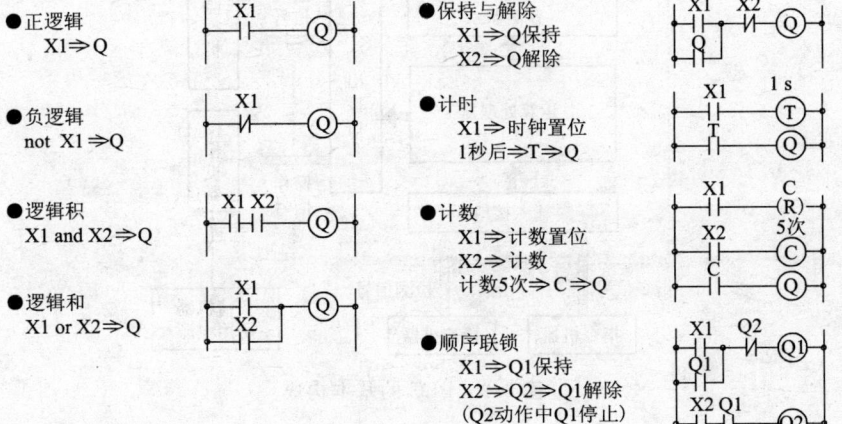

图 3.8 基本动作的梯形图

3.3 由 PLC 构成的顺序控制

PLC 的控制规律（控制动作）是可变更的，它作为通用顺序控制器已非常普及。本节将介绍 PLC 的特点，分析用 PLC 进行顺序控制时的编程问题。

3.3.1 PLC 的构成

图 3.9 所示为一般 PLC 的基本构成。

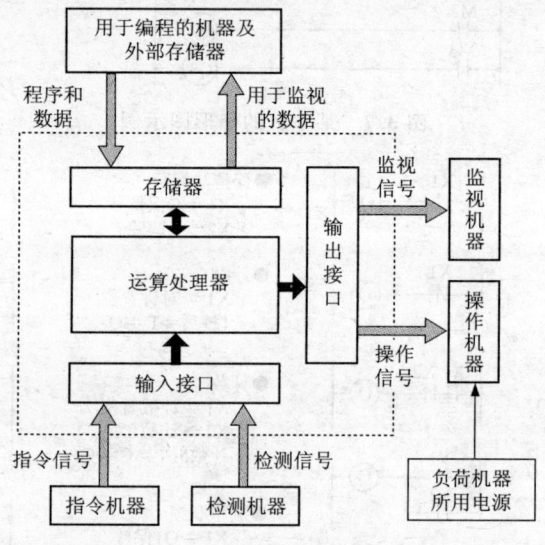

图 3.9 PLC 的基本构成

图 3.9 中，输入接口接受来自按钮开关等指令机器和各种传感器等检测机器的信号，将输入信号来自于哪个机器的信息作为数据传给运算处理器。输出接口按照运算处理器发出的指令，把信号送给所指定的监视器和各种负荷操作机器，使之产生动作。无论是哪个接口，信号在 PLC 内部和外部之间都是绝缘（隔离）的，既防止噪声混入，又补偿内部与外部信号电平的差别。存储器用于存储来自与 PLC 相连接的编程机器和外部存储器的控制程序和数据，记录 PLC 的动作所生成的数据，以及根据需要将数据送给外部机器。运算处理器按照存储器中所存储的程序对输

入数据进行处理,生成适当的输出数据送往输出接口和存储器。

图 3.10 是 PLC 动作情形的示意。PLC 的输入部分可以看作是连接指令机器和传感器的触点,输出部分可以看作是驱动负荷的触点,各触点分别按输入、输出的编号来识别。于是,"按下开关使负荷 1 产生动作"这样的控制动作就可解释为执行"X1 ON⇒Y1 ON"这一动作的继电器。

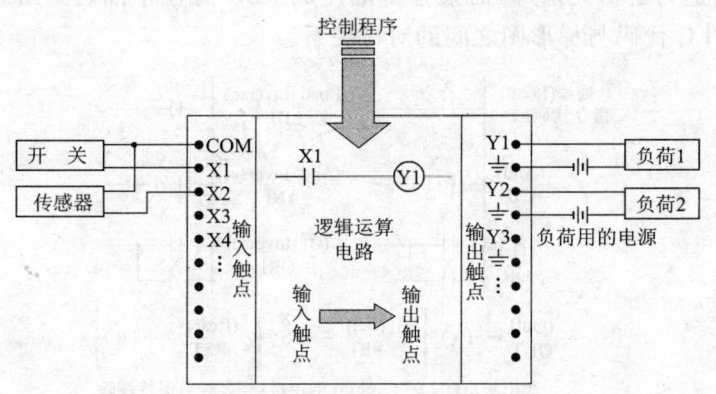

图 3.10 PLC 的动作概念

3.3.2 PLC 的特点

如上所述,PLC 的基本动作是代替继电器执行逻辑运算,但它与简单逻辑电路不同。PLC 具有数值运算、各种数据处理、计时、计数等功能,而继电器没有。在不太复杂的情况下,PLC 也能执行通用计算机所用的程序,但 PLC 的动作通常具有不同于 PC 机的特点。

除了特殊情况下以外,顺序控制的控制程序(即控制规律)都可以认为是由许多逻辑运算组成的集合,并且,各个逻辑运算之间并没有所谓的执行顺序,而是每当状态改变一次,所有的逻辑运算都必须重新计算。也就是说,直到根据输入触点状态把所有的逻辑运算计算完之前,输出触点的状态都是不确定的(不许确定)。这种在状态改变的每一个阶段都必须执行所有控制程序的情形称之为扫描。进行一次扫描所需的时间称为扫描时间,它是表示控制动作滞后量的指标。扫描时间因 PLC 性能和控制程序不同而不同,这一点在设计控制系统的时候要特别注意。

还要注意的是,每一种 PLC 所具有的功能种类、处理速度、存储器容量、可使用的触点数等,都是各不相同的。

3.3.3 通过PLC编程所构成的顺序控制

现在的PLC多是以梯形图为基础进行编程的。近年来已可采用由PC机等工具把梯形图作成图形而直接从其数据变换成PLC程序的编程系统来进行编程。梯形图所描述的各触点状态与触点之间的关系原封未动地表达为逻辑关系，因而很容易翻译成PLC的程序代码。图3.11示出了PLC代码与梯形图之间的对应关系。

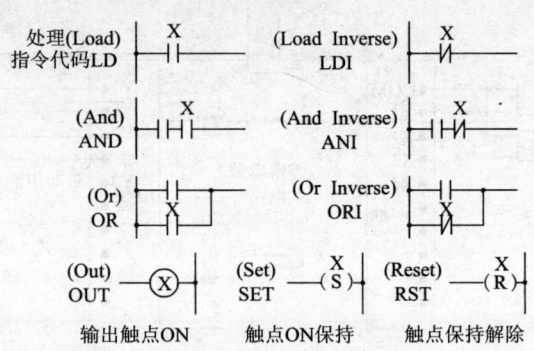

图3.11 PLC指令代码与梯形图的触点表示

PLC的代码具有"指令码＋触点名"的形式。作为PLC的内部触点，常采用存储器(M)、计时器(T)及计数器(C)。

图3.12给出了从梯形图转换成的PLC程序的例子及其控制动作。

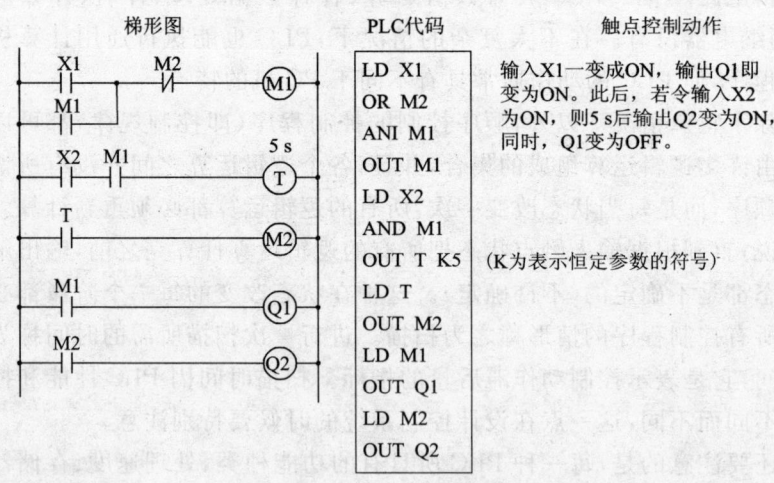

图3.12 PLC程序示例

第 4 章

反馈控制

　　作为自动控制的基础，本章将讲述一阶滞后单元、二阶滞后单元及纯滞后单元的传递函数；介绍控制系统稳定性讨论中所要用到的极点和零点；考察各种传递函数对阶跃输入信号的响应，并对其基本问题加以说明；最后，以具体系统作为练习问题，对反馈控制的相关内容予以总结。

4.1 传递函数

第 2 章中对比例、微分、积分三种基本单元进行了说明,本节中将介绍另一些基本单元,并对其响应特性加以叙述。

4.1.1 一阶滞后单元

如图 4.1 所示,当单元传递函数的分母为 s 的一阶多项式时,该单元即为一阶滞后单元。

在如图 4.1 所示的一阶滞后单元中,K 称为增益常数,T 称为时间常数。为了具体理解一阶滞后单元,首先来看下面的例子。

例 求如图 4.2 所示电路的传递函数(从 U_1 到 U_2),并将其表示成一阶滞后单元。

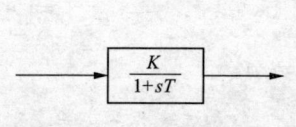

图 4.1 一阶滞后单元

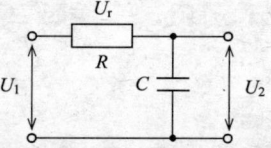

图 4.2 由 RC 电路所构成的一阶滞后单元

就电感线圈、电容器等电路而言,求其传递函数的时候,若输入信号和输出信号所选取的物理量(电压或电流)不同,则所得到的传递函数会截然不同,这一点要特别注意。

下面先来看图 4.2 中的电容器。把电路中的电容器单独画出来,如图 4.3 所示,并选取流过电容器的电流 i 为输入信号,电容器两端的电压 U_2 为输出信号。这时,由于 U_2 是由 i 在电容器 C 上的积分形成的,所以 U_2 的值就等于前面所讲过的积分单元 $1/s$ 再除以表征电容量大小的常数 C,即 $\dfrac{1}{sC}$,这便是这种情况下电容器的传递函数。将其表示成框图即为图 4.4。

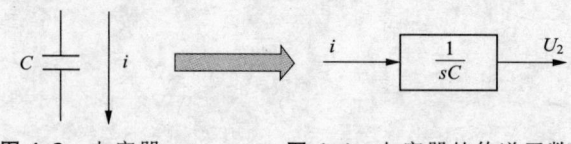

图 4.3 电容器   图 4.4 电容器的传递函数框图

图 4.2 所示的电路还要考虑电阻 R 的影响,为此,先利用第 2 章中所讲过的"输入、输出反置"技术对电容器部分作一个变换。经过输入、输出反置的电容器框图如图 4.5 所示。

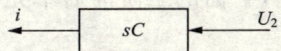

图 4.5 输入、输出反置后的电容器传递函数的框图

接着,根据如图 4.2 所示的连接关系,把电阻 R 的框图与电容器的框图串联起来,如图 4.6 所示。

图 4.6 电阻和电容器串联连接的框图

这样一来,反置的图 4.2 中 RC 电路就可以看作图 4.7 所示的输入信号为 U_2,输出信号为 U_1 的反馈连接,这一点是个关键。

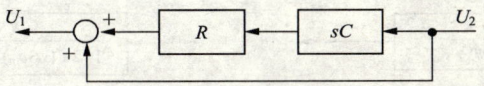

图 4.7 反馈连接

将这个反馈连接按照第 2 章所讲过的方法简化为一个单元框,其结果如图 4.8 所示。

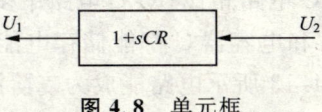

图 4.8 单元框

最后,再一次进行"输入输出反置",得到图 4.9,它的传递函数形式与图 4.10 所示的一阶滞后单元完全相同。

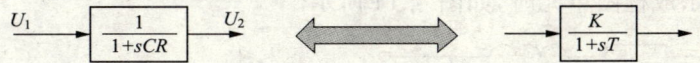

图 4.9 RC 电路的传递函数框图   **图 4.10** 一阶滞后单元(即图 4.1)

这就表明,图 4.2 所示的 RC 电路就是个一阶滞后单元,该单元的增益常数为 $K=1$,时间常数为 $T=CR$。

从这个例子可见,第 2 章中所讲过的比例、微分、积分三个基本单元,串联、并联和反馈三种基本连接方法,以及输入、输出反置变换技术等,都是应该充分理解和掌握的重要基础内容。

有些电路,初看起来似乎很难,但只要通过适当的变换,也有可能作为简单的框图单元来使用,下面的二阶滞后单元便又是一个例子。

4.1.2 二阶滞后单元

前面已经讲过,单元传递函数的分母多项式为 s 的一阶多项式时,该单元就称为一阶滞后单元。同样,单元传递函数的分母多项式为 s 的二阶多项式时,这种单元称为二阶滞后单元,如图 4.11 所示。

将这个单元传递函数的表达式稍加变换,可以表示成如图 4.12 所示的形式。这种形式是一般表示二阶系统时常用的标准形式。其中的 ζ 称为衰减比,ω_n 称为固有角频率。在这里,ζ 和 ω_n 与 T_1 和 T_2 的关系分别为

$$\omega_n = \frac{1}{\sqrt{T_2}}, \quad \zeta = \frac{T_1}{2\sqrt{T_2}}$$

$$\xrightarrow{\quad} \boxed{\frac{K}{1+sT_1+s^2T_2}} \xrightarrow{\quad} \qquad \xrightarrow{\quad} \boxed{\frac{K}{1+2\zeta(s/\omega_n)+(s/\omega_n)^2}} \xrightarrow{\quad}$$

图 4.11 二阶滞后单元   图 4.12 二阶滞后单元的标准表达式

为了更好地理解二阶滞后单元,下面来看如图 4.13 所示的 RLC 电路。

与前面所讲过的 RC 电路相比,RLC 电路中多了一个元件 L,它是个电感线圈。电感线圈 L 和电容器 C 都能储存电能,因而它们都能起到延时作用,这也就是如图 4.13 所示电路能成为二阶滞后单元的物理基础。

图 4.13 所示的 RLC 电路的传递函数为

$$\frac{U_2}{U_1} = \frac{1}{1+CRs+LCs^2}$$

将其表示成框图单元时,如图 4.14 所示。

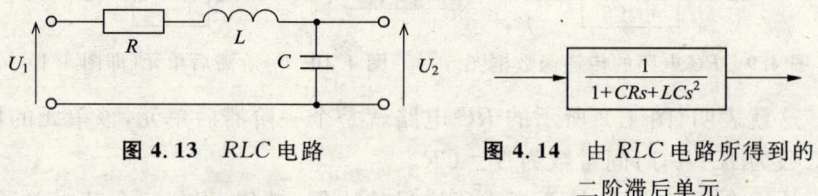

图 4.13 RLC 电路   图 4.14   由 RLC 电路所得到的二阶滞后单元

与图 4.12 相比,图 4.14 所示由 RLC 串联电路所构成的二阶滞后单元的衰减比和固有角频率分别为

$$\zeta = \frac{R}{2}\sqrt{\frac{C}{L}}, \quad \omega_n = \frac{1}{\sqrt{LC}}$$

顺便说一句,固有角频率 ω_n 的下标 n 来自于英文 natural frequency(固有频率,亦称自然频率)的第一个字母。

衰减比 ζ 和固有频率 ω_n 并不限于电路中才能使用。机械系统中,ζ 和 ω_n 也是描述机械振动的重要参数。电气、电子、机械等方面的理论关系表达式,机器人和机械电子设备应用技术中都会用到这两个参数。

4.1.3 纯滞后单元

如图 4.15 所示,能够把输入信号推迟一定时间的单元,称之为纯滞后单元。

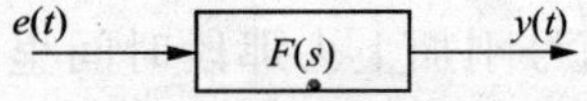

纯滞后单元的输入、输出关系可表示为

$$y = e(t - L)$$

图 4.15 纯滞后单元

其中,L 称为纯滞后时间。对上式进行拉氏变换,即可求得纯滞后单元的传递函数为

$$F(s) = e^{-sL}$$

══════ **小常识** ══════

对于纯滞后因素要加以注意

对于控制系统来说,系统中含有纯滞后因素不是一件好事,它容易使系统变得不稳定。纯滞后时间越长,对控制性能的不良影响就越大。

举个日常生活中的例子,在往洗澡盆里放洗澡水时,如果在水温尚未调到合适温度之前就急急忙忙地先往澡盆里放了很多的水,等到发现水温不合适了才又一会儿往里面放冷水,一会儿往里面放热水,结果常常是怎么也不能把水温调到合适的温度。这个需要经过充分混合搅拌才能使整个澡盆里的水全都均匀地达到合适温度所花的时间,可以说就相当于纯滞后时间。不同液体之间的混合也有类似的问题。有些控制系统,操作时的调节作用不能立即对被控对象起作用,往往就是因为系统中存在着纯滞后因素的缘故,这一点要特别注意。

4.2 反馈控制的特性

本节中将针对目标值和干扰来考察反馈控制系统具有哪些特性。

考察控制系统特性时,通常是通过给系统加上一个作为基准的输入信号来观察系统输出信号的变化情形,这时的输出信号称为控制系统响应。根据输入信号种类的不同,系统的响应有不同的名称。例如,当输入信号为单位冲激信号时,就称为单位冲激响应。当输入信号为单位阶跃信号时,就称为单位阶跃响应。知道了这种响应,控制系统的特性也就明确了。

■ 响应特性

响应特性可分为两个分量,一个分量称为过渡响应特性,它是指输入信号刚加上去那段时间里的响应特性。另一个分量称为稳态响应特性,它是指输入信号加上去后经过了足够长时间的情况下的响应特性。大致情形如图 4.16 所示。

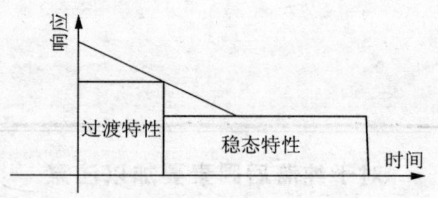

图 4.16 响应特性

从图上可见,刚开始那段时间里,响应特性中既包含着过渡响应分量,也包含着稳态响应分量,但总的说来,过渡响应分量是主要的。当过了足够长时间后,过渡响应分量就消失了,剩下的就只有稳态响应分量。因而,在考察响应特性的时候,首先要明确是想了解过渡特性还是想了解稳态特性,然后再对所观察到的响应特性曲线进行分析处理。

1. 分析稳态特性时的注意事项

对于稳态特性来说,最重要的一点是它与目标值相比有什么样的倾向和特点。通常把过了足够长时间后的稳态响应值称为稳态偏差。

2. 反馈控制系统的过渡响应特性

在考察反馈控制系统的过渡响应特性时,大体上都是利用阶跃响应进行的。这一问题将在第 5 章 5.3 节"利用软件进行控制系统的设计"中讲述,它的关键在于通过表达式和曲线图形来确定阶跃响应的特点。

3. 一阶滞后单元的阶跃响应

一阶滞后单元的阶跃响应可以用图 4.17 来说明。当在该单元的输入端加上单位阶跃信号时,该单元的输出就是它的阶跃响应。

```
单位阶跃输入        单位阶跃响应
  1/s    →  [ K/(1+sT) ]  →
```

图 4.17 考察一阶滞后单元阶跃响应时,单元输入端的信号要采用阶跃信号

这里,可以用 MATLAB 软件把阶跃响应计算出来,具体的 MATLAB 程序将在第 5 章 5.3 节中给出。

下面给出一个一阶滞后单元的例子。设有增益常数为 $K=1$,时间常数为 $T=10$ 的一阶滞后单元,则它的传递函数为

$$G(s) = \frac{1}{10s+1}$$

利用 MATLAB 所计算出的该单元阶跃响应曲线如图 4.18 所示。

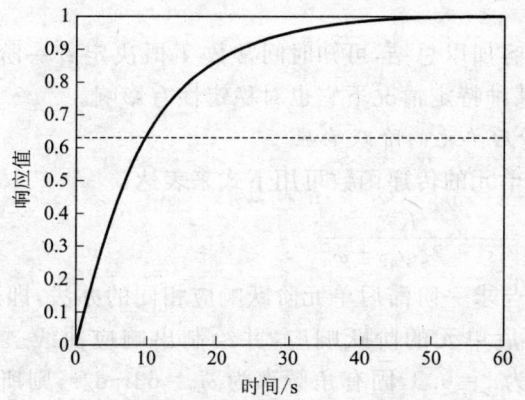

图 4.18 一阶滞后单元的阶跃响应

从图 4.18 可知,一阶滞后单元的阶跃响应有以下的特点,即当时间从零增长到等于时间常数 T 的值时,阶跃响应的值正好达到最终值的 63.2%,如图 4.18 中的水平虚线所示。这个关系可以用来测定未知的一阶滞后单元的时间常数,它是了解系统响应特性的重要方法。

上述由 MATLAB 仿真出来的阶跃响应是时间常数为正数的情形。如果时间常数采用负数的话,响应特性就会变成完全不同的另一个样子。例如,取 $T=-10$,则 $G(s)=1/(-10s+1)$,这时,计算出来的阶跃响应如图 4.19 所示。

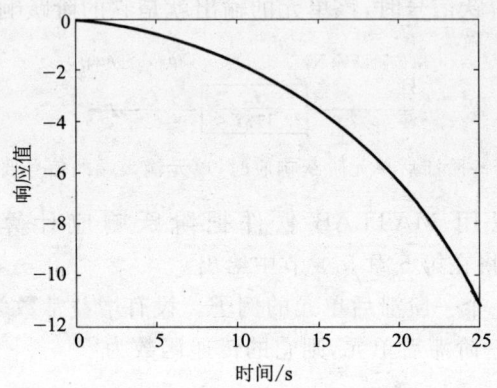

图 4.19 时间常数 T 为负数时一阶滞后单元的阶跃响应

从图 4.19 可见,这个响应特性在负值方向呈发散趋势,因而它是一个不稳定系统。

将上述内容加以总结,可知时间常数 T 既决定着一阶滞后单元的响应速度,而在某种特定情况下它也对稳定性有影响。

4. 二阶滞后单元的阶跃响应

二阶滞后单元的传递函数可用下式来表达:

$$G(s)=\frac{K}{s^2+2\zeta\omega_n s+\omega_n^2}$$

下面采用与求一阶滞后单元阶跃响应相同的办法,即通过 MATLAB 来计算二阶滞后单元的阶跃响应,并绘制出响应曲线。设增益常数为 $K=1$,衰减比为 $\zeta=0.3$,固有角频率为 $\omega_n=63\mathrm{rad/s}$,则所得到的二阶滞后单元阶跃响应如图 4.20 所示。

这个响应与前述一阶滞后单元阶跃响应的不同之处在于它在开始阶段有一个相当大的峰值,随后又上、下摆动着逐渐趋近于一个恒定值。阶跃响应曲线表现为衰减振荡是二阶系统的一个显著特点,就系统特性而言,它有利于加大系统响应的快速性,但不利于系统的稳定性。

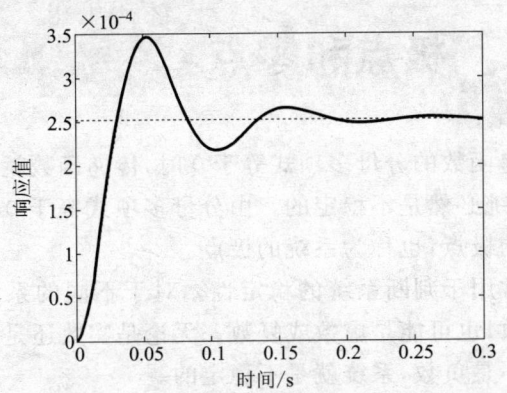

图 4.20 二阶滞后单元的阶跃响应($\zeta=0.3, \omega_n=63\text{rad/s}$)

当衰减比 ζ 的值较小时,响应曲线上的振荡将会增大,甚至于达到发散的程度,这时系统就不能正常工作了。当 ζ 的值较大时,响应曲线上的振荡将会减小,系统会变得更加稳定些。当 $\zeta=1$ 时,响应曲线将如图 4.21 所示,曲线上的振荡消失了,响应值是慢慢地向着恒定值逼近的。系统在 $\zeta=1$ 时的状态称为临界阻尼状态。很明显,随着 ζ 值的增大,系统的过渡响应时间将变长,即过渡特性变差。

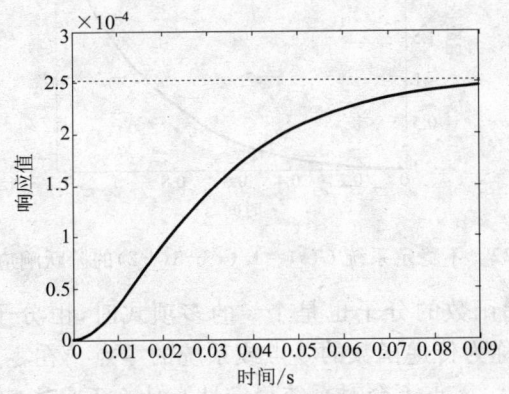

图 4.21 二阶滞后单元的阶跃响应($\zeta=1, \omega_n=63\text{rad/s}$)

4.3 极点和零点

当系统传递函数的分母多项式等于 0 时,传递函数就变成了无限大,显然,这时的系统必然是不稳定的。由分母多项式等于 0 所求得的 s 值,称为传递函数的极点,也称为系统的极点。

极点的值常用于判断系统的稳定性。对于不同的系统来说,极点的值既可能是实数,也可能是虚数或复数。无论是实数还是复数,只要有一个极点的实部不是负数,系统就是不稳定的。

例如,传递函数为 $G(s)=1/(s^2-3s+2)$ 的系统就肯定是不稳定的,因为它有两个极点 $s_1=1$ 和 $s_2=2$ 都是正数。

这个系统的阶跃响应如图 4.22 所示。响应曲线在 1.2s 之前是不断增大的,可以想像,随着时间的不断增大,阶跃响应的值将会趋于无限大,显然,这是不稳定的表现。

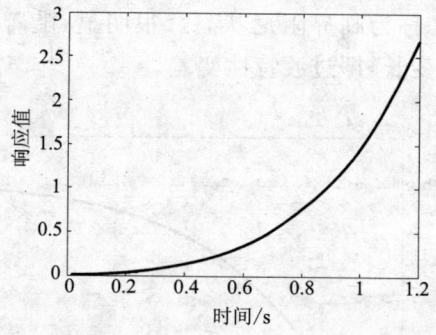

图 4.22　不稳定系统 $G(s)=1/(s^2-3s+2)$ 的阶跃响应曲线

当系统传递函数的分子也是个 s 的多项式时,由分子多项式等于 0 所求得的 s 值,称为传递函数的零点或系统的零点。在零点上,传递函数的值等于 0,显然,零点不会对系统稳定性有什么不良影响。

在控制系统设计中,稳定性是最为重要的问题。关于系统稳定性的判断,有许多分析方法,零、极点分析方法是其中很重要的一种,而且是很重要的理论基础。无论是对于学习控制理论技术,还是对于实际设计控制系统,零、极点理论都是很有帮助的。

4.4 反馈控制系统的稳态特性

图 4.23 示出了反馈控制系统的系统框图。图中,$G(s)$ 为控制对象的传递函数,$C(s)$ 为控制器的传递函数,y 是控制量,r 是目标量。

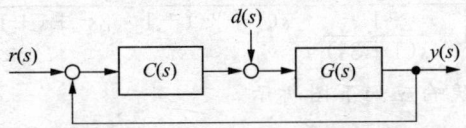

图 4.23 反馈控制系统的框图

4.4.1 反馈控制的优点

反馈控制的优点之一是,即使作为对象的系统是不稳定的,也可以通过控制器的设计构建一个完整的稳定系统,从而有效地消除干扰的影响。

4.4.2 稳态特性

从图 4.23 可知,从输入目标值 r 到输出端 y 之间的传递函数为

$$G_1(s) = \frac{1}{1+C(s)G(s)}$$

由此便可知道经过足够长的时间后的稳定位置,也就是稳定位置的偏差。为了使稳定位置偏差变为 0,至少需要有一个积分器。

另外,从输入干扰 d 到控制量 y 之间的传递函数为

$$G_2(s) = \frac{G(s)}{1+C(s)G(s)}$$

要减小调节输入干扰对于控制量 y 的影响 $C(s)$ 中要有积分器,$G(s)$ 中要有微分器。

═══════ 小常识 ═══════

练习题

试求下图所示的反馈控制系统的阶跃响应。

这个反馈控制系统的传递函数为

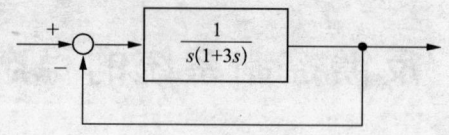

反馈控制系统

$$G(s) = \frac{\dfrac{1}{s(1+3s)}}{1+\dfrac{1}{s(1+3s)}} = \frac{1}{s(1+3s)+1} = \frac{1}{3s^2+s+1}$$

由该式求得的阶跃响应如下图所示。

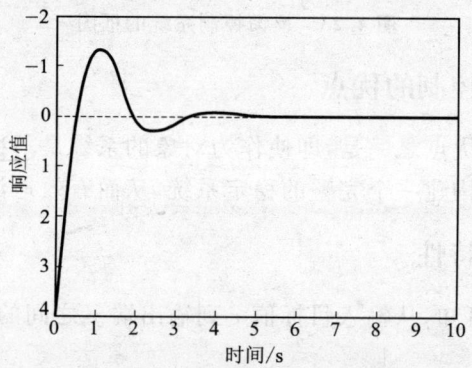

上图的反馈控制系统的阶跃响应

第 5 章

控制系统应用举例

　　本章将在前几章所述控制技术基本知识的基础上,介绍几个实际控制系统应用的例子。

　　首先介绍驱动器,并特别就电动机控制的基本技术进行讲述;接着以单片机在机器人控制中的应用为例,讲述利用计算机进行控制和对控制信号进行编程的方法;最后,举例说明如何利用MaTX和MATLAB等具有代表性的仿真软件对实际控制系统的响应进行仿真,这种仿真技术正在成为控制系统设计的有力工具。

5.1 驱动器的控制

所谓驱动器,就是让受控对象产生动作的器件,电动机、汽缸、电磁阀等都能当作驱动器,控制的目的就是通过给这些驱动器件加上适当的操作信号来实现某些功能。因而,在控制系统设计中,准确建立驱动器的数学模型和把握驱动器特性是非常重要的。

5.1.1 由直流电动机构成的驱动系统的模型

直流电动机是一种能把电能变换成机械能的器件。依据图 5.1 所示的直流电动机电路模型,可以写出如下的关系式:

$$E = IR + K\omega \tag{5.1}$$

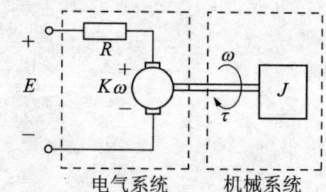

图 5.1 直流电动机的电路模型

这里,ω 为电动机的转子角速度,I 为电动机的电流,K 为电动机反电动势系数,R 为电动机转子的电阻,E 为电动机的输入电压。

由于加在直流电动机转子的功率(即反电动势与电流的乘积)应等于电动机传给机械系统的动力(即转矩与角速度的乘积),因而

$$I \times K\omega = \tau \times \omega \tag{5.2}$$

这里,τ 为直流电动机的转矩。于是

$$I = \frac{\tau}{K} \tag{5.3}$$

将式(5.3)代入式(5.1)可知,电动机的转矩可由电动机的输入电压和角速度来决定,并且与转子电阻 R 及反电动势系数有如下关系:

$$\tau = \frac{E - K\omega}{R} \cdot K \tag{5.4}$$

另外,根据机械系统方面的旋转运动规律,角加速度可由下式给出:

$$J \frac{d\omega}{dt} = \tau - \tau_L \tag{5.5}$$

这里,J 为惯性矩;τ_L 为负荷转矩。

由式(5.5)和式(5.4)即可得到以直流电动机的输入电压 E 为输入,

以机械系统的角速度 ω 为输出的系统传递函数模型,如图 5.2 所示。

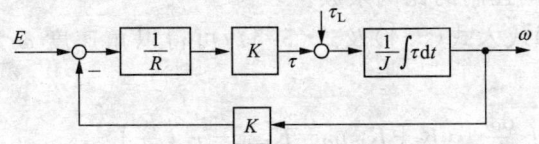

图 5.2　直流电动机的传递函数模型框图

5.1.2　直流电动机的角速度控制

下面就以上述直流电动机驱动模型为基础,来叙述直流电动机的角速度控制问题。这里,控制的目的是为了让电动机的角速度与目标角速度保持一致,因而要采用反馈控制,其控制系统的模型框图如图 5.3 所示。也就是说,它是通过检测直流电动机的角速度 ω,将检测值与所输入的目标角速度 ω_r 相比较后得出误差值,并根据这个误差值由控制器给电动机加上一个适当的输入电压 E 来实现控制目的。其控制方式可采用比例控制(P)、比例积分控制(PI)等。

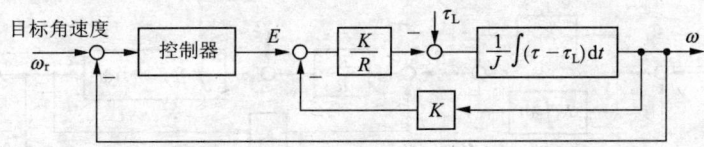

图 5.3　直流电动机的控制系统模型

1. 比例控制(P 控制)

在如图 5.3 所示的反馈控制系统中,当控制器的控制规律采用比例控制规律,也就是操作量与系统的偏差成正比时,这时的控制器称为比例控制器,整个系统称为比例控制系统,其框图如图 5.4 所示。

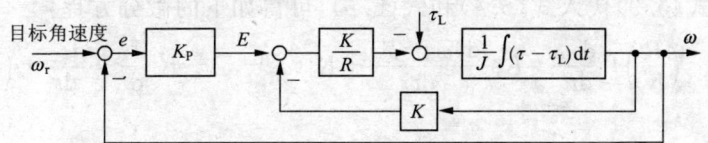

图 5.4　由比例控制构成的直流电动机角速度控制系统

其中 E 为加给直流电动机的电压,是操作量,与偏差($\omega_r - \omega$)成正比:

$$E = K_P(\omega_r - \omega) \tag{5.6}$$

这里，K_P 为比例控制的比例系数。

将式(5.6)代入式(5.4)及式(5.5)，可得以角速度 ω 为变量的运动方程：

$$\left(\frac{R}{K}\right) J \frac{d\omega}{dt} + (K + K_P)\omega = K_P \omega_r - \tau_L \left(\frac{R}{K}\right) \tag{5.7}$$

随着时间的推移，角速度将趋于稳定，即系统达到稳定状态，方程式(5.7)左边的微分项(即角加速度)将等于 0，于是可得

$$\omega = \frac{K_P \omega_r}{K + K_P} - \frac{\tau_L}{K + K_P} \cdot \frac{R}{K} \tag{5.8}$$

式(5.8)表明，比例增益越大，越能使电动机的角速度接近目标速度，并且能抑制负荷转矩的影响。

2. 比例积分控制(PI 控制)

以偏差的积分值作为操作量的控制器称为积分控制器，积分控制器与比例控制器合在一起，就构成了比例积分控制器。由比例积分控制器构成的直流电动机角速度控制系统如图 5.5 所示。

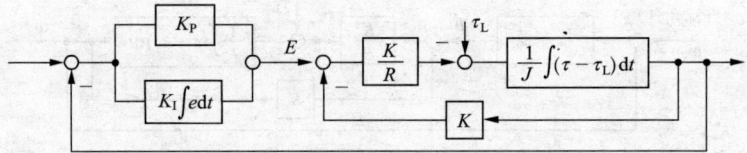

图 5.5 由比例积分控制构成的直流电动机角速度控制系统

在该系统中，加在直流电动机上的电压 E 与偏差量$(\omega_r - \omega)$的关系为

$$E = K_P(\omega_r - \omega) + K_I \int (\omega_r - \omega) dt \tag{5.9}$$

将式(5.9)代入式(5.4)和式(5.5)，可得如下的微分方程：

$$\left(\frac{R}{K}\right) J \frac{d^2\omega}{dt^2} = K_P \frac{d(\omega_r - \omega)}{dt} + K_I(\omega_r - \omega) - K \frac{d\omega}{dt} - \frac{d\tau_L}{dt} \cdot \left(\frac{L}{R}\right) \tag{5.10}$$

随着时间的推移，角速度趋于稳定，即系统达到稳定状态，方程式(5.10)中的微分项等于 0，因而有

$$\left.\begin{array}{l}0=K_I(\omega_r-\omega)\\ \omega=\omega_r\end{array}\right\} \qquad (5.11)$$

式(5.11)表明,采用比例积分控制,有可能使电动机的角速度达到与目标速度完全一致,并且能完全消除负荷转矩的影响。

5.2 机器人——利用微型计算机进行的控制

类人机器人和救援机器人等高度智能化的机器人已经问世,这些机器人的智能控制是由计算机来进行的。本节将讲述利用单片计算机进行机器人控制的方法。作为具体例子,将对由 H8 单片机实现的轨线跟踪式机器人的控制方法以及其电子线路和控制软件给予说明。图 5.6 是两个具有"智能"的机器人的例子。

5.2.1 步行机器人

现在,已经有了能用双足行走的类人机器人和能在火星表面进行科学考察的探测机器人,这样的机器人与工厂生产线上所用的工业机器人不同,它们属于智能机器人。智能机器人能够根据自己的判断采取相应的行动,可望在医疗、看护、警戒、救援等方面得到应用,或者在人难以到达的地方担负勘查工作。智能机器人控制中,计算机得到了更高程度的应用。

图 5.6 智能机器人的例子

图 5.7 所示的是把智能机器人控制系统比喻成人的眼睛、大脑和手脚的示意。例如,可以用 CCD 摄像机等传感器代替人的眼睛来获取外部环境信息,用计算机代替人的大脑来对所获取的外部环境信息进行识别,并建立外部环境的模型。然后根据外部环境的模型及随时收集到的外部环境信息来生成和修改手脚的动作计划,并把所决定的动作计划作为行动指令发给控制机器人手脚的反馈控制系统。最后由电动机之类的器件所构成的机器人手脚驱动器,根据所接到的速度、位置等行动指令来驱动手脚作出相应的动作。

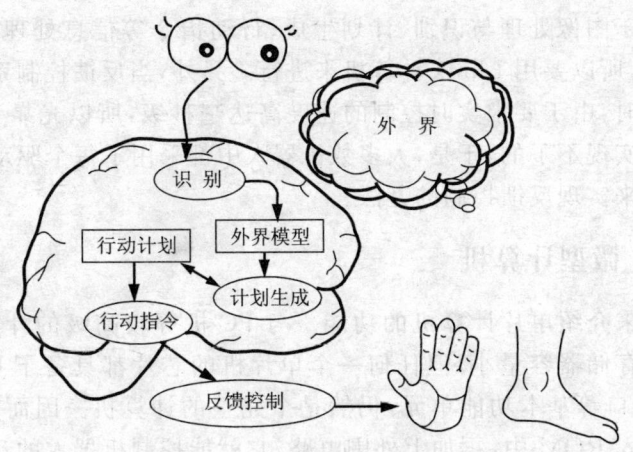

图 5.7　智能机器人控制系统的比喻

作为实例,下面来看能够在大楼内行走的机器人是如何独立行走的。首先,要把大楼的地理信息输入给机器人,这相当于建立环境模型。当机器人接到从一楼大门口走到三楼某个房间去的指令时,它就利用这个地理信息生成行走路线,这就是计划生成。为了选择搭乘电梯上楼的路径和向电梯大厅移动,还要生成向前行走的行动指令,这就是指令生成。然后,就把机器人的方向操纵器角度设置成 0°,把按照 4m/s 速度移动的行动指令传达给驱动电动机的反馈控制系统。反馈控制系统便按照收到的指令控制电动机转动来带动机器人前进。

机器人所要进行的图像识别、方案制定等复杂信息处理,是由安装了 Linux 操作系统的计算机来进行的,而控制机器人手脚的下位计算机,则是由低级别的单片机来承担的。机器人控制系统的构成框图多为图 5.8

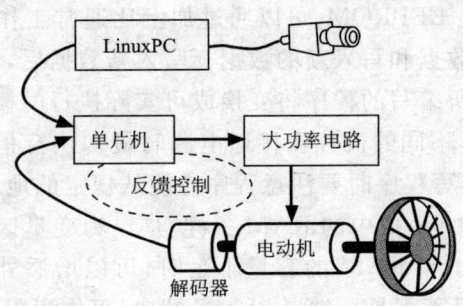

图 5.8　智能机器人控制系统的构成

所示。由于图像处理与识别、计划生成、行动指令等信息处理的数据多，程序复杂，所以要用 Linux 计算机来进行。另外，当反馈控制系统是用软件来实现时，由于要求实时控制的速度高达毫秒级，所以光靠一台 Linux 计算机是实现不了的，于是，大多数机器人中都采用了每个驱动器都由一个单片机来实现反馈控制的办法。

5.2.2 微型计算机

首先来介绍单片计算机的功能。与 PC 机等较高级的计算机相比，单片机的存储器容量小，但任何一个单片机的芯片都具备了 CPU、存储器、I/O 端口等基本功能单元，仍然是个完整的计算机。因而，只要编制好软件写入 ROM 中，再加上外围电路，它就能控制机器人的动作。单片机有许多种类，其内部框图一般如图 5.9 所示，除了 CPU 之外，还具有 ROM、RAM、并行 I/O 端口、A/D 变换器、D/A 变换器等。

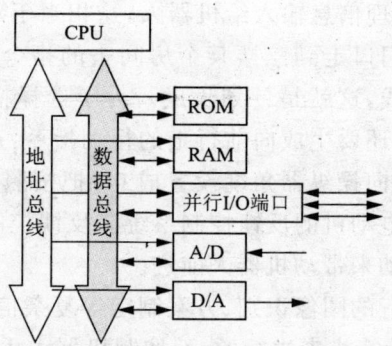

图 5.9 单片机的内部框图

ROM 通常是 EEPROM，可以通过加上比通常工作电压高的电压来消去原先存入的数据和写入新的数据。写入新数据后，即使关掉电源，数据也不会消失。所编写的程序将变换成可实际执行的模块文件写入这种 ROM 中来使用。不同的机种在接通电源时最初执行指令的地址规定是不一样的，所以编写程序时要注意程序应能从规定的地址开始执行。

RAM 一般像 PC 机中的 RAM 一样，是作为变量区和数据存储区来使用的。当 ROM 和 RAM 的容量不足时，可以增添外部存储器。并行 I/O 端口多数情况下都是一端口 8bit 的端口，可作为限位开关等 On/Off 传感器的数据输入端口和电磁阀等 On/Off 控制的输出端口来使用。为了提高抗噪声性能，输入端大都在前级加有施密特触发倒相器（74HC14）。为了防止静电作用和噪声造成误动作，输入、输出端常采用光耦合元件来连接。

A/D变换器能把模拟信号变换成数字信号供计算机来读取，这样，单片机便能够读取 TG(测速发电机或转数传感器)上正比于速度的电压值和转向机构中所安装的电位器上的电压值，从而把速度和转向角的值输入给单片机，由单片机来实现软件方式的反馈控制。

D/A变换器能够把计算机算出来的送往电动机等器件的输出值变换成模拟电压，这个模拟电压再经过运算放大器或功率晶体管放大，便可用于控制直流电动机的转动。

下面再来说明单片机程序的开发问题。以前，单片机程序的开发是使用汇编语言，现在多采用 C 语言在 PC 机上开发，效率很高。先用文本编辑程序编写成 C 语言程序，再将其通过交叉编译变成可执行模块，这个可执行模块是机器语言的字节数据文件。将这个可执行模块文件通过 RS-232 端口写入单片机的 ROM，程序开发即告完成。图 5.10 所示为单片机的开发环境设备。

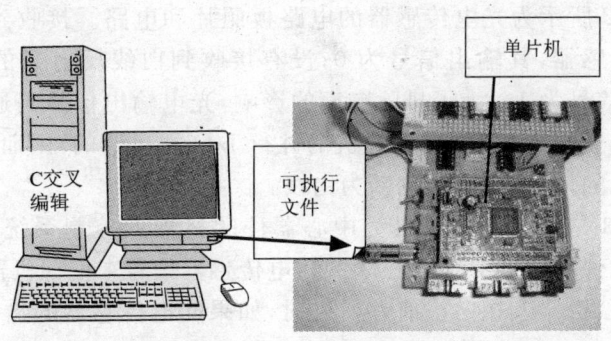

图 5.10　单片机开发环境

5.2.3　利用单片机构成的机器人控制系统

下面所叙述的是一个由单片机构成的实际机器人控制系统。这个机器人是 Institute of Technologists 所设计制作的 2004 年 NHK 机器人竞赛参赛作品，其实物如图 5.11 的照片所示。该机器人由一个 H8-3048F 单片机进行控制，其前进方向是由红外线传感器检测地板上的白色线条来引导的。机器人上装有四个直流电动机,其中两个用于车轮驱动,另外两个装在车体的上部,是用于驱动风扇的。

图 5.11　由单片机控制的机器人

这个机器人的行进和转向是由两个车轮来控制的,两个车轮分别具有自己的独立驱动电动机。机器人可以通过检测画在地板上的白线知道自己当前所在的位置,根据所在位置决定移动方向,沿着白线移动到目的地。白线的检测是由 6 个光电传感器来实现的。

图 5.12 所示为光电传感器的电路板照片和电路。接收到白线反射光的光电传感器,其输出信号为 0;没有接收到白线反射光的光电传感器,其输出信号为 1。为了排除噪声的影响,光电输出信号是通过施密特触发倒相器(74HC14)加到单片机的并行 I/O 端口上的,因而,当单片机侧软件读入的信号为 1 时,判断为白线。

图 5.13 是这个以单片机为中心器件的机器人控制系统的方框图。单片机的软件利用从 Port 4 读入的光电传感器信号来把握机器人的行走方向。例如,机器人在向正前方前进时,如果光电传感器的输出(即 Port 4 的值)是 001100,就判断为它是准确地在白线的中央行走着;如果 Port 4 的值是 111000,则意味着看见的是白线的左半边,即行走路线偏右了,就把行走方向向左边调整;反之,当 Port 4 的值是 000111 时,就把行走方向向右调整。此外,当 Port 4 的值是 111111 时,表明机器人正在越过横线。利用这个值可以知道机器人越过了几条横线,从而也就知道它前进了多少距离。程序中预先准备了一个"当超过 3 条横线时,就向右转动 90°后继续前进"的数据,当程序读入这个数据时,便命令机器人转换方向。这样,机器人就可以最终到达目的地了。

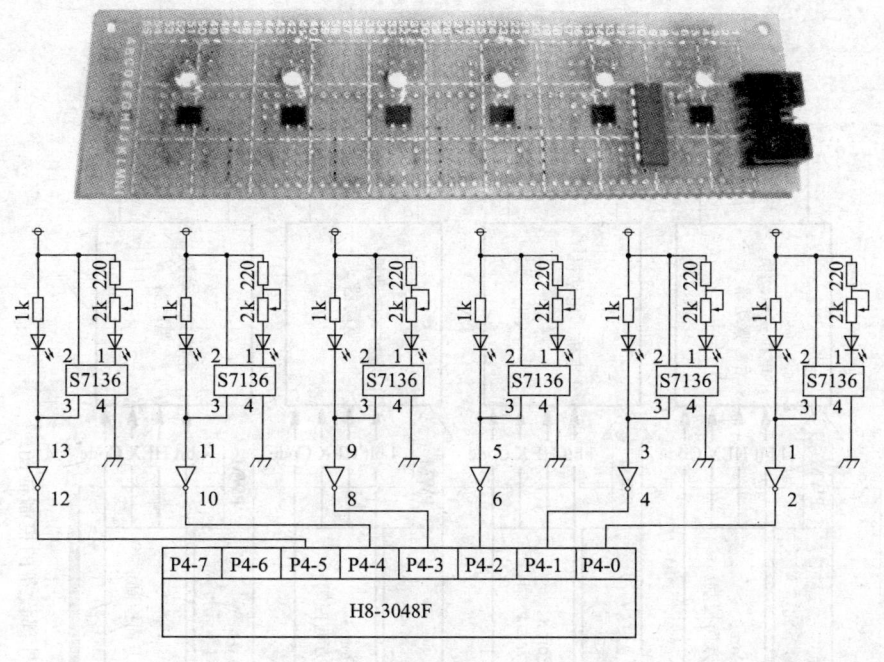

图 5.12 直线排列的光电传感器

电动机驱动器利用了同一个并行 I/O 端口,并采用了能够对直流电动机的速度进行数字式控制的 PWM(Pulse Width Modulation,脉冲宽度调制)方式(见图 5.14)。S1 和 S3 为 1 时,电动机正转;S2 和 S4 为 1 时,电动机反转。输出的占空比由 PWM 信号控制。所谓占空比,就是状态为 1 的值在脉冲信号的一个周期内所占的比例。例如,对于 1kHz 的脉冲信号来说,因为它的周期是 1ms,所以,当占空比为 50%时,就表明 1ms 中有 0.5ms 时间内信号的状态为 1,同时,信号状态为 0 的时间也是 0.5ms。如果占空比为 80%,则表明信号状态为 1 的时间是 0.8ms,信号状态为 0 的时间是 0.2ms。提高占空比意味着电压加在直流电动机上的时间长,电动机的输出功率也就大。电动机控制的程序模块是由单片机内部的定时器来驱动的。

这样,只用一台单片机便可以通过光电传感器所检测到的行走路径情况来控制机器人的行动。

单片机的种类很多,从真正掌握程序开发技巧的观点来看,并非多开发几个单片机机种的应用系统就越好。最有效的办法是利用参考文献和

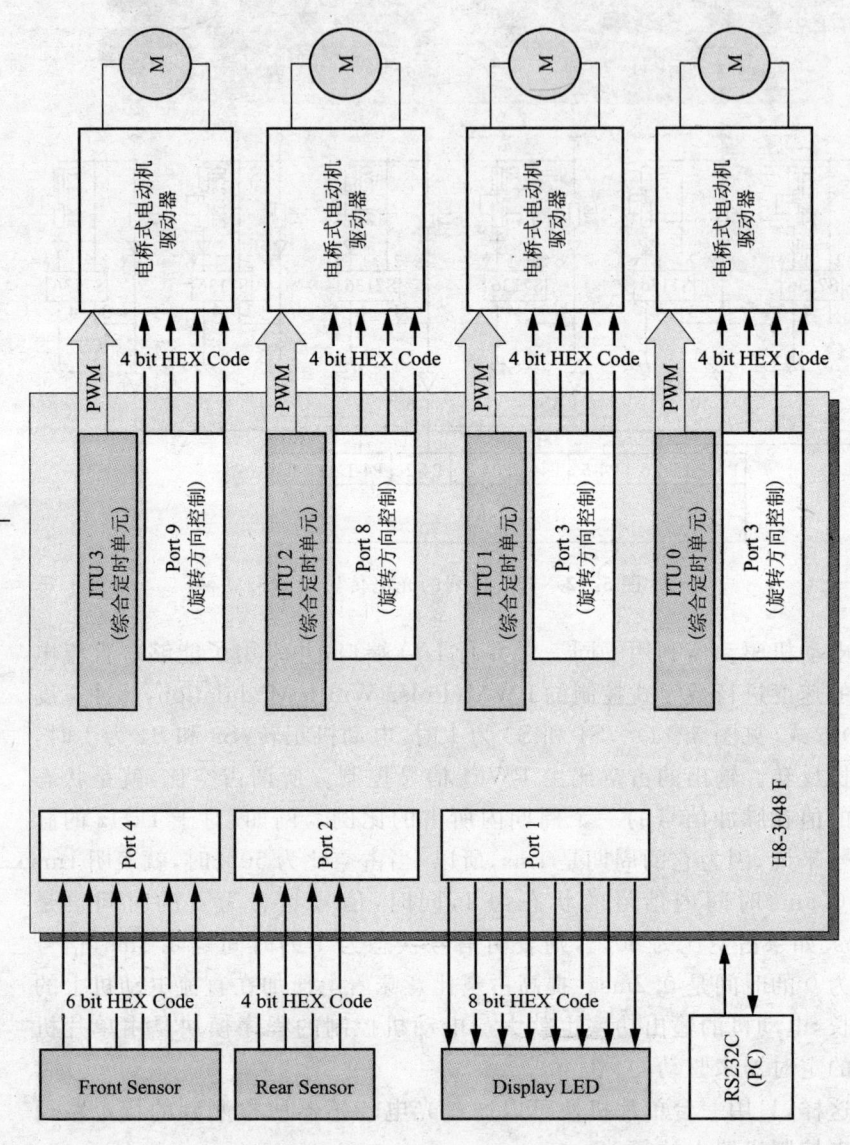

图 5.13 单片机控制外部设备的控制框图

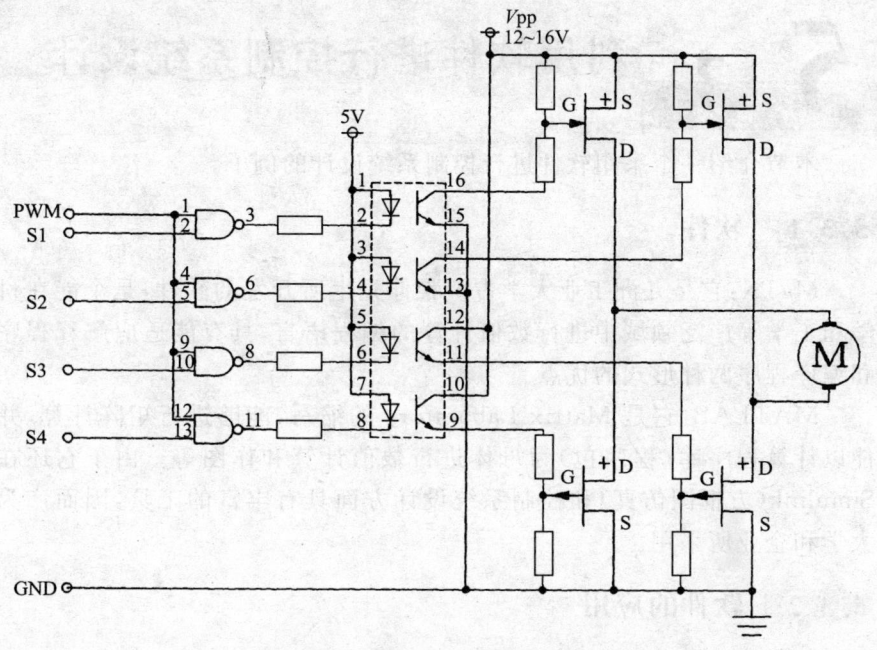

图 5.14 PWM 电动机驱动电路

可免费使用的开发环境,首先在 PIC 系列或 H8 系列中选择一种进行开发。几百日元就能买到一个单片机,加上开发环境和母板,一套组件也就是几千日元。购买这种套件实际制作想要开发的系统是最好的方法。

最新的单片机已不光具有 RS-232C 的功能,而且有了 USB 和 TCP/IP 等通信功能,因而,它已能很方便地与图 5.8 所示 Linux 计算机相组合来实现高度智能化的系统。此外,还可以采用面向单片机的 Linux 等 Embedded OS,因而,高性能的机器人也有可能用单片机进行控制了。

谢辞:承蒙 Institute of Technologists NHK 机器人竞赛团队(向山、重村、渡壁等)慷慨应允本书使用其机器人设计图和照片,作者在此特表感谢。

5.3 利用软件进行控制系统设计

本节介绍一个采用软件进行控制系统设计的例子。

5.3.1 软件

MaTX：它是九洲工业大学古贺雅伸先生所开发的软件，是个能在科学和工学等广泛领域中进行数值计算的编程语言，具有能适应解释程序和编译程序两种形式的优点。

MATLAB：它是 Matrix Laboratory 的缩写，能够进行矩阵计算，并能以计算程序库（程序包）为母体进行数值计算和作图等。由于它还在 Simulink（方框图仿真）和控制系统设计方面具有丰富的工具，因而广为大学和企业所采用。

5.3.2 软件的应用

1. MaTX 应用示例

试求如下传递函数 $G(s)$ 的特征值和极点：

$$G(s)=\frac{1}{s^2-s-2}$$

首先来看手算的情形。由分母可得

$$s^2-s-2=0$$

由这个 s 的二阶方程式可求得

$$s=-1,2$$

下面来看用 MaTX 求解的情形。实际执行时，PC 机显示器上的数据如图 5.15 所示。其结果为 $s_1=2.0$，$s_2=-1.0$，与手算结果相同。

再看当 $G(s)$ 为下式时求零点和极点的情形：

$$G(s)=\frac{s-2}{s^2-2s-3}$$

这时，PC 机上显示的数据如图 5.16 所示。所求得的零点为 2.0，极点为 3.0 和 -1.0。

```
        MaTX Interpreter (matx)
        Windows9x/ME/NT/2000/XP(Visual C++) version 5.3.7
        last modified Thu Nov 28 11:23:53 JST 2002
        Copyright (C) 1989-2002, Masanobu Koga

        Send bugs and comments to matx@matx.org
        Type 'quit' to exit, 'help' for functions, 'demo' for demonstration.

 MaTX (1) s=Polynomial("s")
s = s
 MaTX (2) p=s^2-s-2
p = s^2 - s - 2
 MaTX (3) roots(p)
 ===  ans  (   2  x   1)  CoMatrix  ===
        [ (  1)-Real       (  1)-Imag ]
 (  1) 2.00000000E+000 0.00000000E+000
 (  2)-1.00000000E+000 0.00000000E+000
 MaTX (4)
```

图 5.15　PC 机上所显示的数据

```
 MaTX (4) s=Polynomial("s")
s = s
 MaTX (5) G=(s-2)/(s^2-2*s-3)
        s - 2
G = -------------
     s^2 - 2s - 3
 MaTX (6) poles(G)
 ===  ans  (   2  x   1)  CoMatrix  ===
        [ (  1)-Real       (  1)-Imag ]
 (  1) 3.00000000E+000 0.00000000E+000
 (  2)-1.00000000E+000 0.00000000E+000
 MaTX (7) zeros(G)
 ===  ans  (   1  x   1)  CoMatrix  ===
        [ (  1)-Real       (  1)-Imag ]
 (  1) 2.00000000E+000 0.00000000E+000
 MaTX (8)
```

图 5.16　PC 机上显示的数据

2. MATLAB 应用示例

在 MATLAB 中，传递函数的描述及其解析方法等都可以由函数得到。用 MATLAB 来求解上面用 MaTX 求解过的传递函数 $G(s)=(s-2)/(s^2-2s-3)$ 时，PC 机所显示的画面如图 5.17 所示。

与 MaTX 相比，二者在显示方式上稍有不同，但所求得的结果是一样的。

下面再看求冲激响应和阶跃响应的情形。设

```
欢迎使用MATLAB。初次使用者请从菜单中选择"MATLAB帮助"。
>> G=tf([1 -2],[1 -2 -3])

Transfer function:
   s - 2
-------------
s^2 - 2 s - 3

>> pole(G)

ans =

   3.0000
  -1.0000

>> tzero(G)

ans =

   2
```

图 5.17　PC 机显示的画面

$$G(s) = \frac{4s+1}{s^2+2s+6}$$

直接输入传递函数分母的系数和分子的系数,即可得到传递函数 $G(s)$(见图 5.18)。再输入冲激响应和阶跃响应的显示时间范围,即可得到图 5.19 和 5.20 所示的响应曲线。

```
>> G2=tf([4 1],[1 2 6])

Transfer function:
   4 s + 1
-------------
s^2 + 2 s + 6

>> t=0:0.1:10;
>> impulse(G2,10)
```

图 5.18　用 MATLAB 求冲激
响应时的程序

MATLAB 的优点是能很简单地记述系统传递函数,并且可以通过自己组装程序用较短的时间来得到系统分析和控制系统设计等结果。此外,它还能很方便地给出仿真曲线。

在分析实际工学问题的时候,结果的鉴定和验证经常要用到数据曲线等定性的和定量的方法。这里所介绍的软件方法中还备有可与控制机器联动的软件包。

积累工学方面的知识,锻炼实际现场应用的能力,对今后设计控制系统是很重要的。

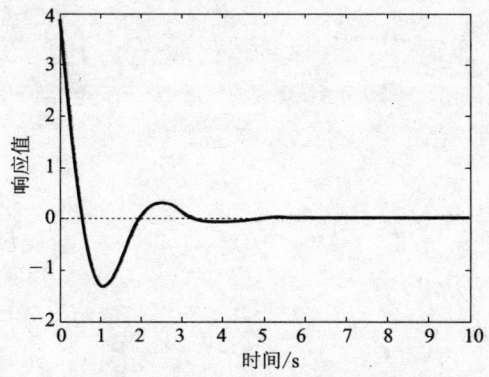

图 5.19 冲激响应（0～10s 之间）

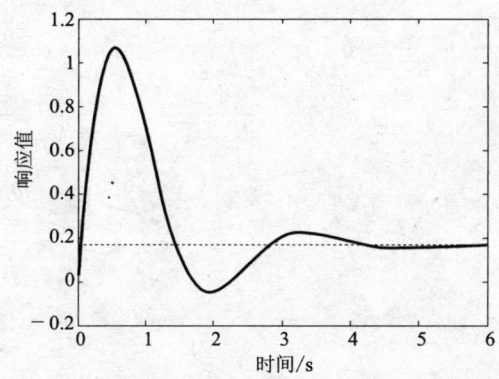

图 5.20 阶跃响应（0～6s 之间）

参考文献

[1] 米田　完，坪田孝司，大隅　久：はじめてのロボット創造設計，講談社サイエンティフィク（2001）
[2] 後閑　哲，他：誰にでも手軽にできる電子工作入門，技術評論社（2001）
[3] 後閑　哲，他：PIC 活用ガイドブック，技術評論社（2000）
[4] 「特集：付録基板で始めるマイコン入門」，トランジスタ技術 2004 年 4 月号
[5] Robin R. Murphy, Introduction to AI Robotics, MIT Press （2000）
[6] 古賀雅伸：制御・数値解析のための MATX，東京電機大学出版局（2000）
[7] 井上和夫監修，川田昌克，西岡勝博：MATLAB/Simulink によるわかりやすい制御工学，森北出版（2001）
[8] 吉田勝俊：短期集中：振動論と制御理論，日本評論社（2003）

第 5 篇

能量的变换和应用

● 责任编委
　饭田明由　住野和男
● 执笔编委
　饭田明由（第1章）　　　平田宏一（第2章）
　冈村共由（第3章）　　　园田哲广（第4章4.1节）
　秋山季猷　洼松生久男（第4章4.2节，4.6节）
　入泽庆（第4章4.3节，4.7节，4.8节）
　柴田哲二（第4章4.4节，4.5节）

第 5 篇

防毒机动装备和应用

第1章

能量变换

　　汽车发动机通过燃烧汽油来推动活塞运动，活塞运动带动车轮旋转而使汽车行驶。大型发电机利用蒸汽的力量推动涡轮机旋转，涡轮机带动发电机发电。作用在物体上的力能使物体移动，这种使物体移动的能力称为能量。能量有电能、机械能等各种各样的形式。机械工学中是把各种能量变换成机械能来加以利用的。

　　本章讲述机械能的有关基本知识，并详细说明各种机械在利用能量变换时的一些性质。

1.1 热力学基础

力作用于物体使物体移动,这种能力称为能量。能量有机械能、电能等各种各样的形式,并且,这些能量能够相互转换。热能是一种很重要的能源,本节在介绍能量概念的同时,将重点对热与功的概念加以说明。

1.1.1 功与能

如图1.1所示,当物体在力F的作用下沿着力的方向移动了一段距离d时,就说这个力对物体做了"功"W,并用F和d的乘积表示W的大小,即$W=Fd$。

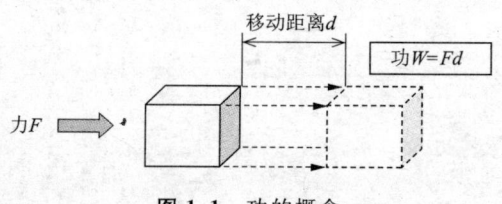

图1.1 功的概念

由于功等于力与距离的乘积,因而功的单位曾采用N·m,但现在一般采用国际标准单位焦[耳](J)作为功的单位。

日常生活中,人们常常要搬运或移动某个物体,这时,就是在对这个物体做"功"。做了功后会感到肚子饿,或者说感到体力不足,也常说能量不够了,这表明功与能量之间是有关联的。

物理学中把做功的能力定义为能量。能量的单位与功的单位都是焦[耳](J)。能量所表示的是做功的潜在能力。根据相对性原理可知,物体的质量也是一种能量。另一方面,功是对于利用能量使物体实际移动结果的定量评价或度量。机械学所研究的是如何通过改变能量形式让机械做功的问题。

1. 能量的种类

能量的形式多种多样,有电能、光能及其他许多形式的能量。而在机械学中,最终都要把能量变为能够使物体产生运动的力。图1.2示出了主要能量的种类。这里有两个十分重要的概念,一个是不同形式的能量之间可以相互转换;另一个是在一个封闭体中,能量的总和始终保持不变。也就是说,能量并不能凭空产生,也不会无故消失,它只能从一种形式转变成另一种形式,如从动能变成热能等。这种规律称为能量守恒定律。

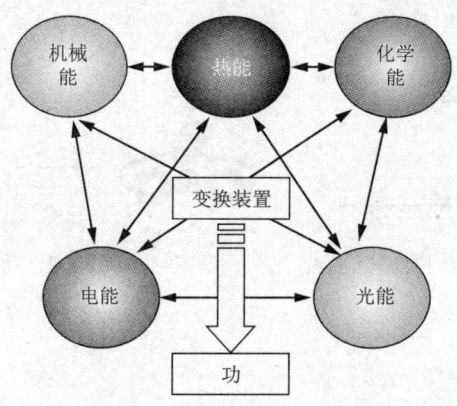

图 1.2　各种能量形式

图 1.2 中还示出了机械能、热能、化学能、电能、光能这些能量形式之间的相互联系。在把热能变成机械能的时候,热能并不能全部变成有用的机械能,其中有一部分会变成不能作为机械动力的能量形式而损失掉。但是,有用能量和损失能量的总和必定等于原来的热能。

2. 机械能

机械力学中所研究的是关于物体的移动和旋转的问题,因而,下面先来看看机械能有哪些类型。

机械能有下述的三种形式,即势能、动能和弹性能。

(1) 势能。由于地球引力(即重力)的作用,位于高处的物体具有能够向低处移动的能力,也就是说它具有一种能量,这种能量称为势能,也常称为位能(见图 1.3)。势能的大小与物体的位置高度成正比,它们的关系为

$$E = mgh$$

这里,m 为物体的质量(kg);g 为重力加速度(m/s^2);h 为物体位置的高度(m)。

(2) 动能。如果运动着的物体撞到另一个物体上,那个物体就会移动或变形,这说明运动着的物体具有能量,这种能量称为动能(见图 1.4)。动能的大小与运动物体的质量及速度平方成正比,即

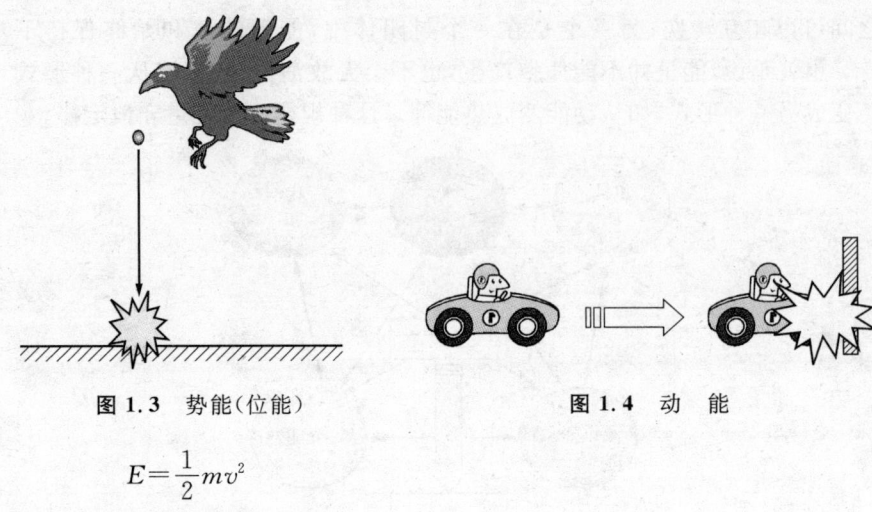

图 1.3 势能（位能）　　　　图 1.4 动　能

$$E = \frac{1}{2}mv^2$$

式中，v 为速度（m/s）。

(3) 弹性能。如果把橡皮筋或弹簧拉长，当手松开时，它必然会重新回到原来的形状。因为这种变了形的物体具有能返回原状的能力，所以它在变形状态下是具有能量的，这种能量称为弹性能。弹性能的大小与弹性物体变形的大小及弹性物体自身弹性的强弱有关，其关系为

$$E = \frac{1}{2}kx^2$$

式中，k 为弹性系数（N/m）；x 为变形的长度。

1.1.2　热与功

物理学是机械工学的基础，各种工业产品的结构必然要符合物理学的原理。能量守恒定律是重要的物理学基本原理，是自然现象必然遵循的法则。古典物理学认为，孤立系统中的质量、能量、动量、角动量是守恒的。也就是说，像机器人关节这种做复杂运动的连杆机构的动能及驱动连杆机构的电动机等设备的电能，在孤立系统中是守恒的。一方面，能量的总和不会变化；而另一方面，能量的形式又是可以相互转化的。这样，如何对能量进行变换的问题往往就成了机械和机构性能好坏的一个重要条件。

机械设计中，能量的变换效率和变换方法很重要，特别是如何把热能变换成机械能方面，变换效率是个很值得重视的问题。从使用机械的立

场上来说，最希望能够以最少的能量投入来获得最大的有用功。

下面来看连杆机构中的情形。连杆机构运动的时候，部件间的摩擦会产生热，这是连杆运动中不希望发生的。然而，很难避免摩擦发热这一现象，总会有一部分机械能变成热能而耗散掉。这样，要让连杆机构正常动作，不但需要提供机械能，而且要提供与耗散掉的热能相当的能量。也许会有人这样想，可不可以把运动所产生的热收集起来，并根据能量守恒定律将它变为机械能呢？虽然这种想法在理论上可以解释，但收集摩擦热用于驱动连杆机构的这种办法，在实际中是行不通的。一般情况下，把机械能变换成热能比较简单，而要把热能全都变换成机械能则是很难的。关于如何把热能变换成机械能方面的各种措施，请见第5篇第2章以后的内容。图1.5所示是机械能与热能之间相互变换的示意。

图 1.5　机械能与热能的变换

要把热全部变换成功也是很困难的，但热在被变换成功的时候，交换律是恒定的。测量热量 Q 时所用的热(cal)与功 W 的单位(J)之间的交换律称为热功当量，它由下式来表示

$$W=JQ, \quad J=4.2 \text{ (J/cal)}$$

1.1.3　热与温度

日常生活中，常有不加区分地使用温度和热这两个词的现象，严格地说，温度与热的概念是不同的。温度是个表征构成物体的分子(或原子)的平均动能大小的指标，而热是两个存在着温度差(即能量不同)的物体之间所流过的能量。

物质的温度变化相当于分子的运动状态发生了变化。分子所具有的势能和动能称为内能 u，内能只取决于物质的状态。当热从外部流入物质内部时，内能便增大。图1.6是其示意。

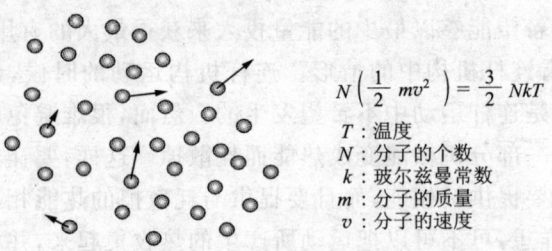

$$N\left(\frac{1}{2}mv^2\right) = \frac{3}{2}NkT$$

T：温度
N：分子的个数
k：玻尔兹曼常数
m：分子的质量
v：分子的速度

图 1.6　分子的运动与温度

1.1.4　焓

要使物质的某个单位质量具有一定的体积,它就必须对外部做功,从而不被周围的压力所挤垮。设周围的压力为 p(Pa),物质每单位质量的容积为 $v(\text{m}^3/\text{kg})$,则这个物质的每单位质量对外部所做的功就是 pv,每单位质量物体所具有的能量包括内能 u 和相当于对外部做功的能量 pv/J,这两部分合在一起时物质所具有的全部能量称为焓,焓的符号常用 i 来表示：

$$i = u + \frac{1}{J}pv \quad (\text{kcal/kg})$$

1.1.5　气体与功

如图 1.7 所示,设体积为 V 的密闭容器中装有理想气体,当从外部给活塞加上力 F 时,活塞移动了 ΔX 的距离,这时,活塞所做的功为

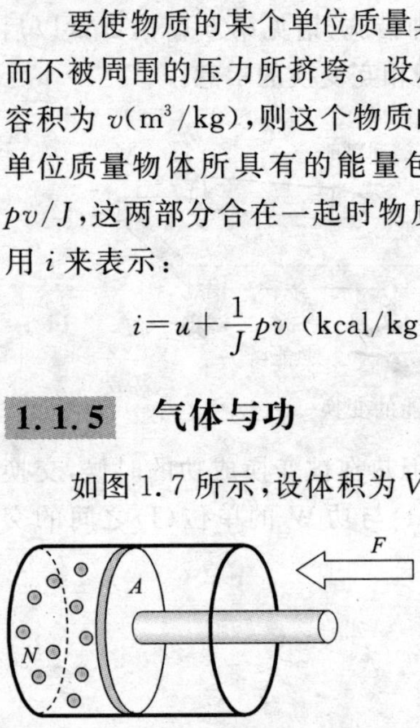

$$\Delta W = F\Delta X \quad (\text{N·m})$$

其结果是容器内气体的体积变化了 $\Delta XA = \Delta V$。

图 1.7　气体与功

另一方面,由气体的状态方程可得

$$pv = NRT \quad (\text{J/kg})$$

式中,N 为气体的摩尔数(mol);R 为气体常数(J/(k·mol));T 为气体的温度(K)。

设汽缸受力面的面积为 A,则作用在气体上的压力 p 为：

$$p = \frac{F}{A} \quad (\text{Pa})$$

由以上各式可得

$$\Delta W = F\Delta X = \frac{NRT}{V}A\Delta X = \frac{NRT}{V}\Delta V \text{ (N·m)}$$

上式表明，活塞所做的功可以用气体的状态方程和体积的变化量来表示。

容积为 v 的气体从状态 1 变化到状态 2 的情况下，其状态变化有如下几种情况。

(1) 等温变化：在温度 T 恒定的情况下，压力与容积为反比例关系。因为内能是恒定的，所以外部所加给气体的热量全部又用于气体对外部做了功。

(2) 等压变化：在压力恒定的情况下，T/V 恒定，外部所加给气体的热量全部用于使气体焓值的增加。

$$W = p(v_2 - v_1) = R(T_2 - T_1)$$

(3) 等容变化：外部所加给气体的热量使气体内能增加。

(4) 绝热变化：这是一种不伴随热量输出、输入的变化。这里，设比热容为 $k = C_p/C_v$，C_p 为定压比热容，C_v 为定容比热容，则

$$pv^k = \text{常数}$$

$$W = \frac{1}{k-1}(p_1 v_1 - p_2 v_2) = \frac{R}{k-1}(T_1 - T_2)$$

(5) 多变变化：实际热机等的状态变化都是这种多变变化，可表示为

$$pv^n = \text{常数}$$

$$W = \frac{p_1 v_1}{n-1}\left[1 - \left(\frac{p_2}{p_1}\right)^{\frac{n-1}{n}}\right]$$

── 小常识 ────────────

宇宙的温度

冬夜里仰望晴空，那无数闪耀着皎洁光芒的星星让人产生过很多美丽的憧憬和遐想。小时候就已经看惯了的那些无比亲切的星星，似乎年年都在同一个地方出现，年年都闪耀着一样的光芒。其实，这些离地球很远很远的星星都是宇宙中的天体，它们都一直在以极快的速度远离地球，并且，所有的天体之间也都同样远离而去。这种情形就像是气球表面上画着的天体图一样，当气球膨胀时，画在表面上的那些天体都越离越远。宇宙也在这样膨胀着，只不过宇宙膨胀的情形人们无法用肉眼看出罢了。

反过来说,最初的宇宙是很小的,随着时间的不断推移,它才演变成了今天这个浩瀚无比的大宇宙。众所周知,气体在绝热状态下膨胀的时候温度就会下降。宇宙的膨胀与此相同,它的温度也在宇宙膨胀过程中不断地下降着。

宇宙是在一次大爆炸中瞬间诞生的,大爆炸过后 10^{-44} 秒的时候,宇宙的温度高达 10^{32} K,这个温度比原子核和电子形成时的几千度温度还要高得多。现在,大爆炸已经过去了大约 130 亿年,大爆炸后所残留下的物质已经变成了今天的宇宙天体,通过对宇宙背景辐射的观测可以推知,而今的宇宙温度大约只有 2.7 K 了。下图示出了宇宙温度变化。

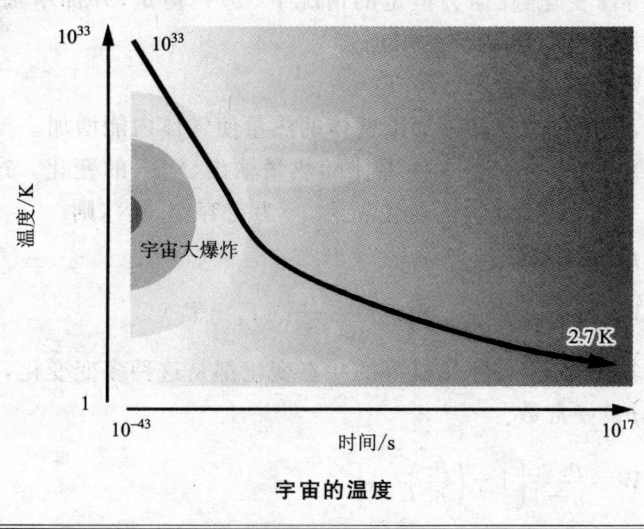

宇宙的温度

1.2 流体力学基础

手指被烫伤了的时候，往手指上浇些冷水能使疼痛减轻一些，这是由于冷水带走了受伤手指上的热量而使手指变凉了的缘故。这种情形表明水和空气之类的流体可以用于热和能量的传送。风吹动风车，水流推动水车，是由于流体把它所具有的动能传给了风车和水车的缘故。热能和流体动能这些机械能是驱动机械运动的重要能源。本节将以水和空气的流动为例来讲述流体力学的基本概念。

1.2.1 何谓流体

人们所居住的地球是个被水和空气包围着的空间，因而，多数生物都是在水中或空气中生活着，地球上的生物都与流体有着密切的关系。而人类，则是巧妙地将水和空气的流动用到了改善自己的生活上。古时候，人们曾利用水车把水送到田里，用风车作为动力来碾磨谷物。现在，无论是飞机和汽车等交通工具，还是洗衣机、吸尘器、洗碗机、烘干机等家电产品，以及电话、手机和计算机等电子设备中所用的那些半导体器件的制造装置，这些工业产品都是各个领域中利用流体的作用所制造出来的。

太阳的辐射热加热了地球，使大气形成了循环。这种循环表明，来自太阳的热能不光是加热了地球，并且还起着使海洋和大气产生运动的机械能的作用。这种作用正是前面所讲的能量形式的相互转换。前节曾对气体的状态变化与功等有关概念作了一些说明，那么，气体和液体究竟是怎么回事？描述流体运动的流体力学又是些什么样的学问呢？

1.2.2 连续体的假定

众所周知，一切物质都会随着温度的不同而呈现为固体、液体或气体三种状态。此外，还有一种状态称为等离子状态。当气体的温度非常高时，气体的分子被裂解，围绕着原子核旋转的电子脱离了原子的束缚，这时，该气体便因电离而变成了包含着正粒子和自由电子这种带电粒子的等离子状态。

本章的讲述范围不包括等离子体，只研究固体、液体、气体这些通常所说的物质三态。

以水为例,水在常温下是液体,当温度降到0℃以下时,水便结成了冰,冰属于固体状态的水。如果把水放到水壶里用火加热到沸腾,冒出来的气泡就是气体状态的水。无论是固态、液态还是气态,水的分子本身并没有变化,它们也没有带电,这是它们与等离子态的根本区别。如图1.8所示,在固态的情况下,分子的位置是固定的,它只能在这个固定位置上振动。当温度升高时,分子便不只是在固定的位置上振动,而是变得可以互换位置了,这样,固体就变成了液体。如果温度继续升高,分子进一步变得可以自由运动,这种状态便是气体。在分子位置是否固定这点上,气体与液体具有相似性,但在分子自由运动的程度上是很不相同的,这正是气体与液体的分界线。

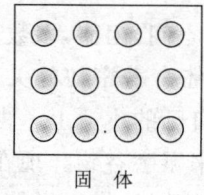 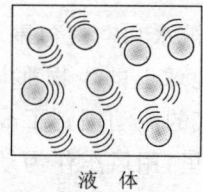 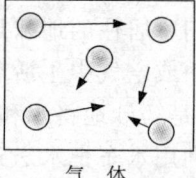

固 体　　　　　　液 体　　　　　　气 体

图1.8 物质的三态

这就是说,由于物质是由分子构成的,气体和液体的状态是分子运动所支配的,因而,要了解液体和气体的运动情形,就需要了解各个分子的运动情形。如果把分子的运动看成是质点运动,则分子运动可由牛顿运动方程式表示成

$$F=ma$$

式中,m为分子的质量;a为分子的加速度。

流体力学是关于气体和液体的力学,由于液体和气体中包含着大量分子间的相互作用,这就意味着需要针对这些大量的分子来求解牛顿运动方程式。就空气这种流体而言,边长为$1\mu m$(微米)的微小立方体中所包含的分子约为2.6×10^7个,在一般情况下,想要求解三个质点之间的力学作用已经不是件简单的事,如果还要求解数量如此庞大的空气分子运动,那就更不知要困难到何种程度了。

实际上,在气体的情况下,只有当分子之间的距离小于$1nm$(纳米)时,它们之间的作用力才会有显著影响。而气体分子间的平均距离一般都在 10nm 左右，只有在分子相互碰撞时，两个分子的距离才能达到 1nm。从碰撞的概率来考虑，分子大约每飞行 $0.06\mu m$ 会碰撞一次，这个距离称为平均自由程（见图 1.9）。

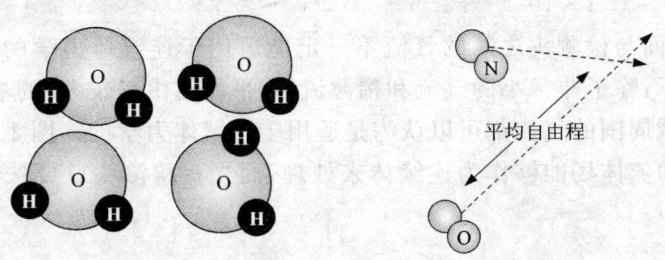

图 1.9 液体（水）和气体（空气）的构造与平均自由程

现在就来看边长为 $1\mu m$ 的立方体中空气分子的运动情形。前面说过，这个空间中含有 2.6×10^7 个空气分子，而该空间的边长比平均自由程大得多，所以空间里的分子是在不断相互碰撞之中运动着。这样，从宏观上看去，各个分子的运动情形是看不到的，只能作为统计平均现象来处理。这种以宏观上的平均现象为基础来处理流体中的力学问题的方法称为连续体力学。连续体力学中并不考虑各个分子本身的运动，而是从整体上宏观地考察流体分子运动的情形。这种情况下，不需要像前面所说的那样直接计算数目庞大的分子间的相互作用，而是把流体看作是取决于分子运动情形而具有特定性质的连续体。要想把流体的运动看成是连续体运动，必须使系统的典型尺寸比分子的平均自由程大到一定程度。分子的平均自由程 λ 与系统的典型尺寸 L 之比 $k_n=\lambda/L$ 称为克努森数，在克努森数很小（如 10^{-2}）的情况下，所考虑的系统可以作为流体力学问题来处理。

举例来说，设空气分子的平均自由程为 6×10^{-8} m，我们来求汽车周围的气流和计算机光盘与检测头之间（$0.1\mu m$）的气流的克努森数。

在汽车中，如果以车长或车高为基准，则汽车的流体场典型尺寸的数量级为 1m。汽车周围有许多大大小小的空气漩涡，漩涡的大小在数 mm 到数 m 之间。现在设空气漩涡的典型尺寸为 1mm，则克努森数为

$$k_n=\frac{6\times 10^{-8}}{1\times 10^{-3}}=6\times 10^{-5}$$

这个克努森数非常小，因而汽车周围的气流可以看作是服从连续体力

学的。

在计算机光盘的情况下,盘面与检测头之间的间隔很小,

$$k_\mathrm{n} = \frac{6 \times 10^{-8}}{1 \times 10^{-7}} = 6 \times 10^{-1}$$

因而,盘面与检测头之间的气流不一定能适用于连续体力学的假设。一般情况下,除了非常小的气流和稀薄流体(平均自由程较大)的场合以外,普通机械周围的气流都可以认为是适用于连续体力学的。图 1.10 中,汽车周围的流体场能够作为连续体来处理,而光盘检测头就要按稀薄流来处理了。

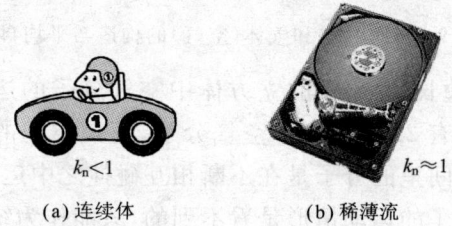

(a) 连续体　　$k_\mathrm{n}<1$　　　(b) 稀薄流　　$k_\mathrm{n}\approx 1$

图 1.10　连续体的假定取决于流体场的典型尺寸和平均自由程的大小

1.2.3　守恒定律

因为流体力学属于古典物理学的范畴,所以它基本上是以牛顿运动方程式为基础,按照质量守恒、动量守恒、能量守恒、角动量守恒等定律来描述流体运动的。在能量变换中,流体所具有的能量与动量及角动量之间的关系非常重要。

1. 质量守恒定律

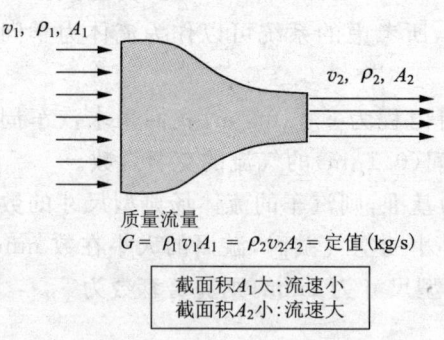

质量流量
$G = \rho_1 v_1 A_1 = \rho_2 v_2 A_2 = $ 定值 (kg/s)

截面积 A_1 大:流速小
截面积 A_2 小:流速大

图 1.11　质量守恒定律示意

没有流体的地方不可能凭空流出流体,流体也不可能在什么地方被吸收而消失(见图 1.11)。在流体所流过的道路中,如果既没有泄漏,也没有别的流体流进来,则以密度 ρ_1 和速度 v_1 流过截面为 A_1 的流体到了另一个截面为 A_2 的地方时,就只能以密度为 ρ_2 和速度为 v_2 继续流动,它的质量流量 G(kg/s)是不会变化的。如果流体的密

度不发生变化,则体积流量也是不变的,即

质量流量 $G \equiv \rho_1 v_1 A_1 = \rho_2 v_2 A_2 (\text{kg/s})$

体积流量 $Q \equiv A_1 v_1 = A_2 v_2 (\text{m}^3/\text{s})$

图 1.11 是对流体质量守恒情形的形象说明。

2. 能量守恒定律

当流体以速度 v 在位于高度 h 处的管子里流动时,如果不考虑内能,则单位质量流体所具有的能量包括以下三部分:

(1) 动能:$v^2/2$。

(2) 势能:gh。

(3) 将流体限制在管子里面的能量:p/ρ。

根据能量守恒定律,上列三种能量都保存在流线上,可由下式来表示,即
$$E = \frac{1}{2}v_1^2 + \frac{p_1}{\rho_1} + gh_1 = \frac{1}{2}v_2^2 + \frac{p_2}{\rho_2} + gh_2 (\text{J/kg})$$

这个公式称为伯努利方程。

伯努利方程指出,同一流线上的流体所具有的能量不会因流体位置的变化而变化。上式是伯努利方程的一般表达式,此外,伯努利方程还可用落差或压力来表示,前者常用于泵之类的流体机械,它表示泵能把水抽到多高的高度上;后者常用于飞机等机械,因为作用于机体上的压力是飞机上需要重点考虑的问题,所以公式计算的是压力 p。无论哪种表达式,都是基于能量守恒定律变换出来的,至于采用哪种参数作为计算结果,要根据实际设计当中的需要来决定:

落差表达式:
$$H = \frac{1}{2g}v_1^2 + \frac{p_1}{\rho_1 g} + h_1 = \frac{1}{2g}v_2^2 + \frac{p_2}{\rho_2 g} + h_2 (\text{m})$$

压力表达式:
$$p = \frac{\rho_1}{2}v_1^2 + p_1 + \rho_1 gh_1 = \frac{\rho_2}{2}v_2^2 + p_2 + \rho_2 gh_2 (\text{Pa})$$

$$p_{\text{total}} = \frac{\rho}{2}v_1^2 + p_1 = \frac{\rho}{2}v_2^2 + p_2 (\text{Pa}) \quad (\text{气体的场合})$$

图 1.12 所示为汽化器的原理。从入口进来的空气到了缝隙处时,便会由于截面积变小而加速,根据伯努利定理,空气速度的提高必然伴随着压力减小,于是油箱内的汽油便被吸上来,与空气一起构成混合气体供给发动机。

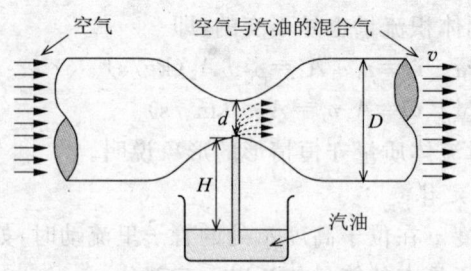

图 1.12 汽化器的原理(利用伯努利定理可以分析检验产生混合气体所必要的狭缝直径和人口流速等)

3. 动量守恒定律

动量是表征运动激烈程度的指标。在质点运动中,动量由质点质量与质点速度的乘积来表示。由于孤立系统的动量是守恒的,因而当两个动量不同的质点相碰撞时,即使各个质点的动量发生变化,碰撞前、后的总动量也是不会变化的。如果发现动量有变化,那就说明要么是有外部力作用于该系统,要么是该系统把力传给了外部物体。根据动量守恒定律可知,孤立系统中动量是守恒的,单位时间里的动量变化等于作用在系统上的力。从状态 0 变为状态 1 的过程中,若动量的变化量为 $mv_1 - mv_0$,则表明有一个与该动量差相等的冲量作用在系统上,即

$$F\mathrm{d}t = mv_1 - mv_0$$

请注意,这里的速度 v 和力 F 都是矢量。

动量守恒定律也适合于流体运动。根据连续体假定,流体运动不是按单个分子或粒子考虑的,而是把流体的运动看作是个流体场,采用了一个称为检查体积的概念(见图 1.13),即把单位时间里从外部流入这个检查体积内的流体所具有的动量与从检查体积内流出的流体所具有的动量之差看作是外力作用于这个检查体积内的流体上的结果。

设检查体积内有一辆汽车,汽车的周围有按一定速度流动着的气流。并设单位时间里流入检查体积内的动量为 M_{in},流出检查体积外的动量为 M_{out},则作用于检查体积内流体上的力可表示成

$$F = M_{out} - M_{in}$$

这里,作用于检查体积内的力包括以下三部分,即

$$F = F_{cs} + F_m + F_r$$

式中,F_{cs} 为取决于由作用在检查面上的压力 p 和剪切应力 τ 所形成的

力;F_m 为直接作用在流体质量上的力(主要是重力);F_r 为检查面内物体所受的力以反作用力形式使流体所受到的力。

这里,需要对物体受力与流体受力的方向予以注意,如图 1.13 所示。

图 1.13 检查面与动量

要应用动量守恒定律,首先得保证流体的流动是稳定的。不过,由于检查体积内力的总和可以用单位时间里的动量变化量来表示,它对于估算作用于物体上的流体力很方便,因而适合于概略设计时使用。

流体运动的场合,单位时间里的动量可由流量 Q(m^3/s)、密度 ρ(kg/m^3)、速度 v 表示成 $M = \rho Q v$。

═══ 小常识 ═══

伯努利公式及伯努利家族

以伯努利定理而闻名的丹尼尔·伯努利是 18 世纪的荷兰物理学家。伯努利生于数学名门之家,其家族在数学界的名气就像音乐界的巴赫家族一样有名。伯努利在大学里学的是数学,但他的研究范围却涉及了"乐器简谐振动研究"、"财富增长与道德价值的关系"等许多方面,最有名的研究就是发现了伯努利定理这个流体力学的基本定理,预见了气体运动论。

然而,伯努利家族也是个围绕着大学教授之职同室操戈的名门之家,丹尼尔·伯努利著述伯努利定理的《Hydrodynamica》(流体动力学)一书于 1738 年刚一出版,他的父亲约翰·伯努利就在 1939 年出版了《Hydraulica》(流体力学),质问丹尼尔的研究是丹尼尔本人所做的研究吗?并且,父亲约翰还伪称 Hydraulica 的发行是在 1732 年,认为定理是自己先发现的,与儿子争夺优先权。

这里不必去管丹尼尔与约翰之争,重要的是伯努利定理对奠定今天的流体力学基础作出了贡献,为人类在天空中飞行导出了必要的飞行原理。

4. 角动量守恒定律

角动量是表征物体旋转势头的指标，它在概念上与动量很相似。角动量和动量都是守恒量。静止的陀螺在没有受到外力作用时永远是静止的，而旋转着的陀螺如果没有摩擦和空气阻力的影响，它也会永远旋转下去。在角动量变化的情况下，促使物体旋转的力矩必然是变化的。与动量的场合一样，单位时间里，角动量的变化等于物体所受到的力矩，即

$$r \times F = r \times \frac{\mathrm{d}(mv)}{\mathrm{d}t} = \frac{\mathrm{d}(r \times mv)}{\mathrm{d}t}$$

式中，r 为从旋转中心到力作用点的距离。因为旋转速度正比于角速度 ω 和旋转半径 r，所以，若将 $v = \omega r$ 代入上式，即可知道角动量 L 正比于角速度 ω 和惯性矩 mr^2。惯性矩是表征物体旋转难度的指标：

$$L = r \times mv = r \times m \times \omega r = m\omega r^2$$

双手伸开旋转着的滑冰选手，当把手收回到胸前时，旋转速度就会加快。其原因在于滑冰场的摩擦很小，基本上没有外力作用在滑冰选手身上，因而角动量是恒定的。这时，选手的手一收回来，惯性矩就小了，根据角动量守恒定律，角速度必然就会变大，如图 1.14 所示。

(a) 双手伸开，惯性矩
大，旋转速度小

(b) 双手收回胸前，惯性
矩变小，旋转速度变大

图 1.14 滑冰选手的旋转姿势与角动量守恒定律的关系

水泵和鼓风机之类的流体机械也是利用这种原理来工作的。图 1.15 所示为一个旋转着的叶轮。设轴的中央部分连接着流路，因为轴中央部

分的角速度为 0，所以它与外围的角动量之间便产生了角动量差，流体便因受到转矩作用而向外围流出。水泵便是这样由电动机带动叶轮旋转而把角动量加给流体使之流出的。与此相反，涡轮机和风车是利用流体的运动使力矩作用到旋转轴上，从而使旋转轴转动的。

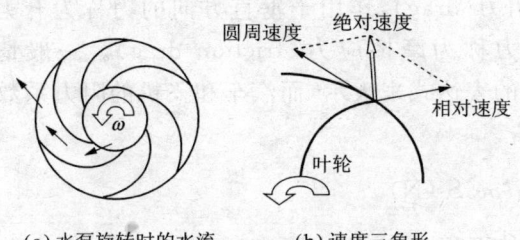

(a) 水泵旋转时的水流　　　(b) 速度三角形

图 1.15　水泵的工作原理

与动量的场合一样，角动量有如下的关系式：

$$A_{\text{out}} - A_{\text{in}} = T_{\text{cs}} + T_{\text{m}} + T_{\text{r}}$$

式中，A_{out} 为单位时间里从检查面流出的角动量；A_{in} 为单位时间里流入检查面的角动量；T_{cs} 为由作用于检查面的压力和剪切应力所决定的转矩；T_{m} 为直接作用在流出质量上的力（主要是重力）所决定的转矩；T_{r} 为检查面内置有物体的情况下物体给予流体的转矩。

1.2.4　流体的阻力

图 1.16 所示是牛顿在揭示剪切应力发生机制时所用的示意图，它形象地表达了水和空气等许多实际流体中的剪切应力正比于速度梯度 $\partial v/\partial y$ 这一关系：

$$\tau = \mu \frac{\partial v}{\partial y} \text{ (Pa)}$$

式中，μ 为黏性系数（Pa·s）。

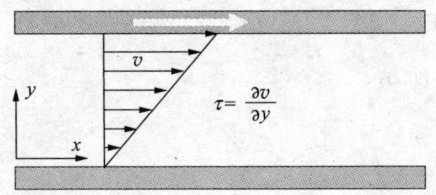

当两块板之间装满了水而让上板平行移动时，上方的水便随着板一起移动，而下方的水并不移动，这样，上下方向上就产生了速度梯度，并且产生了与速度梯度成比例的应力。板子动得越快，应力也随着速度梯度的增大而成比例增大

图 1.16　剪切应力与速度梯度

由于黏性的影响,流体中的物体表面上存在着一层速度变化很大的薄层,称为附面层或边界层。由于物体表面因黏性影响而产生剪切应力,所以物体的后方便产生涡流。附面层所导致的壁面剪切应力和物体后面的流动涡流便成为使物体产生力的原因。这些流体力当中,作用于流动方向的力称为阻力(drag),作用于垂直方向的力称为升力(lift),作用于壁面的剪切应力称为摩擦应力(friction drag)。一般情况下,流体力 $F(N)$ 采用以下的表达式来表示,而汽车和飞机的阻力系数和升力系数多表示成 C_D 和 C_L。

$$F = \frac{1}{2}\xi\rho v^2 S \text{ (N)}$$

式中,S 为物体的面积(m^2);ξ 为阻力系数,它是与物体形状和雷诺数有关的常数;v 为流体的速度(m/s);ρ 为流体的密度(kg/m^3)。

如图1.17所示,当流体在圆筒内流动时,作用于壁面的壁面摩擦应力还与管长 l 和直径 d 有关,它可由下式来计算:

$$\Delta p = \lambda \frac{l}{d} \cdot \frac{1}{2}\rho v^2 \text{ (Pa)}$$

式中,Δp 表示长度为 l 的区间上的压力下降值;λ 是管子的摩擦系数,它是壁面粗糙程度和雷诺数的函数。阻力、升力和壁面摩擦应力与动压成正比,比例系数 ξ 和 λ 取决于雷诺数和物体的形状(其中也包括表面的粗糙度)。

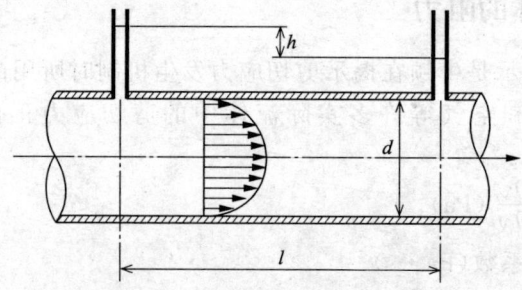

图1.17 流体在圆筒内流动的情形

主要物体的阻力系数如表1.1所示。

达尔西·惠斯巴哈公式:

$$\Delta p = \lambda \frac{l}{d} \cdot \frac{\rho \overline{v}^2}{2} \text{ (Pa)}, \quad h = \lambda \frac{l}{d} \cdot \frac{\overline{v}^2}{2g} \text{ (m)}$$

式中,λ 为管壁摩擦系数,它取决于雷诺数和管壁的粗糙程度。

表 1.1 主要物体的阻力系数

对象	条件	阻力系数
圆柱	$L/d=1, Re=10^5$	0.63
	$L/d=5, Re=10^5$	0.74
	$L/d=20, Re=10^5$	0.90
	$L/d=\infty, 10^3<Re<5\times10^5$	1.20
	$L/d=\infty, Re>5\times10^5$	0.33
	$L/d=1, Re=10^3$	1.16
	$L/d=5, Re=10^3$	1.20
	$L/d=\infty, Re=10^3$	1.90
半圆弧		1.3
半圆弧		0.4
三角锥		0.2
	$Re<10$	$20.4/Re$
	$10^3<Re<3\times10^5$	0.40
	$Re>3\times10^5$	0.10

该式表明,压力损失正比于管壁摩擦系数 λ、管子的长度 l 及流速的平方 $\bar{v}^2$。

(1) 光滑的管子。

$\lambda=\dfrac{64}{Re}$ ($Re<2320$) 流体呈层流的场合

$\lambda=0.3164Re^{-1/4}$ ($3\times10^3<Re<10^5$) 布拉修斯公式

$\lambda=0.032+0.211Re^{-0.23}$ ($Re\approx10^5\sim3\times10^6$) 尼克拉塞公式

$\dfrac{1}{\sqrt{\lambda}}=2.01\log(Re\sqrt{\lambda})-0.8$ ($Re>10^5$) 普兰特-卡曼公式

(2) 粗糙的管子。

$\dfrac{1}{\sqrt{\lambda}}=-2.0\log\left(\dfrac{\varepsilon}{3.71d}+\dfrac{2.51}{Re\sqrt{\lambda}}\right)$ 科尔布克公式

$$\frac{1}{\sqrt{\lambda}} = 1.14 - 2.0\log\left(\frac{\varepsilon}{d}\right) \quad \text{普兰特-尼克拉塞公式}$$

式中,ε/d 为相对粗糙度(管子的生锈表面的粗糙度与管子直径之比)。

1.2.5 雷诺数

1883年,奥斯本·雷诺就流体在圆形管子里流动的情形做过一个实验,当时,他已经知道管内流体的流动有两种不同状态,一种是相对平静时的层流状态,另一种是较为激烈时的混合状态。由于这两种状态下的管子摩擦损失差别很大,因此要搞清在什么样的条件下流体流动的状态会发生变化。雷诺给圆形管子里注入了一些色素,并通过改变管子直径、流体流速和黏度来观测当这些参数不同时色素的流动情形。其结果发现,当管子直径与流体流速之积除以动黏性系数所得到的值超过某个值时,色素便从原先按照丝状流动着的层流状态变成了混杂的紊流状态。图 1.18 所示为流体流动状态变化的情形。

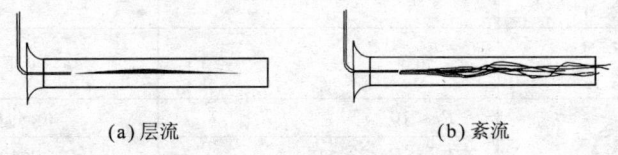

(a) 层流 (b) 紊流

图 1.18 流体流动状态的变化

雷诺根据实验结果推导出了一个无量纲比例尺度 Re:

$$Re = \frac{vL}{\nu} = \frac{\text{典型速度} \times \text{典型尺寸}}{\text{动黏性系数}}$$

这个无量纲数就称为雷诺数,它对于描述流体运动是非常重要的。

前节所提到的阻力系数也是雷诺数的函数。

流体的运动与惯性力和黏性力有关,惯性力是流体力图保持流动的力,黏性力是黏性作用力图阻止流体流动的力。

流体的质量是流体密度与体积的乘积,可表示为 ρL^3。其加速度是典型速度除以典型时间之商,若将时间表示成典型长度除以典型速度的形式,则加速度 a 为 $v/T = v/(L/v) = v^2/L$。惯性力可根据牛顿运动方程得到,即 $F = ma$。于是流体的惯性力可以表示成 $\rho v^2 L^3/L = \rho v^2 L^2$ 的形式。

另一方面,根据牛顿对流体的定义,剪切应力 τ 为 $\mu v/L$,对其乘以面

积 L^2,可得黏性力为 μvL。将惯性力除以黏性力,即得

$$\frac{惯性力}{黏性力} = \frac{\rho v^2 L^2}{\mu vL} = \frac{vL}{\mu/\rho} = \frac{vL}{\nu}$$

这样,雷诺数所表示的便是惯性力与黏性力之比。

纳维尔·斯托克斯方程是描述流体运动的重要方程,该方程的形式为

惯性力＝压力所产生的力＋黏性力

可见,雷诺数(即惯性力与黏性力之比)对于该方程式也是很重要的。

若雷诺数大,就表示黏性力比惯性力小,可以忽略,这时,只需考虑惯性力与压力所产生的力相平衡就可以了。反之,雷诺数小的流动流体中,黏性力与压力所产生的力之间的平衡则更为重要。因而,与雷诺数很大的火箭运动相比,昆虫等雷诺数小的生物移动就是在黏黏糊糊的流体中移动的。

雷诺数与纳维尔·斯托克斯方程这个流体力学基本方程有着密切的联系,这一点是非常重要的。设有两个几何形状相似的物体,它们在运动时的雷诺数是一致的。由于雷诺数一致,按照纳维尔·斯托克斯方程建立的两个数学模型就不会有什么不同。因而,对于真正的汽车和汽车模型来说,只要它们的雷诺数一致,它们运动时的流体力学性质也就是相似的。这就表明可以用模型实验的结果来估计实际车辆运动时的流体力学性质。然而在实际当中,如果所用的是尺寸缩小了的模型,实验中要么必须提高流速,要么必须改变动黏性系数,多数情况下,往往不容易与雷诺数相谐调。不过,模型与实物之间总会有其相似性,这一点对于设计开发来说非常重要(见图 1.19)。因而,设计初期阶段大都采用模型来进行试验。利用模型来进行试验,一方面所花费的成本低,另一方面变更、修改或改进也比较简便。大多数的飞机、汽车和船舶都是在考虑到相似规

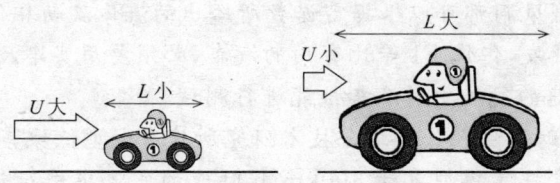

图 1.19 雷诺数相等且几何形状相似的物体,其周围流体的流动在力学上也具有相似性

律的基础上进行设计开发的。图 1.20 所示为风洞实验中所用的不同尺寸的模型。

图 1.20 风洞实验中所用的不同尺寸的模型

―――― 小常识 ――――

相似性与模型实验

莱特兄弟的人类历史上首次动力飞行是 1903 年 12 月 17 日在美国北卡罗莱拉州克特霍克沙漠里进行的。不光是莱特兄弟,向动力飞行发起过挑战的还有里里恩塔尔、凯利等先驱者。莱特兄弟成功的原因之一在于他们曾通过风洞实验验证过飞行所必需的升力。

他们之前的开发者都是在没有进行风洞实验的情况下就进行了动力飞行,经历了相当大的危险。

莱特兄弟通过风洞实验确定了效率良好的安全开发程序,因而能够以最小的风险进行飞行试验。

现在,飞机和汽车的开发都要进行风洞试验。能够装得下汽车或飞机的那种风洞,其设备规模非常大,美国的大型风洞光是测量部分就有 36m×24m。

多数模型风洞都可以根据雷诺数所给出的流体流动相似性而用于飞机和汽车的开发,但像 F1 等比赛用的汽车,必须要用实车尺寸的风洞,在 350km/h 时速的气流中对汽车性能进行测试。

在日本,财团法人铁道综合技术研究所建有大型低噪声风洞,新干线列车就是通过将其模型置于 400km/h 时速的气流中进行试验的。这个风洞的声音很小,连空气流所发出的声音都可以测量出来。下图所示为电气化列车供电弓周围气流的风洞试验情形。

电气化列车供电弓周围的气流（模型）

1.3 能量变换与损失

虽然 1L 汽油燃烧时的化学能是相同的,但有的汽车省油,其行驶的距离就长,而有的汽车费油,其行驶的距离就短。当然,这与车的质量和行驶速度有关,但人们在日常生活中常常听到的某种汽车省油或者某种汽车效率高等说法,指的并不是这些,而是关于能量变换效率的问题。能量是可以互相转换的,但在转换当中,一部分能量会损失掉。因而,如何有效利用能量的问题就成了机械设计中的重要问题。本节所叙述的就是关于能量变换与损失方面的问题。

1.3.1 热力学第二定律

从桌子上掉下来摔得粉碎的花瓶,不可能像倒放录像那样再恢复成原样。热也不可能从冷的物体上自然地流向热的物体。要想让热从冷物体流向热物体,就必须从外部做功。热力学第一定律讲述的是能量守恒问题,热从低温物体转移到高温物体上时,不会改变能量守恒的关系。但是,由于热不能自然地从低温物体转移到高温物体上,因而就把这种现象作为一条自然定律而定为热力学第二定律,表述成"热自然地从高温物体转移到低温物体上这种现象是不可能逆向进行的",或者表述成"如果不采取特殊的措施,热是不可能从低温物体转移到高温物体上的"。

1.3.2 卡诺循环

热力学第二定律指出,热能是不可能全部有效地转变成其他形式能量的。因而,如何高效利用热能的问题就成了工学上的重要问题。

卡诺提出了一个理想热机方案。

如图 1.21 所示,设有两个热源,即温度为 T_1 的高温热源和温度为 T_2 的低温热源,高温热源的一部分热量 Q_1 用于推动活塞运动,即做了功 W,所余下的另一部分热量 Q_2 释放给低温热源。设活塞的移动很慢,因而没有因摩擦而造成的能量损失。这样,便可由 $W = Q_1 - Q_2$,$Q_1/T_1 = Q_2/T_2$ 得到

$$W = Q_1 - Q_2 = Q_1\left(1 - \frac{T_2}{T_1}\right)$$

$$\eta = 1 - \frac{T_2}{T_1}$$

这就是说,卡诺循环的效率只取决于高温热源和低温热源的温度。卡诺循环是可逆循环,当两个热源的温度差不变时,它的效率比任何不可逆机构的效率都高。

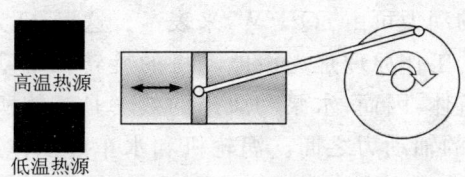

图 1.21　卡诺循环

1.3.3　流体机械中的能量变换

风车是由风力吹动叶轮旋转来产生动力的装置。风车从风这个流体中获得了能量,而风则损失了比风车所获得能量更多的风能。要分析这个流体运动中所伴随的能量转移,就要根据流体运动的能量守恒定律来导出伯努利方程式。前面所讲的伯努利方程式就是针对孤立系统而言的,这里得按从外部供给能量和对外部做功的角度来导出伯努利方程式。

下面来看图 1.22 所示的水路上放着一个水车的情形。上游的能量和下游流体所具有的能量可由伯努利定理求得。设水车从流体所得到的能量中对外部做了功的能量为 E_{out},因而按能量守恒定律可得整个水路的方程为

$$\frac{1}{2}v_1^2 + \frac{p_1}{\rho} + gZ_1 = \frac{1}{2}v_2^2 + \frac{p_2}{\rho} + gZ_2 + E_{\text{out}}$$

式中,v 为流体的速度(m/s);p 为压力(Pa);ρ 为流体的密度(kg/m³);Z 为流路的位置。

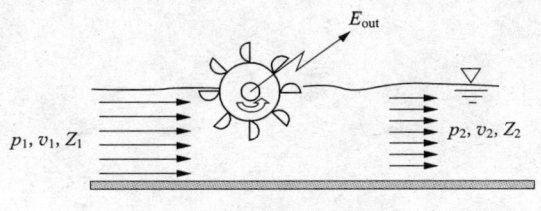

图 1.22　能量变换系统

一般情况下，水路上安装的是水泵等设备，它能从外部供给流体能量 E_{in}，再考虑到水路的壁面摩擦阻力等各种损失 E_{loss}，这时，方程式就变为

$$\frac{1}{2}v_1^2 + \frac{p_1}{\rho} + gZ_1 + E_{in} = \frac{1}{2}v_2^2 + \frac{p_2}{\rho} + gZ_2 + E_{out} + E_{loss}$$

这个方程式称为扩展了的伯努利方程式。

水泵和风车的动力可由 $\rho QE(W)$ 来表示。这里，Q 为体积流量。

水泵和风扇的工作原理是先由电动机的旋转轴带动叶片旋转，再由叶片把能量传给流体，因而，水泵和风扇的效率是流体所得到的能量（水动力）除以电动机的轴动力之商。涡轮机和水车的工作原理是先传给叶片，再由叶片带动涡轮机或水车的旋转轴转动。因而，涡轮机和水车的效率是旋转轴实际得到的能量（轴动力）除以水动力之商。与水泵和风扇情况下流体所得到的动力相比，涡轮机和水车的旋转轴所得到的动力更小。

水泵：

$$\eta = \frac{p_{in}}{p_s} = \frac{水动力}{轴动力}$$

涡轮机：

$$\eta = \frac{p_s}{p_{out}} = \frac{轴动力}{水动力}$$

水泵：输入为由电能等来转动叶轮。（轴动力）
　　　输出为由叶轮的旋转给流体供给能量。（机械能）
涡轮机：输入为由流体的运动来转动叶轮。（机械能）
　　　　输出为由旋转轴的运动来转动发电机而产生电能。（电能）

第2章

热　机

　　所谓热机（热力发动机），就是利用热能来获得机械能或电能的机械。只要不断地供给燃料，热机便能够连续运转。热机在汽车、船舶、飞机等运输机械和火力发电、原子能发电等发电厂中得到广泛应用。可以说，如果没有热机，人类的生活是难以想像的。从能量有效利用方面来说，要求热机能够以尽可能少的燃料消耗来产生尽可能多的所需能量。从保护地球环境方面来说，热机所排出的废气必须是清洁型的。

　　本章将讲述各类热机的基本构造及关于能量有效利用和环境保护方面的问题。

2.1 汽油发动机

汽油发动机具有小型轻量、输出功率比较大、能高速运转等特点,并且维护方便,环境适应性也强,它的典型代表就是汽车所用的发动机。汽车发动机已经实现了批量生产,是人们日常生活中最常见的发动机。

2.1.1 汽油发动机的基本构造

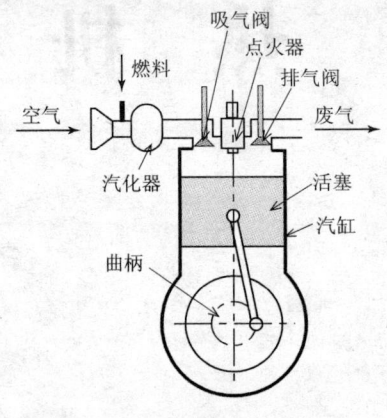

图 2.1　汽油发动机的基本构造
(齐藤·滨口·平田,2002[1])

图 2.1 示出了汽油发动机的基本构造,其构成要素大致可划分为:将燃料和空气吸入发动机内的吸气系统、使燃料和空气的混合气体产生爆炸的点火系统、用来输出实际动力的活塞和汽缸等驱动系统、将燃烧后的废气排往大气中的排气系统。此外,还有对发动机进行冷却的冷却系统、防止发动机摩擦发热以增长使用寿命的润滑系统。如图 2.2 所示,为了提高性能和降低公害,实际的汽车发动机中还加入了许多其他技术,其构造是相当复杂的。

2.1.2 汽油发动机的工作原理

图 2.3 概念性地示出了汽油发动机的工作原理,从图 2.3(a)到图 2.3(e)是发动机运转当中的一个循环过程。图 2.3(a)是吸气行程,在这一行程中,吸气阀打开,由燃料和空气组成的混合气体被吸进发动机;接着是图 2.3(b)所示的压缩行程,这一行程中吸气阀关闭,活塞向上运动,汽缸内的混合气体被压缩;图 2.3(c)是点火燃烧的情形,当活塞运动到汽缸最上端的某个位置时,点火器将混合气体点燃而发生爆炸,混合气体的压力和温度急剧上升,发动机随后便进入膨胀行程;在图 2.3(d)所示的膨胀行程中,燃气压力与汽缸外部压力(即大气压力)之差很大,活塞在这个压差的作用下向下方运动,对外部做功;当活塞到达最下端时,发动

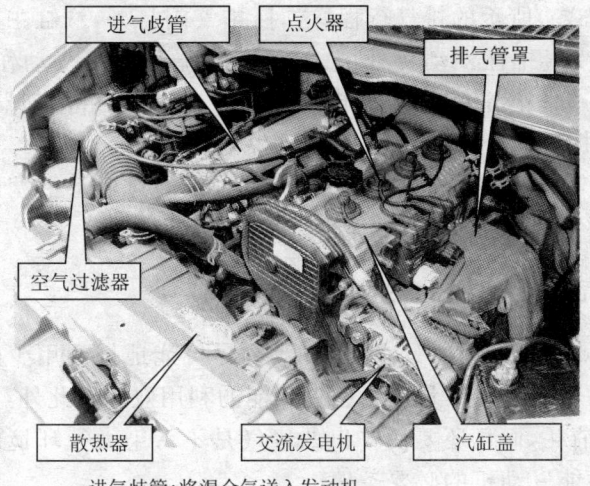

进气歧管：将混合气送入发动机
点火器：点燃被压缩了的混合气体
空气过滤器：只让干净空气进入发动机
散热器：使冷却水变冷
交流发电机：产生必要的电
汽缸盖：它的下面有四个活塞

图 2.2　汽车用的汽油发动机

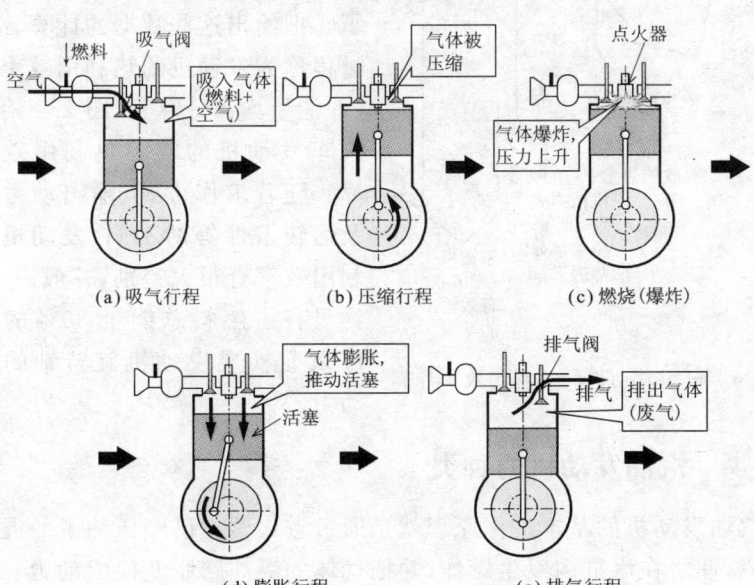

图 2.3　汽油发动机的工作原理

机进入图 2.3(e)所示的排气行程,这时,排气阀打开,汽缸中膨胀做功后的气体作为废气排往发动机外部,为下一次循环的吸气动作作好准备。废气中还有一部分余热,它将被排到大气中,也可以由冷却器加以吸收。这个过程不断地重复循环,发动机便不停地运转。

实际的汽油发动机能做平稳旋转运动,是通过驱动活塞的曲柄机构和惯性轮(亦称飞轮)的机械力作用来实现的。

2.1.3 汽油发动机的热利用效率计算

为了有效利用燃料所具有的热能,要尽可能地做到用少的燃料来产生大的动力,也就是要尽量提高燃料热能的利用效率。此外,不仅要尽量减少燃料的消耗,而且还要使排出的废气是不污染大气环境的清洁型气体,这是高性能发动机的必要条件。

燃料所具有的总能量有多少变成了发动机的实际动力(旋转轴输出动力),有多少以机械损失、冷却损失、排气损失等其他形式损失掉了?把给出这些数据的计算方法和过程称为发动机的热利用效率计算(即能量均衡计算)。图 2.4 给出了汽车发动机的实际热利用效率计算。随着工作方式、输出动力大小及运转条件等的不同,发动机的热利用效率有很大差别,一般说来,大约只有占燃料总能量 30% 的能量可以变换成发动机旋转轴的输出动力。

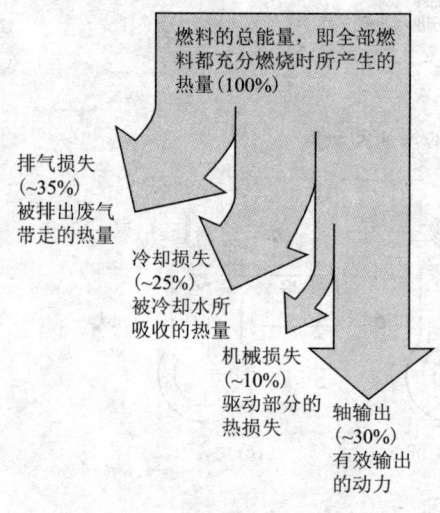

图 2.4 汽车发动机的热利用效率计算

2.1.4 汽油发动机的种类

汽油发动机的基本工作原理就是通过点火器把已经压缩了的混合气体点燃,使之在汽缸内发生爆炸,并把气体的爆炸膨胀变换成动力。无论哪一种方式的发动机,都是利用这种原理开发出来的。下面就来介绍汽油发动机的典型工作方式。

1. 二循环式发动机和四循环式发动机

按照吸气和排气方式的不同,汽油发动机可分为二循环式发动机和四循环式发动机两类,通常也称为二冲程(或二行程)及四冲程(或四行程)发动机。图 2.3 所示为四循环式发动机的工作方式,这种方式的排气和吸气是在混合气体经过压缩和燃烧膨胀做功之后,由下一个旋转来进行的。也就是说,燃烧与换气是完全分开的,发动机每转两圈只发生一次爆炸。由于这种工作方式燃料浪费少,因而有利于提高热利用率和降低公害,所以一般乘用车都采用这种四循环式的发动机。

图 2.5 所示为二循环式发动机的工作方式。与四循环式发动机不同,二循环式发动机是在燃烧膨胀后的很短时间里,利用活塞背面的空间来吸入混合气体及排放燃烧后的废气的。由于这种方式每旋转一圈都有一次爆炸,因而对于同样大小的发动机来说,它的输出动力大。并且,由于它不需要吸气阀和排气阀,因而构造简单。但是,这种工作方式是由新混合气体把燃烧废气挤出汽缸的,因而排出的废气中会含有未燃气体和滑润油,不利于大气环境保护。现在,一部分自动两轮车中还使用着这种二循环式发动机。

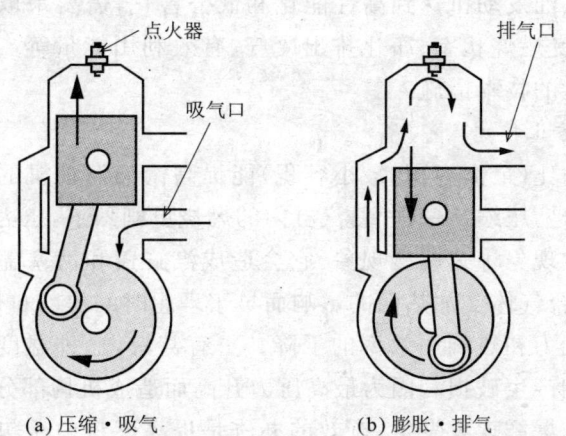

图 2.5 二循环式汽油发动机的工作原理(桧垣和夫,1996[2])

2. 旋转活塞式发动机

一般的汽油发动机是由曲柄机构把活塞的往复运动变换成旋转运动,从而输出动力。具有这种活塞的发动机称为往复式发动机。可以想像,如果不用往复运动,而只由旋转运动来构成发动机的话,则发动机的结构将会更合理,性能将更好。这样的发动机称为旋转活塞式发动机。

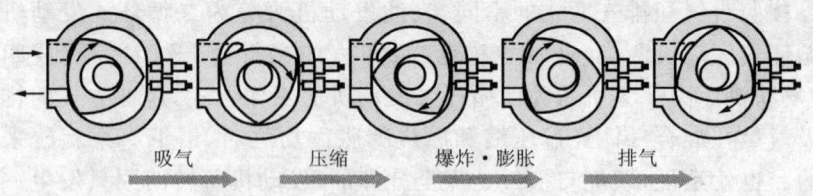

图 2.6　旋转活塞式发动机的工作原理(桧垣和夫,1996[2])

图 2.6 所示为旋转活塞式发动机的工作原理。这种发动机中使用了一种称为汪克尔转子的旋转活塞,由这个旋转活塞的偏心旋转运动形成吸气、压缩、爆炸和排气的循环。旋转活塞式发动机有很多优点。例如,因为所用部件少,所以结构很简单;因为没有往复运动中的惯性力不平衡问题,所以旋转平稳振动小等。但它有一个难点,这就是燃烧室周围的滑动部分较多,燃气难以保持密闭,并且润滑问题也较难解决。

2.1.5　汽油发动机的高性能化和低公害化

为了使汽油发动机达到高性能化和低公害化,需要采取一系列的技术措施,如改良燃烧状态、净化排出废气、有效利用能量等。下面介绍几种具有典型性的技术措施。

1. 爆震防止技术

提高压缩比(最大容积/最小容积)能提高汽油发动机的输出功率和工作效率,但是,压缩比一提高,汽缸内的燃烧更剧烈了,压力波会引起异常噪声。这种现象称为爆震现象,它会造成汽缸盖和活塞盖周围温度上升,从而使混合气体受加热面的影响而早于理想时间提前自燃,其结果是造成了输出动力和热利用效率的下降。更有甚者,这种温度上升还有可能使活塞周围产生破损和因为最高压力升高而造成机构部分的破损。

为了防止爆震现象发生,有效的办法是提高燃料中所包含的辛烷等不易引起爆震成分的比例,以及改进燃烧室形状和提高燃烧速度等。通过这些改进,现在,汽车所用的汽油发动机的压缩比已经达到了 10,比早期发动机只有 4~5 的压缩比大得多。

2. 废气的触媒净化技术

所谓触媒,就是自身并不参与化学变化,但却能促使其他物质加快化学反应的物质。在排气管道的中途放入触媒,汽缸排出的废气通过触媒后,其中的有毒物质便会减少。图 2.7 所示为汽车发动机中所用的三元触媒,它的特点是能够同时减少排出废气中的一氧化碳(CO)、碳化氢(HC)和氮氧化合物(NO_x)。为了使三元触媒充分发挥其功能,混合气体的空燃比要始终保持理论空燃比,并采用下面所讲述的电子控制装置。

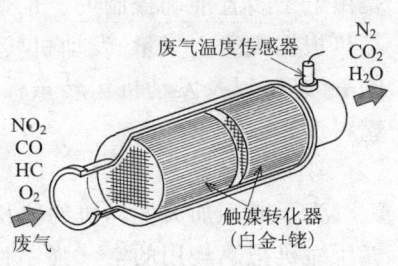

图 2.7 三元触媒的大致结构

3. 燃料喷射装置

为了使燃料完全燃烧,送入汽油发动机汽缸内的燃料和空气应该保持合理的比例。如果燃料的比例偏高,则燃烧不完全,排出的废气中就会含有未燃尽的燃气(HC);如果燃料的比例偏低,则燃烧的温度就下降,发动机的输出动力就会减小。以前的汽油发动机是采用汽化器把燃料送进汽缸中去的,汽化器是根据文丘里效应制成的。文丘里效应是一种当管子里有空气流入时管内压力会变成负压的现象。随着计算机技术的发展,现在,汽车上所用的汽油发动机已改用燃料喷射装置了。

图 2.8 是燃料喷射装置的示意,发动机所需的燃料量和喷射时间都

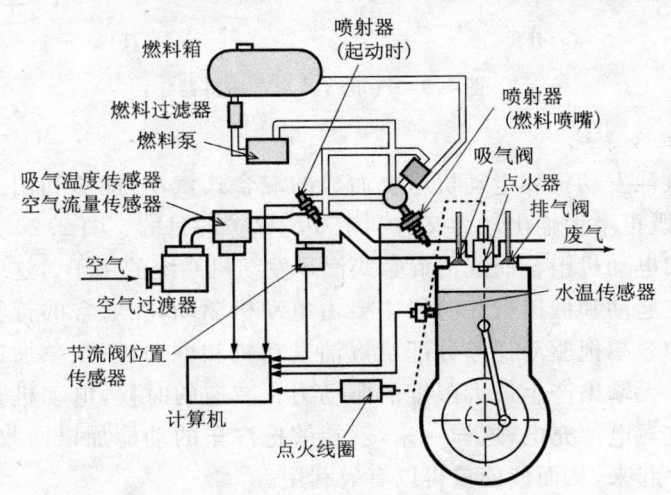

图 2.8 电子控制燃料喷射装置示意

是由电子装置准确控制的。也就是说,在往汽缸里输送燃料时,首先由计算机根据吸入空气量、发动机转数、冷却水和吸入空气的温度、排气管内的氧浓度,以及发动机运转条件等,计算出最佳燃料喷射条件,然后才把燃料送入汽缸中。

4. 涡轮式加料器

为了既不加大发动机的体积,又能提高发动机的输出动力,可采用空气压缩机把燃烧用的空气强制性地送入汽缸内,使混合气体燃烧得更充分。涡轮式加料器就是实现这种思路的装置。如图 2.9 所示,发动机排出的废气推动涡轮机旋转,连接在涡轮机上的空气压缩机便跟着旋转,把空气强行送进汽缸内。由于涡轮加料器所用的能量是废气所具有的动能,所以对发动机本身的输出动力影响很小。

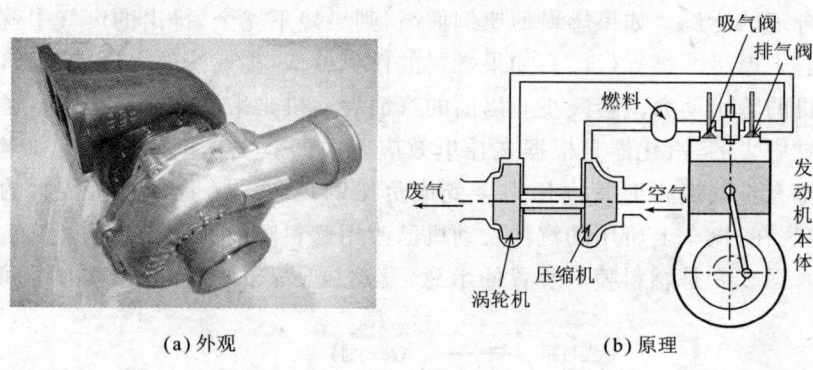

图 2.9 汽车的涡轮式加料器

5. 混合系统

由汽油发动机和电动机组合而成的混合式汽车,能够利用二者的优点,达到既可增大输出动力又有利于环境保护的目的。图 2.10 是由汽油发动机和电动机组合而成的混合式汽车发动机系统的例子。这个混合系统能够在起动和低速行驶阶段主要由电动机驱动;在通常的行驶中按照最高运转效率把驱动任务分配给汽油发动机和电动机;在急加速时利用二者的最大输出产生最大限度的驱动力。减速的时候,电动机充当发电机的角色对电池充电,这样一来,就能够把汽车的动能加以回收,变换成电能储存起来,从而使能量得以有效利用。

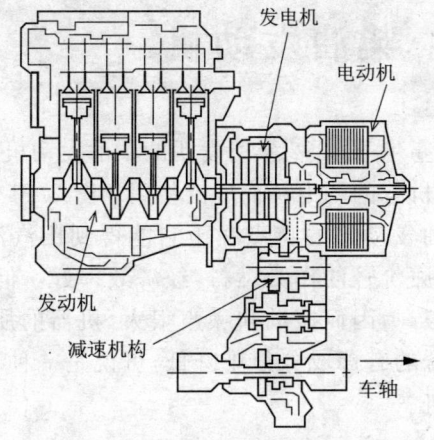

图 2.10 混合式汽油发动机
（引自丰田汽车的因特网主页[3]）

2.2 柴油发动机

德国人 R. 狄塞尔于 1892 年所发明的柴油发动机,至今仍作为汽车、船舶、固定式发电机等的动力源而广泛使用。图 2.11 是一台船用柴油发动机的照片。柴油发动机的特点在于它能得到比汽油发动机高的压缩比,能使用重油和廉价轻油作为燃料,经济效率好。但是,柴油发动机的汽缸内最高压力很高,因而振动和噪声很大,机器的质量也很大。并且,它的废气中所包含的有毒成分很难降低,可说是一种环境污染方面存在问题很多的发动机。

图 2.11 船用柴油发动机

2.2.1 柴油发动机的基本构造和特点

图 2.12 示出了柴油发动机的基本构造。从基本构造来看,柴油发动机与图 2.1 所示的汽油发动机很相似,但柴油发动机没有点火器,却具有能以高压把燃料送进汽缸中去的燃料泵和燃料喷嘴,这是它与汽油发动机在结构上的不同点。汽油发动机是在燃料和空气的混合气体被压缩之后由点火器发出火花把燃料瞬时点燃的,与此相反,柴油发动机是把雾状的燃料吹进已预先处于高温高压状态的空气中,自发地进行比较缓慢的燃烧。由于压缩比高,因而柴油发动机的热效率比汽油发动机的热效率高,在大型的船用柴油发动机中,可作为有效动力来利用的能量可达燃料

所具有总能量的40%以上。

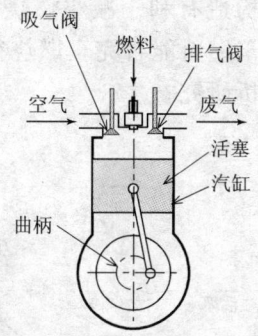

图2.12　柴油发动机的基本构造
（齐藤・滨口・平田，2002[1]）

2.2.2　柴油发动机的分类

柴油发动机可根据转数和输出功率的不同，按表2.1所示来分类。与汽油发动机相比，柴油发动机具有能够大型化的特点。例如，总长度为300m左右的货船所用的柴油发动机，其输出功率一般在20 000kW的程度，发动机的轴向长度约为12m，高度约为14m。这样庞大的尺寸，是汽车发动机所无法比拟的。

表2.1　柴油发动机的分类

类　别	转　数	输　出	用　途
高速	1000min^{-1}以上	约2200kW以下	各种通用机(包括汽车)，紧急情况下的备用发电设备，小型船舶推进主机，大型船舶的辅助发电机
中速	1000～300min^{-1}	约750～15 000kW	紧急备用发电设备，小规模常用发电设备(孤岛上所用等)，船舶用推进主机
低速	300min^{-1}以下	约4000～65 000kW	大型船舶用推进主机，中规模常用发电设备

2.2.3　柴油发动机的燃烧方式

由于柴油发动机的燃料是自己在汽缸中着火燃烧的，因而如何使燃料在规定时间内完全燃烧的问题非常重要。燃烧室(汽缸盖部分)的形状对燃烧的影响很大。燃烧室的主要形式有直接喷射式和预燃烧式两类。

图 2.13(a)所示为直接喷射式,燃烧室的形状比较简单,燃料直接喷射到燃烧室中。由于这种构造有利于减小燃烧室中的热损失,因而热效率高。所喷射的燃料流对于燃料能否完全燃烧很重要,因而,对喷嘴的形状和位置要进行充分地分析研究。

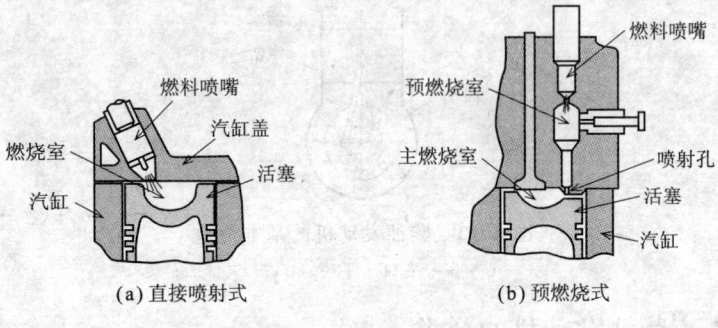

(a) 直接喷射式　　　　　(b) 预燃烧式

图 2.13　燃烧室的形式(西胁仁一,1992[4])

图 2.13(b)所示为预燃烧式,这种方式中,汽缸的上部有一个预燃烧室。燃料首先喷进预燃烧室,一部分燃料在预燃烧室中燃烧,使增大了的气体形成压力,而后,半燃烧的气体被送入主燃烧室。这种方式有利于使燃料完全燃烧,但汽缸上部的散热和燃气流所造成的压力损失较大,不如直接喷射式的热效率高。

2.2.4　减少柴油发动机废气中有害气体的措施

柴油发动机因其难以将燃料均匀地喷进高压空气中而容易产生有毒物质。下面对如何减少有毒物质的问题进行简要说明。

1. 矿物燃料的燃烧与有害成分

不光柴油发动机会排放有害物质,任何热机所排出的废气中都含有有害物质。热机所放出的一氧化碳(CO)、碳氢化合物(HC)、氮氧化合物(NO_x)、硫化物(SO_x)、黑烟等浮游粒状物质(PM)等,都是对人体有害的物质。燃烧时必然会生成二氧化碳(CO_2),它虽然对人们没有直接危害,但却是造成地球温室效应的原因,所以,二氧化碳的排出量也必须减少。表 2.2 中对上述有害物质给出了总结性说明。

这些有害物质中,HC 和 CO 可以通过燃烧温度控制、发动机的电子控制,以及利用触媒对排放废气进行后处理等措施得到大幅度减少,SO_x

表 2.2 热机所产生的有害物质

有害物质		特点
一氧化碳	CO	对人体极为有害。氧气不足的情况下,燃料不能充分燃烧,便会产生一氧化碳
碳氢化合物	HC	这里是指碳和氢的化合物的总称,即非厌燃料所排出的物质
氮氧化合物	NO_x	氮气在 2000℃ 以上的高温下与氧发生反应时所生成
硫化物	SO_x	燃料(重油)中的硫磺成分氧化后所生成
铝化合物		燃料中的铅反应后所生成,使用无铅汽油后,现已减少了
黑烟		主要是碳微粒。它是燃料中的碳在燃烧热的作用下游离出来的
二氧化碳	CO_2	它是地球温室化的原因,是含碳燃料燃烧时所生成的物质

可以通过采取燃料去硫的办法来减少。现在最大的问题就是柴油发动机所产生的有害物质 PM 和 NO_x。特别是 PM,它与杉树花粉之间的关系使其成为导致花粉症和肺癌的原因。通常的汽油发动机不会产生 PM,PM 是柴油发动机所特有。NO_x 容易在高温高压的条件下生成,并且越接近完全燃烧越易于产生。与之相反,PM 则是在燃烧状态恶劣的时候(燃料粒子附近氧气不足时)产生的。因而,要想同时使二者减少是极其困难的。

2. 柴油燃料的改进

轻油和重油都可以作为柴油发动机的燃料来使用,轻油用于汽车等设备所用的高速柴油发动机,重油用于为发电机和船舶等提供动力的大型柴油发动机。重油里原封未动地保留着原油里的硫磺成分,因而使用重油作为燃料的柴油发动机废气中历来都含有 SO_x。石油精炼过程中燃料含硫量的降低,正在使柴油发动机的燃料得到改善。

减小 NO_x 含量方面的技术也正处于开发中。采用由燃料和水混合而成的所谓乳状燃料,可以使燃烧温度降得低一些,从而使燃烧时所生成的 NO_x 减少。此外,乳状燃料在燃烧中,水分的蒸发是一种小爆炸,它能促进燃料与空气的混合,因而能减轻黑烟的发生。

3. 柴油发动机的废气净化装置

柴油发动机废气净化装置(Diesel Particulate Filter,DPF)是专为降低柴油发动机的 PM 而开发的,图 2.14 所示为 DPF 的概况。过滤器由碳化硅(SiC)陶瓷或多孔金属等高耐热性材料构成,废气中所包含的 PM

被过滤器的微细孔洞所吸取,被吸取的 PM 又被电热丝和燃烧触媒加热到 600℃以上,在燃烧反应中变成二氧化碳。

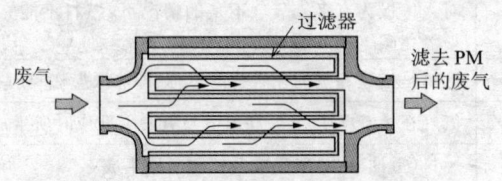

图 2.14　废气净化装置(PDF)的概况

4．其他降低公害的技术

作为其他降低公害的技术,一个方面是改善燃烧状态,如改进柴油发动机的吸气口、优化阀门的开闭时间、通过制造涡流来改良燃料与空气的混合等。

另一个方面是研究开发不用石油燃料的发动机,也就是说,新的发动机将不使用以往的轻油和重油,而使用天然气、都市燃气或者液化丙烷(LPG)等。现在,这方面的研究开发工作很活跃。这种发动机的基本构造几乎与柴油发动机和汽油发动机相同,但在气体燃料和空气的吸入方法、防止气体泄漏爆炸的安全装置等方面,又有其在构造上的特点,再加上容易减少所排放废气中的有害物质,只要准备好投运所需的燃料供应等基础设施,很有希望得到广泛普及。

――――― 小常识 ―――――

内燃机与外燃机

热机可按其工作气体(流体)获取能量的方式划分为内燃机和外燃机两类。

内燃机是以活塞或涡轮把燃料燃烧时所产生燃气本身所具有的热能变换成机械能(即产生动力)的热机,汽油发动机、柴油发动机、燃气涡轮发动机等都属于这一类,人们平时见得最多的发动机几乎都属于内燃机。内燃机的能量变换过程是直接的,工作温度高,因而具有能以小型轻量的设备获得高输出动力的特点。下图示出了内燃机和外燃机的简要对比,外燃机的工作流体需要从另外的燃烧过程中获得热能,然后才由被加热的工作流体产生动力(即变换成机械能),后面将要讲到的蒸汽机和斯特林发动机就属于这一类。外燃机的能量变换过程是间接的,其热量损失较大,工作温度达不到内燃机那么高,从热效率方面来说是不利的。外燃机的最大优点在于其不仅可以使用矿物燃料,而且可以利用自然能及其他类型的余热作为能源。

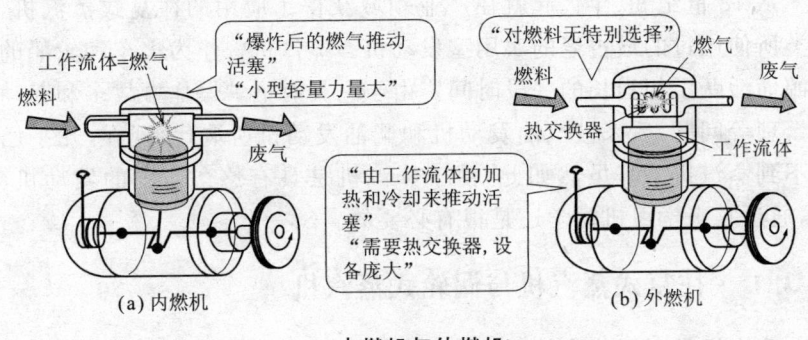

内燃机与外燃机

2.3 蒸汽机

从18世纪80年代起就在产业领域获得了应用的往复式蒸汽机,是人类所使用过的最古老的实用型发动机。蒸汽机曾作为火车和轮船的动力源而活跃了相当长的一段时间。由于它具有锅炉爆炸事故多和起动手续繁琐等问题,后来被汽油发动机和柴油发动机所取代,现在,几乎已经看不到蒸汽机了。虽然如此,由于蒸汽机是具有悠久历史的发动机,因而,通过它来学习机械学还是很有必要的。

2.3.1 往复式蒸汽机与涡轮式蒸汽机

蒸汽机是利用蒸汽的压力来工作的机器,按其工作方式可分为往复式蒸汽机和涡轮式蒸汽机两类。往复式蒸汽机是利用活塞的往复运动来获得动力的,涡轮式蒸汽机是利用涡轮的旋转运动来获得动力的。

往复式蒸汽机如图 2.15(a)所示,它由锅炉、过热器、活塞、汽缸、复

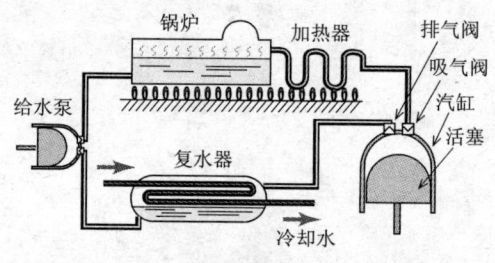

(a) 往复式蒸汽机

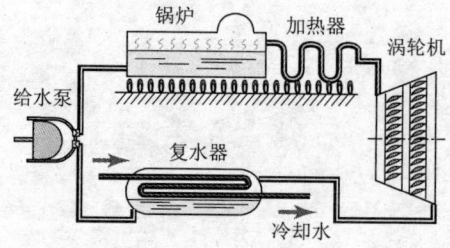

(b) 涡轮式蒸汽机

图 2.15 往复式蒸汽机与涡轮式蒸汽机(齐藤·滨口·平田,2002[1])

水器和给水泵构成,汽缸的上部安装着进气阀和排气阀。

涡轮式蒸汽机如图 2.15(b)所示,它没有往复式蒸汽机中的那种活塞和汽缸,取而代之的是一个由叶片构成的可旋转的涡轮,现在的火力发电厂和原子能发电厂中所用的蒸汽机就是涡轮式蒸汽机。

无论是往复式蒸汽机还是涡轮式蒸汽机,都是利用蒸汽膨胀时所产生的能量来工作的。蒸汽机的特点在于它的工作流体在循环过程中是有相变的,并且,由于给水泵已把工作流体变成了液相,因而提高水压所需要的动力就不大了。本章后面的 2.5 节将要讲述的燃气涡轮机虽然在基本构造上与这里所讲的涡轮式蒸汽机相类似,但在压缩工作流体的时候,燃气涡轮机需要用大功率的压缩机,而涡轮式蒸汽机所用的给水泵,功率就小得多了。

2.3.2　往复式蒸汽机的技术

蒸汽机是 T.纽卡门于 1705 年发明的,后来,J.瓦特又对其作了改进。为了提高热利用效率,瓦特于 1769 年发明了具有复水器的蒸汽机(见图 2.16)。由于这些发明,以往一直是由牛马拉动的机械演变成了由蒸汽机来带动的机械,以往需要借助于风力来行驶的船变成了蒸汽动力船,使人类的生活发生了极大的变化。

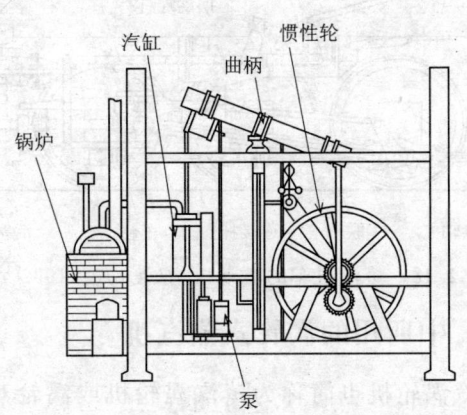

图 2.16　瓦特的蒸汽机(1769 年)(西胁仁一,1992[4])

在这些蒸汽机的开发过程中,锅炉所用的耐热材料技术和机械加工技术等许多工学方面的技术都得到了发展,其中的一个例子就是瓦特蒸汽机上所采用的离心调速机（见图 2.17）。离心调速机是个能按照发动机转数来开、闭阀门的转数控制机构，这个机构被认为是现在的控制工学的开端，它与今天由计算机所进行的自动控制有着紧密联系。

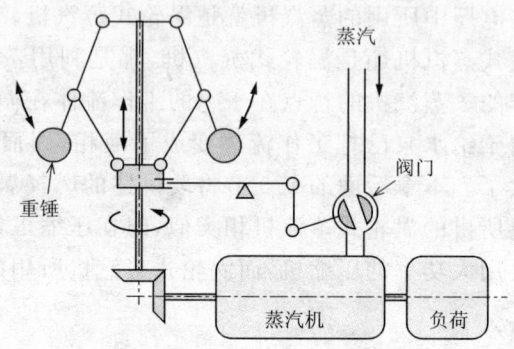

图 2.17　离心调速机

图 2.18 是蒸汽机车的驱动机构。用于把活塞的往复运动传递给多个车轮的复杂连杆机构、利用机械方式对汽缸供汽进行控制的机构等，都是采用当时的最尖端加工技术，由能工巧匠们制造出来的。

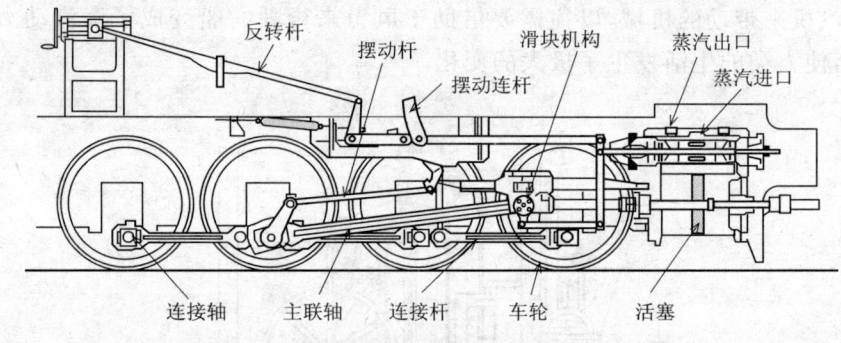

图 2.18　蒸汽机车的驱动机构（渡辺茂，1992[5]）

2.3.3　发电厂中所用的涡轮式蒸汽机

旋转式的蒸汽涡轮机也简称为蒸汽涡轮机或涡轮蒸汽机，现在主要用于火力发电厂和原子能发电厂。图 2.19 是蒸汽涡轮机用于火力发电的示意。大多数发电厂都是利用海水来冷却工作流体的。现在，火力发电厂的热利用效率约为 40%，原子能发电厂的热利用效率约为 35%，其余的热都释放到海水里去了。在复水器中，海水的温度要升高 7℃ 左右，据说这里所排出的大量温水可能会对海里的生态系统造成影响。

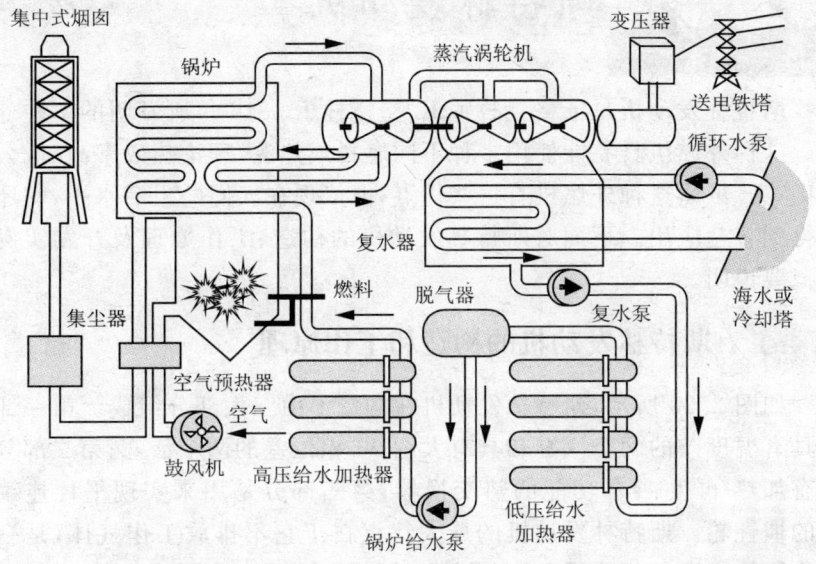

图 2.19 利用蒸汽涡轮机发电的火力发电厂
（引自东京电力公司的因特网主页[6]）

为了提高蒸汽涡轮机的热利用效率，就要通过提高锅炉的蒸汽压力来提高涡轮机入口蒸汽的温度。这种情况下，蒸汽涡轮机内的工作流体的膨胀就会加大，一台蒸汽涡轮机吸收不了这些能量。因此，发电厂所用的高效率蒸汽涡轮机都是把数台蒸汽涡轮机组合起来使用的。

2.4 斯特林发动机

斯特林发动机是苏格兰牧师 R. 斯特林于 1816 年所发明的一种外燃机。这种外燃机具有能使用多种不同燃料或热源、理论热效率高、低公害等优点。虽然这种外燃机有这些优点,但依现在人们的生活水平,却还难以得到普遍应用。下面对斯特林发动机的构造、工作原理及开发实例进行概要说明。

2.4.1 斯特林发动机的构造和工作原理

如图 2.20 所示,斯特林发动机在构造上由三大部分组成。第一部分是具有温度差的两个汽缸和具有大约 90°相位差的两个活塞;第二部分是具有加热-再生-冷却功能的热交换器;第三部分是用来实现平稳连续旋转的惯性轮。斯特林发动机的最大特点在于它不排放工作气体,是一种工作气体可以反复使用的密闭式发动机。为了有效利用热能,从而达到高效率,斯特林发动机中采用了蓄热式热交换器(再生器),这也是它的一大特点。

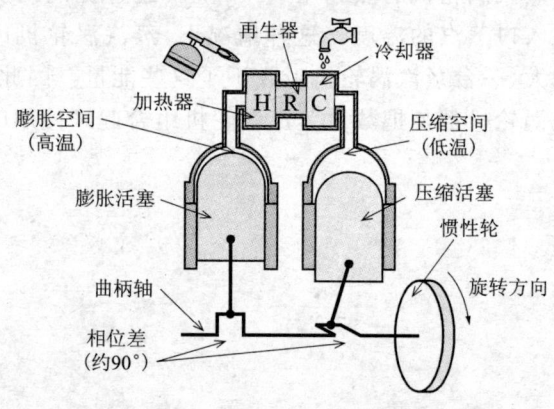

图 2.20 斯特林发动机的基本构造

为了得到实用的输出性能,斯特林发动机的高压工作气体是密封在工作空间里的。为了提高传热性能和减小热交换器中的压力损失,工作气体多采用氦气或氢气等分子量小的气体。

图 2.21 示出了称为 α 型斯特林发动机的工作原理。在从图 2.21(a) 到图 2.21(b) 的加热行程中,膨胀活塞向下运动,压缩活塞向上运动,工作气体从压缩空间(低温空间)流向膨胀空间(高温空间),发动机内部的压力上升;在从图 2.21(b) 到图 2.21(c) 的膨胀行程中,两个活塞受到工作气体的压力一齐向下运动,这时,发动机获得驱动转矩;在从图 2.21(c) 到图 2.21(d) 的冷却行程中,利用惯性轮上所积蓄的能量使曲柄轴继续旋转,这一期间,膨胀活塞向上运动,压缩活塞向下运动,工作气体从膨胀空间流向压缩空间,发动机内部的压力下降;在从图 2.21(d) 到图 2.21(a) 的压缩行程中,由于受工作气体压力与活塞背面压力之差的作用,两个活塞一齐向上运动。与利用燃气爆炸膨胀压力工作的内燃机不同,斯特林发动机在压缩行程阶段能得到驱动转矩。斯特林发动机就是按照以上四个行程不断重复着进行工作的。

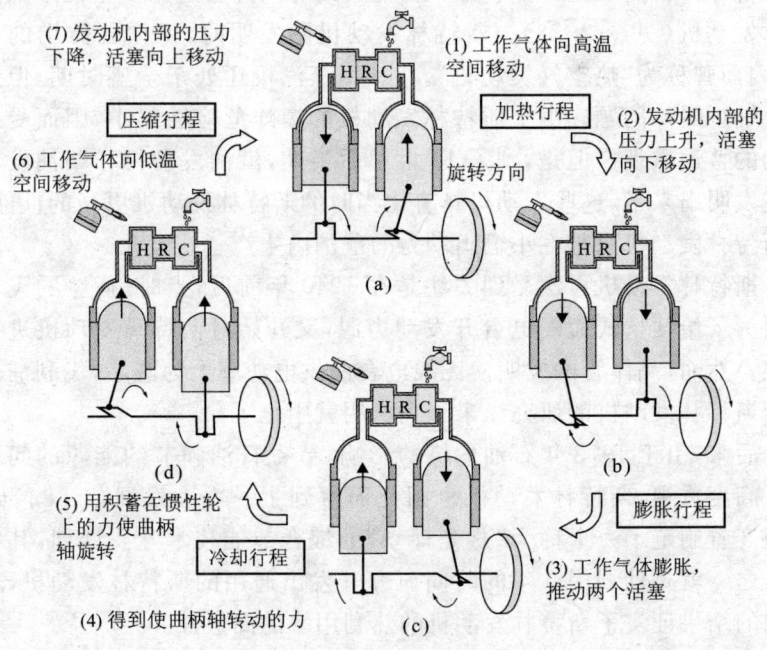

图 2.21 斯特林发动机的工作原理

如图 2.22 所示,斯特林发动机有许多不同的结构形式。这些形式虽然在具体构造上有所不同,但其工作原理是完全相同的,都是通过工作气体的流动使压力发生变化,其工作过程也都是通过不断交替重复压缩和膨胀来实现的。

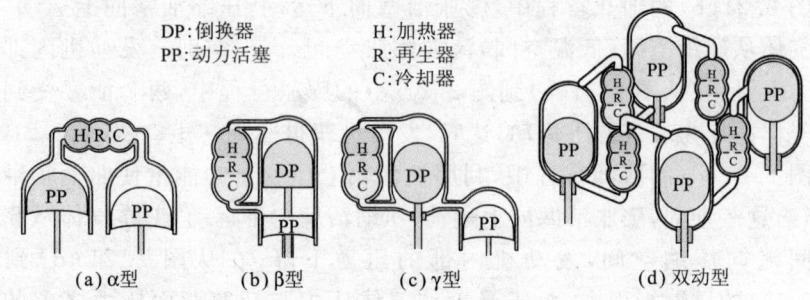

图 2.22　斯特林发动机的结构形式

2.4.2　斯特林发动机的历史和开发实例

自 R. 斯特林的发明成功以来,先后又有人开发过许多不同形式的斯特林发动机(见图 2.23)。斯特林发动机刚发明时,工作气体用的是空气,因而曾称为"热空气发动机"。当时,蒸汽机还处于全盛时期,但经常发生锅炉爆炸问题。由于斯特林发动机的爆炸危险性很小,因而受到了人们的普遍重视。但是,到了 19 世纪后半期,汽油发动机和柴油发动机已经发明出来了,这些发动机具有比当时的斯特林发动机更高的性能,因而斯特林发动机只是在小输出动力的范围内生产了一点儿。

斯特林发动机再次受到关注是在 1940 年前后,当时,荷兰的飞利浦公司为了给便携式无线电台开发动力源,又开始对斯特林发动机进行了研究。然而,晶体管的发明使无线电台的供电功率大为减小,飞利浦公司关于斯特林发动机的研究尚未得到实用就中止了。

后来,由于 1973 年石油危机的影响,节省石油和节约能源的问题受到了高度重视,斯特林发动机也因此而得到了一次大发展。1982 年,日本通产省制定了一个称为"月光计划"的综合节能技术开发计划,其中的项目之一就是计划用 6 年的时间研究开发出通用的斯特林发动机,这一研究的结果证实了斯特林发动机的热利用率的高效性。

后来虽然进行了进一步的研究开发,但由于斯特林发动机按输出动力制造出的产品平均质量较大,制造成本高,因而直到现在只是在一部分军事用的潜艇中得到了实际应用。斯特林发动机虽然在欧美已作为发电、供热、蒸汽综合系统用的发动机而产品化了,但也并未达到广泛普及。

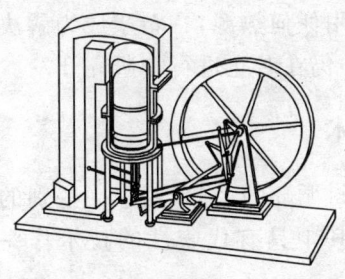

(a) R.斯特林发明的热空气发动机（1816年）

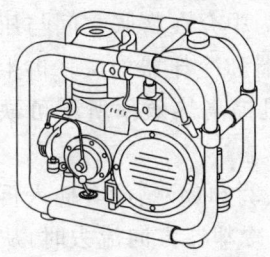

(b) 便携式斯特林发电机（1950年前后）

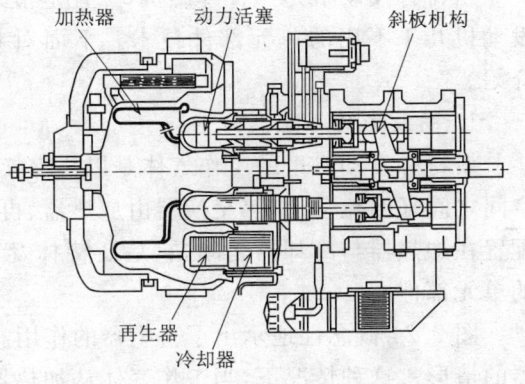

(c) 月光计划中所开发的30kW级斯特林发动机

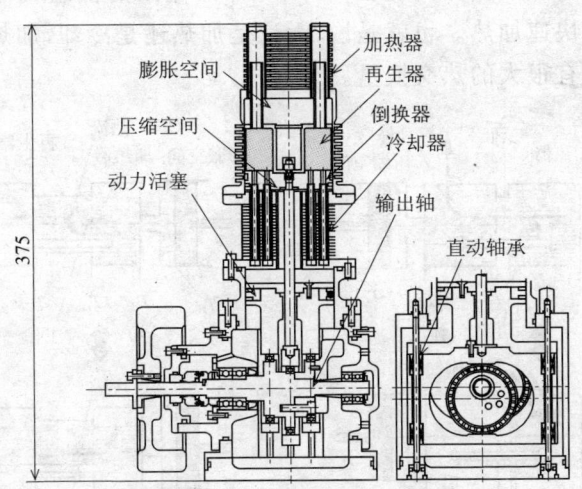

(d) 实验用的100W级斯特林发动机（1995年）

图 2.23　斯特林发动机的开发实例
（山下・滨口・香川・平田・百濑,1999[7]）

不过,由于斯特林发动机这种外燃机可以使用任何热源,有希望成为解决当今环境问题的低公害发动机,因而国内、外仍在对它进行着研究开发。

2.4.3 斯特林发动机的单元部件技术

斯特林发动机是一种外燃机,并且是密封循环的,它采用了一些别的发动机几乎不用的单元部件技术。下面对其中具有代表性的技术作一介绍。

1. 高效率的再生器

斯特林发动机里的工作气体是以热交换器为中介在膨胀空间与压缩空间之间来回流动的,热交换器由加热器、再生器和冷却器构成。再生器配置在加热器与冷却器之间,它是斯特林发动机提高热效率所不可缺少的单元部件。

图 2.24 概念性地示出了再生器的作用。图 2.24(a)是没有插入再生器的情形。这种情况下,当工作气体从加热器向冷却器方向流去时,从加热器流出的高温气体在通过冷却器期间将被快速冷却。反之,当工作气体从冷却器向加热器方向流去时,从冷却器流出的低温气体在通过加热器期间将被快速加热。也就是说,无论是加热还是冷却,加热器与冷却器之间都需要有很大的热交换量。

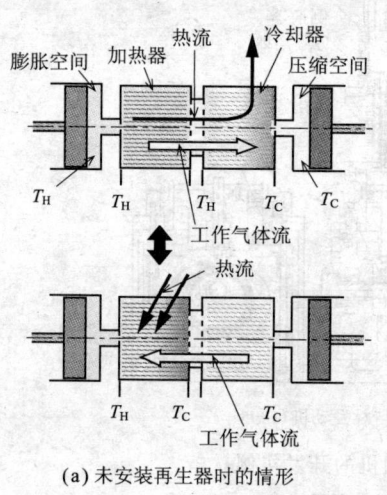
(a) 未安装再生器时的情形

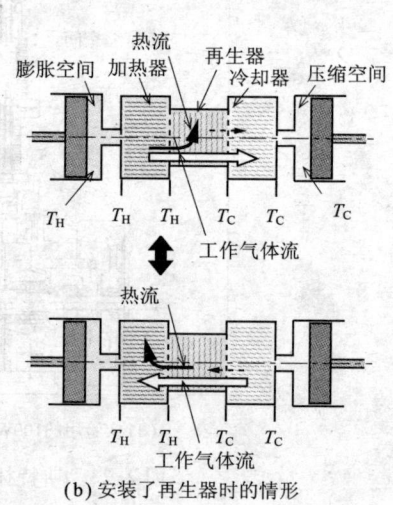
(b) 安装了再生器时的情形

图 2.24 再生器的作用

图 2.24(b)是插入了再生器的情形,这种情况下,当工作气体从加热器向冷却器方向流去时,高温气体所具有的热将储存在再生器中,从再生器再流出来时,工作气体的温度就变得相当低了。因而,即使冷却器中交换的热量较少,高温空间与低温空间之间的温度差仍然能得到保持。反之,当工作气体从冷却器向加热器方向流去时,再生器中所存储着的热则能够使再生器所流出的工作气体具有相当高的温度。也就是说,由于插入了再生器,热交换器内来回流动着的"热"得到了有效利用,从而使斯特林发动机实现了高的热效率。实际的斯特林发动机中,典型的再生器是由不锈钢制成的叠层金属网。

2. 无润滑活塞密封圈

斯特林发动机是在密闭的情况下做着循环运动的,如果活塞的密封圈采用油润滑,排不出去的润滑油就会附着在热交换器上,热交换器的传热性能就会下降,甚至造成热交换器破损。因而斯特林发动机内部的密封圈本质上是要在无润滑条件下工作的。图 2.25 示出了几种具有代表性的活塞密封圈。活塞密封圈应能阻止工作气体漏到活塞背面去,并且其摩擦损失要小,耐久性也很重要。由于它必须达到在干燥润滑状态下使用时所要求的功能和性能,因而密封圈材料的选择是非常重要的。以往所开发的许多高性能斯特林发动机中,所用的密封圈都是采用摩擦系数小、耐热性好、具有固体润滑性的含碳 PTFE 所制成的密封圈。

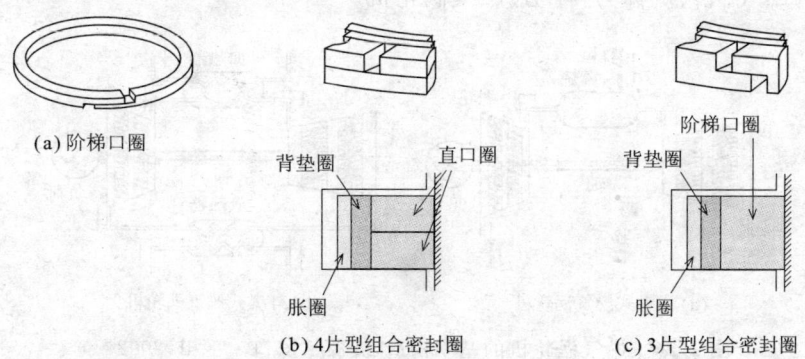

图 2.25　专门为斯特林发动机开发的活塞密封圈
(山下・滨口・香川・平田・百濑,1999[7])

2.5 燃气涡轮机与喷气式涡轮发动机

燃气涡轮机是利用高温燃气流来推动涡轮旋转从而产生机械能的热机。利用旋转运动来带动发电机的产业用燃气涡轮机、船舶推进中所用的船用燃气涡轮机、飞机上将燃气的动能作为推进力来用的喷气式涡轮发动机等都已经开发出来了。这些发动机都是小型的大功率发动机,与柴油发动机相比,它的热效率低。此外,由于它的涡轮要在高温燃气流的喷射下做高速旋转运动,因而高性能的燃气涡轮机的开发需要有高级的技术力量。

2.5.1 燃气涡轮机和喷气式涡轮机的基本构造

燃气涡轮机中,经过压缩机压缩后的空气在与燃料一起燃烧的过程中获得热能而变为高温高压气体,这个高温高压气体撞击到涡轮上时使涡轮产生旋转运动,于是,热能便变换成了机械能。如图 2.26 所示,燃气涡轮机有内燃式(开放式)和外燃式(密闭式)之分,二者都是由空气压缩机、燃烧器及涡轮构成的。此外,涡轮所排出的高温气体可以用来加热压缩机出口的工作气体,从而使热效率得到改善,这种再次利用排出废气热量的燃气涡轮机称为再生式燃气涡轮机。

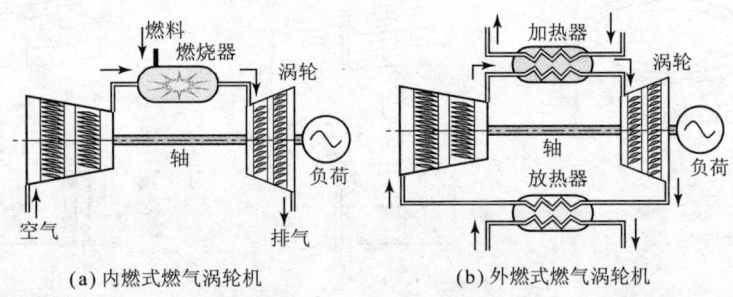

(a) 内燃式燃气涡轮机　　(b) 外燃式燃气涡轮机

图 2.26　燃气涡轮机的基本构造(齐藤·滨口·平田,2002[1])

燃气涡轮机的工作气体是稳态连续流,与具有活塞的往复式发动机相比,它能采用大流量的工作气体,适合于产生大输出动力。图2.27所示的供飞机使用的喷气式发动机就是充分利用了这一特点的发动机。

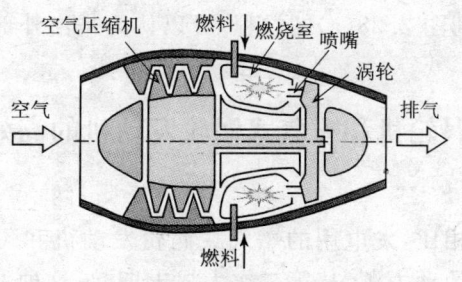

图 2.27 飞机所用的喷气式发动机(齐藤·滨口·平田,2002[1])

2.5.2 燃气涡轮机的工作原理

燃气涡轮机的工作原理如图 2.28 所示。图 2.28(a)可看作是吸气行程,气体(空气)被吸入压缩机进行压缩;图 2.28(b)可看作是受热行程,压缩过的气体被送进燃烧室,从燃料燃烧中获得热能;图 2.28(c)是做功的情形,已成为高温高压的气体一边膨胀一边推动涡轮旋转,这时,气体在对外部做功的同时,并带动压缩机吸入新的空气;图 2.28(d)可看作是排气行程,推动涡轮机旋转所用过的气体排往涡轮机外部。这里,排到外部的气体温度比新送往压缩机的气体温度还要高。从热力学的观点上来

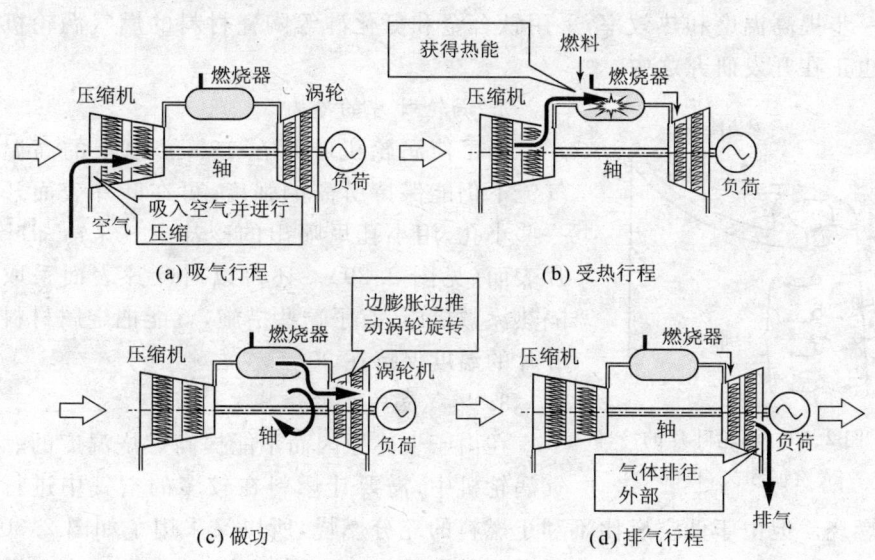

图 2.28 燃气涡轮机的工作原理(齐藤·滨口·平田,2002[1])

看从图 2.28(d)到图 2.28(a)的过程,可以认为是由外部状态对气体进行冷却的。

2.5.3 燃气涡轮机和喷气式涡轮发动机的高效率化和单元部件技术

与其他热机相比,发电用的燃气式涡轮发动机和飞机用的喷气式涡轮发动机是较新的动力源,从第二次大战末期起,这种发动机的开发就很活跃,并且在随后的几十年间取得了技术上的惊人进步,在高效率、高输出、低公害等方面获得了很大成功。下面对这种发动机的单元部件技术给予概要说明。

1. 涡轮机的材料

为了提高燃气涡轮机的热效率,就要提高涡轮机的入口温度。燃气流是连续的,燃气传给涡轮叶片的热量会使叶片表面温度上升到接近于燃气温度的程度。如果不采取特殊措施的话,将会因为用普通金属材料制成的叶片受到材料耐热性及材料强度的限制而不得不把燃气温度限制在 900℃ 以内。燃气涡轮机各有关公司各自进行了镍合金等材料的开发,现在已能使涡轮机在 1300~1500℃ 的燃烧温度下实际运行。为了进一步提高温度和热效率,采用钛合金和氮化硅等陶瓷材料的燃气涡轮机也正在开发研究之中。

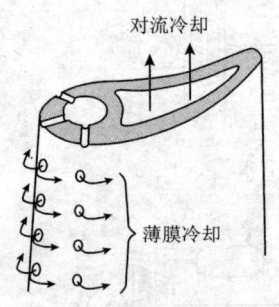

图 2.29 涡轮叶片的冷却
(桧垣和夫,1996[2])

2. 涡轮叶片的冷却

为了使涡轮机叶片在 1300℃ 以上的高温气流下仍能保持所需的强度,可在叶片表面开一些小孔,用小孔里喷出的冷却空气来冷却叶片表面(见图 2.29)。还可以对叶片表面采取隔热涂敷措施,有了这些措施,就能把金属材料叶片的温度保持在 900℃ 左右。

3. 燃气涡轮机的燃烧

在由于上述原因而不能提高燃烧温度的燃气涡轮机中,需要让燃料在较多的空气中进行燃烧。但由于低空燃比不利于燃料的充分燃烧,所以又采用了如图 2.30 所示的分阶段供给空气来进行燃烧的办法。也就是说,首先把适当空燃比的燃料点燃,然后再混入二次空气,把燃烧温度调整到适合于燃气涡轮机运转的温度。

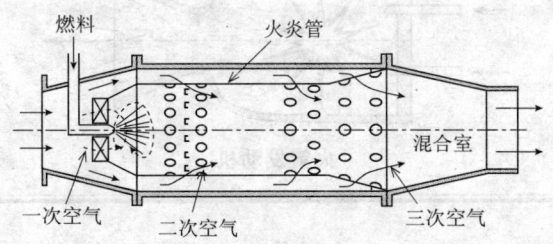

图 2.30 燃气涡轮机用的燃烧器示意(长尾不二夫,1957[8])

4. 轴承与润滑

燃气涡轮机的额定转数高达 20 000～30 000 min^{-1},其中也有超过 100 000 min^{-1} 的。为了在高温条件下保持这样高的转数,需要有高性能的轴承和高级润滑技术。在开发燃气涡轮机中,能在高温条件下得到稳定性能的空气轴承、磁轴承、用陶瓷材料制成的轴承等的研究和开发也取得了进步。

── 小常识 ──

燃气涡轮机、喷气式涡轮发动机与火箭发动机

这三种发动机都是用燃气来产生动力的内燃式热机。燃气涡轮机是指整套设备里装备着由燃气能量来转动的涡轮机的各种热机的总称,而喷气式发动机是指利用向后方喷射燃气的推力来工作的各种热机的总称。也就是说,有的燃气涡轮机并不是按喷气式发动机的方式工作的,而另一方面,实际上也存在着不具有涡轮机的喷气式发动机。

下图所示的火箭发动机中就没有涡轮机,它的工作原理是,首先由燃料和氧化剂在燃烧室内燃烧而产生高温高压燃气,然后让燃气从发动机的后方喷射出去,利用喷射时的反作用来产生推进力。在由工作气体给出动能从而产生推进力这点上,火箭发动机与喷气式涡轮发动机相同,但在火箭发动机自身带有用于燃烧喷射的燃料和氧化剂这点上,二者是不同的。正因为如此,火箭才能够在宇宙空间中没有空气的地方获得推进力而飞行。

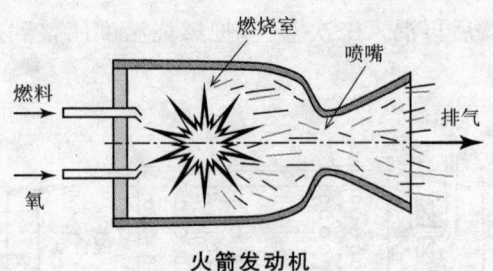

火箭发动机

参考文献

[1] 齋藤孝基・濱口和洋・平田宏一：はじめて学ぶ熱力学，オーム社（2002）
[2] 檜垣和夫：エンジンのABC，ブルーバックスB-1129，講談社（1996）
[3] トヨタ自動車ホームページ：http://www.toyota.co.jp/Showroom/All_toyota_line-up/prius/
[4] 西脇仁一：熱機関工学，朝倉書店（1992）
[5] 渡辺 茂：小事典・機械のしくみ，ブルーバックスB-885，講談社（1992）
[6] 東京電力・社会システム社ホームページ：http://www3.toshiba.co.jp/power/thermal/window/products/ka_002/index_j.htm
[7] 山下 厳・濱口和洋・香川 澄・平田宏一・百瀬 豊：スターリングエンジンの理論と設計，山海堂（1999）
[8] 長尾不二夫：内燃機関講義（下巻），養賢堂（1957）

第3章

流体机械

水和空气是人们生活中不可缺少的流体，能够输送这些流体的水泵和鼓风机都属于流体机械。本章将对这些流体机械的构造和工作原理进行叙述。涡轮式流体机械是由旋转叶轮连续地向流体供给能量的流体机械，本章将对其中的离心型流体机械和轴流型流体机械作重点介绍。无论是离心型还是轴流型，只要是涡轮式流体机械，都能够根据其角动量的变化来统一导出叶轮所做的功，并且能够利用称为比速度的形式数来规定合适的流量、压力（扬程）、转数和进行相似设计，这是涡轮式流体机械的重要特点。气蚀现象是液态流体所固有的现象，它会使泵的性能下降，产生振动和噪声，甚至造成损伤，本章也将对气蚀的问题予以说明。

3.1 流体机械的分类

3.1.1 涡轮式流体机械

涡轮式流体机械是通过叶轮旋转连续地向流体进行能量输送的流体机械。泵、鼓风机、压缩机等是向流体输送能量的机械,而水车、风车、蒸汽涡轮机等是从流体接受能量的机械。汽车中所用的涡轮式增压器中,发动机所排出的高温、高压废气先送给径流式涡轮机以得到动力,然后由这个动力来驱动与涡轮机同轴的离心压缩机,并由压缩机将空气压缩增压后送给发动机。也就是说,涡轮式增压器是由两个典型的涡轮式流体机械构成的,图 3.1 示出了汽车上所用的涡轮式增压器。

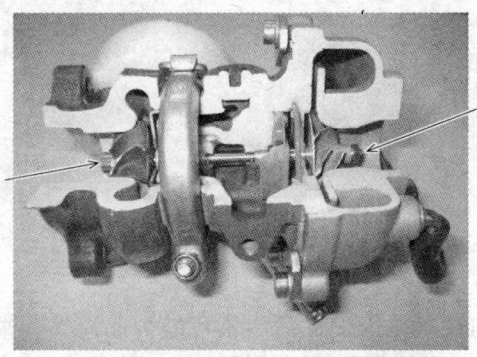

径流式涡轮机
叶轮外径:36mm

离心压缩机
叶轮外径:37mm
压力比:2.3
转数:23万min^{-1}

图 3.1 汽车上所用的涡轮式增压器
(日立报警器涡轮机系统公司提供)

3.1.2 容积式流体机械

容积式流体机械是通过汽缸与活塞或通过旋转部件与涡管之间的密闭空间容积变化来与流体进行能量交换的流体机械。自行车打气泵、齿轮泵和油压泵,空调机用的涡旋压缩机、螺旋压缩机等都属于容积式流体机械。

由于篇幅的限制,本章中就不讲水车、涡轮机和容积式流体机械了。

小常识

涡轮(Turbo)

涡轮机械中的"涡轮(Turbo)"一词来自于海螺中的一种称为"鹦鹉螺"的名称。日本涡轮机械协会会刊"涡轮机械"就曾用鹦鹉螺照片作为创刊号的封面,如右图所示。这种海螺外壳的轮廓曲线呈现出漂亮的对数螺旋状,与后面将会讲到的自由涡的流谱形状极为相似。

涡轮机械协会会刊"涡轮机械"创刊号封面的照片
(1973年11月)

1. 叶轮的名称

叶轮、涡管、导流叶片这类涡轮机械的主要部件,在不同的流体机械中往往采用着不同的名称,如下表所示。

不同流体机械中的名称

涡轮机械	叶轮	涡管	导流叶片
泵	叶轮,转子	涡管	导流叶片
离心压缩机	叶轮,转子	涡管	导流叶片
轴流压缩机	动翼,旋转翼	—	静翼,定子
水车	叶轮,转动轮	轮套	导流叶片
蒸汽涡轮机	动翼,旋转翼	涡管	静翼,定子,喷嘴

这些流体机械并不是作为涡轮机械而统一设计制作的,其原因可能在于以前泵和水车一直是独立开发设计,后来便被各个不同领域延用了下来。

2. 流体机械中的名称与人体部位名称的关系

流体机械与人类不可缺少的水和空气有着密切的关系,它的历史很悠久。因而,与流体机械有关的很多名称也采用了人体部位的名称,如眼(叶轮的入口)、喉(叶轮、叶片重叠形成流路的部位)、舌头(涡管开始打弯的部位)、腹面(翼型的压力面)、背面(翼型的负压面)、嘴(封闭型吸入管的入口)、脚(把机械固定在基座上的部件)等,左图示出的几个人体部位名称就常常被用于表示流体机械的名称。

人体部位名称

3.2 涡旋泵

3.2.1 泵的类型与构造

泵的类型可分为离心型、斜流型和轴流型，其截面形状如图 3.2 所示。这些类型是按照流体流入泵的方向与流出泵的方向的角度来划分的，其差别在于叶轮升压作用的主体是利用离心力来升压还是利用叶轮内的减速来升压。后面将会讲到一个称为比速度的关系式（式（3.22）），这个比速度与流量 Q、压力头高度 H 及转数 n 有关，它与泵的类型相对应，这种对应关系将会在决定选用什么样的泵的时候发挥重要作用。图 3.3 所示的是根据排放量和总扬程来选定泵类型的选定图。由图可见，排放量较小的应用场合适合于选用离心泵，排放量大而总扬程小的应用场合适合于选用斜流泵和轴流泵。斜流泵和轴流泵多用于排泄洪水和在火力发电厂中用作复水机的冷却水循环泵等。近年来，排水泵采用斜流泵的情况变得多起来了。图 3.4 示出了一台用于锅炉给水的高压、高温、高速多级离心泵，它的 4 级离心叶轮安装在一根轴上，叶轮的外侧设有导流叶片和回水叶片等静止流路。由于排放压非常高，因而在它的外侧又装设了一个圆筒形的涡管，以确保涡管在压力作用下不发生变形，从而保证了离心泵的可靠性。图 3.5 所示为排水和供水所用的大型可动翼涡旋斜流泵，可动翼叶轮里面安装着控制机构，这个控制机构能够在叶轮旋转当中随意地对叶片安装角（翼角）进行控制。由于它能够不依赖于泵的排放阀而通过变更叶片安装角来设定流量，因而具有能在小流量情况

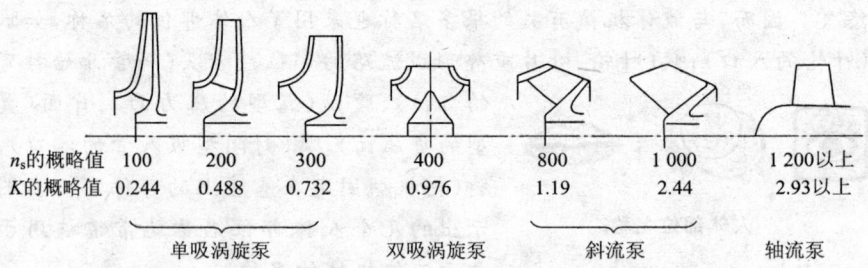

n_s 的概略值	100	200	300	400	800	1 000	1 200 以上
K 的概略值	0.244	0.488	0.732	0.976	1.19	2.44	2.93 以上

单吸涡旋泵　　双吸涡旋泵　　斜流泵　　轴流泵

图 3.2　叶轮截面形状与比速度的关系

（日本机械学会，1986[1]）

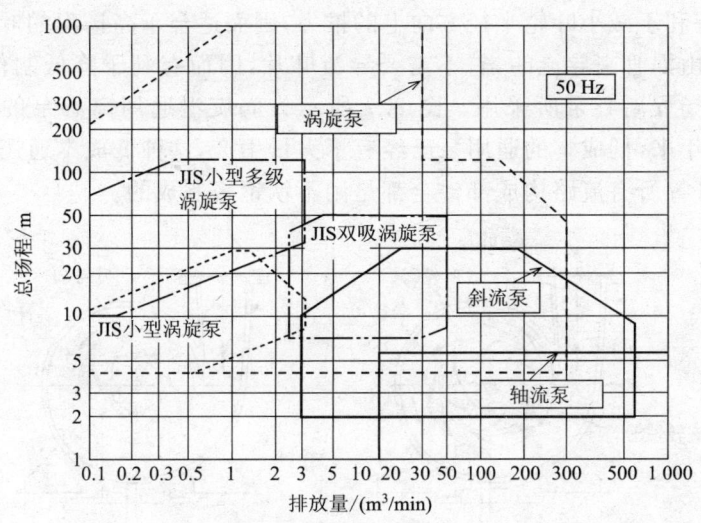

图 3.3 泵的类型与应用范围（50Hz）

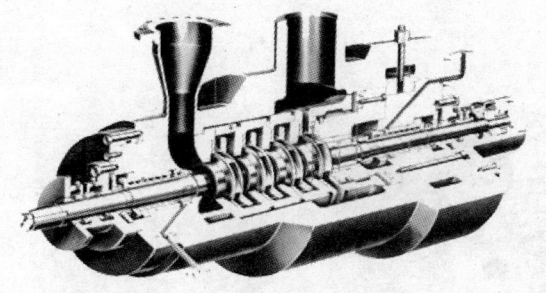

图 3.4 离心多级泵（锅炉给水泵）
（日立产业公司提供）

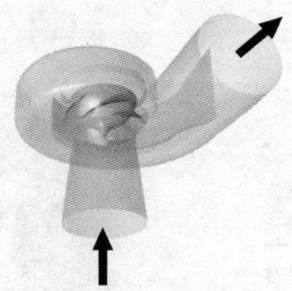

图 3.5 涡旋斜流泵
（日立产业公司提供）

下高效省能运转的优点。

　　如图 3.6 所示，离心泵是由以下主要部件构成的，即由电动机等驱动设备来驱动的旋转轴①；安装在旋转轴上的叶轮②；对叶轮所排出的流体进行减速并引导到下游去的涡管和导流叶片③，以及用来将流体导入叶轮的吸流管、用来将流体排出泵外的排流管等。在图 3.6 所示的两种不同形式的离心泵中，扩散型是由导流叶片来降低叶轮出口流体速度的，因而有利于获得高效率。另外，它的叶轮出口流路形状在圆周方向上是一样的,有利于减小叶轮半径方向上的推力,因而适合于高扬程的叶轮。涡旋型是由涡管来导流的,它不需要导流叶片,因而有利于降低制作费用,多为低扬程离心泵所采用。图 3.7 所示为涡旋型通用离心泵的实物照片。近年来,低成本的通用泵已经有了大量生产,这种低成本通用泵的叶轮、涡管等所有流路构成部件全都是用不锈钢板制成的。

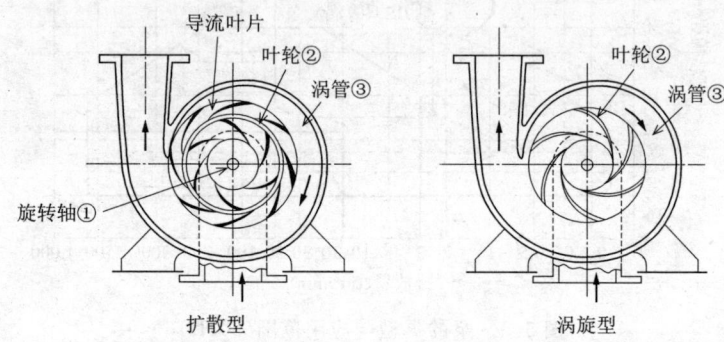

图 3.6　离心泵(日本机械学会,1986[1])

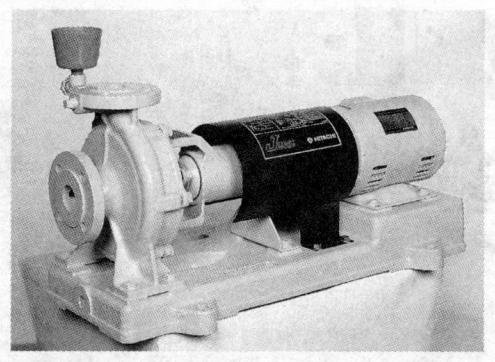

图 3.7　离心泵(日立产机系统公司提供)

3.2.2　离心叶轮的作用

下面以离心泵为例来说明涡轮机械的工作原理,所说明的原理不仅适合于离心泵,对于离心鼓风机和离心压缩机等各种涡轮机械也都是成立的。图 3.8 示出了离心叶轮入口处和出口处的流体速度三角形。所谓速度三角形,就是用叶片的圆周速度 $u(\mathrm{m/s})$、绝对速度 v 和相对速度 w 各矢量来表示叶轮某点上的流速时所形成的矢量三角形。绝对速度是指从静止侧看过去的矢量,它表示的是流体流入叶轮和流出叶轮时的流速和方向。相对速度指的是旋转着的叶轮内部的流速,在设计点上,它与叶片的方向一致。

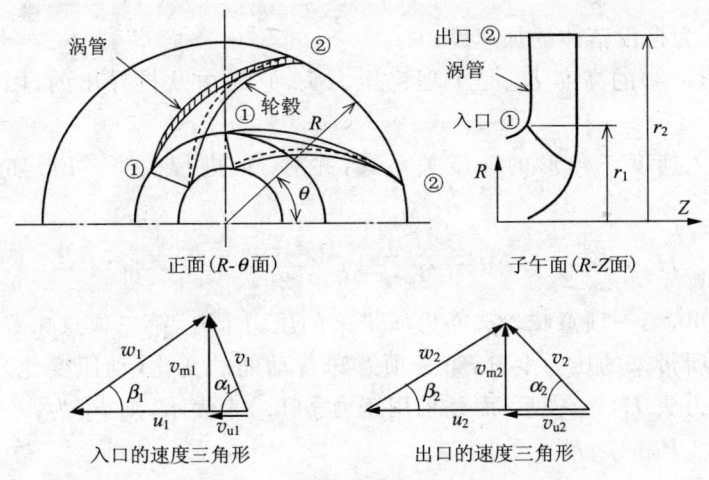

图 3.8 离心叶轮的速度三角形

根据力学定律,从叶轮入口①到出口②之间,流体所得到的角动量的变化量等于叶轮作用在流量为 $Q(\mathrm{m}^3/\mathrm{s})$ 的流体上的转矩 $T(\mathrm{N\cdot m})$。因为入口处的角动量为 $\rho Q \cdot r_1 v_1 \cos \alpha_1$,出口处的角动量为 $\rho Q \cdot r_2 v_2 \cos \alpha_2$,所以,作用于叶轮的转矩由下式给出:

$$T = \rho Q (r_2 v_2 \cos \alpha_2 - r_1 v_1 \cos \alpha_1) \tag{3.1}$$

另一方面,以角速度 $\omega(\mathrm{rad/s})$ 旋转着的叶轮在单位时间里所做的功(即动力)为

$$P = T\omega \tag{3.2}$$

设每单位质量流体所接受能量的增加量(比能(J/kg))为 ΔE,则动力 P 可表示成下式:

$$P = \rho Q \Delta E \tag{3.3}$$

式中,ρ 为流体密度($\mathrm{kg/m}^3$)。

由式(3.1)~式(3.3)可得

$$\Delta E = u_2 v_2 \cos \alpha_2 - u_1 v_1 \cos \alpha$$

给绝对速度 v 的圆周方向分量加上下标 u,则上式可表示成

$$\Delta E = u_2 v_{u_2} - u_1 v_{u_1}$$

将比能 ΔE 看作等效势能,并用流体柱高度 H 来表示,则可表示为

下式：

$$H_{th} = \frac{1}{g}(u_2 v_{u_2} - u_1 v_{u_1}) \tag{3.4}$$

式中，g 为自由落体的加速度。

式(3.4)的高度 H_{th} 是个理论压力头，它是由欧拉导出的，因而称为欧拉头。

引入速度三角形的速度关系式，并对 H_{th} 进行改写，可得如下的关系式：

$$H_{th} = \frac{u_2^2 - v_1^2}{2g} + \frac{w_1^2 - w_2^2}{2g} + \frac{v_2^2 - v_1^2}{2g} \tag{3.5}$$

这里，第一项意味着离心力所带来的压力上升，第二项意味着相对速度降低所带来的压力上升，第三项意味着动能的变化(动压变化)。如果不用压力头 H(m) 表示，而是采用压力 p(Pa) 来表示，则 P_{th} 为：

$$P_{th} = \rho g H_{th} \tag{3.6}$$

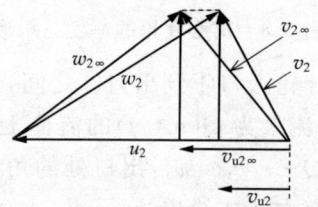

图 3.9　叶片数有限情况下的出口速度三角形

式(3.5)是叶轮出口的流体向着叶轮出口的叶片方向(叶片出口角的方向)流去的理想情况。但是，在实际中，泵叶轮的叶片数一般为 3～7 片，鼓风机叶轮的叶片数一般为10～20片，都是有限数。在叶片数有限的情况下，叶轮中的流体流出方向角将会因为叶片所产生的导流作用减小而成为比叶片出口方向小的角度，这种现象称为平滑作用(参见图 3.9)。为此，定义了一个平滑系数 k，用来表示平滑量随着叶片的出口角 β_{b2}、出口半径 r_2 及入口半径 r_1 变化的情形，即

$$\text{平滑系数 } k = \frac{v_{u2\infty} - v_{u2}}{u_2} \tag{3.7}$$

$$v_{u2} = (1-k)u_2 - v_{m2}\cot\beta_{2b} \tag{3.8}$$

式中，v_{m2} 为叶轮出口子午面速度；β_{2b} 为叶片出口角。

式(3.9)给出了典型的平滑系数表达式，即维纳(Wiener)公式：

当 $r_1/r_2 < \varepsilon$ 时,$k = \sqrt{\sin\beta_{b2}}/z^{0.7}$

当 $r_1/r_2 > \varepsilon$ 时,$k = 1 - (1 - \sqrt{\sin\beta_{b2}}/z^{0.7}) \times$
$$\{1 - [(r_1/r_2 - \varepsilon)/(1-\varepsilon)]^3\} \tag{3.9}$$

根据叶轮出口面积 $A_2(\text{m}^2)$ 和流量 $Q(\text{m}^3/\text{s})$ 所得到的叶轮出口子午面流速 v_{m2} 来表示式(3.4)中的 v_{u2},并设预旋回成分为 $v_{u1} = 0$,即得如下的叶轮扬程表达式:

$$H_{th} = \frac{(1-k)u_2^2}{g} - \left(\frac{u_2\cot\beta_{2b}}{gA_2}\right)Q \tag{3.10}$$

3.2.3 静止流路(涡管和导流叶片)

涡管(涡壳)是一种静止流路,它一边收集从涡轮流出的流体,一边使其减速,并将其引导到泵的排放口。流出叶轮的液流要这样来设定,即它既要在涡管内减速,又要在设计流量下使泵呈现最高效率,这称为叶轮与涡管的匹配。这个匹配可以像图3.10所示那样,通过两条直线的交点来求得,其中一条直线是式(3.10)所表示的叶轮理论扬程,另一条是下式所表示的涡管特性。如图3.11所示,由于涡管的喉部截面比较简单,因而下式可以通过假定它是个边长为 $B(\text{m})$ 的正方形来导出,其结果为

$$H_{th} = \frac{\omega Q}{gB} \times \frac{1}{\ln(1 + 2B/D_{sp})} \tag{3.11}$$

这里,D_{sp} 为涡管的基座圆直径。

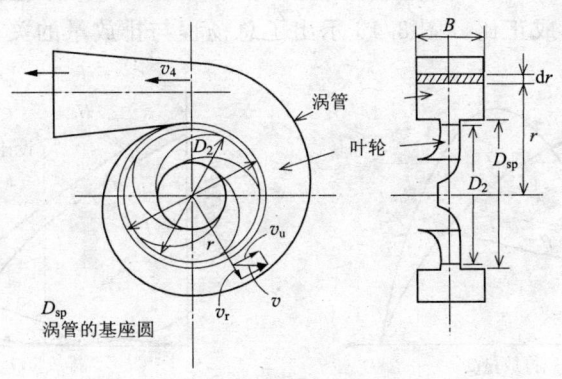

图 3.10 涡管中的液流

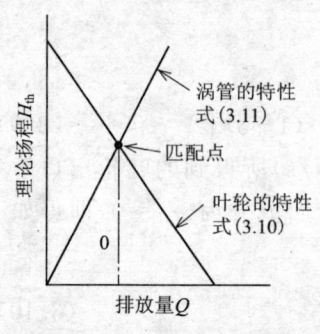

图 3.11 叶轮与涡管的匹配点

涡管中,设计流量点上叶轮出口部圆周方向的压力是均匀分布的。但在低流量区,涡管舌部内表面附近的压力最低,再往下去就呈现出面向出口增加的压力分布,因而就有一个从旋转轴心朝向舌部的半径方向的推力作用在叶轮上。另一方面,在比最高效率点大的流量区,反而是舌部内表面附近的压力最高,再往下去则呈现出面向出口降低的压力分布,因而就有一个从舌部朝向旋转轴心的半径方向推力作用在叶轮上。为了减小半径方向上的推力,高扬程的泵中没有采用涡管,而是采用了按环状配置在叶轮外径侧的导流叶片。

3.2.4 泵的性能

如图 3.12 所示,以横坐标轴表示排放量(流量),以纵坐标轴表示总扬程、轴动力和效率所绘制出的曲线,称为泵性能曲线。其中,总扬程由下式表示,即从理论扬程中减去泵的内部损失:

$$H = H_{th} - \sum \Delta h_i \tag{3.12}$$

这里,Δh_i(m)包括叶轮入口的撞击损失、流路的摩擦损失、流路内的二次流损失、叶轮出口的混合损失等,这些损失与流路相对流速 w 的动压头高度($w^2/2g$)成正比。图 3.13 示出了总扬程与排放量的关系。

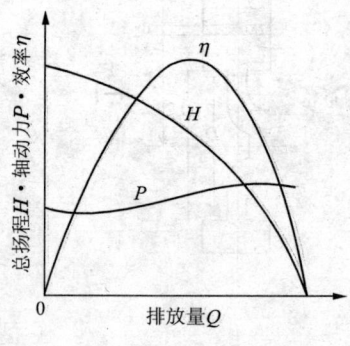

图 3.12 泵性能曲线

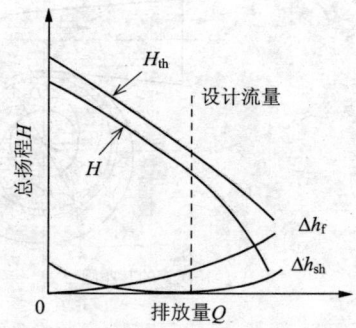

图 3.13 泵扬程曲线

轴动力可以通过在理论水动力 $P_{th}(\mathrm{kW})$ 上再加上叶轮的圆盘摩擦损失、基于漏流的损失、轴承和轴套等机械滑动损失的总合 $\sum \Delta p_i$ 来求得：

$$P = P_{th} + \sum \Delta p_i \tag{3.13}$$

泵效率作为水动力与轴动力之比可按下式求得：

$$\eta = \frac{\rho g Q H}{P} \tag{3.14}$$

为了节省能量，人们一直在为提高泵效率而毫不厌倦地进行着探索，近年来，为了减小提高效率所付出的代价，所进行的改进工作更是达到了精益求精的程度。

3.2.5 轴流叶轮的作用

下面讲述另一种典型叶轮，即轴流叶轮的作用。将图 3.14 所示的轴流泵按图中的圆筒面 A 切断后再展开成平面，可得到同图所示的直线减速翼序列。所谓减速翼序列，就是从翼序列流出的流体的速度 w_2 比流入翼序列的流体的速度 w_1 小，也就是说，它是一种具有降低流体速度的翼序列。由于一片叶片加给液流的动力 P 是作用在翼序列圆周方向上的冲量的时间变化量，因而它可以由作用在图 3.15 所示的单位宽度翼（叶片）上的升力 $L(\mathrm{N})$ 和阻力 $D(\mathrm{N})$ 表示成下式：

$$P = u(L\sin\beta_\infty + D\cos\beta_\infty) = uL(\sin\beta_\infty + \varepsilon\cos\beta_\infty) \tag{3.15}$$

式中，u 为翼的圆周速度 $(\mathrm{m/s})$；ε 为阻升比 $(=D/L)$；β_∞ 为翼出入口流入角的平均值 $(\beta_\infty = (\beta_1 + \beta_2)/2)$。

升力 L 由下式给出，w_∞ 为翼入口流速 w_1 和翼出口流速 w_2 的平均值：

$$L = \frac{C_L \rho w_\infty^2 l}{2} \tag{3.16}$$

另一方面，叶片的一个节距之间流过的流量为

$$Q = t w_\infty \sin\beta_\infty \tag{3.17}$$

于是，这个翼（叶片）所产生的理论压力头可表示成下式：

$$H_{th} = \frac{P}{Q} = \frac{C_L}{2g} \cdot \frac{l}{t} \cdot u w_\infty (1 - \varepsilon \cot\beta_\infty) \tag{3.18}$$

利用式(3.18)可以得出从叶轮轮毂到翼尖之间的几个半径 r 上的设计圆筒截面上的翼性能，再按照设计条件的要求设定出升力系数 C_L，然后便可设定所选翼形的冲角 α。

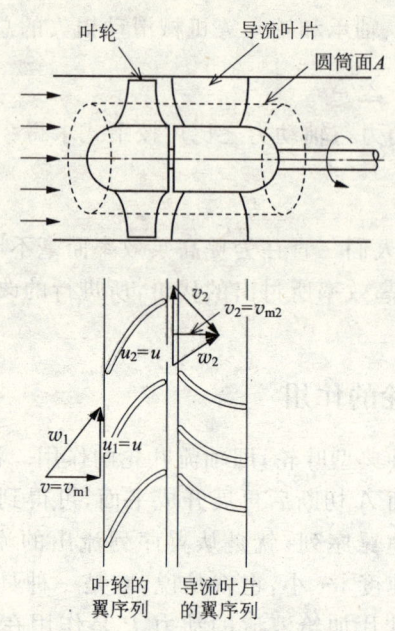

图 3.14 轴流泵与翼序列

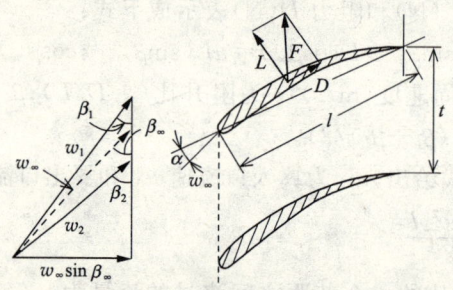

图 3.15 作用于翼的力

3.2.6 离心鼓风机和离心压缩机与离心泵的区别

这两类机械在叶轮作用原理上是相同的,但由于它们的应用场合和流体压缩性不同,因而其叶轮的形状在以下几个方面有很大差别。

1. 叶轮的出口角

泵通常采用 30°以下的出口角,而空气机械的出口角一般比 30°大,有些鼓风机的出口角可达 90°以上。泵通常是全流量域运转的,而空气机械在流量低于喘振点时就不运转了。喘振点是一个表征小流量侧发生失速现象的参数。

2. 叶片个数

如果叶片的出口角大,则叶片与叶片的重叠会使形成流路的面积变小,因而在叶片出口角大的空气机械中,广泛采用 10 片以上的叶片,并以多于泵叶片数(通常少于 10 片)的叶片来加长所形成的流路,降低叶片负荷,抑制失速现象。

3. 转 数

通常,压缩机的转数要比泵的转数大许多倍,这是因为水的密度约为空气密度的 830 倍,因而泵叶轮上所承受的流体力要比压缩机叶轮所承受的流体力大的缘故。另外,对于泵来说,还有一个由于产生气蚀而存在的极限流速问题。它也限制了泵转速的提高。

3.2.7 气蚀问题

图 3.16 所示为水的状态曲线。在压力固定在一个大气压的情况下,当温度上升到 100℃时,水就会沸腾而从液体变成水蒸气。另一方面,当水温固定在常温(如 20℃)的情况下,当压力降到该水温情况下的饱和蒸汽压力以下时,水也会变成水蒸气。这种并非由于热变化而是由于压力变化而产生状态变化的现象称为气蚀现象。在泵中,这种压力变化是由泵入口的吸入压下降和流速增大所引起的压力下降所造成的,因而当泵的转数固定时,泵入口的吸入压的下降便会导致气蚀的发生。图 3.18 所示为泵转数和排放量保持一定时泵的总扬程随着泵吸入压(NPSH,有效吸入头)下降而变化的情形,图中的曲线簇称为泵的气蚀特性。NPSH(Net Positive Suction Head)h_{sv} 可用下式表示:

$$h_{sv}=\frac{p_s-p_v}{\rho g}+\frac{v_s^2}{2g}=h_s-h_v+\frac{v_s^2}{2g} \tag{3.19}$$

式中,p_s 为泵的吸入压(Pa);h_s 为泵的吸入压头(m);p_v 为水的饱和蒸汽压(Pa);h_v 为水的饱和蒸汽压头(m);v_s 为吸入压测定位置上的流速(m/s)。

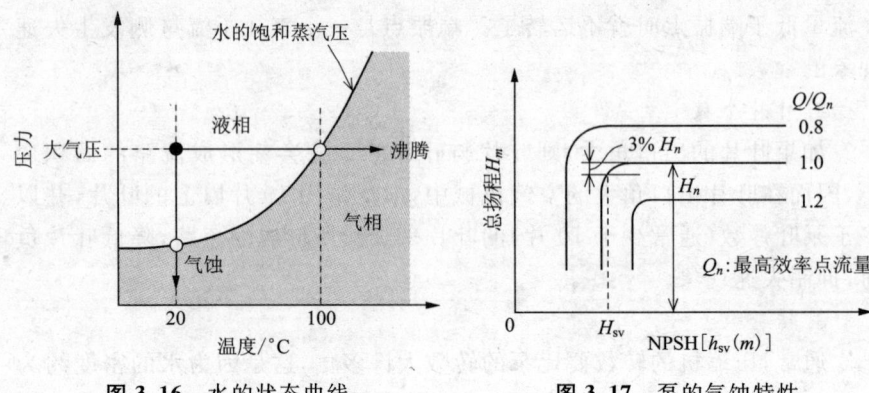

图 3.16　水的状态曲线　　　　图 3.17　泵的气蚀特性

也就是说,NPSH h_{sv}就是泵入口处的总吸入压头与饱和蒸汽压头之差,它表示的是截止发生气蚀为止的富裕度。图 3.17 中有一个当 NPSH 降低时总扬程会急剧下降的区域,以 NPSH 值较高而尚未发生气蚀时的状态为基线,当总扬程下降到比基线低 3％时,总扬程曲线上的这一点称为必要有效吸入压头(NPSH 必要值),用 h_{sv}来表示。气蚀会带来泵性能下降之类的坏影响。如果这个 NPSH 必要值低,就说气蚀性能好,它表明泵的运转性能在吸入压较低的情况下也不会下降。此外,气蚀还会带来冲击力,使泵产生噪声和振动,特别是对于高速泵来说,有时还会造成泵材料损伤(锈蚀),成为导致机械破损的大问题。

泵的高速化和小型化是技术发展的方向之一,要使这一发展方向得以实现,就要采取提高气蚀性能及防止因气蚀而造成机械损伤方面的措施。

═══ 小常识 ═══

平板翼的气蚀

以下照片是平板翼在冲角为 5°、流速为 16m/s、气蚀系数为 1.52 的情况下所发生的气蚀的照片。各个照片的内容如下:

(1) 上图是翼的负压面气蚀照片。负压面气蚀是产生、发展和溃散过程不断重复的非稳定现象,过了发展阶段,气蚀便发生分离,形成块状气穴向下游流去。

(2) 中图是从翼侧面用慢快门速度拍摄到的情形,这种情形能够用肉眼看到。

(3) 下图是用闪光灯拍摄的,气蚀呈云状,后端的块状气穴就像抛出去一样。

• 气蚀损伤

气蚀对水力机械所造成的损伤是它能腐蚀叶轮材料。这种腐蚀是当气蚀溃散时所产生的极大冲击压撞击到材料上所导致的。如下图所示,即使是用耐腐性很好的不锈钢制成的叶轮,在恶劣的条件下,也有叶片受伤情况严重到被腐蚀穿透了的例子。气蚀导致材料受伤的这种影响与流速的 5~6 次方成正比,当三相感应电动机的频率从 50Hz 提高到 60Hz 时,泵的转数虽然只增大 1.2 倍,而导致材料损伤的气蚀的强度则会达到 $(1.2)^6$ 的程度,即达到 3 倍。因而,要实现泵的高速小型化,就必须对气蚀损伤予以充分考虑。

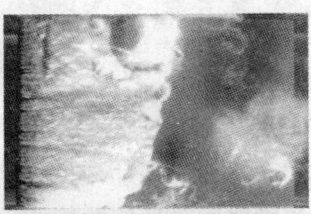

气蚀照片

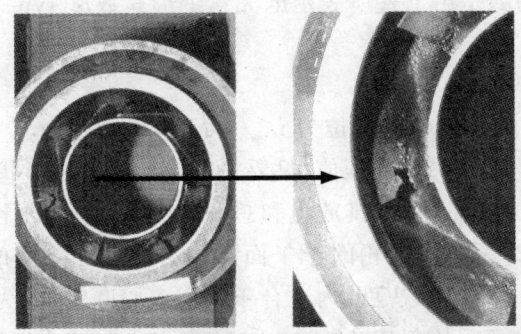

叶轮的气蚀损伤

3.3 相似律与比速度

前面曾讲过,速度三角形是涡轮机械工作原理中的基本内容。若两种涡轮机械的叶轮和流路的形状相似,则它们的速度三角形形状也将相似。故绝对速度 v 或相对速度 w 基本上与叶轮的代表性圆周速度 u 成正比,流量 Q 与速度 v 乘以流路面积 D^2 之积成正比。因速度 $v \propto U \propto nD$,故

$$Q \propto nD^3 \tag{3.20}$$

另外,从式(3.4)可知,总扬程 H 有如下的正比关系:

$$H \propto u \propto (nD)^2 \tag{3.21}$$

于是,由式(3.20)和式(3.21)可导出下式所表示的无量纲数:

$$n_s = \frac{n\sqrt{Q}}{H^{3/4}} \tag{3.22}$$

该无量纲数称为比速度。在日本,这个数通常采用 n 的单位为 $\min^{-1}$;Q 的单位为 $m^3/\min$;H 的单位为 m 时所计算出的数值。而在 ISO 的规定中,这个数采用的是由下式所表示的无量纲形式数 K(type number):

$$K = \frac{2\pi\sqrt{Q/60}}{(gH)^{3/4}} \tag{3.23}$$

式中,n 的单位为 s^{-1};Q 的单位为 m^3/s;H 的单位为 m。

比速度是涡轮机械的特征值,只要是叶轮和涡管的形状都相似的涡轮机械,即使大小和转数不同,排放量和总扬程不等,它们的比速度也必然是一样的。图 3.22 示出了叶轮的子午面形状与比速度之间的关系,也就是说,n_s 为 100~600 的大致范围内适合于采用离心叶轮,n_s 为 400~1300 的大致范围内适合于采用斜流叶轮,n_s 为 1300 以上时适合于采用轴流叶轮。在针对同一设计规格(总扬程和排放量)且使涡轮机械小型化的情况下,必然要提高转数,这实际上就是要把比速度的设计值取得大一些。由此可见,高速小型化这一涡轮机械技术发展方向也就意味着高比速度化。

另外,式(3.19)所表示的 NPSH 与泵的气蚀有关,并且,NPSH 必要值是用总扬程比气蚀发生时的值低 3% 的 NPSH 来定义的,这个 NPSH 必要值与泵的总扬程成正比。这样,就可以像定义比速度一样,再定义一

个与下式所表示的气蚀相关联的参数 S,并称之为吸入比速度。吸入比速度 S 的数值越大,表明泵的气蚀性能越好:

$$S = \frac{n\sqrt{Q}}{(H_{sv})^{3/4}} \tag{3.24}$$

式中,n 为泵的转数($\min^{-1}$);Q 为泵的排放量($m^3/\min$);H_{sv} 为所要求的 NPSH(m)。

由式(3.24)可知,当泵的吸入条件保持一定,即所要求的 NPSH 和排放量保持一定时,n 越大 S 就越大,因而泵的小型高速化也就意味着 S 的值大。这就是说,通过提高吸入性能即可达到高速小型化的目的。

═══ 小常识 ═══

比速度 n_s 与泵效率

下图是表示比速度与泵效率关系的曲线。由图可知,比速度在 300~500 的大致范围内,泵的效率最高。图中的参变量为排放量,排放量越大时效率越高,也就是说,大型泵的效率比小型泵的效率高。

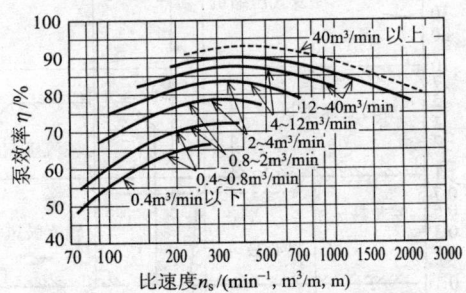

泵的比速度与效率的关系(日本机械学会,1986[1])

除了比速度以外,从式(3.20)和式(3.21)还能导出一个称为比直径的无量纲数,其表达式为

$$d_s = \frac{D(gH)^{1/4}}{\sqrt{Q}}$$

与比速度 n_s 一样,比直径 d_s 也是选定涡轮机械的类型和大小时很有用的特征数。不过,对于涡轮机械这种效率高的流体机械来说,由于 d_s 和 n_s 的关系大体上已经确定了,因而选定机械时用哪一个都行,通常多采用 n_s。

3.4 鼓风机和压缩机

3.4.1 类型和用途

一般在说到泵时,无论其排放压多么大,一律都称为泵。而用于处理气体的流体机械(有时也称为空气机械)则根据其压力增高的大小而有不同的名称:

压力增高不超过 10kPa　　　鼓风机(风扇)
10kPa 以上 100kPa 以下　　鼓风机
100kPa 以上　　　　　　　　压缩机

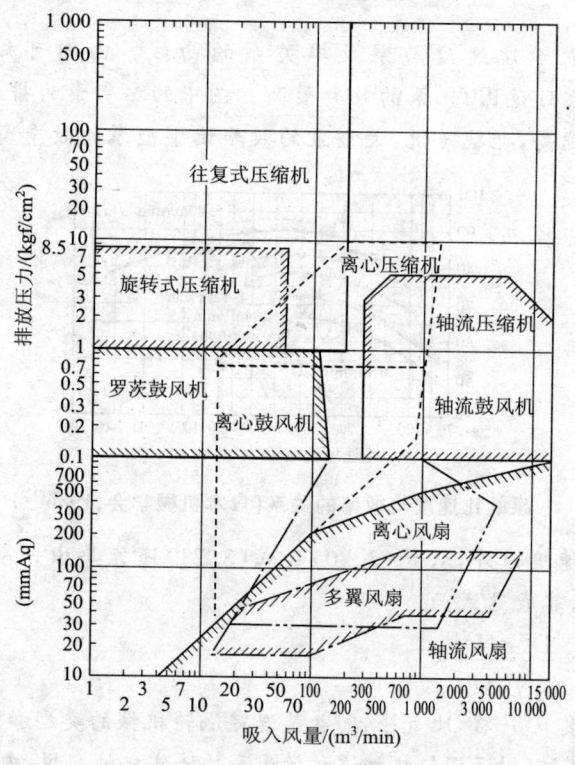

图 3.18　鼓风机及压缩机的应用区域(涡轮机械协会,1989[2])

这些鼓风机或压缩机的类型除了有离心型、斜流型和轴流型这几种与泵一样的形式之外，还有各种各样的容积型。图 3.18 示出了这些类型按吸入风量和排放压力划分的应用区域。鼓风机的应用范围非常宽，从用于计算机散热的小型风扇到用于锅炉燃烧中供给空气的大型鼓风机，各种不同领域中所用的各种空气机械数不胜数。家庭用的风扇是轴流型风扇。压缩机的应用领域可大致归纳为三个方面。

（1）家庭用的小型压缩机，主要为空调机和冰箱用的冷媒压缩机。这类家用小型压缩机并不是涡轮式，而是称为旋转式或涡旋式的容积型压缩机。

（2）产业上所用的大型压缩机，主要为涡轮式离心压缩机和轴流压缩机。

（3）喷气发动机和燃气涡轮机中所用的轴流压缩机，它们多用作燃烧空气的前级空气压缩机。

作为实际的空气机械，图 3.19 示出了一台火力发电厂锅炉通风用的大容量双吸入型离心风扇，它是叶轮直径为 4.25m 的非常大的风扇。图 3.20 所示的是用于公路隧道换气的轴流风扇，它能够双向旋转，因而能根据隧道内的风向和交通量情况向任何方向送风。

双吸入型离心风扇
叶轮直径：4250mm
风量：30 000m³/min
压力：830mmAq(8140Pa)
温度：319°C
转数：750min⁻¹
电动机输出功率：5200kW

图 3.19　锅炉用的离心风扇
（日立产业公司提供）

二级轴流风扇
风量：25m³/s
电动机输出功率：30kW

图 3.20　隧道换气所用的轴流风扇
（日立产业公司提供）

3.4.2　鼓风机和压缩机的性能

前一章对以工作流体为液体的泵进行了说明，那里所讲过的涡轮机械工作原理同样可用于工作流体为气体的涡轮鼓风机和涡轮压缩机。特别是对于排放压力低的涡轮鼓风机来说，因气体的压缩性可以忽略，故可以像看待用于处理非压缩性液体的泵一样来看待它。但在流量小于最高效率点流量的情况下，鼓风机的叶轮会产生失速现象并随之发生喘振，因而它不能在流量小于最高效率点流量时使用（参阅"小常识"）。压缩机的入口压力与出口压力之比相当高，但在多级压缩机中，后级体积流量的变小使它变得与泵不同了，越到后级，叶轮的比速度越小。

=====小常识=====

利用 CFD 来进行流体机械设计

近年来，由于计算机硬件和软件的飞速发展，利用 CFD（Computational Fluid Dynamics，计算流体力学）对流体机械内部的流体流动情况进行仿真的技术发展得非常快。现在，CFD 已经成为流体机械开发中不可缺少的技术，它的应用使开发周期大为缩短，成本大为降低。例如，在多级泵设计中，通过用 CFD 对从泵入口到泵出口整个流路的分析，泵性能的预测精度得到了极大的提高,对于开发初期的参数验证等作出了很大贡献。左图是利用仿真方法所得到的离心泵流路形状图,右图是离心泵气蚀性能的预测值和实测结果的比较,从图中可见,总扬程降低过程中的 NPSH 实验值与解析值是非常一致的。

● 总流路仿真　　● 叶轮和双重涡管仿真　　● 离心泵的仿真解析

流体流动的仿真
(网点数:400 000)

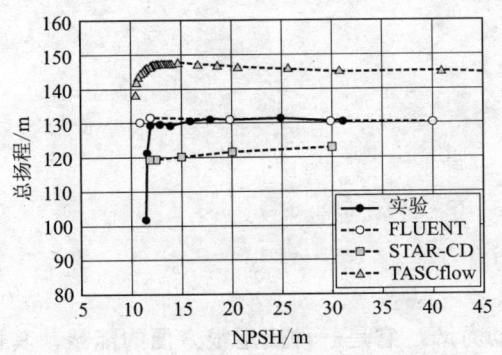

气蚀性能的实验值与解析值的比较

参考文献

[1] 日本機械学会編:機械工学便覧,応用編,B5 流体機械,B5-21,日本機械学会(1986)

[2] ターボ機械協会編:ターボ機械,入門編,140,日本工業出版(1989)

第4章

能量的利用

　　电是机械的动力源，它是一种使用很方便的能量，其使用量有增加的趋势。日本发电所用的基本资源是水资源和煤炭、石油、天然气等矿物资源，现在，核燃料资源所占的比例在不断增加。

　　日本是个资源贫乏的国家，加上还要考虑保护地球环境的问题，这就要求针对电力需求量的增加采取相应措施，在上述基本资源的基础上综合利用自然界的风力、太阳光、生物能、氢能等资源来获得电能。

　　本章将以自然能的利用为中心来简要说明能量利用问题，其中包括一些实际的例子。

4.1 风力发电

4.1.1 风力发电的原理和风车的构造

1. 原理

古人曾用风车来取水灌溉,那时所利用的是风力吹动风车旋转所产生的机械能。20 世纪 80 年代初,利用风车的旋转力来发电的技术得到了实用化,此后,日本各地建立了许多称为风场的大规模设施,利用风力来产生电能。风的能量密度很小,只有当风量达到一定程度时,发电才能进行,这是它的一个缺点。另外,风力发电受地形因素的影响也很大。

近年来,随着风车的大型化,装置性能分析技术、设置场所风况分析技术、利用计算机进行仿真的技术都有了很大发展,从而促进了如何高效利用不断变化着的风能,如何对风力发电所产生的电能进行输出控制,以及如何合理利用风力发电的电能等一系列相应技术的迅速发展。图 4.1 是一个实际风场的照片。

图 4.1　风场实例(青森县龙飞崎)

2. 风车的种类

风车有两种分类方法,一种是按翼的形状进行分类,另一种是按旋转轴的安装方向进行分类。

(1) 按翼形状分类:

① 阻力型。阻力型风车是指利用翼面上(接受风力的面,受风面)所作用的阻力来驱动风车的。这种风车的构造很简单,但风车旋转速度不

可能超过吹到翼面上的风速。

② 升力型。升力型风车是由作用在翼面上(接受风力的旋转叶片)的升力(使物体飘浮的力)来驱动风车的。这种风车的效率高,风车速度可以达到吹到风车上的风速的4~8倍。

(2) 按旋转轴安装方向分类:

① 水平轴型。多翼型风车(美洲农场型)、荷兰型风车及螺旋桨型风车属于这一类。这类风车的翼旋转轴是对准风向平行安装的,现在的风力发电厂中大都采用这种方式。

这种风车的构造比较简单,效率高,易于大型化。但由于它依赖于风向,因而需要有能将旋转翼对准风向的驱动装置。由于翼片较长,因而需要搭建高塔来支撑安装轴承等重物件。

② 垂直轴型。叶片型风车、萨伏纽斯型风车及达里厄斯型风车属于这一类。这类风车的翼旋转轴是对准风向垂直安装的,风力发电中的小型风车多采用这种方式。

这种风车起动时需要较大的转矩,效率比水平轴型风车的效率差,但具有噪声小、易于建造和易于维护等优点。它不受风向的制约,重物件可以安装在旋转轴的基座上。

图4.2所示为各种风车的特性。

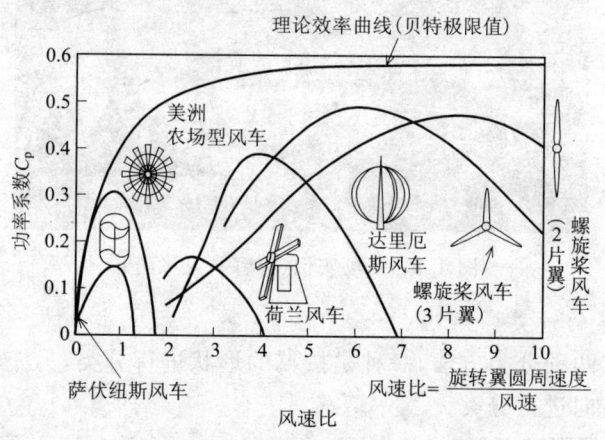

图 4.2　各种风车的特性(佐藤義久,2002[1])

4.1.2 风力发电的效率与发电系统的构成

1. 效率(风车效率)

根据德国人贝特所证得的"贝特定律",当从风速中取出能量时,在风速的 2/3 作为风车旋转力而剩下的 1/3 向风下侧流去的情况下,能够回收到最大的动能。

根据风能密度与风速的关系,理想风车在理论上最多能达到大约 60% 的效率。此外,再考虑到机械损失和发电机的效率问题,各种风车所能得到的电能大约只占风能的 25%～35%。

当把风能变换成机械能时,风所具有的动能与风速的 3 倍成正比,也与受风面积和空气密度成正比。如果风速加倍,则风能增大到 8 倍,因而,建设风力发电厂的时候,前提条件是要选择风大风多的地方,以便得到高发电效率。

在风力发电中,既要考虑风车的效率,又要考虑整个系统的运行效率,并且要在考虑设备效率的基础上采取防雷措施和降低设备故障率,从而提高整个系统设备的利用率和保证系统正常运行。

2. 发电系统的构成

风力发电系统是先把风能变成机械能,然后再把机械能变成电能的,如何得到高的发电效率是构成风力发电系统时要考虑的基本问题。

(1) 发电机的种类及特点:

① 感应发电机。它是一种利用输电线交流电源的交流电流来产生磁场的发电方式,其特点如下:

- 不需要励磁装置,因而结构简单、易维护、造价低。
- 电压控制受到系统电压的约束。

由于它是以系统的电源作为励磁电源的,因而停电时无法发电。

② 同步发电机。它是一种利用单独的电源由励磁装置产生磁场的发电方式,其特点如下:

- 需要有励磁线圈和励磁装置,结构复杂,造价高。
- 励磁装置要经常检查维护。
- 能独立运转和进行电压控制。

近年来,不用励磁装置而采用永磁铁作为转子的发电机多了起来。

(2) 系统连接方式:

① AC 连接方式。该方式用于感应发电机型系统,发电机所发出的

交流电能直接连接到商用电力系统中(见图4.3)。

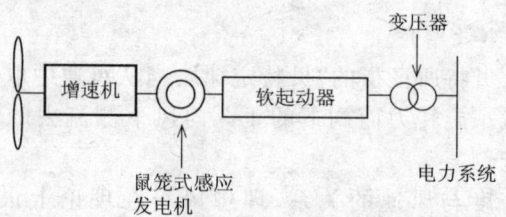

图4.3　AC连接方式(三菱重工业(株)[2])

② DC连接方式。该方式用于同步发电机型系统,发电机所发出的交流电要先变换成直流电,然后再次变换成交流电(参见图4.4)。这种方式不会因为发电机转数的变化而对商用电力系统的频率造成影响。

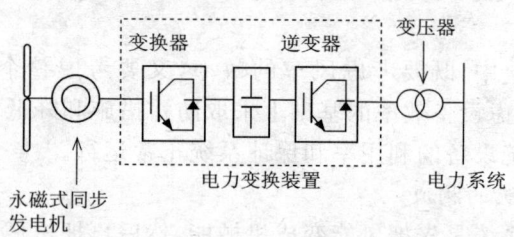

图4.4　DC连接方式(三菱重工业(株)[2])

(3) 运转控制方法:

① 固定翼(失速控制)方式。它是一种利用翼片所具有的失速特性来控制输出功率的方式,当风速超过规定值时,翼片失速,输出功率下降。这种方式的构造比节距控制方式的构造简单。

② 可动翼(节距控制)方式。它是一种根据风速(即输出功率)改变翼片的节距角度(倾斜角度)从而达到运转控制的方法。当风力过大时,翼片的倾斜角度将变为与风向平行,发电机转子便停止转动,使输出功率下降。

(4) 典型风力发电系统构成[3]:

① 固定翼系统。

[固定翼(失速控制)＋增速齿轮＋感应发电机;AC连接方式]

特点:构造单一,结实,造价低;可靠性高;输出功率受风速变化的影响大;系统并联时的冲击电流大;增速齿轮的噪声大;翼片撞击风的声音较大。

② 可动翼系统。

[可动翼(节距控制)＋增速齿轮＋感应发电机；AC 连接方式]

特点：有恒速型和变速型两种方式；输出功率受风速变化的影响稍微小一些；系统并联时的冲击电流大；增速齿轮的噪声大；翼片撞击风的声音稍微小一些；造价和可靠性居于中档。

③ 可动翼系统。

[可动翼(节距控制)＋同步发电机＋逆变器；DC 连接方式]

特点：因其为可变速运转，所以发电量多；风速变化对输出功率的影响小；系统并联时不产生冲击电流；没有增速齿轮，因而既无噪声，可靠性又好；翼片撞击风的声音小；电气部件多，造价高。

3. 技术方面的课题和今后的发展方向

以低风速高效发电机开发和单台 5000kW 风力发电机实用化为首的机器研发工作已经取得进展，当前的首要任务是输电网连接和扩充的问题。此外，日本的人口密度很大，如何依据对发电机固有噪声和翼片迎风啸声的考虑来确定合适的设置场所也很重要，与欧美各国相比，日本国土上空的大气湍流严重，为了确保风况良好，当前正在积极致力于建立远海风力发电站的工作。

今后的课题是如何在发展风力发电这种取之不尽的清洁能源的同时，实现人与自然环境的友好共存。例如，从保护景观的观点出发，将风力发电站设置在国立公园中，对飞鸟撞在输电线上引起放电等问题采取有效对策等。图 4.5 所示为丹麦的海上发电站。

图 4.5 丹麦的海上发电站实例[4]

4.2 太阳光发电

4.2.1 太阳电池的原理和实用型太阳电池板的构成

1. 太阳电池的原理

太阳电池是一种半导体器件。半导体里面有一些带负电的自由电子和带正电的空穴,当太阳光照到半导体上时,半导体里面的自由电子和空穴的数目就会增加,这种现象可以用来产生电能。

不含杂质的半导体中,自由电子与空穴的个数相等,称为本征半导体。当本征半导体中掺入了锑、磷等杂质时,半导体中的自由电子数就多于空穴数,这样的半导体称为 n 型半导体。如果本征半导体中掺入的是铝、镓、硼等杂质,则这种半导体中的空穴数多于自由电子数,称为 p 型半导体。

把 n 型半导体和 p 型半导体紧紧地靠在一起形成一种称为 p-n 结的结构,给 p 型半导体一侧安装上一个电极,称之为正极;给 n 型半导体一侧也安装上一个电极,称之为负极。如果在正、负电极之间接一个负载(如电阻),当太阳光照在这个 p-n 结上时,负载电阻上就会有电流单方向流动,这就表明,太阳光的能量被变成了电能。如图 4.6 所示。

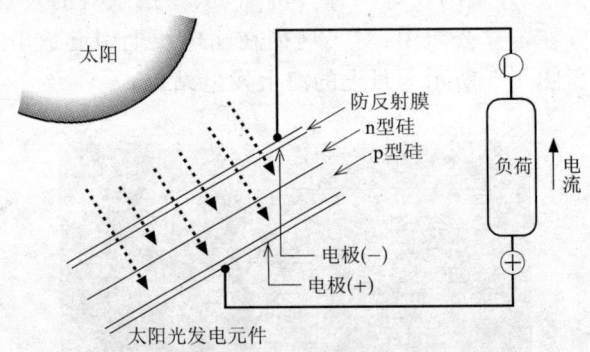

图 4.6　太阳光发电的原理(NEDO,2000[5])

2. 实用型太阳电池板的构成

实际的太阳电池产品现已制成了系列化单元,按其尺寸大小,共有对角线长度为 10cm、12.5cm、15cm 三种。

将几十片这种单元太阳电池组装在一个能在露天里全天候保护太阳电池正常工作的封装盒子里,构成一个比系列化单元大的单元,称之为太阳电池模块。

为了得到所需的发电量,可以再将必需片数的太阳电池模块按照串联和并联的规律连接成一个阵列,称之为太阳电池阵列。

图 4.7 所示为太阳电池的阵列、模块及单元之间关系的示意图。图 4.8 是个实际的阵列设置例子。

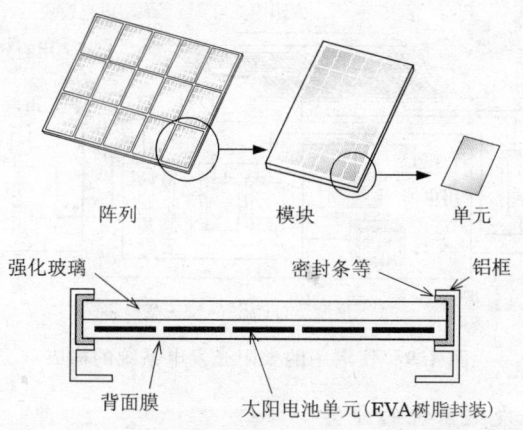

图 4.7 太阳电池模块的构成(NEDO,2000[5])

图 4.8 太阳电池阵列设置实例(东京电力(株)富士支社)

3. 太阳光发电系统的构成

一般的太阳光发电系统可由以下几部分构成(见图4.9):

① 用来接收太阳光并产生直流电的太阳电池阵列。

② 用来储存太阳电池阵列所产生直流电的蓄电池。

③ 用来把太阳电池阵列所产生直流电变换成交流电的逆变器。

④ 用电器(即负荷设备或简称负荷)。

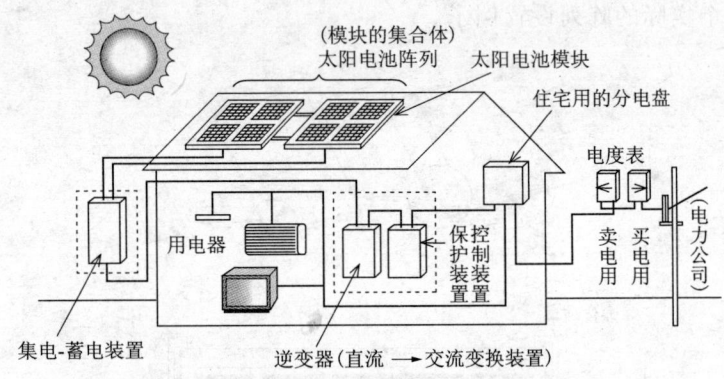

图4.9 住宅用的太阳光发电系统的构成

4. 太阳光发电系统的分类

太阳光发电系统一般可按应用方式分为独立系统和连接电力网的系统两大类。在这两种应用方式的基础上,又可按有无蓄电池和负荷用电方式(直流还是交流)的组合情况分为不同的实际应用系统。

(1) 独立系统(见图4.10)。独立系统是指不与电力公司的商用电力系统(配电线路)相连接的太阳光发电系统。这种系统通常用于以下场合:

① 用作便携设备的电源。

② 只用太阳光发电的电力能确保用电需要而不必依赖其他电力系统支持的应用场合。

③ 因为离电力公司的供电系统较远而无法由商用电力系统供电的地方。

④ 想要节省构成系统的机器之间的电气配线工程的场合。

(2) 连接电力网的系统(见图4.11)。当太阳光发电系统与电力公司的商用电力系统连接在一起时,如果太阳光发电系统所发的电除了供应自己的用电设备外还有剩余,所剩余的电力可以卖给电力公司。反之,如果太阳光发电系统因负荷设备用电量增加而供电不足,太阳光发电系统又可从电力公司买电,从而保证用电的稳定性和高效性。

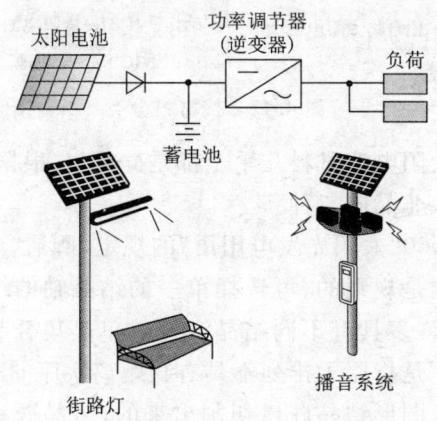

图 4.10 独立型太阳光发电系统(日本电机工业会,1997[6])

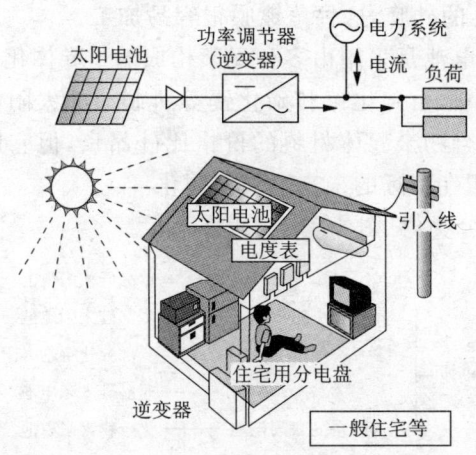

图 4.11 连接电力网型太阳光发电系统(日本电机工业会,1997[6])

4.2.2 太阳电池的种类及效率

太阳电池的分类方法有两种,一种是按材料分类,另一种是按构造分类。

(1) 按材料分类(见图 4.12)。

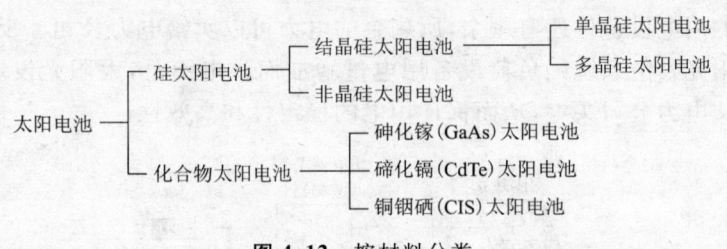

图 4.12 按材料分类

现在所用的太阳电池材料几乎全都是硅材料,根据其制造方法,可分为单晶硅、多晶硅、非晶硅三种。

按照 JIS C 8960"太阳光发电用语"的规定,所谓"单晶",是指构成结晶材料的原子排列是规则的、可选择单一的结晶轴的结晶物质的一般称呼,"多晶"是指由许多具有不同结晶方位的单晶集合起来所形成的结晶状态。所谓"非晶"是指原子排列不具有长距离次序的准稳定固体状态。

单晶硅片是从圆形结晶硅棒切割出来的,多晶硅片是从立方结晶硅棒切割出来的,它们的形状难以弯曲。非晶硅是蒸镀在玻璃基板上的一层厚度小于 $1\mu m$ 的硅膜,这种蒸镀膜很容易加工。

化合物太阳电池是采用由多种元素构成的半导体化合物制成的。作为替代硅的新材料,由砷化镓和碲化镉等所制成的太阳电池正在进行开发。虽然这些化合物半导体材料的价格比硅昂贵,但它的光电变换效率比单晶硅高,有望在不远的未来达到实用化。

(2) 按构造分类(见图 4.13)。

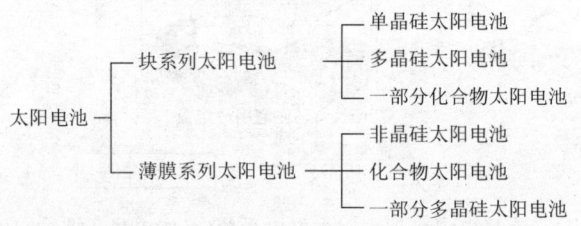

图 4.13 按构造分类

块系列太阳电池是通过把晶体材料加工成板状制作而成的太阳电池,与此相反,薄膜系列太阳电池是通过蒸镀或化学反应使硅或化合物在基板表面形成薄膜而制作成的太阳电池。

表 4.1　太阳电池的光电变换效率和特点

太阳电池的种类	光电变换效率/%	最近的技术开发所达到的变换效率	特　点
单晶硅太阳电池	15～17	18～24	• 性能稳定,应用实绩已证明它可靠性高,应用范围宽 • 各种色光的太阳电池已经开发出来了,可根据使用目的来选用 • 今后的研究开发课题是批量生产技术和高效化技术
多晶硅太阳电池	12～14	15～18	• 性能稳定,应用实绩证明它可靠性高,应用范围宽 • 各种色光的太阳电池已经开发出来了,可根据使用目的来选用 • 今后的研究开发课题是批量生产技术和降低成本的技术
非晶硅太阳电池	6～10	9～13	• 易于批量生产和大面积化 • 由于它是薄膜结构,因而易于制成曲面。它有透明型的产品,可以安装在窗户上既作为采光又能够进行太阳光发电 • 尚有初始效率退化的缺点 • 今后的研究开发课题是批量生产技术和质量稳定化技术
碲化镉(CdTe)太阳电池		10～16	大面积化是其主要研究开发课题
铜铟硒(CIS)太阳电池		14～18	研究开发课题同碲化镉太阳电池
砷化镓(GaAs)太阳电池		25～33	超高效化技术是其主要研究开发课题
薄膜多晶硅太阳电池		10～16	结晶生成技术和高效化技术是其主要研究开发课题
非晶硅和薄膜多晶硅太阳电池		21	薄膜制造技术和高效化技术是其主要研究开发课题

(选自日本太阳能学会讲习会讲义)

4.3 生物质发电

利用可再生能源进行发电是防止地球温室化的重要对策,生物质发电是其途径之一。本节将对生物质发电的原理、种类、电能变换效率加以叙述,并举出实例。

4.3.1 生物质发电的原理与构成

1. 原 理

顾名思义,所谓生物质发电,就是利用生物体从起源以来就具有的有机物作为燃料来发电。说白了就是把本来是生物但而今已成了废木材、家畜粪便、废纸之类的废弃物作为能源来加以利用,也就是把这种生物质的燃烧热能变成电能或者直接利用其热能供热。

图 4.14 示出了生物质的利用和循环过程。原本为植物的那些废弃物,经过加工后作为生物质来使用,燃料燃烧时所释放出的热能可用来发电或供热。燃烧过程中所生成的二氧化碳排放到大气中,大气中的二氧化碳在植物的光合作用下又变成了植物中的有机物。这样,尽管燃烧中释放出了二氧化碳,但由于光合作用的缘故,大气中的二氧化碳浓度仍可保持平衡状态。

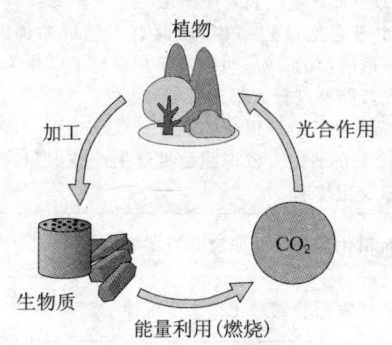

图 4.14 生物质的利用及循环过程
(引自 NEF 因特网主页)

$$\underset{\text{二氧化碳}}{CO_2} + \underset{\text{水}}{H_2O} \underset{\text{燃烧}}{\overset{\text{光合作用}}{\rightleftharpoons}} \underset{\text{生燃料}}{CH_2O} + \underset{\text{氧气}}{O_2}$$

2. 特 点

生物质发电有如下的特点:

① 不会枯竭。这一点与石油之类的矿物燃料大不相同。

② 易于储备。生物质可压成片状及变成可燃气体或液体储存起来。

③ 不受气候制约。生物质作为基本能源材料可得到很高的年周转率。

④ 成本高。与矿物燃料相比,生物质的加工费用高。

⑤ 发电效率差。与使用矿物燃料发电相比,用生物质发电的效率很低。

3. 种 类

生物质发电可大致分为图 4.15 所示的一些种类。

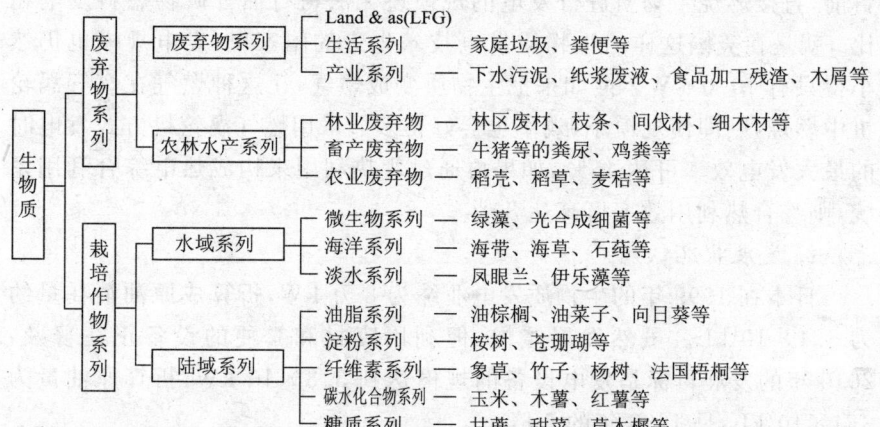

图 4.15 生物能量发电资源的种类(引自日本能源厅因特网主页)

从原料方面来说,生物质可大致分为废弃物系列(废液、废材等)和植物系列(栽培作物)两大系列。这些原料中,木屑、废木材等可进一步制成木质固体型燃料,甘蔗之类的植物可以制成甲醇,家畜粪便等可以制成甲烷含量很多的生物燃气。这些已被燃料化的生物能量,既便于保存,也便于搬运。

4. 系统构成

生物质发电系统的构成如图 4.16 所示。制备好的生物质在燃烧炉中燃烧产生热风,热风通过锅炉变成蒸汽,蒸汽推动涡轮机旋转,涡轮机带动发电机发电。当然,也可以把热风和废热取出来,构成热电综合利用系统。

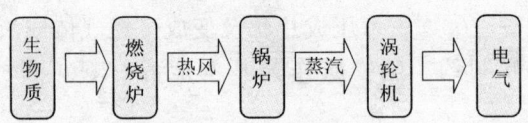

图 4.16 生物质发电系统

4.3.2 生物质发电的效率、发展状况及今后课题

1. 效 率

对于任何发电系统来说,能量的利用效率都与发电系统的规模有关。目前,直接燃烧生物质进行发电的规模还无法与石油等矿物燃料发电相比,就是在美国这样的生物质发电技术先进的国家里,发电规模也仍然小得只有 10 万 kW。但如果把生物质变成燃气,让这种燃气在燃气涡轮机中燃烧,则即使规模小,效率也会好得多。采用燃气涡轮机方式发电时的最大发电效率可达 45%,如果再通过废热利用来构成热电综合利用系统,则综合热利用效率可高达 80%。

2. 发展状况

日本在 1999 年的生物质发电业绩为 8 万 kW,折算成原油消耗量约为 5.4×10^4 kL。虽然发展缓慢,但利用废材和粪便的设备正在普及,2010 年的发展目标是发电设备的规模达到 3.3×10^5 kW,折算原油量为 3.4×10^5 kL,是 1999 年的 6 倍。

3. 今后的课题

生物质作为可再生能源,用它来发电是一种很有吸引力的发电方式。然而,如果持续地采用这种办法来发电,就必须考虑不能因此而破坏生态环境的问题。生物质发电的普及必须根据各地区的现状,从全局出发来考虑。图 4.17 是位于京都府船井郡八木町的八木生态中心生物质发电厂的厂区照片。

图 4.17 八木生物质发电厂

4.4 水力发电

水力发电的方式是利用水从高处落下时所产生的力来推动水轮机转动,并由水轮机带动发电机来发电。与其他发电方式不同之处在于水力发电的原动力是水流,它几乎是一种取之不尽用之不竭的能源。对于资源匮乏的日本来说,它是重要的纯国产能源,在日本的全部发电量中,水力发电量的比例占 20%。图 4.18 是日本的一个水力发电厂。

图 4.18　佐久水力发电厂(7.68×10^4 kW,东京电力)

4.4.1　水力发电的种类和构造

从构造方面来说,水力发电可分为水路式、水坝式和水坝水路式。

1. 水路式

这种方式是利用河流的自然坡度,用水路把水从河流的某个地方引到发电厂附近,利用河水的落差来进行发电的。其特点是取水坝小,年设备利用率高等(见图 4.19)。

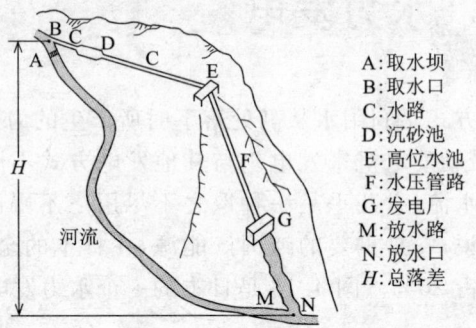

图 4.19 水路式发电厂

2. 水坝式

这种方式是在河面狭窄的山间选一个地基坚实的地方,建一座水坝把水堵住,从而利用抬高了的水位落差来发电。其特点是取水坝大,发电厂的输出电力大等(见图 4.20)。

3. 水坝水路式

这是一种根据地形地貌的具体条件把水坝式和水路式有效组合起来的方式,水坝的作用是制造出一定的落差,水路的作用是进一步加大落差(见图 4.21)。

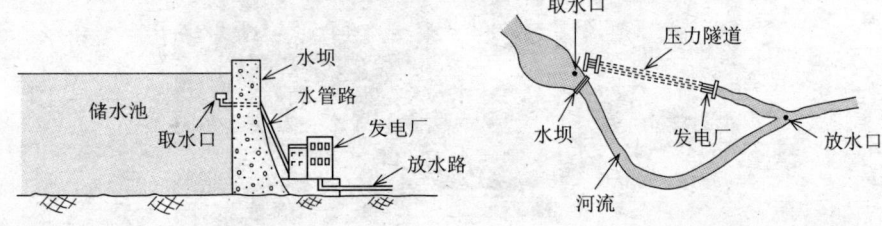

图 4.20 水坝式发电厂　　图 4.21 水坝水路式发电厂

4.4.2 水力发电厂的构成

水力发电厂由水力设备和电气设备构成,主要的水力设备有水坝、取水口、导水路、水池、水压管路、水轮机、放水路及放水口等,主要的电气设备有发电机等,如图 4.22 所示。

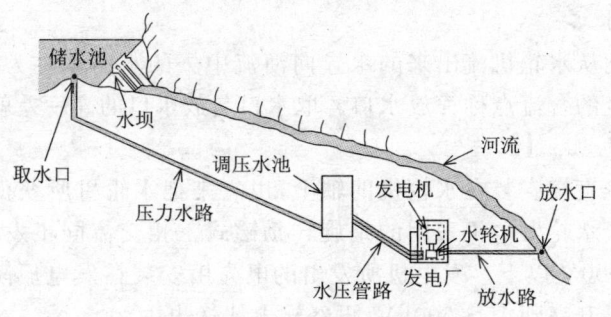

图 4.22 水力发电厂的构成

1. 水 坝

根据堤坝所用主要材料的不同,水坝分为水泥坝和填筑坝。水泥坝的主要材料是水泥,重力坝和拱坝都属于水泥坝。填筑坝的主要材料是岩石,填石坝和土坝都属于填筑坝。大型水坝多为填石坝。

2. 取水口

取水口是从水坝等水力设备中把水流导向水路的设备。

3. 导水路

从取水口到水池之间的水路称为导水路。导水路多为隧道型,隧道有无压隧道和压力隧道之分,近年来大都采用压力隧道。

4. 水 池

水池设置在水路与水压管之间,其作用是根据发电厂输出电力的变化来调节用水量。水池也常称为高位水池,它的容量要能供给可使用 2~3 分钟的最大用水量。在水池前面的水路为压力隧道的情况下,代替高位水池的是调压水池。调压水池在根据水轮机用水量调节水压的同时,起着吸收水压变化及保护水路和压力隧道的作用。

5. 水压管路

设置在水池和水轮机之间的水管就是水压管路。水压管路是用普通钢管制成的,管内流速通常为 3~5m/s。

6. 水轮机

水轮机有两种,一种是冲击式水轮机,它是在水流直接冲击下旋转的。另一种是反击式水轮机,它是利用水流的能量(压力水头,即水位差)通过叶轮时的反作用力来旋转的。冲击式水轮机有佩尔顿水轮机,反击式水轮机有法兰西斯水轮机、螺桨叶形水轮机和斜流式水轮机。

7. 放水路

用于把从水轮机流出来的水导向河流中去的水路就称为放水路,放水路与河流的合流点称为放水口。取水口与放水口的高度差就是落差。

8. 发电机

发电机直接安装在水轮机的轴上,由它来把水轮机所获得的动力变换成电能。水轮发电机采用的是旋转励磁式三相交流同步发电机,额定电压为18000V以下。发电机所发出的电先由安装在发电厂院子里的变压器把电压升高到15~500kV,再经输电线送出去。

4.4.3 扬水发电的种类和效率

扬水发电是指白天用上游水池里的水发电,到了晚上又利用夜间的多余电力把白天曾用过的水从下游水池里抽到上游水池中,作为白天用电高峰期的发电用水(见图4.23)。

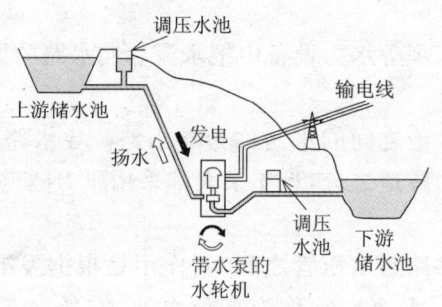

图4.23 扬水式发电厂

水力发电所用的水力有普通水力和扬水式水力两类,大多数水力发电厂都是扬水式水力发电厂。

1. 扬水式发电的种类

按照上游水池中有无河水流入的情况,扬水式发电可分为纯扬水方式和混合扬水方式;按照水池容量的大小,扬水式发电又可分为日调节、周调节及年调节的方式;此外,还可以按照水轮机与发电机的连接方式分为分置式、串联式和自带泵水轮机式。

(1) 按有无河水流入分类:

① 纯扬水式。上游水池中没有河水流入,发电所用的水全部来自从下游水池中抽上来的水。

② 混合扬水式。上游水池中有河水流入,发电所用的水既有河里流来的又有从下游水池中抽上来的。

(2) 按水池容量分类:

① 日调节式。晚间扬水,用于白天用电高峰期发电。

② 周调节式。除了日调节以外,周末用电负荷轻的时候也扬水,是一种与周变化负荷相对应的方式。

③ 年调节式。利用涨水期的多余电力来扬水,以供枯水期发电之用。

(3) 按机器连接方式分类:

① 分置式。发电用的水轮机和发电机及扬水用的水泵和电动机分别设置。

② 串联式。发电机与电动机共用,水泵、水轮机和发电机(兼电动机)同轴。

③ 自带泵水轮机式。水泵与水轮机共用,发电机与电动机共用,并且二者是直接相连的。最近的扬水式发电已全都采用自带泵水轮机方式。

2. 扬水式发电的效率

扬水式发电厂的综合效率是用发电时所发出的电力与扬水时所用去的扬水电力之比来表示的,这个综合效率一般为 $65\% \sim 70\%$。

―――― 小常识 ――――

可变速扬水发电系统

电力系统中常会发生频率变化的情况,当所供给的电力大于所需电力时,频率会上升,反之,当所供给的电力小于所需电力时,频率会下降。因而,电力系统就要时时根据所需电力的变化来调节所供给的电力,使之保持供需平衡,这种调节称为频率控制。

现在,担当频率控制任务的是火力发电厂,也就是说,是由火力发电厂调节它的发电量来保证电力系统供需平衡的。最近,扬水发电厂也能担负这个任务了,这便是可变速扬水发电系统。这种系统是用频率变换器等频率变换装置来改变发电兼电动机的转数的,系统在担当扬水发电任务的同时,能对于夜间负荷轻时电力系统的频率变化进行调节。

4.5 火力发电

在日本,火力发电占全部发电量的 60%,是主要的电力供给源。并且,火力发电的技术革新也很快,大功率的高效发电厂已经建成,每台发电机的功率可达 100 万 kW,综合效率可达 42%,图 4.24 是单台发电功率达 276 万 kW 的日本富津火力发电厂厂区照片。

图 4.24 富津火力发电厂(276 万 kW,东京电力)

4.5.1 火力发电的原理和设备构成

1. 原 理

重油之类的燃料在锅炉中燃烧,锅炉中所产生的高温高压蒸汽被送往涡轮机使之高速旋转,这个旋转直接带动同轴连接着的发电机,发电机便发出了电。这就是火力发电的原理。

2. 设备构成

构成火力发电的主要设备有燃料库、锅炉、蒸汽涡轮机、发电机及变压器、复水及给水设备等(见图 4.25)。

(1) 燃料库。火力发电厂一般都采用专用的燃料,如煤、重油、液化天然气等,燃料库是用来存放这些专用燃料的,它置于火力发电厂内,燃料运输船运来的燃料卸在这里供锅炉燃烧时使用。

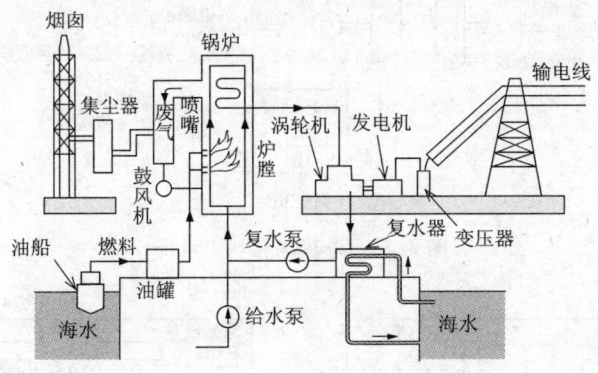

图 4.25 火力发电厂的构成

（2）锅炉。从燃料库送来的燃料在锅炉炉膛中燃烧,使锅炉里的水变成水蒸气。锅炉里面有上万根水管,水管里的水被烧到 1100～1500℃,变成高温、高压蒸汽送往蒸汽涡轮机。

（3）蒸汽涡轮机。从锅炉送来的高温、高压蒸汽吹到涡轮机的叶轮上使之高速旋转,这个旋转运动带动与涡轮机同轴的发电机一起转动,从而发出电来。

（4）发电机和变压器。与水轮发电机相比,涡轮发电机的转数高,可达每分钟 3000 转,它的转子是非凸极。涡轮发电机所发出的电压高达 1.5kV,这个电压还要由安装在发电厂院子里的变压器升高到 154～500kV,然后才送出发电厂。

（5）复水及给水设备。对涡轮机做过功后的水蒸气被送到复水器,在这里变成水,故称其为复水。另外,涡轮机中的一部分蒸汽被送到给水加热器,将复水加热。加热后的复水又送回锅炉,被加热成蒸汽。

4.5.2 电热综合利用系统的原理与构成

图 4.26 是一个将柴油燃气涡轮发电机所排出的废热用于地板式暖气和洗澡热水的实例。这种将原始能量同时用于发电和供热的系统称为电热综合利用系统,也常称为发电废热综合利用系统。图 4.27 是这种综合利用系统与以往的单纯发电系统的原始能量实际利用情况的比较。

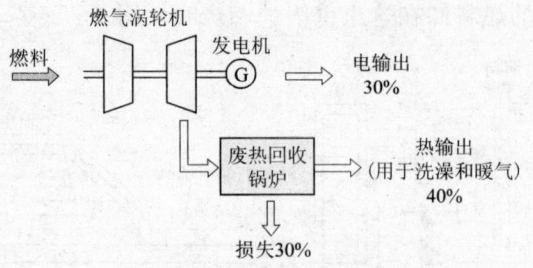

图 4.26 电热综合利用系统

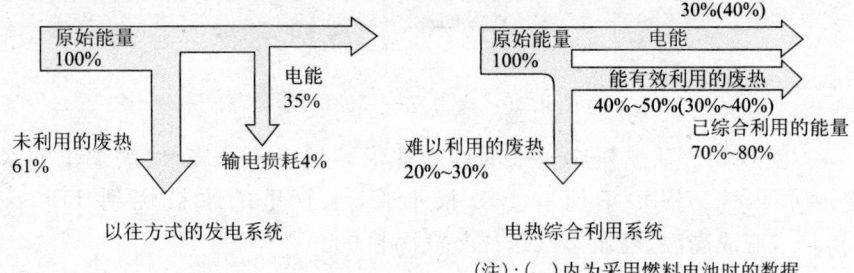

图 4.27 电热综合利用系统的热能利用效率
(参考:经济产业省"21世纪能源展望")

这个系统在发电机为柴油涡轮发电机的情况下,柴油发热量的约40%变成了电能,约40%被用于供热,热利用效率合计约为80%。

燃料电池有望成为用于发电的实用化新能源,这种新能源多为电热综合利用系统。200kW 以下的磷酸型燃料电池电热综合利用小容量系统已经开始运行,2003 年末,其设备能力达到了 650 万 kW。

4.5.3 火力发电的效率

1. 热效率

最近,火力发电技术取得了惊人的进步,通过单机容量增容等技术改进,热效率从二战前的 24%～25% 提高到了 38%～39%。

火力发电的热利用效率是用发电电力量与燃料发热量之比来表示的,即

$$热利用效率 = \frac{发电电力量(kW \cdot h) \times 3600(kJ/kW \cdot h)}{燃料消耗量(kL) \times 燃料发热量(kJ/kL)} \times 100\%$$

2. 提高热利用效率的措施

如果火力发电厂的热利用效率能提高一个百分点,每年的燃料消耗就能节约好几个百分点,因此电力事业经营者都在尽力采取措施来提高热利用效率。提高热利用效率的方法有如下几个方面:

① 提高涡轮机入口蒸汽的温度和压力。
② 提高复水器的真空度。
③ 采用由抽出蒸汽来加热锅炉给水的再生循环加热方式。
④ 采用由锅炉对涡轮机中途蒸汽进行再加热的重复热循环方式。
⑤ 设置节煤器和空气预热器来回收所排出燃烧废气的能量等。

3. 复式循环发电

如图 4.28 所示,复式循环发电是一种火力发电厂中通过蒸汽涡轮机与燃气涡轮机的相互配合来提高热效率的方式。按照这种方式,LNG 首先在压缩空气中燃烧,所产生的高温燃气用来推动燃气涡轮机旋转。接着,废燃气回收锅炉利用燃气涡轮机所排出的高温废燃气产生蒸汽。最后,蒸汽涡轮机利用蒸汽锅炉所供给的蒸汽来发电。

与以往的火力发电方式相比,复式循环发电方式有如下的特点:

① 热利用效率高(43%)。
② 起动和停止容易。
③ 复水器的冷却水需要量少。

最近,复式循环发电的开发又有进展,热利用效率高达 48% 以上的改进型复式循环发电系统已开始运行。

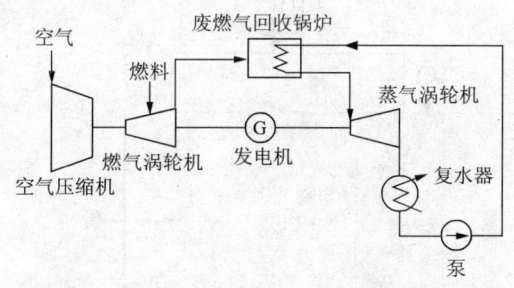

图 4.28 复式循环发电(废燃气回收型)

4.6 燃料电池

4.6.1 燃料电池的原理与种类

1. 燃料电池的原理

所谓燃料电池,是指作为燃料的氢气(H_2)和作为氧化剂的氧气(O_2)在燃烧反应中既能得到水,又能产生电的装置。

燃料电池是由一对称为燃料极(阳极)和空气极(阴极)的电极和夹在两个电极之间的电解质(导体)构成的。

如图 4.29 所示,当向燃料极(阳极)通以氢气(H_2),向空气极(阴极)通以氧气(O_2)时,燃料极(阳极)一侧的氢气便释放出电子(e^-)而变成氢离子(H^+)向电解质(导体)中移去。另一方面,空气极(阴极)一侧的氧气则会从空气极(阴极)上吸取电子(e^-)而变成氧离子(O^-)。

通过电解质(导体)后到达空气极(阴极)侧的氢离子(H^+)与这里的氧离子(O^-)相结合,便得到了水(H_2O)。

燃料电池的特殊构造使电子(e^-)不可能像氢离子(H^+)那样流向电解质,它只能从燃料极(阳极)经过外部电路向空气极(阴极)流去。电子(e^-)的这种移动便是产生直流电能的基本依据。

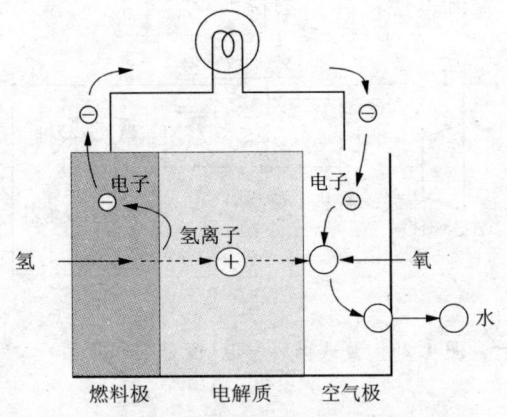

图 4.29 燃料电池的原理

(日本电机工业会,1997[6])

2. 燃料电池的种类（见表 4.2）

表 4.2　燃料电池的种类

温度区域	低温型		高温型	
形式	固体高分子型（PEFC）	磷酸型（PEFC）	熔融碳酸盐型（MCFC）	固体氧化物型（SOFC）
电解质	交换膜	磷酸	碳酸钾，碳酸锂	稳定化氧化锆
传导离子	氢离子(H^+)	氢离子(H^+)	碳酸离子(CO_3^-)	氧离子(O^-)
运行温度	常温～100℃	200℃	650℃	1000℃
燃料（反应）	H_2（氢）	H_2（氢）	H_2,CO（一氧化碳）	H_2,CO（一氧化碳）
原燃料	天然气,LPG,甲醇,粗汽油,轻油	天然气,LPG,甲醇,粗汽油,轻油	天然气,LPG,甲醇,粗汽油,轻油,煤气	天然气,LPG,甲醇,粗汽油,轻油,煤气
发电效率	36%～45%	36%～45%	45%～60%	50%～60%
输出功率	1～250kW	50～1×10^4 kW	数千至数十万 kW	数千至数十万 kW
应用范围	家庭用,汽车,工地现场	工地现场,分散电源	分散电源,大容量发电	小型～大容量发电均可
特点	低温下工作能得到高输出功率密度,在汽车和电热综合利用系统中的应用已进入实用化阶段	正在迅速开发中,率先开发的是输出功率为 100～200kW 级的商用产品	能在高温下工作,发电效率高,有望在大容量发电领域获得应用	目前还处于研究开发阶段

4.6.2　燃料电池的构成

1. 燃料电池的构成

像三明治那样,由燃料极（阳极）、空气极（阴极）和中间夹着的电解质层（导体层）所构成的基本单元称为单电池,多个单电池一层一层叠在一起构成的大单元称为电池组,电池组是能够得到大功率的发电单元。单电池与单电池之间由隔板隔开,隔板既是燃料与空气的隔离通道,又起着把上下单电池在电气上连接起来的作用。

叠成层状的单电池所构成的串联电池组能够从安装在电池组上、下端的集电板输出直流电力。如图 4.30 所示。

由于燃料与空气（氧）化合时会产生热,因而每隔几个单电池设置一个冷却器,通过冷却水的循环使单电池的温度保持在一定的范围内。

冷却水从单电池上所带走的热量送到电池组外部后可作为废热加以综合利用。电池组侧面安装着侧盖板,侧盖板起着把燃料和空气分配给各个单电池的作用。

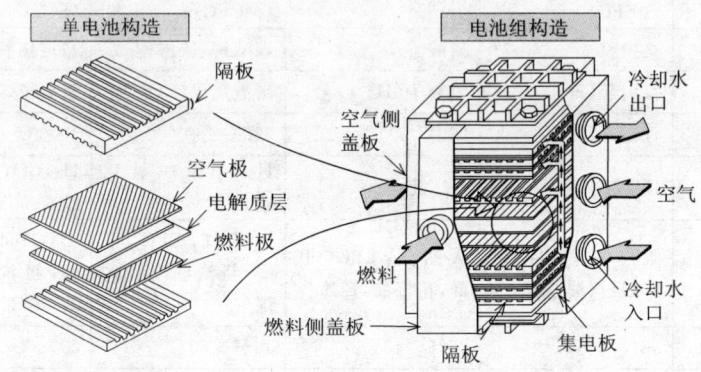

图 4.30 燃料电池的构造(磷酸型燃料电池)

(NEDO,2000[8])

2. 燃料电池发电系统的构成

如图 4.31 所示,燃料电池发电系统由产生直流电的燃料电池(电池组)、将燃料变成氢气的燃料改质装置、将直流电变换成交流电的直-交流变换器、回收冷却水所带出来的废热的废热回收装置等构成。

从理论上来说,燃料电池发电系统的综合效率能超过 90%,实际中所达到的值是:电气效率为 40% 以上,热效率为 40% 以上,合起来为 80% 以上,可见其效率是非常高的。

(1) 燃料改质装置。如图 4.32 所示,燃料改质装置由脱硫器、改质器、CO 变换器和 CO 除去器四种反应器构成。脱硫器用于除去燃料中的硫磺成分;改质器用于使燃料和水蒸气发生化学反应和取出氢气;CO 变换器用于把一氧化碳(CO)变成二氧化碳(CO_2)和氢气(H_2),这时,一氧化碳(CO)的浓度将减弱到 1% 的程度;最后,CO 除去器再把 CO 变换器中没有清除干净的一氧化碳(CO)变成二氧化碳(CO_2),使一氧化碳(CO)的浓度降低到 10ppm 以下。

(2) 直→交流变换器。直→交流变换器的作用是把燃料电池(电池组)所输出的直流电变换成交流电。

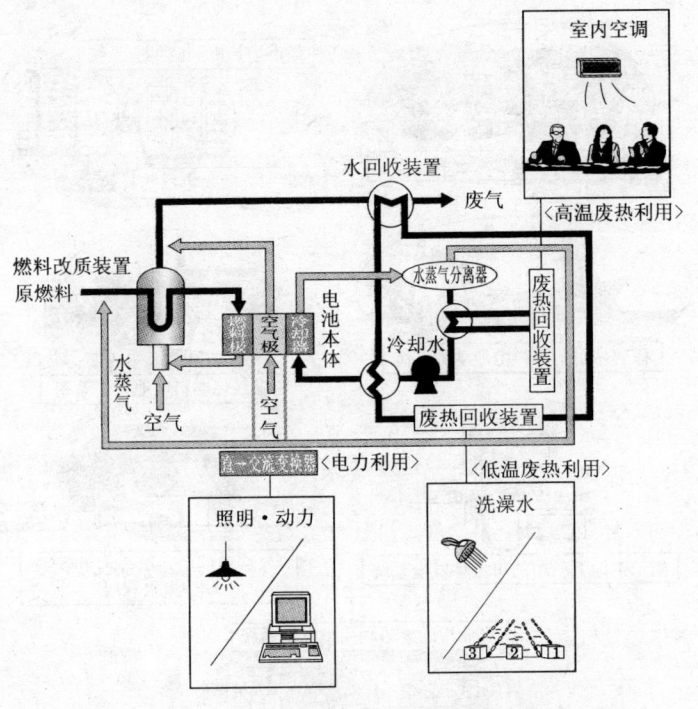

图 4.31 燃料电池发电系统的构成(磷酸性燃料电池)
(NEDO,2000[8])

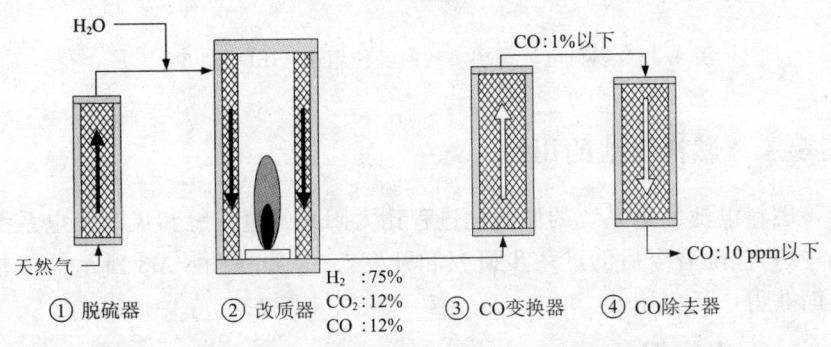

图 4.32 燃料改质装置(东京燃气,2003[9])

(3) 废热回收装置。废热回收装置的作用是利用燃料电池(电池组)和燃料改质装置所排出的废热来产生蒸汽和热水,然后用于给浴室供应热水,给房间里提供暖气,或者通过吸收式冷冻机给房间里提供冷气。

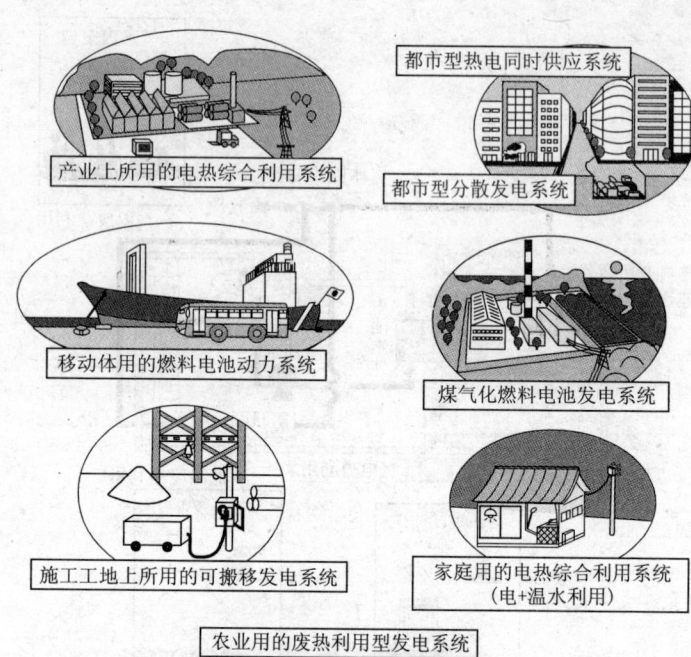

图 4.33　燃料电池有望实现的各种用途（NEDO，2000[10]）

4.6.3　燃料电池的用途

燃料电池发电系统的商用化进程比太阳光发电系统和风力发电系统慢一些，但随着今后的进一步研究和开发，它有望在图 4.33 所示的一些方面获得广泛应用。

—— 小常识 ——

电力系统连接上应注意的问题

当需要把本章所述的各种发电电源（分散型电源）连接到电力公司的商用电力系统上的时候，以下的内容可供参考。

电力系统的连接一直是按照日本经济产业省（译注：这里的"省"相当于中国的"部"，如机械工业部、教育部等）所公布的"系统连接技术要点指南"（10资公部第68号）执行的。前不久，其中的"电气设备技术标准解释"（简称"电技解释"）部分进行了一次修订，修订后的条例于2004年10月1日起开始执行。

依据日本电气事业法第39条第1款及第56条第1款所制定的"关于制定电气设备有关技术标准的省令"（简称"电技省令"）中，虽然对分散型发电电源接入商用电力系统时的有关事项从安全保障的角度提出了要求，但并未在电技解释中明确指出其具体内容。

为了使分散型发电电源接入商用电力系统时应该确保安全的那些事项明确化和具体化，电技省令中追加了关于电技解释的新条款，具体指明了当要把分散型发电电源连接到商用电力系统上面去的时候设备应该满足的条件，同时，废除了"系统连接技术要点指南"。

在分散型发电电源接入商用电力系统时的有关事项中，与确保质量有关的那些事项列记在"与确保电力系统质量有关的系统连接技术要点指南"（16资电部第114号）中。其中，电技解释中所追加的与"系统连接"有关的要点如下：

- 第1条（词语定义）中追加了第19～27点。
- 第153条（电力系统安全与电话设备的设施）中追加了第9点。
- 第8章（一般供电和批发电之外的电气事业经营者把他们的发电设备连接到商用电力系统中去时的设备）中追加了第273～293条。

本章各节的构成为：第1节：通则，第2节：与低压配电线的连接，第3节：与高压配电线的连接，第4节：与定点网络配电线的连接，第5节：与特高压配电线的连接。

此外，请浏览以下两书中的内容：

- 高压用电端设备规程（JEAC 8011-2002）：日本电气协会发行。
- 分散型发电电源系统技术指南（JEAG 9701-2001）：日本电气协会发行。

4.7 地热发电

日本是个火山活动频繁和多地震的国家,素有温泉大国之称,这就表明日本本土和各岛屿适合于利用地热进行发电。本节就来介绍利用地热能量进行发电的问题。

4.7.1 地热发电的原理和构成

1. 原理

地热发电于 1904 年始于意大利的拉尔德莱罗。在日本,山内万寿治先生于 1919 年第一次在大分地区成功地挖掘出了有地热利用价值的喷气孔。此后,地热利用便持续发展起来了。1925 年,太刀川平治博士成功地实现了日本最早的地热发电,当时的发电功率为 1.12kW。

所谓地热发电,就是把存在于地球内部的热能采集到井里,然后再利用热机来发电。

图 4.34 示出了地热采集的原理。图中的 A 称为覆盖岩,它一方面起着防止地面冷水下浸的作用,另一方面也起着就像用锅烧开水时要盖锅盖一样的作用,使地表下面保持高温高压状态;B 起着地下水吸取来自热源的热而变成热水的对流作用;C 是热源沿着断层送热的情形。

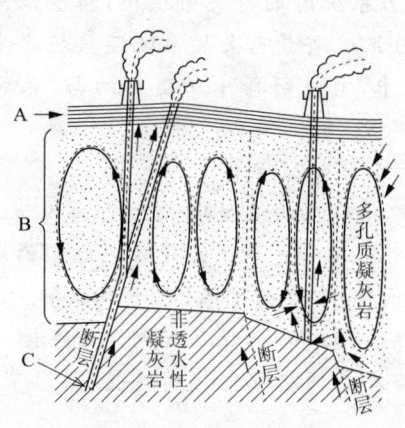

图 4.34 地热采集原理
(关根・堀米,1995[11])

2. 特点

① 纯国产。对于日本这个火山国来说,地热是非常丰富的纯国产能源。

② 二氧化碳排放量少。因而它对自然环境影响小。

③ 可以半永久地使用。由于地热蒸汽和地热水能够再循环,因而可

以半永久地用于发电。

④ 既廉价又稳定。由于不花费燃料费,因而实际运行率高,电价便宜并且很稳定。

⑤ 设置地点受到限制,也难以建设大规模的发电厂。建厂条件好的火山地带大都已被指定为日本的国家公园。

3. 种　类

表4.3给出了按发电方式分类的地热发电类别。

表4.3　地热发电的种类

方　式	发电厂实例
背压式	实用的例子很少(只适于小规模)
复水式(干蒸汽方式)	拉尔德莱罗(意大利),松川(日本)
复水式(单闪蒸方式)	惠拉凯(新西兰),大岳(日本)
复水式(双闪蒸方式)	宙洛普利埃特(墨西哥),八丁原(日本)
二进循环方式	八丁原(日本)※试验阶段

(日本建设工业协会,2004[12])

(1)背压式。从地下采集来的蒸汽直接用于推动涡轮式发电机旋转,废汽直接排到大气中。由于它不需要复水设备,因而建设费用低,设备也最简单。其缺点是变换效率很差。

(2)复水式(干蒸汽方式)。从地下采集干燥蒸汽,直接用于推动涡轮式发电机旋转,废汽用复水器凝缩。

(3)复水式(单闪蒸方式)。把从地下喷出的混合液体用汽-水分离器加以分离并只用分离出的蒸汽来发电。所分离出的热水通常为蒸汽量的3～5倍,水温为150～170℃。

(4)复水式(双闪蒸方式)。让单闪蒸方式中的热水通过一个称为闪蒸器的设备使之减压沸腾后,导入蒸汽涡轮机的中段。与单闪蒸方式相比,该方式的发电功率可增加15%～25%,总建设费用仅增加5%。

(5)二进循环方式。这种方式可用于地热流体温度较低的场合,它是一种先利用低温地热水来加热比水沸点更低的冷媒,然后利用这种冷媒的蒸汽来发电的方式。

4. 系统构成

地热发电是利用地下热所产生的高温水蒸气来发电的。从地下所取得的高温水蒸气中,既含有蒸汽,也含有热水。首先用汽-水分离器把热水和蒸汽分离开来,然后让分离出来的蒸汽通过储汽室,使蒸汽压力保持恒定,接着再由储汽室把压力稳定的蒸汽送往涡轮机,推动涡轮机旋转,并由涡轮机带动与之同轴安装着的发电机来发电。已用过的蒸汽在复水器中变成水之后送往冷却塔,分离器所排出的废热水经由还原井返回地下。废热水的温度在 100℃ 以上,可以通过与河水进行热交换用于道路融雪和地区供暖、供冷气等。如图 4.35 所示。

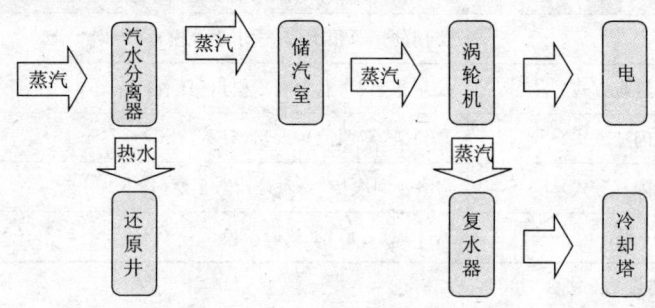

图 4.35 地热发电系统

4.7.2 地热发电的效率

1. 概述

地热发电的效率尚无明确定义。从地热发电也是由蒸汽来推动涡轮机旋转这点上来说,可以广义地采用火力发电中对发电效率的定义。如果设地热发电厂的使用年限为 15 年,那么每 $1kW \cdot h$ 的发电成本要比矿物燃料发电厂的成本高 13~16 日元的程度。实际上,地热发电厂的使用年限可达 40 年以上,并且能在不花费燃料费的情况下稳定持续地发电,因而它可说是一种电价优势高于矿物燃料发电的低价发电源。

2. 发展状况

根据 2001 年到现在的统计情况,大约有 20 个国家建立了地热发电厂,发电设备容量合计为 827 万 kW(见表 4.4)。

表 4.4 世界各国的地热发电设备容量
(2001 年 12 月到现在)

国　名	设备容量/×10⁴ kW	国　名	设备容量/×10⁴ kW
美国	223	尼加拉瓜	7
菲律宾	193	肯尼亚	5
意大利	92	危地马拉	3
墨西哥	89	中国	3
印度尼西亚	59	俄罗斯	2
日本	55	土耳其	2
新西兰	43	葡萄牙	2
冰岛	17	其他	2
萨尔瓦多	16		
哥斯达黎加	14	合计	827

(地热调查会,2002[13])

在日本,以东北和九州地区为中心,已投入运行的地热发电厂共有 19 座,总设备容量为 55 万 kW。1999 年,地热利用总量的原油折算量为 100 万 kL,预计到 2010 年时仍将保持在这个水平上。

由于挖掘费用高和开发风险大等缘故,地热开发有停顿的趋势。地热发电厂默默冒上来的大量蒸汽是大地对人类的恩赐,它正等待着人类用自己的智慧去更有效地利用它。

东京也有地热发电厂,设备容量为 3 千 3 百 kW 的八丈岛地热发电厂除了发电之外,还将地热蒸汽用于地区供暖和制造人造阶梯式瀑布,一点都没有浪费。图 4.36 是八丈岛地热发电厂的厂区照片。

图 4.36　地热发电厂
(东京电力八丈岛地热发电厂)

4.8 波浪发电和潮汐发电

很多人对波浪发电和潮汐发电还不甚熟悉,本节中就来看看它们的设置现状、特点和发电原理。

4.8.1 波浪发电的原理和系统构成

1. 原理及系统构成

所谓波浪发电,就是利用风吹动水面所形成的波浪的能量来发电,多数情况下都是把波浪起伏的动能变换成旋转能来驱动发电机发电的。

图 4.37 示出了波浪发电的原理,其发电工作流程可分为海面上升和海面下降两种情形。

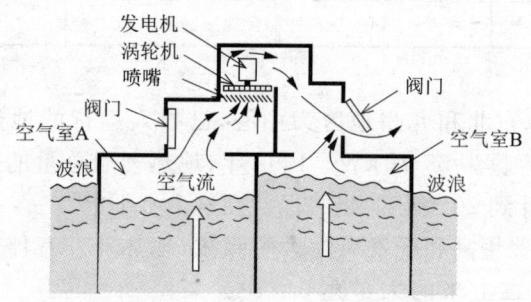

图 4.37 波浪发电的原理(关根·堀米,1995[11])

(1) 海面上升时。从图 4.37 可见,当海面上升时,空气室内的压力增加,A 室阀门关闭,B 室阀门打开。A 室内的空气流穿过喷嘴吹动涡轮机旋转而发电,气流从 B 室阀门排出。其工作过程如图 4.38 所示。

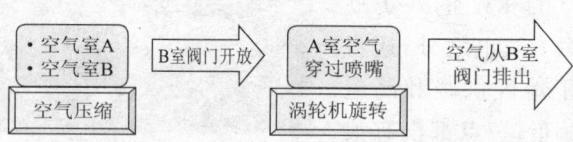

图 4.38 海面上升时的发电过程(海面上升时)

(2) 海面下降时。当海面下降时,空气室内的压力下降,B 室阀门关闭,A 室阀门打开。空气在从 A 室阀门经过 A 室和喷嘴流向 B 室的过程中吹动涡轮机旋转而发电。其工作过程如图 4.39 所示。

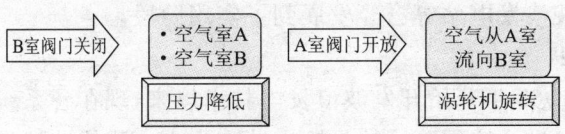

图 4.39 海面下降时的发电过程

2. 特 点

① 取之不尽，用之不竭。它是利用不受气候制约的自然水位差来发电的。

② 是清洁型能源。发电时不排放二氧化碳等废气。

③ 能量密度低。海浪分布广但能量很小，因而发电所得到的电力也很小。

④ 建设费用高。目前还处于技术开发阶段，制造成本高。

3. 种 类

波浪发电的种类有浮体式、固定式、振子式等。浮体式是指设备安装在洋面上的发电方式，"海明"号波浪发电船便是浮体式，它共有 8 座发电站，每座发电站的发电能力为 125kW；固定式波浪发电站的设备安装在海岸沿线，鹤岗波浪发电站的发电能力为 40kW，九十九里波浪发电站的发电能力为 30kW；振子式波浪发电是利用振子运动把波浪能量变换成机械能后再利用机械能来发电的发电方式，室兰工业大学的波浪发电站就是这种方式，其发电能力为 1~20kW。这些发电站都已经实用化了。许多部门都在开发波浪发电设施，最广为人知的实例是漂浮式航标上所用的波浪发电站，日本大约有 1000 座这样的发电站。

4.8.2 波浪发电的效率

1. 效 率

波浪的能量大小随季节和场所而异，按日本全国平均情况来看，每米海岸线上的波浪能量为 6kW，最高能量出现在冬季的日本海，平均能量的计算结果为 17kW。波浪的大小是不稳定的，发电效率很差。波浪发电需要与其他电源相结合，才能保证供电的稳定性。

2. 发电成本

当前，大型的波浪发电厂还处于论证试验阶段，其成本还无法清楚计算。由于设备费用高,因而它的发电成本比通常的商用电力源高,但航标所用的小型波浪发电站等已经发展到了实用阶段。

3. 发展状况

日本自 1965 年开始开发波浪发电技术以来,现在各系统大都还处于试验阶段。已进入应用阶段的是输出功率为 100W 的波浪发电航道浮标和航道标志,使用的已有 1000 座。

4. 今后的课题

日本的四周都被海水包围着,是个受惠于海洋能量的国家。尽管波浪发电还处于试验阶段,但作为一种纯国产的能源,它很值得好好研究。

以设备大容量化为目标的研究正在积极进行,200~2000kW 级的发电计划已经展开。但在大规模应用方面,技术层面上和经济层面上的课题还很多,需要长期进行研讨。今后的课题主要在于大容量化和降低成本。

新能源法案是促进新能源利用等方面的特殊措施法,波浪发电尚未包含在该法案所指定的新能源中。

4.8.3 潮汐发电的原理与系统构成

1. 原　理

潮汐发电是一种把潮水涨落的势能变换成电能的发电方式,设置场所的潮位差越大,对发电越有利。在海岸边建一座储水池,涨潮时让海水流进池中储存下来,退潮时便可像扬水发电方式一样,利用从储水池流出的海水来驱动发电机发电。

也可以用堤坝把潮位差大的海湾堵起来,在海湾内外侧间落差大的时间带里利用这个落差来驱动水轮发电机发电。这种情况下,从海湾内侧流出和向海湾内侧流入的海水流可以交互发电。图 4.40 和图 4.41 所示为潮汐发电的退潮和涨潮的原理。

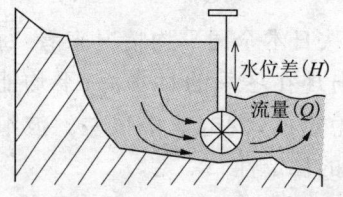

图 4.40　潮汐发电的原理(退潮)
(引自原子能图书馆因特网主页)

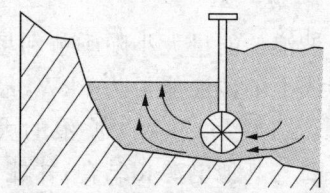

图 4.41　潮汐发电的原理(涨潮)
(引自原子能图书馆因特网主页)

2. 种类和特点

潮汐发电的方式有表 4.5 所示的三种。

表 4.5 潮汐发电的种类

方 式	特 点
单式	有利于利用升降差小的潮汐来发电,但发电只能在退潮时进行
复式	退潮和涨潮时均可发电
复储水式	能 24h 连续发电

(1) 单式潮汐发电。涨潮时打开水门,海面到达一定高度时关闭水门,同时,用扬水泵使储水池内水位进一步提高。退潮时利用从储水池放出的海水推动水轮机旋转,水轮机带动发电机发电。这种方式有利于利用升降差小的潮汐发电,但发电只能在退潮时进行,发电的中断时间长,并且发电效率也低。

(2) 复式潮汐发电。这种方式采用的是可逆式水轮机,涨潮和退潮时都能发电,它适合于潮汐升降差大的地方使用,法国的兰斯潮汐发电厂就是这种方式。为了提高发电效率,这种方式中也像单式潮汐发电一样采用了扬水泵。

(3) 复储水式潮汐发电。这种方式是在河流入海口建两个很大的储水池,利用储水池排水时海水流量的增加来实现 24h 连续发电。英国正计划采用这种方式在塞班河口建设潮汐发电厂。

3. 特 点

① 发电量可以预测。潮汐是按固定周期出现的,能够准确预测,因而,发电也可以做到按计划进行。

② 资源无限。潮汐是大海的一种有规律的自然现象,是一种永不枯竭的资源。

③ 发电量波动大。满月、新月与半月的时候,潮位差很不相同,这对发电量影响很大。

④ 对环境有影响。在海边建水坝或建水门对环境是有影响的。

4. 发展状况

法国的兰斯发电厂是世界上最有名的潮汐发电厂,那里的平均潮位差为 8m,最大潮位差高达 13.5m。利用这一潮位差发电的发电机容量为 24 万 kW,从 1967 年至今的 30 多年间,商用发电的运行一直很正常,没有出现过什么大事故,其发电效率为 15%。

此外,加拿大建有安纳普利斯潮汐发电厂(平均潮位差为 6.4m),中国建有江厦潮汐发电厂,潮汐资源丰富的韩国、俄罗斯、澳大利亚等国也都建有试验性潮汐发电厂。

5. 今后的课题

潮汐发电的最大问题是建厂地点选择问题,一般情况下,建厂地点的最大潮位差应在 10m 以上,并且要在海边修建储水池。在日本,潮位差最大的地方位于九州有名海的深海处和住之江,其潮位差只有 4.9m 左右,很难保证发电所需的涨落潮位差。

现在,除了法国的兰斯潮汐发电厂正在发电之外,其余的潮汐发电厂几乎都因为经济上或技术上的原因而没有按计划发电。

小常识

新能源

1997 年开始执行的"关于促进新能源利用的特殊处置法"中,对于"新能源"作了以下的定义:

- 技术上即将达到实用化阶段但受到经济方面的制约而尚不能充分普及的。
- 能够作为石油的替代品而特别需要的。

特殊处置法中对当前的新能源作了如下的具体区分:太阳光发电、风力发电、温差能源、废弃物发电、废弃物热利用、废弃物燃料制造、生物质发电、生物质热利用、生物质制造、雪冰热利用、清洁能源汽车、天然气电热综合利用、燃料电池。

* 经过鉴定后认为已达到实用阶段的水力发电项目和地热发电项目,不能归入"新能源",而应当归入"可再生能量(或自然能源)"。

参考文献

[1] 佐藤義久:図説電力システム工学,電気をつくる・送る・ためる!,丸善(2002)
[2] 三菱重工業(株)ホームページ:三菱風車新技術・可変速ギアレス風車
[3] 新エネルギー・産業技術総合開発機構(NEDO):新エネルギー財団資料・風力発電導入ガイドブック
[4] Middegrunden Wind Turbine Co. ホームページ
[5] 新エネルギー・産業技術総合開発機構(NEDO):PV建築デザインガイド(2000)
[6] (社)日本電機工業会パンフレット(1997.11)
[7] 日本太陽エネルギー学会講習会テキスト
[8] 新エネルギー・産業技術総合開発機構(NEDO):燃料電池導入ガイドブック(2000)
[9] 東京ガスパンフレット:地球環境に優しい21世紀の主役(2003.1)
[10] 新エネルギー・産業技術総合開発機構(NEDO):固体高分子型燃料電池(第3版)(2000)
[11] 関根泰次・堀米 孝:電気学会大学講座,エネルギー工学概論,電気学会(1995)
[12] 日本電設工業協会:電設技術(2004.3)
[13] (社)地熱調査会:わが国の地熱発電の動向(2002)
[14] 東京電力パンフレット:あなたと電気を結ぶ電力設備(平成15年版)
[15] 道上 勉:改定版 発電・変電,電気学会(2000)

第6篇

作用于机械上的力与机械零件设计

- ● 责任编委
  - 安达胜之
- ● 执笔编委
  - 安达胜之（第1章、第2章2.1节、2.2节）
  - 立野昌义（第2章2.3节~2.7节）

第1章

作用于材料上的力与材料的强度

构成机械的零件上会受到各种各样力的作用。材料所受的载荷超过其能够承受的限度时,材料就会被破坏。而且,材料周围环境温度的变化也会增加材料的载荷,所以还必须注意工作温度的变化。

本章将从作用于材料上的力和材料的固有强度的分析出发,就设计受力材料的基本方法进行讲解。

1.1 承受拉伸与压缩载荷的材料的强度

本节主要讲解承受拉伸力及压缩力的杆件的设计方法。同时对于压力容器,也从内压与材料能够承受的载荷出发讲解其设计方法。

1.1.1 材料的机械性能

1. 载荷的种类

载荷包括将材料拉长的拉伸载荷、使材料压缩的压缩载荷以及使材料沿一截面滑动的剪切载荷等(见图1.1)。拉伸载荷及压缩载荷作用于材料的受力截面的垂直方向上,而剪切载荷则作用于受力截面的平行方向上。

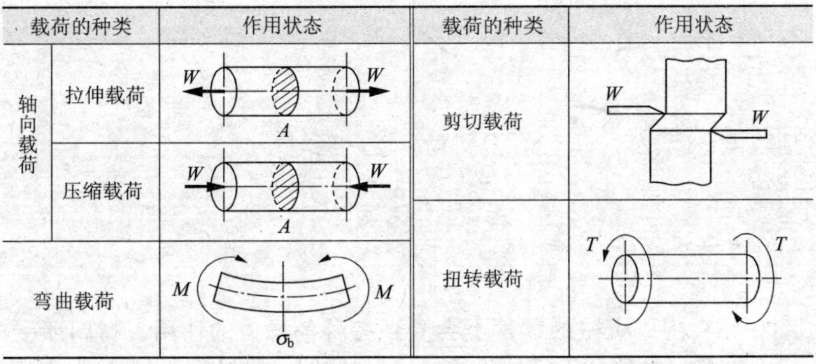

载荷的种类		作用状态	载荷的种类	作用状态
轴向载荷	拉伸载荷		剪切载荷	
	压缩载荷		扭转载荷	
弯曲载荷				

图 1.1 载荷的种类

2. 应力的种类

杆件上作用有拉伸载荷时,垂直于此载荷的截面就会受到此作用力。当作用的载荷一定时,为了使设计更安全,可以采用增大杆件的直径的办法,从而减少单位面积(如 1mm²)上的作用力。如果其值超过了材料的固有拉伸强度,材料就会被破坏。此单位面积作用力即称为应力 σ:

$$\sigma = \frac{W}{A} (\text{N/mm}^2, \text{MPa}) \tag{1.1}$$

式中,W 为载荷(N);A 为截面面积(mm²)。

拉伸载荷产生的应力称为拉伸应力,压缩载荷产生的应力称为压缩应力。而剪切载荷产生的应力则称为剪切应力。

3. 应力与应变

拉伸试棒,设其长度仅伸长 Δl 而由 l 变为 $l+\Delta l$ 时,其纵应变 ε 可由下式求得,即:

$$\varepsilon = \frac{\Delta l}{l} \tag{1.2}$$

设应力-应变曲线图上线性范围内的直线斜率为 E,则线性范围内下式成立:

$$\sigma = E\varepsilon \text{ (MPa)} \tag{1.3}$$

式中,E 为纵向弹性模量(MPa)。

从而,根据式(1.2)、式(1.3),下式成立:

$$\Delta l = \frac{\sigma l}{E} \tag{1.4}$$

图 1.2 中,点 N 为拉伸停止在点 M 处时的残余永久应变,$\sigma_{0.2}$ 为永久应变达 0.2% 时的拉伸应力,称之为弹性限 $\sigma_{0.2}$。点划线表示试棒变细时由其截面面积计算得到的真正应力-应变曲线。

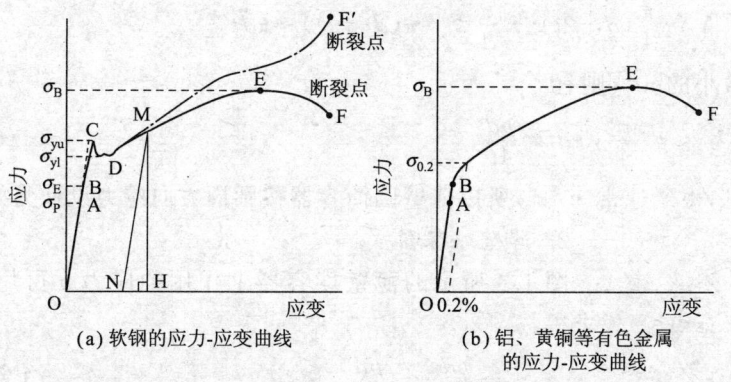

(a) 软钢的应力-应变曲线　　(b) 铝、黄铜等有色金属的应力-应变曲线

σ_P 为比例限；σ_E 为弹性限；σ_{yl} 为下屈服点；σ_{yu} 为上屈服点；$\sigma_{0.2}$ 为弹性限；σ_B 为拉伸强度限

图 1.2　应力-应变曲线(典型形状)

1.1.2　压力容器

1. 薄壁圆筒容器

下面来求图 1.3 所示的壁厚约为内径的 12% 以下(或外径的 10% 以下)的薄壁圆筒容器的应力。

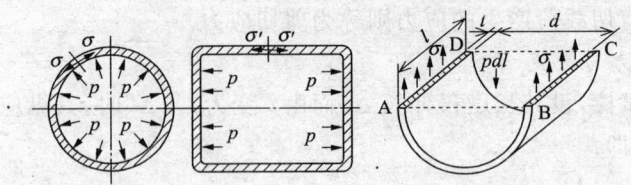

图 1.3 薄壁圆筒容器中产生的应力

(1) 按下式求作用于圆周方向上的应力 σ：

$$\sigma = \frac{P}{A} = \frac{pdl}{2tl} = \frac{pd}{2t} \text{ (MPa)} \tag{1.5}$$

式中，P 为总压力(N)；p 为内压(MPa)；A 为假想截面 $ABCD$ 内的材料面积(mm²)；l 为圆筒长度(mm)；t 为圆筒壁厚(mm)。

(2) 按下式求作用于轴向的应力 σ'：

$$\sigma' = \frac{P'}{A'}$$

$$P' = p\frac{\pi d^2}{4}$$

$$A' = \frac{\pi}{4}(d+2t)^2 - \frac{\pi}{4}d^2 = \pi(dt+t^2) \approx \pi dt$$

略去很微小的 πt^2，则有

$$\sigma' \approx p\frac{\pi d^2}{4} / \pi dt = \frac{pd}{4t} \tag{1.6}$$

可见，由于通常 $\sigma > \sigma'$，所以薄壁圆筒容器按圆周方向应力设计为好。

2. 薄壁球容器

图 1.4 所示的薄壁球容器上作用的应力 σ 可用下式求得：

$$\sigma = \frac{pd}{4t}, \quad t = \frac{pd}{4\sigma} \tag{1.7}$$

式中，p 为内压(MPa)；d 为内径(mm)；t 为壁厚(mm)。

可见，与内径、内压及材质相同的薄壁圆筒相比较，薄壁球容器的壁厚只取薄壁圆筒壁厚的 1/2 即可。

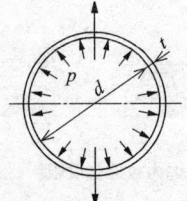

图 1.4 受内压的薄壁球容器

1.1.3 冲击载荷产生的应力与伸长

如图 1.5 所示，将质量为 W 的重物从 h(mm)高处落下，对长 l(mm)、

截面积为 $A(\text{mm}^2)$ 且截面形状一致的杆施加冲击载荷。设重物的动能全用于杆的伸长，则冲击拉伸应力 σ_{ip}、冲击瞬间的最大伸长 Δl_{ip} 可分别用式（1.8）和式（1.9）表述：

$$\sigma_{ip} = \frac{W(1+\sqrt{1+2hAE/Wl})}{A} \quad (\text{MPa}) \tag{1.8}$$

$$\Delta l_{ip} = \frac{Wl}{AE}\left(1+\sqrt{1+2h \cdot \frac{AE}{Wl}}\right) \quad (\text{mm}) \tag{1.9}$$

式中，E 为纵弹性模量（MPa）。

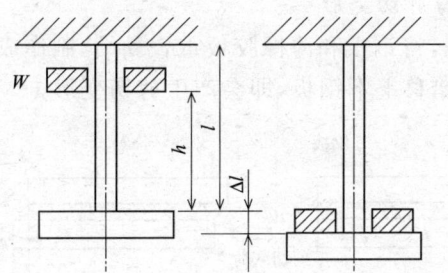

图 1.5 作用于杆上的冲击载荷

另外，根据式（1.4）有

$$\frac{Wl}{AE} = \frac{\sigma l}{E} = \Delta l$$

若设此 Δl 为静载荷引起的伸长，则有

$$\Delta l_{ip} = \Delta l(1+\sqrt{1+2h/\Delta l}) \quad (\text{mm}) \tag{1.10}$$

可见，冲击引起的伸长是很大的，即使 h 近于 0，理论上也有 $\Delta l_{ip} \approx 2\Delta l$。

小常识

材料所具有的性能与设计

对各种各样的材料进行拉伸试验就会发现，软钢、铝合金及铜合金等材料，相当大的伸长后才会断裂，因而称其为塑性材料；而铸铁、玻璃等材料断裂时几乎无伸长，因而称之为脆性材料。很多情况下，像自行车车轮的辐条那样，设计成材料受拉伸载荷，即可实现产品的轻型化。所以，可以说，耐压缩而不耐拉伸的铸铁，对于希望轻型化的产品是难以使用的材料。

1.2 承受剪切载荷的材料的强度

以材料的某一截面为分界面,试图使材料错移的力,即剪切力。剪切力作用时,材料也会破坏。本节讲解剪切载荷引起的剪切应力及剪切变形。

1.2.1 承受剪切载荷的材料

1. 剪切载荷与剪切变形

如图 1.6 所示,将钢板和薄橡胶板重叠黏结,制作成三层构造板。以剪切载荷 W 左右错移上下钢板,即会产生剪切变形 λ。

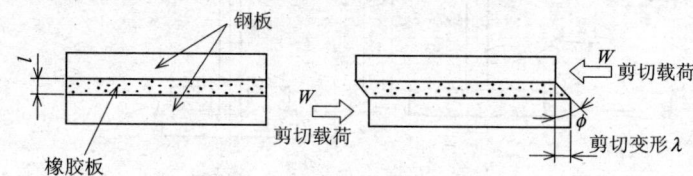

图 1.6 剪切载荷与剪切变形

2. 剪切应力

如图 1.7 所示,材料上作用有剪切载荷时,平行于载荷的假想截面 X 内就会产生内力 W 以抵抗载荷。剪切应力 τ 由下式求得:

$$\tau = \frac{W}{A} \text{ (MPa)} \tag{1.11}$$

式中,W 为剪切载荷(N);A 为假想截面 X 的面积(mm^2)。

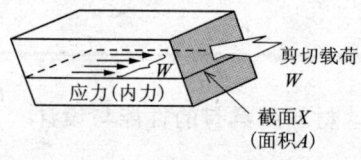

图 1.7 剪切应力

3. 剪切应变

图 1.6 中的剪切应变 γ 由下式(1.12)求得:

$$\gamma = \frac{\lambda}{l} = \tan\phi \approx \phi \tag{1.12}$$

式中,λ 为剪切变形;l 为橡胶板的厚度;φ 为剪切角。

1.2.2 强度计算

1. 剪切应力与剪切应变

在材料的比例限内,剪切应力 τ 与剪切应变 γ 成正比,即

$$\tau = G\gamma \tag{1.13}$$

式中,G 为剪切弹性模量(MPa)。

2. 剪切弹性模量

由式(1.11)、式(1.12)、式(1.13)得

$$G = \frac{\tau}{\gamma} = \frac{W}{A} \cdot \frac{l}{\lambda} = \frac{W}{A\phi} \tag{1.14}$$

表 1.1 为主要金属材料的机械性能。

表 1.1 主要金属材料的机械性能(日本机械学会,1989[1])

材料 \ 性能		屈服点 σ_y/MPa	拉伸强度限 σ_B/MPa	纵弹性模量 E/GPa	剪切弹性模量 G/GPa
钢(软钢)	S10C	206 以上	314 以上	206	79
钢(硬钢)	S50C	365 以上	610 以上	205	82
镍-铬钢	SNC236	590 以上	740 以上	204	—
不锈钢	SUS304	205 以上	520 以上	197	73.7
灰铸铁	FC200	—	200 以上	73~127	28~39
黄铜	C2600P-O	—	275 以上	110	41.4
铝合金(超硬铝)	A2024P-T4	275 以上	430 以上	74	29

──── 小常识 ────

钢板的剪切

对宽 $b=100$mm、厚 $t=5$mm 的软钢板施加 $W=18$kN 的剪切载荷,求产生的剪切应力 τ 和剪切应变 γ。

解:$\tau = \dfrac{18 \times 10^3}{100 \times 5} = 36 \ (\text{N/mm}^2, \text{MPa})$

由表 1.1 得软钢的 $G = 79$GPa $= 79 \times 10^3$ MPa,故得

$$\gamma = \frac{\tau}{G} = \frac{36}{79 \times 10^3} = 4.6 \times 10^{-4}$$

1.3 材料的破坏与强度、弯曲、扭转、屈曲

即使是按应力校核计算不会破坏的材料,长期使用中也会破坏,本节对其原因进行讲解。并讲解有关梁的弯曲、轴的扭转及杆件的屈曲等的基础问题。

1.3.1 材料的破坏与强度

1. 载荷的作用方式

(1) 静载荷。不随时间变化的载荷,以及极慢增加的载荷称为静载荷。

(2) 动载荷。指载荷的大小变动的载荷。如图 1.8 所示,它包括在正值与零之间反复变动的载荷、正载交互变换的交变载荷、变动无规律的变动载荷,以及短时间施加载荷的冲击载荷等。

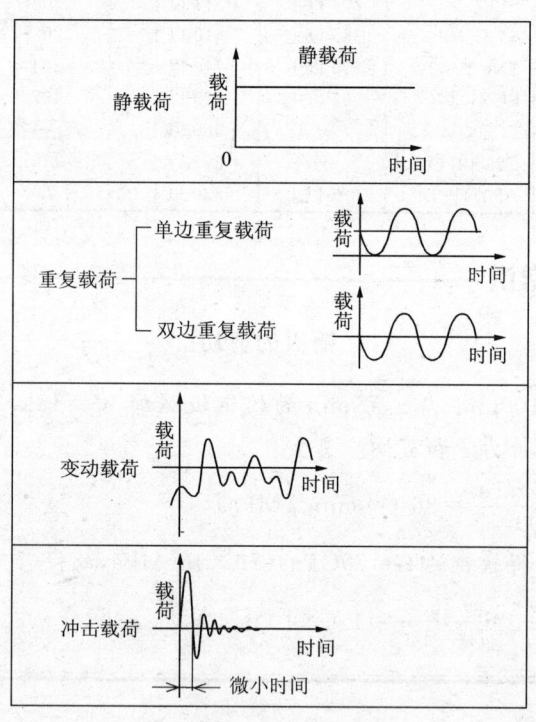

图 1.8 载荷的作用方式

2. 许用应力与安全系数

通常,安全的设计是将发生在材料中的应力置于比例限以下。对材料安全的应力称为许用应力。许用应力 σ_a 按下式求出:

$$\sigma_a = \frac{\sigma_B}{S} \tag{1.15}$$

式中,σ_B 为拉伸强度限;S 为安全系数。

表 1.2 为安全系数标准值。

表 1.2 安全系数标准值(大西 清,2001[2])

材 料	静载荷	动载荷		
		单边摆动	双边摆动	冲击
钢	3	5	8	12
铸铁	4	6	10	15
铜及合金	5	6	9	15

3. 应力集中

加工原材料制作机械零件时,常常不得不加工出图 1.9 所示那样的凹槽。对带有凹槽的零件施加载荷时,其局部会产生相当大的应力。此现象称为应力集中。凹槽处产生的最大应力 σ_{max}、τ_{max} 与无应力集中情况下计算所得的平均应力 σ_0、τ_0 的比值 α_k 称为应力集中系数或形状系数。

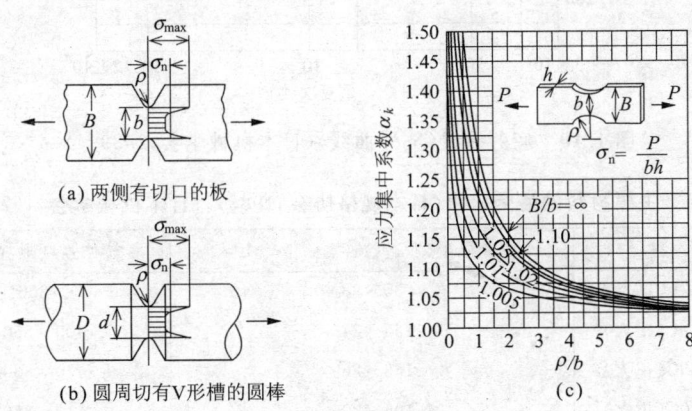

图 1.9 应力集中

$$\alpha_k = \frac{\sigma_{max}}{\sigma_0}, \quad \sigma_{max} = \alpha_k \sigma_0 \tag{1.16}$$

$$\alpha_k = \frac{\tau_{max}}{\tau_0}, \quad \tau_{max} = \alpha_k \tau_0 \tag{1.17}$$

α_k 越大,应力集中程度越强。

在图 1.9(a)中板的情况下,ρ/b 的值越小、B/b 的值越大,则 α_k 越大、应力越集中。图 1.9(b)所示圆棒的情况下,ρ/d 的值越小、D/d 的值越大,则 α_k 越大,应力越集中。可见,将沟槽做得浅而平滑则难以使应力集中。另外,通过喷丸处理及热处理等使零件表面硬化,也能够避免材料被破坏。

4. 疲劳破坏

材料长期连续受到重复载荷作用时,也会发生破坏,这种现象称为疲劳破坏。图 1.10 所示的 S-N 曲线(维拉(Wena)曲线)中,水平部分的应力称为持久限,此以下的应力无论重复作用多少个循环,材料也不会被破坏。但是,对于曲线中不出现水平部分的铜合金等,由于得不到持久限,因而难以预测材料的疲劳破坏。持久限亦称为疲劳极限(见表 1.3)。

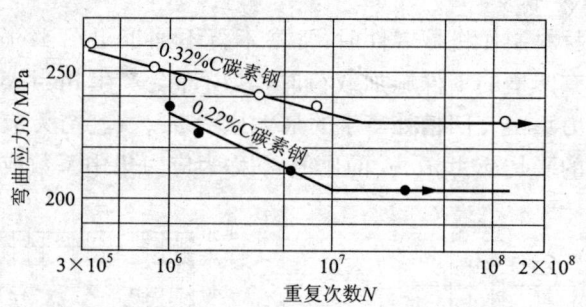

图 1.10 疲劳曲线(S-N 曲线)(日本机械学会,1989[1])

表 1.3 主要材料的疲劳极限(日本规格协会,1986[3];日本机械学会,1974[4])

材　料	疲劳极限(双边拉伸、压缩)/MPa	拉伸强度限/MPa
铸铁 FC20	35～98	>200
软钢 S20C(正火)	155～245	400～550
软钢 S30C(正火)	165～265	470～630
软钢 S50C(正火)	195～295	610～780
镍铬钢 SNC415	285	>785

1.3.2 弯曲

1. 梁的种类与载荷

支承梁的点称为支点,支点间的距离称为跨度。载荷作用于梁上时,为保持平衡而在支点上产生的力称为反力。按照支承方法,梁分为悬臂梁和两端支持梁(见图 1.11)。作用于梁上的载荷则分为作用于 1 点的集中载荷和分布作用于梁的一定长度上的分布载荷。

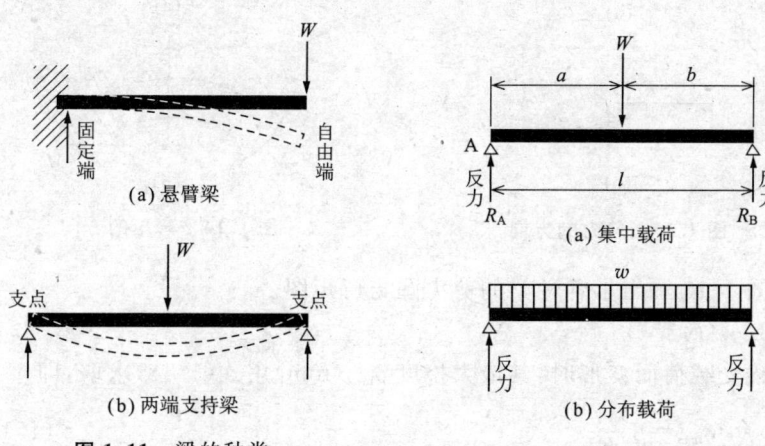

图 1.11 梁的种类

图 1.12 作用于梁上的载荷

反力 R_A、R_B 的求法介绍如下:

图 1.12(a) 中,梁平衡静止的条件为以下两条:

① 负荷 W 与反力 R_A、R_B 之和为零。设方向向上的力为正,即有力平衡式为

$$(R_A+R_B)+(-W)=0 \qquad ①$$

② 力矩之和为零。设逆时针旋转方向为正,即有绕点 B 旋转的力矩平衡式为

$$(-R_A l)+Wb=0 \qquad ②$$

此时,尽管力矩的中心可任意选取,但还是选为未知力的作用点为好。

由上述式①、式②即得

$$R_A=\frac{Wb}{l}, \quad R_B=\frac{Wa}{l}$$

2. 梁的剪力与弯矩

作用于梁上的剪力,可假想用截面将梁分为左右两部分,通过求作用于其左侧的力的和来求得。此时,设向上的力为正,向下的力为负。弯矩求取时,在截面的左侧是以顺时针方向为正、逆时针方向为负来求和的。截面的右侧则正、负号相反。

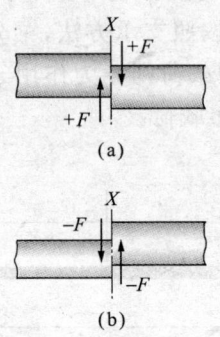

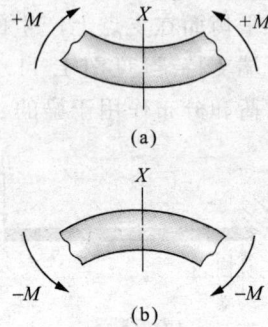

图 1.13 剪力的方向　　　　　　**图 1.14 弯矩的方向**

图 1.15 示出了各种梁的剪力图与弯矩图。

3. 梁的变形

梁受载荷而变形时,其最大挠度 δ_{max}(mm)用式(1.18)求取,即

$$\delta_{max} = \beta \frac{Wl^3}{EI} \quad (1.18)$$

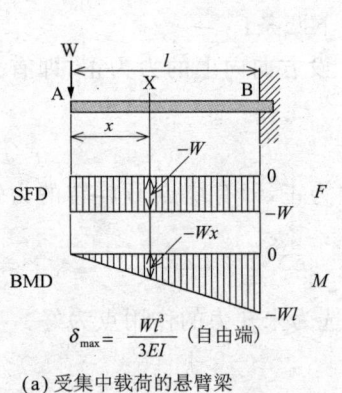

$\delta_{max} = \dfrac{Wl^3}{3EI}$(自由端)

(a) 受集中载荷的悬臂梁

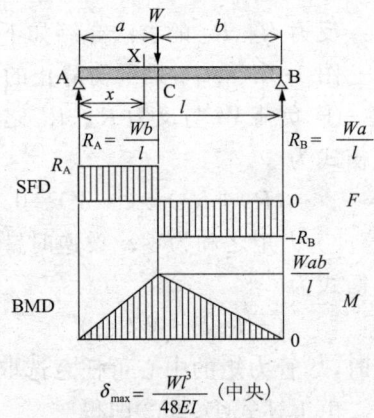

$\delta_{max} = \dfrac{Wl^3}{48EI}$(中央)

(b) 受集中载荷的两端支持梁

图 1.15 各种梁的剪力图与弯矩图

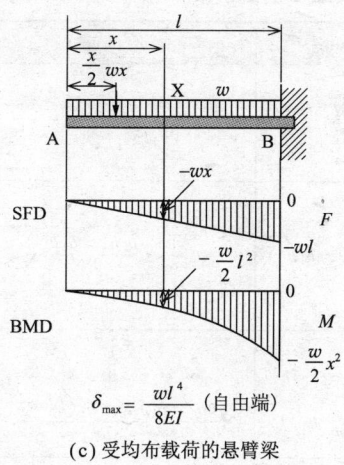

(c) 受均布载荷的悬臂梁

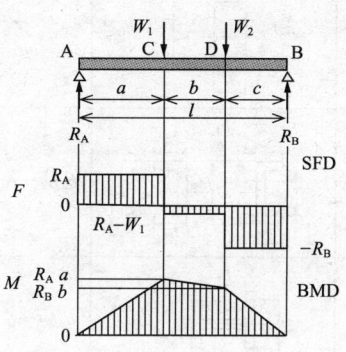

(d) 受集中载荷的两端支持梁

SFD(shearing force diagram):剪力图
BMD(bending moment diagram):弯矩图

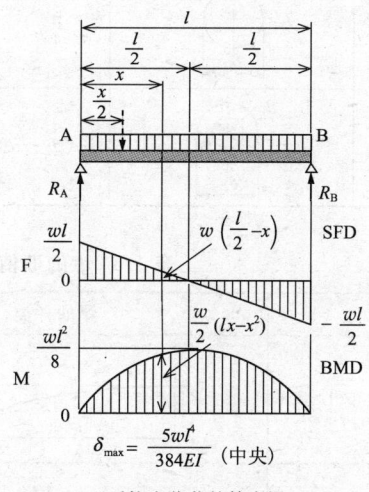

(e) 受均布载荷的简支梁

图 1.15 各种梁的剪力图与弯矩图(续)

式中,β 为由梁及载荷的种类所决定的值;W 为载荷全重(N);l 为梁的长度(mm);E 为纵弹性模量(MPa);I 为截面二次矩(mm^4);EI 为弯曲刚度。

可见,E 及 I 越大则梁越结实。

表 1.4 和表 1.5 分别示出了截面二次矩 I 和 β 的取值。

表 1.4 各种形状截面的二次矩和截面系数 Z

	截面/mm	A/mm^2	I/mm^4	Z/mm^3
1		bh	$\dfrac{1}{12}bh^3$	$\dfrac{1}{6}bh^2$
2		$b_2h_2-b_1h_1$	$\dfrac{1}{12}(b_2h_2^3-b_1h_1^3)$	$\dfrac{1}{6}\cdot\dfrac{b_2h_2^3-b_1h_1^3}{h_2}$
3		$b_2h_2-b_1h_1$	$\dfrac{1}{12}\{(b_2-b_1)h_2^3+b_1(h_2-h_1)^3\}$	$\dfrac{1}{6}\cdot\dfrac{(b_2-b_1)h_2^3+b_1(h_2-h_1)^3}{h_2}$
4		$\dfrac{\pi}{4}d^2$	$\dfrac{\pi}{64}d^4$	$\dfrac{\pi}{32}d^3$
5		$\dfrac{\pi}{4}(d_2^2-d_1^2)$	$\dfrac{\pi}{64}(d_2^4-d_1^4)$	$\dfrac{\pi}{32}\cdot\dfrac{d_2^4-d_1^4}{d_2}$

表 1.5 β 的取值(日本机械学会,1989[1])

序 号	梁的种类	β	$\delta_{\max}$ 的位置
1		$\dfrac{1}{3}$	自由端
2		$\dfrac{1}{8}$	自由端
3		$\dfrac{1}{48}$	中央
4		$\dfrac{5}{384}$	中央

1.3.3 扭转

1. 轴的扭转

如图 1.16 所示,设将长 l(mm)、直径 d(mm)的轴的一端固定,另一端施加扭矩 T 将其旋转 θ(rad)角,其剪应变 γ 和剪应力 τ(MPa)可按式(1.19)和式(1.20)求得:

$$\gamma = \frac{d\theta}{2l} \tag{1.19}$$

$$\tau = G\gamma = G\frac{d\theta}{2l} \tag{1.20}$$

任意半径位置 r 处的剪应变 γ_r 和剪应力 τ_r(MPa),则可按式(1.21)和式(1.22)求取出:

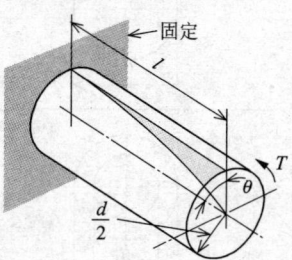

图 1.16 轴的扭转

$$\gamma_r = r\frac{\theta}{l} = \frac{2r}{d}\gamma \tag{1.21}$$

$$\tau_r = Gr\frac{\theta}{l} = \frac{2r}{d}\tau \tag{1.22}$$

2. 截面形状与扭矩

设截面二次极矩为 I_p(mm^4)、极截面系数为 Z_p(mm^3),则扭矩 T 与剪应力 τ 有式(1.23)和式(1.24)所示的关系:

$$T = \frac{2\tau}{d}I_p (\text{N} \cdot \text{mm}) \tag{1.23}$$

$$T = \tau Z_p, \quad \tau = \frac{T}{Z_p} (\text{MPa}) \tag{1.24}$$

3. 扭转变形

轴的扭转角 θ(rad)可用下式求得:

$$\theta = \frac{Tl}{GI_p} (\text{rad})$$

$$= 57.3 \times \frac{Tl}{GI_p} (°) \tag{1.25}$$

式中,G 为剪切弹性模量(MPa);I_p 为截面二次极矩(mm^4);GI_p 称为抗扭刚度,是表示对扭矩抵抗力大小的量。

表 1.6 示出了圆形、圆环形截面的截面二次极矩 I_p 和极截面系数 Z_p 的计算公式。

表 1.6　圆形与环形的截面二次极矩 I_p 和极截面系数 Z_p

截面/mm	I_p/mm^4	Z_p/mm^3
圆形（直径 d）	$\dfrac{\pi}{32}d^4$	$\dfrac{\pi}{16}d^3$
环形（内径 d_1，外径 d_2）	$\dfrac{\pi}{32}(d_2^4-d_1^4)$	$\dfrac{\pi}{16}\left(\dfrac{d_2^4-d_1^4}{d_2}\right)$

1.3.4　屈　曲

1. 杆的屈曲

屈曲是指杆件在轴向受到压缩载荷时，应力仍在材料的压缩强度限以下而发生的弯曲现象。越是细长的轴越容易发生屈曲，载荷偏离轴线或材质不均匀等更容易引起屈曲。

长细比 λ 是指杆相对于截面尺寸的长的程度，λ 大的可称之为长杆。长细比 λ 用下式表示：

$$\lambda = \frac{l}{k_{\min}} \tag{1.26}$$

式中，l 为杆的长度(mm)；$k_{\min}$ 为截面的最小惯性半径(mm)。

$$k_{\min} = \sqrt{\frac{I_{\min}}{A}} \text{ (mm)}$$

式中，$I_{\min}$ 为最小截面二次矩(mm^4)；A 为截面面积(mm^2)。

2. 杆的端部条件和截面形状

所谓杆端系数 n，是由杆两端的支持条件所决定的值(参见表 1.7)，n 越大，越不易发生屈曲。而且，尽量增大按杆的截面形状算得的最小截面二次矩 $I_{\min}$，则可以获得不易屈曲的杆。

表 1.7 杆端条件与杆端系数

杆端条件					
杆端系数	0.25	1	2.05	4	4

3. 杆的强度

屈曲强度即表示杆的强度,用杆的截面面积去除杆开始屈曲时的最小屈曲载荷 W 即可求得。

(1) 欧拉(Euler)公式。屈曲应力在比例限以下且长细比 λ 在 110 以上的长杆的屈曲载荷 W 及屈曲强度 σ,适于用式(1.27)、式(1.28)求出:

$$W = n\pi^2 \frac{EI_{\min}}{l^2} \text{ (N)} \tag{1.27}$$

$$\sigma = n\pi^2 \frac{EI_{\min}}{l^2 A} \text{ (MPa)} \tag{1.28}$$

式中,n 为杆端系数;E 为纵弹性模量(MPa);$I_{\min}$ 为最小截面二次矩(mm^4);A 为杆的截面面积(mm^2)。

(2) 兰肯(Rankin)公式。屈曲应力超过比例限的短杆的屈曲,其屈曲载荷 W 及屈曲强度 σ 适于用式(1.20)、式(1.30)的兰肯公式求出:

$$W = \frac{\sigma_c A}{1 + \frac{a}{n}\left(\frac{l}{k_{\min}}\right)^2} \text{ (N)} \tag{1.29}$$

$$\sigma = \frac{\sigma_c}{1 + \frac{a}{n}\left(\frac{l}{k_{\min}}\right)^2} \text{ (MPa)} \tag{1.30}$$

式中,σ_c、a 均是由材料所决定的常数(见表 1.8)。

(3) 台特迈尔(Tetmajer)公式。屈曲强度 σ 由下式计算:

$$\sigma = \sigma_c\left[1 - a\frac{l}{k_{\min}} + b\left(\frac{l}{k_{\min}}\right)^2\right] \text{ (MPa)} \tag{1.31}$$

式中,σ_c、a、b 均为由材料所决定的常数(见表 1.9)。软钢的情况下,如果 $\lambda(=l/k_{min})\geqslant 104$,则适于使用欧拉公式。

表 1.8　兰肯公式中的常数(大西　清,2001[2])

材料 常数	铸铁	软钢	硬钢
σ_c(N/mm²)	550	330	480
a	$\dfrac{1}{1600}$	$\dfrac{1}{7500}$	$\dfrac{1}{5000}$
$\dfrac{l}{k_{min}}$ 的使用范围	$<80\sqrt{n}$	$<90\sqrt{n}$	$<85\sqrt{n}$

表 1.9　公式中的常数(大西　清,2001[2])

材料 常数	软钢	硬钢	铸铁
σ_c(N/mm²)	300	330	760
a	0.00368	0.00185	0.01546
b	—	—	0.00007
$\dfrac{l}{k_{min}}$ 的使用范围	<105	<90	<88

(4) 约翰逊(Johnson)公式:

$$\sigma=\sigma_s-\dfrac{\sigma_s^2}{4\pi^2 E}\left(\dfrac{l}{k_{min}}\right)\ (\text{MPa}) \tag{1.32}$$

式中,σ_s 为压缩的屈曲应力;E 为纵弹性模量。

$\dfrac{l}{k_{min}}\geqslant \pi\sqrt{\dfrac{2E}{\sigma_s}}$ 时,则适于使用欧拉公式。

1.4 热应力

铁路上的铁轨在炎热的夏天下会发生线膨胀,在其端面能够感到铁轨显著地伸长了。本节将针对两端固定的杆,来讲解长度不变时温度所引起的应力。

1.4.1 温度变化引起的应力

1. 热应力的种类

常温时两端固定的杆,当温度上升时,由于不能伸长而产生压缩应力;相反,当温度降低时,由于不能收缩而产生拉伸应力。这种因温度变化而引起的应力即称为热应力。例如,管道内流体的温度变化时,管道上会产生热应力。温度变化较大时,常常会造成管道变形及流体泄漏等问题,所以管道上设置有各种伸缩接头。

2. 热应力的计算

(1) 设长 l 两端不固定的杆温度从 $t(℃)$ 上升至 $t'(℃)$ 时伸长 Δl,长度变为 l',则有下式成立:

$$\Delta l = l' - l = l\alpha(t' - t) \tag{1.33}$$

式中,α 称为线胀系数(见表 1.10)。

(2) 长 l 的杆两端固定,温度上升 $\Delta t = t' - t$,原应伸长至 l' 的杆仍被压缩成 l 长度(见图 1.17)。此时,其应变 ε 可用下式计算:

$$\varepsilon = \frac{\Delta l}{l'} = \frac{\Delta l}{l + \Delta l} \approx \frac{\Delta l}{l} \tag{1.34}$$

由式(1.33)、式(1.34)得

$$\varepsilon = \frac{\Delta l}{l} = \frac{l\alpha(t' - t)}{l} = \alpha(t' - t) \tag{1.35}$$

根据胡克定律,温度上升引起的压缩应力即热应力为

$$\sigma = E \cdot \varepsilon = E \cdot \alpha(t' - t) = E\alpha\Delta t \tag{1.36}$$

可见,热应力与纵弹性模量 E、线胀系数 α 及温度变化 Δt 成正比,而与材料的粗细及长度无关,即热应力仅取决于材料特性与温度变化。

表 1.10 主要材料的线胀系数 α

（日本机械学会,1989[1]）

（单位：10^{-6}/℃）

碳素钢	9.6~11.6
铸铁	9.2~11.8
铝	23.0
铜	16.6
镍铬钢	13.3
超硬合金	5.0
七三黄铜	19.9
硬铝	23.4

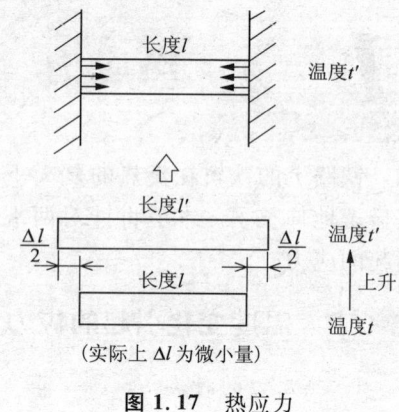

图 1.17 热应力

1.4.2 考虑热应力的设计

1. 两端固定情况下的温度变化

求温度 80℃时将两端固定的直径 30mm 的铸铁棒冷却至 10℃时所产生的热应力 σ。并求波及至棒的固定部分的作用力 P。这里，设铸铁的线胀系数 α 为 $11.8×10^{-6}$/℃，纵弹性模量 E 为 $98×10^3$MPa。

小常识

发动机活塞的形状

活塞连续工作在高温（2000℃）、高压的气体燃烧环境中。材质轻，用易于散热的铝合金制成，但热膨胀量很大（约为碳素钢的两倍）。故将热膨胀量大的部分预先制小，形成最适合于运转状态的形状。如下图所示。

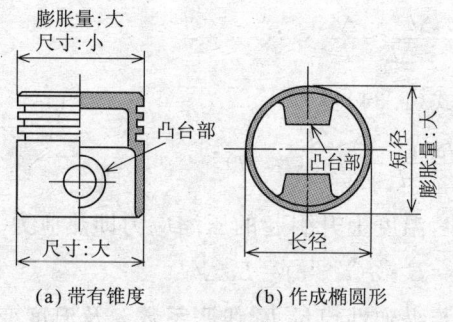

(a) 带有锥度　　(b) 作成椭圆形

常温下活塞的形状

$$\sigma = E\alpha(t'-t)$$
$$= 98\times10^3\times11.8\times10^{-6}\times(10-80) = -80.95(\text{MPa})$$

可见，会产生 80.95MPa 的拉伸热应力。

其次，求作用力 P 如下：

$$P = \frac{\pi d^2}{4}\sigma = \frac{\pi\times 30^2}{4}\times 80.95 = 57.2\times 10^3 \text{N} = 57.2\text{kN}$$

2. 蠕滑现象

例如，中碳钢在 250～300℃ 时表现出最高的拉伸强度限，温度再高时拉伸强度限则会下降。一般金属高于某一温度后拉伸强度限均会下降。

对高温材料长时间施加一定的载荷时，载荷虽然没有增加但变形会不断增大。这一现象称为蠕滑（creep），产生的应变称为蠕滑应变 ε。一般情况下，温度越高、载荷越重时蠕滑应变 ε 越大（见图 1.18）。

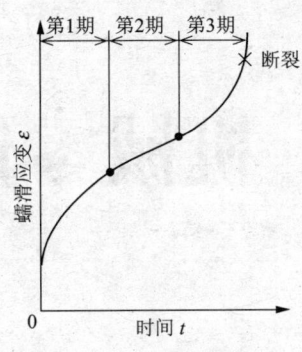

图 1.18　蠕滑曲线（日本机械学会，1989[1]）

参考文献

[1]　日本機械学会：機械工学便覧，丸善（1989）
[2]　大西　清：JIS にもとづく機械設計製図便覧（第10版），理工学社（2001）
[3]　日本規格協会：JIS に基づく機械システム設計便覧（1986）
[4]　日本機械学会：金属材料疲れ強さの設計資料（1974）
[5]　塚田忠夫，他：機械設計法，森北出版（1999）
[6]　川井良次：機械設計の基礎－歯車・軸受と締結要素－，朝倉書店（1988）
[7]　自動車技術会：自動車の材料技術，朝倉書店（1996）
[8]　自動車技術会：新編・自動車工学ハンドブック（1984）

第2章

机械零件设计

　　机械通常是由很多零件组合在一起制成的。其原因是在制造过程中，要么制品过大（如大型施工工程机械等），要么结构过于复杂（如机械式手表等）。并且，对机械各部分所要求的功能及性质也各不相同。例如，对内燃机的发动机零件，要求各自按自己承担的任务工作，且使用适于各自工作环境的材质来制作。

　　本章就构成机械的零部件进行讲解。

2.1 联结

机械通常是由相应于使用条件设计的许多零件装配在一起制成的。本节就来讲解将这些零件彼此联结起来的联结件。另外,对骨架构造的强度也作一讲解。

2.1.1 螺纹

1. 螺纹的基础

螺纹是使用最多的机械零件之一,除大量用于联结外,也用于传动及变换运动方向等。图2.1所示为三角螺纹,图2.2所示为螺纹头数与导程。

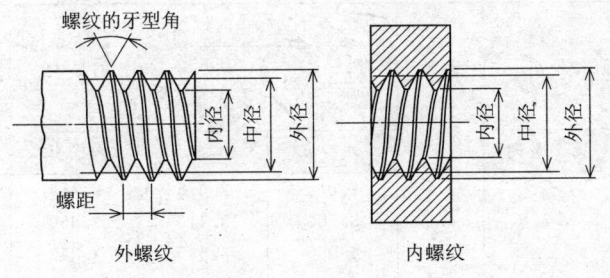

图 2.1 三角螺纹

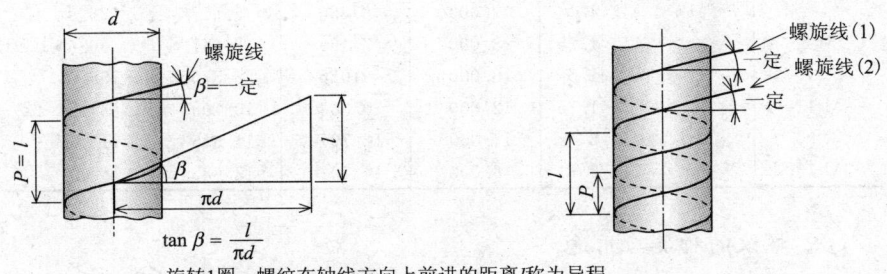

旋转1圈,螺纹在轴线方向上前进的距离l称为导程。
使螺纹呈螺旋状的角度β称为导程角。

(a) 单头螺纹　　　　　　　　　　　(b) 双头螺纹

图 2.2 螺纹头数与导程

表 2.1 中使得 $l_1 = l_2$ 的假想圆柱体的直径 d_2 称为螺纹的中径。以中径为目标进行加工虽然困难,但无论从螺纹的精度来看,还是从强度计算上来考虑,中径都是一个非常重要的尺寸。中径一般用螺纹千分尺来测量。

表 2.1 公制普通螺纹(JIS B 0202-4, ISO 724, JIS B 1051, ISO 898-1)

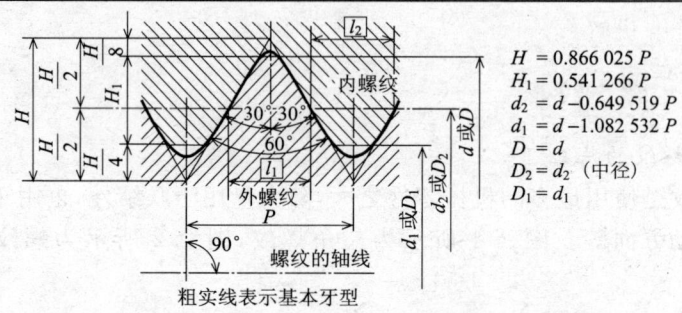

$H = 0.866\ 025\ P$
$H_1 = 0.541\ 266\ P$
$d_2 = d - 0.649\ 519\ P$
$d_1 = d - 1.082\ 532\ P$
$D = d$
$D_2 = d_2$ (中径)
$D_1 = d_1$

粗实线表示基本牙型

公称直径		螺距 P	内螺纹			外螺纹的有效截面积
			外径 D	中径 D_2	内径 D_1	
			外螺纹			
第 1 系列	第 2 系列		外径 d	中径 d_2	内径 d_1	
M 3		0.5	3.000	2.675	2.459	5.03
	M 3.5	0.6	3.500	3.110	2.850	6.78
M 4		0.7	4.000	3.545	3.242	8.78
M 5		0.8	5.000	4.480	4.134	14.2
M 6		1	6.000	5.350	4.917	20.1
	M 7	1	7.000	6.350	5.917	28.9
M 8		1.25	8.000	7.188	6.647	36.6
M 10		1.5	10.000	9.026	8.376	58.0
M 12		1.75	12.000	10.863	10.106	84.3
	M 14	2	14.000	12.701	11.835	115
M 16		2	16.000	14.701	13.835	157

2. 螺纹的种类与用途

螺纹除有外螺纹、内螺纹的分类外,还有如图 2.3 所示的分类。表 2.2 为主要螺纹的特点与用途。

螺钉是指公称直径 8 mm 以下的带头螺丝,用于无大载荷的场所(见图 2.4)。主要螺钉的特点与用途见表 2.3。

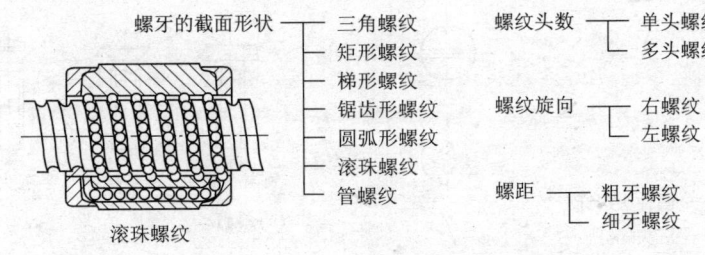

图 2.3 螺纹的分类

表 2.2 主要螺纹的特点与用途

种类	特点	用途
三角螺纹	·较易制作	各种机械
矩形螺纹	·摩擦阻力小 ·难以制作 ·可传递重负荷	螺旋压力机
梯形螺纹	·性质介于三角螺纹与矩形螺纹之间 ·装配时易保证轴向精度	机床丝杠
锯齿形螺纹	·一个方向上摩擦阻力小而易于旋转	千斤顶、台钳、压力机械
圆弧形螺纹	·易钻入灰尘及砂子的部位的移动用 ·螺纹可快速旋入	灯泡的接口 消防水龙带螺纹
滚珠螺纹	·摩擦阻力极小的运动用螺纹	数控机床传送装置
管螺纹	·螺距小而密封性好 ·有圆柱螺纹和锥螺纹	管件的连接 管与机械零件的连接

表 2.3 主要螺钉的特点与用途

种 类	特 点	用 途
紧定螺钉	嵌套零件间的固定	轴上安装件的固定,螺母的防松
自攻螺钉	在底孔上攻螺纹时完成联结	薄钢材、铝材的联结
本螺钉	直接旋入木材完成联结	与木材的联结

3. 螺纹的底孔

制作较小直径的内螺纹,是先在钻床上钻底孔后再攻螺纹。此时,应注意以下几点:

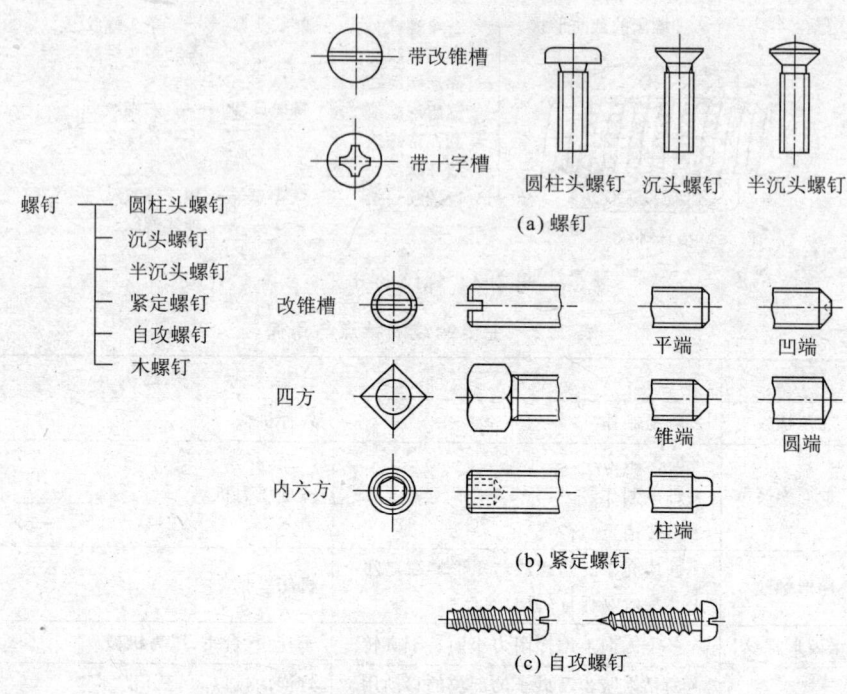

图 2.4 螺钉的种类

① 底孔过大时,攻螺纹容易但螺纹的联结强度会减小。

② 底孔过小,螺纹的旋合长度短时虽然可增加联结强度,但攻螺纹困难。

螺纹的底孔直径 D 按下式求出:

$$D = d - 2 \times H_1 \times 螺牙高度结合率 \tag{2.1}$$

式中,d 为外螺纹的外径;H_1 为标准结合高度(见表 2.1),$H_1 = 0.541\,266P$;螺牙高度结合率范围为 60%~100%,取值间隔为 5%,按式 $(d-D)/2H_1 \times 100\%$ 计算。

通常,2 级程度的螺纹底孔直径按下式计算:

$$D' = d - P \tag{2.2}$$

式中,d 为外螺纹的外径(mm);P 为螺纹的螺距(mm)。

4. 滚珠丝杠的选用

(1) 丝杠的直径。相应于滚珠丝杠导程 l 的直径示于表 2.4。

表 2.4 滚珠丝杠的直径与导程（NSK 公司资料）

导程 直径	5	10	20	25	32
φ20	○	○	○		
φ25	○	○		○	
φ32		○			○

这里，设直流电动机的最高容许转速为 N_{max}，快进快退速度为 v_{max}，则导程 l 用下式计算：

$$l = \frac{v_{max}}{N_{max}}$$

（2）基本额定动载荷。在承受最大应力的接触处，滚珠旋转导面与滚珠自身的永久变形量之和达到滚珠直径的 1/10 000 时的轴向载荷，称为基本额定动载荷 C_a，可由下式表示：

$$C_a \geqslant \frac{fF_m}{10^2} \times \sqrt[3]{60L_h N_m} \qquad (2.3)$$

式中，f 为载荷系数（静载荷 1～冲击载荷 3）；F_m 为平均轴向载荷；L_h 为平均寿命时间（h）；N_m 为平均转速。

（3）寿命的估算。至丝杠、螺母各沟道与滚珠间开始发生损伤时的时间 L_h，可由下式计算：

$$L_h = \frac{10^6}{60N_m} \left(\frac{C_a}{fF_m}\right)^3 \text{ (h)} \qquad (2.4)$$

2.1.2 螺栓、螺母

1. 螺栓、螺母的种类与用途

螺栓与螺母是使用最多的螺纹零件之一。它们有很多种类供使用中按使用条件选择。图 2.5 示出了螺栓与螺母的种类及用途。

———— 小常识 ————

衬垫的利用

衬垫亦称螺旋衬垫，制作的材质从磷青铜到 18-8 不锈钢，有各种各样。衬垫的使用目的如下（见下图）：

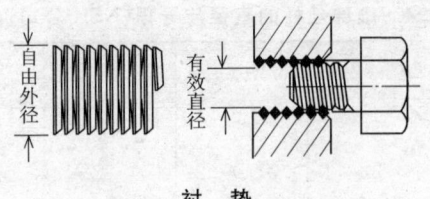

衬垫

① 使破损的内螺纹再生;
② 在铸铁、铝等制作的内螺纹中插入不锈钢衬垫,使联结强化;
③ 改善螺纹的接触状况,避免应力集中在一扣上。

螺栓与螺母的种类及用途见图 2.5。

螺栓—— 穿通螺栓:用螺栓和螺母固定零件
　　　　压紧螺栓:将零件固定到基体上
　　　　拧入螺栓:反复拆卸、装配时使用
　　　　T形槽用螺栓:随意改变紧固场所时使用
　　　　环首螺栓:起吊整台机械或重零件时使用
　　　　基础螺栓:将机械等固定于混凝土地基上时使用

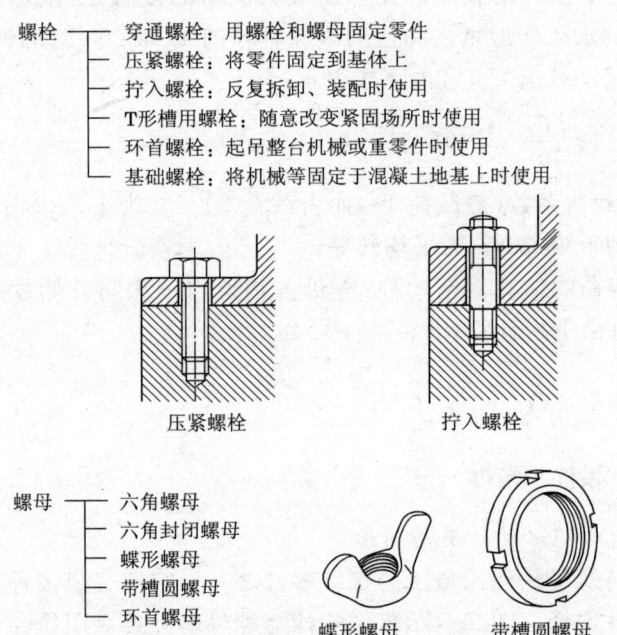

螺母—— 六角螺母
　　　　六角封闭螺母
　　　　蝶形螺母
　　　　带槽圆螺母
　　　　环首螺母

图 2.5　螺栓与螺母的种类及用途

2. 作用于螺栓和螺母上的力

在有剪力作用的场合,要避免剪力作用到螺纹部分。承受拉伸载荷 $W(N)$ 的外径为 $d(mm)$ 的压紧螺栓及拧入螺栓的螺纹旋合部分的长度 $L(mm)$,一般取为 $L=d$,但在铸铁的场合,$L=1.3d$,轻合金的场合,则取

$L=1.8d$。传动螺纹的 L 用下式计算：

$$L=\frac{4WP}{\pi q(d^2-D_1^2)} \tag{2.5}$$

式中，P 为螺距（mm）；q 为接触面许用压力（MPa）；d 为外螺纹外径（mm）；D_1 为内螺纹内径（mm）。

表 2.5 传动螺纹的接触面许用压力 q（日本机械学会，1989[18]）

材料	外螺纹	钢					
	内螺纹	青铜	铸铁	青铜	铸铁	青铜
移动速度/(m/min)		低速	3.0 以下	3.4 以下	6.0～12.0		15.0 以下
接触面许用压力 q/MPa		18～25	11～18	13～18	6～10	4～7	1～2

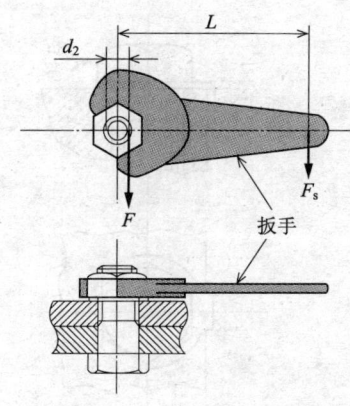

L：扳手的有效长度
F_s：施加于扳手的力
d_2：螺纹的中径
F：作用于螺纹中径圆周的切线方向上的力

图 2.6 螺纹的旋紧

图 2.6 中旋紧螺纹的扭矩 T、施加于扳手上的力 F_s 按式（2.6）和式（2.7）计算：

$$T=F_s L=F\frac{d_2}{2}=\frac{Wd_2}{2}\tan(\rho+\beta) \tag{2.6}$$

$$F_s=\frac{T}{L}=F\frac{d_2}{2L}=\frac{Wd_2}{2L}\tan(\rho+\beta) \tag{2.7}$$

式中，W 为联结力；d_2 为螺纹的中径；ρ 为螺旋面的摩擦角；β 为螺纹中径处的螺旋角（见图 2.2）。

一般外螺纹的外径为 d 时，$T=0.2Wd$。

3. 螺纹的防松

在螺纹联结部分有与螺纹轴线垂直方向上的反复运动时,或有复杂力作用时,或部分螺纹屈伏时,都会造成螺纹的松脱。

螺纹松脱的主要原因如下:

① 反复重复负荷引起的旋转松脱;
② 拉伸负荷引起的疲劳;
③ 各部分的疲劳;
④ 底面的塑性变形;
⑤ 各零件材质不同(线胀系数不同)时的热变形;
⑥ 蠕变引起的联结力的下降。

因而,要采用如图 2.7 所示的防松措施。

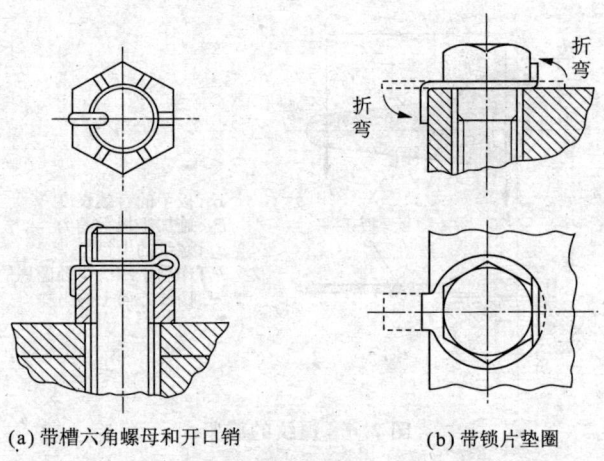

(a) 带槽六角螺母和开口销 (b) 带锁片垫圈

图 2.7 螺纹的防松(吉本勇,1992[16])

2.1.3 铆钉及铆接

1. 铆钉及铆接的利用

随着焊接技术的进步,铆接使用有减少的趋势。但是,构件上产生裂纹时,由于人们希望此裂纹的发展能够止于铆钉处,所以飞机等制造中仍然使用铆接。即使万一发生疲劳破坏,也不是铆钉而多是母材自身破坏。

铆钉的直径 d 按经验公式(2.8)确定:

$$d = \sqrt{50t} - 4 \text{ (mm)} \tag{2.8}$$

式中，t 为板的厚度（mm）。

有气密性要求时，要将铆钉头和板边的缝铆实。对于薄板及有更高气密性要求时，应该采用焊接。

———— 小常识 ————

螺纹使用上的注意事项

（1）同一机械上，采用种类、尺寸尽可能相同的螺纹及螺栓、螺母、会极大地方便机械的加工、安装及维修保养等。

（2）要求需操作的地方采用小螺钉，要求联结力的地方采用螺栓、螺母。

（3）设计中要避免螺纹部分承受弯曲及剪刀。

（4）使用合适的垫圈，以免被联结零件的面上压力超限。

2. 铆钉及铆接的强度

铆接的破坏，有以下几种（见图 2.8）：

（1）铆钉被剪断。

$$W = \frac{\pi d^2}{4} \cdot \tau_1 \tag{2.9}$$

式中，d 为孔径（mm）；τ_1 为铆钉的剪应力（MPa）。

（2）板被剪断。

$$W = 2et\tau_2 \text{（N）} \tag{2.10}$$
$$= 3dt\tau_2 \text{（N）} \tag{2.11}$$

式中，e 为铆钉组的间距或铆钉中心至板边缘的距离（mm）；t 为板的厚度（mm）；τ_2 为板的剪应力（MPa）。

一般情况下，取 $e = 1.5d$。

（3）铆钉孔间的板被剪断。

$$W = (p - d)t\sigma_{t2} \tag{2.12}$$

式中，σ_{t2} 为板的拉伸应力（MPa）。

（4）铆钉轴或孔被压缩破坏。

$$W = dt\sigma_{c1} \quad \text{或} \quad W = dt\sigma_{c2} \tag{2.13}$$

式中，σ_{c1} 为铆钉的压缩应力（MPa）；σ_{c2} 为板的压缩应力（MPa）。

(5) 板边缘开裂（见图 2.8）。

$$W = \frac{\sigma_{b2} t (2e-d)^2}{3d} \text{ (N)} \tag{2.14}$$

$$= \frac{4}{3} \sigma_{b2} t d \text{ (N)} \tag{2.15}$$

式中，σ_{b2} 为板的弯曲应力（MPa）；$e = 1.5d$。

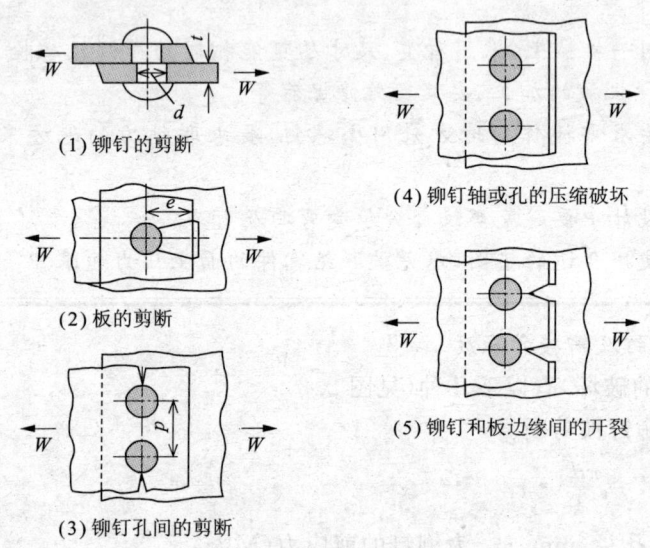

图 2.8 铆接的破坏（鲤渊兴二等，2002[6]）

3. 铆钉的间距与行距

铆钉的间距 p 约大于等于 $2.8d$(mm)。两行时的铆钉行距 e_1 一般取 $0.6p \sim 0.8p$(mm)。

2.1.4 构造的设计

1. 构造的种类

所谓构造，与机械不同，其构件之间无大的相对运动，也非能量的传递与变换装置。像铁桥及输电线的铁塔，即是由构件构成的骨架构造。骨架构造中，构件的节点为销钉结合的，称之为桁架，含有节点为固定的刚节的，则称之为框架。大型起重机等大型机械的躯体多采用骨架构造来制造。

2. 桁架的解法

桁架的结合点(节点)为销钉结合(见图 2.9),因为能够旋转,所以构件不会弯曲,只产生拉伸应力或压缩应力。

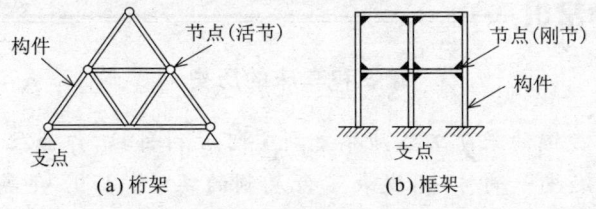

图 2.9 桁架与框架

若构件压节点,则构件被节点所压,这样受压缩的构件,称为压缩件。相反,若构件拉节点,则构件被节点所拉,这样受拉伸的构件,称为拉伸件。

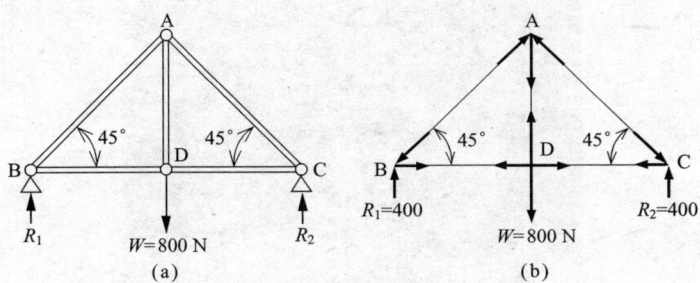

图 2.10 桁架的例子

桁架的解法,即是建立各节点处水平方向与垂直方向上的力的平衡式。下面来计算图 2.10 所示的桁架中的构件 AB、BD 上所产生的内力的大小和方向。

① 设节点 B 上力的作用如图 2.11 所示。此时,假定构件 AB 是受压件,构件 BD 是受拉件。

② 建立力的平衡方程,即

$$\begin{cases} R_1 - F_{AB}\sin 45° = 0 \\ -F_{AB}\cos 45° + F_{BD} = 0 \end{cases}$$

则 $F_{AB} = \dfrac{R_1}{\sin 45°} = 566 \text{ N}$

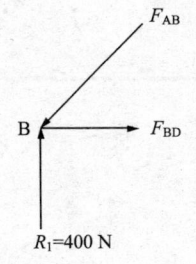

图 2.11 B 点的受力

$$F_{BD} = F_{AB}\cos 45° = 400\text{N}$$

答案为正值,所以正如假定所设,构件 AB 是受节点 283N 压力的压缩件,构件 BD 是受节点 200N 拉力的拉伸件。

=== 小常识 ===

螺纹和车床的历史

1556 年德国的采矿工程师乔更斯·阿古利科拉,作为往冶炼炉的风箱木部上固定皮子的方法,发表了金属制的螺纹。1797 年英国的 H. 莫兹莱发明了精度较高的螺纹车床,翌年,美国的 D. 威尔克逊发明了螺栓和螺母的制造机。1841 年莫兹莱的弟子怀特瓦斯对螺纹进行了标准化。日本民间最初制作的车床,当数 1876 年山形县伊藤嘉平治制作的全锻铁脚踏车床和 1889 年刚创业的池贝铁工所制作的真正的车床(见下图)。

伊藤嘉平治制作的全锻铁脚踏车床(复制品)
(日本工业大学工业技术博物馆藏)

2.2 轴系零件

轴是以旋转运动传递动力的机械零件。为顺利进行动力传递,还需要既能承受施加于轴上的载荷又能保证轴旋转的轴承,还有将轴的动力传给其他部分所用到的键等。本节将对这些一并进行讲解。

2.2.1 轴与键

1. 依赖轴的动力传递

主要承受弯曲的轴称为车轴,主要承受扭转的轴称为传动轴。而船舶、飞机、汽车等上使用的螺旋桨轴、将内燃机活塞的往复运动变为轮胎旋转运动的曲轴等,则同时要受到弯曲、扭转、拉伸、压缩等两种以上的载荷。

2. 轴的设计

轴分为实心轴和空心轴(见图 2.12)。

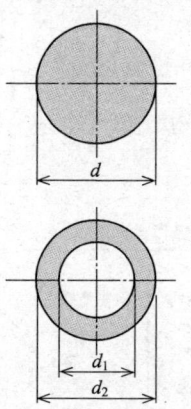

图 2.12 实心轴与空心轴

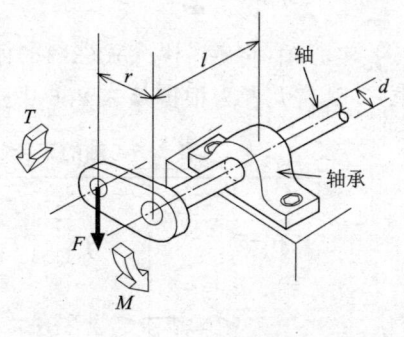

图 2.13 受弯曲和扭转的轴

① 仅弯曲作用于轴的场合:

实心轴:设弯矩为 $M(\mathrm{N \cdot mm})$,许用弯曲应力为 $\sigma_a(\mathrm{MPa})$,截面系数为 $Z(\mathrm{mm}^3)$,直径为 $d(\mathrm{mm})$,根据 $M \leqslant \sigma_a Z, Z = \pi d^3/32$ 得

$$d \geqslant \sqrt[3]{\frac{32M}{\sigma_a \pi}} \tag{2.16}$$

空心轴：设外径为 d_2(mm)，内径为 d_1(mm)，$d_1/d_2=n$，根据 $M \leqslant \sigma_a Z$，$Z=(\pi/32) \cdot (d_2^4-d_1^4)/d_2$ 得

$$d_2 \geqslant \sqrt[3]{\frac{32M}{\sigma_a \pi(1-n^4)}} \tag{2.17}$$

② 仅有扭转作用的场合：设作用于轴上的扭矩为 T(N·mm)，许用剪应力为 τ_a(MPa)，极截面系数为 Z_p(mm³)。

实心轴：根据 $T \leqslant \tau_a Z_p$，$Z_p=\frac{\pi}{16}d^3$ 得

$$d \geqslant \sqrt[3]{\frac{16T}{\pi \tau_a}} \approx \sqrt[3]{\frac{5T}{\tau_a}} \tag{2.18}$$

空心轴：根据 $T \leqslant \tau_a Z_p$，$Z_p=(\pi/16) \cdot [(d_2^4-d_1^4)/d_2]=(\pi/16) \cdot [d_2^3(1-n^4)]$ 得

$$d_2 \geqslant \sqrt[3]{\frac{16T}{\pi \tau_a(1-n^4)}} \approx \sqrt[3]{\frac{5T}{\tau_a(1-n^4)}} \tag{2.19}$$

③ 同时承受弯曲和扭转的场合（见图 2.13）：由扭矩 T、弯矩 M 求当量扭矩 T_e 和当量弯矩 M_e，再分别求轴的直径，采用其中的大者（见表 2.6）。

$$T_e = \sqrt{T^2+M^2} \tag{2.20}$$

$$M_e = \frac{M+T_e}{2} \tag{2.21}$$

实心轴：将 M_e 代入式（2.16）的 M 求 d，将 T_e 代入式（2.18）的 T 再求 d，以其大者为根据从表 2.6 中选择。

表 2.6　轴的直径（日本机械学会，1989[1]）

4	10	20	40
4.5	11	22	42
5	11.2	22.4	45
5.6	12	24	48
6	12.5	25	50
6.3	14	28	55
7	15	30	56
7.1	16	31.5	60
8	17	32	63
9	18	35	65
	19	35.5	70
		38	71

空心轴:将 M_e 代入式(2.17)求 d_2,将 T_e 代入式(2.19)再求 d_2,采用其中的大者。

图 2.15 中,$M=F \cdot l$,$T=F \cdot r$。

3. 键的设计

键用来将其他零件联结于轴上(参见图 2.14)。键的材质要选比轴的材质硬的。一般多采用拉伸强度限 $\sigma_B \geqslant 600\text{MPa}$、许用剪应力 $\tau_a = 30 \sim 40\text{MPa}$ 的碳素钢。

键的尺寸按轴的直径从表 2.7 中选取。

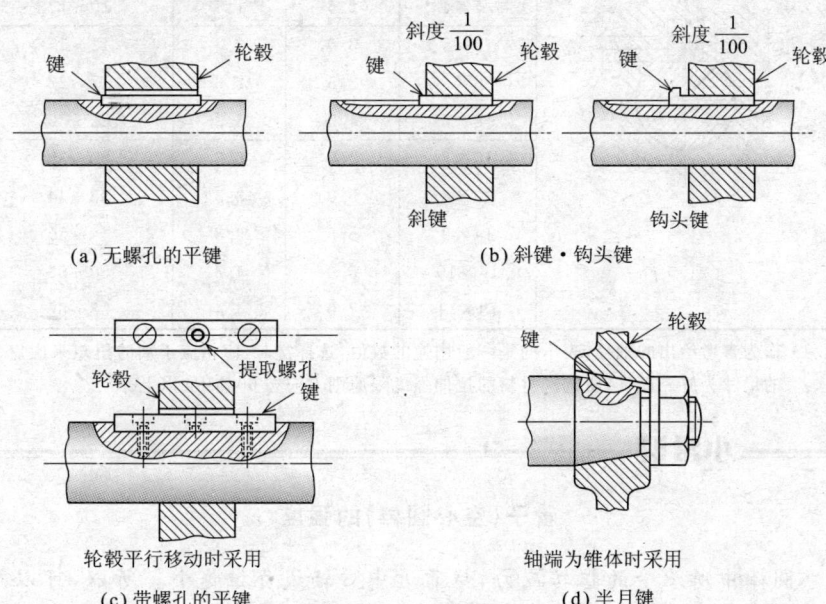

(a) 无螺孔的平键 (b) 斜键·钩头键

(c) 带螺孔的平键 (d) 半月键

图 2.14 主要的键

下式给出了尺寸的计算公式:

$$\left. \begin{array}{l} b \approx \dfrac{1}{4}d \\[4pt] h \approx \left(\dfrac{1}{4} \sim \dfrac{1}{8}\right)d \\[4pt] l = 1.5d \\[4pt] e = \dfrac{\pi}{8} \cdot \dfrac{\tau_d}{p} \cdot \dfrac{d^2}{l} \end{array} \right\} \quad (2.22)$$

式中,d 为轴的直径(mm);b 为键宽(mm);h 为键高(mm);l 为键的长度(mm);e 为键槽的深度(mm);τ_d 为键的许用扭转应力(N/mm²);p 为键与旋转轴间的压缩力(N/mm²),直径小时取 80,直径大时取 100 左右。

表 2.7 键与键槽的尺寸(平键)(日本机械学会,1989[18])

键的公称尺寸 $b \times h$	键槽的公称尺寸		(参考) 适用轴的直径[1)
	t_1	t_2	
2×2	1.2	1.0	6~8
3×3	1.8	1.4	8~10
4×4	2.5	1.8	10~12
5×5	3.0	2.3	12~17
6×6	3.5	2.8	17~22
8×7	4.0	3.3	22~30
10×8	5.0	3.3	30~38
12×8	5.0	3.3	38~44
14×9	5.5	3.8	44~50
16×10	6.0	4.3	50~58
18×11	7.0	4.4	58~65

1) 作为参考给出的轴径,表示的是一般用途的数值,选择键时,应相应于轴的扭矩来决定键的尺寸为好。而且,所选键材料的拉伸强度限原则上应在 600MPa 以上。

小常识

管子(空心圆棒)的强度

圆棒中所承受的扭转应力,越靠近中心轴线负担越小。所以,可以想像,即使是空心的,强度也不会下降。相同材质、承受相同扭矩的实心圆棒(直径 d)和空心圆棒(外径 d_2、内径 d_1、$n = d_1/d_2 = 1/2$)的尺寸比较可知,$d_2/d = 1.022$,空心棒只大 2.2%。而且,计算其截面积比可知,空心棒的截面积/实心棒的截面积=0.75,可见,长度相同时,空心棒要轻 25%。所以,希望又轻又结实时,应采用管子。

4. 摩擦结合

摩擦结合无需加工键及键槽,而是靠摩擦力将轴和旋转零件联结在一起。如图 2.15 所示,螺纹旋紧力使塑料等制作的压力介质在轴向受到压缩,利用其在径向方向上的膨胀力即可将旋转零件(齿轮)联结到轴上。

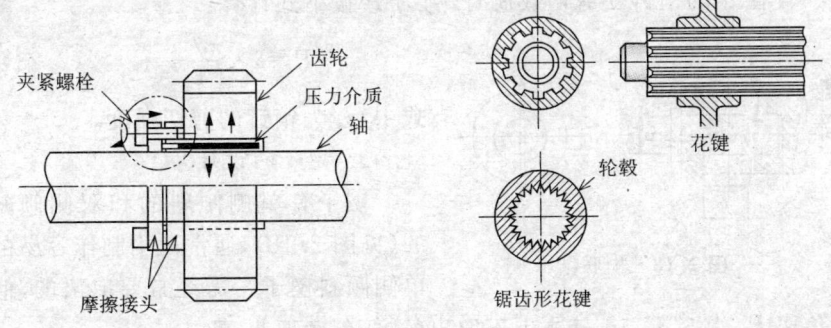

图 2.15 用摩擦接头固定齿轮　　　图 2.16 花　键

5. 花　键

花键是在轴的外圆周上切出若干像键一样的齿而得到的,如图 2.16 所示。在相同直径下比较可知,它比使用单键的轴能传递更大的扭矩。而且,也可使轮毂沿花键的轴线方向光滑地滑动。锯齿形花键是在轴的外圆周上切出许多三角形的齿,它主要用于小直径的轴。

2.2.2　销子与楔子

1. 销子与楔子的种类

销子用于要求强度不太高的部分的安装、零件的定位以及螺栓和螺母的防松等。楔子则用于将两个零件联结在一起(见图 2.17 和图2.18)。

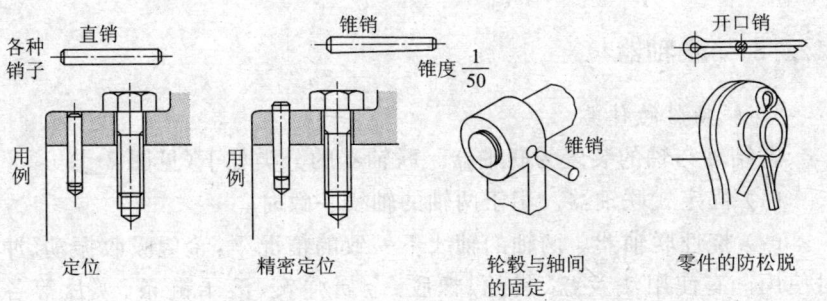

图 2.17　销子的种类与用途

2. 销子的设计

直径 d 的销钉受剪切载荷时,剪力 P 按下式计算:

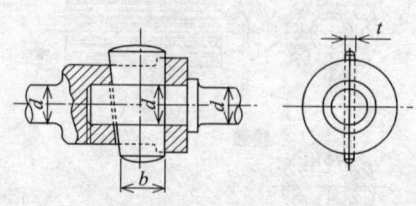

图 2.18 楔联结

$$P = 2 \times \frac{\pi d^2}{4} \times \tau_s \quad (2.23)$$

式中,τ_s 为销钉的剪切强度。

3. 楔子的设计

楔子有单侧倾斜的和双侧倾斜的(见图 2.18),通常使用制作容易的单侧倾斜楔子。需经常要取出的,倾斜角要大,为 $5°\sim11°$,基本上不取出的,倾斜角要小,取 $1°\sim3°$。

楔联结强度的计算如下:

① 开楔槽的棒的破裂力 $P_1(\text{N})$:

$$P_1 = \left(\frac{\pi}{4}d^2 - dt\right)\sigma_t \quad (2.24)$$

式中,d 为棒的直径(mm);σ_t 为拉伸应力(N/mm^2)。

② 开楔槽的筒的破裂力 $P_2(\text{N})$:

$$P_2 = \left[\frac{\pi}{4}(d_2^2 - d_1^2) - (d_2 - d_1)t\right]\sigma_t \quad (2.25)$$

式中,d_1 为筒的内径;d_2 为筒的外径;t 为楔子的厚度。

③ 楔子所能承受的剪力 $P_3(\text{N})$:

$$P_3 = 2bt\tau_s \quad (2.26)$$

式中,τ_s 为楔子的剪应力强度(N/mm^2);b 为楔子的宽度。

2.2.3 联轴器

1. 联轴器的种类

联结轴与轴的装置为联轴器。联轴器的分类如下(见图 2.19):

(1) 固定式联轴器。用于两轴的轴线一致时。

(2) 挠性联轴器。两轴的轴线不一致的情况下,希望吸收振动、冲击时使用。有使用法兰盘、齿轮、橡胶、金属弹簧、滚子链条、膜片等各种形式。

(3) 十字形联轴器。两轴的轴线平行但偏离较大时使用。

(4) 万向联轴器。两轴的轴线以某一角度(30°以下)相交时使用。

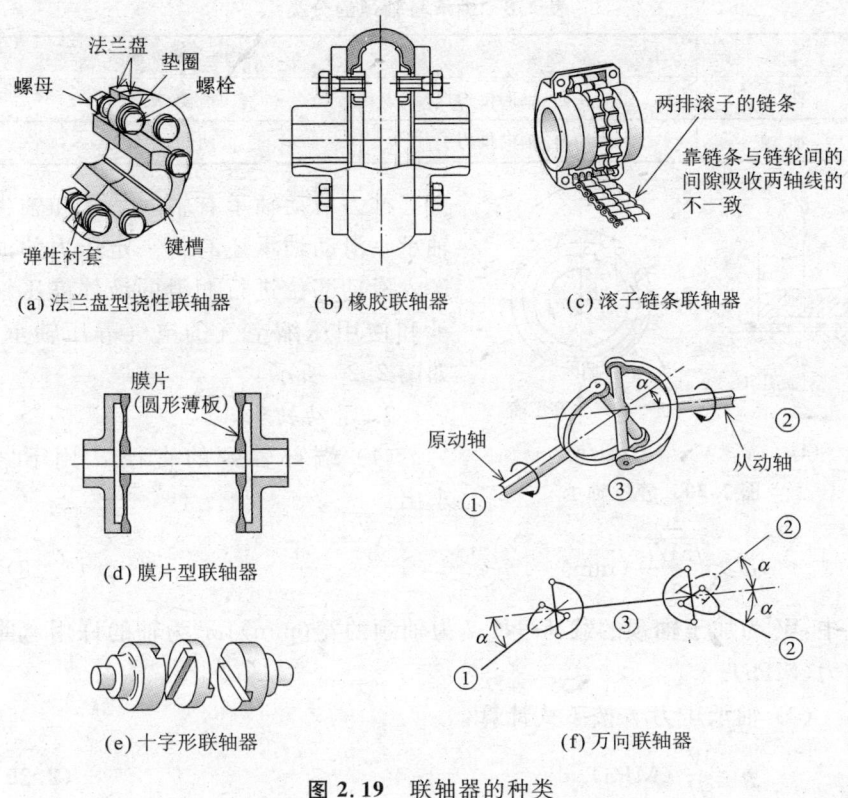

图 2.19 联轴器的种类

2. 固定式联轴器的强度

这里计算典型的固定式联轴器——法兰盘联轴器能够传递的扭矩 $T(\text{N}\cdot\text{mm})$。设法兰盘用 6 根螺栓固定,螺栓的外径为 d、螺栓的许用剪切强度为 τ_0、螺栓孔中心所在圆直径为 D_0,则传递扭矩 T 可用下式求得:

$$T = \frac{\pi d^2}{4} \times 6 \times \tau_0 \times \frac{D_0}{2} \tag{2.27}$$

2.2.4 轴承与润滑

1. 轴承与轴颈

轴承是既保证轴旋转又支撑轴的机械零部件,而轴颈是指轴上被滑动轴承包围的部分。

表 2.8　轴承与轴颈的分类

	载荷方向	构造（设置场所）
轴承	径向,轴向推力	滑动,滚动
轴颈	径向,轴向推力	（两端,中间）

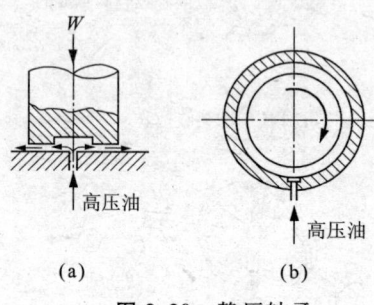

图 2.20　静压轴承

推力滑动轴承有轴肩轴承和轴尖轴承。滑动轴承还有将一定压力的油送入滑动部位进行润滑的液体静压轴承和使用压缩空气的空气静压轴承，如图 2.20 所示。

2. 滑动轴承

（1）端部轴颈的直径 d 用下式求出：

$$d \geqslant \sqrt[3]{\frac{5Wl}{\sigma_b}} \; (\text{mm}) \tag{2.28}$$

式中，W 为加于轴颈的载荷(N)；l 为轴颈的宽(mm)；σ_b 为轴的许用弯曲应力(MPa)。

（2）轴承压力 p 按下式计算：

$$p = \frac{W}{dl} \; (\text{MPa}) \tag{2.29}$$

轴承金属的材质决定着许用的轴承压力，超过表 2.9 所示的许用轴承压力时，润滑油油膜的形成是不充分的。

表 2.9　轴承材料的许用轴承压力(MPa)（日本机械学会,1989[1]）

轴承材料	硬度 H_B	轴的最小硬度 H_B	最大许用压力 p_a/MPa	最大许用温度/℃	耐烧性[1]	易跑合性[1]	耐蚀性[1]
青铜	50~100	200	7~20	200	3	5	1
黄铜	80~150	200	7~20	200	3	5	1
磷青铜	100~200	300	15~60	250	3	5	1
Sn 基巴氏合金	20~30	<150	6~10	150	1	1	1
Pb 基巴氏合金	15~20	<150	6~8	150	1	1	3
铅铜	20~30	300	10~18	170	2	2	5
铅青铜	40~80	300	20~32	220~250	2	4	4

1) 栏中给出的顺位,1 为最好。

(3) 长径比 l/d 用下式求出：

$$\frac{l}{d} = \sqrt{\frac{\sigma_b}{5p}} \tag{2.30}$$

为同时保证轴颈的强度和润滑性能，需要合适地选择轴颈的长径比，如对于传动轴取 2~3。

(4) 压力速度系数 pv 用下式计算：

$$pv = \frac{Wv}{dl} = \frac{W}{dl} \cdot \frac{\pi dn}{1000 \times 60}$$

$$= 5.24 \times 10^{-5} \times \frac{Wn}{l} \text{ (MPa} \cdot \text{m/s)} \tag{2.31}$$

式中，p 为轴承压力(MPa)；v 为圆周速度(m/s)；n 为轴的转速($\min^{-1}$)。

pv 值表示轴承金属与轴颈的摩擦所引起的发热程度，此值超过最大许用压力速度系数时，轴承可能因过热而烧坏，如传动轴的最大许用压力速度系数为 1~2。

3. 滚动轴承

滚动轴承使用时是内圈与轴固定，外圈与支承壳体固定，滚动体使用滚珠及滚柱等（见表 2.10）。

表 2.10 滚动轴承的额定寿命、基本额定动载荷、诸系数

	额定寿命 L	基本额定动载荷 C	速度系数 f_n	寿命系数 f_h	载荷系数 f_w
滚珠轴承	$(C/W)^3$	$(f_h/f_n)W$	$(33.3/n)^{1/3}$	$(L_h/500)^{1/3}$	W/W_0
滚子轴承	$(C/W)^{10/3}$		$(33.3/n)^{3/10}$	$(L_h/500)^{3/10}$	

注：W 为轴承载荷(N)；W_0 为轴承载荷的计算值(N)。

(1) 额定寿命 $L(\times 10^6)$。让一定数量以上的同规格轴承在相同条件下运转，其中 90% 的轴承未损坏而仍在继续回转的情况下的总旋转圈数，即为额定寿命。而表 2.10 中的 L_h 则是转速一定时所计算得的运转时间。

(2) 基本额定动载荷 C(N)。额定寿命为 100 万圈时的载荷。

(3) 基本额定静载荷 C_0(N)。最大载荷发生处的滚动体与滚道永久变形之和达到滚动体直径的 0.0001 时的静载荷。

(4) 速度界限 dn。速度界限是指通常使用条件下能长时间安全运转的许用转速，用轴径 d(mm)与转速 n($\min^{-1}$)的乘积表示(见表 2.11)。

(5) 名称代号的排列。滚动轴承的规格，是以英文字母和数字表示，表 2.12 中的内容。

表 2.11　速度界限 dn 值($mm \cdot min^{-1}$)(日本机械学会,1989[18])

轴承的形式	润滑脂润滑[1]	润滑油润滑			
		油浸润滑	循环润滑	喷雾润滑	喷射润滑
单列深沟球轴承	180 000	300 000	400 000	600 000	600 000
向心推力球轴承	180 000	300 000	400 000	600 000	600 000
自动调心球轴承	140 000	250 000	—	—	—
推力球轴承	40 000	60 000	120 000	—	150 000
圆柱滚子轴承	150 000	300 000	400 000	600 000	600 000
圆锥滚子轴承	100 000	200 000	250 000	—	300 000
自动调心滚子轴承	80 000	120 000	—	—	250 000

1) 润滑脂的寿命以 1000 小时左右为标准。

表 2.12　滚动轴承的规格(JIS B 1513)

基本代号			辅助代号				
轴承系列代号	内径代号	接触角代号	保持架代号	密封代号或防尘盖代号	内、外圈形状代号	配置代号	游隙代号	公差等级代号

注:但是,随轴承形式不同,有些不必要的项目会省略。若有省略,顺次左移。

4. 润　滑

径向滑动轴承中,轴承内径为 D、轴颈直径为 d 时,轴承间隙 $D-d$ 与轴颈直径 d 的比 $(D-d)/d$ 称为轴承间隙比。通常取 0.001 左右。轴旋转时,润滑油即在此间隙中形成油膜而将轴托起(称之为流体润滑状态)。所以,不要中断润滑油,要不断地给油。另外,在轴承部位开油槽也可避免油膜破裂。

表 2.13　滑动轴承和滚动轴承的比较

项　目	滑动轴承	滚动轴承
形状	径向小而宽度大	径向大而宽度窄
结构与互换性	结构简单 可单件制作	结构复杂 专门厂家制作各种规格
振动与噪声	适当润滑后很安静	高速时振动与噪声会增大
起动时的摩擦	油膜形成需要一定的旋转圈数	依靠滚动体的滚动,摩擦很小
重载荷与冲击载荷	油膜可支承重载荷耐冲击载荷	适于中轻载荷及不变的载荷
高速回转	有冷却可高速回转	零件的离心力增大而不宜
寿命	较长	由于精度高而可预测

5. 润滑油的种类

润滑油应根据轴承的运转温度及载荷等来选择。滑动轴承主要使用机油、汽缸油、锭子油及透平油等。滚动轴承多使用润滑脂。需要注意的是速度界限值 dn 是由润滑油及润滑方法决定的。

表 2.14 滑动轴承的设计资料举例（日本机械学会，1989[18]）

机械名称	轴承	最大许用压力 p_a/MPa	最大许用压力速度系数 pv/(MPa·m/s)	标准间隙比 $(D-d)/d$	标准长径比 l/d
汽车用汽油发动机	主轴承	6□～25△	400	0.001	0.8～1.8
往复泵与压缩机	主轴承	2×	2～3	0.001	1.0～2.2
车辆	轴	3.5	10～15	0.001	1.8～2.0
发电机、电动机、离心泵	转子轴承	1×～1.5×	2～3	0.0013	0.5～2.0
传动轴	轻载荷 自动调心 重载荷	0.2× 1× 1×	1～2	0.001 0.001 0.001	2.0～3.0 2.5～4.0 2.0～3.0
机床	主轴承	0.5～2	0.5～1	<0.001	1.0～4.0
齿轮减速器	轴承	0.5～2	5～10	0.001	2.0～4.0

注：× 为滴油或油环给油；□ 为飞溅给油；△ 为强制给油。D 为轴承内径(mm)；d 为轴颈的直径(mm)；l 为轴颈长(mm)。

===== 小常识 =====

轴承的发明

公元前 1000 年左右，住在法国和德国的凯尔特人，就考虑到了在车轴和车轮之间填上木片，磨损后再给予更换的方法。据说凯尔特人还实用化了使用木制滚子的滚子轴承。在中世纪的欧洲，水车被用作制粉机的动力，其轴承就是木制的。今天，有各种各样材质的轴承，像钟表用的宝石（人造红宝石）轴承、牙科用牙钻的空气轴承等。

2.3 卷绕传动

两轴的中心距变大时,依靠齿轮及摩擦轮等的啮合直接接触来传递动力是相当困难的。为此,使用在两轴上安装的轮子上卷绕带或链条等来进行传动的卷绕传动装置。本节主要讲述依靠皮带和皮带轮间的摩擦力来传递动力的皮带传动(参见图2.21)。

2.3.1 皮带传动

皮带传动(belt drive)与两轴间的中心距无关,是在两旋转轴间缠上带来传递动力。纺织机械等中,皮带传动使用的是皮或布制作的平皮带。但是,使用平皮带的皮带传动是依靠皮带与皮带轮间产生的摩擦来传递动力的机构,所以必须尽量避免打滑而引起传动效率降低。用平皮带传递较大动力时,要使用宽皮带。

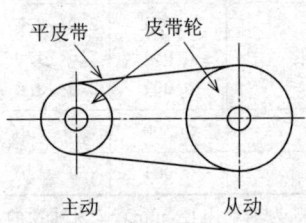

图2.21 皮带传动

皮带根数可调整的V形皮带传动,广泛用于工业机械、汽车及农业机械中。V形皮带是以优质绵布、绵线、化学纤维作心的梯形截面、无接缝的环形橡胶带。将V形皮带挂到有V形槽的皮带轮之间传递动力的即是V形皮带传动。但是,V形皮带传动也会有打滑现象,所以不宜用于过高转矩的传递。

另外,同步皮带传动是依靠皮带内侧有齿的齿形皮带与有齿的皮带轮的啮合来传动。与平皮带、V形皮带传动相比,同步皮带传动不打滑,传动效率好。它适于高速、大转矩的传动装置,广泛用于办公机械、通信用机器及汽车等。

1. V形皮带传动装置的设计

V形皮带传动装置的设计中,需要选择确定V形皮带的种类、根数及V形皮带轮。随着使用机械、传递动力、每天的运转时间、主动皮带轮的转速、传动速度比及中心距等的不同,它们的传动规格也不同。下面来讲述V形皮带传动的设计。

(1) 动力。即使是与传动容量或传递动力 P 相等条件下的设计,也必须设定随原动机的最大输出及所用机械的运转条件的不同而不同的设计动力 P_d。P_d 的值与载荷修正系数 K_0 有关,由下式确定:

$$P_d = K_0 P \tag{2.32}$$

式中,K_0 如表 2.15 所示,由原动机和使用 V 形皮带传动的机械的种类决定。

表 2.15 载荷修正系数 K_0(JIS K 6323)

使用 V 形皮带 传动的机械(例)	原动机					
	最大输出:额定值的 300% 以下 交流电机 直流电机(分绕) 两缸以上的发动机			最大输出:超过额定值的 300% 直流电机(直绕) 单缸发动机		
	运转时间(h/day)			运转时间(h/day)		
	3~5	普通 8~10	连续 16~24	3~5	普通 8~10	连续 16~24
风机(7.5kW 以下)	1.0	1.1	1.2	1.1	1.2	1.3
风机(超过 7.5kW) 发电机 机床	1.1	1.2	1.3	1.2	1.3	1.4
往复压缩机	1.2	1.3	1.4	1.4	1.5	1.6

注:起停次数多、检查保养不易、粉尘多而易磨损的场合,或高温下使用的场合,应在此表的数值上再加 0.2。

(2) V 形皮带。V 形皮带的种类应根据设计动力 P_d 和小皮带轮的转速 n_1 从图 2.22 的选择图中选取。

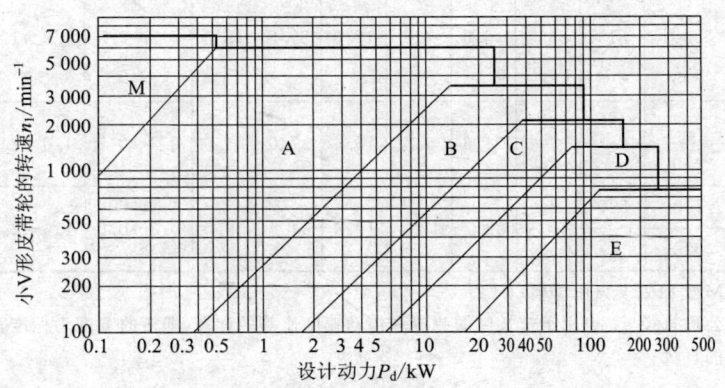

图 2.22 V 形皮带种类选择图(JIS K 6323)

这里，V形皮带的种类，JIS B 1854 按照外径等主要尺寸分为 M、A、B、C、D、E 6 种。其皮带轮的带槽形状示于表 2.16。

表 2.16　V形皮带轮带槽的形状与尺寸（JIS B 1854）

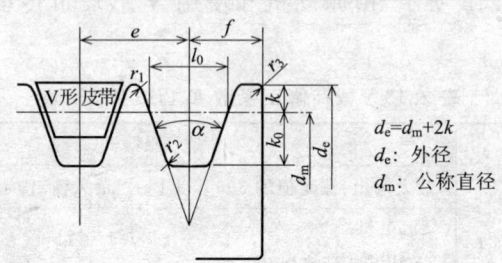

$d_e = d_m + 2k$
d_e：外径
d_m：公称直径

种类	公称直径 $d_m^{2)}$		$\alpha(°)$	l_0	k	k_0	e	f	r_1	r_2	r_3
	大于	至									
M		50	71	34	8.0	2.7	6.3	—[1)]	9.5	0.2～0.5	0.5～1.0	1～2
	71	90	36								
	90		38								
A		71	100	34	9.2	4.5	8.0	15.0	10.0	0.2～0.5	0.5～1.0	1～2
	100	125	36								
	125		38								
B		125	160	34	12.5	5.5	9.5	19.0	12.5	0.2～0.5	0.5～1.0	1～2
	160	200	36								
	200		38								
C		200	250	34	16.9	7.0	12.0	25.5	17.0	0.2～0.5	1.0～1.6	2～3
	250	315	36								
	315		38								
D		355	450	36	24.6	9.5	15.5	37.0	24.0	0.2～0.5	1.6～2.0	3～4
	450		38								
E		500	630	36	28.7	12.7	19.3	44.5	29.0	0.2～0.5	1.6～2.0	4～5
	630		38								

1) M 型原则上只用 1 根。
2) 公称直径 d_m 也用于带长度的测量和传动速度比等的计算，即槽的宽度为标准宽度 l_0 处的直径。

(3) V形皮带轮。使用的V形皮带轮过小时,容易打滑,使传动效率降低,且寿命短。为此,应使用表2.17所示的最小公称直径以上的V形皮带轮。并且应按表2.18和表2.19确定相应于带槽数的V形皮带轮的种类和公称直径。

最后,根据传动速度比来确定主动V形皮带轮与从动V形皮带轮的各直径的组合。

表2.17 最小V形皮带轮的公称直径(JIS B 1854)

	皮带种类				
	A	B	C	D	E
最小公称直径	75	125	200	355	500

表2.18 V形皮带轮的种类(JIS B 1854)

V形皮带种类	皮带轮槽数					
	1	2	3	4	5	6
A	A1	A2	A3	—	—	—
B	B1	B2	B3	B4	B5	—
C	—	—	C3	C4	C5	C6

表2.19 V形皮带轮的公称直径(JIS B 1854)

V形皮带种类	皮带轮槽数					
	1	2	3	4	5	6
A	75~560	75~630	75~710	—	—	—
B	125~710		125~900		—	—
C	—	—	200~900			

(4) 中心距。由主动V形皮带轮及从动皮带轮的各直径 d、d_2 和V形皮带的长度 L 来确定中心距 a。

使用的公式为下式:

$$a=\frac{B+\sqrt{B^2-2(d_2-d_1)^2}}{4} \qquad (2.33)$$

式中,$B=L-\pi/2 \cdot (d_1+d_2)$;$L$ 为V形皮带的长度(mm)。

(5) V形皮带的长度。V形皮带的长度由式(2.34)计算,然后从表

2.20中选取与其相近的。表中同时给出了相应于V形皮带各长度的公

表2.20 V形皮带的长度(JIS K 6323)

公称代号	长度	公差	公称代号	长度	公差	公称代号	长度	公差	公称代号	长度	公差
20	508		55	1 397		90	2 286		170	4 318	
21	533	+8	56	1 422		91	2 311		180	4 572	+22
22	559	−16	57	1 448		92	2 337	+13	190	4 826	−45
23	584		58	1 473		93	2 362	−26	200	5 080	
24	610		59	1 499		94	2 388		210	5 334	+25
25	635		60	1 524		95	2 413		220	5 588	−50
26	660	+9	61	1 549		96	2 438		230	5 842	
27	686	−18	62	1 575		97	2 464		240	6 096	
28	711		63	1 600	+12	98	2 489	+14	250	6 350	+27
29	737		64	1 626	−24	99	2 515	−28	260	6 604	−55
30	762		65	1 651		100	2 540				
31	787		66	1 676		102	2 591		270	6 858	+30
32	813	+10	67	1 702		105	2 667		280	7 112	−60
33	838	−20	68	1 727		108	2 743		300	7 620	
34	864		69	1 753		110	2 794		310	7 874	+35
35	889		70	1 778		112	2 845	+15	330	8 382	−70
36	914		71	1 803		115	2 921	−30	360	9 144	
37	940		72	1 829		118	2 997		390	9 906	+40
38	965		73	1 854		120	3 048		420	10 668	−80
39	991		74	1 880		122	3 099	+16			
40	1 016		75	1 905		125	3 175	−32			
41	1 041	+11	76	1 930		128	3 251				
42	1 067	−22	77	1 956		130	3 302				
43	1 092		78	1 981		132	3 353	+17			
44	1 118		79	2 007		135	3 429	−34			
45	1 143		80	2 032		138	3 505				
46	1 168		81	2 057	+13	140	3 556				
47	1 194		82	2 083	−26	142	3 607	+18			
48	1 219		83	2 108		145	3 683	−36			
49	1 245		84	2 134		148	3 759				
50	1 270	+12	85	2 159		150	3 810	+19			
51	1 295	−24	86	2 184		155	3 937	−38			
52	1 321		87	2 210							
53	1 346		88	2 235		160	4 064	+20			
54	1 372		89	2 261		165	4 191	−40			

不同种类V形皮带的公称代号范围。

M:公称代号20～50

A:公称代号20～180,但132,138,142,148除外

B:公称代号25～210,但142,148除外

C:公称代号45～270的尾数为0.2、5.8的,以及54

D:公称代号100～360的尾数为0.5的

E:公称代号180,210,240,270,300,330,360,390,420

称代号。

$$L = 2a + \frac{\pi}{2}(d_1 + d_2) + \frac{(d_2 - d_1)^2}{4a} \qquad (2.34)$$

(6) V 形皮带的根数。分别从表 2.21、表 2.22 和表 2.23 中查出对应于 $(d_2 - d_1)/a$ 的接触角修正系数 K_θ、V 形皮带长度修正系数 K_L，以及每根 V 形皮带的标准传动容量 P_s 和旋转比附加传动容量 P_a，将其代入

表 2.21 接触角修正系数 K_θ (JIS K 6323)

$\dfrac{d_2 - d_1}{a}$	小 V 形皮带轮上的接触角 $\theta(°)$	接触角修正系数 K_θ
0.00	180	1.00
0.10	174	0.99
0.20	169	0.98
0.30	163	0.96
0.40	157	0.94
0.50	151	0.93
0.60	145	0.91
0.70	139	0.89
0.80	133	0.87
0.90	127	0.85
1.00	120	0.82
1.10	113	0.79
1.20	106	0.77
1.30	99	0.74
1.40	91	0.70
1.50	83	0.66

表 2.22 长度修正系数 K_L (JIS K 6323)

公称代号	种类					
	M	A	B	C	D	E
20~25	0.92	0.80	0.78			
26~30	0.94	0.81	0.79			
31~34	0.96	0.84	0.80			
35~37	0.98	0.87	0.81			
38~41	1.00	0.88	0.83			
42~45	1.02	0.90	0.85	0.78		
46~50	1.04	0.92	0.87	0.79		
51~54		0.94	0.89	0.80		
55~59		0.96	0.90	0.81		
60~67		0.98	0.92	0.82		
68~74		1.00	0.95	0.85		
75~79		1.02	0.97	0.87		
80~84		1.04	0.98	0.89		
85~89		1.05	0.99	0.90		
90~95		1.06	1.00	0.91		
96~104		1.08	1.02	0.92	0.83	
105~111		1.10	1.04	0.94	0.84	
112~119		1.11	1.05	0.95	0.85	
120~127		1.13	1.07	0.97	0.86	
128~144		1.14	1.08	0.98	0.87	
145~154		1.15	1.11	1.00	0.90	
155~169		1.16	1.13	1.02	0.92	
170~179		1.17	1.15	1.04	0.93	
180~194		1.18	1.16	1.05	0.94	0.91
195~209			1.18	1.07	0.96	0.92

表 2.23 V形皮带的标准传动容量 P_s 与附加传动容量 P_a (JIS K 6323)

单位:kW/根

种类	小皮带轮的转速 /min^{-1}	P_s 小V形皮带轮的公称直径(mm)									P_a 旋转比 2.00以上
		80	85	90	95	100	106	112	118	125	
A	485	0.36	0.41	0.46	0.51	0.56	0.62	0.67	0.73	0.80	0.06
	575	0.42	0.47	0.53	0.59	0.64	0.71	0.78	0.84	0.92	0.07
	690	0.48	0.55	0.61	0.68	0.75	0.83	0.91	0.98	1.07	0.09
	725	0.50	0.57	0.64	0.71	0.78	0.86	0.94	1.02	1.12	0.09
	870	0.57	0.65	0.74	0.82	0.90	1.00	1.09	1.19	1.30	0.11
	950	0.61	0.70	0.79	0.88	0.97	1.07	1.18	1.28	1.40	0.12
	1 160	0.71	0.81	0.92	1.03	1.13	1.26	1.38	1.50	1.65	0.15
	1 425	0.82	0.95	1.08	1.20	1.33	1.48	1.62	1.77	1.94	0.18
	1 750	0.94	1.10	1.25	1.40	1.55	1.72	1.89	2.06	2.26	0.22
	2 850	1.26	1.48	1.70	1.91	2.12	2.36	2.59	2.82	3.07	0.36

种类	小皮带轮的转速 /min^{-1}	P_s 小V形皮带轮的公称直径(mm)									P_a 旋转比 2.00以上
		140	155	160	170	180	190	200	212	224	
B	485	1.23	1.47	1.55	1.71	1.87	2.03	2.19	2.38	2.57	0.16
	575	1.40	1.69	1.78	1.97	2.16	2.34	2.53	2.75	2.96	0.19
	690	1.62	1.96	2.07	2.29	2.51	2.72	2.94	3.19	3.45	0.23
	725	1.68	2.03	2.15	2.38	2.61	2.83	3.06	3.32	3.59	0.24
	870	1.94	2.35	2.48	2.75	3.02	3.28	3.54	3.85	4.15	0.29
	950	2.07	2.51	2.66	2.95	3.23	3.51	3.79	4.12	4.45	0.31
	1 160	2.40	2.92	3.09	3.43	3.76	4.09	4.41	4.79	5.16	0.38
	1 425	2.77	3.38	3.58	3.97	4.35	4.73	5.09	5.32	5.94	0.47
	1 750	3.16	3.85	4.08	4.52	4.95	5.36	5.77	6.23	6.67	0.58
	2 850	3.81	4.62	4.86	5.32	5.73	6.09	6.39			0.94

注:旋转比=大皮带轮的公称直径/小皮带轮的公称直径。

式(2.35),即可求得每根V形皮带的修正后的传动容量 P_c:

$$P_c = (P_s + P_a) \cdot K_\theta \cdot K_L \tag{2.35}$$

再由设计动力 P_d 和 P_c 按下式求出V形皮带的根数:

$$Z = \frac{P_d}{P_c} \tag{2.36}$$

所得 Z 值带有小数的,应将小数进位来最后确定V形皮带的根数。

(7) 张力。出于从皮带轮的V形槽中安装与拆卸无接缝的环形V形皮带以及调整皮带张力的需要,V形皮带轮之一应设计成可移动的。

V形皮带的张力过强时,会成为振动及噪声产生的原因。

皮带传动中,最初套皮带时就给皮带有初张力。皮带轮转动时,带紧边的张力大于初张力,而松边的张力则小于初张力。特别是初张力太大时,轴承的部位会发热。初张力过小时,V形皮带轮又会因V形皮带和皮带轮间的打滑而发热。

初张力 F_0、紧边张力 F_t 和松边张力 F_s 间的关系如下式所示(见图2.23):

$$F_0 \approx \frac{F_t + F_s}{2} \qquad (2.37)$$

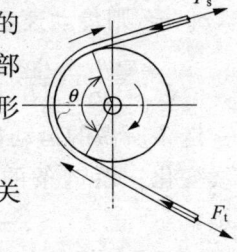

图 2.23 皮带张力

皮带传动中,设使从动皮带轮回转的力为 F_e,则有 $F_e = F_t - F_s$,此 F_e 称为有效拉力。皮带速度低于 10m/s 时,离心力可忽略。此时,F_t、F_s 可有下式所示的用 F_e 表达的计算公式:

$$\left.\begin{array}{l} \dfrac{F_t}{F_s} = e^{\mu\theta} \\[2mm] F_t = \dfrac{e^{\mu\theta}}{e^{\mu\theta} - 1} F_e \\[2mm] F_s = \dfrac{1}{e^{\mu\theta} - 1} F_e \end{array}\right\} \qquad (2.38)$$

式中,μ 为皮带与皮带轮间的摩擦系数(0.2~0.3);θ 为主动皮带轮的卷绕角(rad)。

若用 F_e 和皮带速度 v 来表示传递功率 $P(W)$,则如下式所示:

$$P = F_e v \qquad (2.39)$$

2.3.2 链条传动

作为设计的初始条件,需要给出传递功率、传动链轮的转速、链条的平均速度、传动速度比、轴间中心距及安全系数等。相应于这些条件再确定链条的节数和长度、链轮的尺寸和齿数,并进而按轴间中心距确定链条的节数等。

(1) 传递功率。链条的松边不发生拉力,所以有效拉力等于紧边的张力。忽略链条的自重时,根据紧边的张力 F_t 和链条的平均速度 v_m,即可按下式求得传动功率 P:

$$P = F_t v_m \qquad (2.40)$$

滚子链条的常用载荷,取链条断裂载荷的 1/7 以下。

(2) 链轮的齿数。设一组链轮副的齿数及转速($\min^{-1}$)分别为 N_1、N_2、n_1、n_2,则传动速度比 i 如下式所示,(通常 $i<7$):

$$i = \frac{n_1}{n_2} = \frac{N_2}{N_1} \tag{2.41}$$

链条所做的运动如同套在多边形轮子上的皮带的运动,故链条速度断续变化。设链条的节距为 p(mm),则平均速度 v_m(m/s)可用下式表示:

$$v_m = \frac{pN_1n_1}{60 \times 1000} = \frac{pN_2n_2}{60 \times 1000} \tag{2.42}$$

与链轮的节圆直径相比节距很小时,可视为无周期性速度变化。

(3) 链轮的尺寸。链轮的节圆直径 D_p、齿顶圆直径 D_0、齿根圆直径 d_B、轮毂的直径 D_H 按下式求出。式中,p、N 分别为链条的节距(mm)和齿数。形状和尺寸参见图 2.24 和图 2.25。

$$\left. \begin{array}{l} D_p = \dfrac{p}{\sin(180°/N)} \\[2mm] D_0 = p\left(0.6 + \dfrac{1}{\tan(180°/N)}\right) \\[2mm] D_B = D_p - d_1 \\[2mm] D_H = p\left(\dfrac{1}{\tan(180°/N)} - 1\right) - 0.76 \end{array} \right\} \tag{2.43}$$

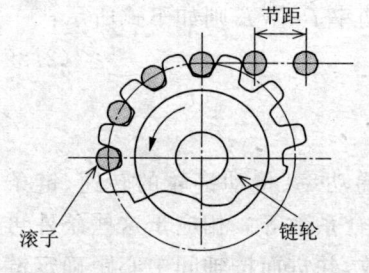

图 2.24 滚子链条用链轮

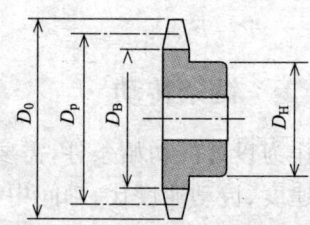

图 2.25 链轮尺寸

(4) 节数。滚子链条由外节和内节相互连接而构成,链条的长度由节距 p 和节数 L_p 确定。使用两轴中心距 a、链轮齿数 N_1、N_2 表示时,L_p 按下式求出:

$$L_{\mathrm{p}} = \frac{2a}{p} + \frac{(N_1 + N_2)}{2} + \frac{p(N_2 - N_1)^2}{4\pi^2 a} \qquad (2.44)$$

所得节数为奇数时,必须要使用接头链节。所以,只要无妨碍,均应通过改变链轮齿数或中心距的办法使节数为偶数。而且,两轴的中心距取为链条节距的 30~50 倍比较恰当,应在 4m 以下。

(5) 设置及使用上的注意事项。轴最好水平配置,但链轮的轴线与水平方向的夹角不超过 60°的倾斜亦可。链条的套挂方式应是紧边在上、松边在下。相反,链条伸长后松垂会增大,有时会造成上、下边相互接触。链条垂直布置时,伸长引起的松弛量会集中在最下方而使啮合状况变坏,所以应予避免。低速时用滴油润滑即可,但一般情况下都应以油槽注油或循环油泵进行强制润滑。为防止危险及灰尘附着,整个链条传动装置应罩上防护罩。

2.4 齿轮传动装置

2.4.1 普通齿轮的设计

1. 齿的强度

齿轮是 2～3 个齿同时进入啮合承受载荷的。但在齿轮设计时一般是假定同样的负荷只作用于 1 个齿的全宽上来计算的。设传动功率为 P、节圆的圆周速度为 v、作用于节圆切线方向上的力（作为旋转力而作用的圆周力）为 F，则下式成立：

$$P = Fv \tag{2.45}$$

在显示啮合开始状况的图 2.26 中，作用于齿的顶部的力 F_n 由于垂直作用于齿的曲面上而作用于作用线上，所以 F 可用压力角 α 表示为：

$$F = F_n \cos\alpha \tag{2.46}$$

F_n 与其垂直于齿的中心线方向上的分力 F_1 间的夹角为 β，所以下式成立：

$$F_1 = F_n \cos\beta \tag{2.47}$$

根据式（2.46）和式（2.47），即可按下式用 F 算出 F_1：

$$F_1 = F \frac{\cos\beta}{\cos\alpha} \tag{2.48}$$

2. 齿的弯曲强度

齿的弯曲强度是按齿尖承受集中负荷的悬臂梁模型假设而求出的。

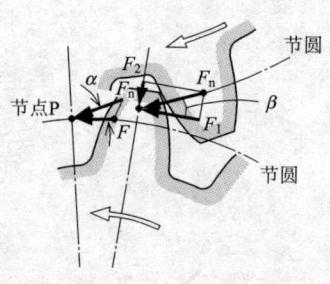

图 2.26 作用于齿的力

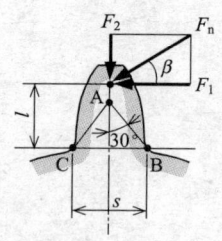

图 2.27 齿尖上的作用力与其垂直、水平分量

图 2.27 中,设与齿的中心线成 30°角的直线与齿根的齿形曲线的切点为 B、C,则由 B、C 和齿宽 b 所作的截面上会发生最大弯曲应力 σ_F。

可见,设截面系数为 Z 时,作用于齿尖的 F 或 F_1 所产生的弯矩 M 为:

$$M = \sigma_F Z = F_1 l \tag{2.49}$$

将式(2.48)代入式(2.49),假定截面为长方形时代入截面系数,可对 σ_F 整理如下。这里,宽 b、高 h 的长方形截面的截面系数为 $Z = bh^2/6$。下式中,截面系数公式中的 h 是用图 2.28 中的 s 代入的。

$$\sigma_F = \frac{M}{Z} = \frac{F_1 l}{Z} = \frac{Fl}{Z} \cdot \frac{\cos\beta}{\cos\alpha} = F \frac{6l}{bs^2} \cdot \frac{\cos\beta}{\cos\alpha} \tag{2.50}$$

使用齿轮模数 m 于分子分母,对式(2.50)进行整理即得

$$\sigma_F = \frac{F}{bm} \cdot \frac{6(l/m)}{(s/m)^2} \cdot \frac{\cos\beta}{\cos\alpha} \tag{2.51}$$

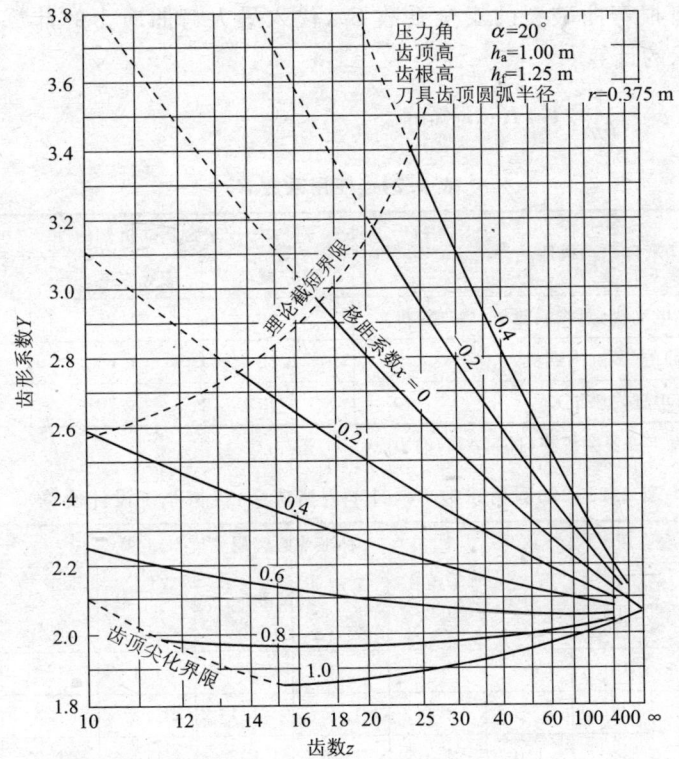

图 2.28 齿形系数(日本齿车工业会规格(JGMA)104-01)

这里,设 Y 为:

$$Y = \frac{6(l/m)}{(s/m)^2} \cdot \frac{\cos\beta}{\cos\alpha} \tag{2.52}$$

即得

$$\sigma_F = \frac{F}{bm} Y \tag{2.53}$$

这里,Y 是表示齿的形状与弯曲强度关系的量,称之为齿形系数。图 2.28 给出了普通标准齿轮的齿形系数。

齿轮或因其使用条件引起的旋转中的扭矩变动,或因齿轮制作中加工精度等造成的安装误差,使用中总会有冲击载荷作用在齿上。所以,齿的许用弯曲应力必须按齿轮的使用条件来决定。为此,应将表 2.24 中的使用系数 K_A(考虑到来自原动机及从动机的冲击后的系数),表 2.25 中的动载荷系数 K_V(考虑到齿形误差及圆周速度引起的动态力后的系数)和防止齿根弯曲破裂的安全系数 S_F,代入最大弯曲应力的计算式,进行下式所示的计算:

$$\sigma_F = \frac{F}{bm} Y K_A K_V S_F \leqslant \sigma_{Flim} \tag{2.54}$$

表 2.24 使用系数 K_A

来自原动机侧的冲击	来自从动机侧的冲击		
	单一载荷	中等程度冲击	剧烈冲击
单一载荷(电动机、蒸汽涡轮机、燃气轮机)	1.00	1.25	1.75
中等程度冲击(多缸内燃机)	1.25	1.50	2.0
剧烈冲击(单缸内燃机)	1.50	1.70	≥2.25

(日本齿车工业会规格(JGMA)6101-01)

表 2.25 动载荷系数 K_V(日本规格协会:机械系统设计便览)

齿轮精度等级		标准节圆圆周速度/(m/s)					
齿 形		1以下	大于1至3	大于3至5	大于5至8	大于8至12	大于12至18	大于18至25
非修整[1]	修整[1]							
	1	—	—	1.0	1.0	1.1	1.2	1.3
1	2	—	1.0	1.05	1.1	1.2	1.3	1.5
2	3	1.0	1.1	1.15	1.2	1.3	1.5	—

续表 2.25

齿轮精度等级		标准节圆圆周速度/(m/s)						
齿　形		1以下	大于1至3	大于3至5	大于5至8	大于8至12	大于12至18	大于18至25
非修整[1]	修　整[1]							
3	4	1.0	1.2	1.3	1.4	1.5	—	—
4	—	1.0	1.3	1.4	1.5	—	—	—
5	—	1.1	1.4	1.5	—	—	—	—
6	—	1.2	1.5	—	—	—	—	—

[1] 为了缓和运转中齿弯曲变形引起的冲击,有时会对齿形进行修整。其中有对齿顶部的齿面稍微削去一点的方法,称之为中凸剃齿。

这里,σ_{Flim}为齿的许用弯曲应力(见表 2.26),且 S_F 为 $S_F = \sigma_{Flim}/\sigma_F = 1.2$。可施加的最大圆周力 F 可按下式求出:

$$F = \frac{\sigma_{Flim} bm}{YK_A K_V S_F} \tag{2.55}$$

通常,齿轮的模数 m 较小时,啮合重叠系数增加,可得到平稳的旋转。为减小 m,式(2.55)中的 F 又一定时,则需要增大齿宽 b。但是,加大 b 后,有时又会助长齿面接触的不良,还会出现局部载荷集中的可能。所以,将 b 和 m 的比 b/m 定义为齿宽系数 K,一般认为,对于大功率传动用的齿轮,此 K 取为 $K = 10 \sim 15$ 范围内,而此外的一般传动用齿轮,取 $K = 6 \sim 10$ 较为适宜。

表 2.26　表面未硬化齿轮的许用弯曲应力(JGMA 6101-01)

材料(箭头表示参考)		硬度		拉伸强度下限/MPa(参考)	σ_{Flim}/MPa
		H_B	H_V		
铸钢	SC360			363	71.2
	SC410			412	82.4
	SC450			451	90.6
	SC480			481	97.5
	SCC3A	143	—	520	108
	SCC3B	183	—	618	122

续表 2.26

材料(箭头表示参考)		硬度		拉伸强度下限/MPa（参考）	σ_{Flim}/MPa
		H_B	H_V		
机械结构用碳素钢正火	S25C ↕ S35C ↕ S43C ↕ S48C ↕ S53C–S58C ↕	120	126	412	135
		130	136	447	145
		140	147	475	155
		150	157	508	165
		160	167	536	173
		170	178	570	180
		180	189	604	186
		190	200	635	191
		200	210	670	196
		210	221	699	201
		220	230	735	206
		230	242	769	211
		240	252	796	216
		250	263	832	221
机械结构用合金钢淬火回火	SMn443 ↕ SNC836 SCM435 ↕ SCM440 ↕ SNCM439 ↕	230	242	769	255
		240	252	796	264
		250	263	832	274
		260	273	868	283
		270	285	905	293
		280	295	935	302
		290	306	968	312
		300	316	995	321
		310	327	1026	331
		320	337	1060	340
		330	349	1092	350
		340	359	1129	359
		350	370	1170	369

3. 齿面强度

齿轮长时期使用后,磨损及疲劳点蚀会造成齿面的损伤。加于齿面的接触压力较大时会助长这种齿面损伤。所以,齿轮设计中必须考虑齿面压力的界限(齿面强度)。

齿面的疲劳点蚀许多情况下是起于节点附近。一对齿在节点处接触时齿面发生的接触应力,可按具有接触点处两齿面曲率半径的两接触圆柱沿接触线承受均布载荷的模型来求取。引入弯曲强度推导时用到的使用系数 K_A、动载荷系数 K_V、针对齿面强度的安全系数 $S_H(=1.0)$、领域系数 $Z_H(\alpha=20°$ 时 $Z_H=2.49)$、材料常数系数 Z_E(详细情况参见日本齿轮工业会标准 6102-01 即可,这里有一例记载在表 2.27 中),接触许用应力 σ_H 即可用下式表示:

$$\sigma_H = \sqrt{\frac{F}{d_1 b} \cdot \frac{u+1}{u}} \cdot Z_H Z_E \cdot \sqrt{K_A} \sqrt{K_V} \cdot S_H \leqslant \sigma_{Hlim} \quad (2.56)$$

这里,d_1 为小齿轮的节圆直径;u 为齿数比$(z_2/z_1, z_1 \leqslant z_2)$,$Z_E$ 用下式表示为:

$$Z_E = \sqrt{0.35 \frac{E_1 E_2}{E_1 + E_2}} \quad (2.57)$$

所以,可施加的最大圆周力 F 为:

$$F = \left(\frac{\sigma_{Hlim}}{Z_H Z_E}\right)^2 \cdot \frac{u}{u+1} \cdot \frac{d_1 b}{K_A K_V S_H^2} \quad (2.58)$$

式中,σ_{Hlim} 为许用接触应力,其值示于表 2.28 中。

表 2.27 材料常数系数 Z_E

齿轮 1		齿轮 2		材料常数 /MPa$^{-0.5}$
材料 1	弹性模量 E_1/GPa	材料 2	弹性模量 E_2/GPa	
钢	206	钢	206	190
		铸钢	202	189
		球墨铸铁	173	181

4. 齿的强度计算上的注意点

圆周力 F 的计算应以齿的弯曲强度及齿面强度为基准。但是,所得的 F 值会因所取基准的不同而不同。究竟以这两者的哪一个为基准计算 F,则要由齿轮的材质及使用条件来决定。例如,满载荷长时间连续运转

表 2.28　齿轮的许用接触应力(代表例)(JGMA 6102-01)

材　料	规　格	热处理条件	齿面硬度 H_V(淬火后)	σ_{Hlim}/MPa
铸铁	SC360			335
	SC410			345
	SC450			355
	SC480			365
机械结构用碳素钢	S43C	正火	420	750
			440	785
			460	805
		淬火回火	500	940
			520	970
			540	990
			560	1 010

条件下的齿轮要求耐磨。在齿轮所用材料的硬度较低的情况下,比起弯曲破坏,疲劳点蚀破坏更易发生,所以应以齿面强度为基准计算 F。通常按齿面强度计算得到的 F 较小。相反,硬度高时,弯曲破坏的可能性则会较高,所以此时要以弯曲强度为基准计算 F。

5. 设计顺序

(1) 由传动功率和旋转速度确定轴径。轴径是在考虑载荷的变动等之后粗略设定。

(2) 未给齿轮节圆的场合,小齿轮的节圆直径以轴径及传动速度比为基础进行假定。齿轮传动速度比的界限是低速使用时为 7、高速使用时为 5 左右。

(3) 考虑功率、齿轮形状、加工及热处理方法,以及材料费用等之后确定材料。从制造成本的角度考虑易加工的形状及尺寸精度,减少加工工程。

(4) 由齿的弯曲强度及齿面强度决定齿的大小。

(5) 根据标准中列出的尺寸比等决定齿轮各部的尺寸。

(6) 按假定的模型或齿数决定齿轮形状时,检查确认所假定的值是否适合设计条件。

2.5 速度调节装置

2.5.1 制动器

为了使得车辆及装卸机械等安全工作,制动器是必不可少的。制动器是为了使正在运动着的机械减速或停止着的机械保持停止状态的装置。利用摩擦吸收机械的运动能量使机械制动的摩擦制动器是最常用的。制动器动作所吸收的能量会转变为热能而散失掉。制动器有许多不同的种类,这里仅就使用最多的摩擦制动器(块状闸)予以讲述。

1. 块状制动器

块状制动器是将制动片(闸瓦)压到旋转的制动滚筒上进行制动的装置。这种机构最简单,功能也可靠,铁道车辆、起重机及汽车等都在使用。块状制动器分单瓦制动器和复瓦制动器。

(1) 单瓦制动器。形式如图 2.29 所示,通过制动杠杆加于制动滚筒上的力为 W、摩擦系数为 μ 时,摩擦力 $f(=\mu W)$ 即成为使旋转停止的制动力。此制动力对于制动滚筒的力矩称为制动力矩。设制动滚筒的直径为 D,制动力矩 T 即为:

$$T = f\frac{D}{2} = \mu W \frac{D}{2} \tag{2.59}$$

设制动杠杆的长度为 a、支点到 W 作用点的距离为 b、加于制动杠杆上的力为 F,按照支点周围力矩的平衡有

$$Fa = Wb \tag{2.60}$$

由于 $f=\mu W$,所以加于制动杠杆上的力 F 可表示为:

$$F = \frac{fb}{\mu a} \tag{2.61}$$

此式的成立与制动滚筒的旋转方向无关,相对于 b 增大 a 时,即可以小力获得很大的制动力。通常 b/a 取 $1/3 \sim 1/5$。加于制动杠杆上的力的大小在手动情况下为 $100 \sim 150\text{N}$,最大 200N。制动滚筒和制动瓦间的最大间隙为 $2 \sim 3\text{mm}$。制动滚筒的轴受弯曲力矩作用的这种单瓦制动器一般不用于旋转力很大的机械。

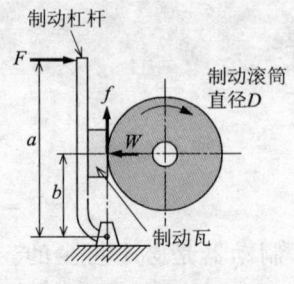
图 2.29 单瓦制动器

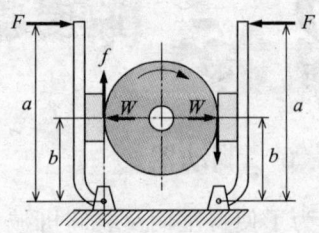
图 2.30 复瓦制动器

(2) 复瓦制动器。如图 2.32 所示,复瓦制动器是将两个单瓦制动器组合到一个制动滚筒上,这种机构可增强制动力。由于是用两块制动瓦将两个制动力加到轴上,所以它用于需要较大制动力的机械上。

图 2.31 作为复瓦制动器的一例给出了一种内侧制动器。它是将两块制动瓦配置于制动滚筒的内侧,依靠它们外张接触来起到制动作用。为撑开制动瓦,需使用凸轮或油压装置等。内侧制动器的摩擦面,相对于大制动力来讲形状可做得较小,所以广泛应用于汽车等机械上。

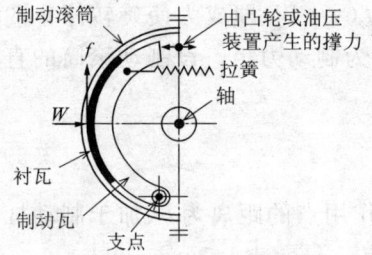
图 2.31 内侧制动器

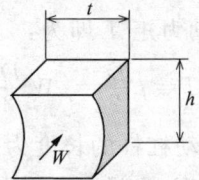
图 2.32 制动瓦

(3) 块状制动器的设计。闸瓦使用表 2.29 中所示的材料,按照图 2.34 所示的形状制作,其大小由压力和制动容量决定。

图 2.32 中,作用于制动瓦上的力 W 与按压压力 p 间的关系为:

$$p = \frac{W}{ht} \tag{2.62}$$

这里,按压压力 p 的许用值取表 2.29 中的 p_a 值。在决定制动瓦的大小时,除考虑式(2.62)外,还必须考虑制动操作时所产生的摩擦热的散热问题。此摩擦热相当于从运动机械上吸收的摩擦功,所以,如设单位时

表 2.29　制动器典型材料(日本机械学会编:机械工学便览,改订第 6 版)

材料	摩擦系数	许用按压压力 p_a/MPa	润滑状态
软钢	0.1~0.2	0.83~1.47	干燥
黄铜·青铜	0.1~0.2	0.54~0.83	润滑·干燥
木材	0.1~0.35	0.20~0.30	润滑
化学纤维	0.05~0.1	0.05~0.30	润滑·干燥
石棉织物	0.35~0.60	0.07~0.69	干燥
硬质合金	0.2~0.50	0.34~0.98	润滑·干燥

间的摩擦功为 P、制动滚筒的圆周速度为 v、制动力为 f、作用于制动瓦上的力为 W、摩擦系数为 μ,则有

$$P = fv = \mu W v \tag{2.63}$$

由式(2.63)和式(2.62)得

$$\mu p v = \frac{P}{ht} \tag{2.64}$$

这里,$\mu p v$ 定义为制动容量,为了散放所发生的摩擦热,对其制订有以下的标准:

① 自然冷却的场合:$\mu p v = 1.0$ MPa·m/s

② 频繁使用的场合:$\mu p v = 0.6$ MPa·m/s

③ 散热状况特别好的场合:$\mu p v = 3.0$ MPa·m/s

为了减少磨损,制动滚筒通常用铸铁、铸钢及锻钢等材料制造。要减小整个制动器的外形,减小制动滚筒的直径是非常有效的。在必须确保制动容量 $\mu p v$ 为前述标准值的场合,即使按压压力 p 较低,只要能增大制动滚筒的圆周速度 v,也能使制动容量得到补足。所以,如果制动滚筒能安装到转速高的轴上,则制动滚筒的直径就可以减小。

2.5.2　棘　轮

1. 棘　轮

棘轮 A(见图 2.33(a))上接触安装有棘爪 B 和 B′,向右移动杠杆 C,进给棘爪 B 会将棘轮 A 沿箭头方向推转。止回棘爪 B′用来防止 A 的逆转,使 C 顺利回到左方。这样,B 在 A 的齿面上来回移动,使棘轮 A 旋转。

采用这种机构,可实现棘轮 A 的间歇旋转。这种机构适用于机床的

进给装置及各种机械的防倒转装置,称之为棘轮装置。

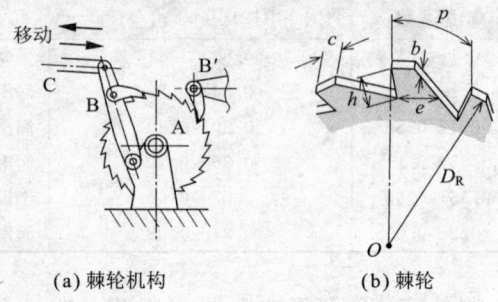

(a) 棘轮机构　　　　　　　(b) 棘轮

图 2.33　棘　轮

2. 棘轮的设计

在图 2.33(b)中,设棘轮的齿顶圆直径为 D_R、齿数为 z、周节为 p,则模数(与齿轮的场合相同)m 如式(2.65)所示。这里齿的角度 α 为 $15°\sim 20°$。

$$\left. \begin{aligned} m &= \frac{D_R}{z} \\ p &= \frac{\pi D_R}{z} \end{aligned} \right\} \tag{2.65}$$

式中,z 为 $6\sim 25$,m 为 $10\sim 18mm$。各部尺寸比例以 m 为基准时可按以下公式决定各部尺寸:

$h = 1.09m$

$c = 0.78m$

$e = 1.6 \sim 2.5m$

$b = 1.6m$

这里的 h、c、e、b 分别为齿高、齿顶厚、齿根厚和齿宽。b 的算式是铸钢情况下的算式,钢的场合下 b 为 $0.9\sim 1.6m$。

2.6 缓冲装置

本节讲述防振与缓冲。机械受到振动及冲击后，机械的寿命及效率都会下降。缓冲装置即属于防止振动、缓和冲击的装置。

1. 防止振动

缓冲装置是利用弹簧、橡胶、油压、气压等单独或组合起来缓和加于机械上的冲击力及振动的装置。机械上常常会有像活塞那样往复运动的部分或像曲轴那样转矩的旋加方向不断变动的部分，这些都是产生振动的原因。已经明白旋转体振动的原因是由于工作上不精细造成的重心和旋转轴线的轻微偏离、或材质的不均匀等引起的强迫振动。所以，为防止高速旋转的旋转体的振动，必须对其进行平衡。

(1) 静平衡。图 2.34 中，当离旋转体轴心 r_1 处有一不平衡的重量 w_1 时，在其对径侧 r_2 的位置附加一重量 W_2，使得 $W_1 r_1 = W_2 r_2$，则可使相对于旋转体旋转轴的力矩平衡，此称为静平衡。砂轮那样旋转体的重心接近轴承的情况下，即是这样进行平衡。

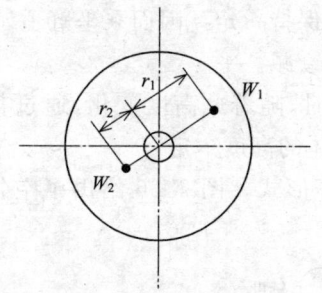

图 2.34 旋转体的静平衡（轴心不平衡）

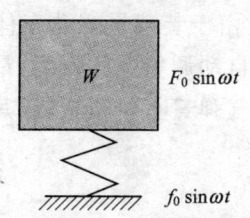

图 2.35 振动的隔绝

(2) 动平衡。现在来考虑一下大重量旋转体安装于较长轴上的电机的旋转轴。这种旋转轴离中心 r 处有不平衡重量 W 时，即使做过静平衡，轴在旋转时也会有相对于 W 的离心力的作用而成为引起振动的原因。一般应通过动平衡试验来确定修正重量及平衡位置。

(3) 振动的隔绝。为减弱来自振动发生不可避免的机械处的振动的传递，以及避免外来振动的传递，常使用弹簧及橡胶等弹性件来防止振

483

动,此称为振动的隔绝。

振动发生不可避免的机械安装到地基上时,要用弹簧垫着机械,以防振动传递到地基上。图 2.35 给出了用弹簧支垫振动机械的示意。设机械的振幅为 F_0、传至地基上的力的振幅为 f_0,则 $\tau = f_0/F_0$ 定义为力的传递率。弹簧常数 k 越小时 τ 越小。将此种机械的机体固定到质量较大的台座上,再用弹簧支垫,振动就难以传到地基上。实际工作中,都是利用液压阻尼器及防振橡胶等的减振作用来防振的。

2. 缓冲器与阻尼器

(1) 防振橡胶。橡胶弹性大,无金属弹簧那样的形状限制。而且橡胶由于内部摩擦大,所以对振动的衰减非常有效,隔音效果也好,多用于机械基础的防振。缺点是不适宜于橡胶易老化的场合及有拉伸载荷作用的场合。

(2) 空气弹簧。使用流体只从一细小孔出、入的机构的缓冲器中,就有空气弹簧,此种缓冲器的功效良好。空气弹簧利用的是空气的压缩作用,多用于大型汽车及铁道车辆等。

空气弹簧的优点主要如下:

① 弹簧常数 k 与载荷成正比变化,可很小。

② 固有振动频率与载荷无关,可大体保持一定。因而乘坐舒适。

③ 可赋予适当的衰减性能,使其冲击衰减。

④ 由于装载量变动车体的高度变化时,随着此高度变化,通过自动控制阀自动调整空气压力,最终可保持车体的高度一定。

空气弹簧有风箱式、膜片式、油压式等形式。图 2.36 给出了空气弹

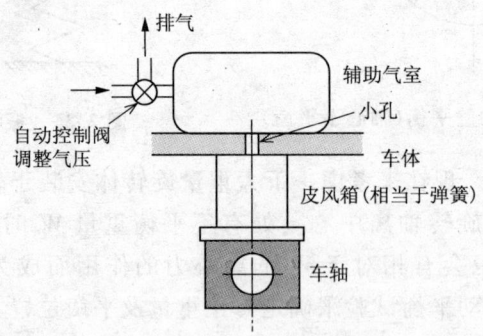

图 2.36 风箱式空气弹簧示意

簧的典型示例。空气弹簧的本体是靠内含尼龙芯线的皮风箱起弹簧作用的。仅靠空气弹簧本身的体积难以得到较小的弹簧常数,所以设置有辅助气室。

(3) 阻尼器。阻尼器是为了衰减振动、减少振动而使用的。为衰减铁道车辆、汽车、工程结构及管道等的振动,经常使用油压阻尼器。

2.7 管道零件

本节讲述管子、管接头、阀门、压力容器及压力参数的设计。

2.7.1 管 子

1. 管子的种类

按照用途,管子除有铸铁管、钢管、黄铜管、铅管、橡胶管、合成树脂管外,还有铝管、不锈钢管、镀锌钢管等。管子是以流过其中的流体的种类、流量、流速、压力、温度条件为根据进行设计的。

2. 管子的内径与壁厚

以通过流体为目的的管子的内径由流量和流速决定。所以,管子的命名方法以内径为基准。充满管内流动的流体的速度呈靠近管壁部分较慢、中心部分较快的分布(见图 2.37)。所以,决定流量时应考虑平均流速 v_m。管子的内径为 D 时,流量 Q 为:

$$Q = A v_m = \frac{\pi}{4} D^2 v_m \tag{2.66}$$

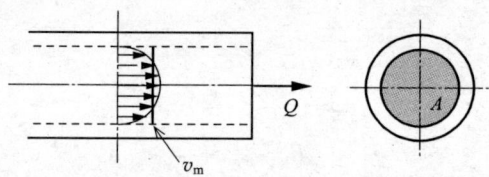

图 2.37 管内的流体

根据式(2.66)可知,若增大 v_m,D 就可以减小。但是 D 一减小,管道的阻力就会因管壁与流体间的摩擦而增大,使流体的能耗增大。表 2.30 给出了各种用途的标准 v_m。

管子的壁厚 t 用式(2.67)求出:

$$t = \frac{pD}{2\sigma_a \eta - 1.2p} + c \tag{2.67}$$

这里,D、p、σ_a、η、c 分别为管子内径、管内压力、许用拉应力、接头效率、锈蚀余量(取 1mm 以上)。此时,式中的接头效率 η 可换为接缝效率。

表 2.30 管内平均流速

流体种类	用途	平均流速/(m/s)
空气	空气管（低压）	12～15
	空气管（高压）	20～25
水	往复泵吸入管	0.5～1
	往复泵排出管	1～2
蒸汽	饱和蒸汽管	12～40

接缝效率 η，锻焊管为 0.8，无缝钢管为 1.0。表 2.31 示出了管道用碳素钢钢管和压力管道用碳素钢钢管的规格。

表 2.31 管道用碳素钢钢管和压力管道用碳素钢钢管的规格（JIS G 3452, G 3454）

公称直径		外径 /mm	管道用管厚/mm	压力管道用公称管厚					
A	B			Sch10	Sch20	Sch30	Sch40	Sch60	Sch80
6	1/8	10.5	2.0				1.7	2.2	2.4
8	1/4	13.8	2.3				2.2	2.4	3.0
10	3/8	17.3	2.3				2.3	2.8	3.2
15	1/2	21.7	2.8				2.8	3.2	3.7
20	3/4	27.2	2.8				2.9	3.4	3.9
25	1	34.0	3.2				3.4	3.9	4.5
32	1¼	42.7	3.5				3.6	4.5	4.9
40	1½	48.6	3.5				3.7	4.5	5.1
50	2	60.5	3.8		3.2		3.9	4.9	5.5
65	2½	76.3	4.2		4.5		5.2	6.0	7.0
80	3	89.1	4.2		4.5		5.5	6.6	7.6
90	3½	101.6	4.2		4.5		5.7	7.0	8.1
100	4	114.3	4.5		4.9		6.0	7.1	8.6
125	5	139.8	4.5		5.1		6.6	8.1	9.5
150	6	165.2	5.0		5.5		7.1	9.3	11.0
175	7	190.7	5.3		—		—	—	—
200	8	216.3	5.8		6.4	7.0	8.2	10.3	12.7
225	9	241.8	6.2		—	—	—	—	—
250	10	267.4	6.6		6.4	7.8	9.3	12.7	15.1
300	12	318.5	6.9		6.4	8.4	10.3	14.3	17.4
350	14	355.6	7.9	6.4	7.9	9.5	11.1	15.1	19.0
400	16	406.4	7.9	6.4	7.9	9.5	12.7	16.7	21.4
450	18	457.2	7.9	6.4	7.9	11.1	14.3	19.0	23.8
500	20	508.0	7.9	6.4	9.5	12.7	15.1	20.6	26.2

① 管道用碳素钢钢管命名方法：A 及 B 任用一个。用 A 或用 B 时分别将 A 或 B 字母附在各自的数字后加以区分，如 100A、4B 等。

② 压力管道用碳素钢钢管的命名方法：用公称直径及公称厚度（用系列号 Sch 表示）来表示。公称直径与管道用碳素钢钢管的表示一样，用 A 与 B 之一表示，其后附上 Sch 号加以区分，如 100ASch20、4BSch20 等。

系列号表示的是以许用应力为基础的管子厚度系列。所以，系列号相同的，耐压相同。

管道用碳素钢钢管用于使用压力较低的蒸汽、水、油及气体管道。压力管道用碳素钢钢管用于 350℃ 以下使用的压力管道，如用于油压管、水压管等压力较高的管道。

3. 针对温度变化所生热应力的注意事项

温度变化时管子会收缩或膨胀。温度变化引起的管子的伸缩受到管端部连接及外部约束的阻碍时，管子中间就会产生热应力。管内有高温流体流动时，热胀量会增加，管子会弯曲，连接部就会有破裂的危险。所以，这种条件下的管道上应设置伸缩接头。

2.7.2 管接头

金属管间在端部连接时，多使用焊接的方法。使用这种方法的流体不泄漏，还可以节约维护费和设备费。铜管及黄铜管端部焊接中使用黄铜焊料和银焊料。但是，焊接后管道修理不便，所以应使用能够拆卸下来的管接头。图 2.38 示出了管接头的种类。

1. 法兰盘式管接头

管径大时或管内压力高时，使用法兰盘式管接头。法兰盘式管接头中，有将连接部分与管子分别加工的安装式法兰盘，以及将管子和法兰部一体化的。连接是制作法兰盘后用螺栓连接，所以安装和拆卸都很容易。

日本工业标准中，规定有用于蒸汽、空气、煤气等的管子及阀门连接的法兰盘的尺寸。表 2.32 给出了法兰盘式固定联轴器的尺寸。

2. 旋入式管接头

旋入式管接头是连接管端加工有螺纹的管子的接头。一般用于管径小、内压也低的场合。接头中也有能改变管道方向的，可参阅图 2.38。

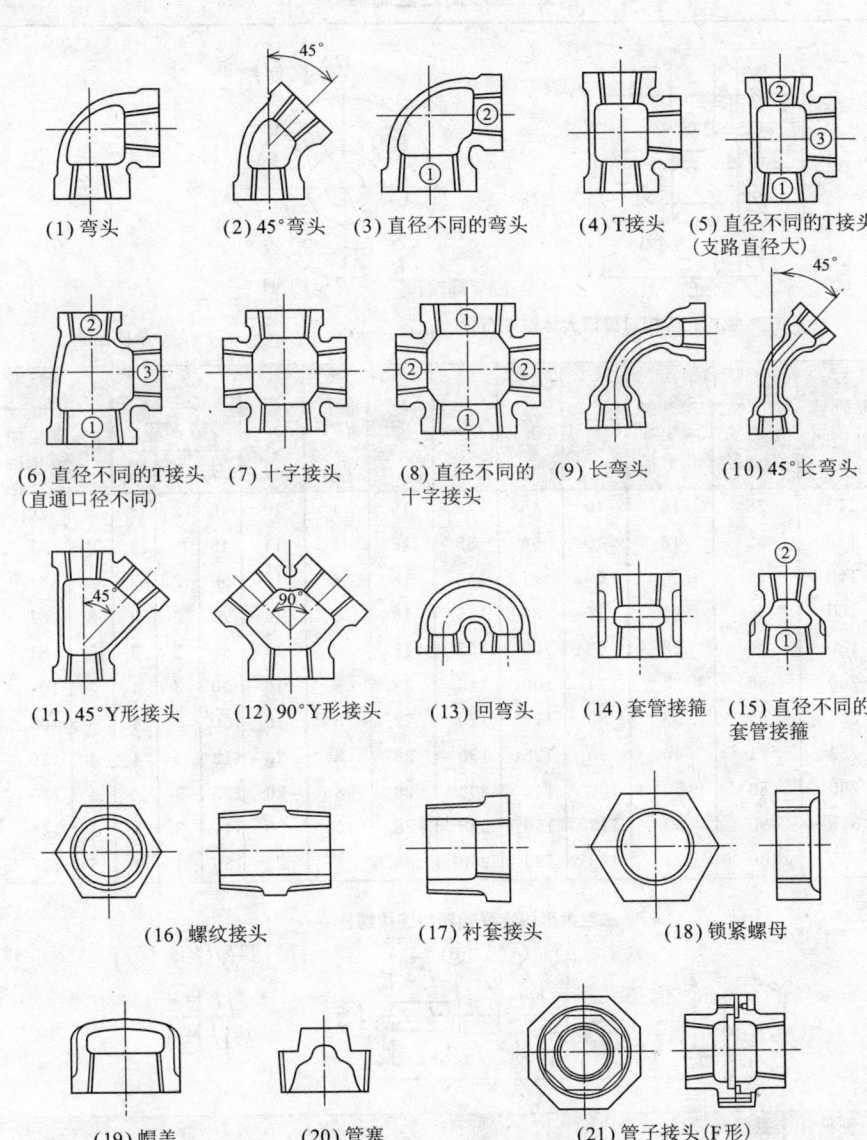

图 2.38 管接头 (JIS B 2301)

表2.32 法兰盘形固定联轴器(JIS B 1451)

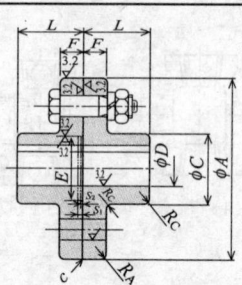 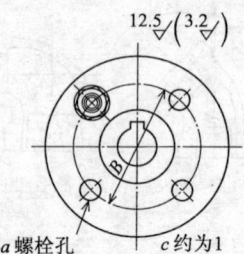

注：螺栓孔应相对键槽大体错开布置。

单位：mm

联轴器外径 A	D		L	C	B	F	n/个	a	参考				螺栓抽出长度
	最大轴孔直径	最小轴孔直径							嵌入部			R_C	
									E	S_2	S_1		
112	28	16	40	45	75	16	4	10	40	2	3	2	70
125	32	18	45	56	85	18	4	14	45	2	3	2	81
140	38	20	50	71	100	18	6	14	56	2	3	2	81
160	45	25	56	80	115	18	8	14	71	2	3	3	81
180	50	28	63	90	132	18	8	14	80	2	3	3	81
200	56	32	71	100	145	22.4	8	16	90	2	4	3	103
224	63	35	80	112	170	22.4	8	16	100	3	4	3	103
250	71	40	90	125	180	28	8	20	112	3	4	4	126
280	80	50	100	140	200	28	8	20	125	3	4	4	126
315	90	63	112	160	236	28	10	20	140	3	4	4	126
355	100	71	125	180	260	35.5	8	25	160	3	4	5	127

法兰盘形固定联轴器用连接螺栓

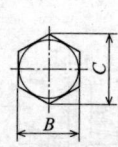 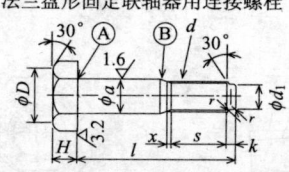 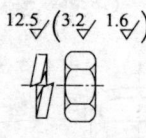

公称尺寸 $a \times l$	螺纹的公称直径 d	a	d_1	s	k	l	r 约	H	B	C 约	D 约
10×46	M10	10	7	14	2	46	0.5	7	17	19.6	16.5
14×53	M12	14	9	16	3	53	0.6	8	19	21.9	18
16×67	M16	16	12	20	4	67	0.8	10	24	27.7	23

续表 2.32

公称尺寸 $a \times l$	螺纹的公称直径 d	a	d_1	s	k	l	r 约	H	B	C 约	D 约
20×82	M20	20	15	25	4	82	1	13	30	34.6	29
25×102	M24	25	18	27	5	102	1	15	36	41.6	34

注:1. 螺栓抽出长度表示离轴端的尺寸。
2. 六角螺母为 JIS B 1181 的 1 型(零件等级 A),强度等级为 6、螺纹的公差带为 6H。
3. 弹簧垫圈为 JIS B 1251 的 2 号 S,螺栓螺纹的公差带为 JIS B 0209 的 6g。
4. 六方宽的尺寸按照 JIS B 1002,螺钉头的形状和尺寸按照 JIS B 1003 的半轴端标准。
5. Ⓐ 处留磨削退刀槽亦可。Ⓑ 处做成锥面或台阶均可。
6. x 部分留螺尾或切出螺纹退刀槽均可。如果留螺尾,则其长度约为两牙。

2.7.3 阀门

阀(valve)能够调节管道内流体的流动及压力。阀由阀体、阀芯以及移动阀芯的部分组成,用黄铜、青铜、铸铁、碳素钢、合金钢等材料制作。通常,根据管径、压力、温度及流体种类等使用条件从标准产品中选用。小管径上使用的阀用螺纹安装到管子上,大管径上使用的阀则用法兰盘安装到管子上。阀按其形式的不同分为止流阀、隔离阀、蝶形阀、单向阀、放流阀及开关阀门等。

1. 止流阀(球形阀)

止流阀是为了完全截止流体的流动。此阀会改变阀内流体的流动方向。但是,此阀即使全开,阀芯也会留在流体中,所以流体的能量损失较大。可是由于其能够快速开闭、阀芯与阀座的磨合也容易,所以获得了广泛的应用。表 2.33 给出了旋入式球形阀的尺寸。

2. 节流阀

节流阀用来调节流量。旋转圆板形的阀芯,调节管路开度的,称为蝶形阀。

3. 单向阀

单向阀设置于管道所必需的地方,用以使流体单向流动,防止倒流。图 2.39 所示为内置单向阀的球芯止水栓。如图 2.40 所示,单向阀有升降单向阀和平旋单向阀。升降式和平旋式分别利用阀芯的上下与转动来关闭流体。它们无论哪一种的阀芯都必须要能靠自重回到关闭位置。

表 2.33 青铜 10K 旋入式球形阀（JIS B 2011）

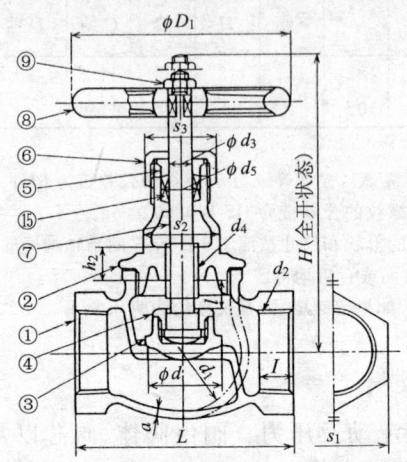
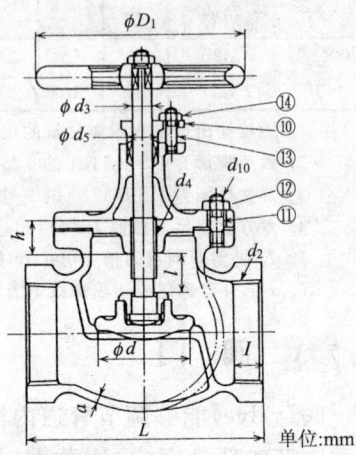

单位:mm

公称直径		阀座口径 d	L	d_2		H（参考）	I（参考）	D_1（参考）	a（最小）	d（参考）	阀体螺栓		阀杆	螺纹公称尺寸 d_4	d_5（参考）	h_1（最小）	六方宽		
A	B			螺纹公称尺寸	螺纹有效长度 l						d_{10} 螺纹公称尺寸	数量	d_3				s_1（参考）	s_2（参考）	s_3（参考）
8	1/8	10	50	$R_c 1/4$	8	90	7	50	2.5	24	—	—	8.5	$T_r 12 \times 3$	14.5	12	21	21	26
10	3/8	12	55	$R_c 3/8$	10	95	7	63	2.5	26	—	—	8.5	$T_r 12 \times 3$	14.5	12	24	21	26
15	1/2	15	65	$R_c 1/2$	12	110	8	63	3	34	—	—	8.5	$T_r 12 \times 3$	14.5	12	29	23	26
20	3/4	20	80	$R_c 3/4$	14	125	10	80	3	40	—	—	10	$T_r 14 \times 3$	16	14	35	29	29
25	1	25	90	$R_c 1$	16	140	12	100	3	50	—	—	11	$T_r 16 \times 4$	18	17	44	32	32
32	1 1/4	32	105	$R_c 1 1/4$	18	170	15	125	3.5	60	—	—	13	$T_r 18 \times 4$	21	20	54	35	38
40	1 1/2	40	120	$R_c 1 1/2$	19	180	17	125	4	68	—	—	13	$T_r 18 \times 4$	21	20	60	41	38
50	2	50	140	$R_c 2$	21	205	21	140	4.5	84	—	—	15	$T_r 20 \times 4$	23	24	74	50	41
65	2 1/2	65	180	$R_c 2 1/2$	24	240	26	180	5.5	106	—	—	16	$T_r 22 \times 5$	26	27	90	67	46
80	3	80	200	$R_c 3$	26	275	32	200	6	125	M12	8	18	$T_r 24 \times 5$	28	30	105	—	—
100	4	100	260	$R_c 4$	30	340	40	250	7	162	M16	8	22	$T_r 28 \times 5$	35	34	135	—	—

注：1. 公称直径 15（1/2）以下者，阀芯与阀杆做成一体型亦可。
2. 阀座的形状为圆锥面或平面。阀芯阀座，做成装有软垫的构造亦可。
3. 略去了焊接型。
4. d_2 按照 JIS B 0203"管用锥螺纹"。
5. d_4 按照 JIS B 0216"公制梯形螺纹"。

续表 2.33

零件序号	零件名称	材料	零件序号	零件名称	材料
1	阀体	BC6	9	六角螺母	C3604BD 或 C3604BE
2	阀盖	BC6	10	密封压圈	BC6
3	阀芯	C3771BD 或 C3771BE			
4	阀芯压圈	C3771BD 或 C3771BE 或 BC6	11	阀盖螺栓	SS400
5	密封环	C3604BD, C3604BE, C3771BD, C3771BE 或 BC6	12	六角螺母	C3604BD 或 C3604BE
6	密封螺母		13	密封压紧螺栓	SS400
7	阀杆	C3771BD, C3771BE, BC6C	14	六角螺母	C3604BD 或 C3604BE
8	手轮	FC20, SPCD, ZDC1 或 ZDC2 或 ADC12	15	密封填料	无机或有机纤维与润滑剂组成

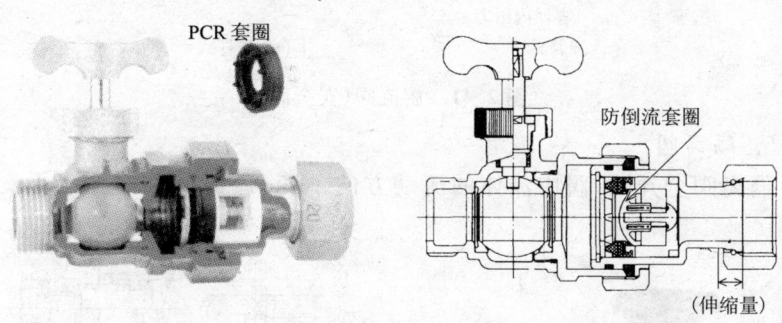

图 2.39　内置单向阀的球芯止水栓（日邦バルブ（株）提供）

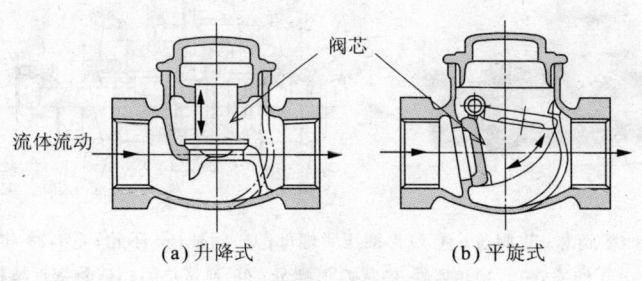

(a) 升降式　　　　(b) 平旋式

图 2.40　单向阀（青铜）

4. 放流阀

管道及压力容器内的压力超过规定值时能自动动作、将流体向外排放以调节压力的阀,称为放流阀或安全阀。它具有压力降至规定值时再度关闭阀门的功能。图 2.41(a)用于锅炉,压力超过规定时会克服弹簧压力将阀芯顶起,流体即排向大气中。图 2.41(b)是用杠杆和配重取代弹簧来调节压力的安全阀。

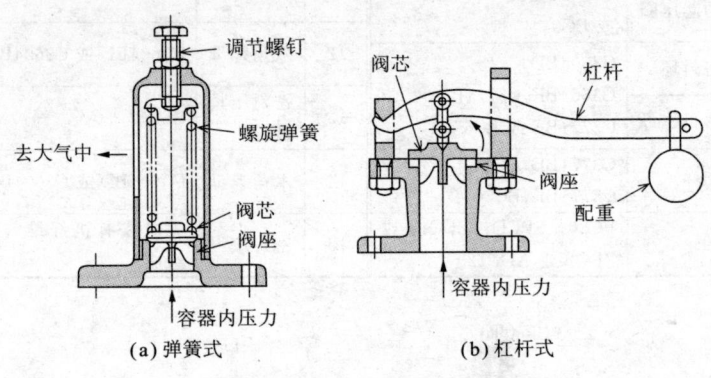

图 2.41 放流阀(安全阀)

5. 隔离阀

隔离阀全开时,阀中流体的流动方向不变,通流的截面积也不变,所

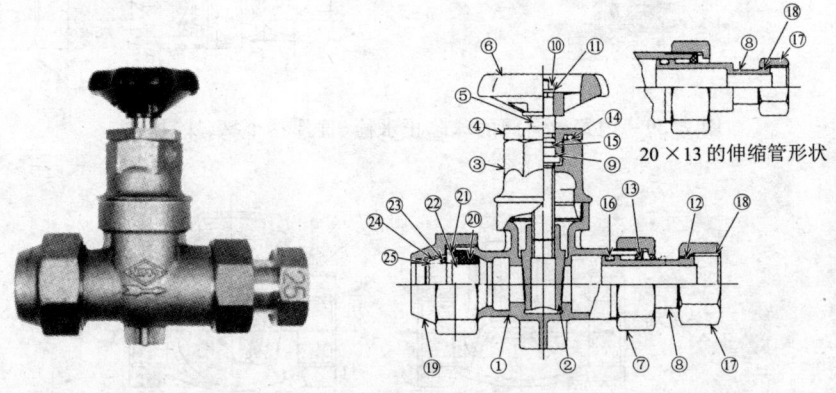

① 阀体;② 阀芯;③ 阀盖;④ O 形圈压紧螺母;⑤ 阀杆;⑥ 手轮;⑦,⑲ 密封螺母;⑧ 伸缩管⑨,⑫,⑬,㉑ 垫圈;⑩ 螺母;⑪ 弹簧垫圈;⑬,⑳ 密封填料;⑭,⑮,⑯,㉒,㉕ O 形圈;⑰ 米制螺母;㉓ 沉入环;㉔ 护圈

图 2.42 隔离阀(日邦バルブ(株)提供)

以流体的阻力很小。隔离阀与止流阀一样用于流路的截断,也用于主管道。隔离阀的缺点是,半开时阀芯内侧会形成激烈的漩涡,造成显著的压力损失。图 2.42 示出了隔离阀的外形。

6. 开关阀门

开关阀门的阀体中装有锥形栓塞,它安装在管道的途中。将栓塞旋转 90°,可开闭流路,或改变流动的方向。

表 2.34 给出了开关阀门的构造及尺寸。

2.7.4 压力容器

压力容器不仅要考虑耐压力,还考虑以下所述的各种条件来进行设计。

① 压力升高:像管道内水的冲击作用或内燃机的爆缸那样压力异常增高的场合。

② 压力变化:压力周期性地变化,材料上重复负荷作用的场合。

③ 温度变化:化学工业的反应罐的温度变化及冷冻机的低温等对材料的强度有影响的环境中使用的场合,或像内燃机的汽缸那样部分间的温差引起热应力的场合。

④ 腐蚀:装入有可能腐蚀容器材料的物质的场合。

⑤ 遵守锅炉及高压气体容器等的规格标准:有 JIS(有铸铁锅炉、高压气体容器、无火压力容器等的标准)及相关标准的场合,必须遵守这些标准。压力容器的强度试验和对于泄漏的耐压试验要按照各自的规程严格进行,必须保证其符合标准。

1. 薄壁圆筒

设计薄壁圆筒压力容器时,应考虑安全率、连接效率及腐蚀余量(针对腐蚀及磨损的常数)等。按照压力容器的标准,设计压力不满 30MPa、不受烟火的热影响的圆筒形压力容器的场合,壁厚与内径之比为 0.25 以下的即可视为薄壁圆筒,可按下式求取板的厚度 t:

$$t = \frac{pD}{2\sigma_a \eta - 1.2p} + C \tag{2.68}$$

式中,p 为圆筒内的压力;D 为圆筒内径;σ_a 为许用拉应力;η 为连接效率;C 为腐蚀余量(应考虑 $C > 1\text{mm}$)。

表 2.34 青铜旋塞开关阀门的构造、形状及尺寸（JIS B 2191）

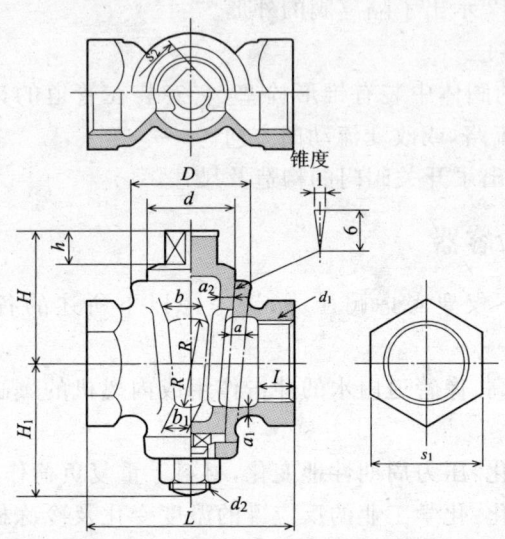

公称直径		口径	面间尺寸 L	d_1		阀体					栓塞					六方宽	
				螺纹公称尺寸	螺纹有效长度 I	a	a_1 (参考)	b (参考)	b_1 (参考)	R (参考)	D (参考)	a_2 (参考)	H (参考)	H_1 (参考)	h (参考)	d_2 (参考)	d (参考)	s_1 (参考)	s_2 (参考)
A	B																		
10	3/8	10	50	$R_c 3/8$	10	3.5	2.5	6.6	5.4	9	29	2.5	35	31	11	M8	19	24	10
15	1/2	15	60	$R_c 1/2$	12	4	2.5	8.8	7.3	11	34	3	40	36	12	M10	23	29	12
20	3/4	20	75	$R_c 3/4$	14	4.5	2.5	12	10	14	42	3.5	49	43	14	M10	30	35	14
25	1	25	90	$R_c 1$	16	5	3	15.3	12.7	18	50	4.5	56	50	16	M12	37	44	17
32	1 1/4	32	105	$R_c 1 1/4$	18	5.5	3.5	19.8	16.3	22.5	60	5.5	67	61	18	M16	46	54	19
40	1 1/2	40	120	$R_c 1 1/2$	19	6	4	26	22	25	72	6	77	67	21	M16	56	60	28
50	2	50	140	$R_c 2$	21	6.5	4.5	31.6	26.4	32	84	6.5	91	81	24	M20	67	74	26

注：1. 图中示出的仅为构造及形状的一例，并非特别规定的形式。
2. d_1 按照 JIS B 0203。
3. b、b_1 及 R 的尺寸，用于规定通道的截面积，通道面积与此同等以上即可。
4. D、d、d_2 是按照标准以外的参考资料。

式(2.68)是主要从许用拉应力考虑来求板厚的公式,而地面钢制锅炉的场合下还需考虑其他条件。炉身钢板的厚度规定如表 2.35 所示。

表 2.35 地面钢制锅炉炉身钢板的最小厚度(JIS B 8201)

锅炉内径/mm	最小板厚/mm
900 以下	6
大于 900 至 1350	8
大于 1350 至 1850	10
大于 1850	12

2. 薄壁球罐

设计压力不满 30MPa、不受烟火影响的球形压力容器的场合,壁厚与内径之比在 0.178 以下的即可视为薄壁球罐,可用下式求板的厚度:

$$t = \frac{pD}{4\sigma_a \eta - 0.4p} + C \tag{2.69}$$

式中,p 为球罐内的压力;D 为球罐内径;σ_a 为许用拉应力;η 为连接效率;C 为腐蚀余量(应考虑 $C>1\text{mm}$)。

参考文献

[1] 土屋喜一監修:ハンディブック機械,オーム社 (1997)
[2] 宗 孝:機械設計実務入門ノート,日刊工業新聞社 (1992)
[3] 中島尚正:機械設計-基本からマイクロマシンまで,東京大学出版会 (1993)
[4] 青山英樹,他:機械系基礎工学1 機械設計学,朝倉書店 (1998)
[5] 石川二郎:新版 機械要素 (2),コロナ社
[6] 鯉渕興二,他:製品開発のための材料力学と強度設計のノウハウ,日刊工業新聞社 (2002)
[7] 香住浩伸:機械要素の最適選択と活用法,科学図書出版 (2003)
[8] 石井威望,他:日本の技術 100 年第7巻機械エレクトロニクス,筑摩書房 (1989)
[9] 世界発明物語,日本リーダーズダイジェスト社 (1984)
[10] ロジャー・ブリッジマン:ザ・サイエンス・ヴィジュアル 15 テクノロジー,東京書籍 (1995)
[11] 伊東俊太郎:科学史・技術史事典,弘文堂 (1994)
[12] 大西 清:JISにもとづく機械設計製図便覧,理工学社 (2001)
[13] 小栗冨士雄:標準機械設計図表便覧,共立出版 (1998)
[14] 川井良次:機械設計の基礎-歯車・軸受と締結要素-,朝倉書店 (1988)

- [15] 坂井智次：ねじ締結概論，養賢堂（2000）
- [16] 吉本　勇：ねじ締結体設計のポイント，日本規格協会（1992）
- [17] 職業訓練研究センター編：機械工学概論，（2003）
- [18] 日本機械学会：機械工学便覧，丸善（1989）
- [19] 塚田忠夫，他：機械設計法，森北出版（1999）
- [20] 日置　進：現代機械設計学，内田老鶴圃（2002）
- [21] 小町　弘：わかりやすい機械図面のまとめ方，オーム社（1996）
- [22] 日邦バルブ株式会社カタログ

第7篇

材料的性质与加工

- 责任编委
  安达胜之
- 执笔编委
  田岛　守（第1章、第2章）
  青木　勇（第3章3.1节、3.2节、3.7节）
  古泽琴风（第3章3.3节～3.6节）

# 第 1 章

材料制造

　　人们使用的材料种类各式各样,且各具特性。通过现有繁多特性材料的组合,在各种工业设备及飞机、汽车、铁道、船舶等方面的应用,使得人们的活动领域和生活空间正在不断扩大。

　　我们乘坐的汽车,都是用普通钢及特殊钢等钢铁材料、铝及铜等有色金属材料,以及塑料、玻璃、橡胶、非金属等各种各样的材料制成的。特别是金属材料,作为能够表现出种种特性的优良材料,已在各种机械的主要部分中广泛使用。金属材料的原料主要是人们将形成地壳的矿物质中含有的有用的金属提取出来加以利用的。

　　本章就现在使用的重要材料,从原料到制成的各种材料进行讲述。

1.1 金属材料的制造

地壳中的矿石含有许多杂质,需要经过多道去除杂质的工序才能制成适合于使用的材料。本节讲述典型金属材料铁和钢、铝、钛的制造。

1.1.1 铁和钢

铁和钢的制造,按制作生铁的冶铁工艺和制钢的轧钢工艺两个工艺来进行。

1. 冶铁工艺

原料为铁矿石、石灰石和焦炭。

铁矿石的主要种类有红铁矿(Fe_2O_3)、磁铁矿(Fe_3O_4)及褐铁矿($2Fe_2O_3 \cdot nH_2O$)。铁矿石开采时为块状和粉状的混合物,冶炼前,块状的铁矿石要粉碎成适当的大小,粉状的则要烧结成球形的小丸。

石灰石的主要成分是来自珊瑚及贝类等的壳及骨骼的碳酸钙($CaCO_3$)的沉积岩。

煤炭(黏结炭)经焦炭炉高温干馏(约 1100℃)去除杂质后,变为发热量高的灰黑色多孔质固体——焦炭。焦炭也要像铁矿石一样作成颗粒一致的块状。

将铁矿石、石灰石和焦炭从图 1.1 所示的高炉的上部均匀加入,将热风(约 1200℃)从下部侧面的热风口吹入高炉让焦炭燃烧。铁矿石在高

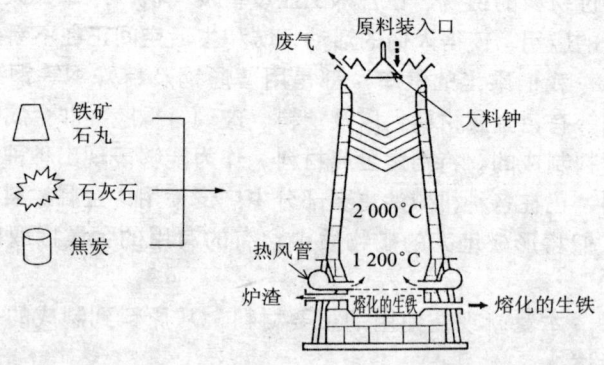

图 1.1 高 炉

炉中下降时被高温煤气(约 2000℃)还原为铁。还原后的铁再吸收焦炭中的碳后熔解温度会下降,变成生铁后从炉底排出。此生铁中,约含 4%的碳以及其他多种杂质。

石灰石的作用是与铁矿石中的杂质及焦炭中的灰分化合后生成熔融的炉渣。从高炉中取出的生铁,为了去除磷、硫以及硅等杂质,还需在生铁熔化的状态下进行预精炼。

2. 制钢工艺

预精炼后的生铁熔液,要在图 1.2 所示的转炉中进行氧化精炼,脱碳至所需的含碳量,即向转炉中吹入氧气,将生铁中的碳、磷及硫等杂质燃烧除去。电炉则是电弧直接射入熔化的生铁进行氧化精炼。电炉中使用的主要是生铁、铁屑及合金元素等。生铁经氧化精炼后即成为含碳量约 2%的柔韧的钢或合金钢。

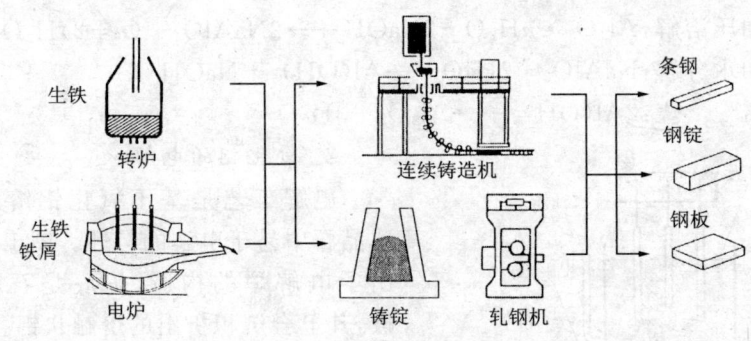

图 1.2　制钢工艺

转炉、电炉炼成的钢,再经连续铸造机或压力加工,制成条钢、钢锭及钢板等(见表 1.1)。

表 1.1　钢坯的种类

条钢(billets)	截面为正方形、边长 130mm 以下的钢坯,或截面为圆形的钢坯
钢锭(blooms)	截面为正方形或长边约为短边 2 倍以下的长方形、边长 130mm 以上的钢坯
钢板(slabs)	截面为长方形、厚度超过 50mm、宽度约为厚度 2 倍以上的钢坯。用来轧制板材和带材

1.1.2 铝

铝的制造有两个阶段,即从铁矾土($Al_2O_3 \cdot nH_2O$)中提取氧化铝(Al_2O_3)和对精制氧化铝及氟化物中的氧化铝进行电解。铝的制造中,要消耗大量的电,倒是再生铝的生产所需电力很少,所以应积极进行废品的回收利用。

1. 氧化铝的提取

铝是地壳中含量最多的金属元素,但并不以单体形式存在,而是以长石、云母、沸石、黏土等那样的硅酸盐形式存在。氧化铝是由铁矾土制铝时的中间制品。

铝的原矿是铁矾土,将其溶解于氢氧化钠溶液中,以分离掉不溶解的氧化铁等铁化物。然后分解铝酸钠提取氢氧化铝,再将氢氧化铝在1200℃左右的温度下焙烧即可制得氧化铝。

加压溶解:$Al_2O_3 \cdot nH_2O + 2NaOH \longrightarrow 2NaAlO_2 + (n+2)H_2O$

加水分解:$NaAlO_2 + 2H_2O \longrightarrow Al(OH)_3 + NaOH$

焙　　烧:$2Al(OH)_3 \longrightarrow Al_2O_3 + 3H_2O$

2. 氧化铝的电解

电解工艺是基于氧化铝溶解于冰晶石中易于电解的特性。图1.3示出了电解炉的构造,炉底是石墨阴极,其上会沉积析出的熔融状铝。

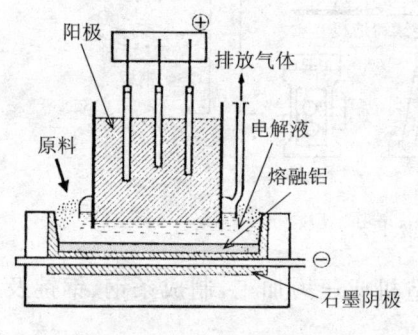

图1.3　电解炉

1.1.3 钛

现在所用的钛的原料为碱性火成岩及变质岩、深成岩中的钛铁矿(ilmenite,$FeTiO_3$)及金红石(rutile,TiO_2)。

1. 四氯化钛的制造

酸浸后一旦破坏钛铁矿的组织,其中所含的TiO_2即成为浓缩的合成金红石。如图1.4所示,在TiO_2原料和石墨共存的状态下,用温度约900℃的氯气处理,冷却后即成为液态的四氯化钛。下面示出了其化学反应式,但需要说明,此反应为放热反应,所以仅需在反应开始的时候加热。

氯化反应:$TiO_2 + 2C + 2Cl_2 \longrightarrow TiCl_4 + 2CO$

$$TiO_2 + C + 2Cl_2 \longrightarrow TiCl_4 + CO_2$$

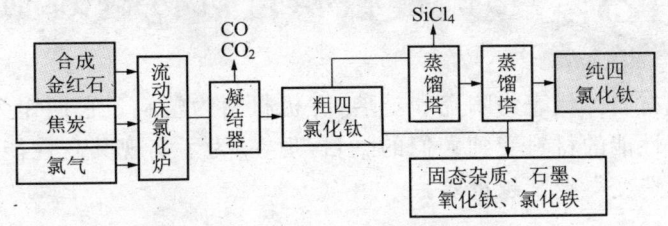

图 1.4 四氯化钛的制取工艺

2. 钛的制造

钛的典型制取方法,如图 1.5 所示,是在惰性气体中用镁将四氯化钛还原的克罗尔(Kroll)法。该法是预先将镁熔解在反应容器中,然后添加四氯化钛,在约 900℃ 的氩气环境中进行还原,即可得到海绵状的金属钛。制成的海绵状的金属钛,经破碎颗粒大小一致后,再装入充满氩气的大圆桶,运往熔解工序制锭。

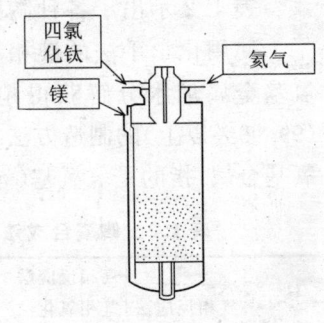

图 1.5 克罗尔法

镁还原反应:$TiCl_4 + 2Mg \longrightarrow Ti + 2MgCl_2$

═══ 小常识 ═══

纯 铁

纯粹的金属,在物理及力学性能等物性研究以及材料开发中均是不可缺少的。但是,矿物原本就含有大量的杂质,所以,为了提高纯度,需要很多的工艺与分析技术。

日本在铁的研究上,1970 年纯度达到 99.9%($RRR_H \geqslant 50$),1982 年达到 99.99%($RRR_H \geqslant 500$),1993 年则获得了 99.999% 以上($RRR_H \geqslant 5000$)的高纯度。这里,RRR_H 为电阻比($\rho_{298K}/\rho_{4.2K}$)。铁的这个纯度,是世界最高水平。

1.2 无机材料和有机材料的制造

无机材料的代表为陶瓷和玻璃,有机材料为塑料。它们作为一种已发现有高性能的材料受到人们的瞩目,现在,为了实现其高性能,高纯度材料的制造变得越来越重要。

1.2.1 氧化铝陶瓷

表 1.2 示出了各种陶瓷的合成法(见表 1.2)。

使用化学手法的液相法是制造氧化铝陶瓷的方法之一。此是依靠烃氧基金属加水分解获得超微细氧化物粒子的方法。作为高纯度氧化铝(99.99%以上)的制造方法,烃氧基金属加水分解法示于图 1.6 中。所谓烃氧基金属,指的是氢氧基(—OH)中的氢用金属置换后所得化合物的总称。

表 1.2 陶瓷合成法

气相法	气相反应法	气相反应法 气相氧化法 气相热分解法
	蒸发凝结法	
液相法	沉淀法	均一沉淀法 烃氧基金属加水分解法 共沉法
	脱溶媒法	乳液法 冻结干燥法 喷雾干燥法
固相法	化学反应法	氧化还原法 热分解法 固相反应法
	粉碎法	

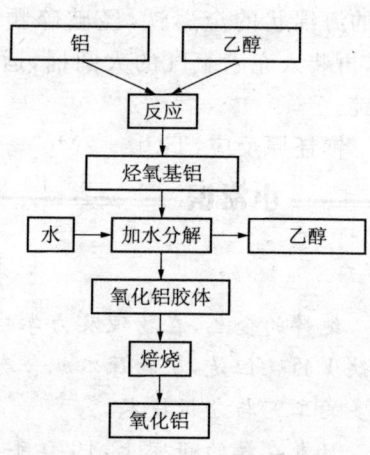

图 1.6 烃氧基金属加水分解法

制造方法不同,所得氧化铝的纯度、粒子直径与其形状及粒子直径分布等都会发生变化。从粒子直径的大小可将氧化铝分为标准(40~80μm)、低苏打(60μm)、微细粒(1~4μm)、易烧结(0.6~6μm)、高纯度(0.05~0.5μm)等种类。

1.2.2 玻 璃

玻璃的原料是由石英砂(SiO_2)、苏打灰(Na_2CO_3)、石灰($CaCO_3$)、碎玻璃(经再生处理的玻璃渣)等混合成的。

作为玻璃原料的石英砂是地球地壳的主要成分,所以广泛存在于自然界中。天然的石英砂杂质多,熔点也高,但是一旦熔解冷却后很容易制成各种玻璃。用作玻璃原料的石英砂要求铁质等杂质要少,颗粒的大小要细到一定程度而且要一致。铁质含量一多,制出的透明玻璃看起来就全成了蓝色的。苏打灰是以食盐和石灰石为原料按氨法制作的。石灰是由以碳酸钙为主要成分的堆积岩在950~1100℃的温度下烧成的。

将按比例称量好的各种原料及用于着色的金属氧化物用图1.7所示的搅拌机混合均匀。混合好的原料投入到加热至1500℃左右的熔解炉中,即成为熔化状态的玻璃。由于石英砂的高熔点及不易流动的特性,将苏打灰、石灰、碎玻璃等混入其中,会易于玻璃的制造。

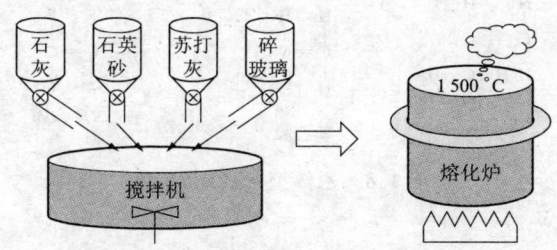

图1.7 玻璃原料的混合和熔化

熔化状态的玻璃,温度降至适于成形的温度时,即可进行各种板及瓶子等的成形。刚成形的制品,急剧冷却容易破裂或变形,所以要缓慢冷却至常温。

玻璃的主要用途如下:
(1) 钠玻璃——强化玻璃、各种瓶子、窗玻璃、玻璃容器。
(2) 石英玻璃——耐热器具、光导纤维用玻璃纤维、精密弹簧。
(3) 硼硅玻璃——医疗器具、药品容器、理化器具、玻璃过滤器。
(4) 铅玻璃——各种棱镜、透镜、反射镜(光学玻璃)、工艺品、装饰品(结晶玻璃)。

1.2.3 塑 料

塑料属于合成的高分子化合物,主要是由原油制作的。高分子中有天然树脂和合成树脂。

几乎所有的塑料基本上都是 C 和 H 以 C_nH_{2n} 和 C_nH_{2n+2} 的形式链接成的高分子,通过共有结合连接 C 和 H,形成极大的分子。

1. 单体(monomer)

构成塑料(聚合体,polymer)的基本单位称为单体(monomer)。单体是分馏原油生成的轻质石油(沸点100℃以下)热分解得到的。图1.8示出的是乙烯型单体。

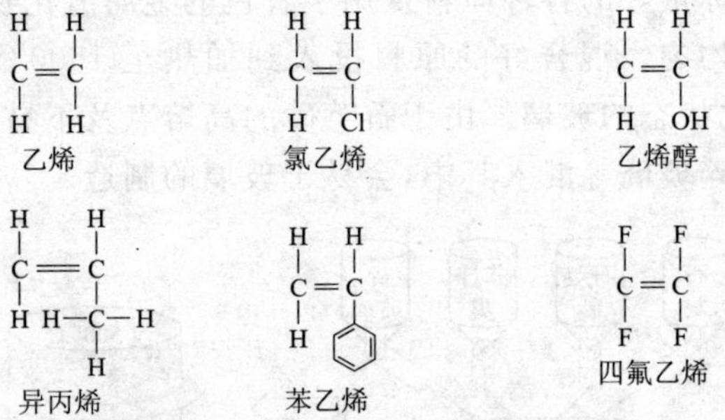

图 1.8 乙烯型(C_nH_{2n})单体

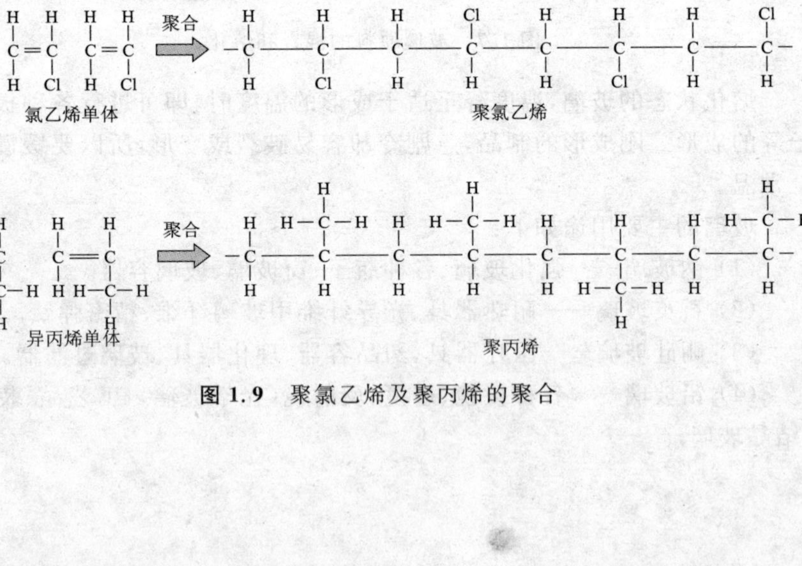

图 1.9 聚氯乙烯及聚丙烯的聚合

2. 塑料(聚合体,polymer)

通过一种或两种以上单体结合生成化合物的聚合反应,即可得到塑料。如图 1.9 所示,以单体的二重结合为基础进行反应聚合,即可得到聚合体。

小常识

光导纤维

光导纤维是为了使光也能沿弯曲的路径传输而将其纤芯(core)的折射率做得比包层(clad)大,以便能将光封闭在纤芯中传输。其折射率的分布有纤芯到包层台阶形分布的阶梯形和纤芯折射率离中心沿径向方向逐渐减小的缓变形。光导纤维的典型尺寸,单模时,芯径 $8\mu m$、包层外径 $125\mu m$;多模时,芯径 $50\mu m$、包层外径 $125\mu m$。光导纤维的主要用途是信息通信及各种相关光的技术。

长距离通信用的光导纤维属于石英玻璃纤维,它是由石英中添加锗后折射率得到提高的纤芯和包层用石英构成的。其传输特性由 10dB/km(1974 年)到 1.6dB/km(1975 年)、0.2dB/km(1979 年)、0.157dB/km(2001 年),一直飞速提高。光导纤维的拉丝速度,20 世纪 80 年代为 360m/min,最近达到的速度已超过 1 000m/min。

1.3 单晶硅的制作

硅的英文名称为 Silicon,它是以硅酸盐及氧化物的形式大量存在于地壳中。高纯度的硅,作为半导体晶片材料有着广泛的用途。

获得单结晶硅的方法,最一般的是如图 1.10 所示的切克劳斯基(Czochralski)法。该法是将高纯度的多结晶硅(杂质浓度低于 10^{-10}%)放入石英玻璃制的坩埚中,加热至约 1400℃ 以上使其熔解,然后让作为结晶生长根基的结晶种子(直径 5~10mm)与此熔液相接触,在与结晶种子具有相同晶格排列的单晶生长的同时,将结晶种子缓慢上拉,最终制得大直径的单晶棒。直径越大,坩埚内熔液的对流越厉害,从而引起单晶品质的下降。解决此问题的对策是,对硅熔液施加磁场作用,提高其外在的动黏度系数,以控制对流。

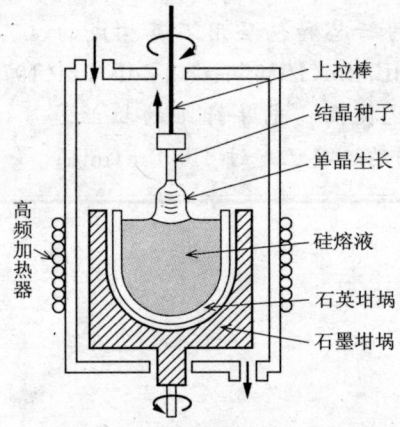

图 1.10 上拉法(切克劳斯基法)

硅的密度为 2330kg/m³,若单晶棒的直径为 300mm、长为 1000mm 时,质量则会高达 165kg,加之结晶种子的直径很小,所以必须采取措施防止脱落及振动。

1.4 钢材的制造

作为加工素材的钢铁的用途非常广泛,其主要制品有板材、棒材、型钢、钢轨及线材等。被大量使用的薄板的典型应用对象是汽车,厚板用于船舶和建筑,棒材用于建筑。

1.4.1 棒材的制造

将作为原材料的高温钢坯,依次通过菱形、椭圆形及圆形的轧机,依靠热轧辊形状的逐渐变化,连续地改变材料截面形状得到最终的棒材制品。

1.4.2 厚板的制造

如图 1.11 所示,将炼钢工序得到的扁钢坯,在热的状态下或由连续加热炉再加热后,送上传送滚子,通过去除表面上产生的氧化皮的轧碎机后变得清洁。此扁钢坯在粗轧机上一次热轧至接近目标厚度,然后,在精轧机上多次反复轧制至钢板的目的厚度。之后进入精整线整修形状,再通过热处理炉进行退火处理,去除轧制在钢板内形成的变形及加工硬化后,即得到钢板成品。

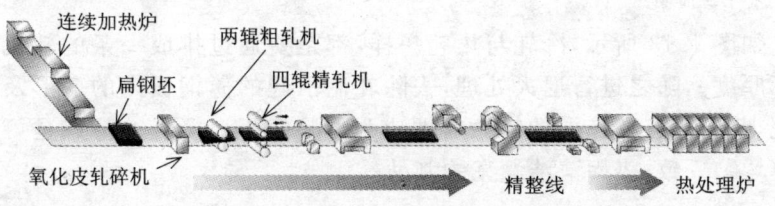

图 1.11 厚板的制造过程(日本钢铁连盟:"鐵の旅")

此厚钢板的轧制中,为了细化钢的结晶组织以得到柔软的板材,可通过控制热轧机的压力和钢坯温度这两者来实现。

1.4.3 薄板的制造

薄板制造时,多采用热轧和冷轧两种方法。

1. 热 轧

如图 1.12 所示，将炼钢工序得到的扁钢坯用连续加热炉加热后，送上传送滚子，通过去除表面氧化皮的轧碎机进行清洁。此扁钢坯经一条线排列的多台粗轧机，轧制至一定的厚度，随之，再通过一条线排列的多台热精轧机一遍轧制至目标厚度。这些工作只是单方向进行，从而将厚度约 200mm 的扁钢坯轧至 2～3mm 的厚度。之后由精整线整修形状，再通过热处理炉退火处理，去除因轧制引起的钢板内的变形及加工硬化，即得到成品钢板。

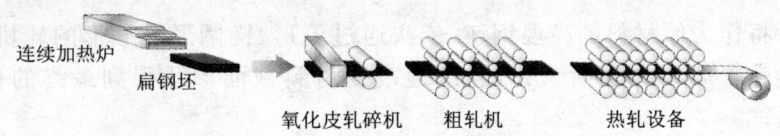

图 1.12　热轧过程（日本钢铁连盟："鐵の旅"）

粗轧机入口辊子的速度因钢坯厚而较慢，后续辊子由于是按板厚度逐渐变薄进行的设置，所以辊子的速度逐渐加快。经一连串排列的粗轧机和精轧机各轧辊热轧后的钢板，速度逐段上升，至最终轧辊时速度猛增至每小时 90km，钢板卷成筒状即告完成。

此连成一串的轧辊设备的运行和管理需要很高的技术，要由最新的计算机进行控制。

2. 冷 轧

如图 1.13 所示，冷轧与热轧一样，都是要通过排成一条的轧机轧至目标厚度。随之进行退火处理，去除轧制引起的薄钢板内的变形及加工硬化，赋予其各种各样的特性后即成为成品钢板。冷轧的特点是可获得板厚均匀一致、表面清洁漂亮的制品。

图 1.13　冷轧过程（日本钢铁连盟："鐵の旅"）

第 2 章

机械材料的性质及其应用

近年来,产业结构在发生变化,以高信息化技术为基础,先进化、极限化、轻薄小型化技术迅速发展,对材料的要求也在发生变化。现在,材料的开发已经进入纳米技术领域,以此技术为基础,微机械技术的研究相当兴盛,并已应用于医疗、机器人及信息设备等方面。

相对于产业结构变化,对机械材料的要求虽然也发生了如此的变化,但就其基本内容来讲,与已往并无太大差异。

材料的性质是由构成它的原子的种类及原子的排列方式决定的。作为机械材料,所要求的性质涉及诸多方面,所以,为了达到所需的性质,材料设计、制造及加工工艺等各方面的研究开发一直在不懈地进行着。

本章讲述现在使用的机械材料的性质及其应用的基本知识。

2.1 机械材料的工艺性能

各种机械零件都是通过加工素材来制作的。机械零件的性能当然也是由材料的性质及其工艺特性所决定的。机械材料的加工工艺特性由可塑性、可熔性及切削性等来表示。

2.1.1 可塑性

由图 2.1 所示的应力-应变曲线可知,塑性变形的范围很宽是金属材料的一大特点。利用此性质即可用各种加工方法制作制品。可塑性按材料的变形能和变形抗力来评价。材料的温度上升时,加工会变得容易。

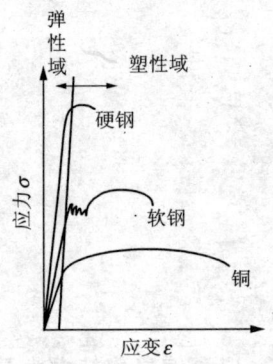

图 2.1 金属的应力-应变曲线

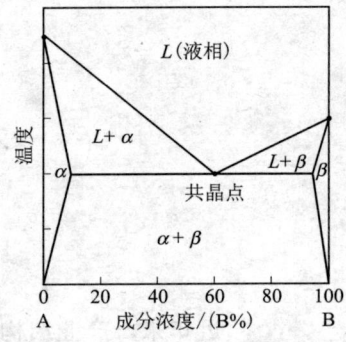

图 2.2 共晶型二元合金状态图

2.1.2 可熔性

共晶型二元合金状态图如图 2.2 所示,在共晶点,材料可在比各合金元素的熔点还低的温度下熔化,材料加工中可充分利用这一性质。对于材料还希望它在熔化状态下流动性好、凝固时收缩少。

2.1.3 切削性

切削性是指将加工工件加工至正确的形状及尺寸的情况下,使用切削工具切削材料的难易程度。切削加工主要分为使用刀具的切削加工和使用砂轮的磨削加工两种。判断材料的切削性能主要按照完工面的状态、切削抗力、切削工具寿命、切屑的形成状态等。加工工件的材质是切削条件的重要决定因素,它本身又受到前面加工工序的影响。

2.2 金属材料

金属属于结晶体,大多呈体心立方(BCC)、面心立方(FCC)及密排六方(HCP)等结晶构造。由于金属结合时原子间相互连接,部分电子成为自由电子,所以金属是热和电的良导体。

典型金属的力学性能和物理性质及结晶构造示于表 2.1 中。

表 2.1 典型金属的各种性质

	密度 $\rho/$ (kg/m³)	熔点 $T_m/$℃	纵弹性模量 $E/$GPa	线胀率 β (10^{-6}/℃)	比热容 $c_p/$ (J/(kg·K))	热传导率 $\lambda/$ (W/(m·K))	电阻率 $R/$nΩ·m	结晶构造
Fe	7 870	1 536	200	11.9	440	80	97	BCC
Cu	8 880	1 083	110	16.5	386	400	16.6	FCC
Al	2 700	660	68	23.2	905	237	27.5	FCC
Ti	4 500	1 680	116	8.7	522	22	470	HCP
Mg	1 740	649	64	24.8	1 020	156	40	HCP

2.2.1 碳素钢

图 2.3 所示的铁-碳平衡状态图通常用于理解区分铁、钢和铸铁。铁是图示最左端的部分,从室温到 911℃温度下晶格呈体心立方,高于 911℃后同素变态为面心立方,1 394℃到熔点 1 534℃之间时再次同素变

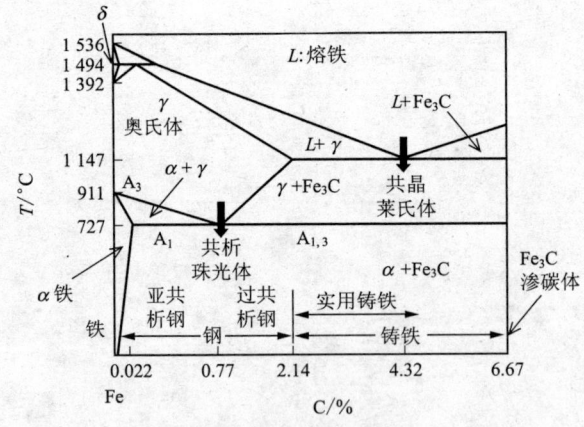

图 2.3 铁-碳平衡状态图

态为体心立方。钢铁能够在工业中获得广泛应用,依靠的正是能灵活利用此同素变态的热处理。

碳素钢是含碳量在2.14%以下的铁碳合金。含碳量仅有0.1%的不同都会引起碳素钢性质的变化。随着含碳量的增加,密度、热导率、线胀率等都会减少,而比热容、电阻率则会增加。其机械性能如图2.4所示,随着含碳量的增加,拉伸强度和屈服强度会增加,而冲击值等则会减小。表2.2示出了典型碳素钢的种类及其主要用途。

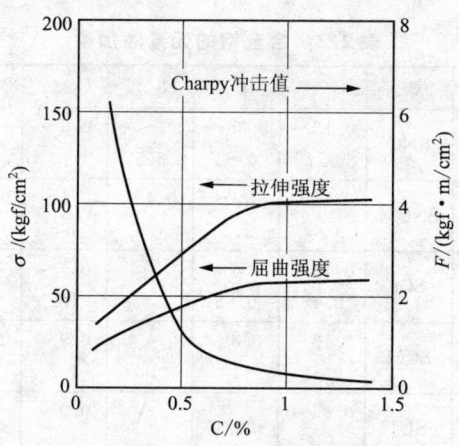

图 2.4　碳素钢的机械性能

表 2.2　实用碳素钢的种类及其主要用途

名　　称	JIS	代号	C/(%)	用　　途
一般结构用轧制钢材	G 3101	SS	<0.3	建筑,桥梁,船舶,车辆
焊接结构用轧制钢材	G 3106	SM	<0.25	船舶,桥梁
热轧软钢板及钢带	G 3131	SPH	<0.15	带钢,白铁皮
冷轧软钢板及钢带	G 3141	SPC	<0.15	汽车
一般结构用碳素钢管	G 3444	STK	<0.30	土木,建筑,铁塔
机械结构用碳素钢管	G 3445	STKM	<0.55	机械,汽车,机械零件
琴弦	G 3522	SWP	<0.95	琴弦
铁丝	G 3532	SWM	<0.25	镀锌铁丝、铁钉
机械结构用碳素钢	G 4051	S-C	<0.61	机械零件
碳素工具钢材	G 4401	SK	<1.50	工具,夹具
弹簧钢材	G 4801	SUP	<1.10	弹簧、扭杆

2.2.2 合金钢(特种钢)

所谓合金钢,是指将一种以上合金元素加入碳素钢以赋予其特殊性能后得到的钢。添加的主要元素有 Cr、Mo、Ni、Mn、W、V 等。由于合金化,获得了耐蚀性、淬硬性、耐热性、耐大气腐蚀性、高拉力、耐磨性等特殊性能。钢中出现的碳化物,热处理中特别重要。典型合金钢所添加的合金元素量示于表 2.3。对于碳素钢及合金钢,还可以通过表 2.4 所示的各种热处理来改善其机械性能。

表 2.3 合金钢的元素添加量

名称	JIS	代号	C/%	Mn/%	Ni/%	Cr/%	Mo/%	W/%	V/%
镍铬钢	G 4102	SNC	0.12~0.4	0.35~0.65	1~3.5	0.5~1			
镍铬钼钢	G 4103	SNCM	0.12~0.5	0.3~1.2	0.4~4.5	0.4~3.5	0.15~0.7		
铬钢	G 4104	SCr	0.13~0.48	0.6~0.85		0.9~1.2			
铬钼钢	G 4105	SCM	0.13~0.48	0.3~1		0.9~1.2	0.15~0.45		
高碳铬轴承钢	G 4805	SUJ	0.95~1.1	<1.15		0.9~1.6	<0.25		
高速工具钢	G 4403	SKH	0.73~1.6	<0.4		3.5~4.5	3.2~10	1.2~19	0.8~5.2
合金工具钢	G 4404	SKS	0.35~1.5	<0.8		0.2~1.5		0.1~4	0.1~0.3
奥氏体系不锈钢	G 4303	SUS	<0.15	<10	3.5~28	16~26	<7		
马氏体系不锈钢	G 4303	SUS	<1.2	<1.25	<2.5	11.5~18	<0.75		

注:含 Co 4.2%~11%。

2.2.3 铸 铁

铸铁是碳含量为 2.14%~6.67%,硅含量为 1%~2% 的铁碳合金。

如图 2.3 所示,相对纯铁熔点的 1 534℃,共晶点的 1 147℃ 要比其低近 400℃,此熔化温度最低处附近的碳浓度为 2.5%~4.5%,这些即被作为铸铁使用。

表 2.4 典型热处理例

热处理	温度	冷却	目的
退火(annealing)	A3+(30~50)	随炉冷却	调整结晶组织消除内应力
正火(normalizing)	A3+(30~50)	置于大气中冷却	去除上道工序的影响调整晶粒
淬火(quenching)	A3+(30~50)	急冷	硬化 改善机械性能
回火(tempering)	<650	渐冷	增加韧性 调质

注:参见图 2.3。

铸铁中的碳是不稳定的,常以碳化物和石墨的状态(见图 2.5)存在。与钢不同,铸铁非常耐压,而且由于石墨的润滑作用,耐磨性能、切削性能及吸振性能都非常优良。石墨的含量越少,其拉伸强度、弯曲强度及疲劳强度等越强。

 片状石墨  块状石墨 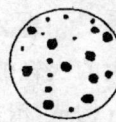 球状石墨

图 2.5 铸铁中石墨的形状

表 2.5 给出了灰铸铁的机械性能,表 2.6 示出的是球墨铸铁及可锻铸铁的部分机械性能。

表 2.5 灰铸铁的机械性能

代号	拉伸强度/MPa	抗弯试验 最大负荷/kN	抗弯试验 挠度/mm	布氏硬度/HB
FC 100	100	7	>3.5	<201
FC 150	150	8	>4.0	<212
FC 200	200	9	>4.5	<223
FC 250	250	10	>5.0	<241
FC 300	300	11	>5.5	<262
FC 350	350	12	>5.5	<277

表 2.6 球墨铸铁及可锻铸铁的机械性能

种类	代号	拉伸强度/MPa	耐力/MPa	相对伸长/%	布氏硬度/HB
1 种	FCD 400	>400	>250	>12	<201
3 种	FCD 500	>500	>320	>7	170~241
5 种	FCD 600	>600	>420	>2	229~302
2 种	FCMB 310	>310	>185	>8	
4 种	FCMB 360	>360	>215	>14	

续表 2.6

种类	代号	拉伸强度/MPa	耐力/MPa	相对伸长/%	布氏硬度/HB
2 种	FCMP 490	>490	>305	>4	
4 种	FCMP 590	>590	>390	>3	
3 种	FCMWP 440	>440	>265	>6	
5 种	FCMWP 540	>540	>345	>3	

2.2.4 有色金属材料

1. 铝

如表 2.1 所示,铝的密度为 2 700kg/m^3,是只比镁的 1 740kg/m^3 稍大的次轻的金属。而且,导电导热性能优良,其机械性能,由于为面心立方构造,滑移面多而易于变形。铝的表面容易产生氧化膜,因而非常耐腐蚀,其低温下的机械性能也很好。

铝以铝合金的形式,在工业界获得了仅次于钢铁的广泛应用。表 2.7 示出了铝合金的分类及用途。特别是在飞机上,机体材料的 75%~80% 都用的是铝合金。表 2.8 给出了作为飞机材料的硬铝的特性。表中的合金成分是当初开发时确定的,现在,以此为基础,已经有多种合金得到研究开发和实际使用。

表 2.7 铝合金的分类与用途

名称			JIS	用途	
加工用合金	非热处理型合金	纯 Al	A 1000	电信材料	电解电容器
		Al-Mn	A 3000	热交换器零件	
		Al-Si	A 4000	齿轮箱	汽缸头
		Al-Mg	A 5000	一般机械零件	通信设备·光学仪器
	热处理型合金	Al-Cu	A 2000	飞机用材料	主轴、螺栓
		Al-Si-Mg	A 6000	热交换器零件	汽车零件
		Al-Zn	A 7000	一般机械零件	飞机零件
铸造用合金	非热处理型合金	Al-Si	AC3A	盒类	盖类
		Al-Mg	AC7A	飞机、船舶用零件	光学机械框架
	热处理型合金	Al-Cu	AC1A	汽缸头	泵体
		Al-Si-Mg	AC8A	汽缸头	活塞

铝的用途包括飞机、铁道、汽车、船舶、建筑窗框、罐、箔及高压输电线等方面。

表 2.8 硬铝的特性

	硬铝(duralumin)	超硬铝(super duralumin)	超超硬铝(extra super duralumin)
JIS	A 2014,A 2017	A 2024	A 7075
Cu(%)	4	4.5	2
Mg(%)	0.5	1.5	1.5
Mn(%)	0.5	0.5	0.5
Zn(%)			8
Cr(%)			0.2
拉伸强度/MPa	400	500	600
特点	1906 年德国的 A. Wilm 发现了时效硬化现象	Cu 和 Mg 稍多时可提高时效硬化性	日本开发
	成形性、热加工性良好,耐蚀性差	由于含铜而耐蚀性差	机械加工性好耐蚀性差
	飞机零件、机械零件	以与纯 Al 合成板的形式使用	以合成板形式使用的飞机材料

2. 铜

铜的导电性很好,所以大部分都是用于电机、电器及电线。稍有杂质混入时,电导率会显著下降。

铜的变形能小(见图 2.1),所以机械加工容易,但冷加工会引起加工硬化。加工硬化后的铜,在 150~250℃的温度下即会软化,但要完全退火则需要 400~600℃的温度。

铜有很优良的耐蚀性,在大气中锈蚀速度很慢,并形成黑色的保护膜。在海水中、水中、土中会产生氧化物保护膜,耐蚀性也很好。典型铜合金黄铜与青铜的特性示于表 2.9 中。

表 2.9 黄铜和青铜的特性

黄铜(brass)		青铜(bronze)铸品
七三黄铜(Cu70%,Zn30%,仅 α 相)	六四黄铜(Cu60%,Zn40%,$\alpha+\beta'$ 相)	Cu-Sn 系合金(Sn10%以下)
冷加工容易 不可热加工 能深拉加工	热、冷加工均可 强度高而且便宜 铸造、锻造均可	铸造性能良好 耐海水腐蚀性优良
用于暖气装置、深拉制品、电器零件、法兰盘、机械零件		阀门、龙头、机械零件

3. 钛

如表 2.1 所示,钛的密度为 4 500kg/m³,约为铝的 1.7 倍,但其纵弹性模量为116GPa,约为铝的1.7倍,熔点比铁还高,轻而且强度高,所以多用于飞机上。

钛的特点是非常耐腐蚀,对海水则显示出完全的耐蚀性,所以被用于各种海洋设施、海水淡化装置及发电用凝水管等。而且,钛为非磁性材料,即使在超低温下韧性也不降低,所以也被用于超低温用机器(如超导发电机、磁悬浮列车)上。

表2.10示出了钛合金的机械性能与用途。Ti-6Al-4V合金约占钛合金总量的大约70%,通过热处理及改变加工热处理条件,可得到更为广泛的特性,其适用范围很大。

表2.10 钛合金的机械性能与用途

合金型	组成	拉伸强度/MPa	伸长率/%	用途
	Ti	300～600	15～30	食品工业,海水淡化装置 各种热交换器 (反应塔,蒸馏塔,阀,泵)
α	6Al,4Zr,2Sn,2Mo	>900	>10	飞机零件(叶片,箱盒) 汽车发动机零件
α+β	6Al-4V	>900	>10	飞机零件、汽车发动机零件、各种结构设施
α+β	6Al,4Zr,2Sn,6Mo	>1200	>10	汽车零件
β	3Al,5Zr,15Mo	>1250	>5	医疗用(人工骨,牙科用)

=== 小常识 ===

金属间化合物

金属间化合物是指成分元素A与B化学结合成形如A_mB_n之类的物质,除金属之间的化合物外,还包括金属与非金属形成的化合物。金属间化合物通过化学结合,能发挥出与成分元素完全不同的特性,所以,作为耐热结构材料、超导材料、磁性材料、储氢材料、超硬材料、耐磨材料、半导体材料等未来材料,人们正期待着其广阔的用途。其中,Ni_3Al及TiAl等具有强度随温度上升而增强的特性,已被用作耐热材料。

2.3 非金属材料

非金属材料分为有机材料和无机材料。有机材料有天然的纤维和橡胶、人工合成的塑料及合成纤维等。无机材料中,陶瓷就是其典型代表。

2.3.1 塑料

塑料即合成树脂(synthetic resin),也称为可塑性物质(plastic substance)。它具有以碳为骨架,其上键联 H、O、N、Cl 等的化学结构。

塑料分通用塑料和工程塑料两类。如表 2.11 所示,按其特性,塑料也可分为热硬化性树脂和热可塑性树脂。

表 2.11 热硬化性树脂与热可塑性树脂的性质和种类

	热硬化性树脂(thermosetting resin)	热可塑性树脂(thermoplastic resin)
性质	加热反应后会硬化 再度加热也不软化 硬化后呈网状构造,为非结晶质 不发生可逆的软化硬化 不能再生利用	加热即软,再热会熔化 冷却后会硬化 温度上升后显示出流动性 可挤出成形和注射成形 能再生利用
种类	酚醛树脂、环氧树脂、蜜胺树脂、聚烃硅氧类、聚氨酯	聚乙烯、尼龙、乙烯树脂、聚酯、氟树脂

工程塑料的机械性能示于表 2.12。工程塑料已得到广泛应用,其主要用途为航空、宇航器材、OA 机器、机械零件(齿轮、螺纹)、汽车、精密机械零件、各种电气插接件、开关及接线座等。具有质量轻、摩擦及相互滑动性能优良,噪声小,不生锈等特性,使得其在 OA 机器等领域获得了大量的应用。

表 2.12 工程塑料的机械性能

	代号	单位	尼龙 6 PA6	聚碳酸酯 PC	聚醛树脂 POM	提特纶 PETP	聚丁烯对酞酸盐 PBTP
拉伸强度	σ_t	MPa	71	64	67	72	55
压缩强度	σ_c	MPa	89	74	110	100	83
弯曲强度	σ_b	MPa	57	88	89	115	85
纵弹性模量	E	GPa	2.75	2.45	2.84	2.06	2.16

续表 2.12

	代号	单位	尼龙 6 PA6	聚碳酸酯 PC	聚醛树脂 POM	提特纶 PETP	聚丁烯对酞酸盐 PBTP
横弹性模量	G	GPa	2.26	2.45	2.55	2.75	2.35
冲击强度	I_s	J/m	98	637	85	43	39
伸长率	ε	%	200	130	70	200	250
比热容	c_p	kJ/(kg·K)	1.67	0.96	1.46	1.17	2.3
热导率	λ	W/(m·K)	2.4	1.9	2.3	1.5	2.1
热胀系数	β	10^{-6}/℃	8.3	6.6	8.35	6	8.8

2.3.2 陶 瓷

以陶瓷器为代表,它是自古以来人类就广泛利用的最古老的材料之一。陶瓷是将细微的原料粉末经成形、焙烧、加工等工序制作而制成的无机质材料。由于是无机质,因而耐热性优良,属于非金属而耐蚀性优良。具有硬度超过金属和塑料等特点。典型陶瓷的机械性能示于表 2.13。

表 2.13 典型陶瓷的机械性能

名称	密度 ρ/(kg/m³)	纵弹性模量 E/GPa	破坏韧性值 K_I/MPa·m$^{1/2}$	热胀率 β/10^{-6}/℃	比热容 c_p/(J/(mol·K))	热导率 λ/(W/(m·K))
Al_2O_3	3 900	400	4~4.5	8.6	79	36
MgO	3 510	310			37	48
ZrO_2	6 050	205	9	9.2	56	29
SiC	3 200	400	3.5~6	4.8	63	63
Si_3N_4	3 100	320	5~6	2.6	67	21
B_4C	2 510	450	2.5	4.5		25

近年来,对具有高功能材料的要求逐渐增多,现在已经制作出了不少的新型陶瓷。它们是使用精选的高纯度原料,按新的控制方法控制矿物成分与结构组织,从而发现出新型功能的功能材料。新型陶瓷分为氧化物、硼化物、氮化物、碳化物等几类,其用途示于表 2.14。

表 2.14 新型陶瓷的用途

耐热性、高温强度	耐锈蚀性、耐药品腐蚀性	耐磨性	高弹性、低膨胀性
坩埚、传热管、燃气轮机零件、加热炉用滚子、轨条	牙根、人工骨、机械密封、阀、化学装置的反应管、成形用喷嘴	轴承、工具、铸模、喷嘴、机械密封	精密机床、各种量规

1. 氧化铝陶瓷

氧化铝陶瓷(Al_2O_3)是典型的氧化物陶瓷,其机械强度、耐热性、电气绝缘性及化学稳定性等都很优良,而且生物适应性也很好,是一种优良的材料。

2. 氧化锆高韧性陶瓷

氧化锆(ZrO_2)作为耐热材料具有优良的特性。但在1 000℃温度附近会从单斜晶变为正方晶状态,所以有体积变化较大的缺点。为了对其进行改善,将 MgO 和 Y_2O_3 等固溶其中,通过热处理使其变为马氏体态,实现其高韧性化。其用途主要是各种刀具、铸模和辊子等冶炼工具、轴承与泵零件等机械零件、人造牙根及人造骨等生物材料等。

3. 氮化硅陶瓷

氮化硅(Si_3N_4)的特点是热膨胀率小、耐酸、碱腐蚀性好,但会在1 900℃左右的氮气流中分解。由 Si-Al-O-N 构成的化合物称为塞龙(sialon),能与其他多种元素形成固溶体,具有多种化合物。

===== 小常识 =====

可切削的陶瓷

传统的陶瓷是典型的不能机械加工的材料。而可切削陶瓷,无论切削加工、磨削加工、切螺纹均可,而且是机械加工后能立刻直接使用的优良材料。具备这种可切削陶瓷特点的材料如能大量开发,将有可能大量应用于使用温度高的机器上。

2.4 功能性材料

随着金属制品的高精度化及多样化,具有特殊功能的材料的使用范围越来越广。本节讲述烧结合金和形态记忆合金。

2.4.1 烧结合金

烧结合金是针对熔点高、熔化及铸造都很困难的金属及多孔质材料、金属与非金属的复合材料等所提出的材料。

烧结得到的金属制品,是经过原料粉末的制造与混合、加压成形、烧结等工序,制作出的无需后续加工的最终制品。金属粉末及合金粉末,主要靠液体或压缩空气用喷雾的粉碎法制得。

1. 含油合金

最为普及的合金有 Fe-C($0.2\%\sim0.8\%$)系,Fe-Cu($<3\%$)系,Fe-C($<0.8\%$)-Cu($<5\%$)系,Fe-Cu($<5\%$)-Pb($3\%\sim10\%$)系,Cu-Sn($8\%\sim11\%$)-C($<20\%$)系等。

利用多孔质的烧结含油合金,分为轴衬类及齿轮类。含油轴承具有自己给油的特点,所以常用于给油困难及怕污染的场所。

也用于轴承的转动摩擦声会带来有害影响的音响设备、办公机械、家用电器及汽车等。

2. 超硬合金

超硬合金中,WC-Co 系合金的机械性能最为优良,加热至 $1000℃$ 的高温,硬度的降低也很小,而且有很强的韧性。它主要用于切削刀具、铸模及辊子等耐磨工具、矿山与土建用工具的刀头等。

3. 摩擦材料

为石墨及硬磨料(SiC、SiO_2)等相配得到的独特的烧结合金。分为 Cu-Pb-Sn-C 系和 Fe-C 系,用于使用条件过分苛刻的高载荷的场合。磨料应能在磨去一定对方材料后再生出摩擦面,以起到保持一定的摩擦系数的作用。它主要用作各种车辆的刹车及离合器的摩擦衬材、新干线等车辆的电弓上的电刷板等。

4. 陶瓷合金

陶瓷合金(cermet)指的是金属与陶瓷组合成的复合材料,有 TiC 基、Cr_3C_2 基、Al_2O_3 基等之分,主要用作高速切削刀具。

2.4.2 形状记忆合金

所谓形状记忆(shape memory),如图 2.6 所示,是指材料即使发生塑料变形,如果将其加热至某一温度以上还会回复到原来形状的性质。形状记忆效应常见于晶格规则、高温相时呈体心立方晶格、能进行热弹性型马氏体状态变化的材料。所谓热弹性型马氏体状态变化如图 2.7 所示,是指 Au-Cd 合金冷却时的马氏体状态变化开始温度(M_s)和加热时的马氏体状态逆变开始温度(A_s)之间的温度滞后,小至16℃的情况。而一般

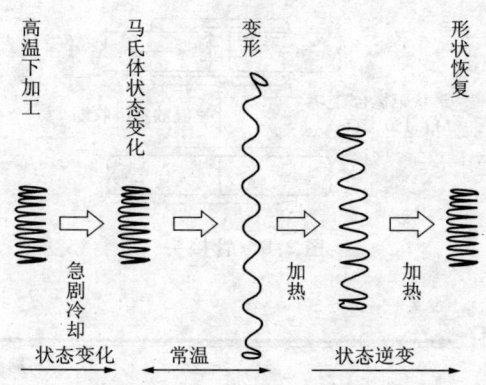

图 2.6 形状记忆效应

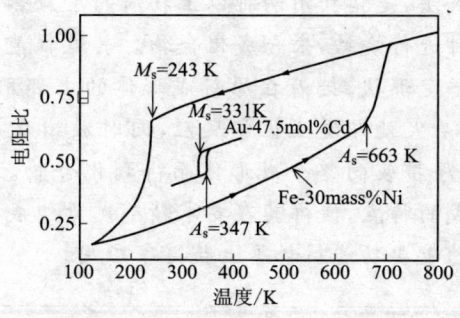

图 2.7 热弹性型马氏体状态变化

情况下,像图中的 Fe-Ni 合金那样,M_s 点和 A_s 点的温度滞后则会大到 420℃ 的程度。

表现出形状记忆现象的合金,有 Ti-Ni 系、Cu 系、Fe 系合金等。含 Ni49～56mol% 和 Ti-Ni 合金,是实用上最有进展的材料。

形状记忆合金主要用作弹簧、机器人的手、温室开关装置、水栓、热引擎、管接头、牙齿矫正、人造股关节、加热器阀门等。作为应用实例,图 2.8 示出了飞机上用的管接头。接头的材料使用 M_s 点远低于室温的合金,内径作得在使用温度时比管子的外径稍小一点。在用液态氮产生的低温状态下装配,这样一来,一放置到室温下即会因形状记忆效应而收缩,成为又坚固又轻的接头。

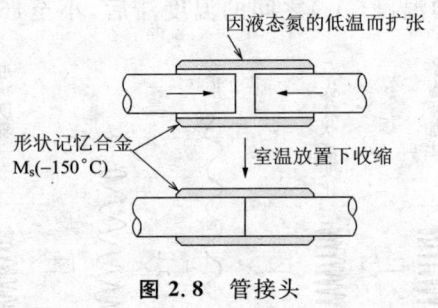

图 2.8 管接头

=== 小常识 ===

燃烧合成法

所谓燃烧合成法,是指利用两种以上物质的反应热,在仅几秒钟的短时间内反应的同时进行烧结,来合成化合物。其过程是,先将原料的混合粉末冷压成形为一定形状,接着在原料成形体的上部用电热丝或放电等方法点火。之后,着火处即发生化学反应,同时放出反应热,此反应热将周围加热,反应顺序扩展向整个成形体而得到化合物。短时间内反应与烧结能够同时完成的特点,使得其在要求精确元素组成比的材料上,以及不希望元素扩散的重要功能材料等上获得了应用。

2.5 复合材料

复合材料是为了得到单一材料不能得到的特性,而将多种材料进行组合研究开发出的材料。

2.5.1 纤维强化塑料

纤维强化塑料(FRP:Fiber Reinforced Plastics)是典型的复合材料,是以塑料为基材的纤维强化材料,是为了获得纤维所具有的优良材料特性而研究开发的。表 2.15 示出了典型的强化纤维的机械性能。

表 2.15 典型强化纤维的机械性能

强化纤维	密度 $\rho/(kg/m^3)$	拉伸强度 σ/GPa	纵弹性模量 E/GPa
通用强化玻璃纤维(E)	2 540	2.55	75
高强度玻璃纤维(S)	2 480	3.45	88
PAN 系高强度碳纤维(HT)	1 700	3.5	335
PAN 系高弹性碳纤维(HM)	1 800	2.45	390
氧化铝长纤维	3 150	2.5	170
CVD 系硼	2 460	3.4	390
钢系纤维	7 870	4.1	200

纤维强化塑料的优点是轻、比强度及比弹性模量大、耐蚀性与耐药性优良、成形性好等。

它的使用范围很广,大多用作汽车、铁道车辆、飞机,小型船舶、办公机器等的轻型结构材料。另外,宇航机械零件、工业机械零件等之类的精密零件上也有使用。

2.5.2 金属基复合材料

金属基复合材料(FRM:Fiber Reinforced Metals)是以镁、铝、钛等轻金属为基材,复合入碳、硼、碳化硅、氧化铝、金属晶须等强化纤维后形成的。特别以高温下使用为目的。它主要用于火箭零件、飞机涡轮叶片、汽车发动机、机器操纵杆等类的精密零件上。

第3章

材料的加工

上一章已经讲过机械材料的制造方法及其性质。给予这些材料一定的形状,即能制成具有特定功能的"制品"。此给予形状的过程即是加工,按照材料的种类、制品形状、制品精度以及生产量的大小,有各种各样的加工方法可供选择。

按照上述观点,本章来讲述材料的造型加工、材料的成形加工、去除材料的加工、连接及切断方法、连接法及黏结、材料性能的改善、塑料的加工等内容。

3.1 材料的造型加工

以材料为素材生成形状的典型手法是铸造和锻造。相应于制品形状、精度及生产数量,有多种具体的方法。这些方法基本上都需要机械加工等后续工序,但最近正在朝着尽量减少后续工序的精密成形(near net shape)的方向发展。

3.1.1 铸造的原理与种类

所谓铸造,是指将熔化为液体状的金属(如铁水),浇注到预先按制品形状制作的称之为铸型的模型中,让其冷却凝固而生成形状的手法。作为其优点,可举出的有:能生成形状复杂的制品;能大量廉价地制造同一形状制品;能铸造成形的金属材料种类丰富;铸铁具有优良的减振性能、切削性能及耐磨性能等。

相反,它也有:尺寸精度、组织均匀性、致密程度较差;拉伸强度及延展性大都较低等缺点。但由于各种精密铸造方法的发展及铸造用材料的质量改进,这种欠缺状况正逐步得到改善。现用的铸造方法可概述如下:

(1) 砂型铸造。是指用砂子作铸型的铸造。铸型要有形状保持功能和透气性能,典型的铸造用砂由粒状的石英砂和黏结剂组成。

(2) 精密铸造法。原理上仍属于砂型铸造,但主要是以薄壁化、高精度化、铸件表面清洁为目的,所以多用这一名称。下面所述方法中要使用酚醛树脂、有机性树脂(自硬性铸型)等作为黏结剂。除典型的壳型铸造法外,还有熔模铸造法(失蜡铸造法)、实型铸造法及负压铸造法等。

(3) 金属模铸造。铸型是能重复使用的金属模型,使用这种模型的铸造方法即是金属模铸造。由于模型必须比铸造金属的熔点高,所以高熔点金属的铸造用此方法比较困难。压铸法一般是指高压铸造法(热室与冷室方式)。其他的金属模铸造方法还有靠重力浇注的重力金属模铸造法、施加比大气压稍高压力的低压铸造法以及以圆筒状制品为主要对象的离心铸造法。

(4) 连续铸造法。由熔化状态的钢连续制造钢坯的方法即为此法,它是将铸造与轧制组合在一起,称得上是节能效果显著的革新技术。

(5) 摇熔铸造法。镁合金固-液相共存的温度范围很宽,此半熔化状态称为摇熔状态。本法即是在此状态的温度区内进行喷射成形。该方法类似于树脂的喷射成形,可进行薄壁制品的成形,是用于手机及小型收录机等的外壳制造的新技术。

3.1.2 砂型铸造法

将几乎不含黏土的天然石英砂或人造石英砂等捣实制作铸型,再将铁水浇入此铸型进行制品制作的方法。砂型铸造工艺由铸型制作、铸造金属熔化、浇注、完工清理等工序组成,其中铸型制作是最为费工的复杂工作。下面概要说明本方法的原理。

(1) 模型。作为能重复使用的"模型",木模的使用最为广泛。考虑到铸件冷却凝固时的尺寸收缩,木模要稍作大一些。另外,为了拔模时不致损伤砂型,还要设置拔模斜度。模型作成上、下型可分的结构,用"合型销、孔"定位合型。

(2) 铸型(砂型)。如图3.1所示,将模型的下型置于下型木框内,填满型砂并捣实,然后翻过来在上面放上上型木框。再将上型模型置于下

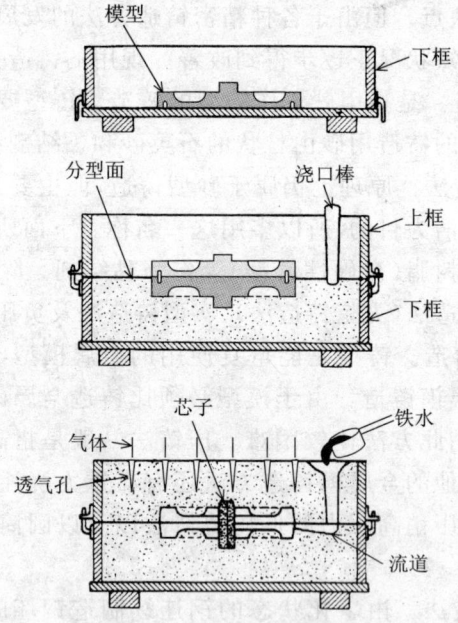

图 3.1 砂型铸造的砂型制作工艺(B. H. Amstead,1986[1])

型模型上,并设置好浇口棒。为使上、下型容易分离,要撒上分型砂,用和下型相同的手法给上型中填砂捣实,然后开上透气孔,拔掉浇口棒。分离上、下型,小心拔出木模不要碰坏砂型。制品中有中空部分时,放入准备好的芯子,铸型制作即告完成。上、下合型按框上设置的合型销及印记进行。

(3) 浇注。将压重块放在铸型上防止铸型上浮,然后浇注。待冷却后,捣坏砂型取出铸件,去除不要的浇冒口部分后,进行必要的后续加工。

上述的铸型制作需要时间和一定的熟练技术,而大量生产中常使用"造型机"。另外,原样使用上述铸型时,这种"潮型"中的水分将是铸件中产生气泡等缺陷的原因,这种情况下应使用"干燥型"及"气体铸型"。

砂型铸造法对铸件尺寸及可适用的金属无太大的限制,而且比较廉价,一直得到广泛的应用。图 3.2 为芯子的使用。

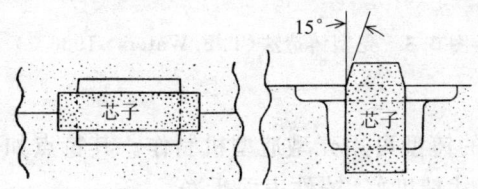

图 3.2　芯子的使用

3.1.3　壳型铸造法

图 3.3 示出了其工艺过程。如其中的图 3.3(a)所示,在称为翻箱的箱子中,预备好石英砂中混合有 5% 左右酚醛树脂(热硬化性树脂)的树脂砂。模型为金属型,将其加热至 200~300℃。如图 3.3(b)所示,将翻箱翻转后,树脂砂附着到金属模型的表面上,经数秒钟保持后,金属模型的热即会将树脂砂中的酚醛树脂软化,而将这一层砂粒黏结在一起。再将翻箱翻起来,这时只有软化后的这层树脂砂附着在金属模型上,其余均落入箱底。之后,加热操作(称为硬化)至 250℃左右,使附着层硬化(图中有所省略)。再将附着层从金属模型上剥离下来,称为壳型的薄贝壳状的铸型即告完成。用同样的手法制作与其相合的另一半铸型。最后,如图 3.3(c)所示,用砂子等将壳型加强固定完成铸型,进行浇注。

芯子是将树脂砂倒入金属制的制芯模中,用与以上大体相同的工艺

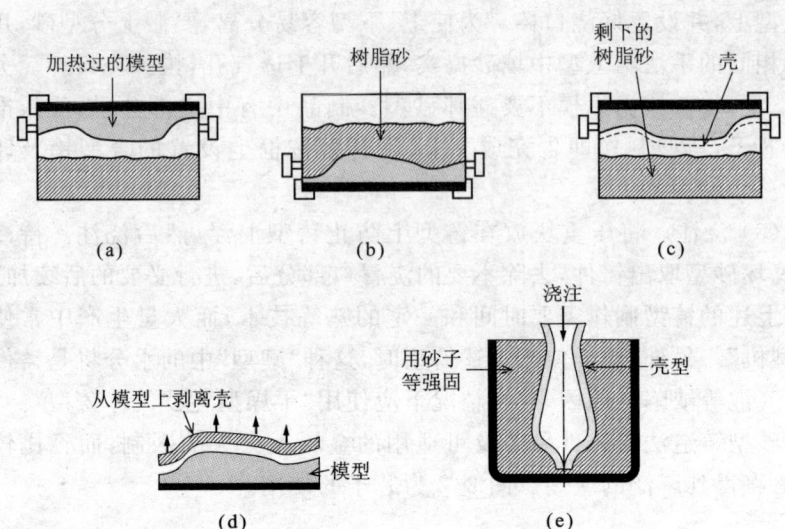

图 3.3　壳型铸造法(T. F. Waters, 1986[2])

进行制作。

壳型铸造法的铸型可用壳型造型机制作。其特点如下：

① 铸件的尺寸精度好，铸件表面干净。
② 同一形状铸型的制作容易。
③ 铸型薄、透气性好，不易发生排气引起的不良影响。
④ 铸型(壳型)制作容易，而且强度高，可长期保存。
⑤ 铸造后砂子易捣碎清理。

但是有以下缺点：

① 用作树脂砂的酚醛树脂价钱高。
② 铸件的尺寸受到限制。

充分利用这些特点即可制造冲压机零件、发动机零件及多路管接头等。

3.1.4　熔模铸造法(失蜡铸造法)

如图 3.4 所示，它是用蜡(添加有巴西棕榈蜡、松香等的石蜡)来制作模型，为了多个同时制作而将其安装成树状。将其浸入耐火性液状黏结剂(硅酸乙酯)与耐火性粉末(锆石、熔融石英、熔融氧化铝等)混合成的泥

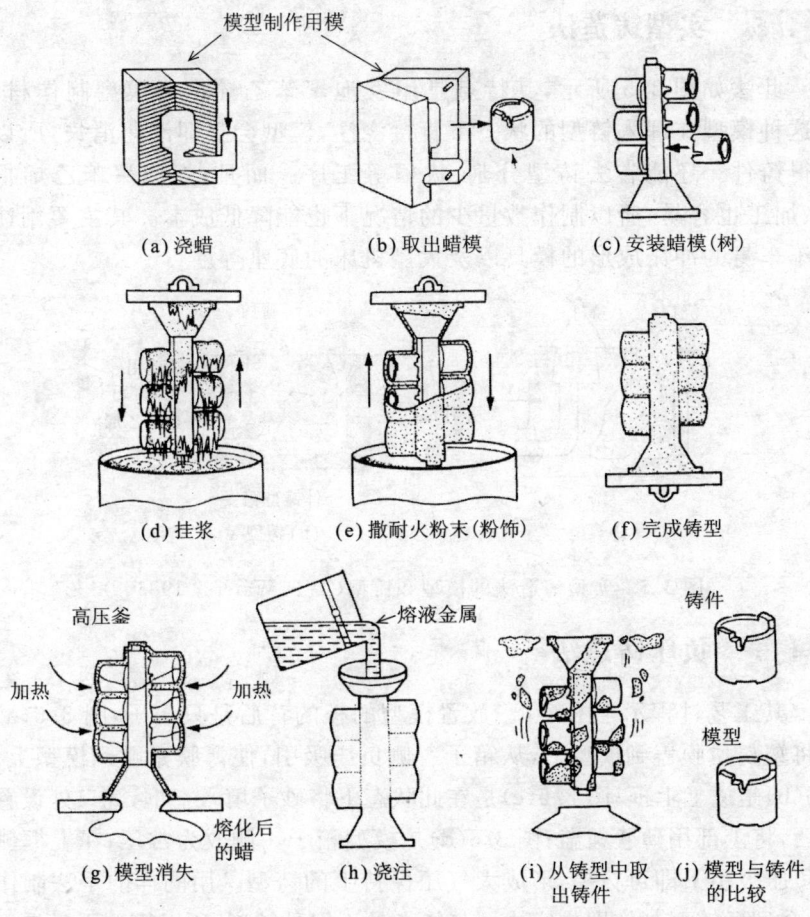

图 3.4 熔模铸造法(失蜡铸造法)的工艺过程(S. Kalpakjian et al, 2001[3])

浆中进行涂料,拉上来后,撒上耐火粉末(粉饰),并去除前道工序多余的水分。加热至 150℃ 左右脱蜡后,在 800~1100℃ 下烧成。从精度等方面考虑,浇注宜在铸型从烧成炉取出后立即进行。

此法得到的铸件比一般砂型铸件的尺寸精度高,铸件表面也光滑。能铸造形状复杂的铸件,适用金属的种类也多。相反,铸件的尺寸有一定限制,且制作工艺繁杂。用此法制作的零件有复杂的燃气轮机及喷气式发动机的叶片、泵用叶轮及阀门等。

3.1.5 实型铸造法

此法如图 3.5 所示,其特点是用发泡聚苯乙烯作为模型制作材料。将这种模型在埋入铸型的状态下直接浇注,模型会立即汽化消失,所以可制得铸件。还能省去铸型分割、拔模等工序。而且,发泡聚苯乙烯很便宜、加工也容易,所以制作数量少的情况下也能降低成本。其主要用途为汽车车身的冲压成形的模具以及大型机床的底座等。

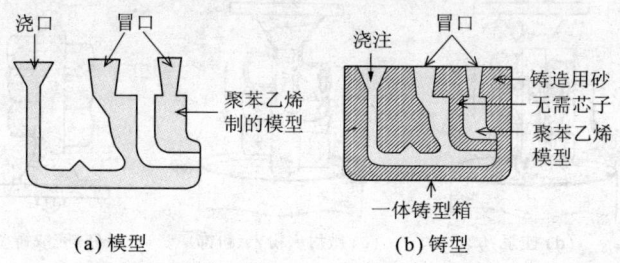

图 3.5 实型铸造法的模型和铸型(T. F. Waters, 1986[4])

3.1.6 负压铸造法

其工艺过程示于图 3.6。放置模型的板的背后是只箱子,图 3.6(a)中是将塑料薄膜盖到模型上,从箱子一侧负压吸引,使薄膜紧贴到模型上;图 3.6(b)是放上上框;图 3.6(c)是在此状态下将砂子填入上框,浇口处设置凹坑后,将上部用薄膜覆盖;图 3.6(d)是模型箱子一侧改为常压,在上框侧保持负压吸引下即可拔模,形成大气压保持下的铸型。用同样的手法制作下型,合型后铸型制作即告完成。其特点是不用黏结剂,所以模型用后易于捣碎和从铸件上脱离,铸件的表面干净。但是,难以快速造型,有尖锐凸起的地方薄膜易破损。现在主要用于护栏、门等各种建材的制造。

3.1.7 压铸法

使用金属铸型,加压将熔化金属注入型内的铸造法称为压铸法。压铸用金属铸型材料为耐热钢,但其适用的极限只有 900℃ 左右,铝合金、镁合金、铜合金是其对象,其中铝合金要占全体的 80% 以上。因为此法是高压注入导热性良好的金属铸型,所以熔化金属冷却迅速,可得到薄壁化铸件。如图 3.7 所示,压铸法有两种。图 3.7(a)为热室方式:具有射出金属熔液的加压室(称为鹅颈),用加压柱塞来加压(压力为 7~25MPa)

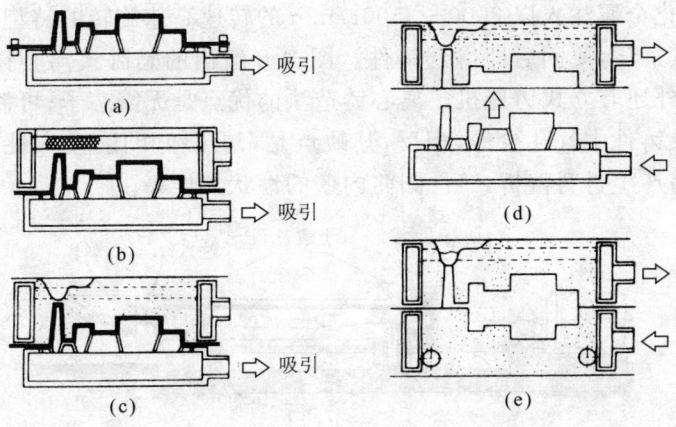

图 3.6　负压铸造法（加山延太郎，2002[5]）

金属熔液。因为用的是金属铸型，所以高熔点的金属铸造困难，主要的成形对象是镁合金、锡合金及锌合金等。图 3.7(b) 为冷室方式：将金属熔液盛放到另外的容器中，由其向注射套筒供料，用柱塞加压（压力为 30～100MPa）。由于 1 次压注的时间逐渐变长，所以近年来也有实现了熔液供给自动化的。铝合金压铸主要依靠这种方式。

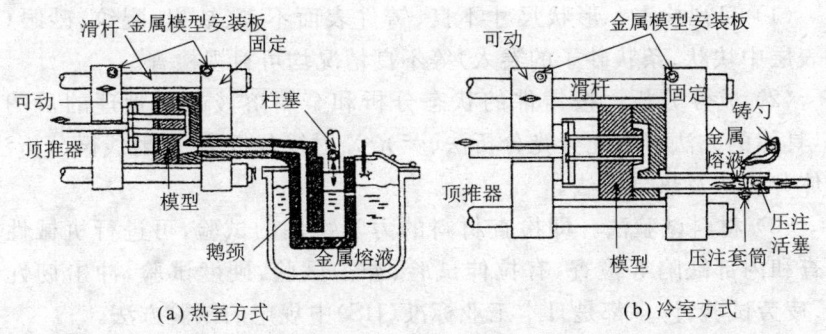

图 3.7　压铸法（取自日本镁业协会资料）

压铸铸件的精度高、铸件表面干净，只需少量后续加工即可完工。压铸已作为汽车、工业用机器、电力机械、精密机械等领域的零件制造手段获得了广泛的应用。

3.1.8　离心铸造法

此法即为制造铸铁管样的圆筒状制品的铸造法。其原理如图 3.8 所示,将熔化金属注入以 3000~3500r/min 的转速高速旋转的铸型中,靠离心力对其加压,凝固后即得到铸件。图 3.8 给出的是卧式离心铸造机的例子,此外还有立式铸造机。离心铸造法的优点是无需芯子、可制作薄壁铸件以及铸件中气孔少等,相反,其缺点是,与压铸相比,生产性能落后,离心力易产生材料偏析,铸件圆筒内壁的性状欠佳等。

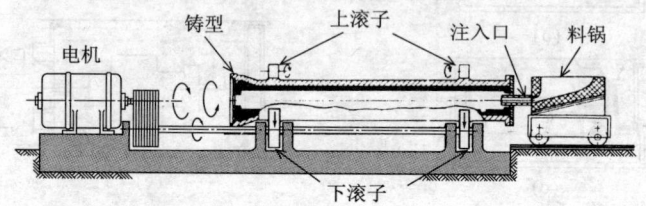

图 3.8 卧式离心铸造机(B. H. Amstead,1986[6])

3.1.9 铸件的检查与管理

铸件要经过熔化金属的凝固过程,所以会产生各种各样的缺陷。从保证铸件质量的角度考虑,检查、作业管理与相应措施都是非常必要的。

1. 检查

(1) 目视检查。形状尺寸不良、铸件表面不良、缺损、裂纹、砂眼(铸件表层中块状、条状砂子的卷入)等不良情况均可目视检查。

(2) 成分分析。按铸件的状态分析和金属溶液品质管理的目的进行,具体的方法有发光分光分析法、荧光 X 射线分析法、X 射线微分析法、气体分析法及热分析法。

(3) 材料试验法。即检查材料的力学特性的试验,可进行机械性能检查和内部缺陷等检查,有拉伸试验、冲击试验、硬度试验、冲击韧性试验、疲劳试验,许多都是日本工业标准(JIS)中规定的试验方法。

(4) 无损试验。有射线透视试验、超声波探伤试验、磁粉探伤试验、渗透探伤试验等,无需损伤制品即能检查其内部状态。

此外,作为材料组织检查,还有金相组织及截面的光学显微镜观察及电子显微镜观察。

2. 质量管理

以确保铸件的质量和从业者的安全为主要目的,需对以下主要事项进行管理:

(1) 模型管理。尽管不同铸造方法的具体细节有所不同,但是在实际操作工作中对模型的尺寸管理及构成零件的功能维护等方面,对于保持铸件精度规定一些必要的项目是很重要的。

(2) 金属溶液管理。铸造中对高温金属溶液冷却固化时发生的相变、收缩及气体排放等,有必要进行适当的控制,合金元素、夹杂物及温度左右着金属溶液的质量。近年来,使用热分析等各种分析装置的管理技术一直得到开发。

(3) 铸造用砂管理。对砂子的质量有多种试验评价方法。对于原砂,应在其特性(可压实性、抗压性、透气性等)与组成(活性黏土成分、高温损失、含碳量、水分等)方面进行质量管理。对其进行自动测量的装置也一直得到开发。

(4) 成品检查管理。以保证质量的管理为主要目的,主要有超声波检查、X射线检查及CT扫描检查等无损检查。

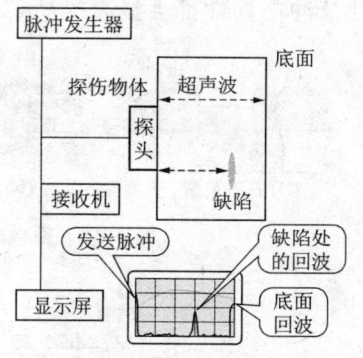

图3.9 超声波探伤原理

3. 环境措施

在铸造车间现场,针对环境问题的措施有粉尘措施、噪声措施、振动措施、恶臭及工业垃圾措施等。需要按各种有关环境的法规及有关安全卫生法规所定的条例,采取适当的措施。

3.1.10 锻造加工

锻造是与铸造相并列的制造毛坯、素材的重要加工方法,属于塑性加工的一种。基本上是用一副工具,在热的状态下将金属压变形,获得所需的形状。其技术开发正在朝尽量减少后加工的方向发展。

锻造的方法有两种:一种是使用简单形状通用工具的自由锻;另一种是使用特定形状金属模具的模锻,素材制造时则专门使用模锻。模锻如图3.10所示,大体可分为三种,即开放型模锻、半封闭型模锻及封闭型模锻。封闭型模锻的锻造载荷最大,如果未按制品体积(模型的容积)来正确地整备材料体积,则会有模型破损的危险,所以,在进一步考虑到材料的流动等得知,材料制造中应主要使用半封闭型模锻,而封闭型模锻则主要用于以冷锻方式获得高精度锻件的场合。图3.11示出了半封闭型模锻中材料的变形过程。图 3.11(a)所示为准备条钢料，图 3.11(b)、(c)为进行变形，材料充满模型型腔后，剩余的材料如图 3.11(d)所示，流往飞边道及飞边沟。飞边比型腔内的材料薄，温度会急剧下降，其结果使得变形阻力增加，造成后续变形困难。所以，应对模型内的材料施加很大的压力，使材料充满模型的各个角落。锻造成形后需将飞边切掉。锻造加工中，材料在得到锻炼、结晶组织变得健全的同时，拉伸强度、延展性、拉深性及冲击韧性都会显著提高。

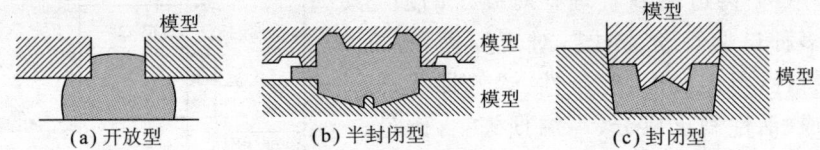

图 3.10　模锻的形式(长田修次等,1997[7])

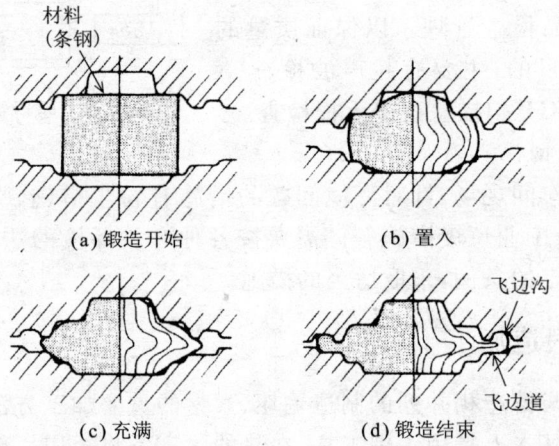

图 3.11　半封闭型锻造中材料的流动(长田修次等,1997[8])

图 3.12　汽车连杆的锻造过程(最右端为切掉的飞边)(T.F.Waters,1996[9])

3.2 材料的成形加工

3.2.1 成形加工的概况与种类

所谓成形加工,是指利用金属材料的延展性即塑性变形能力来形成一定形状的一种技术,它可以分为像板、棒、管之类的材料制造和制品制造。前者的主要加工方法有轧制加工、挤出加工、拉拔加工,后者的主要加工方法有冲剪加工、弯曲加工、拉深加工。而且,挤出加工和拉拔加工也适于部分制品的制造。表3.1为成形加工的种类及其概要。

表3.1 成形加工的种类及其概要

名称	加工方法	特点
轧制加工 (钢板轧制、型材轧制)	靠1对辊子轧压材料得到预定形状。分热轧与冷轧两种。轧制方法按制品形状分为钢板轧制和型材轧制	可制造板、棒、管、型材。生产速度极快,冷轧板的精度极高。有热轧和冷轧
挤出加工	使密闭于容器中的材料从模孔中流出得到预定形状。典型方法为前方挤出和后方挤出	加工度极大,可加工复杂形状制品。加工一般是热状态下断续加工
拉拔加工	将材料拉过模孔得到所需长线材的方法	可连续加工,但每次加工量小,难以加工复杂形状制品。一般为冷拔加工,细丝的制造几乎都是这种拉拔加工
滚压加工	将圆棒料压到表面凹凸的圆模或平模上,使模具表面的凹凸转移到棒料上	属于旋转锻造的一种,螺纹成形大多靠此滚压。生产率很高
冲剪加工	用一对冲头冲模使材料(多为板材,也有棒料和管材)剪切变形、断裂分离	突出的高精度和高生产率,适用范围遍及精密电子零件至大型制品。随冲头冲模的形状不同可制造任意形状的制品

续表 3.1

名 称	加工方法	特 点
弯曲加工	使材料弯曲变形得到预定形状的加工。有靠冲头冲模的变形和使用辊轮的弯曲,方法多种多样	可成形多种制品,高精度化时防回弹措施是关键,防止弯曲破裂也很重要
拉深加工	由平板制作无接缝中空容器的方法。冲头上的材料圆周拉深成为侧壁	突出特点是生产率高。适于微细复杂形状至汽车外板零件等多种形状的成形。用深拉工艺还可成形深圆筒

3.2.2 轧制加工

(1) 板材轧制的加工机构。如图 3.13 所示,板材的轧制加工是用 1 对辊子靠摩擦力咬住材料,压轧变形,得到所定板厚的加工方法。加工程度用$(t_0-t_1)/t_0\times 100(\%)$表示,称之为压下率。板的速度在入口一边比辊子圆周速度慢,而出口一边则变快,两者一致的点称为中立点,在此点摩擦阻力的方向逆转,且辊子的表面压力为最大。

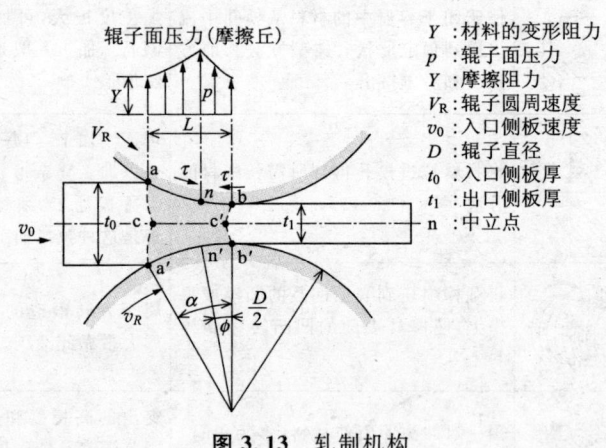

图 3.13 轧制机构

其组织如图 3.14 所示,因为压轧而沿长度方向延伸,板厚方向则呈压扁的形状。

(2) 热轧与冷轧。热轧是在材料的再结晶温度以上进行的轧制,其

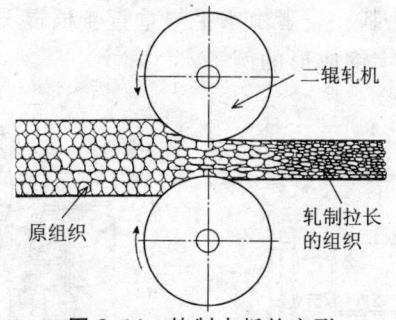

图 3.14 轧制中板的变形

压下率可以很大,但表面性状和尺寸精度较差,所以适于厚板轧制以及管材和冷轧用材的制造。相反,冷轧则尺寸精度高、平坦程度好,而且成品美观,所以主要用于汽车外板及电镀用钢板等的制造。

(3) 轧机的种类。相应于广泛形态的轧制成形,有多种在用的轧机。三辊轧机可往返轧制,四辊轧机由直径较小的工作辊和防其弯曲的直径较大的支撑辊构成。森氏极薄钢板多辊轧机用于硬质材料的薄板轧制,行星式轧机一次压下率很大。如图 3.15 所示。

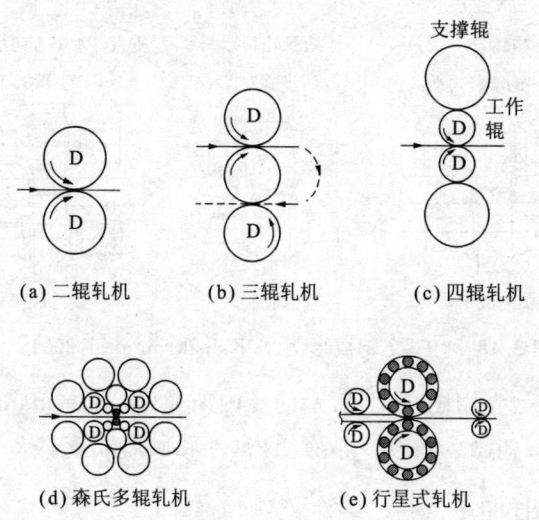

图 3.15 轧机的种类(D 表示驱动辊)

(4) 型材轧制。各种型材及棒材用图 3.16 所示的孔型轧辊及图 3.17 所示的万能轧机轧制。多是经 10 多道工序的孔型轧辊的逐次轧制,

543

再加上万能轧机的轧制。后者由水平与垂直4根辊子构成,生产率很高。图 3.18 所示为"工"字钢成形的例子。

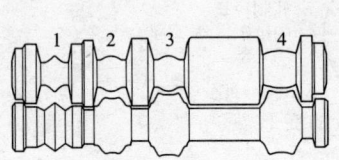

图 3.16　孔型轧辊示例

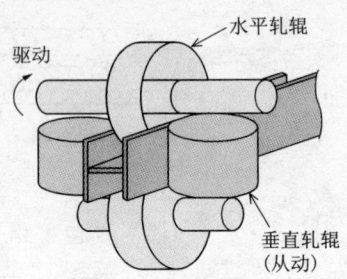

图 3.17　万能轧制

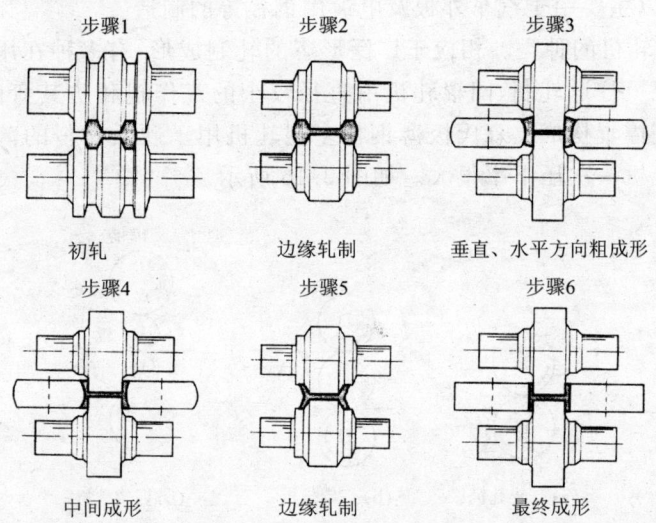

图 3.18　"工"字钢成形例(S. Kalpakjian et al,2001[10])

无缝钢管是先用图 3.19 所示的曼内斯曼(Mannesmann)穿孔轧制法制作坯管,然后如图 3.20 所示,管子内、外轧制后完成。

3.2.3　挤出加工

(1) 挤出加工。挤出加工是将钢坯材料装入容器中,然后用推杆对其加压,使其从模型的孔隙中流出而得到截面形状与模孔形状相同的制品的方法,一般为热加工。可成形像铝合金门窗那样复杂的薄壁制品。

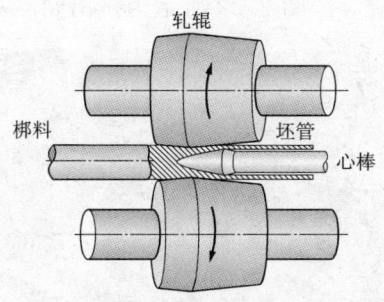

图 3.19 曼内斯曼穿孔法

图 3.20 管子的轧制(川并高雄等,1995[11])

用挤出比 $r=$(钢坯截面积/制品截面积)$\times 100$(%)表示加工程度。这种方法可以做到 $r=500$ 的铝和 $r=40$ 的钢的大变形,也可以加工脆性材料,还能使不同品种的材料同时挤出,这些都是其优点。相反,它还有由于材料要装入封闭容器而只能断续作业,以及需要刚度很高的工具及机械等缺点。

(2) 挤出加工方式。有如图 3.21 所示的主要方式。图 3.21(a)所示的推杆的前进方向和制品的流出方向相同的直接挤出方式,这种方式得到广泛应用,图 3.21(b)所示的制品的流出方向与推杆前进方向相反的间接挤出方式,这种方式受长度限制而适于小制品制作,图 3.21(c)所示的通过压力介质挤出的静态水压挤出方式,这种方式可加工硬而脆的材

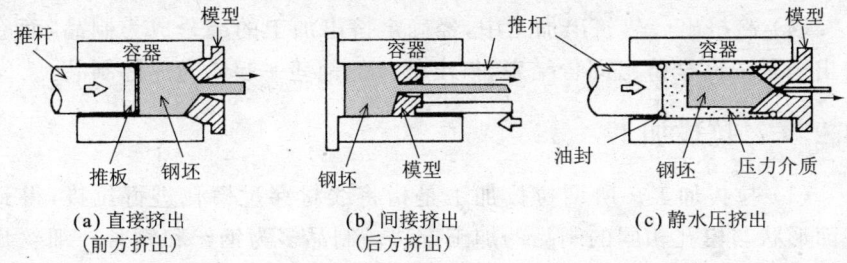

图 3.21 挤出加工的主要方式(村川正夫等,1998[12])

料,用于超导线的制造等。图 3.22 所示为挤出制品示例。

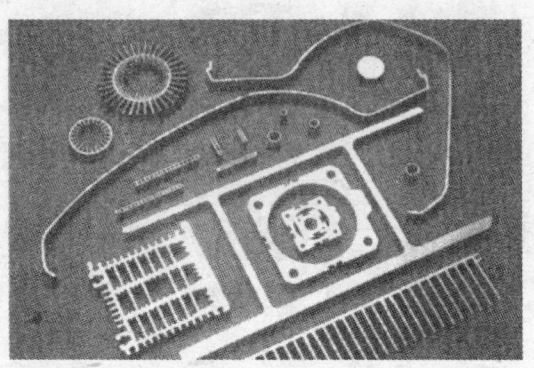

图 3.22 挤出制品示例(村川正夫等,1998[13])

(3) 加工条件。图 3.23 给出了模型形状的例子。模型半角 α(模型的倾斜角)的确定应使加工力减小,一般采用 90°或其相近值。此外,挤出温度及润滑也很重要。特别是钢及难加工材料挤出时,要使用以玻璃粉末为润滑剂的 Ugine-Sejo urnet 高速挤压法(也称玻璃润滑法)。

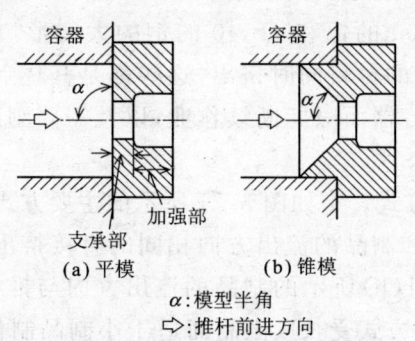

α:模型半角
⇨:推杆前进方向

图 3.23 挤出模型的形状示例

(4) 冷挤出。热挤出加工中,经确定挤出加工的部分成为制品,而冷挤出则是未完全挤出即告结束,挤出部分与钢坯一起成为一件制品。

3.2.4 拉拔加工

(1) 拉拔加工。所谓拉拔加工是指将线材穿过模孔进行拉拔,得到截面形状与模孔相同的制品的加工方法。制品多为钢丝和钢管。细丝几乎都是靠这种方法加工。加工程度用截面减小率 $r=$[(材料截面积-制品截面积)/材料截面积]×100(%)表示。

如图 3.24 所示,拉拔加工属于冷加工。它是用已经拉拔过的制品部分来传递拉拔力,所以此部分的加工硬化比较严重。可见,大变形比较困难,r 一般也就百分之几十。加工机构上,虽然复杂形状制品的成形比较困难,但是制品的尺寸精度高,制品表面光滑而且有光泽,还具有与挤出加工不同的可连续加工的特点。

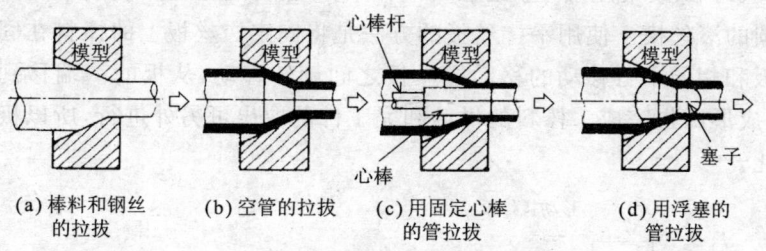

(a) 棒料和钢丝的拉拔　　(b) 空管的拉拔　　(c) 用固定心棒的管拉拔　　(d) 用浮塞的管拉拔

图 3.24　拉拔加工的方式(村川正夫等,1998[14])

(2) 拉拔加工的方式。棒料及钢丝用图 3.24(a)所示的方法。钢管用图 3.24(b)~(d)所示的方法。图 3.24(b)不用心棒,外径被缩小,壁厚变化不大。图 3.24(c)由于使用心棒,外径和内径同时得到减少,但不适于很长的材料。图 3.24(d)在力的平衡下是由停留在管内的塞子和模型来拉拔,外径和内径均可减小,而且适于长材的拉拔。

(3) 加工条件。模型及塞子的形状示例示于图 3.25 中。模型半角 $3°$~$8°$,是按拉拔力应最小来确定的。浮塞拉拔的模型角为 $10°$~$14°$,浮塞的半角约为 $2°$。如果这些条件以及截面减小率不合适,则极易产生各种缺陷。

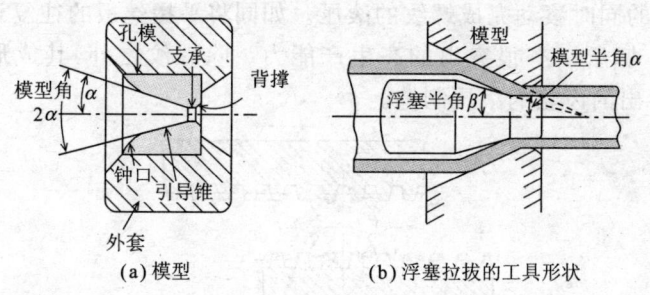

(a) 模型　　(b) 浮塞拉拔的工具形状

图 3.25　工具形状示例

3.2.5 滚压加工

(1) 滚压加工。所谓滚压加工，是指将棒料压到表面刻有确定凹凸形状的模具上，而将模具的凹凸转移到棒料上的加工。它属于逐次成形的锻造的一种，主要用于螺栓、小螺钉等的大量生产及齿轮的制造。与一般的锻造相比，具有振动和噪声小、易于自动化及生产率高等特点。

(2) 螺纹滚压加工。如图 3.26 所示，螺纹滚压加工使用平的搓丝板和圆的滚丝模。使用平搓丝板的方法是将固定搓丝板上的棒料在固定搓丝板和相向平行移动的移动搓丝板之间旋转移动，从板的一端移到另一端，成形即告完成。棒料的供给和完工件的取出可另外进行，所以极易自动化。

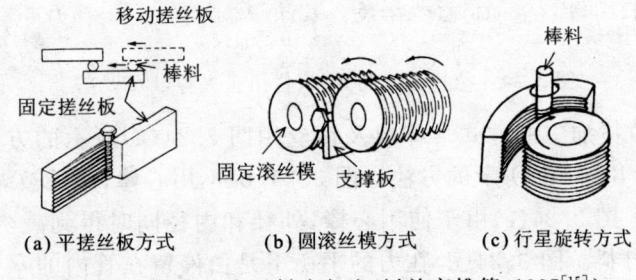

(a) 平搓丝板方式　　(b) 圆滚丝模方式　　(c) 行星旋转方式

图 3.26　螺纹的滚压制造方法（川并高雄等，1995[15]）

使用圆形滚丝模的方式是将一副滚丝模轴线平行配置，使其同向旋转，其中一只轴线固定，另一只可靠近和远离，将棒料放在支撑板上，依靠移动滚丝模的移动挤压即可成形。

旋转式滚丝模方式是棒料在固定的弓形模和旋转的圆滚丝模之间做行星运动的同时滚动完成螺纹的滚压。如同将平搓丝板的往复运动变换为旋转运动，所以有很突出的高生产能力。除螺纹之外，其成形例还有图 3.27 给出的齿轮的滚压制造。

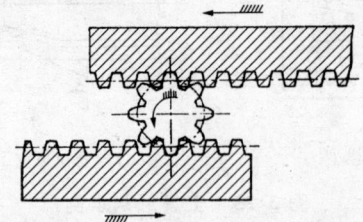

图 3.27　使用齿条型滚压工具的齿轮的制造

滚压加工如图 3.28 所示，属于材料的纤维组织未切断的成形加工，所以可制造强度、冲击强度及疲劳强度等都很优良的制品。

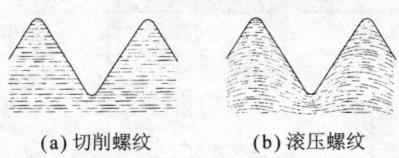

(a) 切削螺纹　　(b) 滚压螺纹

图 3.28　螺纹断面的纤维组织因加工方法而异

3.2.6　冲剪加工

（1）冲剪加工。如图 3.29 所示，所谓冲剪加工是指使用 1 副冲头冲模，使固定于冲模上的材料发生剪切变形，最终使制品从材料上断开分离的加工方法。制品的切口面如图 3.30 所示，并不全面平滑，而是由塌边、平滑面（亦称剪切面）、断裂面和毛刺（亦称"飞边"）构成，与切削面差异很大。另外，有时还会发生板面弯曲。尺寸 C 是冲头与冲模间的间隙，如表 3.2 所示，它是对切口面性状及制品精度起决定作用的重要因素。用相对于板材厚度的百分比表示，通常其值取 $2\% \sim 10\%$。

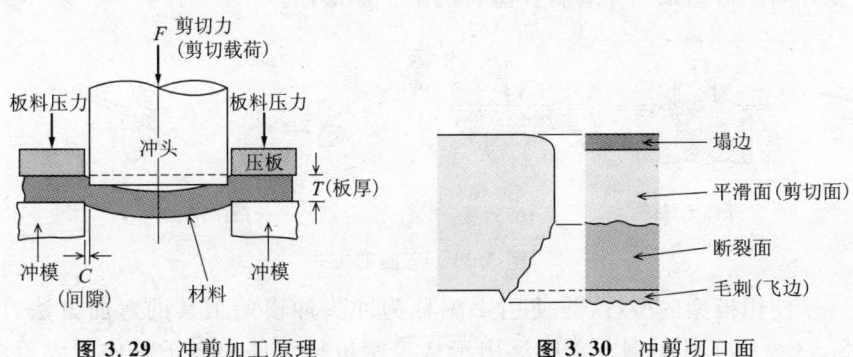

图 3.29　冲剪加工原理　　　　图 3.30　冲剪切口面

（2）冲剪制品的精度。由图 3.29 可知，冲头下制品的最大尺寸为模孔尺寸，而冲模上制品的最小尺寸为冲头的外径尺寸，但会因加工中的弯曲变形等而稍有偏离。而且，弯曲变形会随间隙的增加而增大。

（3）精密冲剪法。它是指对通常冲剪加工制品的缺陷进行抑制的冲剪法，众所周知的有防止断裂面发生的精拔法、精密冲割法、修边法、相对模剪切法，以及防止毛刺发生的上下拔取法等。

表 3.2 间隙对裂纹形成和切口面性状的影响

间隙	(a) 非常小	(b) 小	(c) 适中	(d) 大
裂纹形成	小裂纹	裂口	裂纹会合	裂纹交错
冲剪切口面	二次剪切面	二次剪切面	$\frac{1}{3}t$	塌边大

3.2.7 弯曲加工

(1) 弯曲加工。弯曲加工是指将杆、板、管材弯曲变形得到预定形状的加工方法。

如图 3.31 所示,弯曲加工的方式有型弯(也称突弯)、卷弯(也称折弯)、使用 3～4 根滚子来弯曲的滚子弯曲,以及依次通过数对成形滚在宽度方向上弯曲来制作管材及型材的滚子成形法。

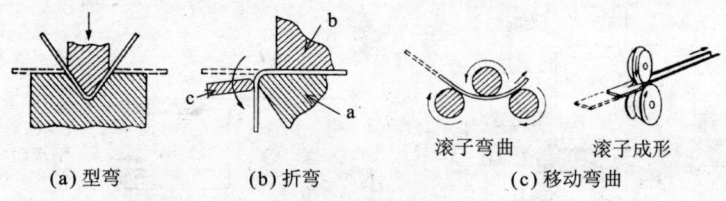

(a) 型弯　　(b) 折弯　　(c) 移动弯曲

图 3.31　弯曲的方式

使用模型的型弯,是使用 1 副称为冲头冲模的工具的弯曲方法,图 3.32 给出了其示例。它广泛用于从精密机械零件和电子零件到大型结构外板的成形。实际加工中,多与其他章节中讲述的冲剪加工、拉深加工

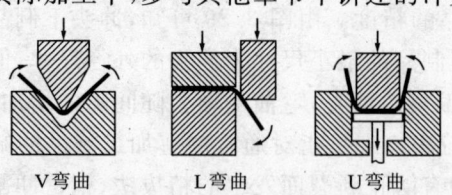

V弯曲　　L弯曲　　U弯曲

图 3.32　型弯的形式

等一起使用。

（2）弯曲的加工机理。如图 3.33 所示，板受到弯曲时，外侧会伸长，内侧则收缩。不伸缩的面称为中立面。一般将中立面与板的中心面视为大体一致，只不过弯曲进行时中立面会离开中心面向内侧偏移。表面变形增大时，会在表面上产生裂纹，一般情况下此变形即是弯曲的极限。不产生裂纹的弯曲下得到的最小半径称为最小弯曲半径，它取决于板料的厚度、材质及板的轧制方向。

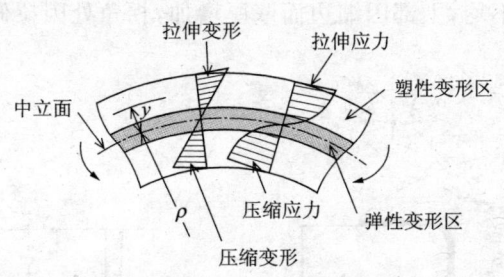

图 3.33　弯曲变形的机理

（3）回弹。弯曲加工得到的制品的形状与加工中稍有不同。这是由于材料具有恢复弹性变形的特性，称之为回弹。要求高精度时，要么按预计的回弹量进行模型设计，要么采取一些积极地减小回弹量的措施。

3.2.8　拉深加工

（1）拉深加工。所谓拉深加工，是指由板料制成圆筒及方筒等立体形状的加工方法。如图 3.34 所示，它是使用形状与制品形状大体相同又

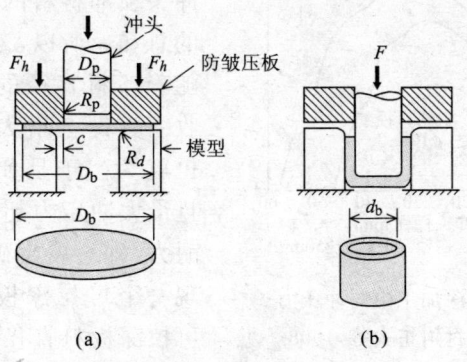

图 3.34　圆筒拉深加工

具有近似板厚程度间隙的冲头与冲模,来拉深与成形。作为制造饮料罐及各种工业用零件的方法而广泛应用。

(2)成形机理。图3.35示出了以圆筒成形为例的情况下,成形中材料各部位的应力状态。板料(坯料)的模上材料(凸缘部)将成为圆筒的侧壁,所以凸缘部呈圆周方向收缩的"缩边变形"。此变形所需的力来自通过冲头侧壁传来的冲压力。而且,为了防止凸缘部在圆周方向屈曲产生皱纹,还应使用防皱压板。由于经过这样的成形过程,制品会如图3.36所示变得壁厚不均,上部因缩边而壁厚增加,拐角处因拉伸而壁厚减薄。

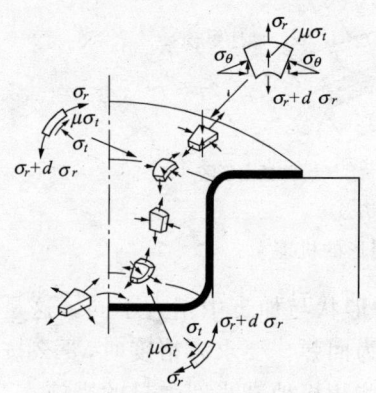

图3.35 成形中材料的应力状态

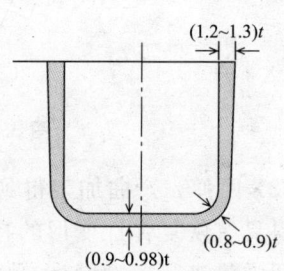

图3.36 拉深制品的壁厚不均现象

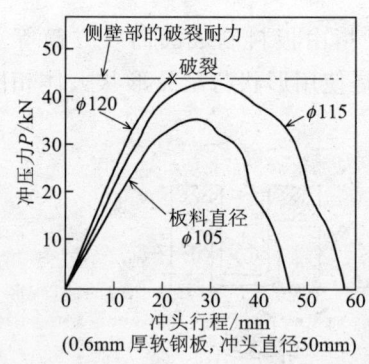

图3.37 圆筒拉深加工中的冲压力——冲头行程曲线(村川正夫等,1998[16])

(3)成形极限。拉深加工所需的冲压力为凸缘部的收缩力、冲头顶部材料的弯曲力和摩擦力的总和。所以,若冲头直径一定,随着坯料直径的增大,凸缘部的收缩力即会增大,所需的冲压力也就大。于是如图3.37所示,一旦最大冲压力超过制品侧壁部的耐力,即会发生破裂,所以就会出现一个可拉深板料直径的极限。可拉深板料直径与冲头直径之比(D_b/D_p)称为极限拉深比(LDR:Limiting Drawing Ratio),其值因条件而异,一般为1.6~2。在此以上,要制作深容器时,可使用再次重复拉深加工的"再拉深法",以及能相应减薄侧壁厚度的"深拉法"。

===== 小常识 =====

关键是"模型"

　　铸造、锻造与成形加工中,一个共同的关键词是"模型"。除特殊情况外,可以说没有模型这些成形都不可能实现。计算机、电视、电冰箱的外壳,汽车的车体,门等的板件,各种精密机械与电子设备的零件等,都是模型形状复制得来的。模型一般价钱较高,制造精密零件需要1000万日元并不稀奇。可是,如果用它可以制造1亿只制品,则每只制品的模型费则只有0.1日元。可见,大量生产同一制品时,模型是不可缺少的。日本的模型制造技术处于世界领先地位,至今已为日本的工业生产作出了极大的贡献,今后也会一如既往。近来,对模型技术的重视非常高涨,它作为知识产权之一,一直占有很高的地位。

3.3 去除材料的加工

所谓去除材料的加工,是指从材料表面上一点一点地削掉材料,或熔化烧掉一部分材料,来加工出目的形状的加工方法。本节介绍使用切削工具的切削加工、使用砂轮的磨削加工及使用电能和光能等的特种加工。

3.3.1 切削工具

1. 使用切削工具的机器

对于使用切削工具去除材料的一般加工,有普通车床、钻床和铣床。图 3.38 示出了用切削工具切削金属的一例。

(1) 普通车床。如图 3.39 所示,是将棒料固定于主轴上使其旋转,再用称为车刀的工具一点一点地对着此旋转的棒料切削其材料的机器。其加工结果是被加工的棒料变为圆柱及圆筒形。

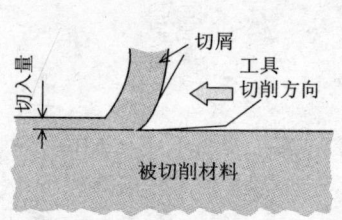
图 3.38 切削状况

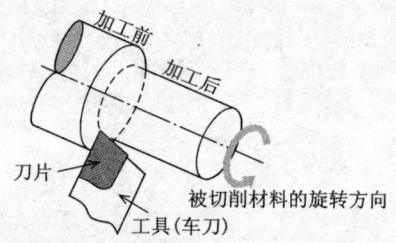
图 3.39 车床的加工原理

(2) 钻床。如图 3.40 所示,钻床是在希望加工的材料上钻孔的机器。所以,它是将材料固定到工作台上,通过钻头旋转来切削材料的加工。

(3) 铣床。如图 3.41 所示,铣床是用于材料表面及沟槽加工的机器。它是在称为铣刀及端铣刀的切削工具旋转的同时,固定于工作台上的材料前、后、左、右一点一点地移动,对材料进行切削。

2. 切削工具

上述这些切削加工中,相应于各种切削机床使用各种不同的工具。

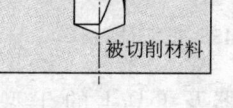

图 3.40　钻　床　　　　　图 3.41　立式铣床

（1）车床加工用切削工具。图 3.42 所示的是所用的车刀。车刀由刀头和刀杆构成，但随着加工用途的不同其形状也有许多种。而且，车刀还分为高速钢带刃车刀、完工车刀、超硬车刀及多刃车刀（见图 3.43）等。这里所谓的多刃车刀是指用完后重新安装刀片的车刀。

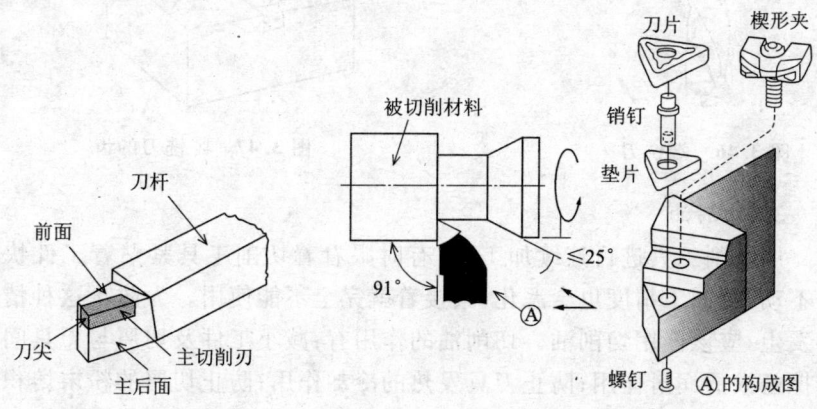

图 3.42　超硬车刀　　　　　图 3.43　多刃车刀

（2）钻床加工用切削工具。除图 3.44 所示的麻花钻头外，还有铰刀、锪孔及攻螺纹用的钻头。

（3）铣床用切削工具。它有许多种，立式铣床用的有图 3.45 所示的正面铣刀。还有端铣刀（见图 3.46）及 T 型槽铣刀。

图 3.44 麻花钻头形状

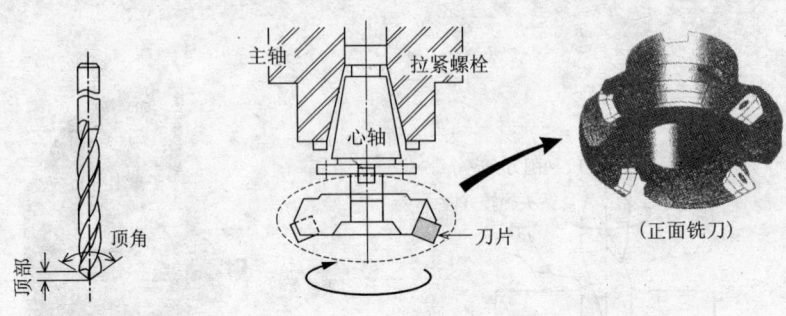

图 3.45 正面铣刀

这里所谓的 T 型槽铣刀,是用于加工机器及工具上的 T 型槽的铣刀。另外,卧式铣床用的还有平铣刀(见图 3.47)、槽铣刀及侧铣刀。

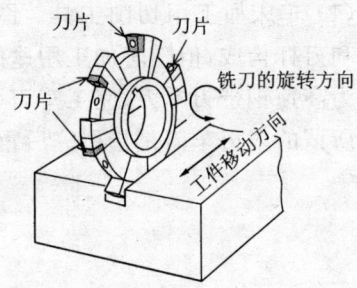

图 3.46 端铣刀   图 3.47 卧铣刀的齿

3. 切削油

用切削工具进行连续加工时,有时眼看着切削工具紧贴着工件快要切不动,其加工精度也会恶化,紧接着就完全不能使用。为防止这种情况的发生,应该使用切削油。切削油的作用有:减小工件及切屑与刀具间的摩擦磨损的润滑作用;防止刀具发热的冷却作用;防止切屑的粉末熔积在刀刃上,保持刀刃的锋利。切削油有不溶性切削油剂和水溶性切削油剂两种,在 JIS K 2241 中有规定。

3.3.2 磨削加工

1. 磨削加工

所谓磨削加工,如图 3.48 所示,它是将工件一点一点地移向旋转的砂轮,在磨削掉材料的同时进行加工的方法。磨床的种类如图 3.49～图

3.51 所示,有平面磨床、外圆磨床及内圆磨床等。

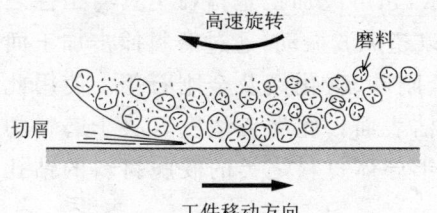

图 3.48　磨削加工例

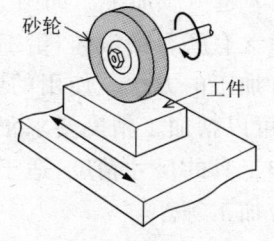

图 3.49　平面磨床

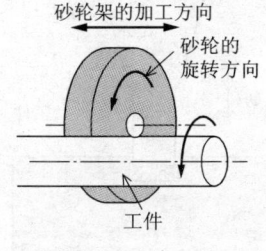

图 3.50　外圆磨床

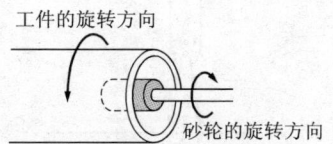

图 3.51　内圆磨床

2. 使用游离磨粒加工

所谓游离磨粒加工,指的是将磨粒或含有磨粒的液体涂布在工件的表面上,然后通过施加摩擦、冲击或振动等,一点一点磨削掉材料而得到平滑的加工面的方法。属于这种方法的有研磨、喷丸加工及超声波加工等。

(1) 研磨。如图 3.52 所示,是在工件与研磨工具之间滴上几滴细微的研磨膏,在其相互磨合中将工件表面一点一点磨掉,其最终目的是得到平滑的加工面。研磨工具用比工件材料柔软而耐磨的材料制作,研磨膏是将坚硬的矿物质粉碎细

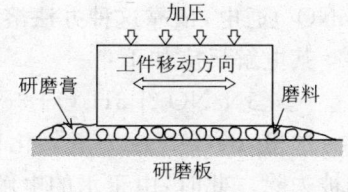

图 3.52　研　磨

化后混合到油或油脂中使用。其主要用于透镜、金属表面及宝石表面的精磨。

(2) 喷丸加工。如图 3.53 所示,喷丸加工是指将铁质、非铁质、石英砂粒及玻璃珠等非金属的投射材料投射到工件的表面上进行加工的方

法。其用途主要有表面清理、去毛刺以及硬化工件表面的喷砂等。

(3) 超声波加工。如图 3.54 所示,超声波加工是指在工具与工件之间充满含有磨料的液体,给工具施加以超声波振动,通过磨料撞击加工面而进行加工的方法。使用的磨料有金刚砂、碳化硼及金刚石等。使用此方法,可以精加工精度要求很高的光洁表面。此加工精度取决于磨料的粒度和工具的尺寸精度,适于玻璃及半导体材料之类的硬脆材料的钻孔及裁剪加工等。

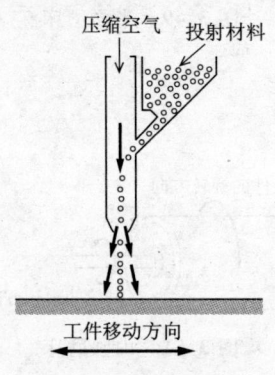

图 3.53 喷丸加工

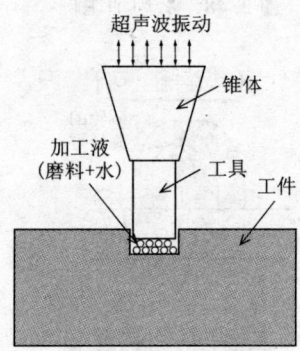

图 3.54 超声波加工

3.3.3 特种加工

1. 电解加工

如图 3.55 所示,所谓电解加工指的是以想要加工的工件(金属)为阳极(+),以加工电极为阴极(—),对两极间流动的电解液(硝酸钠溶液:$NaNO_3$)通电,依靠这种办法溶解掉手工难以去除的毛刺的加工方法。

其电解反应如下:

$$3NaNO_3 + 3H_2O + 3e + F^{3+} \longrightarrow Fe(OH)_3 + 3NaNO_3$$

这里,$Fe(OH)_3$ 为氢氧化铁,变为溶渣悬浮在液体中,毛刺、飞边等即被去除。此时,由于水的电解,还能得到 O_2 和 H_2。

电解加工的特点是:几乎所有的金属均可加工;材料不会受热变质;去除毛刺时,需要考虑加工部分的形状来准备电极和工具。

2. 放电加工

如图 3.56 所示,所谓放电加工是指对放在起绝缘作用的加工液中的要加工的金属工件和作为加工工具的电极给电,靠此时产生的电火花对工件表面进行微细去除加工的方法。

放电加工有放电雕刻加工和线切割加工两种,其优点是除用切削加工难以切削的材料的加工外,还能进行曲面加工及精密加工。

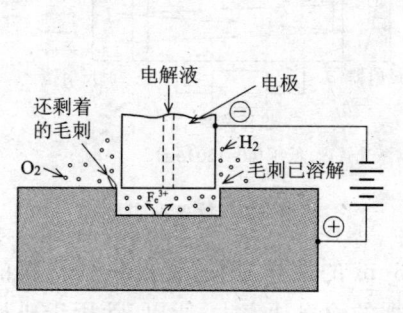
图 3.55　电解加工

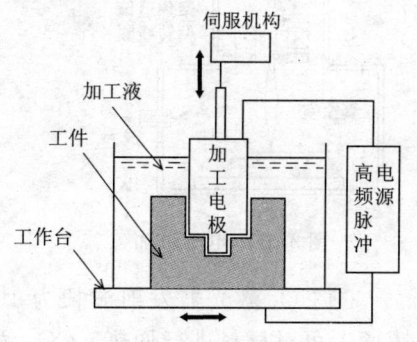
图 3.56　放电加工

3. 电子束加工

如图 3.57 所示,电子束加工是在阴极和阳极间加上高电压,阴极加热后,就会从阴极向阳极发射电子,此电子在真空中撞击工件表面,靠此将工件表面加热来进行焊接及工件的表面处理。

由于加工是在真空中进行,所以可防止工件表面的氧化,而且加工中污染也小。不仅厚钢板及不锈钢能够加工,而且也能用于难以加工的钨、钼以及陶瓷、玻璃等高熔点材料的加工。其缺点是工件的大小受到一定限制,由于需要大电压,设备装置也很贵。

另外,也能用于材料微小部分的淬火。

4. 激光加工

激光加工,如图 3.58 所示,是将激光器发出的激光用聚焦透镜聚焦到工件表面上,靠其集中后的高热能将工件的局部加热。利用此热能不仅能够进行金属的焊接、打孔、切割以及材料的表面加工,还能进行塑料及布等材料的切割及焊接等。这些加工无需真空环境,所以材料的大小不受限制,也不需要真空设备。还有一个特点就是热加工的区域很狭小,所以材料无热变形。另外,利用激光的热能还能进行材料微小区域的表面处理。

激光器有 CO_2 激光器、YAG 激光器、受激准分子激光器等几种。各自的特点如下:

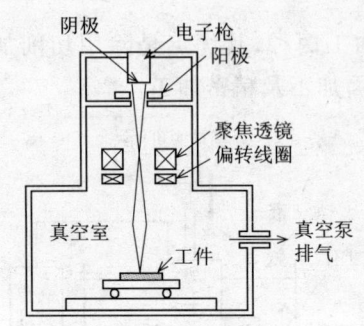
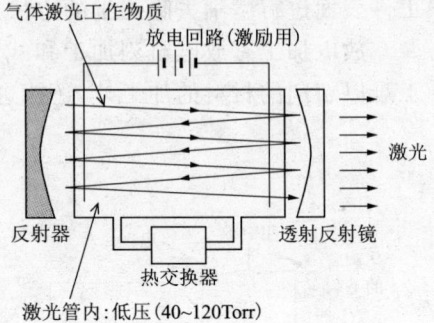

图 3.57　电子束加工　　　　　图 3.58　激光加工原理

① CO_2 激光器发射波长为 $10.63\mu m$ 的激光,用透镜聚焦到材料的表面上可对材料进行加热。CO_2 激光器的输出功率大,所以,除用于机械零件的焊接外,还用于金属、陶瓷及布的切割加工。

② YAG 激光器发射波长为比 CO_2 激光波长短的 $1.065\mu m$ 的激光,所以,使用的激光斑点的直径为 $10\mu m \sim 0.2mm$。

③ 受激准分子激光器使用氯化氙等作为工作物质,通过重复脉冲放电产生波长为 $0.2\mu m$ 的激光,主要用于高精度的超微细加工。

5. 液体喷射加工

液体喷射加工是将高压液体呈喷射状从很细的喷嘴中喷出,撞击工件表面,靠此对工件进行打孔和切割加工。为了提高加工能力,还有将磨料、砂粒掺到此液体中的,这样既能切割厚板,又能在降低水压的情况下进行高效加工。其特点是,由于不发热,所以不仅金属,而且不耐热的有

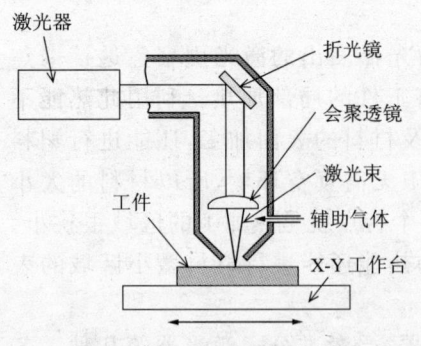
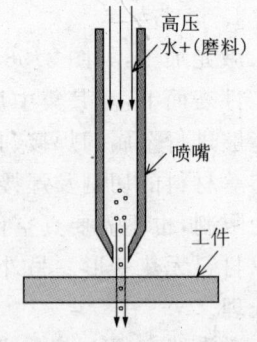

图 3.59　激光加工法　　　　　图 3.60　液体喷射加工

机玻璃板、纸和布等软材料以及食品加工均可应用。

=== 小常识 ===

机械加工陶瓷的可靠性的提高

众所周知,结构陶瓷的切削、磨削加工部位多数会产生细微的龟裂。所以,就带来了材料强度下降和加工效率难以提高的问题。为解决这些问题,人们对陶瓷脆性的改善以及机械加工方法等进行了种种研究。这其中就出现了使陶瓷具有自愈龟裂能力的方法。此方法是对切削、磨削的加工伤在大气中进行热处理(龟裂治疗),使其龟裂完全治愈并恢复到与基体材料同等以上的强度。人们期待着应用此龟裂自愈能力能够提高机械加工效率以及机械加工零件的可靠性。

3.4 连接法与切割法

连接法是指将多块材料连接在一起的方法。其方法多种多样,本节主要讲解金属的焊接。而切割法中,本节也只讲解利用热能将金属材料分割成两件以上的方法。

3.4.1 焊 接

与螺栓螺母连接及铆接相比,焊接可以减小质量、缩短工期,而且能够制作水密性和气密性要求高的装置。焊接的种类,若按接合方法分类,可如图3.61所示,分为熔焊、压焊及钎焊。熔焊是利用气体火焰或电弧热熔化基材进行焊接的方法。压焊是对接合面加压来焊接的方法,此时为了易于接合而采用在接合面处用气体火焰加热,或通电产生接触电阻热的方法来焊接,但是接合处并不熔化。钎焊是用气体火焰等对基材加热但并不熔化而只让焊料熔化来达到连接的方法。

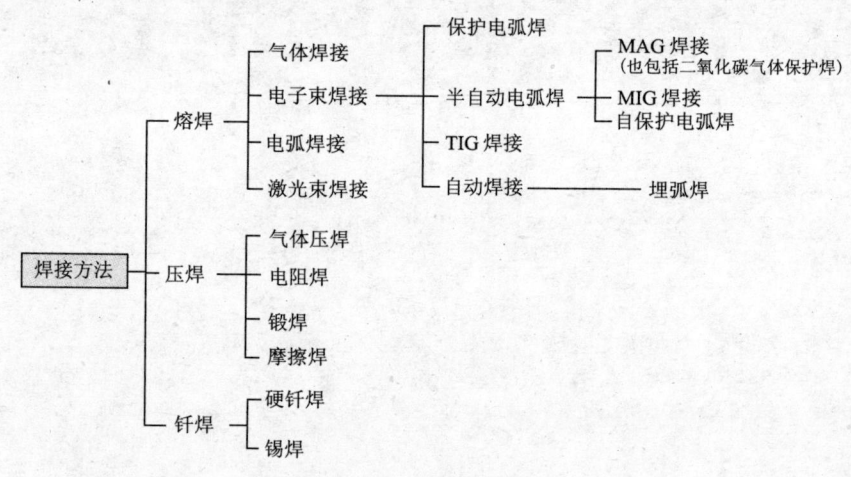

图 3.61 焊接方法分类

1. 熔 焊

(1) 气体焊接。如图 3.62 所示,是利用乙炔与氧混合气体燃烧火焰的热来熔化钢铁达到连接的焊接方法。此时的火焰温度为 3000~

3300℃。此热形成的熔融池因受到气体火焰的保护而不会氧化,所需的金属可用气焊焊条添加。

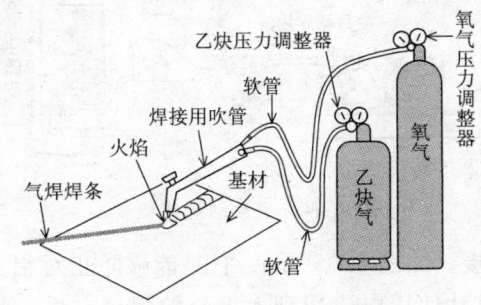

图 3.62 气体焊接法

(2) 保护电弧焊。如图 3.63 所示,该方法是以保护电弧焊的焊条为 1 个电极,在此焊条和基材间产生电弧,靠此电弧热将基材熔化来实现连接。基材不足的部分,由保护电弧焊焊条上的金属(称为条芯)补充添加。另外,保护电弧焊焊条的部分保护剂会被电弧烧掉,所以应防止电弧和熔融池的氧化。

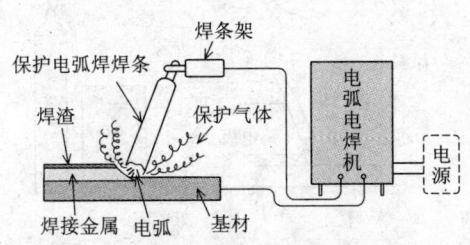

图 3.63 保护电弧焊接法

(3) 半自动电弧焊。如图 3.64 所示,它是焊接使用的焊丝自动随焊炬的移动供给,但焊炬的移动则要靠手动进行。在保护电弧焊中,随着焊接的进行焊条会越来越短,必须要经常更换。对这种情况加以改善的即是此半自动电弧焊,它是将保护电弧焊焊条的条芯部分做成细丝,而缠成线圈状的焊丝随电弧的发生连续供给。为了对电弧和焊池进行保护,还需要使用保护气体。根据保护气体的种类可将半自动电弧焊分为:用二氧化碳气体作保护气体的电弧焊即二氧化碳气体电弧焊、将二氧化碳气体混合到氩气中的方法即 MAG 焊接,以及使用氩气进行铝及不锈钢焊接的 MIG 焊接。

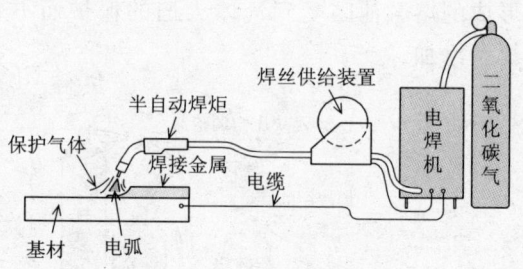

图 3.64　半自动焊接概要

（4）TIG 焊接。如图 3.65 所示，它是能够防止对铝及不锈钢之类的焊池氧化，而且可从使用电流用到大电流的焊接方法。此时的电极用的是电弧热都难以熔化的钨电极，保护气体使用的是氩气。不足的金属靠焊条向焊池添加。所以，此方法可以进行高品位的焊接，广泛用于包括钢在内的特别重要地方的焊接。而且，添料条的添加方法也能用于连续供料的自动焊接中。一般的添料条就是焊接中用来添加的棒状金属，它是一种焊接添加材料，是除保护电弧焊焊条外的棒状的添加材料。

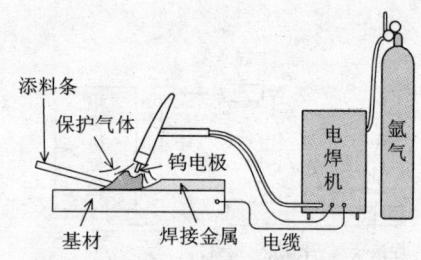

图 3.65　TIG 焊接概要

这些电弧焊之类的熔焊中，应该注意的是，焊接中焊工要仔细观察基材的熔化状态。这是因为焊池的大小会随给予焊接处的热量和焊接速度而变化，此焊池的宽度就是将来焊道的宽度的缘故。

2. 压　焊

（1）点焊。点焊属压焊的一种，如图 3.66 所示，是将两片金属材料夹在一对铜触头的电极之间，通过给电极间施加大电流，两片金属之间就会产生接触电阻热，此热使金属变软，再用铜触头对其加压，即可将两片金属连接在一起。

（2）凸焊。与点焊相类似，但如图 3.67 所示，接合处有部分突起点，通以焊接电流使这些突起点产生接触电阻热,然后机械加压得以连接。其优点为:即使板厚有差异也能很容易地焊接;可同时多点焊接,效率高;所用电极为平面形状,所以寿命长;热导率不同的材料也能焊接等。

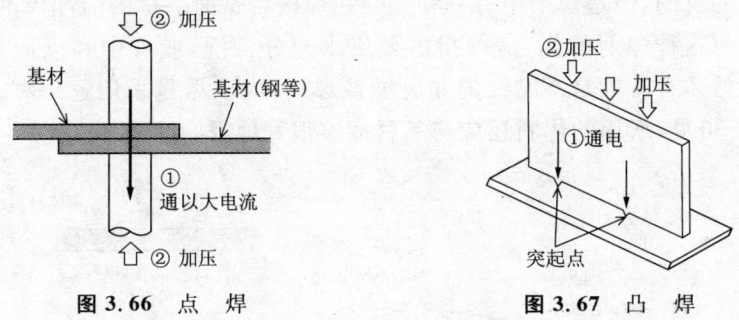

图 3.66　点　焊　　　　　图 3.67　凸　焊

（3）锻焊。锻焊属压焊的一种,它是将金属高温加热至尚未熔化的状态,用锻锤对要连接的部位加压、打击进行焊接的方法。

日本刀的打制中使用的就是这种传统的锻焊手法。刀为三层构造,内层为耐冲击钢,两表层使用的是易于淬硬的材料以利于刀的切割。这两种材料即是加热后用锻锤加压连接在一起的。今天,电子零件的连接中也采用这种锻焊。

图 3.68 示出了几种使用锻焊的连接方式。锻焊中需要注意以下几点:结合面要干净;连接部位的加热要在不会发生氧化的还原气体中进行,为此,燃料应使用焦炭;注意调整温度,特别是对于含碳量高的钢,加热温度过高,组织中会出现许多的小气泡。

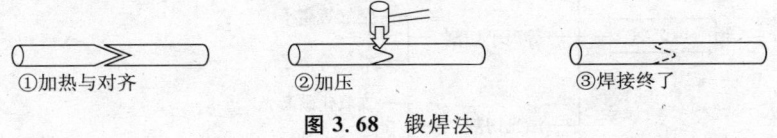

图 3.68　锻焊法

3. 钎　焊

硬钎焊属于钎焊的一种,如图 3.69 所示,是将基材加热至尚未熔化状态而只是焊料熔化达到连接的方法。根据焊料的熔化温度,焊料有硬焊料与软焊料之分。此区分温度 IIW(国际焊接会议)规定为 450℃。硬焊料包括银、金、铜、铝焊料及耐热焊料等,而软焊料则指的是焊锡。此焊锡中,加入了松香焊剂的称为带药焊锡,将焊锡加工成 150 目大小的颗粒后拌上焊剂即成为糊状焊料,将焊剂炼成膏状的称为膏状焊料。

钎焊应该注意的是:要减小连接处的间隙,以充分利用毛细现象让焊料在整个连接部位处处流到。另外,去除钎焊面上的氧化物及杂质是使用焊剂的目的,但是焊剂中有一种是会在焊接后腐蚀基材的活性焊剂,所以在使用这种焊剂的场合,焊接后要用水充分清洗,或者中和反应后除去。当然还有一种是不腐蚀的非腐蚀性焊剂,应该尽量采用这一种。由图 3.70 可见,所用的焊料还应与基材能够很好地浸润。

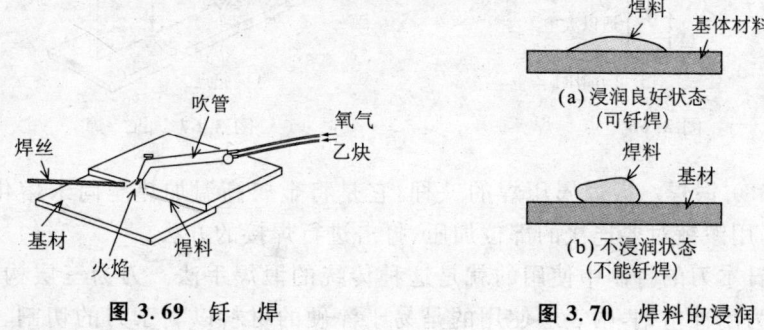

图 3.69　钎　焊　　　　　图 3.70　焊料的浸润

3.4.2　熔　断

根据使用的切割方法,熔断可有图 3.71 所示的分类。

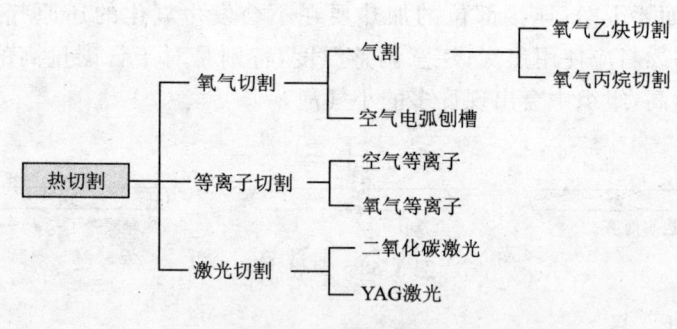

图 3.71　熔断的种类

氧气切割是利用气体火焰或电热对材料进行局部加热,再对其吹氧,靠此燃烧金属(如钢)进行氧化反应并生成氧化物。此氧化物(氧化铁)的熔化温度比周围金属低,所以,喷射的氧气气流可将局部熔化的氧化金属(氧化铁)吹飞而实现材料的切断。等离子切割是利用等离子电弧的热及气流进行切割;激光切割则是利用激光束的热进行切割的。

3.4.3 焊接缺陷检查与对策

焊接部位是不能有裂纹等缺陷的。这是因为焊接部位一经焊接加热冷却过程材料一般都会变脆,如果此处再有缺陷存在,则缺陷的尖部极易应力集中而导致焊接部位的破坏。因此,焊接缺陷始终都不能有。

1. 焊接缺陷

焊接缺陷是指焊接部位的龟裂、空洞、焊接金属不足及焊接金属多余等。这些缺陷既有外部能看到的,也有发生在材料内部的。图 3.72 给出了焊接缺陷的种类与分类。图 3.73 以焊接截面方式示出了这些缺陷的状况。另外,附着在焊接材料上的水分及水蒸气还会引起氢气裂纹。

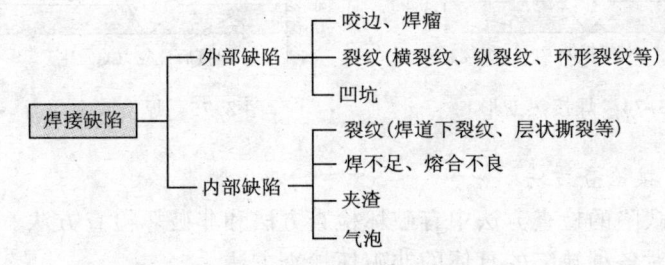

图 3.72 焊接缺陷的种类

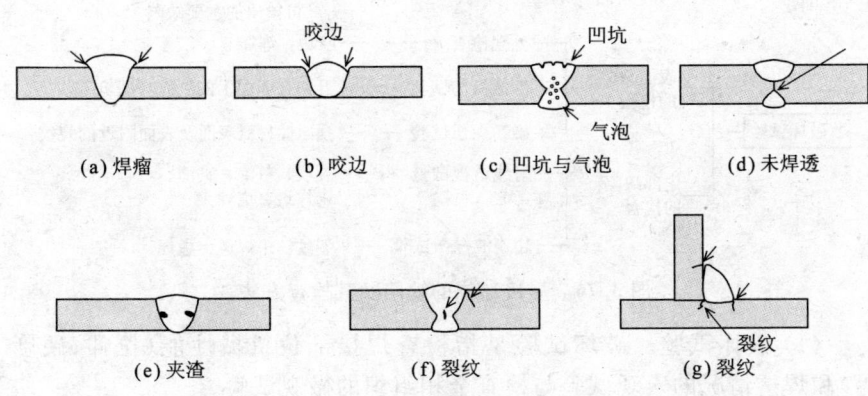

图 3.73 焊接部位的缺陷

2. 其他焊接缺点

用焊接方法能够建造建筑物和桥梁、制造锅炉、压力容器及汽车,但是焊接中还必须注意以下事项,即焊接热变形和残余应力的发生。

(1) 焊接热变形。如图 3.74 所示,焊接热变形是指由于焊接热引起的焊接后材料的变形,它会影响制品的精度。所以,在用散掉焊接热等方法防止变形发生时,应在安排焊接顺序和工件的约束夹持上下工夫。

(2) 残余应力。如图 3.75 所示,在将工件两端固定后焊接时,虽然未发生变形,但在金属的内部则会因为焊接加热冷却过程而发生膨胀与收缩。这种状况与焊接缺陷加在一起就直接关系到焊接结构的破坏。所以焊接后应该进行消除残余应力的热处理。

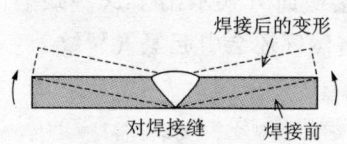

图 3.74　焊接热变形

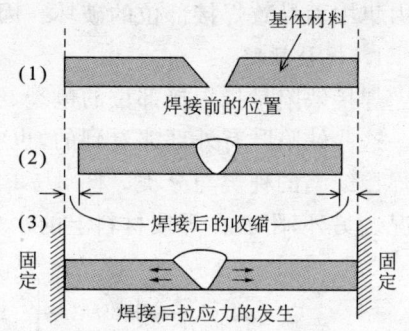

图 3.75　焊接残余应力

3. 焊接检查方法

焊接缺陷的检查方法中有破坏检查方法和非破坏检查方法。图 3.76 示出了针对各种缺陷的具体的非破坏检查方法。

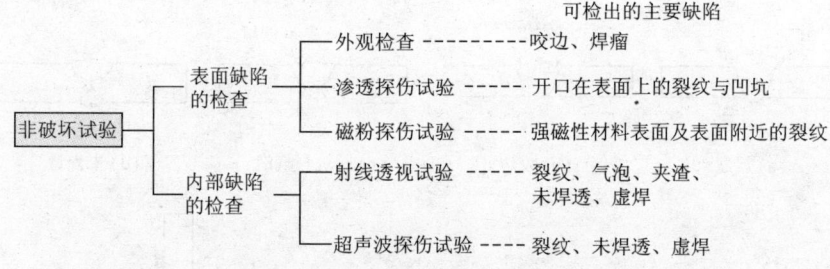

图 3.76　焊接部位的缺陷及其检查方法

(1) 破坏试验。破坏试验是指检查焊接部位机械性能(拉伸、硬度等)和焊透情况的宏观试验与检查金相组织的微观试验。

(2) 非破坏试验。对于表面缺陷,有外观检查、磁粉探伤及渗透探伤试验。图 3.77 给出了渗透探伤试验方法的示例。而对于内部缺陷,则有射线透视试验及超声波探伤试验等。射线透视试验使用的是 X 射线和 γ 射线,这些射线属于电磁波的一种,对金属有很好的穿透能力。当这些射线透过焊接部位时,如果有内部缺陷,X线胶片上即会映射出其图像,根据此图像即可检查出缺陷的种类与大致位置。图 3.78 示出了其工作原理。

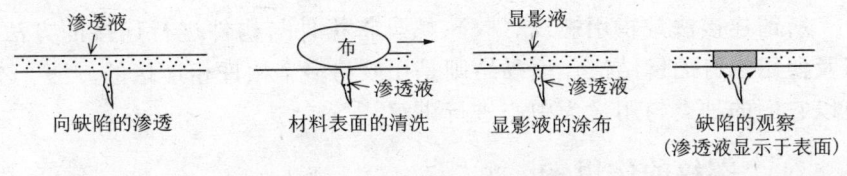

图 3.77 渗透探伤试验的原理

超声波探伤试验是利用超声波的性质来检查缺陷的位置。超声波具有和光一样的反射与折射性质。利用此性质对钢的焊接部位检查时,使用的是频率为 1~5MHz 的声波。这里 $1MHz=10^6 Hz$。图 3.79 示出了其工作原理。

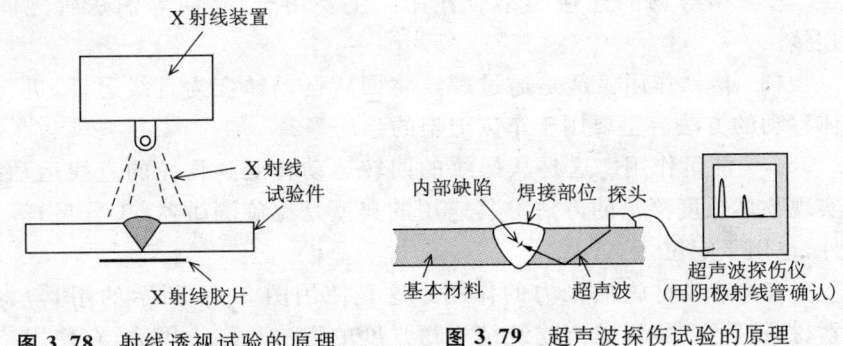

图 3.78 射线透视试验的原理　　图 3.79 超声波探伤试验的原理

小常识

工作中自行修复龟裂的陶瓷

结构用陶瓷是一种很脆的材料,所以若某种原因工作中产生龟裂时,整个构件即会因此而有易于破碎的危险。人们知道,如果赋予氮化硅、多铝红柱石及氧化铝陶瓷以龟裂自愈能力,则在一定的温度范围内,即使在 5Hz 的重复应力下,龟裂也能治愈,而且,即使是在治愈龟裂的温度范围内,这些材料仍有与基材相当的充分的弯曲强度。人们正寄希望于此自愈技术的实用化。

3.5 连接法及黏结

所谓连接法是指用螺纹、螺栓、螺母将构件与构件进行连接的方法，以及使用铆钉的铆结法。而黏结则是用胶将多个构件相连接的方法。本节以它们的种类与用途为中心进行讲解。

3.5.1 螺纹的作用

螺纹的作用与用途如下：

（1）紧固作用。其目的是零件的连接及固定。多用于一般紧固目的，主要用于汽车等运输机械、电动机械、通用机械、建筑物等骨架与桥梁的安装。

（2）物与物的连接与结合作用。主要用于水、油等输送管之间的连接。

（3）传动作用。这是通过螺纹将回转运动转变为直线运动，进行物体移动的方法。主要用于车床刀架的移动等。

（4）测量作用。这是从螺纹的回转运动转变到物体的直线运动，以实现物体长度测量的方法。其应用的典型是螺旋测微器（千分尺）等，另外，也用于定位。

（5）给线材施加张力的作用。这是使用图 3.80 所示的用具，将绳索、拉杆等张紧，以保持建筑结构物强度的方法。作为用途，有使用拉线

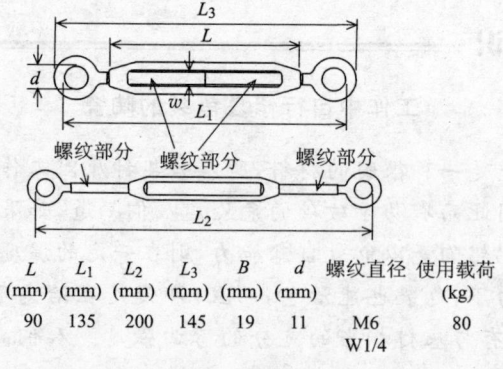

L (mm)	L_1 (mm)	L_2 (mm)	L_3 (mm)	B (mm)	d (mm)	螺纹直径	使用载荷 (kg)
90	135	200	145	19	11	M6 W1/4	80

图 3.80 拉线螺钉

螺钉对桥梁及活动房屋的固定绳索施加张力的例子。

（6）力的放大作用。如像千斤顶及压力机的螺纹那样，具有能产生很大力的作用。

（7）压榨与压缩作用。有利用螺旋的回转移动对物体压榨与压缩及压榨水果取出果汁的方法。

（8）密封作用。其主要用作将瓶子等的口用螺丝拧紧，以防空气及灰尘进入的方法。

3.5.2 螺纹连接的特点

螺纹连接的优点有：一般用扳手或起子可很容易地连接和分解；因为螺纹利用的是楔紧作用来连接，所以可得到很强的机械结合；连接中螺栓等受的是拉力，所以即使是比较厚的构件也能连接。

螺纹连接法的缺点是：事先要准备螺栓孔和螺纹孔的加工；一般连接部位的质量会增加；无法加工螺纹的板材的情况下，不能使用螺纹连接。

螺纹的种类有三角形螺纹、矩形螺纹、梯形螺纹、管螺纹、锯齿形螺纹、圆弧螺纹及滚珠螺纹等。

螺纹可分为米制和统一标准制，还可按螺距的尺寸分为粗牙螺纹和细牙螺纹。一般使用米制粗牙螺纹。

3.5.3 螺栓螺母的使用示例

作为螺纹的用途一般会举出连接螺栓。它可以分为穿通螺栓、压紧螺栓及拧入螺栓。而且从螺栓头的形状来分还可分为六角头、四方头及带内方的螺栓。

（1）内六方螺栓的使用示例。如图3.81所示，这种螺栓是在不能使用扳手之类的场所，即螺纹旋入场所狭窄的地方使用。另外，还用于连接后不希望螺栓头露出构件表面的场合，如图3.82所示，此时还开有沉头孔。

（2）全螺纹与半螺纹内六方螺栓的使用示例。如图3.83所示，其区别如下：全螺纹是螺纹一直切到上部构件以加强连接，而半螺纹则是上部构件上无螺纹部分，是还要靠螺栓的头部压紧来将两构件连接在一起。

（3）内六角圆头螺栓使用示例。如图3.84和图3.85所示，分为通孔型使用和盲孔型使用。使用螺母的通孔型连接，用于更牢固连接坚硬

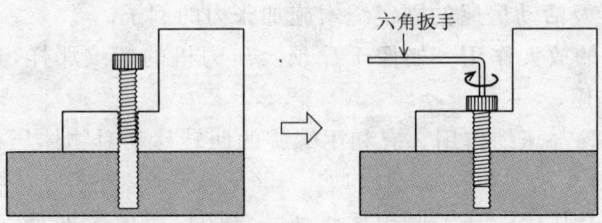

图 3.81　螺纹旋入空间狭窄的场合

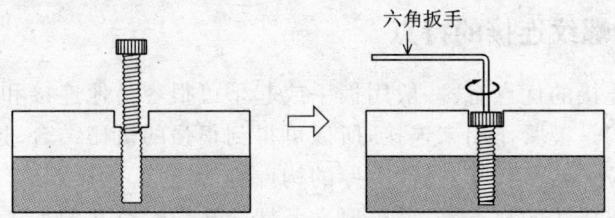

图 3.82　不希望螺栓头露出的场合

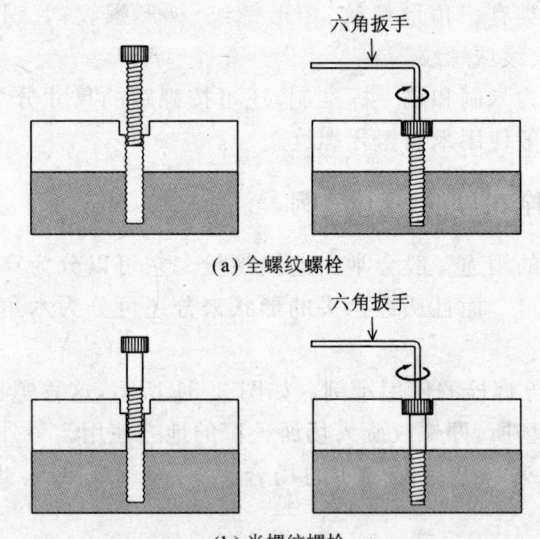

(a) 全螺纹螺栓

(b) 半螺纹螺栓

图 3.83　全螺纹螺栓与半螺纹螺栓的不同

材质的场合。

（4）内六角沉头螺栓使用示例。如图 3.86 和图 3.87 所示，分为通孔型使用和盲孔型使用。使用螺母的通孔型连接，用于更牢固连接坚硬

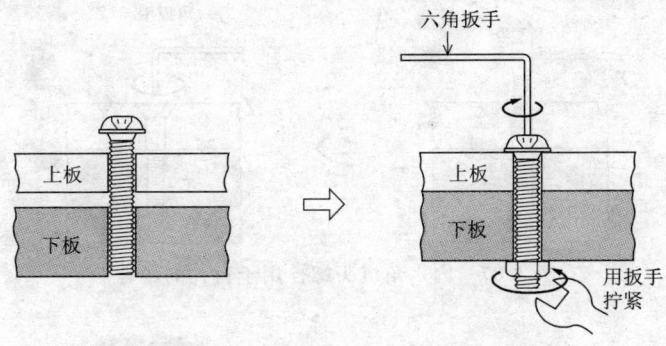

图 3.84 内六角圆头螺栓用于通孔的场合

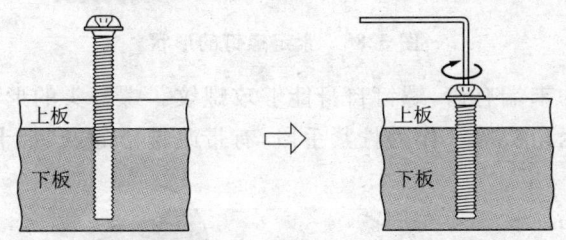

图 3.85 内六角圆头螺栓用于盲孔的场合

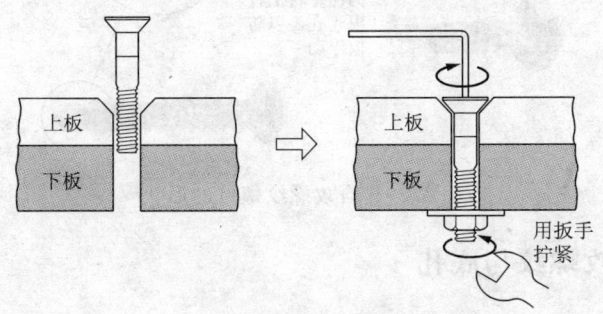

图 3.86 内六角沉头螺栓用于通孔的场合

材质的场合。

(5) 紧定螺钉的使用示例。紧定螺钉的形状如图 3.88 所示,使用时是利用螺钉的末端顶住一个零件以实现机械零件间的止动。作为拧紧手段,有带改锥槽的,有带内六方的等。

(6) 自攻螺纹螺钉的使用示例。自攻螺纹螺钉的形状如图 3.89 所

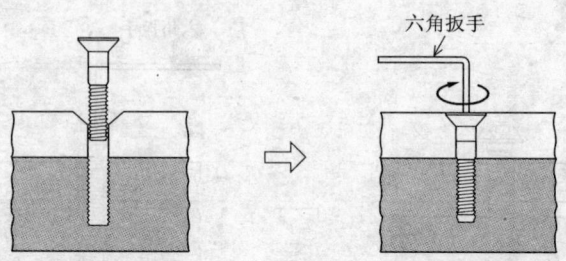

图 3.87 内六角沉头螺栓用于盲孔的场合

图 3.88 紧定螺钉的形状

示。此螺钉的末端有齿,螺钉自身能够攻螺纹。螺钉头的形状有圆头、沉头、半沉头、六角头等。作为拧紧手段,有带改锥槽的,有带十字槽的等。

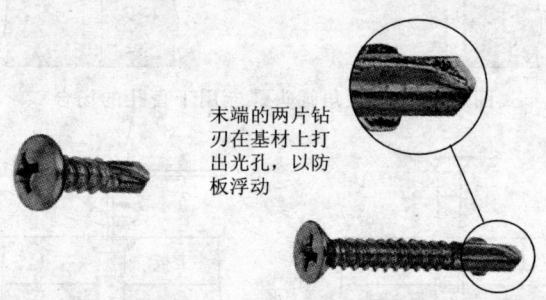

图 3.89 自攻螺纹螺钉的形状

3.5.4 攻螺纹与底孔

在构件上切螺纹用螺栓连接时,必须要在构件上做出与螺栓大小相配的母螺纹,这一作业称为攻螺纹。而要攻螺纹时,为了便于工作,还需先在构件上打好一个与螺纹直径相应大小的孔,此孔称为螺纹的底孔。底孔直径相对于丝锥过大时,将来与公螺纹牙齿的啮合高度就会减小,从而减弱了螺纹的连接强度;而底孔过小时,攻螺纹时切削抗力就会较大,丝锥则容易折断。这里,公螺纹与母螺纹牙齿的啮合程度称为高度啮合率,一般取 75% 以上。

另外,用丝锥在薄板上攻螺纹时,要注意螺纹牙齿最少也要有3牙以上。即如果是M4,螺距为0.7mm,则薄板的厚度必须要在0.7×3≈2mm以上。

3.5.5 铆 接

铆钉的形状如图3.90所示,有圆头铆钉、沉头铆钉、半沉头铆钉等。铆钉的长度是指将铆钉插入铆钉孔处构件的表面到铆钉末端的距离。铆钉的公称直径是指离铆钉头1/4铆钉长处的直径。铆钉的材质经常使用的有软钢、铜、黄铜及铝等。

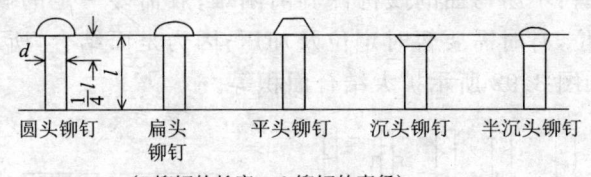

(l:铆钉的长度, d:铆钉的直径)

图 3.90　铆钉的种类

铆钉的连接按图3.91所示的方法进行。在将构件左右对齐进行连接时,要使用将接口上下夹住的夹板。此时铆钉是穿过夹板和构件,通过打击将构件连接起来。此夹板的厚度,在使用单夹板(上侧或下侧只用一块板)的情形下,与构件的板厚取为相同,而在上、下使用两块夹板的情形下,则使用厚度为构件板厚60%～70%的夹板。

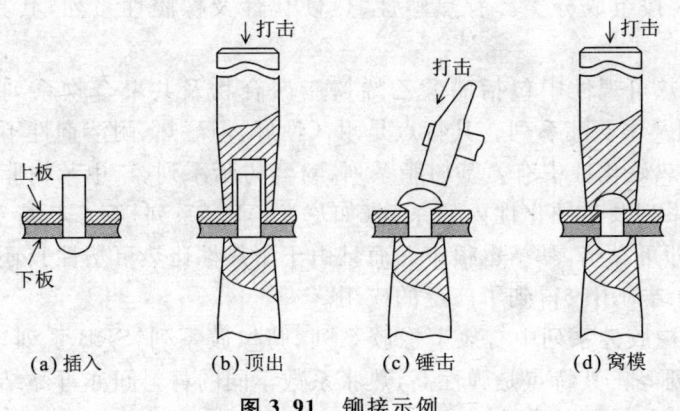

图 3.91　铆接示例

3.5.6 黏结

黏结法与螺栓螺母连接不同,它是以多个构件的半永久性连接为目的。它用于与焊接不同的领域,其种类与用途也各种各样。

1. 黏结法的特点

其优点为:可用于不同种类材料间的连接;由于是面结合而无螺纹连接及铆接那样的应力集中现象;胶中可以添加防腐及防振功能;与螺纹连接、铆接那样要事先打孔及焊接的开坡口加工等相比,前处理较少;与其他结合方法相比只需些微黏结质量等。

其缺点有:不易弯曲的硬构件剥离困难;胶需要一定的硬化时间,为防止连接错位,有时需要暂时定位及加压;因为是面结合,所以为保证结合强度,需如图 3.92 所示扩大结合面积等。

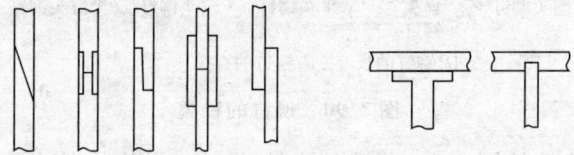

图 3.92 黏结接头示例

2. 胶的分类

胶可按其组成、硬化方法及功能分别进行分类。按功能分类中还可以分为构造用、耐热用及导电与绝缘用等。

(1) 按组成分类。有热塑性、热硬化性及橡胶性系列,其具体分类如下:

① 热可塑性中包括醋酸乙烯树脂聚合物及共聚合物系列、丙烯系列、聚酯及聚氨酯系列。其特点是耐久性好,但耐热、耐溶剂性不充分。

② 热硬化性中有氨基树脂系列、酚醛树脂系列、二甲苯树脂系列、环氧树脂系列及热硬化性丙烯系列(如尼龙、环氧系列)等。其特点是很薄的一层即可黏结,黏结也很牢。而且由于耐热性比热可塑性胶还要高,所以,作为结构用胶得到了广泛的应用。

③ 橡胶性系列中有氯丁橡胶系列、腈橡胶系列、SRB 系列以及天然橡胶系列等。其特点是弹性高、热胀系数不同的材料间亦可黏结,且具有吸收振动与冲击的效能。

(2) 按硬化方法分类。分为溶剂蒸发型(浓胶、乳胶)、热溶解型及化学反应型(热硬化性树脂、光硬化性树脂)。

(3) 按功能分类。分为结构用胶、耐热胶、导电胶及电气绝缘胶。

3. 工业用胶示例

表 3.3 给出了工业用胶的例子。

表 3.3 工业用胶

胶的名称	特 点	用 途
环氧树脂	聚合、凝聚型胶,混入硬化剂后使用,剪切力大,不耐冲击,电气绝缘性良好	电子、汽车等,使用范围宽广
聚氨酯	聚合、凝聚型胶,分1液型和2液型	电动机、建筑、汽车等
乙烯与醋酸乙烯树脂共聚体	将热可塑性树脂用高频加热器加热熔化后,靠冷却固化实现黏结	图书装订、汽车安全玻璃等
氰基丙烯酸盐	作为瞬间黏结而闻名的单体型胶	金属、玻璃等
尼龙/环氧	是将热硬化性树脂(环氧树脂)混合到热可塑性树脂(尼龙)中得到的	航空航天、汽车、控制装置等

小常识

水是高张力螺栓类的大敌

在高湿度环境下进行钢的熔化或焊接时,或者在水中高张力使用钢材时,水会分解成氧和氢,而且氢还会侵入到钢中。钢中的氢达到一定程度后则会导致钢的破裂。这样的破坏,在高张力螺栓类、轧钢机的轧辊上以及高张力钢的焊接部位都曾经发生过。这些部位受到载荷后,要经过相当长的时间才会破裂,所以称其为延迟破坏或低温破裂。

3.6 材料性质的改善

材料性质的改善,指的是材料以及材料表面经化学处理或热处理后,材料及材料表面的性质发生了变化,获得了一些新增的性能。本节就来讲解金属材料性质的改善。

3.6.1 材料整体的热处理

所谓热处理,是指为赋予材料其所需的性质及状态而进行的加热及冷却操作,这些操作在熔点以下的温度下进行。虽然淬火、退火、回火、正火以及渗碳等都是热处理,但其加热或冷却的温度、方法与操作则各不相同。

1. 淬 火

所谓淬火,是指加热到适当的温度后,在合适的介质(水、油等)中急剧冷却的操作,目的是要使材料硬化。此时的加热温度,如图3.93所示,含碳量为0.8%以下的亚共析钢比GS线(A_3变态点)约高50℃,含碳量为0.8%以上的过共析钢则比A_1变态点约高50℃。经过这样处理后,钢不仅会硬化,而且强度也能增加。但是,变成硬材料后,其冲击值和拉伸性能则大为降低。由于脆而不能实用,所以,必须回火后再使用。

即使是最重视硬度高低的工具钢,一般也要在不降低硬度的温度范

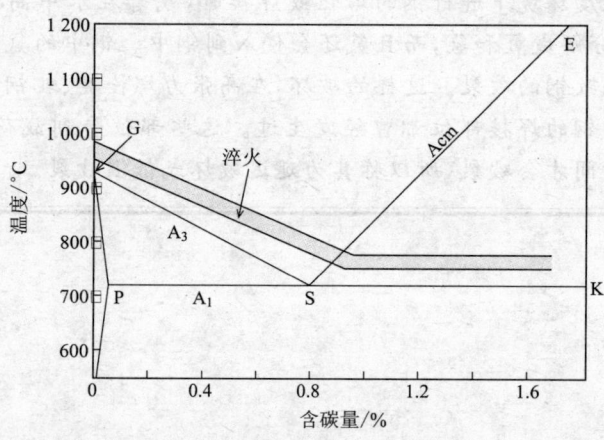

图 3.93 碳素钢的淬火温度范围

围内回火,当其具有一定程度的韧性后才能使用。钢在淬火时,是先要加热,组织变为奥氏体后再急剧冷却,但淬火温度过高时,奥氏体的晶粒会变得粗大,所以热处理后脆性会变大,作为机械零件则会变得脆弱。

如果将钢加热超过 800～900℃ 的淬火温度后,在水或油中急剧冷却,待完全冷却后将其取出,此时淬火变形则会很大,也会发生碎裂等。如图 3.94 所示,这是材料淬硬效果显现的临界区域(例如,水冷后,或到振动、水鸣停止为止,或到火色消失为止)和硬化后紧接着出现碎裂的危险区域(M_s～M_f)各有其不同的温度范围的缘故。所以,应该只在能获得淬硬效果的临界区域急剧冷却,而在危险区域内则缓慢进行冷却。另外,M_s～M_f 点也是马氏体变态的发生及终止点。

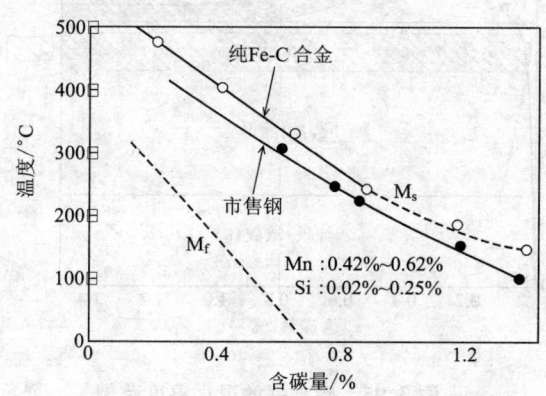

图 3.94　碳素钢的 M_s,M_f 点和含碳量

2. 退火与正火

退火是钢加温到一定的温度后缓慢冷却(随炉冷却)的处理方法。而放置在空气中这种冷却速度较快的冷却的状况则称之为正火。能进行正火的材料是碳素钢及低合金钢。对于中合金钢及高合金钢,空冷的效果如同淬火,所以应进行退火处理。

退火的种类有完全退火、球化退火及消除应力的退火等。

(1) 完全退火。在 A_3 或 A_1 以上的温度下保持足够的时间后冷却,使钢软化以易于机械加工及塑性加工的处理。

(2) 球化退火。顾名思义,是使碳化物球化的退火处理。

(3) 应力消除退火。亦称为去变形退火和低温退火,是为了消除残余应力而在 A_1 状态点以下的温度下保持适当时间后缓慢冷却的操作。

这种方法用于去除铸造、锻造、机械加工、冷作加工及焊接等造成的残余应力。

上述各种退火的温度范围示于图 3.95 中。

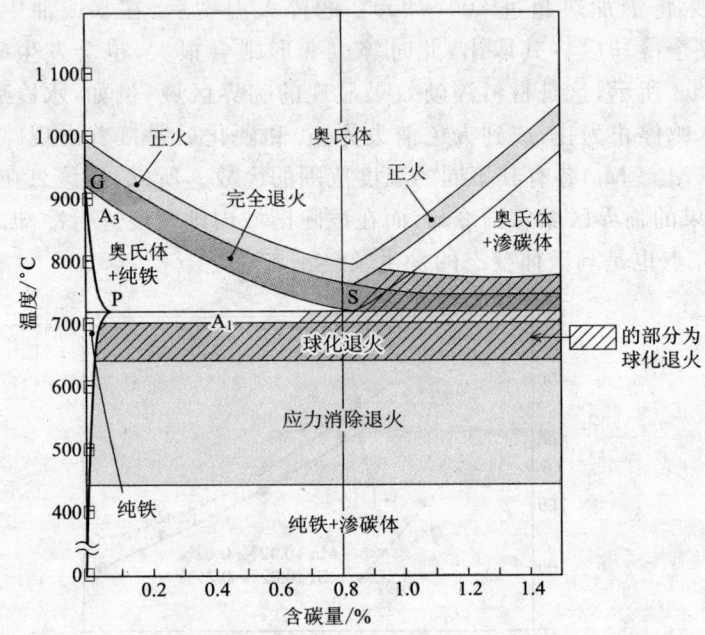

图 3.95 碳素钢的退火温度范围

3. 回　火

钢从奥氏体状态急剧冷却即淬火时,变为非常硬的马氏体,但是又变得稍脆。为消除这种脆性,可以再次加热至 A_1 状态点以下温度,即使损失一些硬度也要获得韧性的方法,这就是回火。

3.6.2　应用热处理的材料的表面处理

1. 表面淬火的特点

这是只对材料表面进行热处理,它具有以下的特点:

① 能够获得表层耐磨性高而中心部分韧性大的材料。

② 硬化层由于快速加热,晶粒来不及长大而能得到微细的结晶组织,所以不仅强度高,而且能够增强疲劳强度。这是由于在材料表面产生

有很大的残余压应力的缘故。

③ 加热时间短,可减小脱碳及表面氧化。
④ 热处理引起的材料变形量小。
⑤ 可只对需要的部分进行热处理。
⑥ 也能自动化。

2. 渗碳淬火

渗碳,过去称为蒸碳,是指让碳渗入钢的表面并进行扩散,渗碳分为固体渗碳、气体渗碳、液体渗碳(渗碳氮化)。

(1) 固体渗碳法。这是很早以来就运用的方法。它是将含碳量低的极软钢用木炭之类的碳化物包围,加热至 A_1 状态变化点以上的温度时,即会有碳元素从钢的表面扩散侵入材料的内部,所以称之为渗碳。它只是表层呈高碳状态,而内部仍保持原来的极软钢状态。用这种方法,可只对表面淬硬。

(2) 气体渗碳法。一般方法是将渗碳气体和渗碳工件一起密封入气体渗碳炉中,在此氛围气中进行加热渗碳。此时的渗碳气体是以 CO_2、N_2、H_2 为主要成分,再加有 CH_4 的气体。

(3) 液体渗碳(渗碳氮化)法。这种方法是给氰化苏打(氰化钾)中配入适当物质,在铁制浴槽中制作出 700~900℃ 程度的盐浴,将零件浸入其中 10~30min 进行加热处理的方法。此时,在表面的极薄层得到渗碳的同时,还得到少许氮化。

3. 氮化处理

给材料表面渗氮并使其扩散后,可提高表面的耐磨性、耐腐蚀性和疲劳强度。通常在 600℃ 以下进行。其特点是如果是进行过处理温度以上的回火的话,材料中心部分的淬火与回火硬度均能原样保持。一般常用的处理方法有气体氮化法和盐浴氮化法。

(1) 气体氮化法。即利用 NH_3 分解的方法。将要处理的材料放入密闭容器中,在 NH_3 气体流动的同时提高温度,在约 500℃ 下长时间保持后,分解的氮元素就会扩散到零件的内部而得到非常坚硬的氮化层。但是此方法并不适于纯铁及碳素钢等的氮化,而且还有操作需要很长时间的缺点。

(2) 盐浴氮化法。此法是为解决除使用特殊氮化法外难以起效且又需要很长时间的普通氮化法(NH_3 分解法)的这些缺点而出现的氮化方法,它是使用盐浴炉通过特殊的操作,即可在 2h 左右时间内得到耐磨性与韧性均很优良的表面。此方法亦称为氰化钾盐浴扩散渗氮法。

4. 表面淬火

此表面处理法只是将零件的表层加热至 A_1 或 A_3 状态变化点以上的温度后再进行急剧冷却的方法。它是保持内部原来的柔软状态不变而只对表层进行硬化的方法。表面淬火的具体方法有高频淬火、火焰淬火、电解淬火等。

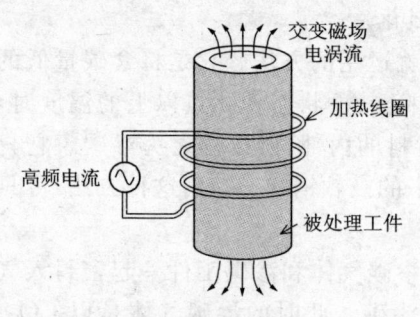

图 3.96 高频淬火

(1) 高频淬火。如图 3.96 所示,在要处理的材料周围放置线圈,通以高频电流后,即会因主要由交变磁场引起的电涡流而将表层加热。这里是要加热至 A_1 或 A_3 状态变化点以上的适当温度。向着已加热的表面喷射冷却水或其他冷却液体即可实现淬火。淬火深度和表面硬度随频率、单位面积的电耗、线圈的形状与尺寸、被处理零件的材质、形状、尺寸、处理前的组织状态、加热时间、有无预热、冷却液的种类及冷却方法等因素而变。

(2) 火焰淬火。这是使用氧-乙炔(或丙烷、天然气)的火焰对材料的表面层快速加热,达到适当的温度后停止加热,喷射冷却液进行淬火。针对要热处理的材料的形状与尺寸,应选择适当形状与容量的火口。硬化层的深度,受热处理工件的材质及组织以及加热速度的影响,加热速度加快时硬化层会变薄,硬化宽度也会减小。

5. 渗硫处理

渗硫处理是将钢材在含有硫黄或硫黄化合物的介质中加热,以使硫黄在钢材中渗透扩散的处理。其主要目的是减轻摩擦阻力,即提高润滑性。

(1) 使用水溶液的方法(硫化处理)。将硫黄粉末加入到百分之几十的 NaOH 水溶液中,经 $100 \sim 150℃$ 的处理,即可形成 $1 \sim 2\mu m$ 厚度的硫化铁薄层。

(2) 使用气体的方法。这是将 H_2S 微量(0.01%程度)混入适当的控制气体中进行数百度的处理。也有将 NH_3 或 HCN 气体混入的,还可进行渗硫氮化处理。具体方法中有使用固体的方法,是将热处理工件、FeS和石墨一起装到一只密闭的柜子中加热至数百度的处理。还有使用盐浴的方法,是将硫化物添加到中性盐或还原性盐中,再将被处理工件浸入其中进行处理的方法,该方法的使用最为普遍。

6．表面氧化处理

这是在钢铁零件的表面上形成一层很薄的 Fe_3O_4 保护膜,使其具有防锈、装饰等功能的处理方法。其中包括碱着色、硝酸盐系盐浴处理及水蒸气处理等方法。

(1) 碱着色。亦称为发黑处理,是将浓苏打溶液中加有催化剂的处理液加热至150℃,被处理工件在其中浸泡后,表面上即会形成 $1\sim3\mu m$ 厚的 Fe_3O_4 保护膜。

(2) 硝酸盐系盐浴处理。这是在硝酸钾和硝酸钠的混合液中加入少量的二氧化锰,将被处理工件浸泡其中进行处理的方法。温度定为300～400℃,Fe_3O_4 保护膜的厚度随温度与时间而变化。通过这种处理,材料表面即可从淡青变为带黑色的青色。

(3) 水蒸气处理(均匀处理)。这是将钢铁零件放在500℃左右的水蒸气中处理,使其表面生成数微米厚度的致密氧化保护膜的处理。水蒸气处理获得的保护膜为致密的 Fe_3O_4 保护膜,其自身耐腐蚀性强,涂上油之后,油保持在细微的气孔中也能增加润滑效果,其耐腐蚀性也能得到显著提高。

3.6.3 钢的表面处理

汽车上使用有大量的钢材,为了减小质量及降低发动机等运动零部件的摩擦系数,要采取种种措施。为了防止车体上使用的钢板及铝合金生锈,要进行磷酸盐处理及电喷涂。为提高用于汽缸壁及曲轴的铸铁的耐磨性和耐热性,则要进行激光淬火及高频淬火等。

1．化学合成处理

通过化学处理在金属表面上生成一稳定的氧化物或硫化物薄层,其目的是对钢铁涂镀前的底坯、铝及镁合金等进行防锈处理。其处理方法有阳极氧化处理、磷酸盐处理及铬化处理等。经过处理后并不耐摩擦,同时还要注意排水处理。

(1) 阳极氧化处理。如图3.97所示,在硫酸等电解质水溶液中,以金属零件为阳极,通过电解使其表面生成耐腐蚀的氧化保护膜。别名也称为防蚀铝。特别是铝阳极氧化膜,其厚度多为 $4\sim10\mu m$,常用于装饰及防锈。这种处理广泛用于建筑门窗、文具、飞机及精密机械等。其缺点是这种保护膜很脆,所以二次加工困难。另外,其他金属很难得到像铝那么厚的氧化膜。

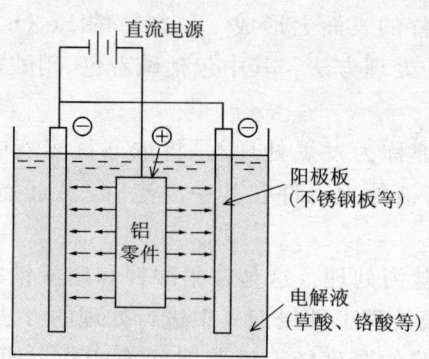

图 3.97　阳极氧化处理

（2）磷酸盐处理。它是将金属浸泡到以磷酸及可溶性磷酸盐为主体的水溶液中,在其表面上制作不溶性磷酸盐薄膜的方法。其用途主要为喷漆打底。

2. 非金属薄膜处理

有真空镀膜（PVD、CVD）处理,它是将表面处理剂放入真空的容器中,将金属、氧化物及氮化物等汽化或离子化后,使其蒸镀到加工表面上的方法。可适于大部分的金属及非金属工件的表面处理,由于可生成多种薄膜,所以应用范围很广。但与电镀相比,由于是相当高温度下的处理,所以成本较高。

（1）PVD。这是物理蒸镀法（Physical Vapor Deposition）的简称。属低压低温成膜技术,可进一步分为真空蒸镀及飞溅镀膜等。真空蒸镀是在 $10^{-2}Pa$ 以下的低压状态下将蒸镀材料加热蒸发,使其在基材上堆积成膜的方法。而飞溅镀膜,则是如图 3.98 所示。先将要着膜的试件放在成膜原料（料靶）的近旁,然后将盛放它们的容器抽至 1Pa 左右的真空状态,再在试件与料靶间加电。通电后电子及离子即会高速移动,离子会撞击到料靶上。此时高速移动的电子及离子撞击气体分子后,气体分子会进飞出电子后成为离子。此离子撞击到料靶上,料靶粒子则会飞溅出来。

此即是飞溅现象。此飞溅出来的料靶粒子撞击附着到试料上,则在试料的表面上形成薄膜。

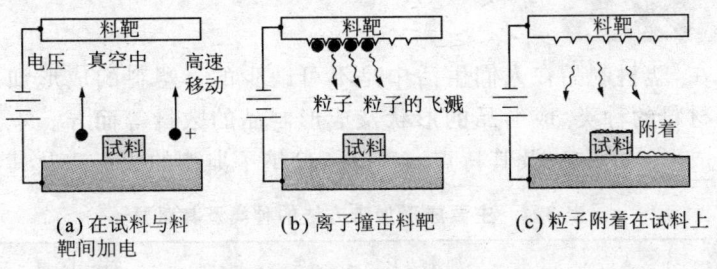

图 3.98 飞溅镀膜

(2) CVD 这是化学蒸镀法(Chemical Vapor Deposition)的简称。此是利用气体反应来生成薄膜的方法,改变反应气体的配方可得到各种不同的薄膜。它主要用于半导体工业领域。

3.6.4 其他表面处理

(1)熔射。这是将金属、合金、碳化物、氮化物及氧化物等的粉末用火焰或电能加热至熔化或近乎熔化状态,再将其吹附到待处理的表面上成膜的方法。

(2)喷丸。将无数的钢球及细小的非金属硬球以高速抛向材料表面时,表面上虽然会出现一些凹坑,但材料表面的硬度会提高,疲劳强度会增加,此即喷丸处理方法。这种方法也可用来消除残余应力。

===== 小常识 =====

喷丸复合技术

喷丸的使用是为了对必要的部位引入残余压应力以提高其表面硬度。此技术对于疲劳强度的提高及应力腐蚀裂纹的防止是有用的。其中,作为对汽车零件的应用实例,研究开发有应力两段喷丸技术,已获得了极好的效果。该技术是让要喷丸处理的构件预先承受一拉应力,实施喷丸处理后,其后应力即可去除。通过这种方法可增加喷丸的残余压应力,使硬度得到提高。另外,改变喷射钢球的种类也能提高喷丸处理的效果[21,22]。

3.7 塑料加工

现在,塑料制品在人们生活中是不可缺少的。塑料的成形加工方法因成形材料的种类、成形品的形状及成形制品的数量等而异。本节讲述主要的成形技术方法及其特点。表3.4归纳了典型的成形法及其特点。

表 3.4 主要成形加工方法的种类及其概要

名 称	加工方法	特 点
注射成形	将缸内加热流动的树脂高压注射到模型内,冷却固化后打开模型取出成品	可成形形状精度和尺寸精度高的立体件,生产率高。热可塑性、硬化性树脂、复合材料均可成形
挤压成形	将缸内加热熔化的树脂从模子中挤出,冷却后得到成品(有时作为压延成形和吹制成形的一部分)	可连续大量制造薄膜、板、管及异形件等。以热可塑性树脂为主要对象
压缩成形	将粉末状树脂填充到加热模型内,加热加压冷却固化后,打开模型,取出成品	成形机及模型成本低,但成形时间较长。适于小批量生产,以热硬化性树脂为主要对象
吹塑成形	将成形预制件(型坯)放入模型内,使用压缩空气的成形方法。原理同玻璃瓶的成形	可无接缝一体化成形,各种瓶及汽车零件为主要对象,生产率高,适于热可塑性树脂
滚压成形	用热辊对树脂压延、冷却和盘卷,这是制造宽面材料等的方法	适于大量生产塑料纸、薄膜、人造革、板材等宽面材料,设备昂贵,以热可塑性树脂为主要对象
真空成形	将料片铺在模型上,加热使其软化,然后靠真空负压贴紧模型而成形	用于制造各种盆状容器。费用一般较便宜。以热可塑性树脂为主要对象

续表 3.4

名　称	加工方法	特　点
发泡成形	是使用各种发泡剂进行发泡成形的方法。通常的注射成形、压缩成形及真空成形等均可适用	可成形质量轻、隔热性与缓冲性优良的制品。发泡率及气泡构造可选择。可成形热硬化和热可塑性树脂
粉末成形	以粉末状的树脂材料为原料,在模型内压缩成形、加热、熔化、冷却固化后得到成品	模型及成形设备简单、便宜。但成形周期长、生产率低。以热可塑性树脂为主要对象

3.7.1　注射成形

注射成形是成形材料在加热缸内加热流动,如图 3.99 所示,再高压挤压到模型中的成形方法,型腔内的树脂部分即为成品。待注射到模型内的树脂冷却固化后取出,成形工序即告结束。为方便搬运,成形材料使用的是成形为米粒状的塑料颗粒。注射装置的形式多种多样,但一般最常用的是图 3.99 所示的一字排列螺旋式注射装置。材料由于重力作用经料斗供给到加热缸,由螺旋混合搅拌。此搅拌还具有用摩擦热加热材料的效果。

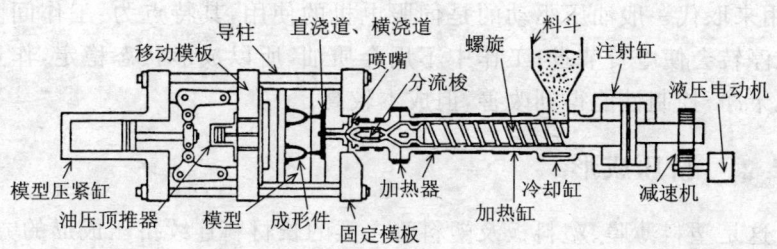

图 3.99　一字排列螺旋式注射成形机构造实例(模型压紧为连杆机构)

图 3.100 给出了模型构造的示例。模型决定着成形件的形状,为提高生产率,多采用如图 3.101 所示的模型,将多个模型组装在一起。另外,要有可开合模型的机构,要使用能以充填树脂压力难以将模型打开的大力将模型压紧的机构(连杆机构、油压)。为快速冷却固化树脂,还应设

置冷却管(冷却介质多用水)。这种方法可制作齿轮、透镜、各种容器等多种多样的热可塑性树脂制品。

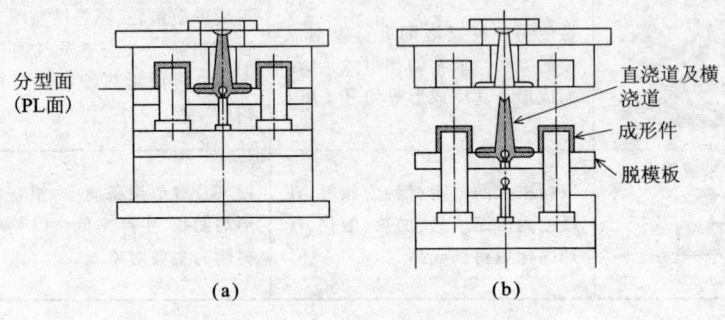

图 3.100 模型构造实例

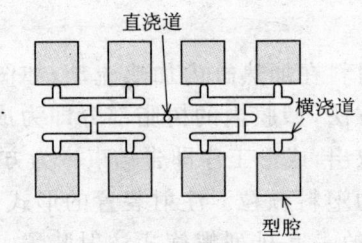

图 3.101 多模型组合示例

近年来,成为热门话题的电动注射成形机中,作为成形等的各种驱动源,用来取代一般油压驱动的是伺服电机的使用,其特点为:工作间隙中电机停转会使电费节省;工作中不用介质油,所以成形状态稳定,作业环境也干净;控制性能得到改善,但成本较高。

3.7.2 挤压成形

这是塑料薄膜、塑料板及塑料管之类的长材料连续挤压成形的方法。与金属的挤压加工类似,是对加热缸内加热过的成形材料进行挤压,使其从螺旋头的模子中挤出来。模子决定制件的截面形状,使用不同形状的模子可以得到薄膜、板、异形材和各种各样截面形状的制件。应用此方法时需要挤压机、模型及盘卷装置。图 3.102 示出的是广泛使用的单螺旋挤压机,此外还有两根以上的多螺旋挤压机。

模型由于决定制件的形状而非常重要。图 3.103 示出的是按截面形

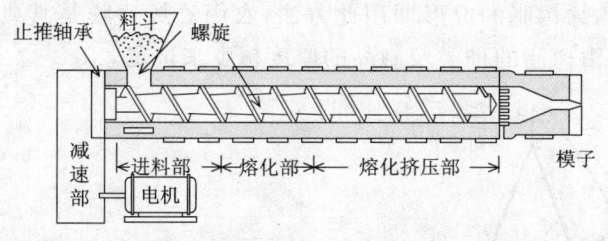

图 3.102　单螺旋挤压机的构造示例(S. Kalpakjian, 2001[25])

状对模型所作的分类。基本上分挤压单一树脂的单层模和挤压两种以上多层树脂的多层模。拉丝模(拉丝喷嘴)用来制造线状制品(纺线);圆形的模子可成形圆筒状制品,所以可制造管子及吹制薄膜等;平模子可将树脂成形在平面上,所以可制作塑料布、塑料板等;另外,还可用异形模来制造窗框、窗帘滑轨等异形制品。

成形体形状	拉丝模	圆形模	平模	异形模
单层/多层	颗粒 线材	管材 吹制薄膜	板材 薄膜 叠层成形	异形 线材

图 3.103　模型的截面形状分类

3.7.3　吹制成形

　　这是获得筒形薄膜制品的方法。先使用前述的挤压机,如图 3.104 所示,将熔化的材料从圆形模孔中挤出,再往模中的小管吹气使其胀大,然后用冷却空气从外部冷却固化即可。胀大的部分称为气包。图中示出的是向上成形方式,用于聚乙烯等的成形,聚丙烯则使用向下水冷却方式。工艺方法仅限于热可塑性树脂。

　　该方法可用小模型制造宽幅的薄膜,生产率很高。垃圾袋、米袋、购物袋等很长的无缝筒形薄膜即是用这种方法制造的。

3.7.4　压延成形

　　图 3.105 所示是用热辊压延树脂连续获得平板及薄膜状制品的方

法,软质氯乙烯树脂的成形即用此方法,农用乙烯薄膜是其典型的制品。压延的形式由树脂的种类及制品的厚度精度来选定。

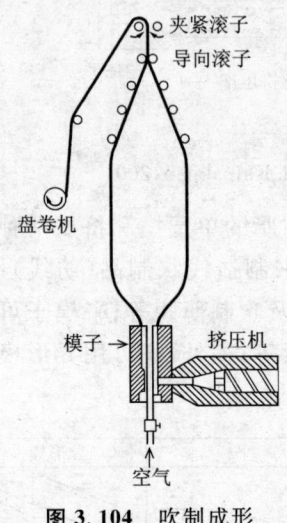

图 3.104　吹制成形

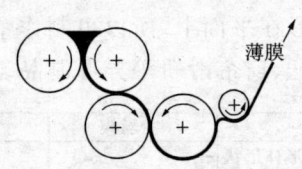

图 3.105　压延成形

3.7.5　吹塑成形

别名称之为中空成形,原理类似于玻璃瓶的成形工艺。塑料瓶及油桶等各种瓶罐容器是其典型制品。成形的方式有各种各样,主要分为下述三种:

1. 直接吹塑成形(挤压中空成形)

将热可塑性树脂用前述挤压机可塑化后,以小管状(称为型坯的预制胚)挤出,向其吹入压缩空气,熔融状态的型坯如图 3.106 所示,受到模型的阻挡约束后随即成形。大量生产中是连续挤出成形。

2. 注射吹塑成形(注射中空成形)

如图 3.107 所示,先用注射成形法成形一带底的型坯,将此型坯在半熔融状态下从注射成形模具中取出后装入成形用模型,之后向其吹入空气,使其胀到模型的样子后,冷却固化,即可打开模具取出成品。此成形法不再进行延伸处理。与直接吹塑成形相比,适于薄壁成形,具有瓶口部及螺纹部精度高等特点。

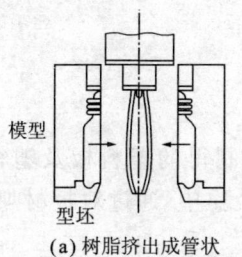
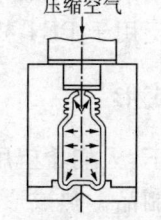

(a) 树脂挤出成管状　　(b) 合上模型吹入压缩空气

图 3.106　直接吹塑成形（塑料成形加工学会,1999[26]）

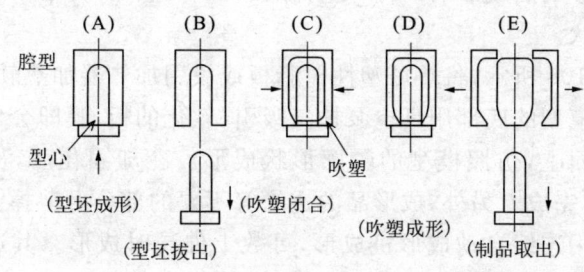

图 3.107　注射吹塑成形（广惠章利等,2003[27]）

3. 延伸吹塑成形

塑料材料经前面的"小常识"介绍的延伸处理后,其强度会增加。该方法即是将此延伸工艺应用到吹模成形中。例如,将延伸棒插入注射成

=== 小常识 ===

惊人的"延伸薄膜"

将热可塑性塑料薄膜拉拉看,你会发现有的非常结实。这大多都是"延伸薄膜"。顾名思义,这是将成形后的薄膜在适当的条件下拉伸后,结晶方向被整理成一致的结果。经过延伸,聚酯、聚酰胺、聚丙烯等各种树脂的强度得到显著提高。纵横只有一个方向延伸的称为单轴延伸,两方向都得到延伸的称为两轴延伸。单轴延伸的,垂直于延伸的方向不耐载荷,而两轴延伸的则具有纵横无论哪个方向上有载荷都难以撕裂的优良特性。

形的带底型坯中,轴向延伸后进行吹模成形,即可得到强度高的优良制品。该方法广泛用于 PET 树脂的成形。

3.7.6 热成形

许多情况下,人们希望用挤压成形等制得的塑料板及塑料膜再成形为一定用途的制品。热成形即可实现这一愿望,通过对板材加热软化,最后得到所需形状。

1. 真空成形

真空成形属热成形的一种,是将原板材加热软化,再巧妙地利用负压得到所需形状。

如图 3.108 所示,将热可塑性树脂板或膜用加热器加热软化后,铺到模型上。在模型的底部用真空泵抽气吸引,软化的板、膜即会伸展并紧贴到模型的表面上,仿照模型的轮廓形状成形。冷却固化后,从模型中取出,成形即告完成。另外,成形品的边缘等不要的部分可剪掉。大批量生产的场合是用连续自动成形机成形,可数十件同时成形。其适用范围很广,主要制品有盛装鸡蛋和草莓的容器及各种食品盘等。

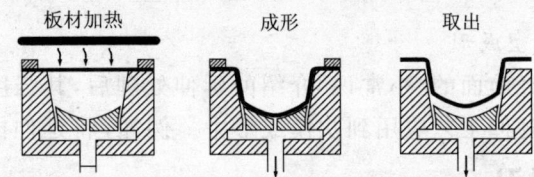

图 3.108 真空成形的基本工艺过程(广惠章利等,2003[28])

2. 压空成形

真空成形由于是采用低压成形而具有复杂形状及尖角处成形困难的缺点。为解决这一问题,压空成形采用了图 3.109 所示的成形工艺。先用下部来的压缩空气使板材贴到加热器的表面上加热软化,之后靠下部真空泵的吸引和上部来的压缩空气一起将板材紧贴到模型上。这种方法不仅可成形薄板,也可成形厚壁制品。主要用于塑料杯、质量轻的容器及各种盖子等的制造。

3.7.7 压缩成形

这是酚醛树脂等热硬化性树脂成形使用的传统成形方法。作为一种

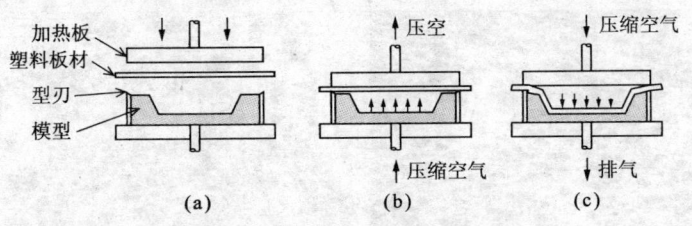

图 3.109　压空成形的基本工艺过程(广惠章利等,2003[29])

使用模型的成形,与注射成形基本相同,但本方法是在模型上、下型打开的状态下填充成形材料。其成形的基本工艺过程示于图 3.110。图 3.110(a)是往加热过的模型型腔中填充成形材料,图 3.110(b)是对其加热、加压硬化。树脂加热后呈流动状态即会熔满模型,此时再发生化学反应而硬化。之后,打开模型从中取出成形品,成形工艺即告完成。该方法与注射成形相比,模型简单、廉价,也可适于小批量生产。另外,作为成形材料的热硬化性树脂(酚醛树脂、尿素塑料、密胺、环氧树脂等)多为单体而很脆,所以常有往其中添加化学纤维及玻璃纤维的。

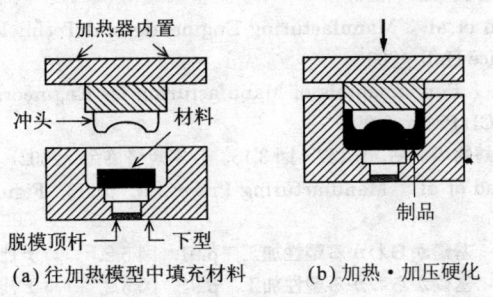

(a) 往加热模型中填充材料　　(b) 加热·加压硬化

图 3.110　压缩成形的基本工艺过程

3.7.8　发泡成形

这是让树脂中含有大量气泡以达到隔热、缓冲等目的的制品成形方法。一般的发泡方法是将发泡材料添加到成形材料中,使加热产生的气体扩散到成形品中,称之为蒸汽发泡成形。此时,无需特别的成形机,而是使用注射成形机或挤压成形机。发泡的程度可随发泡剂的种类调整,从数倍到数十倍,范围很宽。图 3.111 显示的是发泡体的电子显微镜照片。此外,还有两种液体混合时发泡的化学方法(尿烷树脂等)等各种方法。以方便面容器为首,发泡成形广泛用于隔热板、隔热容器的制造中。

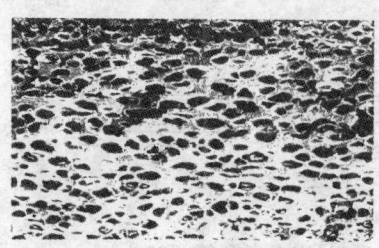
(a) 低倍率发泡体(1.5倍)

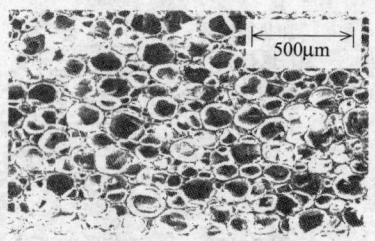
(b) 中倍率发泡体(5倍)

图 3.111　发泡体的电子显微镜照片

（塑料成形加工学会，1999[30]）

参考文献

[1] B. H. Amstead et al：Manufacturing Processes, p.78, Figure 5.2 John Wiely & Sons（1986）
[2] T. F. Waters：Fundamentals of Manufacturing for Engineers, p.21, Figure 2.4 (a)-(d), UCL Press（1996）
[3] S. Kalpakjian et al：Manufacturing Engineerig and Technology, p.278, Figure 11.18, Prentice Hall（2001）
[4] T. F. Waters：Fundamentals of Manufacturing for Engineers, p.23, Figure 2.6 (a), (b), UCL Press（1996）
[5] 加山延太郎：鋳物のお話，p.157，図 3.15，日本規格協会（2002）
[6] B. H. Amstead et al：Manufacturing Processes, p.113, Figure 6.9, John Wiely & Sons（1986）
[7] 長田修次，他：基礎からわかる塑性加工，p.91，図 5.2，コロナ社（1997）
[8] 長田修次，他：基礎からわかる塑性加工，p.91，図 5.3，コロナ社（1997）
[9] T. F. Waters：Fundamentals of Manufacturing for Engineers, p.52, Figure 3.7, UCL Press（1996）
[10] S. Kalpakjian et al：Manufacturing Engineerig and Technology, p.331, Figure 13.13, Prentice Hall（2001）
[11] 川並高雄，他：基礎塑性加工学，p.36，図 3·11，森北出版（1995）
[12] 村川正夫，他：塑性加工の基礎，p.57，図 4.3，産業図書（1998）
[13] 村川正夫，他：塑性加工の基礎，p.57，図 4.1，産業図書（1998）
[14] 村川正夫，他：塑性加工の基礎，p.64，図 4.13，産業図書（1998）
[15] 川並高雄，他：基礎塑性加工学，p.63，図 4·25，森北出版（1995）
[16] 村川正夫，他：塑性加工の基礎，p107，図 8.5，産業図書（1998）
[17] 安藤　柱・辻　毅一・古澤琴風・花形　剛・秋旺激・佐藤繁美：材料，50 巻，8 号，pp.920-925，日本材料学会（2001 年 8 月）

[18] K. Ando, M. C. Chu, F. Yao and S. Sato : Fatigue and Fracture of Engineering Materials and Structure, Vol.22, pp.897-903 (1999)
[19] 古澤琴風・古町直基・高橋宏治・斉藤慎二・安藤　柱：材料, 52巻, 8号, pp.998-1005, 日本材料学会 (2003年8月)
[20] K. Ando, K. Furusawa, M. C. Chu, T. Hanagata, K. Tsuji and S. Sato : Journal of the American Society, Vol.84, pp.2073-2078 (2001)
[21] 石上英征・松井勝幸・神　泰行・安藤　柱：日本機械学会論文集 (A編), 66巻, 648号, pp.1547-1554, 日本機械学会 (2000)
[22] 石上英征・松井勝幸・丹下　彰・安藤　柱：圧力技術, 38巻, 4号, pp.205-215, 日本高圧力技術協会 (2000)
[23] 廣恵章利, 他：プラスチック成形加工入門 (第2版), p.79, 図4.7, 日刊工業新聞社 (2003)
[24] 廣恵章利, 他：プラスチック成形加工入門 (第2版), p.99, 図5.2, 日刊工業新聞社 (2003)
[25] S. Kalpakjian et al : Manufacturing Engineerig and Technology (4th Edition), p.482, Figure 18.2, Prentice Hall (2001)
[26] プラスチック成形加工学会編：先端成形加工技術, p.193, 図3.118, シグマ出版 (1999)
[27] 廣恵章利, 他：プラスチック成形加工入門 (第2版), p.88, 図4.23, 日刊工業新聞社 (2003)
[28] 廣恵章利, 他：プラスチック成形加工入門 (第2版), p.91, 図4.28 (抜粋), 日刊工業新聞社 (2003)
[29] 廣恵章利, 他：プラスチック成形加工入門 (第2版), p.92, 図4.29 (抜粋), 日刊工業新聞社 (2003)
[30] プラスチック成形加工学会編：先端成形加工技術, p.216, 図3.145, シグマ出版 (1999)

第 8 篇

加工与管理中的计量技术

- 责任编委
  - 松本宏行
- 执笔编委
  - 高桥正明（第1章，第3章3.1节、3.3节）
  - 三桥真成（第2章2.1节、2.6节、2.7节）
  - 松本宏行（第2章2.2节、2.3节、2.5节，第3章3.2节）
  - 平冈尚文（第2章2.4节）
  - 香村　诚（第2章2.8节）

第 1 章

机械中的计量

　　加工与计量自古以来就像一辆车的两只轮子一样共同向前发展。正如人们所说的:"不能测量就不能加工",新的计量方法的引入会带来加工精度的提高,新的加工原理及方法的出现也会促进计量技术与仪器的进步。

　　本章在使读者对加工中不可缺少的计量方法加深理解的同时,让读者学习到"图纸—加工—计量—装配"的制造系统中的信息处理,并讲述促进国际分工进步的现代零件管理方法。

1.1 计量的目的

现在,工厂制造的产品少则是由几个零件,多则是由几万个零件组合而成。这些零件相互连接结合,形成一个整体实现着各种各样的功能。零件组装以后,要实现某种功能,零件与零件相连接的部分,换句话说,即零件的相互干涉部分的状态是非常重要的。为实现产品的功能,其管理是必不可少的。

1.1.1 计量的重要性

例如,在使用滚动轴承组成回转轴系的场合,设计图上会标注出图1.1所示的尺寸公差。那么,在加工现场则必须加工到所注的尺寸公差范围内。如果轴的直径比轴承小,轴与轴承之间就会有间隙而产生振动、偏磨及异常的声音;相反,如果轴的直径比轴承大,那就会成为安装不良、轴承温度异常上升及噪声等的原因。在上述无论哪种情况下,都会带来运动精度的恶化及轴承寿命的降低。可见,在这种情况下尺寸的控制与管理是非常重要的。

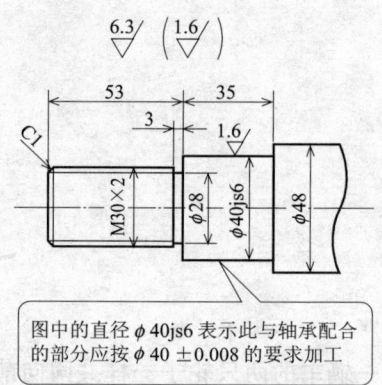

图中的直径 $\phi 40js6$ 表示此与轴承配合的部分应按 $\phi 40 \pm 0.008$ 的要求加工

图 1.1 轴的设计示例

1.1.2 计量与加工的现状

加工现场是如何控制尺寸的呢? 如果在车床或铣床上做过加工实习,那大概会想起曾经用游标卡尺和千分尺进行过测量、调整过切削进给量。在车床上加工时,一般都是测量工件的直径,之后一边看着工作台进给手轮上的旋转刻度一边调整车刀的切入量,来控制工件半径方向上的切入量。

在实际的零件生产现场,一般多使用游标卡尺及千分尺这种较精确的测量器具进行测量,在大批量生产的情况下,则还要使用称之为加工中测量及加工后测量(见图 1.2)等传感器类测量检验装置来进行尺寸的自动测量,通过调整切削刀具的切入量或砂轮的进给量,将工件尺寸控制到图纸给定的公差范围内。

像轴与轴承这种简单的零件尚且需要如此的尺寸控制管理,那么在各种不同的复杂场合下则更不用说,有时还必须控制轴的圆度(相对几何学上的圆的偏差)、圆柱度(相对几何学上的圆柱的偏差)等。面对汽车发动机的曲轴之类的零件时,还必须要注意曲柄部分的偏心量的误差及曲柄轴的圆度等。在具有复杂机构及功能的各种工业产品中,还必须进行严格的更为复杂的控制管理。

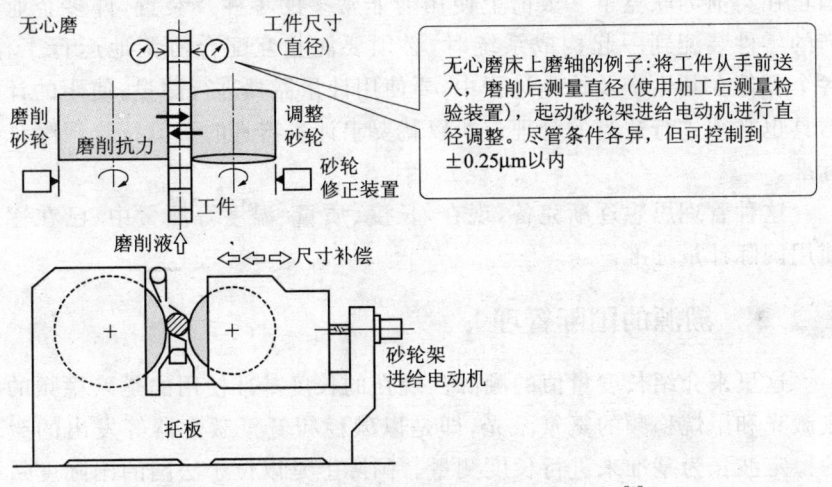

图 1.2　加工后测量检验(机械与工具,2004[2])

=== 小常识 ===

不能测量的东西无法制作

在称为母机的机床的发展史中,这是显示计量重要性的名言。其隐含的意思是说,一旦有新的计量方法出现,随之而来的即是更高精度的加工方法的开发与实现。加工技术与测量技术正像一辆车子的两只轮子一样,同步向前发展。

1.2 溯 源

在计量领域,如果在不同地方测量得不到相同结果的话,那将是非常混乱的。本节就来讲述国际范围内的计量溯源问题。

1.2.1 溯源的必要性[3]

溯源一词据说出现于 20 世纪 50 年代的美国,当时在火箭技术上美国正在与前苏联竞争。火箭上使用着非常多的零件及装置,许多企业生产的零件装配到一起构成系统时,必须要能相互配合协调地运行工作。各个零件在其生产及检查过程中,要使用计量器具进行测量,使用的计量器具也必须进行适当的管理。所以就要求计量器具的示值符合国际计量标准。

这种管理思想逐渐完备,现在,长度、质量、温度等测量中,已在逐步使用国际计量标准。

1.2.2 溯源的国际管理[4]

这里来介绍长度量值的溯源。现在的长度基准使用的是碘稳频的氦氖激光和甲烷稳频的氦氖激光,即是以碘稳频氦氖激光器等发出的激光的稳定波长为基准来进行长度测量。国际上是以位于法国的国际度量衡局(BIPM)的装置作为基准,然后量值传递到各国的相关机构所管理的装置。在日本,是以独立行政法人产业技术综合研究所计量标准综合中心的碘稳频氦氖激光装置作为基准,而生产制造千分尺、游标卡尺、量具等的厂商则遵从此基准。具体来讲,就是各测量仪器制造厂商在其厂内设置波长稳定的 He-Ne 激光器(实用稳频激光器),通过对同一标准件的测量来确定其与计量标准综合中心的基准间的差异,再据此修正其刻度或示值,以保证这些装置间的测量值一致。用此激光器对本厂制作的千分尺、游标卡尺及量具进行检定,即可确保它们的可溯源性,如图 1.3 所示。

一般的用户购买使用这样的计量器具,即可用此游标卡尺及千分尺对产品的尺寸进行测量控制,这样一来,也就能够用相同的基准对分布在世界各地的工厂进行量值管理。

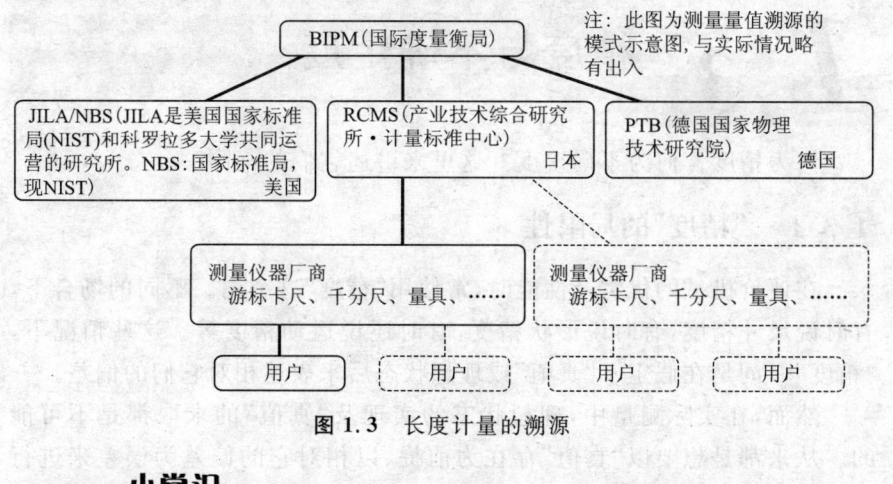

图 1.3　长度计量的溯源

―― 小常识 ――

溯　源

谈到计量领域的溯源时,指的是无论走到世界上什么地方都能以相同的基准对长度及温度等进行测量的现行的量值传递系统。而谈到制造的零件及食品之类时的溯源时,有时则是指何时何地如何生产的,知不知道是用什么饲料及药品培育的,以及能否调查得到等。

1.3 精度与不确定度

何为精度？何为不确定度？这里来讲述它们的不同。

1.3.1 "精度"的局限性

在评价机械的优劣及性能时，常使用"精度"这个词。不同的场合下，有时说尺寸精度，有时说形状精度，有时还说运动精度等。这些情况下，"精度"一词是在假定了"真值"或理想状态后来表述相对它们的偏差。

然而，在实际测量中，理想状态的实现及"真值"的求取都是不可能的。从来都是想要以"真值"存在为前提、以相对它的偏差为误差来进行评价，但测量还会有误差，可见这种评价很难进行，必须要有新的考虑。

1.3.2 "不确定度"的引入

1993 年以后的 ISO 标准中，引入了所谓"不确定度"的概念，改变了评价的做法。即定义所有测量值中，能够统计处理的变动因素为"分散"，并定义"不确定度"(uncertainty)为"表征合理地赋予被测量之值的分散性，与测量结果相联系的参数"。在要求溯源的测量中，即变成为采用同时标记表示"真值"位于偏离测量值多大的分散范围内的测量值的"不确定度"的方法。即现在的做法是，要记录成为相对分散原因的 4W1H（何时：时间；何地：测量机构；何人：测量者；用何物：测量器具；如何：测量条件）的状况，并要求导出具有普遍性的测量结果。

1.3.3 合成标准不确定度与扩展不确定度

进行计量时的不确定度，是测量环境带来的影响、所用检测器具的不确定度、测量时的分散，以及检测器具的灵敏度校正的不确定度等相互影响的结果，它对于具有普遍性的计量是不可缺少的。

按照"测量不确定度表示指南"的观点，将不确定度分为 A 类和 B 类进行处理。A 类是使用统计分析的评定方法，如测量值的标准差与之相当，而除此以外，基于经验及知识的推定则归于 B 类。A、B 合在一起的不确定度，称为合成标准不确定度，用于测量的最终评价。合成标准不确

定度用下式表示,它是由各个不确定度按二乘和方法合成的:

$$U_c = \sqrt{\sum U_i^2}$$

式中,U_c 为合成标准不确定度;U_i 为各个不确定度。

这里求得的合成标准不确定度,相当于标准差(1σ),所以,为求适当的置信概率应引入包含因子(coverage factor)k,算出相应于 2σ、3σ 的置信概率下的不确定度数值。此值称为扩展不确定度(U):

$$U = k \cdot \sqrt{\sum U_c^2}$$

式中,U 为扩展不确定度;U_c 为合成标准不确定度。

----- 小常识 -----

阿贝原则

阿贝原则说的是:将测量仪器的标准器(尺子、测量元件)和测头、被测尺寸串联布置时,测量误差最小。它主要适用于长度的测量。

使用下图所示的游标卡尺型测量仪器测量被测件的尺寸时,工作台与标尺安装部位之间如果因滑架的轻微摆动而有 θ 角度的倾斜时,即会产生测量误差 $\delta = h\theta$(见图(a))。但是如果使用图(b)所示的千分尺型的测量仪器时,则有 $\delta = l\theta^2/2$。一般情况下,θ 很小,所以图(b)这种千分尺型测量仪器可保持较高的测量精度。

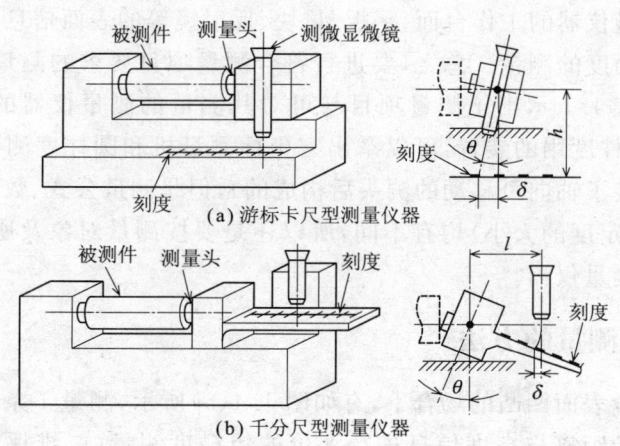

(a) 游标卡尺型测量仪器

(b) 千分尺型测量仪器

测量误差因测量仪器的构造而不同(中沢 弘 1991[6];和田 尚,1963[7])

1.4 测量的进行方法

测量的开始是图纸,是从设计者在图纸上标注公差代号及尺寸公差的地方开始。这种标注不仅对加工方法而且对整个制造都是不可缺少的。

1.4.1 测量仪器的选择

这种选择主要为保证产品的功能及性能,图纸上还要标注尺寸及几何公差。在零件的制造过程及检查中,为了确认其是否满足一定的标准要求,需要进行测量。进行测量时,还必须按照所要测量的项目、所需测量精度、测量环境条件及测量成本等,来合理地选择测量仪器。

例如,长度用千分尺、指示表、激光干涉仪等均可测量,但想要以 $0.5\mu m$ 以下的精度测量直径 $10mm$ 的零件时,使用综合误差 $2\sim 3\mu m$ 的千分尺就不行,而应组合使用电气测微仪和量块,或要使用干涉仪等。而且,随着零件材质的不同,即是否为测量易划伤的物质,选择的测量仪器及测量方法也会有所不同。

在以孔及圆柱体的轴线及其素线、刀口尺的刃及机床和测量仪器的驱动导轨等为对象的场合,应标注直线度并对其进行测量。而需要各种机床及测量仪器的工作台面、平板、量块、反射镜等的表面信息的场合,则应进行平面度的测量。总之,要进行符合测量项目要求的测量仪器选择与测量。表 1.1 示出了测量项目与可对其测量的测量仪器的种类。例如,测量圆柱度用的装置,可以举出三坐标测量机和圆柱度测量仪(在圆度仪上安装了轴向可移动的测头后构成的),但是测量公式、数据点数、可信度(不确定度的大小)均有不同,所以还是要按测量对象及所要求的精度来选择测量仪器。

1.4.2 测量的方法

在测量表面凹凸的场合下,有如图 1.4(a)所示,测量 1 条线,仅用测量方向上的距离与高度信息进行评价的粗糙度测量(二维评价)和如图 1.4(b)所示,对表面进行点阵状测量,以所得的平面数据为对象进行评价的三维粗糙度测量(三维评价)。这时,不论是测量所用的测量仪器,还是数据处理用的软件,均会有所不同。

表 1.1 测量项目与使用的测量仪器

	长度	角度	直线度	平面度	粗糙度	三维粗糙度	圆度	圆柱度	位置度	齿形
千分尺	○									
千分表	○									
电气测微仪	○									
正弦尺	○	○								
干涉仪			○	○						
准直仪			○	○						
水平仪			○	○						
轮廓仪(三维轮廓仪)					○	○				
干涉显微镜					○	○				
圆度仪(圆柱度仪)	○						○	○		
三坐标测量机	○		○	○			△	△	○	
齿形测量仪、基节仪(各种)										○
⋮										

(精密加工学要览编集委员会,2003[7])

为测量1个截面进行评定的方法。适于研磨面等无各向异性的表面的测量。标准也大致已经齐备。

为进行面测量后再给予评定的方法。还可以测量磨削面等有各向异性的表面。需XY两向扫描机构。处理数据量增多。标准未齐备之处多,尚待研究的课题也多

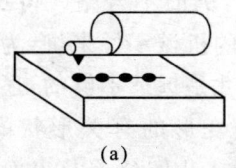

(a)

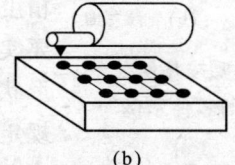

(b)

图 1.4 二维测量与三维测量(精密加工学要览编集委员会,2003[8])

为了获得更多测量信息,一般面测量(三维形状)总比线测量(截面形状)能够得到更多的信息,但是不用说会增加测量数据量,测量用的仪器及进行数据处理的软件也都要求能进行三维处理,因此所需的时间及成本费用一般都会增加。

另外,特别是对由多个几何要素组合构成的零件进行测量时,以怎样的顺序如何采集数据,以及如何进行数据处理,都是非常重要的。这些顺序及方法,有时称为测量策略。

1.5 产品几何特性技术规范[8,9]

近年来,随着经济全球化的发展,遵照国际标准进行计量逐渐变得越来越重要。本节讲述以确保溯源性为目的的产品几何特性技术规范(GPS)。

1.5.1 GPS 规范的目的与观念

与其他零件装配的机械零件,由于必然存在加工误差,所以必须给出尺寸公差。这对于长度控制基本上是可以的。但是,对于需要在非常精密甚至超精密范围内控制管理的实际产品,还必须要控制管理其形状精度。例如,无心磨加工的圆柱体零件,往往会出现图 1.5(a)所示的那种截面形状完全变形了的样子。可是这个三棱截面的零件,无论从哪个径向方向上,两点法(直径测量法)测得的直径又都相同。又例如,图 1.5(b)所示的轴,各个截面都是个圆,而且直径都相同,但是由于轴线弯曲了,所以当作高精度的轴使用时,仍旧不合格。可见,对于要实现一定功能的机械零件来讲,为表示其形状信息仅用尺寸是远远不够的,还必须要规定限制其几何变形的有关形状的公差。

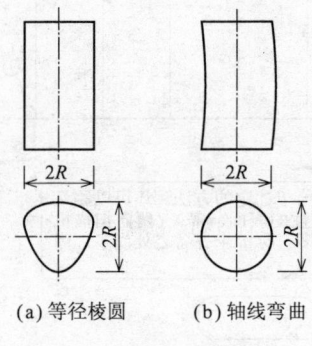

图 1.5 必须要按几何公差控制管理的零件示例
(a) 等径棱圆 (b) 轴线弯曲

从确保溯源性的观点来看,也必须要建立一个从几何公差及表面性状的定义到其验证的各个过程都毫无疑义的完整体系。

作为对这种要求的应对,ISO(International Organization for Standardization)中 GPS(Geometrical Product Specification,产品几何特性技术规范)标准的制订与完善,如下所述,至今一直在不断进展。所谓 GPS 规范,是指对工业产品的几何精度(尺寸、形状及表面性状等)从定义到检验认证所制订的一整套标准规范。这些规范的最重要的基本事项是对尺寸、形状及表面性状等的几何精度定义解释的一义性。

这样一来,就产生称之为 GPS 矩阵的图表(见表 1.2),表中有关规范作用任务的事项称为"环",横向排列,而有关形体几何特性的几何特性指标组称为规范"链",纵向排列。考虑到 ISO 标准的体系化,GPS 各规范即是相应于此矩阵进行规划、立项及制订的。这种 GPS 矩阵的目的是要能够把握"设计的产品"、"制造的产品"及"测得的产品信息"间的相互关系,完备一套排除了各规范相互矛盾的规范体系。为实现此规范的体系化,需要对原来已有的规范进行定位和整理,对尚未规范化的部分进行整理完善。JIS 标准也正按 ISO 标准的形式对这些规范进行整理与完善。

表 1.2　GPS 矩阵模型

		GPS 通用规范					
		GPS 基本规范					
	环的编号	1	2	3	4	5	6
GPS 原理规范	尺寸						
	距离						
	半径						
	角度						
	与数据无关的线的形状						
	与数据有关的线的形状						
	与数据无关的表面形状						
	与数据有关的表面形状						
	姿势						
	位置						
	圆跳动						
	全跳动						
	数据						
	表面粗糙度						
	表面波纹度						
	优先轮廓						
	表面缺陷						

环的编号
1:产品编码　　　　　　　　　　4:零件偏差评定-与极限偏差的比较
2:公差定义-理论定义及数值　　5:对测量装置的要求事项
3:实体定义-特性或参数　　　　6:有关构成的要求事项-测量基准

(JIS B 0021:1998)

检验验证时使用的测量数据要先数字化,还要保证与检验有关的评价方法的合义性(仿照定义的手法)与鲁棒性(要不受偶尔发生的异常数据的影响),再求出能明确表示前述不确定度的结果。

如前所述,GPS规范中规定加工后零件的形状偏差应使用三坐标测量机等测量,尽可能在初期阶段就将其数字化(量化),并使用软件进行数据处理。这样一来,位移测量传感器的溯源和软件的检验认证即可分别进行。

1.5.2 形状偏差评定用的数据处理

为了按照GPS规范进行数据处理,JIS B 0021定义有测量及其评定所用的术语(详细情况请参照ISO标准)。其内容示于图1.6中。

几何公差对象的零件的形状是由基本要素——形体(feature)构成的。所谓形体,是指图面中成为精度对象的点、线、轴线、面及中心线等。

设计图面	图示(外壳)形体 (nominal integral feature)	图示派生形体(nominal derived feature) 设计形体的中心线及中心平面等
↓加工		
加工零件	实际(外壳)形体(real integral feature)	
↓数字测量		
数字数据	实测外壳形体(extracted integral feature) 由测量数据确定的形体	实测派生形体 (extracted derived feature) 由测量数据构造的形体的中心线及 中心平面等
↓评价		
根据数字数据的形体的再现	再现外壳形体(associated integral feature) 代入测量数据后的形体 (圆柱及平面等)	再现派生形体(associated derived feature) 代入测量数据后的形体的中心线及 中心平面等

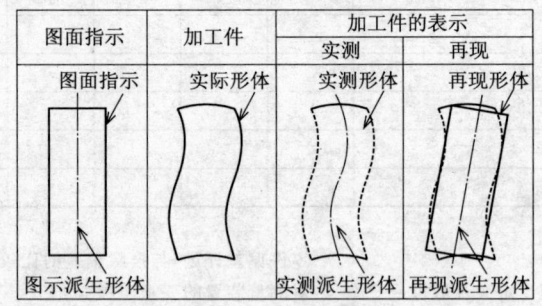

图1.6 形体的定义与相互关系
(精密加工学要览编集委员会,2003[8];塚田忠夫,2002[9])

外壳形体(integral feature)是指由中心线及面等形体构成的零件的表面，形状(form)则指的是图面上所表示的圆柱及立方体等确定的三维物体的形。所以，加工后的形状称为实际(外壳)形体(real integral feature)，数字化测量所得的形状称为实测外壳形体(extracted integral feature)。所谓实测派生形体(extracted derived feature)则是指由测量数据导出的中心点及中心线等。另外，理想的圆柱等称为代用形体(substitute element)，使用最小区域法等将其代入后的形体称为再现外壳形体(associated integral feature)。

作为几何公差的标准，已经制订有 ISO 1101 及 JIS B 0621。在这些标准中，为确保定义解释的惟一性，具有很严密的几何公差定义。因至今一直进行着 GPS 规范的制订，故有关图面标注部分也正在积极进行中。

但是，有关其验证(测量与评定)方法，在以现在的技术水平能够解决的范围内公开发布的只有 JIS B 0021[10]等。而以前建议制订的验证方法，则停留于圆度、圆柱度、同轴度等几种。

按照 GPS 规范标注在图面及文件中的几何公差及表面性状，无论是全检还是抽检，总是要求通过检验验证来保证其精度。所以，几何公差及表面性状的过度要求(应根据情况尽量方便制造)，恐怕会增加检验的成本费用，这一点要给予仔细的注意。

这样看来，GPS 规范的制订及普及现在正处于进行之中，有些方面未必就是测量现场及工业界的现状。但是，随着国际标准化的发展，一定会逐渐普及，其知识及研究也会越来越完备。

1.6 依靠评定值的功能保证[8,9,11,12]

本节讲述实用的零件检验管理。使用数字化数据和计算机的评定有时需要昂贵的测量仪器和大的工作量，所以，就出现有廉价的装置和简便的方法，本节就其作简单介绍。

1.6.1 几何误差的评定

图面中成为几何公差对象的是点、线、轴线、面及中心线等形体。这些形体中与公差有关的是其尺寸（size）、形状（form）、姿势（orientation）、位置（location）。尺寸除应用最大实体原则等指定有理论正确值的情况外，与前述的尺寸是完全同义的。而形状、姿势及位置的精度要求的给定即是所谓的几何公差。它们与尺寸的关系服从独立原则："形体的形状、方向与位置的几何偏差，只要未特别指明，不受所给尺寸的限制"。

对于零件有相互结合要求及其他要求时，即尺寸公差和几何公差间有相互依存关系的要求时，要用包容原则（JIS B 0024）、最大实体原则及最小实体原则（JIS B 0023）、延伸公差带（JIS B 0021）等指定。此即相当于"特别指明"。

下面来说明最大实体原则（MMP：Maximum Material Principle）。

1.6.2 最大实体原则

来考虑图 1.7 所示的相互配合的轴（外形体）和孔（内形体）。这些形体具有实体为最大的允许极限尺寸的状态称为最大实体状态（MMC：Maximum Material Condition）。决定此最大实体状态的尺寸，即外形体的最大极限尺寸、内形体的最小极限尺寸，即是最大实体尺寸（MMS：Maximum Material Size）。另外，图中的数据是确定形体间功能关系的根据。这种最大实体原则是以具有大小尺寸、具有轴线或中心平面的形体为对象，可适用于直线度、平行度、垂直度、倾斜度、同轴度、位置度及对称度等各项公差。

相反，形体具有实体为最小的允许极限尺寸的状态称为最小实体状态（LMC：Least Material Condition）。决定此最小实体状态的尺寸，即外

• 图面指示（轴的场合）

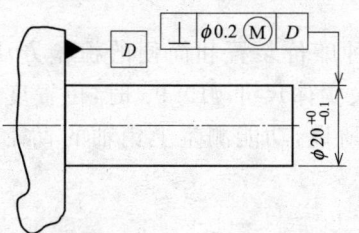

• 图面指示（孔的场合）

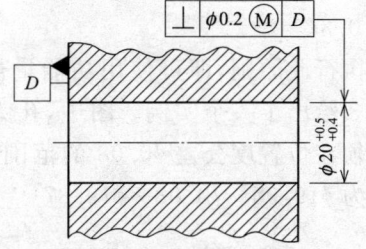

• 说明（轴的场合）

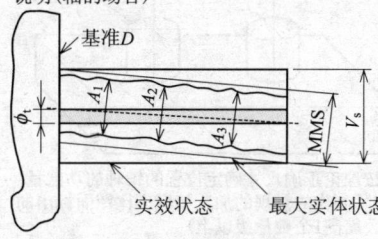

$A_1 \sim A_3$ = 实际尺寸 = $\phi 19.9 \sim 20.0$
MMS = 最大实体尺寸 = $\phi 20$
LMS = 最小实体尺寸 = $\phi 19.9$
ϕ_{ti} = 标出的垂直度公差 = $\phi 0.2$
V_s = 实效尺寸 = MMS + ϕ_{ti} = $\phi 20.2$
ϕ_t = 允许的垂直度公差 = $\phi 0.2 \sim 0.3$

• 说明（孔的场合）

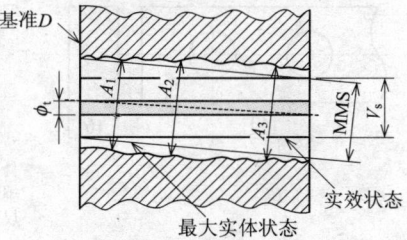

$A_1 \sim A_3$ = 实际尺寸 = $\phi 20.4 \sim 20.5$
MMS = 最大实体尺寸 = $\phi 20.4$
LMS = 最小实体尺寸 = $\phi 20.5$
ϕ_{ti} = 标出的垂直度公差 = $\phi 0.2$
V_s = 实效尺寸 = MMS − ϕ_{ti} = $\phi 20.2$
ϕ_t = 允许的垂直度公差 = $\phi 0.2 \sim 0.3$

• 轴的动态公差图

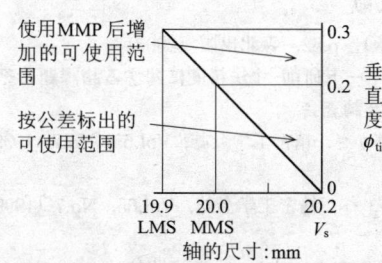

测得所制轴的尺寸为 $\phi 19.9$ 时，垂直度公差为0.3

• 孔的动态公差图

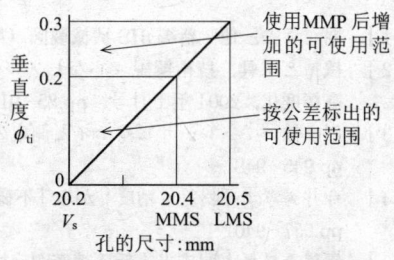

测得所制孔的尺寸为 $\phi 20.5$ 时，垂直度公差为0.3

图 1.7　基于最大实体原则的公差

形体的最小极限尺寸、内形体的最大极限尺寸，即是最小实体尺寸（LMS：Least Material Size）。此最小实体原则，主要用于最小壁厚的控制及防止断裂等。

图 1.7 示出的是 MMP 原则（图示为 Ⓜ）应用于垂直度公差的情况。

其中孔偏离最大实体尺寸加工成最小实体尺寸时，其垂直度公差值可增大至0.3。

执行此原则，即可使用功能量规这种廉价装置和简便的检验方法。图1.8给出了一个实例。图中，孔为最大实体尺寸 $\phi 19.95$ 时，位置度误差必须在位置度公差 $\phi 0.08$ 的范围内。所以，功能测量上销轴的直径就应该为 $\phi 19.95 - \phi 0.08 = \phi 19.87$。

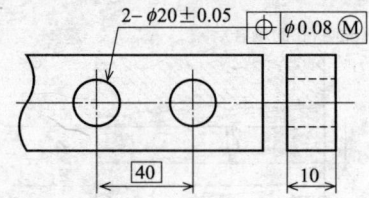 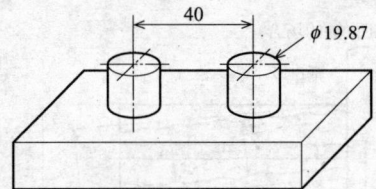

具有按理论正确尺寸确定位置的销轴的功能量规（实际制作的量规的加工精度应比图面标出的尺寸公差高1个数量级以上）

(a) 公差标注示例　　　　　　(b) 检验方法

图1.8 使用最大实体原则的位置度的检验（塚田忠去，2002[8]）

参考文献

[1] 堀　幸夫，他：新編JIS機械製図（第3版），p.82，森北出版（2002）
[2] 機械と工具，技術解説　心なしスルーフィード研削-寸法精度に関する諸課題とその高精度化，2004年1月号，pp.85-91，工業調査会
[3] 田中健一：トレーサビリティと測定の不確かさ，精密工学会誌，Vol.65，No.7（1999），pp.945-948
[4] 今井秀孝：「誤差・精度」から「不確かさ」へ，精密工学会誌，Vol.65，No.7（1999），pp.937-940
[5] 編集委員長大園成夫：新版精密測定機器の選び方・使い方，日本規格協会（1997）
[6] 中沢　弘：高精度化のための公理・原理，やさしい精密工学，工業調査会（1991）
[7] 和田　尚：精密測定演習，産業図書（1963）
[8] 精密加工学要覧編集委員会：精密加工学要覧，山海堂（2003）
[9] 塚田忠夫：製品の幾何特性仕様（GPS）規格－概要－，設計工学，Vol.38，No.2，pp.83-86，日本設計工学会（2002）
[10] JIS B 0021：1998
[11] 桑田浩志：あたらしい幾何公差方式，日本規格協会（1993）
[12] JIS B 0023：1996

第 2 章

测量技术

作为用于加工控制管理的测量技术，本章来讲述基本物理量的测量。

首先讲述"长度"、"力"、"加速度"等在机械振动中的应用为代表的基本物理量的测量；其次，说明有关材料特性的"表面粗糙度"及"硬度"等测量的基本事项；然后，在讲述尺寸误差测量时的基本测量量"直线度"、"平面度"等的同时，举出一个应用实例讲述有关"流体计量"的测量仪器。

2.1 长 度

在制造机械时,首先加工构成机械的零件,再组装起来。这些零件的尺寸要用通用的长度基准单位来表示,以便无论在何处的工厂无论是谁都能制作。这里就来学习长度的基准、测量方法及其测量原理。

2.1.1 长度的基准

1. 米原器

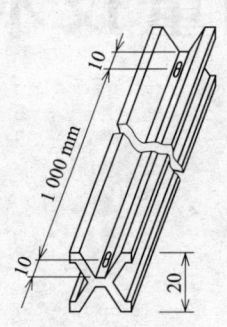

图 2.1 米原器

作为长度的基准,曾经使用过米原器。米原器的结构如图 2.1 所示,长度为 1020mm,用白金(Pt)90%、铱(Ir)10%的合金制成,截面呈 X 形的形状。使用这种形状,表面温度会迅速趋于一致,而且变形小。温度为 0℃ 时的标线间的距离定义为 1m。

2. 使用光速的米的定义

米原器存在有年久变化和有可能损坏的缺点,所以,出于以自然界存在的、永不消失的、具有一定(不变)长度的物质作为基准的考虑,现在的 1m 是以真空中的光速作为长度基准。即光在真空中在 1/299 792458s 的时间间隔内所移动的距离定义为 1m。

2.1.2 阿贝原则

图 2.2 是测长机的例子。图中,被测件 H 安装到床身 B 上,显微镜 K 固定在床身 B 上,而标尺 M 配置成可沿床身 B 移动的。设标尺 M 与床身 B 间的倾斜角为 θ(rad),则被测件 H 的长度 l 的测量误差 Δl 即可用下式表示:

$$\Delta l \approx \frac{L-l}{2} \cdot \theta^2 \tag{2.1}$$

式中,L 为标尺 M 的全长。

即如果将标尺 M 和被测件 H 放在同一直线上,由于标尺 M 和床身

B间的倾斜角 θ 很小（$\theta^2 \ll 1$），根据式(2.1)，则长度 l 的测量误差 Δl 可以很小。这即所谓的阿贝原则。

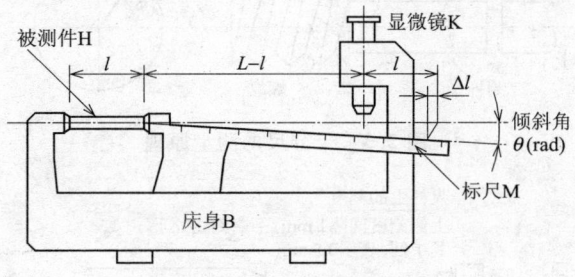

图 2.2 测长机（阿贝原则）

【例题】 图 2.2 所示的测长机中，标尺 M（全长 $L = 200\text{mm}$）和底座 B 间的倾斜角 θ 为 $1'$ 时，求测量长度 $l = 100\text{mm}$ 的被测件时的测量误差。

解 由式(2.1)求测量误差 Δl：

角度 $1' = \dfrac{\pi}{180} \times \dfrac{1}{60} = 2.9 \times 10^{-4} \text{(rad)}$

$\Delta l = \dfrac{200 - 100}{2} \times (2.9 \times 10^{-4})^2$

$ = 4.2 \times 10^{-6} \text{(mm)}$

2.1.3 长度测量法

1. 千分尺的测量原理

如图 2.3 所示，千分尺是以精密丝杆的螺距为标准，通过丝杆半径和转角将被测长度的变化放大后予以测量。

千分尺的测量放大倍数 m 由下式计算，即

$$m = \frac{\text{刻度面的变化}}{\text{长度的变化}} = \frac{r \cdot \theta}{x} = \frac{2\pi r}{p} \tag{2.2}$$

式中，x 为长度变化；r 为刻度面的半径；θ 为刻度面的回转角；p 为丝杆螺距。

千分尺读数方法的例子示于图 2.4 中。读数时要注意千分尺尺杆上的刻度，看是否超过 0.5mm，并要注意套筒上 1 格的示值。将千分尺尺杆上刻度的读数值和套筒上的读数值相加所得的值即是千分尺的读数值。

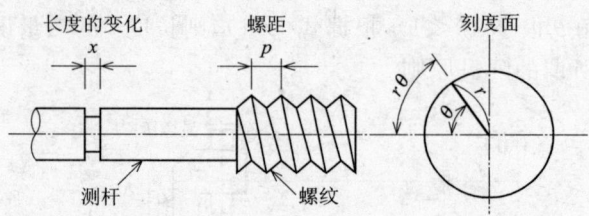

图 2.3　千分尺的测量原理

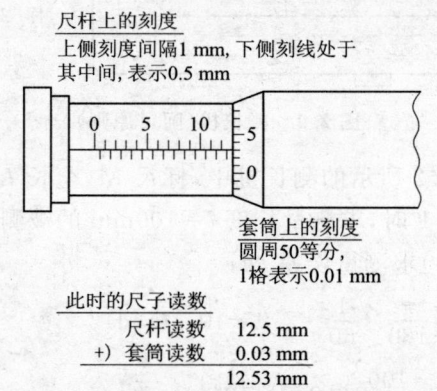

图 2.4　千分尺的读数方法（例）

2. 各种长度测量法

机械尺寸测量中常用的长度测量器具及其概要示于表 2.1 中。

表 2.1　长度测量器具

长度测量器具	概　要
线纹尺	有 1mm 或 0.5mm 间隔的刻度（金属直尺 JIS B 7516 中有规定）
卡尺	有游标的卡尺，精度为 0.02～0.07（1 级）。最近,利用电容变化的数字式卡尺也有使用
千分尺	测微千分尺可测量到 0.001mm,是广泛应用的精密量具
指示表	机械放大位移，按刻度盘上指针的回转量读数。测量范围有 10mm（刻度值 0.01）、2.10mm（刻度值 0.002）、1、2.10mm（刻度值 0.001）
测量显微镜	光学显微镜的放大功能与螺旋微动机构相组合的测量仪器。可将小零件光学放大后以 0.001mm 的精度测量其尺寸
激光干涉测长仪	用于有高精度尺寸要求的工件的测量，可读数到 0.01μm。以相干性优良的激光为光源，按迈克尔逊干涉仪的形式测量

2.1.4 长度的温度补偿

温度变化会引起被测件的膨胀与收缩,所以,在多少度下定义其长度是一个问题。工业上以 20℃(1atm)为标准温度。特别是被测件有高精度尺寸要求的场合,还要考虑热膨胀的影响,将测量值换算成标准温度 20℃下的长度。

设测量时的温度(被测件与刻度尺的温度相等)为 t、被测件的长度测量值为 l_0、被测件与刻度尺的热胀系数分别为 α_1、α_2,则标准温度 20℃下的被测件长度 l_s 可由下式表示:

$$l_s = [1 + (\alpha_2 - \alpha_1)(t - 20)] \cdot l_0 \tag{2.3}$$

在被测件与刻度尺的温度相等的场合下,如果热胀系数 $\alpha_1 = \alpha_2$,则由式(2.3)可得 $l_s = l_0$。可见,刻度尺使用与被测件相同的材质时,无需进行长度的温度补偿。

【例题】 用钢制刻度尺测量铝合金块的长度时,测得值为 800.000mm。测量时的温度为 30℃,已知铝合金和钢的热胀系数分别为 $22 \times 10^{-6}/℃$,$11 \times 10^{-6}/℃$,求标准温度 20℃下的铝合金块的长度。

解 由式(2.3)求 l_s,得

$$l_s = [1 + (11 - 22) \times 10^{-6} \times (30 - 20)] \times 800.000$$
$$= 0.99989 \times 800.000 = 799.912(mm)$$

===== 小常识 =====

表示长度的单位

表示长度的单位常用的有 cm、mm、μm 等。这都是些带有 c、m、μ 表示是 1m 的多少分之一的长度单位,其中 c 表示 1%、m 表示 0.1%、μ 表示 0.0001%。

2.2 力

这里来讲解作为测力用传感器典型代表的测力计。它的工作原理是：将应变片贴到弹性体上，对其施加拉力或压力时，弹性体即会发生与力的大小成正比的变形，此变形经应变片变换为带有变形量信息的电信号，对其测量即可测得力的大小。

此利用应变片的测力计，作为位移变换型的载荷检测装置获得了广泛的应用。

2.2.1 应变片

一般多是将应变片接入桥路来进行测量。先对应变片作一简单说明。图 2.5 所示为一个利用应变片的力传感器。

设其细长的电阻丝受到拉伸时，电阻丝的长度由 $L(m)$ 伸长至 $L+\Delta L(m)$，而电阻 $R(\Omega)$ 随长度变化而随之增至 $R+\Delta R(\Omega)$，此时，电阻的增加量 ΔR 与拉伸前的电阻值之比可表示为

$$\frac{\Delta R}{R} = k \frac{\Delta L}{L} \qquad (2.4)$$

式（2.4）右边的系数 k 称为应变片系数。此系数是由电阻线的材质所决定的固有值。

使用应变片测量前，要先打磨作为被测件的弹性体表面，使其表面光滑平整，然后将应变片用环氧树脂之类的胶贴到上面。

电阻丝、引线等都相当细，而且易受到弯曲而产生弯曲应力，即使从防止故障的角度考虑，处理上也要十分注意地进行操作。此时，还要在考虑到拉伸与压缩两个方向的基础上来确定应变片的粘贴位置。

之后，如图 2.6 所示，将此应变片接入电路中。图中的电路即为广泛应用的惠斯登电桥电路。此桥路有许多优点，这里仅介绍其中一例。

桥路中设平衡电阻为 R_3、R_4，测量用应变片的电阻为 R_2，温度补偿用的应变片的电阻为 R_1，此时 4 个电阻间应有下式所示的关系成立：

$$\frac{R_2}{R_1} = \frac{R_4}{R_3} \qquad (2.5)$$

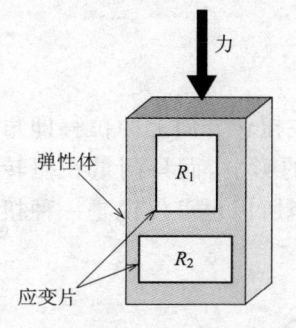
图 2.5 利用应变片的力传感器

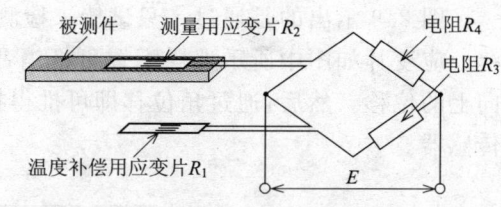
图 2.6 电桥电路

改变一下此比例式的形式,可知为

$$R_2 \times R_3 = R_1 \times 4_4 \qquad (2.6)$$

先在未给测试件施加载荷时,即未变形时,将接在桥路中的测量表调好零位,然后给测试件加载,变形后应变片的电阻丝会伸长,电阻值发生变化。此微小的电阻值的变化,使用电桥电路即可测量出来。

实用的测力计中,不仅要像这样接入温度补偿用电阻,其他几个电阻接入这样的桥路,也要仔细处理。

2.2.2 使用差动变压器的力传感器

通过移动差动变压器铁心,即可转变成力的测量(见图 2.7)。

图 2.8 示出的是利用此差动变压器制作的磅称。磅称的称台用弹簧及杠杆等支撑,并设置成要让力(位移)传到敏感弹簧上。敏感弹簧随称台上物体的质量伸缩。而设置在差动变压器中的铁心则按此伸缩量上下运动,并最终将质量转变为电信号。只要在杠杆及敏感弹簧等的特性上下工夫,即可将微小的位移高精度地转换成电信号。

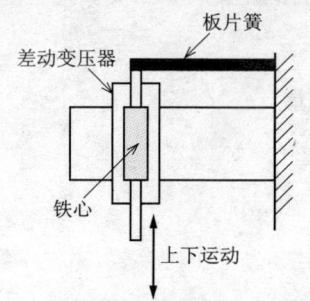
图 2.7 使用差动变压器的力传感器

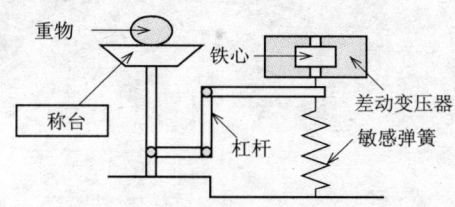
图 2.8 使用差动变压器的磅称

2.2.3 力传感器的应用示例

1. 利用应变片的扭矩传感器

图 2.9 示出的是通过一只试棒来检测棒在扭转方向上的位移即角位移。应变片如图中所示那样配置可抵消弯曲的影响，而只测量在扭转方向上的位移。然后，通过角位移即可推得扭矩，所以也可以说是一种扭矩传感器。

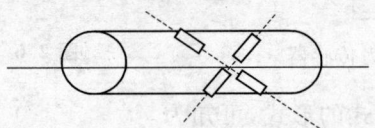

图 2.9　利用应变片的扭矩传感器

2. 激振锤

在测试对象模型的振动特性的场合下，有两种试验方法，即使用加振器和使用激振锤两种方法。这里，作为力传感器的示例，对后者中的激振锤作一讲解。

图 2.10 示出的即是一般激振锤的构造。根据对象模型的材质，可更换激振锤的尖头（激振头）进行试验。在施加更大的打击力的场合下，可再在激振锤的后部追加质量块后进行试验。在这种激振锤上也有嵌入压电元件将力变为电信号后进行检测的。

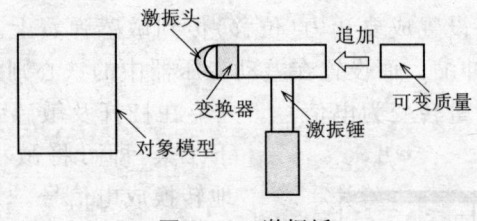

图 2.10　激振锤

2.3 加速度

本节就振动测量中作为对象的运动特性,特别是加速度的测量方法与原理进行讲解。

振动测量大体上分为两种方法。一种是利用对象模型中的不动点进行测量的方法。在测量支撑于底座(基础)上的物体的加速度时,只要测量相对于其不动点的加速度即可达到目的。但是,在许多的对象物上,并不存在相当于测量用基准的不动点。此种情况下就是要在称之为地震系统(seismic system)的装置中进行测量。下面先来对这种系统进行说明。

2.3.1 地震系统

地震系统是由图 2.11 所示的安装于基础框上的质量块 m、弹簧 k 和阻尼器 c 构成。设对象模型的上、下方向的位移为 y,位于基础框内的质量块的上、下方向的位移为 x,则注意到各自位移下的相对位移为 $z=x-y$。此时,运动方程式可写为

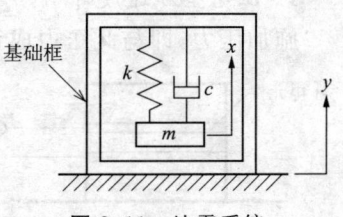

图 2.11 地震系统

$$m(\ddot{z}+\ddot{y})+c\dot{z}+kz=0 \tag{2.7}$$

作为例子,假定对象模型做简谐振动,即

$$y=Y\sin\omega t \tag{2.8}$$

式(2.8)对时间 t 求 2 阶导数,得

$$\ddot{y}=-Y\omega^2 Y\sin\omega t \tag{2.9}$$

将式(2.9)代入式(2.7),即得

$$m\ddot{z}+c\dot{z}+kz=m\omega^2 Y\sin\omega t \tag{2.10}$$

再用质量 m 去除式(2.10)的两边(正规化),即有

$$\ddot{z}+2\zeta\omega_n\dot{z}+\omega_n^2 z=\omega^2 Y\sin\omega t \tag{2.11}$$

这里,$\omega \gg \omega_n$ 时,$z \approx Y$,可知

$$z=-Y\sin\omega t=-y \tag{2.12}$$

即可以知道根据地震系统的固有特性(质量、弹簧、阻尼),通过测量相对

位移 z 即能测量对象模型的位移 y。同样地，在 $\omega \ll \omega_n$ 时，还可推定加速度：

$$z \approx -\frac{\ddot{y}}{\omega_n^2} \tag{2.13}$$

需要注意的是，应该考虑这种地震系统下的测量手法；然后在选择使用加速度传感器时，应该在了解是在多大的频率范围（特别是低频区）内测量后再着手开始测量；另外，也还要知道允许多大的测量误差（参见第 3 篇 5.4 节的"小常识"）。

2.3.2 拾振器的种类

在测量位移、速度、加速度等物理量时，通过在其机械系统上产生振动而进行机-电变换的装置，称为拾振器。这里来说明几种不同形式的拾振器。

1. 压电型加速度计

施加压力，即与此压力成正比地产生电压，用这种材料构成的元件称为压电元件，如图 2.12 所示。也有将压电元件本身当作弹簧使用的方法，所以也可以将可测量的频率范围设置得很宽。

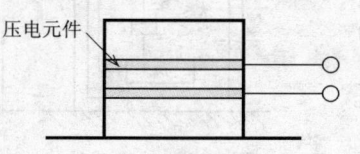

图 2.12　压电元件

由于压电元件输出的是压力转换成的电荷，所以再将其变换为电压信号时需要使用电荷放大器。需要注意的是，为处理电荷而进行加速度传感器、电荷放大器及电缆线等的安装与拆卸时，稍不留神就有可能造成测量仪器故障。

2. 动电型加速度计

如图 2.13 所示，可动磁铁在线圈内运动时会产生电力，由于此电力与速度成正比，所以可利用此原理制成加速度计。问题是此加速度计要由磁铁、线圈及弹簧等构成，所以，整体上自然难以作到轻小。但是，也可以设计成发电力较大的，其他多种加速度计都难以对付的低频区的精度也能处理得很好，所以多有使用。

3. 应变型加速度计

此为应用应变片的加速度计。如图 2.14 所示，将作为弹性体的片簧设置成悬臂梁，在其自由端装上质量块，再在此板片簧的面上贴上应变片,并将其接入电桥。与力传感器一样,板片簧产生弹性变形使电阻丝的长度发生变化,通过检测此变化引起的电阻值的变化,最终即可实现加速度的测量。一般为了消除温度变化对测量的影响,要仔细安装温度补偿用的应变片。另外,使用锗或硅等的半导体式应变片灵敏度较高、构造简单,易于设计成小型的加速度计,因此获得了广泛的应用。

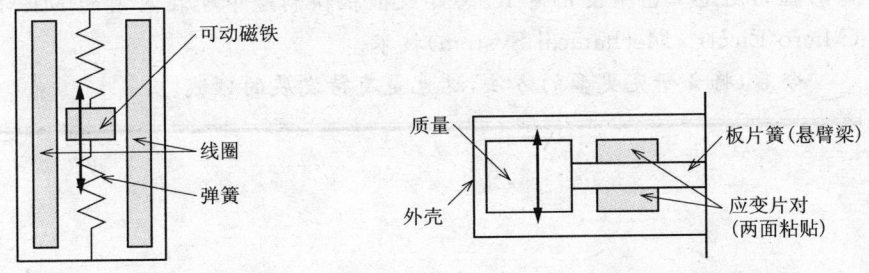

图 2.13　动电型加速度计　　　　图 2.14　应变片型加速度计

4. 伺服型加速度计

也有利用伺服机构构成加速度计的方法。该方法是使用位移传感器检测重块振动中的位移,然后将此信号反馈至伺服系统使驱动电路(由线圈和电路构成)动作,此时测量要使重块经常保持在一定位置所需的电流,即可测量加速度。如图 2.15 所示。此测量方法的精度较高,稳定性也好。但是,此加速度计内部要安装驱动电路和可动式重块等,所以自然难以作得轻小。

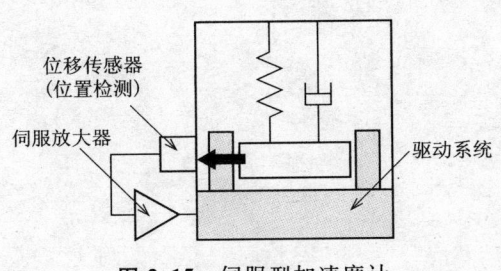

图 2.15　伺服型加速度计

=== 小常识 ===

加速度计的未来

目前,人们正在期待着三维加速度传感器的实用化。

作为应用实例,正在研究将其安装到手机及硬盘机器等的内部来感知用户的位置信息和机器的掉落以及缓和冲击振动等。

要同时测量3轴方向的加速度时,从来都是在各轴方向分别安装1只加速度传感器,也有将3轴加速度计构成为一个整体装置的。但是,装到精密机器内的加速度计要求其本身要小型化。最近发售的小型加速度传感器的制造工艺中使用着IC芯片及微机械制造中也在应用的MEMS(Micro Electro Mechanical System)技术。

今后,将会研究更多的方法,这也是有待发展的领域。

2.4 表面粗糙度

无论看起来多么光滑的表面,放大后都能显现出坑洼不平。此凹凸高度的程度称为表面粗糙度。表面粗糙度是影响机械性能的重要因素。

2.4.1 表面粗糙度与机械性能

普通机械加工表面约有几微米至几十微米的表面粗糙度,特别需要光滑表面时要加工到 $1\mu m$ 以下。近几年加工到纳米量级的表面粗糙度的表面也不少见。表面粗糙度不用说会影响表面的外观及触感,也影响尺寸精度、配合面的密封性,以及物件滑动及用油润滑时摩擦及磨损的大小等。表面需要什么样的功能,表面粗糙度的大小也应该相应发生变化。

2.4.2 表面粗糙度的表示方法

如图 2.16 所示,垂直剖切表面时出现的表面二维形状称为轮廓曲线。此曲线多是呈现为波长长的凹凸起伏上叠加有波长短的凹凸起伏。波长长的起伏的高度称为表面波纹度,而波长短的则称为表面粗糙度。根据表面所要求的功能,也许表面波纹度比起表面粗糙度更重要。

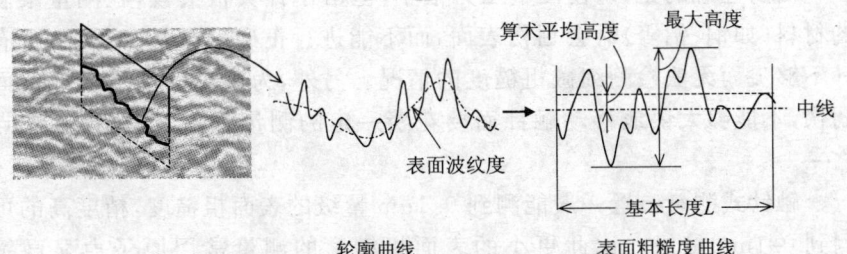

图 2.16 表面粗糙度的表示方法

测量评定表面粗糙度时,应排除轮廓曲线中表面波纹度的成分,而使用中线为直线的粗糙度曲线。有若干个表示表面粗糙度的参数,但是以下两个参数特别常用。

① 算术平均偏差 Ra:是指围绕中线的凹凸的平均高度。以中线高度为零的位置,粗糙度曲线表示为 $f(x)$ 时,则

$$Ra = \frac{1}{L}\int_0^L |f(x)|\,\mathrm{d}x \tag{2.14}$$

② 轮廓最大高度 Ry：粗糙度曲线中，最高峰与最低谷间的高度差。

2.4.3 表面粗糙度的测量方法

1. 针描法测量

在轮廓曲线的测量中，如图 2.17 所示，使用头很尖的金刚石触针触描表面再检测针的上下移动的方法应用最为广泛（也称触针式）。针尖半径在 $10\mu m$ 以下，压在针上的测量力为 10mN 以下的情况居多。此测量方法的优点是测量装置的构造简单、可进行较高精度的测量，很多装置都能对轮廓曲线的信息进行数字化处理，并能实时显示 Ra 等参数的数值。

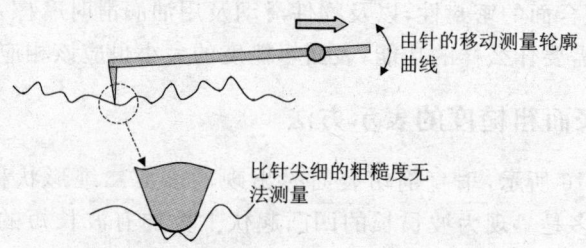

图 2.17 触针式表面粗糙度的测量法

需要注意的是，即使测量压力很小，但由于针尖很尖锐，在测量柔软的材料（如铜、铝等）时会划伤表面，而不能进行正确的测量。相反，也有针不够尖而无法检测细微粗糙度的情况。另外，为避免针的飞跳或表面划伤，不能够太快地移动触针而要花费一定的测量时间，这也是其缺点之一。

触针式测量装置一般能测到 $0.1\mu m$ 量级的表面粗糙度，精度高的可测到 0.1nm 量级。比此更小的表面粗糙度的测量常用原子力显微镜（AFM：Atomic Force Microscope）。AFM 使用的触针比触针式的尖锐 100 倍，触针式要对针施加一定的负荷作为测量力，而 AFM 则是在保持针尖的原子与被测表面的原子间的作用力一定的前提下，上、下移动触针的同时描画表面轮廓。高度方向的分辨力，触针式为 $0.1\mu m$ 量级，而 AFM 则可达 1nm 量级以下，条件具备的话还能观察原子的凹凸。

2. 光测法

将光照射到表面,可根据其反射光来测量表面的形状。如图 2.18 所示,这是一种表面扫描中上、下移动透镜的位置使其焦点始终落在表面上,并根据透镜的移动来检测表面凹凸的方法(因为是将光像触针式的针那样使用,所以称为光触针式)。还有根据光的干涉条纹来计算表面高度分布的方法等。

该方法不必担心像触针式那样会划伤表面。其高度测量的分辨力,光触针式与一般的触针式相当,而使用干涉条纹的干涉式则与 AFM 程度相当。其测量速度很快。但是装置较为复杂,轮廓曲线的倾斜较大的地方,反射光难以返回而容易产生测量误差,还有容易受测量表面反射率的影响等缺点。

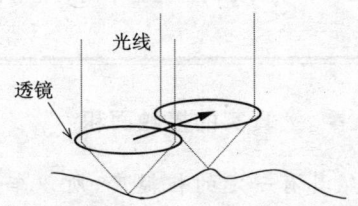

图 2.18 光触针式的测量原理

2.4.4 观察测量结果时的注意事项

这些装置测得的轮廓曲线,相对于横向,高度方向上是以很高的放大倍数放大表示的,所以,看过图 2.16 所示的测量结果后,往往留下的印象是表面好像是由险峻的八座山丘那样的峰谷构成的。但是,实际上几乎是由比富士山脚下的缓坡还要平缓得多的峰谷组成的。

另外,轮廓曲线只不过是从表面的一个方向上观测得到的信息,所以,对于图 2.19 所示的留有机械加工痕迹的表面,不同的测量方向则会得到完全不同的轮廓曲线。研究这样的各向异性的表面时,不仅二维轮廓曲线,如果还能做三维测量,将能作出更为正确的评定。光测方式中几乎所有的机种都能进行三维测量,即使是触针式,虽然比光测方式要多花一定的时间,但也多能进行三维测量。

尽管轮廓曲线的形状完全不同,但是计算结果、算术平均偏差 Ra 及轮廓最大高度 Ry 的数值,则往往相同。所以,为表示形状的不同,除 Ra、Ry 以外,还定义有表示凹凸的尖锐状况及间距等诸多的参数,供需要时选用。但是,这些参数都是统计计算值,若要详细研究时,不仅要看这些参数值,而且最好去参照轮廓曲线及表面粗糙度曲线。

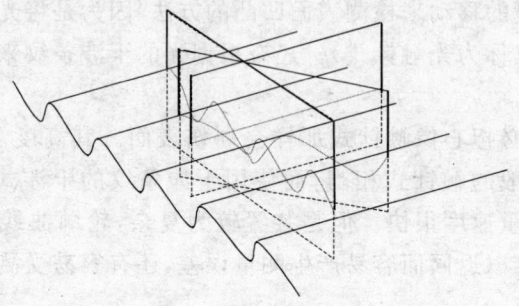

图 2.19　不同方向上完全不同的轮廓曲线

===== 小常识 =====

真实的接触面积

由于任何表面必然具有一定的粗糙度,所以乍看好像很宽面积接触的表面,实际上接触着的只是凹凸的顶附近的小块面积。最初指出这一点的是60多年前在德国的电机公司研究电气触点的 Holm。若按简单的假设计算,得出实际接触面积只有所看到的接触面积的千分之一的情况也有。

2.5 硬 度

在材料的加工使用中,把握材料的机械性能是特别重要的。例如,对材料进行热处理时,究竟达到了什么程度的硬度?如果有一简易的表示方法将是非常便利的。本节就来对硬度进行讲解。

2.5.1 何谓硬度

人们周围有木材、金属、塑料、橡胶等多种材料,我们用手摸一摸,就能够作出这块橡胶是硬还是软的定性判断,这种表示是非常简单的。但是,如果要问这块橡胶比那块橡胶硬多少?这时靠手感是很难给出定量的数值表示的。

那么,硬度是如何定义的呢?至今,许多的专家曾就硬度问题进行过研究,但是,在统一的表示即数值化定量方法上,仍显零乱,现在仍尚不明确。

现在仍是采用多种试验机,以相应试验机作为基准判断"这个材料的硬度为××"来进行数值化。

2.5.2 掌握硬度的重要性

有许多的材料试验方法,用来了解材料的机械性能,如拉伸试验、压缩试验、弯曲试验、剪切试验、扭转试验及蠕变试验等。

现行的硬度试验许多都只是在对象材料上稍微打个印来进行试验,并不破坏材料本身,所以都是很便利的方法。另外,通过硬度试验以及其他种材料试验,还可以掌握诸多性能的相关性,如拉伸、弯曲、黏性等特性。

从这一意义上来讲,希望读者认识到:掌握硬度是断定许多机械性能用的重要方法。

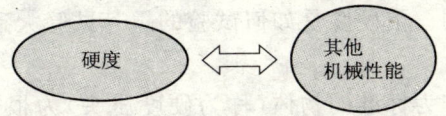

图 2.20 硬度与其他机械性能的相关性

2.5.3 硬度与其他特性的对应关系

1. 硬度与强度的关系

在材料的机械性能中,把握好强度、拉伸强度对于机械的设计是至关重要的。

拉伸试验时,为了了解材料从弹性区到塑性区的特性,当然都是拉到破坏后来掌握其特性的。如果不破坏就能断定产品最终的强度,岂不更好。在这种场合下,检查硬度的重要性也就显现出来。

硬度试验方法,尽管会因作为对象的金属材料的处理条件等因素影响而有所不同,但大体的趋势可以说,硬度与强度间存在着正比关系。根据这一点,以试验方法为基准,即可进行材料间硬度与强度的比较推定。

2. 硬度与温度的关系

通常,温度升高时材料硬度的确会下降而变软。从这一点出发,可从构成物质的一个个分子的角度来进行考察。原子核周围运动着的电子进行加温时,电子的运动越发活跃,能量得以增大。由于此活跃的运动,原子间的结合力变弱,所以,从外部加力时也容易变形。其结果是温度上升,硬度与其相反而变软。

近来,以橡胶等为首的黏弹性材料的研究正日益活跃起来,但是,仅是一种将温度相关性转换为频率相关性来研究黏弹性的弹性率的处理方法。

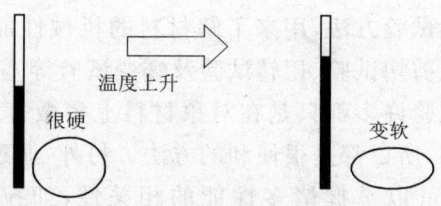

图 2.21 硬度与温度的关系

2.5.4 硬度试验方法

这里简要说明一下硬度是如何试验的。其试验大致可分为下述三种方法。

一般多是以作为标准的物体(称为硬度压头)为根据,给对象物体压印的方法。

1. 缓慢(静静地)压入方法
① 以一定的压力压入后,测量凹印的大小。
② 测量产生一定大小凹印所需的压力。
③ 测量产生一定大小凹印所需要做的功。
2. 冲击压入方法(回跳、反弹式)
测量一定能量下物体的回跳高度。
3. 划痕方法
测量产生一定划痕宽度所需的压力。实用的方法如下:
① 压入法:布氏、梅氏、维氏、洛氏;
② 回跳法:肖氏、赫氏;
③ 划痕法:马氏、比氏。
其中应用最为广泛的是使用压入的方法。

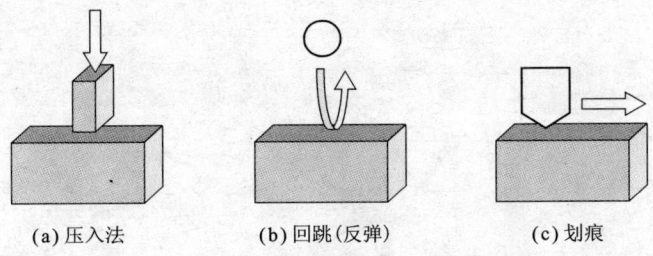

(a) 压入法　　　(b) 回跳(反弹)　　　(c) 划痕

图 2.22　试验方法示意

JIS 中规定的现在广泛应用的试验方法列举如下:

(1) 布氏硬度(JIS Z 2234)。分类上属于压入方法。一般压入直径 10mm 左右的钢球压头,使用其时负荷大小除以凹印表面积所得的值,标记为 HB。布氏硬度值与负荷成正比,与钢球直径的平方成反比。由于其值因压头直径的大小而异,所以要同时标记上试验条件。因为试验力较大,故不适合于小试件及薄试件的试验。

(2) 维氏硬度(JIS Z 2244)。分类上属于压入方法。使用形状为对角面成 136°的正四棱锥的金刚石压头,以压力除以压印表面积(测量对角线确定)所得的值表示硬度,标记为 Hv。与布氏硬度的试验方法类似,一样要整理试验条件后标出条件及示值。与试料的大小、薄厚无关,可广泛适于各种试料的试验。

(3) 洛氏硬度(JIS Z 2245)。分类上属于压入方法。与上述两种方法相似,其特点是施加负荷,待其回到标准负荷时测量压入的深度。可见,比起布氏硬度及维氏硬度,这种方法可在很短的时间内方便地完成硬度测量。标记为HRC。例如,50HRC的读法为:硬度50,HR,C标尺测量。此标尺是以压头的大小及试验压力为依据的。

(4) 肖氏硬度(JIS Z 2246)。分类上属于回跳(反弹)的方法。是将安装有压头的重锤自由落下,测量其反弹高度,以其值作为参考值。试验机使用小型的即可,所以使用得很多。但是,不适于不同材料间的比较。有时会与材料的厚度、质量等条件有关,所以进行试验评定时应予以注意。

以上介绍了几种典型的试验方法,使用时应对所测试试件的形状(大小、厚度)给予考虑,而且测试精度与各种方法中所用的压头也有很大关系。方法虽然很实用,但要在充分了解注意事项的基础上来进行测量。

2.6 直线度

制作高精度进行直线运动的机械时,机械的导轨面、导杆轴的直线度是非常重要的。本节来学习直线度的定义、直线度的测量方法及其测量原理。

2.6.1 直线度的定义

直线度用垂直于其测量方向的两平行的几何正确平面去夹被测表面时,所得两平行平面的间隔为最小时的两平面间的间隔表示。其测量方向有垂直方向和水平方向,分别称之为垂直方向的直线度和水平方向的直线度。

图 2.23 给出了直线度的示例。

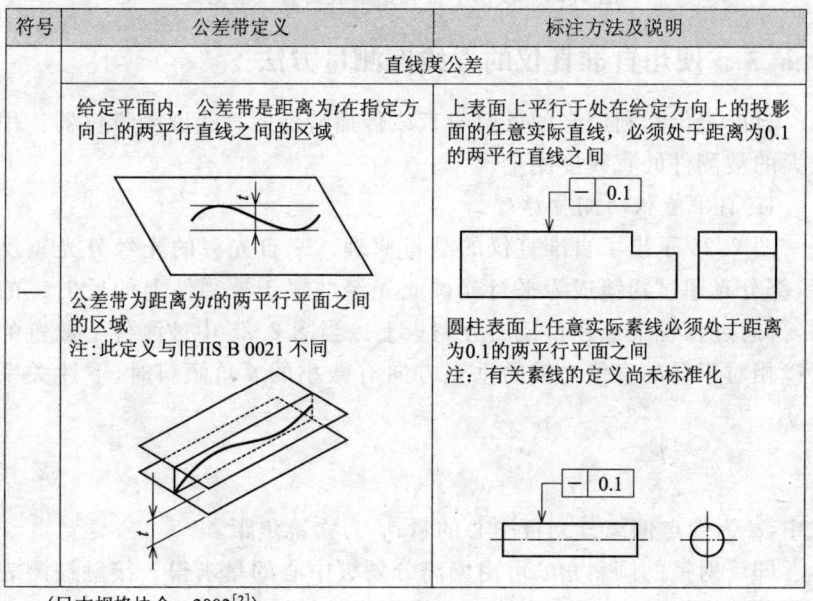

(日本规格协会,2002[2])

图 2.23　直线度示例(JIS B 0021)

2.6.2 使用平板和指示表的直线度测量方法

图 2.24 所示为使用平板和指示表的直线度测量示意。图中被测件置于平板上,让装有指示表的表座在平板上滑动。指示表的测头接触到被测表面上,表座滑动时读取指示表的示值变化即可。

测量时可等间隔地设定测量点,将测量点处的指示表读数值记入图表,描绘直线度曲线,再由直线度曲线求得直线度误差。具体的由直线度曲线求直线度误差的方法,将在下面的使用自准直仪的测量实例中讲述。

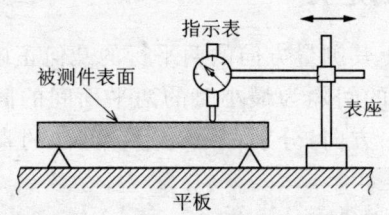

图 2.24 使用平板和指示表的直线度测量

2.6.3 使用自准直仪的直线度测量方法

自准直仪是利用光的反射与直线传播特性的直线度测量仪器。用于较大的被测件的直线度测量。

1. 自准直仪的测量原理

图 2.25 示出了自准直仪的测量原理。来自光源的光经分光镜反射后,部分光通过物镜成为平行光。此光经放置于被测件上的反射镜的反射,再通过物镜聚焦在目镜的分划板上。当图 2.25 中被测件上放置的反射镜相对于自准直仪光轴的垂直方向有微小的 θ 角倾斜时,下述关系式成立:

$$\theta = \frac{d}{2f} \tag{2.15}$$

式中, d 为像点偏离分划板中心的量; f 为物镜焦距。

即反射镜的倾斜角 θ 可由偏离分划板中心的量求得。接触被测表面的反射镜底面与反射镜的镜面垂直时,反射镜的倾斜角 θ 即表示的是被测表面的倾斜。

将反射镜逐次首尾相接地移过被测表面来测量倾角 θ。将此 θ 与反射镜底座长度 L 相乘,即可求得被测表面上各点的相对起伏。

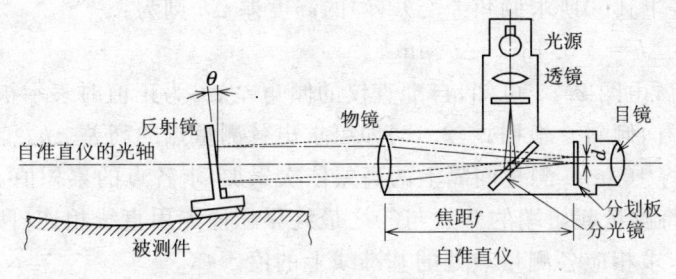

图 2.25 自准直仪的测量原理

2. 使用自准直仪的直线度曲线和直线度误差的求法

下面举例说明自准直仪测量值(见表 2.2)的计算处理、直线度曲线的描绘及直线度误差的求取。

① 取被测件的测量起始端为 0 点,以 100mm(反射镜的底座长度 L)的间隔顺次移动反射镜进行测量。

② 从自准直仪的目镜中读取将偏离中心的量 d 换算为反射镜倾斜角 θ 的分划板上的刻度数。

③ 求自准直仪在各测量点的读数值与初始读数值的倾角差 $\Delta\theta$。

④ 对应于 1″(秒)倾角差的高度差 $\Delta l''$ 用下式计算,即

$$\Delta l'' = 100 \times \tan\left(\frac{2\pi}{360 \times 60 \times 60}\right)$$
$$= 0.485 \times 10^{-3} (\text{mm}) = 0.485 (\mu\text{m})$$

表 2.2 自准直仪测量的数据计算处理示例

离测量起始端的距离/mm	自准直仪的读数	与初始读数之差/秒	相应于100mm 高差/μm	高差累积值/μm	两端相连的基准线上的值/μm	相对基准线的差/μm
0	—	—	0	0	0	0
100	15′00″	0″	0	0	−1.386	+1.386
200	15′05″	+5″	−2.425	−2.425	−2.772	+0.347
300	15′07″	+7″	−3.395	−5.820	−4.158	−1.662
400	14′56″	−4″	+1.940	−3.880	−5.544	+1.664
500	15′00″	+0″	0	−3.880	−6.930	+3.050
600	15′10″	+10″	−4.850	−8.730	−8.316	−0.414
700	15′02″	+2″	−0.970	−9.700	−9.700	0

而对应于上述③所求倾角差 $\Delta\theta$(秒)的高度差 Δh 则为:

$$\Delta h = -0.485 \times \Delta\theta(\mu m) \qquad (2.16)$$

此时,由图 2.25 可知,自准直仪的倾角差 $\Delta\theta$ 为正值时表示被测表面向低的方向倾斜。根据式(2.16)即可求出各测量点的高差 Δh。

⑤ 将 100mm 测量间隔上的高差依次累加,求各点的累积值。

⑥ 将测量起始端的 0 点与⑤之最终累积值点用直线相连(两端连线基准法),求相应各测量点处的基准线上的值。

此例中,最终累积值为 -9.70,共有 7 个测量间隔,$-9.70/7 = -1.386(\mu m)$,所以相应地假如是 200mm 处的测量点,则其点处两端连线上的值即为 $-1.386 \times 2 = 2.772(\mu m)$,其余类推。

⑦ 求各测量点的高度累积值与其基准线上的值之差。

⑧ 画直线度曲线(横坐标轴为各测量点离测量起始端的距离,纵坐标为各高度累积值与基准线之差)。图 2.26 示出的即为本例的直线度曲线。

⑨ 求直线度曲线上正、负极大值的绝对值之和,即为被测表面的直线度误差。此例中,被测件的直线度误差可求得为 $|-1.662|+3.050 = 4.712(\mu m)$。

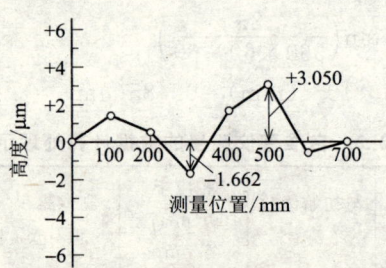

图 2.26 直线度曲线(例)

2.7 平面度

机床的台面、量块、棱镜、磁盘、磁头等机械零件的制造,均要求有很高的平面度。这里来学习平面度的定义、平面度的测量法及其测量原理。

2.7.1 平面度的定义

平面度用两平行几何平面夹被测表面的凹凸时,两平行平面的间隔呈最小状态下的平面的间距值表示,平面度的单位为 mm 或 μm。图 2.27 所示为平面度的示例。

平面度的测量法有:针对小零件表面的利用光干涉的平面度面测量方法;针对大零件的使用指示表等的平面度点测量方法等。

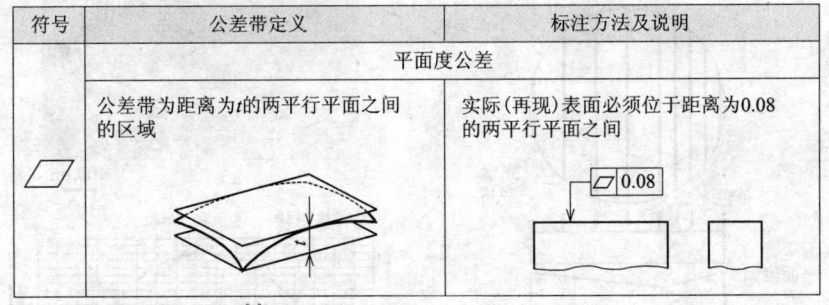

图 2.27　平面度示例(JIS B 0021)

2.7.2 平面度的光干涉测量法

1. 利用光学平晶的干涉条纹的平面度测量法

如图 2.28 所示,将光学平晶靠近在被测件的表面上,用单色光照明,即可观察到光干涉条纹。此光干涉条纹间距即表示着相当于测量所用单色光半波长 $\lambda/2$(λ 为单色光波长)的表面高低差。

也就是说,以相当于测量用单色光半波长的高低差为间隔所描绘的等高线(干涉条纹)图在表示着被测件表面的凹凸状况。根据光干涉条纹数和条纹分布,即可求得被测件表面的平面度误差值和平面的形状。

在图 2.28 所示的例子中,平面度测量用单色光的波长 $\lambda=0.63\mu m$ 时,被测件表面的平面度误差可求得为

$$F=\frac{\lambda}{2}\times 4=\frac{0.63}{2}\times 4=1.26(\mu m)$$

图 2.29 是用光干涉法测量光通信(Internet)中使用的光纤接头的球面形状的示例。测量用单色光的波长 $\lambda=0.63\mu m$,从光纤头中心到半径 $200\mu m$ 处的干涉条纹数 $m=3$,可求得此例中离光纤头中心到半径 $200\mu m$ 处的高差为 $(0.63/2)\times 3=0.95 (\mu m)$。此结果与轮廓测量仪测得的光纤头形状的结果一致。

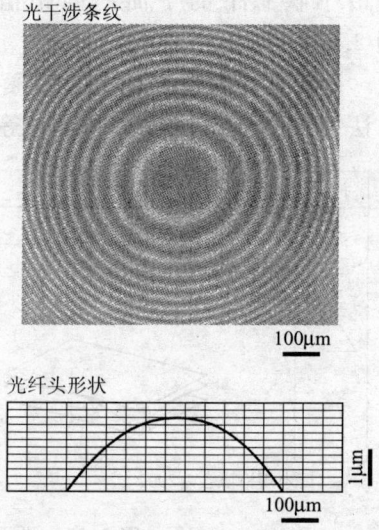

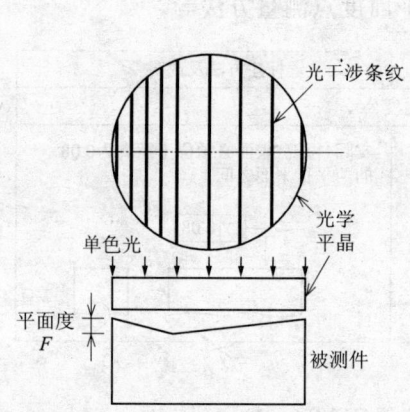

图 2.28 平晶干涉法平面度测量示例   图 2.29 光纤头球面形状测量示例

2. 使用激光干涉仪的平面度测量法

图 2.30 示出了使用激光干涉仪的平面度测量法的原理。激光光波在波间峰谷一致(同相位)、相互叠加时其峰谷可相互增强的可相干性方面很优良,所以被应用到干涉仪上。激光一般用波长为 $0.6328\mu m$ 的氦氖(He-Ne)激光。

激光由透镜扩束,通过分光镜后由准直透镜变为平行光,投射到基准平面板上。基准平面板上的反射光再通过分光镜射向观察系统。而透过基准平面板的光则由被测件表面反射,穿过基准平面板后也经分光镜射

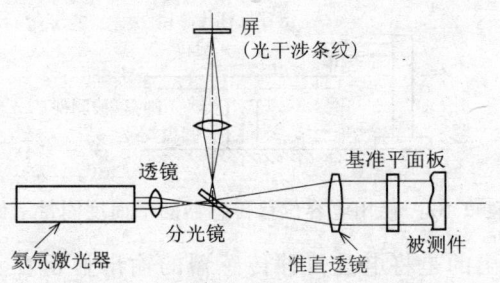

图 2.30 使用激光干涉仪的平面度测量

向观察系统。

上述射向观察系统的基准平面板的反射光和被测件表面的反射光发生干涉而在观察屏上产生干涉条纹。如前所述,据此干涉条纹的数目和分布即可求得被测件表面的平面度误差值和平面的形状。

2.7.3 使用平板和指示表的平面度测量法

图 2.31 示出了使用平板和指示表的平面度测量示例。测量时在平板中安装指示表,将指示表的测头从平板面中伸出。被测件的被测面向下放置到平板上,使指示表的测头与被测表面接触。将被测件在平板上纵横滑动,读取各测量点的指示表示值。测得的最大与最小示值之差,即为求得的被测表面的平面度误差。

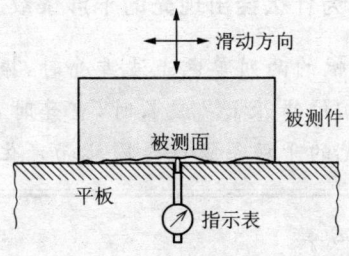

图 2.31 使用平板和指示表的平面度测量示例

2.7.4 使用电容位移传感器的平面度测量法

图 2.32 示出的是一边让磁盘等上使用的圆盘旋转,一边用电容位移传感器来测量圆盘平面度的例子。被测圆盘装在旋转精度很高的圆盘支座上,旋转时即可用电容位移传感器非接触地测量圆盘圆周的起伏。

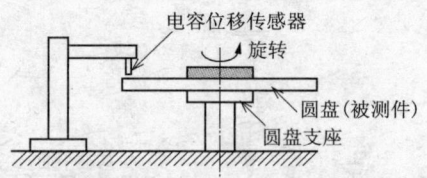

图 2.32 使用电容位移传感器的平面度测量示例

图 2.33 给出的是将电容位移传感器的输出显示在示波器上的例子（圆周起伏曲线）。图中圆盘 16.7ms 旋转 1 圈（3600min^{-1}）。圆盘旋转 1 圈中圆周起伏曲线上的峰谷的最大差值即为圆周起伏值。此例中，可以读得转速为 3600min^{-1} 的圆盘的圆周起伏值为 12μm。

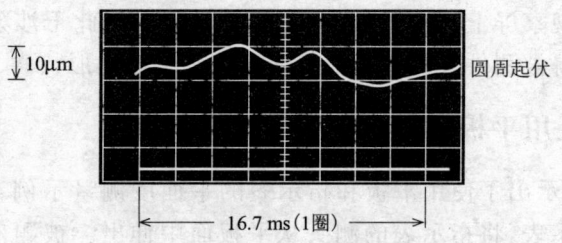

图 2.33 旋转圆盘圆周起伏曲线的测量实例

───── 小常识 ─────

为什么会出现光的干涉条纹

相互同相位、同振幅的两列单色光波重叠时，振幅会变为原来的 2 倍（明纹）。而两列波的相位错开 1/2 波长时，重叠时，光波则会相互抵消变得完全消失（暗纹）。光的干涉条纹就是因此而产生的。

2.8 流体测量

本节概略叙述有关流体的各个典型参量的测量。除介绍近代的电子仪器外,还尽量举出一些传统方法以说明其测量原理。

2.8.1 基本物性值的测量

1. 密度与相对密度

用量筒及(电子)天平等一些方法测量流体的体积及质量后再算出密度与相对密度,是一般常用的方法。也有将波美比重计(Baume hydrometer,见图 2.34)浮入试料液体中直接测量相对密度的方法。

2. 黏度与动黏度

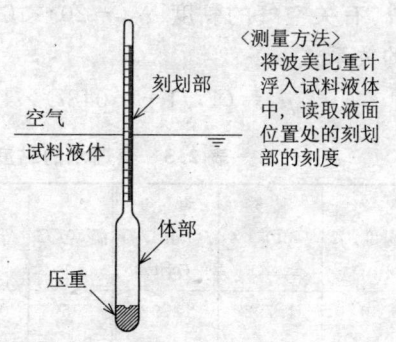

图 2.34 波美比重计(摘自 JIS Z 8804)

使用乌别洛特(Ubbelohde,见图 2.35)等毛细管式黏度计的古老方法现在仍在广泛地使用。此法应用的原理是毛细管内十分发达的泊肃叶

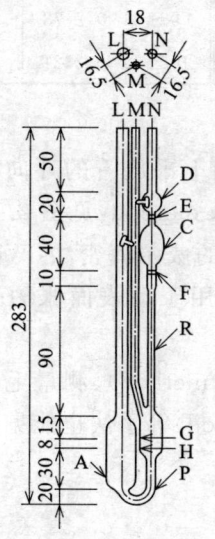

<测量方法>
①让试料从L管流入试料球A内,到试料面位于标线G与H之间为止。此时还要留意不要让气泡混入;
②封闭M管,从N管上吸试料,使其液面高出测时球C上标线E5~10mm为止;
③打开M管,测量试料自然流下时液面从标线E降至F所经的时间。

图 2.35 乌别洛特黏度计(取自 JIS Z 8803)

(Poiseuille)流下黏性力与重力的平衡。多次测量一定体积试料在毛细管内的下落时间,取平均值后再乘上仪器常数,即可得知动黏度。

此外还有落球黏度计、振动黏度计,以及连非牛顿流体也可测量的旋转黏度计等方法。所有方法中都要准备恒温条件,测量中必须十分注意不要让试料的温度变化。

采用测量温度后查表(见表 2.3)读数的简易方法的场合很多。另外,有关空气的黏度 μ_A($-20\sim100℃$),JIS B 8330 给出了如下的与温度的关系式:

$$\mu_A = (17.1 + 0.048t) \times 10^{-6} \tag{2.17}$$

表 2.3 蒸馏水的黏度与动黏度(摘自 JIS Z 8803)

温度/℃	黏度/(mPa·s)(cP)	动黏度/(mm²/s)(cSt)	温度/℃	黏度/(mPa·s)(cP)	动黏度/(mm²/s)(cSt)	温度/℃	黏度/(mPa·s)(cP)	动黏度/(mm²/s)(cSt)
0	1.792	1.792	35	0.7191	0.7234	70	0.4046	0.4138
5	1.519	1.519	40	0.6527	0.6578	75	0.3785	0.3883
10	1.307	1.307	45	0.5961	0.6020	80	0.3551	0.3654
15	1.138	1.139	50	0.5471	0.5537	85	0.3341	0.3449
20	1.002	1.004	55	0.5044	0.5117	90	0.3150	0.3263
25	0.8902	0.8928	60	0.4670	0.4750	95	0.2978	0.3096
30	0.7973	0.8008	65	0.4339	0.4425	100	0.2821	0.2944

3. 表面张力系数

具有代表性的测量方法有:测量将试料表面上平放着的环向上拉离试料表面时所必需的力的杜努依方法(Du Nouy method,见图 2.36),以及测量将浸泡在试料中的板垂直上拉时的拉力的威尔海密法(Wilhelmy method)。与前者相比,后者一般精度高,也适用于动表面张力系数的测量。

测量试料悬滴形状的悬滴法(pendant drop method)、测量毛细管内液面上升高度的毛细上升法(capillary rise method)等手法也能见到。

2.8.2 温度的测量

通常使用内部封装有酒精或水银的棒式温度计,但在要求响应迅速

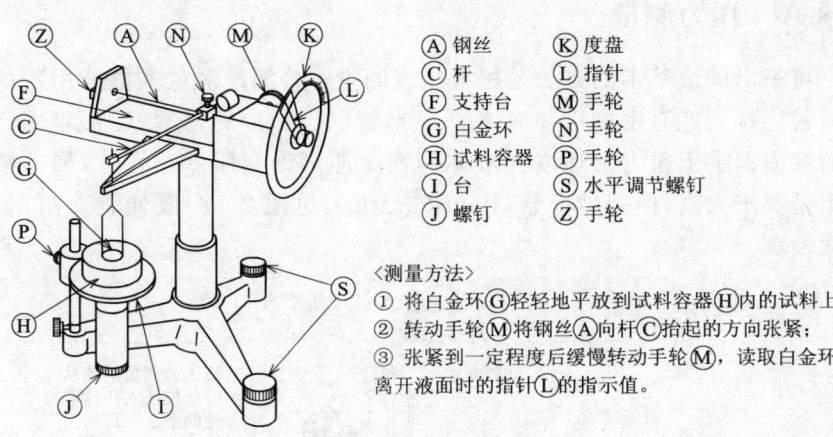

Ⓐ 钢丝　Ⓚ 度盘
Ⓒ 杆　　Ⓛ 指针
Ⓕ 支持台　Ⓜ 手轮
Ⓖ 白金环　Ⓝ 手轮
Ⓗ 试料容器　Ⓟ 手轮
Ⓘ 台　　Ⓢ 水平调节螺钉
Ⓙ 螺钉　Ⓩ 手轮

〈测量方法〉
① 将白金环Ⓖ轻轻地平放到试料容器Ⓗ内的试料上；
② 转动手轮Ⓜ将钢丝Ⓐ向杆Ⓒ抬起的方向张紧；
③ 张紧到一定程度后缓慢转动手轮Ⓝ，读取白金环离开液面时的指针Ⓛ的指示值。

图 2.36　杜努依表面张力计（摘自 JIS K 3362）

的场合，应选用装有热电偶测头的电子温度计。以电阻随温度变化的白金或热敏电阻为测头的电子温度计也很多。另外，使用红外辐射温度计还可进行温度的非接触测量。

空气的温、湿度测量时使用同时测量干球温度和湿球温度的阿斯曼式温湿度计（Assmann type psychrometer，见图 2.37）。此时，应确保干球及湿球部常有 2～4m/s 的风速。另外，在热电阻风速计中也能见到能同时测量温、湿度的计型。

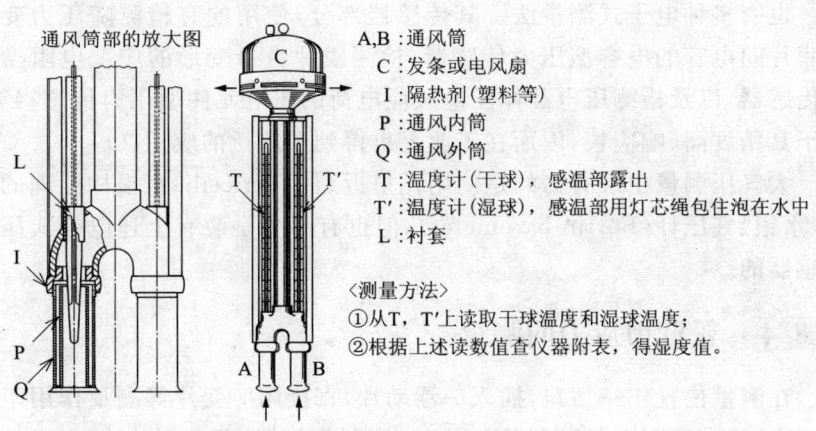

A,B：通风筒
C：发条或电风扇
I：隔热剂（塑料等）
P：通风内筒
Q：通风外筒
T：温度计（干球），感温部露出
T′：温度计（湿球），感温部用灯芯绳包住泡在水中
L：衬套

〈测量方法〉
①从T，T′上读取干球温度和湿球温度；
②根据上述读数值查仪器附表，得湿度值。

图 2.37　阿斯曼式温湿度计（摘自 JIS Z 8806）

2.8.3 压力测量

可举出的最基本的方法是用气压表测量。将测量对象和基准用乙烯塑料管连接到盛有密度已知液体的 U 形管（气压表）的两端，U 形管内产生的液面差乘上重力加速度和液体的密度即可得知压差。另外，如果精度不是要求太高，使用波登管（Bourdon tube，见图 2.38）既便宜又耐用，非常便利。

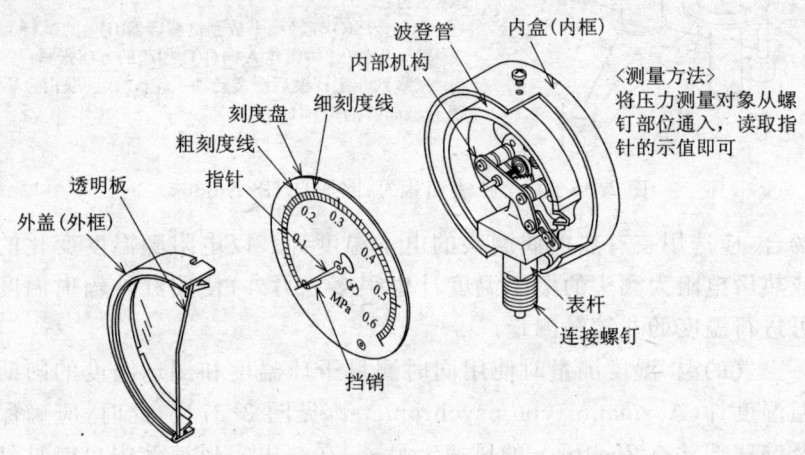

图 2.38 波登管（摘自 JIS B 7505）

也有多种电子式测量法。其传感器部分，使用的有检测随压力变化的膜片间电容的电容型压力传感器、检测膜片自身变形的应变电阻型压力传感器，以及检测压电晶体压电效应电荷的压电元件型压力传感器等。由于其精度高、响应快，因而在工业上也得到了广泛的应用。

大气压测量中最有名的是使用托里拆利（Torricelli）水银柱原理的福丁（水银）气压计（Fortin barometer），但也有不少是装有上述电容式压力传感器的。

2.8.4 管壁剪应力的测量

在测量位置作一切口，插入一浮动片，直接用应变片等测量作用于其上的力，这在原理上是可行的。此时必须尽量减小浮动片与切口间的间隙，以免扰乱流体的流动。普列斯通管法（Preston tube method）即是在管壁上设置障碍物，通过测量其前后的压力差来估计剪应力的。

近年来，随着MEMS技术的抬头以及内置加热器的硅片上温度分布偏差测量技术的确立等，一直都很困难的剪应力测量逐渐变得简单。

2.8.5 流速测量

用皮托管(Pitot tube，见图2.39)测量时，是将弯曲成L形的金属管的头部对着流体流动的方向，根据其点(滞流点)与平行于流动方向的侧面位置处的压力差用伯努利原理计算出流速。虽然方法古老，但许多流速测量仪都用此方法校正，而且即使是今天，也一定能在飞机的头部附近发现皮托管。

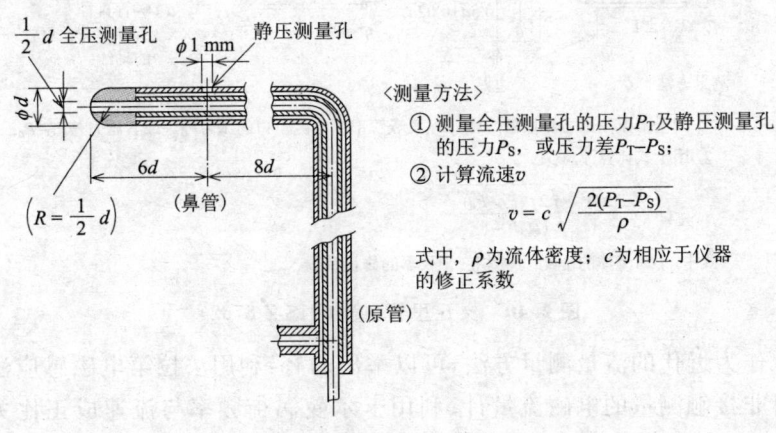

〈测量方法〉
① 测量全压测量孔的压力P_T及静压测量孔的压力P_S，或压力差P_T-P_S；
② 计算流速v

$$v = c\sqrt{\frac{2(P_T-P_S)}{\rho}}$$

式中，ρ为流体密度；c为相应于仪器的修正系数

图2.39　皮托管(摘自JIS B 8330)

热电阻流速计是利用置于流体中的加热电阻丝的散热与流速的关系制成的，它可以从微速域到超音速域在很宽的范围上测量流速。激光多普勒流速计(LDV: Laser Doppler Velocimeter)顾名思义使用的是入射反射于试件的激光的多普勒效应，它具有能非接触测量燃烧流体及含有示踪物的流体的优点。超声波流速计也多有应用，其在测量原理上有两种，一种是利用超声波的多普勒效应的非接触型，另一种是超声波传输时间测量型。三维风速计许多都是后者的应用。粒子成像流速计(PIV: Particle Imaging Velocimetry)是通过示踪模样的图像处理来测量流速的仪器，用这种方法可同时在遍及流场很大的一个范围内获得各种信息，近年来很流行。

2.8.6 流量的测量

小孔流量计及文丘里管流量计(见图 2.40)等,都是在管路中插入一细管,通过测量其前、后的压力来估计计算流量。在水道及河流等处,测量超过闸的水头再估算流量的方法非常有效。

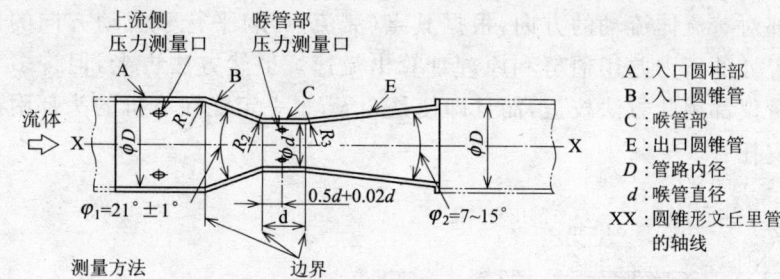

测量方法

① 测量上流侧压力测量口的压力 P_D 及喉管部压力测量口的压力 P_d,或其压力差 P_D-P_d;
② 用下式计算流量 Q:

$$Q = c \frac{\pi D^2}{4} \sqrt{\frac{2\rho(P_D-P_d)}{(D/d)^4-1}}$$

式中,ρ 为流体的密度;c 为相应于仪器的修正系数

图 2.40 文丘里管(摘自 JIS Z 8762)

作为近代的流量测量方法,可以举出的有:利用法拉第电磁感应法则的可非接触测量的电磁流量计、利用卡尔曼涡街频率与流速成正比关系的涡街流量计,以及测量流过 U 形管时科里奥利力引起的流体振动周期的科里奥利流量计(Coriolis force-mass flowmeter)等。

测量液体的场合下,让其在一定时间内流入容器直接测量其体积(质量)的稍显原始的方法也多有采用。

参考文献

[1] 日本規格協会：JIS ハンドブック 機械計測, p. 645, 日本規格協会 (2002)
[2] 日本規格協会：JIS ハンドブック 機械計測, p. 646, 日本規格協会 (2002)
[3] 大森豊明：普及版 センサ技術, フジテクノ・システム (1998)
[4] 日経ものづくり (2004年11月号), 日経BP

第 3 章

数据处理方法

在机械实验及机械测量的各个领域，如材料强度的试验、力及振动的测量等场合下，都要进行各种数据处理。

本章讲述各种实验中经常用到的最小二乘法和谱分析法。最小二乘法用于实验数据比较分散及要与理论进行关联时求与所得数据符合得很好的拟合多项式的场合。而谱分析则用于振动的分析，对固有圆频率、振动能及振动模式等测量数据进行分析，用以把握振动状况。下面就来学习这些知识，同时学习实际数据处理中的计算。

3.1 最小二乘法的概要

测量数据中总会含有测量误差,为了将测得数据与理论关系式相结合,需要进行统计处理,这就要用到最小二乘法等方法。本节对其进行概略讲解。

3.1.1 测量数据中包含的误差与数据的整理

图 3.1 所示的是静摩擦力的测量,改变重物的质量所得的测量值如表 3.1 所示。希望将所得数据整理成图,并进一步由所得直线的斜率求摩擦系数。该如何引线、如何整理数据呢?

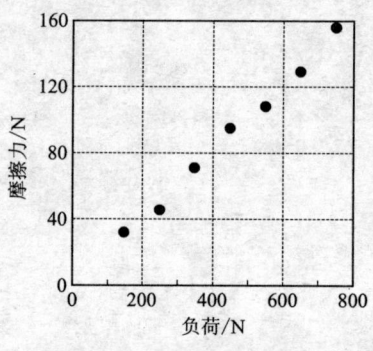

表 3.1 测量数据

负荷/N	摩擦力/N
150	32
250	46
350	71
450	95
550	108
650	129

图 3.1 摩擦力的测量

为求斜率,试着像图 3.2(a)所示那样将所得数据中的两个点用直线连起来看看,确实能求斜率。但是,使用数据的组合不同,会出现不同的

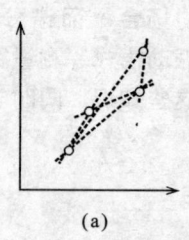
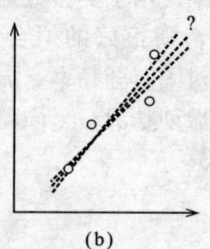

图 3.2 求斜率的方法

结果。于是将测量所得的点用最接近的直线连接,但这也会因人而异。使用全部所得数据,合理地求出斜率的方法难道没有吗?

测量所得的数据中,或多或少一定会含有测量误差。作为整理实验数据,与各种原理相结合所采用的合理的方法之一,下边来讲述最小二乘法。

3.1.2 最小二乘法及其原理

最小二乘法是有两个测量量 X、Y,考虑将 Y 表示成 X 的多项式时,这是合理确定多项式系数的方法而经常使用的方法之一。

例如,就设想测量量 X,Y 间存在 $Y=aX+b$ 关系的场合来进行讲述。仍像上述测量示例那样,设所得测量数据组为 $(x_1,y_1),(x_2,y_2),\cdots,(x_n,y_n)$,在考虑到误差的情况下来合理地求 a、b 的组合。如果求得的是最合适的组合,那么 $Y=aX+b$ 就会与测量数据很好地吻合。

假定测量数据中测量量 X 的值(x_1, $x_2,\cdots,x_n$)比测量量 Y 的精度高,此时,如图 3.3 所示,可认为相应于测量值 y_1,y_2, $\cdots,y_n$ 的真值为 $y_1^*,y_2^*,\cdots,y_n^*$。所有的

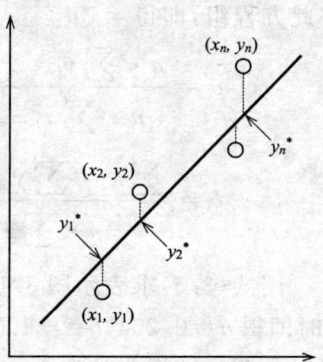

图 3.3 测量数据与真值

真值点$(x_1,y_1^*),(x_2,y_2^*),\cdots,(x_n,y_n^*)$排在一条直线上。$y_1,y_2,\cdots,y_n$ 的误差 $e_1,e_2,\cdots,e_n$ 由下式表示:

$$e_1=y_1^*-y_1,\quad e_2=y_2^*-y_2,\cdots,e_n=y_n^*-y_n \tag{3.1}$$

如以误差的二乘和最小为标准,则求满足式(3.2)为最小的条件(a、b 值)即可:

$$\begin{aligned}E&=e_1{}^2+e_2{}^2+\cdots+e_n{}^2\\&=(y_1-a\cdot x_1-b)^2+(y_2-a\cdot x_2-b)^2+\cdots\\&\quad+(y_n-a\cdot x_n-b)^2\\&=\sum(y_i-a\cdot x_i-b)^2\\&=\sum(y_i^2+a^2\cdot x_i^2+b^2-2a\cdot x_iy_i-2b\cdot y_i+2ab\cdot x_i)\end{aligned}$$

$$\tag{3.2}$$

这里，E 的大小取决于所假定的 a、b 二值，E 要为最小值时，对 a、b 的偏导数必须为零，即

$$\left.\begin{aligned}\frac{\partial E}{\partial a} &= \sum(2a \cdot x_i^2 - 2x_i \cdot y_i + 2b \cdot x_i) = 0 \\ \frac{\partial E}{\partial b} &= \sum(2b - 2y_i + 2a \cdot x_i) = 0\end{aligned}\right\} \quad (3.3)$$

由此可得

$$\left.\begin{aligned}a\sum x_i^2 + b\sum x_i &= \sum y_i x_i \\ a\sum x_i + b \cdot n &= \sum y_i\end{aligned}\right\} \quad (3.4)$$

解此方程组，即得

$$\left.\begin{aligned}a &= \frac{n \cdot \sum y_i x_i - \sum x_i \sum y_i}{n \cdot \sum x_i^2 - \left(\sum x_i\right)^2} \\ b &= \frac{\sum x_i \cdot \sum y_i x_i - \sum y_i \sum x_i^2}{-n \cdot \sum x_i^2 + \left(\sum x_i\right)^2}\end{aligned}\right\} \quad (3.5)$$

用式(3.5)求表示图 3.1 中负荷 X 与摩擦力 Y 间真实关系的系数 a、b 时即得 $a = 0.204, b = -1.071$，表示此真实关系的直线示于图 3.4。可见其与测量数据非常吻合。

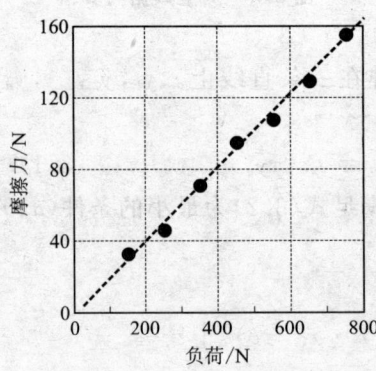

图 3.4 最小二乘拟合线

【习题 1】 由式(3.2)推导式(3.3)。

提示：所谓求偏导，只是着眼于对一个变量求导数，在由式(3.2)求 $\partial E/\partial a$ 时，凡与变量 a 无关的项，如 y_i^2、b^2 等，求偏导时均为零，即 $\partial y_i^2/\partial a = 0, \partial y_i b/\partial a = 0$。求 $\partial a^2 x_i^2/\partial a$ 时，将 x_i^2 作为系数处理。

【习题 2】 用 x、y 的数据组(10, 11)（20, 19），（30, 32），（40, 37），（50,52)作图，用最小二乘法拟合直线，并将此拟合直线也画在图上。

小常识

最小二乘的意义

最小二乘法取的是偏差的二乘和,当然也可以取偏差的一乘(有时是绝对值)、二乘、…、n乘等。幂指数越大,越容易由偏离的数据值影响和值的大小。特别是 n 取无限大时,称之为 $n\infty$ 准则,这相当于最小区域法。

3.2 谱分析

3.2.1 数据分析中的谱分析

表面粗糙度、形状测量、光谱分析等测量领域自不待言,还经常会有将空间轴与时间轴上处理的数据变换到频率轴上以把握对象模型特性的分析处理。

对于以时间 t 为变量的数据 $x(t)$,使用傅里叶变换进行频率分析,即

$$X(f) = \int_{-\infty}^{\infty} x(t) e^{-j2\pi ft} dt \tag{3.6}$$

这里的 $X(f)$ 即是频谱。需要注意的是,此数据已经是复数数据。虽然此处是以时间数据为例进行说明的,但实际上在形状测量、表面粗糙度、汽车路面凹凸等空间数据的场合下,一样可变为坐标数据,再经过傅里叶变换后得到空间频率的表述。

还有,对象数据为统计变量的场合,应取此频率数据的二乘值的数学期望,定义为

$$P(f) = \lim_{T \to \infty} E\left(\frac{1}{T} |X(f)|^2\right) \tag{3.7}$$

此 $P(f)$ 称之为功率谱。据此可以知道频率轴上频率和功率的对应值,即可进行所谓的频率分析。

变量为一个时求得的称为自功率谱,变量为两个时的称为互功率谱。另外,也有对功率谱另行定义的。

对于时间数据 $x(t)$,取一定延迟,求其相关,所得结果称为相关函数

$$C(\tau) = \lim_{T \to \infty} \frac{1}{T} \int_{-T/2}^{T/2} x(t) x(t+\tau) dt \tag{3.8}$$

变量为一个时求得的称为自相关函数,变量为两个时求得的称为互相关函数。

对此自相关函数进行傅里叶变换,即可得到功率谱。此关系称为 Wiener-Khintchine 公式,如图 3.5 所示。

$$C(\tau) = \frac{1}{2\pi} \int_{-\infty}^{\infty} P(\omega) d\omega \tag{3.9}$$

图 3.5 Wiener-Khintchine 公式

可见,作为时域与频域的联系,可利用傅里叶变换。

3.2.2 系统中的谱分析

这里,利用第 4 篇第 2 章所讲述的对于系统的表示,对系统中的谱分析作一介绍。如图 3.6 所示。此处以单纯、线性、参数时不变系统为对象。在频率域,设对输入 $x(t)$、系统 $h(t)$、输出 $y(t)$ 进行傅里叶变换后分别为 $X(f)$、$H(f)$、$Y(f)$,则此三者有下式所示的关系:

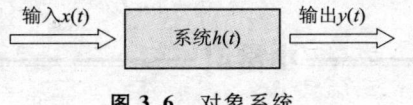

图 3.6 对象系统

$$Y(f) = H(f)X(f) \qquad (3.10)$$

由于式中的频谱为复数,所以进一步利用复数共轭的关系,即有

$$Y^*(f) = H^*(f)X^*(f) \qquad (3.11)$$

将式(3.10)与式(3.11)相乘,谱分析的考虑方法即可得到利用:

$$P_{yy}(f) = |H(f)|^2 P_{xx}(f) \qquad (3.12)$$

此式可进一步改写为

$$|H(f)|^2 = \frac{P_{yy}(f)}{P_{xx}(f)} \qquad (3.13)$$

由此可知,想要了解对象系统的响应时,只需求出输入与输出的功率谱,再相除即可得到。考虑到噪声的消除,还有利用互功率谱的方法。

利用此谱分析的考虑方法,想断定输入或输出时也可通过这些公式的变形来完成。以实验模态分析方法等为首,在想通过实验断定振动特性的许多场合下,都是以这些考虑方法为基础,进行着诸多的工程应用。

【例题】 如何表示正弦波的自相关函数及功率谱。

解 对 $x(t) = X\sin(2\pi ft)$ 求自相关函数即得

$$C(\tau) = \frac{X^2}{2}\cos(2\pi f_0 \tau)$$

其功率谱为

$$P(f) = \frac{X^2}{2}\delta(f - f_0)$$

【例题】 由质量 m、弹簧常数 k 构成的外力为 $f(t)$ 的单自由度系统的非衰减振动的方程式如下：

$$m\ddot{x}(t) + kx(t) = f(t)$$

式中，$x(t)$ 为位移。如何表示系统的频率响应。

解 用傅里叶变换，即得频域内

$$(k - m\omega^2)X(f) = F(f)$$

可见，系统的响应为

$$H(f) = \frac{1}{k - m\omega^2}$$

═══════ 小常识 ═══════

谱分析的新发展

谱分析方法在各个方面都有应用，但许多场合下多是假定对象系统为"线性"来进行数据处理和系统认定的。但是，许多系统或多或少都有非线性的特性。那么，在这种场合下，谱分析无能为力吗？实际上，利用高次谱分析也可适用于非线性问题。对三次相关函数进行二重傅里叶变换的结果称为双谱（bispectrum），含义是"两个频率的谱"，可明确所关注的两个频率成分间的相位从属关系。下图所示是对非线性振动系统模型数据进行双谱分析的结果。对于分析非线性振动系统中的有特征的对象特别有效。此外，作为高次谱，还有三谱（trispectrum）。

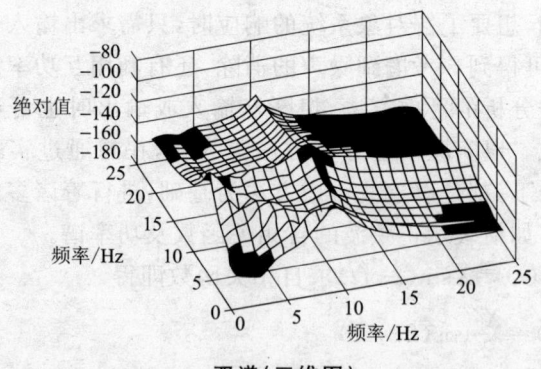

双谱（三维图）

3.3 计算实例

上面已经讲述过最小二乘法及谱分析等的概要，本节作为其方法的应用，以实际计算为例来说明二次函数的拟合。

3.3.1 二次函数场合下的拟合

将线性拟合稍作扩展，即可用于抛物线（二次函数）及三次函数的拟合。下面来考虑测量量 X、Y 之间的预想关系如下式所示的情况：

$$Y = aX^2 + bX + c \tag{3.14}$$

与 3.1 节一样，设测量值 $y_1, y_2, \cdots, y_n$ 的相应真值分别为 $y_1^*, y_2^*, \cdots, y_n^*$，则误差的最小二乘和如下：

$$\begin{aligned}
E &= e_1^2 + e_2^2 + \cdots + e_n^2 \\
&= (y_1 - a \cdot x_1^2 - bx_1 - c)^2 + (y_2 - a \cdot x_2^2 - b \cdot x_2 - c)^2 + \cdots \\
&\quad + (y_n - a \cdot x_n^2 - b \cdot x_n - c)^2 \\
&= \sum (y_i - a \cdot x_i^2 - b \cdot x_i - c)^2 \\
&= \sum (y_i^2 + a^2 \cdot x_i^4 + b^2 \cdot x_i^2 + c^2 - 2a \cdot x_i^2 y_i \\
&\quad - 2b \cdot x_i y_i - 2c \cdot y_i \\
&\quad + 2a \cdot b \cdot x_i^3 + 2a \cdot c \cdot x_i^2 + 2b \cdot cx_i)
\end{aligned} \tag{3.15}$$

由此可得

$$\left.\begin{aligned}
\frac{\partial E}{\partial a} &= \sum (2a \cdot x_i^4 + 2b \cdot x_i^3 + 2c \cdot x_i^2 - 2x_i^2 y_i) = 0 \\
\frac{\partial E}{\partial b} &= \sum (2a \cdot x_i^3 + 2b \cdot x_i^2 + 2c \cdot x_i - 2x_i y_i) = 0 \\
\frac{\partial E}{\partial c} &= \sum (2a \cdot x_i^2 + 2b \cdot x_i + 2c - 2y_i) = 0
\end{aligned}\right\} \tag{3.16}$$

由式(3.16)可得

$$\left.\begin{aligned}
a \cdot \sum x_i^4 + b \cdot \sum x_i^3 + c \cdot \sum x_i^2 &= \sum x_i^2 \sum y_i \\
a \cdot \sum x_i^3 + b \cdot \sum x_i^2 + c \cdot \sum x_i &= \sum x_i y_i \\
a \cdot \sum x_i^2 + b \cdot \sum x_i + c \cdot N &= \sum y_i
\end{aligned}\right\} \tag{3.17}$$

将其改写为矩阵形式,即得

$$\begin{bmatrix} \sum x_i^4 & \sum x_i^3 & \sum x_i^2 \\ \sum x_i^3 & \sum x_i^2 & \sum x_i \\ \sum x_i^2 & \sum x_i & N \end{bmatrix} \cdot \begin{bmatrix} a \\ b \\ c \end{bmatrix} = \begin{bmatrix} \sum x_i^2 & \sum y_i \\ \sum x_i & y_i \\ \sum y_i & \end{bmatrix} \quad (3.18)$$

由此可得

$$\begin{bmatrix} a \\ b \\ c \end{bmatrix} = \begin{bmatrix} \sum x_i^4 & \sum x_i^3 & \sum x_i^2 \\ \sum x_i^3 & \sum x_i^2 & \sum x_i \\ \sum x_i^2 & \sum x_i & N \end{bmatrix}^{-1} \cdot \begin{bmatrix} \sum x_i^2 & \sum y_i \\ \sum x_i & y_i \\ \sum y_i & \end{bmatrix} \quad (3.19)$$

【例题】 有表 3.2 给出的实验数据组,将其拟合成 $Y = aX^2 + bX + c$,求拟合系数 a、b、c。将数据点在图 3.7 上,并将求得的拟合曲线也表示在图上。

表 3.2 例题表

X	Y
-8	12
-5	5
-3	1
0	1
3	1
5	4
8	9

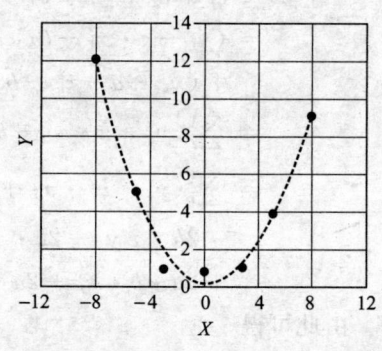

图 3.7 二次函数

解 根据式(3.19)求系数 a、b、c,计算如下:

$$\begin{bmatrix} a \\ b \\ c \end{bmatrix} = \begin{bmatrix} \sum x_i^4 & \sum x_i^3 & \sum x_i^2 \\ \sum x_i^3 & \sum x_i^2 & \sum x_i \\ \sum x_i^2 & \sum x_i & N \end{bmatrix}^{-1} \cdot \begin{bmatrix} \sum x_i^2 y_i \\ \sum x_i y_i \\ \sum y_i \end{bmatrix}$$

$$= \begin{bmatrix} 9\,604 & 0 & 196 \\ 0 & 196 & 0 \\ 196 & 0 & 7 \end{bmatrix}^{-1} \cdot \begin{bmatrix} 1\,587 \\ -29 \\ 33 \end{bmatrix}$$

$$= \begin{bmatrix} 2.43 \times 10^{-4} & 0 & -6.80 \times 10^{-3} \\ 0 & -5.10 \times 10^{-3} & 0 \\ -6.80 \times 10^{-3} & 0 & -3.33 \times 10^{-3} \end{bmatrix} \cdot \begin{bmatrix} 1\,587 \\ -29 \\ 33 \end{bmatrix}$$

$$= \begin{bmatrix} 0.161 \\ -0.148 \\ 0.204 \end{bmatrix}$$

第 9 篇

各种机械的原理与应用

- 责任编委
  住野和男
- 执笔委员
  坂口幸治（第1章）　　铃木刚志（第2章）
  住野和男（第3章）
  绪方浩二郎（第4章4.1节）
  田中利昌（第4章4.2节，4.3节的1.和7.）
  此村　靖（第4章4.3节的2.和4.）
  羽贺正和（第4章4.3节的3.、5.及6.）

第1章 工业机械

  通常对于机械的定义是，将结构形态、机械零件与限定的相对运动组合构成完成有目的的工作。即机械是设计可工作的构成具有一定构造或形状的各零部件并使它们的组合作限定的相对运动的工业技术。工业机械以往是具有以这些条件为基本的驱动，并以单一动作机械的技术开发为中心发展的。但在今天，其构造或结构（动作及机构的构造）在范围上已经扩大至多种多样的领域，并正在创建具有超越一般机械定义的构造及功能的工业机械市场。

  本章概述工业机械开发的简单变迁、分类及工业机械的形态、功能、动作等。

1.1 工业机械概述

工业机械,与工业的历史发展密切相关,其技术是靠努力追求充满个人创造性与卓越智慧的技术来完成的。工业机械是所有工业领域中应用的机械设备的总称,现在人们的生活中、工作中,以及环境保护及休闲娱乐产业等方面也都在大量使用。今天,这些机械的结构与功能正在随工业机械的开发而日益完善,其范围也因与电子工业及信息工业的多种多样系统的结合而逐渐扩大。

1.1.1 工业机械的沿革[1,2]

工业机械,与工业发展的历史有很大关系,可以说是占据着发展过程中的中心位置。这是因为工业机械不仅在制造业(食品工业、机械工业、钢铁工业等),而且在非制造业(土木建筑业、电力工业及其他公共事业),都得到了共同的普遍应用的缘故。下面简单回顾一下与时代一起发展的工业机械在制造业中的变化。

1. 从明治初期到大正后期

进入明治时期,日本工业的中心是棉纺织业的飞速发展。当然,支撑此产业的是促进制纱、纺织自动化的机械化。这一时期开发的纺织机械,1875年以后其生产率得到扩大,到大正后期已经成为其他机械工业发展的基础。这只要看一下当时制造业中各项工业所占的比率即可作出判断(参见表1.1)。

表1.1 制造业中各项工业的生产比率

(单位:%,全体为100%)

	铁钢	有色金属	机械	化工	食品	纺织	材料	陶瓷	印刷制品	其他
1875年	1.0	2.2	2.1	19.0	40.2	22.3	4.6	2.1	0.2	6.2
1890年	0.6	2.6	2.1	13.5	35.2	36.1	2.6	1.8	0.3	5.3
1920年	4.5	1.9	14.2	12.2	23.4	33.6	2.6	2.9	1.9	3.3

(西泽利夫,1989[1])

2. 从昭和初期到 1945 年

进入昭和时期,则从以前的纺织、食品、印刷等轻工业为主体的工业急速发展到以钢铁、电力、有色金属、化工、造船等重工业为中心的工业,工业机械与机床的生产扩大了。特别是在制造业的工业机械方面,出现了发动机、风力水力机械、金属加工机械、化工机械等领域并得到发展,伴随着军需的扩大还增加了兵器的生产,尤其是机床的开发及生产得到了显著的发展。战争形势高涨的 1937 年以后,使飞机及轮船的技术开发得到发展,各种工业机械的技术开发为此作出了重要贡献。

3. 从 1945 年(战后期)到昭和后期

1945 年(战后期),以复兴崩溃了的日本工业为重点,作为经济支柱,煤炭工业兴旺了起来,与其相关联的矿山机械(选煤机、煤车、碎煤机等)也随开发同时增加了。随着衣料需求的增长,纺织机械的生产也扩大了。另外,加之朝鲜战争的军需因素,促进了钢铁工业和重化学工业的发达,到 1945 年下半年,建筑机械、化工机械、锅炉、发动机、电动机等的生产也都增大了。

进入 1955 年,作为战后复兴的结果,生活必需品(生活消费财产)的需要扩大了,一般通用机械(土木建筑机械、造纸机械、食品加工机械、搬运机械等工业机械)及运输机械(汽车、飞机、自行车等)等得到了飞速发展。

进入 1965 年的高度成长时期,汽车的生产、石油联合企业、钢铁及有色金属工厂进一步发展,工业机械作为支撑这些发展的基础得到了扩大。其中金属加工机械、化工机械、搬运机械、食品加工机械及包装机械等的订货增大,技术开发盛行。到了 1965 年下半年,派生出了尾气排放公害及生活环境污染等问题,作为解决这些问题手段的工业机械(各种环保机械、化工机械等)得到开发,与其相反,石油危机引起的原材料型重化学工业的低迷仍在持续,轻工业(纺织、玻璃、木材等)的衰落也在加剧。工业机械对于这些工业的恢复,以及对于支撑重工业及轻工业相关工业的技术开发,都是非常重要的。如前所述,这一时代开发盛行的是化工机械。其中,高黏性物质混合用的搅拌机的开发与生产,加之市场的需求,获得了飞速发展。图 1.1 介绍了所开发的搅拌机的形状。

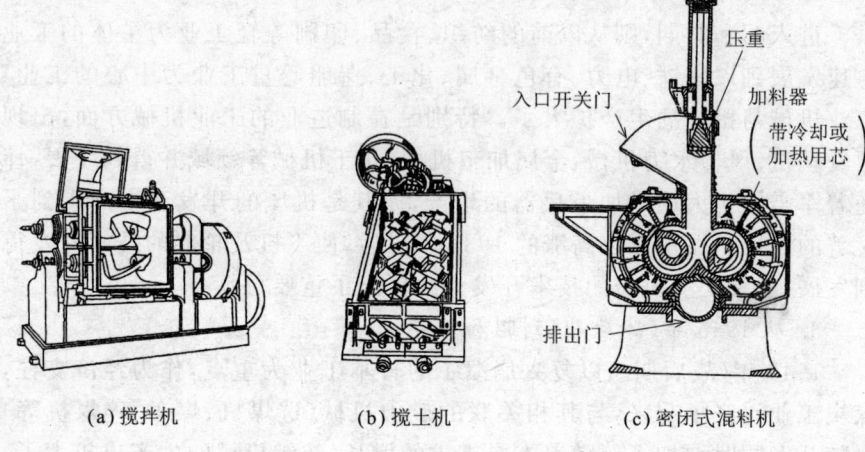

(a) 搅拌机　　　　(b) 搅土机　　　　(c) 密闭式混料机

图 1.1　搅拌机的形状
（日本机械学会，1977[3]）

1.1.2　工业机械的现状[1,2]

1975年以后，由于计算机及电子技术的发达，工业用机器人的生产飞速发展，工业机械，尤其是矿山机械、化工机械、搬运机械及发动机等的生产得到增加，FA(Factory Automation，制造部门的自动化、无人化)化获得发展。工业用机器人的发达还带来了机床的 NC(Numerical Control，数值控制)化，在这种潮流中，金属加工机械、动力传输机械、塑料机械及纺织机械等工业机械制品的生产也飞速增长。

进入1985年，由于工业用机器人化的促进，工业机械业界已从 FA 化走向要求 FMS(Flexible Manufacturing System，多品种少量生产与工程的自动化、无人化系统——柔性制造系统)化。但是，工业机械业界中特别是金属加工机械、食品机械、包装机械、纺织机械及塑料机械等的制造厂家，由于产品专业化且又是供应厂商，所以很难赶上 FMS 化的潮流。

从昭和后期到平成初期，FMS 化在不断发展，一些主要工业界更是由于计算机的发达而向 CIM(Computer Integrated Manufacturing，计算机集成制造)化发展，而专业的工业机械业界的机械产品的生产则逐渐落后于其他领域的机械产品生产。这种状况一直持续到今天，由于开发技术人员的能力不足、与新系统相适应的具有创造性的理念的培养迟缓，以及难以确保充足的人才力量,工业机械则很难期望有飞速的开发与增长。图 1.2 和图 1.3 示出了现在制造工厂中正在使用的纺织机械(自动织机)的照片。

图 1.2　长纤维用纱锭精纺机
((株)丰田自动织机,2004[8])

图 1.3　喷气织机
((株)丰田自动织机,2004[8])

小常识

支撑工业的纺织机械

纺织机械的支柱是高分子材料(天然纤维、再生纤维、合成纤维)和线的制造机械(纺纱机械、合纱加工机械)。但在其后开发了以织布机为代表的布的制造加工机械(织布机、编织机械、缝制机械)。特别是日本的发明王丰田佐吉,1916 年取得了自动纺织机的专利,1926 年创办了丰田自动织机制作所,1929 年时开始织机的制造销售,成为作为日后生活必需品的纤维、衣料市场活跃的基础。纺织机械也正是工业机械的核心。

1.2 工业机械的分类与概念

有关日本机械工业中机械的分类,按照经济产业省统计所作的广义分类,可整理为一般机械、电力机械、信息通信机械、运输机械、精密机械、机床等种类。此分类中的一般机械通常也称之为工业机械。工业机械是许多工业领域中使用的机械设备的总称,在现在工业高度发达的环境下,要将其分类统一化实在很难。表1.2示出了通常一般机械分类的各机械的主要产品。以下还将对工业机械中的四种机械进行讲述。

表 1.2 工业机械(一般机械)的分类与主要产品

原动机	锅炉、水车、涡轮机
土木建筑机械	推土机、压路机、铁锹
矿山机械	分选机、粉碎机、采煤机械
化工机械	制粒机械、分离机、过滤机
塑料机械	注塑机、挤压机、发泡机
印刷机械	印刷机械、纸工机械、制本机
风力、水力机械	泵、压缩机、风机
搬运机械	起重机、卷扬机、输送机
动力传递机械	变速机、减速机、无级变速机
农业机械	联合收割机、稻谷脱壳机
木材加工机械	电刨机、合板机械、电锯机
林业机械	剪枝锯、链锯、粉碎机
造纸机械	抄纸机(涂料机)、压力机
纸浆机械	切片机械、离解机
金属加工机械[1]	锻造机、轧钢机、制管机械
食品加工机械	充填机、切片机、杀菌机
包装机械	给袋包装机、真空包装机
装卸机械	打捆机、打结机
纺织机械	纺纱机、编织机、自动织机
电线机械	挤压机、接线机
冷冻机械	冷冻机、空调机
事务用洗涤机	洗衣机械、干燥机
自动安装机	零件供应机、搬运机、排列机

续表 1.2

自动销售机	自动售货机、剪票机、辊闸门
机械工具	打钉机、墙面作业机
环境装置	大气水质污染防止装置
其他	轴承、模具、半导体制造等

1) 也有制铁机械的分法 　　　　　　　　　　　　　　　　　(西泽利夫 1989[1])

1.2.1　动力传递机械

　　动力传递机械是为了使被动装置能顺利进行所规定的工作而将驱动方所具有的动力按一定条件从中传递给被动装置的单元装置。当然,与作为驱动方动力源的电动机已经合为一体的装置现在正在成为主流。其主要原因可以认为是成本的降低、机械技术的发展及装置形状的简化等。现在,作为传递机械最常用的产品有减速机、变速机、分度转台、圆锥齿轮箱、螺旋起重器等。以下对这些产品中的减速机、变速机及分度转台作一概要讲解。

　1. 减速机

　　动力传递装置中使用最多的是减速机。减速机是将输入侧的动力传递给输出侧的被动件的装置,其形式有正齿轮、螺旋齿轮、人字齿轮啮合型及蜗杆齿轮(蜗杆蜗轮)型,上述两者的组合型,或差动齿轮型,以及应用新机构的摆线型,可供不同的使用目的选用。尤其是减速机有 1/5～1/1000 程度的减速比,可提高输出的转矩。10 多年前此减速机还多是以单件装置的形式用在生产设备中,而在现在这种自动化相当发达的企业的工厂内,由于设备本身小型化的推进,减速机的使用也是以与电机一体化的复合型机械的形式为主流。但在发电、水力设备,以及工厂内的压延设备及钢管设备等大型生产设备上,由于需要很大的动力及强度,所以仍以单件形式在使用。减速机按其规格、性能、特点、形状及质量等产生出许多种类,这些各种形式的减速机应用于整个工业界。现在在各厂商间其种类划分仍有分歧,其选择对于机械设计人员也是一件头疼的事。图 1.4 至图 1.13 所示的(以一体型减速机为主)各种减速机产品(以电机一体型减速机为主)的概要归纳在表 1.3 中(如严格讨论分类,也会有与本表不同的情形)。

图 1.4　摆线齿轮减速机与减速器
（住友重机械工业（株），2004[10]）

图 1.5　内摆线齿轮电动机　　　　　图 1.6　行星齿轮减速机
（住友重机械工业（株），2004[10]）　　　（（株）Maxinco，2004[35]）

图 1.7　齿轮电动机　　　　　图 1.8　锥齿轮螺旋齿轮减速机
（（株）椿本チエイン，2004[11]）　　（（株）椿本チエイン，2004[11]）

图 1.9　涡轮蜗杆减速机
((株)Maxinco,2004[35])

图 1.10　应急蜗杆轴上减速机
((株)椿本チエイン,2004[11])

图 1.11　螺旋齿轮轴上减速机
((株)椿本チエイン,2004[11])

图 1.12　差动齿轮减速箱
((株)Maxinco,2004[35])

图 1.13　带小型减速机的电动机
(オリエンタルモータ(株)2004[36])

表 1.3　各种减速机产品示例

齿轮电机	正齿轮平行轴、正齿轮中空轴、螺旋齿轮平行轴等形式
偏轴齿轮	螺旋齿轮正交轴、中空轴等形式
紧接电机	蜗杆齿轮交叉轴、中空轴(地脚安装、端面安装)型
应急蜗杆	通用性强,输入、输出轴两轴均可利用,地脚、基座安装型
轴上减速机	可与各种轴选配、质量轻、简便,有应急蜗杆型及螺旋齿轮型等
圆弧形线蜗杆齿轮*	蜗杆同时啮合齿数多,因而负荷能力大,而且啮合损失少,可望实现高效率
锥齿轮螺旋齿轮减速机	具有高性能、高效率、低噪声的特点,可变换配置多种轴,属锥齿轮与螺旋齿轮的组合,形状简单
差动齿轮减速机	属差动齿轮(锥齿轮)型减速机,速比可自动和手动调节,可无级控制瞬时同步
摆线齿轮减速机	有摆线齿轮型及内摆线齿轮型等

* 通称弧线形齿轮,其加工方法是:在相当于涡轮轴的轴上安装车刀,左右可转,通过其在相当于蜗杆轴的轴上公转完成螺旋状的齿轮。

2. 变速机

变速机虽然也有以单件传动机使用的,但通常更多的是与电动机直连变速机或减速机(螺旋齿轮与蜗杆齿轮型)连接,以电动机变减速机的形式使用(图 1.14～图 1.16)。变速机与只有一定减速比的减速机不同,可在工作中无级改变增减速比。变速机可大致分为以下 5 类:行星轮摩擦方式、齿轮方式(内齿和行星齿轮、差动齿轮)、环锥方式(行星轮与太阳轮)、带方式的无级变速及其他方式(使用有传动机的结构)等。

图 1.14　DISCO 无级变速机
((株)椿本チエイン,2004[11])

图 1.15　Biel 无级变速机
(住友重机械工业(株),2004[10])

图 1.16 带式无级变速机(三木プーリ(株)2004[12])

3. 分度转台

除去电气控制机构的机械,分度转台还有平面凸轮机构、十字轮间歇机构、滚子齿轮机构、平行机构、选择和定位机构(滚子齿轮凸轮及连杆凸轮的组合机构)等各种形式的机械。分度转台的工作任务是将原动侧的旋转驱动间歇旋转或摇动传递到从动侧。今天,作为同时能分度等的单独功能的机械装置,或作为与联轴器、扭矩限制器、齿轮与链轮、减速机、带电机的变减速机、传动机及传动机械等相连接的组合型机械装置,大量使用在包装机械、食品加工机械及各种自动省力机械与搬运机械等工业机械中。图 1.17～图 1.21 示出了分度转台的产品实例及其应用实例。

图 1.20 和图 1.21 所示的转台式间歇驱动方式,用于将旋转台分为 4～8 个工位,并限定地进行每个工位工作的机构上。而在实际的工业机械中,作为自动零件安装装置、制袋包装机及给袋包装机等的机械驱动有效地应用。

图 1.17 滚子齿轮型分度转台
((株),三共制作所,2004[34])

图1.18 平行齿轮型分度转台
(山久チエーン(株),2004[14])

图1.19 选择和定位装置
(山久チエーン(株),2004[14])

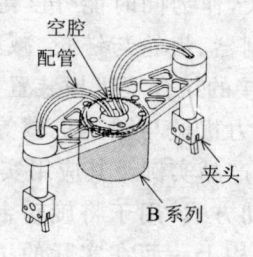
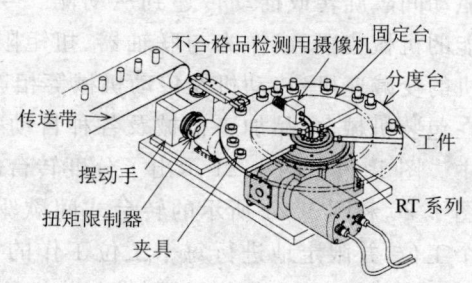

图1.20 分度转台应用举例(1)
((株)三共制作所,2004[34])

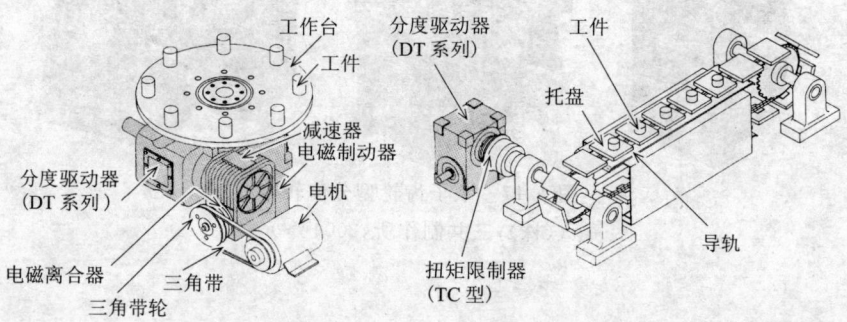

图1.21 分度转台应用举例(2)
((株)三共制作所,2004[34])

---小常识---

马氏间歇机构

在过去的工业机械驱动部的机构中,与凸轮机构合在一起经常使用的间歇机构,是通过销子或滚柱将主动轴的连续旋转传递给从动轮的间歇转动的机构。

马氏间歇机构

1.2.2 造纸与纸品机械

要从类别上完全区分造纸机械与纸品机械是相当困难的。在工业机械领域现在都是按经济产业省的统计数据进行分类。基本上造纸机械指的是截止到作出原纸卷的纸品制造前段工程所用到的那部分设备,而纸品机械则定位为用于制造纸制品的后段工程的那些设备。下面分别加以说明。

1. 造纸机械

造纸机械通常认为是大型造纸厂的一种设备。这里提及的造纸机械,就是一般所说的抄纸机(抄纸机械、抄造纸的机械),抄纸机是作为提供给市场的各种纸制品(纸浆纸、新闻纸、高档纸、包装纸等)的制作基础的各种原纸卷(卷状及平放规格)的制造生产线机械。图 1.22 示出了抄纸机的整个生产流程(从纸浆到原纸卷产出),从图中可知,抄纸机是为了一边快速连续输送纸浆机制造的纸浆材料(化学纸浆、机械制纸浆、旧纸纸浆等),一边制造出高质量的原纸卷,而将具有各种功能的单元机械(装置、设备)聚集在一起形成的相互关系协调可控的组合机械。表 1.4 示出了抄纸机的各组成机械的简单功能。大型造纸厂设备可广义地分为前段工程的原料机械（纸浆制造机械）和造纸机械（抄纸机械）两类，而后段工程中则可分为纸品机械、包装机、附属机械等类。图 1.23 和图 1.24 示出了现在工厂中使用的抄纸生产线设备。

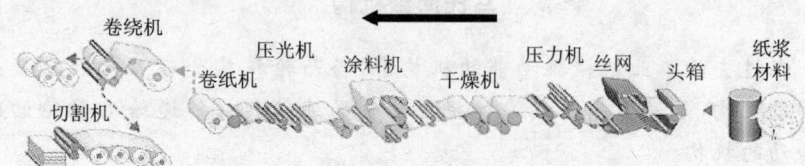

图 1.22　抄纸机总体机械构成（纸卷流程）

（北越制纸（株），2004[16]）

表 1.4　抄纸机各组成部分的功能

各部名称（按配置顺序）	功　能
①头箱	（原料入口）：将混入水中的纸浆吹上丝网
②丝网	高速回转进行纸浆的脱水
③压力机	用滚子和毛布进一步进行脱水作业
④干燥机	使湿纸干燥
⑤涂料机	（涂料压力机）：往纸的表面上涂上涂料
⑥压光机	使纸的表面平滑有光泽
⑦卷纸机	将完成的原纸卷成卷
⑧卷绕机、切割机	切成指定大小成卷（卷绕机）、切割整理（切割机）

（（社）日本包装机械工业会，1998[7]）

图 1.23　Bestformayankee 抄纸机（左）和 Paper Machine（右）

（川之江造机（株），2004[15]）

图 1.24　长网多筒抄纸机(压力机部)(左)和特殊抄纸机(右)(川之江造机(株),2004[15])

2. 纸品机械

一般狭义分类中纸品机械统计上属于印刷机械。纸品机械通常是由抄纸机制作的原纸(卷状或平放规格)来制造纸制品(含纸管等附属品)的机械,以单独的机械或与包装机相连作为生产线机械使用。纸品机械通常多分为加工机、涂料机、精加工机、包装机,包括表 1.5 所示的各种机械,图 1.25 至图 1.28 示出了其典型代表。

表 1.5　纸张加工机械

加工机	卫生纸机、湿纸巾机、餐巾纸机、纸板制造机、纸尿布制造机、压光纸制造机
涂料机	超级压光纸处理机(调整厚度)、软压光纸处理机、涂布机
精加工机	纸管机械、切纸卷纸机、自动切纸机、自动搬入搬出装置
包装机	自动中、小规格包装机、平板纸包装机、原纸卷包装机

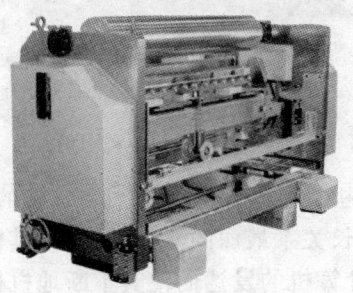

图 1.25　CED 涂料机
(井上金属工业(株),2004[17])

图 1.26 影印纸涂料机

（井上金属工业（株），2004[17]）

图 1.27 纸巾折机（加工机）

（川之江造机（株），2004[15]）

图 1.28 擦手纸折机（加工机）

（川之江造机（株），2004[15]）

1.2.3 包装机械

包装机械是工业机械中与作为生活消费资料的食品、家电、化学药品及化妆品等的历史增长关系最深的。今天，不仅其机构的研究开发，而且在其他方面，均由于计算机的发达而使其不断地机械化和自动化，其规模也在逐渐扩大。特别是包装机械作为单独的机械，其各种用途进一步得到开发，并作为生产线机械（装置）上线使用。最近，引入食品机械的最终工序的制品装入及控制部分，成为一体联动型机械的大型包装机械也正在开发中。并且,包装机械并不仅仅是单纯的包装(packing)东西,它已经是将在包装材料上印刷必要内容、粘贴标签、自动检查不合格品等相关机械(机器)也都包含在内的机械的总称。包装机械一般分为计量机/计数机、装填机(罐头机械)、制袋装填机、容器成形装填机、给袋包装机、贴标签机、装箱机、打包机、密封机、收缩包装机、真空包装机/空气置换包装机、装盒机/封盒机/制盒机、打捆包装机以及包装相关机器(制袋机、切纸机、印字机)等。表 1.6 列出了各种机械的简要说明以及各企业实际使用的产品例子。

表 1.6 各种包装机械的概要及产品示例

计量机/计数机	计量机有天平方式的质量型和利用吸筒及量杯的定量型,质量型的机械用于粉、粉体及条状物,定量型的机械用于液体、粉及粉体等,如家常菜、胡椒、沐浴剂等 计数机是按预定的包装量计数并将其送往包装机械的机械,通常为与电子技术制成一体的装置,如用于药片、密封瓶装罐头、餐巾等
装填机(瓶、罐、小箱、袋等)	将气体、液体、固形物、粉及粉体等装填到一定的瓶、罐、小箱等中的机械,多是与计量机或计数机连接使用。按装填物的不同,装填机分为固形物装填机、液体灌装机、气体灌充机及粉体装填机等。装填机中,瓶装罐头机械及盒装罐头机械还是同时具有清洗、装填、盖子密封等功能的装填机。装填机用于化妆品、酱油、汤汁、香料、番茄酱、奶油、调味汁、蜂蜜、鱼及蔬菜罐头等
制袋装填机	在将装填物饼干、面包、奶油、药品、大葱、黄瓜、面条、咸鱼干、乳制品、辣酱油等制品送入卷成筒状的热黏性带的工序中进行装填成形的机械,按制品送入的方向有纵型、横型制袋装填机等 另外,按包装材料黏合点个数还有三边密封包装机及四边密封包装机等,还有将要装的带子(PE、薄膜)成形为筒状(枕型),再将点心、米果、巧克力等大小的固形物装入的枕型包装机。通常这样的装填机是压黏与切断同时进行的
给袋包装机	使用预先由薄膜带筒制成的三边密封、四边密封及枕型的包装袋,在机械自动进给工序 1 张 1 张取出,将诸如泡菜、鱼肉卷、蒸煮食品及液状物等连续装入的机械。此机械中,一般每袋装 1~15kg 的居多
容器成形装填机	将热可塑性高的薄膜(PP、PVC、PVDC)用杆状、板状的电热机器加热成形后,再在自动进给工序中将内容物装入并加盖压黏密封的机械。用于乳制品、汉堡咖喱饭等已调理好的食品等的制造。此种装填机可分为聚苯乙烯包装机和 PTP 包装机等,作为用于药片、胶囊等制造的两面压黏切断成形的机械,有条带型包装机(分类上也有归入制袋装填机的)

续表 1.6

贴标签机(含密封机)	以表示内容、有效期及识别等为目的而将标签粘贴到瓶、罐、小箱、纸板等上用的机械。按照实际包装物的搬运方法及形状,标签粘贴机的形状有各种各样,通常安装在传送带的适当位置	
小箱装填机	此机械是包装物连续输送和板状箱纸同步(同时)输送中,将被包装物移到纸板上,在连续输送运动的过程中将纸板成形为包装箱,最后将作为盖子的板边折叠,插入或粘封,完成小箱的包装。特别常用于西式点心、药品、化妆品、日用品、杂货等的包装	
打包机(包皮封包机)	用纸、薄膜、玻璃纸等各种薄的包装材料,在机械的连续输送运动中将1个或多个固形物包装的机械。输送侧的包装材料使用一定宽度的筒形带。此机械按包装方法分为折叠包装机、抓捏包装机、扎紧包装机及包皮封包装机等。像饭团子、三明治及馒头等1个个包装时,使用折叠包装机,而像煮鱼、肉及饺子等要多个一起包装时,则使用扎紧(在抽紧的同时包装)包装机	
密封机	一般是指使用胶带、盖子、缝合、粘贴、热封、结扎等,以密封为目的的机械	
收缩包装机(shrink)	将包装物(方便面、纳豆、干货、玩具、日用品等)用热收缩性薄膜包封,然后加热使包装薄膜收缩的包装机。此机械上同时带有打包装置和热封装置(加热器)。这种机械因厂商不同而有多种多样。	
真空包装机	这是用于食品保存及紧缩目的的机械。是用透气性小的包装材料(塑料薄膜、层压薄膜)将包装物(鱼类、山珍海味、水产炼制品、家常菜等)包装后,在真空室内(脱气)以热封方式进行真空密封的机械。有火腿、腊肠用的深挤压真空包装机,以及出于保存与紧缩两种保护目的而将氮气或二氧化碳气注入真空状态的室内的气体置换包装机等	
装盒机/封盒机/制盒机(caser)	进行整个纸板组装作业的机械即是装盒机。另外,对纸板盖贴封或热封等的密封机械为封盒机,而只进行纸板内整框组装、托板(承受板)组装和隔板组装的机械则为制盒机。有进行利用纸板的装入堆载作业的码垛装载机等。处理纸板的机械,在包装机械中也有多种类型在广泛使用	
平板捆扎包装机	是将平板上堆积的商品用捆扎薄膜予以包装固定的机械,多与驱动式辊子传送带或搬运传送带等组合使用(供料、包装、送出相组合的机械)	
包装相关机械及机器	制袋机、切纸机、整理机、自动供给装置、质量检查机、异物检查机、印字机、条码阅读器、真空压缩成形机、容器清洗机、包装用机器人、投袋机等多种机器	

以下图 1.29～图 1.36 示出了各包装机械制造厂商提供给市场的机械产品。

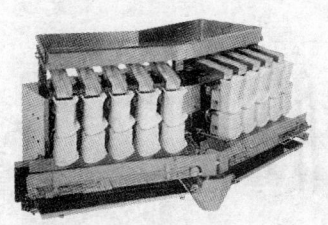

图1.29 粘贴用 Computer scale
((株)イシダ,2004[20])

图1.30 全自动充填橡胶塞打塞机
((株)铃木制作所,2004[21])

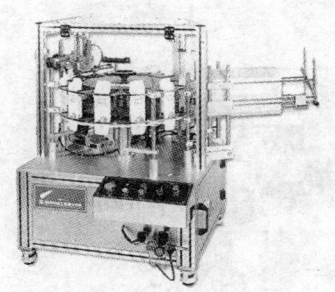

图1.31 半自动插入机　　图1.32 带夹头的纸袋给袋式自动包装机
(田村机械工业(株),2004[24])　　(General Packer(株),2004[22])

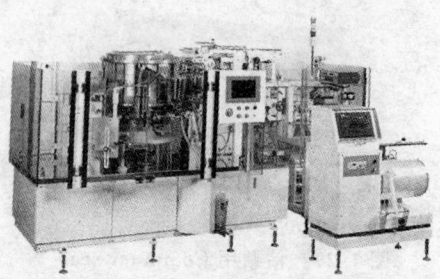

图1.33 四边密封袋制袋式自动包装机
(General Packer(株),2004[22])

图1.34 全自动聚苯乙烯包装机
((株)カナエ,2004[23])

图1.35 全自动内外两点标签粘贴机
(田村机械工业(株),2004[24])

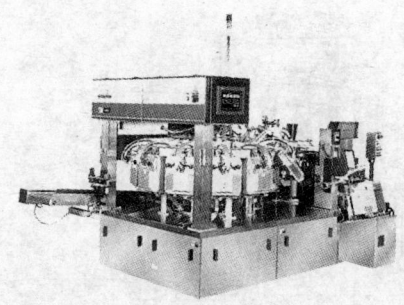

图1.36 全自动真空包装机
(东洋自动机(株),2004[26])

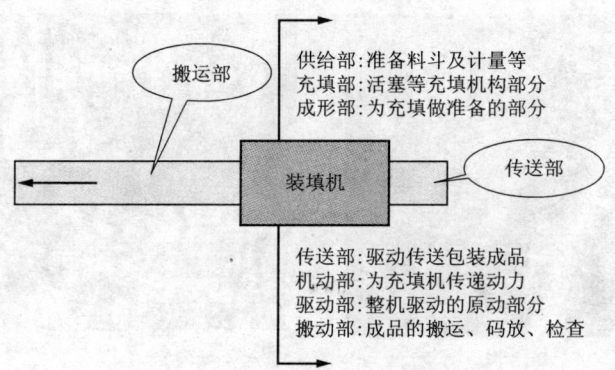

图 1.37 充填机各组成部分的作用

包装机械一般都是由几个机构组合而成的。对于也应该称之为包装机械典型代表的制袋（点心类）充填机，图 1.37 示出了其构造与功能的要点。

表 1.7 进一步示出了充填机上使用的主要的传动机构与机器。

下面图 1.38 至图 1.41 给出了依靠驱动部（设置在机体的下部）的齿轮及凸轮机构来传递动力并完成规定功能的构造的参考实例。

表 1.7 充填机各部使用的机械零部件及传动机构与机器

供给部	料斗、搅拌机（或仅为小型齿轮电机）、挤出装置（汽缸）、计量机
充填部	挤出自动汽缸、充填用活塞、无油轴衬/O形圈等
成形部	O形圈、无油或DU轴衬、汽缸等
传送部	小型齿轮电机（涡轮蜗杆型）、滚动轴承、辊子（驱动用）等
机动部	杠头架、六方杠、轴承、平板凸轮（制作）、圆柱凸轮（制作）、定位轴环拉伸弹簧、汽缸（弹簧用）、凸轮跟随器等
驱动部	主轴、正齿轮、锥齿轮、蜗杆齿轮电机、轴承、轴环等
搬运部	端面辊、张紧辊、食品搬运用带等
附件	旋钮、夹板等机械零件、空压机装置一套（含管子）

图 1.38　成形充填移动部分

图 1.39　驱动部传动件的装配状况(1)

图 1.40　驱动部传动件的装配状况(2)

包装机械中，为完成充填部及成形部的动作，对来自驱动部的动力一般多应用平面凸轮机构(另外还有汽缸及电机等)进行传递。

图 1.41　凸轮机构部分

=============== 小常识 ===============

三边封口、四边封口方法

　　三边封口是将一卷薄膜带卷抽出的带子传送中通过三角板形的成形器双折，用加热辊压焊，之后传送中由供料筒装入包装物品，最后用加热辊压焊上部封口。而四边封口则是在两卷薄膜带卷抽出的带子之间，放入兼作包装物品供料筒的成形器（模型），带子传送中先将两条边压焊，之后由供料筒装入包装物品，最后用加热辊压焊上边封口。三边、四边封口均为连续重复操作（见下图）。

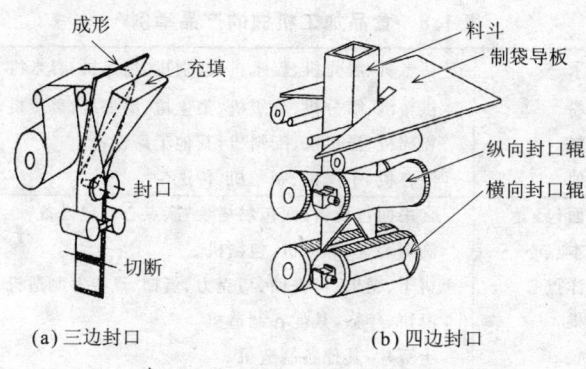

三边、四边封口的示意图

1.2.4 食品加工机械

　　工业机械中分支种类最多的机械非它莫属。这一点只要查看1875年以后的食品生产比率（见表1.1），即可明白历史前进的速度。特别是在战后，人们对于食物的认识已经不只是为了健康将食物考虑成摄取营养物质的必需品，而已经变成既要美味又要香气还要外观好看。因此，人们将鱼、肉、蔬菜以及作为主食的米、麦等所有的食物加工成各种样式，而现在，其原料是什么，已经常常不再重要。

　　食品加工机械就是在这样的市场环境下，通过企业不断地进行机械化与自动化的研究与开发，生产出了现在多种多样的机械，丰富着人们的饮食生活。食品加工机械也与包装机械一样，其许多都是以单一产品制造专用的单独机械的开发作为主流。例如，只拌馅的拌馅机，只制作日本点心等形状的成形机，只作糖块的制糖机等即属此类。但是，随着市场需求的巨大变化，机械的任务与作用也从只作食物为目的向形、色、味及保存齐全的机械这种具有复杂结构的食品机械转变，与其作为单独的机械使用不如作为工厂设备，以及作为与提高产品价值的包装机械相结合的机械，食品加工机械的自动化也因计算机控制系统的应用而日益发展。

　　食品制造技术的研究，不仅产生出了粉粒体食品、黏体食品、液体食品及固体食品等的多方面的加工机械,而且还制造出了自动售货机、灭菌设备、解冻机,以及用于食品质量管理的水分计、光度计、比色计等,其技术领域也日渐扩大。表 1.8 示出了这种食品加工机械的产品实例。

表 1.8 食品加工机械的产品举例[6]

粉粒体食品	精米、麦	精米机、脱壳机、碾米机、选别机、精选机、舂米机
	制粉	供料机、筛分机、分级机、集尘机、磨面机、熏蒸机
	饲料	粉碎机、压扁机、配料机,其他工厂设备
	其他	混合机、干燥机、制粒机、传送带
黏体食品	制面包	食用面包设备、面包烘烤装置、点心面包设备
	日本点心	制糖装置、练糖机、包糖机
	西洋点心	饼干、糖果、口香糖、巧克力、蛋糕、点心等制造机
	米果	酥饼、年糕,其他各制造机
	快餐	土豆片,其他各制造机
	制饼	制年糕机、蒸练机、江米团子制造机
	其他	混合机、搅拌机、烧煮搅拌机、切割机、成形机、绞拧机、装填机、灭菌机、冷却机、冷冻装置,其他工厂设备
液体食品	果汁	榨汁机、调合器、粉碎机、碎浆机、工厂设备
	碳酸饮料	厂工设备、其他各种机器
	乳业	挤奶机、乳化机、均质机、冰淇淋、奶酪、黄油等制造机,其他工厂设备
	豆腐豆奶	豆腐豆奶工厂、脱臭机、磨碎机、快速冷却机、磨豆机
	食用油	搅拌机、榨油机、工厂设备
	酿造	发酵机、制糟机、工厂设备
	发酵	蒸馏机、压榨机,其他
	制冰	制冰机、制冰工厂
	其他	灌装机、过滤机、分离机、浓缩机、脱水机、抽取机、脱气机、冷却机、灭菌机、干燥机、洗瓶机,其他工厂设备
固体食品	食肉	装填器、灌注机、切片机、切割机、切块机、搅拌机、铰馅机、烟熏设备、屠宰处理机,其他工厂设备
	鸡鸭	烘烤炉、打蛋机、鸡鸭处理机,其他工厂设备
	水产品	鱼体处理机、切碎机、切割机、制馅机、练品制造机、蒸机、烧烤机、鱼糕机、烟熏装置、海带加工机、削干鱼机、脱水机、海苔琼脂等制造机、干燥机,其他工厂设备
	农产品	咸菜、豆芽菜、纳豆等制造机、干菜制造机、制茶机、选果机、剥皮机(薯类、栗子、水果、葱头等的剥皮)

续表 1.8

	其他菜肴	炊煮搅拌机、沾面包粉机、串刺机、串烧机、煎鸡蛋机、饺子、烧麦、春卷等制造机、冷冻装置、真空冷却机

下面图 1.42~图 1.49 举出了几种表 1.8 所示产品中各厂商制造的食品加工机械。

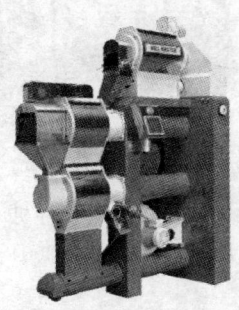

图 1.42 精米机
(Satake(株),2004[28])

图 1.43 自动制年糕机
(中井机械工业(株),2004[30])

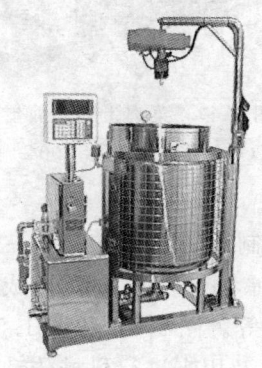

图 1.44 煮豆机
(中井机械工业(株),2004[30])

图 1.45 搅馅机
((株)Kajiwara,2004[31])

图 1.46　IH 烤蛋糕机
(中井机械工业(株),2004[30])

图 1.47　悬臂搅拌机
(中井机械工业(株),2004[30])

图 1.48　寿司团用煎蛋机
((株)品川工业所,2004[33])

图 1.49　菜肉蛋卷用煎蛋机
((株)品川工业所,2004[33])

　　食品加工机械的构造,根据制品的不同制成各种形状。但一般从机械的构成考虑,大致可以分为果汁、拌和品、原料等的加工部分、成形部分(充填部)、烤成部分(搬运部分)及包装部分等。图 1.50 和图 1.51 分别示出了制造点心、酥饼、蛋糕等的点心制造机及用来进行机械传动的机构及零部件的梗概。图 1.52 还示出了充填部的基本原理。

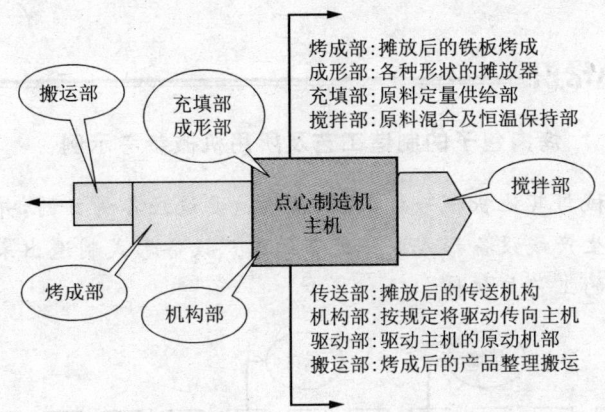

图 1.50 点心制造机各部的作用

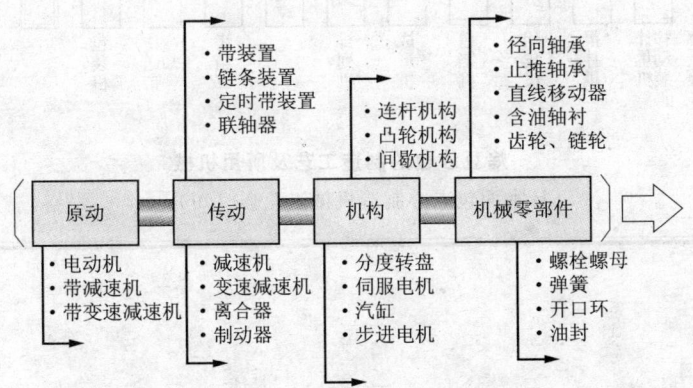

图 1.51 传动用机械与机械零部件

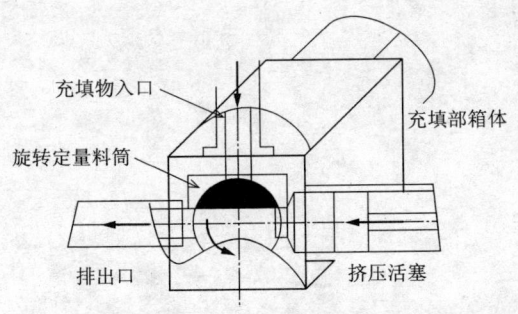

旋转定量料筒处于图示位置时，是将从上部入口装入定量料筒内的原料靠挤压活塞的压力挤向左侧的排出口。而当从上部入口装料时，旋转定量料筒应左转90°。

图 1.52 装填部的基本原理

=== 小常识 ===

烤肉包子的制造工艺及所用机械参考示例

食品机械与其他机械一样,其机械构造要适应各种目的,并以单件机械相组合的生产线设备形式或一连串的工厂设备形式制造出来。下图示出的是前者的工艺与机械。

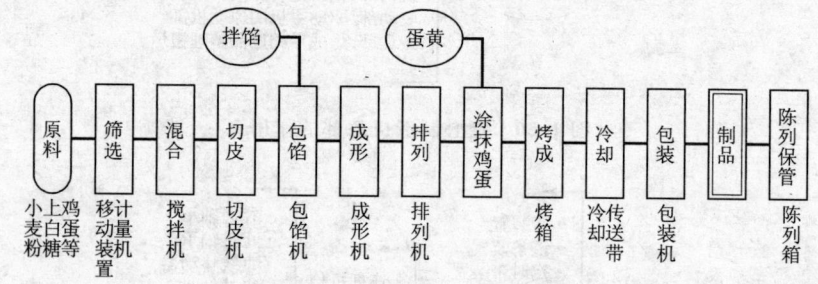

烤豆沙包的制造工艺及所用机械
(日本面包点心制造机械工业会,1993[5])

1.3 工业机械及自动化

明治以后,由于工业机械的不断研究与开发,各工业的资产也随之逐渐形成,并起到了支撑钢铁、电力、化工、建筑等骨干产业的作用,也成为所有工业发展的社会与历史的基础。今天,由于各工业领域的自动化,工业机械(一般机械)已经成为支撑制造业的 FA(Factory Automation)并提高其附加价值的主要机械与设备。

1.3.1 作为准骨干产业的工业机械工业

今天的工业机械,使得也应该称为骨干产业的汽车工业、化学工业、电子工业等的自动装配技术高度发展并变得省力,而且由于推进自身技术开发的结果,现在已经成长为准骨干产业。根据经济产业省的统计,工业机械平成 15 年(1993 年)度的生产额为 114 358.37 亿日元,已经占到了全部机械工业的 20%。而且,工业机械业也是惟一的一个中、小企业与大企业的工业机械厂商共存的机械制造业。这种格局形成的原因是中、小工业机械制造企业是传统及熟练的专业技术的保有厂商,再加上大企业所没有的很高的特别技术开发能力。

──── 小常识 ────

灵活运用于工业机械的伺服机构

现在,食品制造工厂中使用的各种工业机械,构成着装有控制装置的所有的制造工厂的成套设备。伺服机构处于其中,是用来确保设备的可靠性与稳定性的最为重要的控制系统。伺服机构是指反馈控制系统(伺服机构、过程控制、自动调节)中,能够将位置及角度的控制量取为与目标值一致的机构。即在一定的工作过程中,能确保或反馈所规定的位置及角度的控制系统。对于利用这种机构的且人们特别熟知的应该是以能高速旋转的直流电机为基础的伺服电机。

1.3.2　各领域自动化带来的工业机械的发展[4]

工业机械的成长,有赖于各领域的自动化技术开发的地方很多。特别是对于工业机械的发展最为重要的自动化技术开发,包括控制、设计、零件供给、搬运、计量、包装及食品加工等的自动化。

(1) 控制的自动化。由于反馈控制及程序控制两种自动控制系统的研究,促进了伺服机构、液压控制、电子控制及控制电机等产品的自动化开发。

(2) 设计的自动化。设计软件的开发、自动制图系统的开发,以及 CAD/CAM 机器的开发及软件的改善等的自动化,带来了诸多技术产品的产生和设计技术速度的提高。

(3) 零件供给的自动化。零件自动供给机构开发及零件搬运机构及方法等的自动化的促进(自动装运机及升降机),以及排列、送料、分离等技术的自动化。

(4) 搬运的自动化。驱动、分类、料斗、电梯等各种传送带的自动化。

(5) 计量的自动化。自动检测、选择、分选、检查等的控制开发带来的计量器具的自动化。

(6) 包装的自动化。装填、收缩等包装技术的自动化开发,以及包装材料的发明与改良。

(7) 安装的自动化。安装作业用驱动机器及安装机构的研究与开发和自动化的促进。

由于这些自动化技术,工业机械的构造、机构及控制得以改善,其结果是使包装机械、食品加工机械、自动安装机械、搬运机械、农业机械、印刷机械等需要机械机构的机械均获得了飞速的发展。

参考文献

[1] 西沢利夫:産業機械(日経産業シリーズ),pp.10-60,日本経済新聞社 (1989)

[2] 佐藤公久:産業機械業界 教育新書,pp.11-60,ニュートンプレス社 (旧教育社) (1990)

[3] (社)日本機械学会編:機械工学便覧分冊18改定第6版,pp.3-20,日本機械学会 (1977)

［4］ 工場自動化・省力化事典編集委員会（平野陽三）：工場自動化・省力化事典，pp.289－315，産業調査会（1970）
［5］ 日本製パン製菓機械工業会：1993年パン菓子機械総覧（PR版），pp.12－15，光琳（1993）
［6］ （社）日本食品機械工業会：最新日本の食品機械総覧（PR版），pp.924－973，光琳（1991）
［7］ （社）日本包装機械工業会：1998日本包装機械便覧CD-ROM付，pp.33－898，日本包装機械工業会（1998）
［8］ （株）豊田自動織機，製品カタログ/繊維機械（2004－4）
［9］ 津田駒工業株式会社，製品カタログ/繊維機械（2004－4）
［10］ 住友重機械工業（株），製品カタログ/減速機・無断変速機（2004－4）
［11］ （株）椿本チエイン，製品カタログ/減速機（2004－4）
［12］ 三木プーリ（株），製品カタログ/無断変速機（2004－4）
［13］ 日本電産シンポ（株），製品カタログ/無断変速機（2004－4）
［14］ 山久チェーン（株），製品カタログ/インデックス（2004－4）
［15］ 川之江造機（株），製品カタログ/抄紙機・仕上機・加工機（2004－4）
［16］ 北越製紙（株），製品カタログ/抄紙機（2004－4）
［17］ 井上金属工業（株），製品カタログ/塗工機（2004－4）
［18］ イズミ産業（株），製品カタログ/フィルター折り機（2004－4）
［19］ （株）丸石製作所，製品カタログ/ロール自動包装機（2004－4）
［20］ （株）イシダ，製品カタログ/計量機・ストレッチ包装機（2004－4）
［21］ （株）鈴木製作所，製品カタログ/液体充填機（2004－4）
［22］ ゼネラルパッカー（株），製品カタログ/製袋包装機（2004－4）
［23］ （株）カナエ，製品カタログ/ブリスター包装機（2004－4）
［24］ 田村機械工業（株），製品カタログ/ラベル貼り機・小箱詰機（2004－4）
［25］ キムラシール（株），製品カタログ/袋用シール機（2004－4）
［26］ 東洋自動機（株），製品カタログ/自動真空機（2004－4）
［27］ 日本包装機械（株），製品カタログ/シュリンク包装機（2004－4）
［28］ （株）サタケ，製品カタログ/精米機（2004－4）
［29］ 大竹麺機（株），製品カタログ/製麺用混合機（2004－4）
［30］ 中井機械工業（株），製品カタログ/自動餅つき機・麺打ち機・豆炊き機・アームミキサー（2004－4）
［31］ （株）カジワラ，製品カタログ/煮炊き攪拌機・あん練り機（2004－4）
［32］ （株）コバード，製品カタログ/包あん成形機・間欠串刺し機・製パン機（2004－4）
［33］ （株）品川工業所，製品カタログ/たまご焼機（2004－4）
［34］ （株）三共製作所，製品カタログ/インデックス（2004－6）
［35］ （株）マキシンコー，製品カタログ/減速機（2004－4）
［36］ オリエンタルモータ（株），製品カタログ/小型減速機（2004－4）

第 2 章

铁道车辆(火车)

人们每天使用的交通工具地铁的优点是安全、正点和票价低，它为社会作出了不少贡献。而且近年来还不断诞生出节能、低噪声、质量轻、环保的车辆。虽然是平常不经意间乘坐的地铁(或火车)，但其各种装置及机器上仍能够体现出各种设计思想及安全思想。

本章结合铁道的历史来介绍铁道是如何发展至今的，然后对车辆各部的装置、机器，包括电路及气路进行讲述。也涉及铁道车辆的检查标准及车辆运行，以加深对铁道车辆整体的理解。

2.1 铁路的历史变迁

　　铁路发展到今天这个地步的理由何在？铁路一般都是铁的车轮在铁的轨道上滚动飞跑。乍看好像机构并不合理，但仔细一看就会发现在永恒的历史中前人的智慧与窍门。

　　为什么铁路是铁的车轮、铁的轨道？铁对铁不打滑吗？

　　火车加速时，踏面(承受负荷的部分)上车轮与铁轨的接触处相压而传递力，其间极小的滑动会成为牵引力。车轮的凸缘部分不会跑到铁轨面上，而使得车轮能在自己平滑地转向的同时飞跑。可见，不仅可以说铁路是非常合理的系统，而且可以说正是由于滚动摩擦中的摩擦阻力损失特别低，以及一旦加速后可直行的距离又因惯性力而很长等特点，所以才一直发展至今。

　　铁道的原型是18世纪左右在英国出现的。当初是铁轨带有凸缘以防火车出轨，但到18世纪后半叶，即出现了现在这样的带有凸缘的车轮。

　　当时已经发明了蒸汽机，进入18世纪，在英国出现了蒸汽机车，同时也在进行铁路建设。日本于1872年在英国的技术指导下，在当时的新桥至横滨间开通了铁路。29km的路程约跑53min。此时，欧美已经在开发电力机车，接着进入了实用化的时代。

　　蒸汽机车全盛的20世纪，也正是速度提升的时代。其中1938年，英国的蒸汽机车A4型Marard号创下了202.8km/h的纪录。同时也是电力机与及内燃机车进步的时代。日本于1895年在京都开始营运电气铁路，1927年在东京的上野到浅草间开通了地下铁路。

　　第二次世界大战结束后，日本开始发展高速铁路，开发了大型的蒸汽机车。1954年，日本国产最大量级的C62蒸汽机车创下了129km/h的纪录，这成为日本国内蒸汽机车的最高速度纪录。与此同时，也在研究与开发高性能的电力机车。突破以前的车辆概念，引入流线形、轻质量低重心、连接车体等新技术，制成了小田急3000型，于1957年在窄轨铁道上创下了当时的世界最高纪录143km/h。以这样的技术开发作基础，东京到新大阪间的东海道新干线于1964年营运，日本的高速铁路技术达到世界顶级水平。由于新干线开发的进步，300X系列车辆于1996年创下了

443km/h 的纪录。其后,时代潮流转向不仅高速而且噪声小、振动低、节能等环保的车辆开发。

20 世纪后半期,直线电机机车的研究取得了进展,在 1997 年开始的山梨实验线路上,达到了超过 580km/h 的载人速度纪录,目前正在期待着它的实用化。

图 2.1 待实用化的直线电机机车(照片提供:(财)铁道综合技术研究所)

小常识

轮 缘

如图所示,为防止车轮离开铁轨而在车轮上加工有凸缘。轮缘不仅可以防止脱轨,同时为了抑制车辆蛇行和保持车轮灵活转向而作成最合适的形状。在长期的发展历史中,凸缘从铁轨转移到了车轮上,而且一对车轮也只在其内侧轮上设置凸缘。这种合理的构造,也是铁道发展至今的重要原因之一。

凸缘部

2.2 车厢构造

车厢是在行车中承受振动、顶棚上和地板下设备的重量,以及乘客的重量等的情况下高速行驶的。所以要在确保所需强度的同时,还必须作出舒适的车内空间。

火车的车厢,是由底板、顶棚、左右侧板和前后挡板构成的六面体。如图 2.2 所示。火车为了做成确保此六面体的整体强度的结构,是在经过考虑出入口、窗户等开口部位的严密的强度计算与校核后制作而成的。一般从室内看不见的四壁的内侧,所有地方都有柱和梁,而且其缝隙中还配置有电线管、空气管等。车体的各个部材,用角焊及塞焊接合,但近年来由于点焊技术的进步,在用塞焊确保其强度的转向架上部的枕梁那样的重载荷的部分也已经改用点焊。

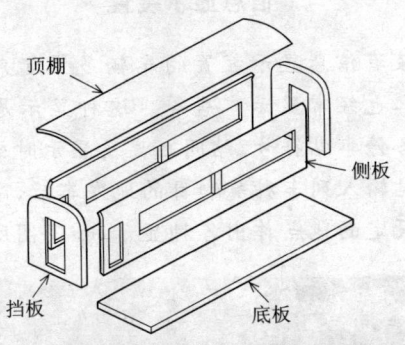

图 2.2　车厢的六面体构造

再来看一下客箱内的设备。座席的坐垫以前用的是金属弹簧,而现在的主流则是用"硬棉"作填充物。也可用成形硬棉胎的方式制作长面包式座席,如图 2.3 所示,这更便于定员入座。座席面是用短毛绒编织的图案,但由于近年来印花技术的进步,所有的图案也已经用廉价的印花来制作。座席下还设置有加热器。

拉手吊环是车内的必需品。其握手部分有圆形的,还有三角形的,材质为尿素树脂或聚碳酸酯。挂吊环的"吊环杆"是从车的一端到另一端贯穿车内空间的金属杆。利用此金属杆的是无线电波的再发送系统。车顶棚上的天线一旦接收到无线电波,会通过放大器放大后,再发送到此吊环杆上,据此即可提高车内无线电接收机的灵敏度。

图 2.3　长面包形的座席

小常识

信息显示装置

最近,车内安装有信息显示装置的车辆多了起来。除显示目的地及沿路停车站介绍外,也经常显示广告等。这种显示是预先将特快或快车等信息,以及列车各停车站符号、站间距离及显示时刻等输入到控制装置的程序中,在始发站输入列车种类和目的地发车后,即开始按速度信号计算走行距离,并于设定的地点作出各种显示,如下图所示。

车内设置的信息显示装置

2.3 转向架

转向架支撑着重量超过 20t 的车厢，必须高速行驶，所以要求强度十分牢固。但另一方面，又必须在有限的空间内装入车轮、车轴、轴箱、牵引装置、减震弹簧装置、刹车装置、主电动机及驱动装置等，所以设计时还要同时考虑减轻重量。

2.3.1 车厢构造与转向架

一般的火车，是一节车厢的重量用两台转向架支撑，这种车称为转向车。这种方式的车辆长度可以取得较长，这样不仅对运输能力有利，而且也易于一节一节地分开，这对于车辆的调度使用及工厂内的维修、保养也是很方便的，所以广为普及。但是，由于转向架的中心处在离车端（连接器面）2800mm 左右的位置，所以车厢必然会两端伸出去。这也是列车通过岔道或曲线运行时乘坐感到不舒服的原因。坐在车厢的连接处，在通过岔道时只要一看车厢的摆动即可明白。

能解决这一问题并改善乘坐舒服程度的是连接车。它是将转向架设置在车厢的连接处，车厢以车端的外侧为中心转动，所以很大地改善了乘坐的舒适性。但是，这种构造是一台转向架支撑着前、后两节车厢，所以车辆长度不能太长。具体地讲，转向车方式的一般车辆长度为 20m，而连接车则只有 12m 长。

如图 2.4 所示，连接转向架承受来自两车的车厢心盘的负荷，所以有着特殊的构造。从车厢端部突出来的心盘一头是平面的，另一头是球面的。连接时先将平面的一头搭在转向架上，然后再将球面的这一头叠在平面上。球面这一头的心盘两边有撑板，负荷也加在它上面。

2.3.2 轴箱支持装置

车轴在行车中会反复呈现细蛇行游摆，这是由于车轮上与铁轨接触的部分（踏面）带有斜面的缘故。让装有轴承的轴箱上下能自由移动，而前后与左右具有适当的支持刚度，即可抑制此蛇行。

轴箱的支持方式，如图 2.5 所示从来多使用支架方式。它是通过滑

图 2.4 连接车的连接部分

板来支撑,这对于转向架的易于拆装这一点来讲是一大优点。但是随着滑板的磨损,蛇行所带来的振动会增加,乘坐的舒适性也不会太好。所以最近,单撑杆方式及轴梁方式逐渐成为主流,如图 2.6 所示。这种方式是撑杆通过橡胶衬套固定,选择橡胶的材质及形状可得到最合适的支撑刚度,而且还没有支架方式的滑动部分,所以也就不必担心磨损,乘坐的舒适度也能得到提高。

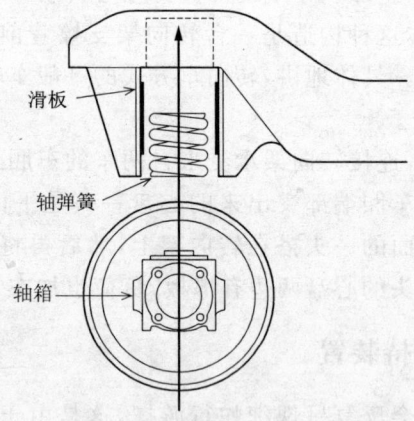

图 2.5 支架支持方式

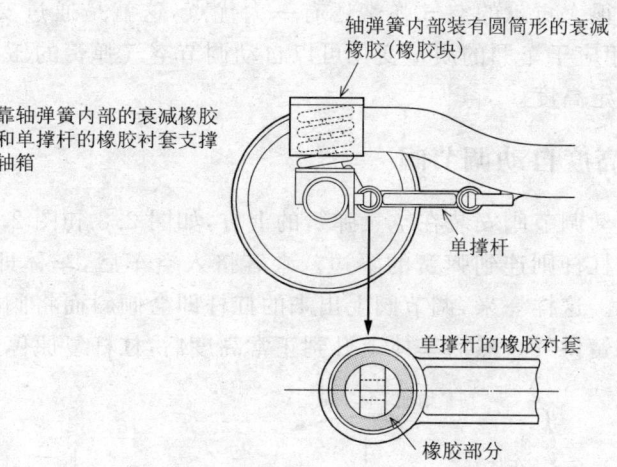

图 2.6　单撑杆支持方式

2.3.3　枕　簧

对乘坐舒适性影响很大的枕簧通常放在车厢与转向架之间,或摇枕与转向架的架框之间。昭和初期的火车上多使用板簧。其后,使用金属的螺旋弹簧,而现在空气弹簧则成为主流,如图 2.7 所示。使用空气弹簧,就像将车厢放到了称为橡皮风箱的气球上。空气弹簧对高频振动具有很好的隔离特性,而且,将承受弹簧的转向架架框及摇枕的内部作成气室,通过结扎连接到空气弹簧上,还能获得限制振动的功能。这种对于乘

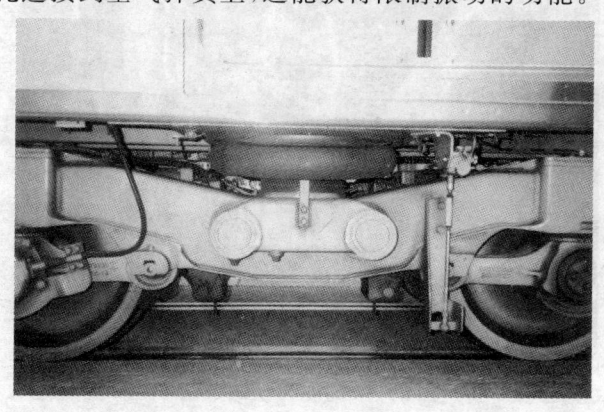

图 2.7　支承车厢质量的空气弹簧

坐舒适度有很大贡献的空气弹簧还有一大优点,这就是通过安装高度自动调节阀,相应于车厢的质量变化可以自动调节空气弹簧的压力,可将车厢保持在一定高度。

2.3.4 高度自动调节阀

高度自动调节阀安装在空气弹簧的上方,如图 2.8 和图 2.9 所示,从阀上出来的杠杆则连到弹簧的下边。乘客挤入空车后,车体即会因质量增加而下沉。这样一来,调节阀上出来的杠杆即会倾斜而将阀门打开,使其给空气弹簧供气。然后车体上升到正常高度后,杠杆复原停止供气。

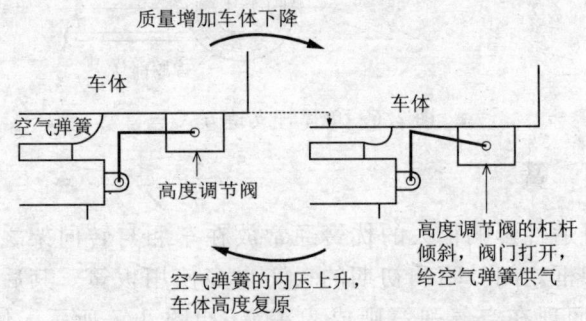

图 2.8 高度自动调节阀与车体高度

图 2.9 高度自动调节阀

车厢重量减小时,杠杆反方向倾斜而将排气阀打开,空气排出,已经上升的车体下降,恢复到原来的高度。火车到站后,大批乘客下车时,能听到的车底下的给、排气声即是此调节阀的动作引起的。

这样一来,依靠自动调节的空气弹簧车体的高度即会经常保持一定。即可以认为空气弹簧的内压与车体质量成正比地增减。空车时内压降低,满车时自然升高。所以就可以通过检测空气弹簧的压力来了解乘车率。对检测到的空气弹簧的压力经过计算,可以应用于加速控制、制动控制及空调控制等多方面。火车空车也好,上下班时满员也好,加速度、减速度都一定,正是因为有了这样的构造。还有,在空调控制中,还有着乘车率拥挤到一定程度以上时,制冷机的标准温度下降1℃等控制。

2.3.5 车轮与车轴

车轮与车轴一样,称得上是安全运输的关键零件。过去的铁道车辆上主要使用带轮辐的车轮,这种车轮是在称为轮心的有辐轮上热装上外轮,车轮逐渐磨损后,只更换外轮。然而现在,几乎都是整体轧制的车轮,它是用高碳钢从轮毂到轮缘轧成一体,然后压入车轴。如图2.10所示。

两边的车轮用车轴相连,但没有汽车那种差速机构。所以,车轮的踏面要带斜面,靠此斜面来吸收曲线行驶中的转差。然而在急拐弯及通过岔道时,有时不能完全吸收此左右的转差,这时就会发出"吭吭"的声音。为解决这一问题,有在车轮上安装防音环的,这称之为防音车轮。防音车

图2.10 轮轴与驱动装置

轮的轮缘上开有沟槽,其中装有金属环。此环只是嵌入,所以会留有一点点间隙,"吱吱"的声音发生时,会引起此环共振,从而主动地消去1000~5000Hz频带的刺耳的噪声。

小常识

车轮的平衡

和汽车的轮胎一样,火车的车轮也要进行平衡调整。当然不能安装配重。它是在制造阶段通过削内侧的轮缘来进行调整,并且在将车轮压入车轴时,将左右车轮的不平衡位置错开180°安装,即能收到很好的车轮平衡效果。

2.4 开关门机构

车辆的门,主流是 1300mm 宽的双开拉门。开关门机构主要由提供开关动力的汽缸、进行左右拉开的皮带与滑轮、空气管道以及关门检测电气开关等构成。本节依次对其进行讲解。

2.4.1 动力机构

作为开关门动力的是称为关门机或门引擎(本书称为门引擎)的装置,其动力源主要是压缩空气。它不仅结构简单,而且门处于关闭状态时还经常有压力作用在关闭方向上,所以无需机械锁。1975 年以前其主流即是差动式门引擎。其构造是在引擎的内部有大小两个汽缸,小汽缸连到直接控制气罐上,用大汽缸电磁阀的 ON/OFF 进行开关。大小汽缸间有齿条和扇形齿轮,开关动作先变成圆弧运动,再用杠杆连接到门后面。这种门引擎的特点是,因为是用杠杆,所以门引擎本身的行程很短即可,而且活塞杆也不露出引擎。但是,由于整体较重,零件数量也多,已逐渐不再使用。如图 2.11 和图 2.12 所示。

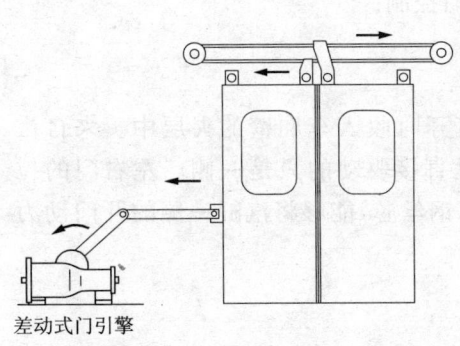

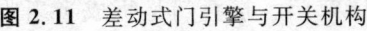

差动式门引擎

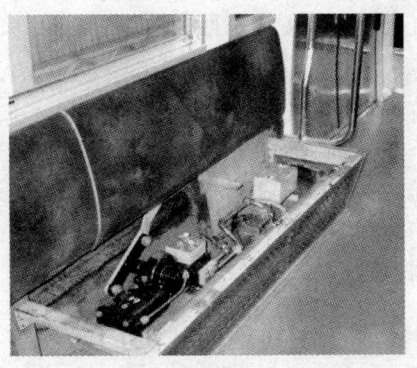

图 2.11 差动式门引擎与开关机构　　图 2.12 设置在座席下的差动式门引擎

其后使用的直动式门引擎是装入门上部的复动汽缸,如图 2.13 和图 2.14 所示。其构造简单,活塞杆直接连到门上进行开关,现在正逐渐成为主流。与传动式相比,其质量已大为减轻。只需装入门楣里边,所以很简便。但由于是复动汽缸,杆子会从门楣伸向盖板。

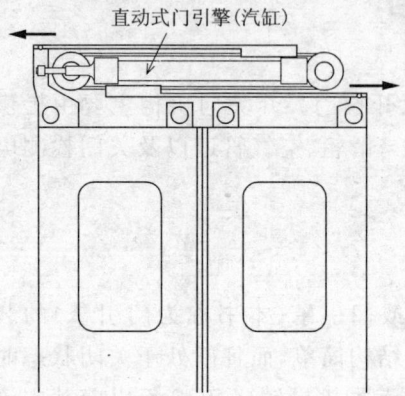
图 2.13 直动式门引擎与开关机构

图 2.14 装在门楣内部的直动式门引擎

近年来快速发展并已实用化的是电气式门引擎。它是以电为动力取代传统的汽缸来开关门的。其基本构造有由电动机、丝杠、滚珠螺母构成的和直线电动机驱动的。电气式门引擎在门关闭状态时向电动机的供电会停止,所以要有机械的门锁机构。这种电气式门引擎所具有的特点是,每扇门上都装有 LCU(Local Control Unit),据此每扇门都可单独检测关门时有否夹着东西并再次重复开关门控制。

2.4.2 拉开机构

车辆的门一般都是双开拉门,打开时收入车厢壁的夹层中。来自汽缸的动力通过连杆来驱动门扇,但是直接驱动的只是一侧。左右门的拉开机构主要由带和滑轮构成,带中有钢丝芯,能够将汽缸一侧的开门动力有效地传递到非动力侧。

2.4.3 其他形式的门

作为特例,可以举出的有折叠门及堵塞门。折叠门是折成半扇收入室内,只要想一想公共汽车的出入口即可明白。而堵塞门在关闭状态下是嵌入出入口的开口中,是用连杆向外打开的。关闭状态时,与车厢外壁相平无台阶差,所以用于很重视设计外观的特快车等之上。这些都非直动,而是依靠回转轴的扭矩来开关。这样一来,车门即有上述的差动引擎型、带齿条的直动汽缸使齿轮轴回转型等形式。

2.4.4 电路与安全装置

这里介绍一下开关门用的电路及安全装置。门由最后面的乘务员操作,通过锁扣开关和乘务员开关的操作来开关门。锁扣开关是插入钥匙的扭转型,将其置 ON 后才能形成门电磁阀电源(＋极)和接地(一极)间的电路,即电源的输入与输出间的电路。这使得在车辆行驶中,即使因电路串路而有意外的其他电源串入,由于锁扣开关为 OFF,不能形成(一)极,从而避免误开门。只有在锁扣开关置 ON 后,再操作乘务员开关按钮,电磁阀受到激励,车门才能打开。

另外,为了保证行驶中即使有开门操作门也不应打开,为此设置有关门保安装置。该系统是从速度计引入速度信号,在不到 5km/h 以下时不供给门操作用电。

开关门控制中,还必须要考虑旅客及行李等被门夹住时的安全。不考虑这一点,恐怕会发生人命关天的重大事故。

车厢的门对于开着的状态时,司机即使进行运行操作,列车也不会起动。这是因为电路的构成是先要检测门的确已经关闭,与之联动后才能启动的缘故。为进行此控制联动,每扇门上都装有闭门开关。这是一种门一关压杆就会按压开关的简单机械构造。如图 2.14 所示,闭门开关的内部有 a 触点(闭合触点)和 b 触点(开路触点),所有门的闭门开关的 a 触点连成串联电路,在行车台的闭门通知灯点亮的同时对控制联动继电器励磁,列车才能启动。另一方面,闭门开关 b 触点以 1 辆车的单侧为单位并联连接,用以开门时打开各车的车侧灯(红色)。此灯亮,车站工作人员及车长即能确认门已打开。

此外,还设置有再开关电路及三门分离电路等。再开关电路是闭门时因为夹东西等原因而闭不上的门,由另行设置的开关对其供电,以使其能再度开关车门。三门分离电路的设置是为了在长时间等待通过列车而停车时防止冬天的暖气效果及夏天的制冷效果的降低。操作三门分离电路开关时,每节车厢均只有 1 处的门打开,而另外 3 处仍然是关着的。

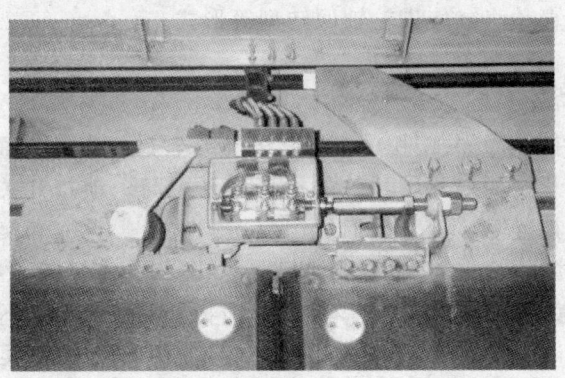

图 2.15　门关闭开关

小常识

闭门力的控制

通常开关门的压力为 490kPa。然而在实际控制中,关门时若有东西被夹住,为了易于拔出而使发车前的空气压力下降几秒钟,以减弱闭门力。这样可进一步提高安全程度。

2.5 连接装置

车厢与车厢的连接装置对于列车编组是不可缺少的,也是长期以来其形状逐渐得到改变的车辆零部件之一。连接装置除车辆相互的机械连接外,还包括电路、气路的连接,以及用于旅客通行的车篷装置等。

自动连接器主要用于货运列车等,恰似人的右手相握的形状。预先打开称为关节的部分,两车相碰时即可自动连接,脱开时将锁销向上拉即可。这种连接器的连接部分有间隙,行车时各连接间会发生冲击,但相反,此间隙还能起到缓冲作用。

紧锁式连接器是连接面为紧锁式构造的连接器,如图 2.16 和图 2.17 所示。突起构造的头部相互进入连接器体中,并用其中的半圆状锁块予以固定。除机械的连接外,还能同时进行空气管路的连接。由于连接面间紧锁式的构造,所以不能吸收车厢间发生的摇摆,为此还需在车厢连接器的安装部位装上缓冲装置。缓冲装置是用夹板夹着叠层橡胶板,以吸收和缓解连接器的冲击。另外,在紧锁式连接器的下部还设置有电气连接器,用此还可进行电气连接。这样一来,使用紧锁式连接器即可一次完成行车所必需的机械连接、空气管路连接及电气线路连接,所以营运中司机一个人即可完成站台上的连接与脱开。近年来,还出现了装有自动车篷装置,即使在车辆连接时乘客还能通行车辆。

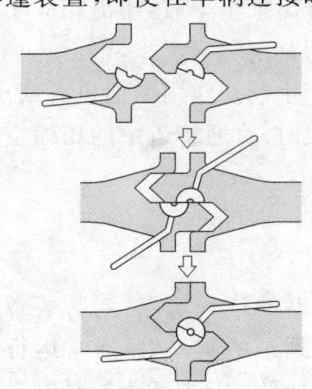

图 2.16 紧锁式连接器的构造

图 2.17 紧锁式连接器与电气连接器(下)

2.6 制动装置

列车的制动控制系统有若干种,可根据运行处理及安全上的需要灵活选用。这里也对制动器的机械作用及信号控制进行介绍。

2.6.1 常用制动器

常用制动器通常是在运行中为了到站停车及限制速度等而由司机操作的制动器。对于常用制动器来说,细微的制动操作响应灵敏度,以及能否同时作用于各节车辆是非常重要的。

电磁式直通气动制动器是司机一旦操作制动器阀,对应于操作角度的 0~490kPa 范围内的相应指令压力立即送往电空控制器。电空控制器按照输入的空气压力闭合电气触点,并通过设置在每个车上的电磁阀将压缩空气送入列车直通管道。直通管道是列车编组时全列车贯通的,所以各节车的空气压力几乎是均等上升。直通管道内空气压力上升的同时也将信号输入给电空控制器,直到上升至与运行操作台来的指令压力相平衡。直通管内压力一旦与指令压力相平衡,电空控制器中的电气触点就会断开,电磁阀呈 OFF 状态,向直通管道的供气立即停止。这样整个列车都能平均升到相应于司机操作角度的直通管道压力。直通管道压力输入到各车的制动作用装置,经重量阀计算出乘车率后,输出相应于车辆载重的制动压力,使制动汽缸产生制动作用。

这种方式操作性好,可使整列车同时产生制动作用。但也有缺点,就是当车辆断电时,或者发生列车分离的事故时,直通管道中的压缩空气就会排放到大气中,制动器则完全失去作用。

2.6.2 自动制动器

为了弥补上述的电磁式直通气动制动器的这一缺点,同时装备的是自动制动器。这种制动装置对于贯通整个列车的制动管,通常运行时加满 490kPa 的压力。司机置制动阀于自动位置后,只要逐渐减低制动管的压力,就会出现与各节车上的辅助气罐间的压力差,使控制阀动作而输出制动指令压力。此指令压力经重量阀计算乘坐率后得到制动压力使制动汽缸动作。自动制动器是驾驶台的操作从而使制动管减压来对各节车施加制动的，无需电路，即使停电也能可靠停车。而且发生列车分离等情况时，制动管的压缩空气排向大气，制动器自动发生作用。

2.6.3 紧急制动器

驾驶台的制动阀置紧急位置后，"自动制动器"中述及的制动管压力立即急速减压，同时列车编组时设置在几个地方的紧急排放电磁阀也直接排放制动管内的压缩空气，迅速进行制动。列车到达终点站时常能听到空气急速排放的声音，就是为了回复控制而施加紧急制动的缘故。

另外，制动管也引至驾驶台的上部，并安装有乘务员阀。乘务员在出发时的列车监视器中一旦发现有紧急事态就拉动此乘务员阀，即可使制动管急速减压而进行紧急制动。

2.6.4 安全制动器

按照前述的制动控制，列车的制动系统已经算是安全装置了，但为了进一步确保安全还设置有安全制动器。它是通过按压驾驶台上的开关，对电磁阀励磁，使专门设置的保安空气罐直接对制动汽缸供气。平时不常使用，只在因为碰撞事故而使制动管损坏等紧急情况下才使用。

2.6.5 基本制动装置

由作用装置送来的空气流入制动汽缸，如图 2.18 所示。昭和初期的

图 2.18 基本制动装置

列车只是在车厢底盘下的中央部位的某一个地方设置制动汽缸,再通过杠杆拉动中央拉杆,将制动作用由此水平地传到各转向架上。但是这种方法中汽缸只在一个地方,一旦汽缸或中央拉杆发生故障,制动力就会完全降低。现在转向架的构造已经变得简单,制动汽缸分散安装在转向架的架框上,所以也提高了完全程度。

安装在转向架上的制动汽缸的压力由水平杠杆传到拉杆上,将制动瓦压到车轮上。制动瓦会磨损,所以磨到一定程度后要用调整螺杆调整汽缸的行程。近年来,制动汽缸、制动杠杆,甚至行程自动调整机构都一体化了的制动机组正逐渐成为主流。

2.6.6 安全装置

制动器基本上由司机人为操作。但是,考虑到万一漏看了信号或司机身体不适等意外而设置有自动停车装置(ATS)。过去信号显示是与道路交通信号相同的红(R)、黄(Y)、绿(G)三种显示,但随着列车行车密度的增加,需要更细化的显示,现在已发展到此三种颜色组合的四种显示乃至五种显示,由这些不同的显示决定着列车的限速。

ATS 与此信号机的显示联动,由位于铁轨间的地面发射器发出频率信号,而车辆一边则由车上的接收器接收此信号。安装在车辆上的 ATS 逻辑核查部分对照所收到的限速信号检查现在车辆本身的速度,若发现速度超限则直接启动制动器,如图 2.19 所示。

(a) ATS地面发射器

(b) 安装在转向架上的ATS车上接收器

图 2.19

2.7 动力与控制技术

2.7.1 主电动机

电车上直流电动机一直是主流,这是因为其扭矩特性很适合电车,而且控制又很容易。但是另一方面,因为炭刷是压在电动机的整流环上的,由于整流不良等原因,地面线路屡屡发生故障。近年来,随着控制技术的发展,使用换流器的交流感应电动机多了起来。这样一来,因整流不良造成的地面线路故障减少了,同时电动机还进一步变小,而且由于没有电刷,也免去了这部分的维修。这种感应电动机因为是频率平滑控制及矢量控制,所以需要检测旋转的传感器。然而,由于控制技术的进步,无传感器的电动机已正在实用化。图 2.20 所示为安装在转向架上的主电动机。

图 2.20 安装在转向架上的主电动机(中央)

2.7.2 驱动装置与连接器

电车的动力驱动,按照驱动方法的不同有垂直联轴器驱动装置、平行联轴器驱动装置,以及中空轴平行联轴器驱动装置等。无论是哪种方式电动机都架装在转向架上,电动机本身收纳在转向架的横梁与车轴之间。驱动装置通过车轴侧的大齿轮与电动机侧的小齿轮的啮合将电动机旋转减速后传递扭矩。行车中电动机及驱动装置会不断地上下抖动,为此连接电动机和驱动装置的连接器的构造应不管此相对位移而仍能传递旋转力。具体的有剃齿加工得到的外齿轮与作为联轴器的内齿轮相啮合吸收位移的 WN 连接器，以及使用 CFRP 材料的挠性板连接器等，如图 2.21 所示。

图 2.21　连接主电动机（左）和驱动装置（右）的 WN 连接器

2.7.3　控制装置

　　进行电车速度控制的控制装置正是电车的心脏部分。控制装置不仅用于加速，制动时也要使用。近年来随着半导体功率器件的高压及大容量化，电车的控制也大量使用 GTO 晶闸管及 IGBT。电车是靠安装在转向架上的主电动机的旋转来行驶。控制此主电动机加速、减速用的装置即是控制装置，它有若干种类，一般使用的有串、并联电阻控制及 VVVF 控制等。

　　电车很长时期使用的是直流串励电动机，这是因为车辆启动时或低速运行时需要的牵引力很大。为控制此直流串励电动机使用的是串、并联电阻控制与减弱磁场控制。控制的电动机通常是每两节车厢 8 台电动机为一个单元，或是 8 台串联，或是每 4 台一并的串、并联控制。而且电路中还接有可中间短路的电阻链，靠此电阻链短路来控制主电动机的端电压。列车加速到某种程度后，最后阶段则转入减弱磁场控制，它通过减弱磁场，从而减小反电动势，进而增加电流，以抑制扭矩的降低。

　　近年来由于半导体技术的进步，应用逆变器将直流电源变换为交流，通过改变此交流的频率与电压来控制列车速度的方法已成为普遍的方法。使用的主电动机为交流感应电动机，所以没有直流电动机那样的炭刷及整流环，也就不会因火花引起地面线路的故障（起弧），免去了这项维护保养。控制方式称为变压变频控制（VVVF控制），是使用IGBT器件及GTO晶闸管的控制装置。其加速特性设计得基本上与串、并联电阻控制水平相当，但是没有串、并联电阻控制中电阻链换接时发生的脉动及串、并联切换时发生的扭矩突降等现象，可以平滑地实现加速。

　　电车是铁轮子，所以常会因为雨水或油污而空转或打滑。加速时的空转，不仅会造成加速能量的损失，而且也是主电动机发生故障的原因。应用直流电动机的车辆上，主电动机并联有电阻，并接成桥路，据此检测空转及打滑后打开主电路，即可保护主电动机并进行再次加速。应用VVVF控制的车辆的主电动机上安装有脉冲发生器，根据旋转状况检测由计算机进行判断和控制电动机旋转。另外，不带电动机的车辆，原本对打滑是无法控制的，但是近年来通过在各车轴端部加装速度传感器，如图2.22所示，并对检测得到的速度进行运算后即可瞬时调节制动汽缸的压力，克服打滑并重新进行加速等操作。

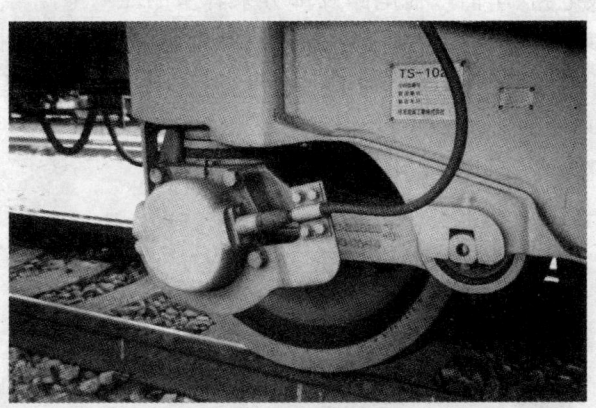

图2.22　安装于车轴端部的速度传感器

ID# 2.8 铁路的安全对策

铁路在其发展过程中采取过各种各样的安全对策,这里仅就其基本事项予以介绍。

2.8.1 停电对策

电车是由导电弓架取电运行的,所以必须要有停电对策。发生停电时,作为动力源提供的1500V直流电已经停止,不可能自行行驶。所以,如果列车正在行走中,则必须能安全停车,并对乘客进行适当的说明与疏导。为此,电车上均备有两套100V的电池。而且为了能用此电池驱动,车上的装备及车内设施中安全上重要的电路均按直流100V设计,这样停电时就能由主电池供电,如图2.23所示。具体来讲,这些电路包括列车无线电电路、常用制动器电路、安全制动器电路、ATS电路、开关门电路、车内警报电路、车内广播电路及部分乘客室的照明电路等。而紧急制动器的构造或者不用电,或者一断电即刻产生制动作用。其中,列车无线电电路及ATS电路等还要从辅助电池供电,所以对于电池也要采用双重设置的安全策略。

图 2.23 安装在底盘下的电池箱

2.8.2 检查

电车与汽车一样,也要进行定期检查。检查分大规模的全面检查与重要部位的重点检查。这两种检查大约以 3 年为周期轮换进行。检查时用起重机吊起车厢,在车厢与转向架分离状态下对各种机器进行拆卸检查。一个编组用 10 天左右时间检查,最后通过试运行确认其各种性能后即告完成。月检是每 3 个月进行一次,1 天检查完一个编组,主要进行各机器设备的检查修理、绝缘电阻试验、控制装置及制动装置的动作及数据的检查确认等。列车检查是 6 天一次,进行导电弓架接触部位及制动瓦等磨损件的检查、更换以及开关门的确认。此外,每天出库准备及入库整理时还要进行底盘及室内的检查。

2.8.3 列车运行图与车辆使用

列车运行图是耳边经常能听到的词语,其英文名称是 train diagram。它是以横轴表示时间、纵轴表示距离的表示各列车运行的斜线图。用其对各列车的运行进行管理,无论多么密集的运行也能可靠进行运行管理,以确保安全。

另外,一个编组的列车一天行驶的路程称为运行距离。每种形式的列车因为其性能及装备的关系,其运行距离是有限制的。例如,一般通勤车辆不能充当特快车辆使用等。为此,预先规定几种运行距离,并确定每种运行距离的车型,这样即可按照每日的运行条件选择合适的车型出库营运。

===== 小常识 =====

与其他公司间的直通运行

近郊多家铁路公司间进行的直通运行,不用换乘即可到达位于其他公司线路上的目的地,极大地提高了交通的便利性。进行直通运行的前提是供电电压、取电方式以及线路的宽度(轨距)等要统一。现在基本上都是相同的轨距,但也有像箱根登山线和小田急线路那样,相对不同的轨距铺有 3 根铁轨的。另外,由于列车无线电及信号的设备因公司而不同,所以车上也要相互安装其他相应公司的无线电及信号系统。而且,驾驶台的主要机器的配置也要统一。

第3章

汽 车

    汽车作为移动及搬运的交通工具，随着发动机的进步也取得了很大的发展。汽车工业也不仅限于汽车生产，它已经成为所有产业的动力，拉动着工业各领域的发展。

    汽车是由各个零件组合成的单元构成的，发动机、车体、底盘、行车装置以及电气电子装置与仪表等，无论哪一个都要求安全可靠。

    汽车进入人们的日常生活以后，人们对于汽车的要求包括安全性、可靠性、操作的方便性以及乘坐的舒适性等许多方面。

    本章就对汽车的行驶性能有很大影响的悬架进行讲述。

3.1 汽车的变迁

在人们的生活中,移动及搬运活动是不可缺少的。过去移动和运送重物,靠的是人力及牛、马。但这是有限的,而且人和牛、马都还要休息、进食和睡眠。

然而,这种以牛和马的力量,以及属于自然能的风力及水力为动力的时代没有持续多久,即诞生了蒸汽机及内燃机等动力机,汽车也因此得到了迅速的发展。

3.1.1 蒸汽机的发展

18世纪初期,英国的托马斯·纽克曼,发明了利用蒸汽的抽水泵。詹姆斯·瓦特对纽克曼的蒸汽机进行了改良,发明了实用蒸汽机。

这种蒸汽机最早用作煤矿抽水及卷扬机的动力,之后就逐渐用作蒸汽机车、蒸汽汽车及蒸汽船等的动力。但是,当时的蒸汽机很笨重,从准备工作到产生蒸汽常常需要花一定的时间。

3.1.2 内燃机与汽车的发展

人们的要求逐渐转向比蒸汽机小而轻的动力机器。特别是汽车及飞机需要新型的动力机,为能适应这种需求出现了内燃机。

德国的哥特利普·达姆拉于1885年发明了架有汽油发动机的木制摩托车,第二年卡尔·本茨研制成了采用汽油发动机的3轮汽车。

随后,汽车从3轮式变为4轮式,美国进入了汽车时代,但当时价钱还很贵,无法普及。

亨利·福特于1908年以流水作业的大批量生产方式,大量生产出了价格便宜而且质量优良的福特T型汽车,并继续扩大生产,以至于超过了1500万辆。这样一来,汽车作为一般市民的交通工具很快得到普及。

其后,汽车工业不断获得惊人的发展,工业技术也与汽车一起得到了发展。

战后,趁着民用车发售及经济高速发展的大潮,汽车的生产数量也迅速增长。

但是,以1973年的石油危机为契机,人们转而关注低燃油消耗率的汽车。同时由于大气污染引起的光、化学烟雾问题的出现,各汽车厂商逐渐陷入困境。

降低有害气体排放及防止噪声已经成为很紧迫的课题。

现在,汽车工业面临着资源枯竭及环境污染等问题,各厂商都在关注低排放、低油耗的汽车,并竞相进行电动汽车、混合动力车及氢燃料汽车等新技术的研究与开发。

虽然汽车工业随着整个工业的发展今后会越来越兴盛,但仍然期待着新能源、再生技术以及混合动力技术等的技术革新,如图3.1、图3.2所示。

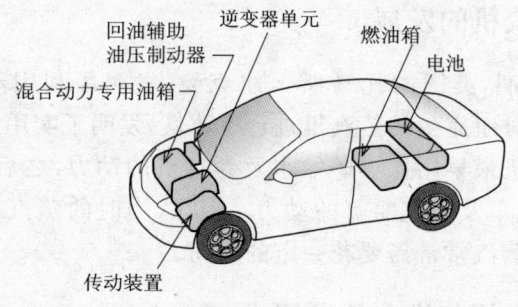

图3.1　混合动力汽车

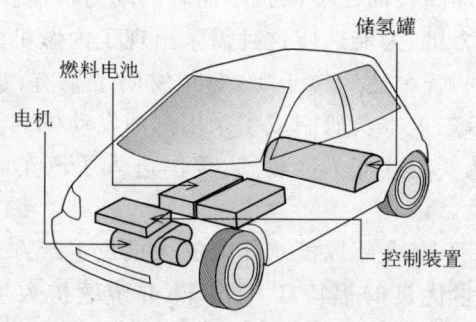

图3.2　氢燃料电池车(石井弘毅,2001[1])

3.2 汽车的构造

汽车由车体及底盘构成,底盘中以发动机为主,安装有行车所需要的各种装置。车体是考虑到司机及乘客的安全舒适空间,并为了提高燃油效率而在降低空气阻力上下工夫,以有限的空间满足各种要求的情况下设计制造的。

最近,虽然中、小型车中不用底盘而将发动机、各种构成零件及装置直接装在车体上的单壳体车身多了起来,但底盘本身毕竟是汽车行车所需的各种装置组成的,所以已经成为汽车的重要构成部件。

3.2.1 底　盘

底盘大致由以下几个部分组成:

(1) 动力装置。车没有动力,就不能动也不能跑。汽车上作为动力机使用的有汽油机及柴油机等内燃机。

(2) 传动装置。它是指将发动机的动力传递到车轮上使汽车得以行驶所用的装置,它是由变速装置、传动轴及差动齿轮装置等构成。

(3) 悬架装置。悬架是用来吸收路面来的振动及冲击,防止车辆损伤以及提高乘坐舒适性的连杆机构,它是由弹簧及吸震器等构成的,也是确保汽车操纵性能及稳定性的重要构成部分。

另外,底盘上还装有方向盘装置、制动装置、行车装置等汽车操纵及安全行驶所需的装置,已达到仅靠底盘就能行驶的程度。

3.2.2 轮位对准

汽车的运动性能正在迅速提高,因此,为了确保其操纵性及行驶稳定性、防止轮胎过快磨损,车轮的定位对准已经变得非常重要。

乍一看,好像轮胎都是横平竖直安装着的,实际不然,轮胎定位后都微微带有一定的角度。

所谓轮位对准是指为了使各车轮与车身及路面保持一定的位置关系应该如何安装的方法。特别是前轮上安装有方向操纵装置,当然要求有优良的操作特性。为满足这些要求,就需要进行前轮定位对准。

前轮定位对准中,调整的角度有外倾角、主销后倾角、前束(负前束)角及主销倾角,以防止行驶时的不稳定以及轮胎的异常磨损。

1. 外倾角与主销倾角

从车的前面或后面看到的前轮呈倒八字样的倾斜,此轮胎的倾角称为外倾角(见图 3.3)。而上、下支臂的球关节连线则呈正八字形的倾斜,此倾斜角称为主销倾角。靠着这样的倾斜角,可进行灵活的操作,并能得到轮胎的复原力(轮胎总想回到直行状态的力)。

轮胎对路面总是保持垂直状态行驶当然是最为理想的,这样只考虑直线向前时,外倾角取为 0°即可。但是,由于拐弯、负荷与转向盘操作等因素,调准的轮位会发生变化,进而会影响汽车的操纵性及稳定性,所以,为一直确保操作灵活,此外倾角应调整成一定的角度。

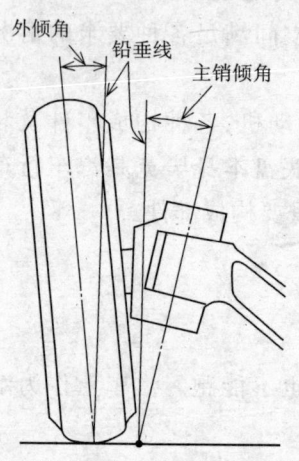

图 3.3 外倾角与主销倾角

2. 主销后倾角

主销从车侧横向看也是倾斜的。此倾斜角称为主销后倾角,如图 3.4 所示。

主销后倾角能产生总想复原到直线前进状态的复原力,保持前进状态。

3. 前束(负前束)

从上方看前轮,可以看到其前头逐渐变窄,此称为前束。带有外倾角的前轮有向外侧滚的趋势,为矫正这一点而将前轮调整成前束状态,如图 3.5 所示。

从上方看,前头变宽的情况称为前张。

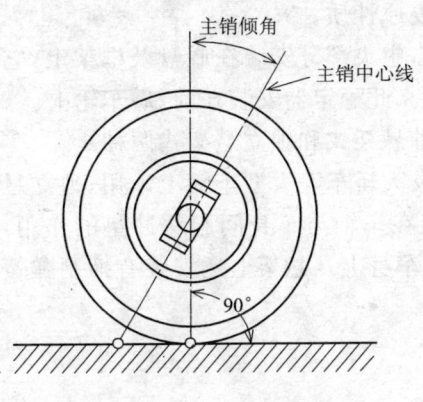

图 3.4 主销后倾角

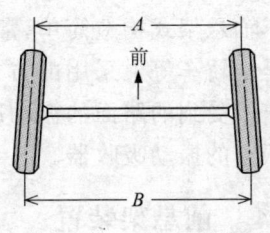

图 3.5 前 束

小常识

主销偏置

轮胎的中心线和主销角的延长线,在与地面相交的地方离得很近,此距离称为主销偏置(参见图所示),这是为了转向盘的操作轻便灵活而设置的。

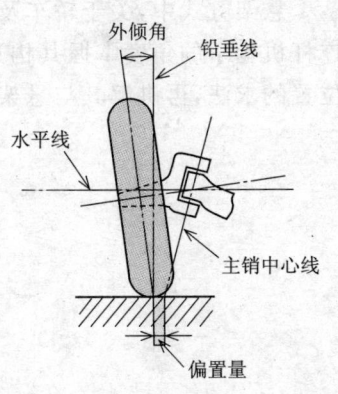

主销偏置量

3.2.3 悬架装置

悬架装置是行驶中用于缓和振动冲击、确保转向时的转胎接地,以及保持轮胎方向正确的重要装置。

悬架装置是由弹簧、吸振器及稳定器等组合而成的。为了改善乘坐的舒适性,往往会使用柔软的弹簧,但这又会造成车子转向时的摇摆。所以,为了抑制此摇摆还需使用稳定器。稳定器是利用其对于扭转具有弹性的圆棒,它利用的是对扭转的弹性复原性质。

稳定器的两端安装在下悬架臂上,中央部分安装在底盘及框架上,它只在左右车轮的运动不同时发生作用。此稳定器安装在前、后车轮上。

悬架装置按照其构造,可分为车轴悬架式和独立悬架式两种。

车轴悬架式构造简单,常在卡车及大轿车等大型车辆上采用;独立悬架式是小轿车等上采用的方式。悬架在车轴与车身间起缓冲垫的作用,以防止所受到的路面的振动冲击传到车身上。悬架上还安装有抑制弹簧自由振动的振动吸收器。

3.2.4　前悬架装置

前悬架装置承受加于汽车前部的车重及负荷质量,吸收来自车轮的振动及冲击,转向装置的一部分也安装在它上边。其形式也有车轴悬架式和独立悬架式。

悬架方式中,关于轿车及商用车上经常使用的独立悬架方式,为了从连杆机构学的角度掌握其构造与功能,在后面的章节中将首先讲述瞬心位置的求法,再讲解其与悬架功能的关系。

3.3 以连杆机构学掌握悬架装置的基础知识

本节为了从连杆机构学的角度理解并掌握悬架装置,先来复习理解不可缺少的"瞬心"与"3 瞬心定理"。

3.3.1 瞬 心

图 3.6 示出的是某一瞬间做任意运动的物体 A 和固定于纸面上的物体 B。

将某瞬间固定在物体 A 上的点的位置与速度矢量标注在纸面(物体 B)上,即会发现存在一速度为零的点。这一瞬间,好像物体 A 是以该点为中心相对物体 B(纸面)旋转似的,所以称该点为该瞬间"物体 A 对物体 B 的瞬间中心(瞬心)",用 O_{ab} 表示。

物体 B 也在运动时,物体 A 上与 B 的速度矢量相等的点,换句话说,相对速度为零的点即是"物体 A 对物体 B 的瞬心"。

所有点的速度矢量(方向与大小)均相同时,瞬心位于垂直于速度矢量的方向上的无穷远处。

一般来讲,瞬心相对于对象物体是随时移动的。但如果受到轴承等机械约束,也有相对于对象物体不随时移动的,此称为旋转中心。可见旋转中心也属于瞬心。

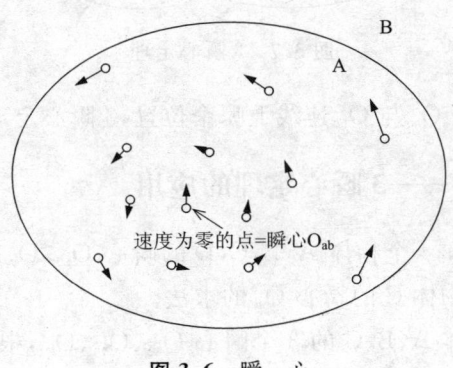

图 3.6 瞬 心

3.3.2　3瞬心定理

图3.7示出的是某瞬间做任意运动的物体A和物体B以及固定于纸面的物体C。这里设物体A对物体C的瞬心为O_{ac}、物体B对物体C的瞬心为O_{bc}。

假定物体A对物体B的瞬心为O_{ab}，且设某瞬间瞬心O_{ab}处固定于物体A上的点的速度矢量为v_{ac}、固定于物体B上的点的速度矢量为v_{bc}。由于物体A是以瞬心O_{ac}为中心旋转，所以速度矢量v_{ac}垂直于瞬心O_{ac}和O_{ab}的连线，同理，速度矢量v_{bc}也应垂直于瞬心O_{bc}和O_{ab}的连线，可见，速度矢量v_{ac}与v_{bc}的夹角为$180°-\angle O_{ac}O_{ab}O_{bc}$。由于$O_{ab}$是物体A对物体B的瞬心，所以速度矢量$v_{ac}$与$v_{bc}$的方向必须一致，即速度矢量$v_{ac}$与$v_{bc}$的夹角为零，$\angle O_{ac}O_{ab}O_{bc}=180°$，即，瞬心$O_{ab}$必须位于$O_{ac}$与$O_{bc}$的连线上。

即"3个物体间的3个瞬心在一条直线上"，此称为3瞬心定理或肯尼迪定理。

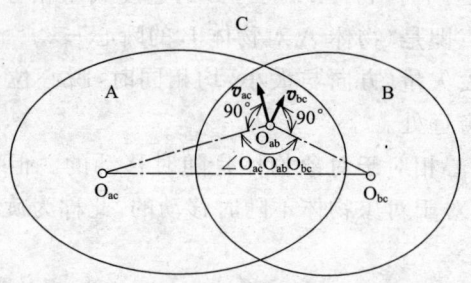

图3.7　3瞬心定理

但是，O_{ab}处于O_{ac}与O_{bc}连线上哪个位置，3瞬心定理则不能确定。

3.3.3　4连杆——3瞬心定理的应用

如图3.8所示，4个物体A，B，C，D的瞬心O_{ab}，O_{bc}，O_{cd}，O_{da}相连时，来考虑物体A对物体C的瞬心O_{ac}的求法。

首先，3个物体A、B、C的3个瞬心O_{ab}、O_{bc}、O_{ac}，根据3瞬心定理处于一条直线上，所以瞬心O_{ac}必然位于O_{ab}与O_{bc}的连线上。同理，在3个物体A、D、C中，瞬心O_{ac}又位于O_{da}与O_{cd}的连线上。可见，只要求O_{ab}、

O_{bc} 的连线与 O_{da}、O_{cd} 连线的交点,即可得到物体 A 对物体 C 的瞬心 O_{ac}。

上面研究的就是"4 连杆",可用于悬架的连杆机构学分析。

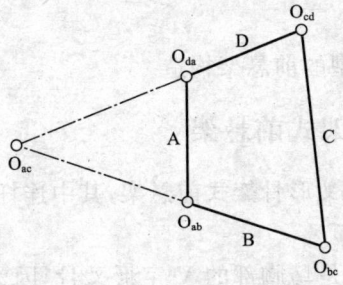

图 3.8　4 连杆

3.3.4　瞬心的特点

悬架的连杆机构学处理中要用到瞬心的特点。这里用图 3.9 来说明后续章节中会出现的瞬心的特点。

① 物体以瞬心为中心旋转时,其上任意点的速度矢量 v,与该点与瞬心的连线垂直。

② 物体静止时,在物体上的任意点朝向瞬心施加力 F 时,物体不动,即能够阻挡通过瞬心的力。

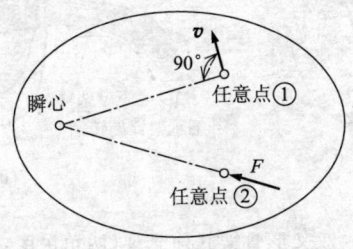

图 3.9　瞬心的特点

3.4 悬架的典型构造

本节介绍两种典型的前悬架构造。

3.4.1 双叉形骨架式前悬架

图 3.10 示出了双叉形骨架式前悬架,其中连杆机构的有关构件也示于图 3.10 中。

所谓"叉形骨",原是鸟胸部的 V 字形叉骨,因为形状相似,特用来指上端两点用枢轴与车身相连、下端一点用枢轴与轮胎支座相连的 V 字形悬架臂。上、下用两个这种悬架臂的悬架形式即称为双叉形骨架式。

一般地,车身一侧的两个枢轴使用橡胶制的衬套,悬架臂以两衬套的中心相连的臂旋转轴为中心摇摆。而车轮支座一边的枢轴则使用球关节。

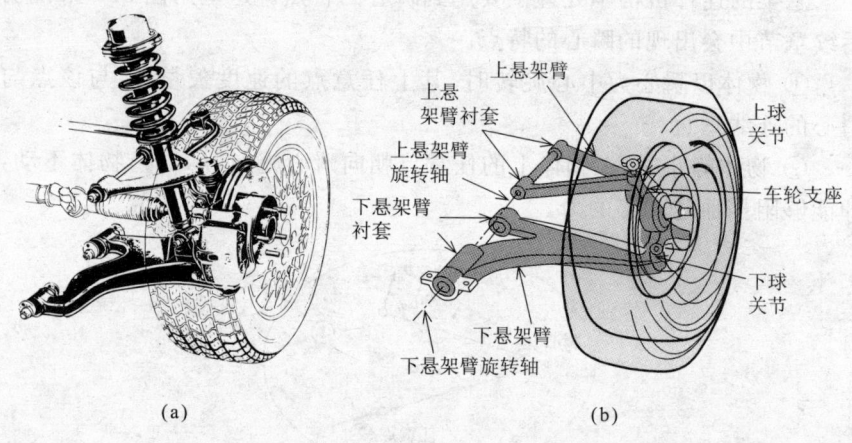

图 3.10 双叉形骨架式前悬架(两角岳彦,2001[6])

3.4.2 麦弗逊支柱式前悬架

图 3.11 示出了麦弗逊支柱式前悬架,其中有关连杆机构的构件也示于图中。

麦弗逊支柱式前悬架，实际上是将双叉形骨架式的上悬架臂更换为阻尼器加上支架。

阻尼器为伸缩型的衰减器，在靠外筒与支柱间的伸缩产生衰减的同时，还能保持外筒与支柱间的同轴度。利用此同轴性，将外筒的下部与轮胎支座相连，支柱的上端通过上支架与车身相连，即可使其具有连杆功能。上支架为橡胶制，允许支柱在上支架的中心周围摇摆。

下悬架臂与双叉形骨架式相同。

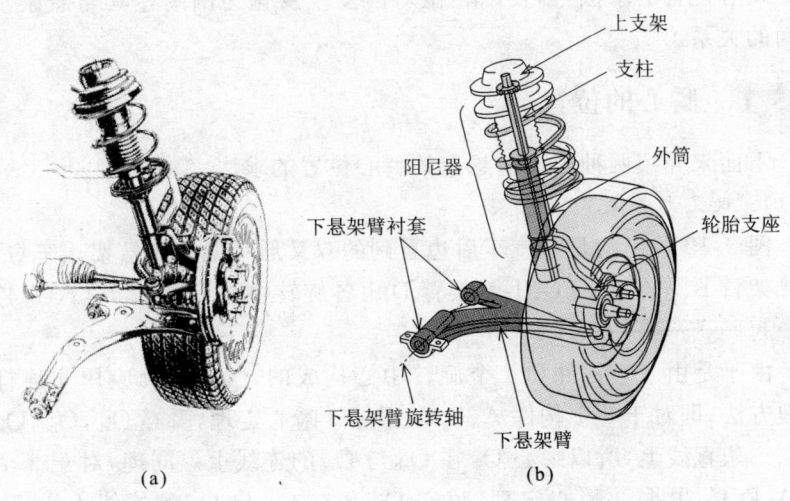

图3.11　麦弗逊支柱式前悬架（两角岳彦，2001[6]）

3.5 车后看到的悬架功能

悬架分析中的重要问题是轮胎与车身间的相对运动,换句话说,是车身与轮胎支座的瞬心位置问题。

为了从连杆机构学的角度理解并掌握从车后看到的悬架功能,本节介绍瞬心位置的求法,以及以轮位对准发生变化为例阐述其与悬架功能之间的关系。

3.5.1 瞬心的位置

下面来介绍两种类型前悬架的瞬心位置的求法。

1. 双叉形骨架式前悬架

图 3.12 示出的是从汽车后边看到的双叉形骨架式前悬架。车身 A、下悬架臂 B、车轮支座 C、上悬架臂 D 由各旋转中心 O_{ab}、O_{bc}、O_{cd}、O_{da} 连接在一起。

由于是由 4 个构件和 4 个旋转中心构成的,所以适合应用 4 连杆的处理方法,即对于 3 个构件 A、B、C,根据 3 瞬心定理,瞬心 O_{ab}、O_{bc}、O_{ac} 一定在一条直线上,所以瞬心 O_{ac} 在 O_{ab} 与 O_{bc} 的连线上。同理,对于 3 个构件 A、D、C,根据 3 瞬心定理,瞬心 O_{ac} 又在 O_{da} 与 O_{cd} 的连线上。可见,O_{ab}、O_{bc} 的连线与 O_{da}、O_{cd} 的连线的交点,即是所求得的车身 A 与支座 C 的瞬心 O_{ac}。

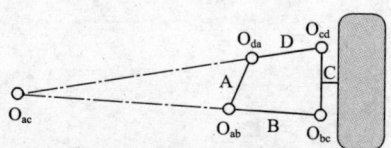

图 3.12 双叉形骨架式前悬架的瞬心

2. 麦弗逊支柱式前悬架

图 3.13 示出的是从汽车后边看到的麦弗逊支柱式前悬架。车身 A、下悬架臂 B、带有阻尼器外筒的支座 C、阻尼器支柱 D,由各旋转中心 O_{ab}、O_{bc}、O_{cd}、O_{da} 连接在一起。

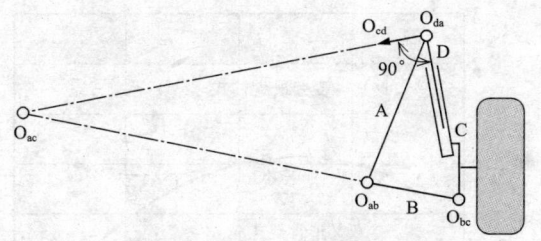

图 3.13 麦弗逊支柱式前悬架的瞬心

因为是由 4 个构件和 4 个旋转中心构成的,所以适合应用 4 连杆的处理方法。对于 3 个构件 A、B、C,根据 3 瞬心定理,瞬心 O_{ac} 一定在 O_{ab} 与 O_{bc} 的连线上。而对于 3 个构件 A、D、C,因为构件 D 与 C 是平动,所以其瞬心 O_{cd} 是在垂直于阻尼器轴线方向上的无限远处。根据 3 瞬心定理,瞬心 O_{cd},O_{da},O_{ac} 又必须在一条直线上,所以瞬心 O_{ac} 一定在通过 O_{da} 且垂直于阻尼器轴线的直线上。可见,O_{ab}、O_{bc} 连线与过 O_{da} 点的阻尼器轴线的垂线的交点,即是所求的车身 A 与支座 C 间的瞬心 O_{ac}。

3.5.2 轮位变化与瞬心位置

轮胎与路面是在轮胎接地点处接触的,其接触状态从车辆运动的观点看来是非常重要的。为了在各种各样的条件下都能达到适当的接触状态,悬架应能对轮胎相对车身的姿态,即轮位对准情况进行控制。

从车辆后边看到的轮位参数,有外倾角和轮胎接地点的横移。外倾角是轮胎对于路面垂线的倾斜,两轮呈八字形时为负,用符号"-"表示,两轮呈反八字形时为正,用符号"+"表示。轮胎接地点横移为轮胎接地点在横向的位移,向车辆外侧移动时用符号"+"表示,向车辆内侧移动时用符号"-"表示。

悬架行程是轮胎相对于车身在上、下方向上的移动,向上移动时称为冲击,用符号"+"表示,向下移动时称为回跳,用符号"-"表示。

对于两种悬架类型,图 3.14 示出了相对悬架行程的外倾角的变化例,图 3.15 示出了轮胎接地点横移的例子。这里,车辆静止时的悬架行程、外倾角、轮胎接地点的横移均设为"零"。

从图 3.14 和图 3.15 可知,不同的悬架类型,轮位的变化是不同的。

下面来介绍轮位变化与瞬心位置的关系。

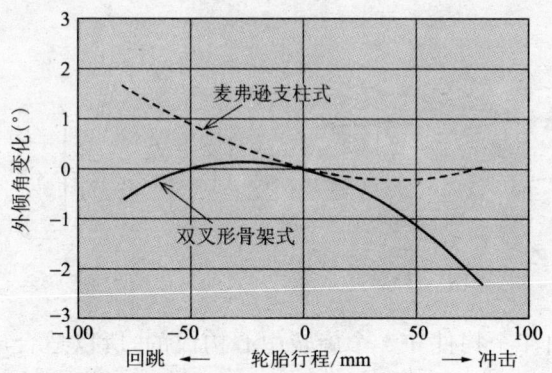

图 3.14 外倾角对轮胎行程的变化

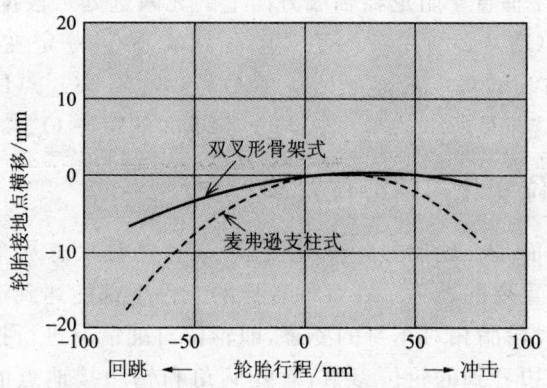

图 3.15 相对轮胎行程的轮胎接地点的横移

图 3.16 示出了从车辆后边看到的瞬心位置与轮胎的关系。这里的坐标系是固定在车身上。悬架在冲击方向上冲时,轮胎绕瞬心旋转。所以,伴随车轮行程的外倾角变化即由轮胎接地点到瞬心的水平距离 L 确定,伴随车轮行程的轮胎接地点横移则由瞬心与轮胎接地点连线的倾斜 $\tan\theta$ 确定。可见,相对于某一轮胎冲击行程的轮位的变化取决于瞬心的位置。

瞬心的位置还会随车轮的冲击行程而移动,此移动的情况随悬架形式的不同而不同,所以,不同类型的悬架,轮位发生的变化是不同的。

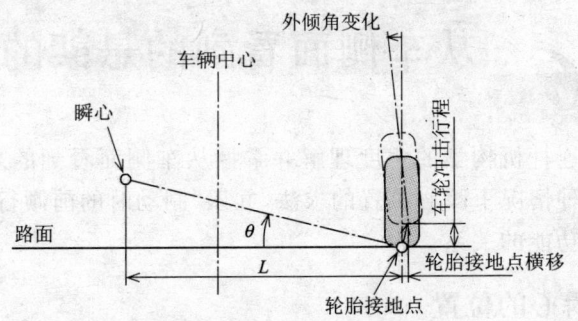

图 3.16 瞬心与轮位的变化

=== 小常识 ===

连杆机构学知识的必要性

对于无论什么类型的悬架,现在都已经能够通过在计算机上建立模型,很简便地计算出其轮位的变化及各种特性。

但是,计算得到的结果是否妥当,必须进行自检。此时,连杆机构学的知识可以作为检查的依据。

3.6 从车侧面看到的悬架的功能

为了从连杆机构学的角度理解并掌握从车侧面看到的悬架的功能，本节介绍这种情况下瞬心位置的求法，并以"制动时的前倾行为"为例，介绍其与悬架功能的关系。

3.6.1 瞬心的位置

对于两种前悬架介绍瞬心位置的求法。

1. 双叉形骨架式前悬架

图3.17示出了从车侧面看到的双叉形骨架式前悬架。

由于下球关节以下悬架臂旋转轴为中心旋转，所以从车辆侧面观察时，下球关节是在垂直于下悬架臂旋转轴的方向上运动，即下悬架臂介于其间的车身与车轮支座的瞬心，位于过下球关节中心且平行于下悬架臂旋转轴线的直线上。同理，上悬架臂介于其间的车身与车轮支座的瞬心，位于过上球关节中心且平行于上悬架臂旋转轴线的直线上。

所以，过下球关节平行于下悬架臂旋转轴线的直线，与过上球关节平行于上悬架臂旋转轴线的直线的交点，即是所求的车身与车轮支座间的瞬心。

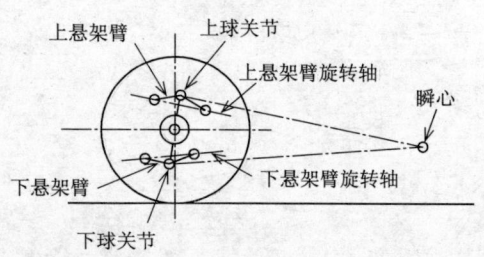

图 3.17 双叉形骨架式前悬架的瞬心

2. 麦弗逊支柱式前悬架

图3.18示出了从车侧看到的麦弗逊支柱式前悬架。

下悬架臂介于其间的车身与车轮支座间的瞬心，位于过下球关节中心且平行于下悬架臂旋转轴线的直线上。上悬架臂介于其间的车身与车

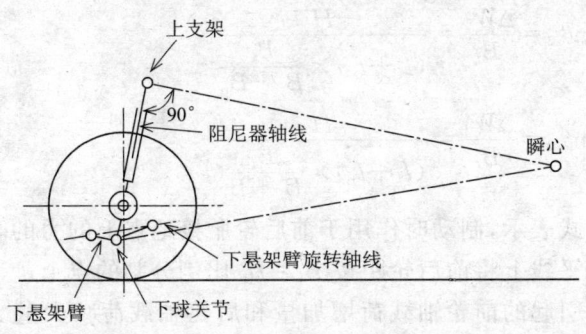

图 3.18 麦弗逊支柱式前悬架的瞬心

轮支座间的瞬心,位于过上支架铰结中心且垂直于阻尼器轴线的直线上。所以,过下球关节平行于下悬架臂旋转轴线的直线,与过上球关节垂直于阻尼器轴线的直线的交点,即是所求的车身与车轮支座间的瞬心。

3.6.2 制动时的前倾现象与瞬心的位置

图 3.19 示出的是从侧面看到的车辆行驶中因制动新产生出的力。

设作用于轮胎接地点的前轮制动力为 B_f、后轮制动力为 B_r、车辆重心高为 H、前轮到重心的距离为 l_f、重心到后轮的距离为 l_r,则制动引起的前轮轴的载荷增加量与后轮轴的载荷减少量 ΔW_B 为:

$$\Delta W_B = \frac{H}{l_f + l_r}(B_f + B_r)$$

此时,设前轮与后轮轮胎接地点上作用的合力的倾斜分别为 $\tan\theta_{fB}$ 和 $\tan\theta_{rB}$ 时,则有以下的关系式:

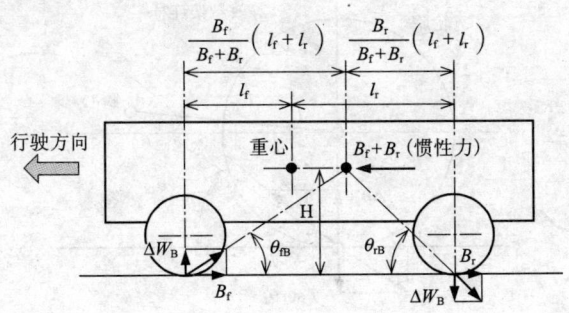

图 3.19 制动时作用于车辆上的力

$$\tan\theta_{fB} = \frac{\Delta W_B}{B_f} = \frac{H}{(l_f + l_r) \times \frac{B_f}{B_f + B_r}}$$

$$\tan\theta_{rB} = \frac{\Delta W_B}{B_r} = \frac{H}{(l_f + l_r) \times \frac{B_r}{B_f + B_r}}$$

该关系式表示,制动时作用于前后轮胎接地点上的力的合力,作用于过重心的水平线上将前后轮距按 $B_f : B_r$ 比例分割的点上。

若制动引起的前轮轴载荷增加量和后轮轴载荷减少量 ΔW_B 均只由悬架弹簧的变形吸收,则此时前轮处的车身会下沉 $\Delta W_B/2k_f$,后轮处的车身会上浮 $\Delta W_B/2k_r$。这里,k_f 与 k_r 分别为前轮与后轮的当量悬架弹簧的弹簧常数。

以上即是制动时车辆前部下沉、后部上浮即车辆前倾的原因。

那么,有没有抑制这种前倾的办法呢?

图 3.20 示出的是前悬架的等效悬架连杆及作用于轮胎接地点处的力。这里设轮胎接地点与瞬心连线的倾斜为 $\tan\theta_f$。

因为等效悬架连杆能够抵挡通过瞬心的力,所以设其力为 T 时,抗力向前的分量即为 $T\cos\theta_f$、向下的分量即为 $T\sin\theta_f$。前后方向的力是平衡的,即 $T = B_f/\cos\theta_f$,故得向下的分量 $T\sin\theta_f = B_f\tan\theta_f$。这样一来,作用于轮胎接地点处的上、下方向的力即为向上的力 ΔW_B 和向下的力 $B_f\tan\theta_f$,向上的合力即为

$$\Delta W_B - B_f\tan\theta_f = \Delta W_B(1 - \tan\theta_f/\tan\theta_{fB})$$

此向上的力,因悬架弹簧的压缩而平衡。

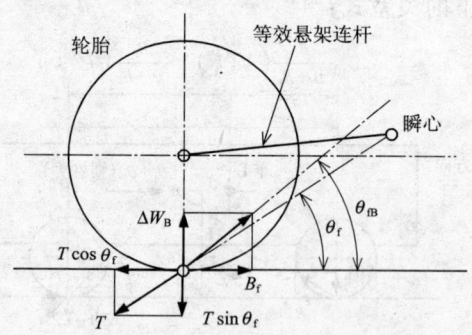

图 3.20 制动时作用于前悬架上的力

上式中,若 $\theta_f = 0$,那么由车辆各参数决定的前轮轴载荷的增加量 ΔW_B 就得全部由悬架弹簧的压缩来吸收,这时,车辆前部的下沉量是较大的。但是,如果悬架连杆构造得使 $\theta_f = \theta_{fB}$ 时,就不必靠悬架弹簧的压缩来吸收,前部的下沉量就会减小。后轮的情况也是一样。

可见,适当设置悬架瞬心的位置,即可抑制制动时的前倾现象。

参考文献

[1] 石井弘毅:なるほどナットク!燃料電池がわかる本,p.105,オーム社 (2001)
[2] 全国自動車整備専門学校協会編:シャシの構造 [Ⅰ],山海堂 (1993)
[3] GP企画センター編:クルマのメカ入門,グランプリ出版 (1998)
[4] 青山元男:カー・メカニズム・マニュアル [ベーシック編],ナツメ社 (1991)
[5] GP企画センター編:自動車用語ハンドブック,グランプリ出版 (1993)
[6] 両角岳彦:図解自動車のテクノロジー―基礎編,p.94,95,100,101,三栄書房 (2001)

第 4 章

施工机械

为改善人们的生活、营造舒适的居住环境而在自然界中构筑各种各样人工建筑的是建设工程。建设工程包括道路、铁道、港口、河道、大坝、农田、住地、大楼、桥梁及其他许多种对象，而快速建造巨大建筑物所需使用的即是施工机械。

本章将在了解这些施工机械概貌的基础上，特别讲述作为现代施工机械主流的油压挖掘机，先讲述其基本构造、液压传动的基本知识及其控制技术，然后介绍将这些技术按设计形态转化为实物所需的开发技术。同时也将涉及近年来逐渐受到重视的环境与安全技术、应用信息技术的机械管理技术以及应用产品。

4.1 施工机械的变迁

建设工程中使用的工具自古就有，据说从希腊罗马时代就已经有了牛马拉的压路机等，但今天所谓的这种施工机械的出现则是19世纪后期以后的事情。这就是随着社会的进步，为了更快更省地建造大建筑而应用实用化了的瓦特蒸汽机的挖掘机、机车及打桩机等的发明、机械化施工适用性的试验及普及。

从原动机方面来看，更是从19世纪末的电动机的实用化，进入20世纪后的汽油发动机的普及带来的近代化，直至1925年左右开始的柴油机的使用等，逐渐出现了一批高性能的力量强大的施工机械。

围绕施工机械极为重视的"脚"来看，到20世纪20年代末，几乎都已经是铁轮子。今天作为施工机械特征的履带装置20世纪初才出现，实用化较迟缓。充气橡胶轮胎在施工机械上真正开始安装使用则是20世纪40年代以后的事情。

但是，与今天的施工机械很近似的机械出现在第二次世界大战后。特别是在日本，在飞机场及军用道路等的修建中看到了美军压倒一切的机械威力，使当时内务省（不久后变为建设省）的有识之士认识到，机械化施工的普及才是战后粮食增产、国家复兴整顿不可缺少的技术。一方面通过将美军转卖的高性能机械投入直辖工程等来引导施工机械在建设工程中的应用；另一方面则同时进行日本施工机械厂商的培育。厂商们也同时在积极努力地进行研究与开发。作为经受住日本用户对质量严格要求的技术能力磨练的结果，今天日本的施工机械产业，以后述的油压挖掘机为主，已经达到了接近全球需要量的40%的供货量。

可是，现代施工机械技术的特征是高度的油压技术。例如，过去的挖掘机械传递动力使用的是绞车，其运转迫使操作人员要能高超地使用操作力很大的离合器及制动器等。与此不同，20世纪60年代出现的油压挖掘机虽然还不够完善，但已经显示出了其操作容易、当量动力大等油压传动的优良特性。随着逐渐普及，以及不断地进行着改造，适应机械大型化要求的油压的动力也实现了大功率输出。而且，与电子技术还能很好地结合，今天几乎所有的施工机械的动力传递均在油压化。

4.2 施工机械的种类

所谓施工机械,是指推土机、油压挖掘机及起重机等在土木建筑工程现场工作的机械,实际上在这些例子之外还有许多种类。这些施工机械的分类,按施工目的及用途、机械形状及工作地位来确定均可,表4.1作为一例给出了其分类及相应的典型施工机械。

表 4.1 施工机械的分类与典型施工机械

施工机械的种类	典型的施工机械
拖拉机系列	推土机、轮式装载机、铲运机
挖掘机系列	油压挖掘机、小型挖掘机、机械式挖掘机
运输机械	不规则地面运输车、普通翻斗车、重型自卸汽车
起重机	卡车自带式起重机、俯仰式起重机、履带式起重机、汽车起重机
基础工程用机械	预制桩施工机械、现场灌注桩施工机械
道路铺设机械	振动压路机、联合铺路机、自动平地机

表 4.1 中所列的拖拉机系列机械,是以推土机及拖拉机为基础的施工机械,其典型代表有图 4.1 所示的推土机和图 4.2 所示的轮式装载机。挖掘机系列机械,有图 4.3 所示的油压挖掘机和图 4.4 所示的不到 6t 的小型挖掘机,是制造数量多而且能经常见到的施工机械。运输机械中除翻斗车外,还有图 4.5 所示的不规则地面运输车,起重机有图 4.6 所示的安装在卡车上的卡车自带式起重机,以及图 4.7 所示的俯仰式起重机等。基础工程用机械,是按照基础的种类及施工方法使用多种多样的专用机械,图 4.8 示出了典型基础工程用机械的外观。作为道路铺设用施工机械,有联合铺路机以及将联合铺路机摊平的沥青轧实的振动压路机(见图 4.9)等。其他施工机械中使用数量较多的有图 4.10 所示的高空作业车。图 4.11 给出了(社团法人)日本建设机械工业会发表的各种施工机械生产台数的数据。

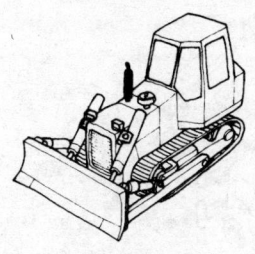  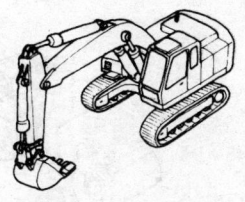

图 4.1　推土机　　　图 4.2　轮式装载机　　　图 4.3　油压挖掘机

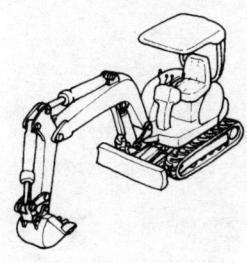  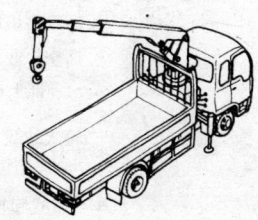

图 4.4　小型挖掘机　　图 4.5　不规则地面运输车　　图 4.6　卡车自带式起重机

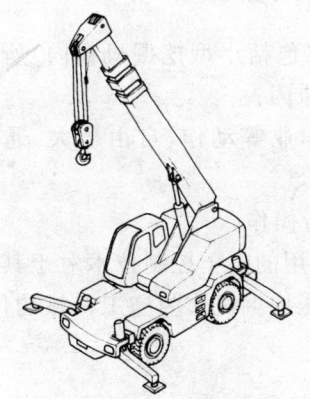 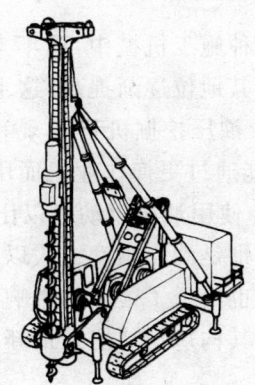

图 4.7　俯仰式起重机　　　图 4.8　基础工程用机械外观

第 4 章　施工机械

图4.9 振动压路机
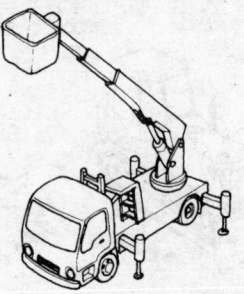
图4.10 高空作业车

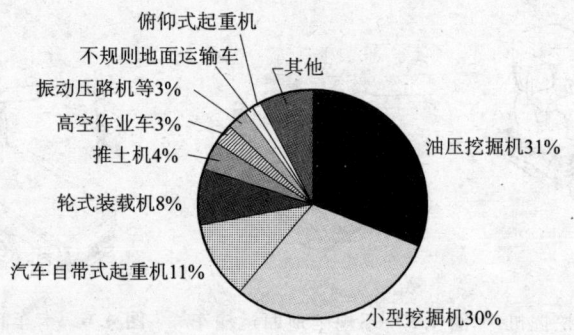

图4.11 施工机械生产实绩(以国内加出口的生产台数计算)(2003年)

各种施工机械中,近年来油压挖掘机(包括小型挖掘机在内)所占的比例与其地位逐渐提高,这主要有以下的原因:

① 油压挖掘机可实现行走、旋转及作业等动作,自由度大、通用性强,还能通过更换作业机而用于多种用途。

② 使用油压驱动可以比较简单地进行操作。

特别是油压驱动方式以及最近大量采用的电子控制技术对于其他施工机械也给予了很大的影响,本章就以油压挖掘机作为施工机械的代表,来介绍其构造与功能及最新的开发技术。

4.3 油压挖掘机的构造与功能

4.3.1 油压挖掘机的构造

　　油压挖掘机顾名思义,其传动机构使用的是油压驱动。如图 4.12 所示,它是使用由发动机驱动的油泵来的高压油,经控制阀去推动油缸及油压电动机等驱动器。各驱动器均使用 35 MPa(350 kg/cm^2)等高压,所以能产生非常大的动力。上部旋转体能做 360°自由旋转,在去往下部行走体的行走装置的油路上设置有称为中心接头的高压油万能旋转接头。

　　图 4.13 还示出了油压挖掘机的各部分名称及机器配置。上部旋转体通过旋转轴承座安装在备有行走装置的下部行走体上。上部旋转体的后部设置有发动机与安装于其上的高压油泵,发动机的前方是控制阀及旋转装置等油压机器,车体的正前方是吊架,其左侧设置有司机室(操作室)。为平衡很长的吊架及铲斗内挖掘的砂土的质量,还在车体的最后边设置有配重。

　　司机室中,如图 4.14 所示,用司机前方的行走操作杆进行行走操作,其他前方操作与旋转由位于司机左右的操作杆操作。

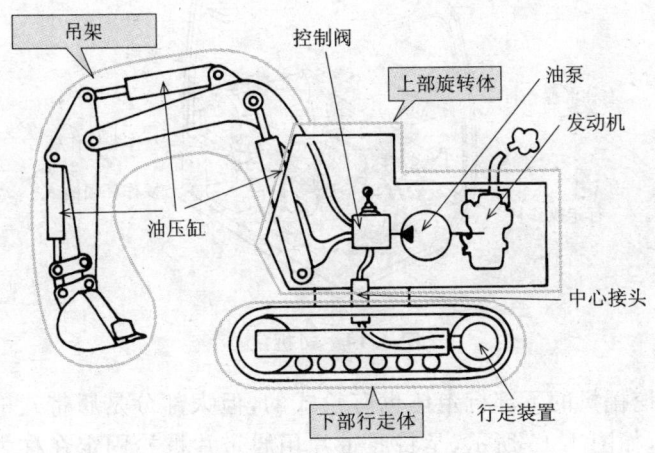

图 4.12　动力传递系统

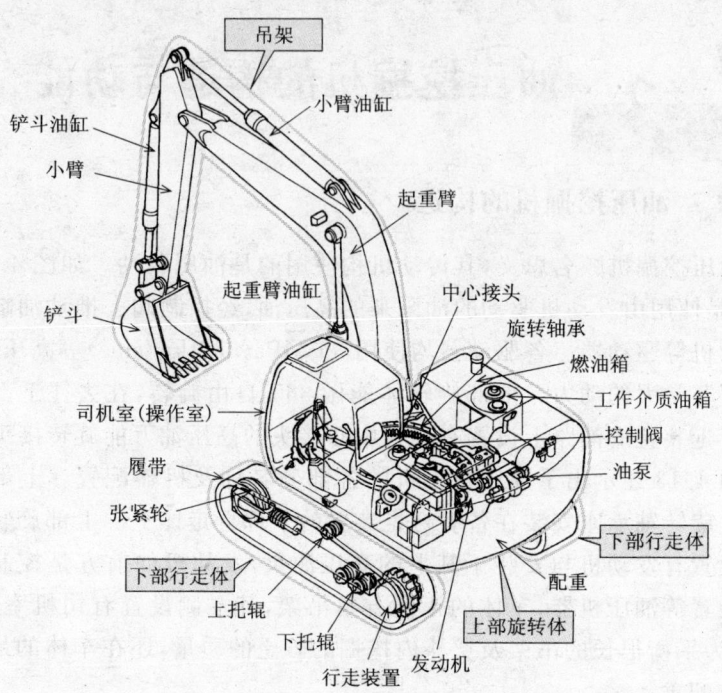

图 4.13 各部名称与机器配置

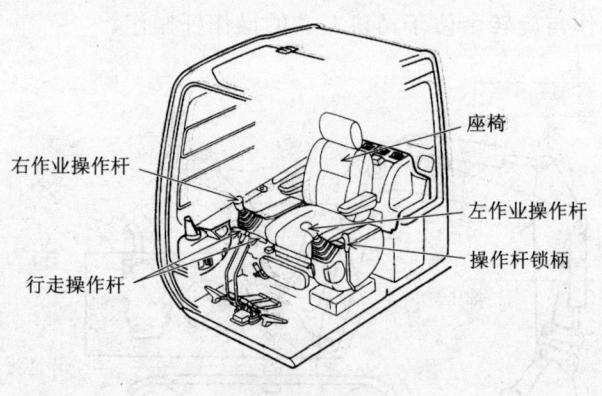

图 4.14 司机室

油压挖掘机的下部行走体也有轮式的,但大部分是履带式的。履带式的转足,如图 4.15 所示,是将履带片用履带片螺栓固定在称为履带链的链条状机件上。下托辊在与履带链啮合的链轮的驱动下,在此履带链上行走。履带式挖掘机的行走,左右履带同时前进时,直线前行,而如图4.16所示,仅左侧前进时就会向右拐,左右侧反转时,车体则绕其中心旋转。履带式挖掘机不仅对地压力低、软地性能好,而且,即使在狭窄的工程现场内转向也很容易,能充分发挥其机动灵活的性质。

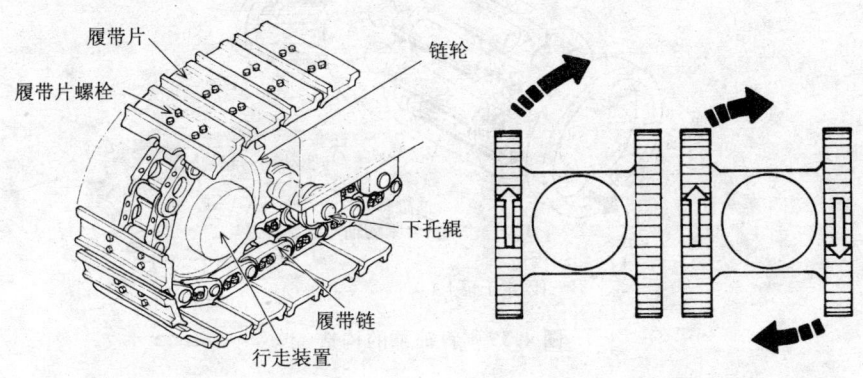

图 4.15　油压挖掘机的履带式转足　　图 4.16　油压挖掘机的转向

4.3.2　驱动技术

1. 原动机(发动机)

油压挖掘机上,原动机通常使用柴油发动机。其原因是与汽油发动机相比:运行费用便宜,转矩大,故障少。卡车及翻斗车等车辆上虽然也使用柴油发动机,但与此有很大的不同,车辆追求变速时加速性能好,而油压挖掘机则要求以额定转速连续运转。从这一点来看,可以说油压挖掘机用的发动机属于高负荷,它要求的是耐久性。

2. 油压装置

油压挖掘机正如其名是利用油压的力量工作的。选择油压的理由是:力的传递快、效率高,系统简便,可远距离操作。

作为油压装置,是由油压发生装置、油压控制装置、油压驱动装置及附属装置等组成的。下面顺次予以说明。

(1) 油压发生装置(泵)。一般的油压发生装置就是油泵。发动机的输出轴直接与油泵连接,产生的高压油(通常为 35MPa 左右)送往各油压驱动装置。经常使用的是流量可调整的斜轴泵及斜板泵,以及流量固定的齿轮泵。

这里以图 4.17 所示的斜轴泵为例介绍容量可变型泵的工作机理。

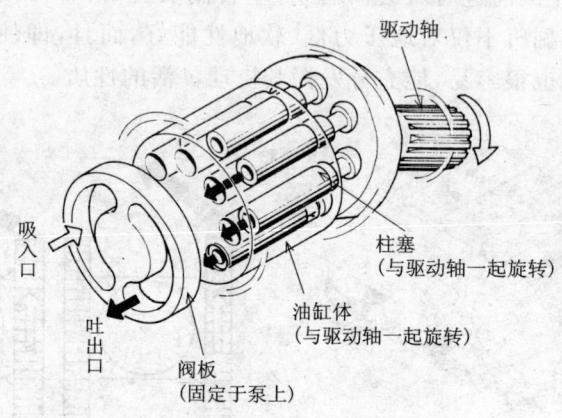

图 4.17 斜轴泵的构造

驱动轴旋转时,油缸体与柱塞一起旋转,同时柱塞在油缸体中往复运动(联想一下同一圆周上布置多个水枪的情景即容易明白)。此时,通过将柱塞拉出后空间容积增大的一侧(吸入侧)与工作油箱相连、柱塞压入后空间容积减小的一侧(吐出侧)与驱动器相连的阀板的配置(固定),即可将工作油箱内的油变为高压油连续地供给油压驱动装置。

由于驱动轴与油缸体中心轴线成一定角度配置,因而称为斜轴泵,此时,此角度 α 的大小即控制着油的流量(见图 4.18(a))。驱动轴与油缸体中心轴线配置在一条直线上,而将安装着柱塞头的板(斜板)倾斜一定角度的即是斜板泵。此时,也是斜板倾斜角度 β 的大小改变着油的流量(见图 4.18(b))。

斜轴泵和斜板泵通常均是将驱动轴直接连接在发动机的输出轴上,而且转速一定,只是靠改变上述的角度来控制油的输出流量。

再以图 4.19 所示的齿轮泵为例来说明固定容量型泵的工作机理。

驱动轴旋转时,与其以齿轮啮合的从动轴也同时旋转。此时充满在齿槽与外壳空间内的油即被运至吐出口而向驱动器供油。这种齿轮泵可廉价、方便地制造,因而在后述的低压油路中经常使用。

(2) 油压控制装置(阀)。油泵产生的高压油,最终要送往油压驱动装置来做功。油压控制装置在这两者之间起的作用有:控制做功的方向

(方向控制),控制做功的速度(流量控制),控制做功的大小(压力控制)。

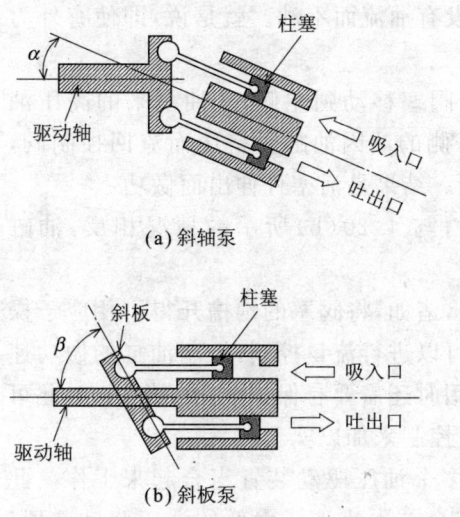

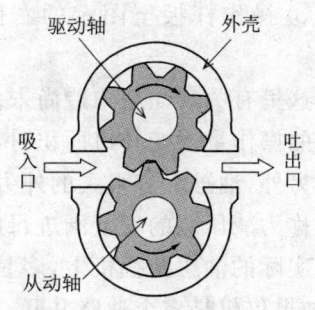

图 4.18 可变容量型泵　　　　图 4.19 齿轮泵的构造

油压挖掘机中以这些控制为中心进行工作的单元称为控制阀。控制阀的功能是按照控制指令将送来的高压油分配给所需的油压驱动装置。

下面利用将油缸连接到图 4.20 所示控制阀上的油路,来说明其方向控制的机理。这里请特别注意阀壳与阀塞沟槽间的位置关系。

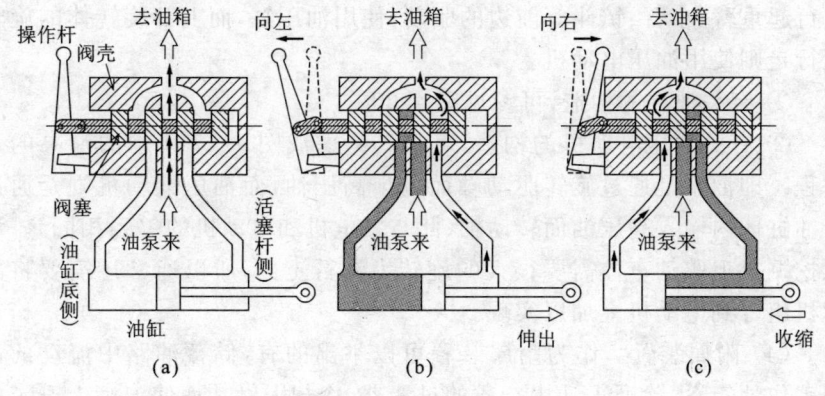

图 4.20 控制阀的构造

① 操作杆在中间位置时,从油泵来的高压油原样流回油箱。而且油缸两侧的油路均被阀塞堵塞,就像没有油流而不动。就是说,即使有外力作用到油缸上,油缸也不会动。

② 操作杆扳到图示的左侧时,阀塞移动到左侧,从油泵来的高压油流入油缸的底侧挤压油缸。活塞杆侧的油因油缸受挤压而流回控制阀,通过阀壳与阀塞间的空隙流回油箱。结果是活塞杆伸出而做功。

③ 操作杆扳至图示的右侧时,与 4.20(b)所示的情况相反,油缸收缩。

这里有关其详细构造尚未涉及,诸如,将阀塞的沟槽开得可相应于操作杆的操作量改变开口面积时,还可以进行流量控制,控制油缸的做功速度。另外,油缸上有很大的外力作用时还需要有保护油路的作用,对此可使用称为减压阀的安全阀进行压力控制来加以实现。

实际的油压挖掘机上,多是将多个油压驱动装置组合起来工作。此时,如果仅仅是多个油路并联,油就会首先流入压力低的油压驱动装置,其结果是高压侧的油压驱动装置不动作,因而也得不到所期望的复合操作性能。可见,为了操作者能随心所欲地进行操作,就需要在控制阀的相应于前述三个作用的功能的复杂组合上下工夫。从这个意义上来讲,控制阀的协调配合决定着油压挖掘机的性能与质量。

(3) 油压驱动装置(驱动器)。由控制阀控制的高压油,通过软管送至油压驱动装置。油压驱动装置可分为油压缸和油压电动机两类。为了进行起重臂、小臂、铲斗等前边的驱动,使用油压缸,而上部旋转体的旋转及行走则使用油压电动机。

① 有关油缸的构造,可参见图 4.20。

② 有关油压电动机的构造,可将其考虑成图 4.17 所示的油泵的逆过程。即油泵是通过旋转驱动轴而输出高压油,而油压电动机则是通过给油缸体内输入高压油而转动轴(此与发电机和电动机的关系相同)。油压挖掘机上驱动车体需要很大的旋转力和行走力,所以通常还需要将减速机组合到电动机上加以实现。

(4) 附属装置。作为附属装置可以举出的有:储蓄油路中流动的油的工作油箱,去除混入油中杂质的过滤器,冷却因做功而使温度上升了的油所用的工作油冷却器,连接油路的管道、软管及接头等。

除以上所述的原动机和主要的油压装置以外,为获得油压挖掘机的全部功能还需一些其他装置。下面举出几个进行介绍。

3. 导向阀

上述曾对油压控制装置进行过分类,只要司机在司机室内操纵一下操作杆,与操作杆直连的导向阀即会将操作油送往与操作位置相对应的控制阀,其阀塞移动,高压油进入欲让其工作的驱动器(图 4.20 中是机械扳动操作杆,而现在的油压挖掘机上均是用油的力量使阀塞如图左右移动)。控制此控制阀所用的低压油(通常为 4MPa 程度),由安装在前述油泵上的齿轮泵产生,即油路有推动驱动装置用的高压油路和指令控制用的低压油路(导向油路)两套系统。

4. 中心接头

油压挖掘机的上部旋转体可相对下部行走体无限旋转。实现这一功能靠的是中心接头。

图 4.21 给出了备有两条油路的中心接头的实例。接头外套的内侧开有环形沟槽,与其等高的位置上对相配轴设置有油口。转轴固定在上部旋转体上,外套固定在下部行走体上,将各油口用管子进行相应连接,即可实现上部对下部的任意旋转功能。这里油要去也要回,所以通常是两条油路为一组。

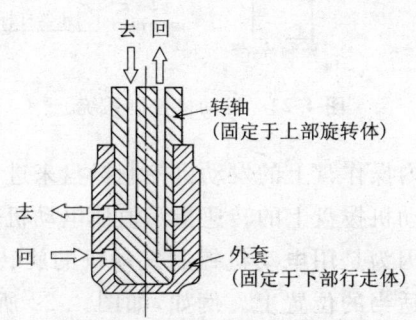

图 4.21 中心接头的构造

5. 油的管理

油的管理很大程度上决定着油压挖掘机的寿命。首先要选择合适的油品,其次要严格实施油的保养,这些都是非常重要的。油中的灰尘及油的劣化变质往往是故障的原因,对这一切正确进行日常管理即可防患于未然。

4.3.3 控制技术

为了更方便地使用油压挖掘机并节能,近年来在油压挖掘机上采用了各种控制技术。下面来讲述油压挖掘机的主要控制技术。

1. 发动机控制

油压挖掘机工作时通常是先设定适合于工作的发动机转速,然后在此一定的发动机转速下进行工作。而现在的油压挖掘机的发动机上则安装有控制发动机转速的调速器,此调速器具有针对负荷控制燃油喷射量、保持发动机转速一定的功能。调速器多具有装有发动机转速设定杠杆、用电动机通过推挽电路控制其杠杆位置的构造。

图 4.22 示出了发动机的控制系统。

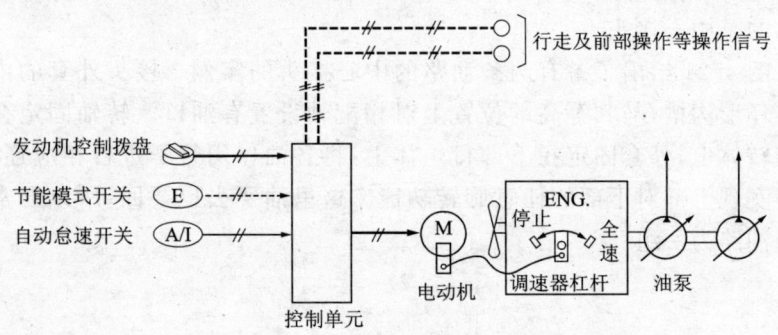

图 4.22 发动机控制系统

用装在司机室内操作盘上的发动机控制拨盘来进行发动机转速的设定。控制器按照发动机拨盘上的转速指示值使电动机转动来控制发动机调速杠杆的位置。因为是用电动机控制发动机的旋转,所以能按要求将发动机旋转控制到适当的位置上。例如,如图 4.22 所示,为减低燃料消耗率,可将行走及前部操作等操作信号输入给控制单元,这样不操作时控制系统即能自动降低发动机的转速,呈怠速状态。

2. 油泵的输出流量控制

油压挖掘机上,为了不使油泵的负荷扭矩超过发动机输出扭矩的范围,使用的是压力小时可使最大输出流量增大、压力大时可使最大输出流量减小的流量可变型油泵。

最近,为了有效利用发动机的输出,采用油泵扭矩控制的机械多了起来,此控制即是检测出发动机的实际转速,如果发动机的转速低于目标值则减小油泵的负荷扭矩,而发动机的转速高于目标值时则加大油泵的负荷扭矩。油泵的扭矩控制系统示于图 4.23。按照这种控制,即能将发动机的输出有效利用到其最大输出扭矩附近。而且还具有防止油泵扭矩负荷过大而引起的发动机失速的效用。

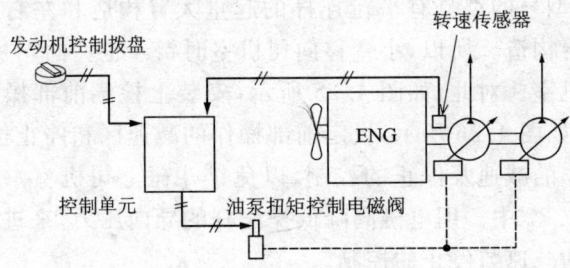

图 4.23 油泵的扭矩控制系统

3. 行走两速控制

油压挖掘机的行走速度控制可在高速与低速两者间切换。行走速度的切换靠使用每转流量可变的可变行走电动机来实现。图 4.24 示出了行走两速控制的系统。设定高速行走时,用电磁阀切换成行走电动机单位流量转速增加。反之,设定为低速行走时,则切换到转速减小的方向。设定为高速行走的场合比低速行走设定的行走扭矩要小,所以高速行走时行走负荷变大的情况下,应能增大行走扭矩进行平稳地移动,所以,能

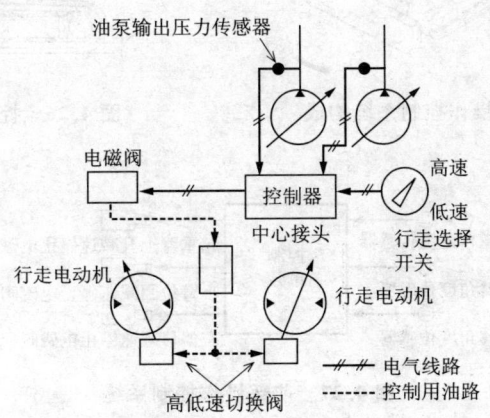

图 4.24 行走两速控制系统

够进行随负荷变化而自动地将行走电动机切换到低速行走位置的控制的机械很多。

4. 前部操作控制

超小型旋转油压挖掘机是前部最小旋转半径和后端旋转半径均小于标准型的机械,多使用在城市土木工程中。为了能方便地挖掘道路两边的侧沟,很多型号的都具有平行连杆的起重大臂构造和左右方向上能平行移动的小臂构造。所以,小臂移向司机室时铲斗也移向司机室,铲斗有可能碰上司机室。对此,如图 4.25 所示,安装上检测前部操作姿态的角度传感器,并如图 4.26 所示,设定前部操作的减速区和停止位置,来进行前部操作动作的减速及停止的控制,以免铲斗碰上司机室。控制系统的示意示于图 4.27 中。用电磁阀降低操作杆的导向压力,来进行避免铲斗碰上司机室的减速与停止的控制。

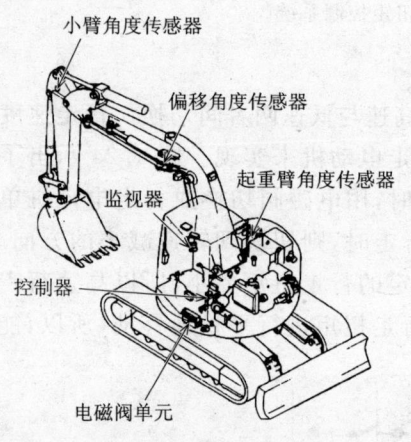

图 4.25 前部操作控制系统构成

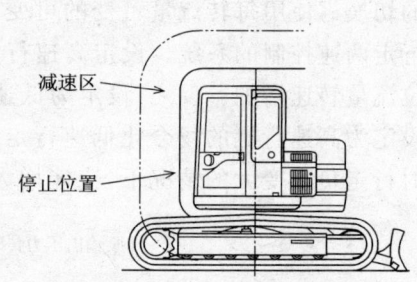

图 4.26 控制范围

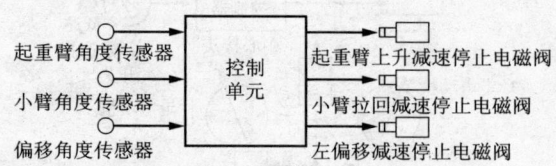

图 4.27 前部操作控制系统

4.3.4　开发技术(使用数字工程的设计)

油压挖掘机中,不但要分析结构的强度,还要进行油路、电路的设计,以及噪声防止、热平衡等车体设计。

20世纪90年代后半期,三维制图的三维CAD(3D-CAD)最初开始使用。它的优点是,不仅限于简单的机械加工件及焊接结构件,对于要使用模型成形的零件也能直接与数据相连,在图面完成之时立刻转移到模型制作。而且由于是在线进行,设计上在修改基图时能同时将信息交流给相关部门,使开发所需的周期大幅度缩短。

对于分析也是,带有分析工具的3D-CAD很多,能与图面化并行进行分析,分析能力及运算速度的显著进步也带来了分析精度的提高,而且无需实验,这为缩短开发周期及削减开发费用作出了很大的贡献。

使用3D-CAD设计油压挖掘机的过程中所进行的各种仿真结果表示如下:

图4.28所示为零件的布置及油管的配置实例。相对于原来的2D-CAD,视觉上很直观,而且可自由变换视点,所以能很容易地进行零件间有否干涉相碰的检查等。图4.29给出了相对油缸动作的油管移动的实例。此例是起重臂油缸满行程动作时油管移动的仿真。在确定软管等油管的配置方案时,不能无视其粗细及软硬,不能以任意的R来弯曲。而且结合零件上有运动时,设计上还要避免与这些运动的相碰及摩擦。以往对这些进行模型化是非常困难的,而且必须使用实际机器进行检验。但在今天,这一切都可以用3D-CAD来仿真。

图4.28　零件布置及油管配置方案例

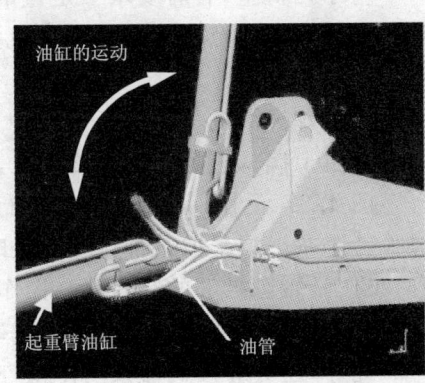

图4.29　相对于油缸运动的油管的移动

图 4.30 示出了应力分析、强度分析、冷却风扇的气体流动分析等例子。

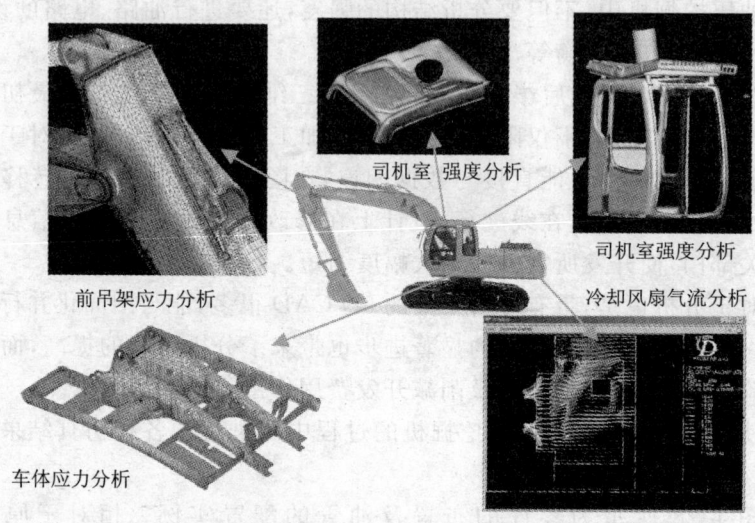

图 4.30　各种仿真结果

在以前的应力分析中,焊缝从来都无法考虑,而在这些例子中,焊缝也能作为结构件上的一部分进行分析,所以分析的精度得以迅速提高。此例中,前吊架应力分析、车体应力分析的场合,高应力的部位用红色表示。这部分的应力在标准以上时,可通过改变形状或改变厚度的设计,使应力进入标准要求以内。

对于司机室,有时要求一定量的重物从上面落下时其变形也要在能保护其中司机的范围之内。在司机室的强度分析中,能够无损地确认其空间是否充分。

在冷却风扇的气流分析例子中,流速大的地方用红色显示。据此可在计算机上确认应如何配置冷却孔,以缩短实际试验的时间。

图 4.31 示出的是用计算机进行可装配性检查的例子。它可以确认操作者手拿工具采取某种作业姿势时,实际上工具能否动作、姿势是否合理、工作是否有足够的空间等。操作者的体型也可以变更,使以往要到试验后才能明白的装配问题事前也能确认。

此外,还有焊接机器人动作检查的事前研究等,以往大致仅用于设计的 CAD 数据,也同时能有效地用于制造及试验现场。

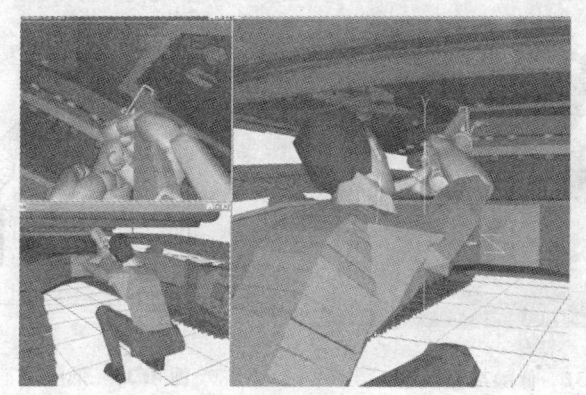

图 4.31 装配仿真示例

4.3.5 环保与安全技术

1. 对环境的关心

(1) 排放气体的清洁化。以工程现场作业环境的改善、机械化施工带给大气环境负荷的降低为目的的低公害化的努力,在国内外逐年增强,排放气体的清洁化是其重要的课题。高功率输出与气体排放低公害的矛盾,以及发动机高效化所要求的燃油消耗率的下降,使得采用增加吸气及吸气冷却等的机械正在增多。燃油喷射的高压化及燃油喷射控制的电子化等技术也在不断进步,今后,将有望出现更能降低有害气体排放的技术。日本国土交通省也制订了施工机械气体排放标准值,作为"气体排放措施型施工机械"进行了形式认定,并从 2001 年开始实施氮氧化物排放量约比原来的标准值削减 30%的第 2 次标准。

(2) 低噪声化。为降低工程施工中的噪声、保护周围的生活环境及平稳顺利施工,机械的低噪声化的必要性越来越高。日本国土交通省也按机种和功率制订了噪声的标准值,对于符合标准值的施工机械也作为"低噪声型施工机械"进行了形式认定,并在生活环境需要保护的地区中的工程中推行。

作为低噪声化技术,实施有图 4.32 所示的散热器和油冷却器用的风扇的形状、转速优化带来的风击声的降低,以及图 4.33 所示的消音器内部吸音材料的贴装等。

 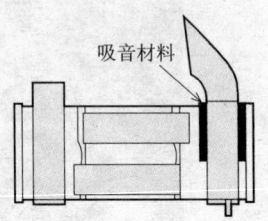

图 4.32 低噪声型风扇　　　　图 4.33 低噪声消音器

另外,通过油路和油压装置的改良,可降低油压的声音。也可通过计算机分析噪声数据、有效配置吸音材料及盖板开口来降低噪声。

(3) 机械本身回收再生性能的提高。机械本身也应选用利于环境保护的材料。实施散热器、油冷却器的铝材料化,采用不含铅的电线,对树脂零件标明材料名称等。

2. 安全性能的提高

为提高作业时的安全性,许多机械都装备有图 4.34 所示的安全装置。

锁死杠杆是锁死机械动作的杠杆。锁死杠杆抬升后,即使操纵操作杆机械也不会动作。在机械运输的装卸过程中,要将锁死杠杆上提,置于锁死位置。紧急逃离用锤头,在门打不开而要紧急逃离的情况下,用来砸开窗玻璃。

(1) 后方超小旋转型油压挖掘机。城建工程中为了在狭窄的现场进行道路施工,减小后端旋转半径的后方超小旋转型油压挖掘机的需要量正在增加。由于后方旋转半径小,所以在提高狭窄场所作业性能的同时,还能获得减少后方旋转碰撞及损伤的效果。

(2) 司机室强度的提高。近年来,在明确劳动安全卫生法的头部保护标准等情况下,安装对坠落物强度增强的司机室的机械正在增多。在欧洲,对于带有运行质量为 1~6t 的摆动式起重臂的小型挖掘机,还要求安装称为 TOPS(Tip-Over Protection Structure)的司机室和顶蓬翻转时的保护装置等,安全性能的提高已经成为一个重要的课题。

 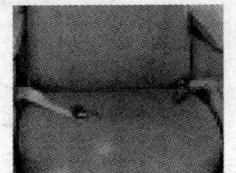 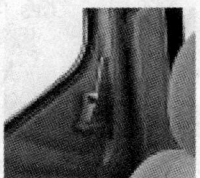

下压：解锁时（作业时）
上提：锁死时
  锁死杠杆

安全带

紧急逃离用锤头

图4.34　安全装备例

4.3.6　机械管理技术

施工机械世界也需要利用IT。安装有机械管理系统的机械逐渐增多。

图4.35示出了油压挖掘机机械管理装置的构成。它是由捕捉机体信息的各种传感器、存储信息的信息控制器、收发数据的通信终端，以及把握机体位置的GPS单元等组成的。图4.36示出了其机械管理系统。机体信息控制器中的数据通过卫星及手机电话通信网收集，并存储在服务器中。这种数据经由互联网按每台机械提供，用户及管理人员在办公室即可知道机械的工作状况。

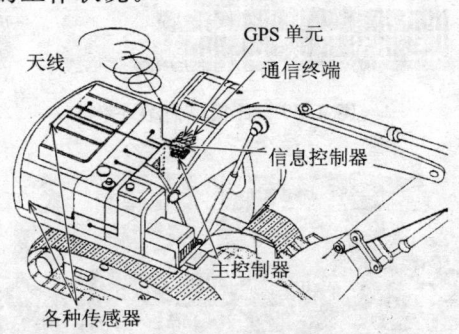

图4.35　油压挖掘机机械管理构成

图4.37为日报信息举例，图4.38为位置信息举例。

日报信息显示着表示机械工作时刻、燃料余量、机械总工作时间的小时计的数值。根据日报信息可在办公室了解现场机械的工作状况。位置信息还能表示机械的移动状况，所以对于机械维护、保养时的位置确认等是有效的。

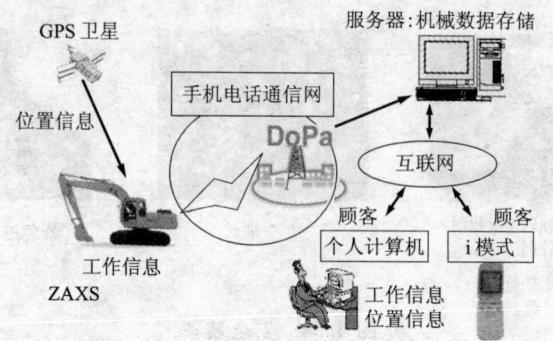

图 4.36 机械管理系统

日期	工作时刻(时) 6 7 8 9 10 11 12 13 14 15 16 17	工作时间/h	燃料余量/%	小时计/h
04-06		3.0	98	490
04-05		8.3	79	487
04-04		1.5	44	476
04-03		9.3	78	470
04-02		2.6	94	461
04-01	不工作日	0.0	92	459
03-31		4.7	92	459
03-30		4.2	90	452
03-29		10.2	78	443
03-28		8.9	88	433
03-27		10.6	81	424

图 4.37 日报信息表举例

图 4.38 位置信息表举例

另外，附加有防盗功能的施工机械也在逐渐增多。通过设定机体的工作区域，来实施机体移出设定区域时发动机起动功能即行丧失的控制。

4.3.7 应用技术

油压挖掘机通过更换前部吊架附件可用于各种不同的用途。使用目的也从油压挖掘机本来的挖掘工作到完成别的用途等多种多样。由于形式上只是更换铲斗，所以，将其作为能行走、旋转又有油压源的基础机器来使用的也有。图4.39为标准铲斗。以下介绍其典型的用途。

首先作为更换油压挖掘机铲斗的例子，有用于下水道工程等的沟槽挖掘的如图4.40所示的窄铲斗、作斜坡修整的图4.41所示的斜面铲斗、将石子和砂土分开的图4.42所示的格架式铲斗以及图4.43所示的蚌壳式铲斗等。作为挖掘装载以外用途使用的例子，有拆卸木造房屋用的图4.44所示的叉抓器、破碎大块岩石的图4.45所示的轧碎机、大楼解体用的图4.46所示的混凝土破碎机、图4.47所示的切割岩层的双切割头等。叉抓器由铲斗油缸驱动，破碎机、轧碎机、双切割头则用另外增加的油压源驱动。作为连小臂及起重大臂都要更改的例子，有能作更深挖掘的图4.48所示的滑动小臂和图4.49所示的可伸缩的蚌壳式铲斗、长臂的图4.50所示的超长前架。作为基础机器加以利用的例子，有从地面上拆高楼的图4.51所示的升高用的升降机前架、进行碎料废料处理作业的图4.52所示的碎料废料处理机，以及起重臂能伸缩的图4.53所示的伸缩式起重机等。

图4.39 标准铲斗

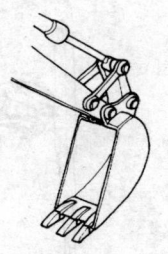

图4.40 窄铲斗

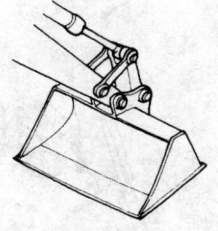

图4.41 斜面铲斗

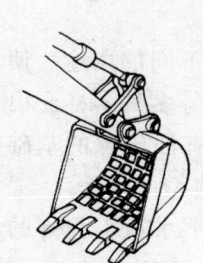
图 4.42 格架式铲斗

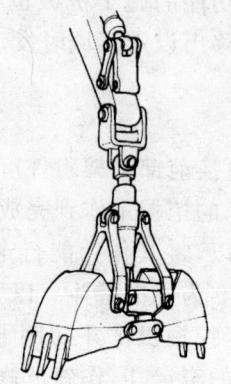
图 4.43 蚌壳式铲斗

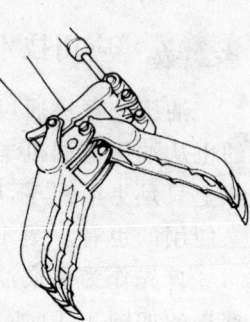
图 4.44 叉抓器

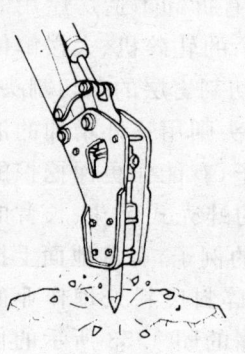
图 4.45 轧碎机

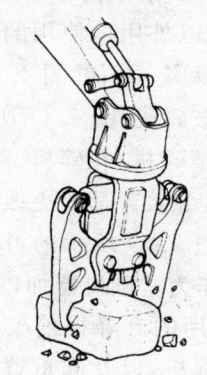
图 4.46 混凝土破碎机

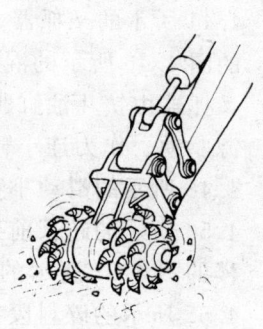
图 4.47 双切割头

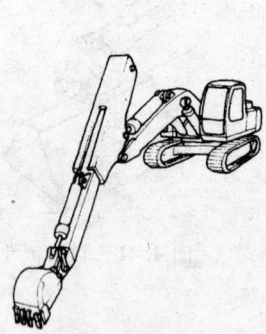
图 4.48 滑动小臂

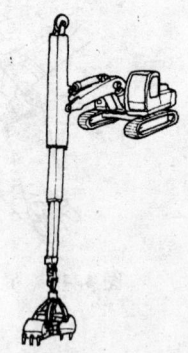
图 4.49 可伸缩蚌壳式铲斗

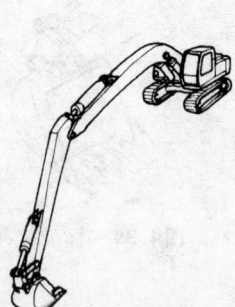
图 4.50 超长前架

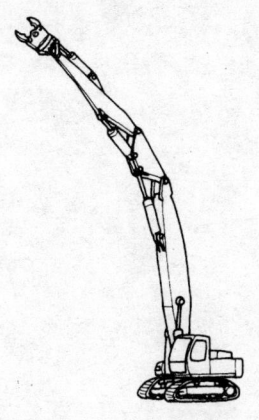 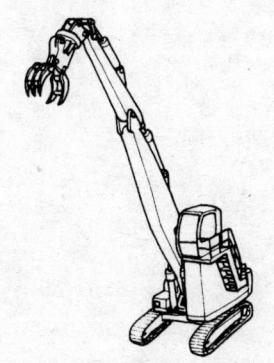 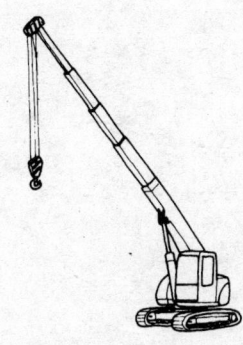

图 4.51　升降机前架　　图 4.52　碎料废料处理机　　图 4.53　伸缩式起重机

参考文献

［1］（社）日本建設機械化協会：建設機械化 10 年（1959-5）
［2］労働省職業訓練局：建設機械構造・機能編（1969-4）
［3］（社）日本建設機械化協会：建設機械化の 50 年（1999-5）
［4］（社）日本建設機械化協会：2001 年版建設機械施工ハンドブック基礎知識編（2001-2）

第10篇

生产与加工中的管理技术

- ● **责任编委**
  住野和男
- ● **执笔委员**
  松井　繁（第1章）
  原　重男（第2章2.1节～2.4节）
  小林淳一（第2章2.5节）
  海保真行（第2章2.6节）

第1章

生产中的管理

　　生产管理是在企业（特别是制造厂商）经营中最为核心的管理功能。它的适用范围广，并且有专门的理论研究。最近，随着技术的发展及经济状况的改变，企业经营的内容也在变化，与其相伴随的生产管理的形态也在变化。其结果，新的理论及管理方法得到开发，并逐渐取得成效。这些理论及技术方法并非什么地方都适用，各企业只要采用适合于自己产品及技术水平等状况的方式即可。企业为确保利润对整个生产活动进行的优化，即构成为今后的生产管理活动。

1.1 生产管理

生产管理的目的,是要根据销售要求,如期(delivery)、廉价(cost)地制作出符合质量(quality)要求的商品。生产管理的活动在于,为进行这样的制造生产,要用经济的方法(method)合理运用人力(man)、机械设备(machine)、材料(material)等生产资源,在兼顾安全(safety)的同时,对工厂的生产活动全面进行控制。图1.1是生产管理活动框图。

1.1.1 生产管理的功能

生产管理具有生产计划与生产控制两个功能。生产计划中有基本计划和业务计划,基本计划包括销售计划和利润计划。销售计划是以市场动向及顾客消息等信息为基础确定的销售产品的种类与数量。生产计划与此销售计划相适应。生产控制是按照生产计划,组织实施生产作业,确保交货期。可见,生产是与销售有密切关系的活动。图1.2示出了生产管理的功能框图。

1.1.2 生产形态

按依订货合同进行生产及与其相对的经常性或按计划进行生产的时期,可分为订单生产和预测生产;按生产的规模(生产量),可分为多品种少量生产和少品种大量生产;按工件及组装件的流动方法,分为单件生产和连续生产;在按照生产规模的分类中,还有数量居中的中量生产,按一个计划总量进行生产的批量生产。

订单生产是收到客户的订单后才开始生产,所以到完工需要一定的制造周期时间。因此,顾客不能立刻得到产品。与此不同,预测生产是预先估计市场需求后,按制订的销售计划进行生产,它有一定的库存,可迅速向顾客交货。

══════ 小常识 ══════

生产管理的广义与狭义解释

生产管理有广义与狭义两种解释。广义的生产管理是以全部的生产

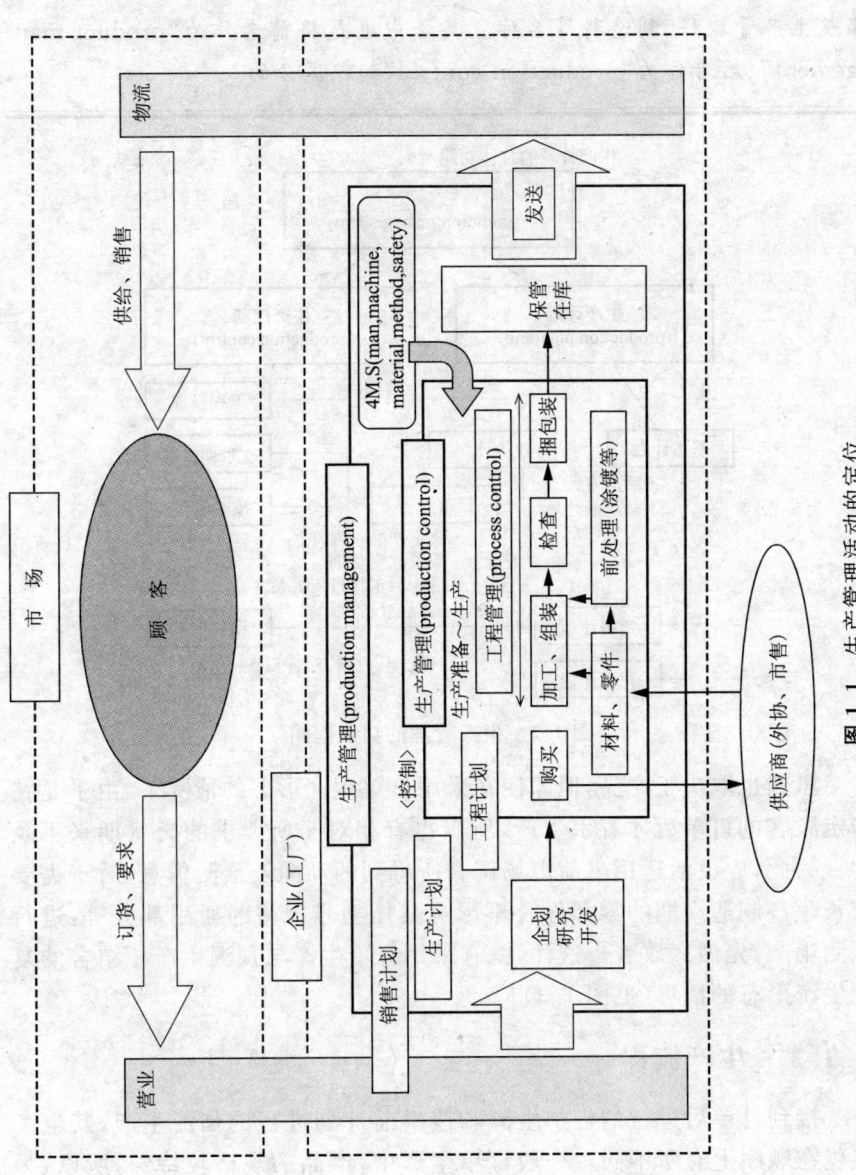

图1.1 生产管理活动的定位

活动为管理对象,而狭义的生产管理则是以制造时的步骤及物流方法等工程管理为对象。企业也多是按照后者的观点,使用有生产管理部、制造部或生产管理科、制造科等名称。英译中也是将前者作为"product management"、后者作为"production control"加以区分的。

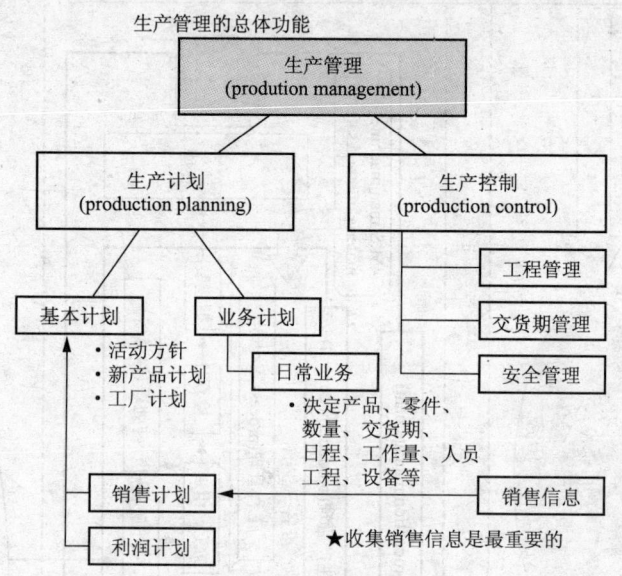

图 1.2　生产管理的功能框图

虽然也取决于产品,但即使在采用订单生产形态的情况下,由于是在确定顾客的订单后才着手生产,所以也有相对于所要求的交货期来不及的。为此,应灵活运用事前市场调查所得到的动向及预测信息,对于需要较长生产制造周期的零部件及不影响具体型号规格的通用部分等,进行预测生产,先做好放着。这样,就有采用订单生产与预测生产相结合的复合生产形态的情形(见图 1.3)。

1.1.3　生产流程

接到订单后进行的订单生产和按事前计划进行的预测生产,其生产流程在顺序上有所不同。一般订单生产中,产品的规格较特殊,所以,为满足顾客的要求,先要确定规格参数进行新设计,此时是设计完成后才开始生产制造活动的。而在预测生产中,则是生产规格已经确定的产品,所

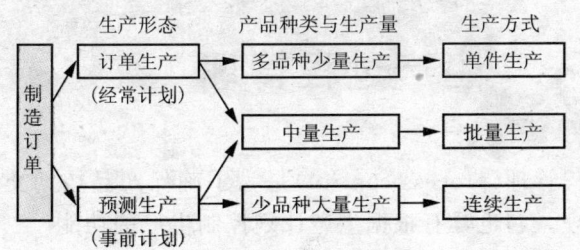

图 1.3　生产形态决定的生产方式

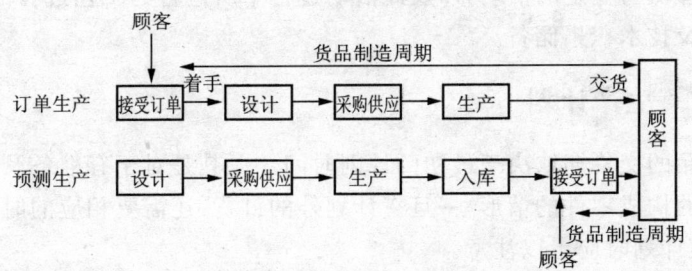

图 1.4　生产形态决定的作业流程

以无需从设计开始算起,顾客是从预先确定的规格中进行选择。

===== 小常识 =====

流水作业的效果

一定的品种大量生产时,流水作业(传送带方式)是有效的。

① 作业效率的提高:由于作业的分工细化及简单化,非熟练工也可完成,且能促进其熟悉;由于作业的辅助搬运工作的减少,相应的有效工作即会增加;流水线平衡的改善还能进一步提高全过程的工作效率。

② 生产速度的提高:流水作业是一个一个进给,无半成品积压,因而也就缩短了生产周期(实际上与下一工序的衔接中会有积压发生)。

③ 生产计划的实现:生产的数量可根据流水线的速度来把握,所以计划得以落实。

④ 日常管理的简化:生产中只是确保材料的供给,生产过程管理比较容易。

1.2 生产过程管理

生产过程管理(process control)是为了确保产品按期交货而对生产活动进行管理。它也具有根据生产计划控制生产的功能。

生产过程管理包括生产过程中对有关制造质量的特性参数的分散所进行的降低与稳定的活动,以及此活动过程中所进行的工艺过程的改善、标准化及技术积累储备。

1.2.1 生产计划

产品的交货期取决于最初的计划时间。尤其是对于有准备及制作很费时间的构成零件的情形,一旦有计划外的订货,还需要相应的时间。对此,制定计划时应予以注意。

生产计划按照计划期的长短,分为长期生产计划、中期生产计划和短期生产计划三种。

1. 长期生产计划

预测生产中,产品批量大的场合,要计划每种类型产品长时期内(1年或半年)每个月的生产量。此生产量应基于营业部门出示的今后的销售计划来制定。长期生产计划是生产的大略计划,它关系到企业的经营目标(战略及利润计划等)。也称为时期计划或年度计划。

2. 中期生产计划

也称中日程计划,计划期以月或周为单位。制定计划的时间应在生产的 1~3 个月之前。为了从外部筹集用于产品的材料、零件及市售品,必须请这些物品的供应商给予准备和安排。由于供应商交付需要一定的时间,所以,为了能够合理地在生产需要之时得到这些材料及零部件等,应该由生产计划向前反推,提前发出订货通知。

3. 短期生产计划

也称小日程计划,是中期生产计划的更为详细的表述。它是以天为单位的计划,用于进度管理。由于每天的生产中,一会儿有紧急的预定变更或生产追加(插入),一会儿还得迅速应付流水线的突停(阻塞)等意外情况,所以还有经常微调计划的作用。

1.2.2 生产控制

为确保交货期，使生产作业按计划顺利进行，必须要进行生产控制。它是要把握加工及装配的各个工序的进度状况（数量及场所），消除与计划的差距，或减小此差距，达到接近计划的生产。生产控制也是日常的管理（见图 1.5）。其中包括为适当了解现场流动的材料、零件、产品等的状态而进行的成品管理。成品单随成品一起移动，从上面能看到对成品的确认。成品单上表示有图 1.6 所示的内容。

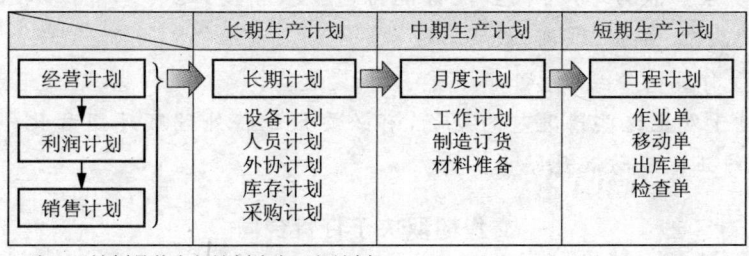

长期生产计划
中期生产计划
短期生产计划
经营计划
利润计划
销售计划
长期计划
设备计划
人员计划
外协计划
库存计划
采购计划
月度计划
工作计划
制造订货
材料准备
日程计划
作业单
移动单
出库单
检查单

注：1. 计划是从上部计划流向下部计划；
2. 实际作业按日程计划进行。

图 1.5 生产计划的流程

成品单
生产线 No.
入库地
品号
品名
入库数/剩余数
计划数
位置
生产机种编号
生产机种名
生产顺序 No.

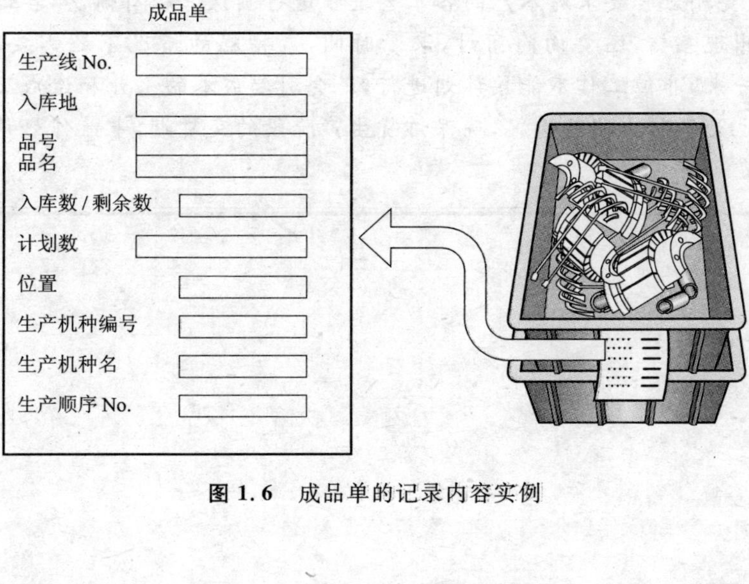

图 1.6 成品单的记录内容实例

小常识

扰乱生产计划的事项

生产计划即使制定得很严密,也未必就按其进行工作。其主要影响因素可列举如下:

① 事故、灾害的发生:机械故障、停电、自然灾害、火灾。

② 作业的停滞:人员缺勤、残次品、供应不足。

③ 生产能力不足:机械设备能力(速度、精度、运转正常性),人员对工作的熟悉、经验、培训、教育。

④ 作业的突变:计划外订货、工程变更。

对于发生这些情况时的处置,有必要预先将处理顺序规程化(机制、要领、纠正),以防混乱。

交货期取决于订货合同

订单生产时,营业者与顾客就产品的规格达成一致。厂家应将顾客要求的规格与本厂的类似产品进行对照,并作适当调整,使其与本厂的技术水平相吻合。接受订货后的设计、采购供应、生产工艺过程能否顺利实施,还要相应其要求对本厂的各工艺过程进行确认。稍有懈怠,各过程中就会出现差错,还要询问商讨,浪费时间,最糟糕的情况下还需要返工。这样一来,非但工作不能按计划进行,还会引起成本的上升和造成交货延期。也为了防止这些情况,确保订货生产阶段的交货期,事前作好调整与确认是非常重要的。

1.3 质量管理

所谓质量管理,是指为了提供具有满足顾客要求的质量与价格的产品或服务的管理活动。质量用质量特性来评价,它分为真正质量特性与代用质量特性。质量特性值用数值表示,将其与所要求的值比较后作出质量判断。有关质量的层次(标准),还划分有营销质量、设计质量和制造质量。

1.3.1 质量管理

质量管理的工作有两项内容:一是提高产品的质量,二是保持设计质量。其中第二项工作相当于制造质量,是用统计方法来控制保持产品质量。此时,制造的产品的质量应尽可能接近设计质量(检查的标准)。而对于第一项,即使一些制造质量能够保持,也不能说产品本身质量就很好。因为还有设计质量及更高层的营销质量不够好的情形,所以包含这一切在内的综合的质量管理是非常必要的。

有关质量的定义,有各种不同的观点,而根据 JIS Q 9000"质量管理系统——基本事项及术语",质量的定义如下:

"本来所具备的特性的总和满足所要求事项的程度。"

说明 1:术语"质量"有时与不好的、好的、优良的等形容词一起使用;

说明 2:"本来所具备的"不同于"赋予的",它意味着仅限于本身存在的所具有的特性。

1.3.2 质量管理的方法

按照统计方法进行质量管理是最普遍的。从数据的收集开始,应用有数据分层、调查表、直方图(频数分布)、质量特性因素图、散布图、帕莱托图、管理图等方法(QC 七工具),如图 1.7 所示。

1.3.3 质量保证

质量保证是质量管理的基本课题。由销售部门把握顾客要求的质量,由开发部门进行设计,由生产部门承担产品出现缺陷时的赔偿责任

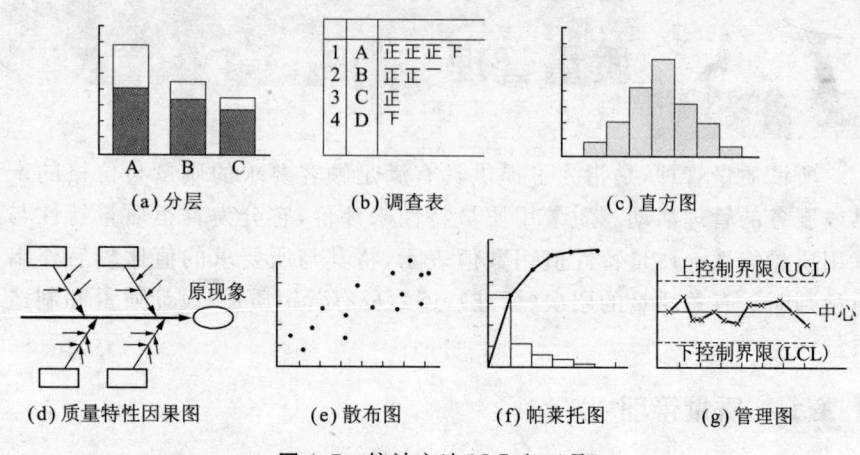

图 1.7 统计方法(QC 七工具)

等,可使顾客具有放心感和满足感。

通过实实在在地满足产品质量的各项要求,使顾客满意。

==== 小常识 ====

何谓 QC,SQC,SPC,TQC

质量管理简称为 QC。近代的质量管理因为采用的是统计方法,所以还特称为统计质量管理(SQC:Statistical Quality Control)或统计过程管理(SPC:Statistical Process Control)。为有效实施质量管理,通过市场调查、研究与开发、产品的规划、设计、生产准备、采购与外协、制造、检查、销售与售后服务,以及财务、人事、教育培训等企业活动全过程,以经营者为首的管理人员、监督人员、操作工人等企业全员的参加与协作是非常必要的。这样开展实施的质量管理称为全面质量管理(TQC:Total Quality Control)。

1.4 成本管理

企业活动的目的有两项内容：一是在必要的时间和地点以合适的价格提供满足顾客需要的商品与服务；另一个是为企业今后持续的成长与发展获取利润。

企业为了获得利润,对涉及生产及服务的成本经常性地进行适当的管理是非常必要的,可以说是作为企业的最重要的课题。

1.4.1 成本构成

成本的构成大致划分为材料费、加工费、劳务费及业务经费(见图1.8)。

(1) 材料费。构成产品的原材料与零件的费用,以及产品生产所需要的消耗品的费用。

(2) 劳务费。劳务费是与工资报酬相关的费用。包括工资、职工奖金、退职金、福利保健费等。

(3) 业务经费。业务经费包括租赁费、成本折旧费、维持费、差错损失费及消耗费等。

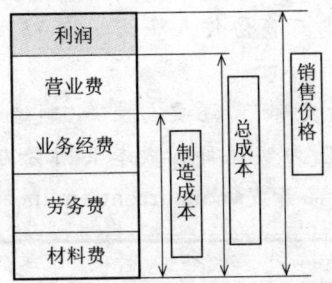

总成本=销售价格-利润
产品必须是与销售价格相称。
总成本的投入要确保利润。

图 1.8 成本的构成

1.4.2 按利用率的构成

按照工厂的利用率关系,有固定费与可变费之分。

(1) 固定费。与利用率无关,它包括一定期间内所花费的租赁费、保险费、成本折旧费及固定资产税等费用。

(2)可变费。随利用率变动的费用,它包括材料费、差旅费及消耗品(工具、油品等)的费用。

一般利用率增加时,可变费增加,固定费则保持一定。其结果,总成本也增加,但每件产品的成本则下降。要注意这种不同的关系(见图1.9)。

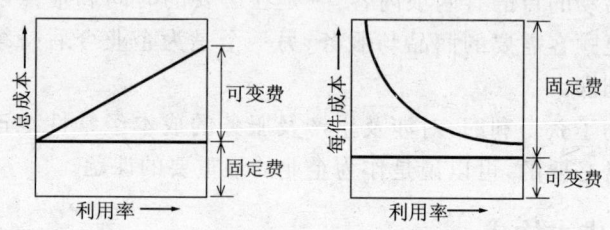

图 1.9 利用率与固定费和可变费

―― 小常识 ――

利润确保在开发阶段进行

为销售产品获得目标利润,有必要在作为工序源头的开发阶段就确定好成本(成本投入),制定产品的成本目标,并分配各组成部分的成本。以其作为目标成本,开展达到目标的活动。

为实现目标成本,不仅要作价值分析(VE:Value Engineering),还要进行采购供应地点与方法的研究、与厂商协作来降低成本,以及重新审查公司内的业务经费等。

另外,在开发的初期,不仅与开发部门,还要与生产、制造、采购供应等与产品有关的下级工程部门一起,为实现目标成本共同努力也是不可缺少的。这种工作称为同时并行产品开发(concurrent engineering)。

1.5 安全管理

这里所谓的安全管理,是指为防止生产现场的事故及灾害而制定计划并加以实施的活动(见图1.10)。它是在生产要素(3M)中与作为操作者的人(man)相关的,也是作为提高生产效率的手段必须考虑的事项。另外,发生劳动灾害时,不仅对生产工厂,对于操作者自身也会遭受很大的伤害,所以,在事故发生前就制定好防范机制(防患于未然)是非常必要的。

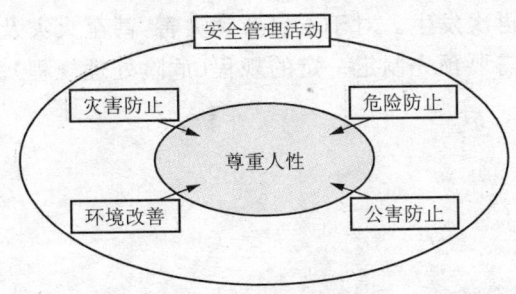

图 1.10 安全管理活动

1.5.1 安全管理的目的

安全管理的目的是确保操作者的安全落到实处(安全第一),并在此基础上建立能愉快进行生产活动且最终提高生产效率的环境,即创建保护操作者的易于安全生产又舒适的环境(尊重人性)。

1.5.2 安全管理方法

关于安全管理,应根据劳动安全卫生法确定职工的保护措施。劳动安全卫生法规定:"业主不仅要遵守本法律所制定的防止劳动灾害的最低标准规定,而且必须要通过实现舒适的工作环境和改善劳动条件来确保工作现场劳动者的安全与健康。"即要改善工作现场的环境及劳动条件,预防职工的劳动灾害,以求精神与肉体健康的保持与提高。

为进行安全管理即防止劳动灾害,可采取的措施如下:

① 在建筑物、设备、作业场所或作业方法上确认有危险时,应实施防

止危险发生的措施。

② 确保安全的安全装置、保护器具及其他危险防止设施的定期检查与保养。

③ 对职工的安全教育与训练及工作的标准化(制定规章制度)。

④ 职工中身体或精神疲劳者的发现与处理。

⑤ 危险物品的清除及有害物质的隔离。

⑥ 整理、整顿、清扫、清洁、教育的履行。

⑦ 有资格处理危险物品及从事危险工作的人员的配置。

⑧ 考虑到能安全工作的设计(装置或物品)。

另外,在发生了劳动灾害的场合下,不仅要调查发生的原因,还要采取措施,以防止再次发生。对于不仅劳动灾害,甚至火灾及地震等天灾发生时的处置,也需要预先制定一定的规程(危险处理规程)。

1.6 检验管理

所谓检验是指对于物品或服务的一个以上的特性值,进行测量、试验、鉴定及量规通止,并与所要求的规定事项相比较,判断是否合格的活动(JIS Z 8101)。

1.6.1 检验管理的目的

检验的目的在于向顾客保证质量,公司内部则在于通过缺陷的早期发现与排除以及缺陷原因的查明,来防止不合格品及有缺陷品的发生。

1.6.2 检验方法

检验有验收检验、工序过程检验和出厂检验。验收检验因为牵涉外部企业(供应厂商),所以要由经过认定的具有独立资格的检验员来施行;工序过程检验是检验各工序制作的好坏,属于过程质量管理。此检验由现场操作者自主实施(自主检验)即可;出厂检验是产品下线后、出厂前的最终检验,是根据规定的检验标准进行确认,避免不合格品出厂。根据检验的实施方法,还分有计量检验和计数检验。

- 验收检验:简称验收,在对购买的材料、零部件及转包(外协)件到货接收时进行。
- 工序检验:也称中间检验,对于特别重要的工序,还要保管好检验记录。
- 出厂检验:出厂检验属于成品检验,在厂内的工作结束、发往顾客之前实施。要运行的产品还应进行运行检验。
- 计量检验:使用机械的(测量尺寸、质量等)、物理的(测量电阻、噪声水平等)、化学的等方法。
- 计数检验:破损、污染、表面状态(电镀)、色斑(涂覆)、感官(声音、气味)等检验。

(因为难以计量而易于引入检验者的主观意见)

图 1.11 示出了工厂中的检验场所的设置。

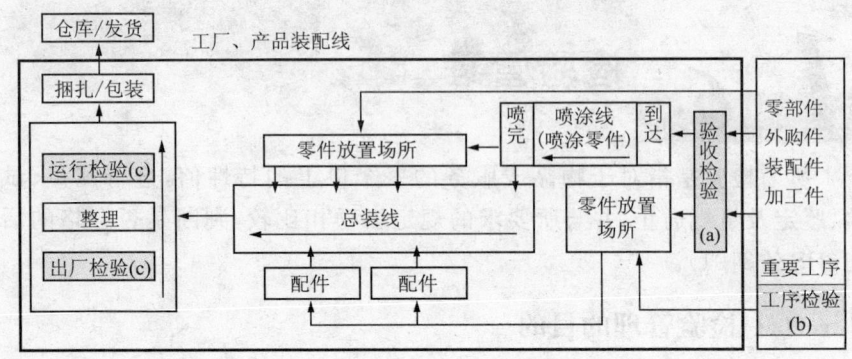

图 1.11 工厂中的检验

1.6.3 检验的实施

检验实施分全数检验和抽检。产品数量少时,可全数检验,数量多时全数检验则比较困难。另外,对于破坏性检验也要全数检验则是没有必要的。所以,合理的方法是除特别重要的产品外,对于大量的产品应进行抽检。此抽检的方法基于数理统计学,应确定一定的标准后实施。

━━━━ 小常识 ━━━━

测量器具的管理

如果检验中使用的计量器具与试验装置示值不相符,则达不到剔除不合格品的目的。为防止这种现象,应对器具进行日常检查及周期检查以保持其精度。对于影响测量器具精度之处应预先明确检查事项与要点,校正时还应作好校正记录。用于各工序检验的测量器具要按种类逐个编号,建立台账记录等,使其处于受管理的状态也是非常重要的。

对于测量器具,最好能明确以下事项,将其标准化或制定成标准文件。

① 测量部位所要求的计量器具的选择。

② 检查及校正的环境条件。

③ 测量器具的校正调整方法。

④ 测量器具的保管场所与方法。

⑤ 校正的有效期限。

⑥ 校正工作的时间、地点与方法。

⑦ 校正后的保护方法(火封、漆封等)。

1.7 生产与信息系统

随着市场的成熟，企业的生产活动（制造）竞争越来越激烈。为适应顾客的要求不仅要保持产品的 Q（质量）、C（价格）、D（交货期），还需不断努力进行改善。因此，业务过程审查、费用削减及高速化的信息系统的使用是不可缺少的。

1.7.1 何谓信息系统

生产活动中，要进行计划、指令、控制、确认、记录、纠正等各种各样的工作。生产中最根本的是构成产品的物品（零件），生产活动也因控制其流动而成立。为按照生产计划，把握管理从订货开始到准备、库存、生产（装配）、出厂的流程中的零部件以及产品所携带的信息（时间、数量、场所、状态、成本等），计算机系统是必需的。生产信息在线与各部门联系，只需少量的人即可在短时间内完成各种处理（指令、准备、计算、确认等），省时省力，提高了效率。随着计算机的发展和互联网的普及，利用计算机系统的生产信息系统，今后将有望扩大到更广的范围。

1.7.2 信息系统的应用

生产活动中最基本的信息系统有物料需求计划（MRP：Material Requirements Planning），MRP 是表示根据生产计划的产品生产期内，何时要准备及安排好多少零件及材料的计划的系统，即用于生产前的物料安排是其特点。MRP 以产品构成技术信息（零件表）为基础，根据生产计划、库存量及工艺能力等数据，以确保产品按交货期出厂为目的生成生产指令。为按此进行生产活动，还得进行工序过程的控制（工序过程管理）。

生产与销售紧密相关，将经营订单尽快传给生产部门，对于确保及时交货是很重要的。因此，要求经营部门能够确认产品的规格及库存并能了解掌握今后的生产计划。所以，建立订单管理系统并加以灵活应用就显得非常重要。

随着市场的无国界化、全球化，信息的开放化、虚拟化、双向化及网络化正在扩大。因此，时间、距离、地点等障碍被消除，企业环境急剧变化并进入国际的大竞争时代。应用计算机系统的信息装备化在企业中起着重要的作用(见图 1.12)。

作为信息装备化的目的,可列举如下:
① 提高顾客的满意度;　② 迅速;
③ 信息共享;　　　　　　④ 降低库存;
⑤ 组织与业务的细化;　　⑥ 全局最优化。

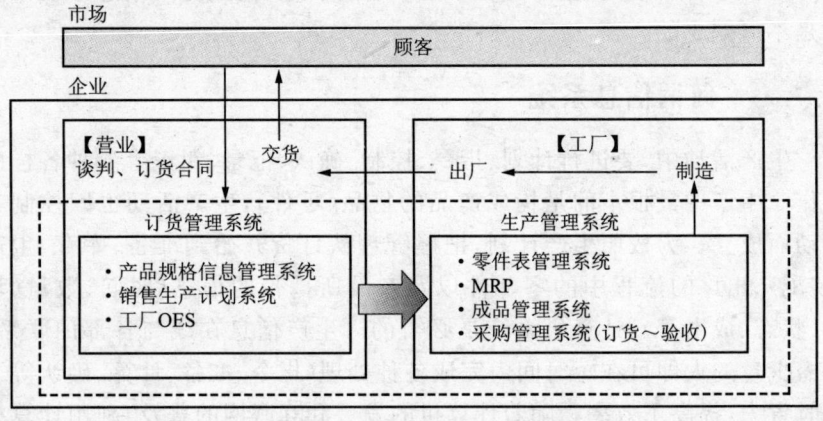

图 1.12　EDP 系统的生产支援

=== 小常识 ===

近年的 CS 经营

ISO 9000 系列标准中体现了面向顾客的观点。近年的 CS(Customer Satisfaction)经营,对于市场或企业即是要调查顾客需要的满足程度并将其数值化,也是根据此进行客观的评价分析,以提高服务质量为目标的观点,有着与 ISO 9000 系列标准一致的部分。质量管理系统(QMS) 2000 年虽然已作过改动,但今后随着时代的变化以及受到国家行为、思维、习惯及价值观等的影响,全球标准的 QMS 也会不断改善。

1.8 ISO 9000 与生产管理

ISO 9000 是国际标准化组织规定的有关质量管理系统的标准。要求能从顾客的立场反映对企业的要求事项。企业为保持质量构建的体制,以及是否严格按照所规定的标准及要领进行作业,应由第三方机构进行审查认证。这些要求事项均与生产管理功能有很深的关系。

1.8.1 ISO 9000 系列标准

ISO 9000 系列标准中,其核心标准为 ISO 9000、ISO 9001、ISO 9004、ISO 19011。ISO 9000 系列标准要求建立和健全文件化了的质量管理系统。该系统应能表示出保证质量所需的机构,并以质量方针、组织、责任者、权限、管理方法及运用等基本事项为规则及要领,以文件的形式加以明确。

ISO 9000 系列标准要求构建满足表 1.1 所列的质量要求事项的质量体系,并严格遵守文件化了的规则。

表 1.1 ISO 9000 系列中 ISO 9001(2000)要求事项

ISO 9001 质量管理系统要求事项		
4. 质量管理系统	6. 资源运用管理	7.5 制造及服务提供
4.1 一般要求事项	6.1 资源的提供	7.6 监视及测量器具的管理
4.2 有关文件要求事项	6.2 人力资源	8. 测量、分析及改善
5. 经营者的责任	6.3 基层组织	8.1 一般
5.1 经营者的义务	6.4 作业环境	8.2 监视及测量
5.2 对顾客的重视	7. 产品实现	8.3 不合格品的管理
5.3 质量方针	7.1 产品实现计划	8.4 数据分析
5.4 计划	7.2 与顾客相关的过程	8.5 改善
5.5 责任、权限及共享	7.3 设计与开发	
5.6 管理评价	7.4 采购	

其中,不管质量体系的细节及水平,受审企业视自身的大小及实力,决定与其相称的质量体系及规则即可。

作为严格遵守所定规则的机构,下述三点是很重要的。

① 质量记录的保管。

② 内部质量审核。

③ 第三方机构的登记审查、定期审查(监督)及重新审查。

1.8.2 ISO 9000 标准的原则

ISO 9000 的 2000 年的修订中,非常重视八大质量管理原则(ISO 9000,JIS Q 9000)。

(1) 面向顾客的组织。组织依存于其顾客,所以必须了解顾客现在及将来的需求,满足顾客要求的事项,并力求超越顾客的希望。

(2) 领导。领导者必须使组织的方向与目的一致,必须在达到目的的基础上创建与健全职工能充分参与的内部环境。

(3) 职工的参与。各级各部门的职工,对于组织都是中枢,为使组织因职工的全面参与而获益,要能对其能力充分应用。

(4) 面向过程。将有关的资源与业务作为一个过程来运行管理,可更有效地达到所期望的结果。

(5) 面向管理的系统。将相关的过程作为一个系统加以明确、理解和运行管理,以有效实现组织的目标(见图 1.13)。

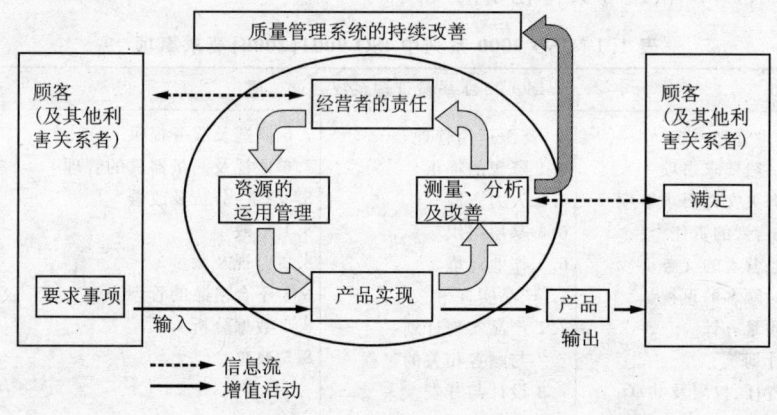

图 1.13 质量管理系统

(6) 持续改善。将组织的综合能力的持续改善,作为组织永久的目标。

(7) 基于事实的决策。进行基于数据与信息分析的有效决策。

(8) 与供应商的互惠关系。组织与供应商虽然是独立的,但两者的互惠关系可提高企业创造价值的能力。

第 2 章

CAD、CAM及CAE

　　对于当今的制造业来说，能否缩短从产品开发到产品出厂的时间又能满足消费者需求，并且设法尽快以较低的价格投入市场，是决定企业的生存的关键。

　　现在，三维CAD正在普及，利用CAD、CAM、CAE等从开发设计到仿真、试制、分析评价及制造均可用计算机来完成，这一切将有助于缩短交货期、提高质量及降低成本。

　　本章讲解在追求从设计到制造的效率中，必要的加工技术及分析技术是什么样的，是怎样应用的，以及包括与CAD的关系在内今后又都向什么方向发展等。

2.1 CAM

CAM 是 Computer Aided Manufacturing 的缩略词，是利用计算机的制造工程支援技术。一般多指为了以 CAD 的形状数据为基础驱动 NC（Numerical Control，数值控制）机床而制作 NC 数据的过程，或截止到使用 NC 机床的制造。

2.1.1 CAM 的变迁

20 世纪 50 年代，美国开发出了为计算数控驱动的 NC 机床与切削刀具运动轨迹（工具路径，cutter pass）用的 NC 编程软件 APT（Automatically Programmed Tools），CAM 的基础技术就此诞生。

随着 NC 机床的发展，APT 也在不断改善，并朝着作为微机驱动的自动编程软件的自动编程方向发展。

之后，在计算工具路径用的形状定义部分，出现了以 CAD（Computer Aided Design）描述的形状数据为基础的 CAD/CAM 系统。

随着计算机的高性能化与低价格比，CAD/CAM 系统正在从二维走向三维，成为当今切削加工的主流。今后的 CAM，将与 CAD 的立体建模及特征功能等技术相结合而具有更高的性能。

2.1.2 与自动编程的不同

NC 机床开发以前，含自由曲面的复杂形状的加工，一般都是先用易于加工的材料（主要是木材）制作模型（木模），然后使用仿形机床，靠触针（形状读取用针）在模型上描迹带动切削刀具一起运动来进行仿形加工。仿形加工的靠模，由于是以图纸为依据制作的，所以，图纸上形状表示有含糊不清的地方时读取就很困难（见图 2.1），还需要能熟练读取图面形状的技术人员，而且加工方法上也大多要靠手工加工，精度受到一定限制。仿形加工机床也因为要由触针读取形状，精度上也容易出现问题。

人工读图定义形状这一点，不管是使用自动编程的 NC 加工还是仿形加工，都是相同的，在以图纸为依据这一点上是没有改变的。即使在使用自动编程的 NC 加工中，形状表达信息的含糊不清及读取差错的起因问题都尚未解决。

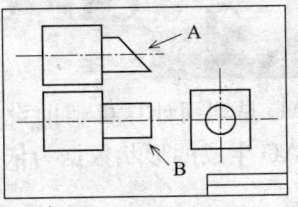

A处与B处相矛盾,哪个是正确的?不清楚。根据图面(二维CAD),甚至能绘出完全错误的形状,但是三维CAD则是不会的

图 2.1　图面上的含糊不清

三维 CAD/CAM 中,是以 CAD 数值化了的形状数据为依据,能够避免图面信息表达的含糊不清,而且,读取的是数值数据化了的形状,所以即使是 CAD 以外的形状数据(如 CG 的多边形数据)也能加工。如图 2.2 和图 2.3 所示。

按设计者→图纸→由图判断形状→自动编程的顺序流动,但因为图纸表达得糊不清,设计者的意图未必能正确传达

图 2.2　自动编程中的形状信息的流动

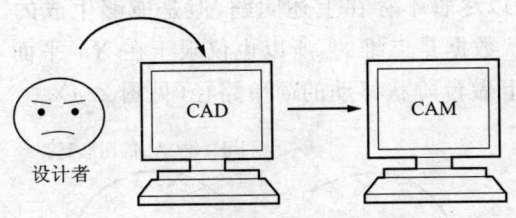

CAD 的形状信息直接反映到CAM

图 2.3　CAD/CAM 中的形状信息的流动

2.2 CAD/CAM

CAD 是利用计算机辅助设计工作的技术。CAM 制作的工具路径,是以 CAD 生成的形状数据为依据计算的。

2.2.1 CAD/CAM 系统的种类与特点

CAD 因为是计算机辅助设计技术,所以其范围很广。这里仅针对关系到 CAM 的形状数据产生功能,来简单说明包括 CAM 在内都有些什么种类与特点。

CAD 可分为二维 CAD 和三维 CAD 两大类。

1. 二维 CAD/CAM 系统

二维 CAD,形状必须用二维 xy 坐标来表示,其形状表达上是有限的。其结果是常将辅助设计的 CAD 由"计算机辅助设计"用作"计算机辅助作图",完全以制图为主要目的。

在计算机的性能还比较低的时期,为提高其工作性能,也有在图面上不出问题的范围内降低精度的,这些物体中,还有从图面上看来很充分,而作为 CAM 使用的形状数据则完全不能用的。

如果是二维 CAD/CAM 系统,由于按 CAM 使用 CAD 的形状数据为前提制作,所以尽管不存在上述问题,但是能够生成的工具路径,由于作为基础的形状数据是二维的,所以也仅限于在 XY 平面上移动的路径,或可在 Z 方向上做台阶状移动的简单路径(见图 2.4)。

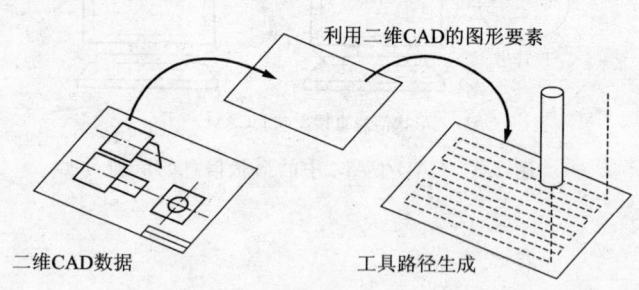

图 2.4 二维数据与工具路径

2. 三维 CAD/CAM 系统

三维 CAD，形状用三维 xyz 坐标表示。按形状的表示方法可分为线框模型、曲面模型（见图 2.6）和实体模型（见图 2.5）三类，但最近还出现了能将它们混合使用的 CAD，不断变得难以严格区分。

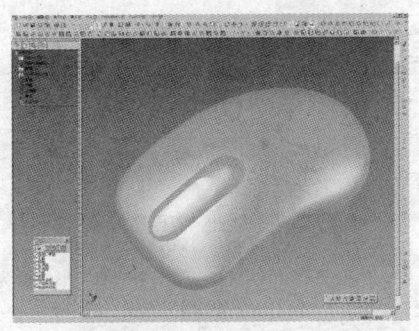

图 2.5　实体模型 CAD

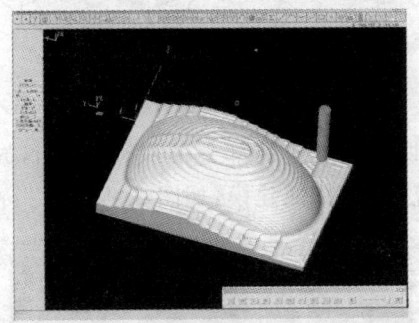

图 2.6　曲面模型 CAD/CAM

线框模型是用直线、圆与圆弧、椭圆与椭圆弧、自由曲线等像做铁丝工艺品那样来表示立体形状。在用线表示的部分以外什么也没有。仅用线框的 CAD，最近已几乎看不到。

CAM 中使用线框的场合有二维加工轮廓、区域加工路径及铣削三维沟槽用的加工路径等（见图 2.7）。

曲面模型是在线框构成的形状上，像蒙上布面那样来表示立体形状的（见图 2.8）。这里，蒙面没有厚度，而且用面包围的中间也是空的。此曲面模型在 CAM 中用于对不要的部分进行粗疏切削的粗去加工路径，以及精加工切削中沿曲面切削的沿面加工路径等。如果 CAM 中有上述的线框模型和此曲面模型,则计算切削刀具轨迹基本上都是可能的。

实体模型是像用黏土塞满其中那样来表示立体形状,是使用按基本图形内的方法制作的模块,通过堆积或挖切来完成形状。

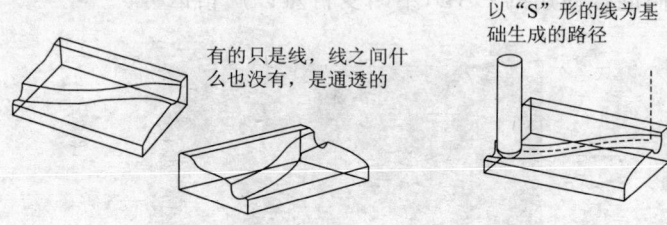

图 2.7　线框与工具路径

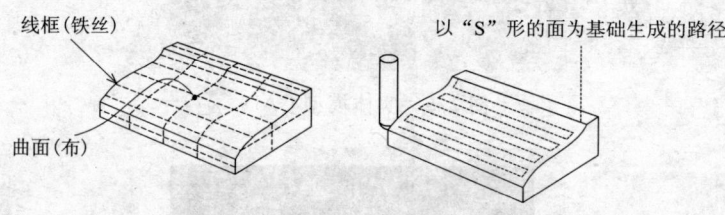

图 2.8　曲面模型与工具路径

通过堆积或挖切模块形成的部分形状,凹是凹,鼓是鼓,这种辨认其特征制作模型的方法称为特征建模,如图 2.9 所示。

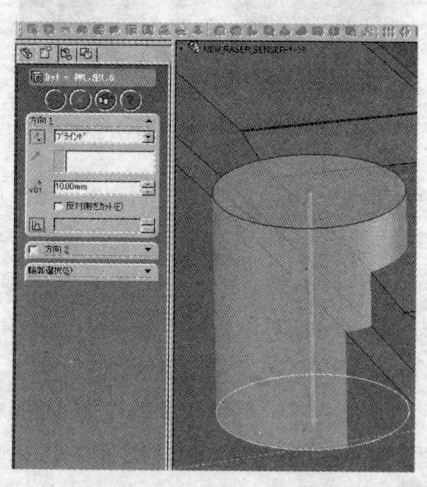

图 2.9　特征建模的 CAD 界面

如假设特征是通孔，即使有基本形状变厚的改变，由于知道其孔为通孔，也一定会按通孔进行形状的自动变更，如图 2.10 所示。

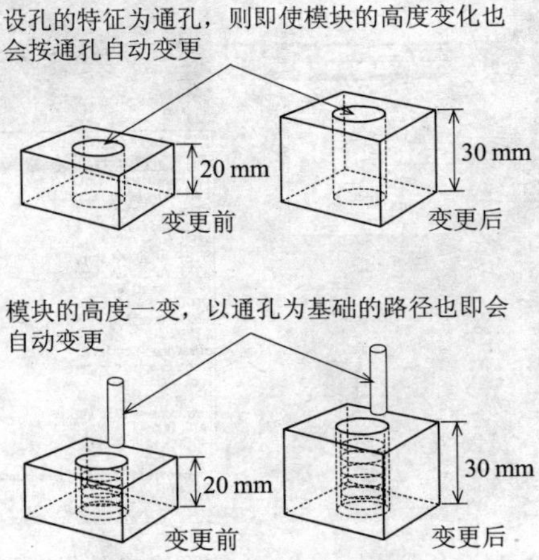

设孔的特征为通孔，则即使模块的高度变化也会按通孔自动变更

20 mm 变更前　　30 mm 变更后

模块的高度一变，以通孔为基础的路径也即会自动变更

20 mm 变更前　　30 mm 变更后

图 2.10　遵循特征的路径

在最近的实体三维 CAD/CAM 系统领域，在 CAM 路径生成中不断开发出能够充分发挥实体特点（特征、集合运算）的各种功能，且使用更为方便，并以自动化为目标的系统。

2.2.2　CAD 数据的读入方法

如果从产品设计到制造用的是一个 CAD/CAM 系统，可能什么问题也没有，但是实际上经常有产品设计所使用的 CAD 或 CAD/CAM 系统与制造时使用的 CAD/CAM 系统不同的情形。此时，就必须将 CAD 数据变换成对方能够接收的形式。

变换方法有在 CAD 与 CAD 之间制作中间文件的间接变换，和使用专用变换软件的从 CAD 到 CAD 的直接变换，一般多使用间接变换（参见图 2.11）。

间接变换的场合，二维数据变换常使用 DXF(Drawing Interchange File)，三维数据多使用 IGES(Initial Graphics Exchange Specification) 及 STEP(Standard for the Exchange of Product model data) 等中间格式。

DXF 是 Autodesk 公司为自己的产品 AutoCAD 的使用而制作的，其格式并未公开发表。CG 系列软件中，标准情况下多具有 DXF 变换功能。

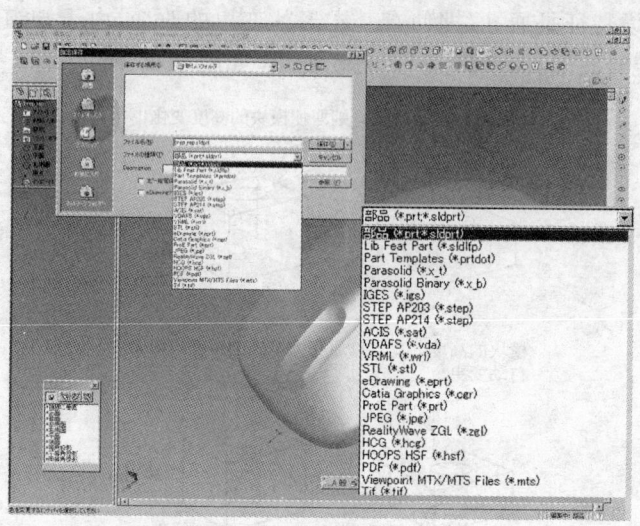

图 2.11 SolidWorks2004 的可变换的保存形式

―――― 小常识 ――――

CAD 所具有的信息与显示器显示的图像

即使 CAD 数据没有问题,显示器上显示的线框及投影面有时也会抖动不止。这主要是因为 CAD 内部形状数据的精度与计算机显示器的显示精度不一致,显示到显示器上时另外以 CAD 数据为依据作过计算的缘故。投影面的场合,则是因为将 CAD 数据作成面片(像宝石那样的小面,多边形)进行计算的原因。一般提高 CAD 表示精度的设定值,显示精度即可提高。

另外,即使是曲面模型或实体模型,显示也能以线框来显示,所以看到的虽是线框显示也未必就是线框模型。

IGES 是美国 ANSI(American National Standard Institute)制定的标准,是三维 CAD 中现在使用最多的中间格式。虽然在现在的版本中也增加了实体模型的变换标准,但变换软件对应的实体模型形形色色,且变换效率不高。

STEP 是想要解决 IGES 存在的问题而由 ISO(International Organization for Standardization)制定的标准。IGES 只处理形状数据及图面数据,而 STEP 处理的是产品数据(产品设计、制造、使用、维修及报废时所得到的有关产品的信息)。

STEP 要处理的产品数据的范围很广,所以,也不是都很完善,但在实体模型数据的传送上,一直使用的是 STEP 的 AP 203 和 AP 214。

例如,如图 2.12 所示,四个不同的 CAD 间交换数据的场合,四个 CAD 共同的中间文件是 IGES。如果先变换到 IGES,则无论哪个 CAD 都能读入形状数据。

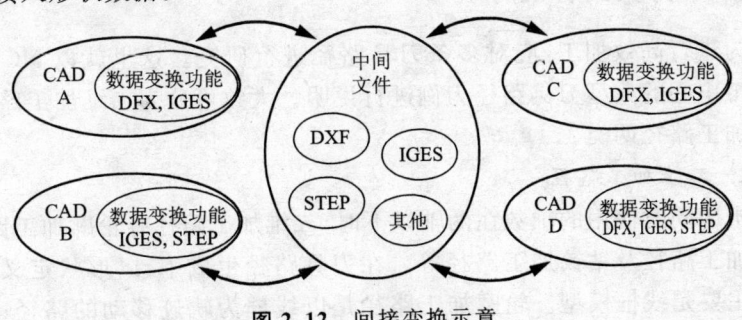

图 2.12 间接变换示意

===== 小常识 =====

中间文件的内容

IGES 也好,STEP 也好,都是文本文件,所以能够确认字头等记述的内容。

开始的几行中写有保存数据的子目录、变换软件的名称、日期时刻等,最好确认一下。

2.3 NC数据的生成

NC数据是驱动NC机床用的数值信息。虽然也有手工输入NC数据的情况,但以CAD生成的形状数据为依据计算CAM的刀具路径,并变换成适用于所用NC机床的数据,则是更为普遍的。

2.3.1 刀具路径的种类

为进行高效加工,应对多条刀具路径进行研究。这里就以NC铣床及加工中心的典型刀具路径为例进行说明。大致可分为二维加工路径和三维加工路径两类。

1. 二维加工路径

机床同时使用的轴数在两轴以下时,二维加工路径有轮廓加工路径、区域加工路径及钻铰加工路径等。在刀具路径生成中,以形状定义为基础的主要是线框模型。轮廓加工路径是以线框为轨迹移动的路径;区域加工路径是在线框围成的(封闭的)整个区域内移动的路径;钻铰加工路径是用钻头钻孔而仅在刀具轴线方向上移动的路径。如图2.13所示。

XY平面上移动的路径,加上Z方向上的台阶移动路径一起,称为2.5维路径,这也认为是二维加工路径。

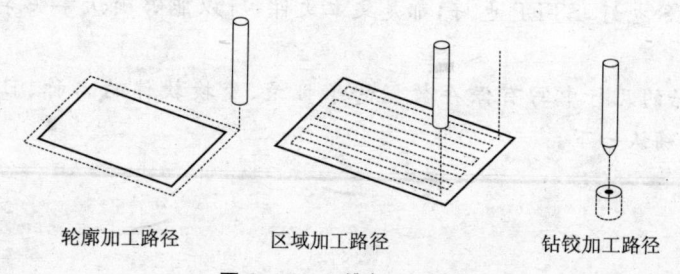

图2.13 二维加工路径

2. 三维加工路径

三维加工路径的场合,机床使用的轴数同时在两轴以上。按加工目的可分为粗加工路径和精加工路径;按刀具的移动方式有等高线加工路径、扫描线加工路径、沿面加工路径及剩余加工路径等。另外,还有对应于 4 轴加工机床、5 轴加工机床的同时 4 轴加工路径和同时 5 轴加工路径。刀具路径生成中以形状定义为基础的主要是曲面模型。

等高线加工路径,是在每一定高度的层面上围绕产品形体转动的路径。等高线粗加工是将材料不要的部分全都切掉的路径,而等高线精加工则是只在与产品形状相接部分的每一定高度的层面上旋转的路径。图 2.14 示出了基准数据与等高线精加工路径的例子。

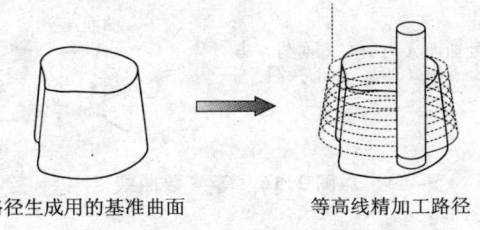

路径生成用的基准曲面　　　　等高线精加工路径

图 2.14　基准数据与等高线精加工路径

扫描线加工路径是切削刀具沿一定方向前进,碰到产品的形状部分即按形状描画式加工(或退回后再从不相碰的地方开始),到头后即平移反向(或回到开始点的附近再何同方向开始)前进的路径。扫描线粗加工是将每一定高度的层面上不要的部分全予切除的路径,而扫描线精加工则是只描画加工产品形状的移动路径。如图 2.15 所示。

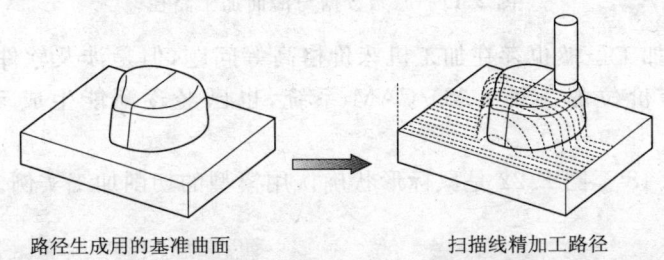

路径生成用的基准曲面　　　　扫描线精加工路径

图 2.15　基准数据与扫描线精加工路径

沿面加工路径和剩余加工路径(见图 2.16 和图.17),主要用作精加工路径。沿面加工路径是以面的等参数曲线(曲面是由交叉的线做成,CAD 生成的面在 U 方向和 V 方向带有无限长的曲线)为基础描画加工曲面的路径;剩余加工路径,是对留在凹角处的剩余部分,使用直径更小的刀具,仅对剩余处进行精加工的路径。

对一般 XYZ 各轴同时驱动的同时 3 轴加工机床,再装上回转台等,多1轴即成4轴加工机床,再加1轴即成5轴加工机床等,与其相应的路径即是4轴或5轴加工路径。与切削刀具的轴向被固定的3轴加工机床不同,它具有不改变工件的装夹方向也能加工横孔等许多优点。

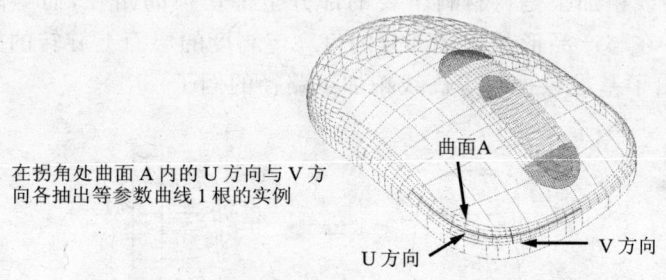

图 2.16　等参数曲线

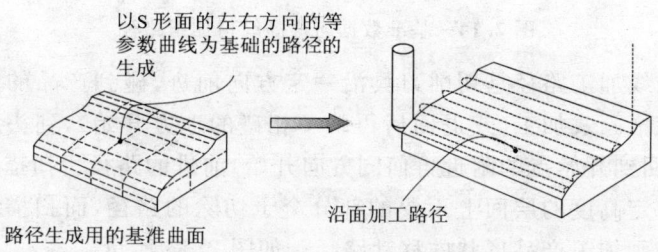

图 2.17　原始数据与沿面加工路径

5轴加工虽然也存在加工机床价格高等问题,但是涉及软件,即使是处于中等价位的三维 CAD/CAM 系统,也已经逐渐能生成5轴加工路径。

图 2.18 至图 2.22 是鼠标形状确认用模型的切削加工实例。

图 2.18　等高线粗加工

图 2.19　等高线精加工

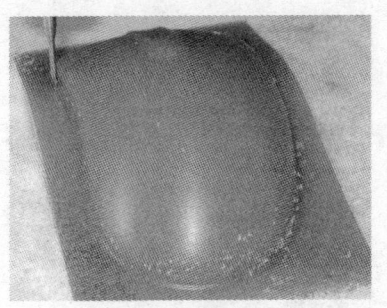
图 2.20 剩余加工

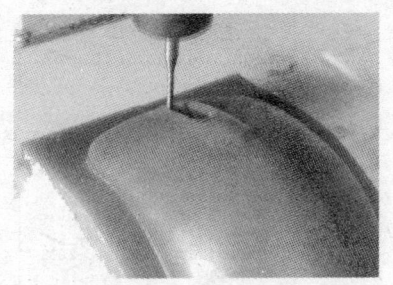
图 2.21 区域加工

图 2.22 成品

2.3.2 NC 数据变换

为以刀具路径为基础驱动 NC 机床,有必要将其变换为 NC 机床能够理解的 NC 数据。为此,应按照 NC 机床的标准,预先设定好后处理器(post processor,这里即是指将刀具路径数据变换为 NC 数据的程序),再进行变换。

NC 数据的内容,由 G 指令、F 指令、S 指令、T 指令、M 指令等的字母和数值组成,决定着其工作的内容,但在 NC 机床的制造上或多或少会有一定的不同(NC 控制装置的制造厂家不同,或尽管厂家相同但机型不同),所以必须予以注意。

2.3.3 NC 数据与加工精度

一般 NC 数据的刀具移动命令仅有直线(G00:定位,G01:直线插补)

```
G90G92Z30.X0.Y0.
S5000
M03G47Q00
X-20.989Y7.206
Z30.
X-20.988Z12.
G01X-20.989Z9.5F80.
Y11.134F400.
G02X-18.103Y14.02I2.669J.016
G01X-14.174
G02X-11.289Y11.134I5.0I6J-2.369
G01Y7.206
G02X-14.174Y4.32I-2.669J-.016
G01X-18.103
G02X-20.989Y7.206I-.0I6J2.869
G01X-19.589
Y11.134
Y11.142
G02X-18.111Y12.62I6.469J.008
G01X-18.103
```

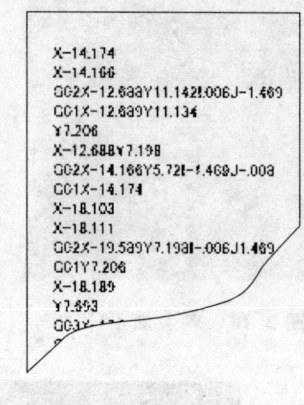

图 2.23 NC 数据

和圆弧(G02:顺时针方向圆弧插补,G03:反时针方向圆弧插补)两种。曲面加工中路径为自由曲线时,是通过设定直线或圆弧插补相对自由曲线的误差允许到什么程度的公差(最大允许误差)来加以近似(见图2.24)。此公差较大时,NC数据的数据量减小,但加工面粗糙,精度下降;相反,公差值小时,NC数据的数据量增大,但能够进行高精度的精加工,获得光滑漂亮的加工面。

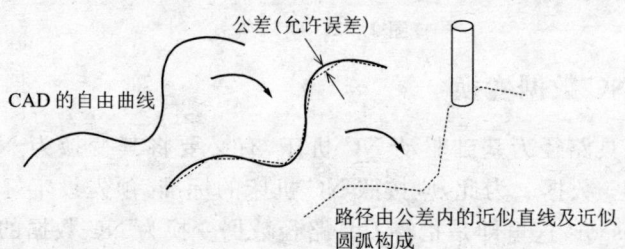

图 2.24 近似生成的自由曲线的路径

=== 小常识 ===

刀具切削加工的局限

用端铣刀等圆柱形的切削刀具铣穿形体内侧时,在拐角处必然会有刀具半径那么大的残留。即使形体是凹形的曲面,也会因为使用的刀具是端部为半球形的球形端铣刀而出现残留。

这种情况下,为消除残留,多使用电火花加工。电火花加工是利用放电引起的烧耗的加工方法,相当于刀具的是细的金属丝或与要加工的形状相反的凸形电极。虽然加工仅限于能够放电的金属,但也是模型制造业中经常使用的加工方法。

曲面部分的加工中使用球形端铣刀进行加工是最普遍的方法(见图2.25),但也并非是刀具就能切到要精加工的表面的全部。只要将切削面放大看一下,就会发现有波纹状的凸起的切削残留(其高度称为粗糙度高度,scallop height)。虽然从与仿形加工及自动编程的 NC 数据生成的比较看已经有了很大的进步,但是,上述问题及除此而外也影响加工精度的因素仍大量存在。NURBS(Non-Uniform Rational B-Spline)插补的开发等技术,虽然还谈不上普及,但种种针对精度提高的研究正在不断进行。

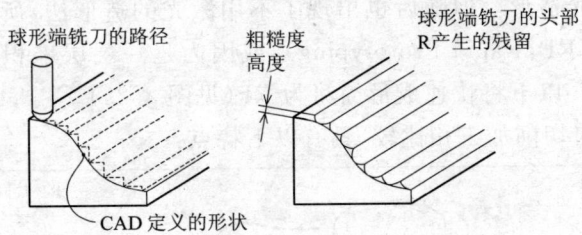

图 2.25 使用球形端铣刀时出现的切削残留

2.4 快速成形

快速成形是在产品开发阶段主要用于研制品制作的造形方法,造形时的操作与切削加工相比非常简单。低价格的装置也就相当于一台三维打印机,其价格已降至彩色激光打印机开发初期的程度。虽然是20世纪80年代才开始的技术,但现在已经研制出了多种方式。

2.4.1 何谓快速成形

简单地说,快速成形就是将形状数据切成一层层的数据切片后,将每一层材料硬化再堆积起来制作立体件的造形方法。当初的称呼方法,因为是通过激光照射液状的光固化树脂后一层一层地固化堆积来造形,所以曾称之为光造形。但随后也出现了不用激光的造形法,所以又转而称为快速成形(RP:Rapid Prototyping),或因为是一层层堆积造形也称为层积造形法。以下将快速成形简写为RP(见图2.26)。

将RP与切削加工相比较,具有以下特点:

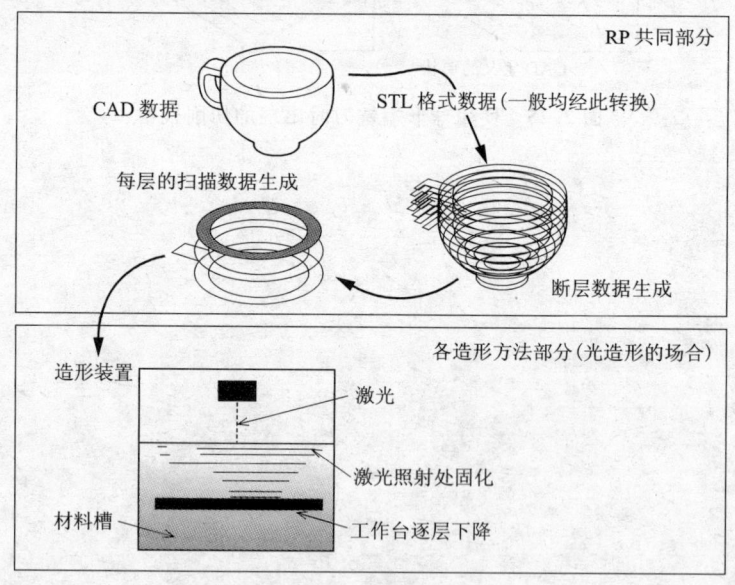

图 2.26 RP 的造形方法

① 切削加工是将不要的部分切除后造形,而 RP 是只让需要的部分硬化来造形。

② 切削加工中,没有 CAD 数据(NC 的场合是手工输入数据)也能加工,而 RP 必须以三维 CAD 数据为基础,制作切片数据后来造形。

③ 切削加工中,加工材料的内侧时拐角处会留下端铣刀等的半径大小的切削残留,而且,刀具能够切削的深度上还有一定的局限。而 RP 由于不使用端铣刀那样的圆柱形刀具,所以尖角制作很容易,而且能成形到成形装置的最大高度。

④ 成形件的侧面有孔等要切去下部的形状的场合,切削加工要么将工件重新装夹成能加工的方位,要么就要使用 4 轴、5 轴的加工机床。而 RP 由于是层积成形,所以无需特别的操作。

⑤ 为操作切削加工机床,要具备一定程度的专业知识,而 RP 无需切削加工方面的专业知识。

⑥ RP 装置,与切削加工机械相比,多数是构造简单、质量轻、噪声低。而且无需切削加工机械所必需的刀具及工件夹具等外围器具。RP 装置的占用面积很小。

⑦ 切削加工中,如果有必要的材料和与其相应的切削刀具,即可加工各种材料,而 RP 的材料则要受 RP 装置的限制。

⑧ 使用球形端铣刀的切削加工中能制作出光洁的曲面,而 RP 的情况下,平缓的倾斜面上的层间台阶则很明显。

⑨ 由于 RP 中使用的材料不同,也有不能长期保存的。

2.4.2　RP 的种类

尽管 RP 是比较新的成形方法,但也已经开发有多种方式。RP 可分类如下:

(1) 光成形法。是用激光一层层照射液态的光固化性树脂,使其固化层积来成形,是最初研制出的成形系统。成形顺序与图 2.26 所示相同。

(2) 粉末烧结法。是将粉末材料一层层摊薄,用激光照射烧结固化层积的成形方法。也有使用金属粉末制作模型的类型。还有用胶来代替激光粘接固定粉末的类型。这种方式可用的材料种类是最多的。其他方式中为防止成形中成形件变形而立有支柱,而这种方式则不需要。由于成形件就埋在粉末中,未固结的粉末本身就起着支撑的作用(见图 2.27)。图 2.30 所示为用粉末烧结法成形的带弹簧扣。

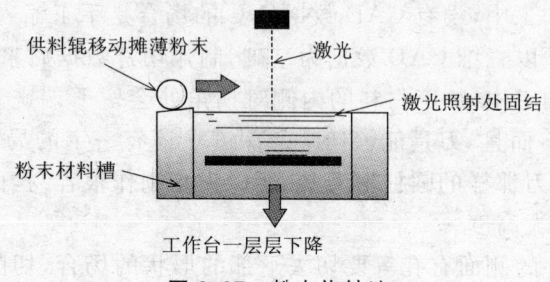

图 2.27　粉末烧结法

(3) 薄片层积法。是将纸张或树脂薄片一张张切好,再用胶等粘接层积的成形方法。铸造模型制作等情形下经常使用(见图 2.28)。

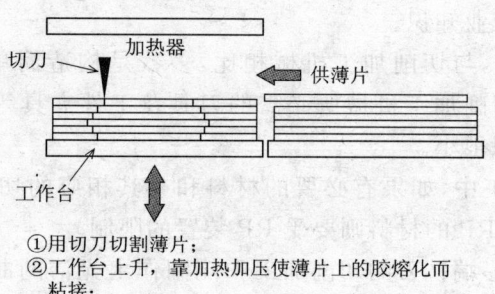

① 用切刀切割薄片;
② 工作台上升,靠加热加压使薄片上的胶熔化而粘接;
③ 工作台下降1层,接收供薄片。

图 2.28　薄片层积法

(4) 挤出层积法。将热可塑性树脂(加热后软化的树脂)加热软化,再以细丝的形式挤出后层积成形的方法。由于可用接近最终产品的材料制作,所以常用于利用树脂的弹性的零件等的研制(见图 2.29)。

(5) 喷蜡层积法。是将蜡之类的材料熔化后,像喷墨打印机那样喷出层积的成形方法。用于失蜡铸造等场合。

2.4.3　RP 的应用举例

RP 的应用随工业领域而不同,这里仅举一下能充分体现 RP 特长的例子。

例如:宇航工业中,早就用于喷气发动机的进气口等处零件的成形。

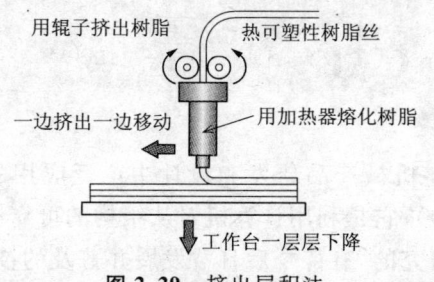

图 2.29 挤出层积法

在切削加工中成为问题的横孔,利用快速成形技术无需特别操作也能成形

图 2.30 用粉末烧结法成形的带弹簧扣

其他还有:汽车工业中的进气口歧管及控制板等发动机零件、家电产品中的插座及手机的外壳、玩具制造业中 CG 软件制作的人物模型、模具行业中小批量生产用的产品模型及铸造模型、珠宝行业中的失蜡模型、医疗领域中以 CT 和 MRI 的断层数据为基础的人骨模型的制作等。

今后,随着三维 CAD 的普及、RP 价格的降低、成形精度的提高、成形时间的缩短、使用材料的强度改善及材质选择的愈加自由,必将使 RP 的应用领域更加更广。

===== 小常识 =====

光成形技术是谁研究出来的?

关于光成形,日本的小玉秀男于 1980 年最早申请了专利,但在未申请审查的状态下因过了申请期限而无效。之后,1995 年有关光成形的业绩得到英国兰克(RANK)财团的承认而获得了兰克奖。光成形装置,由美国的 3D 系统公司最早将其实现了商品化。

2.5 CAE

本节概要讲述机械产品研发和设计中广泛应用的 CAE(Computer Aided Engineering),它是利用计算机对从结构的可靠性评价到产品的性能预测进行广泛研究的,有待今后日益发展并普及的技术。

2.5.1 何谓 CAE

制造与销售产品的厂商,常常要开发新产品。所谓产品开发,是指限期做出满足目标功能、可靠性及价格的结构及系统。但是,因此而会添加一些新的技术研究课题,产生一些新观点,而且其效果未经实际验证也就谈不上课题的解决。

传统的做法是从过去实际取得的数据出发,通过内插与外延来确定各主要参数,未解决的部分在假设的基础上制作研制品,并按试验结果进行评价。然后,若有未达到目标的地方加以改良,再反复进行试制与评价,直至最终完成达到目标的产品。但是,这种方法过于费时,而且赶不上作为新产品的发售时间的情形常常发生。有的产品对此周期要求很短,而且发售时间推迟对于商家则要受到致命的打击。何况产品性能与功能的竞争激烈,应解决的课题越来越难,这种重复试制错误的方法的局限性已正在被人们所认识。另一方面,多次反复研制与试验相当费工,成本投入也是问题。

于是,近年来随着计算机的发展,人们研究出了新的方法,即通过计算机仿真来解释产品开发中的技术课题,找出其解决方案,用仿真来代替研制试验,评价其特性,并决定产品的最终形状结构。此即是开发中的 CAE。而且,仿真本身即是结构与振动、传热与流体及电磁场等物理现象在计算机上的重现,可用数值计算来进行。能得到实验测量难以测得的详细的数据,能加深人们对物理现象的理解。另外,还能看到参数大范围变化下的特性,具有求得最优化形状的能力。

图 2.31 示出了应用 CAE 进行产品设计的过程。用三维 CAD 系统定义形状结构,靠数值分析来进行其形状结构的可靠性及性能的评价。评价后在未达到目标值的情况下,再回到三维 CAD 系统修改形状结构,

再分析评价。如此反复去求最终的形状结构。最近,进行形状修改的同时能很好逼近目标值的方法也正在不断开发中。

为进行数值分析、评价结果,预处理器和后处理器也都是必需的。尤其是预处理器中的网格生成对分析结果的精度影响很大,所以需要具有经验和专门知识的人进行设计。

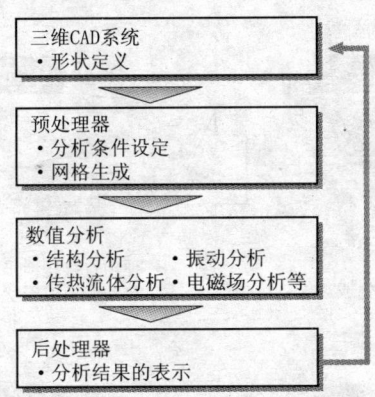

图 2.31　应用 CAE 的产品设计过程

2.5.2　CAE 的变迁

CAE 是伴随计算机的发达而发展的。CAE 常与 CAD 一起谈起,其核心意义在于计算机仿真,主要用于支配物理现象的方程式的数值求解。数值解法中有有限元法及差分法等。有限元法始于 20 世纪 50 年代的后半期,当时用于决定飞机机翼的构造;差分法用于流体分析,最早在 20 世纪 60 年代用于求解压缩流。

进入 20 世纪 80 年代,结构分析中有限元法分析弹性变形的通用程序研究完成并得到了广泛的应用。另外,流体分析中除差分法外有限元法也发展了起来。据此可以计算任意曲面周围的流场,适应范围也得以扩大。20 世纪 90 年代,结构分析中的接触问题及大变形非线性分析方法得到开发,大变形问题已经能够求解;流体分析中,紊流分析方法的研究盛行,从缓慢流动到快速流动都能计算。而且,不只限于单一流体,气体与液体或液体与固体混在一起的多相流,以及真空装置中的稀薄气体流也都能够求解。另一方面,计算所用的网格自动生成技术也发展起来了。图 2.32 示出六面体单元的自动生成法。六面体单元用于三维分析,一般认为比四面体单元数量少又能得到很高的精度。图中示出的形状识别/映射模型[1,2]具有能高速生成配置规则且变形小的六面体单元的特点。

进入 2000 年,还出现了由 CAD 数据直接计算的箱体单元法以及形状自动最优化方法等,CAE 技术变得越来越高级,并适用于品种更为繁多的产品的开发。

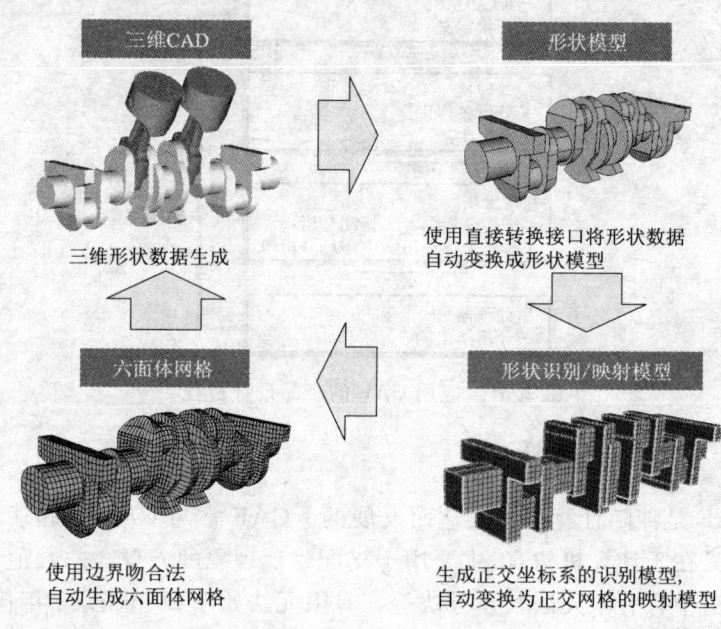

图 2.32　六面体单元的自动生成法

2.5.3　CAE 的种类与分析技术

如图 2.31 所示,CAE 是将计算机用于决定开发产品的形状的设计过程中。而计算机的使用是指将传统的试制与评价用仿真来代替,而且随着计算机性能的提高,使用的技术也发展得越来越高级。CAE 的核心是数值分析技术,其中还有用于评价产品性能及可靠性的各种分析技术。

表 2.1 中列出了 CAE 所使用的分析技术的种类,还有各领域的分类,包括从最基本的到更复杂的。这些分析技术,各自都形成独立的程序,现在已有许多的软件销售。各种软件的使用越来越便利,最近几乎所有的软件都能在个人计算机上运行。

这样一来,无论谁都可以简单地将分析软件用于产品的开发中。但是,判断所得解的正确与否,以及将从分析结果中获得的信息反馈给开发是最为重要的。不顾分析软件所规定的假设条件及适用范围,进行超范围的计算,就得不到正确的解。

另外,如果完全不了解分析软件中所使用的基础方程式而将其作为黑匣子来使用,也会遗漏从计算结果中得到的重要特性。可见,使用分析软件的技术人员,需要对软件的内容在一定程度理解的基础上再来使用。为此,除阅读软件说明书外,学习作为其基础的工程知识、听有关的知识讲座都是非常重要的。

表 2.1 CAE 使用的分析技术的种类

结构强度与振动	弹性分析、弹塑性分析、接触分析、大变形分析、振动固有值分析、振动响应分析
传热与流体	位势分析、黏性层流分析、紊流分析、强制对流分析、热传导分析
噪声	声场分析
电磁场分析	电磁场分析
机构	机构分析
材料	分子动力学、分子轨道法

2.5.4 数据的活用

在使用分析软件进行数值分析时,要输入对象材料的物性及物理特性。结构强度分析中,也是要根据所得应力值来进行强度评价和寿命预测的。可见,进行这些工作都需要数据库,CAE 中数据的充分活用是不可缺少的。

===== 小常识 =====

数值分析时的一句提醒

在计算的对象区域划分网格进行数值计算分析时,边界条件的给法不同将在很大程度上影响所得解的精度。即使网格划分很细,对控制方程式的求解也很严格,如果此边界条件处理不当,也只能得到可靠性低、误差又大的解。这一点在流体分析时应特别注意。应采取一定的措施,如将计算区域扩展到边界条件完全清楚的区域来进行分析等。

数据库的组成除名称及成分或构造等基本信息外,还包括材料物性值、机械与物理性能等信息。作为一般公开开放的数据库,有独立行政法人物质与材料研究机构的 NIMS 物质与材料数据库[3]及日本材料学会[4~11]的数据库。

最近还出现了能利用互联网读取材料数据库及评价分析结果的 ASP(Application Service Provider,应用服务提供商)配置。下面作为一例来介绍电子版的"机械设计手册"。图 2.33 示出了电子版"机械设计手册"的构成。其配置除以辅助设计为目的的材料数据库外,还收有机械设计所必需的计算工具(公式集),必要时调出,可以很方便地进行计算。配置得相当仔细。

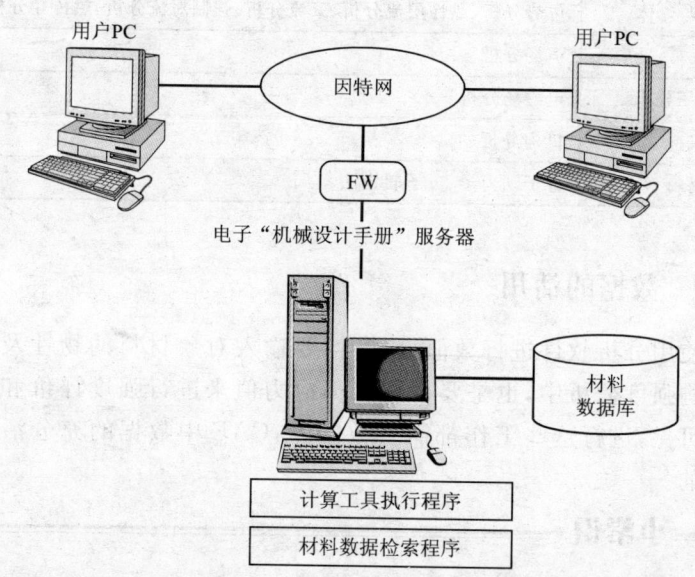

图 2.33　电子版"机械设计手册"构成

为使用 CAE 在短期内开发出可靠性高的高性能产品,随着分析软件水平的提高,还应充实数据库,使之今后日益发展。

2.6 仿 真

2.6.1 何谓仿真

仿真尚无特别明确的定义,2.5节的"CAE"是将仿真作为产品设计过程的组成环节。下面要介绍的是因分析本身非常费时或因分析本身非常困难,所以还未编入设计过程的仿真进行说明。

作为机械方面的仿真,可以举出的有结构分析、振动分析、机构分析、传热分析及流体分析等。其中,有关结构分析、振动分析、机构分析及传热分析,最近大多都能够在 PC 机上执行,这大致相当于"CAE"。流体现象,基本上都是随时间变动的非稳态现象,但就其求一定时间内的平均值的稳态分析,能够在 PC 机上执行的问题已经相当多。然而,要将非稳态流体的现象原样进行分析并纳入设计过程,1 台 PC 机的计算性能是难以满足的,要么将多台 PC 机并列起来组成计算用的 PC 机群,要么就需要超级计算机。本节即将此非稳态流体现象的处理定义为仿真并进行说明。

仿真的发展中,计算机的发展是不可缺少的。图 2.34 示出了过去的计算机性能的变化。图中,横坐标表示年度,纵坐标取为计算机性能,纵坐标的单位 FLOPS 表示每秒钟可执行的浮点运算次数。例如,1G FLOPS 即表示 1s 内能进行 10^9 次的浮点运算。

20 世纪 80 年代的前半期,称之为矢量计算机的超级计算机出现后,仿真技术得到了快速发展。当时的计算机的性能只是数百兆 FLOPS,大约相当于现在的 1 台 PC 机或 1 台工作站(WS,Workstation)。而且,当时的矢量计算机上安装的存储器的存储量是数十兆字节,而现在的 PC 机及 WS 则安装有数吉字节的存储器,所以,如果使用现在的 PC 机或 WS,当时在超级计算机上执行的仿真则可在自己的机器上在短时间内轻而易举地完成。此即是图中箭头所示的"个人化"。如果按照本节开头的说法,也可以称为"CAE 化"。

20 世纪 90 年代中期出现的是超并行计算机。其形式多种多样,或是上述的矢量计算机数台至数十台并在一起,或是 PC 机或 WS 数百至

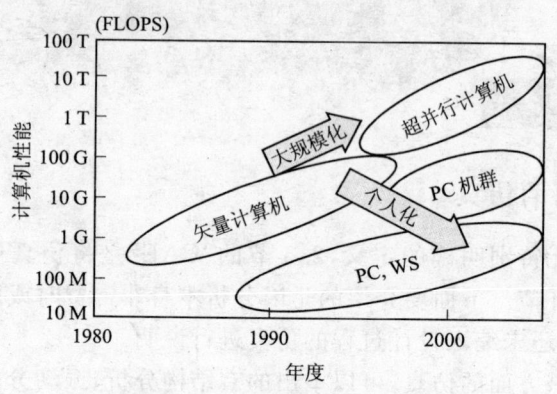

图 2.34 计算机性能的变化

数万台并在一起等。此后世界上最快的计算机,也都称为超并行计算机。2003 年世界最快的计算机的性能为 40T FLOPS,1s 内可进行 4×10^{13} 次的浮点运算。但是,这种计算机的价格非常昂贵。

为了解决超并行计算机的高价格问题,20 世纪 90 年代的后半期,出现了将 PC 机数台至数百台并在一起的称为 PC 机群的计算机系统。由于 PC 机群的出现,本节作为对象的非稳态流的仿真也变得相当接近机械设计的现场,但是现状是仍然需要数十至数百小时的时间。

以上,仅就仿真计算非常费时这一点进行了讲述,而在非稳态流的仿真中,分析本身还很难,而且即使能够分析,解的精度也不够,这也是不能纳入设计过程的理由之一。例如,如果研究发动机中的燃烧的仿真,则必须同时分析非稳态流和化学反应。但是流动现象的时间尺度与化学反应的时间尺度有很大的不同,所以按照现在的计算机性能要对其正确分析还是非常困难的。即使使用有表示种种假定及物理现象的模型来研究燃烧的非稳态流的仿真能够进行,分析的精度也是很有局限性的,以百分之几的分析误差是难以预测温度及流动性能的。

换句话说,所谓仿真,就是用来在进行机械的设计与开发时阐明现象,为提高机械性能寻找办法,并为确认这些办法的成效进行大致情形间的比较。为了有效地发挥仿真技术的作用,当然要深入理解要处理的物理现象,而且适当理解仿真中使用的假设及物理现象的模型也是非常重要的。

2.6.2 仿真与分析模型

一般进行流体流动的仿真时,有图 2.35 所示的流程。这里,作为非稳态流动的仿真的典型,以圆柱体后卡尔曼涡流的仿真过程为例对这种流程进行概略说明。

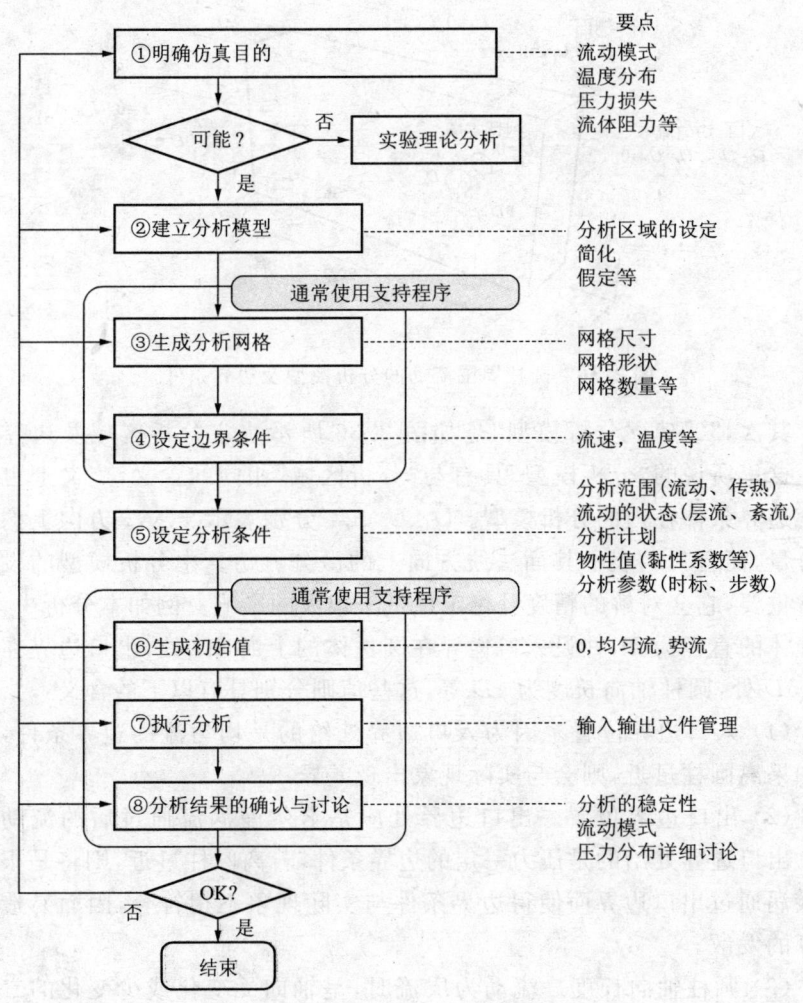

图 2.35 流体流动仿真的概略流程

首先,是"①明确仿真目的"。如图 2.35 所示,要明确想通过仿真了解什么,是想求流动模式呢还是想求压力损失等。本节是以复杂的非稳态流为研究对象,所以假定其目的是求雷诺数为 10 000 时的流动模式及流体作用于圆柱体上的力。

置于均匀流中的圆柱后的卡尔曼涡流仿真用的分析模型及边界条件示于图 2.36 中。

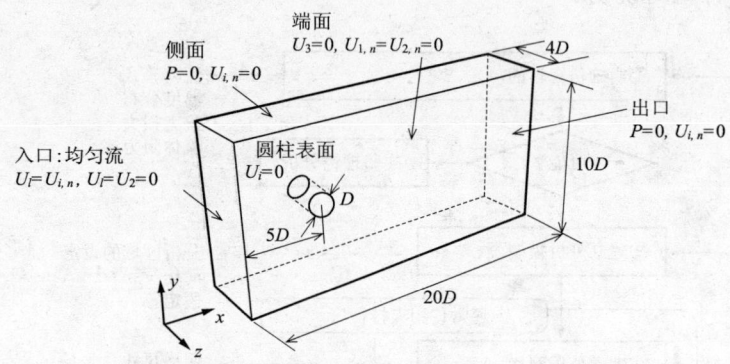

图 2.36 圆柱周围流动的分析模型及边界条件

其次,"②建立分析模型"是如图 2.36 所示决定分析区域及边界条件。这里所说的"分析模型"具有与"分析区域"相同的含义,广义上也指包含边界条件在内的分析模型。U_1、U_2、U_3 分别表示 x,y,z 方向上的流速分量,而且",n"表示其面法线方向上的微分。仿真中分析模型的设定非常重要,它会对解的精度及稳定性带来很大的影响。例如本分析中,设圆柱体的直径为 D,并设入口边界在圆柱体的上游 $5D$ 处,出口边界在下游 $15D$ 处,圆柱轴向长度为 $4D$ 等,这些值则分别具有以下的含义:

(1) 入口边界位置。因为入口边界处给的是均匀流的边界条件,所以如果离圆柱过近,则会与实际现象出现差异。

(2) 出口边界位置。出口边界处应是卡尔曼涡流通过后的流动之处。出口边界处给的是压力一定的边界条件,若离圆柱过近,则将是很强的漩涡通过出口边界而使得边界条件与实际现象不相符合,因而易造成计算的发散。

(3) 圆柱轴向长度。流动为层流时,呈轴向无变化或少变化的二维性很强的流动,所以轴向长度不存在问题,而在流动为紊流时,轴向就会产生一定的分布。由于端面处给的是设轴向流速为零的对称边界条件,所以若轴向长度过短,将与实际现象不相符合。

然后"③生成分析网格"和"④设定边界条件",通常用备有 GUI (Graphic User Interface)的支持程序进行。图 2.37 给出了分析网格的示例,它生成的是四面体网格。支持程序上是将②中决定的边界条件实际设定成具体数据。此支持程序处于分析实际执行的前阶段,所以称之为预处理器。

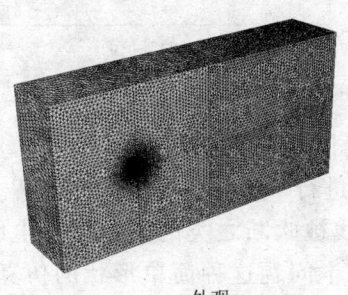
外观

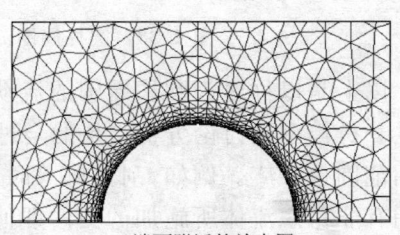
端面附近的放大图

图 2.37　圆柱周围流动分析用网格实例

"⑤设定分析条件"中决定仅仅是流动还是也包括传热等分析范围、层流还是紊流、分析计划、流体的物性值、非稳态分析时的时标及分析步数等。这里的目的是雷诺数为 10 000 时的非稳态分析,所以,对于"仅仅是流动"、"紊流"、"LES(Large Eddy Simulation)"、"雷诺数 10 000 所相当的物性值"、"时标"、"分析步数"等都要实际给成具体数据。这里,所谓 LES 属于非稳态流仿真方法的一种。

"⑥生成初始值"和"⑦执行分析"由实际进行分析的支持程序来执行。有关初始值,通常可选择像流速全为 0 或均匀流等之类的条件;另外,⑦中还要进行计算机上输入、输出文件的管理。此支持程序,属于实际执行仿真分析的部分,所以也称之为"核心程序"。

"⑧分析结果的确认与讨论"中,通常使用与核心程序不同的另外的支持程序来表示出流速分布及压力分布等分析结果,并讨论是否如目的所要求的那样得到了结果。此程序处于后处理阶段,所以称之为后处理器。图 2.38 示出了一个分析结果的例子。由图可知,卡尔曼涡流能很好地得以仿真。

此次仿真的最大目的是要求作用于圆柱体上的流体力,图 2.39 即示出了作用于圆柱上的浮力随时间变化的图形。所谓浮力,是指作用在流动的垂直方向上的力。本次仿真得到了良好的结果,所以至此即告结束。

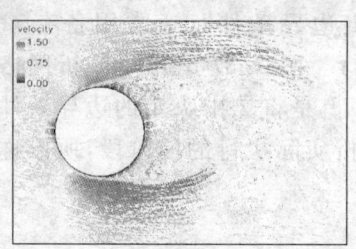 

流速矢量图　　　　　　　　　　　　涡度的等值面

图 2.38　圆柱周围流动的分析结果实例

以上是以称之为圆柱周围的流动的非常简单的形状仿真为例，对从建立分析模型到讨论分析结果的全过程进行了说明。本问题在工程上的应用范围也很广。例如，刮台风等时电线被吹断之类的原因即是电线上作用有非稳态流体所施加的力。即使是本问题这种简单形状的仿真，一台 PC 机也要花上数十小时的计算时间，而且还要具备像上述①～⑧各过程中所列举的各种知识与专门技能。

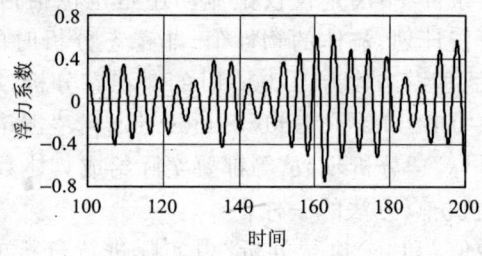

图 2.39　作用于圆柱上的浮力随时间变化的分析结果

参考文献

［1］高橋宏明，清水ひろみ，森山浩光，山下禎文，千葉矩正：日本機械学会論文集（A 編），59 巻 560 号，pp.279-285（1993）

［2］西垣一郎，針谷昌幸，小野寺誠：シミュレーション，18 巻 2 号，pp.74-81，（1999）

［3］NIMS 物質・材料データベース，http://mits.nims.go.jp/：物質・材料研究機構（2004 年 4 月確認）

［4］日本材料学会疲労部門委員会編：金属材料疲労強度データ集，Vols.1～3，日本材料学会（1982）

［5］日本材料学会疲労部門委員会編：金属材料疲労強度データ集，Vols.4,5，日本材料学

　　　 会（1992）
[6] 日本材料学会疲労部門委員会編：金属材料疲労強度データベース，日本材料学会（1982）
[7] 日本材料学会疲労部門委員会編：金属材料疲労強度データベース，日本材料学会（1992）
[8] 日本材料学会疲労部門委員会編：金属材料疲労き裂進展抵抗データ集，Vols.1,2，日本材料学会（1983）
[9] 日本材料学会疲労部門委員会編：金属材料疲労き裂進展抵抗データベース，日本材料学会（1983）
[10] 日本材料学会疲労部門委員会編：セラミック強度データベース，日本材料学会（1996）
[11] 日本材料学会高温強度部門委員会編：はんだの引張および低サイクル疲労データベース，日本材料学会（2001）
[12] 電子「機械設計」Handbook，http://www.i-eng.hitachi.co.jp/：日立製作所 i-engineering（2004 年 4 月確認）

第 11 篇

工程分析基础

- **责任编委**
  立野昌义
- **执笔委员**
  金野祥久（第1章～第5章）
  小林卓哉（第6章）

第 1 章

代数基础

本章介绍作为代数基础的线性联立方程组的解法和一元高次代数方程式的解法。这些都是解决许多工程问题时必然要面对的方程式，其解法也有多种方案。本书难以对其全部进行研究，所以仅就线性联立方程组和高次代数方程式，分别介绍其典型的解法。

1.1 线性联立方程组

工程上许多的近似解法,如后边要述及的有限元分析,最终都是将问题归结为多元线性联立方程组来求解。所以,线性联立方程组的解法即使在工程的数值解法中也特别重要,其中提出了多种求解方案。这里作为联立方程式的解法,围绕作为直接法代表的高斯消去法进行介绍,并对迭代法也作简述。

1.1.1 高斯消去法

将线性联立方程组

$$a_{11}x_1 + a_{12}x_2 + a_{13}x_3 + \cdots + a_{1n}x_n = b_1$$
$$a_{21}x_1 + a_{22}x_2 + a_{23}x_3 + \cdots + a_{2n}x_n = b_2$$
$$a_{31}x_1 + a_{32}x_2 + a_{33}x_3 + \cdots + a_{3n}x_n = b_3$$
$$\vdots$$
$$a_{n1}x_1 + a_{n2}x_2 + a_{n3}x_3 + \cdots + a_{nn}x_n = b_n$$

用矩阵表述为

$$\boldsymbol{Ax} = \boldsymbol{b} \tag{1.1}$$

$$\boldsymbol{A} = \begin{bmatrix} a_{11} & a_{12} & a_{13} & \cdots & a_{1n} \\ a_{21} & a_{22} & a_{23} & \cdots & a_{2n} \\ a_{31} & a_{32} & a_{33} & \cdots & a_{3n} \\ \vdots & \vdots & \vdots & \ddots & \vdots \\ a_{n1} & a_{n2} & a_{n3} & \cdots & a_{nn} \end{bmatrix}, \quad \boldsymbol{x} = \begin{bmatrix} x_1 \\ x_2 \\ x_3 \\ \vdots \\ x_n \end{bmatrix}, \quad \boldsymbol{b} = \begin{bmatrix} b_1 \\ b_2 \\ b_3 \\ \vdots \\ b_n \end{bmatrix}$$

式中,$\boldsymbol{A}$ 为系数矩阵;$\boldsymbol{x}$ 为根矢量;$\boldsymbol{b}$ 为右边矢量或常数项矢量。

此线性联立方程组(1.1)当然能解,但也可以通过求系数矩阵 $\boldsymbol{A}$ 的逆矩阵 $\boldsymbol{A}^{-1}$ 来求得根 $\boldsymbol{x} = \boldsymbol{A}^{-1}\boldsymbol{b}$。在无需逆矩阵而只求根即可的场合下,还有更有效的解法。下面说明其求解的步骤:

首先假定 $a_{11} \neq 0$,使用第 1 式即可将第 2 式以下各式中的变量 x_1 消去。消去后的系数矩阵及右边常数项矢量变为

$$\begin{bmatrix} a_{11} & a_{12} & a_{13} & \cdots & a_{1n} \\ 0 & a_{22}-\dfrac{a_{21}}{a_{11}}a_{12} & a_{23}-\dfrac{a_{21}}{a_{11}}a_{13} & \cdots & a_{2n}-\dfrac{a_{21}}{a_{11}}a_{1n} \\ 0 & a_{32}-\dfrac{a_{31}}{a_{11}}a_{12} & a_{33}-\dfrac{a_{31}}{a_{11}}a_{13} & \cdots & a_{3n}-\dfrac{a_{31}}{a_{11}}a_{1n} \\ \vdots & \vdots & \vdots & \ddots & \vdots \\ 0 & a_{n2}-\dfrac{a_{n1}}{a_{11}}a_{12} & a_{n3}-\dfrac{a_{n1}}{a_{11}}a_{13} & \cdots & a_{nn}-\dfrac{a_{n1}}{a_{11}}a_{1n} \end{bmatrix}, \begin{bmatrix} b_1 \\ b_2-\dfrac{a_{21}}{a_{11}}b_1 \\ b_3-\dfrac{a_{31}}{a_{11}}b_1 \\ \vdots \\ b_n-\dfrac{a_{n1}}{a_{11}}b_1 \end{bmatrix}$$

接着使用第 2 行的式子,将第 3 行以下各式中的变量 x_2 全部消去。重复此过程,将系数矩阵的下三角部分(除去对角线部分)全变为 0,即形式变为

$$\begin{bmatrix} a_{11} & a_{12} & a_{13} & \cdots & a_{1n} \\ & a_{22} & a_{23} & \cdots & a_{2n} \\ & & a_{33} & \cdots & a_{3n} \\ & & & \ddots & \vdots \\ 0 & & & & a_{nn} \end{bmatrix}, \begin{bmatrix} b_1 \\ b_2 \\ b_3 \\ \vdots \\ b_n \end{bmatrix}$$

这里将下三角部分消去后的系数矩阵和右边常数项矢量的元素改写成 a_{ij} 及 b_j 的形式。这样消去下三角部分的步骤顺序称为前进消去。

看一下前进消去后的系数矩阵,立刻明白,可由第 n 行的式子直接得到 $x_n=b_n/a_{nn}$。于是将其代入第 1 行到第 $(n-1)$ 行的各式,并移项到式子的右边,x_n 的项即被消去,变为

$$\begin{bmatrix} a_{11} & a_{12} & a_{13} & \cdots & 0 \\ & a_{22} & a_{23} & \cdots & 0 \\ & & a_{33} & \cdots & 0 \\ & & & \ddots & \vdots \\ & & & a_{n-1,n-1} & 0 \\ 0 & & & & a_{nn} \end{bmatrix}, \begin{bmatrix} b_1-\dfrac{b_n}{a_{nn}}a_{1n} \\ b_2-\dfrac{b_n}{a_{nn}}a_{2n} \\ b_3-\dfrac{b_n}{a_{nn}}a_{3n} \\ \vdots \\ b_{n-1}-\dfrac{b_n}{a_{nn}}a_{n-1,n} \\ b_n \end{bmatrix}$$

其结果,可从第 $(n-1)$ 行的式子直接求得 x_{n-1},于是,将其代入第 1 行到第 $(n-2)$ 行各式,移项到右边,消去 x_{n-1} 的项。重复此过程,消去除

去对角线部分的系数矩阵的上三角部分,形式变为

$$\begin{pmatrix} a_{11} & & & & 0 \\ & a_{22} & & & \\ & & a_{33} & & \\ & & & \ddots & \\ 0 & & & & a_{nn} \end{pmatrix}, \begin{pmatrix} b_1 \\ b_2 \\ b_3 \\ \vdots \\ b_n \end{pmatrix}$$

这里也是将右边矢量元素改写为 b_j' 的形式。这样代入 x_j 消去上三角部分的步骤称为后退代入。

高斯消去法,即是顺序进行此前进消去和后退代入来求得根的方法。高斯消去法的计算量为 $n^3/3$ 条指令,在一般解线性联立方程组的直接法中是计算量最少的。

1.1.2 主对角线元素的选择

应用前述的高斯消去法时,如果方程组排列原封不动而 $a_{11}=0$ 时,第 1 列则无法消去,因而也得不到根。此时若 $a_{21}\neq 0$,则可通过交换第 1 行和第 2 行而使计算能够进行。这种为进行前进消去步骤而对行或列所作的调换,称为主元素选择。

主元素选择,有行或列都能对调的完全选择和只调换行的部分选择,这里来介绍此部分选择。到 $(i-1)$ 列的前进消去结束后想要消去第 i 列时,应按如下步骤进行:

① 在第 i 列的系数 $a_{ii},\cdots,a_{ni}$ 中,查找绝对值最大的系数。

② 若 a_{ki} 的绝对值为最大,则对调第 i 行和第 k 行。需要注意的是系数矩阵中对调的同时也要在右边的矢量中对调。

③ 若绝对值的最大值为 0,即所有列系数均为 0 时,此系数矩阵即为非正则矩阵,此线性联立方程组的根无法求得。

按照此步骤,a_{ii} 处元素(主元素)的绝对值即成最大值,可用此来消去剩下的系数。通过用绝对值最大的主元素去除,除能保证正则系数矩阵下方程组有解外,还具有能够抑制误差扩大的效果。

1.1.3 LU 分解——高斯消去法的应用

将上述高斯消去法用于方程式 $\boldsymbol{Ax}=\boldsymbol{b}$ 的求解时,由于计算途中换写

过 A 与 b，所以接下来想求解系数矩阵相同而右边矢量不同的方程式 $Ax=b'$ 时，不能原封不动地利用刚才的计算结果。

但是，通过改变计算的顺序以及保存好系数操作等的结果，则能够构成正则线性变换 $x \mapsto y = Ax$ 的逆变换 $y \mapsto x = A^{-1}y$。利用这一点，即可高效地求解系数矩阵不变而只是右边矢量改变的多个方程式。数值分析中常会碰到系数矩阵不变而只改变右边矢量求解方程的情况。这时，如果一旦构成了线性逆变换，解方程时即可大幅度地减少计算量。下面，对此方法加以说明。

其计算顺序是从将系数矩阵 A 分解为单位下三角矩阵 L（对角线上的元素均为 1）与上三角矩阵 U 的积 $A=LU$ 开始，称之为 LU 分解。

包含部分主元素选择的 LU 分解程序示于算法 1 中，用此计算方程式 $Ax=b$ 根的程序示于算法 2 中。算法 1 中将 A 作 LU 分解，分解结果得到原 A，和作为主元素选择结果表示计算顺序的矢量 p。算法 2 中使用 A、p，将 b 代入求得计算结果 x。

如果设主元素选择的结果没有换行，则设 LU 分解后除去 A 的对角线外的下三角部分为 L，包括对角线的上三角部分为 U 时，A 即可以写成它们的乘积，即 $A=LU$。所以，此步骤称为 LU 分解。

高斯消去法与 LU 分解相比较，也只是计算顺序的不同，计算量并无变化。所以，即使是系数矩阵 A 当时有变时，LU 分解也可以替代高斯消去法来使用。许多数值计算的程序库中都备有 LU 分解的程序。

1.1.4 迭代法与多重网格法(Mmtigrid method)

如上述高斯消去法及 LU 分解那样，用有限的步骤直接导出方程根的方法，称为直接法。在直接法情况下，运算中若无圆整误差则能得到严密解。计算的稳健性也是直接法更好。

相反，迭代法则是采用改善（这是所期望的）近似解精度的步骤，并通过反复使用此步骤来求得所需精度的近似解。与直接法相比较，有时计算会不收敛而稳健性比直接法差，但由于系数矩阵的性质而收敛很快，能节约计算量。此外，近年来多重网格法也广泛使用，其详细内容已超出本书论述的范围而未进行说明。数值分析中求解大规模的联立方程组时，应研究迭代法及多重网格法的选用。

```
Data: A, ε
Result: A, p
for k ← 1 to n-1 do
    p ← k;
    for i ← k+1 to n do
        if |a_{pk}| < |a_{ik}| then
            | p ← i;
        end
    end
    if |a_{pk}| < ε then
        | A 为非正则;
    end
    p_k ← p;
    if p ≠ k then
        for j ← k to n do
            | a_{kj} ↔ a_{pj};
        end
    end
    for i ← k+1 to n do
        r ← a_{ik}/a_{kk};
        a_{ik} ← r;
        for j ← k+1 to n do
            | a_{ij} ← a_{ij} - r a_{kj};
        end
    end
end
```

算法 1:LU 分解

```
Data: A, p, b
Result: b(含 x)
for k ← 1 to n-1 do
    b_k ← b_{pk};
    for i ← k+1 to n do
        | b_i ← b_i - a_{ik} b_k;
    end
end
for i ← n to 1 do
    | b_i ← (b_i - ∑_{j=i+1}^{n} a_{ij} b_j) / a_{ii};
end
```

算法 2:使用 LU 分解计算根 $x = A^{-1}b$

1.2 高次代数方程式

本节对二次以上的一元代数方程式,给出其解析求根的方法,也对其典型的数值解法加以介绍。

1.2.1 二次方程式的求根公式

二次方程式

$$ax^2+bx+c=0 \quad (a\neq 0) \tag{1.2}$$

的根为

$$x=\frac{-b\pm\sqrt{b^2-4ac}}{2a} \tag{1.3}$$

三次及四次的代数方程式等,其解法也已经发现。三次方程式有卡尔达诺方法,四次方程式有弗拉里方法、欧拉方法及笛卡尔法等,本书由于篇幅所限而略去,详细内容请参考专业书籍。

1.2.2 对分法

对于五次以上的方程式,已经知道其幂根与仅用四则运算的代数解法不存在。所以,要求这些方程式的根时就得用数值解法。这里来介绍两种典型的数值解法。

对分法是对于方程式 $f(x)=0$,在根的前后函数 $f(x)$ 的符号变化时能够应用的方法,以下是其具体算法(见图1.1)。

① 确定含根的区间 $[a,b]$ 及允许误差 ε。设 $f(a)$ 与 $f(b)$ 的符号相反。

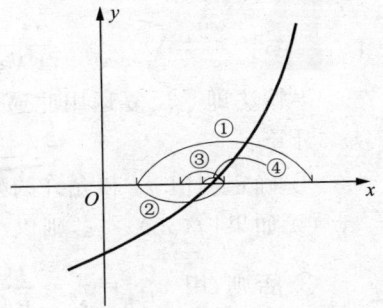

图 1.1 对分法

② 若 $b-a<\varepsilon$,则以 $c=\dfrac{(b+a)}{2}$ 作为根的近似值结束计算。

③ 若不满足精度要求,则要再看 $f(c)$ 的符号来决定新区间。若 $f(c)$ 与 $f(a)$ 同号,取 $[c,b]$ 为新的 $[a,b]$,若与 $f(b)$ 同号,则取 $[a,c]$ 作为新的

区间$[a,b]$。

④ 返回②。

对分法可使用误差标准来决定根的近似值。对分法的缺点是不能求重根,而且收敛较慢(一次收敛)。下面讲述的牛顿法是使用残差标准($|f(x)|$的大小)来决定根的近似值。

1.2.3 牛顿法

设函数$f(x)$是二阶可导的。求方程式$f(x)=0$的根时,设根x的附近的值x_0已知,则使用泰勒展开可得

$$f(x)=f(x_0+\Delta x) \quad (\Delta x \equiv x - x_0) \tag{1.4}$$

$$=f(x_0)+f'(x_0)\Delta x+\frac{1}{2}f''(x_0)\Delta x^2$$

$$+\frac{1}{3!}f'''(x_0)\Delta x^3+\cdots \tag{1.5}$$

$$\approx f(x_0)+f'(x_0)\Delta x \tag{1.6}$$

由于$f(x)=0$,故有

$$f(x_0)+f'(x_0)\Delta x=0 \tag{1.7}$$

$$\Leftrightarrow \Delta x=-\frac{f(x_0)}{f'(x_0)} \tag{1.8}$$

所以,可得离x更近的近似值

$$x_1=x_0+\Delta x=x_0-\frac{f(x_0)}{f'(x_0)} \tag{1.9}$$

牛顿法即是反复运用此逼近的想法来求根的方法。具体按以下的算法来计算:

① 确定初值x_0和允许的残差ε,x_0应选用尽可能接近根的值。

② 如果$|f(x_n)|<\varepsilon$,则以x_n为根的近似值,结束计算。

③ 否则,用$x_{n+1}=x_n-\dfrac{f(x_n)}{f'(x_n)}$更新近似值。返回②。

牛顿法算法简单,对于良好的初值收敛非常快(二次收敛);而且由经验可知,即使初值离根较远也多会收敛。总之牛顿法是一种稳健的解法。作为代数方程式的数值解法,实用上会使用牛顿法就足够了。

但是牛顿法也有弱点。如$f'(x_n)=0$时计算就会失败;而且,在根x的附近$f'(x)\approx 0$成立时,根x明显为重根时,收敛变缓慢(一次收敛)。

加之,还会有近似值的数列 x_n 周期性地回归到同一值的情形,这时也当然不会收敛。

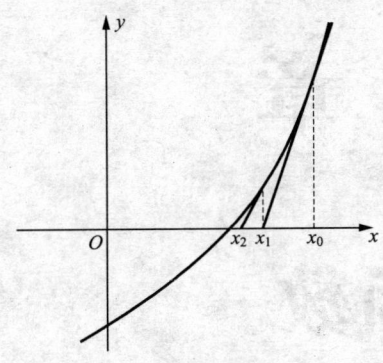

图 1.2　牛顿法的构想

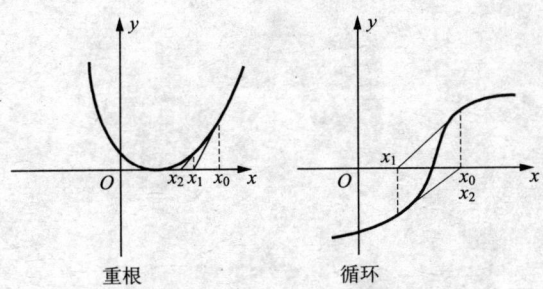

图 1.3　牛顿法不好解的方程式

第2章

三角函数

三角函数用于决定角度与长度的关系，或描述周期现象，所以也是初等函数中尤其多用于工程领域的重要函数。

本章讲述三角函数的定义及其性质，介绍典型的三角函数公式，并对反三角函数也加以说明。

2.1 三角函数

本节介绍三角函数的定义及其图像。

2.1.1 三角比与三角函数

首先来谈一下一般角与弧度法。考虑一下 xy 平面内由原点 O 引出的射线绕 O 旋转的情形,此射线这时称为动径,以逆时针旋转为正、顺时针旋转为负来表示的此动径离开 x 轴的旋转量,即是一般的角。1 周以上的旋转也要表示,所以,一般角可取正、负的所有值。

弧度法是将单位圆(半径为 1 的圆)切成某种角度的扇形时,用弧的长度表示其所对扇形中心角的方法。弧的长度为 1 时,即弧的长度与半径相等时的扇形的中心角定义为 1rad(弧度)。单位圆的周长为 2π,所以度数法与弧度法的关系为 $360°=2\pi(\text{rad}) \Leftrightarrow 1\text{rad}=57.295\,779\,5°$。本章角度均以弧度法表述,而且均考虑为一般角。

三角比是指直角三角形的斜边与底边夹角为 θ 时,将底边与斜边的比、高与斜边的比、高与底边的比分别表示为 $\cos\theta$(余弦)、$\sin\theta$(正弦)、$\tan\theta$(正切)。图 2.2 的样子容易记忆,此时 $0 \leqslant \theta \leqslant \pi/2$。

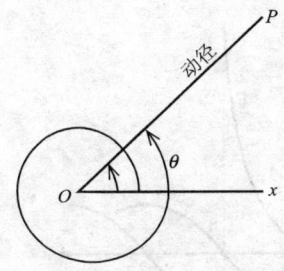

图 2.1　动径与一般角

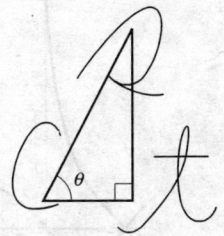

图 2.2　三角比及其记忆方法

三角函数是三角比的概念向一般角的扩展,可用单位圆来代替三角形进行考虑。设通过原点,与 x 轴的夹角为 θ 的射线与单位圆的交点为 (x,y) 时,定义

$$\cos\theta = x, \quad \sin\theta = y, \quad \tan\theta = \frac{y}{x} \tag{2.1}$$

因此 θ 的可取值范围扩展到 $-\infty < \theta < \infty$。

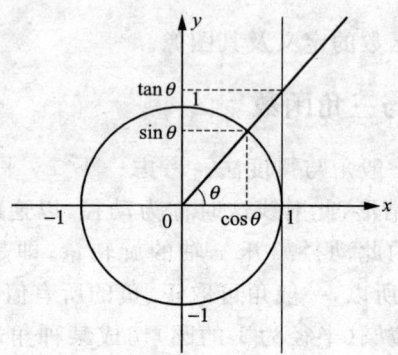

图 2.3　三角函数的定义

由定义可知，$\cos\theta$ 和 $\sin\theta$ 是周期为 2π 的周期函数，而 $\tan\theta$ 是周期为 π 的周期函数。$y = \cos x$，$y = \sin x$ 及 $y = \tan x$ 的图像如图 2.4 所示。$y = \cos x$ 与 $y = \sin x$ 的定义域为 $(-\infty, \infty)$，取值范围为 $[-1, 1]$。$y = \tan x$ 的定义域为 $(-\infty, \infty)$，但 $x = \frac{\pi}{2} + n\pi$（n：整数）处的值未定义，而且取值范围为 $(-\infty, \infty)$。

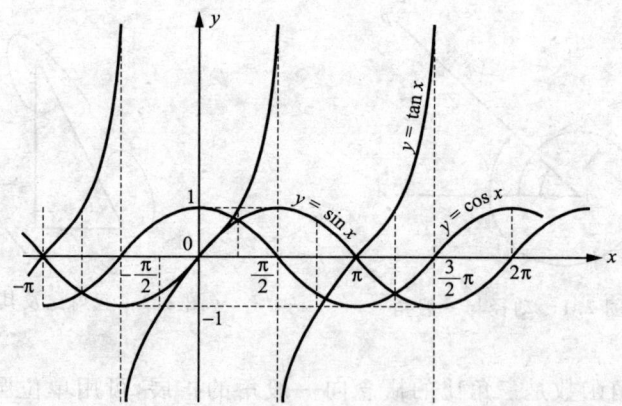

图 2.4　三角函数的图像

此外的三角函数可整理如下：

- $\sec x = \dfrac{1}{\cos x}$：称为"正割"；

- $\csc x = \dfrac{1}{\sin x}$：称为"余割"；

- $\cot x = \dfrac{1}{\tan x}$：称为"余切"。

典型角的三角函数值应记住，如

$$\cos 0 = 1, \cos\frac{\pi}{6}=\frac{\sqrt{3}}{2}, \cos\frac{\pi}{4}=\frac{1}{\sqrt{2}}, \cos\frac{\pi}{3}=\frac{1}{2}, \cos\frac{\pi}{2}=0 \quad (2.2)$$

$$\sin 0 = 0, \sin\frac{\pi}{6}=\frac{1}{2}, \sin\frac{\pi}{4}=\frac{1}{\sqrt{2}}, \sin\frac{\pi}{3}=\frac{\sqrt{3}}{2}, \sin\frac{\pi}{2}=1 \quad (2.3)$$

$$\tan 0 = 0, \tan\frac{\pi}{6}=\frac{1}{\sqrt{3}}, \tan\frac{\pi}{4}=1, \tan\frac{\pi}{3}=\sqrt{3} \quad (2.4)$$

2.1.2 直线的斜率与三角函数

xy 平面上直线 $y=ax+b$ 的斜率 a，与此直线和 x 轴的夹角 θ 间，有

$$a = \tan\theta \quad (2.5)$$

的关系。所以，直线的斜率（y 轴方向上的移动量与 x 轴方向上的移动量之比），可与直线和 x 轴的夹角联系在一起考虑。

例如，$y=2x$ 与 x 轴间的夹角 θ 可知为

$$\tan\theta = 2 \Leftrightarrow \theta = \arctan 2 \approx 1.107\,15\,\text{rad} \approx 63.434\,95°$$

$\arctan y$ 为反正切函数，对其将在 2.3 节中讲述。

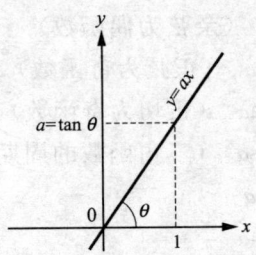

图 2.5 直线的斜率与正切的关系

2.2 三角公式

本节给出三角函数的典型性质(公式),但有关其微积分放到第4章中讲述。

2.2.1 与三角形的性质相对应的三角函数的公式

$$\cos^2\theta + \sin^2\theta = 1 \quad (\text{对应于勾股定理}) \tag{2.6}$$

$$1 + \tan^2\theta = \frac{1}{\cos^2\theta} = \sec^2\theta \quad (\text{上述公式的扩展}) \tag{2.7}$$

$$1 + \cot^2\theta = \frac{1}{\sin^2\theta} = \csc^2 x \tag{2.8}$$

另外,图 2.6 所示三角形的各边与各顶角之间,还存在以下的关系:

$$a^2 = b^2 + c^2 - 2bc\cos\alpha \quad (\text{余弦定理}) \tag{2.9}$$

$$b^2 = c^2 + a^2 - 2ca\cos\beta \tag{2.10}$$

$$c^2 = a^2 + b^2 - 2ab\cos\gamma \tag{2.11}$$

$$\frac{a}{\sin\alpha} = \frac{b}{\sin\beta} = \frac{c}{\sin\gamma} = 2R \quad (\text{正弦定理}) \tag{2.12}$$

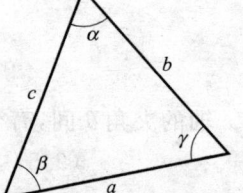

图 2.6 三角形的边与角的定义

式中,R 为外接圆的半径。

2.2.2 单一角的公式

$$\cos(-\alpha) = \cos\alpha \quad (\text{余弦为偶函数}) \tag{2.13}$$

$$\sin(-\alpha) = -\sin\alpha \quad (\text{正弦为奇函数}) \tag{2.14}$$

$$\tan(-\alpha) = -\tan\alpha \quad (\text{正切为奇函数}) \tag{2.15}$$

$$\cos(\alpha \pm 2\pi) = \cos\alpha \quad (\text{三角函数的周期性}) \tag{2.16}$$

$$\sin(\alpha \pm 2\pi) = \sin\alpha \tag{2.17}$$

$$\tan(\alpha \pm 2\pi) = \tan\alpha \tag{2.18}$$

$$\cos(\alpha \pm \pi) = -\cos\alpha \tag{2.19}$$

$$\sin(\alpha \pm \pi) = -\sin\alpha \tag{2.20}$$

$$\tan(\alpha \pm \pi) = \tan\alpha \tag{2.21}$$

$$\cos\left(\alpha \pm \frac{\pi}{2}\right) = \mp \sin\alpha \quad \text{(三角函数的相似性)} \tag{2.22}$$

$$\sin\left(\alpha \pm \frac{\pi}{2}\right) = \pm \cos\alpha \tag{2.23}$$

$$\tan\left(\alpha \pm \frac{\pi}{2}\right) = -\frac{1}{\tan\alpha} \tag{2.24}$$

2.2.3 加法定理

$$\cos(\alpha \pm \beta) = \cos\alpha\cos\beta \mp \sin\alpha\sin\beta \tag{2.25}$$

$$\sin(\alpha \pm \beta) = \sin\alpha\cos\beta \pm \cos\alpha\sin\beta \tag{2.26}$$

$$\tan(\alpha \pm \beta) = \frac{\tan\alpha \pm \tan\beta}{1 \mp \tan\alpha\tan\beta} \tag{2.27}$$

若考虑将列矢量 $\begin{pmatrix} \cos\alpha \\ \sin\alpha \end{pmatrix}$ 即与 x 轴夹角为 α 的单位矢量按 $\begin{pmatrix} \cos\beta & -\sin\beta \\ \sin\beta & \cos\beta \end{pmatrix}$ 作一次旋转变换并再将 β 反转,就很容易理解此加法定理。

2.2.4 积与和差的变换公式

积与和差的变换公式,是以上述的加法定理为基础将三角函数间的积变换为三角函数的和或差:

$$\cos\alpha\cos\beta = \frac{1}{2}[\cos(\alpha+\beta) + \cos(\alpha-\beta)] \tag{2.28}$$

$$\sin\alpha\sin\beta = -\frac{1}{2}[\cos(\alpha+\beta) - \cos(\alpha-\beta)] \tag{2.29}$$

$$\sin\alpha\cos\beta = \frac{1}{2}[\sin(\alpha+\beta) + \sin(\alpha-\beta)] \tag{2.30}$$

$$\cos\alpha\sin\beta = \frac{1}{2}[\sin(\alpha+\beta) - \sin(\alpha-\beta)] \tag{2.31}$$

相反,也可以推出将和差变换为积的公式:

$$\sin\alpha \pm \sin\beta = 2\sin\frac{\alpha \pm \beta}{2}\cos\frac{\alpha \mp \beta}{2} \tag{2.32}$$

$$\cos\alpha + \cos\beta = 2\cos\frac{\alpha+\beta}{2}\cos\frac{\alpha-\beta}{2} \tag{2.33}$$

$$\cos\alpha - \cos\beta = -2\sin\frac{\alpha+\beta}{2}\sin\frac{\alpha-\beta}{2} \qquad (2.34)$$

2.2.5 2倍角,3倍角公式

$$\cos 2\alpha = \cos^2\alpha - \sin^2\alpha = 1 - 2\sin^2\alpha = 2\cos^2\alpha - 1 \quad (2倍角公式) \qquad (2.35)$$

$$\sin 2\alpha = 2\sin\alpha\cos\alpha \qquad (2.36)$$

$$\tan 2\alpha = \frac{2\tan\alpha}{1-\tan^2\alpha} \qquad (2.37)$$

$$\cos 3\alpha = 4\cos^3\alpha - 3\cos\alpha \quad (3倍角公式) \qquad (2.38)$$

$$\sin 3\alpha = 3\sin\alpha - 4\sin^3\alpha \qquad (2.39)$$

$$\tan 3\alpha = \frac{3\tan\alpha - \tan^3\alpha}{1-3\tan^2\alpha} \qquad (2.40)$$

其中的式(2.36)可将正弦与余弦的交叉项变为只含正弦的表达式,这与下述的半角公式一样,在积分计算时是很有用的。

2.2.6 半角公式

半角公式是由上述的2倍角公式之一的 $\cos 2\alpha = 1 - 2\sin^2\alpha = 2\cos^2\alpha - 1$ 通过 $\alpha \rightarrow \frac{\alpha}{2}$ 的置换导出的:

$$\cos^2\frac{\alpha}{2} = \frac{1+\cos\alpha}{2} \qquad (2.41)$$

$$\sin^2\frac{\alpha}{2} = \frac{1-\cos\alpha}{2} \qquad (2.42)$$

$$\tan^2\frac{\alpha}{2} = \frac{1-\cos\alpha}{1+\cos\alpha} \qquad (2.43)$$

半角公式可将三角函数的二次项变换为一次,所以应用范围很广。例如,可用于积分的计算:

$$\int_0^\pi \cos^2\theta \, d\theta = \int_0^\pi \frac{1+\cos 2\theta}{2} d\theta = \left[\frac{1}{2}\theta + \frac{1}{4}\sin 2\theta\right]_0^\pi = \frac{1}{2}\pi$$

2.3 反三角函数

2.3.1 反三角函数的定义

（1）$x=\sin y$ 中的函数 y，称为反正弦函数，用 $\arcsin x$ 表示。
（2）由 $x=\cos y$ 有 $y=\arccos x$（反余弦函数）。
（3）由 $x=\tan y$ 有 $y=\arctan x$（反正切函数）。

$\arcsin x$ 是与 $1/\sin x(=\csc x)$ 完全不同的另外的函数，注意不要混淆。

2.3.2 反三角函数的定义域、取值范围与图像

三角函数是周期函数，例如，满足 $\cos y=\dfrac{1}{2}$ 的 y 有无穷多，所以难以构成反函数。为此反三角函数中，原三角函数的定义域（反三角函数的取值范围）限制为原点附近的 1 个周期，具体如下：

- $y=\arccos x$（反余弦函数）：$-1 \leqslant x \leqslant 1, 0 \leqslant y \leqslant \pi$
- $y=\arcsin x$（反正弦函数）：$-1 \leqslant x \leqslant 1, -\dfrac{\pi}{2} \leqslant y \leqslant \dfrac{\pi}{2}$
- $y=\arctan x$（反正切函数）：$-\infty \leqslant x \leqslant \infty, -\dfrac{\pi}{2} \leqslant y \leqslant \dfrac{\pi}{2}$

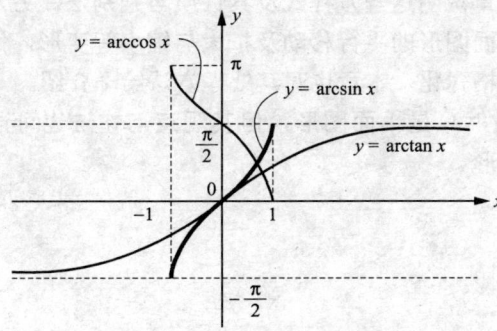

图 2.7　反三角函数的图像

第 3 章

方程式与曲线

　　作为典型的平面图形可以举出的有直线、抛物线、圆与椭圆、双曲线等，本章说明这些方程式及其性质与判别法。另外，将以方程式表示的平面图形的平行移动及扩大与缩小等变形，作为坐标系的变换也已经格式化，本章也对其处理方法给予介绍。
　　本章举出的虽然只是平面图形，但其观点与作法也可适用于空间图形等多维图形。

3.1 直线与二次曲线(椭圆、双曲线)

这里介绍在 xy 平面上描绘的典型图形的方程式。

3.1.1 一次函数

满足 x 与 y 的一次方程式

$$ax+by+c=0 \tag{3.1}$$

的点的集合为 xy 平面上的直线。$a=0$ 时表示与 x 轴平行的直线,$b=0$ 时表示与 y 轴平行的直线。

若 $b\neq 0$ 时,方程式(3.1)可改写为

$$y=-\frac{a}{b}x-\frac{c}{b}=px+q \tag{3.2}$$

这里称 p 为此直线的斜率,q 称 y 轴上的截矩。此直线与 x 轴的夹角由 $\arctan p$ 给出。

3.1.2 椭圆与双曲线

首先讲述二次曲线的标准形式。二次曲线分以下五类(以下设 p、q、r 为正值):

$$x^2+y^2=r^2 \quad 圆(正圆) \tag{3.3a}$$
$$px^2+qy^2=1 \quad 椭圆 \tag{3.3b}$$
$$2px-qy^2=1 \quad 抛物线 \tag{3.3c}$$
$$px^2-qy^2=1 \quad 双曲线 \tag{3.3d}$$
$$px^2-qy^2=0 \quad 通过原点的两根直线 \tag{3.3e}$$

这里分成圆与椭圆是由于圆中还包含 $r=0$ 的情形(原点),但以下不考虑点与直线的情形,只处理椭圆(见式(3.3b))、抛物线(见式(3.3c))及双曲线(见式(3.3d))。圆可视为椭圆的特殊情形($p=q$)。

椭圆表示到两点 F、F' 的距离和相等的点的集合,而双曲线则表示到两点距离差相等的点的集合。此 F、F' 称为焦点。式(3.3b)及式(3.3d)可写为

$$px^2\pm qy^2=1$$

$$\Leftrightarrow \frac{x^2}{a^2} \pm \frac{y^2}{b^2} = 1 \quad (a=\sqrt{p}, b=\sqrt{q})$$

图像如图 3.1 所示，$a > b$ 时的焦点为 $(\pm\sqrt{a^2-b^2}, 0)$，$a < b$ 时为 $(0, \pm\sqrt{b^2-a^2})$。而且双曲线会渐近直线 $y = \pm(b/a)x$。

椭圆的一个特点是，从圆周上的任意点向两焦点 F 引线时，此两条直线与该点椭圆的切线所成的夹角相等（见图 3.2）。这说明，设椭圆的内侧为镜面时，一侧焦点发出的光经椭圆内侧反射后必定会到达另一侧的焦点。人们利用此性质，研究出了将压力波通过半旋转椭圆面反射聚焦于人体内的一点来粉碎体内结石的医疗机。

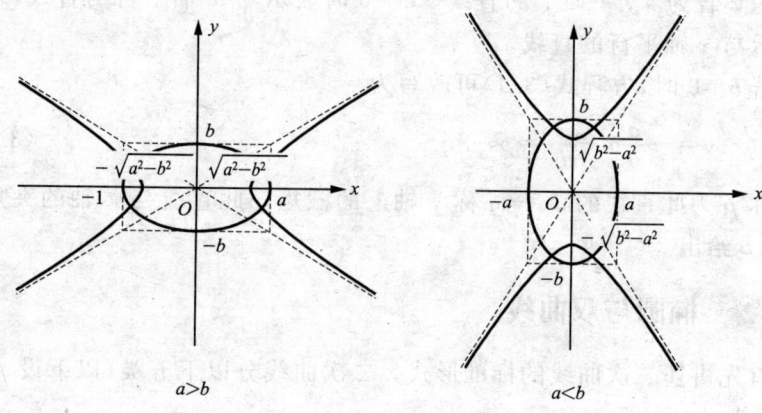

图 3.1　椭圆与双曲线

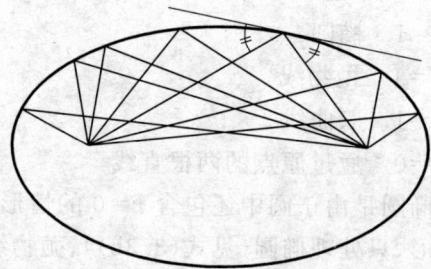

图 3.2　椭圆焦点的特性

3.2 抛物线与二次曲线的判别方法

3.2.1 抛物线

抛物线是到某直线（准线）与到该直线外一点（焦点）的距离相等的点的集合。将小物体向斜上方投射时，若空气的阻力足够小，则小物体描画的曲线即是抛物线，这也是其名称的由来。

xy 平面内开口朝 y 轴方向的抛物线，用满足方程式

$$y = ax^2 + bx + c \quad (a \neq 0) \tag{3.4}$$

的点 (x,y) 的集合表示。将式(3.4)配完全平方，即成

$$y = ax^2 + bx + c = a\left(x + \frac{b}{2a}\right)^2 - \frac{b^2}{4a} + c \tag{3.5}$$

此抛物线的顶点即为 $\left(-\frac{b}{2a}, -\frac{b^2}{4a} + c\right)$。

将内侧为镜面的抛物面的开口朝向平行光的光源，则经抛物面内侧反射的光线将全部会聚至焦点。利用此性质，回转抛物面的反射器材被用于抛物线天线及聚光灯。

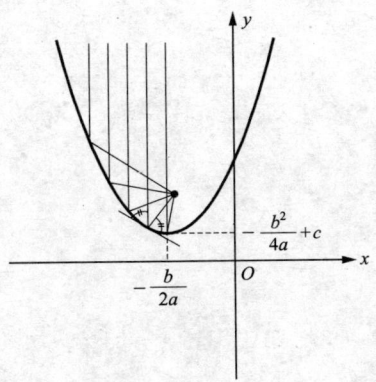

图 3.3 抛物线

3.2.2 任意二次曲线及其判别

满足 x 与 y 的任意二次方程式

$$ax^2+bxy+cy^2+dx+ey+f=0 \tag{3.6}$$

的点的集合,可分类为椭圆、抛物线、双曲线及两条直线。其分类按系数 a、b、c 决定如下：

- $b^2-ac>0$：双曲线(或过原点的两条直线)；
- $b^2-ac=0$：抛物线；
- $b^2-ac<0$：椭圆(或点)。

实际上将方程式(3.6)表示的图形进行适当的正交变换即可归结到式(3.3)的形式。将式(3.6)变换为式(3.3)的形式的过程,称为二次曲线的标准化。

3.3 平面图形的变形

本节说明方程式表示的图形的平行移动、扩大与缩小及旋转。因篇幅所限,讨论的对象仅限于 xy 平面上的图形 $f(x,y)=0$,但其方法对包含空间图形在内的多维图形也是有效的。

3.3.1 图形变形的考虑方法

将图形的变形考虑成坐标系的变换,则很容易理解。例如,作 (a,b) 大小的平移,即是将坐标轴按 $(-a,-b)$ 量移动;而要将 x 方向扩大 a 倍时,则相当于将 x 轴按 $\frac{1}{a}$ 缩短。

要变换平面上的图形 $f(x,y)=0$ 时,应考虑变换后的点 (x,y) 到底相当于变换前(坐标系变换前)的哪一点。为此,将其写为 (X,Y),只要其满足变换前的图形方程式即可,即成为 $f(X,Y)=0$ 即可。所以,若能找到 (x,y) 与 (X,Y) 间的关系,图形的变形将是很容易的。

3.3.2 图形的平行移动

将图形 $f(x,y)=0$ 在 x 轴方向上平行移动 a、在 y 轴方向上平行移动 b 后的图形,用 $f(x-a,y-b)=0$ 表示。即是进行

$$(x,y) \xmapsto{\text{平行移动}} (x-a,y-b) \tag{3.7}$$

的参数变换。

从上边说明的坐标系变换的角度来讲,即是说点 (x,y) 的状态要与变形前的点 $(x-a,y-b)$ 的状态一致。这一点在以下的讲述中也是一样的。

3.3.3 图形的扩大与缩小

将图形 $f(x,y)=0$ 在 x 轴方向上扩大 a 倍($a\neq 0$)、在 y 轴方向上扩大 b 倍($b\neq 0$)(或缩小)后的图形,用 $f(x/a,y/b)=0$ 表示,即进行

$$(x, y) \xmapsto{\text{扩大·缩小}} \left(\frac{x}{a}, \frac{y}{b}\right) \tag{3.8}$$

的参数变换。

【例题】 试给出周期为周期函数 $\sin x$ 的周期 2 倍的函数。

解 周期增至 2 倍,即相当于在 x 轴方向上扩大 2 倍的操作,所以只要进行 $x \to \frac{x}{2}$ 这种参数变换即可。可见,要求的函数即为 $\sin(x/2)$。

3.3.4 图形的对称

图形 $f(x,y)=0$ 相对于 x 轴对称时的图形,用 $f(x,-y)=0$ 表示,即进行

$$(x, y) \xmapsto{\text{以 } x \text{ 轴对称}} (x, -y) \tag{3.9}$$

的参数变换。

而图形 $f(x,y)=0$ 相对于 y 轴对称的图形,则是用 $f(-x,y)=0$ 表示,即是进行

$$(x, y) \xmapsto{\text{以 } y \text{ 轴对称}} (-x, y) \tag{3.10}$$

的变量变换。

这也分别与上述"图形的扩大与缩小"中的 y 轴方向、x 轴方向扩大 -1 倍的操作相当。

3.3.5 图形的旋转

图形 $f(x,y)=0$ 绕原点旋转过 θ 角后的图形用 $f(x\cos\theta+y\sin\theta, -x\sin\theta+y\cos\theta)=0$ 表示,即是进行

$$(x, y) \xmapsto{\text{旋转}} (x\cos\theta+y\sin\theta, -x\sin\theta+y\cos\theta) \tag{3.11}$$

的变量变换。

【例题】 试给出长轴为 2,短轴为 1 且长轴相对 x 轴倾斜 $\pi/4$ 的椭圆的方程式。

解 将与所述椭圆全等而长轴位于 x 轴上的椭圆的方程式 $(x^2/2^2)+(y^2/1^2)=1$ 旋转 $\pi/4$。此旋转的坐标变换为

$$(x, y) \xmapsto{\pi/4 \text{ 旋转}} \left(x\cos\frac{\pi}{4}+y\sin\frac{\pi}{4}, -x\sin\frac{\pi}{4}+y\cos\frac{\pi}{4}\right)$$

$$= \left(\frac{x}{\sqrt{2}}+\frac{y}{\sqrt{2}}, -\frac{x}{\sqrt{2}}+\frac{y}{\sqrt{2}}\right)$$

所以,所求方程式如下:

$$\frac{1}{4}\left(\frac{x}{\sqrt{2}}+\frac{y}{\sqrt{2}}\right)^2+\left(-\frac{x}{\sqrt{2}}+\frac{y}{\sqrt{2}}\right)^2=1$$
$$\Leftrightarrow 5x^2-6xy+5y^2=8$$

第 4 章

分析学

　　解决工程问题时，通常都是将研究对象用数学式子表示出来，并基于数学分析知识对该式子的性质进行研究。所以，可以说数学分析的基础知识是工程技术人员必备的知识。
　　本章作为数学分析的初步知识，讨论单变量实函数 $y=f(x)$ 的微积分，以及应用它们的分析方法。因篇幅所限将不涉及多变量函数的微积分。

4.1 指数与对数

4.1.1 指数的定义与指数函数

函数
$$y = a^x \quad (a > 0) \tag{4.1}$$
称为指数函数。a 称为底，x 称为指数。a^x 定义为

$$a^x = \begin{cases} \overbrace{a \times a \times \cdots \times a}^{x} & x \text{ 为正整数} \\ 1 & x = 0 \\ \sqrt[m]{a^n} & x = \dfrac{n}{m}, m, n \text{ 为正整数} \\ \lim\limits_{n \to \infty} a^{x_n} & x \text{ 为无理数}, x_n \text{ 为 } n \to \infty \text{ 时趋近 } x \text{ 的有理数列} \\ \dfrac{1}{a^{-x}} & x < 0, a^{-x} \text{ 遵循以上四定义} \end{cases} \tag{4.2}$$

特别是自然对数的底 $e = 2.718281828459\cdots$ 作底的指数函数 e^x 有时写成 $\exp x$。

4.1.2 指数函数的性质

设 a、b 为正数，则有

$$a^x \times a^y = a^{x+y}, \quad a^x \div a^x = a^{x-y} \quad \text{（指数法则）} \tag{4.3}$$

$$(a^x)^y = a^{xy} \tag{4.4}$$

$$(ab)^x = a^x b^x, \quad \left(\dfrac{a}{b}\right)^x = \dfrac{a^x}{b^x} \tag{4.5}$$

$$a = b^{\log_b a}, \quad a^x = b^{x \log_b a} \quad \text{（用于换底）} \tag{4.6}$$

$$a^x = e^{x \ln a} \quad \text{（将底换为自然对数的底）} \tag{4.7}$$

$\ln x$ 指的是自然对数（见下项）。

4.1.3 对数与对数函数

对数函数是按指数函数的反函数定义的。

$$y=a^x \Leftrightarrow x=\log_a y \quad (y>0) \tag{4.8}$$

此时,x 称为以 a 为底的 y 的对数,而 y 称为对数 $\log_a y$ 的真数。

底为 10 的对数称为常用对数,底为 $e=2.718281828459\cdots$ 的对数 $\log_e y$ 称为自然对数。e 称为自然对数的底。

工程学科中,将常用对数 $\log_{10} y$ 略写为 $\lg y$,而将自然对数 $\log_e y$ 写为 $\ln y$。注意加以区别。本章讲述中,对数的表述方法遵循此工程习惯。图 4.1 所示为指数函数与对数函数的图像。

4.1.4 对数函数的性质

设 a、b 为正数,则有

$$\log_a a^x = x, \quad \log_a 1 = 0, \quad \log_a a = 1 \tag{4.9}$$

$$\log_a xy = \log_a x + \log_a y, \quad \log_a \frac{x}{y} = \log_a x - \log_a y \text{(对数法则)} \tag{4.10}$$

$$\log_a x^y = y \log_a x \tag{4.11}$$

$$\log_a b \log_b x = \log_a x, \quad \log_a x = \frac{\log_b x}{\log_b a} \text{(换底公式)} \tag{4.12}$$

【例题】 已知 $\lg 2 \approx 0.30103, \lg 3 \approx 0.47712$,求 $\lg 12$ 的近似值。

解 $\lg 12 = \lg(2^2 \times 3) = 2\lg 2 + \lg 3 = 1.07918$

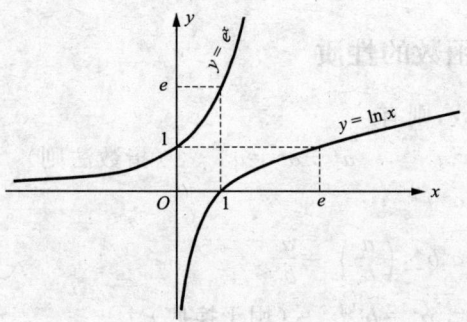

图 4.1 指数函数与对数函数的图像

4.2 微分公式

本节讲述微分的定义、初等函数的微分法及微分的基本计算方法。如能理解并会应用所讲述的计算方法，则微分问题大体上都能计算。

4.2.1 导数的定义

对于区间 $I \subseteq \mathbf{R}$（$\mathbf{R}$ 为实数的集合）上定义的函数 f 及其区间内的实数 $t \in I$，存在

$$\lim_{h \to 0} \frac{f(t+h) - f(t)}{h} = c \tag{4.13}$$

时，称函数 f 是对 t 可微分的，c 称为函数 f 对 t 的微分系数或导数。导数记为

$$c = f'(t) = (f(t))' = \frac{\mathrm{d}f}{\mathrm{d}t}(t) \tag{4.14}$$

在 I 的各点 f 均可微分时，则可定义 I 上的函数 $f'(t)$，此称为 f 的导函数。

物理学上，限于对时间的微分时常使用牛顿的表述方法。例如，速度 v 的时间微分用 $\dot{v}$，移动距离 x 对时间的 2 阶导数用 $\ddot{x}$，是用在上面加点的方法来表述（$\dot{f} \equiv \mathrm{d}f/\mathrm{d}t$）。

4.2.2 初等函数的导数

$$(x^k)' = k x^{k-1} \tag{4.15}$$

$$(\mathrm{e}^x)' = \mathrm{e}^x \tag{4.16}$$

$$(a^x)' = (\mathrm{e}^{x \ln a})' = \mathrm{e}^{x \ln a} \ln a = a^x \ln a \quad \text{（换底）} \tag{4.17}$$

$$(\ln x)' = \frac{1}{x} \tag{4.18}$$

$$(\log_a x)' = \left(\frac{\ln x}{\ln a}\right)' = \frac{1}{x \ln a} \quad \text{（对数换底公式）} \tag{4.19}$$

$$(\lg x)' = (\log_{10} x)' = \frac{1}{x \ln 10} \quad \text{（常用对数的导数）} \tag{4.20}$$

$$(\cos x)' = -\sin x \tag{4.21}$$

$$(\sin x)' = \cos x \tag{4.22}$$

$$(\tan x)' = \frac{1}{\cos^2 x} \tag{4.23}$$

4.2.3 反三角函数的导数

$$(\arccos x)' = \frac{-1}{\sqrt{1-x^2}} \tag{4.24}$$

$$(\arcsin x)' = \frac{1}{\sqrt{1-x^2}} \tag{4.25}$$

$$(\arctan x)' = \frac{1}{1+x^2} \tag{4.26}$$

这些不仅在微分中有用。在积分时也是很有用的。

4.2.4 和、差、积、商的导数与复合函数的导数

设 a、b 为任意的实数，则有

$$(af(x)+bg(x))' = af'(x)+bg'(x) \quad \text{（导数的线性）} \tag{4.27}$$

$$(f(x)g(x))' = f'(x)g(x)+f(x)g'(x) \quad \text{（积的导数）} \tag{4.28}$$

$$\left(\frac{f(x)}{g(x)}\right)' = \frac{f'(x)g(x)-f(x)g'(x)}{[g(x)]^2} \quad \text{（商的导数）} \tag{4.29}$$

$$(f(g(x)))' = f'(g(x))g'(x) \quad \text{（复合函数的导数）} \tag{4.30}$$

4.2.5 对数求导法

连乘的指数为 x 的函数的式子进行求导时，对数求导法是很有用的。例如，要对 $y=x^x$ 求导时，可对式子两边取自然对数，即成

$$\ln y = \ln x^x = x\ln x$$

这样一来，指数就从角上下来了，式子变成乘积的形式。

此式的两边对变量 x 求导，即得

$$\frac{y'}{y} = \ln x + x \cdot \frac{1}{x} = \ln x + 1 \text{（左边属复合函数求导）}$$

$$\Leftrightarrow y' = y(\ln x + 1)$$

$$= x^x(\ln x + 1)$$

4.3 不定积分与定积分

本节给出积分的定义与初等函数的积分等基本的积分公式。

4.3.1 积分的定义

对某给定函数 $F(x)$ 进行微分得到的函数 $f(x)$，即满足

$$F'(x) = f(x)$$

的函数 $F(x)$，称为 $f(x)$ 的原函数。

函数 $f(x)$ 的原函数并非只有一个。具体来讲，找到某函数 $f(x)$ 的原函数 $F(x)$ 时，此原函数加一任意的常数 c 得到的函数 $F(x)+c$，也是 $f(x)$ 的原函数。可见原函数不能唯一确定，它们一般用符号

$$\int f(x)\mathrm{d}x$$

表述，称为 $f(x)$ 的不定积分。而任意的常数 c 称为积分常数。

另外，设函数 $f(x)$ 的一个原函数为 $F(x)$ 时，则

$$F(b) - F(a)$$

称为 $f(x)$ 的定积分，记为

$$\int_a^b f(x)\mathrm{d}x = [F(x)]_a^b = F(b) - F(a)$$

4.3.2 初等函数的不定积分

以下，C 表示积分常数。

$$\int x^a \mathrm{d}x = \begin{cases} \dfrac{1}{a+1} x^{a+1} + C & (a \neq -1) \\ \ln|x| + C & (a = -1) \end{cases} \tag{4.31}$$

$$\int \mathrm{e}^x \mathrm{d}x = \mathrm{e}^x + C \tag{4.32}$$

$$\int \ln x \mathrm{d}x = x\ln x - x + C \tag{4.33}$$

$$\int \cos x \mathrm{d}x = \sin x + C \tag{4.34}$$

$$\int \sin x \mathrm{d}x = -\cos x + C \tag{4.35}$$

$$\int \tan x \, \mathrm{d}x = -\ln(\cos x) + C \qquad (4.36)$$

$$\int \frac{1}{1+x^2} \mathrm{d}x = \arctan x + C \qquad (4.37)$$

4.3.3 积分的性质

以下，$f_{\text{even}}(x)$ 表示偶函数，$f_{\text{odd}}(x)$ 表示奇函数。

$$\int (af(x) + bg(x)) \mathrm{d}x = a \int f(x) \mathrm{d}x + b \int g(x) \mathrm{d}x \text{(积分的线性)}$$
$$\qquad (4.38)$$

$$\int_a^a f(x) \mathrm{d}x = 0, \int_a^b f(x) \mathrm{d}x = -\int_b^a f(x) \mathrm{d}x \qquad (4.39)$$

$$\int_a^b f(x) \mathrm{d}x + \int_b^c f(x) \mathrm{d}x = \int_a^c f(x) \mathrm{d}x \qquad (4.40)$$

$$\int_{-a}^a f_{\text{even}}(x) \mathrm{d}x = 2 \int_0^a f_{\text{even}}(x) \mathrm{d}x \qquad (4.41)$$

$$\int_{-a}^a f_{\text{odd}}(x) \mathrm{d}x = 0 \qquad (4.42)$$

【例题】 求 $\int_{-2}^{2} (x^4 - 3x^3 - 4x^2 - x + 2) \mathrm{d}x$。

解 首先利用积分的线性将被积函数分成一项一项的积分

$$\int_{-2}^{2} (x^4 - 3x^3 - 4x^2 - x + 2) \mathrm{d}x$$
$$= \int_{-2}^{2} x^4 \mathrm{d}x - 3\int_{-2}^{2} x^3 \mathrm{d}x - 4\int_{-2}^{2} x^2 \mathrm{d}x - \int_{-2}^{2} x \mathrm{d}x + 2\int_{-2}^{2} \mathrm{d}x$$

其中，x^4、x^2 及常数项为偶函数，x^3 和 x 为奇函数，故有

$$\int_{-2}^{2} x^4 \mathrm{d}x = 2\int_0^2 x^4 \mathrm{d}x, \int_{-2}^{2} x^3 \mathrm{d}x = 0,$$

$$\int_{-2}^{2} x^2 \mathrm{d}x = 2\int_0^2 x^2 \mathrm{d}x, \int_{-2}^{2} x \mathrm{d}x = 0, \int_{-2}^{2} \mathrm{d}x = 2\int_0^2 \mathrm{d}x$$

所以，要求的定积分计算如下：

$$\int_{-2}^{2} (x^4 - 3x^3 - 4x^2 - x + 2) \mathrm{d}x = 2\int_0^2 x^4 \mathrm{d}x - 8\int_0^2 x^2 \mathrm{d}x + 4\int_0^2 \mathrm{d}x$$

$$= 2\left[\frac{1}{5}x^5\right]_0^2 - 8\left[\frac{1}{3}x^3\right]_0^2 + 4[x]_0^2$$

$$= \frac{64}{5} - \frac{64}{3} + 8 = -\frac{8}{15}$$

4.3.4 积分计算的基本技术

1. 换元积分(变量变换)及其应用

$$\int f(u(t))u'(t)dt = \int f(x)dx \tag{4.43}$$

$$\int \frac{f'(x)}{f(x)}dx = \ln|f(x)| + C \tag{4.44}$$

式(4.44)是以分母为 u 进行换元积分后求得的。

【例题】 求 $\int_1^2 (2x-3)^{10}dx$。

解 换元：$t = 2x - 3 \Leftrightarrow x = \dfrac{t+3}{2}$

换积分的上下限：x 为 $1 \to 2$ 时 t 为 $-1 \to 1$，因

$$\frac{dx}{dt} = \frac{1}{2}$$

所以

$$\int_1^2 (2x-3)^{10}dx = \int_{-1}^1 t^{10} \cdot \frac{1}{2}dt$$

$$= \left[\frac{1}{11}t^{11} \cdot \frac{1}{2}\right]_{-1}^1 = \frac{1}{22} - \left(-\frac{1}{22}\right) = \frac{1}{11}$$

要按 $dx = \dfrac{dx}{dt}dt$ 来置换 dx 部分。

【例题】 求 $\int \dfrac{x}{x^2+1}dx$。

解 按 $x^2 + 1 = u$ 进行换元积分。

因为 $\dfrac{du}{dx} = 2x$（考虑成 $2xdx = du$ 的置换）

所以 $\int \dfrac{x}{x^2+1}dx = \int \dfrac{1}{x^2+1} \cdot \dfrac{1}{2} \cdot 2xdx$

$$= \frac{1}{2}\int \frac{1}{u}du = \frac{1}{2}\ln|u| + C = \frac{1}{2}\ln(x^2+1) + C$$

2. 分式分项展开

在分母为可因式分解的 x 的多项式时，将分式分项展开即可积分。

【例题】 求 $\int \dfrac{dx}{x^4-1}$。

解 分母可因式分解为 $x^4 - 1 = (x-1)(x+1)(x^2+1)$，所以进行分

式分项展开。具体展为

$$\frac{1}{x^4-1} = \frac{a}{x-1} + \frac{b}{x+1} + \frac{cx+d}{x^2+1}$$

的形式下，来确定 a、b、c、d。将式子的右边通分得

$$\frac{a}{x-1} + \frac{b}{x+1} + \frac{cx+d}{x^2+1}$$

$$= \frac{a(x+1)(x^2+1) + b(x-1)(x^2+1) + (cx+d)(x-1)(x+1)}{x^4-1}$$

$$= \frac{(a+b+c)x^3 + (a-b+d)x^2 + (a+b-c)x + (a-b-d)}{x^4-1}$$

比较式子两边分子的系数，即得

$$a+b+c=0,\ a-b+d=0,\ a+b-c=0,\ a-b-d=1$$

所以 $a=\frac{1}{4}$，$b=-\frac{1}{4}$，$c=0$，$d=-\frac{1}{2}$

故得

$$\int \frac{dx}{x^4-1} dx = \int \left(\frac{1}{4}\cdot\frac{1}{x-1} - \frac{1}{4}\cdot\frac{1}{x+1} - \frac{1}{2}\cdot\frac{1}{x^2+1}\right)dx$$

$$= \frac{1}{4}\int \frac{1}{x-1}dx - \frac{1}{4}\int \frac{1}{x+1}dx - \frac{1}{2}\int \frac{1}{x^2+1}dx$$

$$= \frac{1}{4}\ln|x-1| - \frac{1}{4}\ln|x+1| - \frac{1}{2}\arctan x + C$$

3. 分部积分

$$\int f(x)g'(x)dx = f(x)g(x) - \int f'(x)g(x)dx \quad \text{（不定积分）}$$

(4.45)

$$\int_a^b f(x)g'(x)dx = [f(x)g(x)]_a^b - \int_a^b f'(x)g(x)dx \quad \text{（定积分）}$$

(4.46)

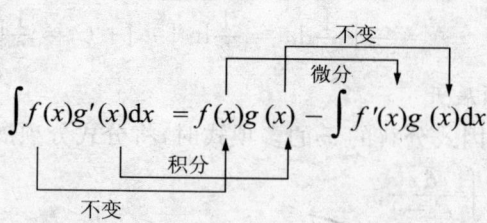

分部积分相当于积的求导的逆运算。

【例题】 求 $\int x\mathrm{e}^x \mathrm{d}x$。

解 式中含有 e^x 或 $\ln x$ 时,用分部积分多能顺利计算。此时,e^x 用于积分而移出的因子,$\ln x$ 用于求导的因子。

$$\int x\mathrm{e}^x \mathrm{d}x = x\mathrm{e}^x - \int \mathrm{e}^x \mathrm{d}x = x\mathrm{e}^x - \mathrm{e}^x + C$$

【例题】 求 $\ln x$ 的不定积分。

解 进行分部积分运算,得

$$\begin{aligned}\int \ln x \mathrm{d}x &= \int 1 \cdot \ln x \mathrm{d}x \\ &= x\ln x - \int x \cdot \frac{1}{x} \mathrm{d}x \text{(分部积分)} \\ &= x\ln x - \int \mathrm{d}x = x\ln x - x + C\end{aligned}$$

4.4 特殊函数的定积分

4.4.1 几个积分公式

以下的定积分许多都是能使用分部积分及换元积分等上节所述的积分基本技术来求得的：

$$\int_0^1 x^n \ln x \, dx = -\frac{1}{(n+1)^2} \quad (n \neq 0) \tag{4.47}$$

$$\int_0^1 \frac{x^n - 1}{\ln x} dx = \ln(n+1) \quad (n > 0) \tag{4.48}$$

$$\int_0^1 (\ln x)^n dx = (-1)^n n! \tag{4.49}$$

$$\int_0^n \frac{\sin^{-1} x}{x} dx = \frac{\pi}{2} \ln 2 \tag{4.50}$$

$$\int_0^{\pi/2} \sin^n x \, dx = \int_0^{\pi/2} \cos^n x \, dx = \int_0^1 \frac{x^n}{\sqrt{1-x^2}} dx \tag{4.51}$$

$$= \begin{cases} \dfrac{1 \cdot 3 \cdot 5 \cdot \cdots \cdot (n-1)}{2 \cdot 4 \cdot 6 \cdot \cdots \cdot n} \cdot \dfrac{\pi}{2} & (n \text{ 为偶数}) \\ \dfrac{2 \cdot 4 \cdot 6 \cdot \cdots \cdot n}{1 \cdot 3 \cdot 5 \cdot \cdots \cdot (n-1)} & (n \text{ 为奇数}) \end{cases}$$

$$\tag{4.52}$$

$$\int_0^\infty \frac{dx}{x^{1-n}(1+x)} = \frac{\pi}{\sin n\pi} \quad (0 < n < 1) \tag{4.53}$$

$$\int_0^\infty \frac{dx}{a^2 + x^2} = \frac{\pi}{2a} \tag{4.54}$$

$$\int_0^\infty e^{-a^2 x^2} dx = \frac{\sqrt{\pi}}{2a} \tag{4.55}$$

$$\int_0^\infty \frac{\sin x}{x} dx = \int_0^\infty \frac{\tan x}{x} dx = \frac{\pi}{2} \tag{4.56}$$

4.4.2 特殊函数例（Γ 函数）

有些函数因为不能解析积分而以定积分的形式原封不动地进行定

义,其中就有实用上很重要的 Γ 函数,如图 4.2 所示。一般的程序语言都将 Γ 函数作为数值计算库组成的一部分加以提供。

Γ 函数定义为下述积分:

$$\Gamma(z) = \int_0^\infty t^{z-1} e^{-t} dt \tag{4.57}$$

Γ 函数具有式(4.58)所示的性质,用于阶乘的计算:

$$\Gamma(n+1) = n! \tag{4.58}$$

除此之外,以定积分的形式定义的函数还有椭圆函数(椭圆积分)等,但工程上并不常用。

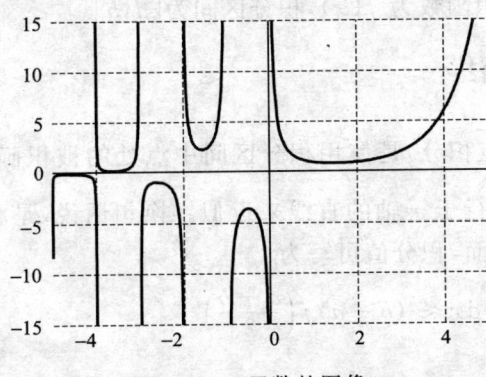

图 4.2 Γ 函数的图像

---- 小常识 ----

C 语言的 Γ 函数

C 语言的数学运算库中备有函数 gamma(),但此函数并不能给出 $\Gamma(x)$,而是给出 $\ln|\Gamma(x)|$ 的值,使用上请加以注意。因为用的是易产生误解的函数名,所以,最近准备的也有具有相同功能的名为 lgamma() 的函数。

想求 $\Gamma(x)$ 时,或者使用 lgamma() 函数,或者按

    lg=gamma(x);g=signgam*exp(lg);

利用 exp() 函数来求。详细情况请参照处理系统的说明书等资料。

4.5 数值积分

到上节为止介绍了积分的解析计算方法。然而能解析积分的函数必竟是有限的,在解决现实问题时往往多有赖于数值积分。

本节作为数值积分的基础介绍插值型数值积分(见图 4.3)。所谓插值型是指以积分区间内几点的被积函数的值为根据,将被积函数近似为直线或抛物线等低次函数后再进行积分。

以下,设被积函数为 $f(x)$,积分区间为 $[a,b]$。

4.5.1 中点法

中点法(中点积分)是使用积分区间中点处的被积函数值 $f\left(\frac{a+b}{2}\right)$,将被积函数用平行于 x 轴的直线来近似。换句话说,是将积分近似为长方形的面积。因而,积分值可写为

$$\int_a^b f(x)\mathrm{d}x \approx (b-a)f\left(\frac{a+b}{2}\right) \tag{4.59}$$

4.5.2 梯形法

梯形法(梯形积分)是使用积分区间两端处的被积函数值 $f(a)$ 和 $f(b)$,将被积函数用直线来近似。换句话说,是将积分用梯形(倒放的梯形)的面积来近似。因而,积分值可写为

$$\int_a^b f(x)\mathrm{d}x \approx \frac{b-a}{2}(f(a)+f(b)) \tag{4.60}$$

4.5.3 辛普森法

辛普森法是使用积分区间两端及中点处的被积函数的值 $f(a)$、$f(b)$、$f\left(\frac{a+b}{2}\right)$,将被积函数用抛物线来近似。积分值近似写为

$$\int_a^b f(x)\mathrm{d}x \approx \frac{b-a}{6}\left[f(a)+4f\left(\frac{a+b}{2}\right)+f(b)\right] \tag{4.61}$$

人们知道,辛普森法是将积分函数近似为二次函数,尽管如此,对于

三次函数的积分它都能给出相当精确的解。

4.5.4 高精度积分及其误差

为提高上述数值积分的精度,应将积分区间细分,并对每一细分区间运用上述的数值积分公式。积分区间充分细分后,各数值积分相对于细分数 n 的离散化误差,中点法与梯形法为 $O(n^{-2})$,辛普森法为 $O(n^{-4})$。

采用细分积分区间来进行积分时,对于周期函数的积分梯形公式只有很小的误差。可见,使用好梯形公式,对于大体的工程问题已经足够。

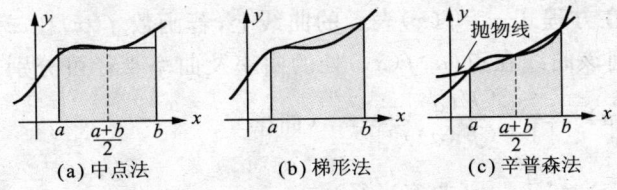

(a) 中点法　　　(b) 梯形法　　　(c) 辛普森法

图 4.3　插值型数值积分的典型方法

【例题】 用数值积分求 $\int_1^5 \dfrac{x}{x^2+1} \mathrm{d}x$。

解 1 对全积分区间运用辛普森法,定义 $f(x) = \dfrac{x}{x^2+1}$ 即得

$$\int_1^5 f(x)\mathrm{d}x \approx \frac{5-1}{6}(f(1)+4f(3)+f(5))$$

$$= \frac{2}{3}\left(\frac{1}{2}+4\times\frac{3}{10}+\frac{5}{26}\right)\approx 1.261\,538$$

解 2 将积分区间 4 等分,对各区间运用梯形法,得

$$\int_1^5 f(x)\mathrm{d}x \approx \frac{1}{2}(f(1)+f(2))+\frac{1}{2}(f(2)+f(3))$$

$$+\frac{1}{2}(f(3)+f(4))+\frac{1}{2}(f(4)+f(5))$$

$$= \frac{1}{2}\left(\frac{1}{2}+2\times\frac{2}{5}+2\times\frac{3}{10}+2\times\frac{4}{17}+\frac{5}{26}\right)$$

$$\approx 1.281\,448$$

此积分也可如 4.3 节的例题所示进行解析计算,其结果得 $\dfrac{1}{2}\ln 13 \approx 1.282\,475$。可见,辛普森法及 4 细分梯形法能够进行很好的近似。

4.6 切线的斜率、曲率半径

本节给出以函数表示的曲线上一点处切线的斜率以及该点处的曲率半径与导数的关系。

在方程式 $y=f(x)$ 表示的曲线上,若函数 $f(x)$ 在 $x=a$ 处可导,则该曲线在点 $(a,f(a))$ 处有切线,且该切线的斜率为 $f'(a)$,方程为

$$y=f'(a)(x-a)+f(a) \tag{4.62}$$

同样,在方程式 $y=f(x)$ 表示的曲线上,若函数 $f(x)$ 在 $x=a$ 处存在 2 阶导数,则该曲线在点 $(a,f(a))$ 处的曲率及曲率半径可分别表示为

$$\kappa(a)=\frac{|f''(a)|}{[1+(f'(a))^2]^{3/2}} \quad (曲率) \tag{4.63}$$

$$\rho(a)=\frac{1}{\kappa(a)} \quad (曲率半径) \tag{4.64}$$

曲率表示曲线弯曲的程度。半径 R 的圆的曲率为 $1/R$,曲率半径当然就是 R。

曲线 $y=f(x)$ 在 $x=a$ 处有切线,即意味着该曲线在 $x=a$ 附近可用直线近似;而曲率半径 $\rho(a)$ 有定义时,则表示该曲线在 $x=a$ 附近可用半径为 $\rho(a)$ 的圆来近似。

以参数(中间变量)t 表示的曲线 $(x,y)=(x(t),y(t))$ 在 $t=t_0$ 处的切线的斜率及曲率由下式给出:

$$\frac{\mathrm{d}y}{\mathrm{d}x}=\frac{\frac{\mathrm{d}y}{\mathrm{d}t}(t_0)}{\frac{\mathrm{d}x}{\mathrm{d}t}(t_0)} \quad (斜率) \tag{4.65}$$

$$\kappa(t_0)=\frac{\left|\frac{\mathrm{d}x}{\mathrm{d}t}(t_0)\frac{\mathrm{d}^2y}{\mathrm{d}t^2}(t_0)-\frac{\mathrm{d}^2x}{\mathrm{d}t^2}(t_0)\frac{\mathrm{d}y}{\mathrm{d}t}(t_0)\right|}{\left[\left(\frac{\mathrm{d}x}{\mathrm{d}t}(t_0)\right)^2+\left(\frac{\mathrm{d}y}{\mathrm{d}t}(t_0)\right)^2\right]^{3/2}} \quad (曲率) \tag{4.66}$$

式(4.66)与式(4.63)在本质上是相同的。

4.7 微分方程

方程式中有带微分项的,称其为微分方程。工程上用微分方程表示的现象很多,为研究这些现象就要具备微分方程的知识。本节介绍 1 阶常微分方程的典型解析解法。

4.7.1 1 阶常微分方程的典型解析解法

1. 变量分离型

$$\frac{dy}{dx} = f(x) \quad (最基本的常微分方程式)$$

$$\Leftrightarrow y = \int f(x) dx \tag{4.67}$$

$$\frac{dy}{dx} = f(x)g(y) \quad (变量分离型)$$

$$\Leftrightarrow \int \frac{dy}{g(y)} = \int f(x) dx \tag{4.68}$$

2. 齐次型

可写为

$$\frac{dy}{dx} = f\left(\frac{y}{x}\right) \tag{4.69}$$

型的常微分方程称为齐次型常微分方程。此方程可经 $u = y/x \Leftrightarrow y = ux$ 的变换,换写为

$$\frac{dy}{dx} = x \frac{du}{dx} + u \tag{4.70}$$

所以 $x \dfrac{du}{dx} + u = f(u)$ \hfill (4.71)

$$\Leftrightarrow \frac{du}{dx} = \frac{f(u) - u}{x} \quad (变量分离型) \tag{4.72}$$

$$\int \frac{du}{f(u) - u} = \int \frac{dx}{x} = \ln x + C \tag{4.73}$$

然后计算左边的积分,并代入 $u = y/x$。

3. 常数变化法

1 阶线性常微分方程

$$\frac{\mathrm{d}y}{\mathrm{d}x}=f(x)y+g(x) \tag{4.74}$$

的 $g(x)=0$ 时，称之为齐次，$g(x)\neq 0$ 时，称之为非齐次。齐次时为变量分离型，所以可直接求解。设 $y\neq 0$，则

$$\int \frac{\mathrm{d}y}{y} = \int f(x)\mathrm{d}x$$

$$\Leftrightarrow \ln|y| = \int f(x)\mathrm{d}x$$

$$\Leftrightarrow y = \pm \exp(\int f(x)\mathrm{d}x + C) = \pm e^c \exp(\int f(x)\mathrm{d}x)$$

由于 $y=0$ 也应含在解中，所以式 (4.74) 的一般解为

$$y = c\exp(\int f(x)\mathrm{d}x) \quad (c \text{ 为任意常数})$$

非齐次 ($g(x)\neq 0$) 时，不把 c 作常数而是考虑成 x 的函数代入上解，成为

$$y = c(x)\exp(\int f(x)\mathrm{d}x)$$

由此来决定满足式 (4.74) 的 $c(x)$。这种方法称为常数变化法。

4.7.2 解析解法的局限性

如上面所举出的那样，常微分方程按照其形式的不同，也有某种解析解法能够适用，下节要讲到的拉普拉斯变换在解微分方程时也是有效的。但是，统一求解一般微分方程的方法尚未找到。

所以，希望大家了解微分方程几乎都是不能解析求解的。工程上几乎所有的问题，都适合使用数值解法。数值解法按照问题的类别也有许多种方案，难以全部介绍，本书只是在本篇第 6 章介绍一些典型的方法。

积分变换——拉普拉斯变换与傅里叶变换

本节介绍作为积分变换典型的拉普拉斯变换和傅里叶变换。它们都是在工程的若干领域中频繁使用的变换方法。在数学上也属于相当深奥的领域,这里难以详细说明,只是希望读者掌握其基本概念。

4.8.1 拉普拉斯变换

函数 $f(t)$ 在区间 $0 \leqslant t < \infty$ 上被定义时,若无限积分

$$\int_0^\infty e^{-st} f(t) dt \quad (s\text{ 为实数}) \tag{4.75}$$

收敛,则称其为 $f(t)$ 的拉普拉斯变换,记为 $\mathscr{L}[f]$、$\mathscr{L}[f(t)]$、$F(s)$ 等。

可是,在实际应用拉普拉斯变换时,很少从其定义本身出发进行计算,而是参照拉普拉斯变换与其逆变换的对照表进行计算。本节末的"小常识"中给出了此对照表。拉普拉斯变换对于解微分方程是很便利的变换,在各种各样的过渡现象的解析中发挥着重要的作用。所以常用于电路的设计及控制系统的解析等。

拉普拉斯变换具有线性性质,拉普拉斯逆变换 $\mathscr{L}^{-1}[F(s)]$ 可定义为

$$\mathscr{L}[af(t)+bg(t)] = a\mathscr{L}[f(t)] + b\mathscr{L}[g(t)] \tag{4.76}$$

$$\mathscr{L}^{-1}\{\mathscr{F}[f(t)]\} = f(t) \tag{4.77}$$

试利用本节末列出的拉普拉斯变换表来解微分方程。

【例题】 求满足 $f'(x) + f(x) = e^{-x}$ 及 $f(0) = 0$ 的函数 $f(x)$。

解 对式子 $f'(x) + f(x) = e^{-x}$ 的两边作拉普拉斯变换,得

$$sF(s) - f(0) + F(s) = \frac{1}{s+1}$$

$$\Leftrightarrow F(s) = \frac{1}{(s+1)^2}$$

随之,从拉普拉斯变换表查得 $f(x) = xe^{-x}$。

这种拉普拉斯变换对于解微分方程,尤其是高次微分方程是非常有效的。

4.8.2 傅里叶变换与傅里叶级数

在工程领域,虽然拉普拉斯变换也很重要,但是下边说明的傅里叶变换与傅里叶级数在工程上使用的频繁程度也许更高。函数 $f(t)$ 在 $-\infty < t < \infty$ 上有定义时,若无限积分

$$\frac{1}{\sqrt{2\pi}}\int_{-\infty}^{\infty} e^{-ist}f(t)dt \quad (i:虚数单位) \tag{4.78}$$

收敛,则称其为 $f(t)$ 的傅里叶变换,记为 $\mathscr{L}[f]$、$\mathscr{L}[f(t)]$ 等。

傅里叶变换与拉普拉斯变换的式子的形式虽然很相似,但是其意义及使用方法则是完全不同的。傅里叶变换说明函数(波)可以用正弦波与余弦波的组合来表示。式(4.78)中的 t 为时间,若设 s 表示频率,则傅里叶变换表示的是时域中的函数变换到了频域。可见,傅里叶分析适宜于分析周期现象以及提取其周期性的成分等目的。这与前述的拉普拉斯变换主要用于过渡过程的分析形成鲜明的对照。

实际分析时,当然不是从 $-\infty \sim +\infty$ 的时域范围上取数据,所以是以某有限区域上的数据为根据进行频率分析。而且使用的是傅里叶级数展开。区间 $[0, 2\pi]$ 上有定义的可积分函数 $f(t)$,可用 $\sin nt$ 与 $\cos nt$ 的级数表示如下:

$$f(t) = \frac{a_0}{2} + \sum_{n=1}^{\infty}(a_n \cos nt + b_n \sin nt) \tag{4.79}$$

$$a_n = \frac{1}{\pi}\int_0^{2\pi} f(\tau)\cos n\tau d\tau \quad (n=0,1,2,\cdots) \tag{4.80}$$

$$b_n = \frac{1}{\pi}\int_0^{2\pi} f(\tau)\sin n\tau d\tau \quad (n=1,2,\cdots) \tag{4.81}$$

希望分析的范围不是 $[0, 2\pi]$ 时,可利用 3.3 节所述的图形的平移、放大与缩小的方法,将式(4.79)~式(4.81)变形为与希望分析的范围相符即可。

上述的傅里叶级数处理的是连续函数 $f(t)$,然而实际上,例如像每隔 1s 进行采样得到的信号那样,所给的处理数据大多都是离散的。这时即可以应用离散傅里叶变换及将其高速化的快速傅里叶变换(FFT)。

FFT 可以说是许多从事机械工程的技术人员都要使用的变换。用作 FFT 的数值计算库程序有多种相当不错的在流行使用,而且也还有用硬件来实现 FFT 的装置。作为从事机械工程的人员,未必一定要知道

FFT 算法的细节,但是还是应该了解 FFT 及傅里叶级数展开的概念。

小常识

拉普拉斯变换表

$f(t)$	$F(s)$
$\delta(t)$	1
1	$\dfrac{1}{s}$
t	$\dfrac{1}{s^2}$
t^n	$\dfrac{n!}{s^{n+1}}$
e^{-at}	$\dfrac{1}{s+a}$
te^{-at}	$\dfrac{1}{(s+a)^2}$
$t^n e^{-at}$	$\dfrac{n!}{(s+a)^{n+1}}$
$\sin\omega t$	$\dfrac{\omega}{s^2+\omega^2}$
$\cos\omega t$	$\dfrac{s}{s^2+\omega^2}$
$\sin(\omega t+\varphi)$	$\dfrac{s\sin\varphi+\omega\cos\varphi}{s^2+\omega^2}$
$\cos(\omega t+\varphi)$	$\dfrac{s\cos\varphi-\omega\sin\varphi}{s^2+\omega^2}$
$e^{-at}\sin\omega t$	$\dfrac{\omega}{(s+a)^2+\omega^2}$
$e^{-at}\cos\omega t$	$\dfrac{s+a}{(s+a)^2+\omega^2}$
$\dfrac{df(t)}{dt}$	$sF(s)-f(0)$
$\dfrac{d^2 f(t)}{dt^2}$	$s^2 F(s)-sf(0)-f'(0)$
$\dfrac{d^n f(t)}{dt^n}$	$s^n F(s)-s^{n-1}f(0)-s^{n-2}f'(0)-\cdots -sf^{n-2}(0)-f^{(n-1)}(0)$
$\displaystyle\int_0^t f(\tau)d\tau$	$\dfrac{1}{s}F(s)$

第 5 章

统计分析基础

在用解析法很难求得严格解的工程领域中,数据的统计处理变得非常重要且常用。面对数十个以上的大量数据时,要将这些数据全部记在头脑中进行讨论恐怕是不可能的。所以希望从这一堆数据中提炼出某种形式的数据特征,然后在此基础上再进行讨论。

数据的归纳提炼及分布分散的评价,对于通过数据理解现象本身是必要的。而且,在论文及报告中发表这些数据时,越来越多地要求进行误差分析。

本章将就统计分析的基础进行讲解。统计分析的方法很多,这里将集中讲述针对实变量样本的统计量,而且也只介绍极其基本的统计分析方法。

5.1 均值、方差与相关系数

数据若能用数值表示,那么像这些数据的最大值、最小值等就能用作表示该数据特征的指标。归纳数据特征的量称为特征统计量,或简单地称为统计量。提取数据特征的过程也表现为数据的归纳或压缩提炼。

本节作为表示数据特征的量来说明常用的均值、方差与标准差。同时讲述两数据列间关系的表示方法。

5.1.1 作为特征值的均值

作为表示数据列(样本)$\{x_1, x_2, x_3, \cdots, x_n\}$特征的值(代表值),最常用的大概就是均值。均值(相加平均)$\bar{x}$用式(5.1)表示:

$$\bar{x} \equiv \frac{1}{n} \sum_{i=1}^{n} x_i \tag{5.1}$$

通常"均值"是指相加平均,但此外还有以下所示的几何平均及调和平均等:

$$\bar{x} \equiv \sqrt[n]{\prod_{i=1}^{n} x_i} \quad (\text{几何平均}) \tag{5.2}$$

$$\bar{x} \equiv \frac{n}{\sum_{i=1}^{n} \frac{1}{x_i}} \quad (\text{调和平均}) \tag{5.3}$$

这些均值都是与样本同次方的量。此外,经常使用的代表值还有最大值、最小值、中位值及最频值等,因篇幅关系说明从略。

5.1.2 表示数据分散程度的统计量

设数学与英语的考试平均分都是 55 分,但是如果数学 98 分的人及 4 分的人都有,分数非常分散,而英语 48 分及 64 分等在平均分附近的分数很多,那么就不能说这两个考试的情况相同。所以,就应该引入表示这种差别即样本离开均值分散的具体情况的统计量。

以离均值距离(偏差)的二乘和的平均值来表示样本分散程度的即是方差,方差的平方根称为标准差。

$$\sigma^2 \equiv \frac{1}{n-1} \sum_{i=1}^{n} (x_i - \bar{x})^2 \quad (\text{方差}) \tag{5.4}$$

$$\sigma \equiv \sqrt{\sigma^2} = \sqrt{\frac{1}{n-1}\sum_{i=1}^{n}(x_i - \bar{x})^2} \quad \text{(标准差)} \quad (5.5)$$

经常表示样本方差的是用 $n-1$ 去除而不是用 n 除,关于这一点的严格说明比较难,可参考一些专业书籍。另外,从用 n 除与用 $n-1$ 除会出现明显差别的数据量上,来严格研究方差与标准差也是一件困难的事情。

方差及标准差大的,数据的分散程度越大,反之数据的分散程度越小。方差是样本的二次方量,而标准差与样本同次方。

5.1.3 研究数据关系的相关系数

工业力学成绩好的学生,其材料力学的成绩也一定好吗? 跳远能跳得很远的选手,跳高也一定能跳得很高吗? 或者,工业力学的成绩与跳远的距离有关吗? 解决这类问题的方法之一,即是研究相关性。两个变量中一个变量的值越大另一变量的值也越大(或越小)这种线性的关系,称之为相关。表征相关程度的尺度是相关系数。$\{x_1, x_2, \cdots, x_n\}$ 与 $\{y_1, y_2, \cdots, y_n\}$ 的相关系数用下式求出:

$$\rho_{xy} \equiv \frac{\sum_{i=1}^{n}(x_i - \bar{x})(y_i - \bar{y})}{\sigma_x \sigma_y} \quad (5.6)$$

式中,$\bar{x}, \bar{y}$ 为各样本的均值;σ_x, σ_y 为各样本的标准差。

相关系数的取值范围为 $-1 \leqslant \rho_{xy} \leqslant 1$。$\rho_{xy} > 0$ 时,称两个样本间有正相关,$\rho_{xy} < 0$ 时称为有负相关。

有正的相关时,表示样本 x_i 的值大时样本 y_i 的值也有变大的趋势,相反,有负的相关时,则表示样本 x_i 的值变大时样本 y_i 的值有减小的趋势。相关系数越接近 1 或 -1,表示相关性越强,越接近 0 表示相关性越弱。

统计学上所谓的相关通常是指线性相关,上述的相关系数也称为线性相关系数,在两个样本为相同趋势的数据时是有用的。另外,数据列 $\{1,2,3,4,5,6\}$ 与其 3 次方后得到的数据列 $\{1,8,27,64,125,216\}$ 间存在明确的却是非线性的相关(曲线相关)。此数据列的线性相关系数约为 0.938,不为 1。在关系为非线性的样本间的相关研究中,采用顺位相关系数是有效的。由于篇幅关系,此问题的说明从略,需要时请参阅有关的专业书籍。

5.2 均值及方差的研究

5.1 节作为统计量介绍了均值、方差及标准差。这些都是为表征样本的特点而计算出的统计量。但是，由于样本分布的不同，也有均值及方差不能很好表述其样本特性的情况。本节讲述样本的性质与均值、方差及标准差的含义相符合的问题。

5.2.1 样本的分布与统计量

采用均值作为样本的代表值时，虽然没有明确讲，实际上是假定（拟或是希望）处于均值附近的样本很多。但是，由于样本的分布不同，此假定往往并不成立。例如，如图 5.1(a)所示，在带有一边拖着长尾巴的偏斜分布的样本中，或如图 5.1(b)所示，样本分布有两个峰时，离均值很近的样本则比较少。可见，对于此类分布的样本，使用均值这种统计量，往往并不能很好地归纳表征其样本的性质。

图 5.1(a)恰像按年龄的年收入分布。部分高收入者将整体的平均值拉得很高，使得"平均年收入"比大多数的样本值都高。同样，图 5.1(b)就像以数理系与人文系的学生为对象进行的物理考试的成绩分布、某路段不同时刻通过的汽车辆数（有早晚上下班高峰）等。

另外，方差及标准差是表征样本相对均值的偏离状况的指标，所以，

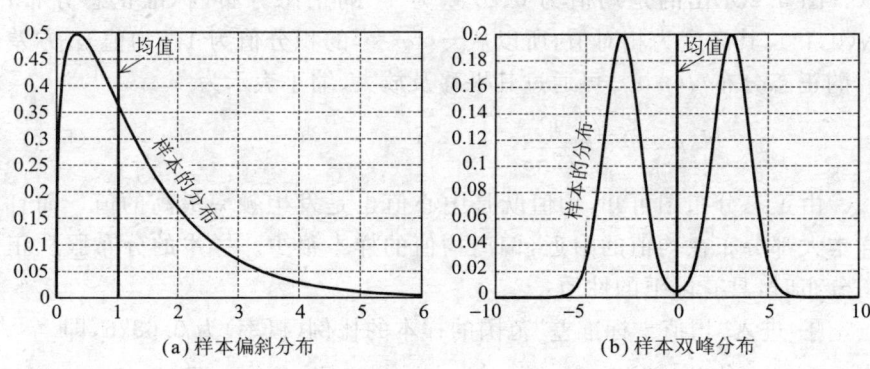

(a) 样本偏斜分布　　　　　　(b) 样本双峰分布

图 5.1　均值不能体现样本性质的例子

在均值尚不适于作为样本的代表值时,很难说方差及标准差还能作为特征代表值。

经常会有这种由于样本分布不同而使得均值及方差不能适于用来表示样本特征的情形。为了对这种情形做出判断,虽然也提出有多种统计方法的方案,但还是应首先将数据点到散布图等图表上,先看一看其大致分布。在计算机广泛应用的今天,作这种图已经是十分简单的事情,所以,最好还是作一下样本的分布图,以方便观察其特点。

5.2.2 正态分布

那么,使均值及方差真正有意义的分布究竟是什么样的分布?这就是正态分布(高斯分布)。

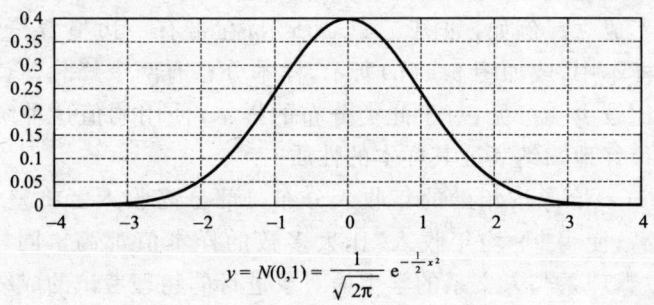

$$y = N(0,1) = \frac{1}{\sqrt{2\pi}} e^{-\frac{1}{2}x^2}$$

图 5.2 标准正态分布

图 5.2 示出的是均值为 0、方差为 1^2 的正态分布(标准正态分布)$N(0,1^2)$。其高度为相对值,所以从 $-\infty \sim \infty$ 的积分值为 1。均值 μ、方差 σ^2 的正态分布 $N(\mu,\sigma^2)$ 可通过其平移及放大、缩小表示为

$$y = N(\mu,\sigma^2) \equiv \frac{1}{\sqrt{2\pi}\sigma} e^{-\frac{1}{2}\left(\frac{x-\mu}{\sigma}\right)^2} \tag{5.7}$$

由正态分布图可知,均值既是中心值也是发生频率最高的值。而且样本大都分布在均值的附近,偏离均值的样本很少。样本的分布服从正态分布时,具有以下的性质:

① 进入"均值±标准差"范围的样本的比例(概率)为 0.6826,即

$$\int_{\mu-\sigma}^{\mu+\sigma} \frac{1}{\sqrt{2\pi}\sigma} e^{-\frac{1}{2}\left(\frac{x-\mu}{\sigma}\right)^2} dx \approx 0.6826$$

② 进入"均值±2×标准差"范围的样本的比例(概率)为 0.9544,若

范围为"均值±3×标准差",则比例(概率)为 0.9974。

③ 包括样本的 95% 的范围为"均值±1.95×标准差",包括 99% 的范围为"均值±2.58×标准差"。这些都在假设检验中使用。

近年来,质量管理等领域中使用的"6σ 准则",即是基于正常情况应在"均值±3×标准差"即"$\mu \pm 3\sigma$"的范围内,超出此范围就应判断为有某种异常而应采取措施等保证质量的观点。

5.2.3　正态分布的重要性——中心极限定理

均值及方差多用作样本的统计量,其原因在于这些统计量多是有效的,即样本的分布接近正态分布的情形很多。据经验可知,偏离均值的分散方式被认为大于均值的与小于均值的两者无明显差异的事件的分布,一般都服从正态分布。例如,射箭射靶时,来研究一下大量的箭射出后箭所中位置的分布,即知一般是以靶为中心的正态分布。

取值受许多种原因影响的变量的分布,一般也呈近似于正态分布。统计学中的一个重要定理即是中心极限定理。

从服从均值为 μ、方差为 σ^2 的分布的母集合中抽取大小为 n 的样本时,该样本的均值的分布,随 n 的无限增大趋近于正态分布$(\mu,(\sigma/\sqrt{n})^2)$。

从母集合中抽取样本求均值时,其均值未必就与母集合的均值严格一致,也会有分散。但是此均值的分布,如果抽取的样本数很大,则一般服从正态分布。这就是中心极限定理。此定理的关键在于:其成立与母集合的分布形状无关。

均值分布服从正态分布时,其和分布也服从正态分布。所以,许多零件装配制作的机器的质量分布,可以认为是与各个零件的质量分布形状无关而服从正态分布。出于同样的理由,即认为取值受许多原因影响的变量的分布也服从正态分布。

根据上述理由,可以说,作为样本的分布,正态分布是最一般也是最重要的分布。所以,作为统计量,均值、方差及标准差在正态分布的情况下是非常有用的。

5.3 函数插值公式

例如,根据二维叶片形线的性能试验结果已经知道从 0°开始每隔 2°的叶片入射倾角与升力的关系,但是由于设计的需要还想要知道 1.6°时的升力。这时,如果可能,当然最好是再作一下 1.6°条件下的实验,然而由于当时无法进行实验,所以就想如何能够根据已知的数据作出推定。

像这种例子一样,假定在某定义域 $[a,b]$ 上定义的函数 $y=f(x)$ 的函数形状未知,但是定义域上多个点 $\{x_i\}_{1\leqslant i \leqslant n}$ (称这些点为插值点)处的函数值 $\{y_i\}$ 是已知的。现在就来通过这组数据趋势的分析,研究未知点处函数值的推定问题。

为此,根据所给定的数据作 $y=f(x)$ 的近似式 $y=\tilde{f}(x)$。此函数 $\tilde{f}(x)$ 应满足所有给定插值点处的函数值。这样一来自然会想到,即使在插值点以外,$\tilde{f}(x)$ 也会取与 $f(x)$ 相接近的值。下面就来以多项式的插值为中心介绍这种近似式 $\tilde{f}(x)$ 的作法。

5.3.1 拉格朗日插值

拉格朗日插值是制作全部满足各插值点函数值的多项式插值的一种。插值多项式按以下步骤构成:

(1) 对于各插值点 x_i,制作满足

$$\left.\begin{array}{l}\psi_i(x_i)=1 \\ \psi_i(x_k)=0 \quad (1\leqslant k \leqslant n, k\neq i)\end{array}\right\} \quad (5.8)$$

的基本多项式 $\psi_i(x)$。$\psi_i(x)$ 已格式化为

$$\begin{aligned}\psi_i(x) &= \frac{x-x_1}{x_i-x_1} \cdot \frac{x-x_2}{x_i-x_2} \cdots \frac{x-x_{i-1}}{x_i-x_{i-1}} \cdot \frac{x-x_{i+1}}{x_i-x_{i+1}} \cdots \frac{x-x_n}{x_i-x_n} \\ &= \prod_{k=1,k\neq i}^{n} \frac{x-x_k}{x_i-x_k}\end{aligned} \quad (5.9)$$

(2) 使用此多项式和各插值点上的函数值 $\{y_i\}$,确定插值多项式为

$$\begin{aligned}\tilde{f}(x) &= y_1\psi_1(x)+y_2\psi_2(x)+\cdots+y_n\psi_n(x) \\ &= \sum_{i=1}^{n} y_i\psi_i(x)\end{aligned} \quad (5.10)$$

5.3.2 牛顿插值

与拉格朗日插值一样,牛顿插值也是一种多项式插值。与拉格朗日插值相比,函数值的计算量少,所以,当要计算许多点处的函数值时,就比使用拉格朗日插值优越。

牛顿插值是在满足 n 个插值点处函数值的插值多项式已知时,用其制作满足 $(n+1)$ 点处函数值的插值多项式的方法。具体按以下步骤构成插值多项式:

(1) n 个插值点 $x_0, x_1, \cdots, x_{n-1}$ 的插值多项式 $p_{n-1}(x)$ 已知,增加第 $(n+1)$ 点的数据 (x_n, y_n) 后,制作满足

$$\left.\begin{array}{l} \omega_n(x_n) \neq 0 \\ \omega_n(x_i) = 0 \quad (0 \leqslant i \leqslant n-1) \end{array}\right\} \tag{5.11}$$

的多项式 $\omega_n(x)$,具体为

$$\omega_n(x) = (x-x_1)(x-x_2)\cdots(x-x_{n-1})$$

$$= \prod_{i=0}^{n-1}(x-x_i) \tag{5.12}$$

(2) 将 $\omega_n(x)$ 加于 $p_{n-1}(x)$ 上作 $p_n(x)$。并调整成 $p_n(x_n) = y_n$。

$$p_n(x) = p_{n-1}(x) + b_n \omega_n(x) \tag{5.13}$$

$$b_n = \frac{y_n - p_{n-1}(x_n)}{\omega_n(x_n)} \tag{5.14}$$

按式(5.12)定义 $\omega_0(x) = 1$,根据式(5.13)即知 $p_n(x)$ 可归纳写为

$$p_n(x) = \sum_{i=0}^{n} b_i \omega_i(x) \tag{5.15}$$

实际的牛顿插值的计算法如下。

如果系数 b_n 已知,则计算插值多项式的值 $y = p_n(x)$ 时,按照以下的步骤即可以很少的计算量完成计算。对要求的函数值

$$y = y_0 = b_0 + b_1(x-x_0) + b_2(x-x_0)(x-x_1) + \cdots$$
$$+ b_n(x-x_0)(x-x_1)\cdots(x-x_{n-1})$$

提出右边第2项以后的公因子 $(x-x_0)$,函数值即可表示为

$$y_0 = b_0 + (x-x_0)[b_1 + b_2(x-x_1) + \cdots$$
$$+ b_n(x-x_1)\cdots(x-x_{n-1})]$$
$$= b_0 + (x-x_0)y_1 \tag{5.16}$$

所以,可知 y 的计算沿着以下的步骤进行即可:

$$y_n = b_n$$
$$y_{n-1} = b_{n-1} + (x - x_{n-1})y_n$$
$$y_{n-2} = b_{n-2} + (x - x_{n-2})y_{n-1}$$
$$\vdots$$
$$y_1 = b_1 + (x - x_1)y_2$$
$$y = y_0 = b_0 + (x - x_0)y_1 \tag{5.17}$$

而对于插值系数 b_n 的计算,若设 $b_0, \cdots, b_{n-1}$ 已知,则可按以下的顺序计算(因篇幅关系,顺序的推导从略):

$$\beta_0 \leftarrow y_n$$
$$\beta_n \leftarrow \frac{\beta_n - b_i}{x_n - x_i} \quad (i = 0, \cdots, n-1 \text{ 反复进行})$$
$$b_n \leftarrow \beta_n \tag{5.18}$$

用纸和笔手算时,可写成表 5.1 所示的计算表来计算最好。此时表中各栏上部的数值,从左到右顺次即为 $b_0, b_1, \cdots, b_n$。

5.3.3 多项式插值使用时的注意事项

拉格朗日插值、牛顿插值等多项式插值中,都是半强制性地制作满足所有插值点处函数值的插值多项式,因此往往会构成看起来不合理的多项式。

表 5.1 牛顿插值系数计算法

插值点	函数值			
x_0	$\underbrace{y_0}_{b_0}$			
x_1	y_1	$\underbrace{c_0 = \dfrac{y_1 - y_0}{x_1 - x_0}}_{b_1}$	$\underbrace{d_0 = \dfrac{c_1 - c_0}{x_2 - x_0}}_{b_2}$	$\underbrace{e_0 = \dfrac{d_1 - d_0}{x_3 - x_0}}_{b_3}$
x_2	y_2	$c_1 = \dfrac{y_2 - y_1}{x_2 - x_1}$	$d_1 = \dfrac{c_2 - c_1}{x_3 - x_1}$	
x_3	y_3	$c_2 = \dfrac{y_3 - y_2}{x_3 - x_2}$		

$b_0 = y_0, b_1 = c_0, b_2 = d_0, b_3 = e_0$

如图 5.3(a)所示,黑圆点的数据为函数值,是取自函数 $y = e^{-\frac{1}{2}x^2}$ 的值,而实线表示的"插值多项式 1"是用牛顿插值得到的插值多项式。由图可知,显然在靠近两端处产生了很大的振动。

这种不合理现象可通过以下措施予以避免。

(1) 在数据的两端附近增加插值点。作为一个例子,在图 5.3(a)中增加 ± 6.5 处的插值点(图中用小圆圈表示)后,插值多项式即变为图中虚线所示的"插值多项式 2"。与 1 相比可知,由于增加了两个插值点,振动却得到了大幅度的抑制。

(2) 使用切比雪夫插值点。在区间 $[a,b]$ 中取 n 个插值点时,插值点的配置按下式确定。

$$x_i = \frac{a+b}{2} + \frac{b-a}{2}\xi_i, \xi_i = \cos\frac{\pi}{n}\left(i-\frac{1}{2}\right), 1 \leqslant i \leqslant n \tag{5.19}$$

图 5.3(b)给出了使用切比雪夫插值点的牛顿插值的例子。原函数及插值点数均与图 5.3(a)相等,却抑制了插值多项式的振动。

(3) 不用多项式插值,改用样条函数插值等。

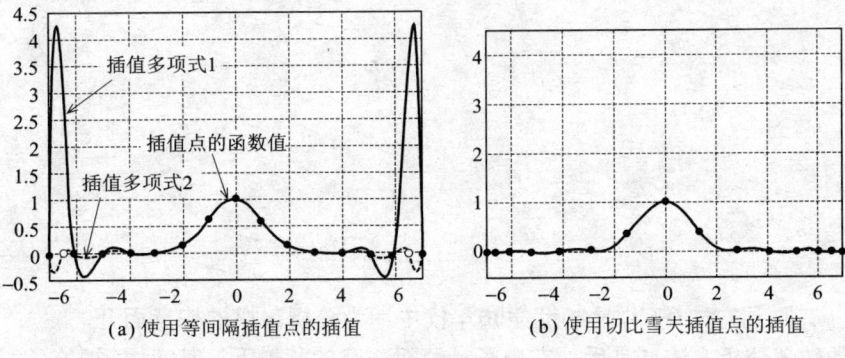

图 5.3　用牛顿插值求得的插值多项式举例

5.3.4　其他插值方法

在插值点的数量取得非常多(间隔非常细)的情形下,比起高次多项式插值,单纯的线性插值(直线插值)无需担心会产生振动,而且计算量也更小,所以更为合理。在求解之前的收集数据时,希望能收集得非常细,以达到能得到所需的足够的线性插值精度的程度。插值点已相当多,线性插值仍达不到足够的精度时,可只用想求的函数值附近的插值点,改用以与其前后光滑连接的曲线来近似的样条插值方法。

除这里介绍的之外还有许多插值方法,详细情况可参考专业书籍。

第6章

有限元方法分析基础

有限元方法(FEM)是20世纪50年代中期为分析飞机的构造而开发的数值分析方法。其后，在电子计算机普及的背景下，其应用领域急速扩大，现在已经成为能源、交通运输、电子设备等所有机械设计领域中不可缺少的技术。由于有限元方法是近似的数值解法，所以与以材料力学为代表的传统解法相比，具有能方便处理任意形状问题等优点。

本章将讲述有限元方法的特点与理论以及使用方法等基础知识。

6.1 什么是有限元方法

有限元方法(FEM),是利用计算机的 CAE 仿真技术,为了了解结构的变形以及内部作用应力状态,进行高性能的安全的产品设计而使用的。

6.1.1 用应力分析进行设计的开始

人类在城市文明的基础上已经知道,要建造建筑物,就要确定构件的安全尺寸,但之前要知道构件材料的强度。根据埃及等地的巨大建筑物的遗迹推测,早在几千年前,人类对其法则就已有某种程度的了解。

图 6.1 所示为现在仍存在于法国南部的加里拱桥,此桥是公元前 19 年左右罗马人建造的。他们根据经验就已经知道拱对于承受来自上部的载荷的能力是很强的,但是尚不知道应力的定量评价即应力分析,所以习惯于使用跨度较小的半圆拱。

可是,到中世纪,罗马人积攒的这些知识也已经几乎完全失传了,不得不经历达·芬奇再等待伽利略(1564～1642)的出现,才等到了近代理论的产生。

图 6.1 加里拱桥

之后到 19 世纪,出现了以梁理论为代表的材料力学,直到 20 世纪,完成了称为弹性理论的二维、三维的应力理论解法。

6.1.2　有限元方法的出现

直到第二次世界大战前还没有计算机,在作为建造基础的计算中使用的只能是梁理论。如图 6.2 所示,飞机的设计中使用的计算方法就是将飞机机身当作一根梁来计算。看起来方法很粗糙,但只要落到熟练的设计师的手里,这样就能相当好地计算出结构的本质特性。许多称为名牌机的优良飞机的存在,就证实了这一点。

图 6.2　使用梁理论的设计

但是,第二次世界大战结束一进入喷气机的时代,则要求能更合理地设计质量轻且具有很高刚度的飞机机身。于是,在 1956 年,波音公司的技术人员与其合作者一起,以评价当时开发中的 B52 战略轰炸机的主翼的刚度为直接目的,研究开发了图 6.3 所示的方法。该方法的处理步骤如下:

① 将连续的板视为小的三角形板的集合。
② 对各个三角形板的刚度(弹性常数)用简单的近似式表示。
③ 将这些整理在一起,建立全体的方程式。
④ 用计算机解此方程式。

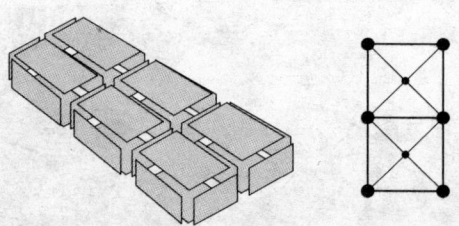

图 6.3　有限元方法的开始(箱框翼的刚度评价)

此即工程领域中的有限元方法的开始。之后,有限元方法以飞速的势态发展,到 1970 年左右,已经达到了如图 6.4 所示的能够用于客机的实用设计的水平。当时有限元方法的应用领域仅限于所谓重大科学的先进领域,但是,由于随后都普遍受到计算机进步的推动,所以现在有限元方法已经成为设计的一般工具在日常设计中普遍应用。

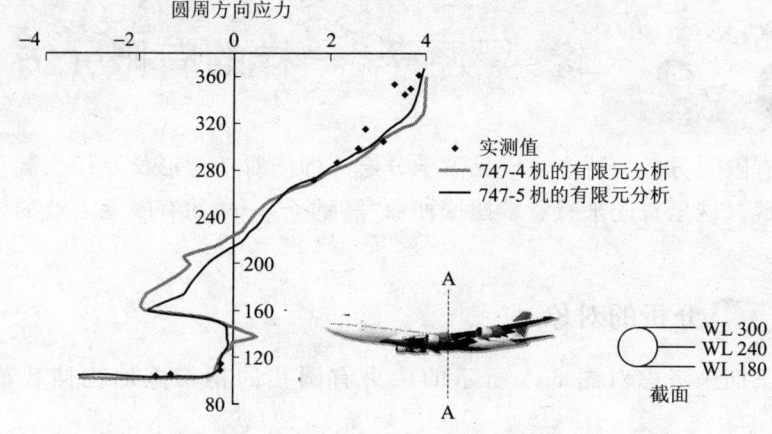

图 6.4 有限元方法的实用化(波音 747 型飞机的应力分析)[1]

── **小常识** ──

应力分析的开始

为了研究材料的强度,伽利略进行了杆的纯拉伸实验。其结果,得到了杆的强度与其截面积成正比而与杆长无关的结论。这与今天的极限应力导致断裂的观点一致,而且,他还对铜的这一极限强度给出了具体的数值。他还将这些结论用于梁的问题研究中,得到了诸如梁的截面积相同情况下空心梁远比实心梁要强等知识。

6.2 像"黑匣子"一样的有限元方法

有限元方法的特点在于无需十分熟练即能对任意形状及任意载荷进行求解。这里首先来看看掌握这种像"黑匣子"一样的有限元方法的操作步骤。

6.2.1 分析的对象

下面来考虑对图 6.5 所示的中央有圆孔的钢带施加拉伸载荷的问题。

中央带有半径 $r=0.2$mm 圆孔的宽度 $2b=2.0$mm 的钢带,受到 $p=10$N 的拉伸力时,用有限元方法求解最小截面处的应力 σ_x,并与理论值作出比较。这里设钢带的杨氏模量为 $2.0×10^5$MPa、泊松比为 0.3,都是一般钢铁材料的特性值。

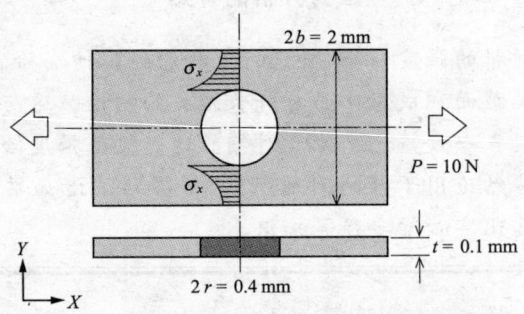

图 6.5 中央有圆孔的钢带

6.2.2 分析的目标

此问题是应力集中的典型例题,弹性理论中有其理论解。这里首先对其理论解作出说明。

(1) 载荷使钢带上产生拉应力,拉应力的大小等于载荷除以截面积所得到的值。

(2) 针对截面最小的部分,即圆孔两侧的部分(称为喉部),求其平均的拉应力 σ_{nom}。此截面平均应力称为公称应力:

$$\sigma_{\text{nom}} = \frac{10\text{N}}{(2\text{mm}-0.4\text{mm})\times 0.1\text{mm}} = 62.5\text{N/mm}^2 = 62.5\text{MPa}$$

(3) 由于应力集中效应,在喉部的圆孔边缘处会产生最大应力 $\sigma_{\max}$。设应力集中系数为 k 时,$\sigma_{\max}$ 可用公称应力 σ_{nom} 按下式求出,即

$$\sigma_{\max} = k\sigma_{\text{nom}}$$

(4) 中央有圆孔的钢带的场合下,应力集中系数 k 由下式给出,即

$$k = 3.00 - 3.13\left(\frac{2r}{2b}\right) + 3.66\left(\frac{2r}{2b}\right)^2 - 1.53\left(\frac{2r}{2b}\right)^3$$

本例中由于 $2r/2b = 0.4\text{mm}/2\text{mm} = 0.2$,故得 $k = 2.51$,所以

$$\sigma_{\max} = k\sigma_{\text{nom}} = 2.51 \times 62.5 = 157\text{MPa}$$

(5) 同样根据弹性理论,喉部截面上的拉应力 σ_x 的分布如表 6.1 所示。

表 6.1 喉部断面上的拉应力($2r/2b = 0.2$ 时)

y/b	$\sigma_x/\sigma_{\text{nom}}$
0.2	2.51
0.3	1.26
0.4	0.93
0.6	0.89
0.7	0.86
0.8	0.84
0.9	0.81
1.0	0.78

$y/b=0.2$ 为圆孔的边缘,所以此处的 $\sigma_x/\sigma_{\text{nom}}$ 相当于应力集中系数k

注:1. y 为在宽度方向上测得的离开钢带中心的距离;
2. 理论解可参考如西田:应力集中,增补版,森北出版(1973)等著作。

6.2.3 有限元法的软件

用有限元法实际求解一下这个问题。最近,市场上有多种足以信赖的有限元方法的软件出售,所以,尤其是企业设计现场大多使用这些软件。像本例这种简单的问题,无论使用哪种软件都能得到相似的结果。最好根据所使用的环境(PC、UNIX 等),去选购有充分市场销售业绩的软件。

6.2.4 分析区域的选定

按 FEM 模型化时,首先要考虑分析的区域。这里,确定为如图 6.6

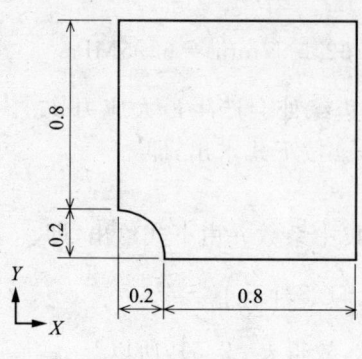

图 6.6 分析区域

所示的模型,并用 CAD 等绘出了模型的外形。

模型化的要点如下:

① 将问题作为图中 X 与 Y 表示的二维平面问题来处理。钢带薄板在厚度方向上的应力为 0(称为平面应力问题),所以无需作三维分析。

② 形状及载荷条件对称,所以切出 1/4 部分进行模型化就已足够。这样模型越小,越有利于减少计算时间。

③ 在钢带的长度方向上切出适当的尺寸。这里是以 X 方向上从圆孔的右边缘到离其距离为 2 倍圆孔直径(0.8mm)处的区域作为分析对象。

④ 另外,认为圆孔引起的应力集中在离其 2～3 倍的圆孔直径的距离后会衰减得与一般部位的公称应力相同,所以即采用上述切出的尺寸。

6.2.5 网格划分

接着就要将分析区域分割成称为网格的一个个小部分。这一个一个的小部分称为单元,构成单元角的点称为节点。图 6.7 所示的例子中,是使用四边形单元进行网格划分的。

网格划分工作,一般是由 CAD 或称为预处理器的图形软件来进行的。预处理器与 FEM 软件有相互分开的,也有综合在一起的。

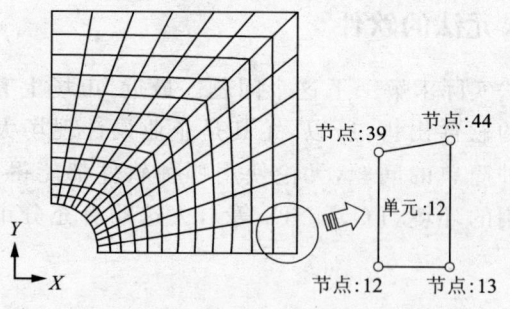

图 6.7 网格划分

6.2.6 分配材料常数

对于网格划分后的单元要指定材料常数。这里给出的弹性材料的数据如下：

杨氏模量：2.0×10^5 MPa；
泊松比：0.3。

6.2.7 边界条件的给定

模型在空间完全自由跑动时无法施加载荷，所以必须要适当约束其位移。此即称为边界条件。如图 6.8 所示，对 1/4 对称切出面的两互相垂直方向的位移进行约束，即是针对本例的纯拉伸的边界条件。

6.2.8 载荷条件的指定

对模型的右端面施加载荷。因对象是无限长的钢带，故如图 6.9 所示，要按右端面在 X 方向上受到一致拉伸来施加载荷。而 Y 方向上只是 1/2 切出的模型，因而载荷的总和也只是 $P/2$，这点必须予以注意。

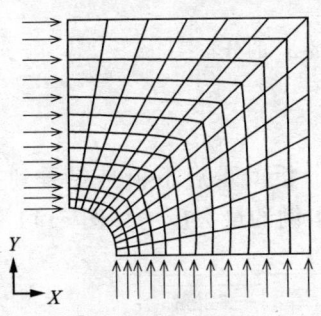

图 6.8 边界条件的指定

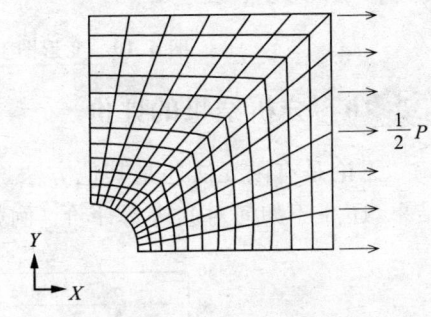

图 6.9 拉伸载荷的指定

6.2.9 分析结果

上述条件给定后，即可用有限元法计算并输出以下的值：
- 节点的位移；
- 单元内部的变形与应力。

将这种分析结果后处理在图形上的软件称为后处理器。与前处理用的预处理器一样，后处理器与 FEM 软件也有相互分开的，也有综合在一起的。

图 6.10 给出了由后处理器显示的变形图及 X 方向应力 σ_x 的分布。可以看出，最大应力发生在喉部的圆孔边缘处。

图 6.11 还给出了沿喉部截面 A-A 的 σ_x 的分布。图中同时示出了与表 6.1 给出的理论解相符的结果。可见 FEM 解与理论解非常一致。

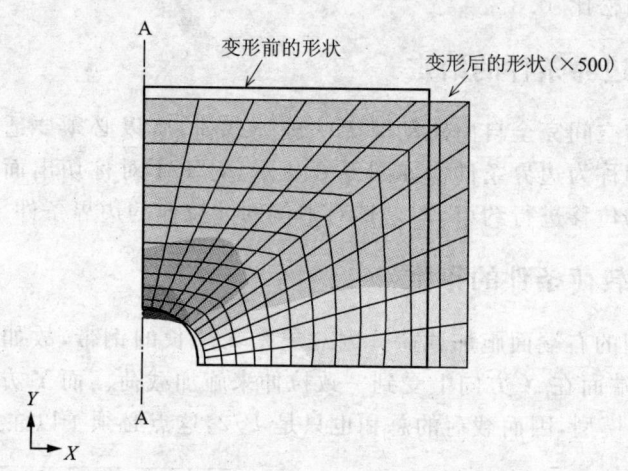

图 6.10 变形图上表示的 σ_x 的分布

6.2.10 分析结果的评价

无论是有限元法还是其他方法，应力分析的重点不单是要看到数值结果，还在于如何对其进行评价。例如，本例的最大应力如图 6.11 所示

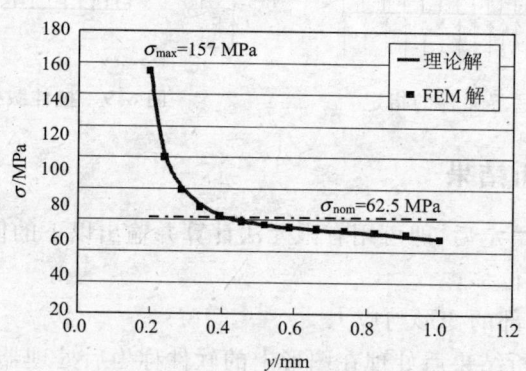

图 6.11 截面 A-A 上的 σ_x 的分布

得到的是 157MPa。而如果是普通钢铁材料则其屈服应力达 300MPa 程度，所以可以说，157MPa 下材料尚未屈服还保持在弹性状态，大体上还是安全的。

但是，如果存在重复载荷就会有疲劳问题，如果是高温还会产生屈服应力下降及蠕变等问题，所以必须在综合掌握产品使用状况的情况下对分析结果进行判断。

另外，对于有功能性要求的产品，不单要看应力的大小，大概还要评价变形等情况是否符合所要求的功能条件。

===== 小常识 =====

分析设计(design by analysis)的开始

在有限元法的实用化中起了很大作用的领域之一是原子能工业。作为原子能发电站中主要设备压力容器的设计基准，美国机械学会(ASME)1963 年制定的 SectionⅢ最具代表性，其中引入了以有限元法的使用为前提的应力评价的作法。考虑到有限元法 1956 年早已出现，可见此引入具有划时代的意义。然而在当时的计算机条件下，据说要花费很大的气力才能完成计算。

6.3 有限元法的基础理论

有限元法的基础,如果用一句话来说,即是指将结构当作有限个单元(或简称单元)的集合。每个单元都是结构的一个局部区域。各单元内部的平衡方程式(力的平衡),多使用称之为位能最小原理的力学的变分原理来给定。

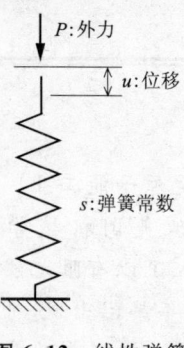

图 6.12 线性弹簧

这里,先用一个简单的例子来说明位能的概念。如图 6.12 示出的是一线性弹簧,设其弹簧常数为 $s(\mathrm{N/mm})$、载荷 $P(\mathrm{N})$ 引起的弹簧伸长为 $u(\mathrm{mm})$,此时,储存于弹簧中的内部能量为

$$U = \frac{1}{2} \times [弹簧的内力] \times [位移]$$
$$= \frac{1}{2}(su)(u)$$
$$= \frac{1}{2}su^2 \quad (6.1)$$

外力 P 的位能为

$$W = (负荷) \times (位移)$$
$$= -Pu \quad (6.2)$$

这里规定的能量是当 $u=0$ 时 W 为 0。所以,全部位能即取为式(6.1)与式(6.2)之和

$$\Pi = U + W = \frac{1}{2}su^2 - Pu \quad (6.3)$$

Π 取最小的条件,即是通过设此式(6.3)对 u 的导数为零来求得,即

$$\frac{\partial \Pi}{\partial u} = su - P = 0 \quad (6.4)$$

或

$$su = P \quad (6.5)$$

式(6.5)即是受到载荷的弹簧的平衡方程式,它给出了载荷与位移的关系。有限元法中,整个结构的平衡方程式,是通过将节点处的位移相连续而综合各单元的平衡方程式后导出的。使用相对于位移的边界条件,

改变方程式的形式,对其求解即可确定未知的位移。许多问题中,最终想要求的不仅是位移,还有变形或应力。可见,有限元法用于这些方面的计算更为必要。

下面再具体地讲述一下上面所讲述的有限元法的基本要点。

6.3.1 连续体及其离散化——网格划分

微观来看,物体是由称为原子或分子的这些点(力学上是质点)的集合构成的,虽然如此,但是这里抛开这种看法,转而将其作为无论怎么放大其性质也不会改变的量(力学上的质量)的空间连续分布来研究。

这种宏观上看到的假想的物体称为连续体。将结构视为连续体,要解析求解支配其行为的整体微分方程的方法,如就有弹性论。与此相反,有限元法则是将连续体分割为单元,来求满足连接这些单元的节点处的力平衡的解(节点位移)的方法。

利用设置于连续体内部的分散的节点来求正确解的作法,称为离散化。相对于将光滑曲线仍近似成光滑的作法,离散化的作法则与使用多个转折点的折线近似的作法相近。此时,连接转折点的直线的内部,即单元的内侧,微分方程式靠其积分平均来满足。

这种观点示于图 6.13。要求得内部所有点都满足连续体内部微分方程式的解,是一件不得了的事情,而如果用有限元法,则只需要满足单元平均就已经足够了。因而解析的便利性得到了飞速提高。

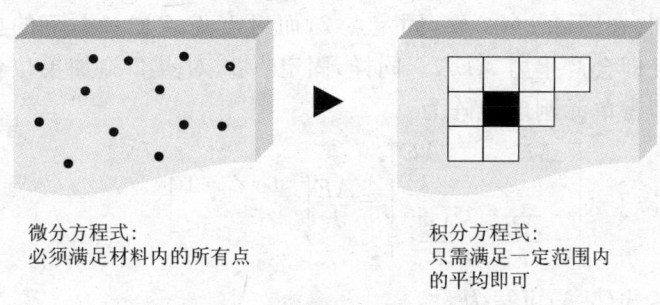

微分方程式:
必须满足材料内的所有点

积分方程式:
只需满足一定范围内的平均即可

图 6.13 单元划分与离散化

6.3.2 根据变分原理的单元刚度矩阵的推导

其次,来说明各节点处力平衡的求法。加于单元节点上的力与节点位移的关系式称为单元刚度矩阵。现设单元刚度矩阵为$[k]$、节点力矢量为$\{Q\}$、节点位移矢量为$\{q\}$,则式(6.6)成立:

$$[k]\{q\}=\{Q\} \tag{6.6}$$

此式相当于式(6.5)所示的按位能最小原理导出的力的平衡式。为进一步明确式(6.6)的含义,再来看一个简单的例子。

图 6.14 示出的是轴向受压力的长 200mm、杨氏模量 E 的一根杆。此杆是由具有不同截面积 A_1、A_2 的部分组成,这里将其分别作为单元考虑。即此有限元模型的单元数为 2,节点数为 3。

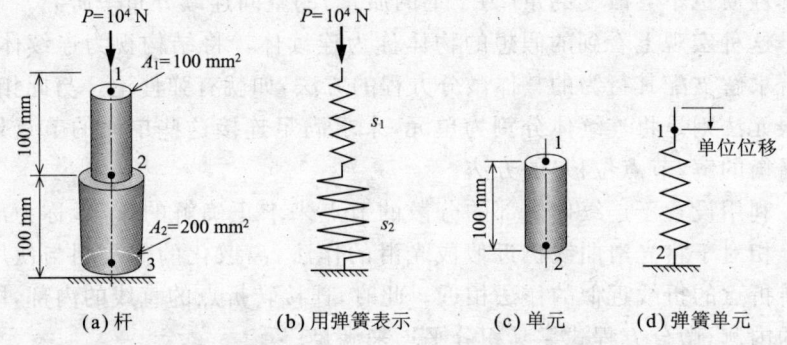

(a) 杆　　(b) 用弹簧表示　　(c) 单元　　(d) 弹簧单元

图 6.14　轴向压缩的杆(设位移与载荷向下为正)

此杆的结构可用弹簧常数为 s_1、s_2 的两根弹簧来表示。图 6.14(d) 示出了对应于杆的单元的弹簧单元。来求一下针对此单元的刚度矩阵 $[k]$。例如,在图 6.14(c) 中,固定点 2,而对点 1 施加一向下的单位位移时,点 1 处即会产生力 AE/l。同样,固定点 1、对点 2 施加单位位移试求其力时,即得单元刚度矩阵为

$$[k]=\begin{bmatrix} \dfrac{AE}{l} & -\dfrac{AE}{l} \\ -\dfrac{AE}{l} & \dfrac{AE}{l} \end{bmatrix}=\dfrac{AE}{l}\begin{bmatrix} 1 & -1 \\ -1 & 1 \end{bmatrix}$$

对于此杆,式(6.6)可写为

$$\dfrac{AE}{l}\begin{bmatrix} 1 & -1 \\ -1 & 1 \end{bmatrix}\begin{Bmatrix} u_1 \\ u_2 \end{Bmatrix}=\begin{Bmatrix} Q_1 \\ Q_2 \end{Bmatrix} \tag{6.7}$$

式中,u_1、u_2 为位移;Q_1、Q_2 分别为加于节点 1、2 上的已知的外力。

然后再来考虑模型整体的力平衡。整体的平衡方程式,由整体(合

成)的刚度矩阵$[K]$、整体(合成)的载荷矢量$\{R\}$和整体的节点位移矢量$\{r\}$表示为

$$[K]\{r\} = \{R\} \tag{6.8}$$

而要求解这些方程式,则必须考虑几何学的边界条件。此边界条件通过考虑已知的构件端部的位移来确定。

为具体表示式(6.8),来考虑图 6.14(a)所示的情形。使用式(6.7),对于此两个单元即有下式成立:

$$\frac{100E}{100}\begin{bmatrix} 1 & -1 \\ -1 & 1 \end{bmatrix}\begin{Bmatrix} u_1 \\ u_2 \end{Bmatrix} = \begin{Bmatrix} 10^4 \\ -Q \end{Bmatrix}, \quad \frac{200E}{100}\begin{bmatrix} 1 & -1 \\ -1 & 1 \end{bmatrix}\begin{Bmatrix} u_2 \\ u_3 \end{Bmatrix} = \begin{Bmatrix} Q \\ R_3 \end{Bmatrix} \tag{6.9}$$

式中,Q 为节点 2 处作用于两个单元上的内力;而 R_3 为作用于节点 3 处的反力。将这些式子组合在一起,即可求得相应于式(6.8)的对结构整体成立的三个方程式,即

$$\frac{100E}{100}\begin{bmatrix} 1 & -1 & 0 \\ -1 & 3 & -2 \\ 0 & -2 & 2 \end{bmatrix}\begin{Bmatrix} u_1 \\ u_2 \\ u_3 \end{Bmatrix} = \begin{Bmatrix} 10^4 \\ 0 \\ R_3 \end{Bmatrix} \tag{6.10}$$

由于杆的根部是固定的,所以边界条件可以给成节点 3 处的位移 $u_3 = 0$。将此条件代入式(6.10),去除最后的行与列,即可求得以下的平衡方程式:

$$\frac{100E}{100}\begin{bmatrix} 1 & -1 \\ -1 & 3 \end{bmatrix}\begin{Bmatrix} u_1 \\ u_2 \end{Bmatrix} = \begin{Bmatrix} 10^4 \\ 0 \end{Bmatrix} \tag{6.11}$$

6.3.3 求解未知变量

通过对未知数(位移)解以上步骤求得的方程式,即可求得有限元方法的结果。一般按矩阵代数的方法进行求解,式(6.11)例子的情况下,其解可如下方便地求得,即

$$u_1 = \frac{15\,000}{E}(\text{mm}), \quad u_2 = \frac{5\,000}{E}(\text{mm}) \tag{6.12}$$

6.3.4 从节点位移计算单元的应变与应力

以上所示步骤中的未知数均为节点位移,当然也有只求位移工程上已经满足的情形,但是许多场合下,还要求利用位移结果来计算应变与应

力。此杆的例子中,利用已求得的位移,两个单元的应变可算得为

$$\varepsilon_1 = \frac{(\Delta l)_1}{l_1} = \frac{u_2 - u_1}{100} = -\frac{100}{E}$$

$$\varepsilon_2 = \frac{(\Delta l)_2}{l_2} = \frac{u_3 - u_2}{100} = -\frac{50}{E}$$

可见,轴向应力为

$$\sigma_1 = E\varepsilon_1 = -100(\text{N}/\text{mm}^2)$$

$$\sigma_2 = E\varepsilon_2 = -50(\text{N}/\text{mm}^2)$$

其中,负号意味着压缩。

小常识

有限元法的局限性

有限元法是以能够通过对一定区域切出及细分来求解为前提,即是假定其区域内部由同一法则支配。但是,像物体周围有沸腾现象发生的情形下,物体的内部由分子级的热传导支配,而物体的外侧则受伴有数毫米程度气泡的流动的支配,这种问题的整体,用一般的有限元法是不能处理的。

要解决此问题,可只考虑物体的内部进行网格划分,而将沸腾模型化后作为边界条件加于外表面等,要采取一定的措施。微观与宏观现象共存,两种现象夹持界面互相影响等问题(接触问题),增加了有限元法的使用难度。

6.4 有限元法的应用——从线性问题到非线性问题

有限元法从出现到今天,大约已经有 50 年了,其应用也已经进入到了普及的时代。虽然线性问题,即载荷与位移的关系能够线性地表示之类的问题的分析求解是其主流,但是,最近对于非线性问题也已经能够进行实用的解析。

例如,随着产品质量的减轻,构件的壁厚即会减薄,随之即会出现对于同样的载荷材料呈现塑性化、屈曲等大变形的现象。最近的有限元法的软件中,专门针对这种非线性问题的软件也不少。

图 6.15 示出了最近的非线性分析的例子,这里是对不锈钢制的罐体在水平方向上施加剪切变形后得到的屈曲结果。地震时罐、桶的损伤等中,就能看见这种变形。

实验本身是 20 世纪 90 年代进行的,而得益于最近计算机的高速化,已经能够以实用的水平进行解析。另外,以汽车工业等为中心,最近已经在开展着大规模的非线性分析。

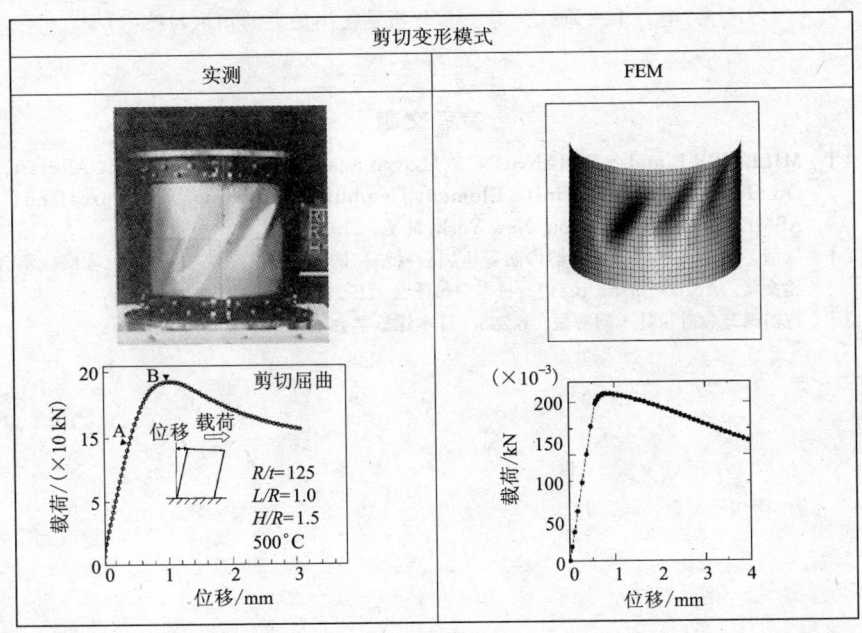

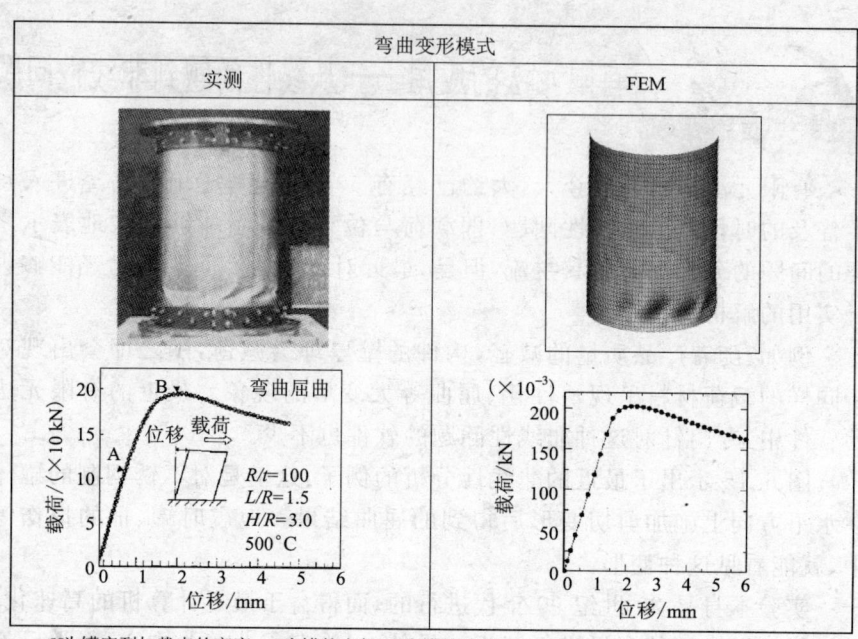

图 6.15　薄壁罐体的剪切屈曲

（实测：电力中央研究所等[2,3]，分析是使用最近的知识与技术）

参考文献

[1] MILLER,R.E.and S.D.HANSEN：" Large Scale Analysis of Current Aircraft," On General Purpose Finite Element Computer Programs, P.V.Marcal(ed.), ASME Special Publication, New York, N.Y., (1970)

[2] 松浦，他：高速増殖炉容器の耐震座屈設計法に関する研究（第2報），日本機械学会論文集，A，60-575，p.212，日本機械学会（1994）

[3] 容器構造設計指針・同解説，p.285，日本建築学会（1996）

附 录

- **责任编委**
  立野昌义
- **执笔委员**
  莲见善久（附录A）
  立野昌义（附录B、附录C）

附录 A 机械制图基础

本节的末尾,附有三张制图实例(小型千斤顶、V形槽皮带轮、橡胶联轴器),其中的两张图中还添加有说明。下面就来参照这些例子讲解机械制图的基础。另外,图纸中由于 CAD 的原因将粗糙度的算术平均偏差的正确符号"Ra"标成了"Ra"。

A.1 有关制图的一般事项

1. 基础事项

① 图形大小的绘制在大小上应与对象物体保持正确的比例关系。但是,对于不会造成误解的图面,可不受此限制。

② 线条的中心,应位于理论上要绘制的位置之上。

③ 线与线接近或平行时,其间隙最好是其中最粗线宽的两倍,或 0.7mm 以上。

④ 多条线集中于一点且只要不致于混淆时,把线画至线间最小间隙约为最大线宽的两倍处时即应停止,在点的周围留出空隙。

⑤ 对于用透明材料制作的对象物件,在其投影图中均应视为不透明来绘制。

⑥ 表示大小的尺寸,是将对象物件的测量按两点法测量来标注。

⑦ 尺寸中除参考尺寸、理论正确尺寸等特殊尺寸外,均应按需要标出尺寸的允许极限。

⑧ 根据功能及互换性要求等,只在不可缺少的场合下按照 JIS B 0021,B 0419 标注几何公差。

⑨ 有关工件表面性质和状态的标注,应按需要根据 JIS B 0031 标注。

⑩ 有关焊接的标注,应使用 JIS Z 3021 规定的焊接符号。

⑪ 作为有关制图的符号,将 JIS 规定的符号按规定使用时,无需特别的注明。

⑫ 螺纹、弹簧及齿轮等特殊部分,在零件的绘制及表示中,还要遵守另外制订的 JIS。

2. 图面的大小、格式与尺寸

① 对于原图,应从表 A.1 中选择能保证对象物件所需的明确程度及适当大小的最小用纸。除 A4 以外,均将长边用作横向方向使用。

② 图面上设有最小 0.5mm 宽的轮廓线。

③ 轮廓线宽,A0、A1 用纸为 20mm,A2～A4 用纸为 10mm。要装订的场合下,各种幅面的用纸左侧的线宽均为 20mm。

④ 图面的右下角设有标题栏,填写图纸编号、图名、企业(团体)名、相关责任人的名字、制图年月日、比例及投影法(用符号)等。必要时还应设置零件栏,此栏中记载对照序号、零件名称、材料、数量、质量及工艺等。

⑤ 设置在图面上的中心标记,位于轮廓线四边的中央(JIS Z 8311)。

⑥ 尺寸用 $A:B$ 表示,A 为图面上的长度,B 为实物长度。放大表示的场合,以 B 为 1(如 2:1),而在缩小表示的场合下则是以 A 为 1(如 1:2)。推荐比例及中间比例列于表 A.2 和表 A.3 中。

表 A.1 图纸的幅面

A 系列尺寸(第 1 优先系列)		特长尺寸(第 2 优先系列)	
名 称	尺寸 $a \times b$	名 称	尺寸 $a \times b$
A0	841×1 189	A3×3	420×891
A1	594×841	A3×4	420×1 189
A2	420×594	A4×3	297×630
A3	297×420	A4×4	297×841
A4	210×297	A4×5	297×1 051

表 A.2 推荐比例

原大小	1:1		
放大	50:1	20:1	10:1
	5:1	2:1	
缩小	1:2	1:5	1:10
	1:20	1:50	1:100
	1:200	1:500	1:1000
	1:2000	1:5000	1:10 000

⑦ 1张图纸上使用多种尺寸时,将主要尺寸写在标题栏中,其他的则标在相关零件的对照序号(如①)或放大图的对照标记文字(如 A 部)的附近。

⑧ 图形与尺寸不成比例时,应将其设计意图标在适当的位置,但是,使用省略图画法时,无需标明。

表 A.3 中间比例

放大	$5\sqrt{2}:1$		$2.5\sqrt{2}:1$		$\sqrt{2}:1$	
缩小	1:1.5	1:2.5	1:3	1:4	1:6	
	1:15	1:25	1:30	1:40	1:60	
	$1:\sqrt{2}$	$1:2\sqrt{2}$	$1:5\sqrt{2}$			

(摘自 JIS Z 8314)

3. 文字的用法与大小

① 图面上使用的汉字应为正体。

② 罗马字、数字及符号的书写,使用正体或斜体,但应避免混用。

③ 文字的大小,以文字外轮廓的标准框高度表示,汉字共有 3.5、5、7、10(mm)4 种,罗马字、数字及符号,则在 4 种基础再增加一种 2.5mm,共 5 种高度。

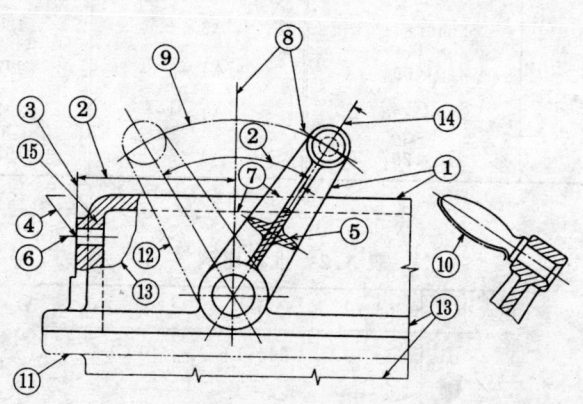

图 A.1 线的主要用法示例

4. 线宽、种类及用途

① 线宽有 0.13、0.18、0.25、0.35、0.5、0.7、1、1.4 及 2(mm)共 9 种,其种类与用途列于表 A.4,图 A.1 中还给出了其主要应用实例。

② 细线、粗线及极粗线的线宽比例为 1∶2∶4。
③ 图面上有两种以上的线条在同一处重叠时，其优先顺序依次为轮廓线、虚线、断开线、中心线、重心线、尺寸辅助线。

A.2　图形的表示方法

1. 投影法

使用第三象限法。但是，当因为图纸幅面的原因难以在正确位置绘制时，或用第三象限法难以理解时，可用第一象限法或靠箭头与文字表示相互关系的箭头指示法（见图 A.2）。

表 A.4　线的种类及用法（根据 JIS B 0001）

线名称	线的种类		线的用途	图 A.1 中的对照序号
轮廓线	粗实线	———————	用于对象物的可见部分，表示形状	1
尺寸线	细实线	———————	用于标注尺寸	2
尺寸辅助线			用于标注尺寸时从图形中引出	3
引出线			用于标注说明及符号等时的引出	4
旋转部面线			用于将局部剖面转 90°后画于其图形内	5
中心线			用作简略表示图形中心的短中心线	6
水平面线			用于表示水面、液面等的位置	
虚线	细虚线或粗虚线	-------	用于表示对象的不可见部分的形状	7
中心线	细点划线		①用于表示图形的中心 ②用于表示中心移动时的中心轨迹	8 9
基准线			特别标明是定位的基准	
节距线			周期图形截取节距的基准	
特殊指定线	粗点划线	——·——·——	用于表示有特殊加工等要求的部分的范围	10

续表 A.4

线的名称	线的种类		线的用途	图 A.1 中的对照序号
假想线	细双点划线		①用于表示可参考的相邻连接部分 ②用作参考来表示工具及夹具等的位置 ③用于表示可动部分的特定移动位置或移动的极限位置,以及移动的状态 ④用于表示加工前或加工后的形状 ⑤用于表示图示断面前的部分	11 12
重心线			用于表示断面重心的连线	
断裂线	波浪线或双折线		用于表示局部断裂的边界或局部剖面的边界	13
断开线	细点划线,两端及转折处用粗实线		画剖面图时,用于表示该图相对应的剖切位置	14
剖面线	细实线,规则排列		用于图形限定的特定部分与其他部分的区别,如剖面	15
特殊用途线	细实线		①用于表示轮廓线及虚线的延长 ②用于标明是平面 ③用于指明位置	
	极粗的实线		用于薄壁的单线表示	

2. 投影图的选择

① 选择最能表明对象形状与功能的面为主视面。

② 装配图等按对象的使用状态绘制。

③ 零件图等用于加工的图面,按对象工序中最常用的放置姿势绘制。

④ 无特殊理由时,以长为横绘制。

⑤ 仅靠主视图能够理解时,其他的视图不绘制(见图 A.3)。

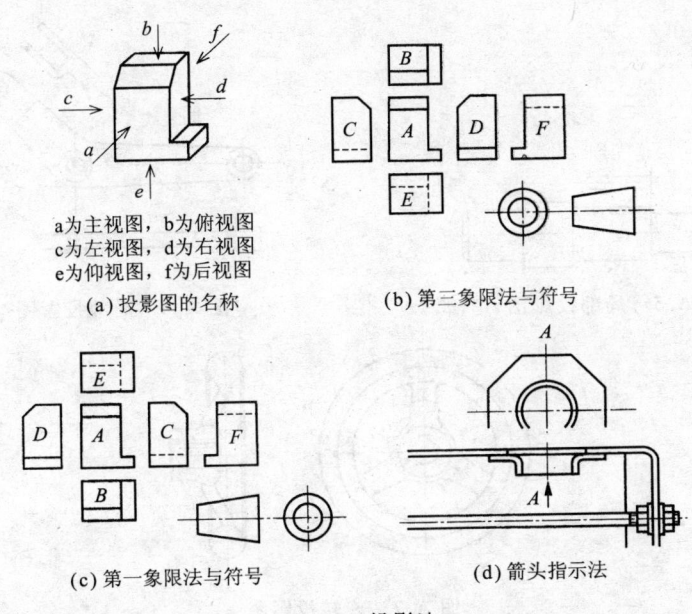

图 A.2　投影法

⑥ 为表明图形的局部而放大的局部放大图中,应附上比例(见图 A.4)。

⑦ 只表示孔、槽等局部时可使用局部视图,但此时应使用中心线、尺寸辅助线等与主体图相连(见图 A.5)。

⑧ 在示出图形的局部即可的场合下,将该局部以局部投影图表示出(见图 A.6)。

⑨ 像轮辐之类难以表示实形的情况下,可将其剖面转 90°画成剖面图(见图 A.7)。

⑩ 为表示斜面的实形,可用辅助视图表示在与该斜面相向的位置上(见图 A.8)。

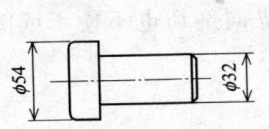

图 A.3　仅用主视图表示的举例

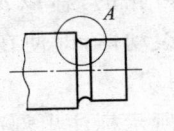 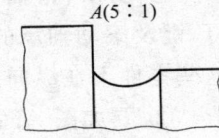

图 A.4　局部放大图

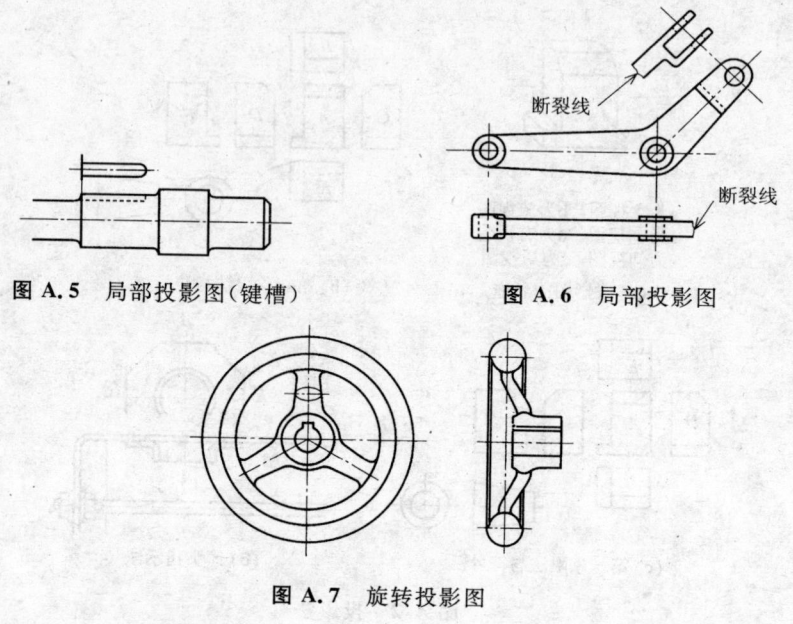

图 A.5　局部投影图（键槽）　　图 A.6　局部投影图

图 A.7　旋转投影图

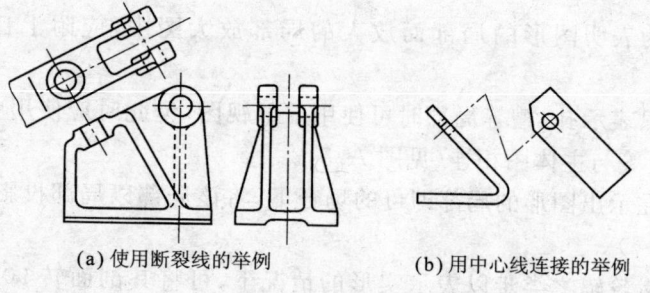

(a) 使用断裂线的举例　　(b) 用中心线连接的举例

图 A.8　辅助投影图

3. 剖面图的画法

为了便于理解内藏的部分而将剖面图形化。

① 肋条、轮辐、齿轮的齿，以及轴、销、螺栓、螺母、垫圈、小螺钉、铆钉、键及滚动轴承的滚动体，即使在它们的纵向剖切也不便于读图，所以这些零件不在纵向剖切。

② 要如图 A.9 所示标注出剖面位置。

③ 截面上的剖面线要相对基本中心线倾斜 45°等间隔地画出，相邻零件有截面时，应改变剖面线的走向或间隔（见图 A.10）。

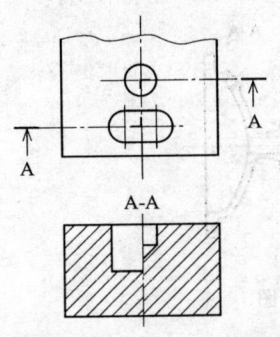
图 A.9　将不同的截面表示在同一图中

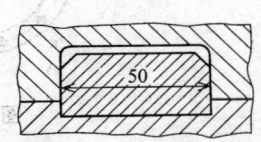
图 A.10　相邻截面上的剖面线

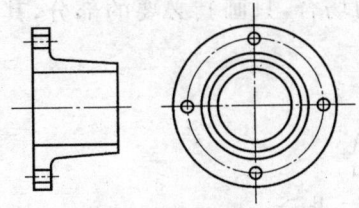
图 A.11　全剖面图

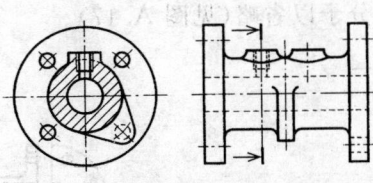
图 A.12　特定部位的剖面图

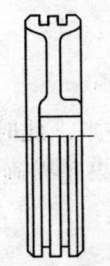
图 A.13　半剖面图

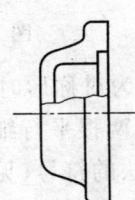
图 A.14　局部剖面图

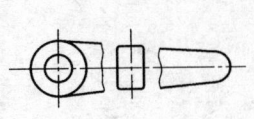

(a) 示于断开处

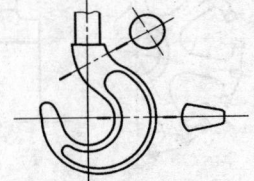

(b) 示于剖切断线的延长线上

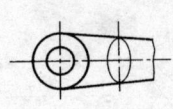

(c) 重叠示于剖切位置

图 A.15　转 90°表示的剖面图

④ 图 A.11 至图 A.16 示出了主要的剖面画法。

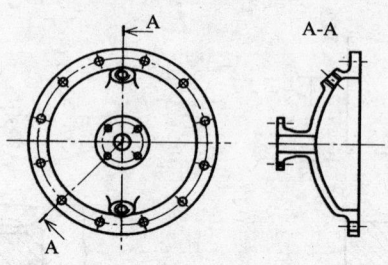

图 A.16　组合剖面图

4. 图形的省略

① 在画出图形的局部就已经足够的场合,只画其必要的部分,其他部分予以省略(见图 A.17)。

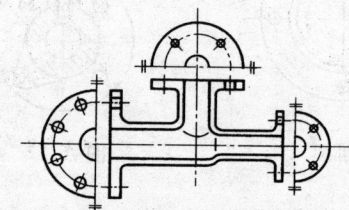

图 A.17　使用局部视图带来的简化

② 图形为对称形时,以对称中心线为界略去一半。此时应标上对称画法的符号(两根平行细线)(见图 A.18)。但是如果稍微画过中心线,则不画对称画法的符号(见图 A.19)。

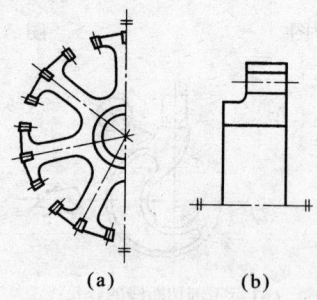

(a)　　　　(b)

图 A.18　对称图形的省略画法实例(1)

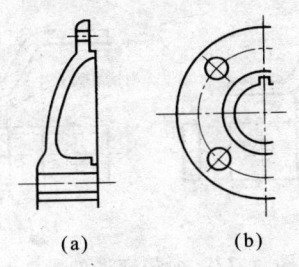

图 A.19 对称图形的省略画法实例(2)

③ 有多个相同结构的场合,可如图 A.20 那样简化。

④ 同一截面形状的轴或长锥部分,可采用断开画法,画上断裂线(见图 A.21)。

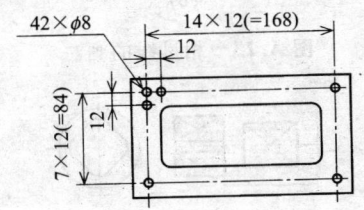

图 A.20 省略图形的引出线表示

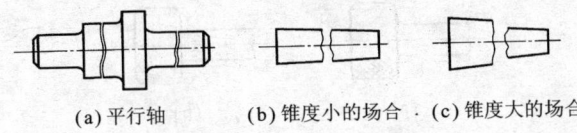

(a) 平行轴　　(b) 锥度小的场合　(c) 锥度大的场合

图 A.21 中间部分的省略

5. 特殊的图示法

① 两个面相交的部分(相贯部分),根据圆角的有无,按图 A.22 所示绘制。

② 曲面间或曲面与平面间相交处的相贯线,如图 A.23 所示用直线或圆弧表示。

③ 圆柱的特定部分为平面时,用细实线的交叉对角线(平面符号)标明(见图 A.24)。

④ 滚花加工部的画法依照图 A.25 进行。

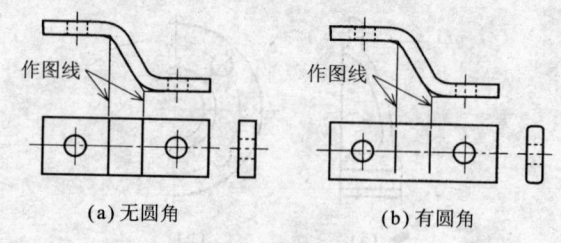

图 A.22　面相交处的画法

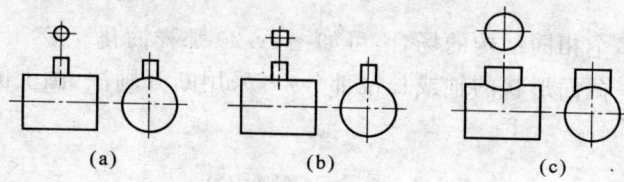

图 A.23　相贯线的画法

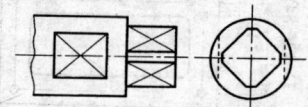

图 A.24　平面部分的标明

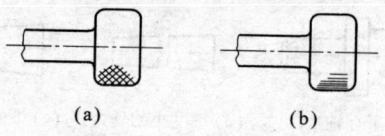

图 A.25　滚花加工

A.3　尺寸标注

1. 尺寸标注的一般原则

① 对象功能上必要的尺寸(功能尺寸),必须注出(见图 A.26)。

② 尺寸应尽量集中标注在主视图中,避免加工过程中进行计算。

③ 尺寸应尽量按工艺顺序排列,将相关连的尺寸集中标注。

④ 必要时尺寸应以基准点、线、面为基础进行标注,避免尺寸的重复标注。

⑤ 标准参考尺寸时应将其尺寸数字用括号括起来。

⑥ 尺寸线通常应使用尺寸辅助线,作为线端标记的箭头应张开 30°

角,箭头的长度约为 3mm。窄小尺寸相连标注时,用黑点代替箭头。

⑦ 用于指明加工方法及对照序号等的引出线,应斜向引出,对照序号的数字要用圆圈圈起来。

⑧ 需要标注尺寸辅助符号时,应将其标准在尺寸数字前,而且其大小应与尺寸数字相同。

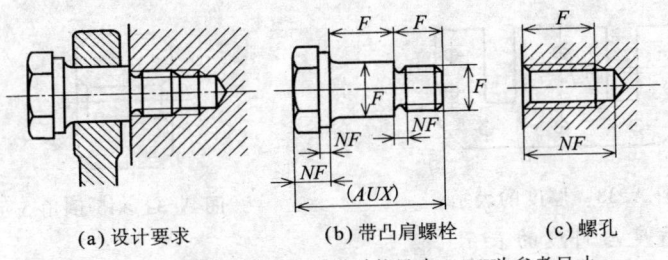

(a) 设计要求　　(b) 带凸肩螺栓　　(c) 螺孔

[备注] F为功能尺寸,NF为非功能尺寸,AUX为参考尺寸

图 A.26　尺寸标注方法

2. 尺寸辅助符号

R(Radius)表示半径,SR(Sphere Radius)表示球半径,实 R 表示未示出实形的图形中的实际半径值,展开 R 是展开时的实际半径值,ϕ 表示直径,$S\phi$ 表示球形的直径,□表示正方形的边长,C(chamfer)表示 45°的倒角,t(Thickness)表示厚度(图 A.27～图 A.34)。

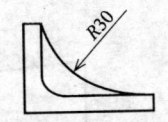

图 A.27　半径的表示

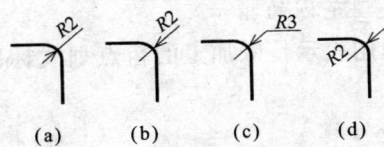

(a)　(b)　(c)　(d)

图 A.28　小半径尺寸的表示

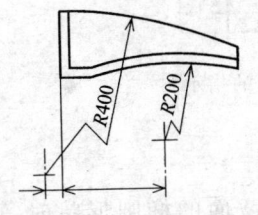

图 A.29　大半径尺寸的表示

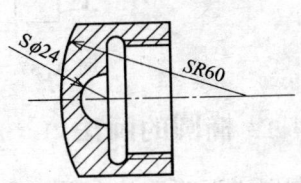

图 A.30　球面尺寸的表示

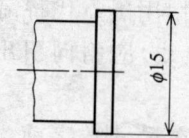
图 A.31　直径的表示

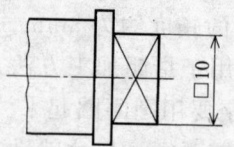
图 A.32　正方形的表示

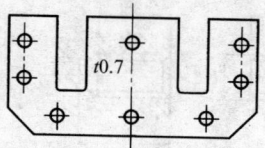
图 A.33　厚度的表示

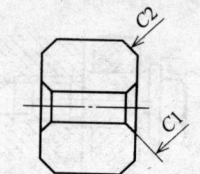
图 A.34　45°倒角表示

3. 锥度与斜度的表示

在锥体的旁边用指引线和符号标出锥度比(见图 A.35)。斜度同样也用符号标出(见图 A.36)。

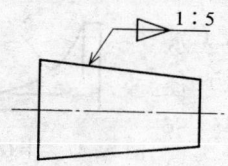
图 A.35　锥度的表示

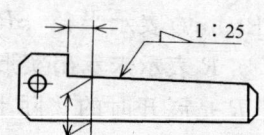
图 A.36　斜度的表示

4. 特殊加工与处理范围的指示

如图 A.37 所示,用表示特殊加工的粗点划线标出位置和范围,并标注尺寸。

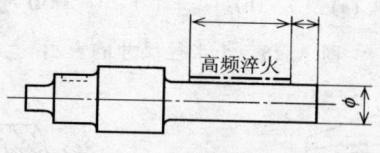
图 A.37　加工与处理范围的指示

A.4　椭圆的画法

制图中遇到要绘制像 V 形槽带轮轮辐截面的椭圆形状时,可如图 A.38 所示,在已知椭圆长轴半径 a、短轴半径 b 的条件下按照以下公式

求得圆弧半径 r_1、r_2 后,即能很方便地画出椭圆。

$$c=\sqrt{a^2+b^2}$$

所以

$$r_1=\frac{c\cdot(c-a+b)}{2a}, \quad r_2=\frac{c\cdot(c+a-b)}{2b}$$

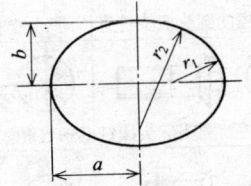

图 A.38　椭圆的圆弧半径

A.5　六角螺栓、螺母的近似画法

以公称直径 d 为基础,按照图 A.39 所示比例,画出各部分的尺寸即可。

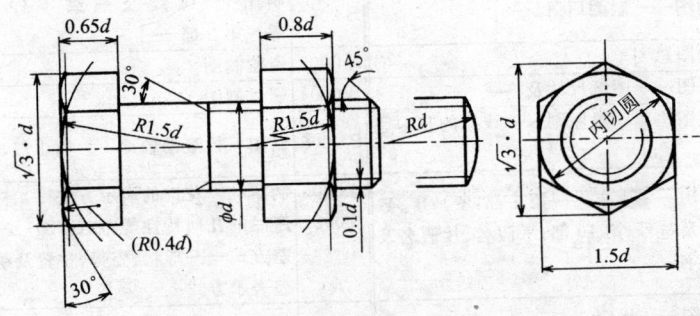

图 A.39　六角螺栓、螺母的近似画法

A.6　螺纹零件的简易画法

可略去螺钉头部的倒角、不完全的螺尾、尖端形状及退刀槽等(见表 A.5)。

A.7　制图有关的主要 JIS 标准

有关的主要标准列于表 A.6 中。

表 A.5 螺纹零件的简易画法

六角螺栓	带十字槽的平头螺钉	带十字槽的沉头螺钉	六角螺母
四方头螺栓	带改锥槽的圆头沉头螺钉	带改锥槽的定位螺钉	带槽六角螺母
内六方螺栓	带十字槽的圆头沉头螺钉	带改锥槽的木螺钉/自攻螺钉	四方螺母
带改锥槽的平锥头螺钉	带改锥槽的沉头螺钉	蝶形螺栓	蝶形螺母

表 A.6 制图有关的主要 JIS 标准

标准号	标准名称	标准号	标准名称
Z 3021	焊接符号	B 0001	机械制图
Z 8114	制图——制图用语	B 0002	制图——螺纹及螺纹零件——第1部~第3部
Z 8310	制图总则	B 0003	齿轮制图
Z 8311	制图——图纸尺寸及格式	B 0004	螺纹制图
Z 8312	制图——一般原则——线条的基本原则	B 0005	制图——滚动轴承——第1部,第2部
Z 8313	制图——文字——第1部:罗马字、数字及符号、第10部:平假名、片假名及汉字	B 0006	制图——花键的表示方法
		B 0021	产品的几何特性规范(GPS)——几何公差方式——形状、姿势、位置及跳动的公差表示方式
Z 8314	制图——比例	B 0024	制图——公差表示的基本原则
Z 8315	制图——投影法——第2部:正投影法	B 0031	产品的几何特性规范(GPS)——表面性状的图示方法
Z 8316	制图——图形表示方法的原则		
Z 8317	制图——尺寸标注方法——一般原则、定义、标注方法及特殊指示方法	B 0122	加工方法代号
		B 0123	螺纹的表示方法
Z 8318	制图——长度尺寸及角度尺寸的极限偏差标注方法	B 0401	尺寸公差及配合的方式——第1部,第2部
Z 8322	制图——一般原则——引出线及指引线的基本事项与运用	B 3402	CAD 制图

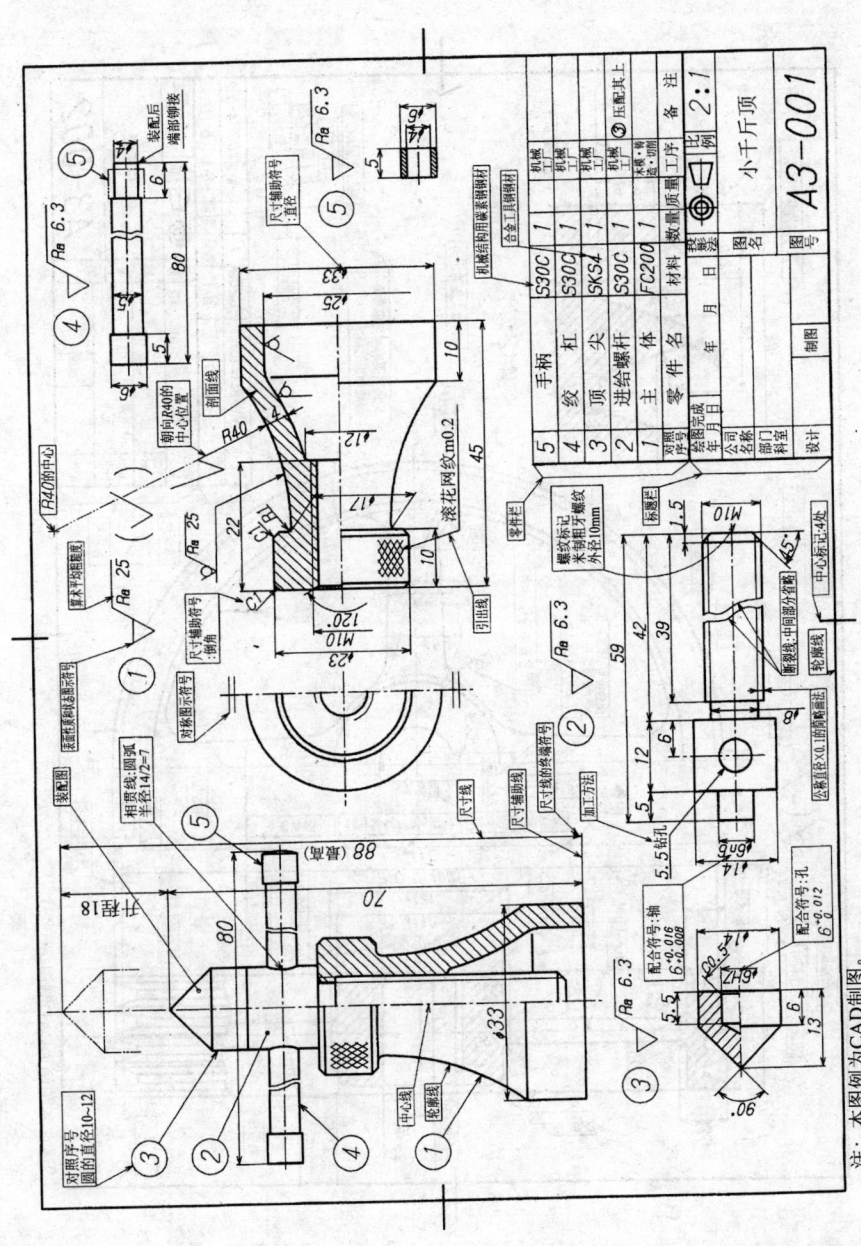

附录

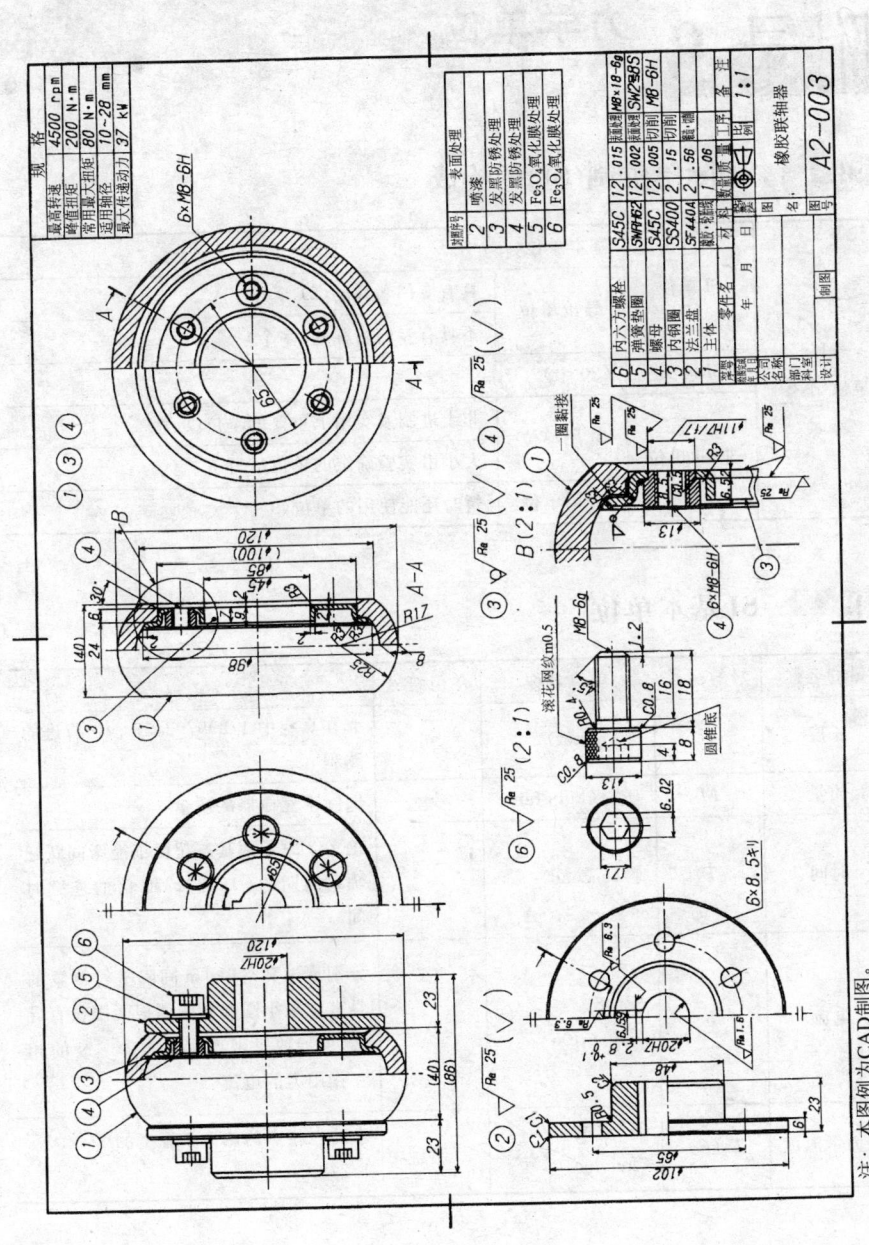

附录 B 力学单位

B.1 国际单位制(SI)的构成

国际单位制(SI)	SI 单位	基本单位(7个)	
		导出单位	具有专门名称的(21个)
			不具有专门名称的(多个)
	SI 词头	(20个)	
	非 SI 单位	并用单位	非十进制或实用上重要的单位(8个)
			大小由实验确定的单位(2个)
		暂用单位	暂时还能使用的单位(9个)

B.2 SI 基本单位

量的名称	量的符号	单位名称	单位符号	定义
长度	l, L	米(meter)	m	光在真空中 1/299792458 秒内行进的路程
质量	M	千克(kilogram)	kg	国际千克原器的质量
时间	T	秒(second)	s	铯 133 原子两基态超微细能级间跃迁辐射周期的 9192631770 倍的连续时间
电流	I	安[培](ampere)	A	分别流过真空中 1m 间隔平行放置的具有无限小圆截面的两根无限长直导线,使导线每米产生 2×10^{-7} N 的相互作用力的电流
热力学温度	$T, (\Theta)$	开[尔文](kelvin)	K	水的三相点的热力学温度的 1/273.16

910

续表

量的名称	量的符号	单位名称	单位符号	定义
物质的量	$n,(\nu)$	摩[尔](mole)	mol	含有与 0.012kg 碳 12 的原子数目相同的基本单元的系统的物质量。使用时,基本单元应予指明,它可以是原子、分子、离子、电子及其他粒子,或是这些粒子的特定组合
发光强度	$I,(I_v)$	坎[德拉](candela)	cd	发出频率 540×10^{12} Hz 的单色辐射,且在所定方向上辐射强度为 $1/683$ (w/sr)的光源在此方向上的发光强度

注:量的符号栏中的括号内为备用符号。

B.3 具有专门名称的 SI 组合单位

量的名称	量的符号	单位名称	单位符号	用 SI 基本单位及 SI 组合单位的表示法
[平面]角	$\alpha,\beta,\gamma,\theta,\varphi$	弧度(radian)	rad	1 rad=1m/m=1
立体角	Ω	球面度(steradian)	sr	1 sr=1m²/m²=1
频率	f,ν	赫[兹](hertz)	Hz	1 Hz=1s^{-1}
力	F	牛[顿](newton)	N	1 N=1kg·m/s²
压力,应力	P,σ	帕[斯卡](pascal)	Pa	1 Pa=1N/m²
能量 功 热量	E W Q	焦[耳](joule)	J	1 J=1N·m
功率,辐射通量	P	瓦[特](watt)	W	1 W=1J/s
电荷量	Q	库[仑](coulomb)	C	1 C=1A·s
电位差,电压 电位 电动势	$U,(V)$ V,φ E	伏[特](volt)	V	1 V=1W/A
电容	C	法[拉](farad)	F	1 F=1C/V
电阻	R	欧[姆](ohm)	Ω	1 Ω=1V/A
电导	G	西[门子](siemens)	S	1 S=1Ω^{-1}

续表

量的名称	量的符号	单位名称	单位符号	用SI基本单位及SI组合单位的表示法
磁通[量]	ϕ	韦[伯](weber)	Wb	1 Wb=1V·s
磁通[量]密度	B	特[斯拉](tesla)	T	1 T=1Wb/m^2
电感	L	亨[利](henry)	H	1 H=1Wb/A
摄氏温度	t,θ	摄氏度	℃	1 ℃=1K
光通量	$\Phi,(\Phi_v)$	流[明](lumen)	lm	1 lm=1cd·sr
[光]照度	$E,(E_v)$	勒[克斯](lux)	lx	1 lx=1lm/m^2
[放射性]活度	A	贝可[勒尔](becquerel)	Bq	1 Bq=1s^{-1}
吸收剂量	Z	戈[瑞](gray)	Gy	1Gy=1J/kg
剂量当量	H	希[沃特](sievert)	Sv	1 SV=1J/kg

B.4 不具有专门名称的SI组合单位例

用SI基本单位或具有专门名称的SI组合单位示出了与其不同的量。

(1) 电学及磁学的相关单位

量的名称	量的符号	单位名称	单位符号
电荷的体积密度,电荷密度,体积电荷	$\rho,(\eta)$	库[仑]每立方米	C/m^3
电场强度	E	伏[特]每米	V/m
电通量密度	D	库[仑]每平方米	C/m^2
电通量	ψ	库[仑]	C
介电常数	ε	法[拉]每米	F/m
电极化强度	P	库[仑]每平方米	C/m^2
电偶极矩	$P,(P_e)$	库[仑]米	C·m
电流密度	$J,(S)$	安[培]每平方米	A/m^2
电流线密度	$A,(\alpha)$	安[培]每米	A/m
磁场强度	H	安[培]每米	A/m

续表

量的名称	量的符号	单位名称	单位符号
磁位差 磁动势	$U_m, (U)$ F, F_m	安[培]	A
磁矢位,(磁矢势)	A	韦[伯]每米	Wb/m
自感 互感	L M, L_{mu}	亨[利]	H
磁导率	μ	亨[利]每米	H/m
磁矩	m	安[培]平方米	$A \cdot m^2$
磁化强度	$M, (H_i)$	安[培]每米	A/m
磁极化强度	$J, (B_i)$	特[斯拉]	T
电磁能密度	w	焦[耳]每立方米	J/m^3
坡印廷矢量	S	瓦[特]每平方米	W/m^2
电磁波的相速度	c	米每秒	m/s
电阻率	ρ	欧[姆]米	$\Omega \cdot m$
电导率	r, σ	西[门子]每米	S/m
磁阻	R, R_m	每亨[利]	H^{-1}
磁导	$\Lambda, (P)$	亨[利]	H
角频率	ω	弧度每秒	rad/s
相位差	φ	弧度	rad
旋转频率	n	每秒 每分 转每分 转每秒	s^{-1} min^{-1} r/min r/s
(复数)阻抗 电抗	Z X	欧[姆]	Ω
(复数)导纳 电纳	Y B	西[门子]	S
损耗角	δ	弧度	rad
有功功率	P	瓦[特]	W

续表

量的名称	量的符号	单位名称	单位符号
视在功率(表观功率)	$S,(P_s)$	伏[特]安[培]	V·A
无功功率	Q,P_Q	乏	var
有功电能量	$W,(W_p)$	焦[耳]	J
		瓦[特]小时	W·h

(2) 光及电磁辐射的相关单位

量的名称	量的符号	单位名称	单位符号
频率	f,ν	赫[兹]	Hz
角频率	ω	弧度每秒	rad/s
波长	λ	米	m
波数,波率	σ	每米	m^{-1}
角波数,角波率	k	弧度每米	rad/m
辐射能	$Q,W,(U,Q_e)$	焦[耳]	J
辐射强度	$I,(I_e)$	瓦[特]每球面度	W/sr
辐射亮度	$L,(L_e)$	瓦[特]每球面度每平方米	W/(sr·m^2)
辐射出射度	$M,(M_e)$	瓦[特]每平方米	W/m^2
辐射照度	$E,(E_e)$	瓦[特]每平方米	W/m^2
光量	$Q,(Q_v)$	流[明]秒	lm·s
亮度	$L,(L_v)$	坎[德拉]每平方米	cd/m^2
光出射度	$M,(M_v)$	流[明]每平方米	lm/m^2
曝光量	H	勒[克]斯秒	lx·s
光视效能	K	流[明]每瓦	lm/W
周期	T	秒	s
波长	λ	米	m
密度	ρ	千克每立方米	kg/m^3

(3) 声学有关单位

量的名称	量的符号	单位名称	单位符号
静压(瞬时)声压	p_s $p,(p_a)$	帕[斯卡]	Pa
(瞬时)质点速度	u,v	米每秒	m/s
(瞬时)体积速度	$q,U,(q_v)$	立方米每秒	m³/s
声能密度	$w,(w_a),(e)$	焦[耳]每立方米	J/m³
声功率	P,P_a	瓦[特]	W
声强	I,J	瓦[特]每平方米	W/m²
声阻抗	Z_a	帕[斯卡]秒每立方米	Pa·s/m³
力阻抗	Z_m	牛[顿]秒每米	N·s/m
声压级	L_p	贝尔,分贝	B,dB
吸声量,等价吸声面积	A	平方米	m²
混响时间	T	秒	s

(4) 力学有关单位

量的名称	量的符号	单位名称	单位符号
密度	ρ	千克每立方米	kg/m³
比体积	v	立方米每千克	m³/kg
线密度	ρ_l	千克每米	kg/m
惯性矩	I,J	千克二次方米	kg·m²
动量	p	千克米每秒	kg·m/s
重量	$F_g,(G),(P),(W)$	牛[顿]	N
动量矩,角动量	L	千克二次方米每秒	kg·m²/s
力矩 力偶矩 转矩	M M M,T	牛[顿]米	N·m
正应力 切应力	σ τ	帕[斯卡]	Pa
弹性模量(杨氏模量) 切变模量,刚量模量	E G	帕[斯卡]	Pa

续表

量的名称	量的符号	单位名称	单位符号
位能,势能 动能	E_p, V, ϕ E_k, T	焦[耳]	J
质量流量	q_m	千克每秒	kg/s
体积流量	q_v	立方米每秒	m³/s

(5) 热学有关单位

量的名称	量的符号	单位名称	单位符号
线胀系数	α_l		
体胀系数	$\alpha_v, \alpha, (r)$	每开[尔文]	K^{-1}
热流量	ϕ	瓦[特]	W
热导率,导热系数	$\lambda, (\chi)$	瓦[特]每米每开[尔文]	W/(m·K)
热绝缘系数	M	平方米开[尔文]每瓦[特]	m²·K/W
热容	C	焦[耳]每开[尔文]	J/K
比热容	c	焦[耳]每千克每开[尔文]	J/(kg·K)
熵	S	焦[耳]每开[尔文]	J/K
质量熵,比熵	s	焦[耳]每千克每开[尔文]	J/(kg·K)
热力学能 焓	U H	焦[耳]	J
质量能,比能 比热力学能 比焓	e u h	焦[耳]每千克	J/kg

B.5　SI 词头

所表示的因数	名　称	符　号	原　意	来　源
10^{18}	艾[可萨]	exa	E	6	
10^{15}	拍[它]	peta	P	5	希腊语
10^{12}	太[拉]	tera	T	怪物	
10^{9}	吉[伽]	giga	G	巨人	希腊语,拉丁语
10^{6}	兆	meqa	M	大量	

续表

所表示的因数	名 称	符 号	原 意	来 源
10^3	千	kilo	k	1000	希腊语
10^2	百	hecto	h	100	
10^1	十	deca	da	10	
10^{-1}	分	deci	d	10	拉丁语
10^{-2}	厘	centi	c	100	
10^{-3}	毫	milli	m	1000	
10^{-6}	微	micro	μ	小量	希腊语,拉丁语
10^{-9}	纳[诺]	nano	n	小人	
10^{-12}	皮[可]	pico	p	针尖	拉丁语
10^{-15}	飞[母托]	femto	f	15	克尔特语
10^{-18}	阿[托]	atto	a	18	

B.6　并用单位

(1) 可与 SI 单位并用的单位

量的名称	单位名称	单位符号	定义
时间	分 时 日	min h d	1min＝60s 1h＝60min 1d＝24h
[平面]角	度 分 秒	° ′ ″	1°＝(π/180)rad 1′＝(1/60)° 1″＝(1/60)′
体积	升	l, L	1l＝1dm³
质量	吨	t	1t＝10³kg

(2) 可与 SI 单位并用的单位,但用 SI 单位表示的数值由实验确定

量的名称	量的符号	单位名称	单位符号	定义
能	Q	电子伏[特]	eV	1eV≈1.602 177 33×10⁻¹⁹J
质量	m_u	(统一)原子质量单位	u	1u≈1.660 540 2×10⁻²⁷kg

B.7　暂用单位

虽为 SI 以外的单位,但还可以暂时使用。有以下几种。

公亩(a)	埃(Å)	海里(n mile)	居里(Ci)	
节(kn)	巴(bar)	拉德(rad)	雷姆(rem)	伦琴(R)

附录 C 主要工业材料强度有关的数据

材料	弹性模量 E/GPa	泊松比	密度 ρ/(Mg/m³)	屈伏强度 σ_y/MPa	拉伸强度 σ_{TS}/MPa	破坏韧性/(MN/m^{3/2})
软钢	196	0.3	7.8~7.85	220	430	
碳素钢(淬火-回火)				260~1 300	500~1 880	
铁				50	200	
铸铁	170~190	0.26	6.9~7.8	220~1 030	400~1 200	
铜	123	0.34	8.9	60	400	
铜合金	120~150		7.5~9.0	60~960	250~1 000	
黄铜	103~124	0.35	7.2~8.9	70~640	230~890	
钛	116		4.5			
钛及其合金	80~130			180~1 320	300~1 400	
铝	69	0.34	2.7	40	200	
铝合金	69~79		2.6~2.9	100~627	300~700	
玻璃	35~45	0.24				
混凝土	30~50	0.08~0.18	2.4	20~30 未强化混凝土(压缩)		
金刚石	1 000			50 000		
碳化钨	450~650			6 000		
钛、锆的硼化物	450~500					
钨及其合金	380~411					
氧化铝(Al_2O_3)	385~392		3.9	5 000		5
氮化硅(Si_3N_4)	280~310		3.2	8 000		5(热压)
GFRP	7~45		1.4~2.2		100~300	
铅及其合金	16~18			11~55	14~70	

续表

材料	弹性模量 E/GPa	泊松比	密度 ρ/(Mg/m³)	屈伏强度 σ_y/MPa	拉伸强度 σ_{TS}/MPa	破坏韧性/(MN/m$^{3/2}$)
普通木材	9~16（平行于木纹）		0.4~0.8		4~10（压缩,垂直于木纹）	
丙烯	1.6~3.4			45~48		
发泡聚氨酯	0.01~0.06		0.06~0.2			
橡胶	0.01~0.1	0.49	0.83~0.91（天然橡胶）		30（天然橡胶）	
发泡聚合物	0.001~0.01			0.2~10	0.2~10	

参考文献

[1] JIS B, G, Z 部門規格票，日本規格協会
[2] 北郷薫，大柳康，蓮見善久：JIS にもとづく標準機械製図集，理工学社（2003）
[3] 蓮見善久：機械図面の製図と検算，理工学社（2001）
[4] 電気設備学会編：電気設備用語辞典，オーム社（2003）

科学出版社

科龙书友服务卡

亲爱的读者：

为了提高我们的图书质量以及选题策划水平，也使我们更好地为您服务，请您填写以下信息。我们会根据您的需要，定期地给您提供科龙图书目录。

姓　　名：_____　电　话：_____　传　真：_____
电子信箱：_____
工作单位：_____　邮　编：_____
地　　址：_____
教育程度：初中(中职)□　高中(高职)□　本科□　硕士□　博士□
职　　业：技术人员□　科研人员□　教师□　学生□
曾购买科龙图书书名(条码上方有标注"东方科龙")：
_____ISBN 7-03-_____
_____ISBN 7-03-_____

对本书评价：_____
期望和要求：_____
所从事专业领域：_____

非常感谢您购买科龙图书，若您发现书中有误，请您填写以下勘误表，以便再版时及时更正，进一步提高本书的质量。

勘误表

页码	行数	错误	修改

备注：我公司承诺对于读者所填的信息给予保密，只用于我公司的图书质量改进和新书信息快递工作。已经购买我公司图书并回执本"科龙书友服务卡"的读者，我们将建立服务档案，并给予直接从我公司邮购图书95折免邮费的优惠。

回执地址：北京市朝阳区华严北里11号楼3层
科学出版社东方科龙图文有限公司电工电子编辑部(收)
邮编：100029